SAP® Customer Experience

SAP PRESS

Roland Boes

SAP® Customer Experience

Lösungen, Prozesse, Integration

Rheinwerk
Publishing

Liebe Leserin, lieber Leser,

wer von Ihnen hing schon einmal mit wachsender Verzweiflung in der Warteschleife einer Support-Hotline, um schließlich mit von einem leicht gelangweilten Gegenüber mitgeteilt zu bekommen, dass man sich »schnellstmöglich« des Problems annehmen würde? Und wie groß ist hingegen die Begeisterung für ein Unternehmen, das einem sympathisch, verbindlich und qualitätsorientiert entgegentritt!

Klar ist: Wer positive Kundenerlebnisse schafft, kann Kunden langfristig für die eigenen Produkte begeistern und wertvolle Marktanteile gewinnen. Das Autorenteam rund um Roland Boes zeigt Ihnen in diesem Buch, wie Sie die Bedürfnisse Ihrer Zielgruppe kennenlernen, eine tragfähige Datenbasis schaffen und Kunden an jedem Touchpoint relevante Inhalte liefern.

Bei der Lektüre des Manuskripts dieses Buches hat mich nicht nur die Wissensfülle des Autorenteams auf diesem weiten Feld beeindruckt. Auch der eingängige, kurzweilige Stil und die lebendigen Beispiele haben es mir leichtgemacht, mich in der CX-Welt schnell heimisch zu fühlen. Und so bin ich mir sicher, dass auch Sie mit diesem Buch viele wertvolle Impulse für Ihr Unternehmen erhalten werden.

Wir freuen uns stets über Lob, aber auch über kritische Anmerkungen, die uns helfen, unsere Bücher zu verbessern. Scheuen Sie sich nicht, sich bei mir zu melden. Ihr Feedback ist jederzeit willkommen.

Ihre Eva Tripp
Lektorat SAP PRESS

eva.tripp@rheinwerk-verlag.de
www.rheinwerk-verlag.de
Rheinwerk Verlag · Rheinwerkallee 4 · 53227 Bonn

Auf einen Blick

Wir hoffen, dass Sie Freude an diesem Buch haben und sich Ihre Erwartungen erfüllen. Ihre Anregungen und Kommentare sind uns jederzeit willkommen. Bitte bewerten Sie doch das Buch auf unserer Website unter **www.rheinwerk-verlag.de/feedback**.

An diesem Buch haben viele mitgewirkt, insbesondere:

Lektorat Eva Tripp, Nicole Hohmann
Korrektorat Monika Klarl, Köln
Herstellung Nadine Preyl
Typografie und Layout Vera Brauner
Einbandgestaltung Julia Schuster
Coverbild Shutterstock: 1738669871 © yanik88
Satz Typographie & Computer, Krefeld
Druck Beltz Grafische Betriebe, Bad Langensalza

Dieses Buch wurde gesetzt aus der TheAntiquaB (9,35/13,7 pt) in FrameMaker. Gedruckt wurde es auf chlorfrei gebleichtem Offsetpapier (90 g/m^2). Hergestellt in Deutschland.

Bibliografische Information der Deutschen Nationalbibliothek:
Die Deutsche Nationalbibliothek verzeichnet diese Publikation in der Deutschen Nationalbibliografie; detaillierte bibliografische Daten sind im Internet über *http://dnb.dnb.de* abrufbar.

ISBN 978-3-8362-8387-8

1. Auflage 2021

Informationen zu unserem Verlag und Kontaktmöglichkeiten finden Sie auf unserer Verlagswebsite **www.rheinwerk-verlag.de**. Dort können Sie sich auch umfassend über unser aktuelles Programm informieren und unsere Bücher und E-Books bestellen.

Inhalt

20 Kundenszenario 2: Digitalisierung der User Experience im Baugewerbe 687

21 Kundenszenario 3: Neuorganisation und Digitalisierung einer Systemlandschaft 697

22 Kundenszenario 4: Smart in Richtung Customer Experience 709

Vorwort von Sven Feurer (SAP)

Die meisten Unternehmen behaupten, dass ihnen das Kundenerlebnis wichtig sei, aber oft handelt es sich dabei nur um Lippenbekenntnisse. Denken Sie an die Zeiten, in denen Sie die benötigten Informationen auf der Website eines Unternehmens nicht finden konnten, Ihre Online-Bestellung durcheinandergeraten ist oder Sie scheinbar ewig warten mussten, um mit dem Kundenservice zu sprechen. Was muss also geschehen, damit Customer-Experience-Initiativen auch zum Kunden durchdringen?

Fest steht, dass *Kundenorientierung* wichtiger denn je ist. Sie lässt sich allerdings nur schwer durch einzelne Projekte oder Weiterbildungsmaßnahmen im Unternehmen verordnen, sondern muss durch eine nachhaltige Ausrichtung in der gesamten Organisation verankert werden. Hinzu kommt, wie von Colin Shaw (CEO, Beyond Philosophy) einst mit den Worten »Great Customer Experience is a Journey, not a Destination« (siehe Shaw, Colin (2016): The Intuitive Customer) beschrieben, dass Kundenorientierung immer nur der Weg ist, an dessen Ziel man sich im günstigsten Fall annähern kann, das man aber wohl niemals gänzlich erreicht.

Um eine bessere Kundenorientierung zu gewährleisten, muss das Unternehmen zu jedem Zeitpunkt die aktuelle Sicht auf den Kunden über alle Interaktionssysteme hinweg haben, um vollständig zu verstehen, wie diese Interaktion am besten maximiert wird und gleichzeitig alle strukturierten und unstrukturierten Daten dafür genutzt werden können. Am wichtigsten ist es, alle verfügbaren Daten über den Kunden über alle Touchpoints (Kontaktpunkte) hinweg zu nutzen – sowohl online als auch offline. Diese Sicht auf den Kunden ist nur möglich, wenn handelnde Personen mit Systemen und End-to-End-Prozessen verbunden sind, um die entscheidenden Erkenntnisse zu gewinnen, die zum Aufbau von Beziehungen und zum Übertreffen der Erwartungen in den Momenten der Kundeninteraktion erforderlich sind.

Mit besonderer Freude habe ich von der Erstellung dieses Buches erfahren, das viele spannende Einblicke in dem Umgang mit SAP Customer Experience liefert. Ich erinnere mich noch gut an eine der ersten Begegnungen mit Sybit im September 2012. Damals noch unter dem Produktnamen SAP Customer OnDemand bekannt, wurden ausgewählten Partnern die neuen SAP-Sales- und Servicelösungen vorgestellt. Als Partner der ersten Stunde hat sich Sybit seither eine umfassende Expertise aufgebaut – nicht nur über Produkte wie die von SAP einerseits, sondern auch über die Prozesse, die ablaufen können und sollten, um den Kunden bestmögliche Erfahrungen zu ermöglichen – und hier sind keinesfalls nur die technischen Details für die IT-Abteilung gemeint.

Customer Experience wird nur dann erfolgreich sein, wenn die Fachabteilungen – vom Marketing über den Vertrieb und Service bis hin zu den E-Commerce-Teams – diese Prozesse leben und ständig weiter optimieren. Ein Buch, das diese Welten miteinander verbindet, d. h. Customer Experience mit SAP aus einer ganzheitlichen Perspektive betrachtet, hat schlichtweg gefehlt und liegt nun endlich vor.

Für alle, die einen Einstieg in die Welt der Customer Experience suchen, empfiehlt sich Teil I, »Was bedeutet Customer Experience?«, besonders. Hier werden nicht nur grundlegende Begriffe und Aspekte erläutert, sondern die Dringlichkeit und Wertschöpfungspotenziale der gesamten Thematik der Customer Experience aufgezeigt. Weiter geht es dann in Teil II mit einem detaillierten Blick auf die einzelnen Lösungen, die das SAP-Customer-Experience-Portfolio bietet. Teil III stellt schließlich ausgewählte Prozesse mit SAP Customer Experience im Detail vor. In Teil IV erhalten Sie einen Einblick in konkrete CX-Projekte.

Vor allem drei Aspekte stechen hier heraus: Erstens der handbuchartige Charakter, der jedem User einen detaillierten Zugang zu den einzelnen Funktionen der Lösungen verschafft, und zweitens die Fülle an Praxisbeispielen, die auch Nicht-Usern aufzeigen, welche Potenziale und Mehrwerte in der Digitalisierung der entsprechenden Kundenschnittstellen stecken. Drittens steht noch der Integrationsgedanke im Fokus. Für jedes Tool wird beschrieben, wie es sich mit anderen Lösungen kombinieren lässt, welche Integrationsszenarien sich bieten und welche Vorteile es hat, Customer Experience ganzheitlich umzusetzen. Teil III ist dann vielleicht das inhaltliche Herzstück des gesamten Buches. Nirgends sonst wird man eine derart aufschlussreiche und für das CX-Management in Unternehmen hochrelevante Darstellung der einzelnen Prozesse finden, die bei Kundeninteraktionen ablaufen. Allein für diese Darstellung lohnt sich die Lektüre des Buches schon.

Roland Boes und sein Autorenteam haben mit dem vorliegenden Werk etwas Erstaunliches geschaffen. Hier wird zum ersten Mal zusammenhängend die ganze Bandbreite dessen beschrieben, was für das Thema Customer Experience und dessen Management wichtig ist, welche Tools zur Verfügung stehen und wie Unternehmen damit ihre Prozesse optimieren – und hierdurch letzten Endes mehr loyale Kunden gewinnen, das heißt, die schlicht erfolgreicher sind als andere. Das Buch schafft aber nicht nur diesen Überblick, sondern bietet gleichzeitig eine Detailtiefe, die Einsteigern, ebenso wie jahrelangen Anwendern einer bestimmten Lösung, neue praxisrelevante Hilfestellungen zur Implementierung und zur täglichen Anwendung und Optimierung von SAP-Customer-Experience-Lösungen bereitstellt.

Mein besonderer Dank gilt daher Roland Boes und seinem Autorenteam für die wertvollen Beiträge zu diesem Buch sowie Robert Geppert, stellvertretend für das Sybit-Management-Board, für die Unterstützung dieses Projekts.

Ich wünsche Ihnen allen viel Freude beim Lesen und innovative Denkanstöße, die Sie auf Ihrer eigenen Reise zu mehr Kundenorientierung inspirieren und sich mit SAP Customer Experience in der Praxis umsetzen lassen.

Sven Feurer
Senior Director Product Strategy & Operations SAP Customer Experience, SAP SE

Vorwort von Thomas Regele (Sybit)

Wir bei Sybit lieben es, etwas zu bewegen. Vielleicht ist das einer der Hauptgründe, warum wir uns seit Firmengründung mit voller Energie auf das Thema Customer Experience konzentrieren. Customer Experience kann Unternehmen auf vielen Ebenen dabei unterstützen, neue Wege zu gehen und echten Wandel zu erzeugen – und das nicht nur innerhalb der Organisation. Hinter dem Schlagwort *Kundenzentrierung* steht immer eines: die kundenorientierten Prozesse unserer Kunden so zu digitalisieren, dass am Ende die Kunden unserer Kunden eine optimale *Journey* erleben. Diese Bewegungen anzustoßen, ist unsere große Motivation.

Dies ist die große Konstante bei Sybit: Customer Experience bewegt das Business, und wir bewegen begeistert Customer Experience. *Wie* Kundenerlebnisse gestaltet werden können, hat sich im Laufe der Jahre allerdings stark entwickelt – sowohl auf technologischer als auch auf inhaltlicher Ebene. Über alle Bereiche hinweg, von CRM- und Servicethemen über Marketing und vor allem E-Commerce hat sich die Lösungslandschaft mit der Zeit verändert. Und hier meine ich nicht nur den *Move-to-Cloud*. SAP hat viele Zukäufe getätigt, Schnittstellen wurden erweitert und neue Geschäftsmodelle durch neue Softwareapplikationen geschaffen. Sybit hat all diese Veränderungen intensiv und aus nächster Nähe begleitet. Dadurch haben wir heute die Möglichkeit, sämtliche Touchpoints in einer Customer Journey digital abbilden zu können, End-to-End-Prozesse mit digitalen SAP-Tools zu optimieren und diese ganzheitlich zu integrieren – und das ist auch nötig, denn nicht nur die Technologie hat sich verändert, sondern vor allem die *Kundenerwartungen*.

Die *SAP Customer Experience Solutions* ermöglichen einen umfassenden, 360-Grad-Ansatz, um diese Bedürfnisse von Konsumentinnen und Konsumenten einzufangen und sie auf ihrem Weg zu erfolgreichen Geschäftsabschlüssen zu unterstützen. Jetzt versuchen wir, einen umfassenden 360-Grad-Blick auf die Lösungen selbst zu richten – in einem Buch! Dass uns diese Aufgabe zugetraut wurde, ist gleichermaßen eine Anerkennung und auch Herausforderung. Denn für wen soll man es schreiben? Für die IT? Für die Fachbereiche? Wenn ja, für Sales, Marketing, Commerce oder Service? Für SAP-Anwenderinnen und -Anwender oder für Interessierte? Dieses Vorhaben sind wir mit dem Anspruch angegangen, mit dem wir auch unsere Projekte umsetzen: Wir sind spezialisiert auf kundenorientierte *Prozesse* – und diese stehen auch im Buch im Vordergrund; denn sie sind für alle oben genannten Bereiche entscheidend. Mir ist nicht bekannt, dass es im CX-Umfeld schon einmal ein solches Vorhaben gab, d. h., CX-Lösungen und -Prozesse ganzheitlich in einem Dokument zu beschreiben und in Zusammenhang zu bringen – und das auf eine Art und Weise, die hartgesottenen Profis gewinnbringende Insights liefert, dabei aber jederzeit die Relevanz des Themas Customer Experience in all seinen Ausprägungen und Flughöhen aufbereitet. Customer Experience wird Märkte, Industrien und Branchen noch auf lange Sicht umtreiben. Jetzt gibt es erstmalig ein Werk, das es Unternehmen erlaubt, ihren digitalen Weg zu begeisternden Kundenerlebnissen eigenständig vorzuzeichnen.

Dafür, dass unsere Autorinnen und Autoren bereit waren, in vielen Tagen und Stunden ihr Know-how für ein Buch aufzubereiten, möchte ich ganz herzlich Danke sagen. In federführender Rolle gilt mein Dank zuvorderst dem Hauptautor Roland Boes, ohne den die gesamte Publikation schlicht nicht möglich gewesen wäre. Von der inhaltlichen Gesamtübersicht über das Schreiben zahlreicher Kapitel bis hin zur Prüfung der Details lag die Verantwortung für die Qualität dieses Werkes bei ihm. Hervorzuheben sind daneben die vier anderen Hauptautoren Michael Hartung, Thomas Loos, Marco Messinger und Thomas Winter, die ihr gesamtes Expertenwissen aus ihrer langjährigen Erfahrung aus Projekten haben einfließen lassen. Diese Erfahrungen für andere zugänglich zu machen – das darf man nicht vergessen – macht nicht nur Spaß, sondern bedeutet harte Arbeit, in die Ressourcen und Leidenschaft fließen müssen.

An manchen Stellen mussten wir abwägen, wie viel unseres Wissens wir überhaupt darlegen können, ohne den Rahmen dieses Buches zu sprengen. Roland Boes und sein Team haben sich aber genau richtig entschieden. Das Buch handelt vom Thema Customer Experience und von SAP; es ist aber auch ein Stück Sybit. Wir wollen Unternehmen bewegen und Strukturen schaffen, die die Kunden unserer Kunden begeistern. Ich bin mir sicher, dass unser Buch diese Kraft der Bewegung besitzt, und dafür teilen wir unser Wissen sehr gern. Unsere Muttergesellschaft, NTT DATA Business Solutions, steht uns dabei stets zur Seite und räumt uns gleichzeitig den notwendigen Freiraum ein, um kreativ und innovativ zu bleiben. Danke für Euer Vertrauen! Und ein großes Dankeschön geht an alle, die an diesem Buch beteiligt waren!

Thomas Regele
CEO Sybit GmbH

Über dieses Buch

Hatten Sie schon einmal einen perfekten Urlaub? Alles hat gepasst: das Hotel, das Essen, die Umgebung und die Menschen. Sie hatten ein gutes Gefühl beim Ankommen, bei jeder Aktivität, die Gespräche waren anregend und der Service zuvorkommend. Es war eine Erfahrung, die Sie gern wiederholen möchten. Einkaufserlebnisse haben zwar selten eine vergleichbare emotionale Dimension, folgen aber im optimalen Falle der gleichen Logik. Warum kaufen Sie immer wieder im gleichen Shop ein, warum nutzen Sie Services vom gleichen Anbieter oder umgekehrt, warum wechseln Sie Ihre Gewohnheiten, warum suchen Sie neue Wege? Eben weil Sie Ihre Erlebnisse und Erfahrungen stets bewerten, abwägen und vergleichen. Mussten Sie bei Shop A den Retourenversand selbst zahlen? Dann wechseln Sie gegebenenfalls zu Shop B. Wusste das bestellte Technikerteam schon über das Problem Bescheid, oder musste es sogar noch einmal losfahren, weil das entsprechende Ersatzteil nicht im Wagen war? Ist Letzteres der Fall, werden Sie sich vermutlich überlegen, ob es eine Alternative gibt. Das heißt: Nicht nur im Urlaub, auch wenn Sie etwas kaufen oder eine Dienstleistung in Anspruch nehmen, wünschen Sie sich, dass Ihre Bedürfnisse schnellstmöglich erkannt und zu Ihrer Zufriedenheit erfüllt werden. Sonst sind Sie im Zweifel auch bereit, andere Möglichkeiten auszuloten – und diese sind in einer immer digitaler werdenden Welt nur einen Klick entfernt.

Die Digitalisierung macht es Ihnen noch leichter, Angebote zu vergleichen. Sie können z. B. ganz einfach eine Suchmaschine benutzen. Relevante Informationen zu Produkten oder Problembehebungen erhalten Sie schnell über unterschiedliche Quellen. Der Anspruch der Kunden ist damit unweigerlich gestiegen. Sie sind sprunghafter, versuchen zu optimieren und sind intoleranter gegenüber Schwierigkeiten. Die Digitalisierung hat es Unternehmen also schwerer gemacht, Kunden zu gewinnen und zu halten. Die Digitalisierung – und das ist der springende Punkt – ist allerdings Problem und Lösung zugleich. Denn Unternehmen können digitale Lösungen einsetzen, um die Bedürfnisse ihrer Kundschaft systematisch in den Mittelpunkt ihrer Aktivitäten zu stellen. Genau das ist entscheidend, wenn wir von *Customer Experience* (CX) sprechen. Wie die Customer Experience, also die Kundenerfahrung, mit digitalen Mitteln verbessert werden kann, steht im Mittelpunkt dieses Buches.

Inhalt und Aufbau des Buches

Dieses Buch folgt dem Grundgedanken, Ihnen einen holistischen Überblick über die Digitalisierung von Kundenschnittstellen mit SAP-Lösungen zu bieten. Deshalb legen wir auf die folgenden Aspekte großen Wert:

1. Jede einzelne CX-relevante Lösung wird im Detail beleuchtet, bewertet und in den größeren Kontext eingeordnet.
2. Es wird aufgezeigt, wie die Systeme ineinandergreifen und zusammenarbeiten und vor allem, warum sie zusammengedacht werden sollten.
3. Die verschiedenen Perspektiven, Herausforderungen und Vorteile der relevanten Interessensgruppen werden aufgearbeitet – seien es die IT, die Fachbereiche Vertrieb, Service, E-Commerce und Marketing und eben am Ende die Kunden.

Diesen ganzheitlichen Grundgedanken verfolgt das Buch mit verschiedenen Ansätzen, die Ihnen am Ende einen übergreifende Blick auf das Thema Customer Experience verschaffen sollen: mit detaillierten Lösungs- und Funktionsbeschreibungen, umfangreichen Prozessanalysen, aufgearbeiteten Integrationsszenarien, zahlreichen Best Practices und anwendungsbezogenen Use Cases.

Das Buch ist in vier Teile gegliedert. In **Teil I**, »Was bedeutet Customer Experience?«, starten wir mit einer generellen und ausführlichen Einordung der Customer Experience. Wir beantworten die Fragen: Was ist Customer Experience eigentlich, wo kommt sie her, und was ist sie nicht? In **Kapitel 1**, »Customer Experience: Einordnung und Abgrenzung«, setzen wir zunächst zentrale Begrifflichkeiten rund um die Customer Experience in den richtigen Kontext, z. B. Kundenerlebnis vs. Kundenerfahrung, grenzen die Begriffe Customer Experience und Customer Relationship Management (CRM) voneinander ab und zeigen auf, was *Touchpoints* und *Customer Journeys* unterscheidet und wie sie zusammenhängen. In **Kapitel 2**, »Customer Experience im digitalen Zeitalter: Wandel, Bedeutung und Trends«, beschäftigen wir uns mit der Bedeutung der Customer Experience. Zentral geht es hier um den Wettbewerbsfaktor: Warum ist Customer Experience wichtig? Vor welchen Herausforderungen stehen die IT-Abteilung und die Fachbereiche Service, Vertrieb, Marketing und E-Commerce heute? Wie können sich Unternehmen mittels Customer Experience von der Konkurrenz abheben?

Ans Eingemachte geht es dann in **Teil II**, »SAP-Customer-Experience-Lösungen«. Hier nehmen wir die einzelnen SAP-Lösungen unter die Lupe. Gerade das Anfangskapitel eignet sich für all jene, die sich im Feld E-Commerce bewegen oder bewegen möchten. Denn in **Kapitel 3**, »SAP Commerce Cloud«, zeigen wir Ihnen, warum die SAP Commerce Cloud ein schlagkräftiges Werkzeug für die Gestaltung von Customer Journeys und zur Schaffung von Experience im E-Business-Umfeld ist, egal ob über Corporate Websites, Kunden- oder Serviceportale. Im Detail beschäftigen wir uns u. a. mit Produktdaten- und Order Management, mit Navigation, Branchenlösungen und Frontend (Headless und Spartacus) sowie mit Infrastruktur und Administration und zeigen integrative Szenarien.

Weiter geht es mit **Kapitel 4**, »SAP-Customer-Data-Lösungen«. Nach einer Einführung und Einordnung erläutern wir hier, wie genau SAP mit der SAP Customer Data

Cloud und der SAP Customer Data Platform entscheidende Schritte in Richtung Master Data Governance geht. Besonders interessant ist dieses Kapitel also für Unternehmen, die eine große Menge an Kundendaten beherrschen und diese gewinnbringend einsetzen möchten.

In **Kapitel 5**, »Experience Management mit Qualtrics«, beschäftigen wir uns mit einer Lösung, die die Customer Experience für Unternehmen transparenter und greifbarer macht und unterschiedliche kundenorientierte Bereiche umfasst. Wir erklären, wie Unternehmen mit Qualtrics CX-Umfragen erstellen und anhand der erhobenen Daten Kunden, Produkte, Marken und Beschäftigte verstehen lernen. Zum Abschluss stellen wir entsprechende Integrationsszenarien vor.

Die Schnittstellen und Mehrwerte von Qualtrics sind für den Fachbereich Marketing unübersehbar. In **Kapitel 6**, »SAP Marketing Cloud«, und **Kapitel 7**, »SAP Emarsys Customer Engagement«, erfahren Sie, warum eine Marketingautomatisierung der Gamechanger bei der Digitalisierung von CX-Prozessen sein kann. In **Kapitel 6**, »SAP Marketing Cloud«, schauen wir uns im Detail digitale Marketingprozesse in der SAP Marketing Cloud an, ebenso wie unterschiedliche Geschäftsszenarien. Wir analysieren die Kampagnen- und Journey-Orchestrierung und legen dar, wie das Lead- und Account-based Marketing mit der SAP Marketing Cloud funktioniert.

In **Kapitel 7**, »SAP Emarsys Customer Engagement«, schlüsseln wir die Zutaten, die SAP Emarsys Customer Engagement für eine perfekt abgestimmte One-to-One-Kommunikation liefert, auf. Ob Datenintegration, Automatisierungsfunktionen, Mehrkanalfähigkeiten oder durch künstliche Intelligenz gestützte Prozessketten: Wir erläutern die zentralen Aspekte und geben u. a. eine detaillierte Plattform- und Funktionsübersicht.

Vom Marketing wechseln wir in den Vertrieb und setzen uns in **Kapitel 8**, »SAP Sales Cloud«, in aller Ausführlichkeit mit der SAP Sales Cloud auseinander. Die SAP Sales Cloud ist die zentrale Lösung der SAP-Customer-Experience-Suite zur Unterstützung von Vertriebsprozessen und ermöglicht es, digitale Vertriebserlebnisse im CX-Umfeld zu realisieren. Dazu schauen wir im Detail auf alle relevanten Funktionen und Anwendungsgebiete, wie beispielsweise Stammdaten-, Gebiets, Lead und Opportunity Management, Angebote, Aktivitäten und Vertriebszielplanung. Wir erläutern Reporting und Analytics im Vertrieb sowie Retail Execution und legen u. a. die Vorteile der SAP Sales Cloud dar. Am Ende des Kapitels beleuchten wir unterschiedliche Integrationsszenarien und das Zusammenspiel mit anderen Lösungen.

Wie der Vertrieb den gesamten Angebotsprozess auf noch effizientere Beine stellen und damit eine besser Customer Experience gestalten kann, erfahren Sie in **Kapitel 9**, »SAP CPQ«. Beim Thema Konfiguration wird nämlich oft vergessen, dass gerade der Vertrieb der Fachbereich ist, der mittels Angebotskonfiguration Verkäufe erfolgreicher gestaltet. Wir erläutern in diesem Kapitel, warum SAP CPQ die perfekte Ergänzung im SAP-Customer-Experience-Portfolio ist, die in die Lücke zwischen Vertriebs-CRM und Kundenplattform/Website stößt. Dazu erläutern wir u. a. die Produktidentifikation und die Produktkonfiguration im Zusammenspiel mit der Angebotskonfiguration, blicken auf das Angebotsmanagement und zeigen auch hier Integrationsszenarien auf.

In **Kapitel 10**, »SAP Subscription Billing«, folgt eine thematisch naheliegende Betrachtung von SAP Subscription Billing. Wir zeigen Ihnen, wie diese Lösung eine automatisierte Abrechnung von Bestellprozessen ermöglicht.

In **Kapitel 11**, »SAP Service Cloud«, steht die SAP Service Cloud im Mittelpunkt. Der Leitgedanke besteht darin aufzuzeigen, warum die SAP Service Cloud das Tool ist, das es ermöglicht, Kunden aktiv am Serviceprozess teilhaben zu lassen, und so mit ihnen zu kommunizieren, wie sie es aus ihrem privaten Alltag kennen: digital und bruchfrei. Nach einer allgemeinen Einführung und Erläuterungen zu den Stammdaten schauen wir uns die zentralen Features der Lösung an, u. a. das Ticketsystem, die Intelligent Service Cloud, die Ressourcenplanung, das Qualifikationsmanagement und die Zeiterfassung. Wir schauen auf Angebote und Aufträge, auf Analytics im Service und auf mobiles Arbeiten mit der App. Auch hier schließen wir mit ausführlichen Integrationsszenarien.

Da vor allem im Service die Formel »Wissen ist Macht« gilt, geht es im anschließenden **Kapitel 12**, »Wissensmanagement«, um das Knowledge Management. Dabei zeigen wir, wie Sie mit dieser Lösung das Wissen den richtigen Personen am passenden Ort zur Verfügung stellen. Wir stellen Ihnen die Lösung SAP Knowledge Central by NICE vor und beschreiben mögliche Integrationsszenarien.

Ihren Kunden relevantes Wissen in Echtzeit zur Verfügung zu stellen, ist ein wichtiger Schlüssel zur verbesserten Customer Experience. Dies gelingt häufig am schnellsten über einen Chat. In **Kapitel 13**, »SAP Conversational AI«, analysieren wir daher SAP Conversational AI – einen intelligenten Chatbot. Wir zeigen u. a. den modularen Aufbau der Lösung und wie Chatbots im Kundenservice funktionieren und die Beschäftigten entlasten können.

Es gibt aber auch Problemstellungen, bei denen das Bereitstellen von Informationen nicht mehr ausreicht. Wenn eine Maschine defekt ist, brauche ich eine Technikerin oder einen Techniker – ein Scheideweg für eine gute oder schlechte Customer Experience. Zu klären, wie das Management und die Planung von Technikeinsätzen bestmöglich ablaufen können, ist Aufgabe von **Kapitel 14**, »SAP Field Service Management«. Hier beschäftigen wir uns mit SAP Field Service Management und SAP Crowd Service, blicken u. a. auf Serviceabrufe, Einsatzplanungen, auf die entsprechende App für das Servicetechnikteam und auf Analytics. Speziell zu SAP Crowd Service schauen wir uns Crowd Workforce und Crowd-Partner an und entschlüsseln Integrationsszenarien.

Den Abschluss von Teil II dieses Buches macht **Kapitel 15**, »Ergänzende SAP-Lösungen«, in dem wir ergänzende SAP-Customer-Experience-Lösungen analysieren, die bei einer ganzheitlichen Betrachtung, Konzeption und Realisierung von CX-Prozessen relevant werden. Wir erläutern hier, wie die SAP Business Technology Platform (SAP BTP) zur technologischen Grundlage für Geschäftsanwendungen wird und stellen die Extension Factory (KYMA) vor, ein auf Kubernetes basierendes Open-Source-Projekt, um Anwendungen durch sogenannte serverlose Funktionen oder um eine Microservice-Architektur zu erweitern. Ebenfalls blicken wir auf das SAP Asset Intelligence Network, ein Werkzeug, das dem Nutzer ein übergreifendes Bild aller seiner in seinem Unternehmen eingesetzten Maschinen bietet. Abschließend beleuchten wir SAP Customer Management (SAP S/4HANA Service), eine umfassende Lösung mit hoher Flexibilität, die es erlaubt, komplexeste Serviceprozesse abzubilden, und grenzen sie zur SAP Service Cloud ab.

Die richtigen digitalen Lösungen einzusetzen, wie sie in Teil II beschrieben werden, ist einer von mindesten zwei wichtigen Schritten, um die Customer Experience Fixpunkt des Unternehmens werden zu lassen. **Teil III**, »Ausgewählte Prozesse mit SAP Customer Experience«, dieses Buches widmet sich dem zweiten Schritt. Hier setzen wir uns intensiv mit der Herausforderung auseinander, übergreifende CX-Prozesse zu gestalten und umzusetzen. Wir zeigen anhand zahlreicher differenzierter CX-Szenarien, wie entsprechende Prozesse aus Kundensicht ablaufen können und sollten und wie Unternehmen sie steuern und abbilden können.

In **Kapitel 16**, »CX-Szenarien im Service und After Sales«, behandeln wir dazu das Themengebiet CX-Szenarien im Service und After Sales. Unter anderem analysieren wir die Prozesse zu Omnichannel-Reklamationen mit AI, die Servicemeldung mit Servicetechnikereinsatz, das After Sales bzw. den Ersatzteilshop, Serviceportale, das Online Repair und das digitale Partnermanagement.

Vom Service geht es in **Kapitel 17**, »CX-Szenarien im Vertrieb«, zum Vertrieb. Wir werfen einen detaillierten Blick auf die Vertriebssteuerung, auf Shop-Prozesse in B2B und B2C, auf die Shop-Konfiguration mit Lead-to-Order, Opportunity-to-Cash und Perfect Store.

Kapitel 18, »CX-Szenarien in Vertrieb und Marketing«, nimmt dann CX-Szenarien in Vertrieb und Marketing unter die Lupe: Messebesuche mit Lead Nurturing, Warenkorbabbruch, Buyer Enablement sowie das Experience Management im B2B- und B2C-Bereich.

Zu allen Prozessen, die wir in Teil III dieses Buches darlegen, liefern wir ausführliche User Stories, Modelle, Prozessvarianten, Integrationsszenarien, Architekturen und Best Practices. Teil II und III dieses Buches sollen Sie in die Lage versetzen zu verstehen, wie genau sich zukunftsweisende digitale Kundenprozesse bei Ihnen umsetzen lassen, was für Vorteile sich ergeben und wie Sie Herausforderungen angehen können. Sie bieten Ihnen also wertvolles Rüstzeug, um die Customer Experience effizient und effektiv zu Ihrem Vorteil zu gestalten.

Teil IV, »Ausgewählte Projektbeispiele«, ist Unternehmen gewidmet, die diesen Weg bereits erfolgreich gegangen sind. Wir zeigen hier ausgewählte CX-Projektbeispiele aus unterschiedlichsten Branchen mit einer großen Bandbreite an Szenarien. Hier können Sie sich wertvolle Inspiration holen, z. B. zur Customer Experience als Innovationsfaktor der digitalen Transformation im Maschinenbau (**Kapitel 19**, »Kundenszenario 1: CX als Innovationsfaktor im Maschinenbau«), zu Vertrieb und Service im Handwerker- und Baugewerbe (**Kapitel 20**, »Kundenszenario 2: Digitalisierung der User Experience im Baugewerbe«). Hier erfahren Sie, wie die Neuorganisation und Digitalisierung einer Systemlandschaft (**Kapitel 21**, »Kundenszenario 3: Neuorganisation und Digitalisierung einer Systemlandschaft«) funktioniert und wie smarte Ansätze Customer Experience (**Kapitel 22**, »Kundenszenario 4: Smart in Richtung Customer Experience«) auf ein neues Level gehoben haben. In **Kapitel 23**, »Kundenszenario 5: CX-Projekte in kurzer Zeit realisieren«, liegt der Fokus darauf, wie Sie schnell den Einstieg in die CX-Welt schaffen. Abschließend widmen wir uns einer umfassenden CX-Vision (**Kapitel 24**, »Kundenszenario 6: Alle CX-Lösungen auf einmal einführen«) und beschreiben, wie integrierte Sales- und Marketingprozesse zu einer 360-Grad-Marktbearbeitung führen (**Kapitel 25**, »Kundenszenario 7: Mit integrierten Vertriebs- und Marketingprozessen zur 360-Grad-Marktbearbeitung«).

CX-Systeme sind nur aussagekräftig und sinnvoll, wenn sie intelligent in Backendsysteme integriert und die zugehörigen CX-Prozesse übergreifend gestaltet sind. Das SAP-ERP-Backendsystem bzw. das SAP S/4HANA-Backendsystem bilden i.d.R. die Grundlage für diese Integration. Sei es durch das Bereitstellen von Stammdaten oder der Unterstützung von ressourcenbezogenen Prozessschritten in der Warenbewegung oder in der Auftragsbearbeitung. In den ersten drei Teilen dieses Buches (Kapitel 1 bis 18) wird ausschließlich der Begriff SAP S/4HANA verwendet, um Verwirrungen zu vermeiden. Nicht alle beschriebenen Integrationsszenarien, die für SAP ERP verfügbar sind, sind zum Zeitpunkt der Veröffentlichung bereits für SAP S/4HANA in vergleichbarer oder identischer Form verfügbar. Kurz- bis mittelfristig werden aber sämtliche Szenarien 1:1 verfügbar sein oder durch Produkte ersetzt, die ausschließlich für SAP S/4HANA angeboten werden. In Teil IV, in dem Projekte aus der Retrospektive beleuchtet werden, wird die Unterscheidung zwischen SAP S/4HANA und SAP ERP aber vorgenommen.

Hinweise zur Lektüre

In den einzelnen Kapiteln dieses Buches finden Sie viele grau hinterlegte Informationskästen, die Ihnen wichtige und interessante Zusatzinformationen liefern. Neben diesen Kästen sehen Sie verschiedene Symbole, die Ihnen die Orientierung erleichtern sollen:

[+] Mit diesem Symbol haben wir Tipps gekennzeichnet, die Ihnen spezielle Empfehlungen zur Arbeitserleichterung geben.

[«] Dieses Symbol steht für wichtige Hinweise im jeweiligen Kontext, weiterführende Themen oder kleine Exkurse.

[zB] Wenn das besprochene Thema anhand von praktischen Beispielen erläutert und vertieft wird, machen wir Sie mit diesem Symbol darauf aufmerksam.

CX-Prozesse sind komplex. Da die grafische Darstellung mancher Abläufe in ihrer Gesamtheit den Rahmen dieses Buches sprengen würden, finden Sie unter *www.sap-press.de/5319* detaillierte Schaubilder.

In Kapitel 16 bis Kapitel 18 stellen wir Ihnen praxisnahe CX-Szenarien vor. Dazu nutzen wir Personas, die Sie in mit diesem Symbol markierten Steckbriefen kennenlernen.

Danksagung

Die vier inhaltlichen Teile des Buches geben einen tiefen Einblick in das Thema Customer Experience und wie man sie mit SAP-Lösungen gestaltet. Es sind viel Leidenschaft, Arbeit und vor allem Know-how in einer Fülle eingeflossen, die nicht selbstverständlich für eine öffentliche Publikation sind. Besonderer Dank gilt daher all jenen, die an diesem Buch mitgewirkt haben.

Neben den Hauptakteuren haben zusätzlich vor allem Ramona Dumicz, Robin Elmanowski und Dr. Anders Landig für ihren arbeitsintensiven Einsatz in Bezug auf die inhaltliche Ausarbeitung und Qualitätssicherung besonderen Dank verdient.

Last, but not least geht ein großes Dankeschön an alle weiteren Unterstützerinnen und Unterstützer, die durch ihre zahlreichen Beiträge, sei es inhaltlicher, organisatorischer und/oder grafischer Natur, in großem Maße zum Gelingen dieses Buches beigetragen haben. Hier sind zu nennen: Youssef Azbakh, Saskia Cempel, Harjin Esmael, Raphael Fehrenbach, Benjamin Fielitz, Kay Gamito, Patrick Gerken, Dirk Harzer, Julia Holzapfel, Jana Kiechle, Jean-Paul Kindl, Thomas Klösener, Anna-Maria Kobe, Eugen Michel, Felix Niemann, Sandra Pfanner, Matthias Reiner, Laura Röhling, Philipp Schinko, Mona Schlimper, Jörn Schulz, Isabelle Schürrle, Cindy Schwendele, Irina Schwert und Aenna Soetbeer.

Jetzt bleibt uns nur noch, Ihnen viel Spaß beim Lesen zu wünschen!

Roland Boes, Michael Hartung, Thomas Loos, Marco Messinger und **Thomas Winter**

TEIL I

Was bedeutet Customer Experience?

Die Frage nach der Bedeutung von Customer Experience teilt sich in mindestens zwei Ebenen: was man unter Customer Experience versteht und wozu wir sie brauchen. Auf beide Fragen möchten wir Ihnen im ersten Teil dieses Buches Antwort geben. Kapitel 1 und Kapitel 2 fassen die Grundlagen des Customer Experience Managements so zusammen, dass für die involvierten Personen die Dringlichkeit dieses Themas und entsprechende Handlungsansätze deutlich werden. Wir stellen nicht nur gängige Begrifflichkeiten und Modelle vor, sondern gehen im Detail auf die einzelnen Fachbereiche und übergreifende Strategien ein. Customer Experience ist nicht ohne Grund das Thema der Stunde, denn Customer Experience bringt Wertschöpfung. Wie das aussieht, lesen Sie hier.

Kapitel 1
Customer Experience: Einordnung und Abgrenzung

Bevor Sie in die Details von SAP Customer Experience eintauchen und Ihre eigenen Unternehmensprozesse optimieren, leiten wir in diesem Kapitel ganz grundsätzlich und praxisorientiert in das Thema dieses Buches ein. Wir erklären zentrale Begrifflichkeiten und zeigen Ihnen, warum Sie Ihr Business nicht mehr selbst leiten, sondern Ihre Kunden.

Es ist nicht möglich, *keine* Customer Experience (CX) zu bieten. Was heißt das für Ihr Unternehmen, und was heißt es nicht? Und warum tritt dadurch in den Hintergrund, was Sie verkaufen? In diesem Kapitel klären wir, was Kunden heute wirklich möchten – und wie Sie dies zu Ihrem Vorteil nutzen können.

1.1 Was möchten Kunden?

In der auf Zukunftsfragen ausgerichteten Business-Zeitschrift »Fast Company« findet man einen bemerkenswerten Artikel mit dem Titel »The Customer Experience«. Darin sagt Jerry Gregoire über die Customer Experience:

> *Building a great company on the Web isn't about »aggregating eyeballs,« »increasing stickiness,« or embracing any of the other slogans that masquerade as strategy. It's about rethinking the most basic relationship in business: the one between you and your customers. How well do you meet their needs? How smoothly do you solve their problems? How quickly do you anticipate what they'll want next? The real promise of the Web is a once-and-for-all transfer of power: Consumers and business customers will get what they want — when and how they want it, and even at the price they want. Jerry Gregoire, 47, chief information officer at Dell, puts it this way: »The customer experience is the next competitive battleground.« (Quelle: Kirsner, Scott (1999): The Customer Experience, Fast Company, https://www.fastcompany.com/56447/customer-experience)*

Das bemerkenswerte an diesem Artikel von Scott Kirsner und dem Zitat von Jerry Gregoire, IT-Leiter bei Dell, ist weniger der erhellende Inhalt als vielmehr der Zeitpunkt seines Erscheinens: 1999. Gut 20 Jahre später beschäftigt uns das Thema Customer Experience mehr denn je. Jerry Gregoire hat mit seiner Vorhersage ins Schwarze getroffen. Warum ist das so?

Die Digitalisierung hat in den letzten Jahren nicht nur ganze Industrie- und Geschäftszweige transformiert, sondern auch dafür gesorgt, dass ein aberwitzig großes Informations- und Kaufangebot sowohl für private als auch für berufliche Zwecke nur einen Klick entfernt ist. Es verhält sich eben nicht wie mit der Bäckerei unten an der Straße, in der man auf dem Heimweg einkauft, weil sie nah ist, und dann mitunter auch über die Unfreundlichkeit der Angestellten hinwegsieht. Hier geht man nicht extra zwei Straßen weiter; in der digitalen Welt sieht das jedoch ganz anders aus.

Fast jedes Unternehmen kann heute damit rechnen, dass das gleiche Produkt nur einige Klicks weiter von jemand anderem verkauft wird. Dies ist die Krux: *Was* ich anbiete, tritt in den Hintergrund, *wie* ich etwas anbiete, wird hingegen zum erfolgskritischen Faktor. Hier kommt die Customer Experience ins Spiel. Customer Experience ist die Summe der Interaktionen der Kunden mit einem Unternehmen: von der Konsultierung des Informationsangebots über Mitarbeitende und Prozesse bis hin zum Kauf eines Produkts. Im Deutschen unterscheidet man dabei noch zwischen einem *Kundenerlebnis* und einer *Kundenerfahrung*. Während man unter einem Kundenerlebnis eher eine qualitative, spontane Reaktion versteht, also z. B. wie sich etwas anfühlt oder wie etwas wahrgenommen wird, bezieht sich die Kundenerfahrung mehr auf einen reflektierten Vorgang, also z. B. auf die aktive Bewertung eines Erlebnisses oder das Abwägen eines Urteils aufgrund der eigenen Erlebnisse. Die Gesamtheit der gesammelten Erlebnisse und Erfahrungen über alle *Touchpoints*, also alle Kontaktpunkte hinweg und über die gesamte Zeitachse der Beziehung zu einem Unternehmen ist dann die Customer Experience.

Customer Experience ist also keine partikulare Erscheinung, die nur für einzelne *kundenorientierte Prozesse* – also z. B. nur für ein Vertriebsgespräch oder einen Newsletter – relevant ist. Sie muss vielmehr als holistisches Konzept verstanden werden, das sich auf alle die Kunden betreffenden Vorgänge auswirkt, sowohl außerhalb als auch innerhalb von Organisationen. Hier gibt es eine gute und eine herausfordernde Nachricht:

- Die herausfordernde Nachricht lautet: Wer auch immer in irgendeiner Form geschäftlich tätig ist, d. h. Kunden etwas anbietet, bietet ebenso eine Customer Experience. Diese kann miserabel oder hervorragend sein, aber in jedem Fall *ist* sie vorhanden.
- Die gute Nachricht lautet, dass Unternehmen direkten Einfluss auf die Art und Weise haben, wie Kunden mit ihnen interagieren – und damit ist Customer Experience auch kein Mysterium, sondern ein kontrollierbarer, messbarer und rentabler Handlungsansatz.

So vielfältig angebotene Produkte, Dienstleistungen und die entsprechenden Organisationen in den Märkten dieser Welt sind, so vielfältig sind auch die Customer Experiences. Es gibt aber grundsätzliche Rahmenbedingungen, die jedes Unternehmen identifizieren kann, um aktiv in den Prozess der Kundenerlebnisse und -erfahrungen einzugreifen und sie zu optimieren.

Über alle Branchen hinweg gilt: Kunden sind informierter und anspruchsvoller als je zuvor. Sie erwarten ein Maximum an Relevanz und Reaktionsschnelligkeit bei jedem Kontakt mit einem Unternehmen, ob es Werbung ist, das persönliche Verkaufsgespräch oder ob es sich um Online-Services wie Shops und Portale handelt.

Das heißt für Unternehmen, dass sie vor allem zwei wichtige Aufgaben haben:

1. zu identifizieren, an welchen Touchpoints, Kunden überhaupt mit ihnen interagieren
2. sich damit auseinanderzusetzen, wie überhaupt der Weg aussieht, den Kunden klassischerweise gehen, *bevor* sie ein Produkt kaufen

Das Wissen um diese *Customer Journey* ist der fundamentale Baustein, wenn es darum geht, die Customer Experience zu verbessern. Welche Schritte gehen die Kunden? Welche Fragen haben sie? Welche Aktivitäten stoßen sie an, welche Informationen stehen ihnen zur Verfügung, und wo gibt es Hürden? Was tun sie normalerweise nach dem Kauf?

Abbildung 1.1 zeigt die Phasen einer Customer Journey: vom Interesse über den Kauf und Service bis hin zur Kundenbindung und Loyalität.

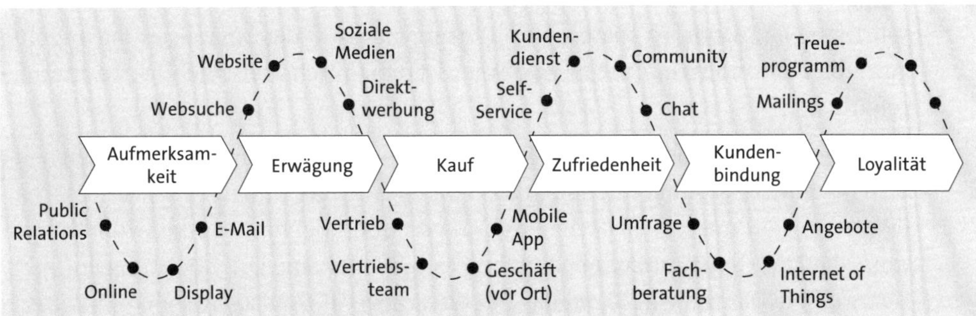

Abbildung 1.1 Klassische Customer Journey mit einzelnen Phasen

Abbildung 1.2 zeigt typische Kontaktpunkte wie Web, soziale Medien oder E-Mail, die in der Customer Journey aufseiten der Kunden oder Unternehmen genutzt werden.

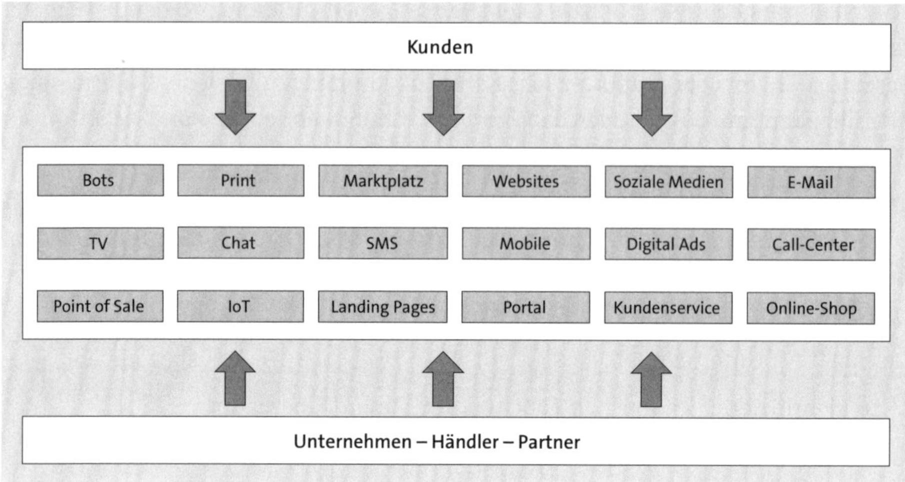

Abbildung 1.2 Übersicht möglicher Customer Experience Touchpoints für Kunden, Fachbereiche, Händler und Partner

Nach früheren, veralteten Auffassungen bewegen sich Kunden auf ihrem Weg zu Kaufabschlüssen (und darüber hinaus) linear, und zwar in einer definierten Abfolge von Schritten, die von dem jeweiligen Fachbereich innerhalb eines Unternehmens gesteuert werden. Dieses Modell teilt Marketing, Vertrieb, Commerce und Kundenservice in unabhängige Bereiche mit separaten Prozessen, Tools und Zielen ein. Durchläuft ein Kunde bzw. eine Interessentin nicht mehr die Touchpoints, die dem jeweiligen Bereich zugeordnet sind, wird er oder sie einfach weitergereicht und vergessen. Dieses alte Model ist spätestens mit dem Fortschritt der Digitalisierung ungültig geworden. Die moderne Customer Journey ist dynamisch, vielschichtig und alternierend.

Nach wie vor gilt jedoch, dass sich Konsumenten und Konsumentinnen selten beim ersten Berührungspunkt mit einem Produkt oder Unternehmen zum Kauf entscheiden. Dazu sind meist mehrfache Erfahrungen und Erlebnisse nötig. Grundsätzlich muss die Zielgruppe immer erst auf ein Produkt oder eine Dienstleistung aufmerksam werden. Danach wird dann das Interesse geweckt. Erst so entsteht der Wunsch nach dem Produkt, der im besten Fall zu einer Handlung führt. Diese Handlung nennt man auch *Conversion*. Die Conversion kann ein Kauf oder ein Auftrag sein. Je nach Zielsetzung zählt man als Conversion aber auch einfach die Anmeldung zu einem Newsletter, den Download eines Whitepapers oder die Teilnahme an einem Webinar.

Im digitalen Zeitalter gilt aber im Gegensatz zu früher, dass die Customer Journey prinzipiell überall beginnen und sich in Schritten bewegen kann, die nicht notwendigerweise aufeinander aufbauen. Das hängt wiederum mit den mannigfaltigen (digitalen) Touchpoints zusammen, die zur Verfügung stehen. Neben den offensichtlichen, direkten Interaktionspunkten, wie z. B. Websites, sozialen Medien oder Kontaktformularen, sind hier insbesondere auch die indirekten Kontaktpunkte zu berücksichtigen. Entscheidend an diesen Touchpoints ist, dass hier die Meinung Dritter über eine Marke, ein Produkt oder eine Serviceleistung präsentiert bzw. eingeholt wird. Klassische Beispiele sind Bewertungsportale, User-Foren oder Blogs.

[«]

Customer killed the Company Star

Kundenerwartungen und damit die Customer Experience sind mit der Digitalisierung zum entscheidenden Erfolgsfaktor am Markt geworden. Heute sind Kunden untereinander vernetzt und vor allem besser informiert als je zuvor. Sie haben sich im Privatleben an neue, optimierte Konsummodelle gewöhnt und diesen Anspruch in ihre Arbeitsstätte getragen.

Neu ist, dass Unternehmen erstmals in der Geschichte nicht mehr die Informationshoheit besitzen. Oft beziehen Kunden ihre Informationen von Dritten. Entscheiden Sie sich dann, mit einem Unternehmen in Kontakt zu treten, ist erstens nicht klar, auf welchem Schritt sie sich in ihrer Customer Journey befinden. Zweites erwarten sie nichtsdestotrotz, dass ihre Bedürfnisse in Echtzeit berücksichtigt werden und sie sich auf mehreren Kanälen weiter informieren, einen Kauf tätigen oder Unterstützung erhalten können. Dabei empfinden sie es als selbstverständlich, dass Touchpoints personalisiert und ihre Daten als Grundlage für künftige Interaktionen genutzt werden. Nichts ist schlimmer, als Produktwünsche, Serviceansprüche oder sonstige Anliegen zweimal zu erklären. Kunden haben damit im digitalen Zeitalter die Macht erworben, eigenständig auf ihre Customer Journey einzuwirken und ihre Reise mitzubestimmen.

Nach der (ersten) Conversion ist die Customer Journey keinesfalls zu Ende. Oft beginnen hier erst die Touchpoints des After-Sales-Geschäfts und der Kundenbetreuung, inklusive des Kundenservice, der Wartung oder im ungünstigsten Fall des Beschwerdemanagements.

Das grundlegende Verständnis der gesamten Customer Journey mit ihren unterschiedlichen Touchpoints ist Grundvoraussetzung für eine kundenzentrierte Strategie. Wichtig ist, dass jede Reise einzigartig ist, weil die Kunden aktiv mitbestimmen, an welchem Punkt sie in welchen Prozess einsteigen. Damit die Reise aus Ihrer Perspektive erfolgreich abläuft, sollte die Strategie also lauten, die Kunden an jedem Touchpoint der Customer Journey in den Mittelpunkt zu stellen. So schaffen Sie nachhaltig eine positive Customer Experience.

Inhaltlich und prozessual unterscheiden sich Touchpoints und Customer Journeys in Unternehmen sehr stark, je nachdem, welche Produkte oder Services man anbietet oder ob es um den Einzel- oder Online-Handel geht. Eine grundsätzliche Unterscheidung betrifft auch den Kontext, in dem sich die Kunden bewegen: Sind sie in einem beruflichen Rahmen unterwegs oder privat? In ersterem Fall spricht man auch von einer B2B-Geschäftsbeziehung (Business-to-Business), d. h. einer Beziehung zwischen zwei oder mehreren Unternehmen. Die Bezeichnung B2B kann hier allerdings Verwirrung stiften, da in der B2B-Beziehung der Kunde nur rein namentlich ein Unternehmen ist; denn Unternehmen können keine Customer Experience haben. Tatsächlich werden in diesem Zusammenhang unter den Kunden immer *die das Unternehmen repräsentierenden Menschen* verstanden. Deshalb sollten auch B2B-Unternehmen an Customer Experience denken, genau wie in B2C-Geschäftsbeziehungen (Business-to-Consumer), in denen Unternehmen per definitionem in geschäftlichen Beziehungen zu Privatpersonen stehen.

Dennoch unterscheiden sich Touchpoints und Customer Journeys in beiden Bereichen stark voneinander. Kaum jemand wird sich beispielsweise zuerst auf einer Fachmesse über Anbieter von Speiseeis informieren, bevor er am Kühlregal zu seiner Lieblingssorte greift. Andererseits wird auch niemand eine Fertigungsstraße für Metallplatten am Telefon bestellen, weil er gerade eine ansprechende Werbesendung im Shopping-Kanal gesehen hat. Es gibt aber auch Gemeinsamkeiten in beiden Welten, was vor allem an der psychologischen Entwicklung von B2B-Entscheidungen liegt. Längst informieren sich auch B2B-Kunden vorab vor allem über das Internet und verlangen, dass für sie relevante Informationen aufbereitet und jederzeit verfügbar sind. Auch ein Betreiber der oben angesprochenen Fertigungsstraße will über eine App Ersatzteile bestellen und darüber informiert werden, wie die Anlage performt.

Dieses Buch – und die entsprechenden SAP-Lösungen – decken beide Bereiche vollumfänglich ab. Wir haben allerdings darauf verzichtet, in jedem einzelnen Fall zu erwähnen, ob ein Feature, ein Prozess oder ein Use Case zu einem B2B- oder B2C-Szenario gehört. Es wird aber immer anhand des Kontextes ersichtlich sein, welche Anwendungsfälle relevant und gemeint sind.

Neben den angesprochenen Touchpoints und Customer Journeys gibt es aber noch eine dritte Dimension, die für die Customer Experience entscheidend ist und die Unternehmen aktiv gestalten können: das System aus Software und digitalen Kollaborationsplattformen, das die Grundlage für Daten, Kommunikation und Prozesse zwischen Unternehmen und Kunden bildet. Vor allem um diese dritte Dimension geht es in diesem Buch. Wie kann Software so eingesetzt werden, dass sich neue, effizientere und effektivere Möglichkeiten ergeben, Touchpoints und Customer Journeys so zu gestalten, dass die Customer Experience verbessert wird?

1.2 Customer Experience Management

Die kundenorientierten Prozesse aus allen drei Dimensionen – Touchpoints, Customer Journey und Systeme – durch passende Strategien und Maßnahmen so zu gestalten, dass die Customer Experience verbessert wird, nennt man *Customer Experience Management* (CXM). Wichtige Methoden des Customer Experience Managements sind beispielhaft hier aufgelistet:

- **Customer Journey Mapping**
  Beim Customer Journey Mapping werden die Touchpoints, die Kunden während ihrer Customer Journey anlaufen, in einer *Customer Journey Map* dokumentiert. Diese Technik wird oft im *Servicedesign* bzw. *Servicemanagement* angewendet und listet nicht nur tatsächliche Kontakte, sondern ebenfalls Faktoren wie Zeitabläufe, Kanäle, persönliche Informationen, Gefühle, Motivation und aufkommende Fragen auf. Dieses Mapping kann ein entscheidendes Hilfsmittel dabei sein, um die Customer Experience zu verbessern, da sie die nötige Transparenz über das (mögliche) Kundenverhalten liefert.
- **Customer Relationship Management (CRM)**
  Das *Kundenbeziehungsmanagement* versucht, kundenrelevante Prozesse aus der Unternehmensperspektive heraus zu optimieren. Klassischerweise geschieht dies über die Sammlung und Pflege von Kundendaten in einem CRM-System. Auch hier steckt großes Potenzial für die Verbesserung der Customer Experience. Sind beispielsweise alle relevanten Daten über einen Kunden an zentraler Stelle verfügbar, können Mitarbeitende oder auch automatisierte Kampagnen schnell darauf zugreifen und Kunden mit relevanteren Inhalten versorgen.

[«]

Meilensteine im Bereich CRM bei SAP

Wie eng die Begriffe Customer Experience und Customer Relationship Management zusammenhängen, kann man exemplarisch an der Entwicklung des CRM im SAP-Portfolio illustrieren. Allgemein taucht der Begriff CRM bereits in den 1990er Jahren auf. SAP begann damals, CRM-Anwendungen zu entwickeln, die zunächst als On-Premise-Lösungen dazu dienten, Geschäftsbereiche wie Vertrieb, Service und Marketing zu unterstützen. Diese Entwicklungen kulminierten dann im Jahr 2000 in der ersten Version von SAP CRM:

- 2000: initiales Release von SAP CRM (2.0)
- 2007: Start der Entwicklung cloudbasierter CRM-Software; initiales Release der Cloud-ERP-Lösung *SAP Business ByDesign* inklusive CRM
- 2011: Initiales Release der *SAP Cloud for Customer* (SAP C4C) und entsprechende Umbenennung der cloudbasierten CRM-Lösung
- 2014: Umbenennung des CRM-Portfolios in *SAP Hybris Customer Engagement and Commerce* (infolge der Akquisition von Hybris im Jahr 2013)
- 2018: Einführung von *SAP S/4HANA for Customer Management*, das den ERP-Kern von SAP S/4HANA um die Service- und Vertriebsfunktionen von SAP CRM 7.0 erweitert.

- 2018: Umbenennung von SAP Hybris in *SAP C/4HANA* als Oberbegriff für die Customer-Experience-Lösungen von SAP; SAP C/4HANA ist ein integriertes Portfolio von Cloud-Lösungen, das den reinen Vertriebsfokus älterer CRM-Produkte modernisieren soll und Lösungen für Verbraucherdatenschutz, Commerce, Marketing, Service und Sales enthält; die essenziellen CRM-Funktionen stehen seither unter den Namen *SAP Sales Cloud, SAP Service Cloud* und *SAP Marketing Cloud* zur Verfügung.
- 2020: Umbenennung von SAP C/4HANA in *SAP Customer Experience*; das Portfolio wurde hierbei durch Akquisitionen im CX-Umfeld weiter verstärkt, wie z. B. *SAP CPQ, Experience Management mit SAP und Qualtrics, SAP Field Service Management* usw. (siehe Abbildung 1.3).

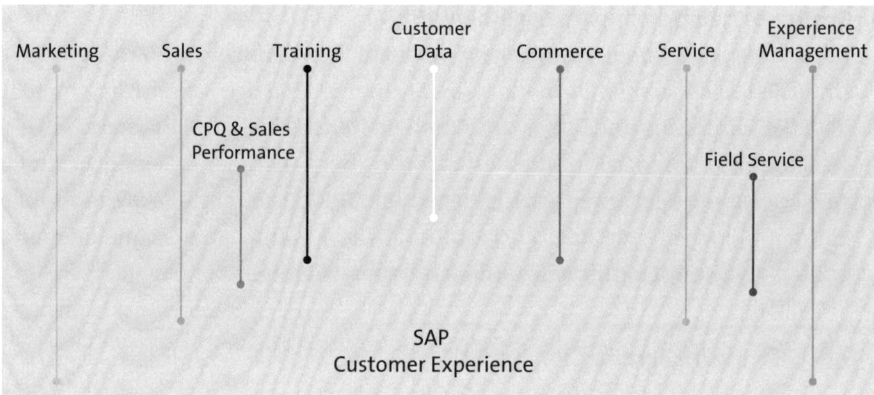

Abbildung 1.3 Kompakte Darstellung des SAP-Customer-Experience-Portfolios

An der im Kasten dargestellten Entwicklung sieht man einerseits die Verlagerung vom On-Premise-System hin zur Cloud, andererseits aber auch das stetig umfassendere und integrierte Verständnis kundenorientierter Prozesse. Unternehmen gehen vermehrt diesen Weg mit, entsprechende Daten unternehmensweit zu vernetzen, um größtmögliche Vorteile daraus zu ziehen. Auch politische Entwicklungen wie die Datenschutz-Grundverordnung der EU (DSGVO) und technologische Fortschritte wie Machine Learning und künstliche Intelligenz (KI) machen es erforderlich, Systeme stetig anzupassen. CRM ist damit ein lebendiger Teil von Customer Experience.

- **User Experience (UX)**
  Bei der *Nutzererfahrung* geht es typischerweise um die nutzerzententrierte Gestaltung eines Produkts. Ein Beispiel dafür ist ein Online-Shop, der konsequent auf die subjektiven Bedürfnisse und Empfindungen der Kunden ausgerichtet ist. Dies kann dadurch erreicht werden, dass im Entstehungsprozess bereits das Feedback von Anwenderinnen und Anwendern in die Entwicklung eines Produkts mit ein-

fließt. User Experience ist ein zentraler Faktor, wenn es darum geht, die Kundenerlebnisse an einzelnen Touchpoints zu verbessern.

- **Marketing**
  Ein Baustein erfolgreichen Customer Experience Managements sind integrierte Marketingmaßnahmen, die über alle Kanäle hinweg eine einheitliche und für die jeweiligen Kunden relevante, im besten Fall individualisierte Ansprache sicherstellen. Eine Methode ist beispielsweise das *Beziehungsmarketing* oder *Relationship Marketing*, bei dem etwa durch persönliche Rabatte, Treueprogramme, spezielle Services oder auch durch kundenindividuelle Produktanpassungen eine optimierte Kundenbeziehung etabliert wird.

  Im Kontext der Customer Experience ist auch häufig von *Marketingautomatisierung* die Rede. Entsprechende Lösungen gehen dabei weit über das klassische E-Mail-Kampagnenmanagement hinaus. Sie bieten die technologische Grundlage, um kanalübergreifende, mehrstufige Kampagnen effizient zu planen, umzusetzen und auszuwerten – und das mit hoher Skalierbarkeit. Mit der Marketingautomatisierung können Unternehmen Inhalte zu ihren Angeboten zielgerichtet dort ausstreuen, wo sie auf eine Zielgruppe treffen, die erwartungsgemäß von ihnen profitiert, beispielsweise auf Websites, in den sozialen Medien, in Suchmaschinen oder in Newslettern. Die Streuung basiert auf Daten, die Zielgruppe und Interessenten an Customer Touchpoints hinterlassen haben. Diese Daten spiegeln das Verhalten und die Interessen der Kunden wider und bilden die Basis für Segmentierungsprozesse. Damit wird Content dann deutlich effektiver eingesetzt und das ineffektive Gießkannenprinzip beendet.

  Eine gut eingerichtete Marketingautomatisierungslösung bringt ein Angebot oder ein Unternehmen genau dort und genau zu dem Zeitpunkt ins Spiel, an dem ein Interessent oder eine Interessentin in einem entsprechenden Kontext unterwegs ist. Damit wird die Customer Journey auf eine positive Weise beeinflusst. Auch innerhalb des Unternehmens schafft Marketingautomatisierung Vorteile: Aktionen sind durch entsprechende KPIs deutlich messbarer und belegbarer.

- **E-Business**
  Obwohl es keine einheitliche Definition gibt, versteht man unter *E-Business* alle automatisierbaren, elektronisch gesteuerten Geschäftsprozesse, auch die softwarebasierten. Teilbereich von E-Business ist das *E-Commerce*, das sich auf den Handel bzw. den Austausch von Gütern und Services über das Internet bezieht. E-Commerce umfasst also die nach außen gerichteten, kundenorientierten Prozesse inklusive der Nutzung entsprechender Technologien. Hier gibt es naturgemäß viele Stellschrauben und Handlungsansätze zur Verbesserung der Customer Experience. Gerade wenn es beispielsweise um den Aufbau umfassender Kundenportale mit Servicefunktionen, um Webshops, integrierte Marketingautomatisie-

rung und CRM-Anbindung geht, ist E-Commerce eine Paradedisziplin für den Aufbau ganzheitlicher Customer Experience.

All das (und noch viel mehr) gehört zum Customer Experience Management. Das Ziel des Customer Experience Managements ist immer gleich: mehr Kunden zu gewinnen und aus bestehenden, zufriedenen Kunden loyale, begeisterte Botschafter der eigenen Marke zu machen. Systematisch angegangen, hat ein gutes Customer Experience Management große Vorteile für Unternehmen:

- mehr und treuere Kunden
- erhöhte betriebswirtschaftliche Effizienz
- Abhebung von der Konkurrenz
- schnellere Reaktionszeit
- transparentere firmeninterne Prozesse

Die Voraussetzung für erfolgreichere kundenorientierte Prozesse ist dabei eine ganzheitliche Herangehensweise an das Customer Experience Management. Kundenerlebnisse und -erfahrungen unterliegen einer großen Menge an Einflüssen und Faktoren. Aus diesem Grund reicht es nicht aus, sich auf einzelne Bereiche zu beschränken. Customer Experience ist nicht einfach nur der Weg, den ein Kunde bis zum Kaufabschluss zurücklegt. Entscheidend ist die aktive *Kundenzentrierung* des gesamten Unternehmens, wie es die Beispiele zu den einzelnen CXM-Bausteinen zeigen. Folglich muss eine erfolgreiche CX-Strategie auch im gesamtunternehmerischen Kontext gedacht werden.

Customer Experience effizient zu managen und so zu optimieren, dass die Kunden begeistert sind, ist Schlüsselkriterium für eine geschäftlich erfolgreiche Zukunft geworden. Die Digitalisierung hat diese Anforderung geschaffen, ist aber gleichzeitig auch der Schlüssel zu ihrer Bewältigung. Denn mit der stetig wachsenden Verfügbarkeit von Kundendaten wachsen gleichzeitig auch die Möglichkeiten, um diese gewinnbringend einzusetzen. Unternehmen können heute hocheffektive digitale Werkzeuge einsetzen, um Kunden zu verstehen und Prozesse konsequent auf deren Bedürfnisse auszurichten. Dabei helfen diese Instrumente Unternehmen dabei, die erforderliche Ganzheitlichkeit prozessual umzusetzen und unternehmensinterne Silos abzubauen. Um genau diese Werkzeuge geht es in diesem Buch. Für sie gilt Gleiches wie für das Customer Experience Management als Ganzes: Nur wer integriert und ganzheitlich denkt, wird den größten Erfolg haben. Dieses Buch wird Ihnen hoffentlich eine Stütze auf diesem Weg sein, denn es folgt dem gleichen Prinzip, digitale Tools zur Optimierung der Customer Experience ganzheitlich darzustellen. Es ist damit das erste seiner Art. Ob Jerry Gregoire es lesen wird, wissen wir leider nicht, dass wir uns mitten im »competitive battleground customer experience« befinden, hingegen schon.

Kapitel 2

Customer Experience im digitalen Zeitalter: Wandel, Bedeutung und Trends

Enable Business! Am besten für jeden, jederzeit, nahtlos und automatisiert. Wer morgen anruft, weiß heute schon alles über Sie und erwartet, dass Sie das alles ebenfalls wissen. Wie können Unternehmen in einer solchen Welt glänzen? Mit dem richtigen Mindset, einem neuen Rollenverständnis der Beteiligten und nicht zuletzt mit digitaler Technologie. Das Resultat ist eine ganz neue Perspektive, geprägt von exzellenter Customer Experience, die kein Hexenwerk sein muss.

Der digitale Wandel hat möglich gemacht, was früher undenkbar erschien: eine homogene Basis von Kundendaten zu etablieren, die über sämtliche Unternehmensbereiche hinweg funktioniert. Was vor einigen Jahren das Customer Relationship Management (CRM) war, ist heute eine reibungslose und umfassende Integration sämtlicher kundenrelevanter Prozesse: vom Marketing über den Vertrieb und Commerce bis hin zu Services. Immer mehr Unternehmen verinnerlichen diese ganzheitliche Bedeutung von Customer Experience; dies bedeutet aber auch, mehr zu tun, als bloß neue Software einzuführen.

Um Ihre ersten Schritte in der CX-Welt zu machen, ist es unerlässlich, dass Sie Ihre Optionen kennen. In diesem Kapitel stellen wir Ihnen die Wege vor, die Sie einschlagen können, um für Ihre Kunden eine erfolgreiche Customer Experience zu kreieren. Dabei zeigen wir auf, welche neuen Perspektiven für Sie entstehen können, was der Kunde heutzutage erwartet und welche Herausforderungen Sie bewältigen müssen, um diesen Erwartungen gerecht werden zu können. Im Anschluss erläutern wir, wie Sie die richtigen Ziele für Ihre eigene Umsetzung ableiten und wie Sie Ihre eigene Customer Experience verwirklichen.

Dabei geht es weniger darum, ein Handbuch für Sales und Service zu erstellen, als vielmehr die Protagonisten, deren Perspektiven und Situationen zu beschreiben. Eine strikte Trennung der Kundensegmente Geschäftskunden (B2B) und Privatkunden (B2C) bzw. Kunden, die beide Bereiche abdecken (B2E), wird wie im gesamten Buch nicht vorgenommen. An Stellen, an denen signifikant andere Szenarien Anwendung finden oder Themenbereiche nur einem Segment zuzuordnen sind, wird dies jeweils deutlich. Nachdem wir Ihnen in Teil I, »Was bedeutet Customer Experience?«, einen Überblick über das Thema Customer Experience verschafft haben, schauen wir uns in Teil II, »SAP-Customer-Experience-Lösungen«, das Herzstück dieses Buches an: die Systeme und Lösungen im Portfolio von SAP Customer Experience. In Teil III, »Ausgewählte Prozesse mit SAP Customer Experience«, werden wir Ihnen ausgewählte CX-Prozesse vorstellen und in Teil IV, »Ausgewählte Projektbeispiele«, konkrete Beispiele besprechen, in denen die Prozesse und Produkte in der Praxis ausprobiert werden.

2.1 Neue Perspektiven, neue Rollen und Lösungsansätze

Mit zunehmender Digitalisierung stiegen die Möglichkeiten und die Erwartungen der Kunden in den letzten Jahren gleichermaßen steil an. Dies hat die externen und internen Prozesse in Unternehmen durcheinandergewirbelt und den Kundenverantwortlichen neue Aufgaben zugewiesen. Um Ihr Unternehmen auf diese Herausforderungen einzustellen, ist die Kenntnis um sich veränderndes Kundenverhalten aber nur die halbe Miete. Zusätzlich ist es notwendig, die (technologischen und prozessualen) Möglichkeiten zu kennen, mit denen Sie auf die neue Situation reagieren können.

Um die veränderten Rahmenbedingungen im CX-Umfeld und den damit verbundenen Drang zur Veränderung der beteiligten Schlüsselfiguren besser zu verstehen, bietet es sich an, die drei großen Bereiche Vertrieb, Service und Marketing zunächst getrennt zu betrachten.

Vorneweg ist eines unerlässlich: die »neue« Rolle der Kunden als Treiber des Wandels zu klären und in Zusammenhang mit digitalen Kundenprozessen und Geschäftsmodellen zu setzen. Bei der folgenden Ausarbeitung sollen die neuen Perspektiven der jeweiligen Schlüsselfiguren im CX-Bereich betrachtet werden, aber auch die damit verbundenen Herausforderungen der IT- und Fachbereiche bei der Gestaltung einer modernen CX-Landschaft im Unternehmen werden behandelt. Zentrales Ziel dieses Abschnitts ist es aber, das Bewusstsein für die vielseitigen digitalen Werkzeuge zu schaffen, mit denen Unternehmen effektiv und gewinnbringend ihre eigene erfolgreiche CX-Welt erschaffen können. Dazu veranschaulichen wir anhand zahlreicher Bespiele, wie Lösungen bzw. Lösungsansätze aussehen können.

2.1.1 Kunden im Fokus

Es begann mit der Smart Factory und automatisierten Produktionsprozessen von Industrie 4.0, betrifft aber mittlerweile insbesondere kundennahe Bereiche wie Vertrieb, Marketing und den After-Sales-Service. Die Kunden sind zum wahren Treiber der Digitalisierung geworden. Sie sind nicht nur anspruchsvoll, sondern auch bestens informiert und selbstständig. Auch das Kaufverhalten hat sich verändert. Schon vor über 10 Jahren waren einer häufig zitierten Studie des CEB zufolge knapp 60% des Einkaufsprozesses bereits abgeschlossen, bevor die Kunden Kontakt mit dem Unternehmen aufnehmen (Quelle: The Corporate Executive Board Company (2011): MLC Customer Purchase Research Survey). Es lassen sich aber auch heute reichlich Hinweise darauf finden, dass sich das Kaufverhalten zunehmend digitalisiert (siehe Abbildung 2.1).

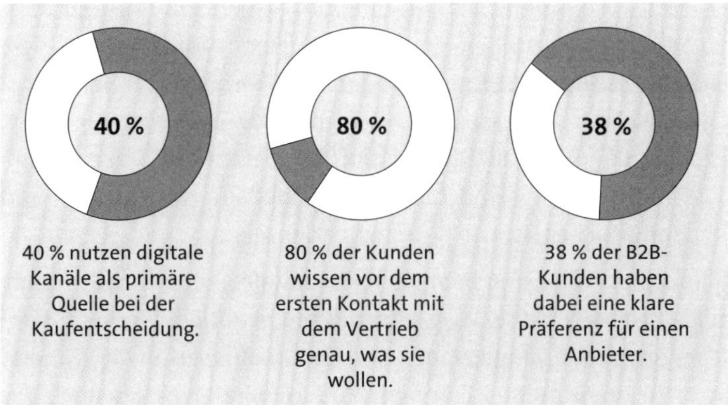

Abbildung 2.1 Veränderung des Kaufverhaltens (Datenquelle: Bain & Company 2021: Virtual Selling Has Become Simply Selling, https://www.bain.com/insights/virtual-selling-has-become-simply-selling/)

Neben umfassenden Informationen zu Produktdaten und Preisen erwarten Kunden intuitive Self-Service-Funktionen und ein konsistentes Einkaufserlebnis über alle Kanäle hinweg. Als Schlüssel für effizientes Touchpoint Management und langfristige Kundenbeziehungen sollte für Unternehmen daher eine gut geplante CX-Business-Strategie im Zentrum des Digitalisierungsvorhabens stehen.

> *Es gibt nur einen Boss: den Kunden. Er kann jeden im Unternehmen feuern, von der Geschäftsleitung abwärts, ganz einfach, indem er sein Geld woanders ausgibt. (Quelle: Walton, Sam (1993): Made in America)*

Die Aussage von Sam Walton werden viele kennen, und sie ist genauso alt wie wahr. Unbestritten ist, dass sich die Position der Kunden in den vergangenen fünf Jahren dramatisch verändert hat. Sieht man von knappen Gütern oder überreizten Märkten ab, haben Kunden heute oftmals bessere Verhandlungspositionen als noch vor wenigen Jahren. Woran liegt das? Im Folgenden wagen wir einen Versuch der Annäherung:

Mit zunehmender Digitalisierung ergaben sich andere technologische Möglichkeiten – bei Kunden und Unternehmen. Die Konsequenzen für Kunden sind u. a.:

- vereinfachter Zugang zu Informationen und Content
- Transparenz zu Preis und Preismodellen
- bessere Vergleichbarkeit von Produkten, Leistungen und Preisen

- Zugang zu Benchmarks (Rezensionen, Erfahrungswerte, Tests)
- Informationen zur Konkurrenz
- Ubiquität von Produkten und Content
- Wahrung der Anonymität (Online-Recherche, digitale Kanäle)
- Flexibilität (einfache Wechsel von Anbietern, Retouren, Zahlungsmodellen usw.)

Unternehmen haben heute die Möglichkeit, in eine Eins-zu-eins-Kommunikation mit ihren Kunden zu treten. Dabei stehen sie vor vielen Herausforderungen, etwa dem Entstehen von neuen Märkten und Kundensegmenten sowie steigendem Wettbewerbs- und Kostendruck. Der Schlüssel, diesen Herausforderungen zu begegnen, liegt im SAP-Motto, aus Kunden »Raving Fans 4 Lifetime« (siehe *https://cxoblog.de/sap-cx-raving-fans/*) zu machen. Dies sind nicht nur zufriedene Nutzerinnen und Nutzer eines Produkts, sondern begeisterte Botschafter der Marke.

Zu spüren ist die genannte Veränderung zwar an allen digitalen Touchpoints – ganz besonders jedoch im klassischen Online-Shop. Hier besteht vor allem die Herausforderung, dass klassische Vertriebsstrategien aufgrund der Emanzipation der Kunden in der Recherche gar nicht mehr greifen (können). Zudem verändert sich auch das Kommunikationsverhalten. Viele Kunden nutzen andere Kanäle zur Kommunikation (soziale Medien, Messenger-Dienste) und zur Informationsbeschaffung (Video, Blogs usw.). Die sogenannten *Digital Natives* erwarten schnellere Antwort- und Reaktionszeiten, und im Geschäftsbereich sind ihre Erwartungen von privaten Erfahrungen geprägt.

Wer Kunden an den digitalen Haltestellen abholen und nicht verlieren will, muss Mehrwert bieten und die Kunden »enablen«, sie also dabei unterstützen, informierte Kaufentscheidungen zu treffen. Gerade im B2B-Segment sollte man verinnerlichen, dass (potenzielle) Kunden in der Regel im Auftrag ihres Unternehmens unterwegs sind. Gerade dieser Kundenstamm benötigt häufig Hilfestellung. Der Kaufprozess wird zunehmend komplizierter. Nicht zuletzt deshalb, weil die Anzahl an beteiligten Personen und Interaktionen sprunghaft gestiegen ist (Quelle: Beth Caplow (2021): Three Seismic Shifts In Buying Behavior From Forrester's 2021 B2B Buying Study).

Aber auch im B2C-Bereich sind Privatkunden und -kundinnen häufig bei der Auswahl des richtigen Produkts oder Service überfordert, besonders wenn komplexe bzw. konfigurierbare Produkte im Spiel sind.

Alle Aktivitäten entlang der Customer Journey, die dazu beitragen, Customer Experience zu schaffen, kann man unter dem Begriff *Buyer Enablement* zusammenfassen. Der Begriff wird Ihnen häufiger in diesem Buch begegnen. Er ist nicht zu verwechseln mit Guided Selling oder Sales Enablement. Im Folgenden sind die Eckpfeiler des Buyer Enablements dargestellt.

- **Empfehlungen**
  Empfehlungen bieten eine klare, priorisierte Auswahl an Optionen für eine bestimmte Such-/Kaufanfrage, basierend auf den Anforderungen/Eingaben des Kunden.
- **Kaufberater**
  Ein (virtueller) Berater stellt die richtigen Fragen, um Kunden zuverlässig zum richtigen Produkt/Modell zu leiten.
- **Simulator**
  Der Simulator demonstriert, wie das Produkt oder die Lösung im Kontext des Kunden funktioniert.
- **Kalkulatoren und Vergleichsmodelle**
  Kalkulatoren und Vergleichsmodelle bieten Kunden eine einfache Möglichkeit, um Bundles, Angebote oder Versionen miteinander zu vergleichen, und Funktionen, um Daten und Modelle zu berechnen.
- **Self-Services und Transparenz**
  Hierdurch werden alle relevanten (Produkt)informationen und Daten (oder der Zugang zu Informationen) zur Verfügung gestellt und es dem Käufer ermöglicht, andere Stakeholder einfach zu involvieren.
- **Benchmarks**
  Benchmarks bieten den Kunden Vergleichsdaten oder Erfahrungen von vergleichbaren Kunden/Szenarien.

Wem es gelingt, Käuferinnen und Käufer zu enablen, wird nachhaltig Erfolg haben. Der Ansatz lässt sich auf Teile im Service übertragen. Wie das gelingt, erfahren Sie im nächsten Abschnitt.

2.1.2 Service

Die Prozesse und Dienstleistungen rund um den Service und den After-Sales-Bereich bieten große Chancen, um sich von der Konkurrenz abzusetzen, die Kundenansprache und Kundenbindung zu optimieren und echte Customer Experience zu schaffen. Im Gegensatz zum Vertrieb (siehe Abschnitt 2.1.3, »Vertrieb«) sind im Serviceumfeld häufig noch Potenziale ungenutzt. Der beste Weg, um sich von der Konkurrenz abzuheben – insbesondere im B2B-Segment – ist das Angebot von Serviceleistungen rund um das Produkt und deren sukzessive Anpassung an Kundenbedürfnisse. Auf welche Bereiche im Service sich diese Aufgaben verteilen und wie die Ansätze zur erfolgreichen Realisierung aussehen sollten, ist Kernthema in diesem Abschnitt.

Laut einer Studie des bevh wird der E-Commerce mit Waren und Dienstleistungen in Deutschland im Jahre 2021 ein Wachstum von 12,5 % erreichen und damit die Grenze von 100 Milliarden EUR überspringen (siehe bevh (2020): Interaktiver Handel in

Deutschland). Umso wichtiger ist es, den Service im eigenen Unternehmen digital aufzustellen.

Drei Säulen im digitalen Service

Wenn wir im Kontext von Customer Experience von Service sprechen, lassen sich grundsätzlich drei Bereiche unterscheiden:

- **Kundenservice (Customer Service)**
  Der Kundenservice umfasst die klassischen Call-Center-Prozesse, das Ticketing, Retouren, Reklamationen, Garantieanträge (Kulanz) und (Service)verträge.
- **Servicedienstleistungen und After Sales**
  Servicedienstleistungen und After Sales umfassen Services, die den Kunden im Zusammenhang mit seinem Produkt/seiner Maschine angeboten werden, Portal- und Shop-Anwendungen, Ersatzteil- und Wartungsprozesse, Cross- und Up-Selling sowie die Bereitstellung von Informationen rund um Produkt oder Maschine.
- **Field Service**
  Der Field Service ist in der Regel mit dem Kundenservice oder Servicedienstleistungen verbunden; er umfasst alle Prozesse rund um die Planung, Durchführung und Nachbereitung von Servicetechnikereinsätzen sowie Werkstattreparaturen.

In Abbildung 2.2 werden die unterschiedlichen Bereiche zusammen mit der Kundenebene (Touchpoints und Kanäle) dargestellt.

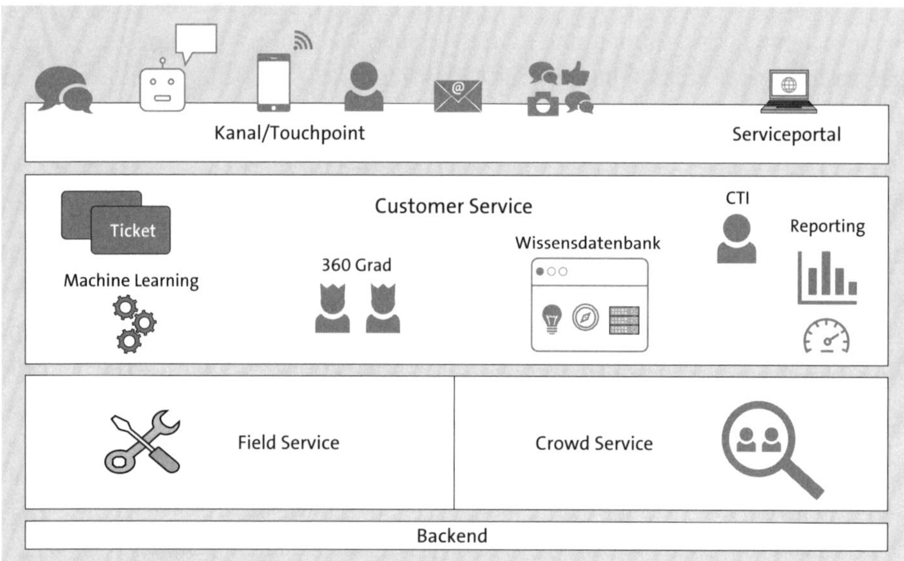

Abbildung 2.2 Facetten des Service mit den Touchpoints der Kunden

Kundenservice als Weichensteller

Im klassischen Kundenservice besteht häufig noch direkter Kundenkontakt per Telefon oder über andere Kanäle wie soziale Medien, E-Mail, Forum oder Chat. Die Customer Journey beginnt aber immer häufiger, bevor die Kunden den Telefonhörer in die Hand nehmen oder den Chat starten – auch im Service. Wenn Unternehmen ihre Kommunikationskanäle zu sehr voneinander trennen, besteht die Gefahr, dass trotz gutem Vorsatz und Einsatz Kunden unzufrieden zurückbleiben und zukünftig vielleicht woanders ihr Glück versuchen. Unternehmen stehen vor der Herausforderung, guten Kundenservice bieten zu müssen, möglichst harmonisiert über mehrere Kanäle. Der Service hat aber oft keine Kenntnis über frühere (digitale) Interaktionen der Kunden und kann keine kontextbezogenen Antworten liefern. Kunden müssen das Gespräch mit jedem Mitglied des Serviceteams neu beginnen und dabei Informationen wiederholen, die sie bereits mitgeteilt haben.

Die Lösung ist eine datenbasierte Sicht auf die Kunden und deren Interaktionen (unabhängig ob im Dialog mit Mitarbeitenden oder an anderen digitalen Touchpoints) – und das über Systemgrenzen hinweg. Das Credo dabei ist, die bestmögliche Information zum richtigen Zeitpunkt verfügbar zu haben und sie dort abzuspeichern, wo sie hingehört – also keine redundante Datenhaltung, sondern vielmehr schlanke integrierte Prozesse.

[zB]

Ein Kundenserviceprozess, wie er sein sollte

Eine Servicemitarbeiterin erhält via E-Mail eine Serviceanfrage wegen eines Defekts an einer Maschine. Hierzu wird automatisch ein Ticket im CRM-System (in der SAP Service Cloud) angelegt. Mit einem Blick sieht sie die Historie des Kunden, aber auch das aktuelle Problem. Bei der Antwort an den Kunden kann sie direkt einsehen, welche Interaktionen bereits getätigt wurden, und sie kann auf historische Daten und Dokumentationen zugreifen. Sie kann schnell den geeigneten Servicetechniker (Skill-Level, Verfügbarkeit) identifizieren und dem Kunden neben einer gegebenenfalls möglichen Direktmaßnahme zeitnah Terminvorschläge für den Reparatureinsatz unterbreiten. Anschließend stellt sie dem Servicetechnikteam bereits Arbeitspläne, Informationen oder Materialien bereit. Nach erfolgreichem Reparatureinsatz lässt sich der Servicetechniker den Job direkt digital abzeichnen und kann seine Zeiten buchen. Der Status im Serviceticket wird aktualisiert, bzw. die Servicemitarbeiterin wird aktiv über den Abschluss informiert. Erkenntnisse, Lösungsansätze oder Erfahrungen aus beiden Prozessen fließen direkt zurück in die Wissensdatenbank und können so helfen, zukünftig schneller und besser zu reagieren oder direkt Feedback an das Qualitätsmanagement zu liefern.

AI und Knowledge Management als Faktor

Der Einsatz von KI-Funktionen kann das Serviceteam bei seiner tagtäglichen Arbeit unterstützen. Richtig eingesetzt, sind AI-Technologien im Kundenservice heute ein Faktor, um Kunden zu begeistern.

Ein erprobter Ansatz ist der intelligente Chat zwischen Kunden und Service. In einem Live-Chat wird mittels eines Algorithmus auf Schlagwörter oder Textbausteine der Kunden reagiert und der Service dabei durch das Gespräch geführt. Der Ansatz basiert auf der Logik einer *Sentimentanalyse*. Technologische Ansätze dieser Art gibt es bereits seit Jahren. Allerdings haben die Kunden solche Chats lange nicht akzeptiert. Die Bereitschaft, andere Kanäle als die gute alte Servicehotline zu nutzen, besteht noch nicht lange.

Intelligente Chats lassen sich auch initiieren, indem Sie z. B. gewisse Wörter taggen und dem Serviceteam Antworten vorschlagen. Einem Chatbot liegt auch nichts anderes zugrunde. Ist diese »Verdrahtung« aber einmal konsistent und hat sich bewährt, kann ein Algorithmus darauf trainiert werden, die Genauigkeit der Vorschläge zu verbessern und zudem die Masse an Daten, auf die zurückgegriffen werden kann, kontinuierlich zu erweitern.

Vorteil des intelligenten Chats ist, dass gegebenenfalls auch ungelernte Mitarbeitende mittels intelligentem Scripting durch den Dialog mit dem Kunden geführt werden können. Vorgeschaltet können Bots helfen, die Massen an Anfragen vorab zu qualifizieren und thematisch zu routen. Bestenfalls reduzieren sie die Anzahl an Serviceanfragen, wenn Fragen/Probleme auf diese Weise direkt gelöst werden.

Wahrscheinlich noch bedeutender als KI ist der Trend in Richtung Wissensdatenbanken im Kunden- und Field Service. Dabei ist zwischen einer Knowledge Base und den Recommended Solutions zu unterscheiden. Die Knowledge Base hilft, besser und schneller auf Anfragen zu reagieren, sei es mittels technischer Dokumentationen oder verfügbaren Daten. Die sogenannten Recommended Solutions sind Vorschläge zur Lösung einer Anfrage oder einer Servicemeldung auf Basis historischer Daten und dem zugrunde liegenden Algorithmus. Gut eingebunden und nachhaltig gepflegt nutzen Wissensdatenbanken allen Beteiligten im Serviceprozess und sind wichtiger Begleiter der Customer Journey.

Auch Studienergebnisse weisen auf die Vorteile hin: 88 % der Kunden erwarten von Unternehmen Self-Service-Angebote wie Wissensdatenbanken (Statista Research (2020): Customers: opinion on self-service portal usage by brands U.S.& worldwide 2018). Doch nur wenige Unternehmen nutzen dieses Potenzial, um ihre Kunden zu unterstützen.

Die andere Facette im Zusammenhang mit Knowledge Management ist das Bereitstellen von Informationen (Self-Services) für Kunden oder ausgewählte Partner oder Händler.

Self-Service-Prozesse und Servicedienstleistungen sind zu einem erfolgskritischen Faktor geworden. Hier ist der Übergang zur anderen Säule im Kontext von Customer Experience fließend: dem After-Sales-Geschäft und dem Einsatz von Kundenserviceportalen.

Kundenportale im Mittelpunkt

Neben der notwendigen, aber auch aufwendigen Kundenkommunikation auf klassischen Kanälen wie Telefon oder E-Mail erfreuen sich Self-Service-Prozesse zunehmend großer Beliebtheit. In einer Befragung bewertete ein Großteil der befragten Kunden in Deutschland Self-Services als positiv (siehe Cherwell Software (2020): Unexpected Item in Bagging Area: Personal vs. Professional).

Um den Serviceprozess ganzheitlich und durchgängig zu gestalten, ist die Etablierung einer integrierten Servicelösung, die auch andere Touchpoints bedient, immens wichtig. Ein solches Serviceportal sollte die Beteiligten (Kunden, Außendienst, Serviceteam, Partner, Händler, Niederlassungen) zusammenführen und ihnen gezielte Services zur Verfügung stellen, die dabei helfen, im Alltag erfolgreich zu sein.

So kann z. B. im Maschinen- und Anlagenbau eine zentrale Übersicht des Fuhr- oder Maschinenparks der Anfang sein, um einen guten Serviceprozess zu gestalten. Das aktive Bereitstellen von Maschinendaten kann helfen, Ausfallszeiten zu verringern oder bestenfalls zu verhindern. Maßgeschneiderte Empfehlungen, beispielsweise beim Kauf von Ersatzteilen oder Prognosen zum Verschleiß (*Predictive Maintenance*), können die Kunden vom Unternehmen überzeugen. Self-Services im Portal, an der Maschine oder am Produkt ermöglichen den Kunden, die Antwort oder Lösung für ein Problem schnell und einfach selbst zu finden – und das unabhängig von Ort oder Zeit.

Die SAP Commerce Cloud bietet alles, was es braucht, um solche integrativen Portale zu schaffen (siehe Kapitel 3, »SAP Commerce Cloud«). In Abbildung 2.3 sind die möglichen Bausteine und Adressaten eines Serviceportals dargestellt.

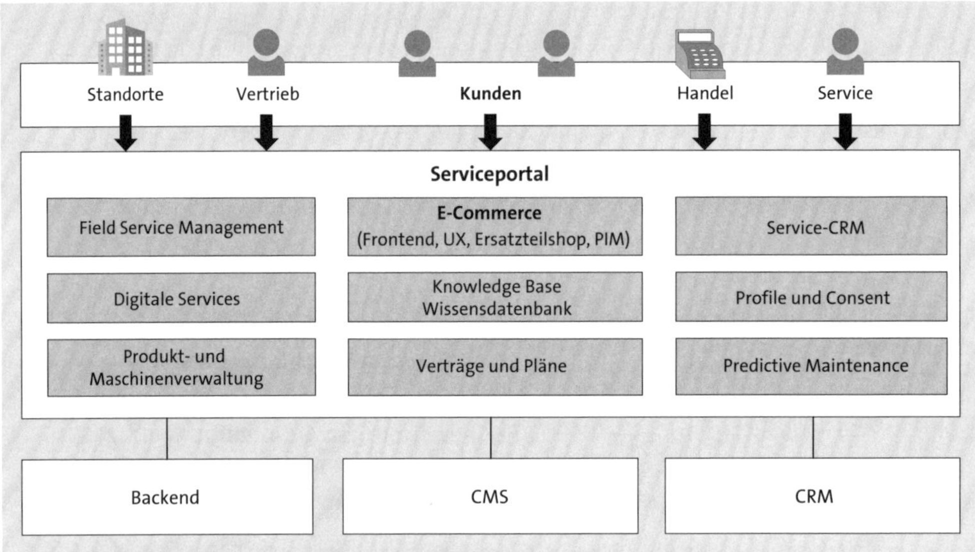

Abbildung 2.3 Serviceportal und Anwendergruppen mit Commerce als Core und ergänzenden Komponenten

Wie ein Serviceprozess mithilfe eines Serviceportals erfolgreich gestaltet werden kann, zeigt das folgende Beispiel.

[zB]

Optimaler Service mit einem Kundenserviceportal

Ein Kunde erhält über sein mobiles Endgerät die Info, dass es eine Störung zu einer Maschine gibt. Er loggt sich in das Portal ein und sieht die Störung zur betroffenen Anlage inklusive Kurzbeschreibung des Fehlers und einer Analyse. Er kann direkt aus dem Portal eine Servicemeldung anlegen, die dann direkt an den Kundenservice weitergeleitet wird. Sowohl Workaround als auch Hinweis zur dauerhaften Behebung des Problems werden ihm auf dem Portal ausgespielt. Status und Planung zum Servicevorfall bzw. zur Anlage kann er jederzeit einsehen. Da der Kunde mit dem Zugang auf das Serviceportal seine konkrete Maschine immer im Blick hat, kann der Hersteller ihm ganz gezielt für diese Maschine auch notwendige Upgrades anzeigen oder Empfehlungen ausspielen. Diese kann der Kunde gleich in den Warenkorb legen und bestellen. Sämtliche dynamischen und statischen Maschinendaten bereitet das Kundenportal auf und stellt es in einem umfassenden Dashboard dar. Dies garantiert stets Übersichtlichkeit und bietet optimalerweise die Basis, um proaktiv auf einen Fehler oder den möglichen Ausfall (Verschleiß) eines Teils hinzuweisen. So würden dem Kunden bereits Lösungen zu einem Problem angeboten, über das er noch gar nicht informiert ist. Solche Beispiele lassen sich beliebig auf unterschiedliche Szenarien anpassen. So kann der in unserem Beispiel genutzte Reparaturprozess ebenso für Austausch, Retouren, Garantieanträge und Kulanz- oder Reklamationsprozesse gestaltet werden.

After Sales

Das Kundenerlebnis endet nicht, wenn Kunden einen Kauf tätigen, sondern beginnt damit. Dadurch haben Hersteller nicht nur die Verantwortung, ihre Kunden während der gesamten Kauf- und Nutzungsdauer zufriedenzustellen, sondern sie können dabei auch ihre Beziehung zu den Kunden stärken und Mehrwert für sie schaffen, indem sie hochwertige *Aftermarket Services* anbieten. Auf diese Weise können beispielsweise ein auf Kundenbedürfnisse zugeschnittener (Ersatzteil-)Shop und das Angebot von produktbegleitenden Dienstleistungen Auswege aus der Spirale von kürzer werdenden Produktlebenszyklen und schrumpfenden Margen im Kerngeschäft sein. Damit begegnen Hersteller auch dem Risiko, die Qualität ihrer Produkte angesichts zunehmendem globalen Wettbewerbsdruck sowie Konkurrenzangeboten, die sich hinsichtlich zentraler Produkt- und Leistungsparameter kaum noch unterscheiden, als Alleinstellungsmerkmal zu verlieren.

Erfolgsfaktor Ersatzteil-Shop

Wo *Ersatzteil-Shop* draufsteht, muss nicht automatisch Customer Experience drin sein. Um den Kunden im After Sales abzuholen, bedarf es mehr als Such- und Filterfunktionen.

Zwar sind die Erwartungshaltungen im After Sales nicht identisch mit denen in Sales-Szenarien, doch sind Kunden heute digital versiert und fordern dasselbe Level an Usability und umfassenden Serviceangeboten, die sie auch als Privatkunden von B2C-Portalen kennen. Den Ersatzteil-Shop sollten Sie in Design, Struktur und Funktionalität an Ihren Commerce-Shop anlehnen.

In der Realität sind Ersatzteil-Shops jedoch häufig nicht so aufgebaut. Die dem originären Kauf nachgelagerten Touchpoints lassen häufig einen Qualitätsabfall in Bezug auf deren Ausgestaltung erkennen. Da dieser Bereich aus den zuvor genannten Gründen jedoch immer wichtiger wird, zahlen sich Investitionen, insbesondere mit Blick auf Cross-Selling- und Up-Selling-Potenziale, aus. Dies bestätigt auch die Forrester-Studie »B2B Embraces Its Omnichannel Commerce Future« (2018): Von den 353 befragten B2B-Unternehmen erreichen 54 % ihre Kunden besser mithilfe einer digitalen Servicelösung. Bei den B2B-Unternehmen, die mehr als 25 % ihres Umsatzes online generieren, sind es sogar 78 %. Außerdem werden Kunden mithilfe der übersichtlichen und vollständigen Aufstellung aller Services häufiger auf andere passende Produkte oder Dienstleistungen aufmerksam (57 %), kaufen gebündelte Servicepakete (50 %) und bestellen insgesamt häufiger (54 %).

Die Praxis zeigt, dass die Effekte eines solchen Shops enorm sind, werden hier doch häufig erstmalig Serviceprozesse zu einem wirtschaftlichen Faktor. Aufgrund hoher Bruttomargen kann sich der Bereich höchst profitabel gestalten – insbesondere für langlebige Produkte. Ein weiterer Vorteil von After-Sales-Geschäften liegt in ihrer stabilisierenden Wirkung auf den Umsatz: Der Bedarf an Ersatzteilen oder Instandhaltungsleistungen ist deutlich weniger von konjunkturellen Schwankungen beeinflusst als das Primärgeschäft und hat das Zeug zum echten Umsatztreiber.

Wer sich mit dem Aufsetzen oder Modernisieren eines Ersatzteil-Shops befasst, sollte immer Kunden und Geschäftsmodell vor Augen haben. Wie so häufig ist der erste Schritt entscheidend, also der Weg vom Gedankengang (»ich brauche ein Ersatzteil«) zur Aktion (Kunden starten den Webbrowser). Unabhängig davon, was die Intention der Kunden ist, muss der Shop zunächst gefunden werden – dies ist Aufgabe von Marketing und SEO-Abteilung (Search Engine Optimization). Der Einstieg sollte einfach und individuell erfolgen, und zwar abhängig von der Intention der Kunden. Wenn ein Defekt der Auslöser für den Besuch des Ersatzteil-Shops ist, sollte das einen anderen Prozessverlauf nach sich ziehen als die Nachbestellung von Verschleißteilen oder die Suche nach Komplementärprodukten. Während beim Defekt der Einstieg immer in Kombination mit der Servicemeldung stehen sollte (gegebenenfalls kommen relevante Informationen gleich vom Kundenservice, oder das passende Teil wird aktiv vorgeschlagen), ist in den beiden anderen Fällen der elegante Zugang, also in der Regel die Identifikation von Gerät, Gerätetyp und passenden Ersatzteilen oder Komponenten entscheidend.

Bestenfalls ist der Ersatzteil-Shop direkt mit einem Kundenportal verwoben. Technologisch direkt auf einer SAP-Commerce-Cloud-Instanz abbildbar, ergeben sich bei einer Prozessintegration der beiden Bereiche weitere Möglichkeiten, um den Ersatzteil-Shop optimal zu nutzen. Stehen zuvor gekaufte Produkte, Maschinen oder Anlagen im Portal zur Verfügung, können heruntergeladene Anleitungen, Produktinformationen oder Handbücher bei der Ersatzteil- oder Komponentensuche helfen. Des Weiteren können die Kunden auf einen elektronischen Ersatzteilkatalog zugreifen und über die Explosionszeichnungen nach dem richtigen Teil suchen. Bereits gängige Praxis sind Servicefunktionen wie die *QR-Identifikation* des Gerätetyps, *Find-my-Part-Anwendungen*, z. B. inklusive Bilderkennung (siehe Abbildung 2.4), oder die 3D-Produktvisualisierung zur Identifikation. Die Bestellung erfolgt ebenfalls direkt im Portal. Hier lohnt sich zur Veranschaulichung ein Blick in das Szenario in Abschnitt 18.3, »Buyer Enablement (Personalisierung und Content)«.

Letzter Baustein, um Kunden auch im After-Sales-Geschäft begeistern zu können, ist die Bereitstellung aller Informationen rund um das Produkt oder die Serviceleistung. Was für den Vertrieb die Kundendaten sind (siehe den Abschnitt »Der Ruf nach dem 360-Grad-Blick« in Abschnitt 2.1.3, »Vertrieb«), sind die Produktdaten für das After-Sales-Geschäft im Speziellen und für alle E-Business-Szenarien im Allgemeinen.

Abbildung 2.4 Startseite für die Funktion zur Bilderkennung bei der Ersatzteil- oder Komponentensuche

Basis des Erfolgs: Produktdatenmanagement

Egal ob im Sales- oder After-Sales-Kontext: Die Bereitstellung von *Produktdaten* ist von immenser Bedeutung. Ohne Produktdaten sind E-Business-Lösungen und digitale Serviceangebote wie ein Ersatzteil-Shop wertlos. Kunden informieren sich heute vorab selbstständig über Produkte, bevor sie ein Unternehmen kontaktieren. Damit Kunden Ihr Unternehmen und Ihre Produkte finden, müssen Produktinformationen online verfügbar sein. Das setzt voraus, dass diese Informationen an zentraler Stelle gepflegt und aktualisiert werden. Nichts ist schlimmer, als wenn Kunden online Produkte finden, die Sie gar nicht mehr anbieten, deren technische Merkmale nicht aktuell sind oder wenn sich die Informationen der Website, des Printkatalogs und die Aussagen des Vertriebs voneinander unterscheiden. In solchen Fällen verlieren die Kunden das Vertrauen und sprechen lieber mit anderen Anbietern. Damit ist klar, dass Sie ohne zentrale Produktinformationen den Kunden verlieren, noch bevor die Customer Journey richtig begonnen hat. Auch der Vertrieb profitiert beispielsweise von aktuellen und konsistenten Daten. Wenn der Vertrieb weiß, dass das Zubehör nur mit dem richtigen Werkzeug oder nur in Verbindung mit einer Serviceleistung eingebaut oder genutzt werden kann oder das Ersatzteil nicht in die Maschine passt, kann er richtig beraten.

Innovative Funktionen wie das Internet of Things (IoT) oder Machine Learning verlieren ihren Mehrwert ohne die passenden Produktdaten. Was hilft es Ihnen z. B., wenn Sie über IoT die Drehzahl des Motors kennen, aber nicht wissen, welcher Motor in der Anlage verbaut ist, oder wenn Sie Big Data per künstlicher Intelligenz (KI) verarbeiten wollen, aber keine Verknüpfung zu Ihren Produkten herstellen können? Produktdaten sind also das Fundament. Dazu gehören aber nicht nur Materialnummer und Kurztext aus dem SAP-S/4HANA-System. Für die Präsentation auf der Website, im Shop oder im Kundenportal sind folgende Informationen für die Kunden von Bedeutung:

- beschreibende Texte, die die Funktionsweise, Vorteile oder den Einsatz des Produkts erläutern
- Bilder und (CAD-)Zeichnungen, die den Kunden helfen, das richtige Produkt zu identifizieren
- technische und vertriebliche Attribute, die bei der Suche und beim Vergleich von Produkten helfen
- Dokumente zum Produkt, Broschüren zum Kauf sowie Bedienungsanleitungen oder Handbücher für die Nutzung
- Referenzen zwischen den Produkten, sodass Zubehör zum Produkt angezeigt werden kann, oder passende Ersatzteile
- Statusinformationen, ob das Produkt noch verkauft wird oder es bereits einen Nachfolger gibt

Abbildung 2.5 zeigt, an welchen Orten die aufgezählten Informationen verarbeitet und genutzt werden können.

Neben den klassischen Stammdaten spielen insbesondere noch zwei weitere Elemente eine wesentliche Rolle bei der Präsentation der Produkte: *Preis* und *Verfügbarkeit*.

Sollen Kunden im Shop oder Portal direkt eine Bestellung auslösen können, sind Preise und Informationen zur Verfügbarkeit zwingend notwendig. Ohne diese Informationen wird kaum jemand einen Auftrag digital platzieren. Speziell der Preis stellt viele Anbieter, insbesondere im B2B-Umfeld, vor eine große Herausforderung. Wenn der Preis erst einmal öffentlich und ohne Anmeldung bzw. Registrierung auf der Website sichtbar werden soll, muss klar sein, welcher Preis nun der richtige ist. Aber auch wenn Kunden sich angemeldet haben, ist die Ermittlung des Preises oft eine Herausforderung. Ohne Integration zum Backend-System (z. B. SAP S/4HANA) lässt sich der kundenindividuelle Preis selten ermitteln. Aber auch mit Backend-Integration müssen die Auswirkungen auf die Performance beachtet werden.

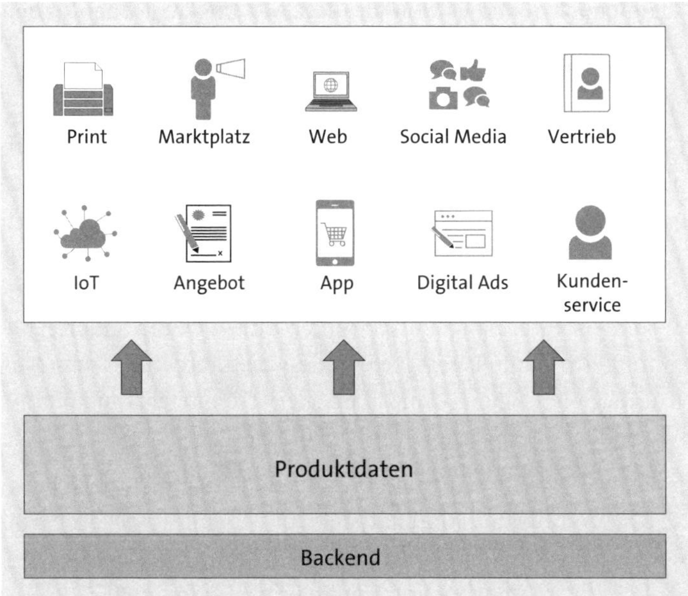

Abbildung 2.5 Zielsysteme, Adressaten und relevante Anwendung für Produktdaten

So kann in einer langen Suchergebnisseite mit mehreren Tausend Treffern nicht sofort für jedes Produkt ein Preis aus dem SAP-S/4HANA-System ermittelt werden. Somit scheidet der Preis als Sortier- und Filterkriterium aus. Für Kunden sind diese Funktionen aber unter Umständen wichtige Entscheidungsfaktoren für oder gegen ein Produkt. Hier sind häufig Kompromisse gefragt. Ähnlich sieht es beim Thema Verfügbarkeit aus. Wenn Teile auf Lager gefertigt werden, ist eine einfache Bestandsanzeige im Shop oder Portal realisierbar, die verlässlich Auskunft über lieferbare Bestände gibt. Geht es um individuelle Produkte oder Anlagen, ist die Berechnung des Liefertermins eine komplexe Angelegenheit. Betrachtet werden müssen die Lieferbarkeit von Rohmaterialien und Zulieferteilen, aber auch Fertigungszeit und Transportweg, siehe Abschnitt 16.3, »Servicemeldung (Predictive Maintenance und IoT)«. Dann muss unter Umständen mit durchschnittlichen Verfügbarkeitsinformationen gearbeitet werden, um Kunden wenigstens eine ungefähre Lieferzeit angeben zu können. Im Idealfall kommen alle diese Informationen aus einem System, z. B. aus einem *Product-Information-Management-System* (PIM-System), oder werden zumindest aus diesem konsolidiert ausgespielt. Alle Subsysteme, die Produktdaten (inklusive Preis und Verfügbarkeit) benötigen, erhalten ihre Informationen aus diesem zentralen PIM-System. Damit ist sichergestellt, dass die Informationen auf Website, Shop, Portal oder Marktplatz konsistent sind und sich nicht voneinander unterscheiden. Aber auch in internen Prozessen, z. B. zur Angebotserstellung oder im Customer Service, sollten die Produktinformationen aus dem zentralen PIM-System zur Verfügung gestellt werden, damit auch über diese Kanäle dieselben Informationen zu den Kunden gelangen.

Neue Geschäftsmodelle im Service und After Sales

Die Veränderung von Kunden, Märkten und Technologien bietet Raum für neue Ansätze und Geschäftsmodelle – und im After Sales sitzen die vermutlich größten Potenziale für Einnahmequellen. Dies liegt zum einen daran, dass Komplementärprodukte und produktbegleitende Dienstleistungen in der Vergangenheit aus der Notwendigkeit entstanden sind, dass für Primärprodukte nach dem Verkauf Garantieansprüche bestehen oder Ersatzteile angeboten werden müssen. Zum anderen haben wir bereits zu Beginn dieses Kapitels festgestellt, dass die Kunden auf dem Servicefeld oftmals noch unbegleitet agieren und dank neuer digitaler Touchpoints heute einfacher und passender angesprochen werden können.

Die Möglichkeiten, das eigene Portfolio zu erweitern, sind vielfältig und je nach Branche, Segment (B2B, B2C, B2E) und eigenem Geschäftsfeld individuell zu gestalten. Folgende Themen sind branchenübergreifend mehr als nur ein Trend und versprechen, sich als feste Portfoliobausteine im Angebot von Herstellern zu etablieren:

- **Digitale Dienste wie Predictive Maintenance, Monitoring, Analytic, IoT-Dashboards, VR-/AR-Modelle, Remote-Services, Machine-Learning-Daten**
  Beispiele: Mit in der Anlage verbauten Sensoren und einem Modul für ein Predictive-Maintenance-System (PDMS) wird aktiv darauf hingewiesen, dass ein Verschleißteil ausgetauscht werden sollte. Die Option, größere Datenmengen in der Cloud des Herstellers zu speichern oder das Nutzungsverhalten als Dashboards aufbereitet zu sehen, ist mit einer Gebühr verbunden. In Abschnitt 16.3, »Servicemeldung (Predictive Maintenance und IoT)«, und in Abschnitt 16.5, »Serviceportale (digitale Maschinenverwaltung)«, finden Sie detaillierte Szenarien, in denen solche digitalen Dienste vorkommen.
- **Pay-per-Use-Modelle wie die Bezahlung nach Verbrauch, also Performance-based Contracting (PBC), klassisches Leasing, Versicherungen oder Subscription-Modelle z. B. für ausgewählte digitalen Dienste**
  Beispiele: In einer Logistikanlage kann pro eingelagertem Packstück bezahlt werden, oder bei einer Baumaschine wird nach ihrer Nutzung (Betriebsstunden, Aushub) abgerechnet.
- **Trainings und Zertifizierungen wie Fortbildungsmaßnahmen zur Verarbeitung oder Nutzung von Produkten oder kostenpflichtigen Zertifizierungsangeboten**
  Beispiele: Für die Verarbeitung eines neuen Baustoffes wird ein Training angeboten, das Handwerksbetriebe für ihre Mitarbeitenden buchen können. Oder für die Installation eines neuen Lüftungssystems ist eine kostenpflichtige Zertifizierung erforderlich. In Abschnitt 16.7, »Digitales Partnermanagement (Smart Home)«, wird ein Szenario beschrieben, das eine solche Variante beinhaltet.

- **Business-Support hat keinen direkten Bezug mehr zum Kernprodukt, wie die Beratung zur optimalen Nutzung eines Produkts oder Beratungsangebote rund um Themen, für die das ursprüngliche Produkt eingesetzt werden kann**
  Beispiele: Kurse und Fortbildungsmaßnahmen zum Haus(um)bau seitens des Herstellers von Bauobjekten bzw. Baustoffen oder das Angebot von (Studien)reisen, Sprachkursen, Seminaren usw. seitens eines Verlags, Herstellers oder Dienstleistungsunternehmens.

Dank der digitalen Vernetzung haben Hersteller heute die Option, während der gesamten *Nutzungsphase* Informationen und Daten zum *Nutzungsverhalten* zu erlangen. Kombiniert mit Kundendaten aus anderen Quellen (Marketingautomatisierung, Customer-Data-Systemen, Webprofilen, sozialen Medien usw.) bringen die Kunden in Kombination mit »smarten« Produkten und Services eine Flut von Informationen in das Unternehmen. In Echtzeit erfahren Hersteller und Anbieter, wie ihre Kunden das jeweilige Produkt oder Gerät nutzen und in welchem Zustand es sich befindet. Die Nutzungsphase wird zu einem zentralen Geschäftsfeld. Auf der Basis solcher Informationen lassen sich neue Dienste anbieten.

Field Service

Wer kennt es nicht: Die Waschmaschine ist defekt, meist drei Monate nach Ablauf der Garantie. Man ärgert sich über sich selbst, da man die Option auf eine Garantieverlängerung damals beim Kauf abgelehnt hat. Wagt man sich jetzt an die Selbstreparatur, riskiert man, neben Nerven auch die Aussicht auf eine Instandsetzung zu verlieren. Also greift man zum Mobiltelefon, sucht die Servicenummer, ruft die Hotline an und landet in einer Warteschleife. Nach einer Telefonansage und einer Weiterleitung hat man endlich ein Freizeichen, doch der Mitarbeiter oder die Mitarbeiterin ist offensichtlich schlecht informiert und wenig motiviert. Die genannte Servicetechnikpauschale liegt bei fast 50 % des Wiederanschaffungswertes. Dieser Vorgang, so geläufig er auch ist, frustriert und wird mittelfristig zur Abwanderung von Kunden führen.

Die Bedeutung des Servicetechnikteams für die Kundenzufriedenheit ist längst kein Geheimnis mehr. Kommt der *Field Service* ins Spiel, haben Kunden – egal ob privat mit defekter Waschmaschine oder geschäftlich mit der stillstehenden Produktionsanlage – ein Problem. Hier haben Unternehmen die Chance, ihre Kunden von sich zu überzeugen, indem sie das Problem lösen. Doch bis zur Beauftragung des Field Service haben Kunden oft noch einige Schritte vor sich.

Dabei ist für die Zufriedenheit entscheidend, ob der Zugang zu Informationen und Buchung des Serviceeinsatzes einfach und transparent ist. Flexibilität bei der Terminauswahl ist genauso Teil der Kundenzufriedenheit wie Freundlichkeit und Pünktlichkeit. Bringt der Servicetechniker die richtigen Ersatzteile mit, kann der Einsatz zum Erfolg werden. Denn die *Erstlösungsquote* steht auch im Field Service ganz oben auf der Prioritätenliste, abgerundet mit digitaler Unterschrift und direkter Bereitstellung der Rechnung (bestenfalls ist es eine Garantie und läuft über Kulanz). Im Nachgang kann ein *Survey* zur Erfassung der Zufriedenheit durchgeführt werden, dessen Antworten direkt in das Experience Management oder das Marketing fließen. Optional braucht es den Einsatz vor Ort gar nicht, da das Servicetechnikteam mittels AR-Funktion (*Augmented Reality*) remote auf die Maschine oder Anlage schaut und die Kunden führt. Die Reparatur wird autark durchgeführt und unter der Wahrung von Garantieansprüchen angeleitet – ohne Reisekostenaufwand beim Hersteller und Wartezeit bei den Kunden. All diese Beispiele zeigen wie viele Punkte es gibt, an denen man im Kontext des Field Service Customer Experience schaffen kann. Mit einer integrierten Lösung zur *Einsatzplanung* (Dispatching) kann der Field Service zum entscheidenden Baustein für die Kundenbindung und somit für den Unternehmenserfolg sein. Dabei sollte die Lösung zur Einsatzplanung folgende Funktionen aufweisen:

- mobiler Zugriff auf Echtzeitdaten, Lagerbestände und Aufträge
- effiziente Auftragsabwicklung und Materialwirtschaft inklusive Rückmeldungen bzw. Zeitenbuchung
- transparente Rechnungsstellung (möglichst in einem digitalen Format) zum Abschluss des Prozesses und einem mobilen Zugriff auf Echtzeitdaten, Lagerbestände und Aufträge, die eine effiziente Auftragsabwicklung und Materialwirtschaft inklusive Rückmeldungen bzw. Zeitenbuchung ermöglichen und die zum Abschluss des Prozesses eine einfache und transparente Rechnungsstellung (möglichst in einem digitalen Format) gewährleisten. So kann eine integrierte Field-Service-Lösung zum entscheidenden Baustein für die Kundenbindung und somit für den Unternehmenserfolg sein.

Mit SAP Field Service Management hat SAP seit 2018 eine Lösung im Portfolio, die diese Anforderungen technologisch abbildet (siehe Kapitel 14, »SAP Field Service Management«). Doch auch hier gilt, dass die beste Technologie ohne Prozess nichts bringt. Denn das Servicetechnikteam, das zum zweiten Mal mit dem falschen Ersatzteil zu spät am Einsatzort eintrifft und im Nachgang eine fehlerhafte Rechnung ausstellt, wird sicherlich kein drittes Mal mehr kommen. Alle Zeichen stehen dann auf Abwanderung.

2.1.3 Vertrieb

Kaum eine Rolle in Unternehmen hat sich im Zuge der Digitalisierung so verändert wie die der Vertriebskräfte. Viele Unternehmen lebten beispielsweise lange in dem Luxus, dass es kaum Konkurrenzprodukte gab bzw. dass diese kaum bekannt waren. Dem Vertrieb flogen die Aufträge zu. Dies hat sich mittlerweile selbst in hochspezialisierten Branchen geändert. Der Vertrieb kann sich längst nicht mehr darauf verlassen, dass Kunden kaum informiert sind und ihnen zunächst ihre Möglichkeiten aufgezeigt werden müssen. An welchem Punkt der Customer Journey Kunden in den Dialog mit dem Vertrieb treten, ist heute völlig offen. Oft sind Kunden schon sehr gut über Produkte, Features und Konkurrenzangebote im Bilde, bevor sie mit dem Vertrieb sprechen. Es geht also heute viel mehr um Beratung als um den klassischen Verkauf. Dabei ergeben sich neue Fragen, die wir im folgenden Abschnitt beantworten möchten:

- Wie können Vertriebskräfte auf den Wandel reagieren?
- Welche Werkzeuge stehen ihnen zur Verfügung, um bestmöglich auf unterschiedlichste Wissensstände von Kunden reagieren zu können?
- Wie können Vertriebsprozesse und Organisationen neu ausgerichtet werden?
- Welche Rolle spielt der digitale Vertriebskanal (Online-Shop), und wie verbindet man beide Kanäle erfolgreich?

Neue Rolle des B2B-Sales-Managements

Galt für den klassischen Außendienst noch vor wenigen Jahren das Motto »Der Vertrieb muss auf die Straße«, sehen Aufgabenbereich und Arbeitsalltag heute ganz anders aus.

Als Ursache fällt einem in erster Linie die digitale Transformation von Markt und Kunden ein. Wenn es um Customer Experience geht, hat die Nutzung neuer (digitaler) Kanäle wohl mit den stärksten Einfluss auf den Vertriebsprozess. Die COVID-19-Pandemie hat diesen Trend zum digitalen Vertrieb noch verstärkt (siehe Abbildung 2.6).

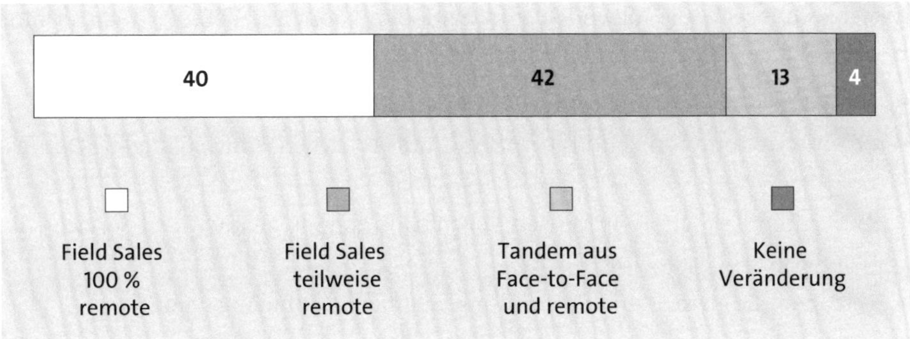

Abbildung 2.6 Veränderung im B2B-Vertriebsmodell während COVID-19 in Deutschland (Datenquelle: McKinsey & Company (2020): The B2B digital inflection point: How sales have changed during COVID-19)

Oder anders formuliert: Die gemeinsame Zeit zwischen Vertrieb und Kunde wird immer exklusiver. Seit 2011 kursieren Statistiken, dass über die Hälfte des Kaufprozesses abgeschlossen sei, bevor erstmals mit dem Vertrieb Kontakt aufgenommen wird.

Diese Statistiken beziehen sich oft darauf, dass der Kaufprozess zu großen Teilen heute digital erfolgt. Dahinter verbirgt sich aber nichts anderes, als dass mit zunehmender Digitalisierung der Buying Journey auch die Notwendigkeit abnimmt, mit Vertriebsmitarbeitenden zu sprechen. Viele Informationen sind direkt verfügbar, Preismodelle leicht einsehbar, Produktrezensionen nur einen Klick entfernt. Auch Vergleichsangebote können leicht mit der Buying Group geteilt werden. Nur weil Kunden Zeit online verbringen, heißt das nicht, dass der Vertrieb nicht in allen Phasen des Kaufprozesses involviert sein kann. Richtig ist aber, dass die meisten Käuferinnen und Käufer mit der Kontaktaufnahme bis spät im Verkaufsprozess warten. Darüber hinaus sehen nur 23 % der Verantwortlichen im B2B-Einkauf den Vertrieb als Top-Ressource für die Lösung von Geschäftsproblemen (Quelle: CSO Insights (2018): The Growing Buyer-Seller Gap: Results of the 2018 Buyer Preferences Study).

Die wahre Herausforderung liegt darin, die »anonymen« Phasen Ihrer Kunden ebenfalls zu begleiten. Vertriebs- und Marketingaktivitäten können demnach als absolut entscheidend für den Erfolg in allen Phasen der Kundenreise gesehen werden. Das Zusammenspiel mit dem Marketing (siehe Abschnitt 2.1.4) sowie die Etablierung von Multichannel-Vertriebsprozessen unter Einbeziehung digitaler Touchpoints (siehe Abschnitt »Digitaler Vertrieb«) sollte ebenfalls nicht außer Acht gelassen werden.

Der Ruf nach dem 360-Grad-Blick

Die Überschrift impliziert, dass Einblicke in die Kundenaktivitäten außerhalb des persönlichen Interagierens mit den Kunden für den Vertrieb stark an Bedeutung gewinnen müssen. Wenn die Face-to-Face-Aktivitäten zwischen Vertrieb und Kunden also abnehmen, müssen solche Termine besser vorbereitet werden. Dabei sind Daten das Mittel zum Zweck. Die folgenden Informationen können helfen, Vertriebstermine besser vorzubereiten und erfolgreicher gestalten zu können:

- Historie zu dem jeweiligen Ansprechpartner und Kunden (Account)
- Präferierte Kommunikationsform und Kanäle. Liegen Einwilligungen (Opt-ins) vor?
- Aktivitäten: Teilnahme an Messen, Downloads, Log-ins, genutzte Self-Services, Aktivitäten, Feedbacks, Tickets usw.
- Personen, die an der Kaufentscheidung beteiligt sind (Buying Center)
- mögliche Wettbewerbsunternehmen oder Wettbewerbsprodukte
- anstehende Projekte oder Zeitplanung der Kunden
- Status in anderen Fachbereichen, z. B. offene Servicetickets, Reklamationen, Vertriebsaktivitäten in anderen Segmenten/Bereichen Vertriebsaktivitäten
- Feedback vonseiten des Ansprechpartners oder Kunden, z. B. Rezensionen, Surveys

- Zahlen (Umsatz, Volumen, Größe), Fakten (Struktur, Marktposition) und Umsätze (Käufe, White Spots, Benchmarks) zum Unternehmen
- Produkt-, Lieferanten- und Herstellerstrategie im Unternehmen
- Key Performance Indicators (KPIs) zum Unternehmen (Klassifizierung, Potenzialanalyse, Abschlussquote)
- persönliche Informationen zum Ansprechpartner (soziale Medien, Karrierepfade, Betriebszugehörigkeit)
- KPIs zum Ansprechpartner (Reaktionsverhalten, Management Attention, Preissensibilität und Erfolgsquote)

Die aufgeführten Punkte machen deutlich, warum in Unternehmen oft nach dem 360-Grad-Blick auf den Kunden gerufen wird. Die Forderung nach dem 360-Grad-Blick auf den Kunden ist so alt wie die Idee des CRM-Vertriebssystems. In der Vergangenheit ist dem Wunsch nach einem Rundumblick auf den Kunden häufig mit einem »Daten-Overload« begegnet worden. Von Daten-Overload kann man sprechen, wenn unzählige Daten gesammelt werden, die in unterschiedlichen Systemen mit kundeneigener Aufmachung außerhalb des SAP-Standards dargestellt werden. Dazu kommt ein aufwendiger Betrieb, denn die Felder müssen mit den Quellsystemen stets synchron gehalten werden. Am Ende weiß keiner mehr, wo die Single Source of Truth liegt.

Spätestens mit der Notwendigkeit, über alle (relevanten) Touchpoints hinweg auf dem neuesten Stand zu sein, hat sich bei vielen Unternehmen die Herangehensweise an das Thema 360-Grad-Blick geändert. In Gesprächen wird oft deutlich, welch enormer technischer und finanzieller Aufwand nötig ist, um einen 360-Grad-Blick zu erhalten. Dabei wird der Grenznutzen zwischen Datenbereitstellung und dem Mehrwert für den Vertrieb zunehmend kleiner (siehe Abbildung 2.7).

Die veränderten Rahmenbedingungen erhöhen die Komplexität: Die rasanten Veränderungen am Markt, die Regularien (Stichwort Datenschutz-Grundverordnung – DSGVO) und das Verhalten der Kunden machen eine Suche nach alternativen Ansätzen unumgänglich.

Die Erfolgsformel hier lautet »Qualität und Zeitpunkt vor Quantität und Volumen«. Weniger die Masse an Daten, sondern die Qualität der Informationen am jeweiligen Punkt im Vertriebsprozess ist entscheidend. Wichtig ist es, die richtige Information zum bestmöglichen Zeitpunkt zur Verfügung zu haben – und diese Information muss nicht physisch im System vorliegen, sondern lediglich abrufbar sein und dort gespeichert werden, wo sie hingehört.

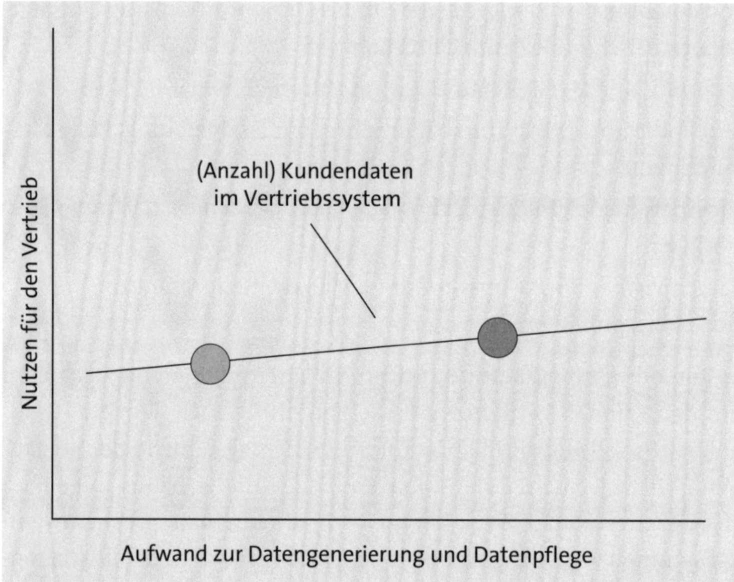

Abbildung 2.7 Nutzenaufwand bei zunehmender Anzahl an Kundendaten im Vertriebssystem

Es ist also weniger wichtig, alles über die Kunden zu wissen, als den besten Mix an Informationen – aktuell, transparent und jederzeit abrufbar – zur Verfügung zu haben. Schlüssel zu solchen sinnvollen 360-Grad-Szenarien für Vertrieb und Service sind integrierte Systemlandschaften und übergreifende Prozesse (siehe Abschnitt 2.2, »Customer Experience als Mittelpunkt digitaler Geschäftsmodelle«).

Von der Kundenverwaltung zur Kundenberatung

Aus der veränderten Rolle der Kunden resultiert als Nebeneffekt auch eine geringere Wertschätzung der Aktivitäten im Vertrieb. Weil Kunden zunehmend in der Lage sind, sich autark zu informieren und Entscheidungen zu treffen, brauchen sie weniger Anleitung und Unterstützung. Dies wiederum impliziert, dass die positive Wahrnehmung der Vertriebsunterstützung in der Customer Journey Kunden gestärkt werden muss. Laut einer Studie aus dem Jahr 2020 (Quelle: Demand Gen Report (2020): B2B Buyer Behavior Study) sehen 96 % relevanten Content der Verantwortlichen im B2B-Umfeld als besonders wichtig an. Der Schlüssel liegt also, wie bereits zu Beginn dieses Kapitels aufgeführt, in der Bereitstellung der »richtigen« Informationen. Faktoren wie Zugang und Qualität sind dabei mehr Grundpfeiler als Unterscheidungsmerkmal. Gerade im B2B-Bereich reagieren Kunden sehr sensibel auf Veränderungen. Ergeben sich neue Informationen, muss unter Umständen die Buying Group (Personen, die eine Kaufentscheidung gemeinsam treffen) erneut hinzugezogen werden. Eine Studie zeigt, dass über 90 % der Befragten ihre Kaufentscheidung revidieren, wenn sie neue Informationen zu dem Produkt erhalten (siehe Forrester (2021): Winning The New B2B Buyer).

Wenn die Kunden die Aktivitäten des Vertriebs als Mehrwert wahrnehmen, werden sie den Kontakt suchen und halten und vielleicht wieder dort einkaufen. Das Knowhow des Vertriebs im B2B-Umfeld ist der große Bruder der digitalen Verkaufsberatung im B2C-Bereich. Gerade in der Variantenfertigung oder bei Unternehmen, die komplexere (erklärungsbedürftige) Produkte herstellen, ist der Faktor Vertriebsunterstützung durch den Vertriebsrepräsentanten oder die Vertriebsrepräsentantin nicht zu unterschätzen. Das Zitat eines Kunden trifft es dabei sehr gut:

> *Wir sind dabei, einen Online-Shop einzurichten, in dem wir nur Standard-Einzelteile verkaufen werden. Der Rest des Portfolios ist zu komplex.*

Finden die Vorteile von Produkten oder Services nicht ihren Weg zu den Kunden, weil die dazu passenden Vertriebsprozesse im System noch nicht hinterlegt sind, besteht Handlungsbedarf. Der Vertrieb im B2B-Umfeld muss dabei von der Kundenverwaltung zur Kundenberatung übergehen (siehe Abbildung 2.8).

Abbildung 2.8 Veränderung der Rolle des klassischen Vertriebsrepräsentanten

Digitaler Vertrieb

Beim digitalen Wandel im Vertrieb ist neben den Beteiligten (Kunden und Vertrieb) zuallererst die Veränderung der Kommunikationsformen und -wege von Bedeutung. Bis vor einigen Jahren beschränkte sich die Kommunikation auf ein oder zwei Kanäle – dies ist heute anders. Obwohl Telefon und E-Mail weiterhin die am meisten genutzten Kanäle sowohl im B2B- als im B2C-Umfeld sind, muss der Vertrieb heute zahlreiche weitere Touchpoints berücksichtigen. Mehrheitlich werden im Vertrieb aktuell drei oder mehr Kanäle genutzt. Ein Grund dafür ist, dass die sogenannten Millennials nach und nach in Positionen aufrücken, in denen Kaufentscheidungen getroffen werden. Deren Kommunikationsverhalten unterscheidet sich immens von dem Verhalten vorheriger Generationen, denn sie nutzen nicht nur privat insgesamt mehr digitale Medien.

Die Herausforderung besteht also nicht darin, einzelne Kanäle zu ersetzen, sondern die Kommunikationswege kanalübergreifend zu harmonisieren; diese Strategie nennt man Omnichannel. Mittel- bis langfristig werden sich Kunden – abhängig von Branche und Kundensegment – zwar nach und nach auf eine digitale Kommunikation einlassen oder diese selbst einfordern. Dass dies jedoch nicht überall zeitnah passieren wird, zeigt Abbildung 2.9.

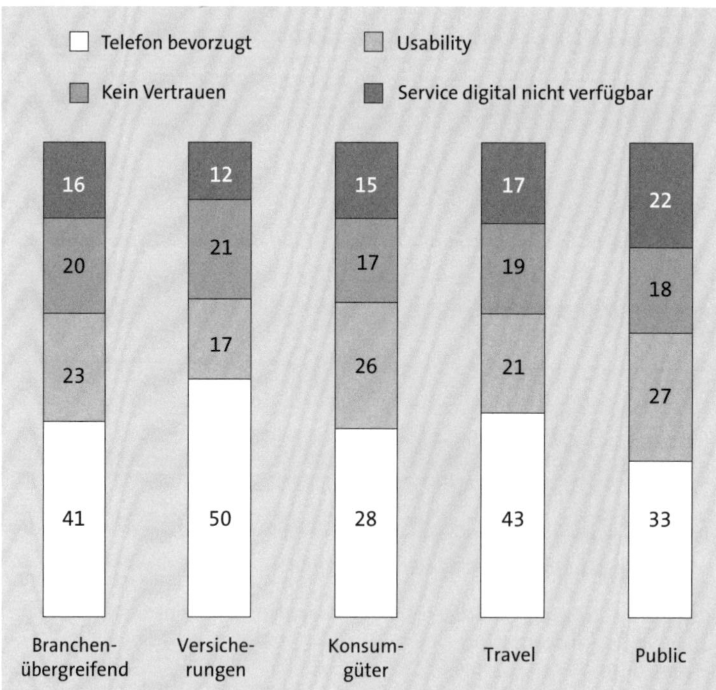

Abbildung 2.9 Gründe zur Ablehnung von digitaler Kommunikation (übergreifend und in ausgewählten Branchen; Datenquelle: McKinsey & Company (2020): COVID-19 Digital Sentiment Insights: survey results for German market)

Insbesondere mangelndes Vertrauen in die Datensicherheit ist ein Grund dafür, warum digitale Kanäle im Kaufprozess von Kunden nicht genutzt werden. Aber auch eine unzureichende Usability wurde als Grund angegeben. Teilweise fehlte auch das Angebot seitens der Unternehmen (siehe McKinsey & Company (2020): COVID-19 Digital Sentiment Insights: survey results for German market).

Es lässt sich kaum noch als Trend bezeichnen, doch spätestens durch den pandemiebedingten Fokus auf die digitale Welt ist die Digitalisierung auch im Vertrieb zum Muss geworden. Gerade weil derzeit niemand sagen kann, inwieweit sich diese Entwicklung zurückdrehen lässt und ob das auf Kunden- und Vertriebsseite überhaupt gewollt ist, müssen sich Unternehmen, und besonders der Vertrieb, darauf einstellen, dass das Digital Selling gekommen ist, um zu bleiben. Selbst mit der Aussicht, im Jahr 2021 wieder persönliche Kontakte pflegen zu können, machten Befragte einer Umfrage »B2B Decision-Maker Pulse 02/2021« von McKinsey & Company deutlich, dass sie beim Kontakt mit dem Vertrieb einen kanalübergreifenden Mix bevorzugen und sich gleichermaßen für persönliche, Remote- und digitale Self-Service-Interaktionen aussprechen (siehe McKinsey & Company (2021): B2B Decision Maker Pulse Survey 02/2021).

So wertet die Vertriebsleitung in Unternehmen in Europa digitale Kanäle im Durchschnitt heute etwa doppelt so gewichtig wie früher. In Abbildung 2.10 sieht man gut, welchen immensen Schub die Folgen der Pandemie dem Shift zum digitalen Sales gegeben haben.

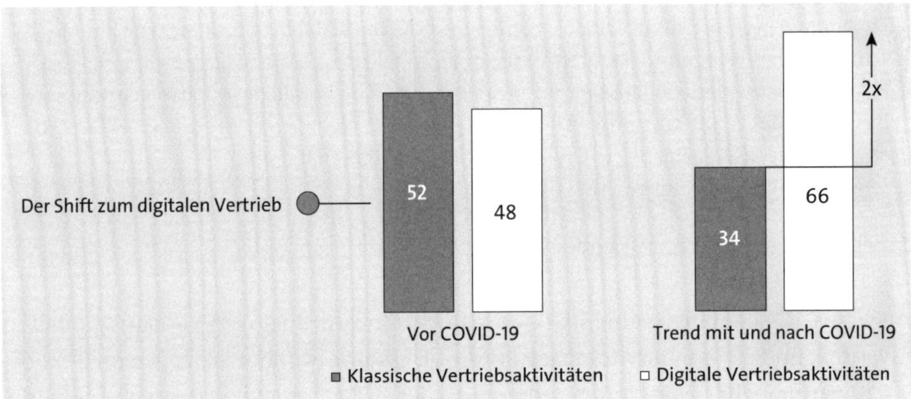

Abbildung 2.10 Der Wandel zum digitalen Vertrieb (Datenquelle: McKinsey & Company (2020): B2B Decision Maker Pulse Survey 04/2020)

Der persönliche Kontakt bleibt dennoch wichtig und ist bis heute der stärkste Trumpf im B2B-Vertrieb. Der Besuch wird bleiben, aber die Frequenz wird abnehmen. In Tabelle 2.1 sind einige Tipps aufgeführt, wie der Kundentermin auch zukünftig zum Erfolg wird. Sie finden darüber hinaus Beispiele, wie es nicht ablaufen sollte.

Richtig	Falsch
Optimale Vorbereitung auf Basis aller relevanten Informationen und Betrachtung der Interaktionen des Kunden	Beim Kunden sind aktuell noch Reklamationen offen. Hier besteht bereits Eskalationsgefahr. Das Mitglied des Vertriebsteams ist über die Hintergründe, das zugehörige Serviceticket und dessen Status nicht informiert. Auf die offene Reklamation angesprochen, kann es nicht reagieren. Der Termin beginnt nicht optimal.
Nutzung digitaler Kanäle zur Bereitstellung von Informationen vor, während und unmittelbar nach dem Termin.	Die Kundin hatte um ein Angebot gebeten. Die Vertriebsmitarbeiterin hat ein entsprechendes Dokument vorbereitet. Im Gespräch wird schnell deutlich, dass einige Positionen fehlen bzw. eine Anpassung erfolgen muss. Erst am nächsten Tag im Büro kann die Vertriebsmitarbeiterin eine neue Version erstellen, sendet diese als Anhang in einer E-Mail an die Kundin und bittet um Rückruf, falls noch Wünsche offen sind. Das Ping-Pong-Spiel beginnt, und die Chance auf einen schnellen Abschluss ist dahin.
Auf der jährlichen Fachmesse besucht eine Kundin den Messestand. Nach kurzer Vorstellung erkennt der Vertriebsmitarbeiter auf der mobilen SAP-Sales-Cloud-Anwendung in seiner vorab vom Marketing zur Verfügung gestellten Messe-Lead-Liste den Namen. Einen Klick später hat er alle Kurzinfos auf einen Blick parat. Der Einstieg in das Verkaufsgespräch gelingt einfach.	Die Kundin ist eine Ansprechpartnerin eines langjährigen B2B-Kunden, der von einer Vertriebskollegin betreut wird. Diese Information liegt dem Vertriebsmitarbeiter am Messestand nicht vor. Er selbst hat keinen Zugriff auf den Account im Vertriebssystem. Die Kollegin nimmt nicht an der Messe teil. Nach einer kurzen Vorstellung stellt sich eine peinliche Situation ein, da die Kunden »enttäuscht« wirkt – offensichtlich werden sie und ihr Unternehmen nicht wertgeschätzt.

Tabelle 2.1 Der erfolgreiche Kundentermin

Auch im B2C-Segment ist eine stückweise Rückkehr zum analogen Verkaufsmodell zu erwarten. Im B2B laut der McKinsey-Studie »Digital Sentiment Survey« von 2021 bevorzugen branchenübergreifend über 45 % der Befragten einen Besuch im Handel oder in der Filiale. Immerhin knapp 40 % wünschen persönlichen Kontakt mit dem Verkaufspersonal.

Die veränderten Rahmenbedingungen machen es notwendig, nicht einfach nur den Vertriebsprozess zu digitalisieren, sondern dass Vertriebsleitung und Vertriebsteam sich auch in ihrem Verhalten Stück für Stück digitalisieren. Folgende Punkte lassen sich aus den vorangehenden Abschnitten als nachhaltige Einflussfaktoren dazu zusammenfassen:

- die technologische Entwicklung von digitalen Touchpoints wie Websites, Webshops oder Portalen
- die sich daraus ergebenden Optionen für die Kunden (Ubiquität der Produkte, Transparenz zu Preis und Vergleichsangeboten, Rezensionen usw. mit wenigen Klicks zu erlangen)
- die Erwartungshaltung der Kunden, auch remote vertriebliche Unterstützung zu bekommen
- die daraus resultierende Anforderung, die Kundenkommunikation über verschiedene Kanäle hinweg zu synchronisieren
- die Präsenz (Konkurrenz) von digitalen Angeboten und Webshops
- die damit verbundene Gefahr, Abschlüsse an andere Online-Anbieter zu verlieren
- das immer spätere Einsteigen in den Entscheidungsprozess des Kunden
- die damit einhergehende Reduktion der Besuchs- und Terminfrequenz
- die extreme Beschleunigung des Wandels zum digitalen Vertrieb durch COVID-19 und die Folgen für Unternehmen und Kunden

In den kommenden Jahren wird ein *hybrides Vertriebsmodell* erfolgreich sein. Diese Vertriebsorganisationen schaffen es, sowohl digitale als auch persönliche Beratung unabhängig vom Kommunikationskanal anzubieten. Digitale Commerce-Plattformen werden dabei unterstützen. Laut des B2B E-Commerce Konjunkturindex (B2Bkix) gaben im Jahre 2020 71 % Prozent der befragten Unternehmen an, für das Jahr 2021 mehr Budget für den E-Commerce investieren zu wollen (ECC Köln (2020): B2B E-Commerce Konjunkturindex).

Online-Shop – der digitale Vertriebskanal

Der erste Eindruck ist bekanntlich ausschlaggebend – besonders im Verkauf. Wem es nicht gelingt, von Anfang an zu überzeugen, erhält von den heutigen Kunden meist keine zweite Chance. Der Webshop, unabhängig ob als Ersatzteil-Shop im Service (siehe den Abschnitt »After Sales« in Abschnitt 2.1.2, »Service«) als E-Commerce-Plattform für Händler oder als klassischer Webshop eingesetzt, ist digitales Aushängeschild im Bereich der Customer Experience. Kein Touchpoint bietet mehr Potenzial, um Kunden zu begeistern oder zu verschrecken. Die Erwartungshaltung der Kunden hinsichtlich Personalisierung, Konfigurationsmöglichkeiten, Preis- und Produktinformation oder Suchfunktionen überfordert viele beim Betrieb ihres Online-Shops. Ein Lösungsansatz ist der Ausbau von reinen E-Shops zu integrierten Commerce-Plattformen. Solche Plattformen können ein anhand der bisherigen Such- und Einkaufshistorie entwickeltes personalisiertes Cockpit zur Verfügung stellen, das nur Produkte und Dienstleistungen auflistet, die entsprechend den gezeigten Präferenzen für die Kunden interessant sind – auch im Cross-Selling- und Up-Selling-Bereich.

Die Kunden profitieren von einer umfassenden Übersicht der eigenen Bestellhistorie, dem aktuellen Status von Sammelbestellungen sowie Warenverfügbarkeiten und Lieferkonditionen in Echtzeit. Dies sorgt nicht nur für die Verfügbarkeit aller Services, unabhängig von Zeitzonen und Ländergrenzen, sondern entlastet mithilfe der Self-Service-Funktionen auch den Inside Sales sowie den Vertrieb (siehe den Abschnitt »Digitaler Vertrieb«). Wer einen solchen Touchpoint aufbauen möchte, sollte besonders auf drei Säulen achten, die über Erfolg und Misserfolg entscheiden: Die richtigen Inhalte platzieren, nutzerzentrierte Gestaltung einsetzen und eine zukunftsfähige Architektur wählen.

Erste Säule: Content is King

Je nach Branche und Kundensegment kann die Aufmerksamkeit der Kunden anders gelagert sein. So legen B2C-Kunden auf der Suche nach einem neuen Kühlschrank viel Wert auf technische Informationen, Vergleichsmöglichkeiten, Garantieoptionen und Services für Lieferung und Einbau. Wer sich für ein Surfboard interessiert, sucht Zubehör oder Erfahrungswerte anderer oder Testergebnisse. In beiden Beispielen spielt die Optik des Webshops und damit die Visualisierung des Produkts eine große Rolle. Die Einkaufsabteilung einer Baufirma legt hingegen wenig Wert auf technische Informationen oder Produktpräsentationen. Für sie sind beim Einkauf von Baumaterial aber Preisoptionen (Staffelpreise), Lieferzeiten und gegebenenfalls Informationen zur Anwendung ausschlaggebend. Wer komplexe (individuelle) Produkte benötigt, für den sind Konfigurationen und Informationen zu Pay-per-Use-Modellen vermutlich ein zentrales Kaufargument.

Die kurzen Beispiele zeigen, dass Inhalte von Webshops zwar individuell gestaltet sein können und auch sollten. Sie zeigen aber auch, dass der Inhalt und die Beurteilung des wahrgenommenen Mehrwerts der entscheidende Faktor bei der Gestaltung von Customer Experience im E-Commerce ist.

In Abbildung 2.11 ist die Darstellung einer Komponente für Bagger in einem Webshop zu sehen. Alle wichtigen Informationen sind direkt einsehbar. Mit einem Klick oder per Mouse-over können schnell weitere Informationen angezeigt werden. Es gibt Optionen zur Kalkulation und zum Vergleich mit ähnlichen Produkten, weitere Services rund um das Produkt und Simulationsfunktionen oder Anwendungsvideos.

Der Schlüssel zum Erfolg liegt im Verständnis des eigenen Marktes und des Wettbewerbs. Vor allem sollten Sie verstehen, wie Ihre Kunden ticken. Davon abgeleitet, lässt sich die Customer Journey optimal im Shop abbilden – bestenfalls mit einer Omnichannel-Strategie, die den Kunden in gleicher Qualität über alle Kanäle anspricht (siehe dazu auch den Abschnitt »Digitaler Vertrieb«).

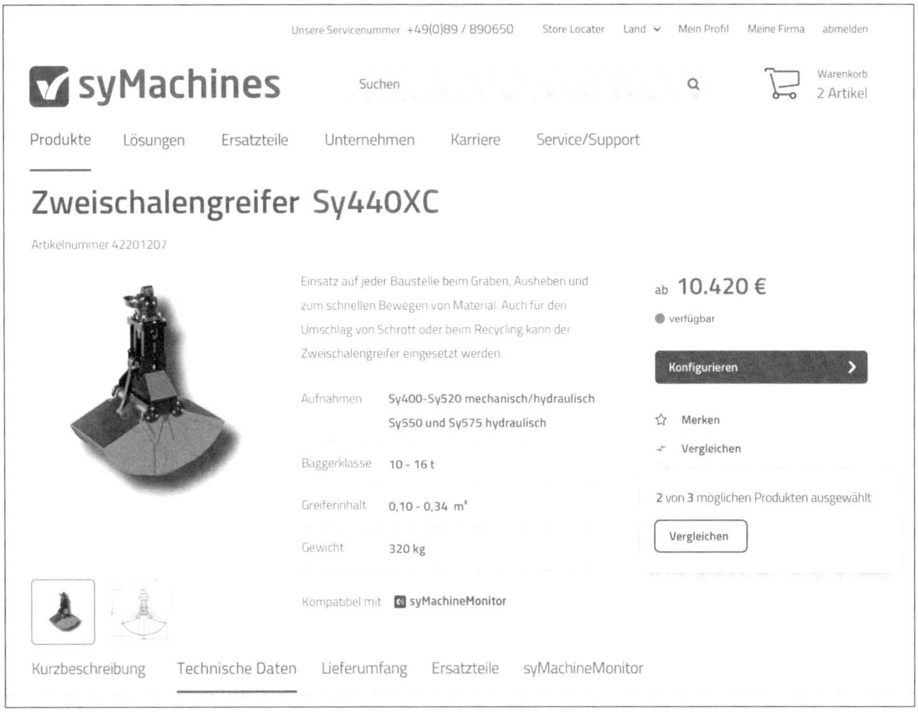

Abbildung 2.11 Beispiel für kundenspezifischen Content

Zweite Säule: Design (UX)

Zur Bedeutung und zur erfolgreichen Umsetzung von User Experience (UX) ließen sich dutzende Seiten füllen. Wenn das Thema auch in diesem Buch kein zentraler Punkt, ist User Experience im Bereich Commerce der zweite elementare Baustein. Grundsätzlich wird User Experience definiert als die Wahrnehmungen und Reaktionen der User, die vor, während und nach der Benutzung eines interaktiven Systems, z. B. eines Webshops auftreten (siehe Abbildung 2.12).

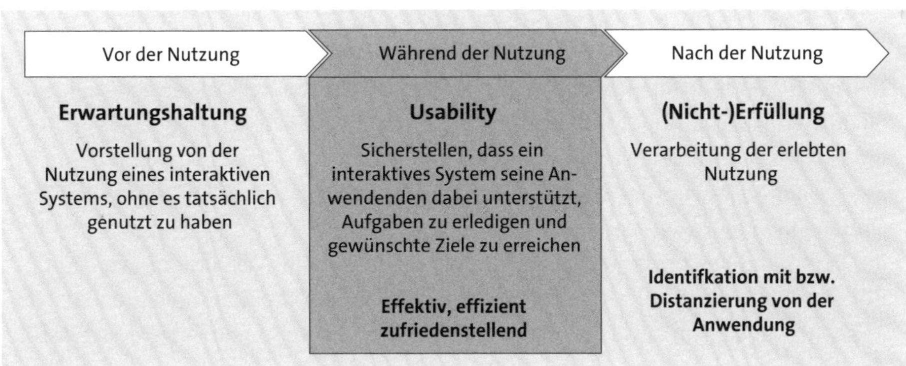

Abbildung 2.12 Phasen der User Experience

Zur UX zählen Emotionen, Überzeugungen, Vorlieben, Komfortempfinden, Verhaltensweisen und Leistungen der User.

Jedes Mal, wenn Menschen sich auf Webshops bewegen, bewerten sie intuitiv Funktionalität, Usability, Mehrwert des Angebots und vergleichen das genauso intuitiv mit den bisherigen Erfahrungen auf anderen Webshops.

Umso wichtiger ist es daher, den Webshop mit seinen Funktionen, dem Inhalt, der Nutzerführung und der Gestaltungssprache so zu konzipieren, dass er auf die Erwartungshaltung der Kunden so eingeht, dass diese sich perfekt abgeholt und weitergeführt fühlen, natürlich bis zum Ziel, zum Abschluss seiner Aufgabe, der Konversion oder des Einkaufs.

Ziel von User Experience sollte immer sein, die User zu loyalen Kunden und Fans zu machen, indem das Webshop-Konzept auf ihre Bedürfnisse und Erwartungen eingeht.

Die konzeptionelle Vorarbeit ist heute mehr denn je erforderlich, sind die Kunden aus ihrem privaten Umfeld doch schon mit vielen interaktiven Systemen in Kontakt und haben eine hohe Erwartungshaltung an eine Anwendung, der sie neu begegnen. Mit dem sogenannten *Human-Centered-Design-Ansatz*, sollte z. B. schon bei der Konzeption eines Online-Shops mithilfe von quantitativen und vor allem qualitativen Forschungsmethoden die Denkweise der Zielgruppe mit einbezogen werden.

Als *Messgrößen* für eine gute User Experience dienen beispielsweise der Reifegrad der Lösung bzw. einzelner Funktionen (Effektivität), die verstrichene Zeit (Effizienz), aber auch die Nutzerzufriedenheit, die über eine entsprechende Befragung eingeholt werden kann. Wie in der agilen Entwicklung sollte bei der Gestaltung des Shops in Iterationen vorgegangen werden, die in kurzen Zeiträumen kontinuierlich getestet und verbessert werden.

Aber wo hört User Experience auf und wo fängt Customer Experience an? Das folgende Beispiel macht es anschaulich.

[zB]

Differenzierung von User Experience und Customer Experience

Denken Sie an Ihre nächste Reisebuchung. Sie entscheiden sich für eine Reise nach Südafrika inklusive Flug, Übernachtungen und Zug zum Flug. Der Online-Shop des internationalen Anbieters überzeugt vom Anfang bis zum Ende. Sie werden durch den gesamten Prozess der Reiseplanung geführt, erhalten Vorschläge, und mögliche Optionen werden angezeigt. Unterkünfte und Möglichkeiten zur direkten Buchung der Safari und des Mietwagens werden mit Beispielen und Visualisierung gestützt. Der Check-out (via gewünschtem Zahlungsanbieter) erfolgt einfach und problemlos. Reiseunterlagen, Flugticket, Informationen zu Flug und Reise finden Sie direkt nach Abschluss in Ihrem E-Mail-Postfach. Die User Experience war großartig, und die Vorfreude auf die Reise beginnt.

Am Tag der Abreise stellen Sie leider erst am Flughafen fest, dass der Flug nicht, wie geplant, um 14:30 Uhr geht, sondern erst mit 2,5 Stunden Verzögerung startet. Vor Ort in Kapstadt kommt die nächste Überraschung. Der Mietwagen ist nicht, wie gebucht, ein Viersitzer-Cabrio, sondern ein normaler Mittelklassewagen. Die Customer Experience ist bis dahin schlecht.

Je früher die Nutzerinnen und Nutzer in die Entwicklung des Systems eingebunden und bei der Nutzung beobachtet werden, desto kleiner wird das Risiko einen Online-Shop zu entwickeln, der am Markt nicht ankommt. Gleichzeitig fördert das transparente Vorgehen die Kundenbindung. Die Kunden fühlen sich wahrgenommen und geschätzt, da merklich auf ihre Bedürfnisse eingegangen wird. Alle in diesem Abschnitt beschriebenen Parameter und Empfehlungen zur Umsetzung lassen sich natürlich auch auf andere Commerce- und Online-Lösungen wie z. B. den Ersatzteil-Shop (siehe den Abschnitt »After Sales« in Abschnitt 2.1.2, »Service«) oder Websites und Landing-Page-Szenarien übertragen.

Die User Experience mit Design gleichzusetzen, wird der Bedeutung von User Experience nicht gerecht. Das Ziel von UX-Design ist es, die Erfahrung der User zu verbessern. Das heißt z. B., komplexe Systeme einfach darzustellen und die Nutzerinnen und Nutzer so bequem und schnell wie möglich an das gewünschte Ziel zu bringen. Festzuhalten ist, dass sich im Verlauf der Customer Journey die Nutzererfahrung zu einer wesentlichen Voraussetzung für die erfolgreiche Optimierung der Conversion Rate in E-Commerce entwickelt.

Auch entscheidend für den Erfolg eines Webshops ist die Platzierung in den gängigen Suchmaschinen. Hier ist die sogenannte *Search Engine Optimization* (SEO) wichtig. SEO und ähnliche Themen hätten es auch verdient, näher im Kontext der Customer Experience beleuchtet zu werden – werden aber aufgrund der Fokussierung auf die Kernprozesse und Themen im CX-Kontext nicht weiter in diesem Buch behandelt.

Dritte Säule: Architektur (Frontend)

Die dritte Säule für eine erfolgreiche Customer Experience in Shops und Portalen ist eine zeitgemäße und skalierbare Architektur. Eine detaillierte Beschreibung der *Backend-*, *Frontend-* und *Headless-Architektur* im Commerce bzw. für E-Business-Lösungen finden Sie in Kapitel 3, »SAP Commerce Cloud«, bzw. in Abschnitt 3.8, »Frontend«. Dennoch möchten wir Ihnen an dieser Stelle eine Einordnung und grundsätzliche Empfehlung für das Konzipieren und Umsetzen von Online-Shops liefern.

Moderne Shop-Architekturen müssen vor allem zwei Grundbedingungen sicherstellen:

- optimale Unterstützung aller Online-Kanäle
- einfache Integrationsmöglichkeiten und Erweiterbarkeit

Um die User dort abzuholen, wo sie sich gerade befinden, führt für die *Storefront* kein Weg an einem *Mobile-first-Ansatz* mit *responsivem Design* vorbei. Trotzdem möchte man sich die Option offen halten, später oder parallel native Apps und weitere Systeme und Applikationen mit Commerce-Funktionen zu bedienen.

Die Architektur sollte insbesondere auch eine zukünftige Integration mit etablierten Online-Kanälen, wie der Website oder sozialen Medien, unterstützen.

Diese Anforderungen deckt man ab, indem man dem Commerce-System eine Headless-Architektur zugrunde legt (siehe Abbildung 2.13). Bei dieser Basisarchitektur ist das Frontend als abgetrennte eigene Anwendung gestaltet, die die eigentlichen Commerce-Funktionen eines Backend-Commerce-Servers nur per Webservice konsumiert und auch Transaktionen nur per Webservice mithilfe des Commerce Backends ausführt.

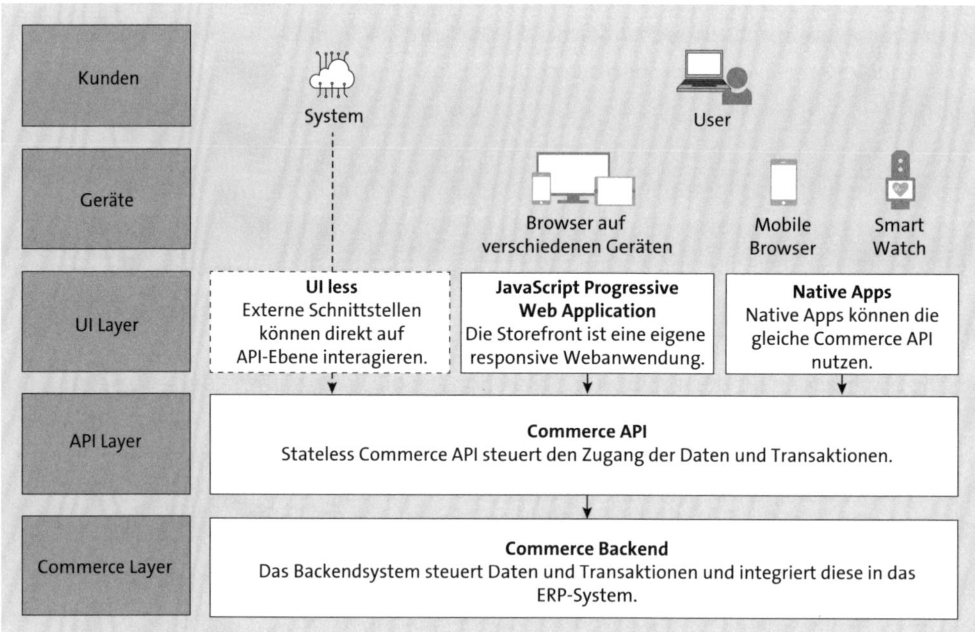

Abbildung 2.13 Headless-Commerce-Architektur mit Erweiterungsaspekten

Die Vorteile eines solchen Headless-Ansatzes liegen auf der Hand:

- Die Storefront-Anwendung kann vollständig auf Usability und User Experience ausgerichtet werden und eine optimale Benutzererfahrung sicherstellen.
- Das Commerce Backend muss sich um keinerlei Frontend-Aufbereitung kümmern, sondern kann sich auf Daten, Transaktionen und Business-Logik konzentrieren.

- Andere Applikationen können zusätzlich das Commerce Backend als Commerce Layer nutzen.

Die hier beschriebenen Empfehlungen gelten auch für andere Commerce-Szenarien wie das Kundenserviceportal oder den Ersatzteil-Shop.

Wie erfolgreiche Commerce-Lösungen aussehen können, erfahren Sie in Teil III dieses Buches anhand konkreter Prozessbeispiele in Abschnitt 17.2, »Shop-Auftrag im B2B-Umfeld«, Abschnitt 17.3, »Shop-Auftrag im B2C-Umfeld: Ticket und Merchandising«, Abschnitt 17.4, »Shop-Konfiguration mit Angebotsanfrage«, und Abschnitt 18.2, »Shop-Auftrag B2C (Warenkorbabbruch)«.

Die Bedeutung von Online-Shops

Die zunehmende Bedeutung vom Online-Handel und somit auch von Online-Shops ist unbestritten. Nicht zuletzt, weil der Online-Handel bereits heute einen Großteil der Umsätze in zahlreichen Branchen ausmacht. Sowohl das Volumen insgesamt (siehe After Sales) als auch der Anteil innerhalb der Unternehmen steigt stetig. So liegt nach Informationen des HDE der Online-Anteil im Einzelhandel im Jahr 2020 bereits bei 12,6 %. Die großen Kernbranchen Fashion und CE/Elektro erreichen 2020 bereits einen Anteil von 47,6 %.

Abbildung 2.14 zeigt das rasante Wachstum des E-Commerce-Umsatzes der Jahre 2000 bis 2020 auf.

Der B2B-Bereich wird hier nochmals stärkeres Wachstum verzeichnen als das B2C-Unternehmen, nicht zuletzt da hier das Online-Angebot bis dato noch nicht in dem Umfang vorhanden ist und vonseiten der Kunden noch nicht immer nachgefragt wird. So wurden nach Information des IFH Köln im B2B-E-Commerce-Markt in Deutschland rund 1,3 Billionen Euro umgesetzt (siehe IFH Köln (2019): B2B-E-COMMERCE WÄCHST AUF 1.300 MILLIARDEN EURO UMSATZ, *https://www.ifhkoeln.de/pressemitteilungen/details/b2b-e-commerce-waechst-auf-1300-milliarden-euro-umsatz/*). Von diesem Gesamtumsatz wurden »nur« 320 Milliarden EUR über Websites, Online-Shops und Marktplätze erwirtschaftet.

Der Trend zum Ausbau der E-Commerce-Angebote für Geschäftskunden ist klar erkennbar. Laut eines Reports der Universität Regensburg kaufen Unternehmen ihre Waren heute bevorzugt über einen Online-Shop, schriftlich oder telefonisch. In fünf Jahren, schätzen die befragten Unternehmen, wird sich die Relevanz digitaler Einkaufskanäle mehr als verdoppeln. Abbildung 2.15 zeigt, dass sich der Verkauf über digitale Kanäle längst nicht mehr auf Privatkunden konzentriert.

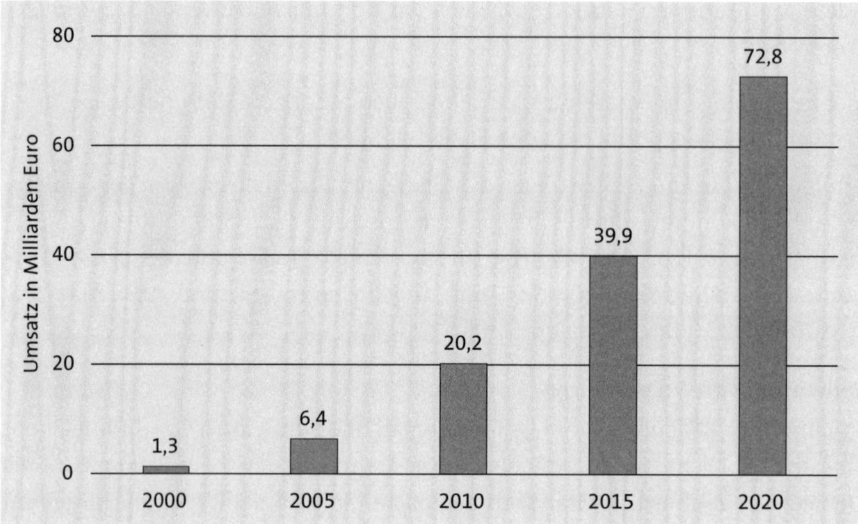

Abbildung 2.14 Umsatz durch E-Commerce (B2C) in Deutschland in den Jahren 1999 bis 2020 in Milliarden Euro (Datenquelle: Handelsverband Deutschland (HDE) (2021): Online Monitor 2021)

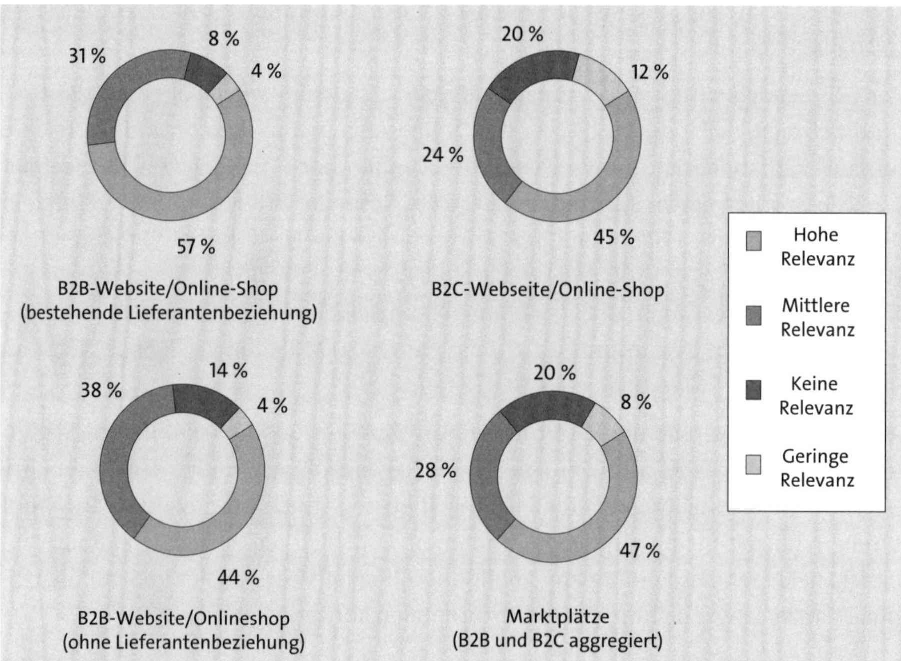

Abbildung 2.15 Relevanz der Einkaufskanäle im Laufe der nächsten fünf Jahre (Datenquelle: ibi research an der Universität Regensburg (2019): B2B-E-Commerce 2020 – Status quo, Erfahrungen und Ausblicke)

Neben den Umsatzzahlen ist, wie im Zuge dieses Kapitels herausgestellt wurde, der Online-Shop – so wie alle digitalen Touchpoints – zum Aushängeschild für Unternehmen geworden. Häufig ist er die erste Anlaufstelle und begleiten die Kunden auf dem Weg zum Abschluss, ohne dass Kontakt zu Personen aufseiten der Hersteller und Anbieter aufgenommen wird. Somit muss neben den Umsätzen dem E-Business, insbesondere im CX-Kontext, eine viel höhere Bedeutung beigemessen werden. In Abschnitt 2.1.1, »Kunden im Fokus«, sind die Herausforderungen und Lösungsansätze im E-Commerce-Kontext aus Kundensicht bereits aufgeführt. In Tabelle 2.2 finden Sie eine kompakte Auflistung der Eckpfeiler bei der Planung, Umsetzung und dem Betrieb von Webshops für Unternehmen aus Betreibersicht und Kundenperspektive (digitale Customer Experience):

Perspektive der Betreiber	Perspektive der Kunden
▪ Skalierbarkeit Beispiel: Kosten dürfen nicht linear zur wachsenden Anzahl an Bestellungen steigen ▪ Automatisierung und Effizienz in der Abwicklung Beispiel: Eine Transaktion/Bestellung sollte möglichst wenige manuelle Schritte nach sich ziehen/Aufwände-Effizienz in der Abwicklung ▪ gute technische Integration (ERP, PIM, CRM, Logistikdienstleistersystem, Payment-Provider, CMS usw.) ▪ Strategie, wie der Shop mit Direktvertrieb platziert wird (Harmonisierung zwischen Vertrieb und Online-Handel) ▪ Strategie, wie Kundendaten gesammelt und genutzt werden sollen (Tracking, Click-Stream, Anbindung Customer-Data-Plattform, Marketingautomatisierung ▪ Werkzeuge und Vorgehen bei der Analyse von Nutzer- und Transaktionsdaten zur sukzessiven Optimierung der User Experience und Generierung von Produktempfehlungen ▪ Rechtssicherheit und Compliance (Informationspflichten, Retouren, DSGVO usw.) ▪ reibungslose Verzahnung mit Logistik und Service für die Umsetzung von Retourenmanagementprozessen	▪ logische Navigation und selbsterklärende Produktkategorisierung ▪ intelligente Such- und Filterfunktionen mit Speicherfunktion »Meine Suchen« ▪ Unterstützung komplexer Preissysteme (individuelle Preise, Staffelpreise usw.) ▪ Responsives Design, Einsatz von Progressive Web Apps (PWA) ▪ Transparenz zu Verfügbarkeiten, Preis- und Lieferinformationen ▪ einfache Kaufabwicklung und Einbindung gängiger Payment-Provider ▪ Joy of Use durch digitale Services wie 3D-Produktvisualisierung oder AR-Funktionen ▪ Guidance und Verfügbarkeit von (digitalen) Kaufberatern ▪ Personalisierung (Angebote, Informationen, Content) ▪ Einbindung von Servicefunktionen

Tabelle 2.2 Eckpfeiler – Webshop

Perspektive der Betreiber	Perspektive der Kunden
▪ Internationalisierung, insbesondere im Hinblick auf das Produktportfolio und die Preisgestaltung Beispiel: Ein Unternehmen muss Sorge tragen, dass Kunden aus Deutschland nicht in einem französischen Online-Shop zu den dort gegebenenfalls günstigeren Preisen einkaufen können.	▪ Self-Services, Wissensdatenbank, FAQs ▪ Retourenmanagement ▪ Transparenz zu Unternehmen, AGBs, Kontaktdaten ▪ Consent Management

Tabelle 2.2 Eckpfeiler – Webshop (Forts.)

Mit der CX-Brille betrachtet, sieht für Unternehmen mit einer digitalen Omnichannel-Strategie im E-Commerce die Zukunft rosig aus. Auch die vermeintlich »low hanging fruits« gilt es mit integrativen Prozessen und klarer Fokussierung zu ernten. Nachhaltiger Erfolg und die Chance, neue Geschäftsfelder zu besetzten, gelingt nur, wenn Sie den Plattformgedanken leben und dabei auf das Zusammenspiel von Vertriebsorganisation, digitalen Verkaufskanälen (E-Business) und Marketing setzen.

Sales Enablement

Der Begriff Sales Enablement löst im Vertrieb unterschiedliche Assoziationen aus. Es ist nirgends klar definiert, was unter Sales Enablement zu verstehen ist. Im Gegensatz zum Begriff des Buyer oder Seller Enablements (siehe Abschnitt 2.1.1, »Kunden im Fokus«) ist die Formulierung mehrdeutig. Im Folgenden werden die aus unserer Sicht relevanten sechs Facetten des Sales Enablements vorgestellt.

- **Qualifizierte Leads und Scores**
  Marketing und Vertrieb funktionieren Hand in Hand. Mittels Marketingautomatisierungsprozessen werden dem Vertrieb bekannte Leads vorqualifiziert oder unentdeckte Verkaufschancen aufgezeigt. Die Voraussetzungen dafür sind klare Prozesse und (leider) wie so häufig die Datenqualität. Sind diese gegeben, kann der Lead-Management-Prozess den Vertrieb immens unterstützen.
  Zudem sollten Mitglieder der Vertriebsabteilung ihre wertvolle Zeit nicht für administrative Tätigkeiten wie die manuelle Eingabe von Kundendaten oder die Recherche und Priorisierung von Leads opfern. Mit modernen Technologien lassen sich viele dieser Aufgaben automatisieren oder zumindest erleichtern. Analytics-Methoden wie beispielsweise *Predictive Lead Scoring* oder auch mobile Sales-Anwendungen, die es ermöglichen, Kundendaten während oder nach einem Treffen zu dokumentieren, optimieren den Arbeitsalltag und sparen vor allem Zeit.
- **Training und Onboarding**
  Im Abschnitt »Von der Kundenverwaltung zur Kundenberatung« in Abschnitt 2.1.3, »Vertrieb«, wurde die Bedeutung des Know-hows des Vertriebs zu Produkt und Verwendung schon herausgestellt. Um auch angesichts kürzerer *Produktzy-*

klen, regelmäßiger organisatorischen Umstrukturierungen (Stichwort: *Mergers and Acquisitions*) oder Zusammenlegungen von Vertriebsgebieten im Kundenkontakt glänzen zu können, muss sich der Vertrieb kontinuierlich neue Methoden aneignen. Hier bieten sich E-Learning-Plattformen wie *SAP Enable Now* oder *SAP Litmos Training* (ehemals SAP Litmos) an, die zugleich gamifizierenden Charakter haben, was wiederum die Motivation der Anwender steigert. Intelligent in das Vertriebssystem (SAP Sales Cloud) integriert, bleibt die Vertriebsleitung so einfach und diskret über Fortschritte der Mitarbeitenden informiert. Sie hat damit volle Transparenz über Weiterbildungsmaßnahmen und kann so gezielt die eigene Mannschaft entwickeln.

- **Forecasting und Kennzahlen**
  Im Kontext der Vertriebssteuerung ist der Blick in die Zukunft für Vertriebsleitung und Vertriebsteam von hoher Bedeutung. Gutes Forecasting hilft bei der Ausrichtung und Planung und lässt die Ableitung von Handlungsmaßnahmen zu, um gegebenenfalls negativen Entwicklungen entgegenzuwirken. Ebenso gilt: Eine volle oder ungenaue Pipeline mit schlechter Gewichtung ist nichts wert. Vernünftige Kennzahlen – weniger ist oft mehr – führen den Vertrieb zum besten Zeitpunkt zur richtigen Opportunity und letztendlich zum Erreichen seiner Ziele.
- **Systeme und Funktionen**
  Mobil einsetzbare, KI-gestützte Vertriebssysteme mit Guided-Selling-Funktionen wie die SAP Sales Cloud in Verbindung mit digitalen Angebotsprozessen, wie es SAP CPQ bietet, sind nach wie vor Mutterschiff, Anker und Heimathafen jedes Vertriebs zugleich.
- **Kollaboration und Daten**
  Hierbei handelt es sich um das Zusammenspiel zwischen dem Vertrieb und anderen Abteilungen über Feed-Funktionen. Die Synchronisation der Informationen mit dem Marketing und Service sowie der oben ausführlich angesprochene 360-Grad-Blick auf Kunden, Wettbewerber und Buying Center sind wichtige Hebel für den Vertrieb. Dabei sollte die Synchronisation möglichst automatisiert erfolgen. Insights aus Marketingsystemen (SAP Marketing Cloud) oder der SAP Customer Data Platform schaffen zudem klare Vorteile im Vertriebsprozess.
- **Content und Transparenz**
  Wer verkaufen will, muss nicht nur Infos zum Produkt (siehe Training und Onboarding) haben, sondern auch transparente Preismodelle, also klare Leitplanken, was die Konditionierung angeht. Und wenn die Leitplanken einmal überschritten werden müssen, braucht es ein Workflow-basiertes Genehmigungsverfahren, das den Vertragsabschluss nicht verzögert oder gar gefährdet. In allen Stufen des Vertriebsprozesses ist Content, sei es zur Präsentation beim Kunden oder zu Vorbereitung

auf Termine, maßgeblich. Hier ist die Versorgung durch die Marketingabteilung elementar – die Rückmeldung an das Marketing über Einsatz, Nutzen und Feedback ist aber ebenso wichtig (siehe Abschnitt 2.1.4, »Marketing«).

Alle hier aufgeführten Themen können entscheidende Erfolgsfaktoren für den Vertrieb sein. Bestenfalls werden sie kombiniert und – je nach Zielsetzung oder Ausrichtung der Vertriebsorganisationen – eingesetzt.

Vertriebssteuerung

Ohne *Leadership* geht es nicht – auch nicht im Vertrieb. Zu den klassischen Aufgabengebieten der CSOs sind zahlreiche neue Aufgaben und Herausforderungen hinzugekommen. Wie bereits angesprochen, hatte bzw. hat COVID-19 Auswirkungen auf den Vertrieb: der Trend zum Remote Selling, der Rückgang klassischer Kundentermine und die zunehmende Notwendigkeit, analoge und digitale Verkaufskanäle zu harmonisieren. Letzteres zu bewerkstelligen und den Wandel zum digitalen Vertrieb sukzessive voranzutreiben, wird in den nächsten Jahren Hauptaufgabe von CSOs sein. Dabei stehen sie vor der Herausforderung, eben für diese Veränderung eine homogene Vertriebsmannschaft zu bilden. Bestenfalls besteht diese nicht aus Einzelkämpfern, sondern aus einem Team, zusammengesetzt aus Individualisten und Individualistinnen, die gemeinsam zu einem Kollektiv werden. Zu guter Letzt tragen Vertriebsleitung und die CDOs zusammen mit der IT die Verantwortung, wenn es darum geht, dem veränderten Kaufverhalten Rechnung zu tragen und digitale Verkaufskanäle sukzessive aufzubauen und zu optimieren.

An dieser Stelle soll ein zentrales Werkzeug zur Vertriebssteuerung näher vorgestellt werden: die *Sales Pipeline*. Außerdem zeigen wir auf, was man damit im digitalen Zeitalter anfangen kann.

Pipeline und Forecasting

Wissen Sie, wie viel Umsatz Sie in vier Monaten erwarten? Kennen Sie Ihre Top-10-Geschäftschancen Ihrer Verkaufsregion? Was ist der Grund für Ihre Auftragslücke im Sommer, und wie können Sie diese schnellstmöglich schließen? Zählen Sie immer noch die Kundenbesuche, um die Performance Ihres Vertriebsteams zu steuern? Solche und ähnliche Fragen werden sich zahlreiche Vertriebsleitungen stellen. Die Antwort suchen sie häufig in der *Sales Pipeline*, die den gesamten Vertriebsprozess visualisiert. Zwar kann diese die erforderliche Transparenz liefern, um die Vertriebsprozesse effizient und proaktiv zu gestalten. Richtig eingesetzt und mit validen Daten gepflegt, liefert ein aktives Pipeline-Management beste Voraussetzungen für eine zielführende und potenzialgenerierende Vertriebssteuerung im gesamten *Lead-to-Cash-Prozess*. Hiervon profitieren dann bestenfalls mehrere Bereiche im Unternehmen: Marketing, Vertrieb, Einkauf und Produktion. Entscheidend dafür sind die richtigen Prozesse und eine effektive technologische Unterstützung.

Der weit verbreitete Ansatz, das Pipeline Management zur Visualisierung und Prognose der Umsatz- und Absatzentwicklung zu nutzen, hat ausgedient. Eine starke Vertriebssteuerung zeichnet sich vielmehr dadurch aus, diese aus der Pipeline gewonnenen Analyseinformationen zu nutzen und gewinnbringend in die Vertriebsmannschaft zurückzutragen. Das Pipeline Management bietet alles, um als Steuerungs- und Lernelement eingesetzt zu werden, mit dem Sie den Vertriebsprozess stetig überwachen, steuern und kontinuierlich weiterentwickeln können. Doch was ist dazu nötig?

Eine intelligente, auf Ihre Bedürfnisse angepasste CRM-Lösung (siehe Kapitel 8, »SAP Sales Cloud«) ermöglicht die notwendige Transparenz auf Geschäftschancen und gewährleistet deren Fortschritt im Vertriebsprozess von einem Lead bis hin zum Auftrag.

Das Pipeline Management bietet die Grundvoraussetzung, um aktiv Einfluss auf Ihre Sales Pipeline und somit auf Ihre gesamte Vertriebsorganisation zu nehmen. In Abbildung 2.16 wird beispielhaft ein Vertriebsprozess auf der Ebene der Sales Pipeline aufgezeigt.

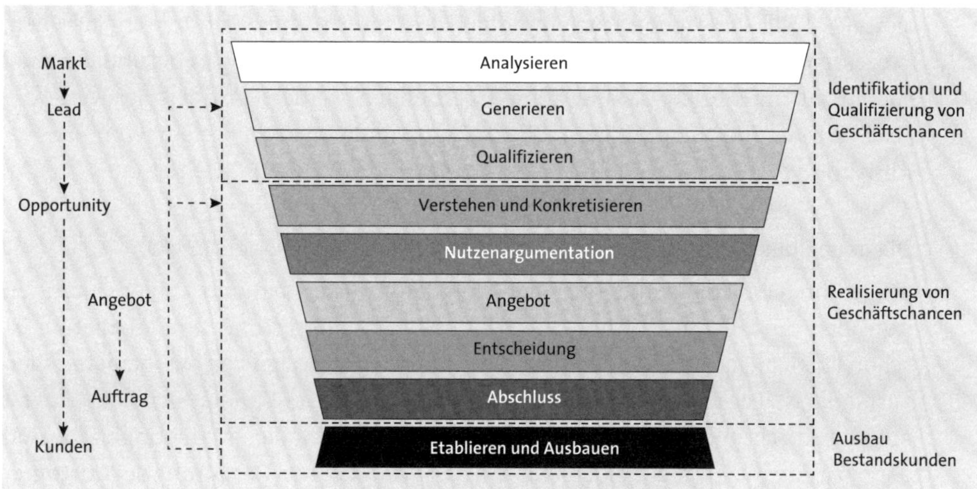

Abbildung 2.16 Vertriebsprozess auf der Ebene der Sales Pipeline

Es ist erkennbar, dass sich in der Pipeline der komplette Lead-to-Cash-Prozess abbilden lässt. Dieser beginnt mit der Marktanalyse, geht in die Lead-Identifikation und -Qualifikation z. B. im Marketing über und mündet dann im klassischen Vertriebsprozess. Dieser umfasst die Übernahme der Leads und deren Umwandlung zu konkreten Geschäftschancen (Opportunities), die anhand bestimmter Verkaufsphasen weiterentwickelt werden. Hierzu gehört ebenfalls die Unterbreitung der Angebote und die Realisierung der Aufträge. Während des Fortschritts innerhalb der Sales Pipeline werden Opportunities durch die vertriebliche Arbeit geschärft. Dies führt zu einer natürlichen Auslese Ihrer Geschäftschancen, z. B. aufgrund von Preisfaktoren, Wettbewerbseinflüssen oder technischen Restriktionen Ihrer Produkte. Dieser Pipeline Funnel lässt sich somit anhand der Conversion Rate von Lead bis hin zum Geschäftsabschluss bemessen und dient Ihnen als wichtiges Messinstrument zur Optimierung der Pipeline-Performance.

Wie sich so ein Vertriebsprozess und die zugehörige Pipeline abbilden lässt, erfahren Sie u. a. in Abschnitt 8.6, »Lead Management«. Wenn Sie erfahren möchten, wie die Vertriebssteuerung mittels Reporting aussehen kann, sollten Sie einen Blick in Abschnitt 17.1, »Vertriebssteuerung, Reporting und Performance Measurement«, werfen.

2.1.4 Marketing

»Enable Business to Everyone« – diesem Motto folgt das Marketing heute und verschiebt damit die Grenzen zwischen Abteilungen und Branchen. Unabhängig davon, ob sie im B2C- oder B2B-Bereich tätig sind, die sogenannten Marketers müssen hochpersonalisierte Inhalte bereitstellen und dazu neueste Technologien wie Automatisierungs-Tools verwenden. Auch innerhalb des Unternehmens sind die inhaltlichen, prozessualen und technologischen Grenzen fließend. Marketing-Tools und Personal sollten mit modernen CRM-Systemen verbunden werden, um beispielsweise die Lead-Bearbeitung zu optimieren. Wie das funktionieren kann, stellen wir in diesem Abschnitt vor.

Die neue Rolle des Marketings und des Chief Marketing Officers (CMO)

Schon vor der Corona-Pandemie hat die digitale Transformation zu einem enormen Aufgaben- und Verantwortungszuwachs im Marketing geführt. Das Marketing ist schon lange nicht mehr die Abteilung, die nur für das Design von Werbematerialien zuständig ist. Dies hängt vor allem damit zusammen, dass Kunden sich heute zuerst autodidaktisch und vorzugsweise digital informieren wollen. Marketingkräfte sind damit zu einem entscheidenden Pfeiler in der erfolgreichen Gestaltung der Customer Journey geworden. Für einzelne Branchen ergeben sich dadurch spezifische Rahmenbedingungen. Das *B2B-Marketing* hat beispielsweise mit besonders komplexen Herausforderungen zu tun, die durch die Pandemie noch verstärkt wurden.Viele B2B-Unternehmen haben ihre Angebote und Marketingmaßnahmen in Webshops und auf E-Plattformen verlagert. Dies wiederum verändert die Kundenerwartungen gegenüber Remote-Services und E-Commerce. Corona hat aber noch weitere Folgen für das B2B-Marketing. Zum Beispiel sollten sich Marketers immer stärker um die Beziehungspflege kümmern und soziale Medien und berufliche Netzwerke für das Community Management nutzen. Eine weitere wichtige Veränderung ist der Abgang von reinen Vor-Ort-Events hin zu hybriden Veranstaltungskonzepten. Live-Übertragungen werden also fester Bestandteil in der Produktkommunikation bleiben und viele Geschäftsreisen überflüssig machen. Dabei kommt es auch auf den Einsatz neuer Technologien wie Augmented Reality (AR) oder Videokonferenz-Software-Lösungen an.

Eine Herausforderung, der sich vor allem das *B2C-Marketing* in den nächsten Jahren stellen muss, ist die Bewertung der Strategien hinsichtlich Personalisierung auf der Basis von Tracking bzw. dem digitalen Einsammeln von Kundendaten. Auf der einen Seite sind Trends wie Hyper Personalization und One-to-one-Marketing vielversprechend. Auf der anderen Seite gilt es immer mehr abzuwägen, welchen Aufwand man in das Sammeln und vor allem das Zusammenführen von Customer Insights aus unterschiedlichen Quellen steckt. In der Vergangenheit hat sich der Nutzen für die Marketingabteilungen in Grenzen gehalten und wurde zu einem Verlustgeschäft. Große Anbieter setzen zurzeit deutliche Zeichen gegen die Hyper Personalization. Google hat z. B. angekündigt, vom kommenden Jahr an darauf zu verzichten, seinen Usern per Tracking personalisierte Werbung zu schicken. Auch die Hürden sind heute hoch, und Anwender können leicht aus der Tracking-Falle entkommen. Das Tracken von Kundendaten macht also sowohl aus qualitativer als auch aus ökonomischer Sicht nur Sinn, wenn der Kunde aktiv zustimmt. Im Kasten finden Sie ein Beispiel zu Verdeutlichung:

[zB]

Wie Personalisierung zum Erfolg wird

Eine Kundin hat im vergangenen Sommerurlaub eine Surfschule eröffnet und ist jetzt auf der Suche nach Equipment. Sie ist nach kurzer Online-Recherche im Shop eines Sportartikelherstellers schnell fündig geworden. Sie entscheidet sich für die Nutzung eines Gast-Accounts, denn so kommt sie schnell zum Check-out und muss nur wenige Kundendaten angeben. Im Laufe der Zeit gelangt sie immer häufiger auf den Shop und abonniert jetzt den Newsletter, da sie von Auftritt, Produktauswahl und Funktion angetan ist. Nachdem sie bereits zum zweiten Mal via Newsletter auf einen großartigen Bericht und Informationen zu ihrem neuen Hobby gestoßen ist, registriert sie sich im Shop und gibt explizit im Kundenkonto an, personalisierte Inhalte erhalten zu wollen. Dafür ist sie auch gerne bereit, weitere persönliche Informationen anzugeben und Interessen zu kennzeichnen. Hier wird erstmals auch klar, dass es sich nicht um eine B2C-Kundin handelt. Das Marketing kann jetzt ohne Bedenken, gegen rechtliche Vorgaben zu verstoßen, und auch mit geringem Risiko, die Einwilligung seitens der Kundin wieder zu verlieren, echte Personalisierungsangebote erstellen – und das Ganze voll automatisiert mittels Marketingautomatisierung und den im angebundenen Customer-Data-System angereicherten Informationen. Die Basis für eine Hyper Personalization wäre jetzt schon gegeben.

In Anlehnung an das Beispiel geben wir Ihnen hier einen kleinen Einblick in das Thema des anonymen Einkaufens:

Ein Gast-Account wirkt sich positiv auf die Shopping Cart Abandonment Rate (Warenkorb-Abbruchrate) aus. Zahlreiche Unternehmen mit einem Webshop kennen dieses Problem. Laut Barilliance ging es dabei 2017 um ganze 78,65 % der Kunden, also drei Viertel aller Kunden, die Ihren Webshop besuchen (siehe Barilliance (2021): Complete List of Cart Abandonment Statistics: 2006–2021, *https://www.barilliance.com/cart-abandonment-rate-statistics/*).

In der Vergangenheit hat sich das B2B-Marketing im Hinblick auf die Marketingautomatisierung und auf digitale Kampagnen an B2C-Methoden angelehnt. Sicherlich kann man sich vom B2C-Marketing vieles abschauen, denn dort sind die Erfahrungen und Strategien im Endkundensektor deutlich größer und ausgereifter. Den Fehler, den Marketingabteilungen im Geschäftskundenumfeld nicht begehen sollten, ist zu versuchen, alles zu kopieren – zu verschieden sind Zielsetzung und Adressaten (siehe Abbildung 2.17). Zudem übernimmt im B2B-Segment das Marketing die Rolle des Sales Enablers (siehe Abschnitt »Sales Enablement« in Abschnitt 2.1.3, »Vertrieb«).

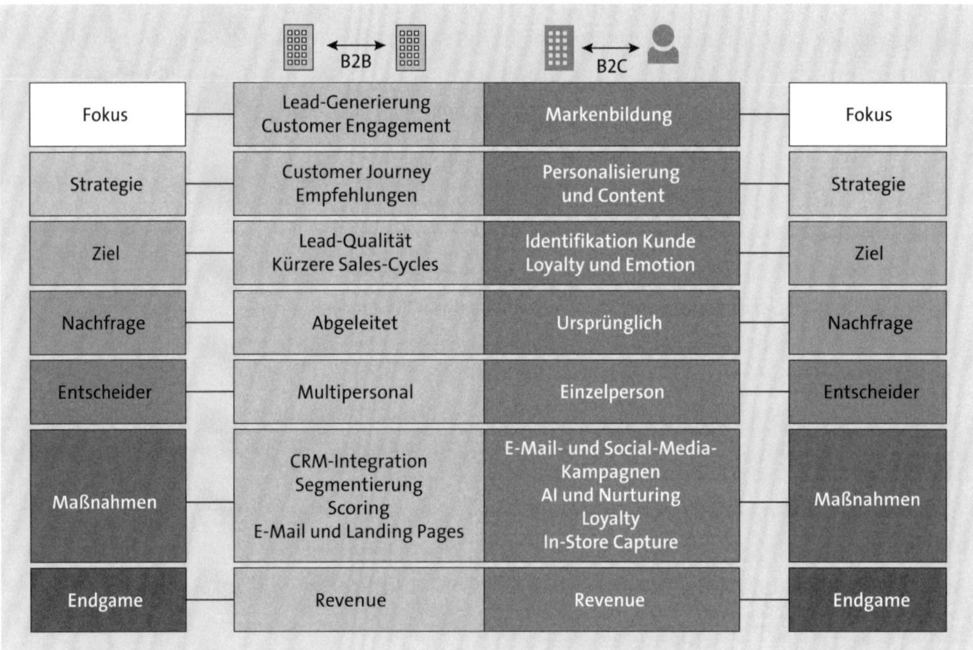

Abbildung 2.17 Unterschiede zwischen B2C und B2B im (digitalen) Vertrieb

Eine weitere Marketingdisziplin ist sowohl beim B2B- als auch beim B2C-Marketing deutlich stärker in den Fokus gerückt: das Content-Marketing. Wenn sich Kunden informieren wollen, sollten sie relevanten Content an den richtigen Stellen vorfinden, denn sonst springen sie ab. Damit rücken einerseits Qualität und Mehrwert der verschiedenen Content-Formate in den Mittelpunkt. Andererseits kommt es auch auf die Geschwindigkeit der Content-Produktion an. Wer in sich schnell verändernden

Märkten nicht den Anschluss verlieren will, muss bereit sein, agil und flexibel auf inhaltliche Kundenwünsche zu reagieren.

Zusätzliche Monsteraufgabe für das Marketing in allen Branchen ist das durch die Digitalisierung bedingte deutliche Wachstum an relevanten Kanälen. Marketers stehen damit vor der Frage, wie sie ihre Botschaft jeweils angemessen und zielführend vermitteln können, und zwar so, dass die Marke auch emotional bewegt. Die Lösung ist das Omnichannel-Marketing. Dazu müssen zunächst alle Kanäle identifiziert werden, die Touchpoints für Kunden enthalten. Anschließend werden diese Berührungspunkte für eine perfekte Ansprache optimiert und aufeinander abgestimmt. Das Ziel ist eine kanalübergreifend abgestimmte Ansprache, die eine Conversion erzeugt. Als Konsequenz – in Verbindung mit den Markteinflüssen durch die Pandemie – werden zahlreiche CMOs sich in den nächsten Jahren verstärkt auf die Bewahrung und den Ausbau von Bestandskunden konzentrieren.

Bei einer globalen Umfrage am Anfang des Jahres 2021 gaben 44 % der 150 befragten CMOs an, dass das Bespielen der Customer Journey eine der größten Lücken in ihrem Marketingbereich sei (siehe Abbildung 2.18).

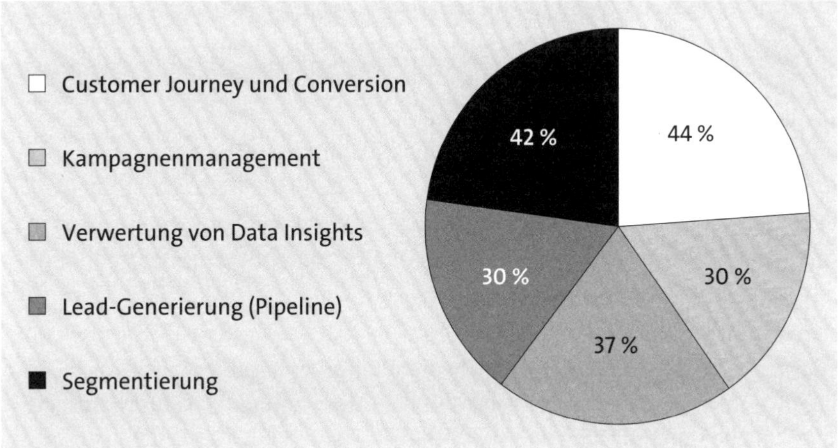

Abbildung 2.18 CMO-Umfrage zu den größten »Lücken« (Datenquelle: MarketingCharts.com (2021): Top Marketing Leadership Gaps, https://www.marketingcharts.com/charts/top-marketing-leadership-gaps/attachment/cmocouncilchiefoutsiders-top-marketing-leadership-gaps-apr2021)

Damit diese Lücke geschlossen werden kann, ist einerseits ein gutes Zusammenspiel zwischen dem Marketing und anderen relevanten Abteilungen wie Vertrieb und Service nötig – besonders, was die Erstellung von relevantem Content anbelangt. Auf der anderen Seite ist es unerlässlich, die neuesten Technologien einzusetzen.

[+]

Neuste Technologien für das Marketing

Wer Online-Marketing langfristig erfolgreich betreiben möchte, muss für neue Technologien aufgeschlossen sein. Die Entwicklung von Marketingtechnologien wird dabei immer ausgeklügelter. Wichtige Technologien sind u. a.:

- **Plattformen für das Data-driven Marketing**
  Um unterschiedlichste Daten sinnvoll nutzen zu können, stehen einheitliche Marketingplattformen zur Verfügung, die einerseits alle relevanten Funktionen abdecken, andererseits aber auch Schnittstellen zu den anderen Systemen im Unternehmen bieten (wie z. B. CRM-System oder Webshop). Damit kann Marketing auf einer einheitlichen Datenbasis betrieben werden – die Voraussetzung dafür ist, Nutzerinnen und Nutzer individuell mit passgenauen Inhalten und Aktivitäten anzusprechen.
- **Marketingautomatisierung**
  Auch im Marketing hat die Automatisierung Einzug gehalten; Kampagnen lassen sich mit entsprechender Software automatisieren und sorgen so u. a. für Skalierbarkeit und Entlastung der Marketers. Sie erlauben die Segmentierung großer und ausdifferenzierter Zielgruppen, schaffen *Scoring-Möglichkeiten* z. B. für die *Predictive-Lead-Nurturing*-Prozesse und die Anbindung an Customer-Data-Plattformen, um zielgerichtet und verordnungskonform Kundendaten zu managen.
- **Künstliche Intelligenz und Machine Learning**
  Beide Technologien sind schon lange keine Zukunftsmusik mehr, sondern werden immer häufiger Bestandteil des Marketings und können zum entscheidenden Faktor beim erfolgreichen Umgang mit *Big Data* werden. Genauer gesagt, sind sie der Schlüssel zu einer effizienten Analyse und Auswertung großer und unstrukturierter Datenmengen.
- **Video und Streaming**
  Wirklich neu ist diese Technologie nicht, aber Corona verhalf ihr hinsichtlich B2B endgültig zum Durchbruch. Ob live oder als Aufzeichnung: Es kommt auf eine professionelle Durchführung an.
- **5G**
  Mit der fünften Generation mobiler Technologie wird auch mobiles Marketing immer wichtiger. Entsprechend können Marketingaktivitäten für Mobilgeräte optimiert werden, da selbst auf solchen Endgeräten größere Datenmengen, wie z. B. Videos, problemlos abgerufen werden können.

In den folgenden fünf Schritten ist beispielhaft die Evolution aufgezeigt, die Ihre Marketingabteilung mithilfe digitaler Tools durchlaufen kann:

1. **Newsletter 2.0**
   Erste Segmentierung, Differenzierung bei Zielgruppen, automatisches Versenden und Tracking (Click Rates).

2. **Landing Pages/DSGVO**
   Probates Mittel zur Einholung von Opt-ins, zur Promotion und zur Lead-Generierung; erlaubt die Standardisierung von Service- und Anmeldeprozessen bei gleichzeitiger Option zur Differenzierung, z. B. nach Landesgesellschaften.
3. **Personalisierte Kampagnen**
   Segmentierung anhand von relevanten Kriterien und Kundendaten (Attribute, KPIs). Differenzierung der Zielgruppen, und gezielte (Multichannel-)Ansprache von Interessentinnen und Interessenten und Kunden sowie Profiling und Nurturing zur stufenweisen Weiterentwicklung von Interessentinnen und Interessenten und Kunden.
4. **Buyer Enablement**
   Gestaltung und Begleitung der digitalen Customer Journey, um den Kaufprozess zu optimieren und somit Abschlüsse zu steigern, Abbrüche zu reduzieren und Kunden zu begeistern.
5. **Sales Enablement**
   Echte Qualifizierung von Leads, auch mithilfe von Nurturing- und Scoring-Modellen; Bereitstellung von Insights und Content, um den Vertrieb zu stärken; hilft dem Verkäufer, bei der Marke und der Botschaft zu bleiben, während gleichzeitig die Abstimmung zwischen Vertrieb und Marketing verbessert wird.

Marketing ist und war schon immer mehr als die Werbeabteilung. Mit der Erkenntnis, dass die Customer Journey in Zukunft das Zentrum erfolgreicher Kundenprozesse ist, steigt auch die Verantwortung des Marketings, den Fokus auf die Customer Journey zu legen. Mithilfe von Marketing-Automatisierungsplattformen und intelligenten Scoring- und AI-Funktionen liegt der Schlüssel zur erfolgreichen Gestaltung von Customer Experience – über alle Touchpoints hinweg – in der Marketingabteilung.

Marketing und Vertrieb

Die effiziente Zusammenarbeit zwischen Marketing und Vertrieb ist wohl der größte Hebel auf Unternehmensseite, um den digitalen Wandel des Kunden erfolgreich zu begleiten. Dabei ist es wichtig, dass sich die beiden Abteilungen auf Augenhöhe begegnen.

Je verlustfreier und reibungsloser die Zusammenarbeit, desto besser – vor allem in Bezug auf Ziele, Leads, Wissensstand und Teamarbeit! Die Praxis zeigt, dass Unternehmen, in denen die Zusammenarbeit zwischen den beiden Abteilungen reibungslos verläuft, deutlich erfolgreicher sind. Häufig knirscht es aber noch, denn Vertrieb und Marketing arbeiten in zwei verschiedenen Welten und mit unterschiedlichen Herausforderungen. Der Vertrieb konzentriert sich auf die Opportunities und die Quoten des laufenden Quartals. Das Marketing denkt eher strategisch und sieht keine kurzfristige Umsatzverantwortung. Der Vertrieb beschwert sich über zu wenig und qualitativ schlechte Leads, und das Marketing wundert sich, warum der Vertrieb nicht mehr aus den Leads macht. Kurz gesagt, verschiedene Perspektiven sorgen für Konflikte. Dabei verfolgen beide Bereiche dasselbe strategische Ziel: ein höherer Umsatz und zufriedene Kunden.

Unternehmen können nur erfolgreich sein, wenn beide Bereiche Hand in Hand agieren. Doch um das zu erzielen, sollte man sich zunächst die Unterschiede zwischen Vertrieb und Marketing vor Augen führen (siehe Tabelle 2.3).

	Vertrieb	Marketing
Arbeitet auf Basis von	Kundenkontakten	Marktdaten und Analysen
Ziel	schneller Verkaufserfolg	langfristige Marktstrategie
Motivation	Macher kurzfristiger Absatzerfolge	Beschützer der Marke
Arbeitsweise	meist jeder auf sich gestellt	hauptsächlich Teamarbeit
Erfolgsmessung	direkt	langfristig

Tabelle 2.3 Zentrale Unterschiede im Alltag zwischen Vertrieb und Marketing

Im Folgenden haben wir Ihnen sieben Erkenntnisse aufgelistet, wie die Zusammenarbeit aus Sicht des Marketings gelingen kann:

- **Auf Augenhöhe: Schaffen Sie gleichberechtigte Partner**
  In vielen B2B-Unternehmen wird der Vertrieb als die wichtigere der beiden Abteilungen gesehen — und auch so behandelt. Das Marketing benötigt Wertschätzung und muss als Partner im Prozess agieren.
- **Gemeinsame Zielsetzung**
  Gemeinsame Ziele für Vertrieb und Marketing sollten sich auch in der Vergütung niederschlagen. Studien zeigen, dass professionell abgestimmte Marketing- und Vertriebsbereiche das Vergütungssystem als wichtiges Instrument einsetzen, um eine funktionierende Zusammenarbeit zu fördern.
- **Gemeinsame Planung**
  Der Vertrieb muss bei der Planung der Marketingstrategie genauso mit am Tisch sitzen, wie das Marketing bei der Planung der Vertriebsstrategie vertreten sein sollte. Idealerweise besteht keine Trennung; stattdessen wird ein gemeinsamer Plan entwickelt.
- **Transparenz – auch bei Kundendaten**
  Wenn Zusammenarbeit funktionieren soll, darf auch die Unternehmens-IT keine Trennlinie zwischen Vertrieb und Marketing ziehen. Trotz vieler Bemühungen der vergangenen Jahre werden Kundeninformationen oft nicht zentral gesammelt, sondern sind über verschiedene Datenbanken verstreut.

- **Gemeinsame Definition der Lead-Qualität**
  Einer der kritischsten Punkte in der Zusammenarbeit von Vertrieb und Marketing ist die Übergabe eines Leads. Welche Merkmale sollte ein Lead erfüllen, um als »Sales Ready« zu gelten? Die Teams müssen sich auf eine Definition einigen.
- **Hohe (nachhaltige) Datenqualität**
  Anwendbares Wissen entsteht aus vollständigen, korrekten und strukturierten Daten. Ziel muss es also sein, die Datenqualität zu verbessern und nachzuhalten. Dazu gehören eine homogene Datenbasis und Aktualität.
- **Feedback**
  Rückmeldung, welche Inhalte bei (potenziellen) Kunden ankommen und welche nicht bzw. welcher Content vom Vertrieb genutzt und präferiert wird (siehe auch den Abschnitt »Erfolg im Marketing«) hilft, die Zusammenarbeit zu verbessern.

Aus Sicht des Vertriebs mag es der ein oder andere Punkt dieser Liste nicht in die Top 5 schaffen, trotzdem ist auch für den Vertrieb die Kollaboration die Basis für erfolgreiche CX-Prozesse. Im Folgenden haben wir fünf Faktoren für das Zusammenspiel von Marketing und Vertrieb aus Vertriebssicht aufgelistet:

- **Kollaboration (Prozess)**
  Automatisierung und Standardisierung des Prozesses, Einsatz von Kollaborationswerkzeugen, Effizienz des Austausches sowie eine gemeinsame Planung und Zielsetzung, sorgen für gutes Teamwork.
- **Aktivitäten und Insights**
  Trigger-basierte Anlage der Aktivitäten, Übertragung von Daten zur 360-Grad-Profilsicht und Extraktion (Mashup) von Marketingprofilsichten in das Vertriebssystem helfen dem Vertrieb.
- **Integration (Systeme)**
  Marketing- und Vertriebssystem sind bidirektional integriert; zusätzliche Anwendungen (Third-Party-Anwendungen) sind bei Bedarf angebunden.
- **Content (Produktpräsentation)**
  Guter Content ermöglicht dem Vertrieb eine nichtlineare, personalisierte Präsentation; aktualisiert, proaktiv, multimedial und transparent.
- **(Qualifizierte) Leads**
  Die Marketingautomatisierung fungiert als Motor und Katalysator des Lead-Kanals; basierend auf Profiling, Nurturing, Scoring.

Der Vergleich zeigt, dass es einige Überschneidungen zwischen den beiden Abteilungen gibt. Auch zukünftig wird es so sein, dass der Vertrieb (ob analog oder digital) das Marketing als Zulieferer braucht und sieht, aber eben nicht in Form einer Assistenz, sondern als Vorbereiter und Partner.

Trotz Annäherung werden Vertrieb und Marketing auch weiterhin zwei Welten mit unterschiedlichen Mentalitäten bleiben. Um erfolgreich über alle Kanäle hinweg Customer Experience für Kunden gestalten zu können, ist das Zusammenwirken von Marketing und Vertrieb aber unbedingte Voraussetzung.

Erfolg im Marketing

Das Marketing wird zunehmend zum Key Player in allen kundeorientierten Prozessen, aber woran lässt sich dessen Erfolg messen und woran kann man erkennen, dass die Investitionen in die Marketingabteilung nicht ins Leere laufen? Den Einfluss des Marketings auf den Gewinn eines Kunden zu berechnen und nachzuweisen, ist deutlich komplexer als es für den Vertrieb der Fall ist. Monetär lässt sich Erfolg im oder durch Marketing nur schwer bemessen. Umso wichtiger ist die Verprobung der Aktivitäten, Feedback sowie eine ehrliche Bewertung, was zum erfolgreichen Verkaufsabschluss letztendlich beigetragen hat. Aus Marketingsicht gilt es so, das *schwarze Loch* am Ende des *Funnels* zu überwinden, also die Stelle im Marketing-Sales-Prozess, an der das Marketing keine Rückmeldung zum Erfolg der Aktivitäten und zu etwaigen Verbesserungsmöglichkeiten erhält.

Ziel ist somit eine Verschiebung bzw. Verschmelzung der Bereiche Vertrieb und Marketing entlang der Funnels. In Abbildung 2.19 erkennt man gut, wie Marketing- und Vertriebsleitung eine neue Form der Zusammenarbeit gestalten können: mit zielgerichteter Kollaboration und Führung.

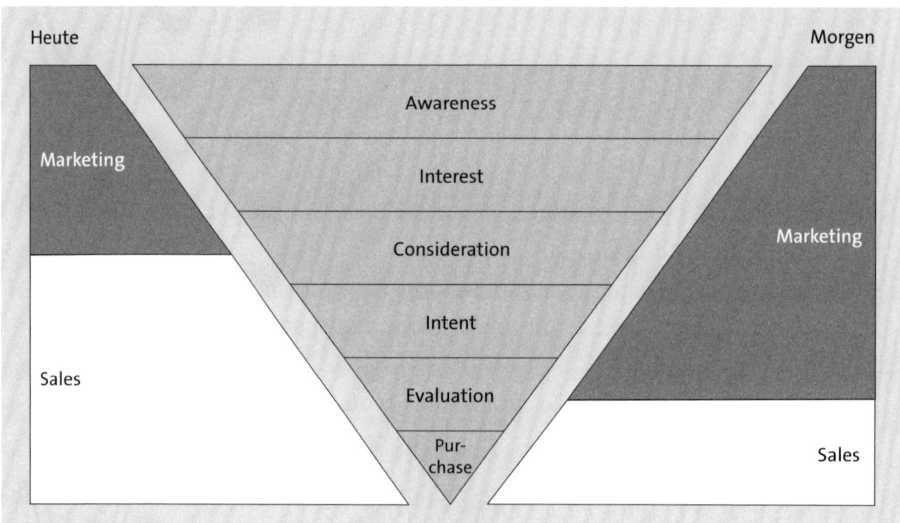

Abbildung 2.19 Der neue Vertriebs- und Marketing-Funnel

2.1.5 IT

Vom Service über den Vertrieb bis hin zum Marketing: Die Rollen in Unternehmen haben sich verändert, und neue Lösungen ergeben neue Möglichkeiten, um Customer Experience zu optimieren. Einen entscheidenden Unternehmensbereich treibt diese Dynamik ebenfalls um: die IT. Viele Chief Information Officers (CIOs) befinden sich z. B. in der herausfordernden Situation, technologische Innovationen voranzutreiben, die die Fachbereiche und das gesamte Unternehmen voranbringen. Gleichzeitig sollen sie aber auch die Stabilität der Systeme gewährleisten. Komplexer wird diese Aufgabe, wenn sie zusätzlich auf intern getrennte Strukturen treffen und über stark limitierte Budgets verfügen. Zwar sagen laut der IT-Trends-Studie 2021 von Capgemini 87 % aller Behörden und Unternehmen, dass sie stärker in die Digitalisierung investieren möchten (siehe Capgemini (2021): Studie IT-Trends 2021: IT ermöglicht Business trotz Kontaktbeschränkung). Aber gleich danach lauten die Prioritäten Kostenreduzierung und Effizienzsteigerung. Für die IT bedeutet das immer einen Spagat zwischen Zukunft und Gegenwart, zwischen hypothetischen Wachstumszielen und schnellen, konkreten Ergebnissen.

Im CX-Umfeld sind die technologischen Lösungen zahlreich. Sie bieten der IT Handlungsansätze, um ihre ganz eigenen Herausforderungen anzupacken. Gängige Anforderungen an die IT-Abteilung lauten dabei:

- Skalierbarkeit bei steigenden Kapazitätsbedarfen
- Gestaltung effizienterer Betriebsabläufe
- Umsatzsteigerungen
- Reduzierung von Ausfällen
- Verringerung von Betriebskosten
- Integration zukunftsfähiger Architekturen
- Erhöhung der Datenqualität
- Auflösung von Datensilos
- Einsatz von Technologien zur Analyse von Big Data
- Einführung mobiler Lösungen
- tiefere Integration der Systeme

Die bedeutendste Aufgabe für CIOs in den nächsten fünf Jahren wird wohl die Weiterbildung ihres Personals sein (mit der Cloud- und Digitalisierungswelle verändert sich das Anforderungsprofil von IT-Personal). Es wird darum gehen, Teams für komplexe Aufgaben als Teil von agilen DevOps-Teams aufzubauen.

Diese Anforderungsliste ließe sich noch weiter fortsetzen. Ein Grund, warum diese Herausforderungen auftreten und gleichzeitig ein Ansatz, ihnen zu begegnen, liegt in der Gestaltung von Systemlandschaften. Fragen Sie sich selbst, wie viele unterschiedliche Systemanbieter und wie viele Einzelsysteme Sie nutzen.

Doch was hat die Anzahl an Einzelsystemen mit Customer Experience zu tun? Sehr viel, denn die Customer-Experience-Lösungen von SAP folgen einem Eine-Plattform-Gedanken. Sie sind dazu konzipiert, Wertschöpfungsketten anzustoßen und die Anzahl von Einzellösungen zu reduzieren. Die IT profitiert hier von einer Cloud-Architektur mit vorentwickelten Schnittstellen untereinander, aber auch zu anderen Systemen, beispielsweise zum SAP-ERP-System. Durch die Modularität werden nicht nur Integrationsaufwände reduziert, sondern ebenso wird die Stabilität der Kernprozesse gewährleistet und gleichzeitig die Basis für technologische Weiterentwicklungen bereitet, z. B. in Hinsicht auf Automatisierungen und Effizienzsteigerungen von Prozessen. Dank der Cloud werden Updates und neue Features automatisch zur Verfügung gestellt. Das stärkt nicht nur die Innovationskraft, sondern kann auch dabei helfen, Systemausfälle zu reduzieren. Durch verschiedene Bezahlmodelle, differenzierte Lizenzierung und den Einsatz von Managed Services kann Geld gespart werden, das ansonsten für die aufwendige Instandhaltung des IT-Betriebs benötigt würde. Durch die Integration mehrerer CX-Lösungen und entsprechend eingesetzter KI kann die IT dazu beitragen, dass beispielsweise im Bereich Kundenservice oder E-Commerce Betriebskosten eingespart werden.

Insgesamt ist der Transformationseffekt von Cloud-Einführungen nicht zu unterschätzen. Die Cloud bietet große Vorteile, macht aber einen Wandel innerhalb der IT-Abteilung erforderlich. Damit ist nicht nur die technologische Dimension gemeint. Die Cloud erfordert neue Fähigkeiten vom Team und neue Konzepte für Betrieb, Projekte und Lizenzmodelle.

Die Kunden in den Mittelpunkt zu stellen, ist für viele Unternehmen ein neues Geschäftsmodell. Damit sind die Anforderungen an die IT zwangsläufig gestiegen, denn um eine durchgängige Customer Journey zu schaffen, müssen auch die Systeme kundenorientiert aufgebaut und Prozesse end-to-end implementiert und zugänglich gemacht werden. Auch hier sollte man mit kleinen Schritten anfangen, aber stets die gesamte Systemlandschaft im Blick behalten. Insbesondere für die in diesem Kapitel erwähnten Beispiele aus Service, Vertrieb, Marketing und Commerce, wie etwa der Aufbau eines Kundenportals, ist es sinnvoll, Anforderungen und Prozesse über Systemgrenzen hinweg zu betrachten und einen ganzheitlichen Blick auf alle Systeme der IT im Unternehmen zu werfen. Dazu sind eine dedizierte Strategie, ein CX-Mapping zu den unternehmenseigenen Prozessen und am besten ein sogenannter Bebauungsplan zu entwerfen. So angegangen, können CX-Projekte messbare Vorteile gerade für die IT-Abteilung bringen. Customer Experience strategisch und ausschließlich aus IT-Sicht aufzuarbeiten, z. B. zu beschreiben, wie genau Systemlandschaften mit welcher Projektmethodik aufgebaut werden sollten, hätte allerdings ein anderes Buch zu Folge gehabt.

Customer Experience ist in den zuvor behandelten Unternehmensabteilungen oftmals ein heiß diskutiertes Thema. Wir haben uns deshalb entschieden, uns an den Anforderungen und Lösungen dieser Abteilungen zu orientieren. Nichtsdestotrotz ist dies auch ein Buch für die IT. Entsprechende Vorgehensweisen und Ansätze, gerade was die Integrationsmöglichkeiten, Roll-out-Szenarien und die Prozessgestaltung angeht, werden wir in diesem Buch an den relevanten Stellen im Detail erläutern. Allein die Fülle an Projektbeispielen bietet denjenigen wichtigen Input, die den Übergang zur Cloud und die technologische Kundenzentrierung am Ende umsetzen müssen.

2.2 Customer Experience als Mittelpunkt digitaler Geschäftsmodelle

Customer Experience sorgt nicht nur für neue Perspektiven bei den Kunden und Fachbereichen, sondern auch im Unternehmen als Ganzes. Mit dem richtigen Vorgehen können Investitionen in eine bessere Customer Experience eine Reihe an neuen Absatzkanälen ermöglichen. Dafür sind einige Aspekte zu berücksichtigen: Prozesse, Systeme und Strategien sollten passgenau aufeinander abgestimmt werden. Dieses Buch beschäftigt sich umfassend und im Detail mit allen diesen Dimensionen. Da man ihre Zusammenwirkung nicht früh genug hervorheben kann, möchten wir sie im Folgenden bereits anreißen.

2.2.1 Prozesse und Systeme

Bis hierhin haben Sie viel über sich verändernde Rollen und Perspektiven sowie über Ziele, die sich die Unternehmen auferlegen, um im Customer-Experience-Kosmos erfolgreich zu sein, gelesen. Sie haben vielleicht zu häufig von Herausforderungen gelesen und zu wenig von Chancen. Neben den Lösungsansätzen, die wir bis hierhin vorgestellt haben, sind die im nächsten Teil des Buches beschriebenen Technologien ein geeignetes Mittel, um die angesprochenen Chancen in Erfolge umzumünzen. Vielmehr aber sind es die Prozesse, die entscheiden, ob Customer Experience – für alle Beteiligten – zum Erfolg werden kann. Anders formuliert: Wenn die Customer Journey die Ausgangssituation ist und die Customer Experience das Ziel, sind über Fachbereichs- und Systemgrenzen hinweg integrierte und durchgängige Prozesse der einzig gangbare Weg.

Teil III dieses Buches, »Ausgewählte Prozesse mit SAP Customer Experience«, haben wir den Prozessen gewidmet, nicht zuletzt auch um aufzuzeigen, wie moderne Technologien und SAP-Systeme erfolgreich eingesetzt werden können. Abbildung 2.20 bietet einen Überblick über die Prozesse im CX-Umfeld.

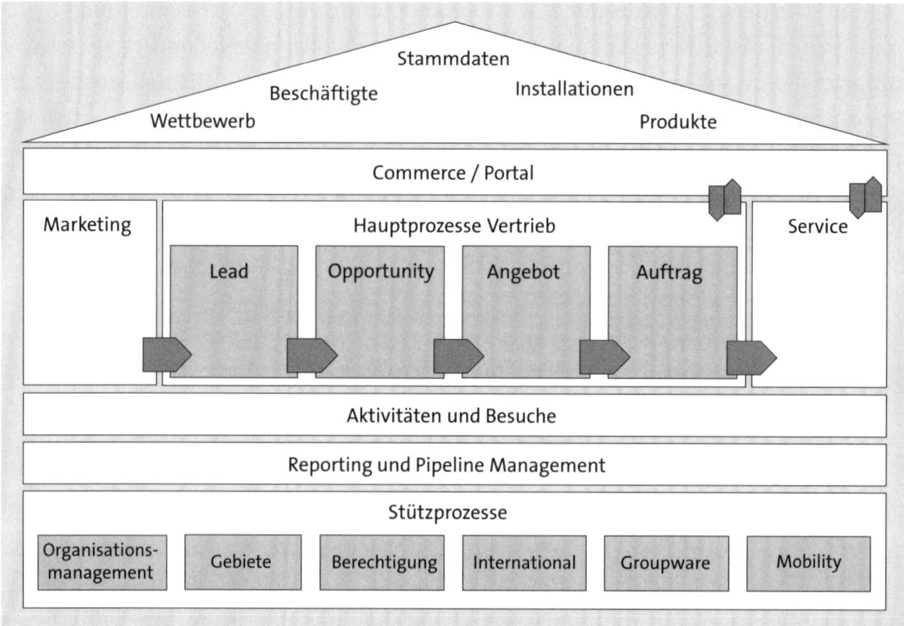

Abbildung 2.20 Das SAP-Customer-Experience-Prozesshaus

Erfolgreiche Prozesse zu etablieren, bedarf einer starken Basis an digitalen Werkzeugen. Das Customer-Experience-Portfolio von SAP bietet Ihnen eine hochmoderne, modulare Architektur, mit der Sie Kundenprozesse end-to-end gestalten können. Das heißt, dass Sie und Ihre Mitarbeitenden auf die dynamische Customer Journey reagieren und Ihre Kunden an jedem Touchpoint mit relevanten Inhalten versorgen können. Dabei bieten die SAP-Customer-Experience-Lösungen einige Vorteile:

- Sie vereinen Technologien und Lösungen für alle kundenorientierten Unternehmensbereiche.
- Sie bieten nahtlos integrierte Systeme, um komplexe IT-Landschaften zielgerichtet zu steuern.
- Sie verbinden u. a. Features wie Machine Learning, KI und IoT mit klassischen CRM-Funktionen.
- Sie harmonisieren Kundendaten und räumen Datensilos auf.

Dabei soll jede Lösung dabei helfen, Ihnen eine umfassende Sicht auf Ihre Kunden zu ermöglichen und den Kunden gleichzeitig eine optimale Customer Experience zu bieten. Zentrale Lösungen, die in diesem Buch in aller Ausführlichkeit behandelt werden, sind u. a.:

- **SAP Customer Data Solutions**
  Ermöglicht die Pflege von konsistenten Kundenprofilen über Systemgrenzen hinaus, bietet eine erlaubnisbasierte Erfassung von Nutzerregistrierungsdaten, erfüllt die Richtlinien sozialer Netzwerke und Datenschutzverordnungen, liefert vorkonfigurierte Integrationen für CRM, CMS und Marketing und erhöht die Transparenz auf Kunden durch Customer Insights und Analyse-Tools.
- **SAP Marketing Cloud**
  Etabliert kontextuelles Marketing in Echtzeit, generiert Einblicke in die Motive und Bedarfslagen von Kunden, erlaubt die relevante und personalisierte Ansprache über alle Kanäle, bietet Big Data Management und Advanced Analytics, Zielgruppendefinition und Segmentierung, optimiert durch Echtzeitempfehlungen sowie die Erfolgsmessung und die Kampagnensteuerung.
- **SAP Commerce Cloud**
  Ist eine zentrale und flexible Plattform für digitale Kundenprozesse – vom Shop über das Serviceportal bis zur Konfiguration –, erlaubt zielgerichtete, personalisierte Kundenansprache, konsolidiert Produktdaten im Product-Content-Management-System (PCM-System), bietet eine skalierbare und zukunftssichere Systeminfrastruktur und Schnittstellen zum SAP-ERP-System und zu anderen CX-Lösungen wie SAP Sales Cloud, SAP Service Cloud, SAP Marketing Cloud und SAP Customer Data Cloud.
- **SAP Sales Cloud**
  Bietet optimierte Vertriebsprozesse durch eine einfache und zentrale Verwaltung von Kontakten, Leads, Opportunities und Angeboten, eine mobile Verfügbarkeit aller relevanten Informationen (auch offline), eine intelligente Analyse und Forecast-Funktionen, E-Mail-, Kalender- und Telefonie-Integration und kann durch beispielsweise Machine Learning automatisch erfolgsversprechende Leads und Opportunities identifizieren.
- **SAP Service Cloud**
  Ermöglicht Serviceteams den komfortablen, mobilen Zugriff auf umfassende, kontextbezogene Informationen, hält Datenschutzrichtlinien ein, bietet eine Plattform für Kollaboration, Wissensmanagement und Self-Service-Portale, liefert umfassende Analyse- und Berichtsfunktionen und lässt sich effektiv an das zentrale SAP-Backend anbinden.

Dies ist nur eine Auswahl der CX-Lösungen. Das gesamte Portfolio von SAP bietet im CX-Bereich noch vieles mehr. In Teil II dieses Buches, »SAP-Customer-Experience-Lösungen« werden wir auf jede einzelne Lösung im Detail eingehen.

Ziel muss es sein, Prozess- und Systemlandschaften mit den Stakeholdern im Unternehmen aufzubauen, die in der Lage sind, Kunden ohne Medienbrüche und mit einer sehr guten Customer Experience vom Erstkontakt bis zum Verkauf zu bedienen. Dies ist die Basis für begeisterte User, langfristig zufriedene Kunden und letztendlich für den Erfolg jedes Unternehmens.

2.2.2 Ohne (digitale) Strategie geht es nicht

Wenn Sie mit dem Gedanken an ein neues oder weiteres CX-Projekt spielen, sollte die grundsätzliche digitale Unternehmensstrategie formuliert und bestenfalls in den Köpfen aller Mitarbeitenden verankert sein. An dieser Stelle setzen wir voraus, dass dies gegeben ist. Es ist dabei durchaus sinnvoll, sich mit drei konkreten strategischen Ebenen zu befassen:

1. Strategie hinsichtlich Plattform und Architektur
2. Strategie hinsichtlich Umsetzung von Projekten zur Abbildung der oben angesprochenen Architektur
3. Strategie im Projektkontext hinsichtlich der geeigneten Umsetzungsszenarien

Zu Punkt 1: Der Bebauungsplan

Die Systemlandschaft und die Anzahl der Systeme sind in den vergangenen Jahren sukzessive gewachsen. Im Rahmen der Digitalisierung hat sich dieser Trend noch verstärkt. Eine historisch gewachsene, globale IT-Struktur ist die Ausgangsbasis vieler Unternehmen. Neue Themen wie IoT, Machine Learning oder Predictive Maintenance führten zu neuen Systemen und Tools, die in die Systemlandschaft aufgenommen werden müssen. Ein Überblick über diese vorhandenen Systeme und bereichsübergreifenden Teilarchitekturen ist nicht vorhanden. Isolierte Prozesse und Daten, meist auf mehreren Systemen verteilt, sind die Konsequenz. Gleichzeitig erfordern neue oder veränderte Geschäftsmodelle Flexibilität in der IT-Infrastruktur. Zukünftige Anpassungen, die heute noch nicht absehbar sind, sollen künftig leicht umgesetzt werden. Außerdem sollen die Systeme immer tiefer miteinander integriert werden, und existierende Datensilos sollen aufgelöst und miteinander verbunden werden. All dies führt dazu, dass die Systemlandschaft immer komplexer und unübersichtlicher wird. Zwar werden in jedem neuen Projekt die Schnittstellen und Abhängigkeiten zu bereits vorhandenen Systemen definiert, aber die gesamte Systemlandschaft wird nie ganzheitlich betrachtet.

Dabei würde genau dies helfen, einen Überblick über den Ist-Zustand zu erhalten und eine Roadmap für die Zukunft aufzustellen. Es ist daher sinnvoll, nicht nur die Anforderungen an einzelne Systeme zu definieren und umzusetzen, sondern den Blick auf das große Ganze zu richten. Insbesondere für Service-, Sales-, Marketing- und Commerce-Projekte oder beim Aufbau eines Kundenportals, ist es sinnvoll, Anforderungen und Prozesse über Systemgrenzen hinweg und projektübergreifend zu analysieren, um darauf basierend eine zukunftsfähige und flexible Systemlandschaft zu planen und sukzessive umzusetzen. Dabei sollten die User der Systeme im Mittelpunkt stehen (Nutzerorientierung).

Ein sogenannter Bebauungsplan wirft einen ganzheitlichen Blick auf alle Systeme und Domänen der IT im Unternehmen. Dies führt dazu, dass nicht mehr innerhalb der Grenzen eines einzelnen Projekts gedacht wird, sondern darüber hinaus. So ist es auch möglich, eine langfristige Planung über Systeme und Projekte hinweg vorzunehmen und, basierend auf der Unternehmensstrategie, eine Roadmap für die IT-Landschaft zu definieren. In Abbildung 2.21 sehen Sie, wie ein Bebauungsplan aussehen kann.

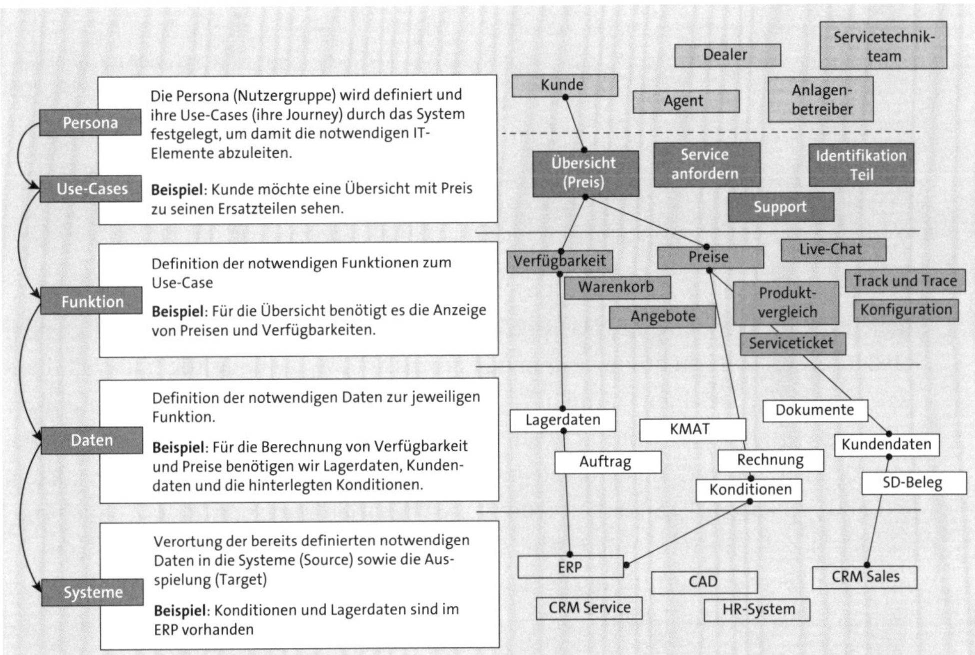

Abbildung 2.21 Beispiel eines Bebauungsplans für eine Customer-Experience-Landschaft

Grundsätzlich lässt sich der Bebauungsplan in drei Ebenen teilen: die strategische, die fachliche und die IT-Ebene. So gelangt man Schritt für Schritt vom Entwurf zur Entscheidungs- und letztendlich zur Kommunikationsgrundlage (siehe Abbildung 2.22).

Auf Punkt 2 soll hier nicht näher eingegangen werden. Klar ist, dass eine Strategie zu Projektorganisation, Timeline unter Berücksichtigung von Interdependenz einzelner Teilprojekte und eine klare Roll-out-Strategie Voraussetzung für erfolgreiche Projekte und Transformationen sind.

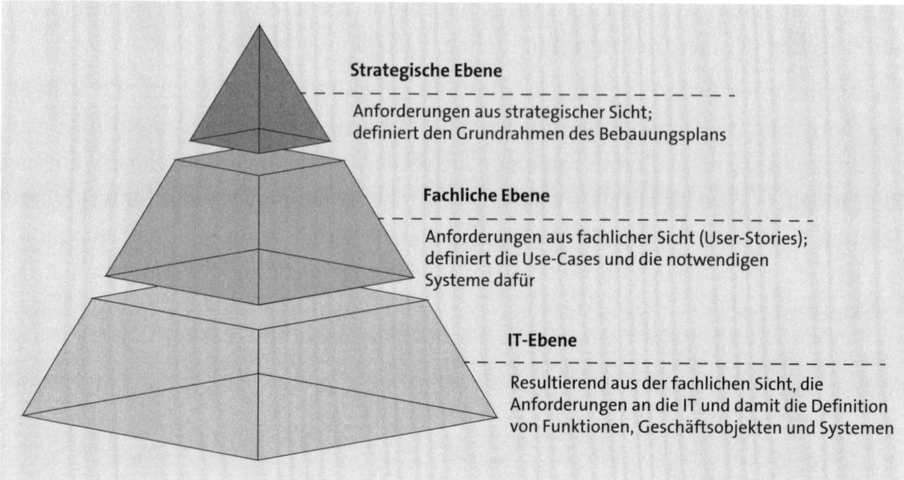

Abbildung 2.22 Ebene eines Bebauungsplans für Customer-Experience-Landschaften

Zu Punkt 3: CX-Mapping

Es beginnt mit der Strategie, doch wohin soll diese führen? Und was bedeutet sie für die einzelnen Fachbereiche? Das sind Fragen, die sich vor allem auch IT-Entscheider stellen. Wenn Unternehmen bestehende Prozesse 1:1 in die neue, digitale Welt übertragen, schaffen sie einen Rahmen, der nur viel Geld kostet, aber nicht zielführend ist. Stattdessen sollten die Unternehmen zunächst die bestehenden Prozesse hinterfragen. Denn es gibt verschiedene Integrationsszenarien, die abhängig von der existenten und geplanten IT-Landschaft sind. Diese Szenarien unterscheiden sich nicht nur hinsichtlich der Systeme und Schnittstellen, sondern auch hinsichtlich des Zeitrahmens, der (Betriebs)kosten oder der Lizenzmodelle. Anhand eines einfachen Beispiels lässt sich dies verdeutlichen.

[zB]

Umsetzungsvarianten

In jedem Unternehmen sieht der *Lead-to-Order-Prozess* etwas anders aus, insbesondere im Kontext der Angebotsanlage. Entstehen Angebote aus der Opportunity heraus, dann direkt im ERP-System oder doch noch in der SAP Sales Cloud? Soll die Integration über die SAP Business Technology Platform (SAP BTP) via Standardintegration oder via OData erfolgen? Wird eine mobile Anwendung oder gar eine Konfigurations-Engine (z. B. SAP CPQ) via Mashup oder Webservice-Anbindung genutzt? Sollen Angebote auch in der Commerce-Lösung oder im Kundenportal sichtbar sein oder zusammengeführt werden? Welche Replikationslogik gibt es (bidirektional, unidirektional, pull, API), und welche Objekte werden vor allem ausgetauscht? Erfolgt die Auftragsanlage aus dem Angebot heraus? Der gesamte Prozess unterscheidet sich dann gegebenenfalls auch für einzelne Gesellschaften, Entitäten, Rollen, und Partner. Bereits an einem vermeintlich standardisierten Prozess zeigt sich die Vielzahl möglicher Optionen.

Aber welche Variante passt zu Ihren Anforderungen oder Rahmenbedingungen?

Die Optionen unterscheiden sich teilweise signifikant und bedürfen einer Aufbereitung und Evaluierung, um die richtige Entscheidung zu treffen. Das Vorgehen lässt sich sowohl auf größerer Ebene aggregieren (Einführung einer SAP-Customer-Experience-Landschaft), aber es lässt sich auch weiter auf spezifische (Teil)prozesse oder CX-relevante Themen herunterbrechen.

In einem nächsten Schritt erfolgt die Evaluierung. Die Umsetzungsvarianten sind nun klar beschrieben und der Aufwand der dafür notwendigen IT-Infrastruktur beziffert. Welche Variante nun die beste ist, hängt von Kriterien ab, die für das jeweilige Unternehmen relevant sind:

- Nachhaltigkeit (SAP-Standard-konform, Releasesicherheit)
- Voraussetzungen (Budget, Strategie, Timeline, Personal)
- Machbarkeit, Erfahrungswerte
- Abdeckungsgrad: globaler Template-Ansatz, Entitäten stärken usw.)
- Kosten
- politische Erwägungen

In Abbildung 2.23 ist das empfohlene stufenweise Vorgehen grafisch dargestellt.

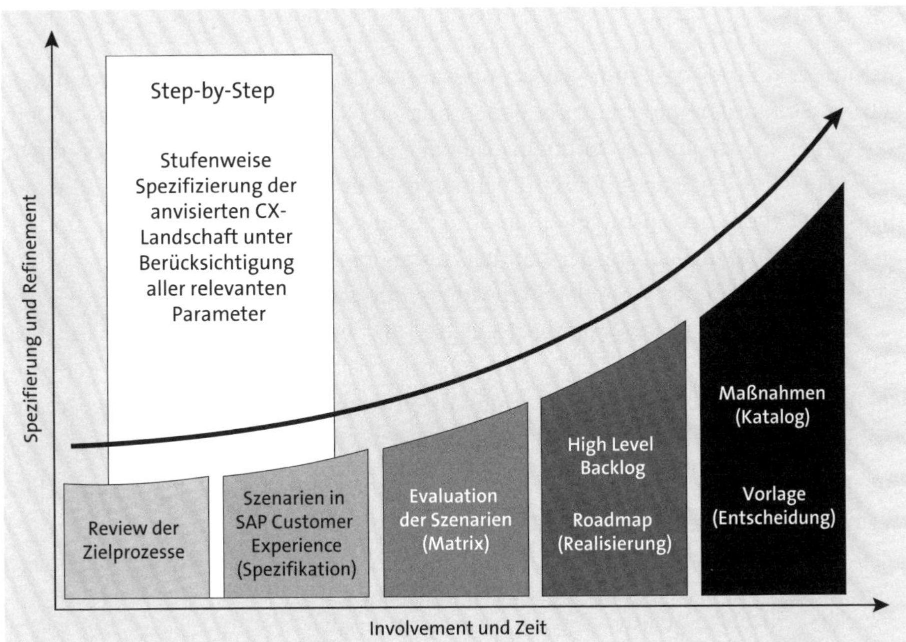

Abbildung 2.23 Stufenweises Vorgehen vom Zielszenario über die Entscheidungsvorlage zur Umsetzung

Anhand dieser Kriterien kann eine Bewertung der einzelnen Szenarien in Form einer Nutzwertanalyse erfolgen. So ergibt sich ein klares Bild, bei dem dann auch persönliche Einschätzungen und Präferenzen aus den einzelnen Bereichen mit einfließen können.

Im nächsten Schritt erfolgt die Ableitung der richtigen Maßnahmen. An diesem Punkt geht es nicht mehr um ein Strategiepapier, sondern um konkrete Maßnahmen, die die favorisierte Variante erfordert. In einem High Level Backlog werden die Projektbausteine für die Umsetzung der jeweiligen Varianten strukturiert und abgeschätzt, wie beispielsweise die Themen Projektmanagement, Workshops, System-Setup, Go-live-Vorbereitung, Coaching oder Consulting. In einem Management Decision Paper werden die Ergebnisse und klare Handlungsempfehlungen aufbereitet und dargestellt.

Dieser Ansatz soll Einblick geben, inwieweit strategische Entscheidungen nicht nur im C-Level, weit weg vom Projektalltag, getroffen werden müssen, sondern wie wichtig und hilfreich es sein kann, sich auch direkt vor oder in konkreten CX-Transformationen an der ein oder anderen Stelle zu hinterfragen und zu prüfen, welcher Weg nun der richtige ist.

2.3 Fazit

Customer Experience ist kein neues, unbekanntes Thema. Lediglich die Erwartungshaltung der Kunden und somit die Bedeutung für Unternehmen hat sich verändert. Es bestehen jedoch andere Optionen als in der Vergangenheit, um eine erfolgreiche Customer Experience zu gestalten. Technologischer Fortschritt (siehe Teil II, »SAP-Customer-Experience-Lösungen«) bietet die Chance, sich zu differenzieren und erfolgreich (digital) in Richtung des Kunden zu wandeln. Gleichzeitig hat sich das Mindset vieler Unternehmen verändert, neue übergreifende Prozesse zu etablieren – Stichwort: Customer Journey Mapping (siehe Teil III, »Ausgewählte Prozesse mit SAP Customer Experience«). Und zu guter Letzt braucht es Mut und Strategie, neue Geschäftsmodelle und passende CX-Architekturen zu realisieren (siehe Teil IV, »Ausgewählte Projektbeispiele«).

Eine gute Strategie gehört ebenso dazu wie das Commitment der Verantwortlichen im Unternehmen, sie umzusetzen. Wer sich jetzt fragt, wie »Customer Experience par Excellence« auch im eigenen Unternehmen zu schaffen sei, dem sei vorweggesagt: Customer Experience ist keine Raketenwissenschaft!

Zum Abschluss dieses Kapitels möchten wir Ihnen deshalb sechs Tipps für den Weg dorthin geben:

1. Behalten Sie Ihren Fokus.
2. Bauen Sie keine Luftschlösser.
3. Nehmen Sie sich klare (messbare) Ziele vor.
4. Prozesse, Prozesse, Prozesse.
5. Vor der Umsetzung bedarf es einer klaren Konzeption.
6. Loslegen!

TEIL II

SAP-Customer-Experience-Lösungen

Die digitale Transformation hat Erwartungen und Kaufentscheidungen radikal verändert. Was heute zählt, findet vorrangig online statt, mobil, in den sozialen Medien. Kunden kanalübergreifend zu begeistern ist in diesen Zeiten zum erfolgskritischen Faktor geworden. Erfolgskritisch sind somit auch die digitalen Komponenten und Lösungen, die die Reise des Kunden optimieren, unterstützen und antreiben. Angefangen bei permanent sichtbaren und verfügbaren Touchpoints wie Shops und Portale über vertriebliche Aktivitäten, Marketingautomatisierung und Servicedienste bis hin zu Anwendungen, die eher im Hintergrund das Kundendatenmanagement organisieren. In diesem Teil des Buches stellen wir Ihnen im Detail die Lösungen vor, die das SAP-Customer-Experience-Portfolio zu bieten hat. Sie sind die technologische Grundlage, um Customer Experience auf ein neues, Omnichannel-Erlebnis zu heben, indem sie Unternehmen und Fachbereiche in die Lage versetzen, bedarfsgerecht und relevant in allen Phasen des Kundenlebenszyklus mit ihren Kunden zu kommunizieren und zu interagieren.

Kapitel 3
SAP Commerce Cloud

Digitale Transformation im Kontext von Customer Experience bedeutet auch einen Wandel der Touchpoints zu Kunden, Partnern und Interessenten. Oftmals sind Landing Pages, Websites oder Shops mehr als der erste Kontaktpunkt zwischen Unternehmen und Zielgruppen. Ob Unternehmens-Websites, Kunden- oder Serviceportale (B2B oder B2C) – mit der SAP Commerce Cloud gestalten Sie Customer Journeys und schaffen Erlebnisse im E-Business-Umfeld.

Die Welt wird immer komplexer, schneller und digitaler. Es ist unumgänglich, dass sich Unternehmen auf diesen Wandel einstellen und ihren Kunden einen zusätzlichen digitalen Kommunikationskanal bereitstellen. Die Online-Präsenz eines Unternehmens ist heutzutage jedoch viel mehr als nur eine digitale Visitenkarte.

Mithilfe einer Corporate Website, eines Online-Shops oder eines Kunden-/Serviceportals, je nachdem, in welchem Umfeld Sie tätig sind, haben Sie die Möglichkeit, Ihr Unternehmen optimal zu präsentieren und die relevanten Zielgruppen gut und zielgerichtet anzusprechen bzw. zu informieren.

Menschen, die sich im Internet bewegen, haben einen hohen Anspruch an Websites. Der *Omnichannel-* und der *Mobile-first-*Gedanke sind in diesem Zusammenhang ebenso von großer Bedeutung wie die Customer Experience oder die User Journey. Dies sind nur einige Schlagworte in der digitalisierten Welt, auf die Sie in der heutigen Zeit eine Antwort finden müssen – und dies gelingt Ihnen mit der SAP Commerce Cloud.

Die SAP Commerce Cloud gehört zu den führenden Lösungen, um Ihre Kommunikations-, Vertriebs- und Kundendienstprozesse über alle Kanäle zu beherrschen. SAP Commerce Cloud richtet sich an Händler und Hersteller, die mit dem Internet einen umsatzsteigernden Vertriebskanal aufbauen wollen und dafür eine komplette E-Commerce-Standardsoftware suchen.

Ihre Kunden profitieren durch User Experience und Personalisierung im Rahmen einer wertschätzenden Customer Journey. Sie können Loyalität und Erträge nachhaltig steigern. So können Sie erfolgreich mit zufriedenen Kunden wachsen. Schlüssige Customer Journeys, 24/7-Self-Service-Optionen sowie passgenaue Informationsversorgung sind die Garanten für höchste Kundenzufriedenheit. Die marktführende Omnichannel-Commerce-Software unterstützt auch anspruchsvollste und komplexeste B2B-Ökosysteme (B2B = Business-to-Business) – und dies in vielschichtigen und mehrsprachigen Strukturen. Auf einer Plattform können sämtliche Produktdaten zentral verwaltet und medienneutral aufbereitet werden.

Egal ob Serviceplattform, B2B-, B2C- (B2C = Business-to-Consumer) oder Corporate Website, mit der SAP Commerce Cloud können Sie auf alle diese Anforderungen individuell und schnell reagieren. Unter anderem bietet SAP sogenannte Branchen- oder auch *Accelerator*-Lösungen an, um die Go-to-Market-Zeiten deutlich zu reduzieren. Abbildung 3.1 zeigt Ihnen eine beispielhafte Abbildung des *Product Content Managements* (PCM), und Abbildung 3.2 zeigt eine damit erstellte Website.

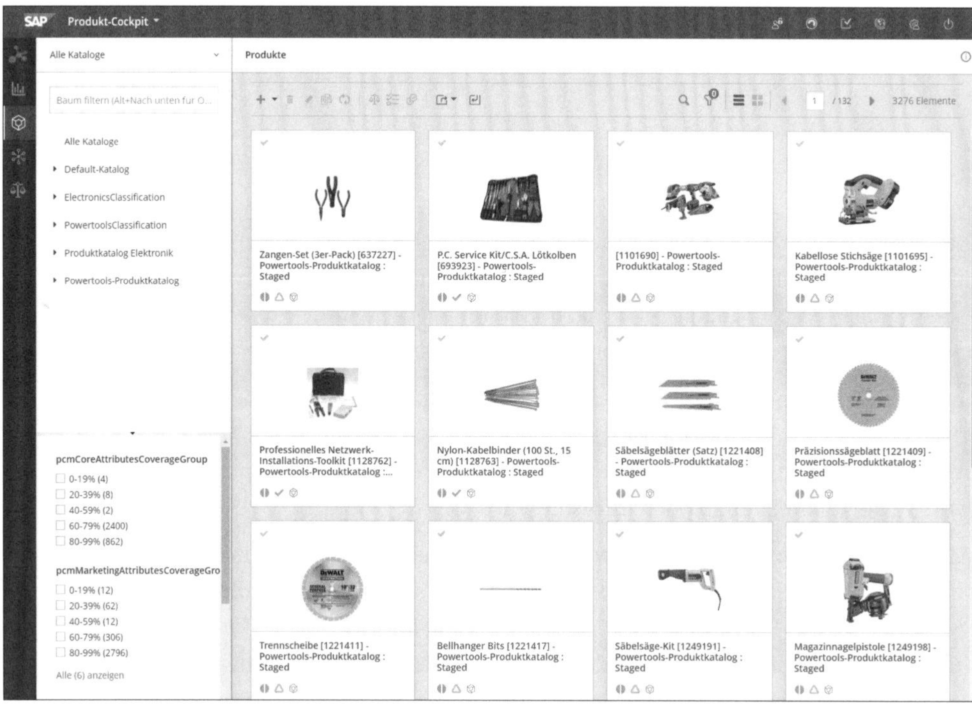

Abbildung 3.1 Product Content Management in der SAP Commerce Cloud

Ein Accelerator, also ein Beschleuniger, ist eine vorkonfigurierte Lösung für verschiedene Anwendungsfälle oder Branchen. Dies sind z. B. B2B- oder B2C-Acceleratoren, die out of the box bereits spezielle Funktionen eines Webshops enthalten. Zu nennen sind beispielsweise der Login, basierend auf einem hohen Sicherheitsstandard, die Produktsuche und Produktdetailseiten, Warenkorb sowie Check-out. Die vorkonfigurierten Lösungen, z. B. der Telco & Utilities Accelerator, beinhaltet u. a. bereits eine Bundle-Funktion für Verträge und Hardware (siehe Abschnitt 3.5, »Branchenlösungen am Beispiel des Telco & Utilities Accelerators«).

SAP Commerce Cloud muss nicht zwingend unter Einsatz eines Accelerator-Ansatzes eingeführt werden. Sie können auch den sogenannten *Greenfield*-Ansatz wählen. Dieser Ansatz beschreibt den Beginn auf einer »grünen Wiese«. Das heißt, dass Sie in der Gestaltung des neuen Webportals komplett flexibel sind. Sie können also von einem Service- über ein Kundenportal bis hin zu einer weltweiten Corporate Website Ihre gesamte Infrastruktur individuell aufsetzen.

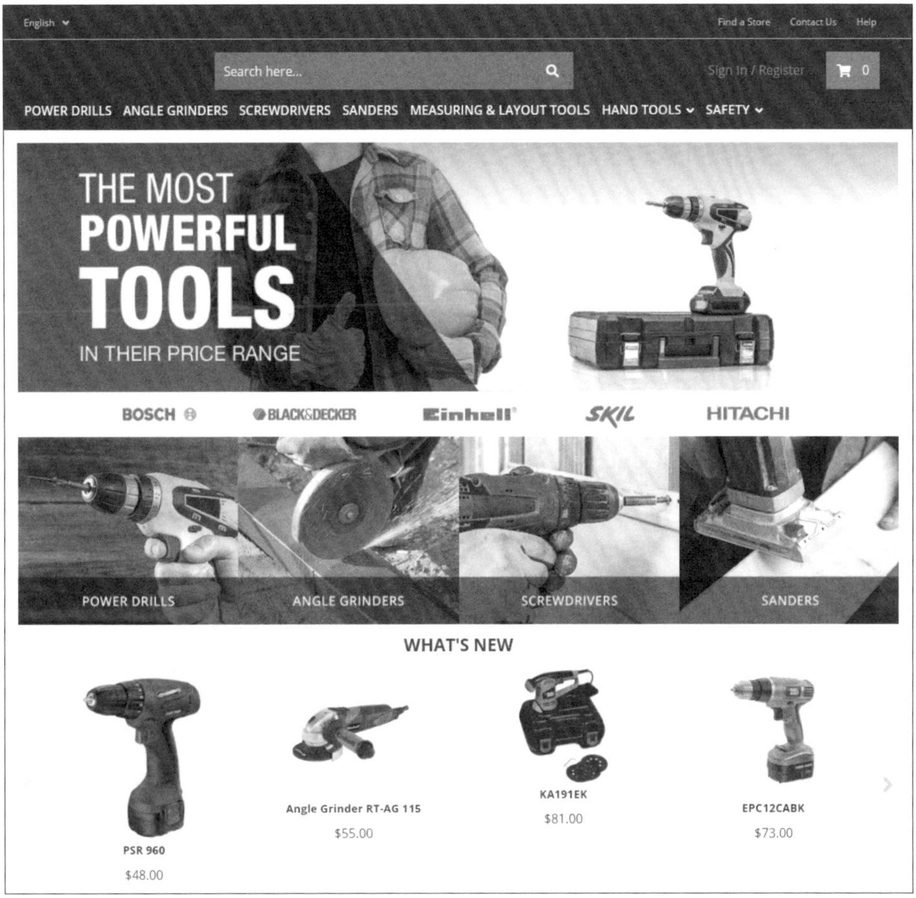

Abbildung 3.2 Mit dem Product Content Management erstellte Website

Der große Vorteil ist, dass bei beiden Ansätzen die Schichten, die die SAP Commerce Cloud in der Auslieferung mit sich bringt, genutzt werden können. Diese Schichten beinhalten bereits alle erforderlichen technologischen und sicherheitsrelevanten Funktionen. Somit müssen Sie nicht komplett neu anfangen, da die wichtigsten infrastrukturellen Bestandteile bereits in den Kernschichten des SAP-Commerce-Cloud-Systems enthalten sind und genutzt werden können. Durch sogenannte *Extensions* kann das SAP-Commerce-Cloud-System beliebig erweitert werden.

Jedes Unternehmen hat individuelle Business-Logiken oder spezielle Anforderungen. Hieraus leiten sich Funktionen ab, die dann implementiert werden können und in Extensions ausgelagert werden. Extensions setzen auf das bereits beschriebene Schichtenmodell von SAP Commerce auf, sodass auch hier die vorhandenen und wichtigen Kernfunktionen genutzt werden können.

Die Bedienung der SAP Commerce Cloud wird durch die verschiedenen Administrationscockpits innerhalb des Systems erleichtert. In diesen können Sie z. B. die Produktdaten in SAP Product Content Management anpassen, pflegen oder erweitern. Ferner gibt es die Möglichkeit, Gutscheine oder Werbeaktionen zu erstellen, Einsicht in aktuell gespeicherte Warenkörbe zu nehmen oder anhand von Workflows User freizuschalten oder diesen Rollen zuzuteilen und Rechte zu erteilen.

Die SAP Commerce Cloud kann als Standalone-Lösung fungieren oder beliebig in andere Systemlandschaften integriert werden. Eine der Hauptintegrationsszenarien ist die Verbindung in ein SAP-S/4HANA-System, um Stamm- und Bewegungsdaten zu übermitteln. Ein weiterer Vorteil ist die einfache Vernetzung weiterer Customer-Experience-Systeme, die in späteren Kapiteln dieses Buches beschrieben werden. Dazu gehören die SAP Marketing Cloud und die SAP Sales Cloud. Diese Integrationsoptionen garantieren eine vollumfängliche Customer Journey, bei der den Usern zu jeder Zeit und an jedem Touchpoint alle relevanten Informationen zur Verfügung gestellt werden.

Mit *SAP Upscale Commerce* bietet SAP eine neue Anwendung, um auf das schnelllebige B2C-Geschäft zu reagieren. Durch die Mobile-first-Strategie gliedert sich diese Lösung perfekt in das Gesamtportfolio der SAP Customer Experience ein.

Dies sind nur einige Funktionen, Anwendungsbeispiele oder Szenarien, die die SAP Commerce Cloud abdecken kann. Auf den folgenden Seiten gehen wir weiter auf die Funktionen und die Grundstruktur der SAP Commerce Cloud ein. Da wir aus Platzgründen nicht auf alle Szenarien eingehen können, verwenden wir im Folgenden stellvertretend die Begriffe *Webshop* und *Kunde*, gemeint sein können hier aber auch Corporate Website, Serviceportale, Innendienst, User, die eine Seite besuchen, und vieles mehr.

3.1 Produktdatenmanagement

Im B2B- und B2C-Geschäft müssen den Kunden die Produktdaten über alle Kanäle hinweg zur Verfügung stehen, denn nur mit diesen Daten werden diese finden, was sie suchen. Mit dem Produktdatenmanagement in der SAP Commerce Cloud ist dies möglich.

Voraussetzung für einen Kaufabschluss im Internet ist, dass die Kunden oder die Händler auch tatsächlich finden, wonach sie suchen. Hierzu benötigen Artikel oder angebotene Dienstleistungen relevante und aussagekräftige Informationen. Um diese Informationen pflegen und verwalten zu können, wurde das Produktdatenmanagement des SAP-Commerce-Cloud-Systems geschaffen.

Das SAP-Commerce-Cloud-System bietet Ihnen ein sogenanntes *Product-Content-Management-System* (PCM-System). Darin befindet sich auch das Product-Information-Management-System (PIM-System). Sowohl das PIM-System als auch das PCM-System sind darauf ausgelegt, Produkte, Waren oder Dienstleistungen mit relevanten und aussagekräftigen Daten anzureichern. Im PIM-System werden u. a. Artikelnummern, Namen, Abmessungen, Gewicht oder Größen von Artikeln persistiert. Hierbei handelt es sich um Stammdaten, die im Idealfall aus dem hauseigenen SAP-ERP- oder SAP-S/4HANA-System übermittelt werden. Diese Übermittlung erfolgt oftmals über eine Middleware wie die SAP Business Technology Platform (SAP BTP). Über die SAP BTP können die eingangs genannten Daten standardisiert aus dem SAP-ERP- oder SAP-S/4HANA-System an die SAP Commerce Cloud übermittelt werden.

Im PCM-System werden hingegen die marketingrelevanten Content-Daten administriert. Dazu gehören z. B. Produktbeschreibungen und -merkmale, redaktionelle Inhalte oder technische Spezifikationen. Ebenso zählen Bilder, Videos, 360-Grad-Zeichnungen oder andere multimediale Produktinformationen zu den PCM-Daten. Alle Inhalte können lokalisiert, also mehrsprachig gepflegt werden. Diese Daten können entweder direkt im SAP-Commerce-Cloud-System angelegt oder aus einem Third-Party-System per Schnittstelle integriert werden.

3.1.1 Produktmanagement

Die Verwaltung der Produkte findet im *Product Content Management Cockpit* des Backoffice (siehe Abschnitt 3.9.1) statt. Mithilfe dieses Cockpits können Sie neue Produkte erstellen oder bestehende Produkte verändern. Bei der manuellen Erstellung von Produkten werden Sie durch einen Eingabeassistenten unterstützt. Anhand von Validierungsregeln werden Ihre Eingaben geprüft, um Inkonsistenzen zu vermeiden. Lokalisierte Attribute ermöglichen Ihnen eine mehrsprachige Pflege von Informationen; so können Sie beispielsweise Namen und Produktbeschreibungen für alle verfügbaren Sprachen Ihres Webshops pflegen.

Attribute befinden sich direkt am Produkt, wie z. B. eindeutige Artikelnummern, Namen oder Herstellerinformationen. Weitere Attribute werden durch Beziehungen mit dem Produkt verknüpft, z. B. Preis- und Rabattzeilen oder Medienobjekte. Die Beziehungen ermöglichen es, Produkte um eine Vielzahl von Zusatzinformationen zu erweitern. Auf diese Weise kann ein Produkt beliebig viele Preise oder Medienobjekte besitzen, z. B. um Preise für Benutzergruppen zu definieren oder um Bilder sowie Dokumente bereitzustellen.

Die SAP Commerce Cloud stellt einen Produkttyp mit einer Vielzahl an Attributen bereit. Durch individuelle Erweiterungen können Sie zusätzliche Attribute ergänzen oder Ableitungen des Produkttyps erstellen.

3.1.2 Datenhaltung in der SAP Commerce Cloud

In der SAP Commerce Cloud findet die Produktverwaltung innerhalb von Katalogen statt. Diese Kataloge dienen dazu, eine Struktur für Quell- und Zielsysteme bereitzustellen. Auf diese Weise können Sie Ihre Produktdaten aus verschiedenen Quellsystemen wie beispielsweise dem ERP-System importieren, harmonisieren und strukturiert den Zielsystemen, wie z. B. dem Webshop oder dem Print-Katalog, bereitstellen.

Ein Katalog lässt sich in weitere Katalogversionen unterteilen. Standardmäßig werden zwei Katalogversionen genutzt: eine *Staged*- und eine *Online-Version*. Die Staged-Version dient zur Bearbeitung und Vorschau der Produkte; die Online-Version ist die veröffentlichte Version, die für die Zielmedien wie z. B. den Webshop bereitsteht. Produktdaten können von der verantwortlichen Person in der Staged-Version gefahrlos verändert werden, ohne dass diese Änderungen online sichtbar sind. Erst durch einen Synchronisierungsprozess (siehe Abschnitt 3.1.3, »Synchronisation und Ausleitung«) werden die Änderungen an die Online-Version übertragen und somit sichtbar. Die Anzahl der Kataloge oder Katalogversionen können von Anwendungsfall zu Anwendungsfall variieren.

Abbildung 3.3 verdeutlicht Ihnen die Nutzung von unterschiedlichen Katalogen und Katalogversionen.

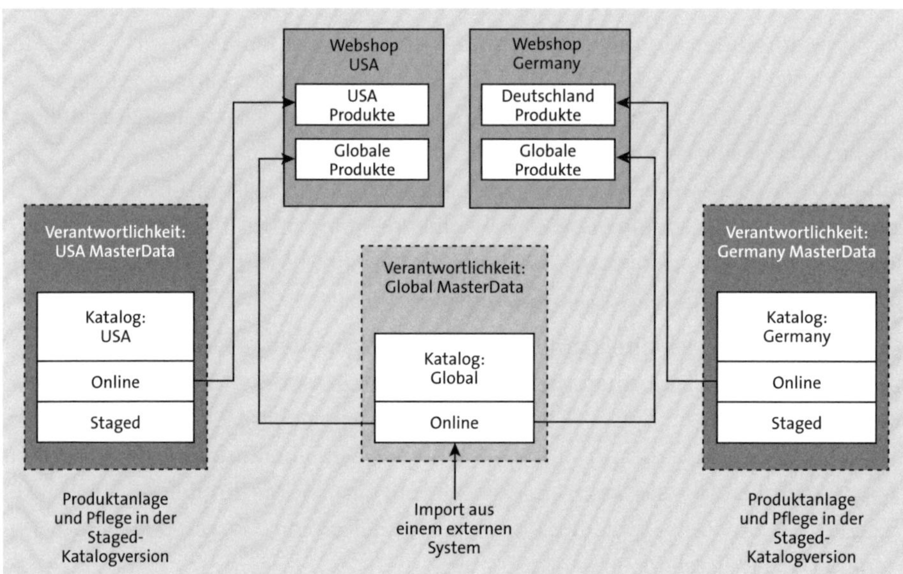

Abbildung 3.3 Katalogstruktur für die Produktdatenverwaltung

In diesem Beispiel werden in einem globalen Katalog Produkte gespeichert, die in allen Shops angezeigt werden. Diese werden von einem externen System importiert, in dem die Produktpflege bereits abgeschlossen ist. Der Import in die Online-Katalogversion ist damit auch die direkte Bereitstellung der Produkte im Shop. In länderspezifischen Katalogen werden Produkte zunächst angelegt und gepflegt. Die Produkte in den Online-Versionen der Kataloge werden neben den globalen Produkten im Shop angezeigt.

3.1.3 Synchronisation und Ausleitung

Die Übertragung von Produktinformationen zwischen Katalogversionen findet mithilfe der zuvor angesprochenen Synchronisation statt. Im Standard werden dazu die Produktdaten von der Staged- zur Online-Version kopiert. Das heißt, dass die Inhalte der Zielkatalogversion mit denen der Quellkatalogversion überschrieben werden. Die Synchronisierung können Sie für einzelne Produkte eines Katalogs oder auch für alle Produkte sowohl manuell als auch terminiert vornehmen. Zeitgesteuerte Synchronisierungen werden beispielsweise genutzt, um in nächtlichen Läufen die Änderungen eines Arbeitstages zu veröffentlichen. Abbildung 3.4 zeigt Ihnen einen Masterkatalog sowie Kataloge für verschiedene Ausleitungskanäle.

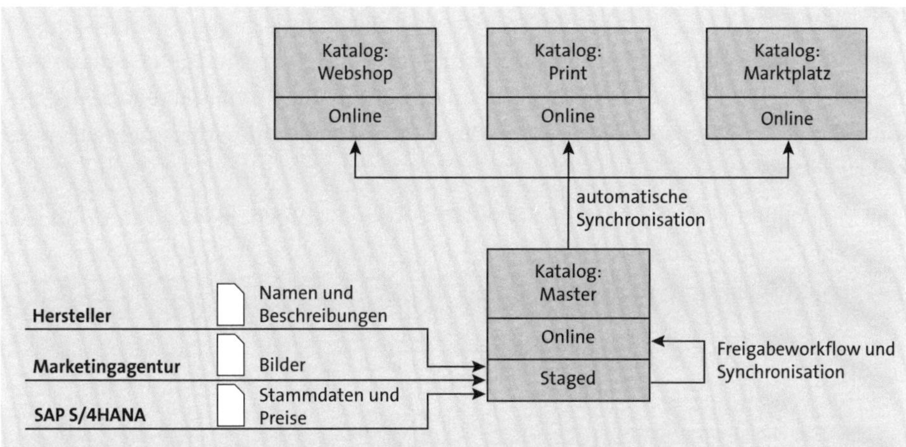

Abbildung 3.4 Synchronisation von Produktkatalogen und Ausleitung in verschiedene Zielsysteme

Der Masterkatalog dient der Verwaltung von Produkten in der SAP Commerce Cloud. Zunächst werden Produktinformationen wie Stammdaten, Namen, Beschreibungen, Preise und Bilder aus verschiedenen Quellen in die Staged-Version dieses Katalogs importiert. Dabei kann es sich um Informationen für neue oder bestehende Produkte handeln. Nach Abschluss des Imports wird eine Prüfung der Produktdaten mithilfe eines Freigabe-Workflows durchgeführt. An dieser Stelle wird durch eine berechtigte

Person geprüft, ob die Produktdaten vollständig und korrekt sind und in welchen Zielkatalog das Produkt ausgeleitet werden darf. Nach erfolgreicher Prüfung wird ein Produkt von der Staged-Version in die Online-Version des Masterkatalogs synchronisiert. Mit dieser Synchronisation stehen die Produkte für die Ausleitung in die Zielkataloge bereit.

Eine zeitgesteuerte Synchronisierung überträgt die Produkte automatisch in die Online-Version des Zielkatalogs. Mit der erfolgreich abgeschlossenen Synchronisation stehen die neuen Produkte bzw. die Produktänderungen in den Ausleitungskanälen, z. B. im Webshop oder auf Online-Marktplätzen bereit.

3.1.4 Produktkategorien

Eine Strukturierung von Produkten innerhalb von Katalogen wird mithilfe von Produktkategorien umgesetzt. Auf diese Weise können Sie ähnliche Produkte in logischen Gruppen zusammenfassen. Kategorien können sowohl Produkte als auch weitere Kategorien enthalten. Auf diese Weise können Sie eine hierarchische Struktur der Produkte aufbauen. Ein Produkt kann dabei einer oder mehreren Kategorien zugeordnet werden.

Die Strukturierung von Katalogen ist vom Nutzen abhängig. Abbildung 3.5 zeigt Ihnen eine Struktur, wie sie für einen Webshop für Bekleidung genutzt werden könnte. Der Kategorieaufbau kann einerseits für die Verwaltung der Produkte, andererseits aber auch als Navigation im Webshop genutzt werden. Die Produktkategoriestruktur sollte dabei so aufgebaut sein, dass sie die Kunden dabei unterstützt, schnell an ihr Ziel zu gelangen.

Eine Kataloghierarchie, die speziell für ein PIM-System aufgebaut wird, orientiert sich dabei eher an den Produktattributen, die normalerweise durch die Klassifizierung an die Produkte geknüpft werden.

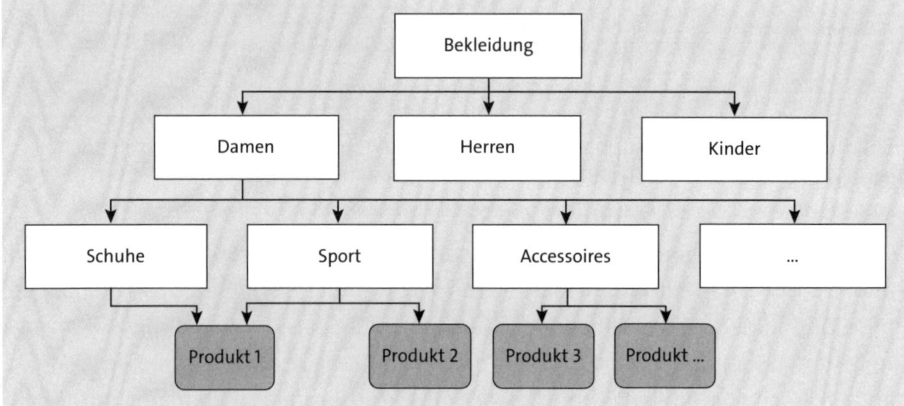

Abbildung 3.5 Beispiel für eine Produktkategoriestruktur für einen Webshop

Wie Sie in unserem Beispiel sehen, findet zunächst eine Aufteilung in die Zielgruppen statt. Diese Strukturierung ist in Bekleidungs-Webshops vorherrschend. Bei der Aufteilung können sich einzelne Kategorien wiederholen, wie z. B. die Kategorie **Schuhe**. Diese wird es in den Oberkategorien **Damen**, **Herren** und **Kinder** geben, wobei sich die Produktattribute in den Kategorien grundsätzlich nicht voneinander unterscheiden.

Abbildung 3.6 zeigt eine Strukturierung nach gleichartigen Attributen; so werden sämtliche Schuhe in einer Kategorie zusammengefasst. Eine weitere Einteilung könnte der Einsatzbereich sein. Dagegen wäre das Geschlecht lediglich ein Attribut des Produktes. Zwar können sich auch in dieser Aufteilung Kategorien wiederholen (in den Kategorien **Schuhe** und **Jacken** kann es z. B. jeweils eine Kategorie **Sport** geben), aber die Eigenschaften dieser Kategorien unterscheiden sich stark voneinander.

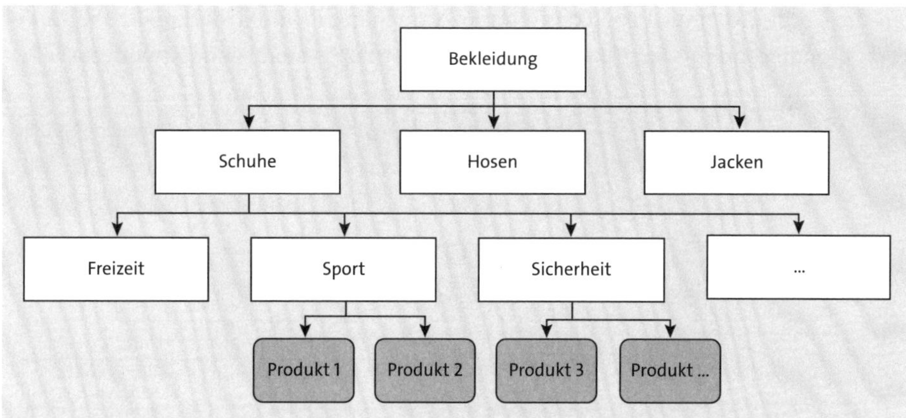

Abbildung 3.6 Produktkategoriestruktur für die Ausleitung für ein PIM-System

3.1.5 Klassifikationen

Klassifikationen ermöglichen es Ihnen, Produkte um Eigenschaften zu erweitern, ohne dass der grundsätzliche Aufbau eines Produkts mit seinen definierten Attributen verändert wird. Ein Produkt vom Typ **Schuh** erhält das zusätzliche Attribut **Schuhgröße**, während die Hose das Attribut **Länge** erhält. Beide Produkte sind jedoch vom Typ **Bekleidung**. Diese zusätzlichen Eigenschaften werden *Klassifikationsmerkmale* in SAP Commerce genannt und innerhalb eines Klassifikationssystems gespeichert.

Klassifikationskategorien können, vergleichbar mit Kategorien, hierarchisch gegliedert werden. Wie Sie in Abbildung 3.7 sehen, werden diesen Kategorien Klassifizierungsmerkmale zugeordnet. Diese Merkmale werden dabei an tiefere Klassifizierungskategorien vererbt.

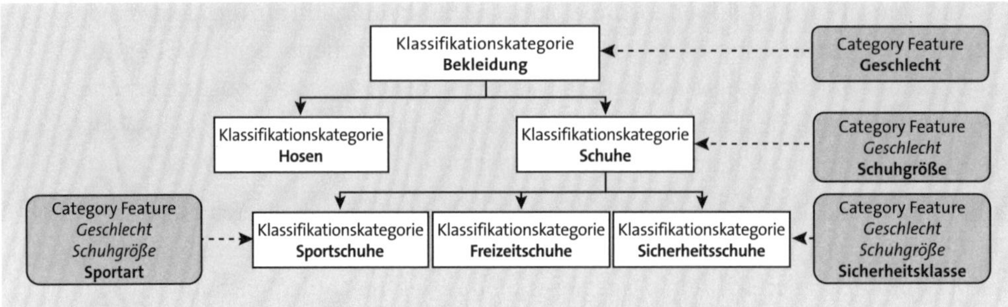

Abbildung 3.7 Aufbau eines Klassifizierungssystems für Produktattribute

Durch die Verknüpfung von Klassifikationskategorien und Produktkategorien erhalten die Produkte einer Produktkategorie zusätzliche Produktmerkmale, die in der korrespondierenden Klassifikationskategorie enthalten sind (siehe Abbildung 3.8).

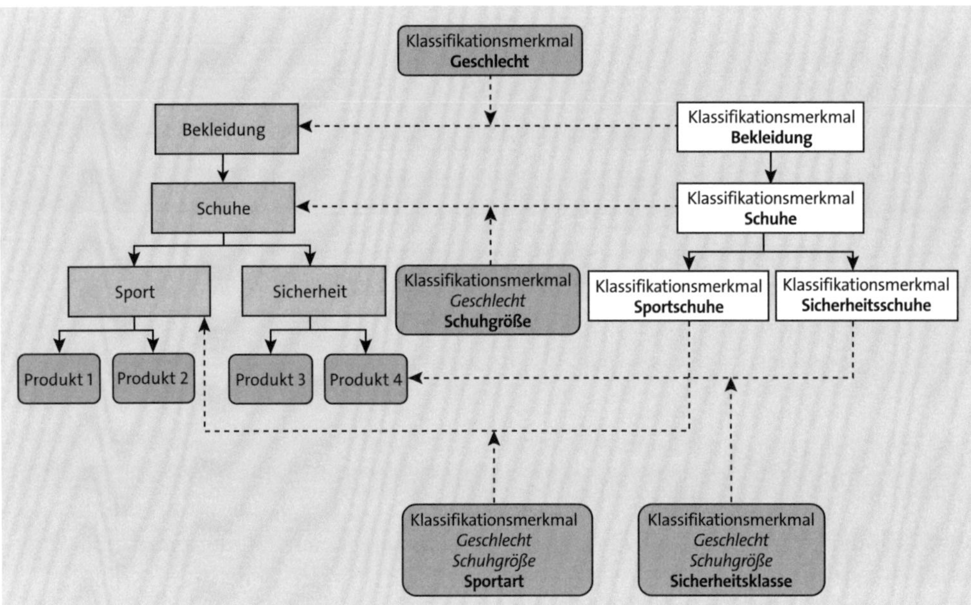

Abbildung 3.8 Klassifikationskategorien zu Produktkategorien zuordnen

Im Backoffice können Sie die Produktattribute sowie Klassifikationsmerkmale der Produkte verwalten. Änderungen dieser Werte können in den Online-Katalog synchronisiert werden. Diese Synchronisation bewirkt, dass die geänderten Werte im Webshop sichtbar werden.

Der große Vorteil der Klassifikation ist, dass Sie während der Laufzeit Produktattribute erweitern oder entfernen können. Es ist keine Implementierung notwendig, und der grundsätzliche Aufbau der Produkte bleibt gegenüber der Erweiterung des Typs unverändert. Klassifikationen erfordern jedoch eine höhere Anzahl an Datenbankzugriffen und erzeugen somit gegenüber Produktattributen, die direkt am Produkt gepflegt werden, längere Ladezeiten. Durch den im SAP-Commerce-Cloud-System integrierten *Caching*-Mechanismus können diese längeren Ladezeiten aber größtenteils kompensiert werden.

3.1.6 Digital Asset Management

Das Digital Asset Management ermöglicht Ihnen die Organisation von Medienobjekten und den Zugriff darauf. Medienobjekte sind in der SAP Commerce Cloud keine physischen Dateien, sondern Referenzen zu eben diesen Dateien. Die physischen Dateien können Sie entweder lokal oder auf externen Systemen, wie z. B. Amazon S3 oder Windows Azure Blob, ablegen. Die SAP Commerce Cloud unterstützt eine Vielzahl von Dateitypen, wie z. B. JPEG, MPEG, PDF, CSV oder XML.

Ein häufiger Anwendungsfall ist das Speichern von Bildern für verschiedene Ausgabegeräte, wie etwa Smartphone, Tablet und Desktop. Für diese Umsetzung werden Medienformate und Mediencontainer verwendet. Ein Medienobjekt referenziert immer auf genau eine physische Datei. Mithilfe eines definierten Medienformats wird das Medienobjekt gekennzeichnet. Daraus resultieren unterschiedliche Medienobjekte, die je nach Ausgabegerät automatisch angezeigt werden, sodass beispielsweise auf einem Smartphone hochauflösende Bilder vermieden werden. Für die Bündelung dieser Medienobjekte werden diese in Mediencontainern zusammengefasst. Neben Bildern in verschiedenen Formaten können Mediencontainer auch Medienobjekte in verschiedenen Sprachen zusammenfassen.

3.1.7 SAP Product Content Management

SAP Product Content Management ist ein nutzerzentriertes Tool zur Produktdatenverwaltung. Verschiedene Ansichten erlauben Ihnen die Suche, Bearbeitung und Erstellung von Produkten, Produktvergleichen sowie die Zuordnung zu Kategorien und die Synchronisierung zwischen Katalogversionen. Basierend auf den Funktionen des Backoffice-Frameworks können Sie das integrierte Collaboration Center der SAP Commerce Cloud nutzen. Dieses ermöglicht es Ihnen, Rollenstrukturen sowie Workflows zu nutzen (weitere Informationen hierzu erhalten Sie im Abschnitt »Collaboration Center«). So können Aufgaben von zuvor definierten Personen zum richtigen Zeitpunkt erledigt werden.

SAP Product Content Management bietet Ihnen zur Verwaltung der Produkte die im Folgenden beschriebenen Ansichten.

Welcome Dashboard

Das Welcome Dashboard bietet Ihnen standardmäßig Widgets zur Visualisierung der Datenqualität, des Genehmigungsstatus und der anstehenden Aufgaben der Nutzerinnen und Nutzer. In Abbildung 3.9 sehen Sie ein Beispiel-Dashboard.

Abbildung 3.9 Beispiel eines Welcome Dashboards in der SAP Commerce Cloud

Die Abdeckung der Datenqualität zeigt Ihnen die Vollständigkeit der Produktdaten, gemessen an definierten Validierungsregeln, die für die Produktdaten definiert wurden. Diese Validierungsregeln können Sie für einzelne Attribute so definieren, dass Pflichtfelder gefüllt, oder Mindest- und Maximallängen eingehalten werden müssen. Mithilfe von Filtern können Sie die grafische Darstellung anpassen, um damit die Datenqualität von Haupt- und Marketingattributen aus allen oder nur aus ausgewählten Katalogen anzuzeigen.

Die Genehmigungsübersicht stellt die Anzahl der Produkte in den unterschiedlichen Genehmigungsstatus dar.

Die offenen Aufgaben des jeweiligen Nutzers oder der Nutzerin werden in der Collaboration-Übersicht dargestellt; ein Absprung in das Collaboration Center ist von hier aus ebenfalls möglich.

Weitere Widgets können individuell programmiert werden, um damit Ihre speziellen Anforderungen abzudecken.

Products Search and Browse View

Der *Products Search and Browse View* erlaubt Ihnen die einfache Suche und Verwaltung von Produkten (siehe Abbildung 3.10).

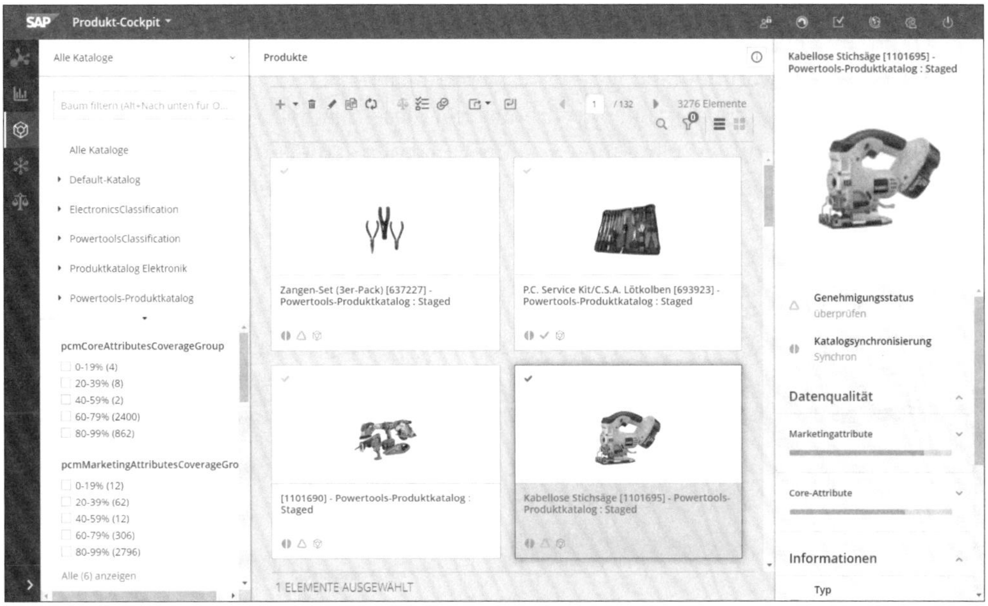

Abbildung 3.10 Beispiel des Products Search and Browse Views in der SAP Commerce Cloud

Über die Katalogstruktur können Sie zwischen Katalogen und Kategorien navigieren. Die Produkte innerhalb der Kataloge können Sie über eine einfache Suche durchsuchen oder mithilfe von Einschränkungselementen, sogenannten *Facetten*, filtern. Wählen Sie ein Produkt aus, wird eine Detailübersicht des Produkts eingeblendet, die neben den Attributen die Abdeckung der Datenqualität und den aktuellen Synchronisierungsstatus anzeigt. Die Auswahl mehrerer Produkte ermöglicht Ihnen die Änderung aller ausgewählten Produkte oder auch die Gegenüberstellung eben dieser.

Der *Assortment View* und der Products Search and Browse View bieten Ihnen die Möglichkeit der Produkterstellung und -änderung. Produkte können Sie entweder mithilfe eines Wizards erstellen, über die Klonungsfunktion kopieren oder durch einen templatebasierten Excel-Import importieren. Unabhängig vom gewählten Weg wird das neue Produkt anhand von Validierungsregeln auf die Vollständigkeit der Angaben hin geprüft.

Die Änderung eines Produkts können Sie über die Editierfunktion vornehmen. Mithilfe der *Bulk-Edit*-Funktion können Sie mehrere ausgewählte Produkte gleichzeitig ändern. Für die Änderung von Massendaten steht Ihnen der Microsoft-Excel-Export zur Verfügung. Sie können bis zu 2.000 Produkte für den Export auswählen. In einem Wizard können Sie die gewünschten Attribute für den Export auswählen. Die exportierten Produkte liegen als CSV-Datei bereit und können nach der Änderung über die Importfunktion wieder importiert werden.

Änderungen, die Sie in der Staged-Version des Katalogs vorgenommen haben, müssen Sie in die Online-Katalogversion synchronisieren. Dazu wählen Sie einzelne oder mehrere Produkte aus und synchronisieren diese manuell. Der Synchronisierungsstatus jedes Produkts gibt Ihnen Auskunft über den aktuellen Status. Eine Synchronisierung der kompletten Katalogversionen ist in diesem View ebenfalls möglich.

Assortment View

Der Assortment View bietet Ihnen eine einfache und schnelle Navigation zwischen Katalogen, Katalogversionen, Kategorien und Produkten (siehe Abbildung 3.11).

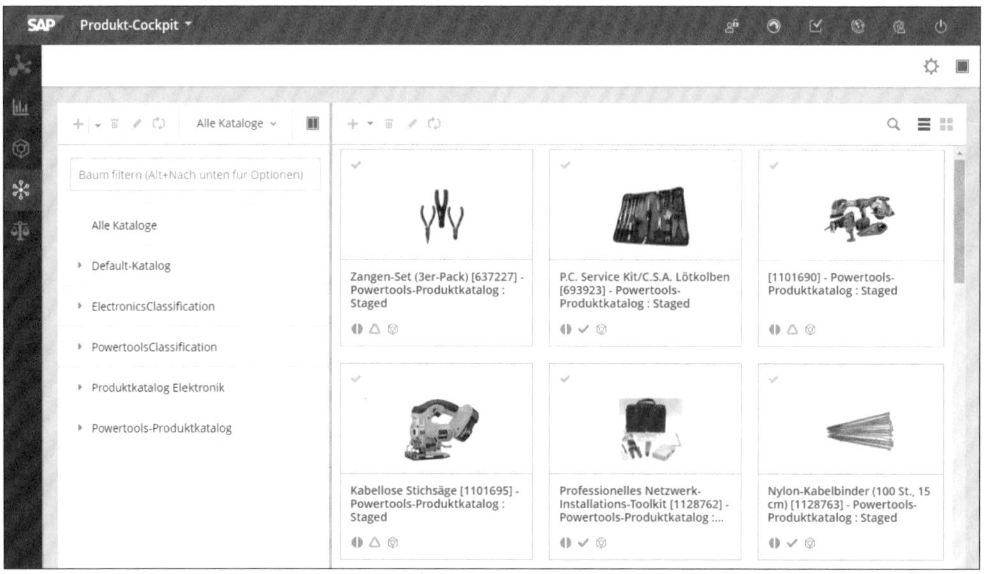

Abbildung 3.11 Beispiel für einen Assortment View in der SAP Commerce Cloud

Das Produktmanagement kann beispielsweise Kategorien und Produkte erstellen, ändern, löschen und die Änderungen synchronisieren. Mithilfe einer Drag-&-Drop-Funktion können ausgewählte Produkte zwischen Katalogen und Kategorien verschoben werden.

Compare View

Im Compare View können Sie Produkte gegenüberstellen (siehe Abbildung 3.12). Sie haben die Möglichkeit, sich alle Attribute von Produkten anzeigen zu lassen. Die Unterschiede der Produkte werden durch eine farbliche Markierung hervorgehoben. Zusätzlich können Sie eine Beschränkung auf die abweichenden Attribute vornehmen. In diesem Fall werden identische Werte ausgeblendet.

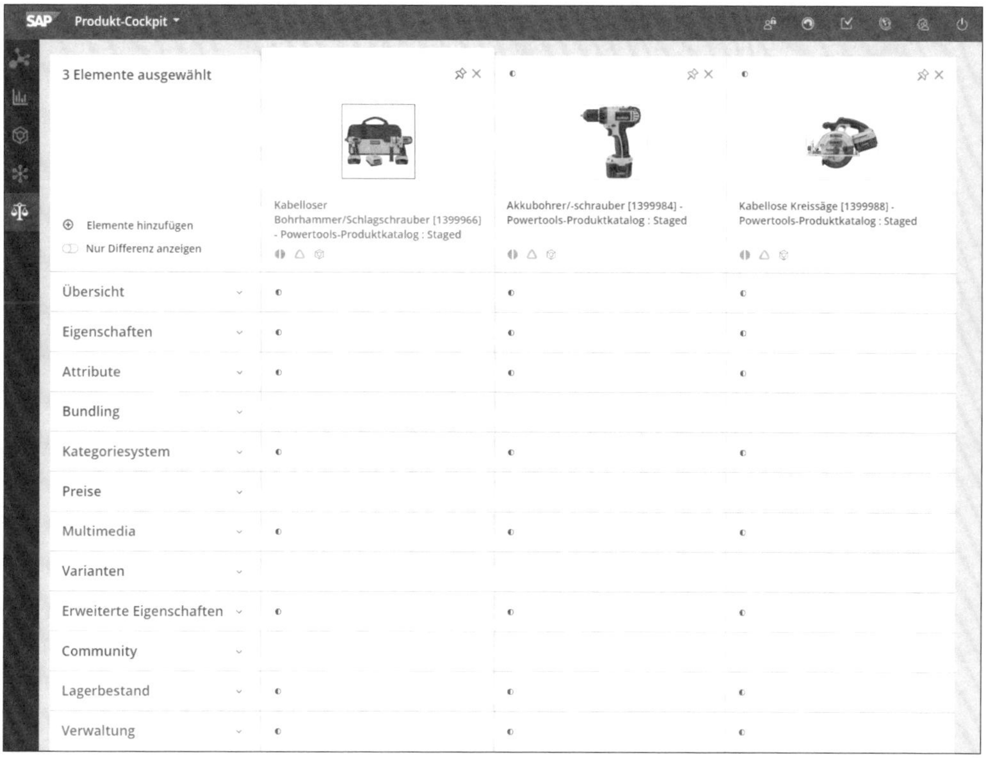

Abbildung 3.12 Beispiel für einen Compare View in der SAP Commerce Cloud

Collaboration Center

Das Collaboration Center bietet eine fachbereichsübergreifende Bearbeitung von Arbeitsabläufen, ohne den Einsatz von weiteren Kommunikationsmitteln. Informationen wie Kommentare oder Anhänge können an Aufgaben angehängt und so den richtigen Empfängern zur Verfügung gestellt werden. Aufgaben werden den definierten Gruppen oder Personen zugeordnet, in der Reihenfolge, in der diese bearbeitet werden müssen.

Das Collaboration Center dient der Verwaltung von Arbeitsabläufen, sogenannten *Workflows*, die durch die Zusammenarbeit verschiedener Personen oder Fachbereiche erfüllt werden. Basierend auf Templates können Sie Workflows erstellen. Das Template definiert, welche Aufgaben in einem Workflow bearbeitet werden müssen und welche Person oder Rolle diese Aufgaben erfüllen muss.

Workflow-Templates können Sie speziell an Ihre Anforderungen anpassen. Beispielhaft können Sie dies in Abbildung 3.13 sehen. Dabei können beliebig viele Aufgaben durchlaufen werden. Die Nutzerinnen und Nutzer bekommen eine Information darüber, welche Aufgaben von ihnen zu erfüllen sind, sobald diese einen entsprechenden Bearbeitungsschritt erreicht haben. Mit der Bestätigung der Fertigstellung wird der Nutzer oder die Nutzerin des folgenden Prozessschrittes benachrichtigt.

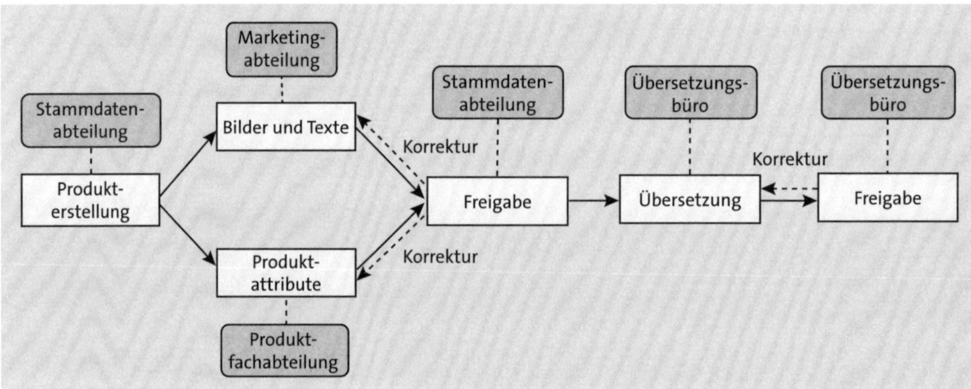

Abbildung 3.13 Beispiel für einen Workflow für die Verwaltung von Produktdaten

Die Collaboration-Center-Übersicht ändert sich abhängig von der Nutzung. Entweder können Workflows verwaltet oder offene Aufgaben angezeigt werden. Die Ansicht für die offenen Aufgaben zeigt die Aufgaben, die von dem Nutzer oder der Nutzerin noch erledigt werden müssen. Die Ansicht für die Verwaltung der Workflows lassen z. B. die Initiierung eines Workflows nach der Anlage eines neuen Produkts zu.

Wie in Abbildung 3.14 zu sehen ist, können Sie im Bereich **Workflows** die laufenden, abgebrochenen sowie beendeten Workflows verwalten. So können Sie einen Workflow abbrechen oder sich in einer grafischen Darstellung den aktuellen Bearbeitungsstatus ansehen.

Der Bereich **Aufgaben** zeigt Ihnen eine Auflistung aller zu erledigenden, abgebrochenen und beendeten Aufgaben.

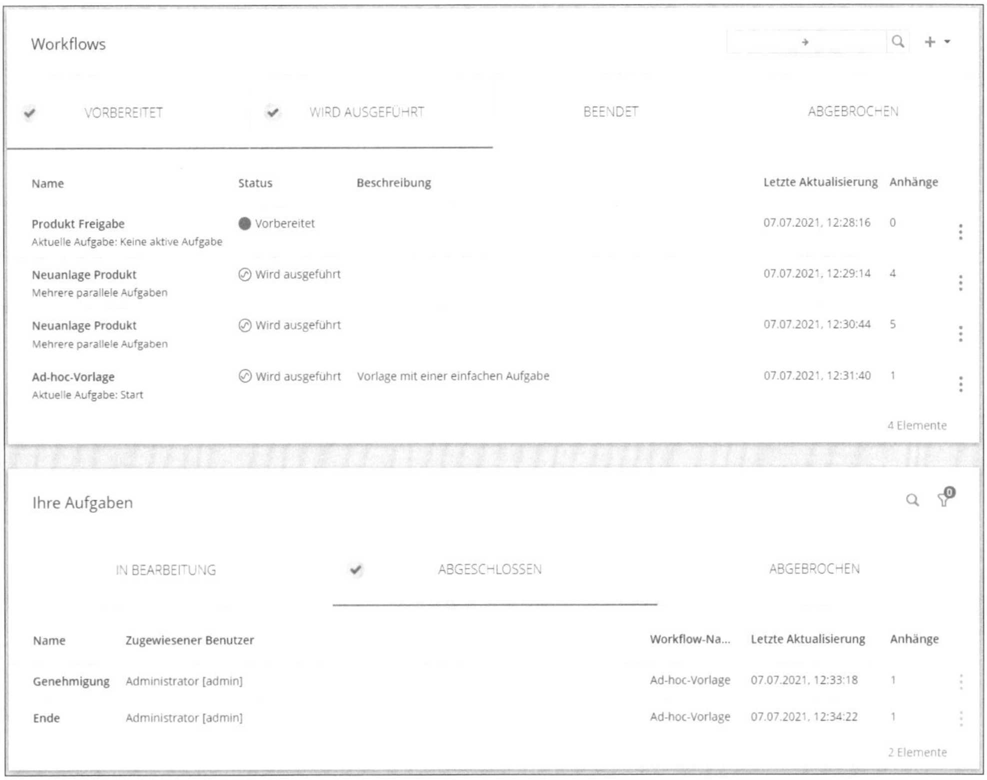

Abbildung 3.14 Collaboration Center: Workflows und Aufgaben eines Nutzers

3.2 Order Management

Mit dem Abschluss des Kaufprozesseses beginnt die Auftragsabwicklung der Kundenbestellung. Prozesse der *Order Management Services* beinhalten Eingangsprüfungen, Zahlungsbearbeitungen sowie die Lieferungen der bestellten Waren oder Dienstleistungen. Nicht zu vergessen sind hierbei die Stornierungsprozesse; auch diese Prozesse sind Teil der Order Management Services.

3.2.1 SAP Commerce, Order Management Services

Die Order Management Services der SAP-Commerce-Lösung ermöglichen es Ihnen, Ihre Auftragsprozesse innerhalb der SAP Commerce Cloud abzubilden. Die im Folgenden beschrieben Schritte können bei einem Auftrag durchlaufen werden. Einige Schritte sind optional, und die Reihenfolge kann variieren.

Abbildung 3.15 zeigt mögliche Schritte im Auftragsprozess mit den Order Management Services der SAP Commerce Cloud.

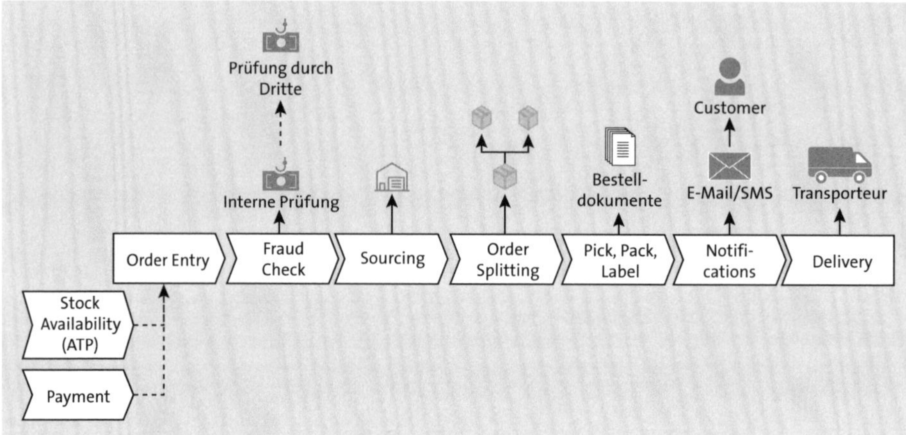

Abbildung 3.15 Mögliche Schritte eines Auftragsprozesses

Schon während der Bestellung durch die Kunden werden Prozesse des Order Managements aktiv. Kunden werden Ihre Produkte in der Regel nur dann kaufen, wenn ein konkreter Lieferzeitpunkt benannt wird. Diese Information ermitteln Sie mithilfe der Funktion *Available-to-Promise* (ATP). Diese kann auf lokaler oder globaler Ebene, basierend auf verschiedenen Ereignissen im Backoffice-Administrationscockpit angepasst werden. Dabei spielen die Ereignisse eine Rolle, die sich auf den Bestand auswirken, wie z. B. Wareneingang aus Produktion und Bestellungen, Rücksendungen aus Retouren, Schwund und Abfall, Inventurabweichungen oder auch Reservierungen aus anderen Kundenaufträgen.

Der Zahlungsprozess wird, insbesondere im B2C-Bereich, von externen Zahlungsdienstleistern übernommen. Diese bieten verschiedene Zahlungsmethoden an. Sie ermitteln anhand eines Score-Wertes die Zahlungsfähigkeit der Kunden und veranlassen nach dieser Prüfung gegebenenfalls den Einzug des Geldes.

Die Order Management Services der SAP-Commerce-Lösung bieten zudem Funktionen für die Betrugserkennung (es wird häufig auch der englische Begriff *Fraud Detection* verwendet).

Das integrierte Betrugserkennungssystem überprüft die Zuverlässigkeit der Kunden, beispielsweise hinsichtlich Zahlungsfähigkeit oder Ausschluss, dass also die Bestellung nicht von einem Menschen, sondern von einem System ausgelöst wurde, indem die Bestellungen auf Betrugsmerkmale hin überprüft werden. Mithilfe von definierten Merkmalen wird ein Score ermittelt, der als Entscheidungsgrundlage für die weitere Verarbeitung dient. Typische Merkmale für die Vermehrung oder Reduzierung von Betrugspunkten sind:

- Bestellpositionen wie z. B. Risikoprodukte oder hochwertige Elektronik
- erste Bestellung

- von der Rechnungsadresse abweichende Lieferadresse
- Bestellwert bzw. Bestellmenge
- Sperrliste
- Erlaubnisliste

Wenn die Gesamtmenge der Betrugspunkte einen ersten Schwellenwert überschreitet, muss die Bestellung manuell von Customer-Service-Agenten überprüft werden. Das Überschreiten des zweiten und letzten Schwellenwertes führt zu einer automatischen Stornierung der Bestellung. Sowohl die Schwellenwerte als auch die Punkte pro Merkmal sind konfigurierbar. Die interne Betrugserkennung kann durch die Ergebnisse eines externen Drittanbieters ergänzt werden.

Der nächste wichtige Schritt der Auftragsabwicklung ist das *Sourcing*. Das Sourcing definiert, aus welchem physischen Lagerort der Auftrag erfüllt wird und wie viele Lieferungen dafür notwendig sind. Die Aufteilung einer Bestellung in mehrere Teillieferungen wird auch als *Order Splitting* bezeichnet.

Out of the box gibt es drei grundlegende Strategien für das Order Splitting:

- **No-Splitting-Strategie**
  Die No-Splitting-Strategie wird verwendet, wenn Aufträge nicht in mehrere Lieferungen aufgeteilt werden sollen. So werden möglichst wenig Pakete versendet.
- **Abholstrategie**
  Die Abholstrategie kann eingesetzt werden, wenn die bestellten Artikel in einem definierten Umkreis der Kunden zur Verfügung stehen und sie bereit sind, diese im Geschäft abzuholen.
- **No-Restrictions-Strategie**
  Die No-Restrictions-Strategie gibt keine Standort- oder Aufteilungsbeschränkungen vor. So kann eine Bestellung in mehrere Lieferungen aufgeteilt und von verschiedenen Standorten verschickt werden. Auf diese Weise wird die Bestellung so schnell wie möglich versendet.

Einfach ausgedrückt, basiert jede Strategie auf einer Reihe gewichteter Kriterien, wie Verfügbarkeit und Entfernung, die für jeden Auftrag berechnet werden. Sie können diese Kriterien im Backoffice priorisieren und an Ihre Bedürfnisse anpassen.

Nach der Festlegung der Sourcing-Strategie und der Einteilung der Auftragspositionen in einzelne Lieferungen, wird der Kommissionierungs-, Pack-, Etiketten- und Versand-Workflow (im SAP-System: Pick, Pack, Label, Ship) durchlaufen. Unterstützt durch das Order Fulfillment Cockpit werden die Lieferungen für den Versand vorbereitet.

Bei jedem Schritt können Sie die entsprechend benötigten Unterlagen generieren, z. B. Kommissionierungsdokumente mit Lagerortinformationen, Packlisten und Adressetiketten. Anhand der Abmessungen, dem Gewicht und der Lieferadresse kann der passende Transporteur ermittelt werden und entsprechend das Adressetikett gedruckt werden. Für die Nachverfolgung der Lieferung werden die Daten auch an den Transportdienstleister übermittelt.

Mit dem Versand der Bestellung wird die Ware an den Transporteur übergeben, der den Empfang entsprechend quittiert.

Jeder dieser Schritte kann vom Kunden im Webshop nachvollzogen werden. Statusänderungen der Bestellung, Transportinformationen, Tracking-Nummer und der voraussichtliche Liefertermin werden zu dem jeweiligen Zeitpunkt des Lieferprozesses abgebildet. Zusätzliche Erweiterungen, wie z. B. die automatische Versendung von Statusänderungen via E-Mail oder SMS-Nachrichten an den Kunden können in den Prozess eingebunden werden.

Das Order Management umfasst neben der Vorbereitung und dem Versand der Waren auch die Stornierung von Bestellungen oder den Rückversand durch den Kunden. Die SAP Commerce Cloud unterstützt Sie dabei, Rückerstattungen zu berechnen, Rücksendungen zu verarbeiten und den Warenbestand im Lager zu aktualisieren.

Diese einzelnen Prozessschritte innerhalb der kompletten OMS-Funktionen können über die Bearbeitungs-Workflows verändert, angepasst oder automatisiert werden.

Verschiedene Cockpits mit unterschiedlichen Ansichten und Funktionen unterstützen Kundendienst, Versand und Lager bei der Erledigung ihrer täglichen Arbeit. Die Cockpits und Workflows können an Ihre Anforderungen individuell angepasst werden. Auf diese Weise ermöglicht die SAP Commerce Cloud einen konsistenten Arbeitsablauf.

3.2.2 Order Management mit integriertem Backend-System

Die SAP Commerce Cloud zeichnet sich durch ihre hohe Integrationsfähigkeit in die Backend-Systeme SAP ERP, SAP S/4HANA und SAP Customer Relationship Management aus. Dieser Vorteil kann genutzt werden, wenn bereits eine funktionierende Auftragsverwaltung in einem dieser Backend-Systeme vorhanden ist. In den meisten Fällen ergänzt die SAP Commerce Cloud die bestehenden Bestell- und Interaktionskanäle mit den Kunden und baut auf der vorhandenen Infrastruktur auf. So kann das Backend-System die Teilbereiche oder die kompletten Funktionen der Auftragserfüllung übernehmen.

Im Folgenden sind zwei Integrationsbeispiele anhand eines B2C- und eines B2B-Webshops erläutert.

Order Management im B2C-Webshop mit Backend-Integration

Dieses Beispiel verdeutlicht das Zusammenspiel zwischen der SAP Commerce Cloud und einem SAP-Backend-System. Daten, die für den Einkaufsprozess notwendig sind, werden durch das Backend angeliefert und in ansprechender Art präsentiert. Die daraus folgende Bestellung wird im Backend angelegt und dort durch die bestehenden Prozesse bearbeitet. In Abbildung 3.16 sehen Sie das Beispiel einer Integration zwischen einer SAP Commerce Cloud und einem SAP-Backend-System. Als *Middleware* dient die SAP Integration Suite für die asynchrone Datenübertragung.

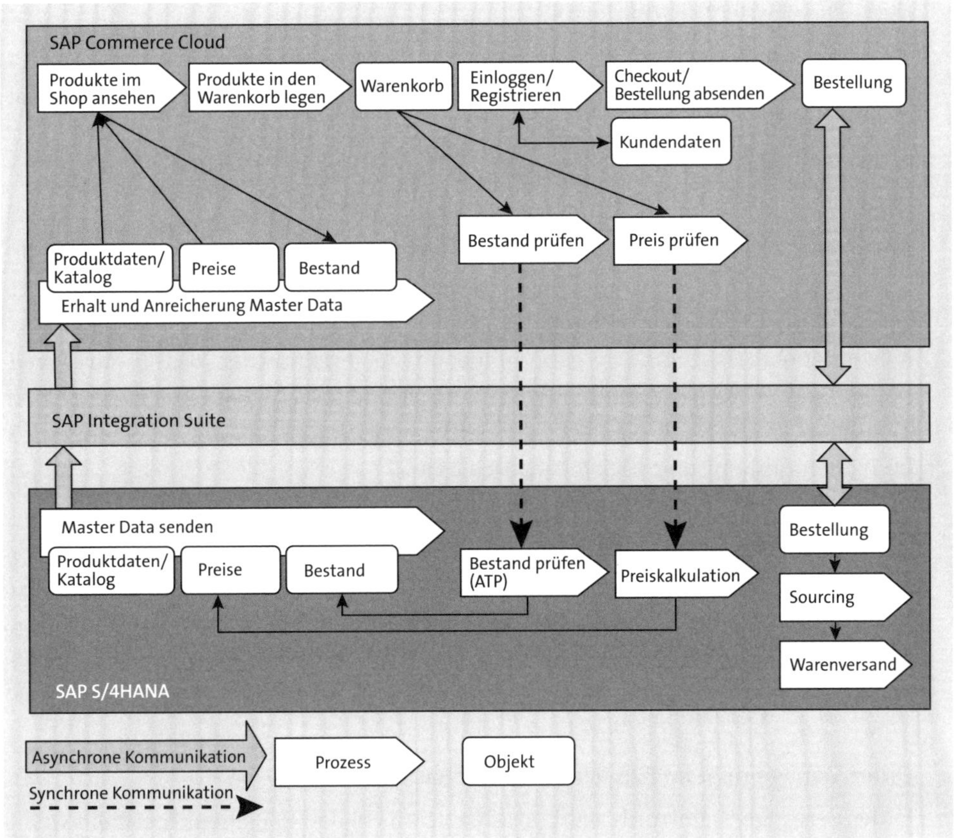

Abbildung 3.16 Asynchrones Order Management im B2C-Webshop

Stammdaten wie Kataloge, Produkte, Preise und Bestand werden in regelmäßigen Abständen vom Backend-System an die SAP Commerce Cloud repliziert. Diese Daten sollten einem möglichst aktuellen Stand entsprechen. Im B2C-Umfeld sind eine hohe Anzahl an Produkten sowie ein umfangreicher Produkt-Content in Form von Beschreibungen, Details und Bildern typisch. Hier werden häufig nur Delta-Importe vorgenommen, um die Änderungen des Vortags zu übertragen, nachdem einmalig ein Vollimport durchgeführt worden ist.

Die Stammdaten werden asynchron über die SAP Integration Suite übertragen. Diese bietet Standardschnittstellen für die Übertragung dieser Daten zwischen Backend-System und SAP Commerce Cloud.

Ihre Kunden greifen beim Navigieren durch den Webshop bei der Produktsuche über Produkt-List-Seiten und Produktdetailseiten auf diese Informationen zu.

Zu diesem Zeitpunkt kann es zu Abweichungen zwischen den Preisen und Beständen im Webshop und den Daten im Backend-System kommen. Diese Unschärfen werden jedoch in Kauf genommen, um eine hohe Performance zu gewährleisten und die Ladezeiten der Seiten zu minimieren.

Wenn ein Kunde ein Produkt in den Warenkorb legt, muss diese Unschärfe beseitigt werden. Durch einen synchronen Zugriff auf die Bestandsprüfung und die Preiskalkulation im Backend-System werden die aktuellen Informationen abgerufen. Diese Aufrufe nutzen die Schnittstellen der Funktionsbausteine, um auf die gleichen Prozesse zuzugreifen, die bei der Auftragserstellung im Backend-System genutzt werden.

Nach dem Warenkorb folgt der Check-out-Prozess, um den Kaufprozess abzuschließen. Dieser beginnt mit dem Einloggen oder Registrieren des Nutzers oder der Nutzerin, sofern dieser oder diese nicht bereits eingeloggt ist. Mit diesem Vorgang wird eine erneute Preisprüfung vorgenommen, um zu gewährleisten, dass für die Personen definierte Werbeaktionen oder Bestandskundenrabatte berücksichtigt werden. Typischerweise wird der Kaufabschluss durch eine Vorauszahlung bei einem eingebundenen Zahlungsdienstleister abgeschlossen.

Mit dem Abschluss der Bestellung im Webshop wird diese asynchron an das Backend-System übertragen. Dieses System kann ab diesem Zeitpunkt mit der sofortigen Verarbeitung des Auftrags beginnen, da der Zahlungseingang bereits gewährleistet ist. Statusänderungen der Bestellung werden asynchron über die SAP Integration Suite an die SAP Commerce Cloud übertragen. Ihre Kunden können somit den aktuellen Fortschritt ihres Auftrags in ihrem Kundenkonto im Webshop nachverfolgen.

Order Management im B2B-Webshop mit Backend-Integration

In der Vergangenheit wurde das Einkaufserlebnis in den B2B-Shops meist ein wenig vernachlässigt und das Augenmerk mehr auf Funktionalität und Verfügbarkeit gelegt. Jedoch geht der Trend immer mehr dahin, Kunden auch im B2B-Shop ein ähnliches Einkaufserlebnis wie in den B2C-Shops zu bieten.

In Abbildung 3.17 sehen Sie die Struktur eines Webshops, der auf den Prozessen eines Unternehmens im B2B-Segment aufbaut.

In diesem Marktsegment wird oft auf einen öffentlichen Zugang zum Webshop verzichtet, um Informationen zu Preisen und Produkten, wie z. B. technische Datenblätter, vor der Konkurrenz zu schützen. Kundendaten werden aus dem Backend-System asynchron über die SAP Integration Suite an den Webshop übertragen. Basierend darauf, erhalten nur Kunden Zugriff, die bereits als Debitoren im Backend-System geführt werden.

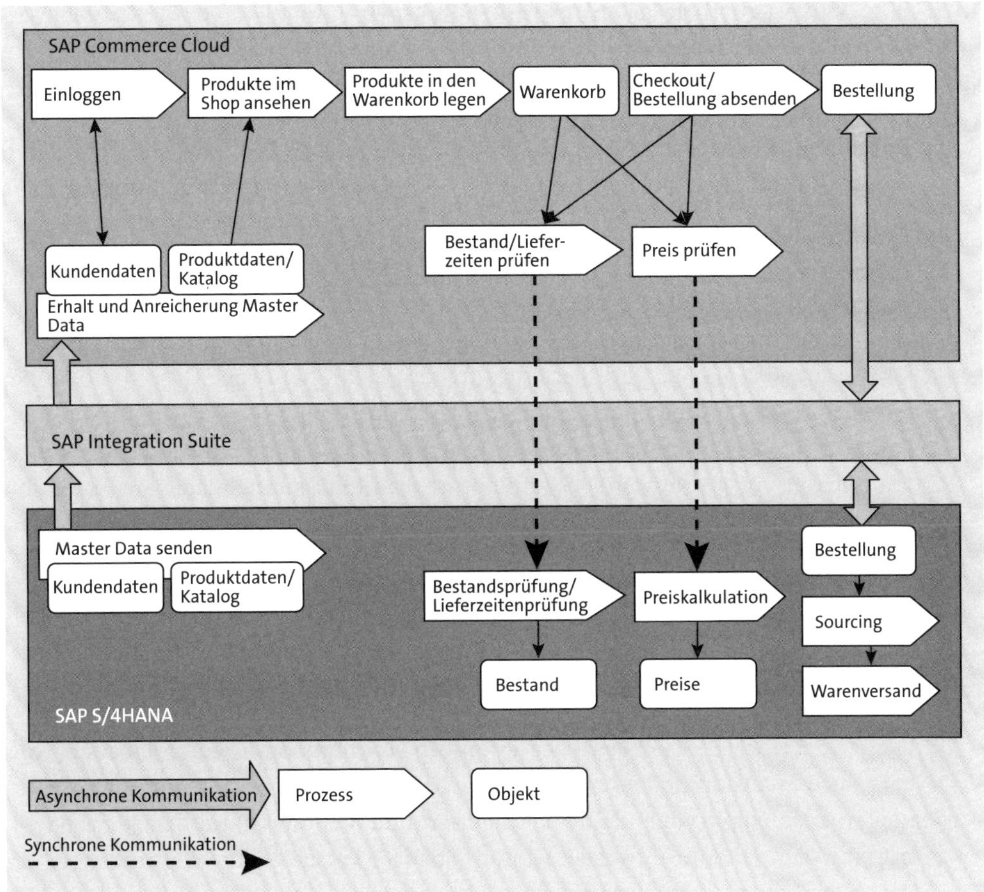

Abbildung 3.17 Asynchrones Ordermanagement im B2B-Webshop

Zusätzlich zu den Kundendaten werden die Produkt- und Katalogdaten aus dem Backend-System geladen, auf die der Kunde nach dem Login zugreifen kann.

Neben der aufwendigen Preiskalkulation spielt die Lieferzeiten- bzw. die Bestandsermittlung eine große Rolle. Je nach Produktportfolio muss zunächst die Produktherstellung sowie die anschließende Lieferzeit berechnet oder der Bestand geprüft werden. Diese Ermittlung wird aufgrund hoher Kalkulationszeiten frühestens auf der Produktdetailseite, spätestens jedoch im Warenkorb durchgeführt.

Im Check-out wird auf die replizierten Kundendaten zurückgegriffen. Somit stehen Ihnen bereits Rechnungsempfänger- und Warenempfängeradressen zur Auswahl. Die in der Regel rechnungsbasierten Aufträge setzen meist keine Integration eines Zahlungsdienstleisters voraus, wodurch nach der Übertragung des Auftrags die weitere Verarbeitung komplett im Backend-System stattfindet. Die Kunden können den Status ihrer Bestellungen im Webshop verfolgen.

3.3 Web-Content-Management-System

Die SAP Commerce Cloud bietet ein eigenes *Web-Content-Management-System* (WCMS) an, damit Sie die Seiten der Storefront Ihres Webshops sowie deren Inhalte im laufenden Betrieb anpassen und erweitern können. So können Sie Ihren Kunden eine aktuelle und ansprechend gestaltete Shop-Oberfläche zur Durchführung ihres Einkaufs bieten.

Um mit einem Webshop erfolgreich zu sein, reicht es nicht, Angebote »einfach irgendwie« ins Internet zu stellen. Die Weboberflächen des Shops müssen ansprechend gestaltet sein und durch regelmäßige Pflege aktuell gehalten werden. Ohne ein entsprechendes WCMS wäre der Softwareentwicklungsaufwand, insbesondere bei häufiger Überarbeitung und Erweiterung des Shops, enorm hoch. Um das zu vermeiden, stellt die SAP Commerce Cloud ihr eigenes WCMS bereit, das einen komponentenbasierten Ansatz verwendet. Gemeint ist damit, dass Inhalte, die auf mehreren Seiten wiederverwendbar sein sollen, in CMS-Komponenten gekapselt werden können.

Eine Storefront in der SAP Commerce Cloud besteht aus einer Sammlung von Seiten mit teils statischen und teils dynamischen Inhalten. Diese werden in Form von Komponenten in den Store eingebunden. Die Seiten einer Storefront und der enthaltenen CMS-Komponenten werden in der SAP Commerce Cloud nicht nur als technische Dateien (z. B. HTML, CSS, JSP usw.) des jeweiligen Frontend-Frameworks gehalten, sondern auch im Datenmodell. So können mehrere Instanzen von Seiten und Komponenten unabhängig voneinander konfiguriert und orchestriert werden. Je nachdem, wie eine Komponente entwickelt wurde, haben Sie verschiedene Möglichkeiten, um Ihre Instanzen zu konfigurieren. Bei Textkomponenten können Sie beispielsweise den angezeigten Text mit dem sogenannten WYSIWYG-HTML-Editoren (WYSUWYG = What You See Is What You Get) bearbeiten.

3.3.1 Content-Kataloge

Ähnlich wie bei den Produkten werden auch die Inhalte wie z. B. Seiten, CMS-Komponenten, Bilder usw. in den Katalogen verwaltet, die in eine Staged- und eine Online-Version unterteilt sind. Auch hier werden die Inhalte grundsätzlich in der Staged-Version gepflegt. Diese wird nicht in der Storefront ausgespielt, sondern dient lediglich der Vorschau. Nachdem die Inhalte im Staged-Bereich freigegeben worden sind, können sie in die Online-Version synchronisiert werden und sind somit sichtbar. SAP Commerce Cloud bietet ferner eine länderübergreifende Unterstützung für das Content Management an. So wird Ihnen die Möglichkeit geboten, Inhalte einfach zu teilen, wiederzuverwenden und gleichzeitig einen konsistenten Markenauftritt in verschiedenen Ländern, Regionen, Standorten und Sprachen anzuzeigen. Eine Ausspielung in mehrere Länderorganisationen können Sie in Abbildung 3.18 sehen.

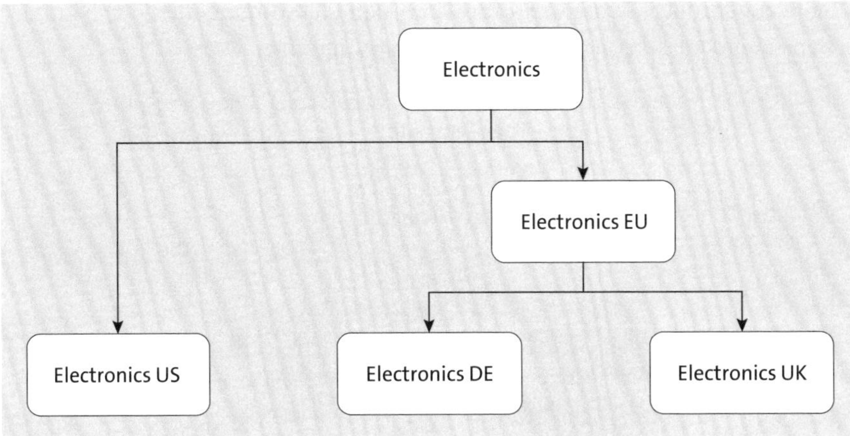

Abbildung 3.18 Ausspielung von unterschiedlichen Content-Katalogen in mehrere Länderorganisationen

3.3.2 Page Templates und Content Slots

Damit nicht jede neue Seite komplett neu aufgebaut werden muss und schnell neue Seiten mit ähnlichen Layouts angelegt werden können, gibt es in der SAP Commerce Cloud sogenannte *Page Templates*. Jede Seite einer Storefront basiert auf einem solchen Page Template. Ein Page Template definiert das Layout sowie die Inhalte, die auf jeder abgeleiteten Seite angezeigt werden. Die SAP Commerce Cloud stellt dabei standardmäßig mehrere Page Templates zur Verfügung, von denen bei der Erstellung neuer Seiten eins ausgewählt werden muss. Die wichtigste Funktion der Page Templates ist es, dass sie in ihrem Layout sogenannte *Content Slots* definieren.

Ein Content Slot ist ein Container, in den CMS-Komponenten eingebunden werden können. Möchte man also auf einer Seite an einer bestimmten Stelle eine Komponente einbinden, muss in dem verwendeten Template ein Content Slot definiert sein. Da es möglich ist, mehrere Komponenten in einen Content Slot einzufügen, bestimmt das Template z. B. durch die Verwendung von responsiven Frontend-Frameworks, wie beispielsweise Bootstrap, ob die Komponenten nebeneinander oder untereinander anzeigt werden und welchen Teil der Seitenbreite sie auf verschiedenen Endgeräten jeweils einnehmen.

Abbildung 3.19 zeigt im oberen Teil eine schematische Darstellung eines Page Templates und die darauf angeordneten Content Slots. Darunter sehen Sie zwei exemplarische Seiten, die das Page Template verwenden und deshalb dieselben Content Slots aufweisen.

Die Darstellung der Content Slots ist in der Abbildung unterschiedlich, weil es zwei Arten von Content Slots gibt, die sich darin unterscheiden, wie CMS-Komponenten in sie eingebunden werden. Die erste Art, der unabhängige Content Slot, ist einer konkreten Seite zugeordnet. Dementsprechend werden die Komponenten auch auf der Seitenebene eingebunden und nur auf eben dieser angezeigt.

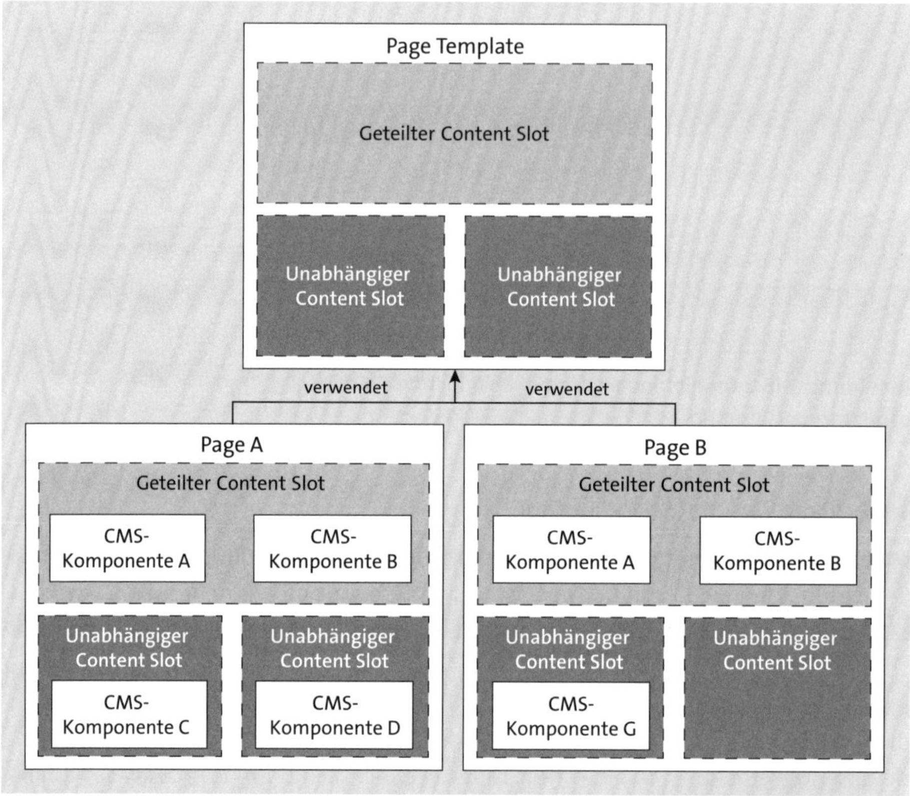

Abbildung 3.19 Darstellung eines Page Templates und der dazugehörigen Content Slots

In Abbildung 3.19 sind diese Content Slots gesondert markiert. Sie können erkennen, dass beide Seiten, die das Page Template verwenden, verschiedene CMS-Komponenten in den Slots haben. Im Gegensatz dazu ist die zweite Art, der geteilte Content Slot, direkt dem Page Template zugeordnet. Die in den geteilten Content-Slots enthaltenen CMS-Komponenten werden auf allen Seiten angezeigt, die dieses Page Template verwenden. In der Abbildung sind diese heller unterlegt. Wie Sie sehen, hat Page A, die das Page Template verwendet, in ihrem geteilten Content Slot die gleichen Komponenten wie Page B. Beispiele für typischerweise geteilte Content Slots sind der Navigations-, Warenkorb- und Fußzeilen-Slot.

Sie können einen geteilten Content Slot auch in einen nicht geteilten Content Slot umwandeln. Dadurch sind Inhalte dieses Content Slots nur noch auf der spezifischen Seite sichtbar, auf der die Umwandlung stattgefunden hat. So können Sie auch Inhalte, die das Template über geteilte Content Slots vorgibt, für einzelne Seiten individuell anpassen, ohne dass sich diese Änderungen auf andere Seiten auswirken.

3.3.3 CMS-Restriktionen

Ein weiteres nützliches Feature des WCMS sind die *CMS-Restriktionen*. Sie erlauben es, Bedingungen zu definieren, unter denen eine Seite der Storefront oder eine auf ihr eingebundene CMS-Komponente angezeigt werden sollen. Die SAP Commerce Cloud stellt hierzu mehrere verschiedene Restriktionstypen standardmäßig bereit. Zwei Restriktionstypen, die üblicherweise zum Einsatz kommen und deshalb exemplarisch vorgestellt werden, sind Zeitrestriktionen und Benutzer bzw. Benutzergruppenrestriktionen. Eine Zeitrestriktion erlaubt es Ihnen, eine Zeitspanne anzugeben, in der die Komponente oder Seite angezeigt werden soll. So können Sie z. B. genau festlegen, von wann bis wann ein Banner für eine bestimmte Werbeaktion auf der Seite sichtbar sein soll. Benutzer- und Benutzergruppenrestriktionen können Sie verwenden, um Seiten für bestimmte Benutzer oder Benutzergruppen Ihres Webshops anzuzeigen bzw. vor diesen zu verstecken.

3.3.4 Selbstentwickelte CMS-Komponenten

Um Ihren Shop noch besser an Ihren Use Case und Ihre Vorstellungen anzupassen, können auch neue CMS-Komponententypen entwickelt und in die Liste von verfügbaren Komponenten für Content Slots aufgenommen werden. Zudem können neue Templates mit verschiedenen Layouts und Content Slots entwickelt werden. Je mehr CMS-Komponenten und Page Templates verfügbar sind, desto mehr Möglichkeiten haben Sie, um die Storefront Ihres Shops individuell zu gestalten. Zwei Beispiele für bereits existierende Komponenten sind eine Bannerkomponente, die in der Lage ist, Bilder anzuzeigen, und eine Produktkarussell-Komponente, die zuvor zugewiesene Produktbilder des entsprechenden Produkts anzeigt. Einfache, aber effektvolle neue Komponenten könnten auch eine Videokomponente, eine Bilderkarussell-Komponente oder ein 3D-Model-Viewer für Ihre Produkte sein.

Zusammen mit den in Abschnitt 3.7 erläuterten Personalisierungen der Inhalte Ihrer Storefronts und WCMS können Sie so jedem Kunden Ihres Webshops eine visuell ansprechende, abwechslungsreiche und zielgruppenindividuelle Einkaufserfahrung bieten.

3.4 Suche und Navigation

Die Suche und die Navigation im und durch das Produktportfolio im Webshop sind wichtige Teile der Customer Journey und wirken sich positiv oder negativ auf einen möglichen Kauf aus. Bietet ein Webshop die passenden Produkte und Dienstleistungen an, wäre es schade, wenn Interessenten diese durch eine nicht abgestimmte Suche oder Navigation nur schwer finden könnten und somit ihre Kaufmotivation verlieren würden. Die Suche in einem Webshop sollte auf der einen Seite einfach zu benutzen sein und auf der anderen Seite komplexere Anfragen zulassen, sodass der Kunde zielgenau durch das Portfolio navigieren kann. Eine weitere wichtige Anforderung an die Suche in einem Webshop ist die Geschwindigkeit, um zu verhindern, dass nach jeder Aktion lange auf ein Ergebnis gewartet werden muss.

Die Suchkomponente in der SAP Commerce Cloud heißt *Adaptive Search* und basiert technisch auf der Open-Source-Software *Apache Lucene* (*https://lucene.apache.org*) in Verbindung mit *Apache Solr* (*https://lucene.apache.org/solr*) zum Ansprechen von Lucene. Falls eine andere Suchtechnologie eingesetzt werden soll, ist dies ebenfalls möglich. Die Anbieter bieten mitunter bereits fertige Integrationskomponenten für ihre Lösung im Rahmen der SAP Commerce Cloud an.

3.4.1 Navigationselemente

In der SAP Commerce Cloud sind vier grundlegende Navigationselemente im Kontext der Produktsuche und Navigation vorhanden. Der Kategoriebaum (**Categories**) kann über Direktverweise auf Kategorien angesteuert werden. Hierbei ist es auch möglich, Unterkategorien anzuzeigen, wenn die Maus über den Verweis fährt bzw. eine Touch-Interaktion auf mobilen Endgeräten stattfindet. Diese Art der Navigation wirkt sich auf die sogenannte *Breadcrumb-Navigation* (**Breadcrumbs**) aus, da diese anzeigt, wo genau man sich in der Kategoriestruktur aktuell befindet. Hierdurch wird eine Rückwärtsnavigation in der Kategoriestruktur ermöglicht (siehe Abbildung 3.20).

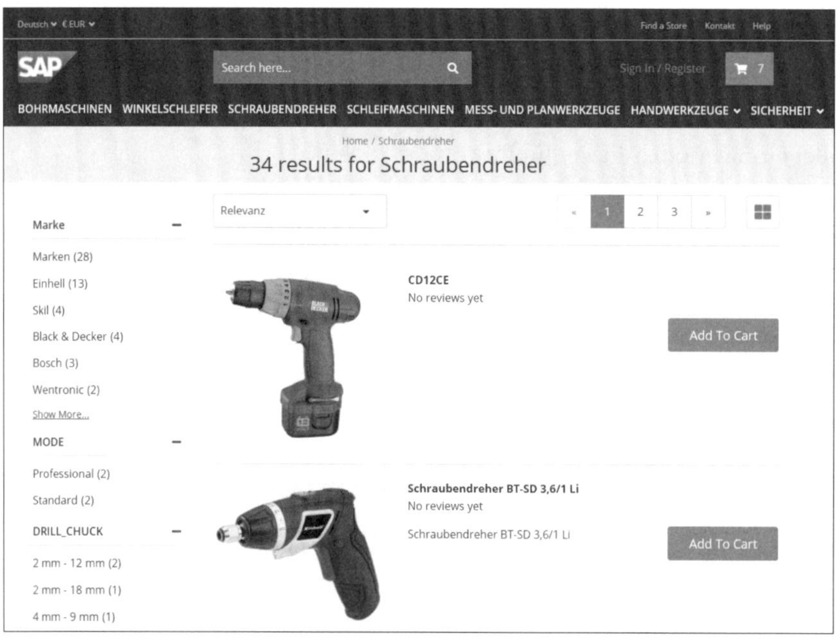

Abbildung 3.20 Grundlegende Navigationselemente

Befindet man sich innerhalb einer Kategorie, werden Facetten (Facets) zum Navigieren angeboten. Die angezeigten Facetten mit ihren Werten speisen sich aus den Merkmalen der in dem spezifischen Kontext gültigen Produkte (z. B. Länge, Höhe oder Breite) und können über eine Backoffice-Anwendung verwaltet werden. Hierbei werden nicht hilfreiche Facettenwerte standardmäßig nicht angezeigt. Als nicht hilfreich gelten alle Facetten und Werte, die keine weitere Einschränkung des Suchergebnisses nach sich ziehen.

Zu guter Letzt wird, meist im oberen Bereich eines Webshops, ein Eingabefeld zur Freitextsuche angeboten.

3.4.2 Freitextsuche

Die Freitextsuche kann innerhalb der SAP Commerce Cloud flexibel konfiguriert werden. Zunächst kann definiert werden, welche Attribute eines Produkts überhaupt zur Freitextsuche herangezogen werden und wie die Felder gewichtet werden sollen. Ein Beispiel hierfür wäre, dass Treffer im Produktnamen höher gewichtet werden als Treffer im Beschreibungstext. Des Weiteren kann pro Produktattribut definiert werden, ob eine Präfix-, Suffix- oder Infixsuche durchgeführt werden soll.

Zudem besteht die Möglichkeit *Schlüsselwortumleitungen*, *Synonyme* und *Stoppwörter* zu definieren. Bei Schlüsselwortumleitungen handelt es sich um einen Mechanismus, der bei definierten Suchbegriffen Umleitungen auf eine andere Webseite durchführt. Dies kann z. B. genutzt werden, um auf Werbeaktionen oder Hilfeseiten umzuleiten. Synonyme können gepflegt werden, um zu vermeiden, dass eine Suche »Camcorder« oder »Videokamera« zu verschiedenen Ergebnissen führt, obwohl letztendlich das Gleiche gemeint ist. Mit der Pflege von Stoppwörtern können Sie dafür sorgen, dass grammatische Artikel oder anstößige Wörter nicht in der Suche berücksichtigt werden. Schlüsselwortumleitungen, Synonyme und Stoppwörter können/müssen pro Sprache separat gepflegt werden.

3.4.3 Facetten

Facetten ermöglichen eine mehrdimensionale Einschränkung des Suchergebnisses, was wesentlich differenzierter und genauer als eine reine Filterung nach einem Attribut ist, die per se eindimensional ist. Mittels der An- und Abwahl verschiedener Facettenwerte und der Kombination verschiedener Facetten kann das Suchergebnis idealerweise effizient eingeschränkt werden, um die Kunden so zu den für sie relevanten Produkten zu führen.

Für jedes indizierte Attribut eines Produkts kann definiert werden, ob dieses als Facette angeboten werden soll oder nicht und wie sich diese verhalten soll. Bezüglich des Verhaltens ist z. B. einstellbar, ob mehrere Werte ausgewählt werden können (ODER-Verknüpfung) oder lediglich ein Wert (UND-Verknüpfung) und wie die Sortierung der Facettenwerte ausgesteuert werden soll (sortiert nach Treffern, alphabetisch und weitere Sortierungen). Bei Bedarf können auch eigene Sortierungsmechanismen geschaffen werden, die sich z. B. daraus speisen könnten, welche Facettenwerte am beliebtesten sind.

3.4.4 Adaptive Search

Mittels der Adaptive Search können Sie verschiedene kontextbasierte Einstellungen für die Suche vornehmen. Die Adaptive Search basiert dabei auf den zuvor genannten Elementen.

Ein Anwendungsfall, den die Adaptive Search abdeckt, ist z. B. die Anzeige von Facetten in Abhängigkeit der Kategorie, da sich die Relevanz von Facetten in zwei verschiedenen Kategorien oftmals unterscheidet. So sind für Bohrmaschinen wahrscheinlich gänzlich andere Facetten als für Digitalkameras relevant.

In der Backoffice-Applikation kann ein spezielles Suchprofil für eine Kategorie angelegt werden, indem die anzuzeigenden Facetten und deren Reihenfolge für diese Kategorie festgelegt werden kann. Zusätzlich kann das sogenannte *Boosting* für spezifische Produkte genutzt werden, um diese Produkte besonders prominent im Suchergebnis darzustellen. Die Adaptive-Search-Einstellungen sind nicht auf Kategorien begrenzt, sondern können personalisiert werden, um bestimmten Benutzergruppen eine abweichende Suchkonfiguration anzubieten.

Zusammengefasst bietet die SAP Commerce Cloud mit der Adaptive Search (siehe Abbildung 3.21) die Möglichkeit, die Such- und Navigationsmöglichkeiten kontextbezogen maßzuschneidern, damit Interessenten möglichst schnell und einfach die für sie relevanten Produkte finden können.

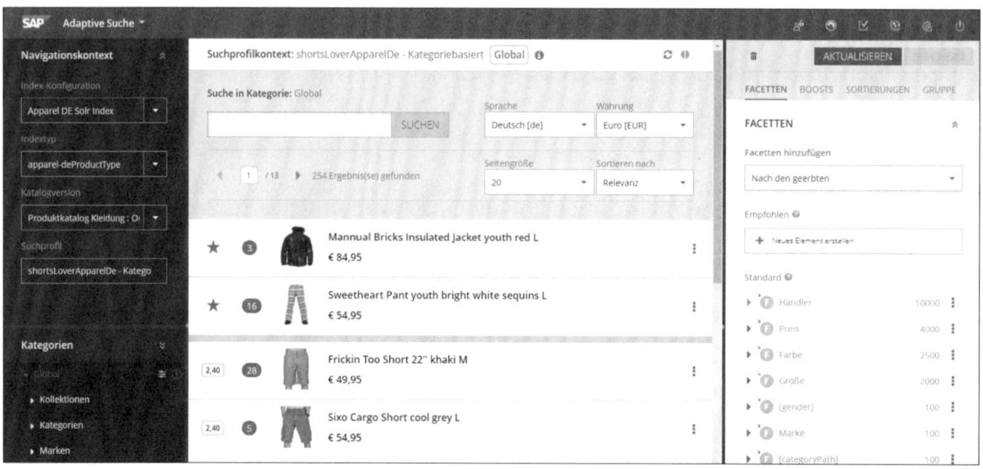

Abbildung 3.21 Beispiel des Adaptive Search Cockpits in der SAP Commerce Cloud

3.5 Branchenlösungen am Beispiel des Telco & Utilities Accelerators

Die Branchenlösungen von SAP ermöglichen es Kunden aus speziellen Branchen, vorgefertigte Acceleratoren zu verwenden. Diese Acceleratoren werden mit branchenspezifischen Funktionen und Websites ausgeliefert. Hierdurch kann die Go-to-Market-Zeit verringert werden. Jede Branchenlösung bietet Funktionen an, die individuell auf die Bedürfnisse der jeweiligen Branche zugeschnitten sind. So unterscheidet sich die Customer Journey von Telekommunikations- oder Versorgungskunden z. B. in der Regel deutlich von der Customer Journey von Einzelhandelskunden.

Um Ihnen die Funktionsweise und den Aufbau von Acceleratoren exemplarisch zu verdeutlichen, gehen wir im Folgenden kurz und beispielhaft auf den Telco & Utilities Accelerator ein. Diese von SAP ausgelieferte Branchenlösung liefert viel Unterstützung und zahlreiche Funktionen für komplexe Betriebs- und Geschäftsprozesse. Gerade in der Telekommunikationsbranche sind sogenannte Bundle-Angebote gängig (siehe Abbildung 3.22). Diese bestehen in der Regel aus einem Vertrag und einem Produkt wie z. B. einem Handy. Der Produktpreis kann je nach Art des gewählten Vertrags stark variieren. Eine entsprechende Berechnung ist komplex und beinhaltet viele Variablen, aber auch für diese Problemstellung liefert der Telco & Utilities Accelerator eine vorgefertigte Funktion.

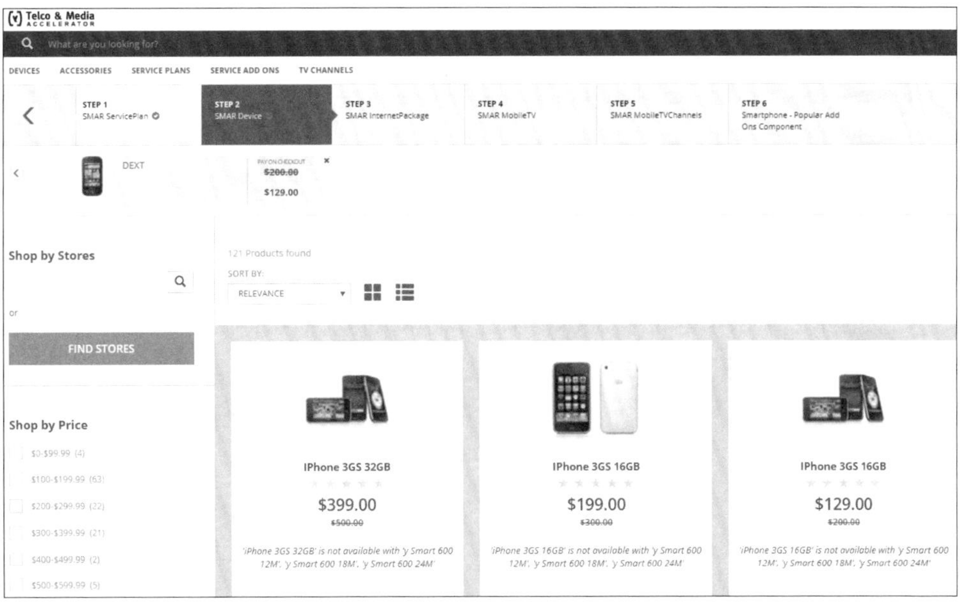

Abbildung 3.22 Beispiel des Telco & Utilities Accelerators eines Webshops

Nicht nur die Telekommunikationsbranche steht vor vielen Herausforderungen und Problemstellungen, die oftmals komplex sind. SAP versucht in all ihren Branchenlösungen auf eine Vielzahl dieser komplexen Betriebs- & Geschäftsprozesse einzugehen und die Acceleratoren mit den jeweiligen Spezifikationen auszustatten.

3.6 Werbeaktionen

Die SAP Commerce Cloud bietet viele Möglichkeiten, wie Sie Promotions, also Werbeaktionen für Ihre Kunden erstellen können. Mit dieser Funktion können Sie eine Vielzahl von Rabattaktionen vornehmen: vom klassischen Gutscheincode über saisonale Rabattaktionen wie z. B. den Schlussverkauf bis hin zu gezielten und komplexen Rabattaktionen für verschiedene Zielgruppen oder andere definierte Personenkreise.

Werbeaktionen werden in der Regel innerhalb eines bestimmten Zeitraums für eine oder mehrere definierte Zielgruppen, Produkte und Dienstleistungen erstellt, um Ihren Kunden einen besseren Preis anzubieten. Somit können Sie in Ihrem Webshop weitere Kaufanreize für Ihre Kunden schaffen, was wiederum zu einer Steigerung des Umsatzes beitragen kann.

In der SAP Commerce Cloud gibt es die Möglichkeit, solche Werbeaktionen zu definieren und zu verwalten. Die Verwaltung findet in der Administrationsperspektive des Backoffice statt (siehe Abschnitt 3.9.1). Bei der Erstellung einer Promotion können Sie zwischen den folgenden Arten unterscheiden:

- *Warenkorbbezogene* Werbeaktionen werden angewendet, wenn auf den kompletten Warenkorb ein prozentualer oder fester/absoluter Rabatt gewährt wird.
- *Produktbezogene* Werbeaktionen bieten die Möglichkeit, auf bestimmte Produkte oder Produktkategorien Rabatte zu vergeben. Das Ganze schließt auch Bundles und Partnerprodukte (z. B. »Kaufe Produkt A und erhalte Produkt B zum halben Preis«) mit ein.
- *Kundenbezogene* Werbeaktionen werden mithilfe von personalisierten Aktionen und Zielgruppen durchgeführt (siehe Abschnitt 3.7, »Personalisierung«) und können sich wiederum auf Produkte oder den Warenkorb beziehen.

Jede Promotion besteht aus einem Regelwerk, das mindestens eine *Bedingung* und eine *Aktion* beinhaltet. Das Regelwerk selbst basiert auf *Drools*, einem regelbasierten System, das auf unterschiedlichste Ereignisse reagiert.

Die Bedingung beschreibt dabei die Kriterien, die erfüllt sein müssen, damit eine Aktion ausgelöst werden kann. Kauft Ihr Kunde beispielsweise zu einem definierten Wert des Warenkorbs (dies ist in diesem Fall die Bedingung) ein, erhält dieser einen bestimmten Rabatt (das ist dann die Aktion).

Die Bedingungen können je nach Art der Promotion flexibel miteinander kombiniert werden. Die Kombination erfolgt über den UND- beziehungsweise den ODER-Operator. Dies können Sie beispielhaft in Abbildung 3.23 sehen. Es lassen sich Gruppen von Bedingungen bilden, die wiederum miteinander kombiniert werden können. Zu einer Promotion kann es auch mehrere Aktionen geben, die jedoch nur mit dem Operator UND verknüpft sind.

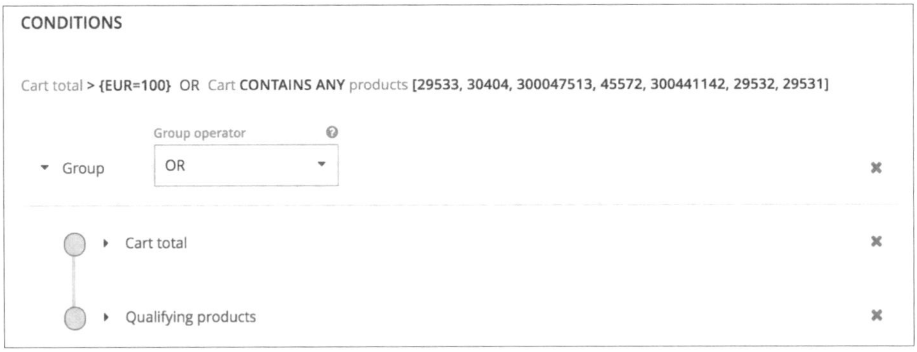

Abbildung 3.23 Beispiel einer ODER-Bedingung

Je nach Art der Promotion können Sie aus einer definierten Liste von Bedingungen und Aktionen auswählen und diese ganz einfach per Drag & Drop zu einem Regelwerk zusammensetzen.

Jede Promotion erhält bei ihrer Veröffentlichung eine *Versionsnummer*. Damit haben Sie die Möglichkeit, die Änderungen jederzeit zu nachzuverfolgen.

Damit Ihre Kunden auf die Werbeaktionen aufmerksam gemacht werden, können diese mit Nachrichten versehen werden, die dann beispielsweise auf der Produkt- oder Warenkorbseite erscheinen. Optional können Sie mithilfe von SmartEdit (siehe Abschnitt 3.9.4) die Werbeaktionen mit CMS-Komponenten verknüpfen, die an den von Ihnen vorgesehenen Stellen des Webshops erscheinen sollen.

Im Standard gibt es bereits ein breites Spektrum an Templates, die Ihnen die Erstellung von Werbeaktionen verschiedenster Art erleichtert. Die Templates können an Ihre Bedürfnisse angepasst werden.

Es lassen sich auch ganze Werbekampagnen für Ihren Webshop in der SAP Commerce Cloud anlegen und verwalten.

- **Gutscheine**
  Die SAP Commerce Cloud bietet die Möglichkeit, digitale Gutscheine für Ihren Webshop zu generieren und zu verwalten. Unterschieden wird dabei zwischen zwei Arten von Gutscheinen:
  - **Einzelcodegutschein**
    Es wird bei dieser Art von Gutschein ein Gutscheincode (z. B. Summer Sales 2021) generiert, der für eine bestimmte Zielgruppe oder ein Ereignis bestimmt ist. Solche Codes können meist mehrfach eingelöst werden.

- **Multicodegutschein**
  Bei dieser Art von Gutschein wird für jeden Kunden ein personalisierter und eindeutiger Code generiert. Solche Codes können in der Regel nur einmal eingelöst werden. Das Format bzw. der Aufbau der Codes ist hierbei frei konfigurierbar.

Beide Gutscheinarten müssen mit den Bedingungen und Aktionen einer Promotion verknüpft werden, um angewendet werden zu können.

3.7 Personalisierung

Um mit einem Webshop erfolgreich zu sein, reicht es heute nicht mehr, allen Kunden ein und dieselbe User Experience zu bieten. Stattdessen ist es wichtig, jedem eine auf seine Interessen und Bedürfnisse zugeschnittene Erfahrung, inklusive angepasster Inhalte und Angebote, zu liefern. Genau da setzt die *Personalisierungskomponente* der SAP Commerce Cloud an.

Um die folgenden Erläuterungen zu der Funktionsweise von Personalisierungen anschaulicher zu gestalten, soll zunächst ein kleines Anwendungsbeispiel vorgestellt werden.

Beispiel: Im Zuge der Marketingkampagne eines Elektronik-Webshops sollen Gaming-Laptops besonders bei Männern im Alter von 18 bis 30 beworben werden. Dafür sollen auf der Homepage für Kunden dieser Gruppe andere Werbebanner angezeigt werden als für Kunden, die dieser Gruppe nicht zugeordnet werden. Suchergebnisse sollen so priorisiert werden, dass Gaming-Laptops und Zubehör weiter vorne in den Suchergebnissen angezeigt werden.

3.7.1 Funktionen zur Personalisierung

Um besser auf die einzelnen Kundengruppen eingehen zu können, ist es wichtig, diese zu identifizieren und anschließend zu segmentieren. Deshalb bietet Ihnen die SAP Commerce Cloud die Möglichkeit, registrierte Kunden in *Segmente* einzuteilen. Natürlich kann ein Kunde auch mehr als einem Segment gleichzeitig angehören. Beispiele für Kriterien, um Kunden in Segmente einzuteilen sind die Altersgruppe, das Geschlecht oder bestimmte Produktvorlieben. Für die Marketingkampagne des Elektronik-Shops wären Segmente für Geschlecht und Altersgruppen erforderlich.

Die Einteilung von Kunden in Segmente können Sie automatisiert durch z. B. ein Registrierungsformular mit Informationen wie etwa Alter, Geschlecht o. Ä. vornehmen. Alternativ können Sie diese Informationen auch manuell in das SAP-Commerce-Cloud-System einpflegen. Natürlich ist es auch möglich, dass Sie diese Daten aus anderen Customer-Experience-Systemen automatisiert übermitteln. Hierzu kann z. B.

die SAP Marketing Cloud (siehe Kapitel 6) über standardisierte Schnittstellen angebunden und eingesetzt werden.

Neben den Kundensegmenten, die im Folgenden als *Segmente* bezeichnet werden, gibt es noch vier weitere Elemente im Datenmodell der Personalisierungskomponente der SAP Commerce Cloud. Dabei handelt es sich um *Variations*, *Actions*, *Customizations* und *Trigger*. Was sich hinter den einzelnen Begriffen verbirgt und in welcher Beziehung sie zueinanderstehen, wird im Laufe dieses Abschnitts genauer beleuchtet.

Eine Variation bildet eine konkrete Zielgruppe ab, für die eine Gruppe von Personalisierungen angewendet werden soll. Im Fall des oben beschriebenen Anwendungsbeispiels wären Männer im Alter von 18 bis 30 Jahren die Zielgruppe, die die Variation abbilden soll.

Um dafür zu sorgen, dass die Variation für Kunden der entsprechenden Zielgruppe aktiv wird, müssen Sie einen Trigger erstellen und der Variation zuordnen. Dieser gibt an, aus welchen Segmenten- oder Segmentkombinationen sich die Zielgruppe für eine Variation zusammensetzt. Die SAP Commerce Cloud bietet Ihnen out of the box zwei Arten von Triggern an. Die erste Art nimmt als Bedingung ein Segment an und löst aus, wenn ein Kunde zu diesem Segment gehört. Die zweite Art von Trigger erlaubt die Kombination von mehreren Segmentbedingungen durch `UND`- sowie `ODER`-Operatoren. Hat man beispielweise ein Segment, in dem alle Männer enthalten sind und ein Segment, in dem die Kunden der Altersgruppe 18 bis 30 enthalten sind, ist es möglich, einen Trigger anzulegen, der diese Verknüpfungen mit einem `UND` verbindet und auslöst, wenn ein Kunde männlich und zwischen 18 und 30 Jahren alt ist und somit der Zielgruppe des Anwendungsbeispiels angehört. Da kombinierte Segmentbedingungen beliebig tief geschachtelt werden können, ist es möglich, Zielgruppen für Variationen sehr feingranular zu definieren.

Was genau personalisiert werden soll, z. B. angezeigte Inhalte oder aktivierte Werbeaktionen, wird durch die Actions bestimmt, die Sie der Variation zuordnen. Sie können für eine Variation beliebig viele Actions definieren, die durchgeführt werden, sobald die Variation aktiviert wird. Ist die Variation für einen Kunden nicht mehr aktiv, beispielweise weil er aus einem für die Zielgruppendefinition erforderlichen Segment gefallen ist, werden die durch Actions angewendeten Änderungen für ihn wieder zurückgesetzt. Es gibt drei Arten von Actions: CMS Actions, Promotion Actions und Search Profile Actions.

Eine CMS Action erlaubt es Ihnen, die Inhalte der Storefront für ein Mitglied der Zielgruppe anzupassen. Beispielweise könnte eine solche CMS Action eine CMS-Komponente, die ein bestimmtes Bild anzeigt, durch eine andere CMS-Komponente ersetzen, die ein anderes Bild zeigt. Im Anwendungsbeispiel für den Elektronik-Shop würde man diese Art von Actions einsetzen, um die standardmäßig angezeigten Werbebanner auf der Homepage für Kunden der Zielgruppe (Männer zwischen 18 und 30) durch Werbebanner für Gaming-Laptops zu ersetzen.

Die zweite Art von Actions, die Promotion Actions, ermöglichen es, Werbeaktionen, wie sie in Abschnitt 3.6 erläutert werden, für Mitglieder einer bestimmten Zielgruppe zu aktivieren. So könnte man Kunden, die zu der Zielgruppe für die Marketingkampagne aus dem obigen Anwendungsbeispiel gehören, zielgerichtet Rabatte auf Gaming-Laptops und dafür nötiges Zubehör gewähren.

Mit der dritten und letzten Art von Actions kann man einer *Variation* auch adaptive Suchprofile, wie sie in Abschnitt 3.4.4, »Adaptive Search«, beschrieben werden, zuweisen. Auf diese Weise können Sie eine zielgruppenindividuelle Anpassung der Suche erreichen, z. B. durch die unterschiedlichen Priorisierungen von Suchergebnissen. Mit dieser Art von Actions lässt sich auch die Anforderung, aus dem Anwendungsbeispiel Gaming-Laptops und Zubehör bei der Suche höher zu priorisieren, umsetzen.

Um bei einer Vielzahl von Variationen den Überblick zu behalten, können Sie diese in sogenannte *Customizations* gruppieren. Das ist beispielsweise hilfreich, wenn für mehrere unterschiedliche Zielgruppen ähnliche bzw. logisch zusammengehörige Personalisierungen durchgeführt werden sollen. Innerhalb einer Customization kann zu jedem Zeitpunkt jedoch nur eine Variation aktiv sein. Werden die Bedingungen der Trigger von mehreren Variationen in einer Customization erfüllt, wird auf Basis der Priorität, die Sie den Variationen zuweisen können, entschieden, welche Variation aktiviert wird. Zusätzlich können Sie für jede Customization auch einen Zeitraum angeben, in dem Ihre Variationen aktiv sein sollen; wird kein Zeitraum angeben, ist die Customization immer aktiv. Ein konkretes Beispiel für einen Anwendungsfall von Customizations wäre eine Weihnachtsmarketing-Kampagne, die nur in der Zeit von November bis Ende Dezember laufen soll und bei der für verschiedene Zielgruppen unterschiedliche Inhalte und Angebote in der Storefront ausgespielt werden sollen.

Verwaltet werden Segmente, Variationen, Trigger, Actions und Customizations über SmartEdit und das Backoffice; bei beiden handelt es sich um Administrationsanwendungen für die SAP Commerce Cloud, die in Abschnitt 3.9, »Administration«, näher betrachtet werden. Insbesondere SmartEdit stellt Oberflächen für die einfache Erstellung und Bearbeitung von Personalisierungen bereit.

Nachdem nun die Bestandteile des Datenmodells für Personalsierungen im SAP-Commerce-Cloud-System erläutert worden sind, stellt sich die Frage, wann diese Informationen verwendet werden, um die tatsächliche Personalisierung durchzuführen. Deshalb widmet sich der Rest dieses Abschnitts der Frage, wann der Auswertungsprozess für Personalsierungen ausgelöst wird und wie Sie darauf Einfluss nehmen können.

Ohne weitere Konfiguration führt die SAP Commerce Cloud die Neuberechnung von Personalisierungen jedes Mal durch, wenn sich Kunden anmelden. Um Ihnen mehr Kontrolle darüber zu geben, wann zusätzliche Neuauswertungen ausgeführt werden sollen, stellt die SAP Commerce Cloud zwei Arten von sogenannten *Votern* zur Verfügung. Der erste Voter-Typ löst nach einer bestimmten Zahl von *Requests* oder dem Verstreichen einer vorgegebenen Zeitspanne eine erneute Auswertung der Personalisierungen aus. Der zweite Voter-Typ wird ausgelöst, wenn der Kunde eine für diesen Voter konfigurierte URL des Webshops aufruft. Neue Voter beider Typen können Sie im Backoffice anlegen und konfigurieren.

Alle in diesem Abschnitt beschriebenen Funktionen der Personalisierungskomponente sind in der SAP Commerce Cloud Standard und direkt nutzbar. Natürlich können Sie, wie bei jedem anderen SAP-Commerce-Cloud-Feature auch die Funktionen der Personalisierungskomponente durch Softwareentwicklung anpassen und erweitern. Je nachdem, wie Ihr Anwendungsfall zugeschnitten ist, kann dies insbesondere für neue Arten von Triggern, Actions und Votern relevant sein.

3.7.2 Context-driven Services

Während eine Kundin durch die Website scrollt und klickt, wird jede Interaktion in Echtzeit erfasst. Die Anwendung erfasst nicht nur einzelne Interaktionen, sondern zieht auch viele Rückschlüsse über die Kundin. Dies können beispielsweise Rückschlüsse wie die Berechnung des Interesses der Kundin an bestimmten Marken oder Produktkategorien bzw. die Einstufung in eine entsprechende Preisklasse sein.

Die Erfassung und Verarbeitung von Daten in Echtzeit ermöglicht es dem System, Kunden das für sie relevanteste Erlebnis anzuzeigen.

Der Service erfasst und analysiert kontextbezogene und verhaltensbezogene Daten über die gesamte *Commerce Journey* jedes Kunden und liefert so die Grundlage für Geschäftsfunktionen zur Schaffung individualisierter Kundenerlebnisse. Die Context-driven Services sind ein cloudnatives System, das APIs und funktionsbasierte Erweiterungspunkte für die individuelle Anpassung bereitstellt.

Die Bereitstellung eines personalisierten Erlebnisses steigert die Kundenzufriedenheit. Kunden erhalten somit in jeder Phase ihrer Einkaufs-Journey für sie relevante und wertvolle Inhalte. Dies ermöglicht Ihnen Cross- und Up-Selling und erhöht zeitgleich die Kundenzufriedenheit.

Auf diese Weise profitiert die SAP Commerce Cloud durch umfangreiche, kontextbezogene und relevante Daten der Kunden, die sich im Laufe der Zeit weiterentwickeln, da das System den Kunden so immer besser kennenlernt.

3.8 Frontend

Als das Frontend bezeichnet man eine Benutzeroberfläche, auf der sich die Benutzer des jeweiligen Systems bewegen.

Ein gutes Frontend entscheidet oft über Erfolg oder Misserfolg der jeweiligen Anwendung. Man muss auf Anhieb finden, wonach man sucht. Man muss Funktionen und Navigatoren verstehen und benutzen können – und das am besten intuitiv. Das Frontend sollte ohne Probleme und Einschränkungen auf den verschiedenen Devices verfügbar und anwendbar sein. Unternehmen, die mit der SAP Commerce Cloud einen Webshop oder ein Kundenportal bauen wollen, haben die Möglichkeit, im Frontend Corporate Identity darzustellen.

Das Frontend kann über viele Wege und Technologien entwickelt und mit dem Backend gekoppelt werden. In diesem Kapitel gehen wir auf den Headless-Ansatz und auf die von SAP empfohlene Technologie Spartacus ein.

Des Weiteren werden wir in diesem Kapitel die Standard-Adminstrationscockpits der SAP Commerce Cloud vorstellen, erklären und deren Funktionsweisen sowie deren Vorteile beschreiben.

3.8.1 Headless

Headless bezeichnet eine Form der Architektur, bei der das User Interface (UI) von der Anwendungslogik entkoppelt ist. Hierbei erfolgen nicht nur die Entwicklung, sondern auch das Deployment getrennt voneinander. Dadurch wird die eigentliche Anwendung, z. B. das SAP-Commerce-Cloud-System, unabhängig betrieben und stellt lediglich eine Schnittstelle für entsprechende Webanwendungen, Smartphone-Apps oder Sprachanwendungen bereit.

Backend und Frontend kommunizieren über Webserviceschnittstellen miteinander. Hierüber werden die im Backoffice administrierten Daten an das Frontend übermittelt und ausgespielt.

Durch den Headless-Ansatz ist es möglich, dass verschiedene Anwendungen, wie z. B. mobile Apps, Webanwendungen oder Geschäftsanwendungen, die Funktionen der SAP Commerce Cloud nutzen können (siehe Abbildung 3.24).

Die Headless-Architektur bringt einige Vorteile mit sich. Jede Frontend-Anwendung, die ausgespielt werden soll, kann genau auf die benötigte Nutzer- und Zielgruppe hin optimiert und entwickelt werden. Somit kann für jede Anwendung die beste User Experience aufgebaut werden. Des Weiteren kann die benötigte Infrastruktur einfacher und genauer skaliert werden.

Durch die Trennung von Backend und Frontend ist es möglich, dass während der Implementierung der Anwendung separate Entwicklungsteams mit unterschiedlichen Releasezyklen arbeiten können.

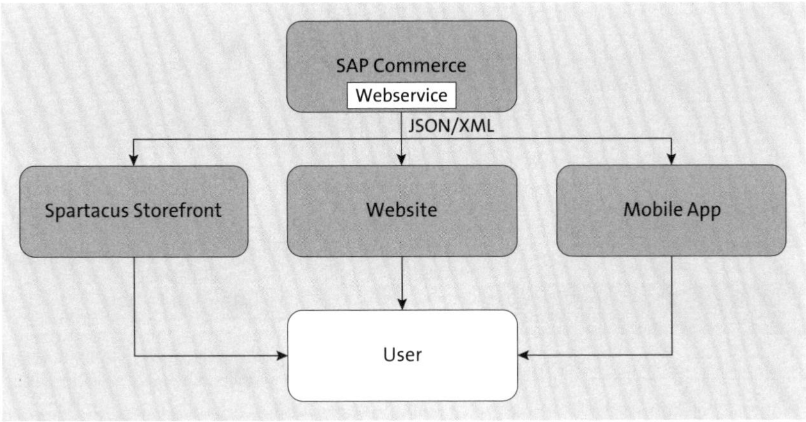

Abbildung 3.24 Headless-Architektur

3.8.2 Spartacus

Spartacus ist ein Open-Source-Projekt, das im Wesentlichen demselben Funktionsumfang der bisherigen Acceleratoren (siehe Abschnitt 3.5, »Branchenlösungen am Beispiel des Telco & Utilities Accelerators«) entspricht. Spartacus ist eine wichtige Komponente, um die SAP Commerce Cloud mithilfe einer Headless-Architektur vom User Interface zu entkoppeln. Die Webanwendung basiert auf dem bekannten und weit verbreiteten JavaScript-Framework Angular und verwendet moderne Bibliotheken, wodurch sich die Storefront als SPA- bzw. Progressive Web App (PWA) realisieren lässt. Dies bedeutet, dass die Webanwendung innerhalb eines Browsers über viele Eigenschaften einer nativen App wie z. B. über ein responsives Design, Caching oder eine Offline-Fähigkeit verfügt. Durch die Möglichkeit des *Server Side Rendering* (SSR) lädt die initiale Seite der Anwendung schnell und ist trotzdem noch von Suchmaschinen erkennbar. Zur Kommunikation mit der SAP Commerce Cloud verwendet Spartacus die Schnittstelle *Omni Commerce Connect* (OCC), die auf dem *REST*-Standard basiert (siehe Abbildung 3.25). Darüber hinaus können jegliche Web-APIs innerhalb der *Kyma Runtime* (siehe Abschnitt 15.1.3, »SAP Extension Suite«, und Abschnitt 15.2, »SAP BTP, Kyma Runtime«, angebunden werden, z. B. *Serverless Functions* oder *Microservices*, sowie Services von Drittanbietern genutzt werden.

Spartacus ist die strategische Empfehlung von SAP, um Storefronts für die SAP Commerce Cloud zu erstellen, da die bisherigen Acceleratoren nicht mehr aktiv weiterentwickelt werden. Für Spartacus erscheinen hingegen im 14-tägigen Rhythmus Updates mit Fehlerbehebungen und neuen Features, die sich zu jeder Zeit aus dem öffentlichen Projekt übernehmen lassen. Hierbei wird Spartacus in Form von Bibliotheken, z. B. für den *Core*, die UI-Komponenten oder das Styling, ausgeliefert und eingebunden, die durch ihre Versionierung entsprechend aktualisiert werden (siehe Abbildung 3.26).

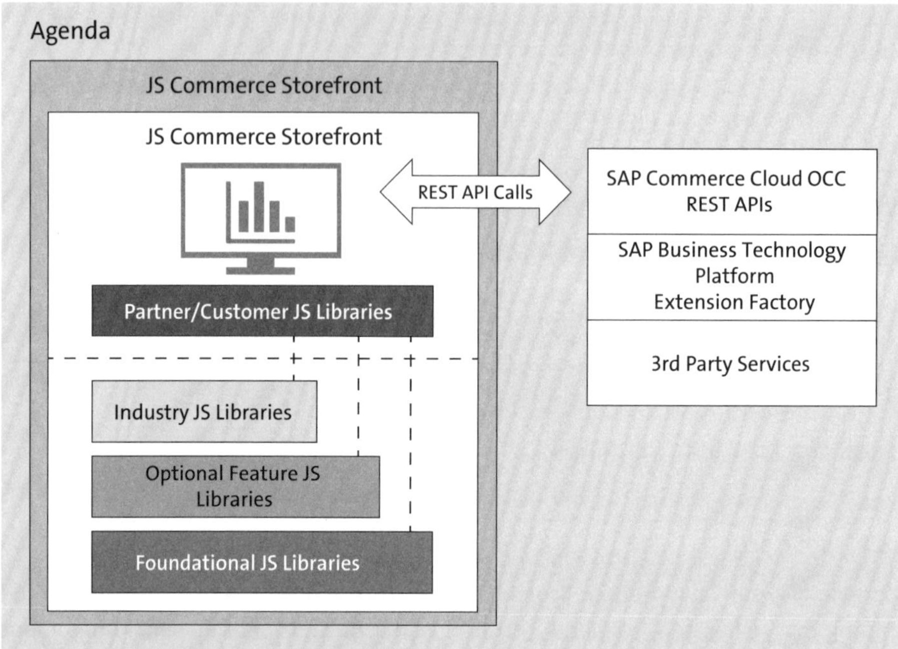

Abbildung 3.25 Spartacus: Storefront

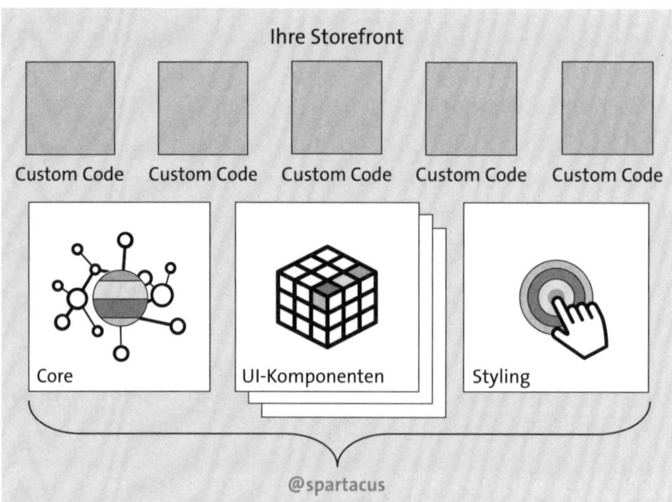

Abbildung 3.26 Modularer Aufbau von Spartacus

Durch die Organisation als Open-Source-Projekt, dem damit verbundenen Community-Gedanken und den häufigen Releasezyklen können Sie zeitnah von sämtlichen Weiterentwicklungen und Fehlerbehebungen profitieren. Zudem ist es erwünscht, Fehler zu melden und eigene Weiterentwicklungen oder Ideen für neue Funktionen einzureichen. Zusätzlich unterstützt Spartacus auch SmartEdit (siehe Abschnitt 3.3, »Web-Content-Management-System«). Spartacus verfügt aktuell über zwei Bestandteile: das B2B- und das B2C-Modul. Diese Module liefern unterschiedliche Funktionen, die auf den jeweiligen Anwendungsfall zugeschnitten sind. Beide Module befinden sich in der stetigen Weiterentwicklung. Eine Übersicht über die neuen Funktionen und die behobenen Fehler finden Sie hier: *https://sap.github.io/spartacus-docs/*

Durch diese schnellen Entwicklungszyklen stehen Ihnen regelmäßig neue Funktionen für Ihre Spartacus-Storefront zur Verfügung.

3.9 Administration

Um die umfangreichen Funktionen der SAP Commerce Cloud zu administrieren und die dafür notwendigen Daten zu verwalten, stellt die SAP Commerce Cloud z. B. mit dem Backoffice und SmartEdit passende Administrationsanwendungen bereit. Das Backoffice ist der zentrale Dreh- und Angelpunkt für die Konfiguration und Verwaltung eines SAP-Commerce-Cloud-Systems. Auch alle relevanten Datensätze wie Produkte, Bestellungen, Kunden usw. können dort gepflegt werden. SmartEdit ist hingegen auf die Pflege von Inhalten, Navigationsstrukturen und Personalisierungen für die Webshops spezialisiert. In den beiden folgenden Abschnitten werden Aufbau und Funktion dieser beiden Administrationsanwendungen genauer beleuchtet.

3.9.1 Backoffice

Das Backoffice ist ein Datenadministrationsprogramm, mit dem Sie alle Daten im System einsehen, bearbeiten und erstellen können. Damit Sie Ihre Daten leichter verarbeiten können, bietet das Backoffice mehrere Ansichten an. Die einzelnen Ansichten dienen zum einen dazu, bestimmte Einschränkungen in der Datenänderung durchzusetzen und zum anderen dazu, eine bessere Ansicht auf die Daten zu gewährleisten. Das Backoffice bietet eine Vielzahl von Funktionen und verschiedene Ansichten. Aufgrund der Komplexität und des Umfangs gehen wir im Folgenden auf einige Anwendungsbeispiele ein.

3.9.2 Administrationscockpit

Das Administrationscockpit erlaubt Ihnen die Änderung aller Daten, die sich im System befinden – und dies ohne Einschränkungen. Die Administratoren haben u. a. die Möglichkeit, Benutzer zu erstellen und an diese über Benutzergruppen Rechte zu vergeben, die bis hin zu einzelnen Attributen reichen.

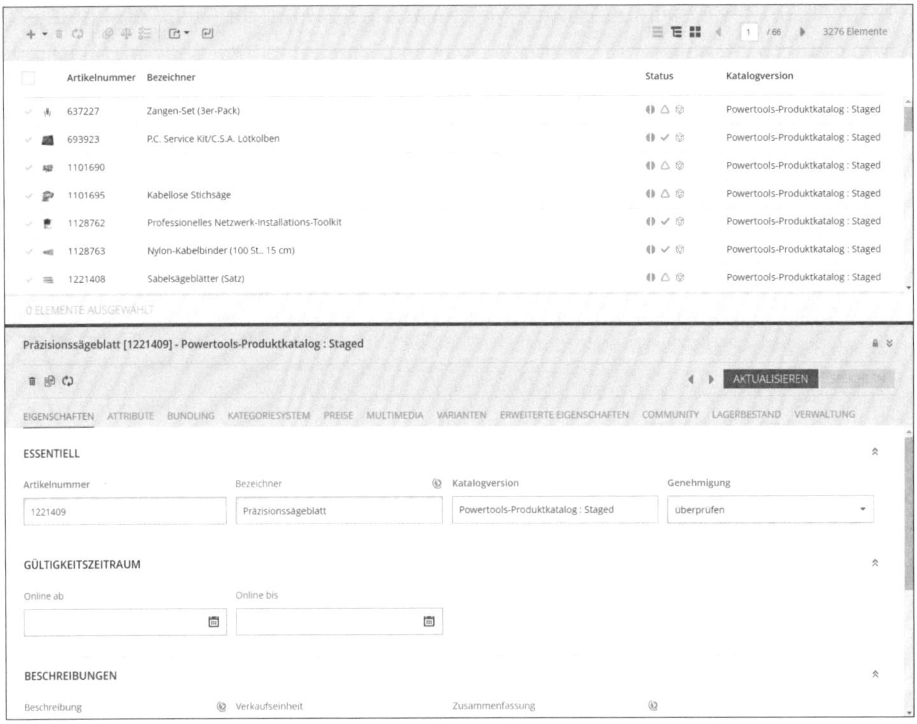

Abbildung 3.27 Beispiel eines Administrationscockpits in der SAP Commerce Cloud

Abbildung 3.27 zeigt Ihnen exemplarisch einige Einstellungsmöglichkeiten eines Administrationscockpits. Hier können Sie Kategorien, Klassifikationen, Kataloge und deren Versionen, Synchronisationen und vieles mehr rund um das Thema »Produkt« verwalten. Zusätzlich können verschiedenste Einstellungen vorgenommen werden, z. B. für Bestellungen, Internationalisierung, Währungen, Versandkosten, Warenlager, Point-of-Service und Konfigurationen für die Anbindung externer Systeme. Neben den Produkteinstellungen gibt es auch die Möglichkeit, Einstellungen für den inhaltlichen Teil des Shops vorzunehmen. Diese befinden sich im Bereich des WCMS (siehe Abschnitt 3.3, »Web-Content-Management-System«) und bieten die Möglichkeit, sowohl den Inhalt als auch statische Texte sowie die Oberfläche des Shops in Form von Themes anzupassen. Themes beschränken sich jedoch nur auf die Farben und Schriften des Webshops. So kann z. B. für Weihnachten die Farbe des Webshops an diesen Feiertag angepasst werden.

3.9.3 Product Cockpit

Das Product Cockpit konzentriert sich auf die Verwaltung von Produkten und deren Inhalten. Abbildung 3.28 zeigt Ihnen ein Beispiel-Product-Cockpit. In Abschnitt 3.1, »Produktdatenmanagement«, wurde dieses Thema bereits näher erläutert.

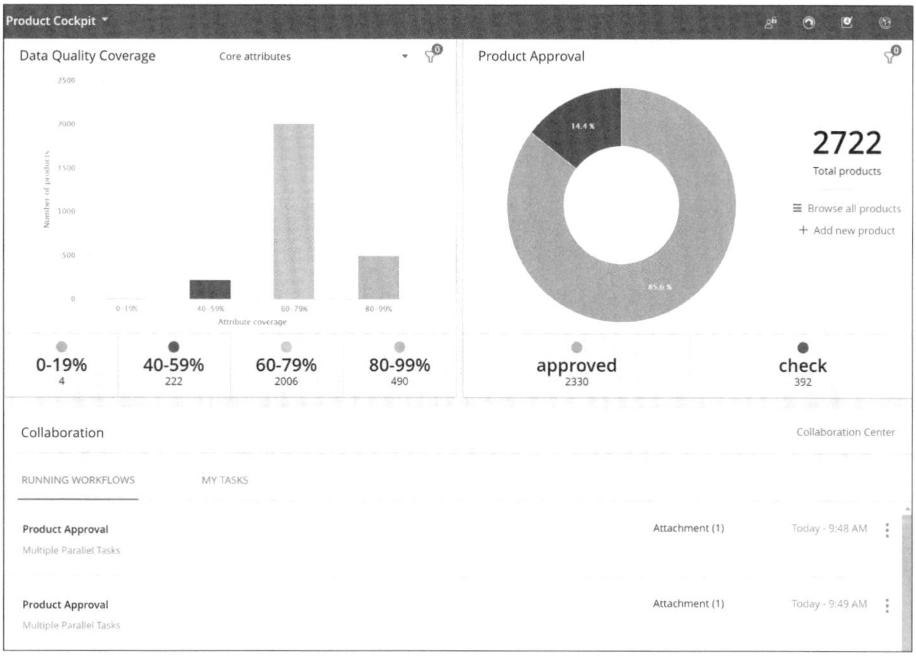

Abbildung 3.28 Beispiel eines Product Cockpits in der SAP Commerce Cloud

In dieser Ansicht haben Sie neben dem Dashboard drei Darstellungsmöglichkeiten, um sich Informationen über die Produkte anzeigen zu lassen. Zunächst zeigt Ihnen das Dashboard prozentual die Datenqualitätsabdeckung und die genehmigten bzw. zur Genehmigung ausstehenden Produkte an. Zusätzlich werden Ihnen unter dem Punkt Zusammenarbeit, die letzten ausgeführten Workflows, abhängig vom eingeloggten Benutzer, angezeigt. Links in der Leiste können Sie zwischen den Darstellungsmöglichkeiten **Produkte**, **Sortiment** und **Vergleich** auswählen. In dem Unterpunkt **Produkte** werden die Produkte in den Vordergrund gestellt. So haben Sie hier die Möglichkeit, nach bestimmten Produktattributen zu filtern und können diese u. a. als CSV-Datei exportieren. Unter dem Menü **Sortiment** wird das Management der Kategorien ermöglicht. Im Bereich **Vergleich** haben Sie die Möglichkeit, mehrere Produkte auszuwählen und ihre Eigenschaften miteinander zu vergleichen.

3.9.4 Adaptive Search Cockpit

Die adaptive Suche erlaubt es Ihnen, festzulegen, welche Facetten auf der Storefront angezeigt werden sollen, in welcher Reihenfolge Suchergebnisse sortiert und welche einzelnen Artikel oder Kollektionen beworben werden sollen.

Abbildung 3.29 zeigt Ihnen in der linken Leiste die Kategorien Ihres Webshops und in der Mitte die dazu passenden Produkte. Des Weiteren können Sie in der mittleren Leiste ein bzw. mehrere Produkte mit **empfehlen** markieren. Hierdurch werden diese

Produkte in der Suchfunktion des Webshops immer ganz oben in der Liste in ihrer Kategorie angezeigt. Die Änderung der Priorität einzelner Facetten kann u. a. von Ihnen in der rechten Leiste vorgenommen werden.

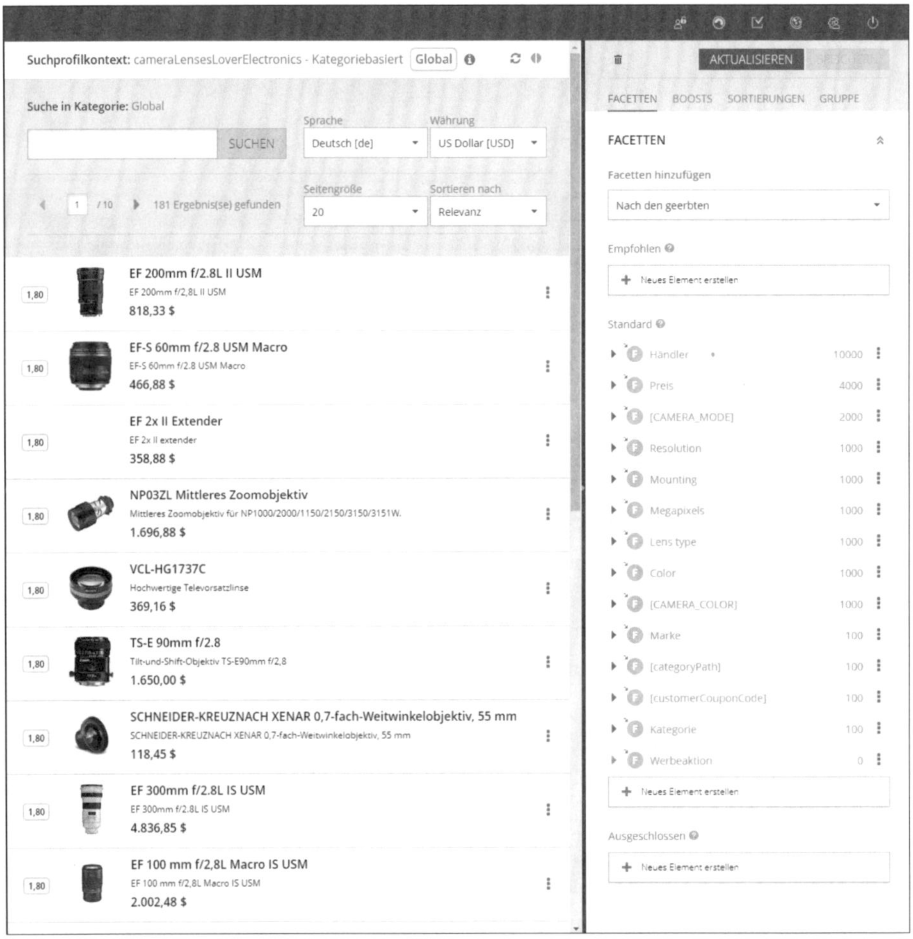

Abbildung 3.29 Adaptive Search Cockpit

3.9.5 Customer Support Cockpit

Das *Customer Support Cockpit* ist eine speziell für Call-Center entwickelte Ansicht. Es ermöglicht der Kundenbetreuung, schnell und einfach auf die kundenbezogenen Daten zuzugreifen. So kann sie z. B. bereits aufgegebene Bestellungen ändern, Teilbestellungen abschließen, Zahlungen entgegennehmen, Bestellungen stornieren, Retouren autorisieren und Zahlungen erstatten. Der Kundenbetreuung wird zusätzlich über das Customer Support Cockpit ermöglicht, Kundenprofildetails wie Adressen, Kreditkarten und Kontaktpräferenzen zu erstellen und zu verwalten. Darüber hinaus kann sie auch Bearbeitungstickets anlegen (siehe Abbildung 3.30).

Abbildung 3.30 Beispiel eines Customer Support Cockpits in der SAP Commerce Cloud

3.9.6 Order Fulfillment Cockpit

Das *Order Fulfillment Cockpit* (OFC) konzentriert sich auf bestellungsrelevante Informationen. So können Sie z. B. die Kundenaufträge einsehen und verwalten. Des Weiteren können Sie Kommissionierscheine, Packzettel oder Versandetiketten drucken und haben mit dem Order Fulfillment Cockpit Zugang zu den abzuholenden Filialaufträgen, Paketinformationen, Servicestellen und Lagern sowie die Übersicht zu Ihren Beständen.

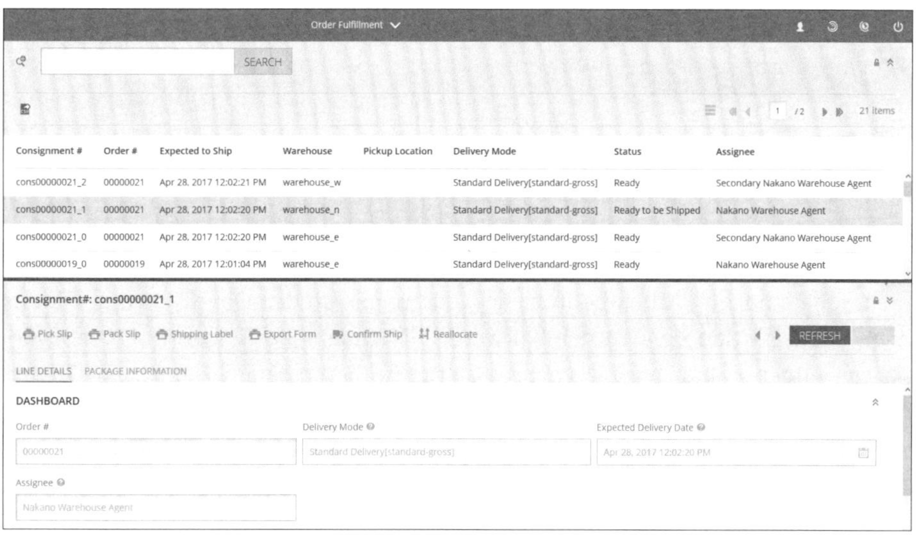

Abbildung 3.31 Order Fulfillment Cockpit

Abbildung 3.31 listet die Sendungsaufgaben auf, die der Person im Lager zugewiesen wurden. Diese kann er oder sie selbst bearbeiten bzw. diese jemand anderem im Sinne der Prozessoptierung zuweisen. Das System weist Sendungen standardmäßig dem Mitarbeiter oder der Mitarbeiterin mit der kleinsten Arbeitslast, also der kleinsten Anzahl von zugewiesenen Aufgaben zu.

3.9.7 SmartEdit

Bei SmartEdit handelt es sich um eine Administrationsanwendung des eigenen WCMS der SAP Commerce Cloud. Die für Business User ausgelegte Benutzeroberfläche ermöglicht die Erstellung und Bearbeitung von Webshop-Inhalten, Beispiele dazu finden Sie in Abschnitt 3.3, »Web-Content-Management-System«, und Abschnitt 3.7, »Personalisierung«.

Über die in Abbildung 3.32 gezeigte Startseite können Sie auswählen, welchen Webshop und welche Katalogversion Sie bearbeiten möchten.

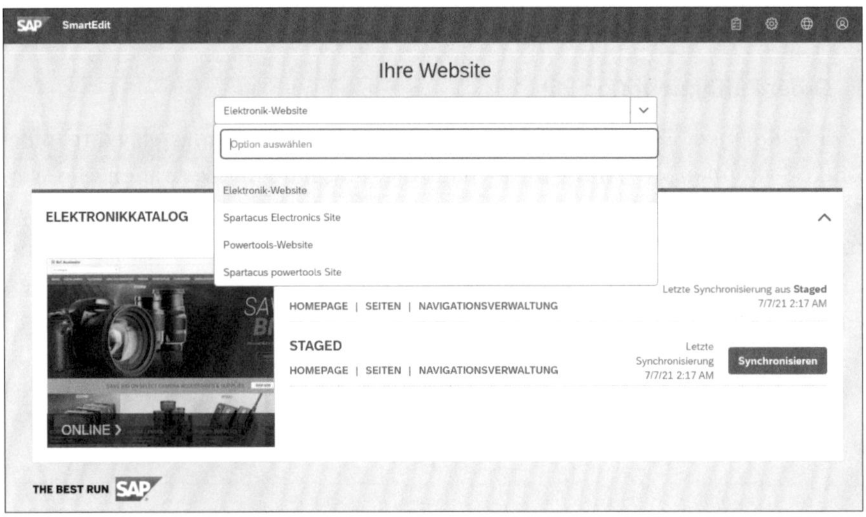

Abbildung 3.32 SmartEdit: Startseite

Üblicherweise werden Änderungen in der Staged-Version des Katalogs vorgenommen, sodass noch in Arbeit befindliche Änderungen an den Oberflächen des Shops nicht direkt für den Kunden sichtbar werden. Nachdem Sie die gewünschten Änderungen vorgenommen haben, synchronisieren Sie diesen Katalog dann in die Online-Katalogversion. Diese Online-Version wird dann direkt auf die Website ausgespielt und ist somit für den Endkunden sichtbar.

Fast alle Seiten, die zum Webshop gehören, lassen sich auch in SmartEdit öffnen. Dabei können diese in einem Vorschaumodus so angezeigt werden, wie ein Kunde sie im Webshop sehen würde. Für die Produkt-, Detail- und Kategorieseiten müssen erweiterte Einstellungen im Backoffice vorgenommen werden, damit diese auch in SmartEdit angezeigt werden können. In diesem Modus können Sie durch die Storefront navigieren, um so zu einer bestimmten Seite zu gelangen, die sie bearbeiten möchten. Alternativ bietet SmartEdit auch eine Suchfunktion an, um direkt zu der gewünschten Seite zu navigieren.

Das zentrale Feature von SmartEdit ist das einfache und dynamische Anlegen von neuen Seiten für einen Webshop und das Bearbeiten der Inhalte von existierenden Seiten. Neue Seiten können auf der Basis von vorgefertigten Page Templates, wie sie in Abschnitt 3.3.2, »Page Templates und Content Slots«, vorgestellt wurden, einfach über einen dafür vorgesehenen Wizard erstellt werden. Für die Bearbeitung bestehender Seiten bietet SmartEdit neben dem standardmäßig aktivierten Vorschaumodus einen Bearbeitungsmodus an. Ist dieser aktiv, wird ein Overlay über die Seite gelegt, sodass die Bearbeitung der Seite ermöglicht wird. Durch das Overlay werden auf der Seite vorhandene Content Slots und die darin befindlichen CMS-Komponenten hervorgehoben.

Um die Bearbeitung vorhandener Komponenten so einfach wie möglich zu gestalten, sind Buttons zum Bearbeiten, Löschen sowie zum Verschieben als Teil des Overlays für CMS-Komponenten (siehe Abbildung 3.33) zu sehen. Über ein Menü, in dem alle verfügbaren Typen von CMS-Komponenten aufgelistet sind, kann dann einfach per Drag & Drop eine neue Komponente des entsprechenden Typs in einen der Content Slots gezogen werden.

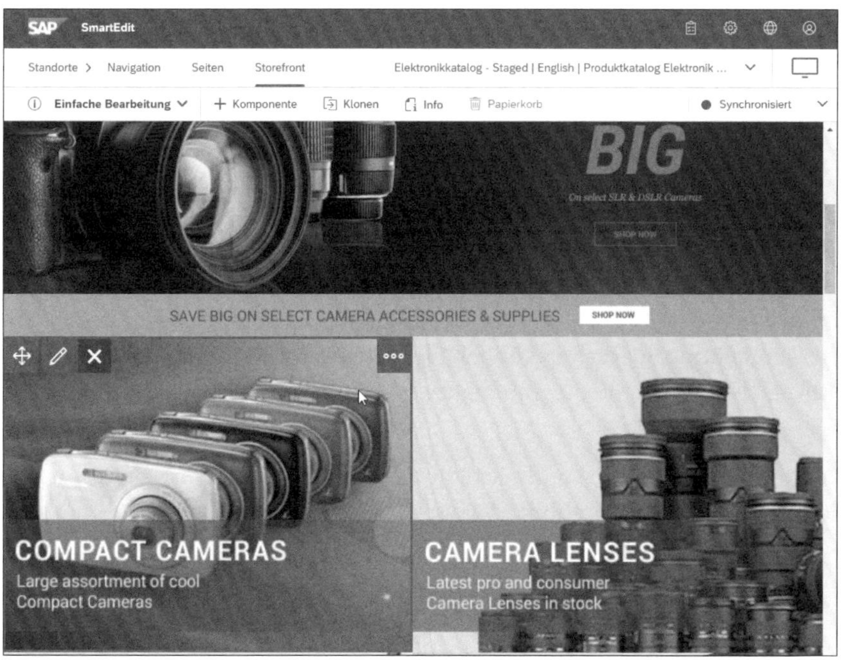

Abbildung 3.33 Beispiel eines Overlays für CMS-Komponenten

Zusätzlich zu dem soeben vorgestellten einfachen Bearbeitungsmodus gibt es noch einen erweiterten Bearbeitungsmodus. Während Sie im einfachen Bearbeitungsmodus den Inhalt von Content Slots einer einzelnen Seite bearbeiten, können Sie im erweiterten Bearbeitungsmodus den Inhalt von geteilten Content Slots auf der Template-Ebene bearbeiten. Eine genaue Beschreibung von Page Templates sowie Content Slots finden Sie in Abschnitt 3.3.2.

Hier noch einmal zur Erinnerung: Die Komponente in unabhängigen Content Slots, die zu einer konkreten Seite gehören, werden nur auf der Seite angezeigt, für die sie definiert sind. Der Inhalt von geteilten Content Slots auf der Template-Ebene wird hingegen auf allen Seiten angezeigt, die von diesem Template ableiten. Neben der Möglichkeit, Komponenten in geteilten Content Slots zu bearbeiten, zu entfernen oder neue hinzuzufügen, können sie auch geteilte Content Slots in nicht geteilte Content Slots umwandeln bzw. auch umgekehrt.

Auch die in Abschnitt 3.3.3 vorgestellten Restriktionen für CMS-Komponenten lassen sich über SmartEdit steuern. Der Dialog für die Bearbeitung einer Komponente verfügt über die Registerkarte **Restriktionen**, auf der Sie bestehenden Restriktionen für Komponenten ansehen und ändern sowie neue Restriktionen hinzufügen können.

Neben der Pflege der Inhalte der einzelnen Seiten können Sie auch die Navigationsstrukturen eines Webshops in Form von Navigationsknoten und CMS-Link-Komponenten verwalten. Navigationsstrukturen, die dort standardmäßig gepflegt werden können, sind das Hauptmenü der Storefront sowie die Footer-Navigation. Selbstverständlich können auch noch weitere Navigationsknotenhierarchien gepflegt und an anderen Stellen in die Storefront eingebunden werden. Um die Navigation im Shop zu verändern, wählen Sie auf der Startseite von SmartEdit für die gewünschte Storefront einfach den Menüpunkt **Navigationsstrukturen** aus. In Abbildung 3.34 ist zu sehen, wie die vorhandenen Navigationsknotenbäume in hierarchischer Form dargestellt werden.

Über ein Menü, das sich für jeden Navigationsknoten öffnen lässt, können Sie einen Knoten löschen und einen neuen auf gleicher oder darunter liegender Ebene anlegen. Existierende Knoten lassen sich auch per Drag & Drop verschieben oder neuordnen. Über den Menüeintrag **Bearbeiten** können Sie editieren, wohin ein Navigationsknoten verlinken soll, indem Sie die ihm zugewiesene CMS-Link-Komponente austauschen oder bearbeiten.

Ein weiteres wichtiges Feature von SmartEdit ist das Anlegen und Verwalten von Personalisierungen, wie sie in Abschnitt 3.7 vorgestellt wurden.

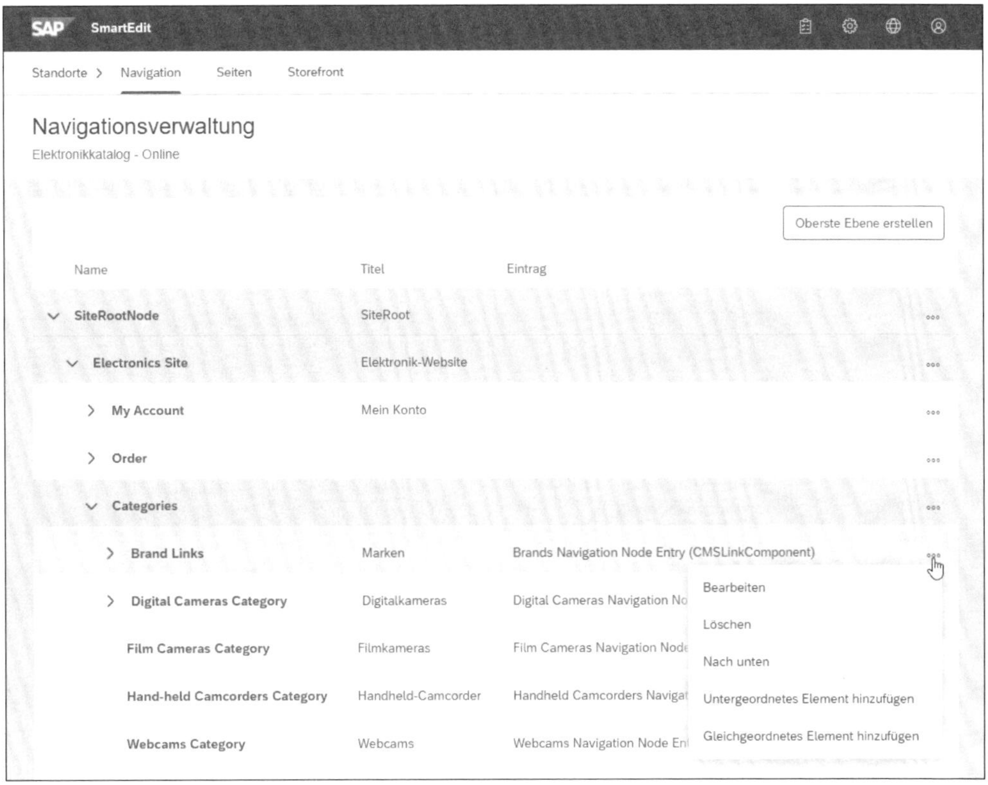

Abbildung 3.34 Navigationsstruktur in SmartEdit

3.10 Infrastruktur und Administration

In diesem Abschnitt zeigen wir Ihnen, wie die Cloud-Infrastruktur für die SAP Commerce Cloud aufgesetzt ist. Die SAP-Commerce-Cloud-Infrastruktur befindet sich in Microsoft Azure und kann über eine Weboberfläche administriert und gemonitored werden. Im weiteren Verlauf des Abschnitts wird, darauf basierend, auf die Administration der Cloud-Instanzen eingegangen.

Zum heutigen Zeitpunkt gibt es zwei verschiedene Lösungen von SAP, um die SAP Commerce Cloud zu betreiben – *SAP Commerce Cloud in the Public Cloud* und *SAP Commerce Cloud on SAP Infrastructure*. In diesem Kapitel wird ausschließlich die Bereitstellung in der Public Cloud betrachtet, da die Möglichkeit der Bereitstellung der Commerce Cloud auf Hardware von SAP ausläuft und Neukunden mit der Public Cloud ausgerüstet werden (Stand: August 2021).

3.10.1 Infrastruktur

Die Infrastruktur der SAP Commerce Cloud besteht aus mehreren Komponenten und optionalen angrenzenden Systemen, die im Folgenden kurz beschrieben werden. In Abbildung 3.35 ist die Architektur der SAP Commerce Cloud schematisch dargestellt.

Die SAP Commerce Cloud selbst und die Spartacus-Storefront werden im Rahmen der Commerce-Cloud-Lizenzierung betrieben; für die *SAP Integration Suite* und die *SAP Extension Suite* sind separate Lizenzen notwendig.

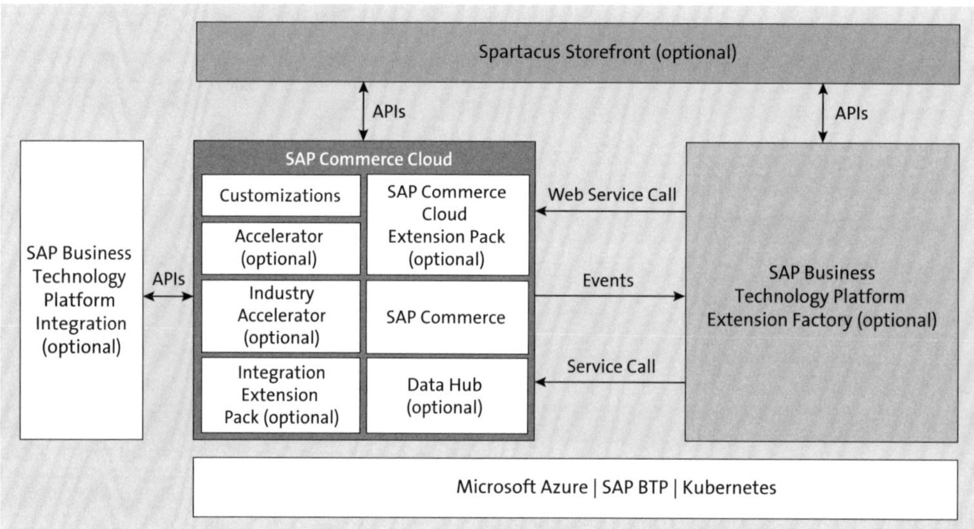

Abbildung 3.35 Infrastruktur der SAP Commerce Cloud

Die SAP Commerce Cloud wird in Microsoft Azure mittels *Kubernetes* betrieben, einem Open-Source-System zur Automatisierung der Bereitstellung, Skalierung und Verwaltung von containerisierten Anwendungen (*https://kubernetes.io*). Kubernetes verwaltet sogenannte *Pods*, die Sie sich vereinfacht als einzelne Server vorstellen können. Mit der Lizenzierung der SAP Commerce Cloud werden im Standardfall drei Umgebungen bereitgestellt: *Development*, *Stage*, und *Production*. Falls weitere Umgebungen benötigt werden, können diese auch von SAP bereitgestellt werden. Die Umgebungen unterscheiden sich in der Anzahl der jeweiligen Pods pro Aspect und Güteklasse der Datenbank.

3.10.2 Aspects

In der SAP Commerce Cloud wird zwischen sogenannten *Aspects* unterschieden, um die Pods entsprechend ihrem Aufgabengebiet zu gruppieren und unter einer definierten URL erreichbar zu machen.

Folgende Aspects sind in der SAP Commerce Cloud vorhanden:

- **API**
  Schnittstellen, die von der SAP Commerce Cloud bereitgestellt werden, sollten von externen Anwendungen auf diesem Aspect angesprochen werden.
- **Backoffice**
  Im Rahmen dieses Aspects sollte die Backoffice-Anwendung laufen. Dieser Aspect sollte nicht öffentlich erreichbar sein.
- **Background Processing**
  Automatisierte Aufgaben, die im Hintergrund laufen und keine Benutzeraktion erfordern, sollten ausschließlich in diesem Aspect laufen. Dieser Aspect sollte ebenfalls nicht öffentlich erreichbar sein.
- **Storefront/JavaScript-Storefront**
  Der Storefront-Aspect beheimatet die Weboberfläche für die SAP Commerce Cloud. Falls das Spartacus-Frontend oder ein anderes JavaScript-Web-Framework eingesetzt wird, gibt es einen JavaScript-Storefront-Aspect.

In der produktiven Umgebung sind unter jedem Aspekt mindestens zwei Pods vorhanden, um höhere Lasten bedienen zu können und durch Redundanz die Ausfallsicherheit zu erhöhen.

3.10.3 Datenbank, Storage und Logging

Für die SAP Commerce Cloud wird als Datenbank *Azure SQL* verwendet und als Storage ein *Azure Blob Storage*. Für das Einsehen von Logs wird *Kibana* bereitgestellt. In Kibana können die gesammelten Logs von allen Pods zentral eingesehen und entsprechend effizient analysiert werden.

3.10.4 Skalierung

Steht eine Messe oder eine besondere Verkaufsaktion an, bei der Sie mit erhöhten Zugriffsraten rechnen, kann SAP Ihnen auf Anfrage die zugewiesenen Ressourcen erhöhen, sodass mehr Pods in den relevanten Aspects vorhanden sind. Hier ist zu beachten, dass ausschließlich horizontal in Form von mehr Pods skaliert werden kann. Eine vertikale Skalierung in Form von mehr Arbeitsspeicher oder CPUs ist nicht möglich. Durch die Erhöhung der Anzahl an Pods wird die grundsätzliche Kapazität erhöht, in dem die Last auf mehr Pods verteilt wird.

3.11 Administration

Die SAP Commerce Cloud kann über das SAP-Commerce-Cloud-Portal vollständig über eine Weboberfläche administriert werden (siehe Abbildung 3.36). In diesem Abschnitt sollen die wichtigsten Administrations- und Monitoring-Möglichkeiten vorgestellt werden.

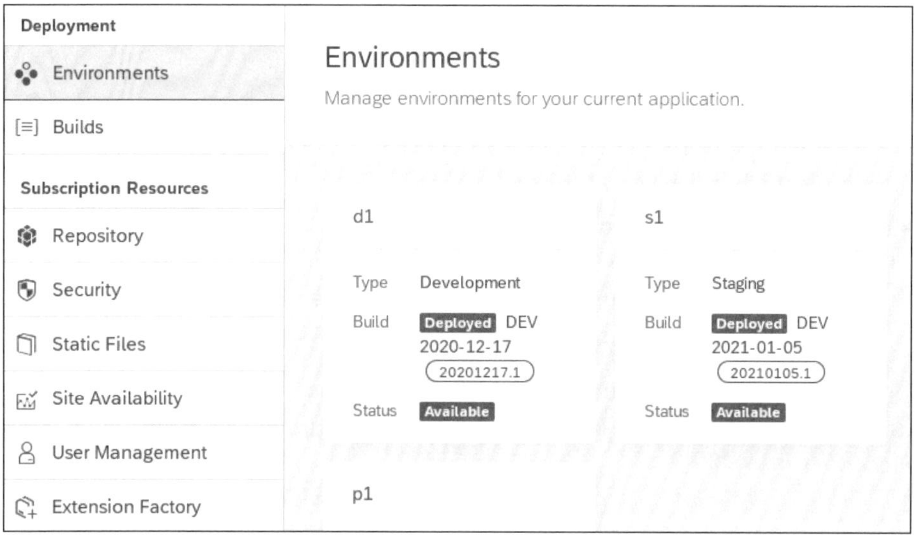

Abbildung 3.36 SAP-Commerce-Cloud-Portal

3.11.1 Environments

Im Menüpunkt **Environments** wird eine Übersicht über die provisionierten Umgebungen, als Kacheln dargestellt, geboten, wobei mit einem Klick auf eine der Kacheln zu konkreten Verwaltungsmöglichkeiten abgesprungen werden kann. Die sogenannten *Endpoints* der jeweiligen Umgebung können hier konfiguriert werden. Es können flexibel URLs und das jeweilige Zertifikat hinzugefügt sowie IP-Filter hinterlegt werden, damit gewisse Endpoints nur von definierten IPs aufgerufen werden können. Des Weiteren ist ersichtlich, ob die Umgebung in einem guten Zustand ist (siehe Abbildung 3.37).

Falls in der Umgebung Probleme bestehen, ist dies in der Kachel **Monitoring** ersichtlich. Unter **Status** würde die Summe der Probleme ausgegeben und mit einem Klick auf den Button wird Dynatrace geöffnet. Dynatrace ist eine umfassende Monitoring-Lösung, die immer mit ausgeliefert wird.

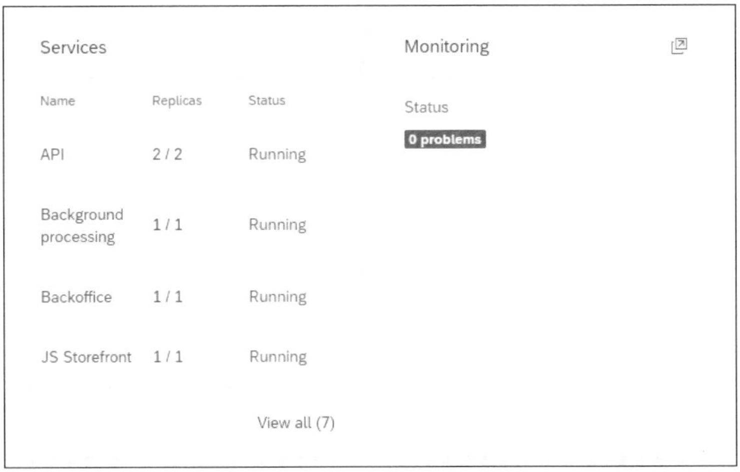

Abbildung 3.37 Beispiel für eine »gesunde« Umgebung in der SAP Commerce Cloud

3.11.2 Builds und Deployments

Im SAP-Commerce-Cloud-Portal können jederzeit *Builds* angestoßen und im Anschluss in der gewünschten Umgebung deployed werden. Um einen Build starten zu können, muss zunächst ein öffentlich erreichbares Git Repository hinterlegt werden, aus dem kundeneigener Programmcode und Konfigurationsdateien geladen werden können. Im Anschluss daran können über eine einfache Oberfläche Builds gestartet werden. Falls bereits Continuous Integration oder Continuous-Delivery-Prozesse vorhanden sind, besteht ebenfalls die Möglichkeit Builds per Web-API anzustoßen, um eine durchgehende Automation der Prozesse zu erreichen. Die Historie aller Builds ist jederzeit einzusehen (siehe Abbildung 3.38).

Abbildung 3.38 Übersicht über alle Builds

Nachdem ein Build erfolgreich erzeugt worden ist, kann dieser in der gewünschten Umgebung deployed werden. Hier besteht analog zu den Builds, die Möglichkeit, das Deployment per Weboberfläche oder zwecks Automatisierung durch Ansprechen einer Web-API durchzuführen. Mit Klick auf den Namen eines Builds öffnet sich eine Oberfläche, in der die Parameter für das Deployment angegeben werden müssen (siehe Abbildung 3.39).

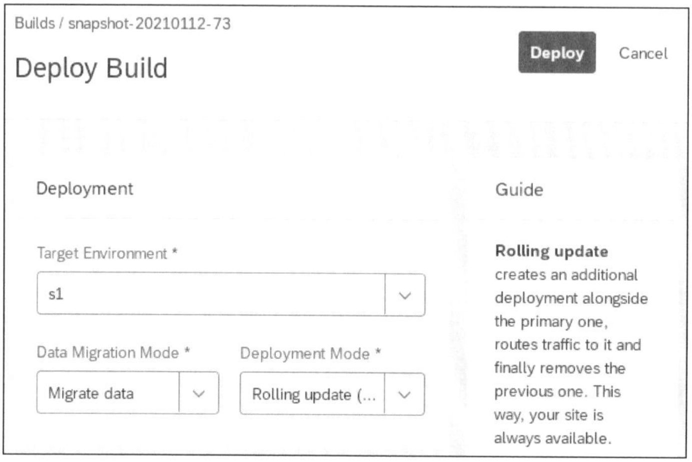

Abbildung 3.39 Veröffentlichung eines Builds

Neben der Zielumgebung (**Target Environment**) können Sie auswählen, ob eine Datenbankmigration für das Deployment notwendig ist (**Data Migration Mode**) und in welcher Art deployed werden soll (**Deployment Mode**). Über den Deployment Mode kann gesteuert werden, ob das Deployment ohne Verfügbarkeitseinschränkung (Zero Downtime Deployment oder Rolling Deployment) oder mit Verfügbarkeitseinschränkung durchgeführt werden soll. Grundsätzlich empfiehlt es sich in einer produktiven Umgebung, immer ohne Verfügbarkeitseinschränkung zu deployen, um zu vermeiden, dass Besucher eine Wartungsseite sehen.

3.11.3 Sicherheitsmaterial und statische Dateien

Innerhalb des SAP-Commerce-Cloud-Portals kann Sicherheitsmaterial in Form von Zertifikaten, Keystores und Passwörtern abgelegt werden, sodass diese sensiblen Objekte nicht offen in der Codebasis liegen müssen. Das Sicherheitsmaterial kann verschiedenen Umgebungen und/oder einzelnen Endpunkten zugewiesen werden. Darüber hinaus können sogenannte Static File Sets in der Weboberfläche angelegt werden, in denen z. B. eine statische Wartungsseite abgelegt kann. Diese Wartungsseite wird automatisch geschaltet, wenn die Umgebung aktiv in den Wartungsmodus gesetzt wird, oder wenn ein Deployment mit Verfügbarkeitseinschränkung gestartet wird.

3.12 SAP Upscale Commerce

SAP Upscale Commerce ist eine der neueren Kernlösungen von SAP Customer Experience für das klassische B2C-Geschäft, bei dem ohne Programmierung in wenigen Tagen auf jedem Endgerät ein Shop aufgebaut werden kann.

Mit SAP Upscale Commerce bietet SAP eine cloudbasierte *Software-as-a-Service-Lösung* (SaaS-Lösung) an. Ohne Programmierung kann damit schnell ein auf jedes Endgerät zugeschnittener Webshop erstellt werden. Die Mobile-first-Strategie, die künstliche Intelligenz (KI) oder die vorinstallierten Bezahlungssysteme sind nur einige Highlights der neuen B2C-Lösung.

Durch vorhandene und erweiterbare API-gesteuerte Mircoservices können Backend-Systeme oder spezielle progressive Web-Apps eingebunden werden. SAP Upscale Commerce wurde primär für den mobilen Einsatz entwickelt, kann aber durch eine automatische Erkennung des Gerätetyps das native Ergebnis für jedes Endgerät optimieren. Neben der Omnichannel Experience ist ein Distributed Order Management (verteiltes Auftragsmanagement) vorhanden, um Funktionen wie BOPIS (Buy Online Pick Up In Store) anbieten zu können. Dies bedeutet, dass der Kunde die Ware nach dem Online-Kauf anschließend in der Filiale vor Ort abholen kann. Ein weiteres Beispiel für den B2C-Anwendungsbereich ist die In-Store-Funktion, mit der ein Kunde die Möglichkeit hat, die Filialverfügbarkeit von Produkten zu prüfen.

3.12.1 Codefreies Entwickeln von Oberflächen

Mit dem Experience Builder, auf Abbildung 3.40 zu sehen, können Sie ohne Programmierkenntnisse Webshop-Oberflächen für jeden Kanal und jedes Endgerät erstellen.

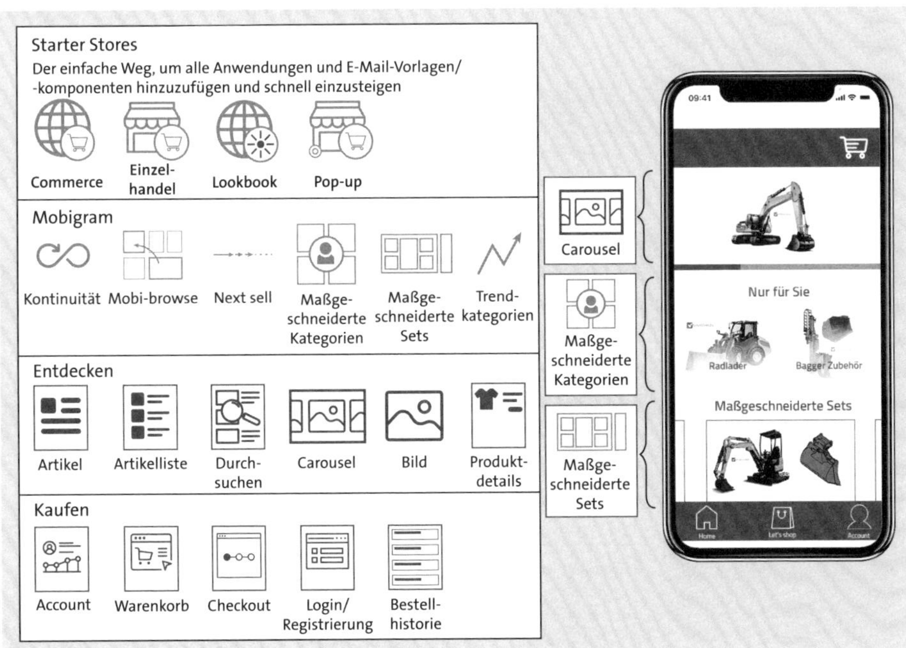

Abbildung 3.40 Experience Builder mit Drag-&-Drop-KI-Widgets

In der Workbench finden Sie eine Vielzahl von Seitenvorlagen und Komponenten, mit denen Sie per Baukastenprinzip fertige Webshop-Seiten für jedes Endgerät zusammenfügen können. Darüber hinaus können Sie aus einer Vielzahl von vorkonfigurierten Seitenvorlagen auswählen.

3.12.2 Headless ReadyAPIs (Mirco-Services)

Das SAP-Commerce-Cloud-System bietet eine Microservice-Architektur an, mit der bestehende Backend-Systeme angebunden werden können. Des Weiteren können auch andere kommerziell entwickelte Mircoservices verwendet werden. Out of the box sind z. B. schon einige Payment-Anbieter wie Adyen, Worldpay oder Cybersource angebunden. Des Weiteren können auch andere Payment-Dienstleister angebunden werden.

Das System bietet alle Funktionen für ein *Cross-Channel Distributed Order Management*. Hierdurch kann der komplette Bestellprozess abgedeckt werden. Fulfillment-Optionen wie das Dropshipping, das Abholen oder die Lieferung aus einer Filiale sind ebenso Bestandteil dieser Funktion wie die Sourcing-Strategien. Durch diese können beispielsweise mehrere Spediteure eingebunden werden. Ebenso sind virtuelle oder auch gedruckte Pick-und-Pack-Listen Teil des Distributed Order Managements. Generell kann der Händler individuell entscheiden, welche Funktionen er nutzen möchte, da diese konfigurierbar sind. Abbildung 3.41 zeigt Ihnen die Funktionen des Distributed Order Managements.

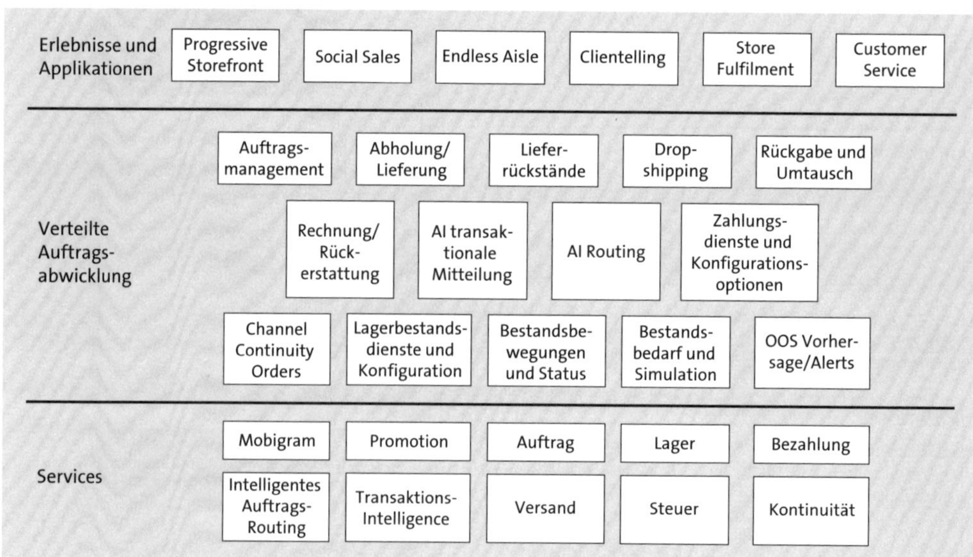

Abbildung 3.41 Funktionen des Distributed Order Managements

3.12.3 Mobigram (Merchandizing/Content Management)

Die eingebettete künstliche Intelligenz ermöglicht es, dass das SAP Upscale Commerce stetig dazu lernt. Das Mobigram, ein KI-betriebenes, persönliches Schaufenster optimiert dynamisch das Produktsortiment bei jedem Aufruf. Hierdurch wird die Personalisierung mit einer kundenspezifischen Werbung sowie das Anpassen der Oberflächen an die Präferenzen der Kunden intelligent und automatisiert ausgespielt (siehe Abbildung 3.42).

Die Platzierung von Produkten kann dynamisch nach Regeln, wie beispielsweise des Bestands, des Preises, der Anzahl verkaufter Produkte oder auch in Zeiträumen vorgenommen werden.

Durch das bereits integrierte PIM-System von SAP Upscale Commerce können Attribute einfach generiert oder importiert werden.

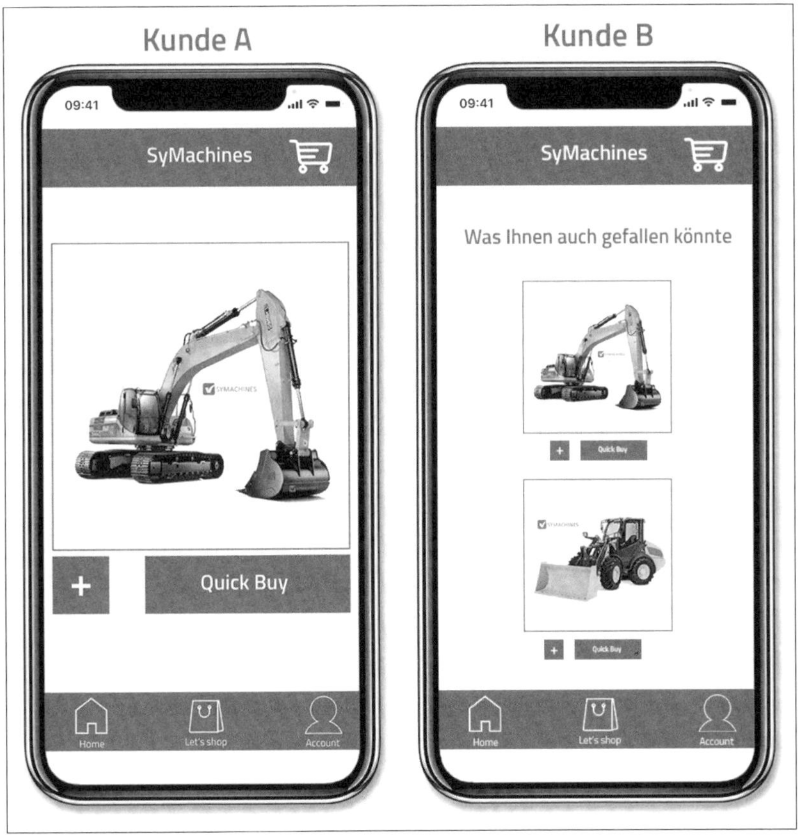

Abbildung 3.42 Kundenspezifische Oberflächen mit Real Time Digital Category Management

Kurzum: Sie können mit SAP Upscale Commerce in wenigen Tagen einen B2C-Webshop produktiv setzen. Die weitere Pflege und Verbesserungen des Systems im laufenden Betrieb werden durch die KI optimiert, und die weiteren oben aufgeführten Funktionen und Anpassungsmöglichkeiten führen zu geringen Total Costs of Ownership (TCO).

3.13 Integrative Szenarien

Die SAP Commerce Cloud bietet immense Möglichkeiten und kann – richtig integriert – die zentrale Instanz für übergreifende SAP-Customer-Experience-Prozesse sein. Die Integration Ihrer SAP Commerce Cloud mit anderen Systemen erweitert nicht nur die Anwendungsmöglichkeiten, sondern erlaubt den kontinuierlichen Datenaustausch und das synergetische Zusammenspiel von Fachbereichen, IT und Kunde. Erfahren Sie in diesem Abschnitt mehr über die Integrationsmöglichkeiten.

Die SAP Commerce Cloud lässt sich mit einer Vielzahl von Produkten und Services verbinden, um so den Austausch von Daten zu ermöglichen. Ihre Cloud- und On-Premise-Anwendungen lassen sich über die SAP Integration Suite anbinden. Die SAP Integration Suite als Teil der SAP Business Technology Platform, ist eine Middleware-Lösung die mit standardisierten Clouds die Verbindung zwischen Systemen sowie Services ermöglicht. Sie erlaubt Ihnen, eventbasierte Microservices aus Ihrer SAP Business Technology Platform zu konsumieren, um so den Funktionsumfang Ihrer SAP Commerce Cloud zu erweitern (siehe Abschnitt 15.1.3, »SAP Extension Suite«, und Abschnitt 15.2, »SAP BTP, Kyma Runtime«).

Im Folgenden gehen wir beispielhaft auf einige Integrationsszenarien ein. In Teil III erhalten Sie tiefgreifende Eindrücke von den vielseitigen Möglichkeiten der Integrationen in weitere Customer-Experience-Lösungen von SAP.

3.13.1 SAP Integration Suite

Die SAP Integration Suite ist eine cloudbasierte Integrationsplattform. Wie in Abbildung 3.43 zu sehen, unterstützt sie eine End-to-End-Prozessintegration zwischen Anwendungen (Application-to-Application), zu Geschäftspartnern (Business-to-Business) und zu öffentlichen Behörden (Business-to-Governance).

Die SAP Integration Suite ermöglicht Ihnen die Anbindung von verschiedenen Anwendungen, SAP- und Nicht-SAP-Systemen, sowohl in der Cloud als auch on-premise auf der Basis von OData-Schnittstellen.

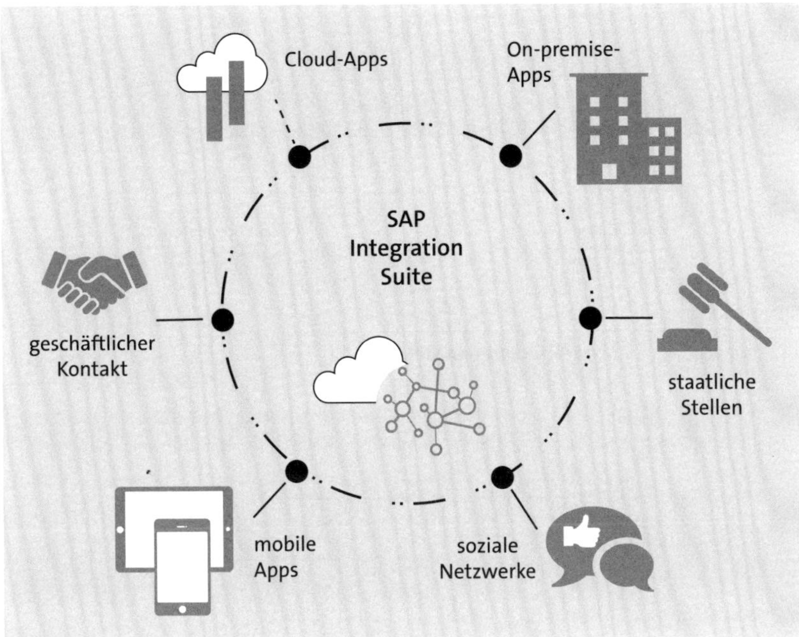

Abbildung 3.43 Funktionen der SAP Integration Suite

Die SAP Integration Suite ist Dreh- und Angelpunkt für die Verarbeitung einkommender Nachrichten der angeschlossenen Systeme. Sogenannte Integration Flows, kurz iFlows, verarbeiten die Nachrichten, führen Konvertierungen für diverse Protokolle sowie *Mappings* durch und routen die Nachrichten anhand des Nachrichteninhalts an den richtigen Empfänger weiter.

Für einen schnellen Start können Sie vorgefertigte Integrationsszenarien nutzen, diese an Ihre Bedürfnisse anpassen oder eigene iFlows entwickeln.

Abbildung 3.44 stellt eine beispielhafte Integration zwischen einem On-Premise-S/4HANA-Backend-System und einer SAP Commerce Cloud mithilfe der SAP Integration Suite dar.

Die Stammdaten des Produkts P10000931 werden per MATMAS-IDoc an die SAP Integration Suite gesendet. Ein iFlow für die Verarbeitung von Materialdaten nimmt ein Mapping der IDoc-Attribute auf die Attribute eines *OData*-Objekts vor. Eine Validierung prüft die Vollständigkeit und Korrektheit der Daten und protokolliert Fehler sowie Verarbeitungsinformationen.

Die Produktdaten werden in Form eines OData-Objekts an die SAP Commerce Cloud versendet und dort als Produkt gespeichert.

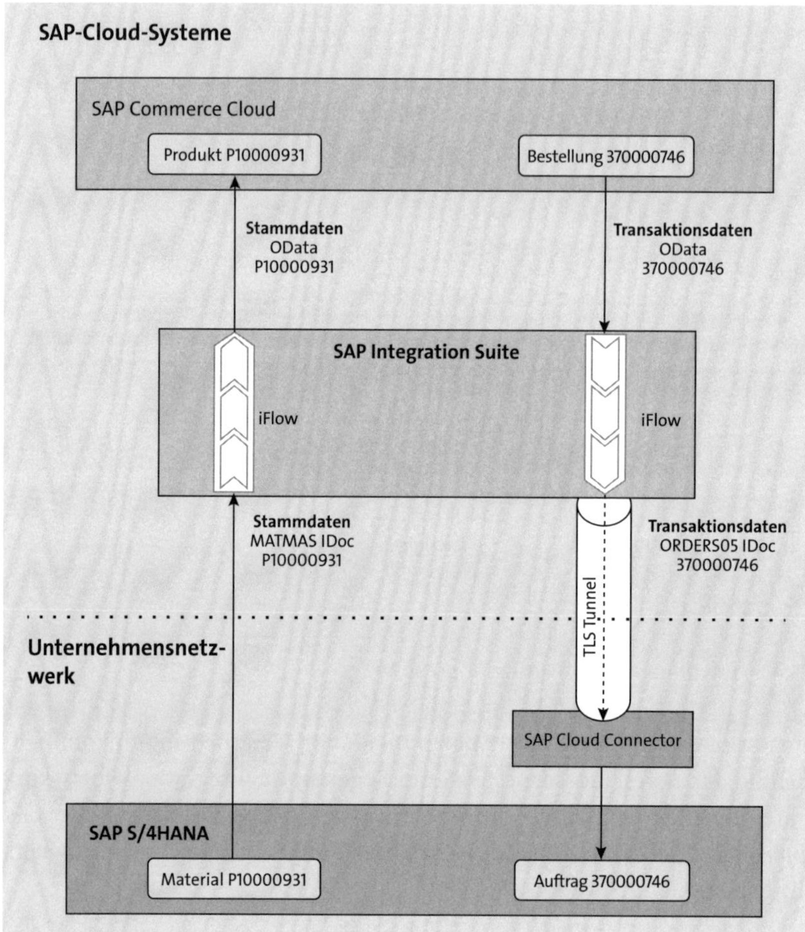

Abbildung 3.44 Stammdaten und Transaktionsdaten mithilfe von Integration Flows übertragen

Wenn Daten der SAP Commerce Cloud an das On-Premise-Backend-System geschickt werden, kommt als zusätzliche Komponente der *Cloud Connector* hinzu. Dieser ist innerhalb des Unternehmensnetzwerkes installiert und baut einen verschlüsselten TLS-Tunnel zwischen der SAP Integration Suite und dem Unternehmensnetzwerk auf. Dieser sorgt einerseits für die sichere Übertragung der Daten und fungiert zusätzlich als *Reverse Invoke Proxy*. In dieser Rolle übernimmt der Cloud Connector die Ermittlung des Zielsystems für die Daten. Die SAP Integration Suite sendet die Daten an ein Zielsystem, das sich hinter einem sogenannten *Virtual Host* verbirgt. Der Virtual Host ist ein Alias für das Zielsystem, anhand dessen der Reverse Invoke Proxy das tatsächliche System identifizieren kann. Auf diese Weise verteilt der Cloud Connector alle eingehenden Informationen an die Zielsysteme, ohne dass die sensiblen Systeminformationen außerhalb des Unternehmensnetzwerkes bekannt gegeben werden.

In dem Beispiel in Abbildung 3.44 wird die Bestellung 370000746 als OData-Objekt an die SAP Integration Suite gesendet. Der iFlow verarbeitet diese Daten und stellt ein ORDERS05-IDoc für das Backend-System bereit. Dieses wird von der SAP Integration Suite an den Cloud Connector versendet. Anhand des Virtual Hosts ermittelt der Cloud Connector das korrekte Zielsystem, und der Auftrag wird in SAP S/4HANA gespeichert.

Die Stamm- und Transaktionsdaten werden aus dem Backend-System an die SAP Integration Suite versendet. Um z. B. Materialdaten zu übertragen, sendet SAP S/4HANA ein MATMAS-IDoc an die SAP Integration Suite. Der iFlow verarbeitet diese Nachricht, identifiziert den Empfänger und sendet die Daten in Form eines OData-Objekts an die SAP Commerce Cloud. Dort werden die Daten als Produkt abgespeichert.

Detaillierte Informationen zur SAP Integration Suite finden Sie in Abschnitt 15.1.2, »SAP Integration Suite«.

3.13.2 Omni Commerce Connect

Omni Commerce Connect ist eine Schnittstelle für den Zugriff auf die SAP-Commerce-Cloud-Funktionen. Basierend auf RESTful-Webservices können Operationen für die Abfrage und Verarbeitung von Daten genutzt werden.

Omni Commerce Connect kann beispielsweise genutzt werden, um Informationen über Produkte, Preise und Bestände zu ermitteln, Produkte in einen Warenkorb zu legen und einen Bestellvorgang durchzuführen. Diese Schnittstellen können z. B. bei der Verwendung einer App genutzt werden, um im Hintergrund die Daten aus Ihrer SAP Commerce Cloud zu nutzen.

Die Omni-Commerce-Connect-Schnittstelle wird bei der Headless-Lösung Spartacus verwendet. Dabei werden die Daten und Operationen aus dem Frontend im SAP-Commerce-Cloud-Backend gesteuert (siehe Abschnitt 3.8, »Frontend«).

3.13.3 Third-Party-Integration

Durch die Anbindung der SAP Commerce Cloud an Third-Party-Produkte können Funktionen und Prozesse an externe Dienste ausgelagert werden. Mögliche Gründe für die Nutzung sind, dass es bereits spezialisierte Tools gibt, die günstiger und besser als eine Eigenentwicklung wären, oder regulatorische Vorgaben, z. B. die Zahlungsabwicklung, die nur von zertifizierten Diensten übernommen werden darf.

Payment-Integration

Die Payment-Integration ermöglicht Ihnen die Anbindung externer Zahlungsdienstleister für die Abwicklung elektronischer Zahlungen. Auf diese Weise können Sie Ihren Kunden verschiedene Zahlungsmöglichkeiten, wie z. B. Kreditkarten, Sofortkauf oder PayPal anbieten.

Am Ende des Bestellvorgangs müssen Kunden ihre Zahlungsinformationen wie z. B. die Kreditkartennummer sowie deren Gültigkeit in ein vom Zahlungsdienstleister angebotenes Formular eingeben. Die sichere Verarbeitung dieser Daten liegt damit in der Hand des Zahlungsdienstleisters. Das Eingabeformular kann bei Ihnen im Shop eingebunden sein oder wird den Kunden durch einen Absprung auf eine externe Seite bereitgestellt.

Der Zahlungsdienstleister verantwortet den Zahlungsprozess. Dabei wird die Liquidität der Kunden, die Korrektheit der Zahlungsdaten und auf mögliche Betrugsversuche hin geprüft. Im Erfolgsfall wird die Zahlung autorisiert, und die Statusinformationen werden mithilfe von Benachrichtigungen an die SAP Commerce Cloud gesendet, die daraufhin die Weiterverarbeitung startet oder den Abbruch des Bestellvorgangs einleitet.

Zahlungsinformationen werden in der SAP Commerce Cloud aus Sicherheitsgründen nicht gespeichert. Stattdessen werden Token erzeugt, die mit dem Kundenkonto verknüpft werden. Diese Token referenzieren auf die Zahlungsdaten des Kunden beim Zahlungsdienstleister. Auf diese Weise kann der Kunde bei der nächsten Bestellung auf seine Zahlungsdaten zugreifen.

Google Analytics

Die Integration von Google Analytics ermöglicht Ihnen die Analyse des Nutzerverhaltens Ihrer Kunden. Über die Einbindung eines Code-Snippets in die SAP Commerce Cloud wird auf allen Seiten Ihres Shops der Datenverkehr gespeichert, sofern der Kunde seine Zustimmung dafür gibt. Diese Daten geben Ihnen Informationen über die Herkunft der Nutzerinnen und Nutzer, die durchschnittliche Verweildauer der Kunden auf der jeweiligen Seite darüber, welche Seiten, z. B. Produktseiten, derzeit sehr gefragt sind.

Für die Einbindung wird lediglich ein Google-Analytics-Account benötigt. Ein bereitgestellter Tracking-Code wird in die SAP Commerce Cloud eingebunden und sendet die Traffic-Informationen an Ihren Google-Analytics-Account. Die Auswertung und Darstellung der Informationen können Sie an Ihre Anforderungen anpassen.

Content Delivery Network

Die Einbindung eines *Content Delivery Networks* (CDN) ermöglicht es Ihnen, Inhalte wie Bilder oder statische Webseiten auf verteilten Servern zu cachen. Ein CDN-Dienstleister stellt diesen Service mithilfe eines Server-Clusters bereit. Große CDN-Dienstleister unterhalten Zehntausende weltweit verteilte Server.

Der Webshop-Content wird durch die SAP Commerce Cloud für das CDN bereitgestellt. Die Server des CDN speichern Kopien dieser Inhalte und cachen diese für eine definierte Zeit, bis diese aktualisiert werden.

Greifen die Kunden auf diese Inhalte zu, wird die Client-Anfrage nicht von der SAP Commerce Cloud beantwortet, sondern durch einen CDN-Server, der entweder die Auslieferung möglichst schnell oder mit möglichst geringer Bandbreite sicherstellt.

Auf diese Weise wird der Traffic auf das SAP-Commerce-Cloud-System verringert und die Performance verbessert.

Chatbot

Der Einsatz eines Chatbots in Ihrem Webshop ermöglicht eine schnelle Reaktion auf Kundenanliegen. Ein Chatbot greift dabei auf eine Wissensdatenbank sowie die Daten Ihres Webshops zu. Damit kann dieser Fragen beantworten, Produkte erklären, Informationen zu Aufträgen und Reklamationen bereitstellen und Hilfestellung bei Problemen, wie z. B. vergessenen Passwörtern, geben.

Einfache Chatbots reagieren auf definierte Keywords, um die Anliegen der Kunden zu erfassen und korrekte Antworten zu geben. Mithilfe von KI können selbstlernende Chatbots realisiert werden. Chatbots sind auf regelmäßiges Training angewiesen, helfen jedoch dabei, Ihren Support durch die Beantwortung von Standardfragen zu entlasten. Detaillierte Informationen zu Chatbots finden Sie in Kapitel 13, »SAP Conversational AI«.

3.14 Fazit

Mit der SAP Commerce Cloud bietet SAP ein hochgradig anpassbares Produkt, das sich an Ihre Anforderungen und organisatorischen Gegebenheiten anpasst und sich nahtlos in Ihre Infrastruktur eingliedert. Sie können die SAP Commerce Cloud sowohl für die Abbildung Ihrer B2C- und B2B-Shop-Lösung nutzen als auch als Kundenportal, Service-Center oder Corporate Website.

Die cloudbasierte Lösung läuft innerhalb einer hochskalierbaren Infrastruktur, deren Hardware dank automatisierter Prozesse besonders ausfallsicher ist. Ein ständiges Monitoring ermöglicht es, schnell auf Änderungen, z. B. auf eine höhere Nutzerauslastung, zu reagieren, um so eine gleichmäßige User er Experience bereitzustellen.

Die SAP Commerce Cloud ist mithilfe eines strukturierten Schichtenmodells umgesetzt. Eine klare Trennung dieser Schichten und der Einsatz etablierter Technologien ermöglicht es Ihnen, zielgerichtet Komponenten an Ihre Bedürfnisse anzupassen oder sie komplett auszutauschen. Themen wie Sicherheit und Persistenz sind durch klare Verantwortlichkeiten und durch die Nutzung von allgemein akzeptierten Frameworks sichergestellt. Durch regelmäßige Updates bleibt Ihre SAP Commerce Cloud State of The Art.

Die auf Angular basierende Frontend-Technologie Spartacus (siehe Abschnitt 3.8, »Frontend«) bietet Ihnen ein abgekapseltes Frontend, das die neusten Webtechnologien im Einsatz hat. Damit haben Sie die Möglichkeit, ein besonderes Nutzererlebnis zu schaffen und sich so von der Konkurrenz abzuheben.

Eine nahtlose Integration in Ihre Infrastruktur wird durch standardisierte Schnittstellen ermöglicht. Ihre Backend-Systeme wie SAP ERP, SAP S/4HANA oder SAP CRM können Sie so für den Austausch von Stamm- und Bewegungsdaten nutzen. Darüber hinaus können Sie weitere SAP-Customer-Experience-Lösungen mit der SAP Commerce Cloud verknüpfen, um Informationen aus der SAP Sales oder Service Cloud im Webshop bereitzustellen oder das Nutzererlebnis durch Rückschlüsse aus der SAP Marketing Cloud zu erhöhen. Standardisierte Schnittstellen lassen eine breite Integration in Third-Party-Systeme zu, wodurch Sie bestehende Services und Funktionen wie Payment-Service-Provider, Chatbots oder Analysetools einbinden können.

Mitgelieferte Komponenten, wie z. B. das SAP Product Content Management, ermöglichen es Ihnen, Produkte um weitere Informationen anzureichern, diese zu verwalten und durch definierte Workflows zu administrieren. Das WCMS erlaubt es Ihnen, nutzerzentrierten Content zu generieren und für einzelne Nutzergruppen auszuspielen.

Die SAP Commerce Cloud bietet Ihnen einen hohen Funktionsumfang, den Sie auf Ihre Bedürfnisse anpassen können. Unzählige Integrationsmöglichkeiten ermöglichen den Aufbau hochkomplexer Webshops. Alles in allem steht die SAP Commerce Cloud nicht nur für ein Shop-System, sondern die SAP Commerce Cloud bietet vieles mehr.

Kapitel 4
SAP-Customer-Data-Lösungen

Alle Kundendaten an einem Ort? Eine Master-Data-Governance-Lösung für alle Funktionen rund um das Customer-Engagement? Und das nicht nur für Unternehmen, sondern auch für die Kunden selbst, um einen Überblick über die Verwendung ihrer Daten zu erhalten? Mit der SAP Customer Data Cloud und der neuen SAP Customer Data Platform macht SAP einen Schritt in diese Richtung.

Harmonisierte und konsistente Kundendaten bilden die Grundlage für eine abgestimmte und zielgerichtete Kundenansprache im Rahmen der Customer Journey. Notwendig ist folglich die Zusammenführung von Identitätsdaten eines Kunden aus verschiedenen Datenquellen und Kanälen wie Shop, Kundenportal, Social Media oder Marketingsystemen anhand eindeutiger Kriterien in einem zentralen Kundenprofil. SAP Customer Data Solutions ermöglichen dies über die verschiedenen SAP-Customer-Experience-Lösungen und darüber hinaus.

Dabei fokussiert die SAP Customer Data Cloud auf die Integration von Kundendaten im Marketing- und Vertriebskontext (siehe Abschnitt 4.2). Dazu liefert sie Funktionen zur Benutzerregistrierung und zur Benutzer- und Profilverwaltung – und alles unter der Berücksichtigung von strenger werdenden legalen Regularien wie Datenschutz-Grundverordnung (DSGVO), California Consumer Privacy Act (CCPA) und weiteren Vorschriften. In älteren Dokumentationen ist die SAP Customer Data Cloud übrigens noch mit der Bezeichnung *Gigya* zu finden. Gigya wurde 2017 von SAP akquiriert und bildet die Grundlage für die Lösung SAP Customer Data Cloud.

Die andere Säule neben der Customer Data Cloud bildet die aktuell neueste Lösung im SAP-Customer-Experience-Portfolio – die SAP Customer Data Platform (siehe Abschnitt 4.3). Hier erfahren Sie, wie Sie Kundendaten aus unterschiedlichsten Quellen in Front- und Backoffice-Systemen verbinden und wie Sie diese Daten aggregieren und wiederum an Zielsysteme wie Marketingautomatisierungssysteme, Webshops, Portale, Vertriebssysteme usw. ausspielen.

4.1 Einführung

Bevor in diesem Abschnitt die einzelnen Funktionen der SAP-Customer-Data Lösungen betrachtet werden, geben wir Ihnen einen kurzen Überblick über die Bestandteile der Lösungen (siehe Abbildung 4.1). Die SAP Customer Data Cloud umfasst verschiedene Softwareprodukte, die teilweise dieselben Komponenten nutzen. Man kann die Lösungen also aus einer lizenzorientierten und aus einer technischen Sicht betrachten.

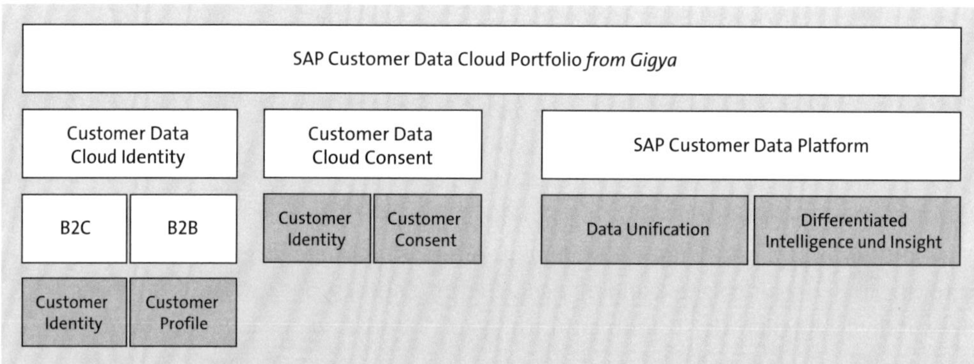

Abbildung 4.1 Überblick über die Bestandteile der SAP Customer Data Cloud

Dieses Kapitel folgt der funktionalen Sicht und erläutert die einzelnen Bestandteile im Detail.

Mit der jüngst eingeführten SAP Customer Data Platform wird der Funktionsumfang für den Aufbau von Kundenprofilen deutlich über den Marketing- und Vertriebskontext hinaus erweitert. Das heißt, dass die SAP Customer Data Platform alle Unternehmensbereiche und den gesamten Lead-to-Cash-Prozess inklusive Aftersales und damit interne sowie externe Datenquellen erfasst.

4.2 SAP Customer Data Cloud

Die SAP Customer Data Cloud unterstützt die Schritte zum Aufbau einer Kundenbeziehung und daraus abgeleitet eines Kundenprofils durch eine Reihe von Funktionen. Diese lassen sich in die drei folgenden Kategorien einteilen, die jeweils eine bestimmte Zielsetzung im Onboarding-Prozess verfolgen:

- **Connect**
  Kundenregistrierung von Kunden auf Webseiten, Shops oder Kundenportalen und deren Identifikation über verschiedene Plattformen und Systeme eines Unternehmens hinweg. Erreicht wird dies über entsprechende Registrierungsservices mit

Progressive-Profiling-Funktionen sowie der Integration von sogenannten *Social Logins*.

- **Collect**
  Konsolidierung, Organisation und Aggregation der Kundendaten und Aufbau eindeutiger Kundenprofile unter der Berücksichtigung legaler Aspekte und des Kundenwillens in Form von erteilten oder nicht erteilten Einwilligungen.
- **Convert**
  Integration von Kundenprofilen und gesammelten Daten mit Marketing-, Vertriebs- und Servicesystemen zur optimierten Kundenansprache und Schaffung von Mehrwert aus Kundensicht. Dies wird durch entsprechende Konnektoren oder offene Schnittstellen erreicht.

In Abbildung 4.2 werden der Prozess und das Zusammenspiel dieser aufgelisteten Funktionsbereiche abgebildet.

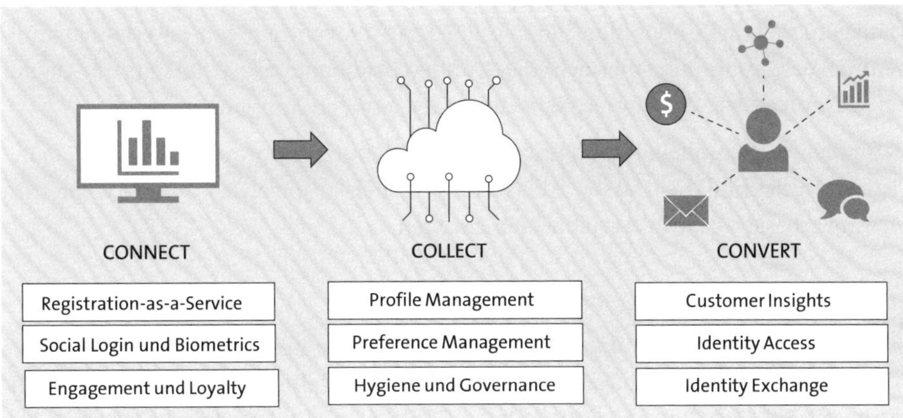

Abbildung 4.2 Prozess und Zusammenspiel der Komponenten der SAP Customer Data Cloud

Abbildung 4.3 zeigt ein typisches Integrationsszenario dreier SAP-Customer-Experience-Lösungen. Zur Registrierung von Neukunden in einem SAP-Commerce-basierten Webshop werden die Services der SAP Customer Data Cloud zur Registrierung und Erfassung von Marketingeinwilligungen in die SAP Commerce Cloud integriert. Über das Zusammenspiel mit der SAP Marketing Cloud werden die Kundenprofile unter Berücksichtigung der Marketingeinwilligungen mit der SAP Marketing Cloud geteilt. Dort helfen die erfassten Profildaten aus der SAP Customer Data Cloud beim Aufbau segmentspezifischer Marketingkampagnen und ermöglichen damit eine optimierte Kundenansprache (siehe Abbildung 4.3).

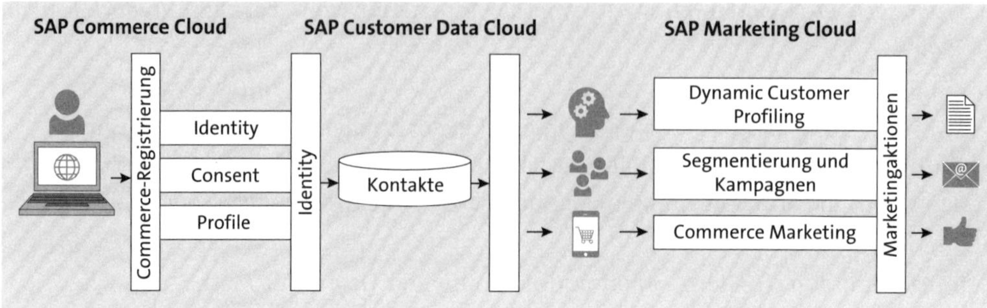

Abbildung 4.3 Zusammenspiel von SAP Commerce Cloud, SAP Customer Data Cloud und SAP Marketing Cloud

4.2.1 Customer Identity

Customer Identity (auch bekannt als Registration-as-a-Service) ist eine Lösung zum Management von Kundenidentitäten und Zugriffsberechtigungen. Sie erlaubt Unternehmen das Zusammenspiel zwischen Kunden bzw. Benutzern einerseits und digitalen Ressourcen wie Webshops, Webseiten oder mobilen Apps andererseits.

Dafür bietet Customer Identity Funktionen, um Benutzerinformationen z. B. über Registrierungsformulare erfassen zu lassen, sie sicher zu speichern und sie wiederum für ein verbessertes Nutzererlebnis einzusetzen.

Customizing von Customer Identity

Customer Identity unterstützt die üblichen Registrierungs- und Login-Prozesse als vorkonfigurierte Prozessflüsse (*Flows*). Diese sind vordefiniert und somit direkt einsatzbereit. Sie enthalten alle notwendigen UI-Elemente für Prozessschritte wie z. B.:

- Login/Registrierung
- Passwort vergessen
- Profilaktualisierung
- Wieder-Authentifizierung
- Lite Registration (Minimalregistrierung mit nur einer E-Mail-Adresse)
- Benutzerkontenverknüpfung

Die notwendigen E-Mail-Templates, die im Rahmen der Flows an Benutzer gesendet werden müssen (z. B. E-Mail-Bestätigung), sind ebenfalls Bestandteil von Customer Identity. Ebenso wie die UI-Elemente können sie mittels entsprechender Werkzeuge unternehmensspezifisch angepasst oder erweitert werden.

Der Werkzeugkasten umfasst dabei z. B.:

- **UI Builder**
  Ein WYSIWYG-Tool, um die einzelnen Screens der Flows um weitere Felder oder Plug-ins wie eine CAPTCHA-Verifizierung zu ergänzen oder die getriggerten E-Mails zu verknüpfen (siehe Abbildung 4.4).

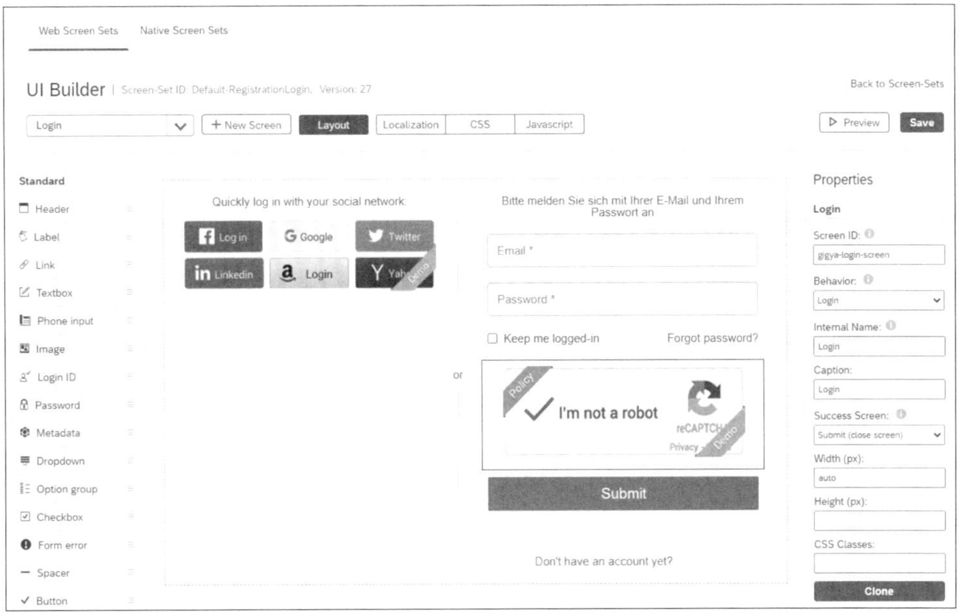

Abbildung 4.4 WYSIWYG-UI-Builder zur Anpassung der Screens

- **CSS und Markup**
  Erweiterte Optionen zur UI-Anpassung mittels HTML und CSS Files.
- **Policies**
  Anpassung der Policies für die Registrierung und Anmeldung entsprechend den Unternehmensrichtlinien, also z. B. Passwortlängen und -Vorgaben, Zwei-Faktor-Authentifizierung und generierte E-Mails.
- **Conditional Workflows**
  Zur Umsetzung von Flow-Varianten, je nach Benutzereingaben.

Authentifizierungsoptionen

Kunden nutzen die unterschiedlichsten Geräte und Apps – und damit verbunden sind verschiedene Wege, um sich zu identifizieren. In vielen Bereichen haben mobile Anwendungen Desktop-Anwendungen abgelöst. Zusätzlich mache viele Kunden von Vereinfachungen wie Social Logins Gebrauch. Aus diesem Grund unterstützt auch Customer Identity eine Bandbreite von Authentifizierungsoptionen:

- **Social Login**
  Benutzer können sich mittels ihrer vorhandenen Profile in einem sozialen Netzwerk registrieren und authentifizieren. Kommunikation und Datenaustausch zwischen den Plattformen und der SAP Customer Data Cloud erfolgen im Hintergrund über Schnittstellen. Abbildung 4.5 verdeutlicht das Social Login mit den unterschiedlichen Plattformen.

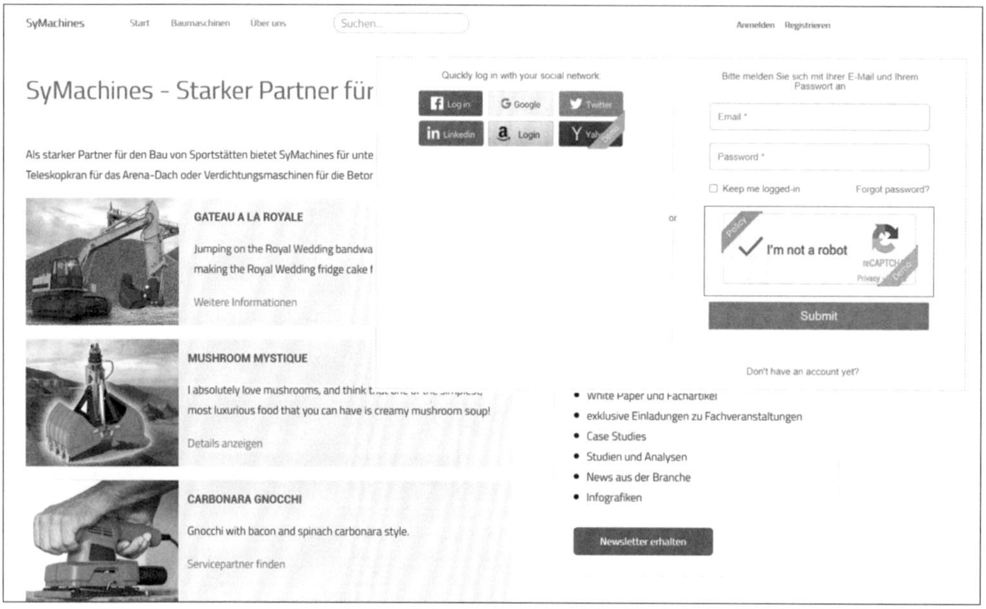

Abbildung 4.5 Social-Login-Optionen zum Login in ein Kundenportal

- **Federation**
  Unterstützt Protokolle wie SAML und OpenID Connect.
- **Passwordless – Telefon-Login**
  Erlaubt das Authentifizieren ohne Passwort, z. B. über Telefonnummer und Einmalcodes, die an die Telefonnummer gesendet werden.
- **Passwordless – Push-Authentifizierung**
  Erlaubt das Authentifizieren ohne Passwort über eine Mobile Push Message auf eine mobile App.
- **Single Sign-On (SSO)**
  Ermöglicht die Authentifizierung über verschiedene unternehmensweit implementierte Anwendungen wie Kundenportal, Shop oder mobile App mit nur einem Login.

Progressive Profiling

Progressive Profiling beschreibt einen stufenweisen Prozess zur Erfassung von Benutzerdaten. Dabei folgt der Prozess dem Lebenszyklus der Benutzer- oder Kundenbeziehung und erfragt nur die zum jeweiligen Zeitpunkt relevanten Daten. Damit kann die Hürde für Registrierungen und zum Teilen von Informationen gesenkt und die Benutzerakzeptanz gesteigert werden.

Dem Prozess folgend, verändern sich auch die Formulare und UIs von Customer Identity, abhängig von eingetretenen Events oder erfüllten Bedingungen. Abbildung 4.6 zeigt ein Beispiel, in dem die Formulare je nach vorhandenen Daten ausgesteuert werden. Hat der Benutzer z. B. während eines vorangegangenen Besuches schon den Unternehmensnamen angegeben, wird beim nächsten Login direkt auf das nächste Bild verzweigt.

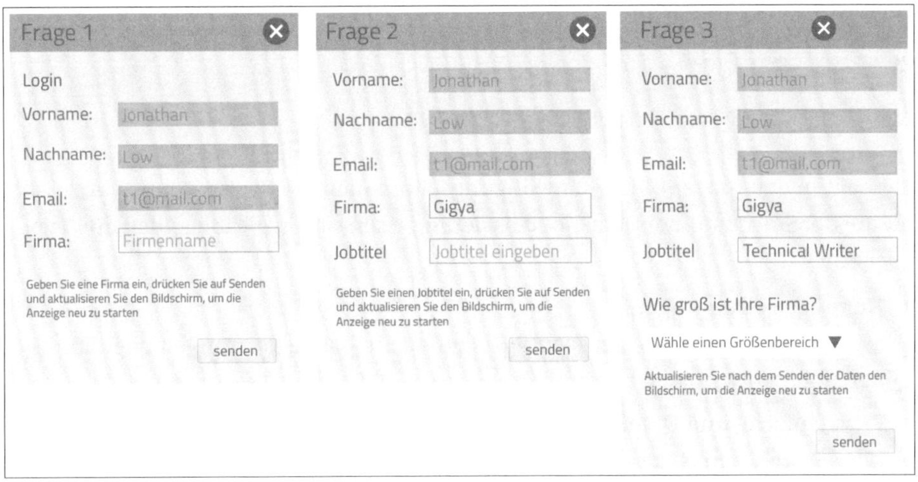

Abbildung 4.6 Progressive Profiling bei der Registrierung eines B2B-Kontakts

Die Implementierung von Progressive-Profiling-Funktionen in einer Webseite erfolgt z. B. durch die Implementierung eines Java Code Snippets auf der Webseite zum Tracking der relevanten Events. Dieses Code Snippet wiederum kommuniziert mit dem Web SDK, das den Zugang zur SAP Customer Data Cloud Platform sicherstellt.

4.2.2 Customer Consent

Customer Consent ist die Komponente in der SAP Customer Data Cloud um Privatsphäre, Präferenzen und Einwilligungen von Nutzern sicher und in Übereinstimmung mit international gültigen legalen Regularien zu verwalten. Das geschieht in dem Selbstverständnis, dass die Nutzer selbst Transparenz und Kontrolle über ihre Daten und deren Verwendung behalten sollen.

Dabei wird ein Preference Center verwendet, über das die Nutzer jederzeit die Möglichkeit haben, ihre Daten einzusehen und, falls notwendig, auch zu ändern. Abbildung 4.7 stellt den Prozess im Customer Consent dar.

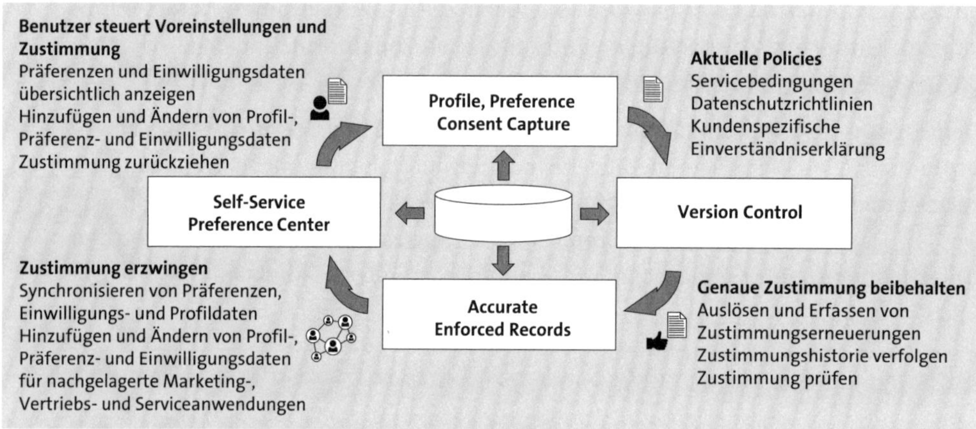

Abbildung 4.7 Consent Management im Überblick

Element in der Consent- oder Einwilligungs-Statements in Registrierungsprozessen, die auf der SAP Customer Data Cloud basieren, lassen sich in die folgenden drei Typen gliedern:

- **Nutzungsbedingungen**
  Müssen von den Nutzern akzeptiert werden, um Dienstleistungen oder Funktionen überhaupt nutzen zu können.
- **Privatsphäre- und Datenschutzbedingungen**
  Müssen von den Nutzern akzeptiert werden, um Dienstleistungen oder Funktionen überhaupt nutzen zu können.
- **Andere Consent Statements**
  Diese können frei konfiguriert werden und als Muss- oder optionale Bedingungen festgelegt werden.

Neben dem Neuanlegen von Consent Statements, sind Versionsverwaltung und Überwachung der Benutzer hinsichtlich des Vorhandenseins gültiger Einwilligungen zentrale Funktionen der SAP Customer Data Cloud. So kann z. B. festgelegt werden, dass bei Versionsänderungen von Nutzungsbedingungen die Benutzer beim nächsten Login aufgefordert werden, die neueste Version der Nutzungsbedingungen zu akzeptieren. Abbildung 4.8 zeigt die Consent Statements im Consent Management Dashboard für die SAP Customer Data Cloud.

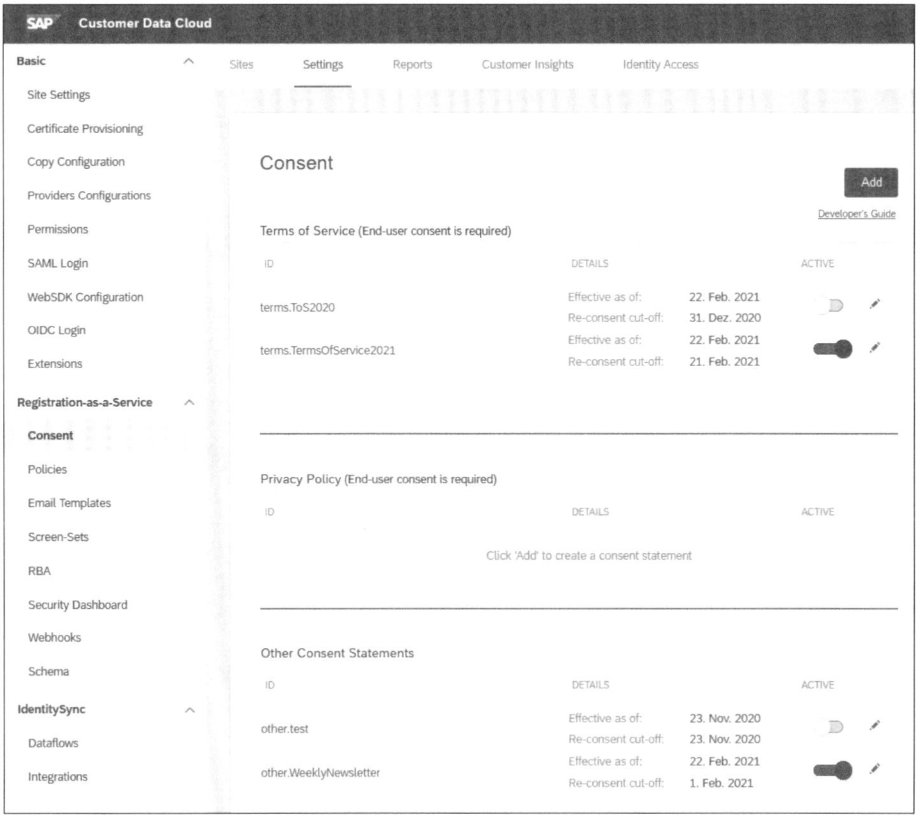

Abbildung 4.8 Neuanlage, Verwaltung und Versionierung von Consent Statements im Consent Management Dashboard

Communication Preferences

Neben dem Management von Einwilligungen ist das Management von Kommunikationskanälen eine zentrale Funktion innerhalb von SAP Customer Data Cloud Customer Consent. So lassen sich Kanäle einerseits und Abonnements bzw. Subskriptionen der Kunden oder Kontakte andererseits in einem anpassbaren Tool abbilden. Communication Preferences liefert also Prozesse und Datenstrukturen um Opt-in- bzw. Opt-out-Prozesse zu automatisieren sowie den entsprechenden Status, z. B. **Newsletter abonniert**, in den Kundenprofilen festzuhalten.

Preference Center

Das SAP Customer Data Cloud Preference Center integriert Funktionen aus Consent und Preference Management und bildet über ein entsprechendes UI die Schnittstelle zu den Kunden bzw. Benutzern. Benutzer können in den UI Screens des Preference Centers ihre Daten sowie die jeweiligen Einwilligungs- und Subskriptionsstatus einsehen und, falls notwendig, anpassen (siehe Abbildung 4.9).

Damit können Unternehmen aus Sicht ihrer Kunden Vertrauen durch Transparenz aufbauen, denn die Kunden behalten die Hoheit über ihre Daten. Somit stellen die Preference-Center-Funktionen einen wichtigen Baustein einer datenschutzkonformen Kundenkommunikation im Sinne der EU-DSGVO dar.

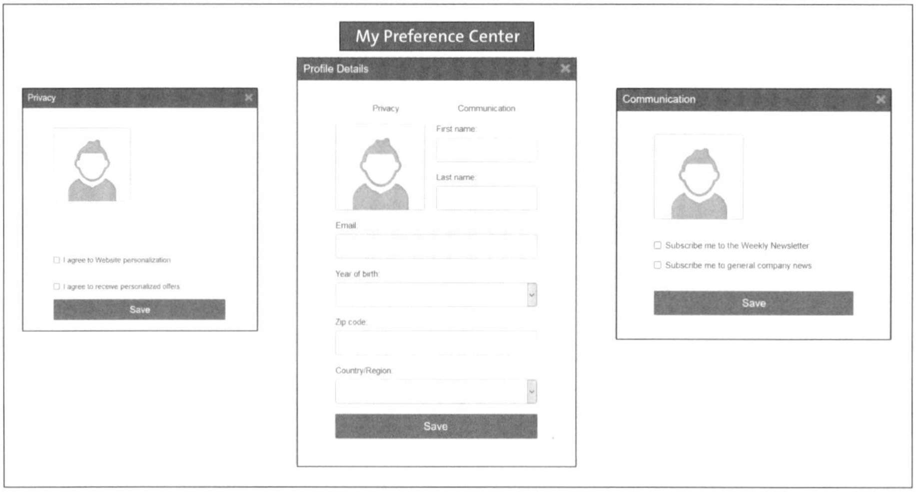

Abbildung 4.9 Preference-Center-Bildschirmmasken zur Anpassung von Kommunikations- und Einwilligungseinstellungen

Lite Registration

Soll die Hürde für den Erstkontakt eines Benutzers oder möglichen Kunden mit einem Unternehmen möglichst gering sein, ist Lite Registration das richtige Mittel. Im Gegensatz zur Full Registration handelt es sich bei der Lite Registration um eine Minimalregistrierung, die nur mit E-Mail-Adresse und ohne Passwort auskommt. Trotzdem besteht damit aus Unternehmenssicht die Möglichkeit, mit dem registrierten Benutzer in Kontakt zu treten, sofern Einwilligungen erteilt bzw. Nutzungsbedingungen akzeptiert wurden.

Eine Lite Registration ist ein hilfreicher erster Schritt zum Aufbau einer längerfristigen Kundenbeziehung. Sie wird deshalb auch als Beginn eines Lead-Management-Prozesses betrachtet. Typische Anwendungsfälle für das Vorschalten einer Lite Registration sind Newsletter-Abonnements, Content-Downloads oder die Teilnahme an Umfragen oder Verlosungen.

SAP Customer Data Cloud liefert alle notwendigen Werkzeuge, um die UI Screens und Datenflüsse zu modellieren. Aus der Lite Registration hervorgegangene Benutzerkonten werden bei später erfolgten Vollregistrierungen selbstverständlich zusammengeführt.

Über ein Lite Preference Center haben Benutzer, die diese Form der Registrierung gewählt haben, jederzeit Zugriff auf ihre Daten und können diese anpassen.

4.2.3 Customer Identity and Access Management for B2B (SAP CIAM)

Customer Identity and Access Management (SAP CIAM) for B2B richtet sich insbesondere an Unternehmen, die mit externen Partnern wie Lieferanten, Beratungen oder Kunden zusammenarbeiten und diesen Zugang zu unternehmensinternen Ressourcen gestatten wollen.

SAP CIAM stellt dazu granular einstellbare Zugriffsberechtigungsverwaltungen, kombiniert mit Berechtigungs- und Identitätsmanagement zur Verfügung. SAP CIAM deckt den gesamten Lebenszyklus einer Partnerbeziehung über verschiedene Funktionen ab (siehe Abbildung 4.10).

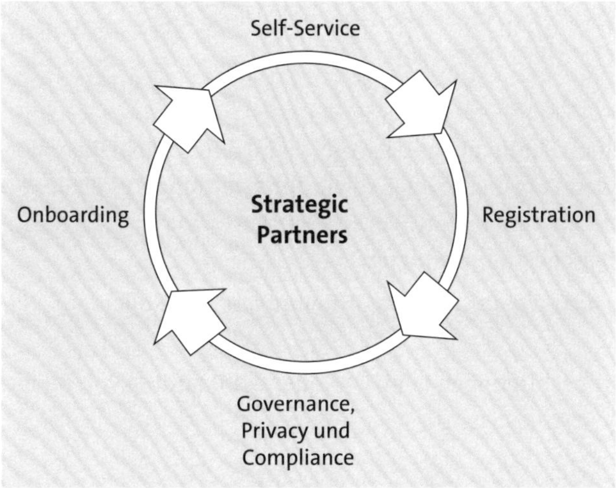

Abbildung 4.10 SAP CIAM: End-to-End-Partner-Lifecycle-Management-Prozess

Partner-Management

Als zentrale Komponente ermöglicht das Partner-Management die Abwicklung aller relevanten Prozesse vom Onboarding bis zur Beendigung der Partnerbeziehung.

- **Partnerorganisationsmanagement**
  Abbildung und Verwaltung von Partnerorganisationen innerhalb von SAP CIAM, auch als Self-Service oder z. B. durch Schnittstellen aus angebundenen Vertriebsautomatisierungssystemen.
- **Selbstregistrierung und Benutzerbereitstellung**
  Unterstützung der Selbstregistrierung neuer Partner, gestützt durch einen Validierungsprozess vor der Benutzeraktivierung.
- **Partner-Administration und Benutzer-Onboarding**
  Verwaltungsfunktionen für Administratoren, um z. B. Einladungsprozesse auszulösen.

- **Delegierte Administration**
  Funktionen für Partneradministratoren, um Partnerbenutzer zu erzeugen, Berechtigungen zu verwalten oder Passwörter zurückzusetzen.

Policy-basierte Berechtigungsverwaltung

- Zur Berechtigungsverwaltung stellt SAP CIAM verschiedene Policy-basierte Optionen zur Verfügung. Diese lassen sich nach Granularität und Zeitpunkt gliedern. Berechtigungsverwaltung auf unterschiedlich granularen Ebenen zur Zugriffsregelung auf Anwendungen, Seiten oder zur Durchführung von Benutzeraktionen mit dynamischer, attributbasierter Zugriffsentscheidung.
- Berechtigungsprüfung zur Laufzeit.

Member Management

- Die Verwaltung der einzelnen Benutzer eines Partners wird durch anpassbare Vorlagen für die entsprechenden Vergabeprozesse sowie durch die Möglichkeit der organisatorischen Strukturierung erleichtert; vorkonfigurierte Flows zur Berechtigungsvergabe für neue oder bekannte Benutzer.
- Zuordnung von Benutzern zu Organisationen, Abteilungen und Rollen zur Vergabe von Berechtigungen.
- Vergabe und Entzug von Berechtigungen beim On- oder Off-Boarding von Benutzern.

4.2.4 Customer Profile

Das Customer Profile bezeichnet den Layer innerhalb der SAP Customer Data Cloud, in dem die gesammelten Daten aus Customer Identity und Customer Consent – also Identitäten und Einwilligungen – gesammelt und abgelegt werden.

Customer Profile ist der zentrale Ort innerhalb der SAP Customer Data Cloud, um die angeschlossenen Webseiten und deren registrierte Benutzer mittels der entsprechenden Managementkonsole zu verwalten. Zusätzlich sind in diesem Layer Werkzeuge zur Anpassung und Konfiguration der Lösung sowie analytische Funktionen enthalten.

Screensets

Die SAP Customer Data Cloud stellt vorkonfigurierte Flows zur Abbildung typischer Registrierungs- und Logon-Prozesse zur Verfügung. Diese Flows präsentieren sich aus Benutzersicht als Abfolge von Bildschirmelementen oder sogenannten *Screensets*. Eine Abfolge dieser Screensets sehen Sie in Abbildung 4.11.

Sämtliche Screensets sind standardmäßig responsiv. Dies bedeutet, dass sie sich automatisch den unterschiedlichen Bildschirmgrößen der genutzten Endgeräte anpassen. Zur Anpassung dieser Screensets in Bezug auf Inhalte und Abfolge stellt SAP Customer Data Cloud ein UI-Builder-Werkzeug zur Verfügung. Alternativ kann der HTML- und CSS-Quellcode manuell angepasst werden.

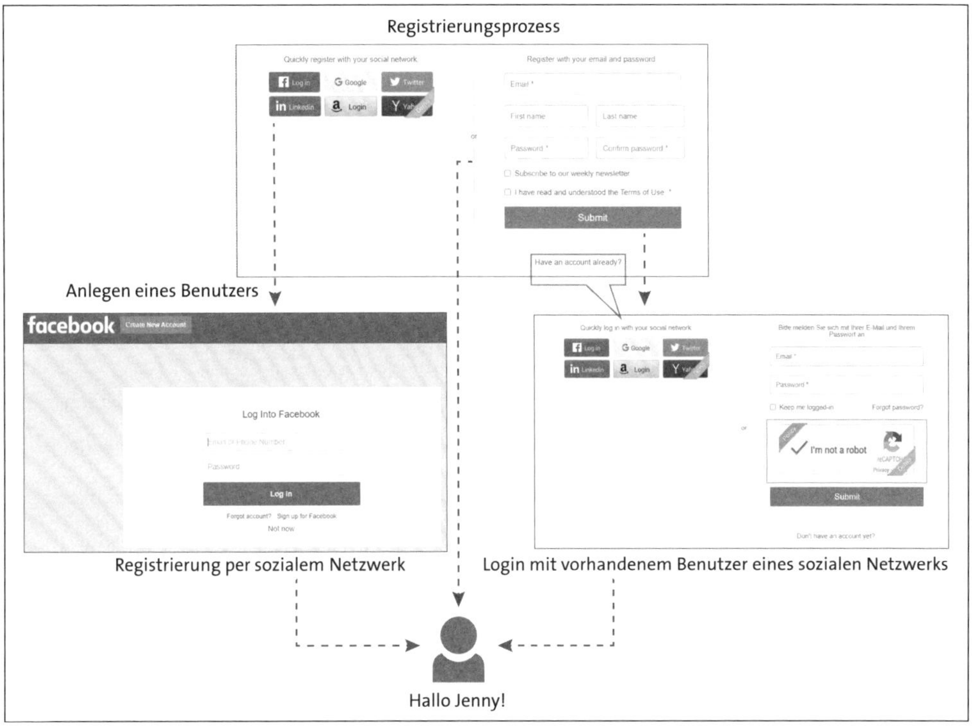

Abbildung 4.11 Registrierungsvarianten mit Screensets

Erweiterbarkeit

Neben den bisher aufgeführten Werkzeugen, um Flows oder Screensets anzupassen, gibt es eine Reihe weiterer Erweiterungsmöglichkeiten. Diese werden in Tabelle 4.1 aufgelistet und decken Fälle ab, in denen z. B. ein externer Server auf ein SAP Customer Data Cloud Event reagieren oder ein SAP Customer Data Cloud Flow in Echtzeit auf der Basis des Ergebnisses an einen externen Server angepasst werden soll.

Im Folgenden werden die Erweiterungsmöglichkeiten aus Tabelle 4.1 detailliert vorgestellt:

- **Webhooks**
  Über Webhooks lassen sich Events aus der SAP Customer Data Cloud feuern, um angeschlossene Downstream-Systeme über das Auftreten eines Ereignisses in Kenntnis zu setzen und dort Folgeprozesse auszulösen. Innerhalb der Webhooks kann kundeneigener Code zur weiteren Anpassung implementiert werden.

- **Extensions**
  Über Extensions können z. B. synchron ablaufende Validierungen in angeschlossenen Systemen angestoßen werden, um die Ergebnisse im SAP Customer Data Cloud Flow direkt zu berücksichtigen. Als Beispiel könnte hier eine Postleitzahlvalidierung in einem externen System bei der Benutzerregistrierung angeführt werden.
- **Java Script**
  Über JavaScript-Anpassungen lassen sich Feineinstellungen von Screensets und Flows vornehmen. Das heißt, Benutzereingaben werden direkt durch Java-Script-Code verarbeitet. Das weitere Verhalten der Benutzeroberflächen kann auf diese Weise beeinflusst werden.

	Webhooks	Extension	JavaScript-Parameter
Server/Client	Asynchronous, Server-to-Server	Synchronous, Server-to-Server	Client-side
Trigger?	After Event	Within CDC Flow	Client-side Screen Trigger
Wann?	Post Event	Real Time	Real Time
Event-Typ?	CDC Webhook	Extension Endpoints	Screenset Events
Szenario	Downstream Flows and Applications	Real Time Decision Making	Real Time Response to User's Input

Tabelle 4.1 Erweiterungsmöglichkeiten und Anwendungsfälle im Überblick

Je nach konkretem Anwendungsszenario, Komplexität, Volumen oder Anforderungen an die Sicherheit ist das jeweilige Erweiterungsszenario auszuwählen.

Reports und Analytics

Zur Auswertung und Nutzung der Daten in integrierten Systemen stellt die SAP Customer Data Cloud Customer Profile verschiedenen analytischen Anwendungen und Werkzeugen zur Verfügung.

Abbildung 4.12 zeigt einen Bericht in der SAP Customer Data Cloud zur Analyse von Benutzern nach der Herkunft der Registrierung. Damit erhalten Sie wichtige Informationen über die genutzten Registrierungskanäle, auf deren Basis Sie weitere Maßnahmen entwickeln können.

Abbildung 4.12 Report in der SAP Customer Data-Cloud zur Analyse von Benutzern nach der Herkunft der Registrierung

Weiter verfügbare Berichtskategorien sind:

- **Customer Insights**
  Diese Auswertungen basieren auf Statistiken, die von an die SAP Customer Data Cloud angeschlossenen Webseiten gesammelt wurden. Sie enthalten Daten zu Demografie, Interessen, sozialem Umfeld oder zu umsatzgenerierenden Aktivitäten (Einkäufe im Webshop, Point-of-Sale-Käufe, Buchungen, Services usw.). Eine Quelle für diese Daten können z. B. Facebook-Likes sein.
- **User Identity Reports**
  User Identity Reports sind Statistiken zu Anzahl und Quelle der registrierten Benutzer oder z. B. zu Login-Zahlen.
- **Syndication Reports**
  Diese Auswertungen beziehen sich auf Web Content, der von Benutzern mit anderen Benutzern über verschiedene soziale Netzwerke geteilt wird.
- **Community Reports**
  Hier werden die Aktivitäten der Benutzer in sozialen Netzwerken ausgewertet. Gezählt werden z. B. von Benutzern hinterlassende Kommentare.

Identity Exchange – Partnerintegrationen

Die Architektur der SAP Customer Data Cloud ist flexibel und erlaubt den Austausch und die Integration der Benutzerdaten mit externen Plattformen wie Marketingautomatisierungslösungen, CRM-Systemen, analytischen Anwendungen, E-Mail-Service-Providern, Content-Management- und anderen Anwendungen. Mittels der verfügbaren APIs lassen sich somit servicebasierte End-to-End-Lösungen realisieren. Die SAP Customer Data Cloud stellt für diese Zwecke verschiedene Komponenten zur Verfügung. Dazu gehören:

- IdentitySync – ein ETL-Tool zur Extraktion, Transformation und zum Laden von Daten
- GConnectors – vordefinierte Standardintegrationen zu Content-Management- und E-Commerce-Plattformen für den realtimebasierten Datenaustausch

Die Konnektoren unterstützen bei der Integration die Lösungen der marktführenden Software-Provider aus den folgenden Kategorien:

- Content-Management- und E-Commerce-Plattformen
- E-Mail-Service-Provider und Marketingautomatisierungssysteme
- Advertising- und Data-Management-Plattformen (DMP)
- Onsite-Anwendungen
- CRM-Systeme
- Recommendation- und Personalisierungsdienste
- Web Analytics
- Storage-Plattformen

4.3 SAP Customer Data Platform

Die SAP Customer Data Platform stellt die jüngste Lösung innerhalb des SAP-Produkt- und Lösungsportfolios zum Kundendatenmanagement dar. Grundlage für SAP Customer Data Platform sind die Lösungen der SAP Customer Data Cloud, die auf der Technologie von Gigya basieren.

Durch die Verknüpfung mit SAP Customer Identity and Access Management sowie SAP Enterprise Consent and Preference Management können Sie dafür sorgen, dass Kundenprofile sicher sind und datenschutzkonform gespeichert und verwaltet werden. Über die SAP Customer Data Platform werden alle Informationen in diesen Echtzeitprofilen miteinander verbunden. Sie bildet das Fundament für umfassende Einblicke in das Kundenverhalten und ermöglicht eine gezielte Ansprache, wenn Kunden mit dem Unternehmen interagieren möchten.

Dabei unterscheiden sich die Einsatzzwecke der SAP Customer Data Cloud und der Customer Data Platform: Die SAP Customer Data Cloud fokussiert auf Frontoffice- und Experience-Daten – also auf Daten aus dem Marketing- und Vertriebskontext. Die SAP Customer Data Platform nimmt zusätzlich auch Backoffice-Daten in den Blick. Backoffice meint dabei Daten aus einem klassischen ERP-System oder aus dem Aftersale/Service.

4.3.1 Funktionsumfang der SAP Customer Data Platform

Ziel der weiterentwickelten SAP Customer Data Platform ist es, das volle Potenzial aus den verfügbaren Daten auszuschöpfen und für eine personalisierte Kundenansprache nutzbar zu machen. Die Organisation und der Gesamtprozess innerhalb der SAP Customer Data Platform lassen sich in die folgenden Schritte gliedern:

Connect → Respect → Understand → Engage

Für jeden dieser Schritte stellt die SAP Customer Data Platform dabei einfach zu bedienende Werkzeuge zur Verfügung, die weitestgehend einem No-Code-Ansatz folgen. Als äußerst hilfreich erweisen sich dabei die vorausgelieferten Anwendungsbibliotheken, die eine flexible und schnelle Anbindung der Customer Data Platform an eine Vielzahl von Quell- und Zielsystemen ermöglichen.

Connect: Verknüpfung der einzelnen Datenquellen im Unternehmen

Wenn Kundendaten in mehreren Datenquellen gespeichert werden, wächst die Zahl der Datensilos, und es entsteht eine fragmentierte Sicht auf den Kunden. Mit der Customer Data Platform können Kundendaten aus allen Quellen innerhalb des Unternehmens erfasst und angezeigt werden. Hierzu gehören interne CRM-Daten, Daten von Geschäftspartnern und Drittanbietern, Offline-Daten, Ereignis- und Aktivitätenströme, Daten aus dem Backoffice und Daten zu Transaktionen sowie zum Kundenverhalten und -erlebnis. Diese Daten werden unabhängig von der Quelle zusammen mit Kontextinformationen gepflegt und ergänzen die operativen Daten. So entstehen dynamische, einheitliche Kundenprofile, die in Echtzeit aktualisiert werden können.

Respect: Ganzheitliche Strategie für den Schutz von Kundendaten

Um die Datenschutzbestimmungen einhalten zu können, müssen Unternehmen wissen, wie, wann und wo Kundendaten genutzt werden dürfen. Die Customer Data Platform kann erkennen, für welchen Zweck Daten erfasst werden, und ermöglicht eine ganzheitliche Datenschutzstrategie. Die erfassten Daten werden nur dann zum Kundenprofil hinzugefügt, wenn die erforderlichen Einverständniserklärungen vorliegen. Die Methoden der Datenerfassung und die Gründe für die Verarbeitung von Daten werden so transparenter, und Kunden können darauf vertrauen, dass ihre Daten geschützt sind.

Understand: Auswertung großer Datenmengen

Die SAP Customer Data Platform stellt Kennzahlen zur Segmentierung und für Kundenaktivitäten bereit, die in Echtzeit berechnet werden und damit Einblick in die Vorlieben und Verhaltensweisen von Kunden gewähren können. So entsteht eine Datengrundlage für die Definition und individuelle Ansprache von Zielgruppen, um eine relevante, personalisierte Interaktion mit Kunden über beliebige Kanäle zu ermöglichen. Durch eine zentrale Verwaltung ihrer Zielgruppen können Unternehmen ein einheitliches Benutzererlebnis in ihren Lösungen für Marketing, Personalisierung, Commerce, Service und Vertrieb unterstützen und auf diese Weise ihre Kundenorientierung verbessern.

Engage: Personalisierte Interaktionen

Die SAP Customer Data Platform ermöglicht die Zusammenführung operativer Daten aus dem Backoffice mit Frontoffice- und Experience-Daten. Dadurch werden auf der Grundlage der erteilten Einwilligungen in den unternehmensweiten Lösungen für die Kundeninteraktion aussagekräftige Echtzeitinformationen zur Verfügung gestellt, mit denen Unternehmen ihren Kunden zum richtigen Zeitpunkt ein relevantes, auf ihre Wünsche zugeschnittenes Erlebnis über den bevorzugten Kanal bieten können.

4.3.2 End-to-End-Prozess der SAP Customer Data Platform

Der End-to-End-Prozess der SAP Customer Data Cloud besteht aus den Komponenten Data Collection, Ingestion and Resolution, Insight and Engagement. In Abbildung 4.13 ist der End-to-End-Prozess im Zusammenspiel mit den Komponenten dargestellt.

Zur Integration der verschiedenen Datenquellen liefert die SAP Customer Data Platform verschiedene, teilweise vorkonfigurierte Konnektoren oder generische Adapter. In Abbildung 4.14 wird exemplarisch ein Dashboard mit den angeschlossenen Datenquellen dargestellt.

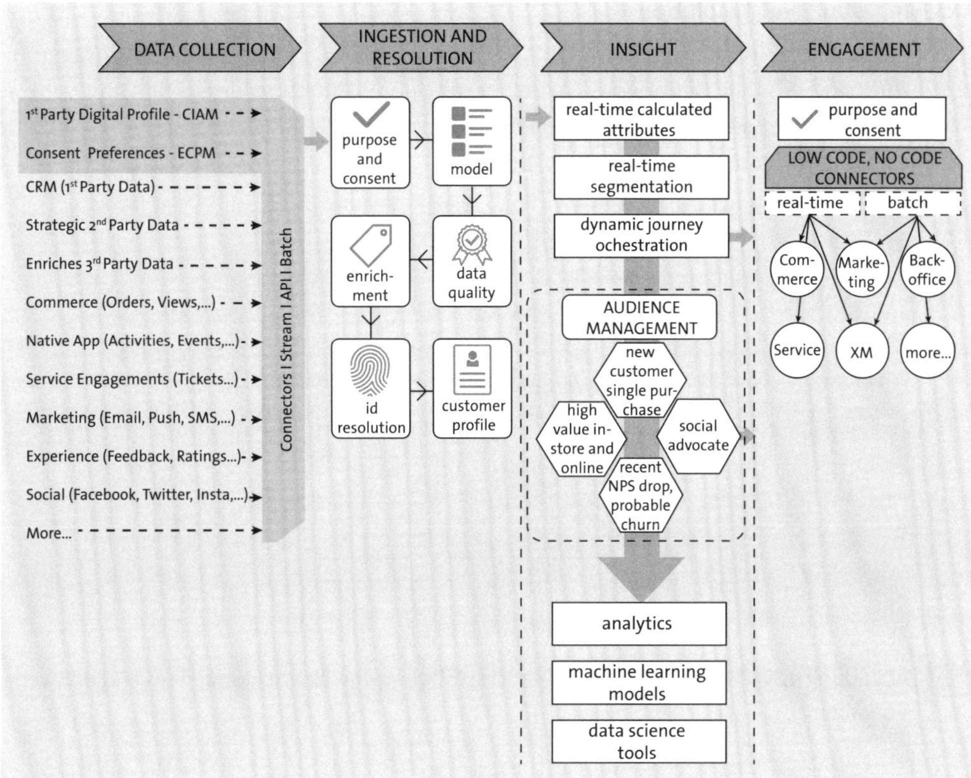

Abbildung 4.13 End-to-End-Prozess der SAP Customer Data Cloud und seine Komponenten

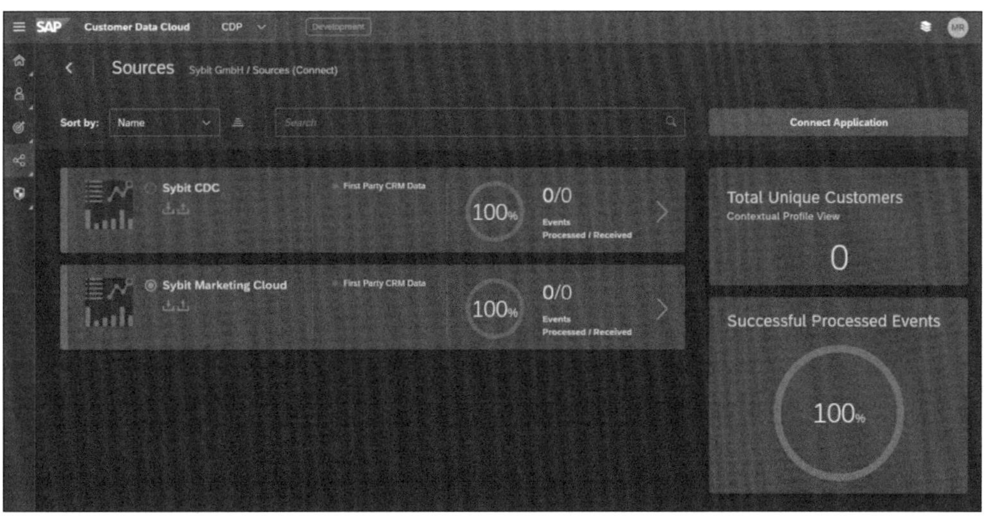

Abbildung 4.14 Dashboard in der Customer Data Platform mit Überblick über die angeschlossenen Datenquellen und datenbezogenen KPIs

Ingestion and Resolution

In der Komponente Ingestion and Resolution findet die eigentliche Datenverarbeitung statt, also die Bildung und Anreicherung der Kontaktprofile aus den angeschlossenen Datenquellen unter Berücksichtigung der jeweils geltenden Consent- und Privacy-Richtlinien (siehe Abbildung 4.15).

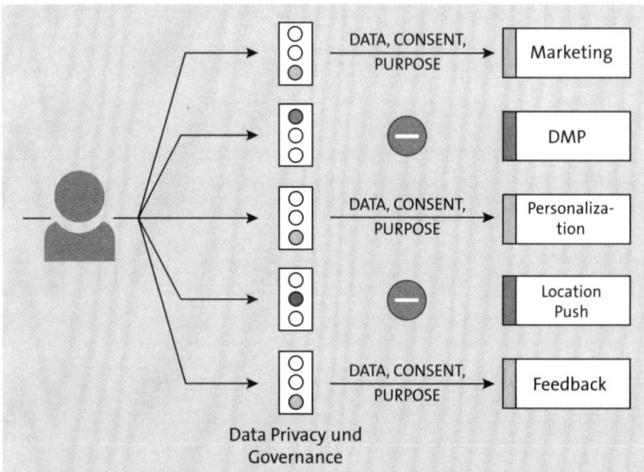

Abbildung 4.15 Profilbildung unter Berücksichtigung von Einwilligungen und regulativen Vorgaben

Insight

Die Insight-Komponente beinhaltet operative und analytische Funktionen. Damit können Daten z. B. per Segmentierungsfunktionalitäten zur Weiterverarbeitung strukturiert oder durch analytische Dashboards analysiert werden. Abbildung 4.16 stellt ein Dashboard zur Analyse von Profil- und Interaktionsdaten als Beispiel dar.

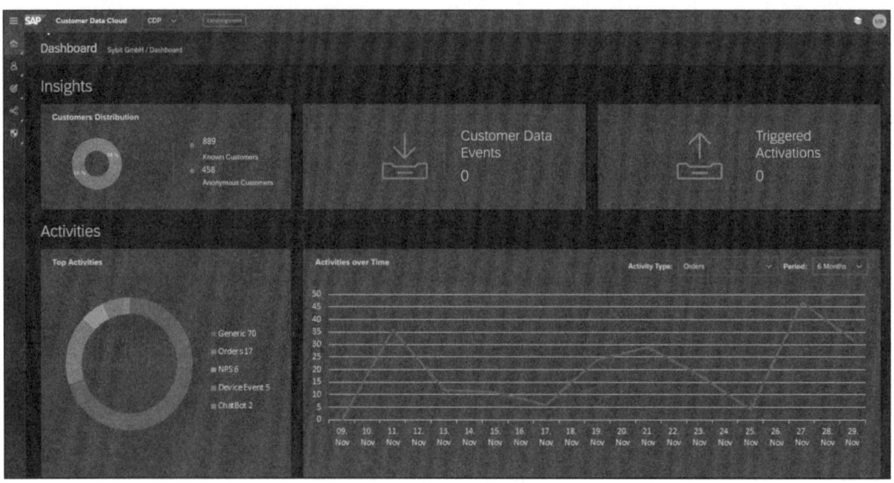

Abbildung 4.16 Analytisches Dashboard zur Analyse von Profil- und Interaktionsdaten

Engagement

In der Engagement-Komponente finden Bereitstellung und Übergabe der Daten an Downstream-Systeme, gemäß der zuvor stattgefundenen Segmentierung, statt. Das bedeutet konkret, dass ein angeschlossenes Marketingautomatisierungssystem mit Kundenprofilen und relevanten Interaktionsdaten versorgt wird, um seinerseits die personalisierte Kundenansprache über die eingerichteten Kanäle abzuwickeln (siehe Abbildung 4.17).

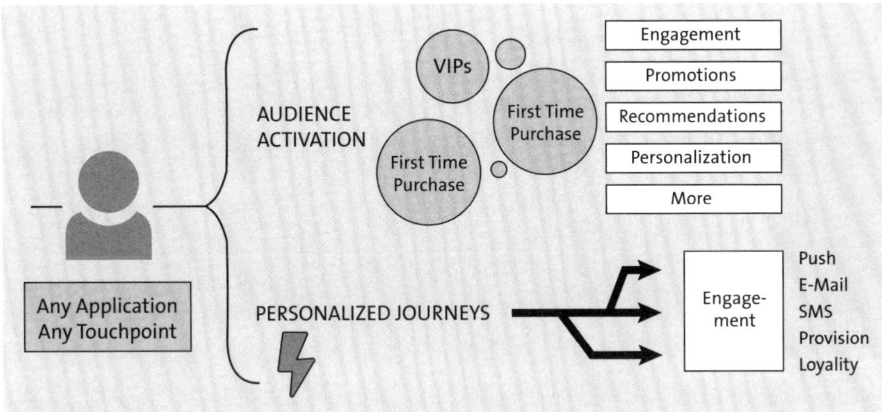

Abbildung 4.17 Versorgung der integrierten Marketingautomatisierungssysteme mit Kundenprofilen und relevanten Interaktionsdaten

4.4 Fazit

Die SAP Customer Data Platform eröffnet Unternehmen die Möglichkeit, eine allumfassende Kundendatenplattform zu schaffen, um aus zentraler Stelle heraus alle Systeme und Fachabteilungen zu bedienen, die auf aktuelle, komplette und konsistente Kundendaten angewiesen sind. Wie wichtig solche Kundendaten für den Unternehmenserfolg bei immer anspruchsvoller werdenden Kunden sind, lässt sich in den Kapiteln zu den Marketinglösungen nachlesen.

Wenn dann noch die SAP Customer Data Cloud eingebunden wird, kann sichergestellt werden, dass der schmale Grat zwischen Sammlung und Speicherung der Kundendaten einerseits und rechtskonformer Nutzung andererseits sicher begangen werden kann.

Kapitel 5
Experience Management mit Qualtrics

Eine positive Customer Experience ist das erklärte Ziel vieler Unternehmen. Ein bewährtes Mittel zur Messung der Kundenzufriedenheit ist das Kunden-Feedback. Mit Qualtrics bietet SAP ein Werkzeug, das Ihnen hilft, das Feedback Ihrer Kunden zu erfassen, auszuwerten und zur gezielten Verbesserung der Customer Experience einzusetzen.

Kundenzufriedenheit ist die Voraussetzung für eine positive Customer Experience, und das Sammeln und Evaluieren der Kundendaten ist das beste Mittel, um diese zu garantieren. Doch wie gelangen Sie an diese Daten? Fragen Sie doch einfach Ihre Kunden. Aber was machen Sie, wenn das Kunden-Feedback dann vorliegt?

Um die Kundenzufriedenheit zielgerichtet beeinflussen zu können, muss sie im ersten Schritt messbar gemacht werden. Sie benötigen quantifizierte Daten über Kundenerlebnisse, um die Schlüsselfaktoren für die Kundenzufriedenheit zu identifizieren und somit zielführende Investitionen in die passenden Maßnahmen tätigen zu können. Zusätzlich sollten automatisierte systemübergreifende Prozesse etabliert werden, die sicherstellen, dass auf das Feedback der Kunden adäquat und zeitnah reagiert wird. Für all diese Herausforderungen bietet die Softwareanwendung *Qualtrics* verschiedene Lösungen an.

Bei der Qualtrics-Experience-Management-Plattform handelt es sich um eine Plattform, die unterschiedliche Bereiche vereint:

- CustomerXM (Customer Experience Management)
- EmployeeXM (Employee Experience Management)
- BrandXM (Brand Experience Management)
- ProductXM (Product Experience Management)

Der Bereich *CustomerXM* ist der Qualtrics-Customer-Experience-Plattform zuzuordnen und darauf ausgelegt, sich in Ihre bereits bestehende Systemlandschaft einzugliedern. Erfolgreiches Experience Management zeichnet sich dadurch aus, dass abteilungsübergreifend und über die gesamte Customer Journey hinweg analysiert und agiert wird. Dies bedeutet, dass das Zusammenspiel der unterschiedlichen Systeme von hoher Relevanz ist. Daher gliedert sich das vorliegende Kapitel in zwei Abschnitte: In Abschnitt 5.1, »Funktionen der Qualtrics Customer Experience«, lernen Sie den Customer-Experience-Bereich von Qualtrics und seine Funktionen kennen. In Abschnitt 5.2, »Integrationsszenarien«, erwartet Sie ein Überblick über die Integrationsszenarien, um aufzuzeigen, auf welcher Basis das Experience Management mit Qualtrics aufgebaut werden kann.

5.1 Funktionen der Qualtrics Customer Experience

Der CX-Bereich von Qualtrics kann als *VoC-Anwendung* (Voice of the Customer) verstanden werden. VoC-Anwendungen unterstützen Sie zum einen dabei, die Art und Weise zu optimieren, mit der Sie Ihren Kunden zuhören und helfen, und zum anderen, durch automatisierte Analysen Erkenntnisse zu gewinnen und auf dieser Grundlage Maßnahmen zur Optimierung der Kundenerfahrungen abzuleiten. Dementsprechend lassen sich die Funktionen von Qualtrics in die folgenden drei Bereiche unterteilen:

- Zuhören
- Verstehen und Analysieren
- Handeln

Diese Bereiche und die zugehörigen Funktionen von Qualtrics sind in Abbildung 5.1 dargestellt. In den folgenden Abschnitten werden diese näher erläutert. Darüber hinaus ermöglicht das Kontaktmanagement von Qualtrics, Kunden personalisiert und entsprechend ihren Bedürfnissen DSGVO-konform zu kontaktieren.

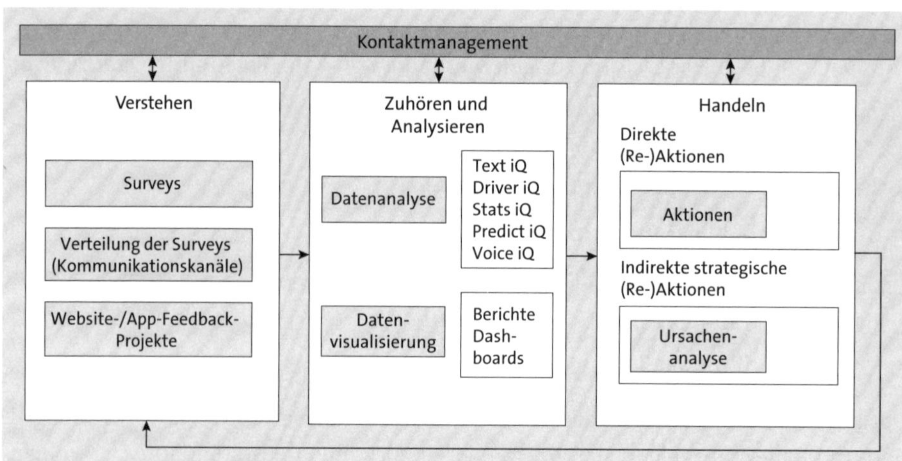

Abbildung 5.1 Übersicht über die Funktionen in Qualtrics

5.1.1 Zuhören

Bevor Sie mit der Verbesserung der Kundenzufriedenheit beginnen können, müssen Sie Ihre Kunden im ersten Schritt fragen, wie es aktuell um ihre Zufriedenheit steht und bei der Antwort genau zuhören. Um Ihren Kunden optimal zuhören zu können, bietet Ihnen Qualtrics die Möglichkeit, Kunden-Feedback entlang der gesamten Customer Journey, an jedem relevanten Touchpoint und über den jeweils passenden Kommunikationskanal einzuholen. Bei den Daten, die auf diese Art und Weise gesammelt werden, handelt es sich um sogenannte *X-Daten* (Experience-Daten).

Die Kernfunktion von Qualtrics für das Zuhören besteht darin, Umfragen, sogenannte *Surveys*, aufzubauen und diese zu verteilen. Dafür muss im ersten Schritt ein Survey erstellt und dessen Inhalt definiert werden. Dies beinhaltet die Fragen und Textfelder, die dem Kunden angezeigt werden, sowie das zugehörige Layout. Für jeden Survey stehen die in Abbildung 5.2 dargestellten Registerkarten zur Verfügung: **Umfrage**, **Aktionen**, **Verteilungen**, **Daten und Analyse** und **Berichte**. Für den Bereich des Zuhörens sind hauptsächlich die Registerkarten **Umfrage**, **Verteilungen** und **Daten und Analyse** relevant.

Auf der Registerkarte **Umfrage** können Sie den Survey aufbauen und bearbeiten. Zusätzlich können Sie sich den aktuellen Stand als Web- und Smartphone-Version über den Button **Vorschau** anzeigen lassen. Sobald die Anlage des Surveys abgeschlossen ist, kann dieser über den Button **Veröffentlichen** aktiviert werden.

Der Survey kann aus einer beliebigen Anzahl an Fragen bestehen, für die eine Auswahl an vordefinierten Fragetypen existiert (siehe Abbildung 5.2). Sie können einfache Fragetypen wie **Multiple Choice** oder **Texteingabe** oder komplexere Fragetypen wie **Matrix-Tabelle** oder **Heatmap** auswählen. Zusätzlich besteht die Option, bereits definierte Kennzahlen als Fragentyp auszuwählen. Als Beispiel kann hier der *Net Promoter Score* genannt werden (weitere Informationen zu der Kennzahl Net Promoter Score finden Sie in Abschnitt 8.12, »Umfragen«).

Durch die Auswahl des Fragetyps werden die Analyse und die Darstellung der Ergebnisse automatisch korrekt ausgeführt. Zu den angelegten Fragen innerhalb eines Surveys können komplexe Ausführungslogiken hinzugefügt werden. Mithilfe von *Bedingungen* steuern Sie, welche Fragen welchen Kunden in welcher Reihenfolge angezeigt werden. Das Layout des Surveys kann flexibel gestaltet werden. Es ist möglich, im System eine *Layout-Vorlage* nach Ihrem Corporate Design zu hinterlegen, um die Konsistenz in der Customer Journey sicherzustellen.

Zahlreiche weitere Einstellungsmöglichkeiten ermöglichen es Ihnen, Ihren Survey weiter zu personalisieren und Eckdaten wie beispielsweise die Gültigkeit, Übersetzungen und die Entscheidung, ob Antworten anonymisiert oder kontaktgebunden gesammelt werden sollen, zu definieren. Auch haben Sie die Möglichkeit, auf bereits vorhandene Best-Practice-Ansätze von Qualtrics oder Partnern aufzubauen, anstatt einen komplett neuen Survey zu erstellen.

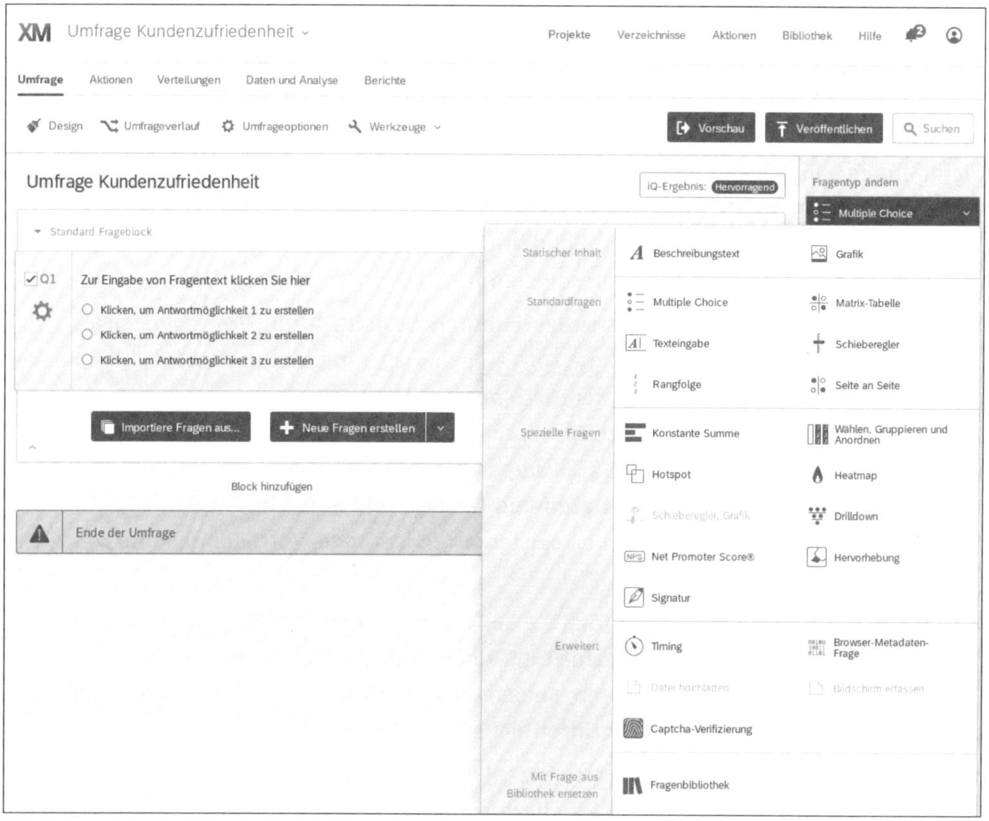

Abbildung 5.2 Survey in Qualtrics

Sobald ein Survey veröffentlicht ist, können Sie auf der Registerkarte **Verteilungen** auswählen, über welchen *Kommunikationskanal* er verteilt werden soll (siehe Abbildung 5.3).

Abbildung 5.3 Kommunikationskanäle zur Survey-Verteilung

Es besteht die Möglichkeit einen anonymisierten oder einen personenbezogenen Link zu erstellen, E-Mails an synchronisierte Kontakte zu versenden, den Survey in sozialen Netzwerken zu teilen, per SMS zu versenden oder einen QR-Code zu generieren. Ist der Survey bei Ihren Kunden angekommen, können Sie auf der Registerkarte **Daten und Analyse** die eingegangenen Antworten und die zugehörigen Daten einsehen, filtern und exportieren (siehe Abbildung 5.4).

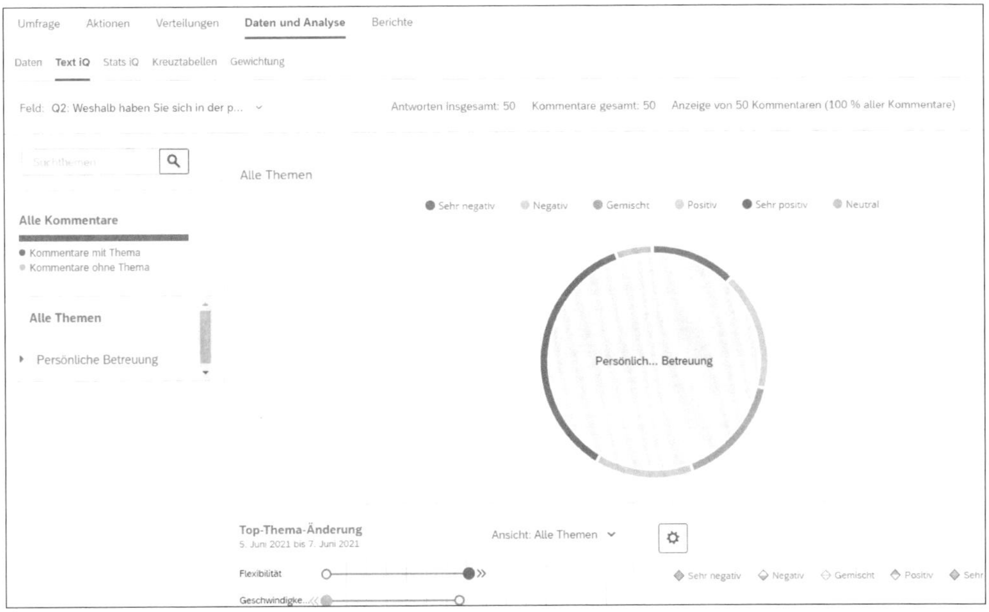

Abbildung 5.4 Survey-Auswertung: Daten und Analyse

Um Ihren Survey auf Ihrer Website, in Ihrem Webshop oder in eine mobile App einzubinden, legen Sie im System ein sogenanntes *Website-/App-Feedback-Programm* an. Pro Website oder App existiert jeweils ein Programm in Qualtrics, in dem alle für das jeweilige Medium relevanten Surveys koordiniert werden. Auf der betreffenden Website oder in der App muss dieses Programm somit auch nur einmal im Code referenziert werden. Im Anschluss können alle Anpassungen durch den Fachbereich direkt in Qualtrics vorgenommen werden.

Innerhalb des Programms können Sie festlegen, wie und wann der Survey bei dem Website- oder App-Besucher ausgespielt werden soll. Hierbei sind Ihrer Kreativität nur wenig Grenzen gesetzt, und vieles kann über einfache Auswahlmöglichkeiten im System definiert werden. Beispielsweise können Sie bei der Einbindung eines Surveys auf einer Website zwischen Standardformaten wie Pop-over, Feedback-Button oder Slider wählen. Abhängig von der Auswahl verhält sich das Layout automatisch responsiv, um eine optimale User Experience sicherzustellen. Das Layout kann flexibel durch Auswahlmöglichkeiten angepasst werden.

Beispiele hierzu sind die Anzeigedauer für ein Pop-over oder die Verdunklung des Hintergrunds Ihrer Website. Bei der Einbindung von Surveys in eine App haben Sie die Option, ein Pop-over in der App erscheinen zu lassen oder Benachrichtigungen auf dem Smartphone auszuspielen. Um sicherzustellen, dass der Survey zu dem aktuellen Besucher passt, können Sie die Bedingungen definieren, unter denen der Survey ausgespielt wird. Für Bedingungen und deren Verknüpfungen stehen zahlreiche Standards in Qualtrics zur Verfügung, die bei Bedarf erweitert werden können.

[zB]

Nutzung von Bedingungen

Einfache Beispiele für Bedingungen sind die aktuelle URL, der Benutzerstandort oder der Gerätetyp. So könnte ein Survey folgendermaßen ausgesteuert werden: Nur für Website-Besucher, die sich aktuell in Italien aufhalten und die Website über ein Smartphone aufrufen, wird dieser Survey ausgespielt. Der Standort kann zusätzlich genutzt werden, um die korrekte Übersetzung anzuzeigen.

Der Survey kann überdies immer zu einem bestimmten Zeitpunkt in der Customer Journey ausgespielt werden, etwa jedes Mal nachdem eine Bestellung abgeschlossen worden ist.

Qualtrics bietet für Website-/App-Feedback-Programme ausführliche statistische Auswertungen der Seitenaufrufe, der Anzeige von Surveys und der Klicks zur Teilnahme an Surveys.

5.1.2 Verstehen und Analysieren

Die gesammelten X-Daten bringen Ihnen erst dann einen Mehrwert, wenn sie im nächsten Schritt auch analysiert und verstanden werden. Zu diesem Zweck verfügt Qualtrics über leistungsstarke Analysefunktionen sowohl für strukturierte als auch für unstrukturierte Daten. Mit dieser können Sie Einblicke gewinnen, um Ihre operativen Kennzahlen besser zu verstehen und um Trends, Probleme und Möglichkeiten aufzudecken.

Die Datenanalyse deckt Qualtrics über dessen *iQ-Funktionen* ab:

- **Qualtrics Text iQ**
  Durch Qualtrics Text iQ können Sie Erkenntnisse aus den freien Texteingaben Ihrer Kunden gewinnen. In freien Texteingaben finden sich oftmals die wertvollsten Informationen. Diese unstrukturierten Daten manuell zu analysieren, ist meist mit einem nicht vertretbaren Aufwand verbunden. Daher setzt Qualtrics auf Machine-Learning-Algorithmen und Methoden der natürlichen Spracherkennung. Die Texteingaben Ihrer Kunden können so Themengebieten und Schlagwörtern zugeordnet werden und durch eine Sentimentanalyse das entsprechende Stimmungsbild gezeichnet werden.

- **Qualtrics Driver iQ**
  Qualtrics Driver iQ übernimmt die Suche nach Ursachen für Sie. Es werden *Schlüsselfaktoren*, die ausschlaggebend für eine positive Kundenerfahrung sind, identifiziert und ins Verhältnis zu Ihren gesammelten X-Daten gesetzt. Durch die Identifikation der Ursachen können konkrete Maßnahmen abgeleitet werden, die einen positiven Einfluss auf die Kundenzufriedenheit und somit auch auf Ihren Unternehmenserfolg haben.
- **Qualtrics Stats iQ**
  Qualtrics Stats iQ setzt automatisch die notwendigen statistischen Verfahren ein, um aus den Kundendaten Erkenntnisse zu gewinnen und diese leicht verständlich zu visualisieren. Es ermöglicht Ihnen somit eine korrekte Dateninterpretation ohne Statistikexpertise.
- **Qualtrics Predict iQ**
  Durch Qualtrics Predict iQ können Vorhersagen getroffen werden, beispielsweise bezüglich der Abwanderungswahrscheinlichkeit von Kunden, es werden aber auch Kaufvorhersagen angezeigt und unentschlossene Kunden identifiziert.
- **Qualtrics Voice iQ**
  Mit Qualtrics Voice iQ können unter bestimmten Voraussetzungen mitgeschnittene Gespräche, beispielsweise aus Service-Telefonaten, automatisch analysiert und in quantifizierbare Daten umgewandelt werden.

Die gesammelten Feedback-Daten lassen sich für die Auswertung einzelner Surveys direkt visualisieren. Innerhalb des Surveys nutzen Sie dazu die Registerkarten **Daten und Analyse** und **Berichte** (siehe Abbildung 5.2). Sie können zu jedem Survey mehrere Berichte aufbauen, z. B. um die Anforderungen unterschiedlicher Personenkreise zu erfüllen. Die Berichte lassen sich zu jedem Zeitpunkt mit den aktuellen Daten exportieren und weiterleiten.

Darüber hinaus besteht die Möglichkeit, die Daten in *Dashboards* zu visualisieren. Auf einem Dashboard können Sie Daten Survey-übergreifend verknüpfen und durch relevante operative Daten aus Drittsystemen ergänzen. Sie können auf diese Weise z. B. Dashboards aufbauen, die ein Stimmungsbild der Kundenzufriedenheit auf Gesamtunternehmensebene wiedergeben. Gleichzeitig können Sie über diese Gesamtübersicht in die einzelnen Bereiche abspringen, um den Überblick über einzelne Teams, Abteilungen oder Prozessabschnitte der Customer Journey zu erlangen. Dies ermöglicht es Ihnen nachzuvollziehen, aus welchen Bereichen die positiven und negativen Rückmeldungen kommen, mit welchen Schlagwörtern sie in Verbindung stehen und wie sich diese auf das Gesamtergebnis auswirken. Ein Dashboard kann mehrere Seiten umfassen und besteht aus sogenannten *Widgets*. Widgets sind Diagramme, Tabellen, Zahlen oder Bilder. Qualtrics schlägt Ihnen anhand des gewählten Fragentyps automatisch Möglichkeiten vor, um die Erkenntnisse der Surveys gekonnt in Dashboards abzubilden.

Die Dashboards unterstützen Sie dabei, das Thema Kundenzufriedenheit im gesamten Unternehmen sichtbar zu machen. Die Dashboards können benutzerbezogen ausgesteuert werden, sodass Mitarbeitende genau die Daten sehen, die für sie interessant sind und für die sie die notwendigen Berechtigungen besitzen. Dies fördert das Verständnis für die Umsetzung von Maßnahmen bezüglich der Optimierung der Kundenzufriedenheit.

5.1.3 Handeln

Customer Experience Management bedeutet nicht nur das Erfassen und Analysieren der Kundendaten, sondern auch, die Ergebnisse zu nutzen, um konkrete Maßnahmen daraus abzuleiten. Dies lässt sich auf zwei unterschiedlichen Dimensionen betrachten:

- direkte Reaktionen auf Kunden-Feedback (*Inner Cycle*)
- indirekte strategisch ausgerichtete Reaktionen aufgrund von Kunden-Feedback (*Outer Cycle*)

Inner-Cycle-Reaktionen

Direkte Reaktionen können Sie zielgerichtet über die einzelnen Surveys aussteuern. Auf der Registerkarte **Aktionen** lassen sich für jeden Survey mehrere unterschiedliche Aktionen hinzufügen (siehe Abbildung 5.5).

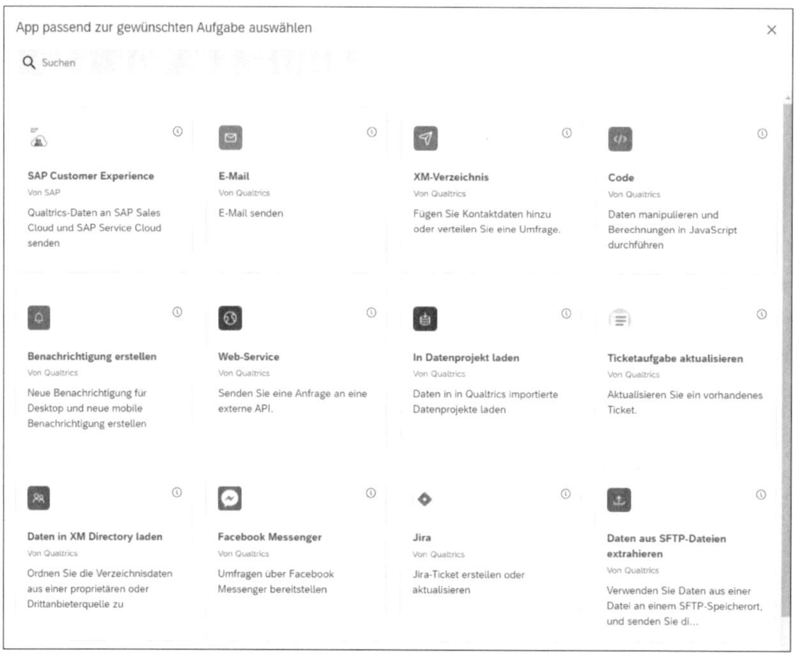

Abbildung 5.5 Aktionen zu einer Survey in Qualtrics hinzufügen

Jede Aktion besteht aus einer Bedingung oder einer Bedingungsgruppe und einer oder mehreren Aufgaben. Die Aktionen können, abhängig von Ihrem Ziel und Prozess, unterschiedlich gestaltet werden.

Mit Aktionen reagieren Sie direkt auf das Feedback einzelner Kunden. Durch automatisierte Workflows geht keine wertvolle Zeit verloren, da der zuständige Mitarbeiter oder die zuständige Mitarbeiterin in Echtzeit seine oder ihre Aufgabe oder Benachrichtigung erhält, sobald das Feedback eingegangen ist.

Als Bedingung können Sie beispielsweise eine spezifische Antwort auf eine Survey-Frage auswählen. In Abbildung 5.5 ist als Beispiel zu sehen, dass die Aktion immer dann ausgeführt wird, wenn die Survey-Frage zum Net Promoter Score den Umfrageteilnehmer als sogenannten *Detraktor (Kritiker)* klassifiziert. Des Weiteren kann bei den Bedingungen auch auf das Vorkommen bestimmter Worte oder Wortgruppierungen hin geprüft werden. Die Aktion wird dann beispielsweise immer ausgeführt, wenn Worte wie »unzufrieden« in einer freien Texteingabe vorkommen.

Auch können Sie hier von der *Sentimentanalyse* profitieren und Antworten, die bestimmte Stimmungen widerspiegeln, identifizieren. Es bestehen außerdem zahlreiche weitere Möglichkeiten, um Bedingungen zu definieren. Dazu gehören auch umfrageunabhängige Kriterien, z. B. ob eine Antwort von einem A-Kunden stammt. Dies kann vor allem im B2B-Bereich unter Umständen schon ausreichen, um immer eine Aufgabe auszulösen.

Auch bei Aufgaben, die hinzugefügt werden, kann die Aktion flexibel gestaltet werden. Sie können zuständigen Mitarbeitenden sowohl Aufgaben und Benachrichtigungen direkt in Qualtrics zuordnen als auch extern Aktivitäten auslösen. Beispielsweise können E-Mails versendet werden oder Daten an Drittsysteme übertragen werden. Für einige Drittsysteme bietet Ihnen Qualtrics bereits Standard-Integrationsszenarien, wie für die SAP Sales Cloud oder auch für andere Systeme, beispielsweise bekannte Projektmanagementsoftware. Auch Systeme, für die noch kein Standardszenario existiert, können Sie für den Aufgaben-Workflow verwenden: Unter **Aufgabe hinzufügen** kann auch direkt über einen Webservice eine externe API (Application Programming Interface) aufgerufen werden (siehe Abbildung 5.5).

[zB]

Automatisierte Workflows

Kunde A teilt in einem Feedback-Survey mit, dass ein eingekauftes Produkt nicht richtig funktioniert. Daraufhin wird direkt ein Ticket in der SAP Service Cloud angelegt und mit den Informationen aus dem Feedback-Survey dem zuständigen Mitarbeiter oder der zuständigen Mitarbeiterin zugeordnet.

Kundin B teilt über einen Feedback-Button im Webshop mit, dass sie genauere Informationen zu einem bestimmten Produkt nicht finden konnte. Dementsprechend wird ein Lead in der SAP Sales Cloud angelegt, einer Person im Vertrieb zugeordnet und vermerkt, welche Informationen die Kundin noch benötigt.

- **B2B-Kontext**
  Jegliches Feedback eines A-Kunden wird als **stark negativ** klassifiziert. Der Vertrieb bekommt eine direkte Benachrichtigung, dass er sich dieses Feedback genauer anschauen und über weitere Maßnahmen entscheiden soll.
- **B2C-Kontext**
  Ein Kunde, der eine Bestellung über den Webshop getätigt hat, gibt negatives Feedback. Als Reaktion wird dem Kunden automatisiert eine Mail mit einer persönlichen Nachricht und einem Rabattcode für den nächsten Einkauf gesendet.

Outer-Cycle-Reaktionen

Bei indirekten strategischen Reaktionen geht es im Gegensatz zu dem direkten Feedback nicht um eine kundenindividuelle Reaktion, sondern um die Analyse einer Menge an Kunden-Feedback über einen längeren Zeitraum hinweg. Ziel ist es, *langfristiges Verbesserungspotenzial* zu identifizieren und daraus Maßnahmen abzuleiten. Dies ist die Voraussetzung für ein erfolgreiches Customer Experience Management. Durch *Ursachenanalysen* können Sie Produkte und Prozesse kontinuierlich verbessern, um die Kundenzufriedenheit zu erhöhen. Für diese Analysen und Maßnahmen bieten die Dashboards in Qualtrics die notwendige und passende Grundlage. Sie können bei Bedarf die Daten aus Qualtrics auch in eine in Ihrem Unternehmen bereits etablierte Analytics-Plattform integrieren, z. B. in die SAP Analytics Cloud.

Um Customer Experience bestmöglich tracken, messen und optimieren zu können, sind nicht nur X-Daten notwendig, die Sie aktiv durch Surveys einholen (direktes Feedback), sondern auch indirektes und abgeleitetes Feedback. Indirektes Feedback entsteht auf Bewertungsseiten, in sozialen Netzwerken oder bei der Kundenbetreuung über Telefon, E-Mail oder Chat.

Abgeleitetes Feedback beruht auf Betriebs- und Transaktionsdaten aus Drittsystemen, sogenannten *O-Daten* (operativen Daten). Dabei könnte es sich um Clickstream-Daten Ihrer Website, die Kaufhistorie eines Kunden, den Umsatz des letzten Quartals oder jegliche andere, mit der Customer Journey in Verbindung stehenden operativen Daten handeln. O-Daten spiegeln Fakten wider und geben Ihnen dadurch Auskunft darüber, was passiert. Wenn Sie diese in Bezug zu den passenden X-Daten setzen, können Sie diese auch dazu nutzen, zu verstehen, warum etwas geschieht.

Die weitreichendsten Erkenntnisse können dementsprechend erlangt werden, indem alle diese Daten verknüpft werden. Bei der Analyse und der daraus resultierenden Visualisierung unterstützt Qualtrics Sie durch die iQ-Funktionen und Dashboards.

5.2 Integrationsszenarien

Für ein optimales Experience Management ist die Integration von Qualtrics in Ihre bestehende Systemlandschaft ausschlaggebender Faktor. Kundenerlebnisse entstehen zu jedem Zeitpunkt der Customer Journey und können somit nicht nur aus einem System heraus getrackt und gesteuert werden. Nur wenn möglichst viele dieser Kundenerlebnisse miteinander in Bezug gesetzt werden, können valide Aussagen über die Kundenzufriedenheit abgeleitet werden.

Daher bietet Qualtrics Ihnen eine Vielzahl an Integrationsmöglichkeiten. Für viele gängige Anwendungen existieren in Qualtrics sogenannte *Extensions*, die Ihnen eine vorkonfigurierte Integration ermöglichen. Für jede Anwendung, für die kein solches Standardszenario vorhanden ist, können Sie die *API-Extension* von Qualtrics nutzen, um über einen Webservice Ihr gewünschtes Szenario individuell aufzubauen (siehe Abbildung 5.6).

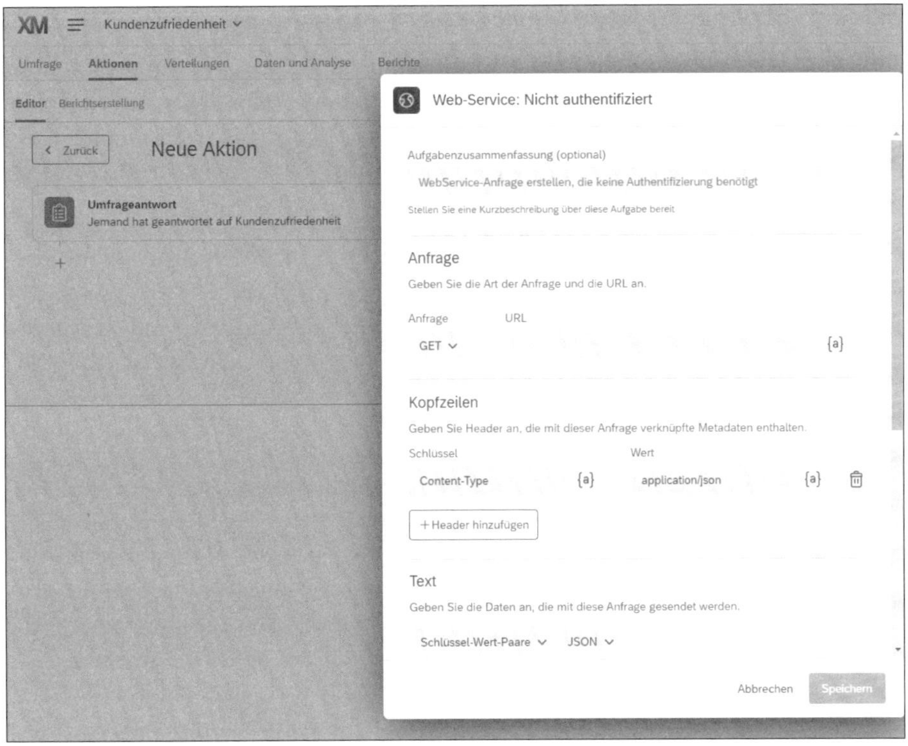

Abbildung 5.6 Extensions über den Webservice aufbauen

Aufgrund der hohen Anzahl an möglichen Integrationsszenarien gehen wir im Folgenden nur beispielhaft auf einige Möglichkeiten ein. Die Auswahl der vorgestellten Szenarien fokussiert sich auf die SAP-Customer-Experience-Suite. Die Schnittstellen in diesem Bereich lassen sich in vier Dimensionen aufteilen:

- Kontaktsynchronisation
- Einbindung von Feedback-Mechanismen auf Websites und in Apps
- systemübergreifende Workflows
- Datenverknüpfung zu Analysezwecken (X- und O-Daten)

5.2.1 Kontaktsynchronisation

Das Ziel der Kontaktsynchronisation ist es, die vorhandenen Kundeninformationen in Ihren operativen Systemen um die aus Qualtrics gewonnenen Informationen zu ergänzen. Je mehr Informationen Qualtrics über seine Kunden besitzt, desto gezielter und personalisierter kann die Feedback-Abfrage gestaltet werden. Dies führt in vielen Fällen zu einer höheren *Antwortquote* und zu Antworten mit einer höheren Qualität. Erkenntnisse über Ihre Kunden bezüglich der Kundenzufriedenheit und relevantes Feedback sollten ohne Systembruch zur Verfügung gestellt werden. Das heißt z. B., dass der Vertrieb das Feedback in seinem CRM-System aufrufen können sollte.

Für die Kontaktsynchronisation nutzt Qualtrics eine REST-API, um Kontaktdaten zu importieren und zu aktualisieren. Die Kontakte können in Qualtrics mit weiteren benutzerdefinierten Informationen hinterlegt werden. Auf diese Informationen kann für die Aussteuerung von Surveys zugegriffen werden.

[»]

DSGVO-konforme Kontaktaufnahme

Die Kontaktaufnahme mit Ihren Kunden muss DSGVO-konform erfolgen. Daher unterstützt Qualtrics den Austausch von Einwilligungsinformationen, die zur Aussteuerung der Surveys genutzt werden können, und von Informationen zur Kontakthäufigkeit.

Für diesen Bereich existiert ein Standard-Integrationsszenario mit der SAP Customer Data Cloud. Durch die Nutzung dieses Integrationsszenarios kann sichergestellt werden, dass alle relevanten Informationen ausgetauscht werden, die Einwilligungserklärungen korrekt erhoben und beachtet werden und die *Kontaktfrequenz* kontrolliert wird. Somit können die relevanten Kontakte in der richtigen Frequenz personalisiert kontaktiert werden.

5.2.2 Einbindung von Feedback-Mechanismen auf Websites und in Apps

Feedback-Mechanismen können auf Websites und in Apps eingebunden werden. Die hierzu zur Verfügung stehenden Funktionen durch Website-/App-Feedback-Programme wurden in Abschnitt 5.1.1 erläutert. Bei der Einbindung von Feedback-Mechanismen auf Websites kann die gesamte Gestaltung des Inhalts und des Layouts über Qualtrics gesteuert und bearbeitet werden. Für jedes Website-Programm in Qualtrics wird ein Code-Snippet zur Verfügung gestellt, das einfach im Header der Website hinterlegt werden kann. Bevor Sie öffentlich sichtbare Änderungen auf Ihrer Website live schalten, können Sie diese auf der Website simulieren.

Für das Zusammenspiel von Qualtrics und der SAP Commerce Cloud gibt es ein Standard-Integrationsszenario, das Sie beispielsweise auch dabei unterstützt Produkt-Feedback zu sammeln. Bei der Einbindung in Apps liefert Qualtrics zwei Standardmöglichkeiten, um Feedback von Ihren App-Nutzern abzufragen: Das Feedback kann über ein Pop-over in der App oder über eine Benachrichtigung auf dem Smartphone eingeholt werden.

Diese Funktionen (Pop-over und Benachrichtigungen) können frei verwendet werden und müssen nicht zwingend einen Survey enthalten. Beispielsweise kann über das Pop-over auch jegliche gewünschte Information für den Nutzer eingeblendet werden.

Das Integrationsszenario von Qualtrics auf Ihrer Website lässt sich durch die Einbindung von SAP Conversational AI (siehe Kapitel 13, »SAP Conversational AI«) erweitern. Durch diese Kombination kann der Kunde seine Bedürfnisse in einer personalisierten Kommunikation mit einem Chatbot formulieren, der ihm bestenfalls seine Fragen beantworten kann. Zusätzlich kann auf diese Art und Weise implizit nach Feedback gefragt werden. Dadurch, dass der Kunde sich bereits in der Konversation mit dem Chatbot befindet, ist die Chance höher, dass er Ihnen auch sein Feedback zu Verfügung stellen wird.

5.2.3 Systemübergreifende Workflows

Systemübergreifende Workflows können mithilfe des Inner Cycle modelliert werden (siehe Abschnitt 5.1.3). Der Inner Cycle beruht darauf, dass das Feedback aller Kunden in Echtzeit analysiert wird, um festzustellen, ob eine unmittelbare Aktion daraus folgen soll. Diese Aktion kann direkt sein, beispielsweise ein E-Mail-Versand an Ihren Kunden, oder indirekt, indem den zuständigen Mitarbeitenden eine Aufgabe, Benachrichtigung oder ähnliche Aktivität zugeordnet wird. Diese Zuordnung sollte vorzugsweise in dem operativen System erfolgen, mit dem die zuständigen Mitarbeitenden im Alltag arbeiten. Hierzu muss eine Integration zwischen Qualtrics und den operativen Systemen Ihrer Mitarbeitenden erfolgen. Zu diesem Zweck stellt Qualtrics die in Abschnitt 5.1.3 beschriebenen Aktionen innerhalb jedes Surveys zur Verfügung.

Für die Aktionen stehen viele Standardszenarien zu bekannten Systemen zur Verfügung. Bezüglich der SAP-Customer-Experience-Suite sind hier die SAP Sales Cloud, die SAP Service Cloud und die SAP Marketing Cloud zu nennen. Für alle Systeme oder Szenarien, für die kein Standard zur Verfügung steht, kann als Aktion ein beliebiger Webservice aufgerufen werden. Diesem Webservice können alle notwendigen Daten als benutzerdefinierte Felder mitgegeben werden.

Zusätzlich zu den Aktionen, können auch *Trigger* zum Ausspielen des Surveys in einem anderen System gesetzt werden. Idealerweise beachtet der systemübergreifende Workflow zu einem Survey somit, sowohl in welchem System sich der Trigger zum Ausspielen des Surveys befindet als auch in welchem System eine Aktion zu folgen hat.

Für Integrationsszenarien mit der SAP Sales und der SAP Service Cloud steht in Qualtrics eine spezielle Aktion für SAP Customer Experience zur Verfügung, die einen flexiblen Datenaustausch und automatisierte Workflows ermöglicht

Beispiele für die SAP Sales Cloud sind die Anlage von Aktivitäten (Aufgabe, Telefonat usw.), Leads oder Opportunities als Aktion. Ein Standardbeispiel für die SAP Service Cloud ist das Anlegen eines Tickets als Reaktion auf ein Feedback (siehe Abbildung 5.7).

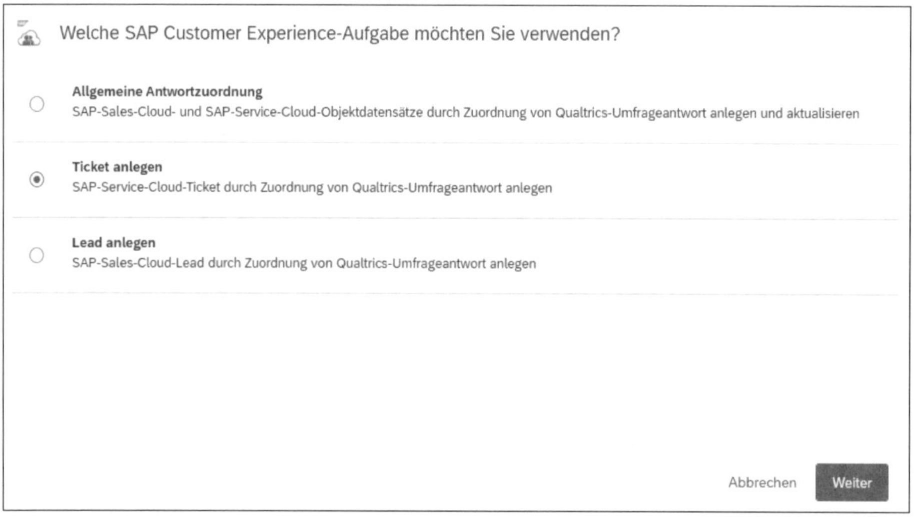

Abbildung 5.7 Ticketanlage auf der Basis von Feedback

Das Standard-Integrationsszenario zwischen Qualtrics und der SAP Marketing Cloud ermöglicht zusätzliche Funktionen, wie beispielsweise die Option, einen Survey als Teil einer Marketingkampagne zu verteilen und die eingegangenen Antworten direkt zu nutzen, um Segmentierungen für weitere Kampagnen zu bilden.

Darüber hinaus können Kontaktinformationen in der SAP Marketing Cloud automatisiert aktualisiert und somit zukünftige Kommunikation zielgerichteter ausgesteuert werden. Für den B2B-Bereich besteht weitergehend auch die Option, die zusammengeführten X- und O-Daten der Kontakte auf Kundenebene einzusehen und sich dementsprechend Berichte erstellen zu lassen.

5.2.4 Datenverknüpfung zu Analysezwecken (X- und O-Daten)

Ein erfolgreiches Experience Management führt unterschiedliche relevante Daten zusammen, um ein möglichst detailliertes Bild der Kunden und von deren Zufriedenheit zu entwickeln. Dafür müssen Daten aus allen relevanten operativen Systemen zusammengetragen werden. Diese sogenannten O-Daten können in Qualtrics importiert werden und dort durch die iQ-Funktionen analysiert und in Dashboards aufgearbeitet werden.

Abhängig von Ihrem konkreten Anwendungsfall könnte es sich jedoch anbieten, die X- und O-Daten in einer anderen Analytics-Anwendung, wie beispielsweise der SAP Analytics Cloud, zusammenzuführen, um dort die Zusammenhänge zu analysieren und darzustellen. Für diesen Anwendungsfall existiert ein Standard-Integrationsszenario, das es beispielsweise ermöglicht, durch vorkonfigurierte Inhalte die Daten aus Qualtrics in der SAP Analytics Cloud bestmöglich nutzen zu können.

5.3 Fazit

Um als Unternehmen überzeugende Customer Experience liefern zu können, müssen Sie Ihren Kunden zuhören, deren Bedürfnisse verstehen und entsprechend handeln. Um diese drei Bereiche abdecken zu können, steht Ihnen Qualtrics unterstützend zur Seite. Bei einer erfolgreichen Integration von Qualtrics in Ihre bestehende Systemlandschaft schaffen Sie es, bereichsübergreifend und an jedem Touchpoint der Customer Journey, die Zufriedenheit Ihrer Kunden zu messen. Mithilfe dieser Daten können aggregierte Analysen in Form von Reportings und Dashboards aufgebaut werden und auf Basis dieser aktiv die Kundenzufriedenheit positiv beeinflusst werden. Qualtrics bietet dabei die passenden Funktionen, um ansprechende Surveys aufzubauen, die Surveys automatisiert zum richtigen Zeitpunkt über den passenden Kommunikationskanal zu verteilen, das Feedback erkenntnisgewinnend zu visualisieren und passende Follow-ups zu triggern. Zusätzlich können durch das Zusammenführen der X-Daten aus Qualtrics und der O-Daten aus operativen Drittsystemen wertvolle Zusammenhänge aufgedeckt und Schlüsselfaktoren für die Kundenzufriedenheit identifiziert werden.

Qualtrics bietet somit ein Gegengewicht zur rein operationalen Bewertung von (Kunden)interaktionen und erlaubt es Ihnen, Handlungsmaßnahmen abzuleiten, die ohne das Einbeziehen von Feedback unterschiedlich ausgefallen oder gar nicht möglich gewesen wären. Die Rückkopplung durch das Umsetzen der Handlungsmaßnahmen kann in der Gestaltung der Customer Journey immens sein. Aber auch andere Bereiche von Produktion über die Logistik bis hin zu Finance können von wertvollem Kunden-Feedback profitieren.

Kapitel 6
SAP Marketing Cloud

Marketingautomatisierung ohne Integration ist bestenfalls das Automatisieren der Kampagnenausführung. Ist sie aber sowohl technologisch als auch im Hinblick auf die Prozesse im Unternehmen verankert, kann sie der Gamechanger bei der Digitalisierung von Customer-Experience-Prozessen sein. Warum die SAP Marketing Cloud gerade im Verbund mit den Vertriebs-, Commerce- oder Servicelandschaften die optimale Lösung für Sie sein kann, erfahren Sie auf den folgenden Seiten.

Kunden sind anspruchsvoll: Ständige Erreichbarkeit, schneller Service und ein einheitliches Markenversprechen über alle Kanäle hinweg – das sind die Mindestanforderungen. Die Digitalisierung legt die Latte noch höher. Dies geht auch an den Marketingabteilungen nicht spurlos vorüber. Im Gegenteil, denn alle Kanäle müssen bespielt werden, und zwar mit den Inhalten, die die Kunden dort erwarten.

Die Grundlage dafür sind die Daten. Bei jedem Kontakt mit Ihrem Unternehmen, ob online oder offline, hinterlassen Kunden wichtige Informationen über sich und ihr Kaufverhalten. Isoliert betrachtet, sind diese Daten wenig aussagekräftig, in der richtigen Kombination bringen sie aber Ihr Marketing entscheidend voran. Die Herausforderung dabei ist, die Daten sinnvoll zu bündeln und zu analysieren.

Mit der richtigen Plattform und den entsprechenden Tools profitieren Sie von einer Rundumsicht auf Ihre Kunden. Damit erstellen Sie dann etwa Kundenprofile nach dem sogenannten *Tante-Emma-Prinzip*: Sie wissen, wann der Kunde kauft, was er kauft, wo und warum. Sie kennen seine Vorlieben und Abneigungen, und Ihre Marketingmaßnahmen bestehen aus personalisierten Angeboten und Kampagnen.

Mit der *SAP Marketing Cloud* erstellen Sie dynamische Kundenprofile aus Informationen aus unternehmensinternen und -externen Daten. Die integrierten Analyse-Tools helfen, das künftige Verhalten Ihrer Kunden zu prognostizieren und sorgen dafür, dass Sie zur richtigen Zeit im richtigen Kanal das Richtige tun. Personalisierte Angebote stärken die Kundenbindung und ermöglichen die Optimierung der Abschlussquote.

Dieses Kapitel liefert Ihnen einen Überblick über die Digitalisierungsmöglichkeiten des Marketingprozesses mit der SAP Marketing Cloud im B2B-Kontext. Auf eine grundsätzliche Einführung in den digitalen Marketingprozess in Abschnitt 6.1, »Der digitale Marketingprozess«, folgend, werden in Abschnitt 6.2, »Geschäftsszenarios in der SAP Marketing Cloud«, und Abschnitt 6.3, »Kampagnen- und Journey-Orchestrierung«, die fundamentalen Prozesse und Funktionen des digitalen Marketingprozesses erläutert. Abschnitt 6.4, »Handelsmarketing (Commerce Marketing)«, geht auf Möglichkeiten der Integration mit Webshops und Commerce-Plattformen ein, während in Abschnitt 6.5, »Lead- und Account-based Marketing«, die B2B spezifischen Prozesse und Funktionen beschrieben werden. Den Abschluss bildet Abschnitt 6.6, »Planung und Analytics«, in dem Planungs- und Analysemöglichkeiten mit der SAP Marketing Cloud im Zusammenspiel mit der SAP Analytics Cloud aufgeführt werden.

6.1 Der digitale Marketingprozess

Der digitale Marketingprozess lässt sich als Regelkreis darstellen, der auf der Basis von Empfänger-Feedbacks eine kontinuierliche Verbesserung der Empfängeransprache bewirken kann (siehe Abbildung 6.1).

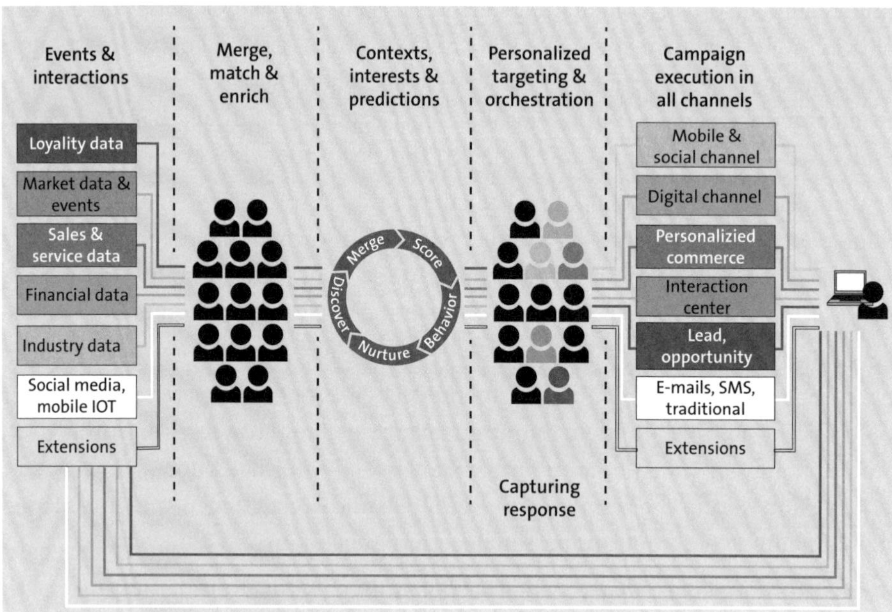

Abbildung 6.1 Digitaler Marketingprozess

Durch die Erfassung und Rückführung der Ergebnisse in das System wird eine Rückkopplung erzielt. Damit wird die Grundlage für eine Optimierung des Marketingprozesses und damit der Kundenansprache geschaffen. In den folgenden Abschnitten werden die Funktionen zur Auswertung und Bearbeitung der gesammelten Daten detaillierter erläutert.

6.1.1 Integration von Datenquellen mit kundenbezogenen Daten

Den Treibstoff dieses digitalen Marketingprozesses bilden kundenbezogene Daten. Diese werden entweder manuell oder effizienter über automatisierte Schnittstellen aus unternehmensinternen und -externen Anwendungen in die SAP Marketing Cloud geladen.

Unterschieden wird dabei zwischen Stammdaten – also den Daten, die Unternehmen oder Personen repräsentieren – und Bewegungsdaten wie Aufträge, Anrufe, E-Mails oder Webshop-Besuche. Erstere werden dabei in der SAP Marketing Cloud allgemein als *Kontakte* bezeichnet, letztere als *Interaktionen*.

Die SAP Marketing Cloud hält grundsätzlich für alle relevanten Datenobjekte offene REST-basierte Schnittstellen bereit, über die eine Systemintegration und ein Datenimport realisiert werden können.

Die Ansprache der Schnittstellen kann entweder direkt oder über eine geeignete Middleware erfolgen. Typischerweise wird im SAP-Kontext die SAP Integration Suite als Middleware-Plattform genutzt. Speziell für diese Plattform bietet SAP auch eine Reihe vorkonfigurierter Konnektoren, um SAP- sowie Nicht-SAP-Systeme als Datenquellen zu integrieren.

6.1.2 Outbound-Integration und Kanäle

Wie eingangs erwähnt, ist es das Ziel aller Marketingaktivitäten, die Kontakte über deren bevorzugte Kanäle anzusprechen. Daraus ergibt sich die Notwendigkeit, die SAP Marketing Cloud auch ausgangsseitig an eine Reihe unterschiedlichster Zielsysteme und Plattformen anzuschließen.

Die technischen Lösungen dazu variieren aufgrund der Heterogenität der Zielplattformen. Darüber hinaus ist speziell im Marketingumfeld der technologische Wandel omnipräsent und von rasender Geschwindigkeit.

Ähnlich wie auf der Eingangsseite bietet die SAP Marketing Cloud aber neben generischen Adaptern auch vorkonfigurierte Konnektoren zu E-Mail-Service-Providern, sozialen Netzwerken wie Facebook oder Suchnetzwerken wie Google Ads. Diese Integrationsfunktionen basieren u. a. auf der *SAP Integration Suite*.

6.1.3 B2B- vs. B2C-Marketing

Sie stellen sich an dieser Stelle eventuell die Frage, ob sich die SAP Marketing Cloud nur für B2B-Varianten (B2B = Business-to-Business) oder für B2C-Varianten (Business-to-Consumer) des Marketingprozesses eignet. Ohne auf die Eigenheiten der beiden Varianten an dieser Stelle detailliert eingehen zu wollen, lässt sich sagen, dass die SAP Marketing Cloud beide Varianten unterstützt.

Dies zeigt sich z. B. im Datenmodell zur Abbildung der Kontakte, das u. a. zwischen Konsumenten und Unternehmen und deren Unternehmenskontakten unterscheiden kann. Über verschiedene Segmentierungsoptionen lassen sich so unterschiedliche Zielgruppen generieren und in der Kampagnenausführung an die angeschlossenen Kanäle übergeben.

Mit dieser eher technischen Sichtweise wollen wir es an dieser Stelle bewenden lassen. Selbstverständlich sind die Eigenheiten von B2B und B2C vor allem in der Art des ausgespielten Contents, in der Auswahl der Kanäle sowie in den weiteren unterstützenden Prozessen zu berücksichtigen. Je nach Branche, Produkten und damit avisierten Zielgruppen ist zu entscheiden, welche Marketingplattform am Ende die größtmögliche Abdeckung der Anforderungen erzielt.

In Kapitel 7, »SAP Emarsys Customer Engagement«, wird eine weitere Marketinglösung des SAP-Customer-Experience-Portfolios vorgestellt, die noch stärker auf B2C fokussiert ist.

6.2 Geschäftsszenarios in der SAP Marketing Cloud

Die Erläuterungen in diesem Kapitel sind in sogenannten *Geschäftsszenarios* strukturiert (siehe Abbildung 6.2).

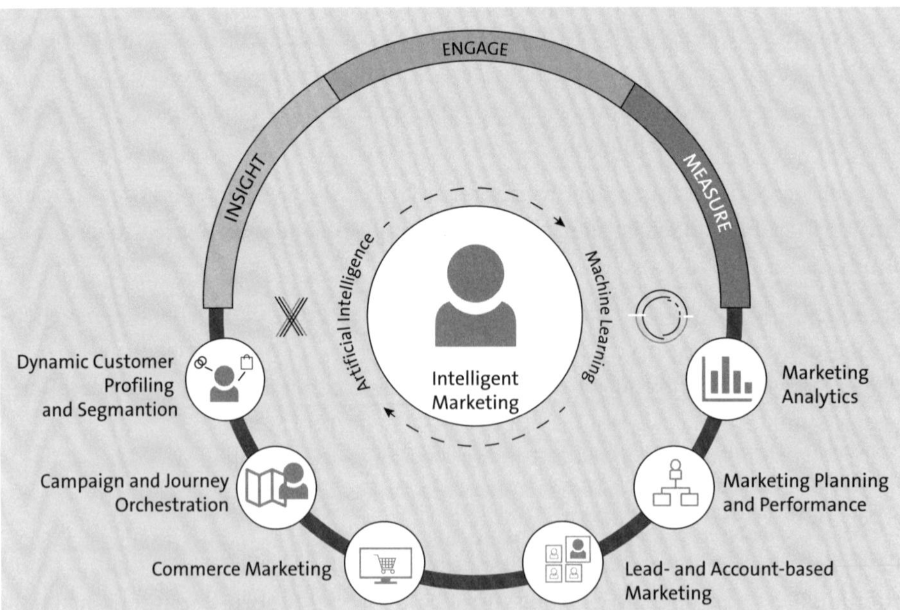

Abbildung 6.2 Die Geschäftsszenarios der SAP Marketing Cloud im Überblick

Die Geschäftsszenarios werden wiederum durch die Auswahl, Kombination und Integration von verschiedenen Anwendungsfunktionen der SAP Marketing Cloud umgesetzt. Ziel ist es, Ihnen schnell einen Überblick darüber zu verschaffen, wie Sie sofort einsatzbereite Marketingprozesse in der SAP Marketing Cloud nutzen können.

Die Nutzung und Kombination der Geschäftsszenarios und eingebetteten Funktionen variiert dabei typischerweise nach Branche und Geschäftsmodell (z. B B2B oder B2C). Lediglich die Geschäftsszenarios *Dynamische Erstellung und Segmentierung von Kundenprofilen* und *Kampagnen- und Journey-Orchestrierung* sind im Sinne einer sinnvollen Nutzung immer zu implementieren.

6.2.1 Dynamische Erstellung und Segmentierung von Kundenprofilen

Voraussetzung aller Marketingaktivitäten ist das Vorhandensein möglichst aktueller und mit allen relevanten Sichten angereicherter *Kunden- bzw. Kontaktprofile*.

Ausgangspunkt zur Erstellung dieser Profile sind die aus den verschiedenen angeschlossenen Quellen (Inbound) gesammelten Informationen. Im folgenden Abschnitt wird an konkreten Beispielen der Aufbau von Kundenprofilen aus den Stamm- und Bewegungsdaten erläutert.

6.2.2 Kontakte und Profile

Kontakte bilden die Kernstammdaten der SAP Marketing Cloud. Der optimale Datensatz des Kontakts stellt die wertvollsten Kontaktstammdaten dar, die in einem einzigen Datensatz pro Kontakt abgelegt sind. Die Stammdaten, die den optimalen Datensatz bilden, werden aus verschiedenen Quellen, sogenannten Herkünften, angelegt und angereichert.

Kontaktarten

Ein Kontakt ist eine Person, die mit Ihrem Unternehmen interagiert (z. B. über eine Website, Social Media oder per E-Mail). Kontakte werden aus der Perspektive ihrer Geschäftsbeziehung mit Ihrem Unternehmen entweder als Unternehmenskontakte, als Kunden oder als potenzielle Kunden betrachtet. Technisch gesehen, sind die drei Entitäten gleich. Aus diesem Grund bezieht sich die generische Benennung »Kontakt« in diesem Dokument auf alle Entitäten, sofern nichts anderes angegeben wird. Es existieren folgende Kontaktarten:

- *Potenzieller Kunde*: eine Person, deren Interessen nicht bekannt sind.
- *Konsument*: eine Person, die als Privatperson etwas von Ihrem Unternehmen erworben hat.

- *Konsumenten- und Unternehmenskontakt*: ein Kontakt, der eine private und eine geschäftliche Beziehung mit Ihrem Unternehmen hat (B2C Marketing).
- *Unternehmenskontakt*: der Vertreter eines Unternehmenskunden, der mit Ihrem Unternehmen interagiert hat (B2B-Marketing).
- *Anonymer Kontakt*: ein Kontakt, der nur aus einer ID besteht.

Die für anonyme Kontakte genutzte ID kann aus unterschiedlichen Quellen stammen. Tabelle 6.1 gibt Ihnen einen Überblick über die Herkunft der möglichen IDs.

Herkunft	ID
AAID	Werbe-ID für Android-Geräte
ADFORM_ID	Adform-ID
ANONYMOUS	Anonymer Kontakt
COOKIE_ID	Cookie-ID
IDFA	Werbe-ID für iOS-Geräte
IP_ADDRESS	IP-Adresse
SAP_CDS_PROFILE	SAP: ID der kontextabhängigen Services
SAP_HYBRIS_PROFILE	Hybris-Profil-ID
TURN_ID	Turn-Identifikator
WEB_SESSION_ID	ID der Internet-Session

Tabelle 6.1 Aus Datenquellen abgeleitete Herkünfte und IDs für Kontakte

Optimale Datensätze

Kontaktdaten in der SAP Marketing Cloud können von verschiedenen Herkunftsorten geladen werden, z. B. aus ERP-Systemen, Webshops, Social Media, Treueprogrammen usw. Alle diese Herkünfte liefern Kontaktdaten für den optimalen Datensatz: IDs, Telefonnummern, E-Mail-Adressen usw. Eine Herkunft muss eine ID für den Kontakt enthalten, d. h. die ID, unter der der Kontakt im System bekannt ist. Dies könnte beispielsweise in SAP S/4HANA die Kundennummer und in Facebook oder LinkedIn die ID des Kontakts in diesen Systemen sein.

Die verschiedenen Herkünfte können auch mehrere zusätzliche IDs für den Kontakt bereitstellen (siehe Tabelle 6.2).

Herkunft	ID
SAP_LOY_PROGRAM	Kundenbindungskartennummer
EMAIL	E-Mail-Adresse
MOBILE	Mobiltelefonnummer
FAX	Faxnummer

Tabelle 6.2 Herkünfte und IDs

Abbildung 6.3 zeigt einen Kontakt mit den zugehörigen Datenherkünften: SAP S/4HANA, Facebook, Twitter, LinkedIn und einem Webshop, jeweils mit einer Haupt-ID. Diese Herkünfte können wiederum zusätzliche IDs liefern, z. B. E-Mail-Adressen, Telefonnummern und Faxnummern. Jede Herkunft kann Stammdaten für den Kontakt bereitstellen, wie Vorname, Nachname, Postadresse, Geschlecht oder Familienstand.

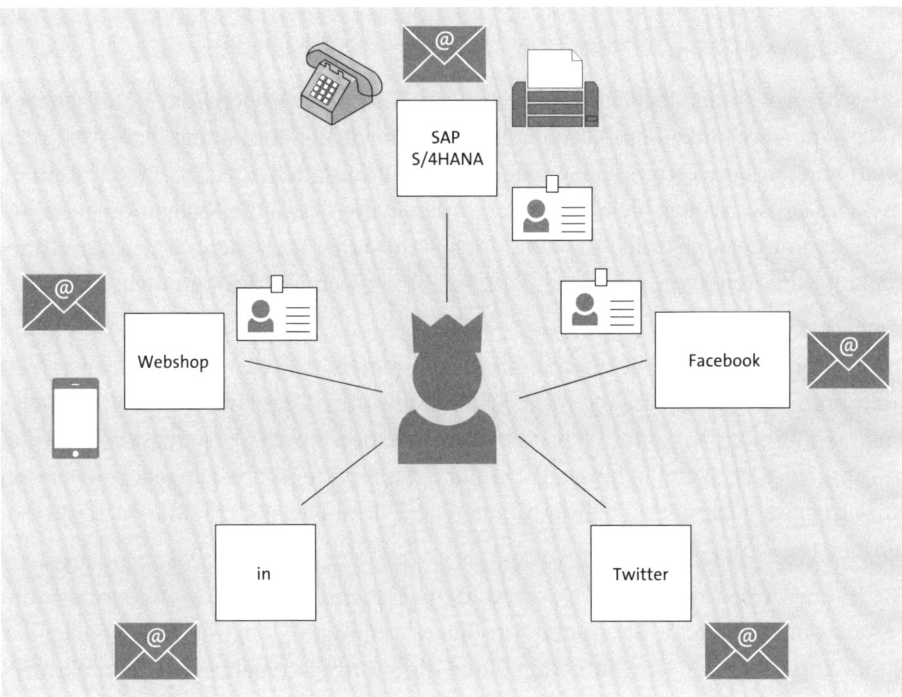

Abbildung 6.3 Kontakt mit den dazugehörigen Datenherkünften

Wie Abbildung 6.4 veranschaulicht, wird der optimale Datensatz des Kontakts auf der obersten Ebene angelegt. Alle Attributfelder des optimalen Datensatzes werden mit Daten aus den Herkünften auf der nächstniedrigeren Ebene (gekennzeichnet durch die Pfeile) gefüllt, z. B. Vorname, Nachname, Geburtsdatum, E-Mail-Adresse usw. Jedes Attribut des optimalen Datensatzes enthält nur einen Wert.

Abbildung 6.4 Aufbau des optimalen Datensatzes aus den verschiedenen Herkünften

6.2.3 Interaktionen

Interaktionen stellen jegliche Art der Kommunikation zwischen dem Unternehmen eines Benutzers und einem Kontakt dar. Ähnlich wie die Kontaktdaten werden auch Interaktionen von verschiedenen Herkunftsorten geladen, z. B. aus ERP-Systemen, Webshops usw. Als Beispiele für Interaktionen gelten etwa die Navigation auf einer Website, mit dem Ziel, sich für eine Veranstaltung zu registrieren oder ein Whitepaper herunterzuladen, oder auch Beiträge in sozialen Netzwerken über ein Unternehmen oder dessen Produkte.

Interaktionen können mit Interessensgebieten angereichert werden. Darunter versteht man ein Ziel, auf das die Interaktion des Kontakts gerichtet ist. Beispielsweise sucht ein Kontakt auf einer Website nach einem bestimmten Produkt, das das Interessensgebiet ist. Wenn in einem Formular ein Interessensgebiet angegeben worden ist, wird diese Information beim Absenden des Formulars auch im Marketingsystem hinterlegt.

Die Interaktionen werden vom System den geladenen Kontakten zugeordnet und vervollständigen somit die Kontaktprofile. Abbildung 6.5 zeigt im Kopfbereich des Kundenprofils in der SAP Marketing Cloud die Stammdaten eines B2B-Kontakts mit dem ihm zugeordneten Unternehmenskontakt. Der untere Bereich gliedert sich links in eine sogenannte Tag-Cloud sowie rechts in eine chronologische Auflistung der Interaktionen sowie deren Kanalherkunft. Die angesprochene Tag-Cloud füllt sich aus Informationen, die aus den Interaktionen abgeleitet werden und ermöglichen einen schnellen Überblick über den Kontext, innerhalb dessen die Interaktionen stattgefunden haben.

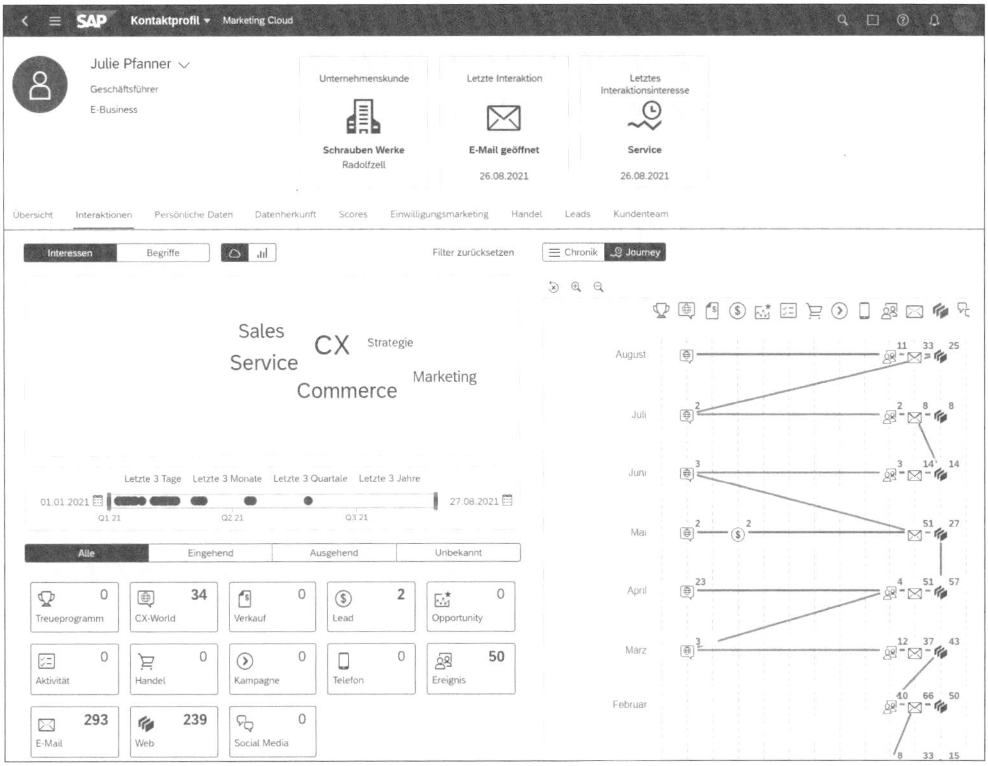

Abbildung 6.5 Kontaktprofil eines B2B-Kontakts mit Interaktionen und abgeleiteten Interessen

Mit den Kontakten und deren Interaktionen sind jetzt grundsätzlich alle Elemente für die weiteren Schritte im Marketingprozess vorhanden. Ausreichende Datenqualität vorausgesetzt, können auf dieser Basis Zielgruppen gebildet werden, Content zusammengestellt und personalisiert sowie die einzelnen Kontakte der Zielgruppe über die entsprechenden Kanäle angesprochen werden.

6.2.4 Einwilligungsmarketing

An dieser Stelle soll und kann keine verbindliche Rechtsberatung erfolgen. So viel aber sei gesagt: Die SAP Marketing Cloud ermöglicht grundsätzlich eine Implementierung des digitalen Marketingprozesses, die mit der Datenschutz-Grundverordnung (DSGVO) konform ist. Wichtiger Eckpfeiler dafür ist die Möglichkeit, in den gesammelten Profilen deren jeweils gegebene Einwilligung (Opt-in) oder Ablehnung (Opt-out) verwalten zu können.

Dabei besteht auch die Möglichkeit, das System an verschiedene Länderregularien anzupassen. So gilt im Raum der Europäischen Union in der Regel eine explizit gegebene Einwilligung als Voraussetzung für eine Kontaktaufnahme im Kontext von Marketingaktivitäten. Im Gegensatz dazu gibt es implizite Einwilligungen.

Bei expliziten Einwilligungen hat der jeweilige Kontakt direkt sein Einverständnis zur Kontaktaufnahme gegeben. Bei impliziten Einwilligungen hat der Kontakt sein Einverständnis zur Kontaktaufnahme nicht direkt zurückgezogen, sodass von einer Einwilligung ausgegangen wird. Der rechtliche Rahmen für Marketingeinwilligungen variiert von Land zu Land, weshalb Sie je nach Land und Kommunikationsmedium Einschränkungen konfigurieren können.

Abbildung 6.6 zeigt die Einwilligungssicht eines Kontaktprofils und listet den Einwilligungsstatus je nach Kanal (z. B. Facebook, Google Ads, Twitter) und ID (E-Mail, Mobilnummer) zusammen mit dem Zeitpunkt der erfolgten Einwilligung auf.

Da an die SAP Marketing Cloud in der Regel eine Vielzahl von datenliefernden Systemen angeschlossen ist, muss darauf geachtet werden, dass die Erfassung und Weiterleitung der Daten rechtskonform und mit korrekt übermittelter Einwilligung oder Ablehnung erfolgt.

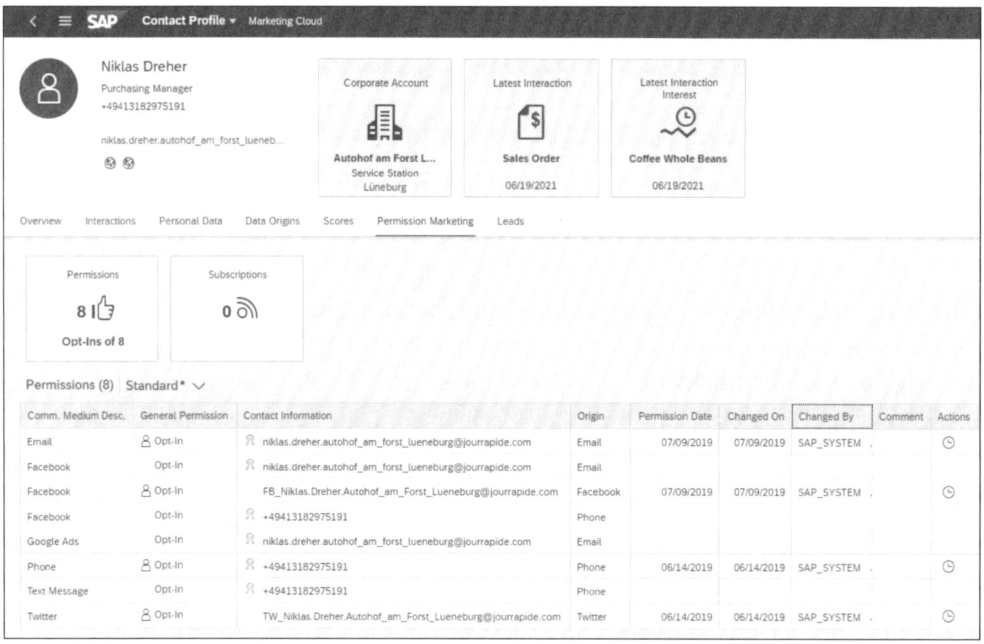

Abbildung 6.6 Kontaktprofil mit mehreren kanal- und ID-abhängigen Einwilligungen

6.2.5 Vorhersagebasiertes Marketing und Scores

Für Kontakte errechnete Scores können genutzt werden, um den Informationsgehalt verschiedener gesammelter Datenpunkte und von einer oder mehreren errechneten Kennzahlen zu verdichten. Die Segmentierung von Kontakten und die Erstellung von

Zielgruppen für Kampagnen wird dadurch erheblich vereinfacht. Es müssen innerhalb der Segmentierungsanwendung keine komplexen Einzelabfragen mehr zusammengeführt werden. Stattdessen können die Anwenderinnen und Anwender direkt auf einen oder mehrere Scores und deren Werte segmentieren.

Dabei können zwei Arten von Scores unterschieden werden:

- regelbasierte- oder heuristische Scores
- vorhersagemodellbasierte Scores

Abbildung 6.7 zeigt die Score-Sicht eines Kontaktprofils mit drei für diesen konkreten Kontakt berechneten Score-Werten. In dem Beispiel handelt es sich um einen engagierten Kontakt (hoher Engagement Score, kürzlich erfolgte letzte Interaktion), der jedoch einen noch recht niedrigen Purchase Intent Score (40 von 100) hat und demnach noch einer weiteren Bearbeitung hinsichtlich der Marketingmaßnahmen bedarf.

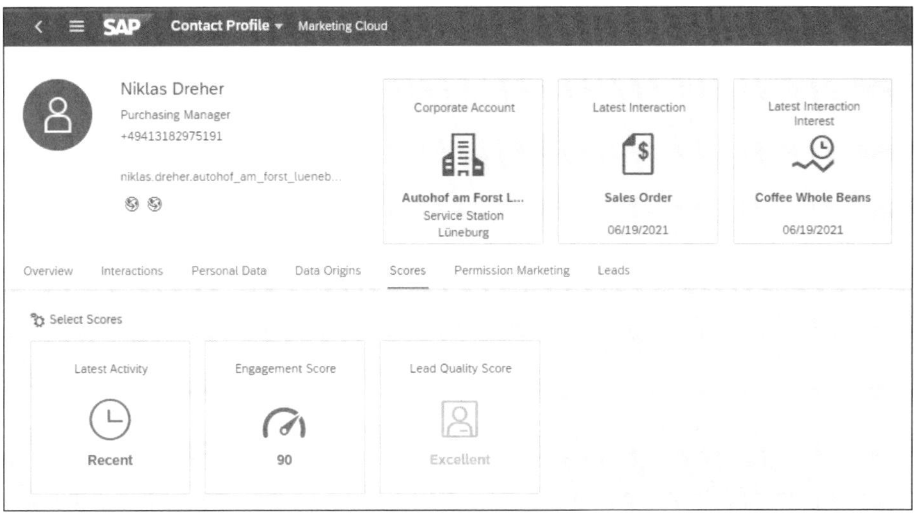

Abbildung 6.7 Kontaktprofil und von der SAP Marketing Cloud für den Kontakt errechnete Scores

Heuristische Scores

Einige gängige und allgemeingültige Scores sind bereits in der Standardauslieferung der SAP Marketing Cloud enthalten und können direkt genutzt werden. Eigene individuelle Scores können mittels entsprechender App ohne Programmierung umgesetzt werden.

Ein typisches Beispiel im B2B-Umfeld ist dabei z. B. die Bewertung von Leads durch einen entsprechenden Score, um bei Erreichen bzw. Überschreiten eines definierten Schwellenwertes die Übergabe in den Vertrieb zu starten (siehe Abbildung 6.8).

Die dargestellte Regel erhöht bei einer positiven Prüfung den Wert für den Lead Score um 20 Punkte. Dabei prüft die Regel das Vorhandensein von Interaktionen in der Kontakthistorie eines Unternehmenskontakts vom Typ **Webinar**. Über den logischen Operator UND wird gleichzeitig die Aktualität der Interaktion geprüft. Im Beispiel müssen die Interaktionen jünger als 28 Tage sein. Weitere Regelsätze können über die logischen Operatoren UND oder ODER hinzugefügt werden, um die Score-Ermittlung um unterschiedliche Kriterien erweitern zu können.

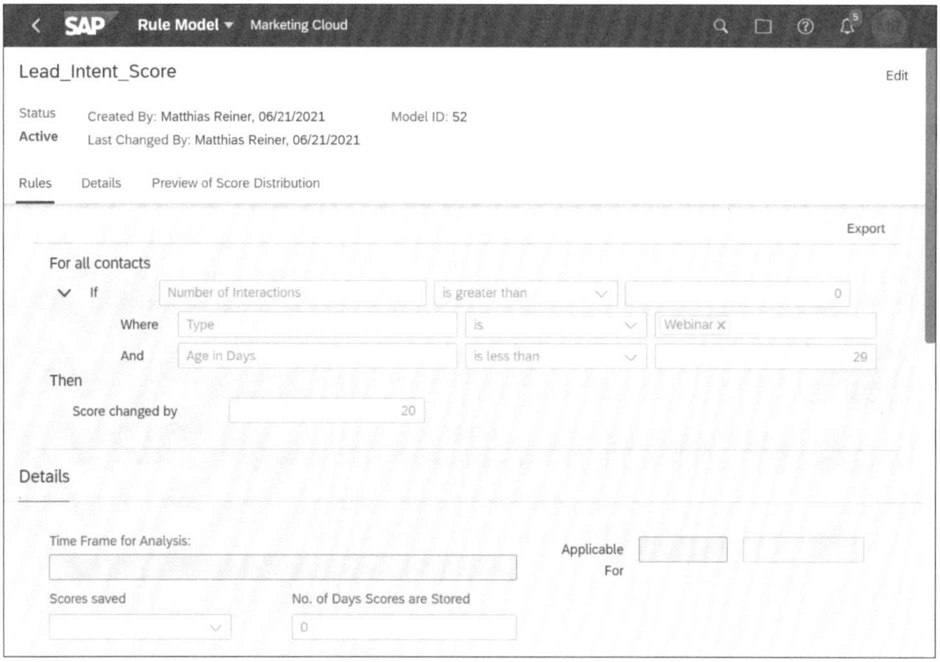

Abbildung 6.8 Lead Score mit Regel auf der Basis von Interaktionen des Typs »Webinar«

Vorhersagemodellbasierte Scores

Neben den einfacheren, heuristischen Scores bietet die SAP Marketing Cloud auch die Möglichkeit, Scores auf der Basis von Vorhersagemodellen errechnen zu lassen. Technologische Grundlage dafür sind die entsprechenden Algorithmen, die die Datenbank SAP HANA zur Verfügung stellt, die gleichzeitig Anwendungsdatenbank für die SAP Marketing Cloud ist.

Vorhersagemodelle verwenden Algorithmen und historische Daten, um Scores zu berechnen, mit denen Sie Einblicke in das zukünftige Verhalten Ihrer Kunden gewinnen. So können z. B. auf der Grundlage historischer Verkaufsbelege (z. B. der im Online-Shop platzierten Bestellungen) und der erfassten Daten über die Käufer (Kontakte in der SAP Marketing Cloud) und deren Eigenschaften (wie Alter, Geschlecht, Lokation und erfassten Vorlieben) Kaufwahrscheinlichkeiten für bestimmte Produkte errechnet werden.

Ein konkretes Beispiel stellt der vorausgelieferte Score der Konsumenten-Kaufneigung dar. Auf diesen Score kann bei der Kundensegmentierung zugegriffen werden und damit die Zielgruppe auf die erfolgversprechendsten Kontakte eingeschränkt werden, was in der Folge zu einer Optimierung des eingesetzten Marketingbudgets führen kann.

Abbildung 6.9 zeigt die Integration des Vorhersagemodells der Konsumenten-Kaufneigung in die App zur Kontaktsegmentierung und Zielgruppenbildung. Im interaktiven Vorschaudiagramm der Segmentierung hat der Business-Analyst ein konkretes Produkt und das dafür trainierte Vorhersagemodell aufgerufen. Im Diagramm wird auf Basis der Score-Verteilung aller Kontakte im System (685361) ein Anteil von 45 % (309261) der Kontakte mit höchstem individuellem Score ausgewählt. Damit werden aber 100 % (173214) der Kontakte erreicht, die eine individuelle Kaufneigung für das konkrete Produkt von größer 0 aufweisen. Somit kann z. B. die Anzahl versendeter Mailings reduziert und der Mitteleinsatz optimiert werden.

6

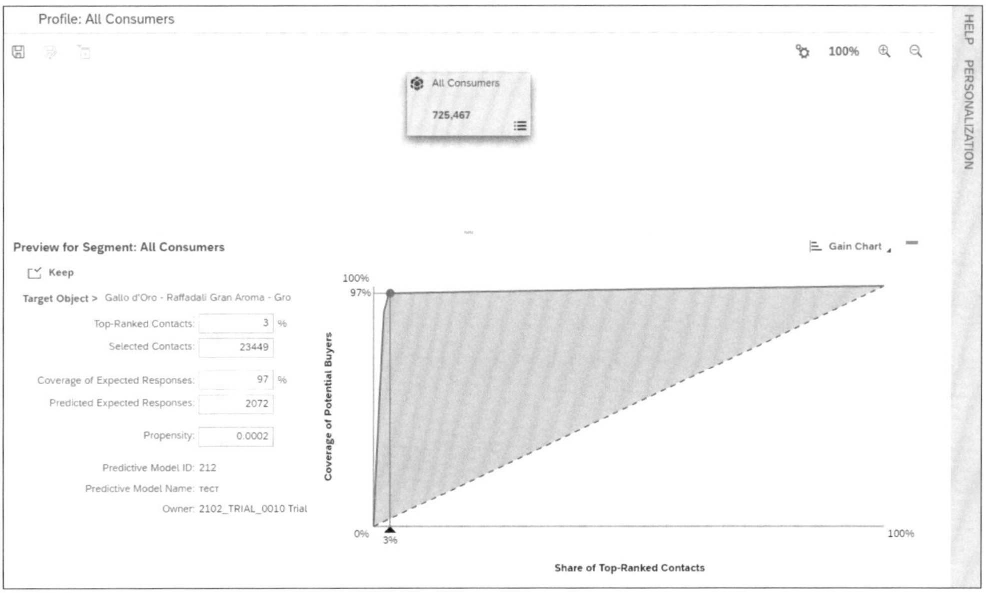

Abbildung 6.9 Integration eines Vorhersagemodells in der Kontaktsegmentierung

Segmentierung und Zielgruppen

Herzstück und Alleinstellungsmerkmal der SAP Marketing Cloud ist die Segmentierung im Zusammenspiel mit den aufgebauten Kontaktprofilen. Wie bereits erwähnt, nutzt die SAP Marketing Cloud die Datenbank SAP HANA. Die Leistungsfähigkeit der Segmentierungsfunktion der SAP Marketing Cloud kann enorm gesteigert werden, da Segmentierungsoperationen für große Datenmengen in Echtzeit möglich sind.

Die Segmentierungs-App stellt sich als interaktive, grafisch orientierte Anwendung dar (siehe Abbildung 6.10). Die auf der Basis der geladenen Daten verfügbaren Segmentierungskriterien oder -attribute (links im Bild) sind in Gruppen angeordnet und lassen sich per Klick und per Drag-&-Drop-Operationen auf den Segmenten (Wasserfallmodell) im Hauptarbeitsbereich anwenden.

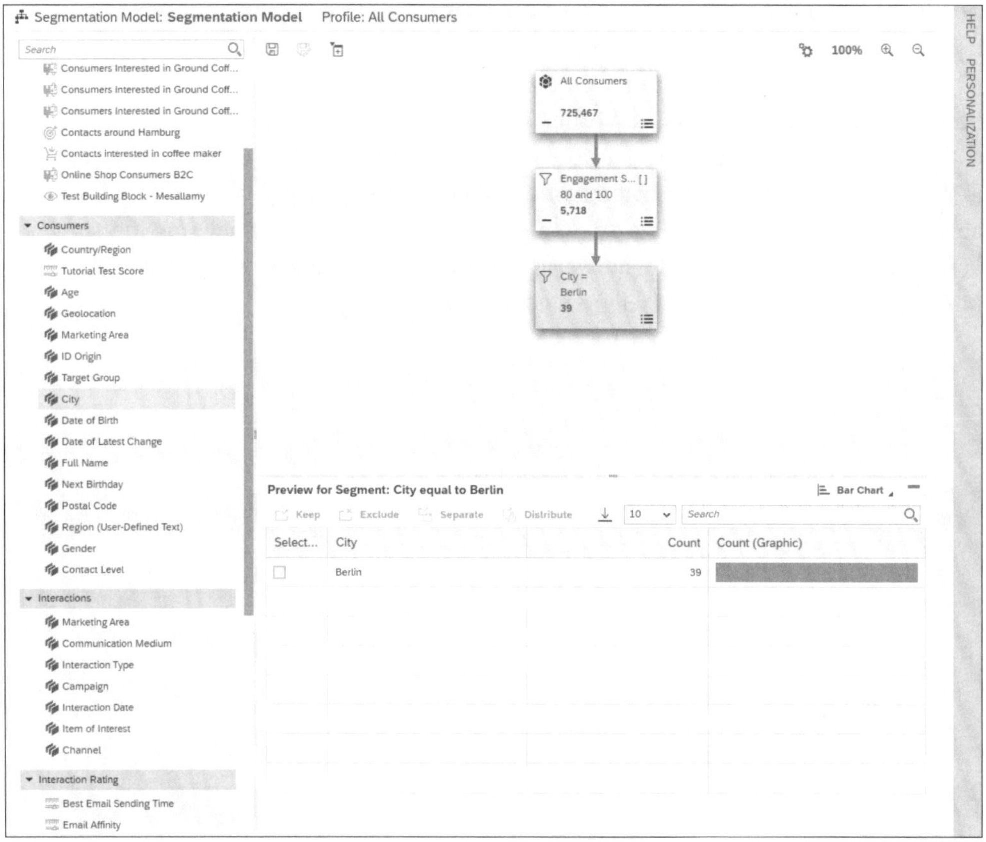

Abbildung 6.10 Segmentation-Modellierungs-App mit Root-Segment und zwei Subsegmenten

Sie können aus jedem beliebigen Segment, das bei der Segmentierung ermittelt wurde, eine Zielgruppe mit den Kunden anlegen. Die erstellten Zielgruppen können z. B. für die Ausführung einer Marketingkampagne verwendet werden.

Abbildung 6.11 zeigt als Beispiel eine Promotionskampagne: Ein global agierendes Unternehmen möchte eine Promotionskampagne für die DACH-Region ❶ durchführen. Als relevante Zielgruppe wurden Bestandskunden aus der Baubranche identifiziert ❶. Da Großhändler andere Preislisten bekommen, werden diese ausgeschlossen und in einer eigenen Kampagne angeschrieben ❷. Es sollen keine Kontakte angeschrieben werden, die in einen laufenden Beschwerdeprozess involviert sind oder bereits in den letzten zwei Tagen eine andere E-Mail des Unternehmens erhalten haben ❸. Es sollen zudem nur Kontakte angeschrieben werden, die in den letzten fünf Monaten mindestens eine E-Mail des Unternehmens geöffnet und ein Double Opt-in für E-Mails haben ❹. Aus den Teilmengen **Marketingeinwilligung + Mail geöffnet** und **Beschwerde + Mail in den letzten beiden Tagen** wird die potentielle Zielgruppen berechnet ❺. Zum Abschluss wird die relevante Schnittmenge/Zielgruppe aus Segment **kein Großhändler** und **Interaktionsdaten** ermittelt ❻.

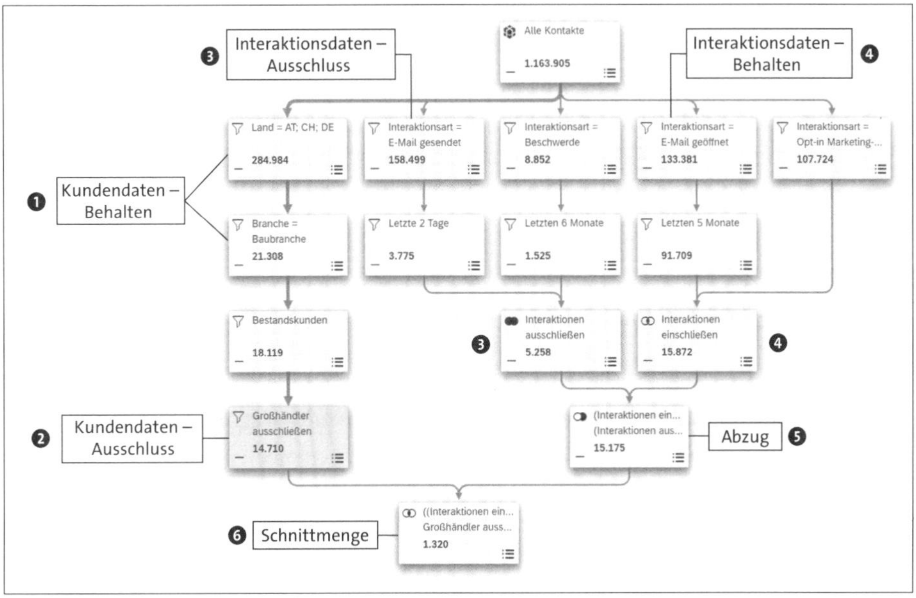

Abbildung 6.11 Komplexes Segmentierungsmodell mit Verzweigungen und Zusammenführungen

Zur Lösung der Aufgabe wurde in sieben Schritten ein Segmentierungsmodell erstellt. Dieses basiert auf Stammdatenattributen und Bewegungsdaten (Interaktionen) und ist über verschiedene logische Operationen wie `INCLUDE`, `EXCLUDE`, `INTERSECT` und `SUBTRACT` abgebildet.

Zielgruppen

Zielgruppen werden aus Segmenten innerhalb der Segmentierungs-App gebildet. Eine Zielgruppe besteht aus einer Reihe von Kunden, potenziellen Kunden oder Kontakten, die nach Kriterien wie geografischen Orten oder gemeinsamen Interessen kategorisiert sind. Auf der Grundlage einer Zielgruppe kann der Marketingexperte eine Kampagne anlegen, um Folgeaktionen vorzubereiten (z. B. Marketingkampagnen).

Grundsätzlich unterscheidet die SAP Marketing Cloud zwischen statischen und dynamischen sowie Live-Zielgruppen:

- **Statische Zielgruppen**
  Bei statischen Zielgruppen werden die Zielgruppenmitglieder nicht automatisch aktualisiert, sondern beibehalten, es sei denn, Sie aktualisieren die Mitglieder manuell.
- **Dynamische Zielgruppen**
  Dynamische Zielgruppen werden gemäß dem im Segmentierungsmodell definierten Filter aktualisiert. Ein Neuaufbau kann manuell ausgelöst werden oder wird automatisch durchgeführt, wenn Sie eine Zielgruppe exportieren, wenn eine Aktion einer Kampagne angestoßen wird, und wenn eine CRM-Kampagne, die in SAP CRM integriert wurde, ausgeführt wird.
  In der Regel verwenden Sie dynamische Zielgruppen für Kampagnen, die regelmäßig ausgeführt werden. Bevor die Kampagne ausgeführt wird, werden die Mitglieder der Zielgruppe aktualisiert, wenn sie den Filterkriterien für diese Kampagne entsprechen.
- **Live-Zielgruppen**
  Die Mitglieder einer Live-Zielgruppe werden nicht dauerhaft gespeichert, sondern Sie werden bei einer Anfrage durch den Benutzer oder durch das System dynamisch ermittelt. Bei jeder Anfrage wird geprüft, welche Mitglieder des Segmentierungsprofils den Filterkriterien für die Zielgruppe entsprechen. Sie können Live-Zielgruppen als Filter für Kampagnen verwenden.

Erweiterbarkeit und Anpassbarkeit

Die in die SAP Marketing Cloud geladenen Daten bilden, wie bereits dargestellt, die Grundlage des Marketingprozesses; ihre Segmentierung ist einer der ersten Prozessschritte. In der Praxis ist es häufig notwendig, über die im Standarddatenmodell der SAP Marketing Cloud abbildbaren Daten weitere Daten zu verwalten und beispielsweise für die Segmentierung nutzbar zu machen.

Die SAP Marketing Cloud bietet zu diesem Zweck eine Reihe von Werkzeugen in Form von Apps, mit denen diese notwendigen Erweiterungen an Datenmodell und Segmentierungs-App problemlos durchgeführt werden können.

6.3 Kampagnen- und Journey-Orchestrierung

Die Szenarios für die Kampagnen- und Journey-Orchestrierung zeigen, wie Sie Kampagnen über verschiedene Kanäle, wie E-Mail oder Facebook, anlegen und ausführen, um die für die Zielgruppen relevanten Inhalte bestmöglich auszuspielen.

Die SAP Marketing Cloud stellt hierzu eine Reihe vorkonfigurierter Konnektoren zu unterschiedlichen Kanälen oder Plattformen bereit. Die Anbindung erfolgt entweder direkt von Anwendungs-API zu Anwendungs-API oder mittels der SAP Business Technology Platform und vorkonfigurierter sogenannter iFlows als Middleware. Einen nicht abschließenden Überblick liefert Tabelle 6.3.

Nicht aufgeführte bzw. im SAP-Standard nicht aufgeführte Kanäle oder Plattformen können im Rahmen von Implementierungsprojekten angebunden werden. Voraussetzung dafür ist, dass sich die Zielplattform über geeignete Schnittstellen ansprechen lässt.

Kanal/Plattform	Kommunikationsmedium	Integrationstechnologie
E-Mail-Service-Provider (ESP)	E-Mail	REST, gegebenenfalls SCPI für Nicht-Standard-E-Mail-Service-Provider
Facebook, inklusive Instagram	Social Campaigns und Custom Audiences	REST
Google Firebase	Mobile-Push-Nachrichten	REST
Google Ads	Suchmaschinenmarketing	REST + SCPI
SAP Commerce Cloud	personalisierte Inhalte, Produktempfehlungen, Angebote	ODATA + SCPI
SAP CRM und SAP Sales Cloud	Leads, Aktivitäten, Anruflisten (zur Integration von Marketing und Vertrieb, typischerweise im B2B-Umfeld)	ODATA + SCPI

Tabelle 6.3 Ausgewählte Konnektoren und deren zugrunde liegende Technologie

Innerhalb der SAP Marketing Cloud kann dazu beispielsweise ein »offener Kanal« in Kombination mit einem SCPI-iFlow als Mittler zwischen den Welten implementiert werden.

6.3.1 Kampagnenausführung per E-Mail

E-Mails gelten nach wie vor als einer der wichtigsten Engagement-Kanäle jeder erfolgreichen Marketingstrategie. Die Erstellung von personalisierten E-Mails, deren Versand an die im vorherigen Geschäftsszenario ermittelten Zielgruppen sowie die Verfolgung und das Nachfassen stellen ein typisches Geschäftsszenario dar, das mit den Apps für die SAP Marketing Cloud bei einer Integration mit externen E-Mail-Service-Providern wie Amazon Simple Email Services (SES) oder SAP Digital Interconnect ausgeführt werden kann.

Content-Erstellung

Grundsätzlich muss Marketing-Content, der über die *SAP-Marketing-Cloud-Kanäle* versendet werden soll, in der SAP Marketing Cloud erstellt bzw. verwaltet werden.

Dies bedeutet konkret, dass z. B. das Layout personalisierter E-Mails, von SMS oder von Mobile-Push-Benachrichtigungen in der entsprechenden Content-Editor-App der SAP Marketing Cloud angelegt werden müssen. Ein Beispiel für eine mit der Content-Editor-App angelegte E-Mail sehen Sie in Abbildung 6.12.

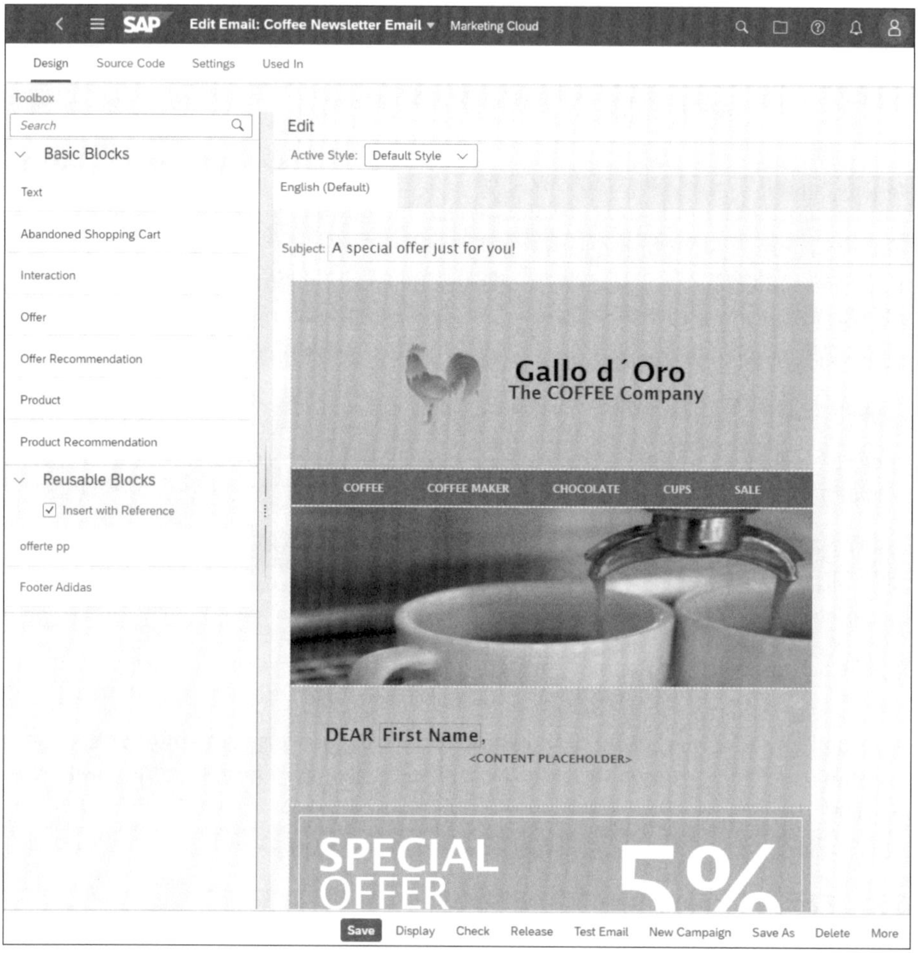

Abbildung 6.12 Content-Editor-App mit E-Mail-Content und Platzhalter für die personalisierte Anrede

Nachdem der Marketing-Content freigegeben worden ist, kann der Inhalt Kampagnen zugeordnet werden. Für die Freigabe können Sie optional einen Genehmigungs-Workflow nutzen. Anschließend wird im Rahmen der Kampagnenausführung der Inhalt an die den Kampagnen zugeordneten Zielgruppen ausgespielt.

Aufgrund der hohen Anforderungen an Layout und Corporate Design haben sich in der Praxis arbeitsteilige Prozesse etabliert. Dabei erstellen z. B. Designagenturen mittels spezialisierter Webdesign-Tools Vorlagen und stellen die entsprechenden HTML-

Quelldateien zur Verfügung. Diese werden dann in die Content-Editor-App der SAP Marketing Cloud geladen und um die technischen Platzhalter für personalisierte Inhalte ergänzt.

Technische Platzhalter für personalisierte Inhalte bedeuten an dieser Stelle, dass alle gesammelten und in der Anwendungsdatenbank gespeicherten Kontaktattribute zur Inhaltspersonalisierung zur Verfügung stehen.

Des Weiteren können sogenannte Content-Blöcke in die Marketing-E-Mails eingebettet werden, deren Inhalte durch spezialisierte Anwendungsfunktionen ermittelt oder im Falle von personalisierten Produktvorschlägen über entsprechende Algorithmen errechnet werden.

Beispiele für solche Produktvorschläge sind:

- personalisierte Produktvorschläge (anhand von prädiktiven Algorithmen und historischen Informationen)
- personalisierte Angebote (anhand von Regeln und Zielgruppen)
- Inhalte abgebrochener Warenkörbe (anhand von Integration mit einem Webshop)

Kampagne und Ausführungslogik festlegen

Eine Kampagne ist ein Container, den Sie zum Verwalten Ihrer Marketingaktivitäten rund um Kunden, Interessenten oder Kontakte verwenden, die in einer Zielgruppe zusammengefasst sind.

Eine Kampagne enthält folgende Informationen:

- Details über die Kampagne, z. B. Gültigkeitszeitraum, Priorität, Ausführungsintervalle und Status
- Kampagnenablauf mit Triggern und Aktionen
- Informationen zur entsprechenden Zielgruppe und gegebenenfalls zu deren Mitgliedern
- Informationen zur Zusammenarbeit mit SAP Jam oder mit Teammitgliedern und zum Speichern von zusätzlichen Informationen als Notizen

Abbildung 6.13 zeigt eine E-Mail-Kampagne in der SAP Marketing Cloud. Wenn Sie eine Kampagne anlegen, wird vom System, abhängig von der gewählten Kampagnenart, ein grundlegender Ablauf festgelegt. Mithilfe des Kampagnendesigners werden diesem Ablauf weitere Trigger und Aktionen zugeordnet.

Abbildung 6.14 zeigt ein Beispiel für eine Ausführungslogik, in der einer definierten Zielgruppe aufgrund der optional eingeführten A/B-Testaktion automatisch zwei Varianten von E-Mails gesendet werden. Dabei wird im ersten Schritt nur eine Testgruppe mit einem Personenanteil von 20 % der Gesamtzielgruppe adressiert. Nach Ablauf des definierten Testzeitraums wird auf der Basis der ebenfalls festgelegten Erfolgskennzahl (z. B. Öffnungsrate der E-Mails) die »Gewinner-E-Mail« ermittelt und an den Rest der Zielgruppe versendet.

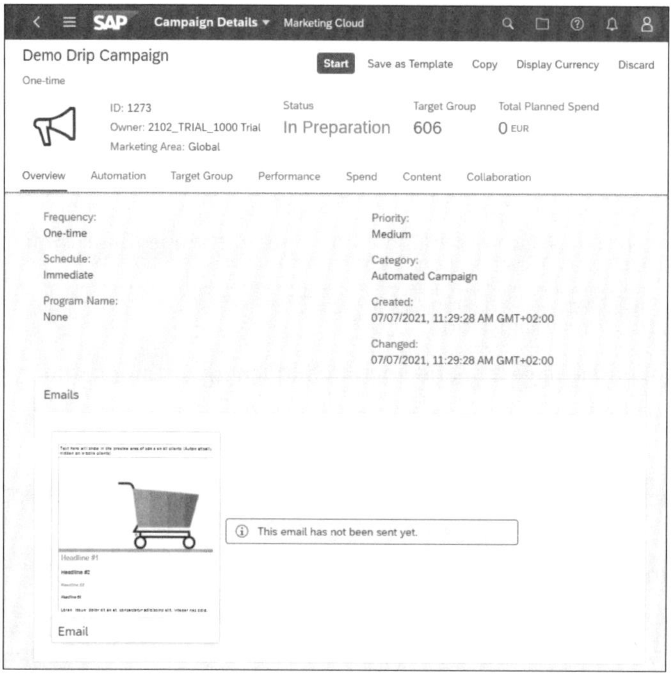

Abbildung 6.13 E-Mail-Kampagne in der SAP Marketing Cloud

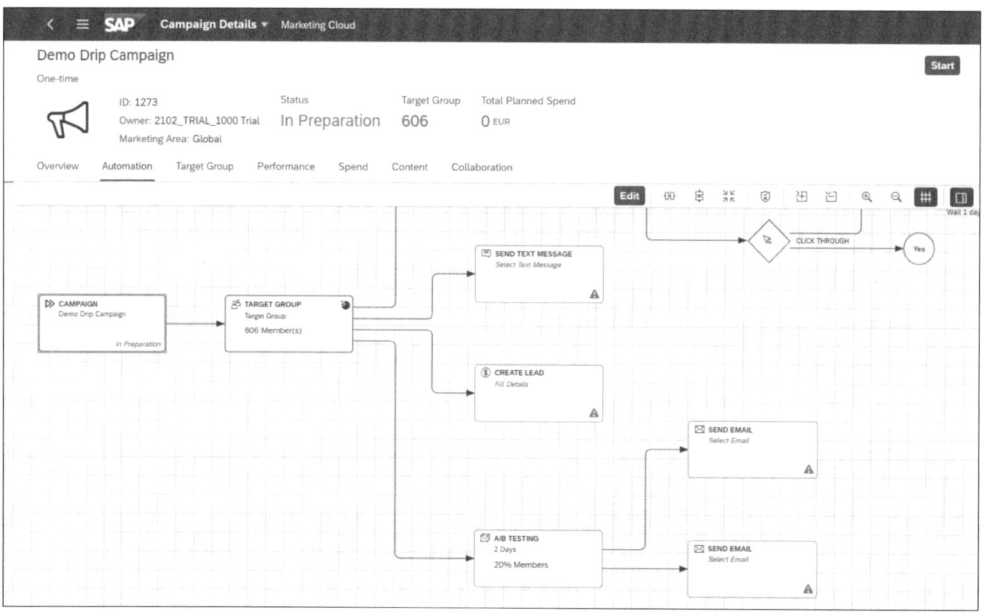

Abbildung 6.14 Ausführungslogik einer E-Mail-Kampagne mit optionaler A/B-Testaktion

Die Ausführungslogik könnte nach dem Versand der E-Mails um weitere Folgeaktionen desselben Typs (**E-Mail senden**) oder anderer Typen (z. B. **Send SMS**, **Telefonanruf anlegen**) erweitert werden. Verknüpft werden die Aktionen über Trigger wie z. B. **E-Mail geöffnet/nicht geöffnet** oder **Durchklicken**. Dadurch lassen sich mehrstufige Kampagnen mit Fallunterscheidungen automatisiert realisieren.

Kampagnenperformance prüfen

Der Erfolg einer Kampagne kann direkt nach der Ausführung im System analysiert werden. Hierzu sammelt bzw. errechnet die SAP Marketing Cloud die relevanten Erfolgskennzahlen, die für die in der Automatisierung verwendeten Aktionen relevant sind, und stellt diese direkt in der Kampagne dar (siehe Abbildung 6.15).

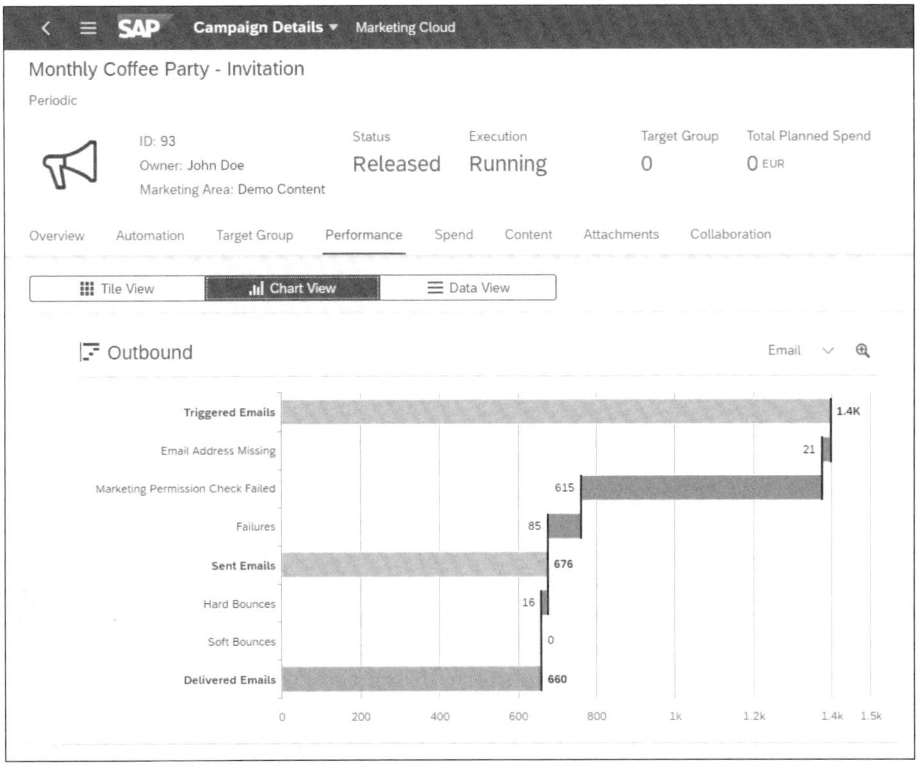

Abbildung 6.15 Erfolgskennzahlen einer E-Mail-Kampagne

Tiefergehende Analysen sowie aggregierte Analysen über mehrere Kampagnen hinweg sind mittels ebenso bereitgestellter operationaler Berichte oder durch eine Integration der SAP Analytics Cloud möglich. Im entsprechenden Abschnitt werden diese Möglichkeiten näher erläutert.

6.3.2 Soziale Netzwerke

Bei aller Relevanz des E-Mail-Kanals für das Marketing gilt die Erschließung der neuen sozialen Medien als Marketingkanäle, beispielsweise Facebook, Instagram oder Suchnetzwerke wie Google Ads, als unerlässlich für ein zeitgemäßes Marketing. Je nach Zielgruppe unterliegen die relevanten Medien bzw. Kanäle dabei auch einem ständigen Wandel. Einigermaßen stabil bleiben bei allem Wandel aber doch die Mechanismen zur Gewinnung von Kontakten und deren digitalisierte und automatisierte Weiterentwicklung zu den tatsächlichen Käuferinnen und Käufern.

An dieser Stelle gehen wir deshalb detaillierter auf die Facebook-Integration der SAP Marketing Cloud ein (siehe Abbildung 6.16). Das Facebook-Integrationsszenario ermöglicht die Planung und Erzeugung von Zielgruppen und Marketingkampagnen aus der SAP Marketing Cloud. Diese werden in weiteren Schritten an den Facebook-Ads-Manager übergeben. Von dort aus können das Ausspielen von Anzeigen in Facebook und Instagram angestoßen sowie die relevanten Erfolgskennzahlen an die SAP Marketing Cloud zurückgespielt werden.

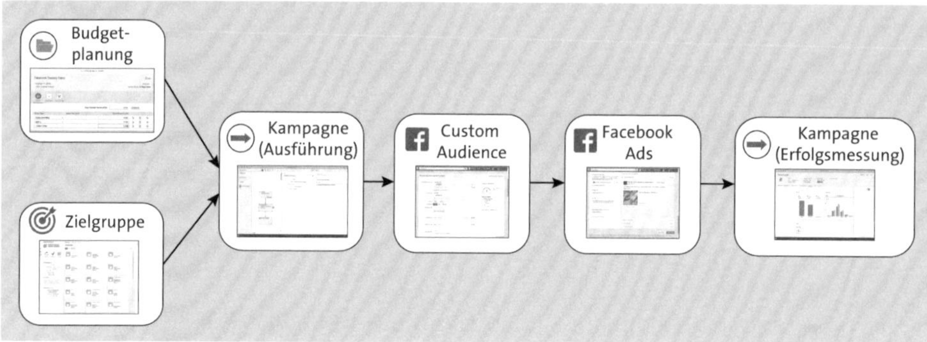

Abbildung 6.16 Ablauf von Facebook-Kampagnen mit der SAP Marketing Cloud

Die Vorteile einer solchen Integration lassen sich am besten schrittweise aus der Prozessübersicht ableiten. In den folgenden Abschnitten lernen Sie die einzelnen Schritte kennen.

Budgetplanung und Erfolgskontrolle

Sehr häufig finden die Kosten- und Erfolgsplanung außerhalb und damit entkoppelt von den operativen Marketingsystemen statt. Damit ist die Zusammenführung von Plan- und Ist-Daten häufig ein manueller und damit ressourcenintensiver Prozess. Die SAP Marketing Cloud unterstützt einen integrierten Ansatz, sodass direkt geplante Ausgaben auf Kampagnen- und Kostenartenebene mit den angefallenen Ist-Kosten verglichen werden können. Außerdem lassen sich auf der Kampagnenebene auch für die relevanten Erfolgskennzahlen, wie z. B. die Impressionen, Planwerte festlegen, die dann mit den automatisch zurückgespielten Ist-Werten abgeglichen werden.

Zielgruppenübergabe an Facebook

Durch die Übergabe bekannter und gut ausgewählter Kontakte aus der eigenen Datenbasis wird der Erfolg der Kampagnen optimiert. Außerdem lassen sich durch die sogenannte *Lookalike Audience* neue, bis dato unbekannte, aber laut Profil passende Kontakte ansprechen. Durch entsprechende Anzeigeninhalte und implementierte Call-to-Action-Inhalte können dann in der eigenen Datenbank neue Kontakte generiert werden.

In ganz ähnlicher Weise wie für die Integration mit Facebook lässt sich auch Google Ads als Marketingkanal aus der SAP Marketing Cloud heraus einsetzen.

In Abbildung 6.17 finden Sie die Abläufe der drei unterschiedlichen Ansätze für die Umsetzung von Google-Ads-Kampagnen in der SAP Marketing Cloud.

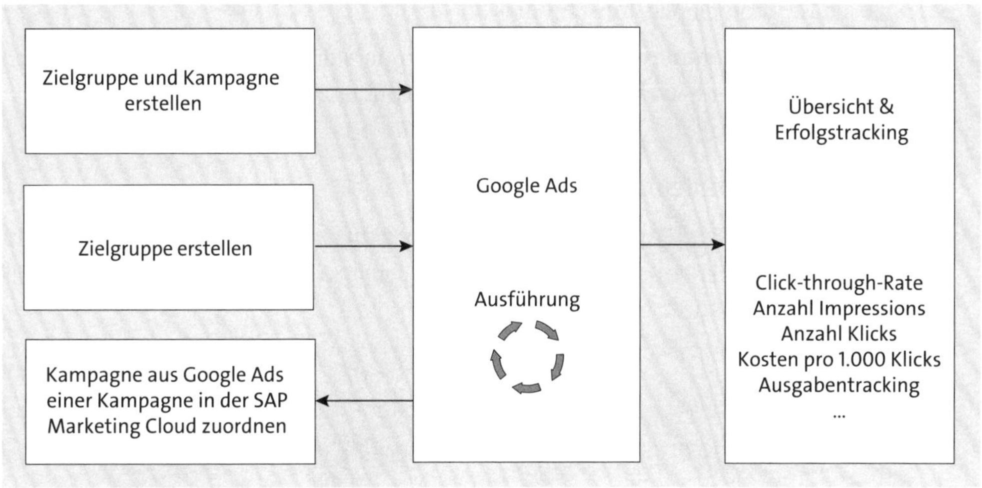

Abbildung 6.17 Szenarien für Google-Ads-Kampagnen

6.3.3 Triggerbasierte Kampagnen

Bei den bisher beschriebenen Kampagnen erfolgte die Initiative initial durch das marketingtreibende Unternehmen selbst – mittels Segmentierung von Kontakten und deren Ansprache per Zielgruppe und Kampagne.

Mithilfe von triggerbasierten Kampagnen können Sie automatisierte Reaktionen auf das Verhalten Ihrer Kunden einrichten. Somit können Inbound-Marketingstrategien umgesetzt oder ganz einfach auf andere relevante Events in der Customer Journey reagiert werden.

Das System sendet dann z. B. personalisierte E-Mails, wenn ein Kunde sich für einen Newsletter angemeldet oder wenn er einen Warenkorb in einem Webshop abgebrochen hat.

6.4 Handelsmarketing (Commerce Marketing)

Das Szenario *Handelsmarketing* ermöglicht das Ausspielen von Produktempfehlungen sowie Angeboten mit Coupons über einen integrierten Webshop. Basis und damit Voraussetzung für die Berechnung der relevanten und passenden Produktempfehlungen und Angebote sind Kontaktprofile und deren gesammelte Interaktionen. Die Interaktionen sollten dabei Produktdaten enthalten und z. B. aus Verkaufsbelegen oder Webshop-Klick-Events wie **Produkt angezeigt** entstanden sein.

Die Auswertung der Daten und die Berechnung der Ergebnisse erfolgt durch sogenannte *Empfehlungsmodelle*, die in der SAP Marketing Cloud erstellt, trainiert und verwaltet werden können. Die notwendigen prädiktiven Algorithmen liefert dabei die SAP-HANA-Anwendungsdatenbank, die neben einer reinen Datenbankfunktion auch als Technologieplattform fungiert.

Ergänzend soll an dieser Stelle erwähnt werden, dass die Produktempfehlungen und Angebote auch per E-Mail-Kampagnen an die Kontakte ausgespielt werden können.

6.4.1 Produktempfehlungen

Die von der SAP Marketing Cloud ermittelten Produktempfehlungen werden z. B. in Form eines Produktkarussells angezeigt, das in eine SAP-Commerce-Cloud-Produktseite eingebettet wurde (siehe Abbildung 6.18).

Abbildung 6.18 Produktempfehlungen auf der Basis eines Top-N-Algorithmus in einem SAP-Commerce-Cloud-Webshop

SAP HANA stellt eine Reihe von Algorithmen zur Verfügung, womit unterschiedliche Typen von Empfehlungsmodellen modelliert werden können. Einen Überblick über die grundsätzlichen Optionen soll Tabelle 6.4 vermitteln.

Kein Kontext	Produktkontext	Produktkategorie-Kontext	Kontaktkontext
Produkte meistverkauft	Produkte meist zusammen angesehen	Produkte meist verkauft (basierend auf einer führenden Produktkategorie)	Produkte kürzlich zusammen angesehen, auf Basis des jeweiligen Kontakts
Produkte meistgesehen	Produkte meist zusammen gekauft	Produkte meist zusammen gekaufter Produktkategorien	Produkte, die Kontakte mit ähnlichem Kontaktprofil gekauft haben

Tabelle 6.4 Optionen für Product Recommendations

6.4.2 Angebote und Couponing

Unter einem Angebot versteht man Vorteile, die ein Verkäufer ausgewählten Konsumenten gewährt, wenn bestimmte Bedingungen erfüllt sind. Eine solche Bedingung ist beispielsweise die Vorlage eines Coupons. Abbildung 6.19 zeigt alle Angebote der SAP Marketing Cloud und deren Einsatzmöglichkeiten.

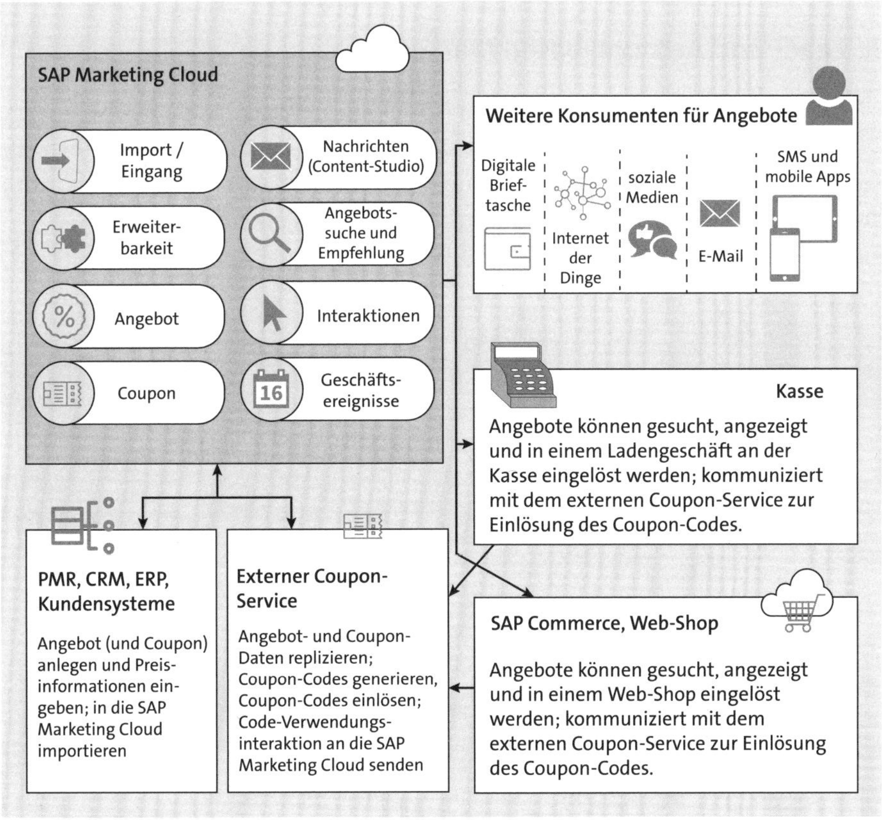

Abbildung 6.19 Übersicht über die Angebote in der SAP Marketing Cloud

Die SAP Marketing Cloud kann als Verteilersystem für Angebote und Coupons dienen, die in einem externen System wie der *SAP Commerce Cloud* oder in einem anderen CRM-System angelegt und gepflegt werden. Die Angebote selbst können von den Quellen importiert oder direkt in der entsprechenden App der SAP Marketing Cloud erstellt werden. Dabei werden Angebots-Content, Berechtigung (Zielgruppen), Marketinglokationen, Produkt und Produktkategorien sowie die zugeordneten Coupons festgelegt. Der Angebots-Content ist eine Bild-URL, die in einem externen System angelegt und gespeichert wurde. Der Content beschreibt das Angebot, z. B. »50% Rabatt« oder »Zwei zum Preis von einem«. Informationen zur Preisgestaltung sind nicht enthalten. Diese müssen im externen System gepflegt werden. Die SAP Marketing Cloud verwendet die bereitgestellten Informationen, um Kontakten die relevantesten Angebote anzuzeigen. Die Anzeige erfolgt dabei ähnlich wie bei den Produktempfehlungen auf entsprechenden Webshop-Seiten oder in Marketing-E-Mails.

Preiskalkulationen und die Einlösung von Coupons (sofern Ihrem Angebot ein Coupon zugeordnet ist) werden im externen System verwaltet, nicht aber in der SAP Marketing Cloud.

6.5 Lead- und Account-based Marketing

Das *B2B-Marketing* hat sich in den letzten Jahren neu definiert. Es ist nun sehr stark auf die Nachfragegenerierung (Demand Generation) ausgerichtet: zum einen im Sinne der individuellen Kundenbearbeitung als Account-based Marketing und zum anderen im Sinne von Lead-Generierung oder Inbound-Marketing.

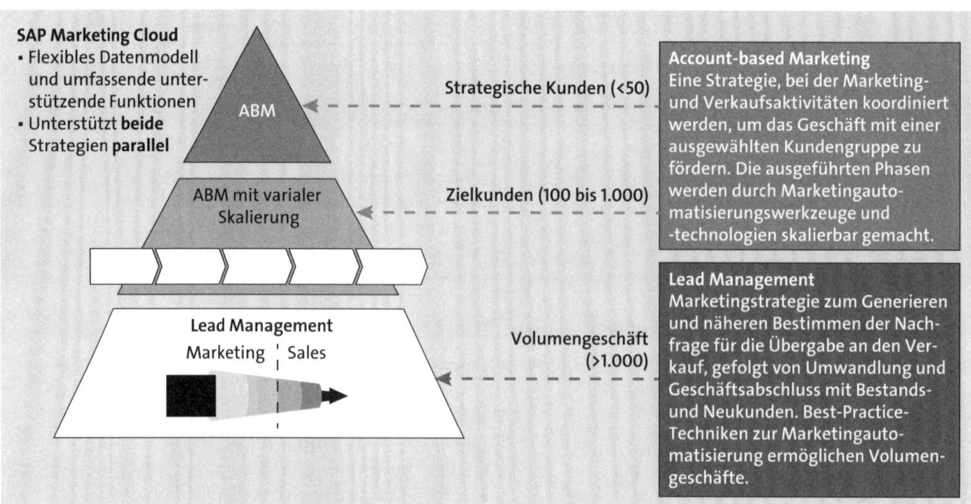

Abbildung 6.20 Die zentralen Aspekte der Account-based- und der Lead-Management-Strategie und ihre Unterschiede

Die auf das B2B-Geschäft fokussierten Szenarios zum Lead- und Account-based Marketing ermöglichen Marketingexperten die Umsetzung eines Account-based-Marketings, um Kunden in den Vordergrund zu stellen, qualifizierte mögliche Käufer an den Verkauf zu übergeben und den Erfolg zu überwachen, wodurch eine engere Zusammenarbeit zwischen Marketing und Verkauf gefördert wird. Abbildung 6.20 gibt Ihnen einen Überblick über die beiden Modelle.

6.5.1 Account-based Marketing (ABM)

Marketingexperten, die die ABM-Strategie verfolgen, identifizieren wertvolle Kunden, auf die man die ABM-Strategie anwenden möchte. Damit sie gemeinsam mit dem Verkauf die Auswahl der passenden Kunden treffen können, werden Analysefunktionen wie die App *Kunden im Fokus* mit der SAP Marketing Cloud ausgeliefert. Um innerhalb dieser ausgewählten ABM-Kunden eine initiale Sensibilisierung zu erreichen, werden Taktiken wie eine kundenorientierte Werbung durch das Verwenden von externen Kampagnenfunktionen der Lösung angewandt.

Die weiteren Prozessschritte sind:

1. **Identifizieren und Verstehen**
   Zur Analyse der Kontakte und Leads helfen die entsprechenden Apps in Kombination mit den ebenfalls ausgelieferten Analysen und Berichten.

   Die aussichtsreichsten Kontakte werden als ABM-relevant gekennzeichnet und können im Weiteren für die Segmentierungen verwendet werden.
2. **Interagieren und Orchestrieren**
   Für die Interaktion kommen die schon beschriebenen Szenarien für die Kampagnen und Journey-Orchestrierung zum Einsatz.
3. **Messen**
   Die kampagnenspezifischen Erfolgsdaten werden von der SAP Marketing Cloud aggregiert und können über die entsprechenden Analysen und Berichte eingesehen werden.

6.5.2 Marketing Lead Management

Aufgabe des Marketings im Lead-Management-Prozess ist das Betreuen von Kontakten, um sie in qualifizierte Leads umzuwandeln. Leads bezeichnen dabei Kontakte mit einer konkreten Kaufabsicht bzw. mit Kaufinteresse. Dabei kann es sich um neue oder bestehende Kontakte mit Käufen in der Vergangenheit handeln. Des Weiteren können die Kontakte aus eigenem Interesse handeln bzw. kaufen (B2C) oder im Auftrag eines Unternehmens oder Kunden handeln (B2B).

Entsprechend der Lead-based-Marketing-Strategie überreicht das Marketing die Kontakte, die die Lead-Reife erreicht haben, als Leads an den Verkauf. Dazu muss das Marketing relevante Leads identifizieren und verstehen, welche von diesen Kontakten potenzielle Leads sind. Die Kontakte müssen aktiv betreut werden, um sie in qualifizierte Leads umzuwandeln.

Die Informationen über die Kaufabsicht eines Kontakts werden an dessen Reaktion auf Kampagnen gemessen und als Interaktionen abgelegt. Anhand der Kampagnenergebnisse kann der Marketingexperte Kontakte bewerten, um geeignete Zielgruppen zur Lead-Erstellung im Verkauf anzulegen.

Dazu klassifiziert der Marketingexperte Kontakte und wählt hiervon die relevanten Kontakte aus, die über eine Kampagne an den Verkauf übertragen werden, in dem ein Lead angelegt wird.

Anhand ihrer Herkunft können Leads wie folgt differenziert werden:

- **Marketinggetrieben**
  Diese Leads werden über eine Marketingkampagne an den Verkauf übergeben. In der SAP Marketing Cloud werden sie als Interaktionen angelegt.
- **Im Verkauf angelegt**
  Diese Leads werden ohne die Verwendung einer Marketingkampagne im Verkauf angelegt.

Lead-Stufen

Bei der Klassifikation der Kontakte unterstützt die SAP Marketing Cloud durch vorkonfigurierte Lead-Stufen. Der Reifegrad von Leads wird in Lead-Stufen beschrieben, wie sie Abbildung 6.21 zeigt. Mit Lead-Stufen können Marketingteams Kontakte bezüglich ihrer Lead-Reife klassifizieren und eine Struktur für alle verfügbaren Kontakte erstellen.

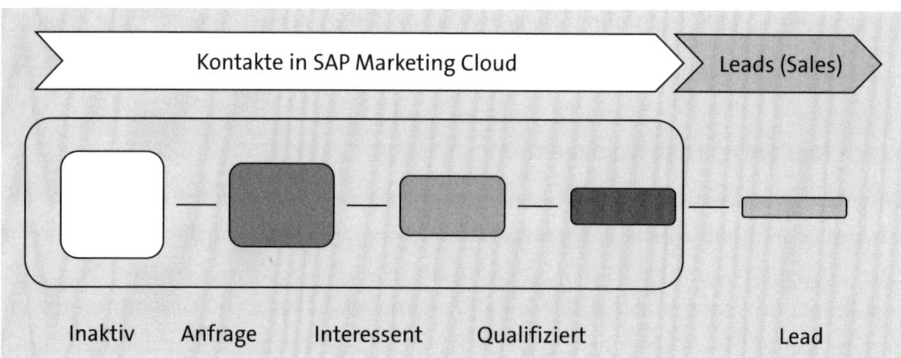

Abbildung 6.21 Lead-Stufen mit der SAP Marketing Cloud als integriertes Verkaufssystem

Die Festlegung der konkreten Kriterien zur Zuordnung eines Kontakts zu einer Lead-Stufe erfolgt dabei durch die Segmentierungs-App der SAP Marketing Cloud. Das Regelwerk ist frei definierbar und die Zuordnung automatisierbar.

Lead Scores

Für die Ermittlung und Zuordnung der Lead-Stufen wird sinnvollerweise auch auf speziell dafür angelegte Lead-Scores zurückgegriffen. Wie alle Scores basieren auch sie auf heuristischen Regeln. Zur Berechnung eines Lead Scores könnten z. B. Interaktionen eines Kontakts herangezogen werden, die aus Teilnahmen und Webinaren oder aus Downloads von Produktdokumentationen generiert wurden.

6.5.3 Lead Nurturing

Lead Nurturing ist der Prozess des Interagierens mit möglichen Kontakten in jeder Phase des Verkaufszyklus. Dabei stehen auf die Bedürfnisse der Interessenten ausgerichtete Marketingkampagnen und Kommunikationen im Mittelpunkt.

Lead Nurture Stream in der SAP Marketing Cloud ist eine Anwendung zur Automatisierung des Lead Nurturing. Ziel ist die Interaktion mit Kontakten und deren Umwandlung in qualifizierte Leads. Diese qualifizierten Leads können z. B. mit dem Ziel an den Vertrieb übergeben werden, die Umwandlungsrate zu erhöhen.

Der Nurturing-Prozess für Kontakte beginnt mit der Identifizierung und Einteilung von Kontakten in verschiedene Gruppen, auch Stufen genannt. Dies wird durch die Segmentierung von Kontakten erzielt (wobei eine Kombination von Kontaktattributen in der App-Segmentierung verwendet wird) und durch das Anlegen dynamischer Zielgruppen für jede Stufe.

Nachdem die Zielgruppen den entsprechenden Stufen zugeordnet worden sind, kann das Marketing die Informationen festlegen, die mit diesen Kontakten in jeder Stufe geteilt werden. Das Marketing teilt diese Informationen, indem er eine Reihe einfacher Kampagnen anlegt, die für jede Stufe relevant sind. Der Inhalt jeder Kampagne ist für die jeweilige Stufe spezifisch und relevant und unterscheidet sich von Stufe zu Stufe. Wenn ein Kontakt zu mehreren Stufen gehört, werden nur Informationen der höheren Stufe mit dem Kontakt geteilt.

Der Lead Nurture Stream liefert auch eine Übersicht über die Kontakte in verschiedenen Stufen zu jedem beliebigen Zeitpunkt (siehe Abbildung 6.22).

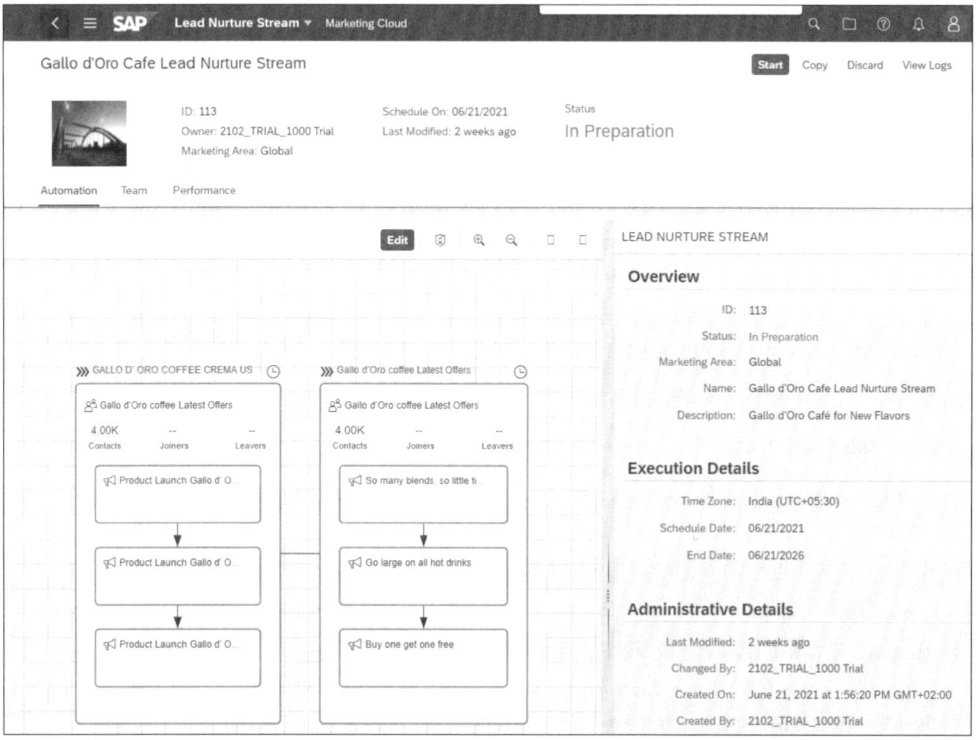

Abbildung 6.22 Orchestrierung von Einzelkampagnen durch einen Lead Nurture Stream

6.5.4 Marketinggetriebenes Sales Enablement

Ein wichtiges Ziel bei der Marketing- und Vertriebsautomatisierung ist auch die Verbesserung der Zusammenarbeit zwischen Marketing und Vertrieb über technische und organisatorische Systemgrenzen hinaus.

Der Vertrieb benötigt umfassende Informationen zu den Marketingkampagnen, die sich an seine Kunden richten, um die Ziele der Kampagnen z. B. bei Kundenbesuchen berücksichtigen und vorantreiben zu können. Er muss in der Lage sein, umsatzfördernde Werbekampagnen am Kundenstandort zu unterstützen und entsprechend zu handeln. Die SAP Marketing Cloud liefert zusätzliche Informationen für den Vertrieb, z. B. für Kampagnen.

Auch können operative Aufgaben aus dem Marketingsystem an den Vertrieb übergeben werden. Der Marketingexperte klassifiziert dafür z. B. vorhandene Kontakte des Verkaufs, d. h. aus der SAP Sales Cloud oder aus SAP CRM, und wählt sie für eine Zielgruppe aus. Für diese Zielgruppe werden Aktivitäten wie Aufgaben, Telefonanrufe oder Termine in der SAP Sales Cloud oder in SAP CRM über eine Marketingkampagne angelegt. Zur Rückmeldung an das Marketing werden die Aktivitäten des Verkaufs wie Telefonanrufe, Besuche und Termine in das Marketingsystem repliziert.

6.6 Planung und Analytics

Das Szenario *Marketingplanung und -performance* ermöglicht es Marketingprofis, Budgets, Programme, Kampagnen und Ausgaben mittels integrierter SAP-Marketing-Cloud-Apps zu planen und die Ergebnisse zu analysieren. Außerdem ermöglicht es der Marketingkalender, sich einen umfassenden Überblick über alle laufenden und geplanten Marketingaktivitäten zu verschaffen.

6.6.1 Budgetplanung

Ausgangspunkt des Planungsprozesses ist das Erstellen von Budgetplänen in der SAP Marketing Cloud. Basierend auf einem unternehmensspezifisch aufgebauten Planungsmodell werden Budgets in einem Top-down-Ansatz Marketingaktivitäten zugeordnet. Typische Dimensionen zur Strukturierung der Pläne sind dabei z. B. Marken, Märkte, Länder, Regionen oder andere Dimensionen. Verschiedene Kennzahlen wie geplantes Budget, zugewiesenes Budget, vorgeschlagene Ausgaben, geplante Ausgaben und Ist-Ausgaben können dabei im Budgetplan dargestellt und verglichen werden. Abbildung 6.23 zeigt beispielhaft die Abbildung eines Budgetplans in der SAP Marketing Cloud.

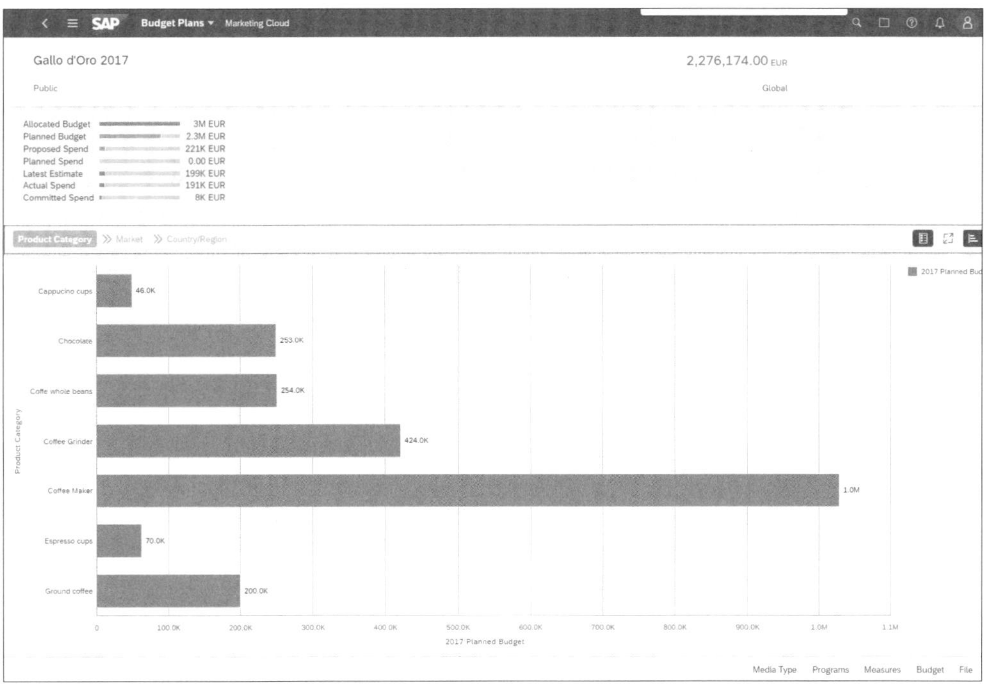

Abbildung 6.23 Budgetplan mit Kennzahlen und Planungsdimensionen

Die Aufgabe der Top-down-Planung fällt in der Regel dem Marketingmanagement zu.

6.6.2 Marketingplanung und Marketingkalender

Im Folgenden stellen wir weitere Funktionen der SAP Marketing Cloud zur Planung und Auswertung (z. B. von Budgets) vor:

- **Marketingpläne**
  Die Marketingpläne dienen der strukturierten Darstellung der budgettragenden Marketingobjekte wie Programme und Kampagnen. Die Anwendung liefert eine Übersicht über das Budget und die Ausgaben für Marketingaktivitäten.
- **Budgetplanungsprogramme**
  Programme bilden die unterste Ebene in der Top-down-Budgetplanung und bündeln die vorgeschlagenen Ausgaben der jeweils den Programmen zugeordneten Kampagnen. Damit bilden die Programme die Budgetquelle für die zugeordneten Kampagnen und erhalten ihrerseits wieder Budgets aus den übergeordneten Plandimensionen wie z. B. Marke oder Land.
- **Ausgabenmanagement**
  Im Ausgabenmanagement plant das Marketingteam Bottom-up-Ausgaben und Ausgabenarten für Kampagnen. Dies bedeutet, dass die geschätzten Ausgaben für die einzelnen Ausgabenarten (z. B. Druckkosten oder digitale Werbung) für eine Kampagne detailliert erfasst werden können. Die Ist-Ausgaben können dabei mit SAP S/4HANA oder einer externen Quelle integriert sein, in der die Ist-Ausgaben gesammelt und dann in der Budgetplanung und im Marketingausgabenmanagement angezeigt werden.
- **Marketingkalender**
  Der Marketingkalender dient der zeitlichen Darstellung aller zu bearbeitenden bzw. relevanten Kampagnen und Ereignisse, die im definierten Zeitraum liegen.

6.6.3 Analysen und Marketing Analytics

Das zentrale Instrument zur Budget-, Ausgaben-, und Abweichungsanalyse bilden die verschiedenen vorgefertigten oder individuell aufgesetzten Analysen. Dazu können vorkonfigurierte operative Analysen sowie Berichte auf der Basis von *SAP Analytics Cloud* (sogenannte *Analyse-Stories*) genutzt werden. Näheres erfahren Sie im folgenden Abschnitt.

Marketing Analytics in der SAP Marketing Cloud umfasst Prozesse und Technologien, mit denen Marketer den Wirkungsgrad der durchgeführten Kampagnen und Initiativen bewerten können.

Die SAP Marketing Cloud unterstützt die Marketer mit einer Vielzahl von Analyse-Stories und operativen Berichten für alle Marketingbereiche, wie Kampagnen, Kontakte und Profile, Leads und Kunden, Marketingplanung und Angebotsverwaltung, bei der Analyse Ihres Marketingerfolgs.

Marketingteams haben dabei zwei Möglichkeiten, um die Ergebnisse zu analysieren:

- **Operative Berichte**
  Operative Berichte ermöglichen ein operatives Alltags-Reporting mit Standardabfragen, die ohne zusätzlichen Aufwand in mitgelieferten Datenbankabfragen ausgeführt werden.
- **SAP Analytics Cloud**
  Die Integration bietet Zugriff auf schnelle Echtzeitanalysen und anspruchsvolle Visualisierungsfunktionen.

Auf beide Arten der Analyse kann aus einer zentralen Analyse-App zugegriffen werden. Folgende Informationsbereiche können in der Übersicht enthalten sein:

- Kampagnenanalyse
- Kontakte und Profile
- Marketingplanung und -Performance
- Marketingdatenanalyse
- Angebotsverwaltung
- Leads und Kunden

Falls die Standardoptionen nicht den individuellen Informationsbedürfnissen entsprechen, können Sie sie von Administratoren, beispielsweise durch das Hinzufügen eigens modellierter Datenquellen oder benutzerdefinierter Felder, angepasst oder erweitert werden. Abbildung 6.24 zeigt die Darstellung von Kennzahlen in einem vordefinierten Layout für Newsletter-Kampagnen.

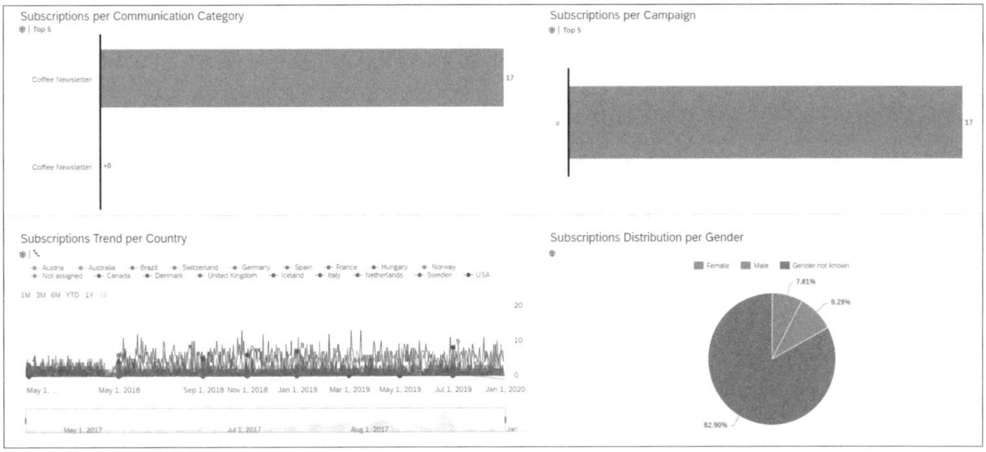

Abbildung 6.24 Analyse-Story für Newsletter-Kampagnen

Operative Berichte

Operative Berichte basieren auf SAP-HANA-Datenbanksichten und darauf definierten Abfragen. Der Zugriff auf die Daten der Anwendungsdatenbank erfolgt direkt und in Echtzeit ohne weitere Datenreplikation, Aggregation oder Ähnlichem. Die Visualisierung der Ergebnisse erfolgt in Tabellen- oder Diagrammform (siehe Abbildung 6.25).

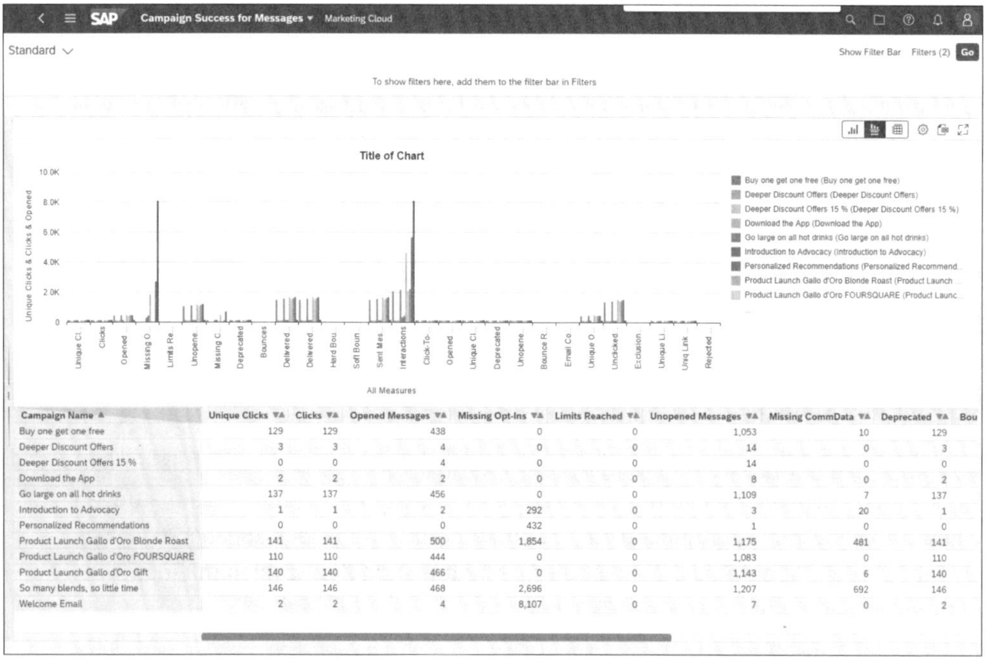

Campaign Name	Unique Clicks	Clicks	Opened Messages	Missing Opt-Ins	Limits Reached	Unopened Messages	Missing CommData	Deprecated
Buy one get one free	129	129	438	0	0	1,053	10	129
Deeper Discount Offers	3	3	4	0	0	14	0	3
Deeper Discount Offers 15 %	0	0	4	0	0	14	0	0
Download the App	2	2	2	0	0	8	0	2
Go large on all hot drinks	137	137	456	0	0	1,109	7	137
Introduction to Advocacy	1	1	2	292	0	3	20	1
Personalized Recommendations	0	0	0	432	0	1	0	0
Product Launch Gallo d'Oro Blonde Roast	141	141	500	1,854	0	1,175	481	141
Product Launch Gallo d'Oro FOURSQUARE	110	110	444	0	0	1,083	0	110
Product Launch Gallo d'Oro Gift	140	140	466	0	0	1,143	6	140
So many blends, so little time	146	146	468	2,696	0	1,207	692	146
Welcome Email	2	2	4	8,107	0	7	0	2

Abbildung 6.25 Operativer Bericht mit Erfolgskennzahlen zu E-Mail-Kampagnen

Analyse-Stories in SAP Analytics Cloud

SAP Analytics Cloud basiert auf der SAP Business Technology Plattform (SAP BTP) und bietet unter anderem Business-Intelligence-Funktionen in einer sicheren, cloudbasierten Umgebung. Mithilfe von Datenkonnektoren ist der Zugriff auf verschiedene Echtzeitdatenquellen in der Cloud oder on-premise möglich.

Die Layouts und Definitionen für Berichte und Analysen werden in sogenannten *Stories* vorausgeliefert (siehe Abbildung 6.26), können aber auch von Ihrer IT-Abteilung erweitert oder selbst erstellt werden. Im Kontext der SAP Marketing Cloud werden bereits Stories als Business Content ausgeliefert und können direkt aus der zentralen Analyse-App aufgerufen werden. Aus Sicht der Endanwenderinnen und Endanwender erfolgt der Systemwechsel dabei nahtlos.

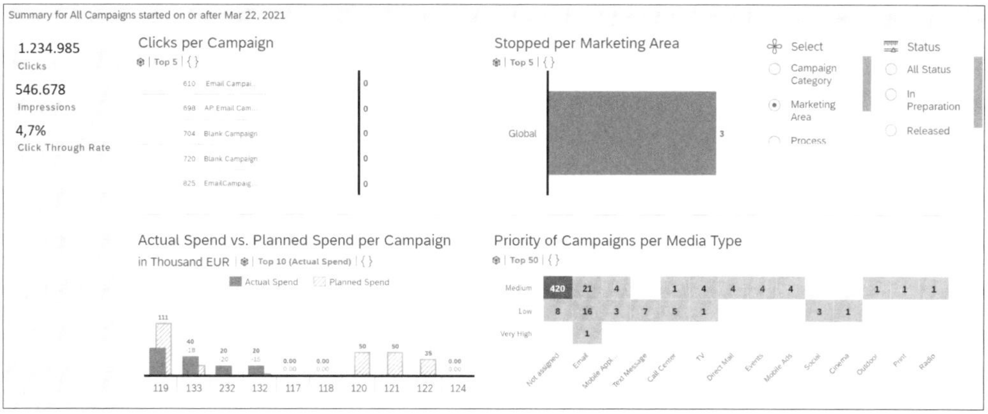

Abbildung 6.26 Analyse-Story mit Erfolgskennzahlen zu Kampagnen

6.7 Fazit

Die SAP Marketing Cloud liefert alle notwendigen Elemente zur Umsetzung eines zeitgemäßen digitalen Marketingprozesses. Der modulare Aufbau der Prozesse und Funktionen ermöglich die schrittweise Einführung und verhindert damit die Überforderung der Anwender. Darüber hinaus lassen sich auch parallel B2C- und B2B-Prozesse in einer Lösung umsetzen, was gerade für größere Unternehmen mit unterschiedlichen Geschäftsmodellen und -bereichen einen enormen Vorteil darstellt. Nicht zu unterschätzen ist auch die Sicht der IT-Verantwortlichen: Weniger Systeme erzeugen weniger Kosten und Betriebsaufwände.

Mit SAP Emarsys Customer Engagement, das Sie in Kapitel 7, »SAP Emarsys Customer Engagement«, kennenlernen, ist eine Nebenbuhlerin im Hause SAP eingezogen, die der Marketing Cloud Konkurrenz zu machen droht. Nicht zuletzt, da »neue« oder zugekaufte Lösungen zunächst angeschoben und natürlich präsent gemacht werden. Für den B2B-Bereich bietet die SAP Marketing Cloud Funktionen, Prozesse und Integrationsszenarien, die andere Lösungen – auch SAP Emarsys Customer Engagement – schlichtweg nicht anbieten.

Die SAP Marketing Cloud stellt im Vergleich zu anderen verfügbaren Marketinglösungen durch den breiten Funktionsumfang und die gute Integrationsfähigkeit das beste Gesamtpaket für Customer-Experience-Landschaften dar.

Im Bereich Real Time Offering, Social-Media-Integration und Content-Erstellung, was gerade im B2C-Segment wichtig sein kann, hat die SAP Marketing Cloud ihre Schwächen. Dass es neben der SAP Marketing Cloud weitere Angebote seitens SAP gibt, Anforderungen aus der und für die Marketingautomatisierung umzusetzen, wist positiv zu sehen.

Kapitel 7
SAP Emarsys Customer Engagement

Die gute alte »Tante Emma« gilt als Goldstandard und Referenzpunkt für eine personalisierte und empathische One-to-One-Kommunikation. Der Nachteil dieses hochgradigen Personalisierungsansatzes ist seine mangelnde Skalierbarkeit. Ziel aller Bemühungen beim Aufbau der Marketinginfrastruktur muss es also sein, die digitale Infrastruktur zum Erreichen dieses Standards im Unternehmen zu implementieren.

Um Kundenbindung zu erreichen, die sich mit »Tante Emma« messen lässt, sind fundamentale Bausteine notwendig, wie Datenintegration, Automatisierungsfunktionen, Mehrkanalfähigkeiten sowie durch Analytics und künstliche Intelligenz (KI) gestützte Prozessketten, die den Marketingverantwortlichen möglichst »gebrauchsfertig« an die Hand gegeben werden. *SAP Emarsys Customer Engagement* liefert all diese Zutaten in einer Plattform.

Emarsys, einer der führenden Anbieter der gleichnamigen Omnichannel-Kundenbindungsplattform in der Cloud, wurde im November 2020 von SAP übernommen und ist seitdem als SAP Emarsys Customer Engagement bekannt.

Gegründet im Jahre 2000 als reine E-Mail-Marketing-Lösung, ist Emarsys mittlerweile Anbieter einer führenden cloudbasierten Multichannel-Marketing-Lösung im B2C-Commerce-Umfeld (B2C = Business-to-Consumer).

Mit der Technologie und den Lösungen von Emarsys können Unternehmen Trends aus dem Handel mit ihrem Backoffice verknüpfen und Endkunden auf deren bevorzugten Kommunikationskanälen ansprechen – und das mit relevanten und personalisierten Nachrichten. Endkunden können dabei ihre bevorzugten Kommunikationsformen frei wählen.

Damit bietet SAP mit dem Customer-Experience--Portfolio zwei grundsätzlich unabhängige Marketinglösungen an. Wenngleich funktionale Überlappungen in den beiden Lösungen vorhanden sind, lassen sich je nach konkreten Anforderungen und Einsatzszenario recht eindeutige Empfehlungen zugunsten der einen oder anderen Lösung aussprechen.

Eine Einordnung der beiden Lösungen in marktübliche Cluster würde wie in Tabelle 7.1 aussehen.

Cluster	Lösung	Anmerkungen
Self-Service-E-Mail-Marketing	diverse Wettbewerbslösungen	reine E-Mail-Marketing-Tools In der Regel keine E2E-Daten- und Prozessintegration in CRM- oder ERP-Systeme.
Multichannel-Marketing	SAP Emarsys Customer Engagement	Marketingplattform mit Mehrkanal- und Automatisierungsfähigkeiten. Kanalübergreifend konsolidierte Kundenprofile und darauf basierende Personalisierungsfähigkeiten, gegebenenfalls unterstützt durch KI-Algorithmen für prädiktive Vorhersagen wie Produktempfehlungen oder Kaufwahrscheinlichkeiten.
Multichannel Multicloud	SAP Marketing Cloud	Kombiniert die Fähigkeiten der aufgeführten Cluster, kann aber durch vorbereitete Integration in weitere Cloud-Lösungen des Lösungsportfolios ergänzt und ausgebaut werden. Am Beispiel der SAP Marketing Cloud wären dies z. B. die SAP Customer Data Cloud, die SAP Sales Cloud, die SAP Commerce Cloud, Qualtrics sowie SAP S/4HANA.

Tabelle 7.1 Clustering von Marketinglösungen und -Plattformen

7.1 Übersicht der Customer-Engagement-Plattform

Emarsys präsentiert sich als modulare, integrierte und cloudbasierte Customer-Engagement-Plattform (CEP), siehe Abbildung 7.1.

Eine der größten Herausforderungen im Marketing stellen Datensilos und die daraus resultierende Fragmentierung der Omnichannel-Strategie dar. Emarsys begegnet dieser Problemstellung durch die Integration der Produkt-, Kunden-, Interaktions- und benutzerdefinierten Daten auf einer einzigen Plattform.

Konkret bedeutet das, dass auf der Plattform aus den gesammelten Daten ganzheitliche Kundenprofile gebildet werden. Diese schaffen die Grundlage für eine 1:1-Omnichannel-Personalisierung.

Daten werden dabei aus verschiedenen Quellen synchronisiert wie z. B. aus E-Commerce-Plattformen. E-Commerce-, App- und Shop-Daten sind über die Plattform mit der Automatisierungsebene verbunden, damit Marketingverantwortliche sie für alle Kampagnen und auf allen Kanälen nutzen können.

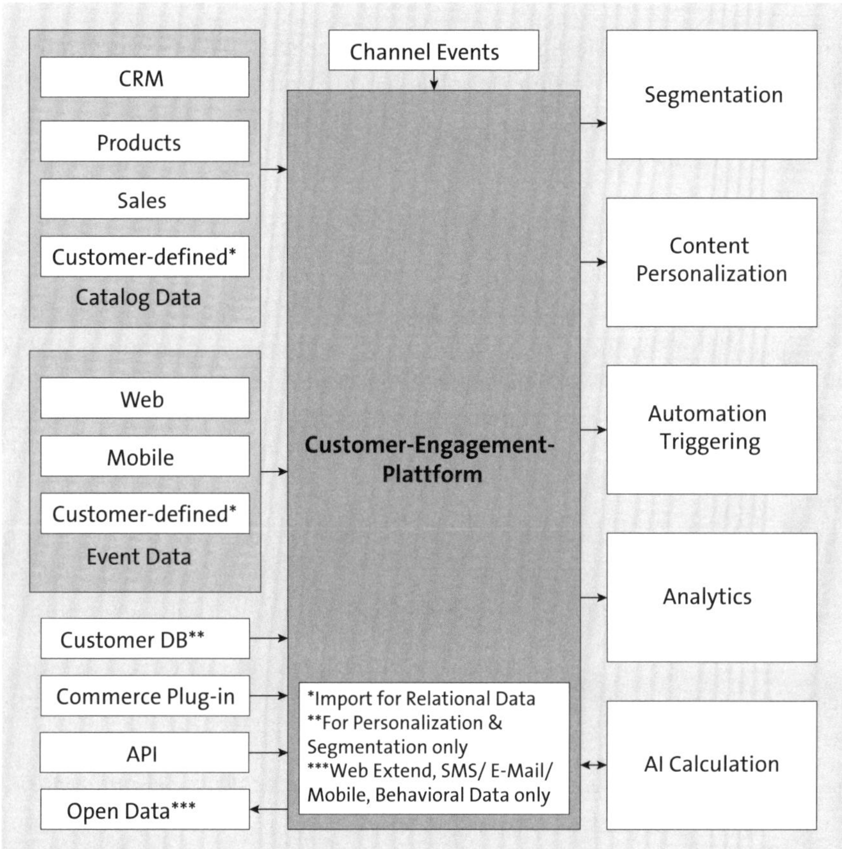

Abbildung 7.1 Schematische Darstellung der Emarsys-Customer-Engagement-Plattform

Kommunikation ist dann erfolgreich, wenn passende Informationen zur richtigen Zeit mittels eines akzeptierten Kanals zu den Empfängern gesendet werden. Kurz gesagt, bedarf es der Personalisierung von z. B. Marketinginformationen. Grundlage dafür sind Daten und Datenquellen. SAP Emarsys Customer Engagement kann Datenquellen in Echtzeit synchronisieren, zusammenführen und in Personalisierungsvariablen umwandeln. Daten von Websites, Apps und In-Store-Nachrichten können mit automatisierten 1:1-Produktempfehlungen personalisiert werden.

Folgende wichtigsten Kanäle deckt SAP Emarsys Customer Engagement ab:

- **E-Mail**
  SAP Emarsys Customer Engagement deckt den kompletten E2E-E-Mail-Marketingprozess ab. Von der Content-Erstellung mittels Visual Content Editor bis zu Versand und Analysen werden alle notwendigen Funktionen bereitgestellt. Dabei werden sowohl Marketing- als auch transaktionale E-Mails unterstützt.

- **Web**
  Durch die Anbindung an die eigene Webseite können die CEP-Daten zur Content-Personalisierung genutzt werden. Beispiele hierfür sind personalisierte Empfehlungen, Banner und Overlays. Außerdem können Kundenprofile durch die Integration eines Tracking-Skripts in die eigene Webseite um Browsing-Daten angereichert werden.
- **Ads**
  Zielgruppen können in den sozialen Medien wie Facebook oder durch Google Ads mit präzise ausgerichteten Produktanzeigen angesprochen werden, die auf First-Party-Kundendaten basieren und dadurch die Kaufhäufigkeit erhöhen. Dabei kann die Platzierung von Werbeanzeigen durch errechnete Kennzahlen wie Produktaffinität, prädiktive Segmentierung oder Lifecycle-Segmente präziser ausgerichtet werden.
- **Mobile**
  Das Emarsys Mobile SDK (Software Development Kit) erlaubt das Ausspielen von 1:1-personalisierten Produktempfehlungen an die Nutzerinnen und Nutzer der eigenen App. Produktempfehlungen werden dabei konstant über alle Kanäle hinweg – Web, SMS, E-Mail oder Direct Mail – synchronisiert.

Im Folgenden werden die verschiedenen Funktionen der Customer-Engagement-Plattform im Überblick vorgestellt.

Personalisierte 1:1-Nachrichten können im Rahmen der *Omnichannel-Automatisierung* im richtigen Moment (Echtzeit, triggerbasiert) über jeden (von der Plattform unterstützten und lizenzierten) Kanal an alle Kunden ausgespielt werden. Mittels vorkonfigurierter *Tactics* werden ausgearbeitete Automatisierungs-Workflows für branchenspezifische Use Cases zur Verfügung gestellt. Diese Taktiken bestehen dabei aus E2E-Journeys, inklusive Trigger, Segmenten, Personalisierungsmöglichkeiten und anwendungsfertigen Kampagnen.

Predictive Analytics erlernt das Verhalten von Kunden, indem es jede Kundenaktion oder -Nicht-Aktion miteinbezieht, um Zeit und Ort der nächsten Kundenhandlungen vorherzusagen. Dabei lassen sich diese Informationen in SAP Emarsys Customer Engagement zur AI-gesteuerte Segmentierung, Content-Auswahl und Umsetzung auf einzelnen Kanälen und deren Timing anwenden.

SAP Emarsys Customer Engagement liefert außerdem verschiedene Dashboards und Reports zur Umsetzung eines strategischen und operativen Reportings aus. So zeigt das *Strategie-Dashboard* Entscheidungsträgern im Marketing die Ergebnisse ihrer Marketingstrategien im Vergleich zu einem bestimmten Ziel, etwa dem Ziel der Umsatzsteigerung oder der Vergrößerung der aktiven Customer Base.

Auf der operativen Ebene ermöglicht die Funktion *Revenue Analytics* zu verstehen, welchen Anteil die Marketingaktivitäten an den Geschäftsergebnissen haben. Zu diesem Zweck werden Umsatzstatistiken analysiert und aufgezeigt, welche Marketingprogramme und E-Mail-Kampagnen bei den Kunden den größten Impact erzielen.

Emarsys unterhält Partnerschaften mit einigen der größten E-Commerce-Anbieter. Dadurch können Shop-Daten mit der Customer-Engagement-Plattform über vorkonfigurierte Schnittstellen synchronisiert werden. Die Integrationsszenarien unterstützen dabei typische Funktionen:

- Import der Kundendaten aus den Shops zu Emarsys
- regelmäßige Updates der Kundendaten
- automatisches Triggern von E-Commerce-Events (z. B. Warenkorbabbruch) als externe Events in Emarsys
- automatischer Upload von Produktdaten aus Shops zu Emarsys
- regelmäßiges Update von Bestelldaten;
- automatisierte Installation der Web Extend Datensammlungs-Skripte in den angeschlossenen Shops

7.2 Datenmanagement

Im Folgenden werden die Möglichkeiten, die Emarsys für den Umgang mit Daten bietet, detaillierter erläutert. Das wichtigste Datenobjekt ist dabei der *Kontakt*, also ein Kunde oder eine mögliche Kundin, der oder die mittels vordefinierter oder zusätzlicher benutzerdefinierter Datenfelder in SAP Emarsys Customer Engagement abgebildet wird. *Segmente* enthalten mehrere Kontakte sowie z. B. Formulare, die zur Kommunikation und zur Datenerhebung von Kontakten dienen.

Emarsys-Accounts bieten ca. 50 Standardfelder für das Speichern von Kontaktdaten. Diese werden als *Systemfelder* bezeichnet. Zusätzlich können Sie eigene Felder erstellen, sogenannte *benutzerdefinierte Felder*. Zusätzlich zu diesen genannten Feldern verwendet Emarsys Datenbankfelder auch für das Verwalten von personalisierten Coupons. Diese drei Typen von Feldern benötigen Sie zum Speichern von Kontaktdaten:

- **Systemfelder**
  Systemfelder werden von Emarsys vordefiniert; typische Systemfelder sind Anrede, Titel, Vorname, Nachname, E-Mail-Adresse usw. Systemfelder können weder bearbeitet noch gelöscht werden.
- **Benutzerdefinierte Felder**
  Benutzerdefinierte Felder wurden z. B. von einem Administrator erstellt. Sie können bearbeitet, gelöscht oder kopiert werden. Aus technischen Gründen ist der verfügbare Feldvorrat auf ca. 450 benutzerdefinierte Felder begrenzt. Die Felder

können in Formularen und Filtern, für die Personalisierung sowie für den Datenimport und -export genutzt werden.

- **Couponfelder**
  Couponfelder sind spezielle Felder, die einzelnen Couponpools zugeordnet werden; mithilfe dieser Pools können Coupons mit Marketing-E-Mails versendet werden.

Segmente und *Listen* stellen eine Kernfunktion von SAP Emarsys Customer Engagement dar. Sie werden aus Kontakten mittels unterschiedlicher Selektionsoptionen gebildet und für Marketingkampagnen genutzt.

Segmente können auf der Basis von Kontaktattributen wie z. B. Interessen, Wohnort, demografischen Daten oder Verhalten der Kontakte (z. B. wie sie auf Ihre E-Mails reagieren) erstellt werden. Diese Segmente können für ein präzises Targeting in künftigen Marketingkampagnen verwendet und auch exportiert werden. Segmente sind dynamisch, d. h., dass sie vor jeder Verwendung neu erstellt werden. Wenn ein Segment unverändert beibehalten werden soll, kann es als Kontaktliste gespeichert werden. Abbildung 7.2 stellt eine mehrstufige Segmentierung in SAP Emarsys Customer Engagement mittels Kontaktattributen vor.

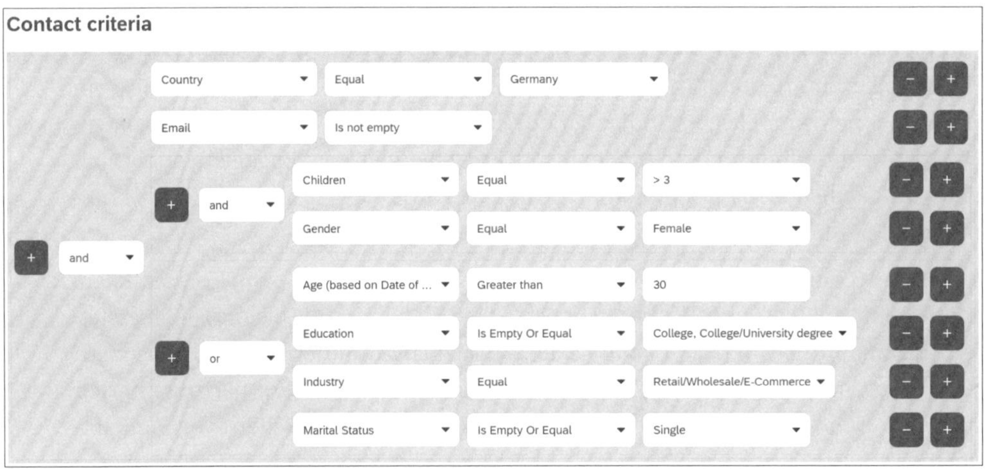

Abbildung 7.2 Mehrstufige Segmentierung in Emarsys mittels Kontaktattributen

Weitere Kriterien zur Erstellung von Segmenten oder Kontaktlisten können sein:

- **Geolocation-Segmentierungskriterien**
  Eine Segmentierung erfolgt auf Basis des Orts, an dem eine Response erfolgt ist.
- **Smart-Insight-Kriterien**
  Es wird auf der Grundlage von mit KI errechneten Kriterien, wie z. B. Produktaffinität, segmentiert.

- **Relationale Kriterien**
  Es wird auf der Basis von Datenbankabfragen über eine verbundene Datenbank, wie z. B. der CRM-Datenbank, und anhand eines gemeinsamen Schlüssels (z. B. E-Mail-Adresse) segmentiert.

Formulare sind integraler Bestandteil der Customer-Engagement-Plattform und können dazu genutzt werden, Kontaktdaten einzuholen oder durch die Kontakte selbst bereits erfasste Daten aktualisieren zu lassen.

Je nach Einsatzzweck werden dabei die verschiedenen Formulartypen verwendet, die auch jeweils unterschiedliche Prozesse anstoßen oder Daten aktualisieren.

- **Formular »Allgemeine Registrierung«**
  Mit diesem Typ wird ein Formular erstellt, das für jede Form der Registrierung verwendet werden kann. Formulare dieses Typs verfügen über eine optionale Login-Funktion, die registrierte Kontakte anhand eines oder mehrerer Felder erkennen kann, bevor diese zu einem Formular oder einer Webseite umgeleitet werden.
- **Formular »Newsletter-Registrierung«**
  Dieser Typ erstellt ein Formular für die Anmeldung für einen Newsletter und enthält ein Opt-in nur für diesen Newsletter. Auf diese Weise können Sie Ihren Anmeldeprozess verwalten und zwischen einzelnen Newslettern und eher allgemeiner gehaltenen Werbenachrichten unterscheiden.
- **Formular zur Profilaktualisierung**
  Mit einem Formular zur Profilaktualisierung können Kontakte ihre persönlichen Daten aktualisieren. Emarsys bietet dafür ein Standardformular, dessen Felder jedoch nicht erweitert, entfernt oder umbenannt werden können.
- **Kontaktformular**
  Mit diesem Typ wird ein Formular für die Kontaktanfrage erstellt. Die Daten dieses Formulars können automatisch an eine entsprechend definierte Empfängerliste im eigenen Unternehmen weitergeleitet werden.

Zum Schutz vor Missbrauch können Formulare außerdem auch durch die Integration von Googles reCAPTCHA v2 oder v3 geschützt werden.

Mit dem *Relational Data Service* der Plattform können externe Kontaktdatenbanken (z. B. ein CRM-System) mit SAP Emarsys Customer Engagement verbunden und die darin enthaltenen Datenfelder für das Erstellen von Segmenten oder das Befüllen von Personalisierungsvariablen verwendet werden. Das kann relevant für Anwendungsfälle sein, bei denen unternehmenseigenene Daten ausschlaggebend sind und die nicht in der Emarsys-Datenbank redundant vorgehalten werden sollen.

Open Data ist ein Google-BigQuery-Plug-in, mit dem alle eigenen im Emarsys-Account gespeicherten Informationen zum E-Mail, Web-, SMS- und Mobile-App-Verhalten sowie die Response-Daten abgerufen und exportiert werden können.

Auf dieser Basis können eigene Befunde mit den Reporting-Lösungen von Drittanbietern erstellt oder Daten in eine Reihe von Business-Intelligence-Tools eingespeist werden.

7.3 Automatisierung

Herzstück zur Automatisierung von E-Mail-Marketingprozessen ist das sogenannte *Automation Center*. Es ermöglicht Ihnen, E-Mail-Programme zu konzipieren und zu erstellen, sie auf ihre Effizienz hin zu überprüfen und zu automatisieren. Die Bandbreite der Möglichkeiten reicht hierbei von einfachen transaktionalen Mailings (z. B. einer Bestellbestätigung) bis zu ausgereiften Mehrschrittprogrammen wie einem Event-Countdown oder einer Kampagne zur Wiedergewinnung ehemaliger Kunden.

Unter einem Programm in diesem Kontext versteht Emarsys eine automatisierte Customer Engagement Journey mit dem Zweck, die Interaktion mit einem Kunden mit einem vorab definierten Ziel zuzutreiben. Das Programm beginnt mit einem einzelnen Einstiegspunkt und kann in viele unterschiedliche Äste eines Entscheidungsbaums ausgestaltet werden, bevor es seinen Endpunkt erreicht.

Sobald ein Kontakt in das Programm eingetreten ist, bewegt er sich darin entlang eines Pfads, bis er den Endpunkt erreicht hat. Die Route innerhalb des Programms wird von den Aktionen des Kontakts bestimmt, oder aber von den Filtern, die bei der Festlegung der Programmlogik definiert wurden. Das Verhalten des Programms wird durch Abbildung 7.3 verdeutlicht.

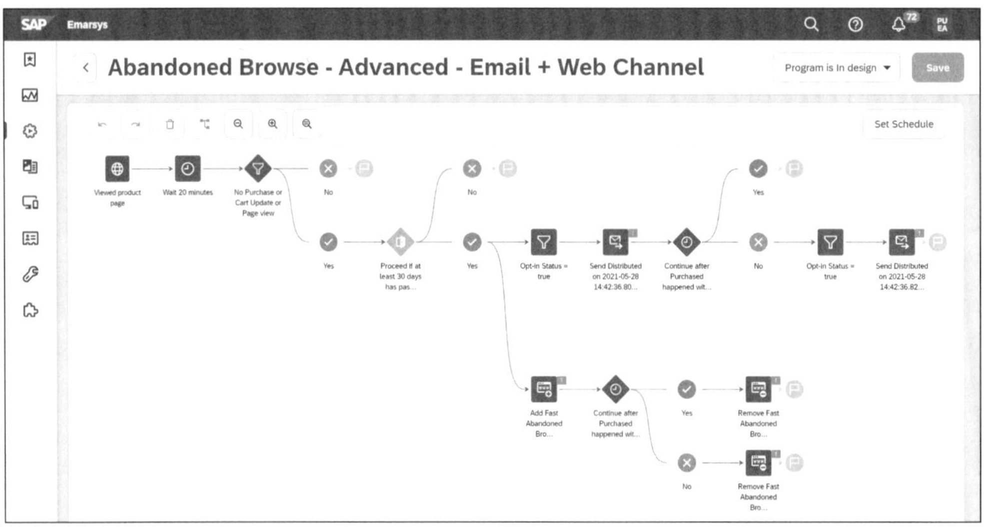

Abbildung 7.3 Programm zum Nachverfolgen von Kontakten mit abgebrochenen Warenkörben

Programme können grundsätzlich aufgrund zweier Kriterien unterschieden werden: Typ und Zielsetzung. Der Typ bezieht sich dabei auf die Struktur des Programms, während die Zielsetzung davon abhängt, ob sich ein Programm auf das Customer Lifecycle Management bezieht oder operativ ist.

Im Folgenden werden die Programme hinsichtlich des Typs und der Zielsetzung dargestellt:

- **Programmtypen**
  - *Transaktionale Programme*: Sie werden durch eine bestimmte Aktion eines Kontaktes getriggert; typischerweise mit einer einzigen, begrenzten Zielsetzung. Ein typischer Anwendungsfall ist der Versand einer Bestellbestätigung.
  - *Wiederkehrende Programme*: Hierbei handelt es sich um Programme, die regelmäßig an dieselbe Empfängerliste bzw. dasselbe Segment gesendet werden. Ein Anwendungsbeispiel ist die Rückgewinnung unzufriedener Kunden durch einen monatlichen Newsletter oder tägliche Sonderangebote.
  - *Ad-hoc-Programme (Batches)*: Hierbei handelt es sich um Programme, die Kampagnen zu einem bestimmten Zeitpunkt an eine bestimmte Empfängerliste bzw. ein bestimmtes Segment senden. Es können Folgeschritte enthalten sein, die ihrerseits auf einem definierten Zeitplan oder der Response eines Kontakts beruhen. Typische Beispiele sind Event-Einladungen oder Produktveröffentlichungen.
- **Programmziele**
  - *Programme mit allgemeinem Zweck*: Diese Programme sind für administrative Aufgaben (z. B. Versandbestätigung) und für die Umsatzsteigerung (z. B. E-Mails des Typs »Deal des Tages«) gedacht.
  - *Lebenszyklus-Programme*: Diese Programme beziehen sich auf einen Targeting-Vorgang, der auf dem Kundenverhalten basiert. Die Programme zielen darauf ab, die Kundenbindung zu maximieren.

Um den konkreten Ablauf eines Programms zu definieren, also zu bestimmen zu welchen Zeitpunkten über welche Kanäle Aktionen ausgeführt werden sollen, muss eine Programmlogik festgelegt werden.

Die Programmlogik bzw. die Programmfunktionen setzen sich aus festgelegten Elementen, sogenannten *Knoten*, zusammen. Mögliche Knoten zur Automatisierung sind:

- **Einstiegspunkte**
  An den Einstiegspunkten treten die Kontakte in das Programm ein. Der Einstieg kann ein Trigger sein (z. B. die Übergabe eines Formulars oder ein externes Event), ein terminiertes Event (z. B. wiederkehrende Filter) oder eine Ad-hoc-Aktion (z. B. ein Batch Mailing). Ein Programm kann mehrere Einstiegspunkte haben.

- **Responses**
  Responses sind spezifische Checks, die direkt mit dem vorangegangenen Knoten im Programm verknüpft sind. Auf eine versendete E-Mail kann z. B. die Response »hat Link nicht angeklickt« als Bedingung für eine weitere Aktion folgen.
- **Aktionen**
  Aktionen werden durch das Automation Center durchgeführt, um den Kontakt durch das Programm zu leiten.

7.4 Personalisierung

Im Zentrum einer Multichannel-Marketing-Plattform steht das Ausspielen von personalisierten Marketingbotschaften. Je nach Kanal ergeben sich dabei verschiedene Kombinationen aus Daten und personalisierten Inhalten. Im Folgenden gehen wir auf einige typische Kanäle und Personalisierungsoptionen näher ein.

Personalisierter E-Mail-Content ist das Herz jeder datengesteuerten Marketingstrategie. Die Personalisierung kann dabei viele Formen innerhalb einer E-Mail-Strategie annehmen, darunter:

- Abbruch-E-Mails, wenn bekannte Kontakte die Seite verlassen, ohne etwas zu kaufen.
- E-Mails nach Warenkorbabbruch, wenn der Kunde einen Warenkorb erstellt, aber den Kauf nicht abschließt.
- Cross-Sell- und Up-Sell-E-Mails, nachdem ein Kauf abgeschlossen worden ist.
- Re-Engagement-E-Mails, um inaktive oder untätige Kunden zurückzuholen und zum Kauf anzuregen.
- Spezielle E-Mails nach dem Kauf für loyale Mitglieder und Ihre profitabelsten Kunden, z. B. der Versand von Vouchers und personalisierten Couponcodes.

Die Ansprache des Kontakts mit Anrede und Namen sowie Kontext und Inhalte der E-Mails, wie z. B. Produktbilder aus einem abgebrochenen Warenkorb oder Kaufempfehlungen, erfolgt dabei auf Basis der gesammelten und gegebenenfalls per KI errechneten Daten.

Die Nutzung von mobilen Geräten und mobilen Apps hat in der letzten Dekade ein explosionsartiges Wachstum erfahren. *Mobile first* heißt die Devise für immer mehr Geschäftsmodelle. Viele Unternehmen setzen sogar auf eine Mobile-only-Strategie. Unternehmen müssen deshalb für eine nahtlose Integration von mobilen Apps in die User-Journey sorgen.

SAP Emarsys Customer Engagement stellt dafür ein *Mobile Software Development Kit* bereit. Damit lassen sich die folgenden Funktionen implementieren:

- Erfassen des Mobile-Browsing-Verhaltens einschließlich E-Commerce-Aktivitäten
- präzises Verlinken von Mobile- und Web-Browsing-Erfahrungen
- Cross-Channel-Automatisierung
- Versand von mobilen Push-Nachrichten an Benutzer, die bestimmte Mobile-Events ausführen
- Koordinieren von Marketing- und transaktionalen Kampagnen
- Versand zielgerichteter, personalisierter Push-Nachrichten an die richtige Audience zur richtigen Zeit
- Silent Push
- Geofencing

Auf diese Weise lassen sich für individuelle Mobile-Erfahrungen für alle gestalten.

Der Kanal *Web* der Customer-Engagement-Plattform ermöglicht es, mithilfe von KI, personalisierten Content auf einer Website sowie alle in der Emarsys-Datenbank befindlichen Kundeninformationen, einschließlich Echtzeitsitzungsdaten und historischen CRM-Daten, anzuzeigen.

Mit Web-Channel-Kampagnen können definierte Kundensegmente angesprochen werden, indem personalisierter HTML-Content auf der angeschlossenen Website angezeigt wird. Wenn die Website von Personen besucht wird, die zu dem Segment gehören, sehen sie den individuell angepassten Content.

Es gibt die folgenden Möglichkeiten, um diesen personalisierten Content anzuzeigen.

- **Embedded**
  Die personalisierte Nachricht ersetzt ein ausgewähltes Webseitenelement auf der Website (z. B. unterschiedliche Willkommensnachrichten je nach Segment).
- **Overlay**
  Die personalisierte Nachricht wird als Overlay über dem normalen Website-Content angezeigt (z. B. Präsentation eines Geburtstagsgutscheins).
- **Ribbon**
  Die personalisierte Nachricht erscheint oben oder unten auf der Seite oder läuft beim Scrollen in einem schmalen Band mit (z. B. Erinnerung an Gutscheincode oder Cookie-Präferenzen).

7.5 Kanäle

Bislang sind wir auf die Omnichannel-Fähigkeiten von Emarsys und auf die wichtigsten Kanäle E-Mail, Web, Mobile und SMS eingegangen. In diesem Abschnitt widmen wir uns nun CRM Ads und Direct Mail.

CRM Ads ist eine Integrationsoption, die SAP Emarsys Customer Engagement mit Facebook und *Google Ads* verbindet. CRM Ads ordnet Emarsys-Kontakte den jeweiligen Profilen in den Netzwerken zu und ermöglicht es der Customer-Engagement-Plattform, Zielgruppen, die sogenannten *Custom Audiences*, zu erstellen. Diese Custom Audiences sind dynamisch und werden nach ihrer Erstellung in Echtzeit aktualisiert. Mit anderen Worten findet CRM Ads bestehende Kunden im externen Netzwerk und ermöglicht es, diese individuell und mittels automatisierter, datengetriebener Ad-hoc-Anzeigenkampagnen anzusprechen.

Die Arbeit mit CRM Ads umfasst dabei die folgenden Schritte:

1. **Erstellen eines Segments in Emarsys**
   CRM Ads sendet eine Liste mit E-Mail-Adressen an das Netzwerk, das diese Adressen mit den Adressen in seinen eigenen Profilen abgleicht und aus allen übereinstimmenden Kontakten eine Custom Audience erstellt.
2. **Erstellen eine Anzeigenkampagne im Netzwerk für diese Audience**
   Emarsys ruft das Reporting aus der Anzeigenkampagne ab und zeigt die Ergebnisse im Emarsys-Account an.

Über die Funktion *Lead Ads* können z. B. auch Facebook-Formulare mit Emarsys zur Generierung von neuen Kontakten integriert werden.

Dem Trend zur Digitalisierung zum Trotz sind klassische Kanäle wie *Direct Mail* nach wie vor relevant. Bei Direct Mail handelt es sich um eine Funktion, um traditionelle Print-Kampagnen durchzuführen, also z. B. den Versand von Katalogen, Flyern, Gutscheinen oder Geburtstagskarten. Die Funktionen der Plattform zur Segmentierung und Personalisierung können genutzt werden, um ein Datenset zu erzeugen, auf dessen Basis ein externer Dienstleister den Versand der Print-Materialien durchführen kann.

7.6 Emarsys Loyalty

Eines der wichtigsten Ziele jedes Unternehmens ist es, den sogenannten *Customer Lifetime Value* zu steigern. Dies lässt sich erreichen, indem Sie die Anzahl der loyalen Kunden erhöhen. Schließlich sind die Kosten zur Gewinnung neuer Kunden ungleich höher als die Investments in das Halten von Kunden. Ein Instrument zur Erhöhung der Kundenbindung sind sogenannte *Kundenbindungs- bzw. Loyalty-Programme.*

Teilnehmende Kunden werden für bestimmte Aktionen, die im Rahmen der Programme definiert sind, belohnt. Aktionen können die Programmteilnahme an sich, getätigte Käufe oder gegebene Marketingeinwilligungen sein. Typischerweise werden den Kunden dann Punkte gutgeschrieben oder verschiedene Privilegien bei Erreichen bestimmter Kundenbindungs-Programmlevels eingeräumt. Als Belohnung können für erreichte Punkte Rabatte gewährt oder z. B. exklusive Artikel gekauft werden.

Klassische Loyalitätslösungen sind Stand-alone-Produkte; das bedeutet, dass sie von der Marketingplattform abgeschnitten sind. Das verhindert unter Umständen, in Echtzeit auf aktuelle Marketingaktivitäten zu reagieren, und damit auch, einen optimalen Kundendialog zu führen.

Emarsys Loyalty ist ein vollintegriertes Add-on der Marketingplattform zur Abbildung von Kundenbindungsprogrammen und versieht jede Marketingtaktik mit einem zusätzlichen Element der Personalisierung.

Das Add-on besteht aus den folgenden drei Elementen:

- **Loyalty-Account**
  Im Loyalty-Account wird das Loyalitätsprogramm einrichtet und verwaltet. Dazu gehören die wichtigsten Programmelemente wie die Stufen und Aktionen des Programms sowie die Belohnungen. In Abbildung 7.4 werden die Stufen eines Loyalty-Programms und die Aktionen dargestellt.

Abbildung 7.4 Drei Stufen eines Loyalty Programmes in der Customer-Engagement-Plattform

Um zu verdeutlichen, wie Kunden für getätigte Aktionen belohnt werden, stellt Abbildung 7.5 mögliche Aktionen eines Loyalty-Programms vor. Die Aktionen werden ebenfalls im Account definiert.

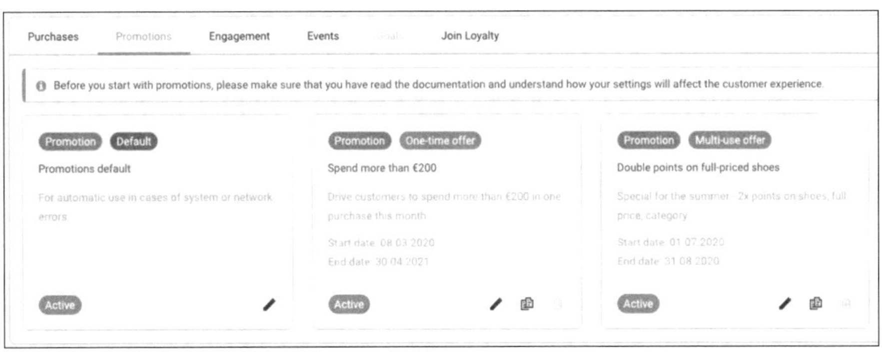

Abbildung 7.5 Mögliche Aktionen eines Loyalty-Programms in der SAP-Emarsys-Customer-Experience-Plattform

- **Loyalty Wallet**
  Wenn sich Kunden als Loyalty Members angemeldet haben, wird ihnen das *Loyalty-Wallet* als Seitenleisten-Widget angezeigt. Die Kunden können ihr Guthaben und ihre Aktivitäten sehen und Punkte sammeln bzw. diese für Geschenke und andere Belohnungen einlösen. Abbildung 7.6 zeigt beispielhaft ein Loyalty-Wallet eines Kunden oder einer Kundin. Das Loyalty Wallet kann über den Loyalty-Account angepasst werden. SAP Emarsys Customer Engagement liefert ein vorgefertigtes Loyalty-Portal für mobile und Desktop-E-Commerce-Websites.

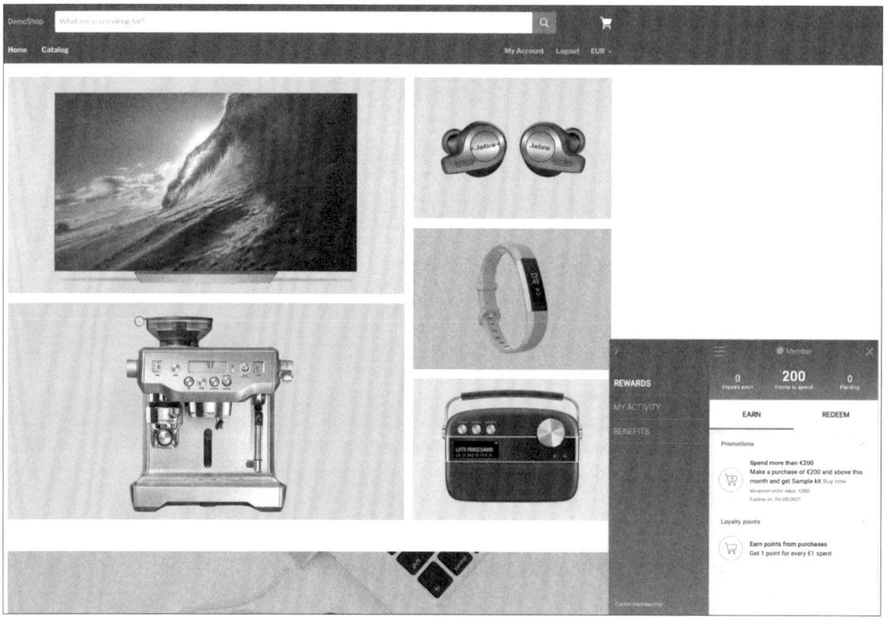

Abbildung 7.6 Loyalty-Wallet eines Kunden

- **JavaScript-Befehle/Loyalty-API**
  Die technische Integration der Loyalty-Lösung bzw. des Loyalty-Wallets in die eigene Webseite oder in den eigenen Commerce-Shop kann über JavaScript-Befehle oder eine generische *Loyalty-API* (Application Programming Interface) erfolgen. Je nach Anspruch an die Tiefe der Integration kann die eine oder andere Option umgesetzt werden. Dabei erlaubt die Integration über die Loyalty-API eine vollständige Integration im Sinne eines nahtlosen Nutzererlebnisses. Diese Option erfordert aber auch Programmierkenntnisse.

7.7 Emarsys Predict

Emarsys Predict ist eine mittels Machine Learning selbstlernende Marketinglösung, die, basierend auf dem Online-Verhalten der Kunden, auf den angeschlossenen Webseiten oder Shops personalisierten Content in Echtzeit erstellt; es muss separat lizenziert werden.

Das Verhalten anonymer, also noch nicht auf der Plattform angemeldeter Kunden, fließt in allgemeine Affinitätsmodelle ein, die den gesamten Produktkatalog abdecken, während das Verhalten bekannter Kunden (die sich angemeldet haben oder über einen getrackten Link in einer Emarsys-Kampagne auf den Shop zugegriffen haben) dazu verwendet wird, für den jeweiligen Kunden ein individuelles, personalisiertes Profil anzulegen.

Emarsys Predict besteht aus den folgenden Bestandteilen, die den Kunden, abhängig vom genutzten Kanal, Empfehlungen liefern:

- **E-Mail-Empfehlungen**
  Hierbei handelt es sich um dynamische Bilder in einer Marketing-E-Mail, die ein Miniaturbild und weitere Produktinformationen wie den Produktnamen und den Preis des Produkts anzeigen. Wenn die Empfänger oder Empfängerinnen die Nachricht öffnen, werden diese Bilder in Echtzeit dargestellt.
- **Webempfehlungen**
  Die Darstellung dieser Empfehlungen erfolgt über Widgets, die in die jeweiligen Web- oder Commerce-Seiten eingebettet werden. Die Widgets kommunizieren mit der Predict-Komponente auf der Emarsys-Plattform und ermitteln aufgrund des Widget-Typs und des Kontexts die relevanten Empfehlungen. Die Widgets sprechen also verschiedene Empfehlungsmodelle an, die z. B. benutzer-/interessenbasiert oder auf der Basis von Produktbeziehungen Empfehlungen generieren.
- **Mobile-Empfehlungen**
  Bei der Realisierung von mobilen Apps mittels des Emarsys Mobile SDKs können, ähnlich wie für die Webempfehlungen auf den verschiedenen App-Seiten Empfehlungen aus Emarsys Predict abgerufen und in der App angezeigt werden. So können z. B. auf dem Homescreen der App personalisierte Empfehlungen und im Bereich des Warenkorbs Empfehlungen auf der Basis von Produkten im Warenkorb und hinterlegten Produktbeziehungen präsentiert werden.

Daten sind der Treibstoff für Emarsys Predict und die darin enthaltenen Algorithmen zur Ermittlung von Empfehlungen. Um Vorhersagen treffen zu können, bedarf es historischer Daten, die durch Algorithmen verarbeitet werden. Diese müssen initial und laufend aus den Quellen, wie z. B. Webshop, ERP-System oder mobile App, geladen werden. Relevant sind dabei die folgenden Datenobjekte:

- Produktdaten
- Kundenstammdaten
- Web-Browsing-Verhaltensdaten
- Verkaufsdaten (Aufträge, Bestellungen)

Bei den Algorithmen zur Berechnung von Empfehlungen wird zwischen sogenannten Content-based und Collaborative-Filtering-Algorithmen unterschieden:

- **Content-based Algorithmen**
  Diese Algorithmen basieren auf der Analyse von Produkteigenschaften wie Marke, Kategorie oder Preis, um Empfehlungen zu errechnen.
- **Collaborative-Filterung-Algorithmen**
  Diese Algorithmen basieren auf der Analyse des Kundenverhaltens und darin auffindbaren Mustern zur Ermittlung von Empfehlungen.

Emarsys kombiniert beide Ansätze in einem hybriden Modell. Dadurch können auch bei fehlenden Nutzerdaten (z. B. bei der Neueinführung eines Produkts) Empfehlungen ermittelt werden.

7.8 Emarsys Smart Insight

Smart Insight ist die Customer-Intelligence-Komponente von SAP Emarsys Customer Engagement und ermöglicht das Speichern von großem Datenvolumen in einem Big-Data-Modell.

Abbildung 7.7 zeigt, dass Smart Insight über eingebaute Analysealgorithmen mit Fokus auf dem Customer Lifecycle Marketing verfügt; deren Ergebnisse werden für Marketingexperten in vorkonfigurierten Screens und Dashboards präsentiert und somit zur Umsetzung von Marketingstrategien nutzbar. Die Berechnung erfolgt anhand von Daten aus externen transaktionalen Datenbanken, in Kombination mit automatisch getracktem Website-Verhalten und Kampagnen-Response-Daten aus Emarsys.

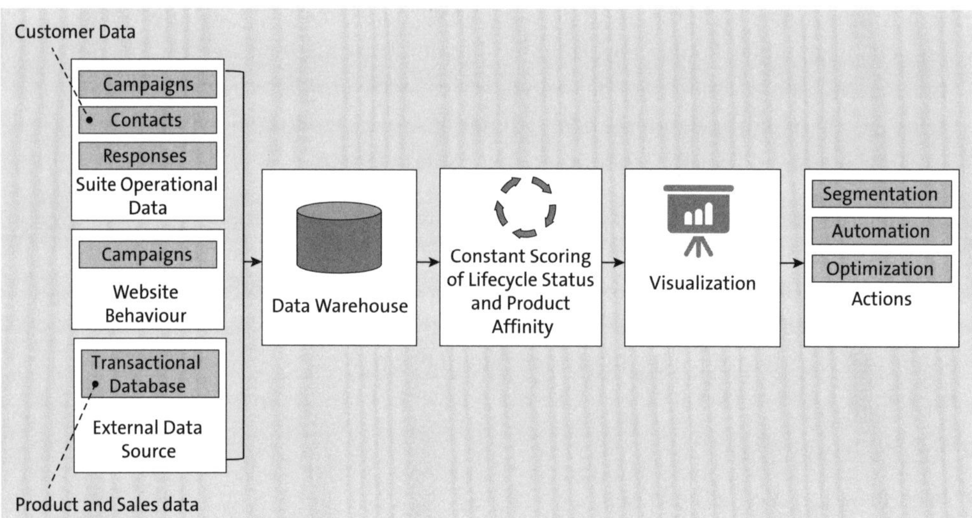

Abbildung 7.7 Prozess und Datenfluss von Smart Insight

Verfügbare Reporting-Screens sind z. B.:

- **Customer Lifecycle**
  Anzeige des Lifecylce-Status von Kontakten (z. B. Erstkäufer/aktive Kunden/wegbrechende Kunden/inaktive Kunden), basierend auf eRFM-Scoring-Parametern (engagement Recency, Frequency, Monetary Value).
- **Product Affinity**
  Zeigt Produkte und Kategorien je nach der Anzahl von Kontakten, die diese gekauft haben oder sie wahrscheinlich künftig kaufen werden.
- **Impact**
  Zeigt den Gesamtumsatz, aufgeschlüsselt über die Zeit anhand der Kriterien *Customer-Lifecycle-Phase* und *Kanal*.

Wie in Abbildung 7.7 dargestellt, benötigt Smart Insight Verkaufs- und Kundendaten. Die Verkaufsdaten müssen aus den verschiedenen Quellsystemen in die Emarsys-Plattform geladen werden. Emarsys sammelt dann die historischen Verkaufsdaten (standardmäßig die letzten zwei Jahre), lässt diese durch Clustering-Algorithmen laufen und erstellt eRFM-Parameterempfehlungen. Auf dem Screen **Customer Lifecycle** werden wiederum anhand dieser Parameter die Kontakte automatisch segmentiert.

Kundendaten zum Online-Verhalten werden per Web-Extend-Datensammlungs-Skripten von angeschlossenen Webseiten erfasst, um damit das Engagement-Scoring (Kontaktverhalten) und Affinitäts-Scoring (Produkt-Clustering) zu berechnen.

7.9 Emarsys Artificial Intelligence Marketing

Mit der Funktion *Emarsys Artificial Intelligence Marketing* können verschiedene Marketingprozesse unter der Nutzung von KI umgesetzt werden. In Abschnitt 7.7, »Emarsys Predict«, und Abschnitt 7.8 »Emarsys Smart Insight«, wurde bereits auf KI-basierte Szenarien und Funktionen eingegangen. An dieser Stelle wird ergänzend noch die Funktion *Send Time Optimization* beschrieben.

Send Time Optimization ist ein KI-basiertes Add-on für E-Mail-Kampagnen, das die E-Mail-Antworten jedes einzelnen Empfängers bzw. jeder Empfängerin im Verhältnis zur Kampagnenversandzeit analysiert und die nächste E-Mail zum für den Empfänger oder die Empfängerin optimalen Zeitpunkt sendet. Die Funktion staffelt den Versand von E-Mail-Kampagnen über 24 Stunden und sendet jede E-Mail zu dem Zeitpunkt, zu dem sie am wahrscheinlichsten geöffnet wird.

Neue Kontakte ohne historische Verhaltensdaten erhalten die ersten E-Mails zu einem Zeitpunkt, der anhand der in Ihrem Account aggregierten historischen Öffnungen kalkuliert wird. Der Algorithmus analysiert jedoch täglich die neuen Responses für jeden einzelnen Kontakt und aktualisiert das Modell entsprechend.

7.10 Erweiternde Add-ons

Der *Enhance Marketplace* bietet ein umfangreiches Ökosystem von Drittanbieter-Add-ons zur Ergänzung und Erweiterung der Customer-Engagement-Plattform an. Ein Auszug aus dem Markplatz sehen Sie in Abbildung 7.8.

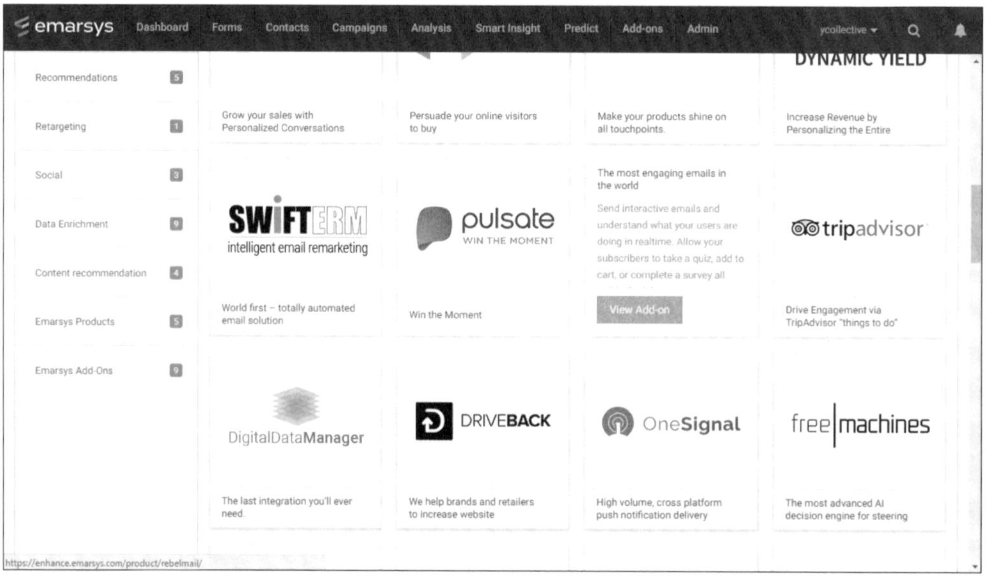

Abbildung 7.8 Add-ons zur Ergänzung und Erweiterung der Customer-Engagement-Plattform aus dem Ökosystem

Nach der Lizenzierung und Aktivierung sind die Add-ons im Menü Ihres Emarsys-Accounts sichtbar. Dieses Ökosystem sichert laufende Erweiterungs- und Integrationsoptionen und damit die Anpassungsfähigkeit an das sich ständig verändernde Marketingumfeld.

7.11 Fazit

Erfolgreiches One-to-One-Marketing in der heutigen Zeit benötigt eine moderne und leistungsfähige Plattform, die mit Kundendaten als »Treibstoff« gefüttert wird und hilft, die Marketingbotschaften im passenden Moment den dafür empfänglichen Kunden zu schicken. Das allein reicht jedoch nicht aus. Die Anwender aus der Marketing-Fachabteilung müssen auch in der Lage versetzt werden, Automatisierung und KI in der Praxis tatsächlich anzuwenden. Emarsys beherrscht an dieser Stelle Kür und Pflicht auch für den B2B-Bereich, wobei die Stärken der Plattform sicherlich im klassischen B2C-Marketing liegen.

Kapitel 8
SAP Sales Cloud

Im digitalen Zeitalter ist kein Customer Touchpoint so persönlich wie der direkte Kontakt zwischen den Vertriebsmitarbeitenden und Ihren Kunden. Möglichkeiten, sich dabei von Angesicht zu Angesicht zu begegnen, werden weniger. Umso wichtiger ist es, in diesen Momenten gut informiert und vorbereitet zu sein – und das über alle Kanäle hinweg.

Für einen guten Kundenkontakt braucht es neben einem effizienten Prozess und gut geschulten Mitarbeitenden IT-Systeme, in denen Informationen und Aktivitäten zusammenlaufen und Vertriebsteams die Kundenbeziehung aktiv pflegen und steuern können. Die SAP Sales Cloud ist die zentrale Lösung der SAP-Customer-Experience-Suite zur Unterstützung Ihrer Vertriebsprozesse. Sie ermöglicht es Ihnen, digitale Vertriebserlebnisse im SAP-Customer-Experience-Umfeld zu realisieren.

Um im digitalen Zeitalter zu bestehen, müssen für Vertriebsteams in den Systemen neben klassischen Vertriebsdaten auch Kundeninformationen hinterlegt sein, die aus Touchpoints stammen, auf die der Vertrieb keinen direkten Zugriff hat. Nur so ist die berühmte 360-Grad-Sicht auf den Kunden überhaupt möglich.

Die SAP Sales Cloud bietet Ihrem Vertrieb eine Vielzahl an Funktionen für einen optimierten und transparenten Vertriebsprozess. Sorgen Sie für positive Kundenerlebnisse durch eine wertschätzende Betreuung im Außendienst sowie eine effiziente Abwicklung der Prozesse im Innendienst, und erreichen Sie Ihr Vertriebsziel: wertbildende Kundenbeziehungen.

Zusammen mit den SAP-Bausteinen, die wir in Kapitel 9, »SAP CPQ« und Kapitel 10, »SAP Subscription Billing«, beschreiben, sind alle Komponenten verfügbar, um Ihren Vertriebsprozess End-to-End abzubilden und somit in allen relevanten Bereichen von Vertriebsplanung über Automatisierung und Sales Performance Management bis zur Angebotskonfiguration bestmöglich aufzustellen.

Dieses Kapitel liefert Ihnen eine Zusammenfassung über den funktionalen Umfang der SAP Sales Cloud und beginnt mit einer allgemeinen Einführung sowie der grundlegenden Navigation in der SAP Sales Cloud. Darauffolgend werden die zentralen Funktionsbereiche der SAP Sales Cloud entlang des Vertriebsprozesses beschrieben. Sie finden Informationen zu Stammdaten (siehe Abschnitt 8.3), Gebietsmanagement (siehe Abschnitt 8.4), Marketing (siehe Abschnitt 8.5), Lead Management (siehe Abschnitt 8.6), Opportunity Management (siehe Abschnitt 8.7), Angebots- und Auftragsmanagement (siehe Abschnitt 8.8), Verwaltung von Aktivitäten und Besuchen (siehe Abschnitt 8.9) sowie zu Verträgen (siehe Abschnitt 8.11). Ein wichtiger Bestandteil der vertrieblichen Arbeit ist außerdem die Analytics im Vertrieb (siehe Abschnitt 8.14). Als Erweiterung des Besuchsmanagements stellen wir Ihnen die Funktion *Retail Execution* vor (siehe Abschnitt 8.16). Zum Abschluss des Kapitels geben wir Ihnen einen Überblick über die gängigen Integrationsszenarien der SAP Sales Cloud mit anderen Lösungen aus dem SAP-Customer-Experience-Portfolio (siehe Abschnitt 8.17).

8.1 Einführung

Die SAP Sales Cloud (ehemals Cloud for Customer (C4C)) unterstützt Sie dabei, Kundenbeziehungen zu identifizieren, zu verstehen, zu pflegen und vertrieblich auszubauen. Sie dient Ihrem Unternehmen zur aktiven und automatisierten Durchführung und Steuerung Ihres Vertriebs im Innen- sowie im Außendienst.

Hierbei werden die klassischen Vertriebsprozesse, wie z. B. Lead Management, Opportunity Management, Angebots- und Kundenauftragsmanagement sowie Vertriebs- und Pipeline-Analysen abgebildet.

Im Vertrieb benötigen Sie ein CRM-System, um zielgerichtet und effizient Vertriebsaktivitäten abzuschließen und positive Kundenerlebnisse im Neukunden- sowie im Bestandskundengeschäft zu schaffen. Die SAP Sales Cloud ermöglicht Ihnen ein durchgängiges und automatisiertes Vertriebsmanagement im *Lead-to-Cash-Prozess*, in der Neukundenakquise und in der Bestandskundenpflege (siehe Abbildung 8.1).

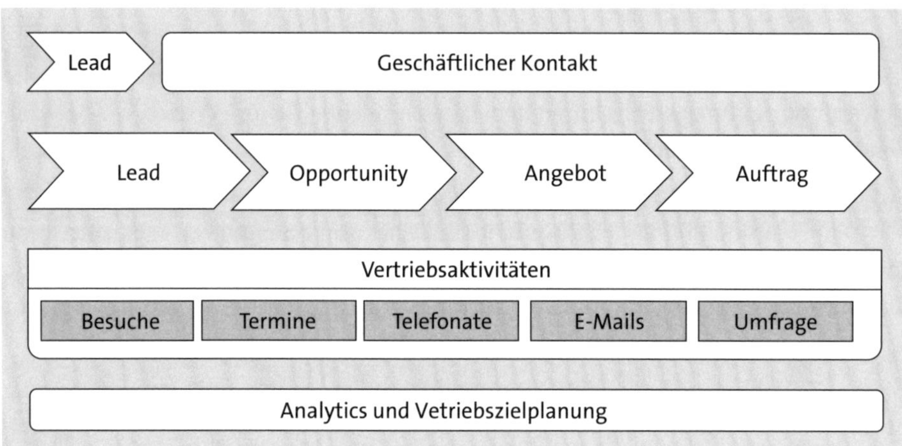

Abbildung 8.1 Der Lead-to-Cash-Prozess in der SAP Sales Cloud

Neue Geschäfte können somit als *Leads* erfasst, qualifiziert und in *Opportunities* umgewandelt werden. Opportunities werden, basierend auf den Verkaufsphasen, durch Vertriebsaktivitäten sowie Kunden- und Wettbewerbsdaten weiter gepflegt und ausgewertet. Darin eingebunden befinden sich die gesamten *Angebotsprozesse* sowie die *Auftragsrealisierung*.

Als Mitglied des Außendienstes erhalten Sie mit der SAP Sales Cloud eine mobile Lösung, die Ihnen eine *360-Grad-Sicht* über alle Interaktionen Ihres Kundenstammes liefert und Sie bei der Planung und Durchführung von Besuchen unterstützt – sowohl online als auch offline.

Wenn Sie im Innendienst tätig sind, bilden Sie das Backoffice und benötigen u. a. eine optimierte und integrierte *Angebots- und Produktkonfiguration*. Alle Mitglieder Ihrer Verkaufsorganisation – Vertriebsleitung, Außendienst oder Innendienst – erwarten ein transparentes Kundenmanagement sowie eine effektive und effiziente Zusammenarbeit und Kommunikation aller Teammitglieder.

Im Folgenden zeigen wir Ihnen, welche Funktionen die SAP Sales Cloud bereitstellt, um dieses Ziel zu erreichen.

8.2 Navigation in der SAP Sales Cloud

Dieser Abschnitt gibt Ihnen eine Einführung in den Aufbau und die Arbeitsweise der SAP Sales Cloud. Welche Funktionen Sie konkret in Ihrem Unternehmen nutzen, legen Sie, ebenso wie die individuelle Gestaltung der Benutzeroberfläche, in Ihrem Einführungsprojekt fest.

8.2.1 Startseite und Work Center

Auf der *Startseite* in der SAP Sales Cloud werden die Informationen übersichtlich bereitgestellt, die Sie direkt nach der Anmeldung im Blick haben möchten. In Abbildung 8.2 erhalten Sie einen ersten Eindruck von einer personalisierten Startseite. Zu den bereitgestellten Informationen zählen diverse Key Performance Indicators (KPIs), die Ihre persönliche Vertriebsperformance veranschaulichen: Pipeline-Analysen, Boards mit offenen Aufgaben, die Anzahl an geplanten Besuchen und Telefonaten für die aktuelle Woche oder aktuelle Nachrichten aus einem beliebigen Newsfeed.

In der linken Menüleiste sehen Sie die sogenannten *Work Center*. Work Center stellen die Hauptarbeitsbereiche dar, die weitere *Work Center Views* zusammenfassen. Das Work Center **Verkauf** umfasst z. B. die zugehörigen Bewegungsdaten im Lead-to-Cash-Prozess. Die einzelnen untergeordneten Work Center Views bieten Zugriff auf Leads, Opportunities, Angebote und Kundenaufträge. Je nach Berechtigungskonzept werden Ihnen gezielt Work Center zur Verfügung gestellt, sodass Sie einen schnellen Überblick über Ihre Tätigkeiten und Informationen in der SAP Sales Cloud erhalten.

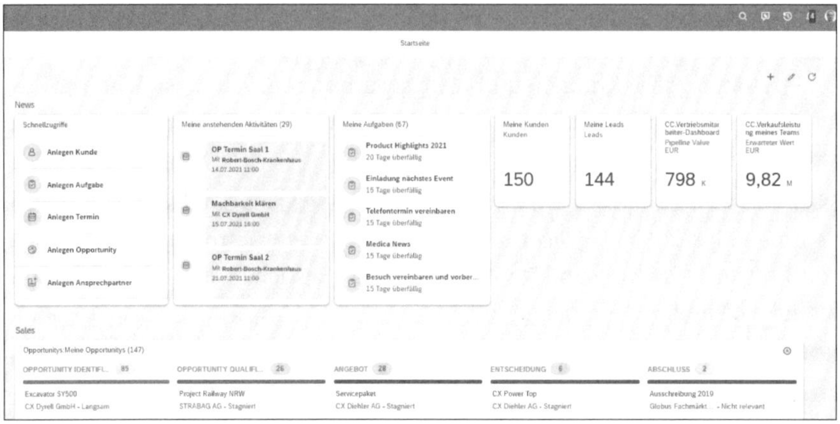

Abbildung 8.2 Startseite der SAP Sales Cloud

8.2.2 Suche über den Work Center View

Durch das Öffnen des Work Center Views erhalten Sie Zugriff auf die Suche in dem jeweiligen Geschäftsobjekt. Abbildung 8.3 zeigt die Kundensuche.

Abbildung 8.3 Kundensuche in der SAP Sales Cloud

Die SAP Sales Cloud bietet Ihnen eine Vielzahl verschiedener Suchmöglichkeiten. Die einfachste hierbei ist eine Freitextsuche, in der Sie nach beliebigen Parametern (Name, Land, Ort, Branche usw.) suchen können, indem Sie die gewünschten Begriffe in ein Suchfeld eingeben. Des Weiteren steht Ihnen eine grafische Suche sowie eine Suche über die Kartenintegration (sogenannte *Near-by-Search*) zur Verfügung.

Über die Funktion **Erweiterten Filter** suchen Sie gezielt nach den gepflegten Feldwerten (siehe Abbildung 8.4). Die Filterparameter sind frei wählbar und können als feste Abfragen gesichert werden. Die *Ergebnisliste* zeigt Ihnen das Ergebnis der Suchabfrage an. Über die Spaltenüberschriften können Sie weitere Filter setzen, die Sortierreihenfolge ändern oder Datensätze direkt per *Inline Editing* anpassen.

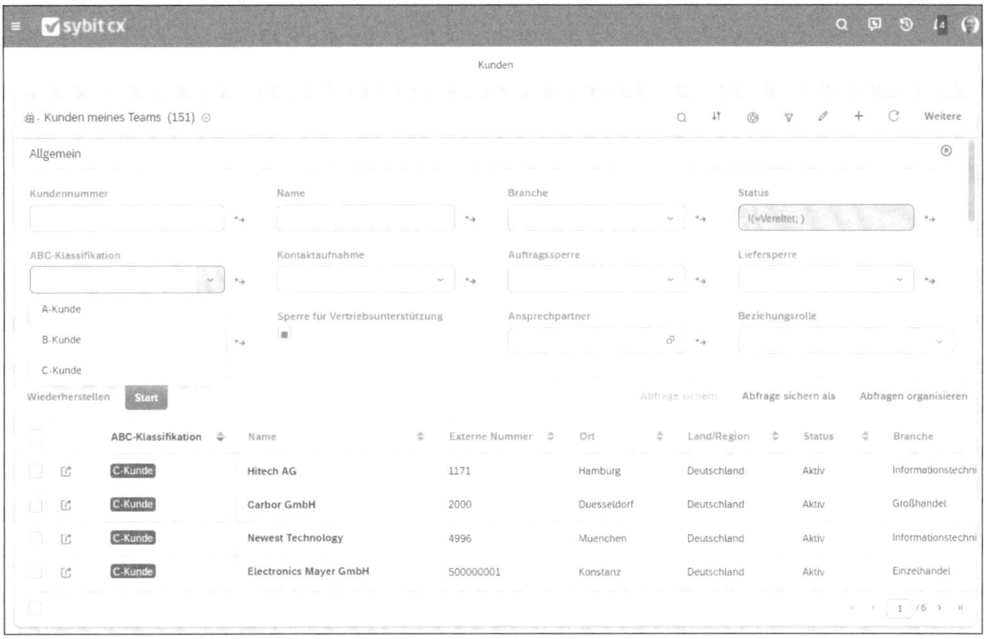

Abbildung 8.4 Filter in der Kundensuche

8.2.3 Arbeiten in einem Geschäftsobjekt

Wenn Sie ein Geschäftsobjekt öffnen, werden Ihnen direkt alle benötigten Informationen strukturiert angezeigt. In Abbildung 8.5 sehen Sie die Sicht auf einen Kunden. Neben den allgemeinen Kopfdaten (Name, Branche, ABC-Klassifikation usw.) werden auf diversen Registerkarten zusätzliche Informationen sowie weitere zugehörige Geschäftsobjekte aufgezeigt, die mit dem Kunden in Verbindung stehen. So liefert Ihnen z. B. die Registerkarte **Aktivitäten** eine Auflistung von Terminen, Aufgaben, Telefonaten und E-Mails im Zusammenhang mit diesem Kunden. Die Detailsicht ist für alle Geschäftsobjekte gleich aufgebaut.

Abbildung 8.5 Geschäftsobjektsicht auf Kunden: globale Funktionen

In der Kopfleiste der SAP Sales Cloud befinden sich globale Funktionen, wie die Funktion **Globale Suche**, die Ihnen eine Freitextsuche über alle Geschäftsobjekte ermöglicht. Abbildung 8.6 zeigt die Suchergebnisse auf, die mit dem Namen für unseren Beispielkunden Dyrell GmbH in Verbindung stehen. Hierzu zählen neben dem Kunden und dessen Ansprechpartnern auch Aktivitäten und Verkaufsbelege. Die Suchergebnisse können Sie daraufhin weiter eingrenzen. Auf dieselbe Art und Weise suchen Sie schnell und einfach direkt nach einer Auftragsnummer oder nach einer Angebotsreferenz, die Ihnen der Kunde z. B. während eines Telefonats nennt.

Zu den weiteren globalen Funktionen in der Kopfleiste der SAP Sales Cloud gehören die Benutzereinstellungen, Zugriff auf die Systemhilfe, die zuletzt geöffneten Geschäftsobjekte oder Geschäftsobjekte, die Sie als Favorit bzw. mit einem Schlagwort markiert haben.

Ebenso wird Ihnen die *Computer-Telephonie-Integration* (CTI) mit den Anruferinformationen angezeigt. Mehr zum Thema CTI finden Sie in Abschnitt 8.17, »Integrationsszenarien«.

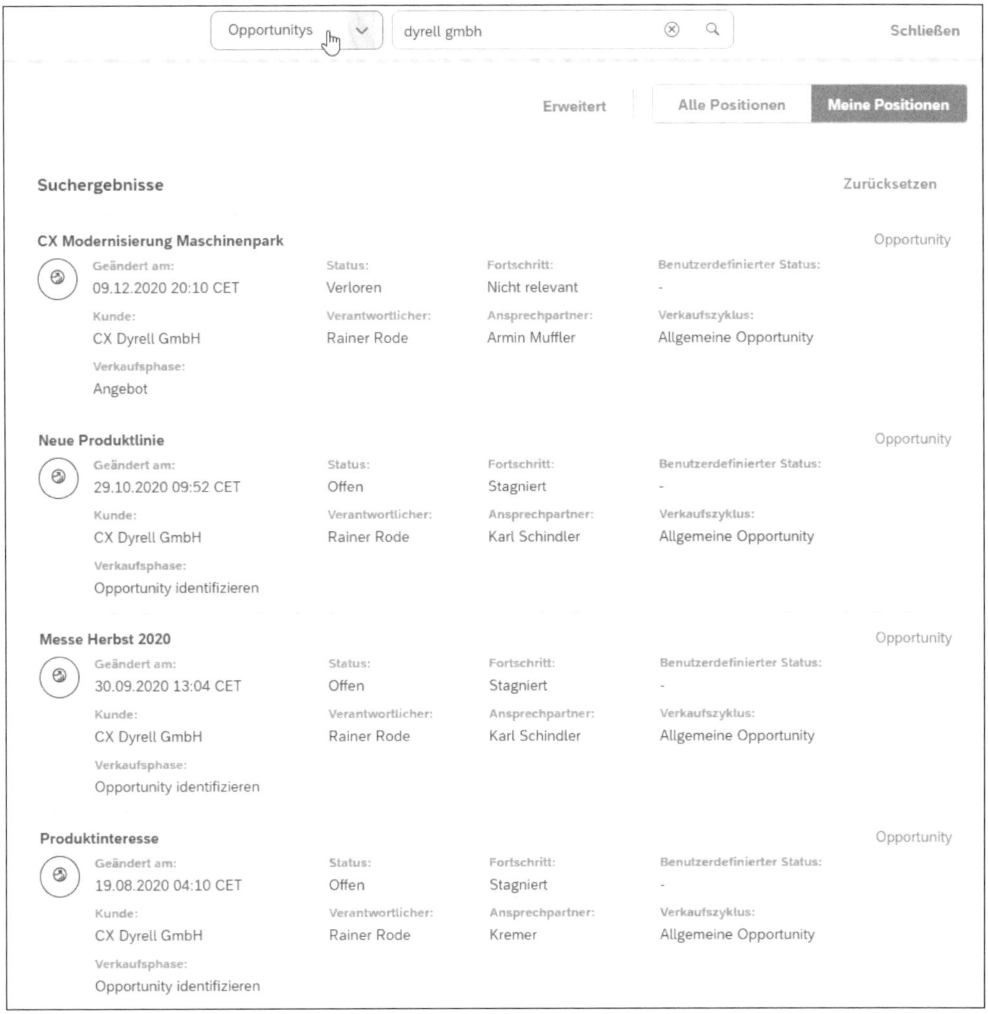

Abbildung 8.6 Globale Suche in der SAP Sales Cloud

Personalisierung der Benutzeroberfläche

Die SAP Sales Cloud bietet Ihnen die Möglichkeit, Ihre eigene Benutzeroberfläche zu personalisieren. Somit passen Sie die Anzeige und die Reihenfolge von Abschnitten, Spalten und Feldern an Ihre persönlichen Bedürfnisse und an Ihre Arbeitsweise an. Abbildung 8.7 verdeutlicht die Personalisierung innerhalb der Kundensicht. Hierbei wird die Liste der Ansprechpartner des Kunden individuell gestaltet, indem die Felder **Funktion** und **Abteilung** ausgeblendet wurden.

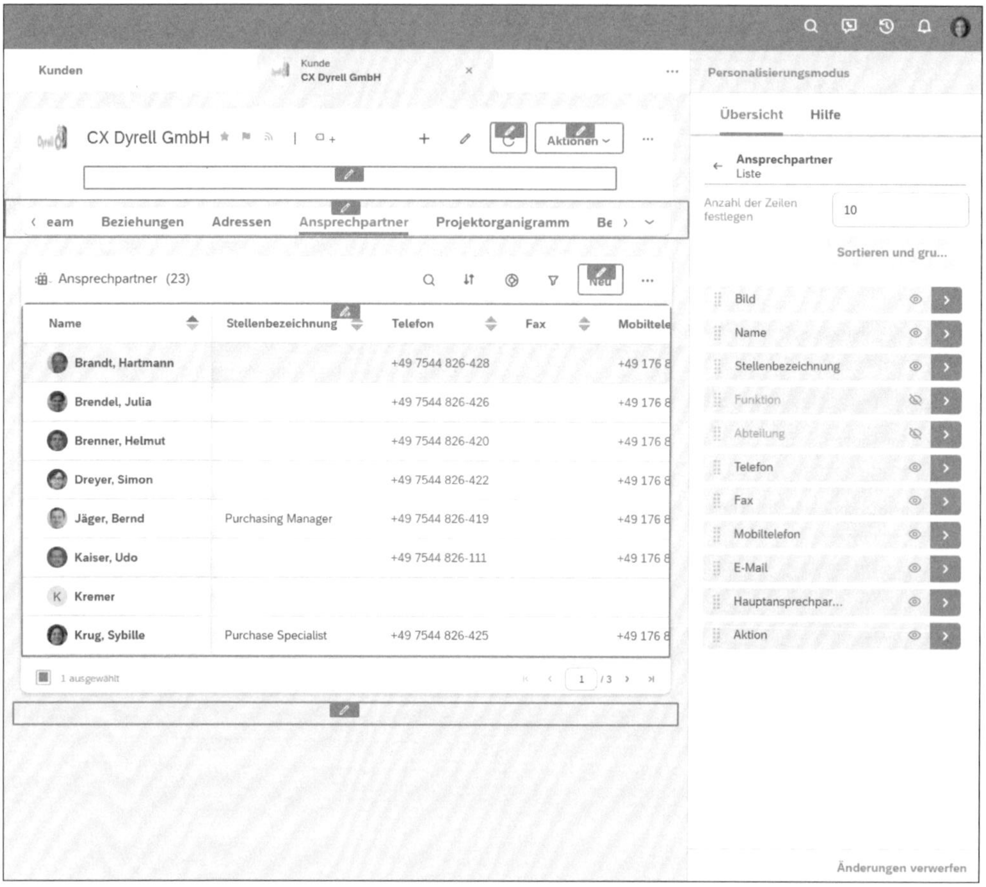

Abbildung 8.7 Personalisierung der Benutzeroberfläche

Kalender

Die SAP Sales Cloud bietet Ihnen ein umfassendes Werkzeug zur Organisation und Planung Ihrer Tätigkeiten im Vertriebsumfeld. Der integrierte Kalender gibt Ihnen einen Überblick über Ihre Termine, Besuche und Telefonate sowie über die Termine Ihres Teams (siehe Abbildung 8.8).

Sie können Vertriebsaktivitäten direkt im Kalender erstellen und so Ihre Aufgaben besser planen. Im Standard wird eine *Microsoft-Outlook-Integration* ausgeliefert. Somit halten Sie Ihre Kalender synchron und greifen direkt über Microsoft Outlook auf Ihre SAP-Sales-Cloud-Daten zurück. Weitere Informationen zur Integration in Microsoft Outlook finden Sie in Abschnitt 8.17.4, »E-Mail-Add-ins (Groupware-Integration)«.

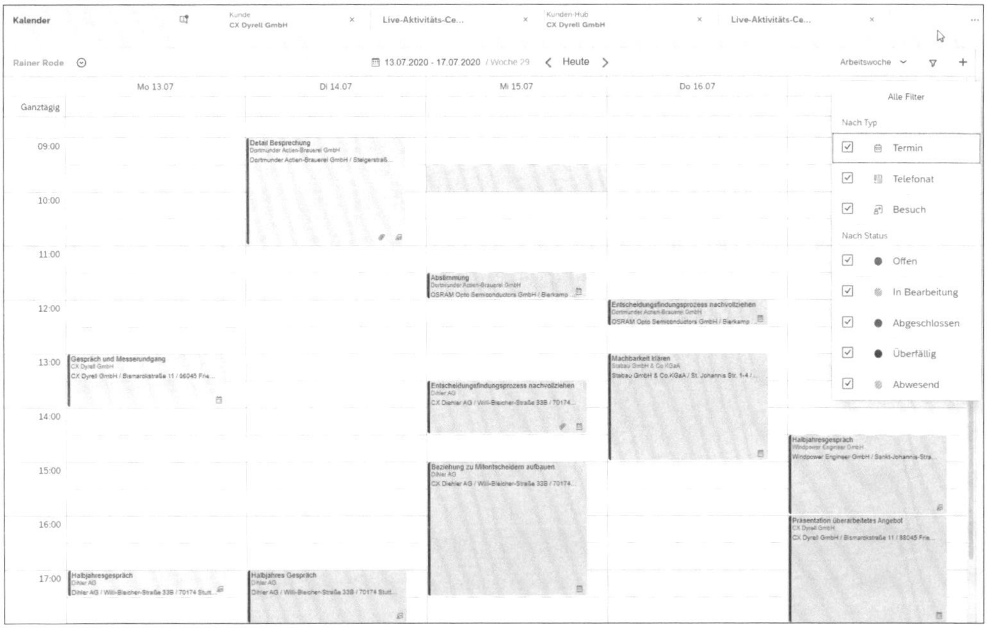

Abbildung 8.8 Beispiel für einen Kalender

Feed

Über den integrierten Feed werden Änderungen an Ihren Geschäftsobjekten automatisch zusammengefasst. Sie erhalten eine Feed-Benachrichtigung, wenn z. B. ein Angebot für Ihren Kunden angelegt wurde oder ein Teammitglied die Verkaufsphase Ihrer Opportunity geändert hat. Für welche Systemereignisse Sie eine Feed-Benachrichtigung erhalten möchten, definieren Sie selbst in den dafür vorgesehenen Einstellungen.

Der Feed dient allerdings nicht nur einem schnellen Überblick über Veränderungen Ihrer relevanten Daten (siehe Abbildung 8.9). Mit dem Feed erhalten Sie zudem ein Werkzeug für die Zusammenarbeit und die Kommunikation mit Ihrem Team. Sie können z. B. Feed-Beiträge und Kommentare mit einem direkten Bezug zu Ihren Geschäftsobjekten in die SAP Sales Cloud schreiben.

Möchten Sie direkt über Änderungen an einem bestimmten Geschäftsobjekt informiert werden, »folgen« Sie diesem Objekt über die Funktion **Following**. Ebenso können Sie einem Teammitglied z. B. im Rahmen einer Urlaubsvertretung folgen. Nach Ihrer Rückkehr erhalten Sie einen Überblick über die Veränderungen bei Ihren Kunden und Geschäften.

Der Feed steht zudem an jedem Geschäftsobjekt separat zur Verfügung. Somit sehen Sie im Feed des Kunden alle Feed-Benachrichtigungen zu den Änderungen seiner Daten.

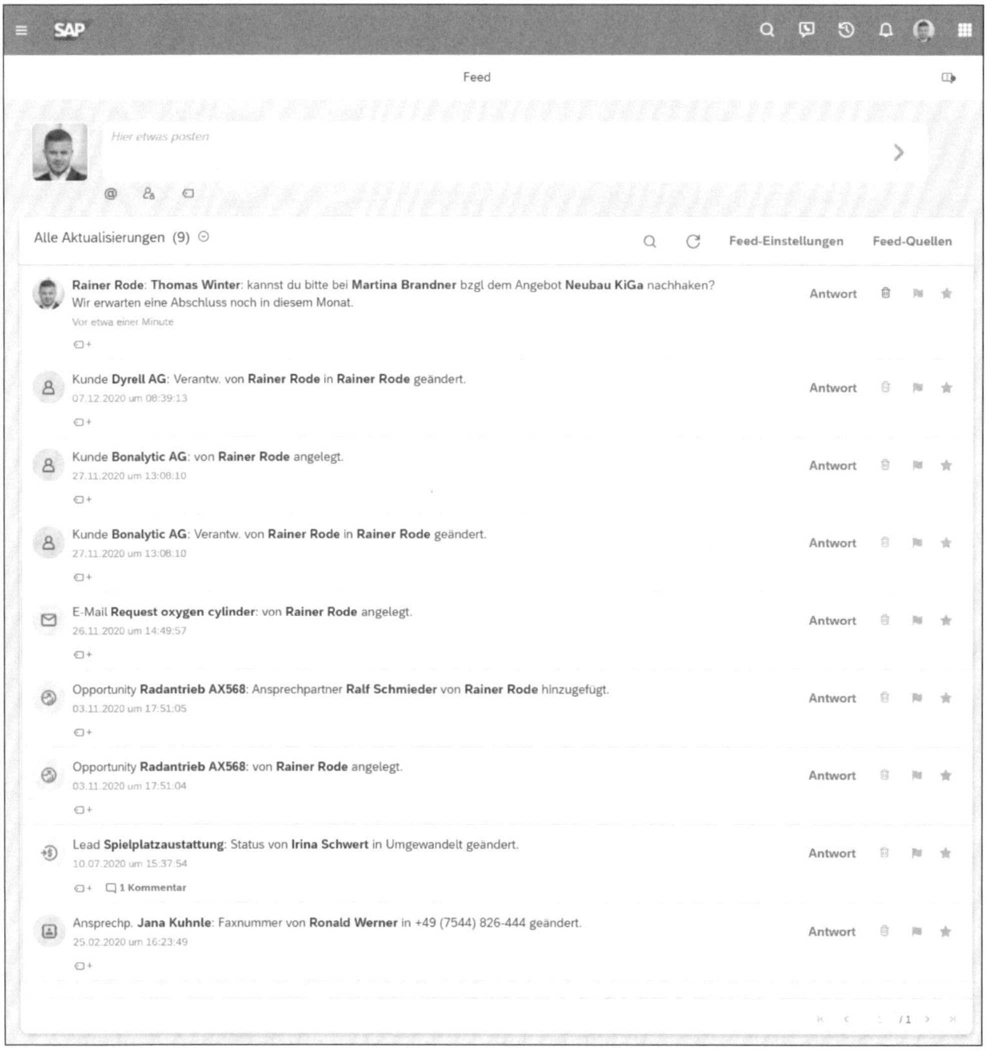

Abbildung 8.9 Beispiel für einen Feed

8.3 Stammdaten

Die Stammdaten bilden die Basis jedes betriebswirtschaftlich ausgerichteten Systems – dies gilt natürlich auch für die SAP Sales Cloud. Ein besonderer Fokus gilt den *Kundenstammdaten*. Sämtliche Aktivitäten eines Kunden mit dem Unternehmen gilt es zu protokollieren und für alle relevanten Personen einsehbar abzulegen. Zunehmend wird versucht, die künftigen Absichten und Wünsche der Kunden zu ermitteln und darzustellen, um eine 360-Grad-Sicht auf den Kunden zu erhalten.

Neben den Kundenstammdaten gibt es weitere relevante Stammdaten in der SAP Sales Cloud, z. B. Mitarbeitende oder Wettbewerber. Des Weiteren sind Produktstammdaten eine essenzielle Grundlage für den Vertriebsprozess. Im Folgenden werden die relevanten Stammdaten in der SAP Sales Cloud genauer erläutert.

8.3.1 Kundenstammdaten

Die SAP Sales Cloud gliedert Kundenstammdaten in die folgenden Objekte:

- **Kunde**
  Eine Organisation oder ein Unternehmen, mit dem Sie sich im direkten geschäftlichen Austausch befinden. Ein Kunde kann dabei ein kaufender Kunde (Auftraggeber) oder ein Interessent sein.
- **Ansprechpartner**
  Eine Person, die bei oder für einen Kunden/Interessenten arbeitet und somit immer in einer direkten Beziehung zu mindestens einem Unternehmen steht.
- **Privatkunde**
  Eine Person, mit der Sie direkt Geschäfte tätigen. Privatkunden werden hauptsächlich im B2C-Umfeld genutzt. Einem Privatkunden kann kein Ansprechpartner zugeordnet sein.
- **Kundenhierarchie**
  Die Darstellung von Kundenstrukturen erfolgt in der Kundenhierarchie. Somit können komplexe Strukturen, z. B. von großen Konzernen, übersichtlich in einer Baumstruktur abgebildet werden.

Für die Objekte Kunden, Ansprechpartner und Privatkunden stellt Ihnen die SAP Sales Cloud die folgenden Funktionen bereit:

Dublettenprüfung

Zur Vermeidung von Dubletten bietet die SAP Sales Cloud eine *Dublettenprüfung* für Kunden, Interessenten, Privatkunden und Ansprechpartner an. Direkt beim Anlegen von Kundenstammdaten wird anhand von flexibel einstellbaren Parametern geprüft, ob ähnliche Stammdaten bereits im System existieren.

Kundenzusammenführung

Bestehende Dubletten in den Kundenstammdaten können zusammengeführt und dadurch bereinigt werden. Dies beinhaltet auch die Möglichkeit, die den Stammdaten zugehörigen Bewegungsdaten (z. B. Aktivitäten, Besuche, Leads, Opportunities, Tickets) neu zuzuordnen, um die Kundenhistorie nicht zu verlieren.

Die 360-Grad-Sicht

Der Begriff der 360-Grad-Sicht bezeichnet einen vollumfänglichen Blick auf Kunden. In der SAP Sales Cloud werden alle zugeordneten Kundeninformationen in unterschiedliche Abschnitte segmentiert (siehe Abbildung 8.10, »Vertriebszielplanung«).

Die Kundeninformationen können an die jeweilige Rolle im Vertriebsprozess angepasst und je nach Wichtigkeit flexibel dargestellt werden. Die Daten können auch aus anderen, mit der SAP Sales Cloud integrierten Systemen herangezogen werden, wie z. B. aus der SAP-Fiori-App **360°-Übersicht für Kunden** in SAP S/4HANA. Weitere Informationen zur Stammdatenintegration finden Sie in Abschnitt 8.16, »Retail Execution«.

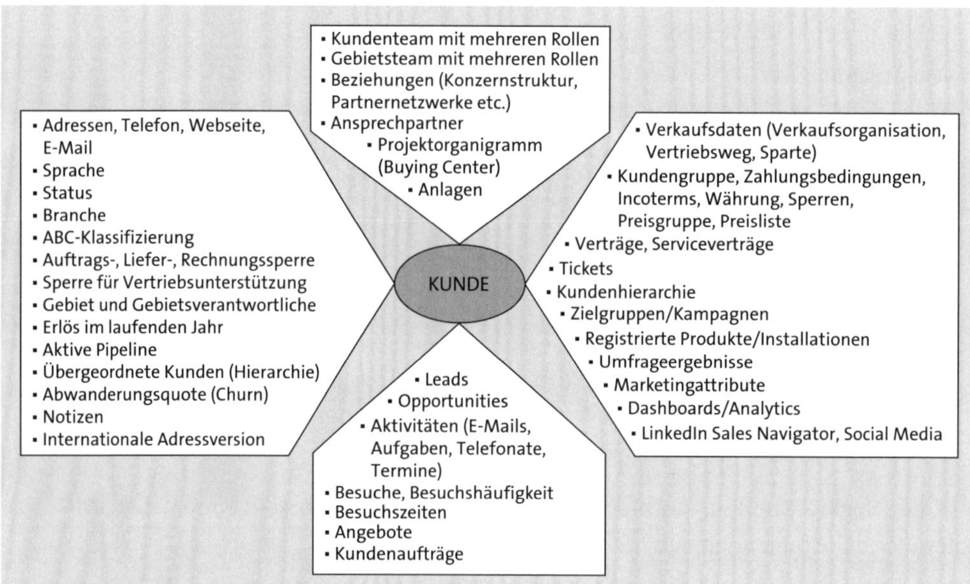

Abbildung 8.10 360-Grad-Sicht auf den Kunden

Für einzelne Ansprechpartner ist eine solche 360-Grad-Sicht ebenfalls vorhanden. Der Fokus liegt hierbei vor allem auf der Position und Funktion der Ansprechpartner im Unternehmen, auf den Kontaktdaten, auf der Beteiligung in Kundentransaktionen (z. B. Besuche, Opportunities, Angebote, Tickets) und auf den für das Marketing relevanten Daten. Sie können in diesem Zusammenhang Marketingattribute (z. B. Produktinteressen) vergeben und die Marketinginteraktionen darstellen. Beispiele für solche Marketinginteraktionen sind z. B. E-Mail-Kampagnen wie Newsletter oder Messe-Einladungen, in die der Ansprechpartner involviert war. Darüber hinaus können Sie die Marketingeinwilligungen im Rahmen der DSGVO verwalten.

8.3.2 Mitarbeiterstammdaten

Neben den kundenspezifischen Daten spielt auch die eigene Belegschaft in der SAP Sales Cloud eine wichtige Rolle. Alle Mitarbeitenden mit einer direkten Beziehung zum Kunden erhalten einen Mitarbeiterstammsatz in der SAP Sales Cloud, um somit eine vollumfängliche Kundenhistorie darstellen zu können.

Besonders relevant ist hierbei der Personenkreis, der die SAP Sales Cloud im Arbeitsalltag nutzt. Mithilfe von automatisierten Zuordnungsregeln (z. B. dem Gebietsmanagement, siehe Abschnitt 8.4) können diese Personen mit unterschiedlichen Rollen den Kunden, Interessenten und Privatkunden sowie sämtlichen Transaktionen zugeordnet werden, um dadurch eine effiziente und transparente Aufteilung der Kundenbearbeitung in den Vertriebsgebieten oder in den Vertriebsorganisationen zu ermöglichen.

8.3.3 Produktstammdaten

Während im frühen Stadium eines Leads oder einer Opportunity vor allem Produktkategorien relevant sind, um eine Analyse des *Sales Funnels* produktspezifisch darzustellen, werden im Angebotsprozess konkrete Produkte bzw. Produktkonfigurationen verwendet.

Aus diesem Grund ist es wichtig, die kompletten verkaufsfähigen Produktstammdaten und Produktkategorien Ihres Unternehmens in der SAP Sales Cloud zur Verfügung zu stellen. Da der Produkt- bzw. Material-Entstehungsprozess meist in einem ERP-System (z. B. SAP S/4HANA) verankert ist, werden diese Stammdaten in der Regel aus einem integrierten ERP-System übernommen. Reine Vertriebsprodukte können Sie Ihrem Produktstamm hingegen auch direkt in der SAP Sales Cloud hinzufügen.

Ebenso können Sie *Preislisten* für Produkte direkt in der SAP Sales Cloud hinterlegen und pflegen oder aber auf vorhandene externe *Preissimulationen* im SAP-S/4HANA-System zurückgreifen – somit können komplexe Preisfindungsmechanismen direkt aus SAP S/4HANA genutzt werden, ohne diese doppelt vorhalten zu müssen.

Mit den *Produktlisten* der SAP Sales Cloud optimieren Sie Ihren Verkaufsprozess hinsichtlich der automatisierten, auf Ihre Kunden ausgerichtete Auswahl von Produkten, vor allem im Angebots- und Auftragsprozess. Es existieren folgende unterschiedliche Produktlistentypen:

- **Produktvorschlag**
  Abhängig von Kunden, Vertriebsbereichen, Gebieten oder Zielgruppen werden Produkte oder Produktkategorien aus den Produktlisten aktiv vorgeschlagen und können schnell dem Angebot, Auftrag oder Warenkorb hinzugefügt werden.

- **Cross-/Up-/Down-Selling**
  Abhängig von Kunden, Vertriebsbereichen, Gebieten oder Zielgruppen und einem bereits ausgewählten Produkt werden weitere Produkte vorgeschlagen.
- **Produkteinschränkung und -ausschluss**
  Abhängig von Kunden, Vertriebsbereichen, Gebieten oder Zielgruppen werden Produkte oder Produktkategorien zur Verwendung in Verkaufstransaktionen eingeschränkt oder davon ausgeschlossen.

8.3.4 Weitere Stammdaten

Neben den bereits genannten Stammdatenobjekten gibt es zwei weitere Stammdatenobjekte, die wir Ihnen in diesem Abschnitt kurz vorstellen. Um bei Abwesenheiten von Mitarbeitenden keine Kundentransaktionen zu verpassen, besteht die Möglichkeit, *Vertreter* für bestimmte Zeiträume zu definieren. Dadurch werden Zugriffsrechte und Benachrichtigungen auf andere Personen übertragen.

Ein weiteres wichtiges Stammdatenobjekt in der SAP Sales Cloud sind *Wettbewerber* und deren Produkte, die eine direkte Konkurrenz zu den Produkten Ihres Unternehmens darstellen. Wettbewerber können angelegt, bewertet und in Opportunities referenziert werden. Die Wettbewerbsprodukte können in direktem Zusammenhang mit Ihren eigenen Produkten abgebildet, bewertet und in Produktumfragen eingebaut werden.

[»]

Win-Loss-Analysen mit Wettbewerberdaten

Durch die Pflege von Wettbewerberdaten in den Opportunities können Sie diese im Reporting auswerten (siehe Abschnitt 8.14, »Analytics im Vertrieb«). Die *Win-Loss-Analysen* geben Ihnen somit Hinweise darauf, aus welchen Gründen Sie in Ihrer Vertriebsarbeit gegen Wettbewerber/-produkte gewinnen oder verlieren. Arbeitet Ihre Konkurrenz mit besseren Preisen, oder sollte Ihr Produkt technologisch überholt werden? Die Rückschlüsse aus Ihrer vertrieblichen Interpretation bieten somit Anhaltspunkte für Optimierungen in Ihrem Produktmanagement. (Weitere Informationen zu Opportunities finden Sie in Abschnitt 8.7, »Opportunity Management«.)

8.3.5 Das Organisationsmodell

Mit dem *Organisationsmodell* bauen Sie Ihre Vertriebsorganisation in der SAP Sales Cloud auf. Ihre Kunden/Interessenten und Mitarbeitenden werden diesem Organisationsmodell zugewiesen, um danach sämtliche Transaktionen ebenfalls automatisch zuordnen lassen zu können. Dadurch erhalten Sie eine transparente Verteilung der Vertriebsaktivitäten und Umsätze auf die entsprechenden Organisationseinheiten, wie z. B. Vertriebsbüros oder Verkäufergruppen.

Des Weiteren wird das Organisationsmodell genutzt, um Zugriffsberechtigungen in der SAP Sales Cloud zu steuern; so kann z. B. festgelegt werden, dass Ihre Vertriebsorganisation in Deutschland die Stamm- und Bewegungsdaten der Vertriebsorganisation Frankreich nur lesen aber nicht bearbeiten kann. Eine weitere Möglichkeit, um Ihre Vertriebsorganisationen weiter aufzuteilen, ist der Einsatz des Gebietsmanagements (siehe Abschnitt 8.4).

Abbildung 8.11 zeigt das Zusammenwirken des Organisationsmodells, also des Gebietsmanagements, mit der Zuordnung von Mitarbeitenden und Kunden auf.

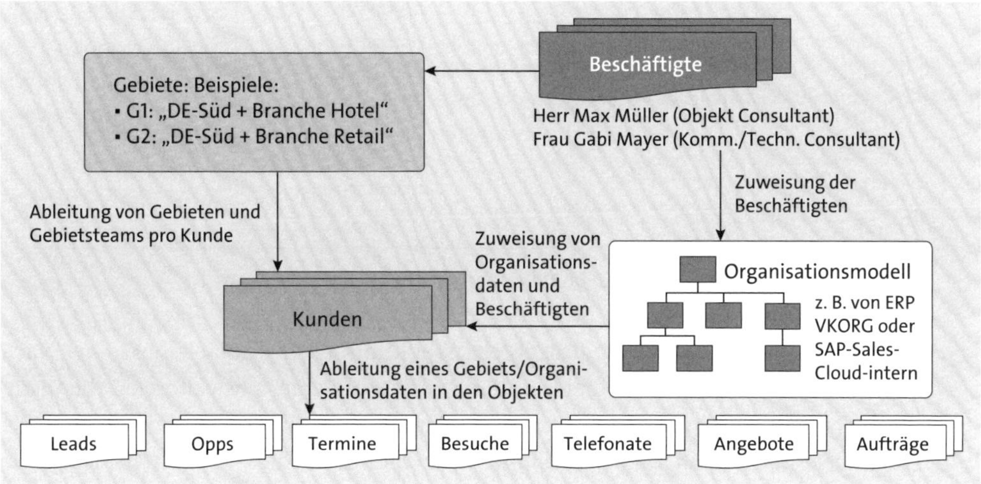

Abbildung 8.11 Organisationsmodell mit Mitarbeitenden und Gebieten

[«]

Datenschutz

Die SAP Sales Cloud bietet die Möglichkeit, datenschutzrelevante Informationen vor allem im Stammsatz des Ansprechpartners auszuweisen, darzustellen und zu entfernen. Somit halten Sie die Regularien der DSGVO für Ihr Datenmanagement ein. Mithilfe der Funktionen zur Datensicherheit sind Sie jederzeit bei Anfragen zur Verwendung von sensiblen Daten auskunftsfähig und löschen diese bei Bedarf im gesetzlich zulässigen Rahmen.

8.4 Gebietsmanagement

Mithilfe des *Gebietsmanagements* ermöglicht Ihnen die SAP Sales Cloud alle Aktivitäten zur Abbildung von eigenständigen Absatzmärkten im System. So können Sie Ihre Absatzmärke in einer *Gebietshierarchie* abbilden. Abbildung 8.12 gibt Ihnen eine Vorstellung des Aufbaus einer Gebietshierarchie in der SAP Sales Cloud.

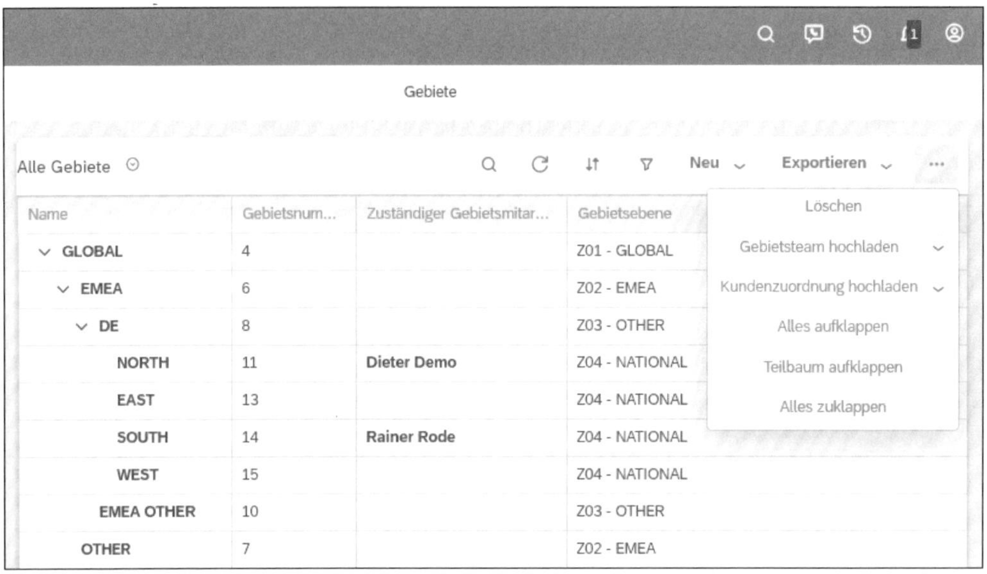

Abbildung 8.12 Aufbau einer Gebietshierarchie

Das Wurzelgebiet **GLOBAL** fungiert als oberster Knoten in der Gebietshierarchie. Nach der Festlegung des Wurzelgebiets können Sie diesem Gebiet alle weiteren Gebiete unterordnen. In diesem Beispiel gibt es unter dem Wurzelgebiet **GLOBAL** die Gebietshierarchieebenen **Region**, **Land** und **Bundesland**. Der Aufbau dieser Hierarchie ist für Sie beliebig darstellbar und passt sich daher optimal Ihren Geschäftsanforderungen an.

Nach der Darstellung der Gebietshierarchie können Sie Ihre Mitarbeitenden den Gebieten zuordnen und Gebietsverantwortliche bestimmen. Diese konkrete Zuweisung schafft Ihnen eine klare Abgrenzung hinsichtlich Zuständigkeiten und Berechtigungen.

Damit Sie nicht manuell Ihre Kunden Ihren Gebieten zuordnen müssen, stellt Ihnen die SAP Sales Cloud die *Gebietsmanagementregeln* zur Verfügung. Mit diesen können Sie anhand eindeutiger Schlüssel wie Land, Postleitzahlbereich usw. die Zuordnung der Gebiete eindeutig vornehmen. Im Anschluss an die Definition der Regeln können Sie Ihre Kunden automatisiert mithilfe des *Gebietsreformlaufs* den Gebieten zuordnen. Je nach Einstellung des Lösungsumfanges können Sie Kunden einem oder mehreren Gebieten zuordnen. Abbildung 8.13 soll Ihnen die Ermittlung der Gebiete anhand des Landes in der Region EMEA (Europa-Arabien-Afrika) verdeutlichen.

Diese regelbasierte Ermittlung von Gebieten hilft Ihnen zudem, Kunden- und Bewegungsdaten, z. B. Lead und Opportunities, automatisiert zu steuern. Kommt es zu Änderungen in den Absatzmärkten, können Sie Ihre Gebietsstrukturen flexibel anpassen. Die Ableitung der Gebietszuordnung Ihrer Kunden lässt sich nach veränderter Gebietsstruktur wiederum über einen Gebietsreformlauf darstellen.

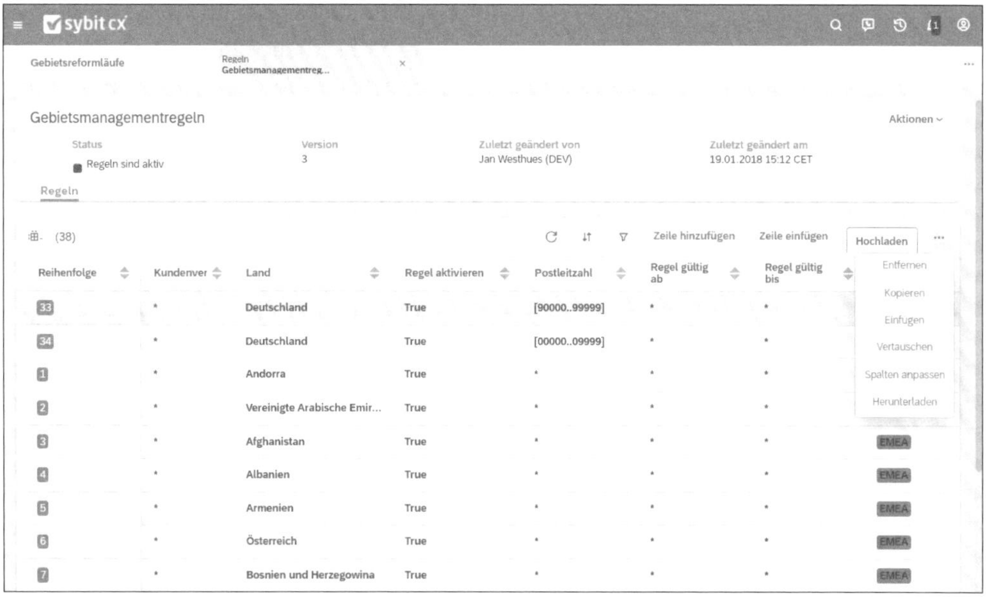

Abbildung 8.13 Gebietsermittlung anhand der Gebietsmanagementregeln

[«]

Gebietsmanagement im Berechtigungskontext

Mithilfe des Gebietsmanagements lassen sich auch Berechtigungskontexte steuern:

- Berechtigen Sie Ihre Anwender über die Zuordnung im Gebietsmanagement. Somit grenzen Sie Lese- und Schreibzugriffe auf die Geschäftsdaten ab.
- Definieren Sie Berichte anhand der Gebietsstruktur. Somit analysieren Sie Umsätze, Berichte und Prognosen auf Basis der Gebietsdimension und grenzen diese voneinander ab. Dies vermittelt Ihnen ein detailliertes Bild der einzelnen Absatzmärke und ermöglicht Ihnen somit eine bessere Planung von gebietsspezifischen Maßnahmen.
- Mit der Verwendung des Gebietsmanagements werden Ihren Anwendern gebietsspezifische Abfragen in den einzelnen Work Centern und Work-Center-Sichten, wie Kunden und Ansprechpartner usw., zur Verfügung gestellt. Somit erhalten Sie vorgefertigte Suchabfragen, um die Ergebnislisten auf die Ihnen zugeordneten Gebiete zu reduzieren.

8.5 Marketing

Die Marketingfunktionen der SAP Sales Cloud sollen Ihrem Unternehmen dabei helfen, neue Verkaufschancen zu generieren und offene Deals zu gewinnen. Um dieses Ziel zu erfüllen, erstreckt sich das Funktionsspektrum auf das Erstellen von Zielgruppen und Kampagnen, die Pflege von Marketingeinwilligungen und Marketingattributen und das Überwachen wichtiger Kennzahlen. Außerdem kann der Inhalt des Kanals einer Marketingkampagne direkt in der SAP Sales Cloud bereitgestellt werden. Mithilfe von Lead Scoring können Sie die Interaktionen in der Kampagne nutzen, um Folgeaktionen anzustoßen. Im Folgenden gehen wir auf die wichtigsten Funktionen im Detail ein.

8.5.1 Zielgruppen

Am Beginn Ihrer Kampagne steht die *Segmentierung einer Zielgruppe*. Bei dieser Segmentierung werden die richtigen Ansprechpartner, Privatkunden, Kunden oder Interessenten für die Kampagne bestimmt. In der SAP Sales Cloud wird zwischen der statischen und dynamischen Zielgruppe unterschieden. Mit der statischen Zielgruppe können Sie Zielgruppen durch verschiedene Parameter, einschließlich der Marketingattribute, anhand verschiedener Optionen erstellen oder aktualisieren. Die folgenden Optionen stellt Ihnen die SAP Sales Cloud zur Verfügung:

- Zielgruppenmitglieder über Microsoft Excel hochladen
- Nutzung von Standardberichten für Zielgruppen
- manuelle Selektion der Zielgruppenmitglieder
- Filtern der Zielgruppenmitglieder anhand von Marketingattributen
- Zielgruppen aus einem Drittsystem per Webservice integrieren

Dynamische Zielgruppen ermitteln hingegen anhand von definierten Bedingungen die Zielgruppe automatisch und aktualisieren diese für Sie. Dadurch wird sichergestellt, dass Ihre Zielgruppe immer dem aktuellen Stand entspricht.

Innerhalb der definierten Zielgruppe wird für Sie transparent dargestellt, in welcher Kampagne die Zielgruppe verwendet wird.

8.5.2 Marketingeinwilligungen und Marketingattribute

Für den Erfolg einer Kampagne ist es elementar, dass die richtige Zielgruppe angesprochen wird, in der alle Zielgruppenmitglieder auch ihre Zustimmung erteilt haben. Um Ihnen eine passgenaue und rechtssichere Zielgruppenerstellung zu gewährleisten, bietet Ihnen die SAP Sales Cloud die Möglichkeit, Marketingeinwilligungen und Marketingattribute zu pflegen.

Die Pflege der *Marketingeinwilligungen* ist notwendig, um die rechtlichen Voraussetzungen zur Ansprache von Marketingmaßnahmen zu erfüllen. Diese können Sie beim Ansprechpartner, Privatkunden und Lead pflegen. Zusätzlich hinterlegen Sie diese für die Kanäle SMS, Fax, E-Mail und Telefon.

Marketingattribute können Sie beim Ansprechpartner, Privatkunden, Kunden oder Interessenten pflegen. Mit ihrer Hilfe können Sie die für Ihr Geschäft wichtigsten Informationen, wie z. B. Produktinteressen, Schulungszertifizierungen oder weitere Attribute, direkt an der richtigen Stelle hinterlegen. Sie können beliebig viele *Marketing-Attributgruppen* definieren und innerhalb dieser Marketingattribute ausprägen, die Ihre Mitarbeitenden nutzen können, um Zielgruppen zu segmentieren und Analysen durchzuführen.

8.5.3 Kampagnenkanäle

Um mit Ihrer Zielgruppe in Kontakt zu treten, stellt Ihnen die SAP Sales Cloud indirekte und direkte Kampagnenkanäle zur Verfügung. Bei den direkten Kampagnenkanälen haben Sie die Wahl zwischen den Kanälen E-Mail und SMS.

Entscheiden Sie sich für den Kampagnenkanal E-Mail können Sie bestimmen, ob Sie personalisierte E-Mail-Vorlagen oder Umfragen verwenden und diese direkt aus dem System versenden möchten. Der Vorteil der direkten Kampagnen besteht darin, dass alle Interaktionen innerhalb der Kampagne direkt im System hinterlegt werden.

Als indirekte Kampagnenkanäle stellt Ihnen die SAP Sales Cloud im Standard die Kanäle Brief, Fax und Telefonat bereit. Bei Telefonkampagnen werden automatisiert Telefonate für Ihre Zielgruppe generiert, die dann abgearbeitet werden können. Zudem können Sie ein beliebiges Exportformat definieren, anhand dessen Sie die Kunden- und Ansprechpartnerstammdaten aus Ihrer in der Kampagne verwendeten Zielgruppe exportieren können. Die exportierte Liste können Sie z. B. in einer Brief- oder Faxkampagne wiederverwenden.

Wenn Sie mehrere Kampagnenkanäle verwenden möchten, können Sie dies in mehrstufigen Kampagnen tun. Bei einfachen Kampagnen steht Ihnen nur ein Kanal zur Verfügung.

8.5.4 Lead Scoring

Mit der Funktion **Scorewerte von Leads** unterstützt Sie die SAP Sales Cloud darin, Interaktionen innerhalb von Kampagnen automatisiert zu überwachen, auszuwerten und Folgeaktionen anzusteuern. Diese Scorewerte lassen sich frei definieren (siehe Abbildung 8.14).

Der Scorewert des Leads wird in diesem Beispiel um fünf Punkte erhöht, wenn die Empfängerinnen oder Empfänger eines Newsletters diesen öffnen. Klickten sie außerdem auf einen Link im Newsletter, steigen ihre Scorewerte noch einmal um zehn Punkte. Wird der Newsletter lediglich geöffnet, bleibt der persönliche Scorewert hingegen bei fünf Punkten.

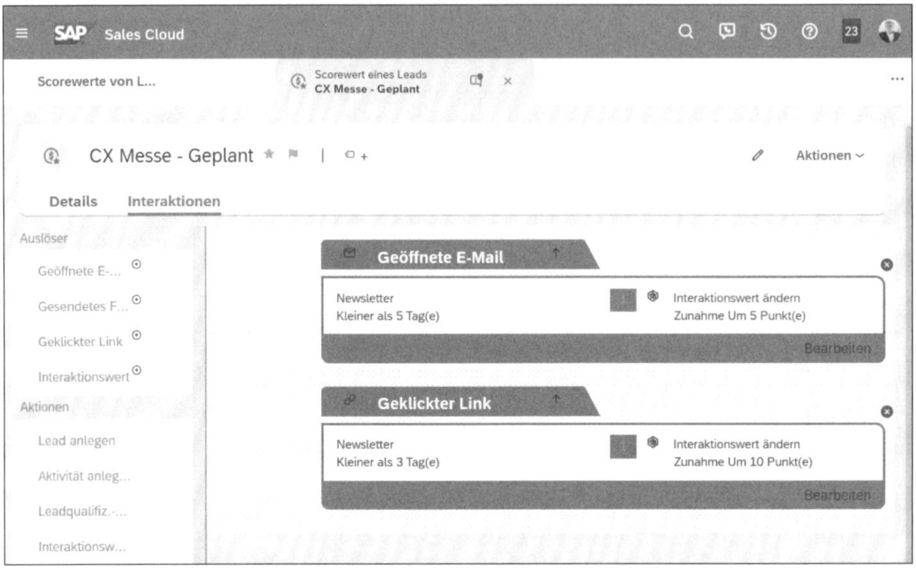

Abbildung 8.14 Aufbau des Lead Scorings

[»]

Lead Nurturing und Scoring-Modelle

Das Lead Scoring gibt Ihnen die Möglichkeit, einen *Lead-Nurturing-Prozess* in der SAP Sales Cloud abzubilden. Reagiert ein Ansprechpartner auf Ihre Kampagne, indem er auf den Link zu Ihrem Whitepaper klickt, oder bleibt Ihre E-Mail ungelesen im Posteingang liegen?

Im Rahmen der Lead-Score-Modellierung definieren Sie Folgeschritte, um Ihre Geschäftschancen zu steigern. Somit erfolgt automatisiert eine *Lead-Qualifizierung* (Kalter Lead vs. Heißer Lead; siehe Abschnitt 8.6, »Lead Management«). Ferner werden Vertriebsaktivitäten wie Aufgaben, Telefonate oder Besuche in der SAP Sales Cloud generiert.

8.5.5 Kampagnen

Die *Kampagne* ist das zentrale Element des Marketings in der SAP Sales Cloud. Sie vereint die Zielgruppe, den Kampagnenkanal und das Reporting der Maßnahme.

Sie können Kampagnen direkt in der SAP Sales Cloud erstellen und an einen Zeitplan knüpfen. Damit können Sie entscheiden, wann die Kampagne beginnt und ihre Wiederholungsfrequenz steuern. Im Aufbau der Kampagne können Sie die Zielgruppe bestimmen und im Anschluss Auslöser und eine dazugehörige Aktion definieren. Abbildung 8.15 stellt den Aufbau einer Kampagne anhand eines Beispiels dar: Wenn der Link innerhalb von vier Tagen nicht angeklickt wird, wird eine Aufgabe angelegt. So können Sie auf unterschiedliche Auslöser mit einheitlichen Aktionen reagieren.

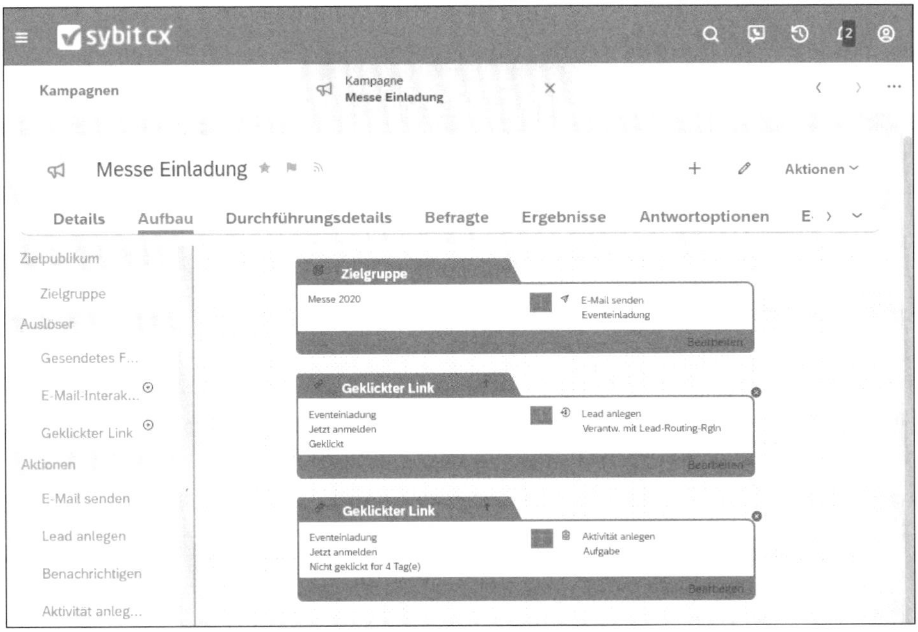

Abbildung 8.15 Aufbau einer Kampagne

Innerhalb der Kampagne stellt Ihnen die SAP Sales Cloud weitere Informationen zu deren Durchführung und zu den Teilnehmenden zur Verfügung. Mit der Kampagnenauswertung wird Ihnen eine Vielzahl an Berichten bereitgestellt, mit denen Sie in Echtzeit den Erfolg der Kampagne beurteilen können.

Aus der Kampagne können Sie Vertriebsbelege wie Leads, Opportunities und Angebote direkt als Folgeaktivitäten anlegen. Diese Belege werden mit der Kampagne verknüpft; somit können Sie später nachvollziehen, wie sich diese weiterentwickelt haben. Auch für die Auswertung ist dies von Relevanz, da Sie bestimmen können, wie viel Umsatz durch welche Kampagne geniert wurde, da alle Bewegungsdaten im Lead-to-Cash-Prozess mit der Kampagne verknüpft werden. Somit lassen sich auch später Aussagen über den Erfolg Ihrer Maßnahme ableiten. Durch diese Analyse können Sie die für Sie besten Marketingmaßnahmen bestimmen und sich auf diese fokussieren.

Einordnung zur SAP Marketing Cloud

Die Verkaufskampagnen der SAP Sales Cloud ermöglichen Ihnen grundlegende Funktionen zur Durchführung von einfachen Marketingkampagnen, die für bestimmte Unternehmen, gewisse Geschäftsbereiche oder Tochtergesellschaften ausreichend sind.

Suchen Sie nach einer Marketing-Komplettlösung mit einer zentralen Integration sämtlicher Kundeninteraktionsdaten (z. B. aus Vertrieb, Service und Commerce) in

Verbindung mit einer hoch performanten Segmentierungs-Engine, mit der Erstellung komplexer und dynamischer Massen-Mailings und Kontaktformularen sowie mit einem flexiblen und transparenten Lead-Management-Prozess, sind Marketingautomatisierungslösungen wie die SAP Marketing Cloud oder Emarsys die richtige Lösung. Mehr dazu lesen Sie in Kapitel 6, »SAP Marketing Cloud«, und Kapitel 7, »SAP Emarsys Customer Engagement«.

8.6 Lead Management

Ein *Lead* ist der erste Schritt im Verkaufsprozess der SAP Sales Cloud. Als Lead wird ein Interesse an Ihren Produkten und Services bezeichnet. Dabei spielt es keine Rolle, ob Sie den Interessenten oder die Kundin schon kennen oder nicht.

Abbildung 8.16 stellt den Ablauf des Lead-Prozesses in der SAP Sales Cloud dar. In den folgenden Abschnitten widmen wir uns den drei Schritten des Lead-Prozesses im Detail.

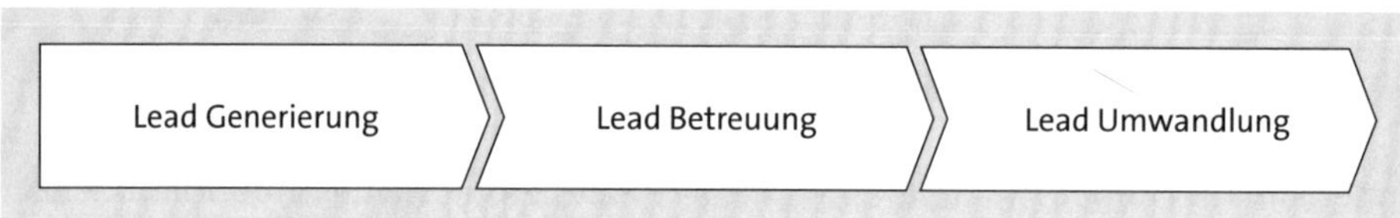

Abbildung 8.16 Überblick über den Lead-Prozess

8.6.1 Lead-Generierung

Leads können aus einer Vielzahl von Quellen generiert werden. Sie können das Ergebnis einer Kampagne in der SAP Sales Cloud sein oder durch ein Gespräch auf einer Messe entstehen. Gerade im letzten Fall bietet die SAP Sales Cloud durch Ihre nativen Apps die Möglichkeit, den Lead direkt vor Ort zu erfassen, indem die Visitenkarte eingescannt wird (mehr zur mobilen App finden Sie in Abschnitt 8.15, »Mobiles Arbeiten mit der App ›SAP Sales Cloud‹«). Auch der Import von Leads über Microsoft Excel oder SAP-Sales-Cloud-APIs ist möglich.

Um bei der Anlage von Leads Dubletten zu vermeiden, stellt die SAP Sales Cloud eine Dublettenprüfung zur Verfügung, die eine Ähnlichkeitsprüfung der Kunden und Ansprechpartner vornimmt. In Abbildung 8.17 wird eine exemplarische Dublettenprüfung bei der Lead-Anlage dargestellt.

Anhand des Ergebnisses können Sie entscheiden, ob der Lead angelegt werden soll oder nicht. Sollte es sich um eine Dublette handeln, können Sie den Lead dem bereits bestehenden Kunden zuordnen. Sollten Sie mit einem Interessenten in Kontakt treten, mit dem noch keine Geschäftsbeziehung besteht, können Sie den Lead auch ohne die Zuordnung zu einem Kunden oder Ansprechpartner im System anlegen.

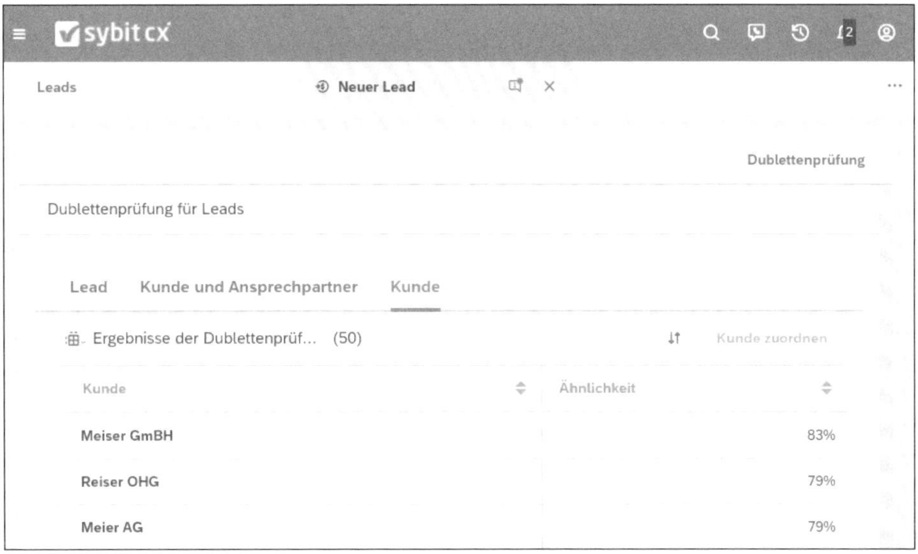

Abbildung 8.17 Dublettenprüfung von Leads

8.6.2 Lead-Betreuung

Sobald Sie den Lead erfasst haben, startet der Prozess der *Lead-Betreuung*. Er verfolgt das Ziel, den Lead zu einer Verkaufschance zu entwickeln. Dabei steht die Kommunikation mit dem Interessenten im Mittelpunkt.

Im ersten Schritt befindet sich der Lead im Status **Offen**. Dieser Status zeigt den aktuellen Stand des Leads an. Im Anschluss können Sie den Lead qualifizieren. Dafür stellt Ihnen die SAP Sales Cloud eine Vielzahl von *Qualifizierungsaktivtäten* zur Verfügung. Diese können auf obligatorischen oder freiwilligen Aktivitätenplänen basieren und verschiedene Umfragen sowie Aktivitäten enthalten.

Mit dem *Lead Scoring* stellt Ihnen die SAP Sales Cloud eine zusätzliche Methode bereit, um den Lead zu qualifizieren. Das Lead Scoring kann aus mehreren Komponenten bestehen, die im Folgenden aufgelistet und beschrieben werden:

- **Umfragewerte**
  Durch einen Qualifizierungsfragebogen, z. B. in Form einer Checkliste, können Sie Ihre Leads besser einordnen. Die Ergebnisse der Umfrage werden als Umfragewerte summiert. Auf ihrer Grundlage können Sie Ihre Interessenten einheitlich qualifizieren.
- **Interaktionswerte**
  Innerhalb einer Marketingkampagne können Sie Interaktionswerte für Aktionen zuordnen. Auf der Grundlage der Summe der Interaktionswerte können Sie bestimmen, wie interaktiv und qualifiziert Ihr Lead ist.

- **Lead Scoring**
  Beim Lead Scoring wird ein Modell für maschinelles Lernen verwendet, das mit Ihren historischen Verkaufsdaten trainiert wird, um Muster zu finden, um die Wahrscheinlichkeit einer Lead-Umwandlung vorherzusagen. Die finale Entscheidung der Umwandlung obliegt jedoch der Verantwortung des Lead-Verantwortlichen.

Mithilfe aller Informationen können Sie den Lead in die Qualifizierungsstufen **Kalt**, **Warm** und **Heiß** einteilen. Der Status des Leads wird automatisch bei der Auswahl einer Qualifizierungsstufe in **Qualifiziert** gesetzt.

Die Qualifizierung des Leads ist ein kontinuierlicher Prozess und kann mehrmals durchlaufen werden.

8.6.3 Lead-Umwandlung

Der letzte Schritt der *Lead-Umwandlung* erfolgt, wenn Sie nach der Qualifizierung des Leads glauben, dass eine erhöhte Verkaufschance besteht. Die SAP Sales Cloud stellt Ihnen bei der Umwandlung zwei Optionen zur Verfügung: **In Opportunity umwandeln** oder **In Kunden und Ansprechpartner umwandeln** (siehe Abbildung 8.18).

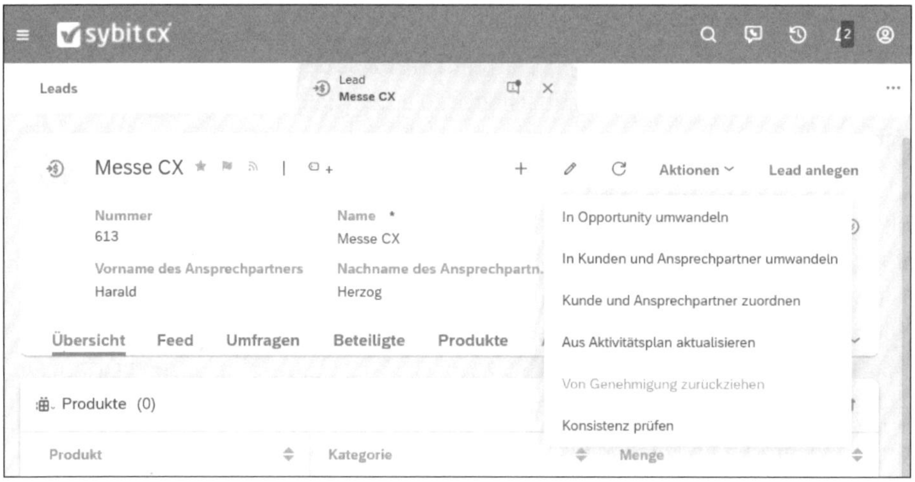

Abbildung 8.18 Lead-Umwandlung

Die Option **In Opportunity umwandeln** sollten Sie wählen, wenn Sie eine erhöhte Verkaufschance sehen und diese weiterverfolgen möchten. Der Lead bleibt weiterhin in der SAP Sales Cloud verfügbar und erhält den Status **umgewandelt**. Alle weiteren Schritte werden in der Opportunity getätigt.

Falls Sie den Lead nicht direkt in eine Opportunity, sondern in einen Neukunden mit Ansprechpartner umwandeln wollen, können Sie dies über die Auswahl von **In Kunden und Ansprechpartner umwandeln** durchführen. Um bei dieser Umwandlung

Dubletten zu meiden, stellt die SAP Sales Cloud eine Dublettenprüfung, wie bei der Lead-Erstellung beschrieben, bereit. Wurde der Lead von Ihnen umgewandelt, erhält er ebenfalls den Status **umgewandelt**. Die gleiche Logik gilt, wenn Sie einen Lead in einen Privatkunden umwandeln möchten.

8.7 Opportunity Management

Opportunities stellen im Vertriebsprozess eine konkrete Verkaufschance dar. Dadurch ist der Unterschied zu einem Lead erkennbar: Ein Lead bedeutet noch keine konkrete Verkaufschance und ist daher eher dem Marketing zuzuordnen, wobei es bei einer Opportunity bereits eine konkrete Chance auf einen Auftrag gibt. Die SAP Sales Cloud bietet Ihnen die Möglichkeit, Ihr Opportunity Management umfassend zu gestalten. Mehr dazu erfahren Sie auf den folgenden Seiten.

8.7.1 Opportunity-Arten

Sie haben die Option, verschiedene Opportunity-Arten zu definieren. Einige Unternehmen sind in diverse Unternehmensbereiche aufgeteilt und diese arbeiten gegebenenfalls auf unterschiedliche Art und Weise mit Ihren Opportunities. In der SAP Sales Cloud können Sie für jeden relevanten Unternehmensbereich eine eigene Opportunity-Art definieren. Die Opportunity-Art ist das erste Entscheidungskriterium, anhand dessen Sie die Opportunity klassifizieren.

[zB]

Beispiel aus der Praxis

Bei der Unterscheidung von Opportunity-Arten beachten Sie, inwiefern sich diese z. B. in Ihrem Unternehmenskontext, in Ihrem Statusschema oder in Ihrem Layout unterscheiden, um somit unterschiedliche Verkaufsprozesse abzubilden.

So unterscheidet sich z. B. eine komplexe Opportunity aus der Automotive-Branche mit Projektcharakter von einer schlanken Service-Opportunity, in der Sie eine Verkaufschance für Ihre Wartungsverträge festhalten möchten (siehe Tabelle 8.1).

Automotive Opportunity	Service Opportunity
großer Deal im Unternehmenskontext	kleiner Deal im Unternehmenskontext

Tabelle 8.1 Beispiel für die Unterscheidung von Opportunity-Arten

Automotive Opportunity	Service Opportunity
eigenes Statusschema, eigener Verkaufszyklus und eigene Verkaufszyklusphasen, da sie Projektcharakter und eine lange Laufzeit hat	Standardstatusschema und servicebezogener Verkaufszyklus servicebezogene und Verkaufszyklusphasen für eine kurze Laufzeit
viele Informationen und kundenspezifische Felder mit Fokus auf Automotive (eigenes Layout)	Flache Informationen, da der Kunde bereits über Ihre Produkte verfügt und die Kundenhistorie in der Regel bekannt sein sollte. Somit einfaches Layout für eine effiziente und übersichtliche Bearbeitung.
diverse Subopportunities	keine Subopportunities
diverse beteiligte Ansprechpartner und weitere Unternehmen (Zulieferer und Supply Chain)	wenig Beteiligte (Kunde und gegebenenfalls Warenempfänger)
hoher Wettbewerbsdruck	kein Wettbewerbsdruck, da Ihre Produkte bereits platziert sind

Tabelle 8.1 Beispiel für die Unterscheidung von Opportunity-Arten (Forts.)

8.7.2 Verkaufszyklus, Verkaufsphasen und Analysephase

Eine Opportunity durchläuft verschiedene *Verkaufsphasen* im Rahmen des *Verkaufszyklus*. Die im Standard verwendeten Verkaufsphasen werden in Abbildung 8.19 aufgezeigt und geben den typischen Verlauf einer Opportunity wieder. In jeder Verkaufsphase gibt es spezifische Vertriebsaktivitäten, die durch den zuständigen Mitarbeitenden zu erledigen sind, um die Opportunity voranzutreiben.

Wenn Sie verschiedene Opportunity-Arten in der SAP Sales Cloud abbilden möchten, können Sie für jede Art einen eigenen Verkaufszyklus und somit auch eigene Verkaufsphasen bestimmen. Um trotzdem ein unternehmensweites Reporting von Opportunities abzubilden, können zusätzlich *Analysephasen* definiert werden, die ebenfalls Bestandteil der Verkaufszyklen sein können. So ist jede Opportunity-Art zwar mit einem eigenen Verkaufszyklus und individuellen Verkaufsphasen ausgestattet, jedoch können die Analysephasen übergreifend für verschiedene Arten von Opportunities gelten. Abbildung 8.19 zeigt den Zusammenhang von Opportunity-Arten und Verkaufszyklen. Dort sehen Sie auch die Möglichkeit, verschiedene Statusschemata abzubilden.

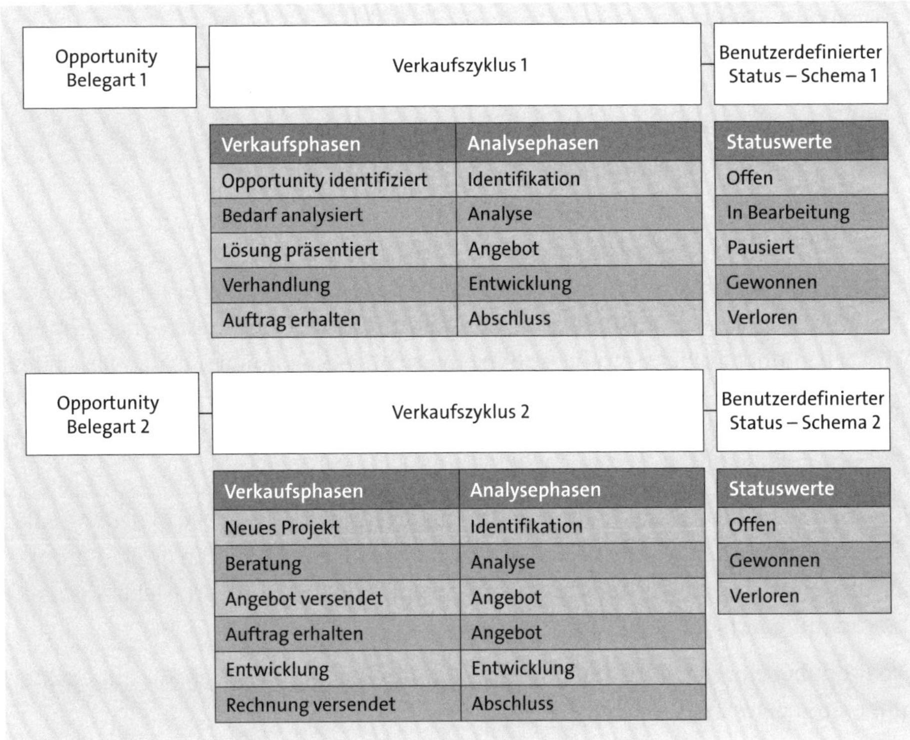

Abbildung 8.19 Opportunity-Arten und Verkaufszyklen

Sollten Sie keine kundenspezifischen Statuswerte benötigen, können Sie bei der Pflege der Opportunities problemlos die Standardwerte verwenden.

Verkaufsphasen zur Vertriebssteuerung und Pipeline-Analyse

Nutzen Sie die Chance, Ihren unternehmensspezifischen Vertriebsprozess anhand der Verkaufsphasen in der SAP Sales Cloud abzubilden! Definieren Sie die Verantwortlichkeiten und Aktivitäten, die pro Verkaufsphase zu erledigen sind. Dies ist die Grundlage für einen effizienten und einheitlichen Vertriebsprozess sowie für Ihre zentrale *Pipeline-Analyse*.

Die Verkaufsphasen bilden ihren *Sales Funnel* ab und stellen somit den Fortschritt der Opportunities dar. Während Sie zu Beginn des Sales Funnels viele Opportunities in der Identifikationsphase bearbeiten, werden diese im Verlauf Ihrer vertrieblichen Arbeit auf die reduziert, in denen wirklich eine Geschäftschance realisiert und somit ein Angebot und Auftrag gewonnen werden kann.

Anhand jeder Verkaufsphase lässt sich aus der Erfahrung heraus eine prozentuale Erfolgswahrscheinlichkeit ermitteln. Der erwartete Wert der Opportunity, gepaart mit der Erfolgswahrscheinlichkeit der jeweiligen Verkaufsphase und der zeitlichen Einordnung durch das erwartete Enddatum, liefert Ihnen somit einen immer genauer werdenden Forecast für Ihre Geschäftsabschlüsse in Ihrem Sales Funnel und somit Ihrer Pipline-Analyse.

8.7.3 Produkte

Das Geschäftsinteresse in einer Opportunity bezieht sich in der Regel auf gezielte Produkte Ihres Unternehmens. Während Sie zu Beginn einer Opportunity eher grob einschätzen können, welche Produktgruppe die richtige sein könnte, bieten Sie spätestens in der Angebotsphase konkrete Produkte an. In der Opportunity können Sie daher eine beliebige Granularität pflegen und diese detaillieren – Produktkategorien oder Produkte.

Für einen schnelleren Zugriff auf Produktgruppierungen können Sie in der SAP Sales Cloud die *Produktlisten* verwalten. Das Vertriebsteam kann dadurch direkt Produkte aus den vordefinierten Listen zu einem Verkaufsbeleg hinzufügen (siehe Abschnitt 8.3, »Stammdaten«).

Die Produkte einer Opportunity bilden somit die *Positionsebene* ab, die zur exakten monetären Bewertung dieser verwendet werden kann.

8.7.4 Monetäre Bewertung, Preisermittlung

Für die monetäre Bewertung von Opportunities stehen verschiedene Möglichkeiten zur Verfügung. Eine Option ist die manuelle Bewertung der Opportunity. Sie können einen erwarteten Wert eintragen und dadurch den Wert der Verkaufschance einschätzen. Des Weiteren haben Sie die Option, auf der Positionsebene einen vereinbarten Wert der Produkte manuell zu pflegen. In den Kopfdaten der Opportunity finden Sie daraufhin die Summe des vereinbarten Wertes aller Positionen. Zudem können Sie die Wahrscheinlichkeit einer Opportunity pflegen oder automatisch, abhängig von der Verkaufsphase, ermitteln lassen. Mit dieser Wahrscheinlichkeit wird daraufhin der gewichtete Wert der Opportunity berechnet (erwarteter Wert × Wahrscheinlichkeit).

Zusätzlich bietet die SAP Sales Cloud diverse *Preisermittlungsfunktionen*. So können Sie *Preislisten* für Ihre Produkte hinterlegen. Fügen Sie Produkte dieser Listen zu einer Opportunity hinzu, wird automatisch der Listenpreis ermittelt. Sie können diesen Preis in der Opportunity beibehalten oder ihn über den bereits erwähnten vereinbarten Wert anpassen. Auf diese Weise ist zu jeder Zeit ersichtlich, welcher Wert der ursprüngliche Listenpreis war und welcher Preis verhandelt wurde. Außerdem ermöglicht Ihnen die SAP Sales Cloud, für bestimmte Produkte oder Kunden Rabatte zu hinterlegen. Haben Sie bereits eine umfassende Preisfindung in z. B. in SAP S/4HANA gepflegt, kann diese auch in der SAP Sales Cloud über die *externe Preisfindung* aufgerufen werden. Hierüber erhalten Sie die kundenspezifischen Preise anhand des Konditionsschemas aus der Auftragssimulation.

8.7.5 Projekt-Organigramm (Buying Center)

Über das *Projekt-Organigramm* in einer Opportunity können die verschiedenen Rollen der Projektbeteiligten definiert und dargestellt werden. Das Vertriebsteam erhält dadurch einen genauen Einblick in die organisatorische Aufstellung der Ansprechpartner auf der Interessenten- bzw. auf der Kundenseite (siehe Abbildung 8.20).

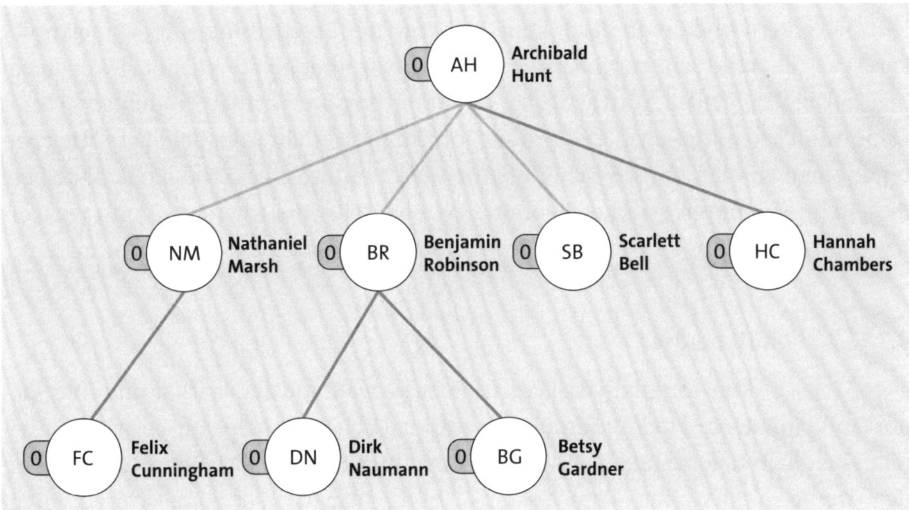

Abbildung 8.20 Projekt-Organigramm einer Opportunity

Dadurch wird ersichtlich, wer z. B. Entscheidungsträger oder -trägerin bezüglich der aktuellen Opportunity ist und wer diese Entscheidung eventuell beeinflussen kann. Auch eine positive oder negative Einstellung gegenüber Ihrem Unternehmen in Bezug auf die aktuelle Opportunity können Sie für die verschiedenen Ansprechpartner Ihres potenziellen Käufers definieren. Zudem bilden Sie im Projekt-Organigramm Beziehungen zwischen Ansprechpartnern und Mitarbeitenden Ihres Unternehmens ab.

Werden diese Informationen in der SAP Sales Cloud verwaltet, ermöglicht dies eine ganzheitliche Sicht auf das Team der Kundenseite. Sie können dadurch ermitteln, mit welchem Ansprechpartner sich das Vertriebsteam auseinandersetzen sollte, um die Opportunity zu gewinnen.

8.7.6 Beteiligte, Verkaufsteam und Wettbewerber

An einer Opportunity wirken diverse Beteiligte mit – Regulierer, Ansprechpartner aus einer Tochtergesellschaft, Partnerunternehmen usw. Aus diesem Grund verfügt die SAP Sales Cloud über die Funktion, verschiedene *Beteiligte* in einer Opportunity zu pflegen. Bei den Beteiligten spricht man im Kontext der Opportunity somit von externen Stakeholdern. Möchten Sie zusätzliche interne beteiligte Mitarbeitende in der Opportunity pflegen, wird Ihnen das auf der Registerkarte **Verkaufsteam** ermöglicht. Sie können diverse Rollen definieren, die Sie im Verkaufsteam pflegen möchten. Somit können Sie Ihr gesamtes Team, das an einer Verkaufschance arbeitet, in der SAP Sales Cloud hinterlegen (z. B. Innendienst, Außendienst oder technischer Dienst).

Ein weiteres hilfreiches Feature der SAP Sales Cloud bietet Ihnen die Verwaltung von Wettbewerbern und deren Produkten. Während der Bearbeitung einer Opportunity kann es bedeutend sein zu wissen, welche Wettbewerber involviert sind. Deshalb haben Sie die Möglichkeit, Wettbewerber mit deren entsprechenden Produkten in Ihrer Opportunity zu hinterlegen. Durch diese Information erhält jeder beteiligte Mitarbeitende einen Einblick dazu, welcher Wettbewerber mit welchen Produkten aktuell bei diesem Interessenten Umsatz generiert bzw. ebenfalls versucht, einen Auftrag zu erhalten. Weitere Infos zu Wettbewerbern finden Sie in Abschnitt 8.3, »Stammdaten«.

8.7.7 Aktivitätsberater

Die SAP Sales Cloud unterstützt Ihr Vertriebsteam während der Bearbeitung einer Opportunity mit dem *Aktivitätsberater*, der automatisch Vorschläge für Vertriebsaktivitäten beinhaltet. Je nachdem, in welcher Verkaufsphase sich die Opportunity befindet, werden Aktivitäten vom System vorgeschlagen, die vom bearbeitenden Mitarbeiter oder von der bearbeitenden Mitarbeiterin hinzugefügt werden können bzw. müssen. Dadurch erhalten Ihre Mitarbeitenden nach dem Öffnen einer Opportunity oder nach dem Wechsel einer Verkaufsphase in einer Opportunity sofort Hinweise dazu, dass Aktivitäten einzuplanen oder zu erledigen sind.

8.7.8 Status inklusive Gewinn-/Verlustanalyse

Der Opportunity-Prozess in der SAP Sales Cloud sieht im Standard folgende Statuswerte vor:

- Offen
- In Bearbeitung
- Gewonnen
- Verloren
- Gestoppt

Neben diesem Ansatz haben Sie die Möglichkeit, ein eigenes Statusschema, basierend auf den oben genannten Werten, zu definieren und somit unternehmensspezifische Statuswerte vorzugeben.

Hinter den SAP-Standardstatuswerten befinden sich zudem funktionale Abhängigkeiten wie z. B. ein Schreibschutz für verlorene Opportunities. Auch im Reporting spielen die Statuswerte eine Rolle, da in der SAP Sales Cloud Standardberichte für eine Gewinn-/Verlustanalyse bereitstehen. Über diese Analyseberichte erhalten Sie u. a. Einblicke in die Gewinn- und Verlustrate Ihrer Opportunities.

Zudem können Sie sowohl für den Status **Gewonnen** als auch für den Status **Verloren** Statusgründe (z. B. **wegen Preis verloren** oder **wegen Produkt gewonnen**) definieren. Gemeinsam mit der Funktionalität zur Wettbewerberverwaltung erhalten Sie für Ihre Vertriebsanalyse nun ein ganzheitliches Bild darüber, warum und an wen die Opportunity verloren wurde oder gegenteilig, gegen wen und warum Ihr Unternehmen die Opportunity gewinnen konnte. Weitere Infos zu Wettbewerbern finden Sie in Abschnitt 8.3, »Stammdaten«.

8.7.9 Intelligent Sales Execution und Pipeline-Simulation

Die Funktionen im Work Center *Intelligent Sales Execution* (ISE) sollen Ihr Team aktiv dabei unterstützen, Ihre Sales Pipeline zu visualisieren und – in Kombination mit Machine-Learning-Algorithmen – Vorschläge für das Vorgehen im Vertriebsprozess abzuleiten. Diese Funktionen setzen sich aus Pipeline Manager, Pipeline Flow, Forecast Tracker und Deal Intelligence zusammen:

- **Pipeline Manager**
  Mit dem Pipeline Manager erhalten Sie einen Einblick in alle Opportunities, die aktuell offen oder in Bearbeitung sind. In dem in Abbildung 8.21 aufgezeigten Bubble-Chart des Pipeline Managers repräsentiert ein Bubble eine konkrete Opportunity sowie deren Größe den erwarteten Wert. Anhand des Gebietsmanagements bzw. des Organisationsmodells kann die Pipeline-Analyse für einzelne Mitarbeitende oder auf der Teamebene abgebildet werden.
- **Deal Intelligence**
  Mithilfe der Deal-Intelligence-Funktionalität der SAP Sales Cloud greifen Sie auf Machine-Learning-Algorithmen der SAP Business Technology Platform zurück (SAP BTP), um die Opportunities zusätzlich mit einem Prognose-Score zu bewerten (siehe Kapitel 15, »Ergänzende SAP-Lösungen«). Der Opportunity Score als Resultat liefert hierbei anhand der Historie der vergangenen Opportunities einen Hinweis, ob die Opportunity tendenziell eher eine hohe oder eine geringe Wahrscheinlichkeit auf Erfolg hat. Der Opportunity Score unterstützt Sie somit darin, Opportunities zu priorisieren und effizientere Abschlüsse zu erzielen (siehe Abbildung 8.22).

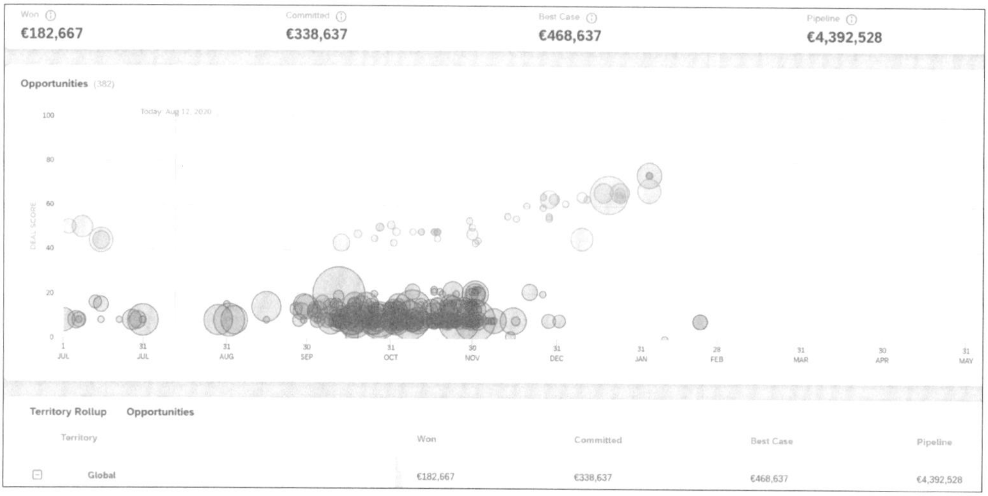

Abbildung 8.21 Intelligent Sales Execution: Pipline Manager

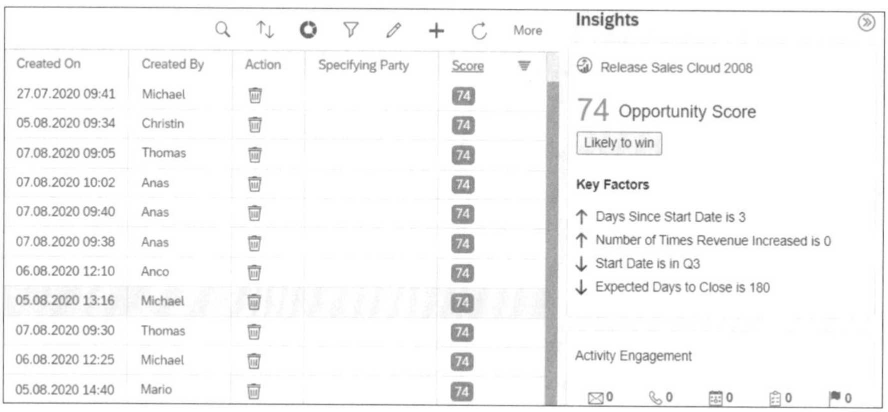

Abbildung 8.22 Deal Intelligence mit Machine-Learning-Algorithmen

- **Pipeline Flow**
  Möchten Sie eine Übersicht über die Veränderungen Ihrer Sales Pipeline für einen gewissen Zeitraum erhalten, können Sie auf den Pipeline Flow zurückgreifen (siehe Abbildung 8.23). Dabei können verschiedene Filter angewandt werden. Die Geschäftsleitung erhält Einblick, in welchem Gebiet oder in welcher Abteilung die meisten Geschäfte in einem bestimmten Zeitraum generiert wurden. Mit dieser Funktion erhalten Sie somit Unterstützung, um beispielsweise folgende Fragen zu beantworten:
  - Welchen Wert an Opportunities haben wir im letzten Quartal erstellt?
  - Welcher Wert an Opportunities wurde im aktuellen Jahr gewonnen?

- Welcher Wert an Opportunities wurde im Dezember des Jahres als verloren gekennzeichnet, und in welchem Status befanden sich diese noch im Oktober nach unserer Messe?

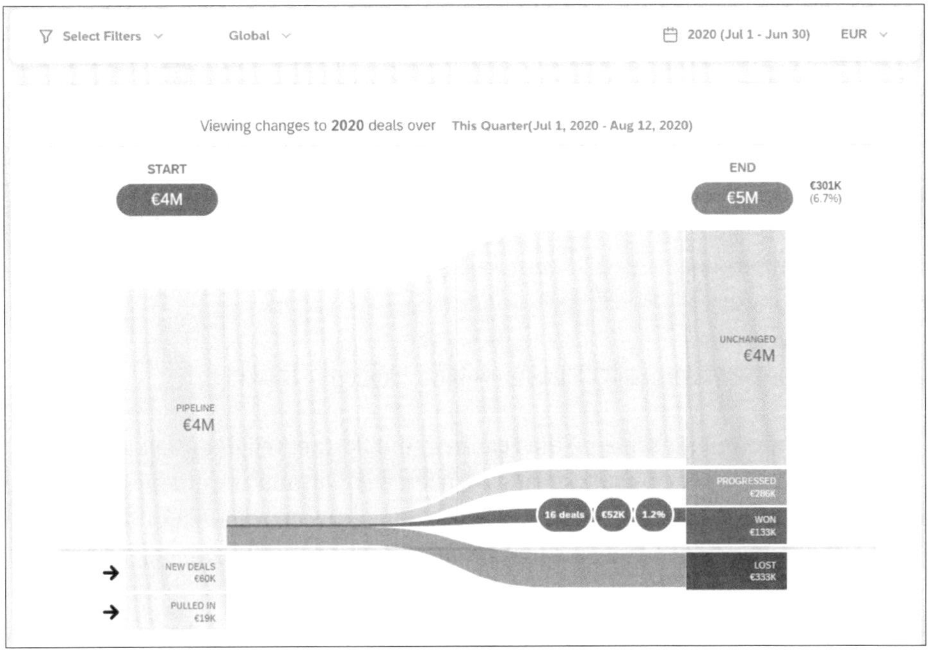

Abbildung 8.23 Intelligente Sales Execution: Pipeline Flow

- **Prognose-Tracker**
  Mit dem Prognose-Tracker können Sie Prognosesimulationen auf dem Opportunity-Level durchführen. Dabei können monatliche oder quartalsweise Ziele für Mitarbeitende, Verkaufsabteilungen oder Gebiete festgelegt werden. Führen Ihre Mitarbeitenden den Workflow aus, erhält der entsprechende Manager oder die Managerin Einblick in die generierte Prognose (bottom-up). Aus der Perspektive des Managements kann der Workflow wiederum für alle Gebiete bzw. Abteilungen in seinem Verantwortungsbereich ausgeführt werden (top-down). Eine Darstellung des Prognose-Trackers finden Sie in Abbildung 8.24.

Für alle genannten Features der Intelligent Sales Execution kann global definiert werden, welcher Wert der Opportunity simuliert und analysiert werden soll. Sie können sich zwischen dem erwarteten Wert oder dem vereinbarten Gesamtwert entscheiden. Bezüglich der Hierarchie für die Auswertungen können Sie definieren, ob die Verteilung auf Basis der Gebietsstruktur oder der Verkaufsabteilungen aus der Organisationsstruktur erfolgen soll.

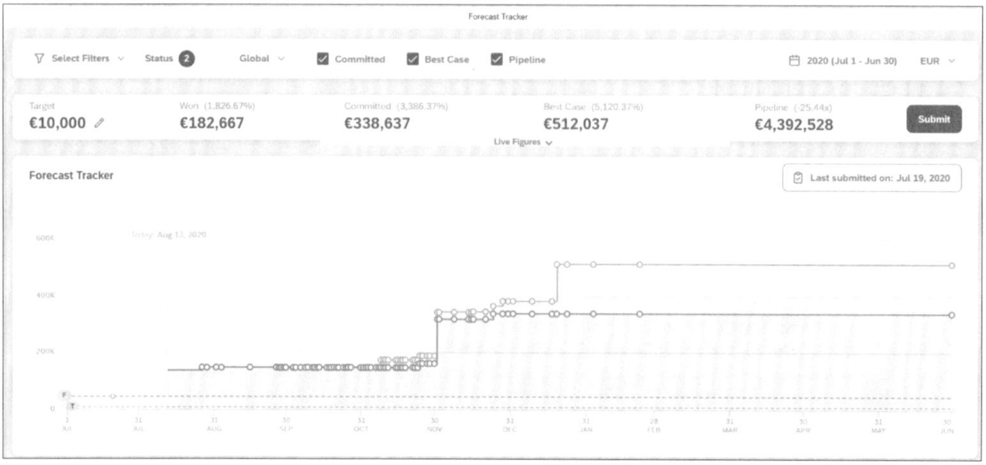

Abbildung 8.24 Intelligent Sales Execution – Prognose-Tracker

Die bisher genannten Pipeline Features sind Bestandteil der Intelligent Sales Execution. Diese Funktion muss separat aktiviert werden, und es werden bestimmte Bedingungen vorausgesetzt, damit diese Funktion eingesetzt werden kann. Die im Folgenden beschriebene Pipeline-Simulation ist unabhängig von der Intelligent Sales Execution einsetzbar.

8.7.10 Pipeline-Simulation

Mit der Pipeline-Simulation erhalten Sie einen visuellen Überblick über Ihre aktuelle Sales Pipeline. Auch das Durchspielen eines Was-wäre-wenn-Szenarios wird Ihnen mit diesem Feature ermöglicht. Sie können verschiedene Werte Ihrer Opportunity direkt in der Ergebnisliste anpassen, woraufhin die dadurch möglichen Auswirkungen in Echtzeit simuliert angezeigt werden (siehe Abbildung 8.25).

Hat sich die Opportunity so weit entwickelt, dass Sie dem Kunden ein Angebot unterbreiten möchten, können Sie dieses direkt aus der Opportunity heraus erstellen und im Zuge dessen einen Folgebeleg in der SAP Sales Cloud generieren. Alternativ können Sie die Opportunity an ein *externes Angebot* oder an einen *externen Kundenauftrag* in SAP S/4HANA überleiten.

Die Funktionen der SAP Sales Cloud für das Angebots- und Auftragsmanagement stellen wir im nächsten Abschnitt dar.

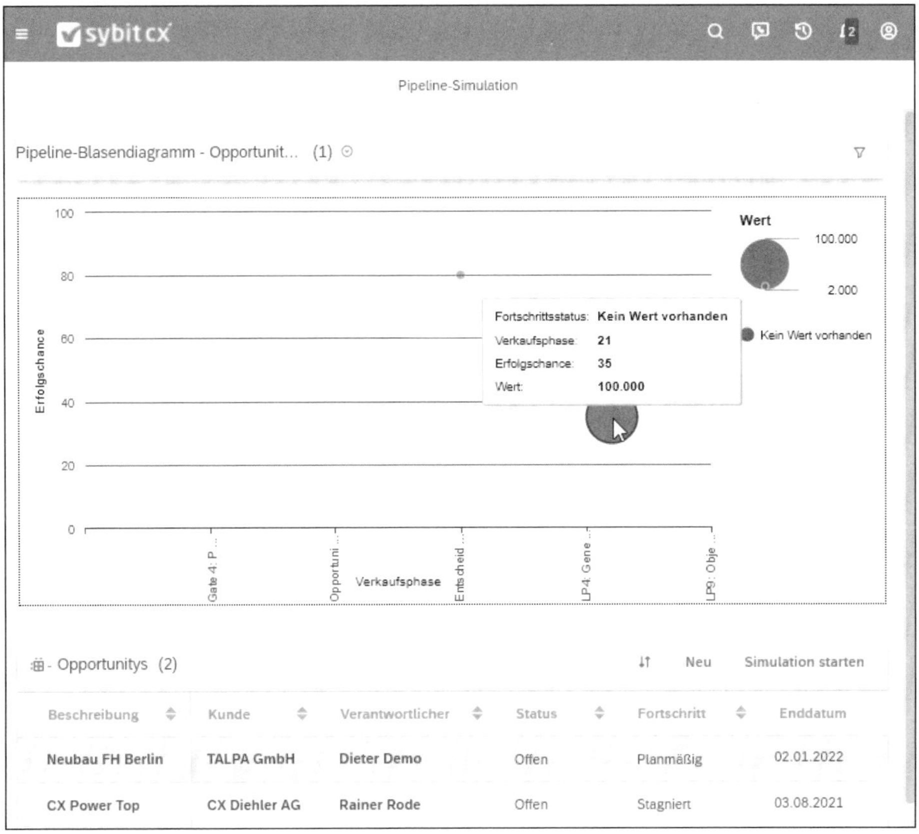

Abbildung 8.25 Opportunity: Pipeline-Simulation

8.8 Angebots- und Auftragsmanagement

Wenn Sie im Verkaufsprozess an der Stelle angelangt sind, an der Sie Ihren Kunden oder Interessenten Ihre Produkte oder Dienstleistungen gerne mit den dazugehörigen Preisen anbieten möchten, können Sie das Angebotsmanagement der SAP Sales Cloud nutzen. Den eingehenden Kundenauftrag können Sie wiederum mit dem Kundenauftragsmanagement in der SAP Sales Cloud verwalten. Im Folgenden erhalten Sie einen Einblick in das Angebots- und Auftragsmanagement der SAP Sales Cloud.

Prozessweichen für das Angebots- und Auftragsmanagement

Im Rahmen Ihres SAP-Sales-Cloud-Einführungsprojekts werden die Prozessweichen für das Angebots- und Auftragsmanagement gestellt. Somit ergeben sich verschieden Prozessvarianten zur Umsetzung, die bewertet werden müssen. Einige Leitfragen helfen Ihnen hierbei weiter:

- Erstellen Sie die Angebote oder Aufträge aktuell mit SAP S/4HANA?
- Erstellen Sie die Angebote oder Aufträge aktuell in einem anderen System oder sogar nur in einer Microsoft-Word-Vorlage?
- Welches System soll bei der Angebots- und Auftragsverwaltung führend sein?
- Ist eine Produktkonfiguration notwendig?
- Wie komplex ist Ihre Angebotskonfiguration und Preisfindung?
- Wie komplex sind Ihre Angebotsausdrucke?
- Möchten Sie Ihre Angebote auch Interessenten schicken, die Sie gegebenenfalls noch nicht in SAP S/4HANA pflegen möchten?
- Welche Anwendergruppe soll den Prozess starten, und wer erstellt das Angebot?
- Wie sieht Ihr Angebotsverfolgungsprozess aus?
- Soll der Vertriebsaußendienst ein Angebot in SAP S/4HANA direkt aus einer Opportunity erstellen?
- Gibt es Aufträge, die direkt in der SAP Sales Cloud ausgelöst werden?

8.8.1 Angebotsmanagement

Der Beginn des Angebotsprozesses startet für Sie mit der Anlage eines Angebots. Sie können Ihr Angebot unabhängig des Vorbelegs **Angebot** über die Schnellanlage anlegen. Möchten Sie ein Angebot mit allen vorherigen Belegen verknüpfen, können Sie dies als Folgebelege im Besuch, in der Opportunity usw. anlegen. Wenn Sie ein Angebot als Folgebeleg einer Opportunity anlegen, werden die relevanten Informationen aus der Opportunity in das Angebot kopiert, unabhängig davon, ob das Angebot in der SAP Sales Cloud oder in SAP S/4HANA erstellt wird. Somit entfällt für Sie ein weiterer Pflegeaufwand.

Abbildung 8.26 zeigt die Angebotsanlage als Folgebeleg einer Opportunity. Wichtige Angebotsinformationen werden aus der Opportunity übernommen, z. B. Kunde, Ansprechpartner, Verantwortliche, Verkaufs- und Gebietsdaten und Produktpositionen.

Sobald Sie die wesentlichen Informationen des Angebots angelegt haben, können Sie das Angebot in der Detailansicht weiterbearbeiten (siehe Abbildung 8.27). Bevor Sie Ihrem Kunden das Angebot unterbreiten können, werden in der Detailansicht weitere Informationen wie z. B. die Zahlungsbedingungen, Incoterms oder die Beteiligten gepflegt sowie die Preisfindung für die Produkte angestoßen.

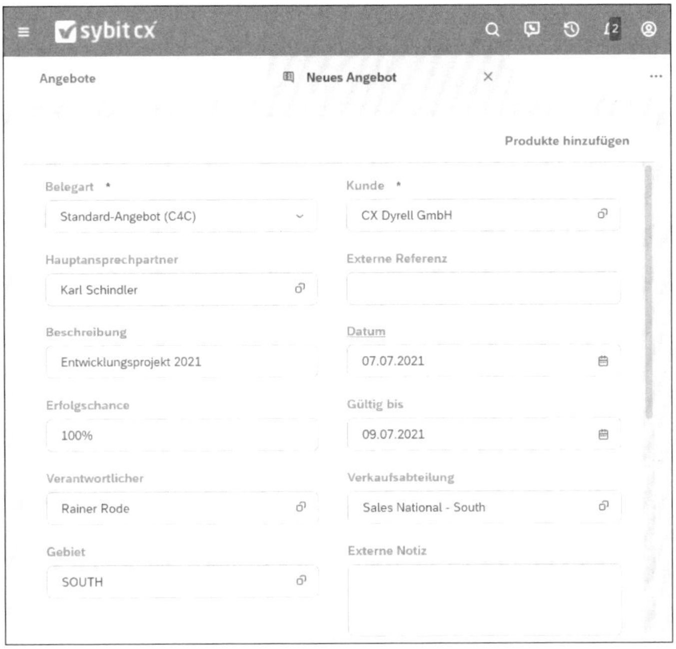

Abbildung 8.26 Neues Angebot anlegen

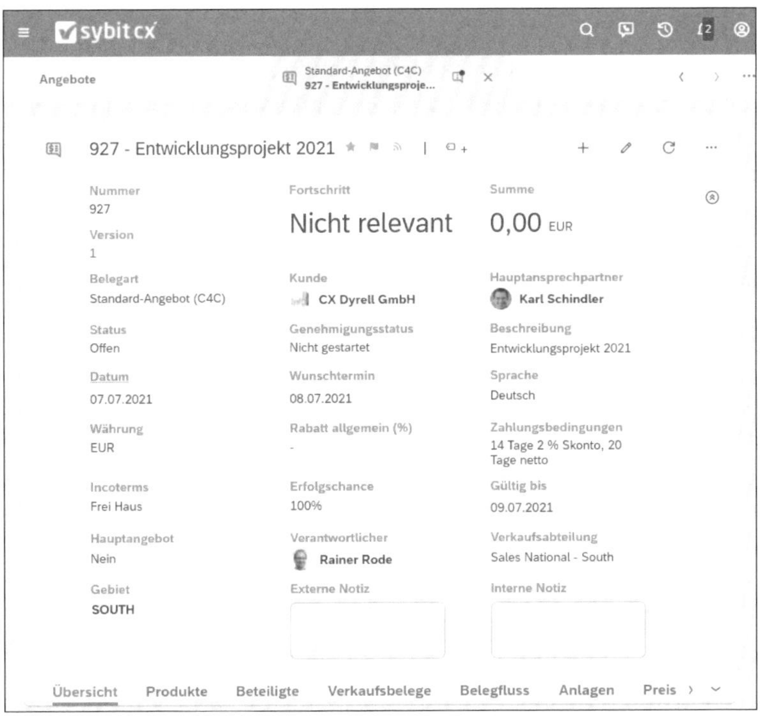

Abbildung 8.27 Angebot in der Detailansicht

- **Beteiligte**
  Die Beteiligten lassen sich auf der Registerkarte **Beteiligte** pflegen. Da diese bereits in der Opportunity gepflegt waren, ist kein erneuter Pflegeaufwand notwendig. Die Beteiligten aus dem Angebot bestehen aus dem Verkaufsteam und den Beteiligten der Opportunity.
- **Opportunity**
  Auf der Registerkarte **Opportunity** befindet sich der Vorgängerbeleg des Angebots. Sollte sich während des Angebots eine neue Opportunity ergeben, kann diese ebenfalls dort als Folgebeleg erstellt werden. Die Informationen aus dem Angebot werden dann ebenfalls in die Opportunity kopiert.
- **Preisfindung**
  Wie bei der Opportunity bietet die SAP Sales Cloud eine interne sowie eine externe Preisfindung. Mit der internen Preisfindung können Sie Preislisten für Ihre Produkte hinterlegen. Wenn Sie im Angebot ein Produkt aus dieser Liste hinzufügen, wird automatisch der Listenpreis ermittelt. Diesen können Sie beibehalten oder ihn über den vereinbarten Wert anpassen. Auf diese Weise ist zu jeder Zeit ersichtlich, welcher Wert der ursprüngliche Listenpreis war und welcher Preis verhandelt wurde. Die externe Preisfindung des Angebots umfasst die gesamten Preisdaten inklusive der Steuer- und Rabattdetails, die Kreditlimitprüfung und die Produktverfügbarkeit (ATP) aus SAP S/4HANA. Diese können Sie über die Aktion **Preisfindung anfordern** anstoßen.

  SAP S/4HANA führt daraufhin eine Auftragssimulation aus und liefert die Ergebnisse in das Angebot zurück. Sollten Sie keine Online-Verbindung haben, können Sie mit der Offline-Preisfindung weiterhin Angebote erstellen. Mit der Offline-Preisfindung erstellen Sie Angebote mit Produktpositionen mit einem Schätzpreiswert mit festem oder prozentualem Rabatt. Sobald Sie wieder online sind, können Sie die Synchronisation anstoßen. Außerdem können Sie im Offline-Modus auf das Ergebnis der zuletzt ausgeführten externen Preisfindung zugreifen.
- **Produkte**
  Unter **Produkte** finden Sie die Positionen, die dem Angebot hinzugefügt wurden. Hier können Sie weitere einzelne Produkte, Produkte aus Produktlisten oder Produkte aus einer Microsoft-Excel-Datei hinzufügen. Die Informationen zum Produkt sind umfangreicher als auf der Schnellanlage. Hier können Ihre Anwender je nach Preisfindung die Preise, Preiseinheiten, Rabatte, Positionswerte usw. der Produkte einsehen oder pflegen.
- **Genehmigungsprozess**
  Zur Abgrenzung von Kompetenzbereichen bei der Angebotserstellung können einfache oder mehrstufige Genehmigungsprozesse aufgesetzt werden. Die Bedingungen und die Arbeitsverteilung des Genehmigungsprozesses lassen sich im

Work Center **Administration** definieren. Die Genehmigungsnotizen befinden sich auf der Registerkarte **Genehmigung** (siehe Abbildung 8.28). Nach der Eingabe einer Begründung kann das Angebot zur Genehmigung eingereicht oder von der Genehmigung zurückgezogen werden. Die Vorgesetzten, bei denen das Angebot zur Genehmigung vorliegt, können somit benachrichtigt werden und die Genehmigung freigeben oder ablehnen.

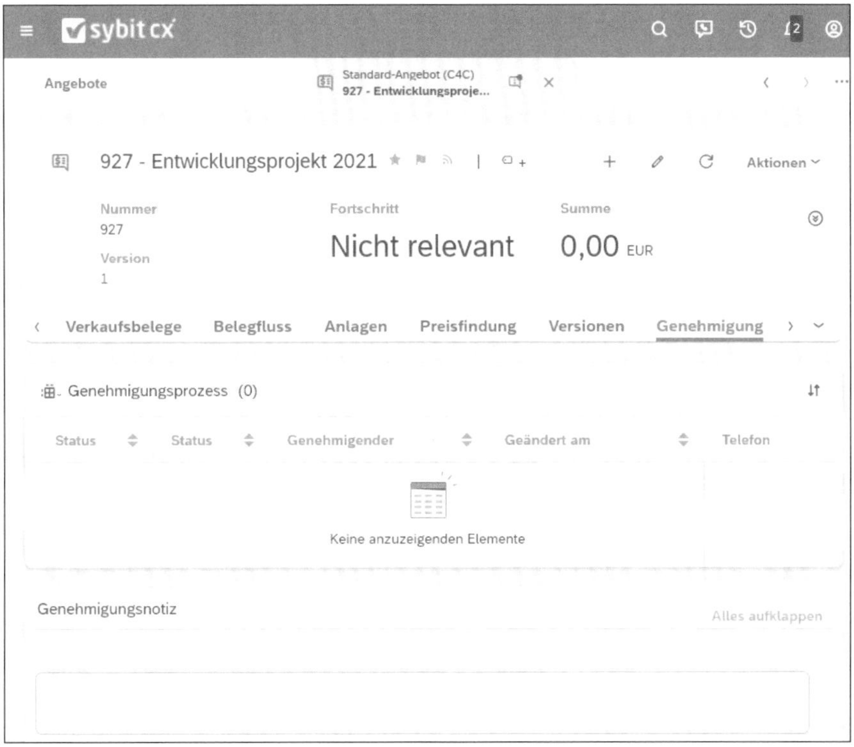

Abbildung 8.28 Genehmigungsprozess in der Angebotserstellung

- **Versionierung**
  Auf der Registerkarte **Versionen** können mehrere Versionen des Angebotes erstellt werden. Sobald Sie eine neue Version erstellen, wird die bisherige Version inaktiv (siehe Abbildung 8.29). Sollten Sie jedoch zu einer vorherigen Version zurückkehren wollen, können Sie diese mit ihren vorherigen Ständen durch die Statusänderung reaktivieren. Somit können Sie schnell zwischen mehreren Versionen navigieren und verlieren keine Informationen.
- **Verkaufsbelege**
  auf der Registerkarte **Verkaufsbelege** können Sie weitere Angebote, Kundenaufträge und Verträge als Folgebelege zum bestehenden Angebot anlegen. Auch hier gilt, dass die relevanten Informationen aus dem bestehenden Angebot in den Folgebeleg übertragen werden, um eine Doppelpflege zu vermeiden.

Abbildung 8.29 Angebotsversionen

- **Belegfluss**
  Auf der Registerkarte **Belegfluss** werden alle zugehörigen Aktivitäten sowie Vorgängerbelege grafisch miteinander verbunden. Wenn Sie die SAP-S/4HANA-Integration verwenden, können Sie hierbei auch auf die Folgebelege in SAP S/4HANA sowie deren PDF-Ausdrucke zugreifen. Somit erhalten Sie über die SAP Sales Cloud mobilen Zugriff auf den Lieferschein, die Rechnung sowie die Warenausgangsbestätigung aus SAP S/4HANA (siehe Abbildung 8.30).

Abbildung 8.30 Belegfluss mit Abruf der Folgebelege aus SAP S/4HANA

- **Aktivitäten**
  Auf der Registerkarte **Aktivitäten** werden alle Aufgaben, Telefonate, E-Mails und Termine rund um das Angebot zusammengefasst.
- **CPQ-Angebot**
  Bei der Integration der SAP Sales Cloud mit SAP CPQ (Configure, Price, and Quote) erfolgt die Angebotserstellung in der SAP Sales Cloud. Der Einstiegspunkt ist die Schnellanlage eines Angebots. Bei der Auswahl der Belegart **CPQ-Angebot** wird das Angebot nach der Pflege aller relevanten Informationen in SAP CPQ erstellt und weiterverfolgt. Der Absprung in SAP CPQ erfolgt bruchlos, das heißt, dass der Systemwechsel nahtlos erfolgt. Über die SAP-Standardschnittstelle werden die relevanten Informationen wie Kundendaten oder Angebotsdaten (Produkte, Verkaufsdaten, Verantwortliche usw.) in SAP CPQ repliziert. Somit haben beide Systeme einen gleichen Datenstand. Näheres zur Angebotsintegration mit SAP CPQ erfahren Sie in Abschnitt 8.17.2, »SAP CPQ«.

8.8.2 Auftragsmanagement

Hat Ihr Interessent oder Kunde das Angebot bestätigt, kann dieses in einen Kundenauftrag überführt werden. Wie bei der Angebotsstellung ist auch bei den Aufträgen entscheidend, wie der Prozess und die Integration implementiert werden sollen. Die folgenden drei Integrationsmechanismen von Kundenauftragsarten stehen Ihnen zur Verfügung, um dies auszusteuern.

- **Extern und intern**
  Hier wird sowohl die Anlage als auch die bidirektionale Integration von Kundenaufträgen zwischen der SAP Sales Cloud und SAP S/4HANA ermöglicht.
- **Nur extern**
  Der Kundenauftrag wird in SAP S/4HANA angelegt und ist nur schreibgeschützt in der SAP Sales Cloud einsehbar.
- **Nur intern**
  Die Kundenaufträge sind nur in der SAP Sales Cloud vorhanden. Daher ist nur eine interne Preisfindung möglich.

Wenn Sie sich für die erste Variante entscheiden, können Sie Kundenaufträge in der SAP Sales Cloud als Folgebeleg eines Angebots erstellen (siehe Abbildung 8.31). Alle relevanten Informationen für den Kundenauftrag wie Kunde, Warenempfänger, Preisdatum, Zahlungsbedingungen, Incoterms, Verkaufsdaten und Produktpositionen werden bei der Auftragsanlage aus dem Angebot referenziert, und das Angebot wird abgeschlossen. Alternativ können Sie Aufträge unabhängig von den Vorbelegen in der Workcenter-Sicht **Kundenaufträge** über die Schnellanlage anlegen.

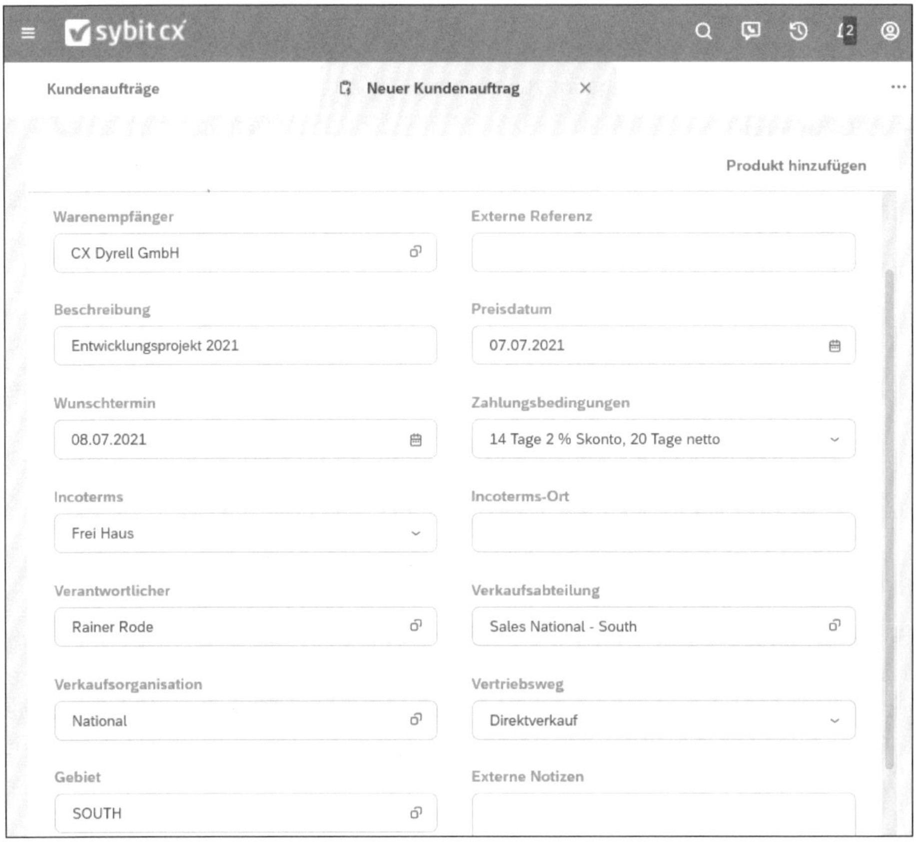

Abbildung 8.31 Kundenauftrag anlegen

Sobald Sie die wesentlichen Informationen des Kundenauftrags angelegt haben, können Sie den Kundenauftrag in der Detailansicht weiterbearbeiten (siehe Abbildung 8.32).

Da der Kundenauftrag als Folgebeleg eines Angebots angelegt worden ist, sind die Informationen wie **Beteiligte** und **Produkte** bereits gepflegt und können an dieser Stelle bei Bedarf bearbeitet werden. Der Belegfluss stellt grafisch die Verbindung zum Vorgängerbeleg, hier Angebot, und zu allen zugehörigen Aktivitäten aus der Registerkarte **Aktivitäten** dar. Auf der Registerkarte **Verkaufsbelege** können Sie weitere Angebote, Kundenaufträge und Verträge als Folgebelege zum bestehenden Kundenauftrag anlegen. Auch hier gilt, dass die Informationen aus dem bestehenden Kundenauftrag herausgezogen werden.

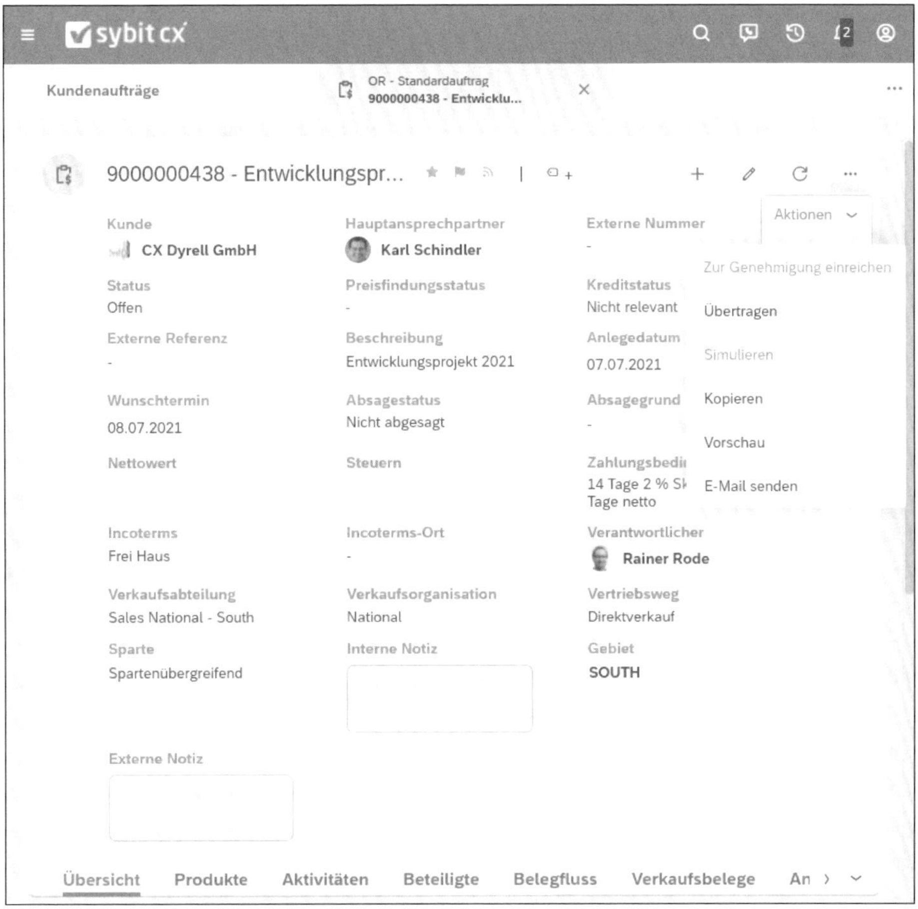

Abbildung 8.32 Kundenauftrag: Detailansicht

- **Preisfindung**
  Die Preisfindung entspricht der Preisfindung aus dem Angebot. Über die Aktion **Simulieren** können Sie einen Auftrag in SAP S/4HANA simulieren. Damit wird die externe Preisfindung angestoßen. Das Ergebnis der Preisfindung ist auf der Registerkarte **Produkte** zu sehen.
- **Übermittlungsprotokolle**
  Durch die Aktion **Übertragen** können Sie den Kundenauftrag in SAP S/4HANA angelegen. Um den Status der Übermittlung zu verfolgen, können Sie auf der Registerkarte **Übermittlungsprotokolle** das Übertragungsprotokoll überprüfen.

8.9 Aktivitäten und Besuche

Weitere wichtige Bestandteile des Vertriebsprozesses sind Aktivitäten und Besuche, um sämtliche Interaktionen mit Ihren Kunden zu dokumentieren. Die SAP Sales Cloud unterscheidet unterschiedliche Aktivitätsarten, die im Folgenden näher beschrieben werden:

- Termin
- Aufgabe
- Telefonat
- E-Mail
- Besuch

Die Aktivitäten und Besuche können direkt aus dem Kunden, aus einer Opportunity oder aus anderen Bewegungsdaten aus der SAP Sales Cloud heraus erstellt werden. Durch diesen globalen Anlageprozess ist der genaue *Belegfluss* jeder Aktivität und jedes anderen Bewegungsdatenobjekts im System ersichtlich. Ihr Vertriebsteam erhält somit die Information, woraus genau sich ein Geschäft entwickelt hat.

Für die Planung und Dokumentation Ihrer internen sowie externen Meetings und Termine stehen Ihnen die Funktionen rund um die Termine in der SAP Sales Cloud zur Verfügung. Neben diversen Grunddaten, wie z. B. zeitlichen Angaben, Kategorien oder dem verknüpften Kunden, haben Sie die Möglichkeit, verschiedene Teilnehmer zu pflegen. Zusätzlich können Termine mit diversen anderen Bewegungsdaten wie Leads, Opportunities usw. verknüpft werden. Auch Anhänge können Sie zu einem Termin im System hinterlegen. Setzen Sie die Integration mit E-Mail-Anwendungen ein, gibt es die Möglichkeit, Ihre Termine zwischen der SAP Sales Cloud und Ihrer E-Mail-Anwendung zu synchronisieren.

Mithilfe der *Aufgaben* können Sie Ihre To-dos bzw. die To-dos Ihres Teams im System dokumentieren. Zum Beispiel können Ihre Vertriebsmitarbeitenden direkt während eines Kundenbesuchs eine Aufgabe für einen weiteren beteiligten Mitarbeitende (z. B. Innendienst) anlegen, damit dieser die Eigenschaften eines bestimmten Produkts überprüft oder Input für einen weiteren geplanten Besuch vorbereitet. Auch die Aufgaben der SAP Sales Cloud können mit Ihrer E-Mail-Anwendung integriert werden.

Anhand von Workflows und der Aufgabensteuerung lassen sich automatisiert Aufgaben durch das System erstellen und zuweisen. Somit unterstützt die SAP Sales Cloud Sie proaktiv bei der Vertriebssteuerung.

Um die bereits erfolgte sowie geplante Kommunikation über *Telefonate* mit Ihren Kunden transparent zur Verfügung stellen zu können, bietet Ihnen die SAP Sales Cloud das Verwalten von Telefonaten an. Mit diesem Objekt können Sie diverse Informationen zu einem Telefonat festhalten. Planen Sie damit Telefonate und weisen Sie diese Ihren Beschäftigten zu, oder dokumentieren Sie bereits geführte Telefonate. Über die Beteiligten am Telefonat definieren Sie, welche Personen am Telefonat teilnehmen. Außerdem können Sie das Telefonat mit anderen Objekten, z. B. einer Opportunity, in der SAP Sales Cloud verknüpfen. Eine besondere Rolle spielen die Telefonate bei der Integration von Telefonsystemen mit der SAP Sales Cloud. Hierbei unterstützt die SAP Sales Cloud eine automatisierte Anruferkennung sowie das direkte Anrufen von Ansprechpartnern aus dem System heraus. Mehr dazu erfahren Sie in Abschnitt 8.17.5, »Computer-Telephony-Integration«.

Während Sie Termine mit Ihrem Kunden planen oder ein Angebot vorbereiten, werden häufig diverse Details über *E-Mails* kommuniziert. Da diese relevant für den weiteren Verlauf sein können, lassen sich auch E-Mails in der SAP Sales Cloud verwalten. Sie haben die Möglichkeit, E-Mails direkt aus dem System zu versenden, wodurch sie automatisch im System abgelegt werden. Falls Sie diese Funktion nicht verwenden möchten und Ihre E-Mails weiterhin in Ihrer E-Mail-Anwendung bearbeiten möchten, steht die Groupware-Integration zu Verfügung, worüber E-Mails in die SAP Sales Cloud synchronisiert werden können. Näheres zu diesem Feature erfahren Sie in Abschnitt in Abschnitt 8.17.4, »E-Mail-Add-ins (Groupware-Integration)«.

Des Weiteren können E-Mails, analog zu den anderen Aktivitätsarten, in der SAP Sales Cloud mit diversen Bewegungsdaten verknüpft werden – z. B. mit einem Angebot.

Im Arbeitsalltag sollen häufig identische Aktivitäten für mehrere Kunden oder Ansprechpartner abgearbeitet werden, um z. B. ein neues Produkt anzukündigen. Diese Aktivitäten können Ihre Anwender in der SAP Sales Cloud mithilfe von *Aktivitätslisten* erstellen und gleich mehreren ausgewählten Kunden oder Ansprechpartnern zuweisen, ohne diese für jeden Kontakt einzeln anlegen zu müssen.

Es existieren drei unterschiedliche Aktivitätenlistentypen: Aufgaben-, Telefonat- und Terminlisten.

Über den *Aktivitätsplaner* können Sie in der SAP Sales Cloud im Hintergrund vordefinierte Aktivitäten anlegen, die dann auf der Basis von Routing-Regeln mit diversen Bedingungen zu bestimmten Bewegungsdaten (Besuch, Angebot, Lead, Opportunity, Telefonat, Ticket) zugeordnet werden können. Diese Zuordnung geschieht, je nach Definition des Aktivitätenplans, automatisiert oder kann manuell durch den Anwender erfolgen. Dazu zwei Beispiele:

- Für jeden Besuch mit der Besuchsart **Regelbesuch**, der im 2. Quartal 2021 von Ihren Vertriebsaußendienstmitarbeitenden durchgeführt wird, muss eine Aufgabe **Vorstellung neuer Produktkatalog** enthalten sein. In diesem Fall wird diese Aufgabe für jeden erstellten Besuch im 2. Quartal 2021 automatisch angelegt.
- In jeder Opportunity können die Anwender auf Wunsch Aktivitäten von dem Aktivitätenplan **Unterstützung für neue Mitarbeiter** hinzufügen, um somit eine Hilfestellung zu dem Vertriebsprozess Ihres Unternehmens erhalten.

Mithilfe von *Anruflisten* kann der Vertrieb effektiv und effizient über das Telefon mit Interessenten und Kunden kommunizieren.

Die Vertriebsleitung kann ihre Kontaktaufnahmeprogramme skalieren, indem sie Anruflisten aus ihrer Datenbank mit Ansprechpartnern, Interessenten und Leads anlegt. Vertriebsteams können Anrufe direkt aus der SAP Sales Cloud mit nur einem Klick tätigen.

Dazu stellt das System strukturierte Felder für die Vertriebsteams zur Verfügung, um Anrufergebnisse einfach zu erfassen. Die Vertriebsleitung kann somit schnell und einfach den Status einer Telefonkampagne überwachen und Kunden identifizieren, die eine Folgeaktivität erfordern.

Darüber hinaus können Sie in einer Zeitraumsicht die Anrufhistorie eines Anrufteilnehmers überprüfen und den Kampagnenfortschritt durch gezielte Berichte verfolgen, um den Kampagnenerfolg sicherzustellen (siehe Abbildung 8.33).

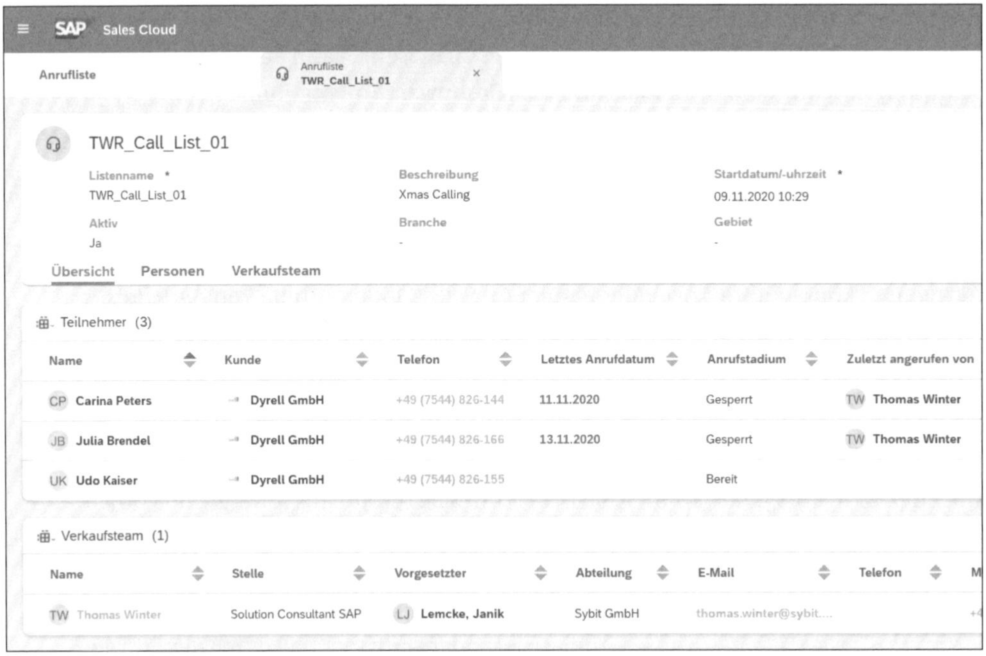

Abbildung 8.33 Ansicht einer Anrufliste

Für die Pflege von *Besuchen*, z. B. Besuche beim Kunden vor Ort, steht Ihnen das eigene Objekt **Besuch** der SAP Sales Cloud zur Verfügung. Die grundlegenden Informationen entsprechen in etwa denen eines Termins, jedoch verfügt der Besuch über einen größeren Funktionsumfang.

Sie können direkt an einem Kunden definieren, in welcher Frequenz (z. B. alle zwei Monate) ein Besuch stattfinden soll und zu welchen Tagen und Uhrzeiten Besuche beim Kunden möglich sein sollen. Auf der Basis der durchgeführten und geplanten Besuche weist die SAP Sales Cloud den Anwender darauf hin, ob und bis wann der nächste Besuch stattfinden soll und unterstützt ihn aktiv für eine effektive Besuchsplanung.

Mit dem Besuchsplaner haben die Mitarbeitenden im Vertriebsaußendienst die Möglichkeit, sofort einen Überblick Ihrer geplanten oder überfälligen Besuche zu erhalten (siehe Abbildung 8.34). Dieser Überblick kann u. a. durch eine grafische Anzeige auf der Landkarte unterstützt werden. Aus dem Besuchsplaner heraus erstellen Sie somit direkt Ihre neuen Besuche oder planen mehrere Besuche in Form einer Route.

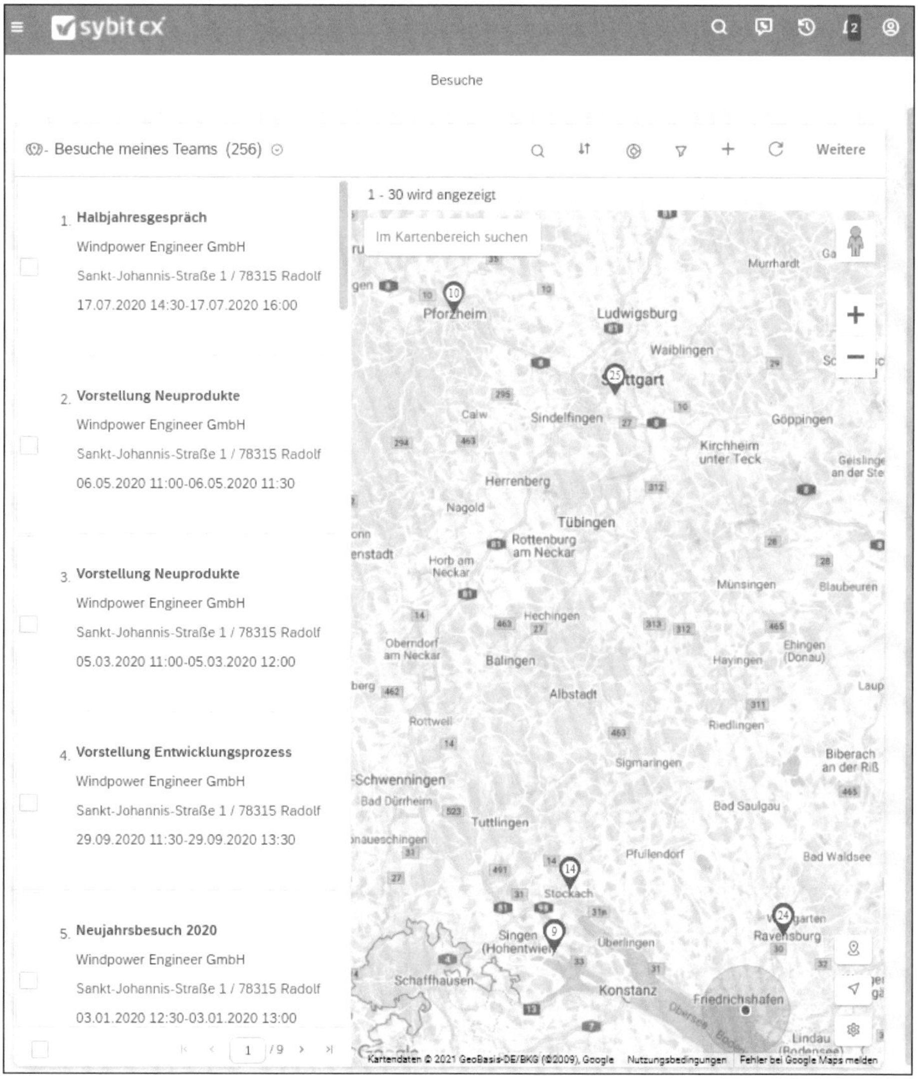

Abbildung 8.34 Besuchsplaner in der SAP Sales Cloud

Bei der Erstellung eines Kundenbesuchs ist sofort ersichtlich, wann der letzte Besuch stattgefunden hat und was darin besprochen wurde. Des Weiteren können neben Datum und Uhrzeit noch die Besuchsart und die Teilnehmer des Besuchs definiert sowie Anlagen wie z. B. eine Anfahrtsbeschreibung hinzugefügt werden (siehe Abbildung 8.35).

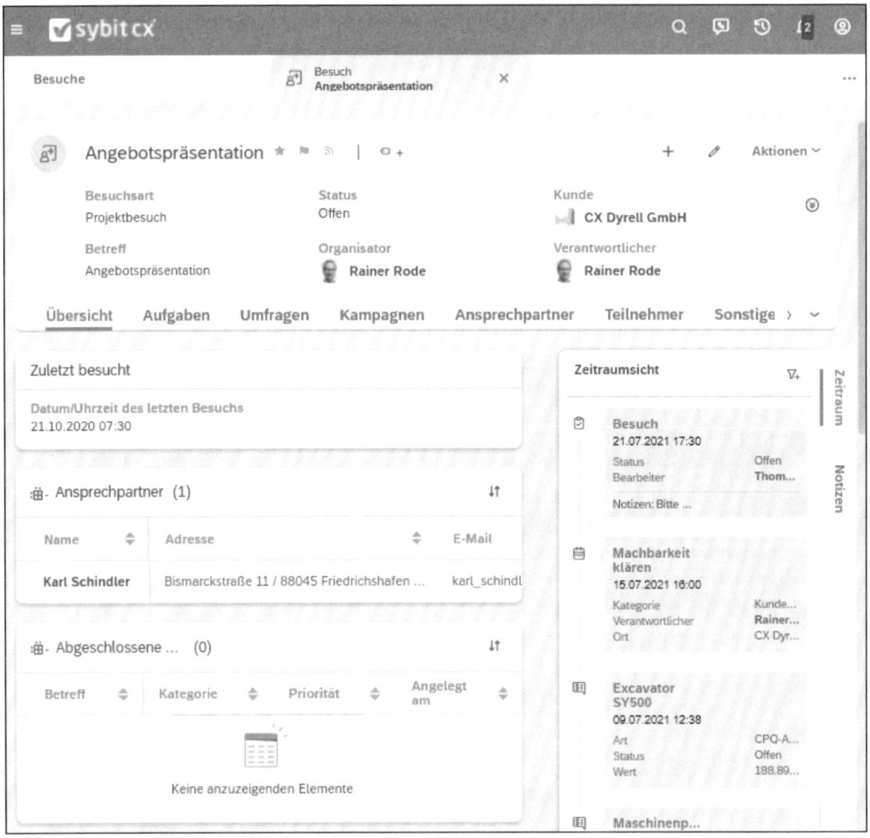

Abbildung 8.35 Detailansicht des Besuchs

Ein Besuch kann bestimmte Aktivitäten enthalten; des Weiteren können Folgeaktivitäten (z. B. Aufgaben und Termine) und Folgebelege (z. B. Opportunity und Angebot) daraus generiert werden. Eine weitere nützliche Funktion ist, Umfragen direkt in die Besuche einzubinden. Weitere Details dazu finden Sie in Abschnitt 8.12, »Umfragen«.

Analog zum Termin kann ein Besuch auch mit Ihrer E-Mail-Anwendung ausgetauscht werden, sodass der Kalender Ihrer Vertriebsaußendienstmitarbeitenden ständig auf dem neuesten Stand ist. Weitere Details dazu finden Sie in Abschnitt 8.17.4, »E-Mail-Add-ins (Groupware-Integration)«.

Nach dem Abschluss eines Besuchs besteht die Möglichkeit, eine Zusammenfassung als PDF-Dokument zu generieren und nach Bedarf an die Teilnehmer zu verteilen.

Mithilfe von Routen können Sie eine Reihe von Besuchen planen und in logischer Reihenfolge für Ihren Vertriebsaußendienst anordnen.

Eine Route kann einen oder mehrere Kunden umfassen. Sie können eintägige Routen oder Routen für einen bestimmten Zeitraum erstellen. Die SAP Sales Cloud kann auch dahingehend konfiguriert werden, dass dem Anwender oder der Anwenderin anhand der Besuchsinformationen des Kunden regelmäßige Besuche innerhalb eines bestimmten Datumsbereichs vorgeschlagen werden.

Um Terminkonflikte zu vermeiden, können Sie eine Vorschau Ihres Terminplans im Kalender anzeigen. In der Kartenansicht können Routen visualisiert und Kundenbesuche bei Bedarf neu angeordnet werden (siehe Abbildung 8.36). Sobald Sie mit der Besuchsreihenfolge und dem zeitlichen Ablauf der Route zufrieden sind, können alle Besuche dieser Route gleichzeitig generiert werden.

Wenn Sie dieselbe Route mehrmals verwenden möchten, besteht die Möglichkeit, eine Routenvorlage zu erstellen. In wiederkehrenden Szenarien helfen Ihnen die Vorlagen nicht nur dabei, Zeit einzusparen, sondern auch Genauigkeit und Konsistenz zu gewährleisten.

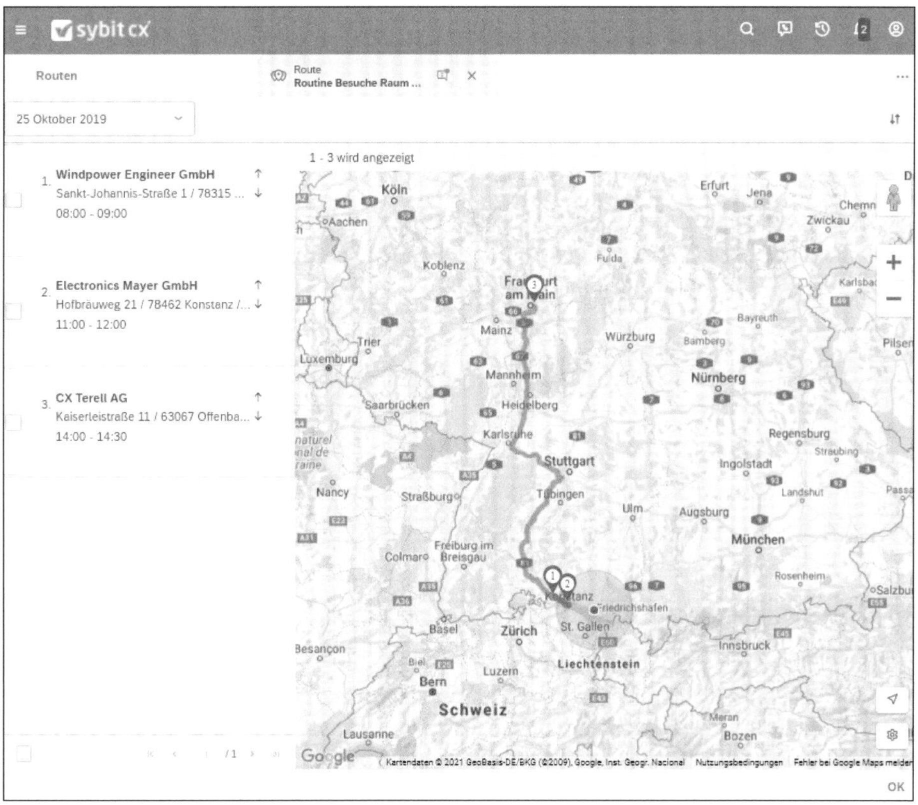

Abbildung 8.36 Routenplanung von Besuchen

8.10 Vertriebszielplanung

Mit der *Vertriebszielplanung* können Sie Ihrer Vertriebsmannschaft Zielvorgaben mit auf den Weg geben, aufgeteilt in mehrere zeitliche Horizonte (Monat, Quartal, Jahr) sowie in unterschiedliche Planungsdimensionen (z. B. Mitarbeiter, Kunde, Gebiet, Produkthierarchie). In Abbildung 8.37 werden die Eigenschaften der Vertriebszielplanung der SAP Sales Cloud zusammengefasst dargestellt.

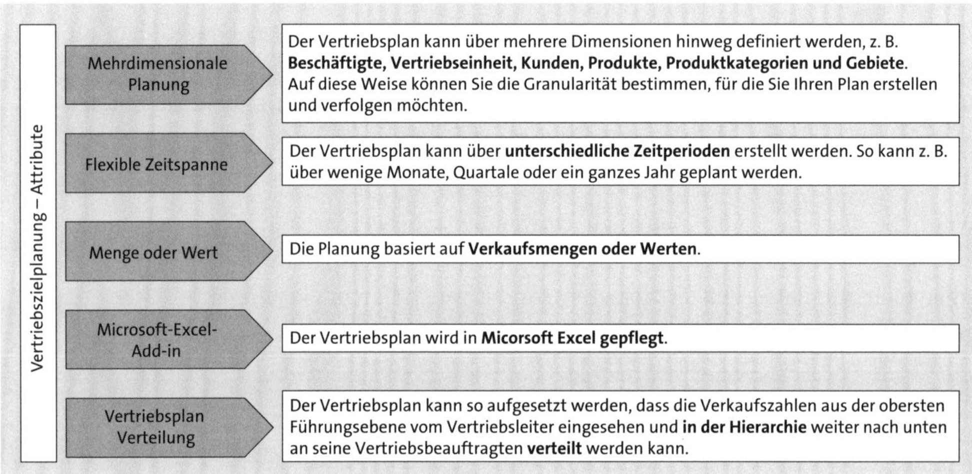

Abbildung 8.37 Vertriebszielplanung in der SAP Sales Cloud

Die Zielerreichung wird im Standard über die Opportunities ausgewertet, kann jedoch auch auf der Basis von Angeboten oder Aufträgen aufgesetzt werden. Somit hat der Vertrieb jederzeit den aktuellen Stand seiner Vertriebszahlen, im Vergleich zu den Planzahlen, im Blick. Managementberichte kumulieren diese Zahlen entsprechend.

8.11 Verträge

Die SAP Sales Cloud bietet Ihnen die Möglichkeit, *Verkaufsverträge* (im Folgenden *Verträge* genannt) mit Ihren Kunden zu verwalten und proaktiv in den Verkaufsprozess einzubinden.

Die erste und einfachere der beiden Implementierungsvarianten dient der Anzeige von globalen Vertragswerken zu den einzelnen Kunden. Die Verträge sollen als Dokument im Kundenstammsatz einsehbar sein. Oftmals handelt es sich hierbei um Rahmenverträge, Projektverträge oder Verschwiegenheitsvereinbarungen. Das Vertragswerk wird hierbei als Anlage zu dem Vertrag hinzugefügt.

Implementierungsvarianten von Verträgen in der Praxis

Bei Verträgen lassen sich zwei Implementierungsvarianten besonders hervorheben:

- Verträge sollen als Dokument in den Kundendaten einsehbar sein.
- Verträge sollen als Mengenkontrakte mit Preiskonditionen in den Angebots- und Auftragsprozess eingebunden werden.

Zur Nutzung und Einbindung von Serviceverträgen siehe Abschnitt 11.8, »Verträge«.

Die zweite Implementierungsvariante bildet die Verträge als *Mengenkontrakte* in der SAP Sales Cloud ab und bietet Ihnen einen integrierten Blick u. a. auf die Preisbestandteile und Abrufmengen aus referenzierten Aufträgen.

In Abbildung 8.38 sehen Sie einen Vertrag in der SAP Sales Cloud. Verträge beinhalten Daten zur Beschreibung des Vertrags, zur Gültigkeitsdauer, zur Verkaufsorganisation, zu den Zahlungsbedingungen und zu den beteiligten Geschäftspartnern.

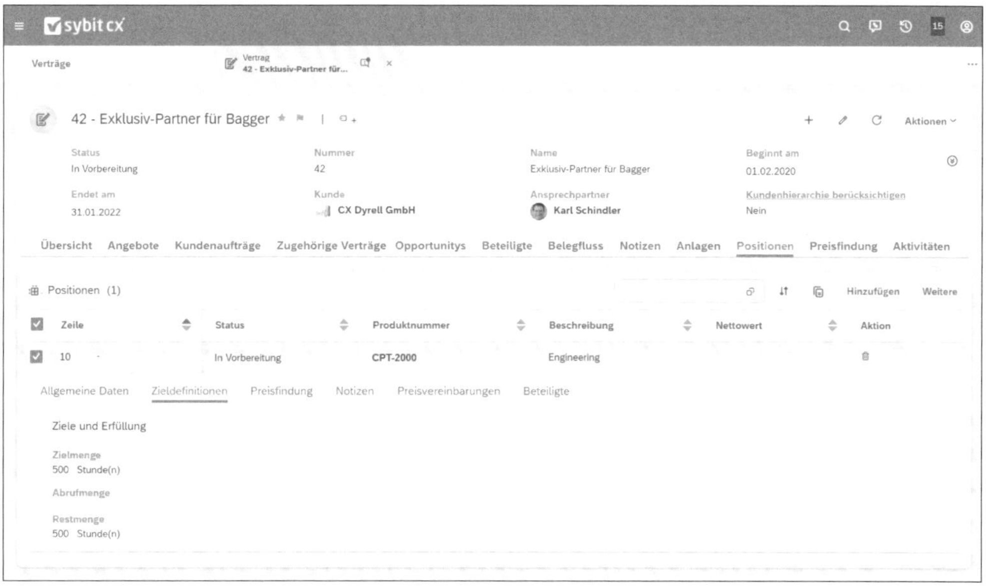

Abbildung 8.38 Vertrag mit Vertragspositionen und Zielmengendefinition

Die Vertragspositionen bilden die zu referenzierenden Produkte ab, die über Zielmengendefinition, Preisfindungskonditionen und Preisvereinbarungen sowie Gültigkeitsdauern gepflegt werden.

Über die Vertragsermittlung findet eine automatisierte Findung von Vertragspositionen und zu den damit abgedeckten Positionen der Angebote und Aufträge statt. Somit nehmen die Verträge direkt Einfluss auf die Preisfindung der Angebote und Aufträge. Zusätzlich behalten Sie in den Mengenkontrakten den Überblick über die vertraglich festgehaltene Zielmenge sowie die durch Aufträge referenzierte Abrufmenge der jeweiligen Vertragsposition.

Zur Bestimmung der Preisbestandteile und Konditionen von Verträgen und deren Vertragspositionen ist die Integration in SAP S/4HANA als Backend-System ein entscheidender Vorteil. Neben den Preisbestandteilen werden Ihnen Informationen zu Steuern, kostenlosen Gütern, Kreditinformationen des Kunden und zur Produktverfügbarkeit in der SAP Sales Cloud zur Verfügung gestellt.

Eine proaktive Vertriebsunterstützung erhalten Sie zudem über die Vertragssuche im Work Center **Verträge** sowie über diverse Analyseberichte. So können z. B. auslaufende Verträge explizit gesucht oder mit Push-Meldungen hervorgehoben werden (siehe Abbildung 8.39). Verträge können im Vertriebsprozess aus Opportunities oder Angeboten erstellt werden.

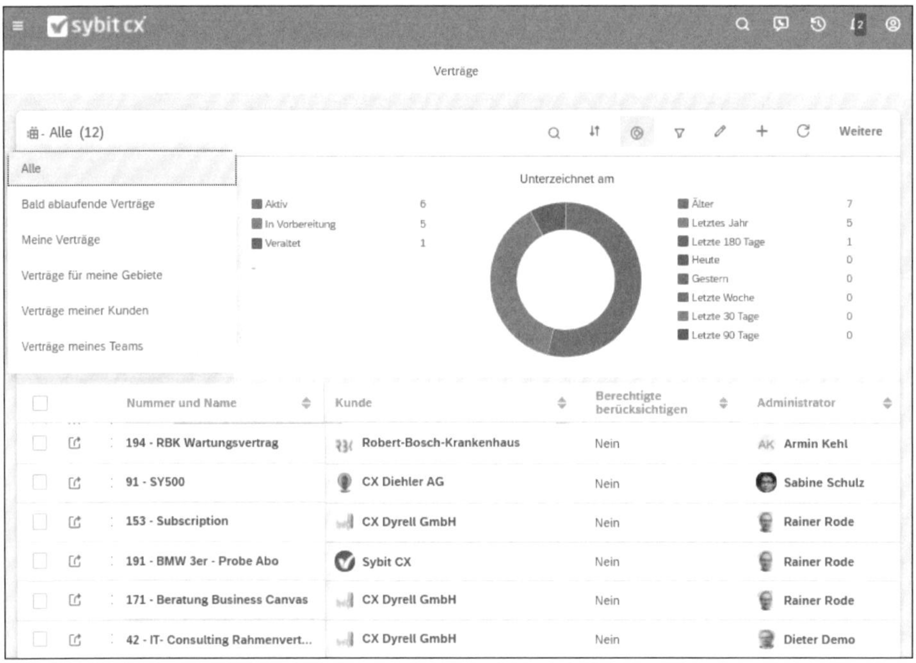

Abbildung 8.39 Work-Center-Suche nach Verträgen

Bilden Sie Ihre Kunden mit Kundenhierarchien ab, kann der Vertrag entweder nur für einen Geschäftspartner der Kundenhierarchie oder für die gesamte Kundenhierarchie gelten. So stellen Sie sicher, dass ein Vertrag für alle in einer Kundenhierarchie enthaltenen Kunden gültig ist und gefunden wird.

Arbeiten Sie mit festen Vertragsinhalten als Teil ihres Portfolios, oder wünschen Sie sich eine Vertragsvorlage für Standardvertragsanfragen? Ihre Administratoren erstellen hierzu in der SAP Sales Cloud Vertrags-Templates, auf die die Endanwenderinnen und -anwender aufsetzen und die sie kundenspezifisch ausprägen können.

8.12 Umfragen

Wie gelangen Sie an ein ehrliches Kunden-Feedback zu Ihrem letzten Vertriebsbesuch? Würde der Kunde Sie als Unternehmen weiterempfehlen? Mit welchen gekauften Produkten ist der Kunde zufrieden und mit welchen unzufrieden? Wird es Zeit für eine Wettbewerbsanalyse für Ihre Opportunity?

Die Antworten zu diesen typischen Fragen ermitteln Sie über *Umfragen*, die sich direkt in Ihren Vertriebsprozess einbinden lassen. Umfragen sind ein wichtiges Werkzeug, um geschäftsbezogene Informationen zu erfassen, diese auszuwerten und die nächsten Vertriebsaktionen daraus zu planen.

Die SAP Sales Cloud bietet Ihnen ein integriertes Umfragen-Tool an, das Ihnen zum einen intern im Rahmen der aktiven Vertriebssteuerung zur strukturierten Durchführung von Besuchen, Telefonaten oder Opportunities dient. Zum anderen versenden Sie *Kundenzufriedenheitsumfragen* an Ihre Geschäftspartner zur extern Bewertung Ihrer Kundenbeziehung. Das Kapitel beschreibt die Verwendung von Umfragen in der SAP Sales Cloud zunächst aus der internen Sicht. Daraufhin wird der Aufbau einer Kundenzufriedenheitsumfrage aufgezeigt.

8.12.1 Umfragen im internen Vertriebsprozess

Gestalten Sie eine interne Umfrage zur strukturierten Erfassung von Daten im Vertriebsprozess. Diese wird dem Vertriebsmitarbeitenden anhand eines Regelwerks zugeordnet und kann bzw. muss durch diesen durchgeführt werden.

Die SAP Sales Cloud unterscheidet hierbei zwischen Checklisten, Umfragen über Produkte, registrierten Produkten, die bei einem Kunden installiert sind, Wettbewerbern, Wettbewerberprodukten und Sonstigem. Je nachdem, welche *Umfragekategorie* Sie auswählen, erhalten Sie spezifische Frage- und Antwortmöglichkeiten. Erstellen Sie z. B. eine Produktumfrage, wie in Abbildung 8.40 aufgezeigt, um strukturierte Daten, Meinungen und Verkaufspotenziale zu diesen während eines Vertriebsbesuchs zu erfassen.

Bei der Erstellung von Umfragen gestalten Sie die Fragen und Antwortoptionen aus und legen einen vordefinierten Navigationspfad mit Abhängigkeiten, je nach Beantwortung der Umfrage, fest (siehe Abbildung 8.41). Verknüpfen Sie zudem Antwortoptionen mit direkten Folgeaktivitäten. Somit generieren und verteilen Sie bei der Durchführung von Umfragen direkt Aufgaben an die jeweiligen zuständigen Mitarbeitenden, um die Umfrageergebnisse nachzufassen.

Abbildung 8.40 Produktumfrage

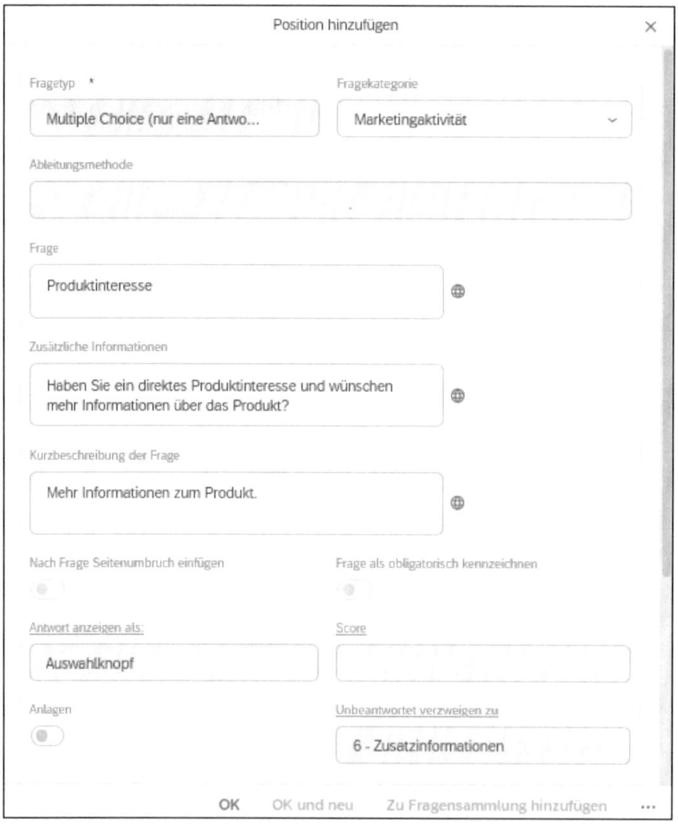

Abbildung 8.41 Design einer Umfrage

Erstellen Sie Umfragen für ein internationales Geschäft, können diese mehrsprachig gepflegt und verwendet werden. Um Änderungen von Umfragen mit in das Gesamtergebnis einfließen lassen zu können, bietet die SAP Sales Cloud die Versionierung der Umfragen an. Als zusätzliche Funktion zur Wiederverwendbarkeit können Fragen in der *Fragensammlung* abgelegt und in weiteren Umfragen wiederverwendet werden.

Haben Sie die Umfrage erstellt, wird diese dem Vertriebsprozess bei Besuchen, Telefonaten, Leads, Opportunities oder Angeboten hinzugefügt. Dies erfolgt über Routing-Regeln im Aktivitätenplaner. Abbildung 8.42 zeigt die Durchführung der Umfrage im Besuchsprozess auf.

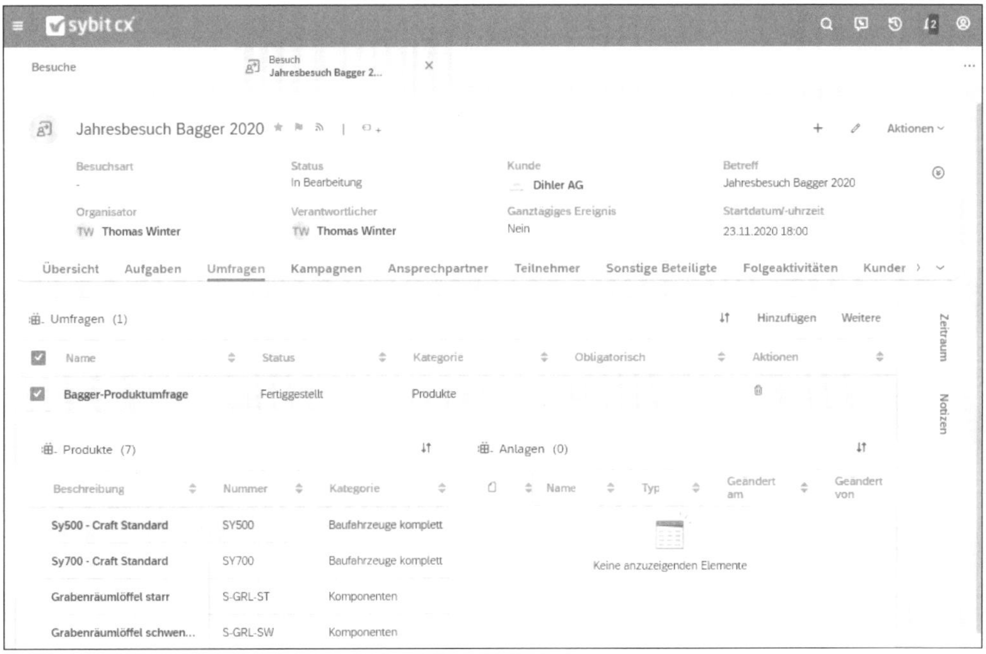

Abbildung 8.42 Umfrage als Bestandteil im Besuchsprozess

Die Umfrageergebnisse können in der Umfrage direkt auf der Kundenebene oder global für alle Kunden, die teilgenommen haben, eingesehen werden. Zur weiteren Auswertung stehen Ihnen über das Reporting der SAP Sales Cloud diverse Berichte und Datenquellen zur Verfügung, mit denen die Umfrageergebnisse aufbereitet und präsentiert werden können.

In Abbildung 8.43 wird beispielhaft ein Bericht aufgezeigt, der die Menge der gemeldeten Produktkategorien in allen durchgeführten Umfragen über einen gewissen Zeitraum darstellt.

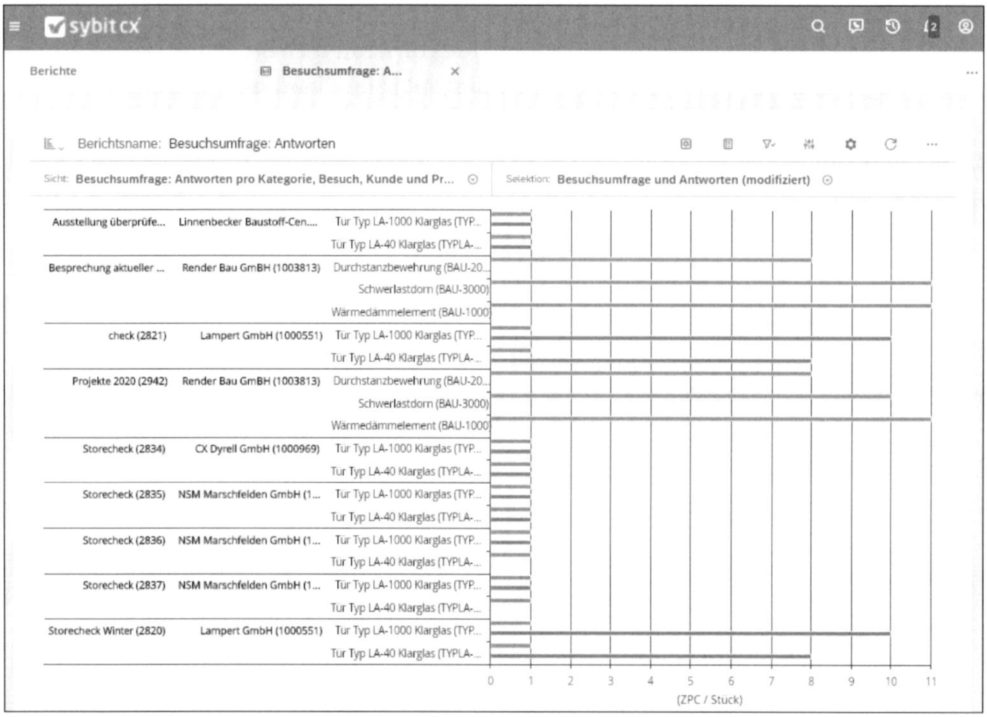

Abbildung 8.43 Analyse der Umfrage

8.12.2 Externe Kundenzufriedenheitsumfragen

Umfragen vom Typ **Zufriedenheit** grenzen sich von den intern zu verwendenden Umfragetypen ab. Kundenzufriedenheitsumfragen werden direkt aus der SAP Sales Cloud an den Kunden versandt und von diesem eingenständig durchgeführt. Der E-Mail-Versand erfolgt zum einen ereignisbasiert über einen Workflow, z. B. nach Abschluss eines Besuchs. Als zweite Möglichkeit können Sie Kundenzufriedenheitsumfragen an eine definierte Zielgruppe versenden, z. B. zur Bewertung der Kundenbeziehung in Form einer Kampagne oder als Jahresrückblick.

[»]

Messgrößen der Kundenzufriedenheit

Die SAP Sales Cloud bietet Ihnen standardmäßig drei Antwortkategorien an, die typischerweise zur Messung der Kundenzufriedenheit verwendet werden. Diese sind:

- Customer Satisfaction Score
- Net Promoter Score
- Customer Effort Score

Der Customer Effort Score als prominentester Vertreter misst im Standard der SAP Sales Cloud auf einer Skala von 1–5 (sehr negativ bis sehr positiv) die Kundenzufriedenheit anhand der gewählten Antwortoptionen. Die einzelnen Fragen sowie alle Antwortoptionen werden in Umfragen mit einem *Score-Wert* versehen und somit gewichtet. Dieser Score ergibt im Durchschnitt eine konkret messbare Größe, die Sie als Kennzahl zur Bewertung der Kundenzufriedenheit auswerten können.

Eine Fragestellung zur Messung des Net Promoter Scores zielt hingegen auf eine Verhaltensabsicht bzw. Intention ab. Anhand einer Skala von 1–10 (sehr unwahrscheinlich bis sehr wahrscheinlich) wird z. B. gefragt, ob Ihr Kunde Sie weiterempfehlen würde. Die Ergebnisse werden in drei Gruppen eingeteilt. Die Fürsprecher (Promotoren) Ihres Unternehmens sind alle Kunden mit einer Weiterempfehlungsrate von 9 und 10. Eine Weiterempfehlungsrate von 7 und 8 wird als passiv gewertet. Alle Bewertungen von 6 und niedriger werden als Kritik verstanden. Der Net Promoter Score ergibt sich aus der Differenz von Fürsprechern und Kritikern. In Abbildung 8.44 wird die beispielhafte Umsetzung der Net-Promoter-Score-Auswertung in Form eines KPI auf der Startseite aufgezeigt.

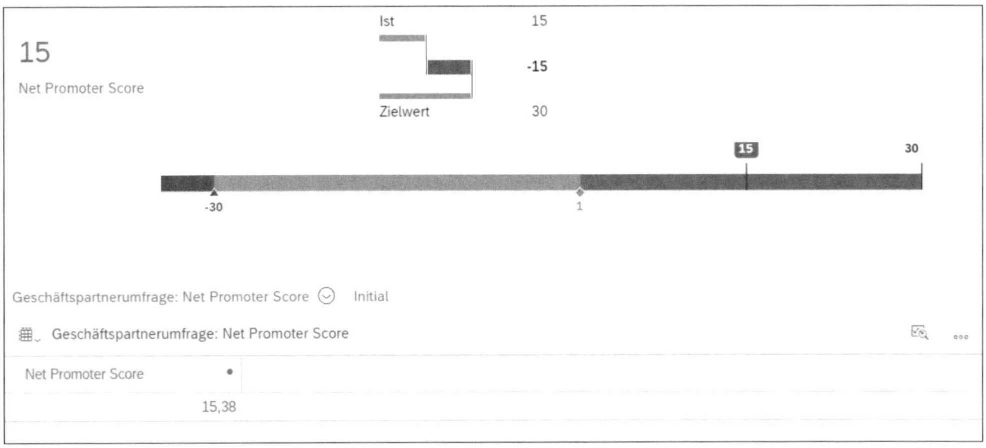

Abbildung 8.44 Analyse: Net Promoter Score

Der Customer Effort Score soll konkrete Aktionen, die Aufwand für Ihre Kunden bedeuten (z. B. Reklamationen), auf einer Skala von 1–5 (sehr negativ bis sehr positiv) einordnen.

Kundenzufriedenheitsumfragen vs. SAP Experience Management (Qualtrics)

Die SAP Sales Cloud bietet grundlegende Funktionen, um Kundenzufriedenheitsumfragen anhand von Marketingkampagnen oder Workflow-basiert zu versenden. Suchen Sie eine Lösung, die personifizierte Kundenerlebnisse durch Umfragen ermöglicht und die integrativ aus all Ihren Customer-Touchpoints-Interaktionen bedient, ist im Rahmen von *SAP Experience Management* die Lösung *Qualtrics* in der SAP-Customer-Experience-Suite in Betracht zu ziehen. Mehr Informationen finden Sie in Kapitel 5, »Experience Management mit Qualtrics«.

8.13 Bibliothek

Die Bibliothek ist der Ort zur zentralen und organisierten Ablage von Dokumenten in der SAP Sales Cloud. Die Dokumente werden in einer Ordnerstruktur abgelegt und können daraufhin über Zugriffsrechte freigegeben werden. Zudem ist eine Versionierung inklusive Einchecken und Auschecken an den Dokumenten möglich.

In der Praxis wird die Bibliothek vor allem für die Ablage und Organisation von unternehmensweit gültigen Dokumenten verwendet, z. B. von Produktkatalogen, globalen Preislisten, Sales Kits, Verschwiegenheitserklärungen, Anleitungen oder Schulungsmaterialien (siehe Abbildung 8.45).

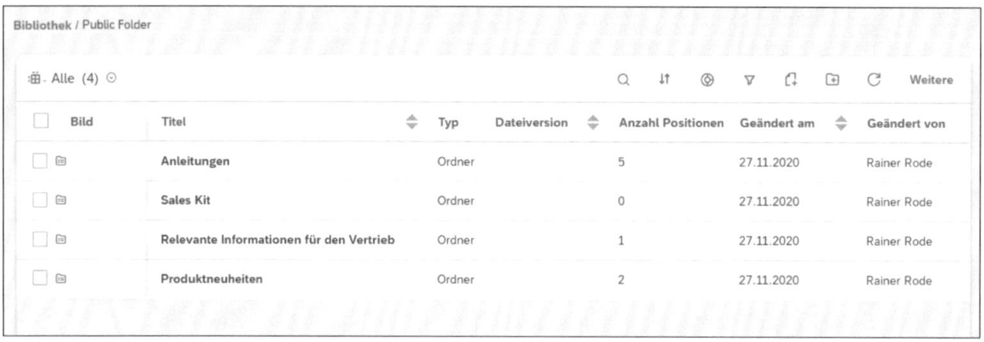
Bibliothek / Public Folder

Alle (4) Weitere

Bild	Titel	Typ	Dateiversion	Anzahl Positionen	Geändert am	Geändert von
	Anleitungen	Ordner		5	27.11.2020	Rainer Rode
	Sales Kit	Ordner		0	27.11.2020	Rainer Rode
	Relevante Informationen für den Vertrieb	Ordner		1	27.11.2020	Rainer Rode
	Produktneuheiten	Ordner		2	27.11.2020	Rainer Rode

Abbildung 8.45 Bibliothek zur zentralen Dokumentenablage

Auf die Dokumente in der Bibliothek haben Sie in den einzelnen Geschäftsobjekten wiederum Zugriff und können diese den Anlagen hinzufügen.

Über den Work Center View **Anlagen** bietet die Bibliothek zudem Zugriff auf alle in der SAP Sales Cloud abgelegten Anlagen an Geschäftsobjekten. Diese können somit gesucht und gesammelt heruntergeladen werden.

8.14 Analytics im Vertrieb

Die SAP Sales Cloud verfügt über diverse Out-of-the-box-Analysefunktionen. Ihr Vertriebsteam erhält durch diese Funktionen eine transparente Darstellung der Ist-Situation Ihrer Daten. Das *operative Reporting* des Systems für Ihre Vertriebs-, Service-

und Marketingbewegungsdaten ist dabei auf die tägliche Arbeit der Mitarbeitenden fokussiert.

Dies bedeutet z. B., dass die Reports den Vertrieb in seiner täglichen Arbeit unterstützen sollen. Aber auch der Manager oder die Managerin eines Gebiets oder einer Verkaufsabteilung erhält zu jeder Zeit Einblick in die aktuelle Lage des Geschäfts der Mitarbeitenden. Somit soll das Reporting der SAP Sales Cloud jedem Anwender einen Real-Time-Einblick in den aktuellen Zustand der relevanten Infos gewähren.

8.14.1 Berichte und Dashboards

Standardmäßig verfügt die SAP Sales Cloud über eine Vielzahl an vordefinierten *Berichten*, z. B. zur Lead-Umwandlungsrate der letzten 12 Monate (siehe Abbildung 8.46). Ein weiterer Bericht stellt die abgeschlossenen Besuche nach Mitarbeitenden dar. Mithilfe dieser Berichte erhalten Sie einen umfassenden grafischen Eindruck dazu, welcher Anteil Ihrer Leads aus einer Opportunity resultiert. Über den genannten Besuchsbericht kann das Management die Performance des Teams einsehen und daraufhin die Besuchsplanung optimieren.

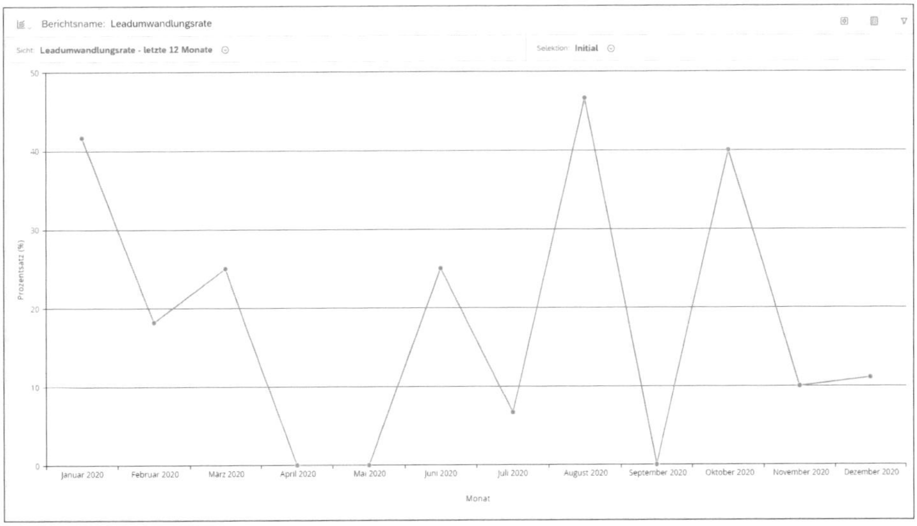

Abbildung 8.46 Berichtssicht der Lead-Umwandlungsrate

Um Ihre spezifischen Geschäftsprozesse zu analysieren, können Sie entweder die im Standard vorhandenen Bericht nutzen, diese erweitern oder eigene Dashboards und Berichte erstellen und den Anwendern zur Verfügung stellen. In Abbildung 8.47 wurde ein kundenspezifischer Bericht hinsichtlich der Sales Pipeline im Vergleich zu einem definierten Ziel umgesetzt.

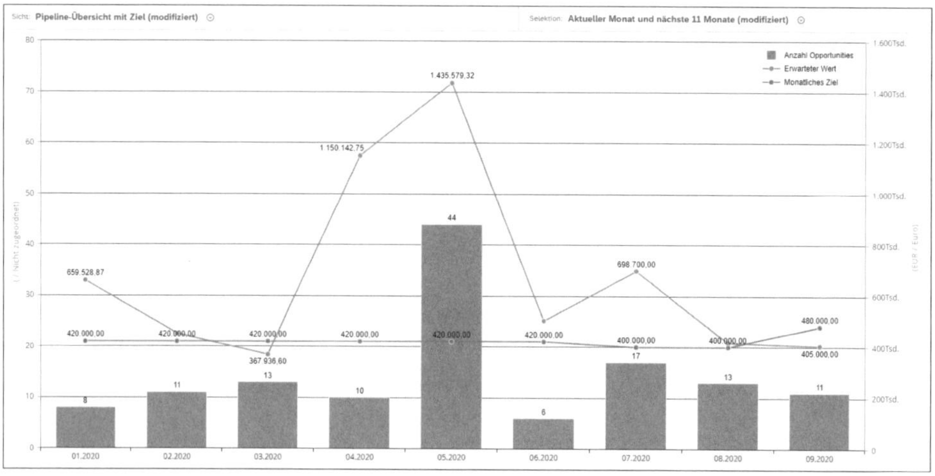

Abbildung 8.47 Berichtssicht der Pipeline-Übersicht mit Ziel

Auf einem Dashboard können verschiedene Berichte aus beliebigen Objekten vereint dargestellt werden, um entweder eine bestimmte Art von Bewegungsdaten (z. B. Leads) umfassend zu analysieren oder eine bewegungsdatenübergreifende Analyse durchzuführen. Auf diese Weise können Sie alle für Sie wichtigen Informationen auf einem Screen zusammenfassen und erhalten damit einen Gesamtüberblick über Ihr Vertriebsgeschäft.

Das in Abbildung 8.48 gezeigte Dashboard wird im Standard der SAP Sales Cloud bereitgestellt und bietet einen umfassenden Einblick in die Pipeline-Quellen (Leads). Neben den bereits im Standard verfügbaren Dashboards, haben Sie die Möglichkeit, diverse kundenspezifische Dashboards zu entwerfen.

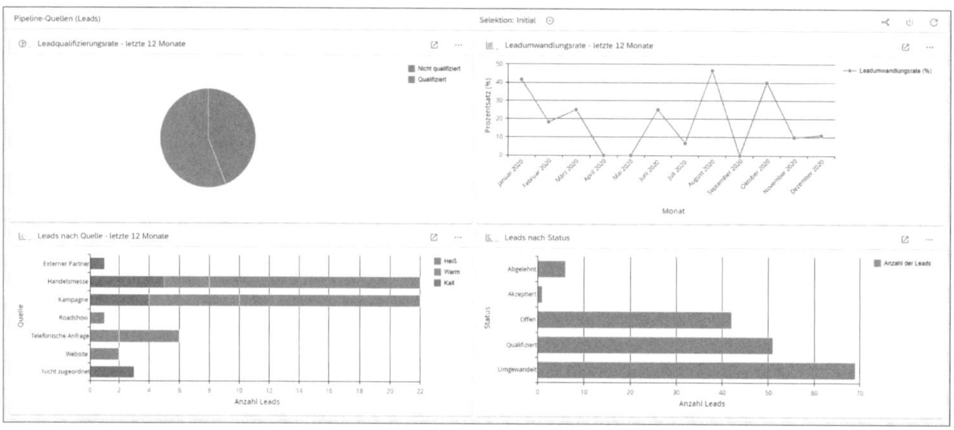

Abbildung 8.48 Dashboard der Pipeline-Quellen

8.14.2 KPIs

Mithilfe von *KPIs* können aussagekräftige Kennzahlen auf der Startseite des Systems dargestellt werden. So erhält Ihr Vertriebsteam beim Öffnen der Anwendung die wichtigsten Informationen auf der Startseite. Hier lassen sich Informationen zur Pipeline auf der Startseite der SAP Sales Cloud abbilden (siehe Abbildung 8.49).

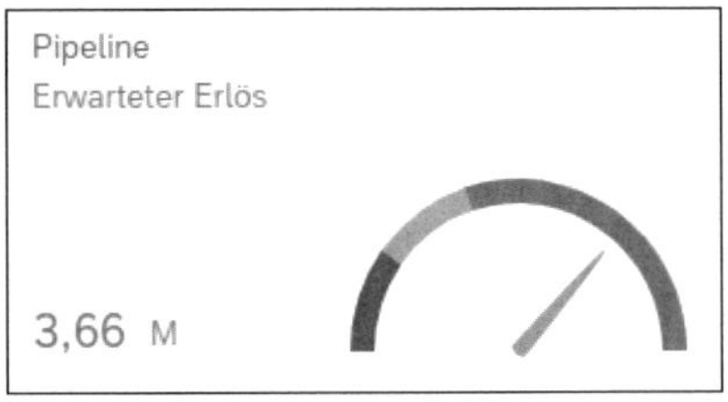

Abbildung 8.49 KPI-Pipeline

Mit einem Klick auf die KPIs erhält der User einen Einblick in die Details zur Pipeline, entweder in Form einer einzelnen Berichtssicht oder als Dashboard. In Abbildung 8.50 sehen Sie das Beispiel zur Detailsicht der Pipeline-KPI. Hier wurde auf ein Dashboard zurückgegriffen, um den Mitarbeitenden einen detaillierteren Einblick zur Sales-Pipeline zu ermöglichen.

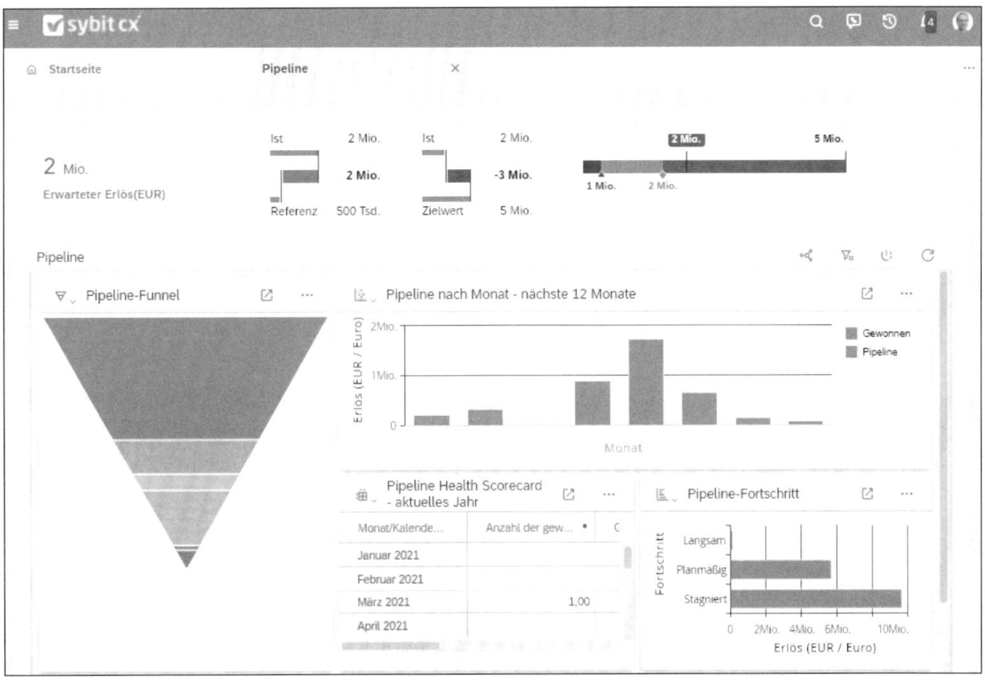

Abbildung 8.50 KPI-Details der Pipeline

Mit den zuvor beschriebenen Funktionen lassen sich Ihre spezifischen Reporting-Anforderungen bezüglich der Analyse der Ist-Situation Ihres Vertriebsgeschäfts direkt in der SAP Sales Cloud realisieren.

8.14.3 Broadcasts

Damit Mitarbeitende, auch solche, die nicht als Anwenderinnen und Anwender direkt Zugriff auf die Analysefunktionen haben, regelmäßig über Analysen informiert werden, haben Sie die Möglichkeit die *Broadcast*-Funktion der SAP Sales Cloud einzusetzen.

Mit diesem Feature können Analyseobjekte, z. B. ein Bericht oder Dashboard, einmalig oder regelmäßig aus der SAP Sales Cloud an einzelne oder mehrere Empfänger per E-Mail versendet werden. Eine Möglichkeit ist z. B. das Versenden als Link, worüber der Empfänger direkt zum entsprechenden Bericht in der SAP Sales Cloud gelangt. Eine Alternative ist das Versenden des Berichts als Microsoft-Excel-Datei, wodurch Ihre Mitarbeitenden anschließend direkt die Daten aus der SAP Sales Cloud in Microsoft Excel weiterverarbeiten können.

8.15 Mobiles Arbeiten mit der App »SAP Sales Cloud«

Die Anforderungen im Vertrieb bedingen eine mobile Arbeitsweise und erfordern somit Zugriff auf die SAP-Sales-Cloud-Funktionen, unabhängig vom jeweiligen Ort oder der technischen Infrastruktur. Im Vertrieb benötigen Sie die aktuellen Informationen zu einem Kunden unmittelbar vor dessen Besuch.

Während des Besuchs möchten Sie gemeinsam mit dem Kunden z. B. die offene Liste der Angebote und Servicetickets besprechen. Die abschließende Besuchsdokumentation soll möglichst effizient gestaltet sein – der Wunsch nach einer sprachbasierten Steuerung wird hierbei immer wichtiger. Gleichzeitig behalten Sie ihre Vertriebsperformance und Ihre Kundendaten mit Echtzeitanalysen im Überblick (siehe Abbildung 8.51).

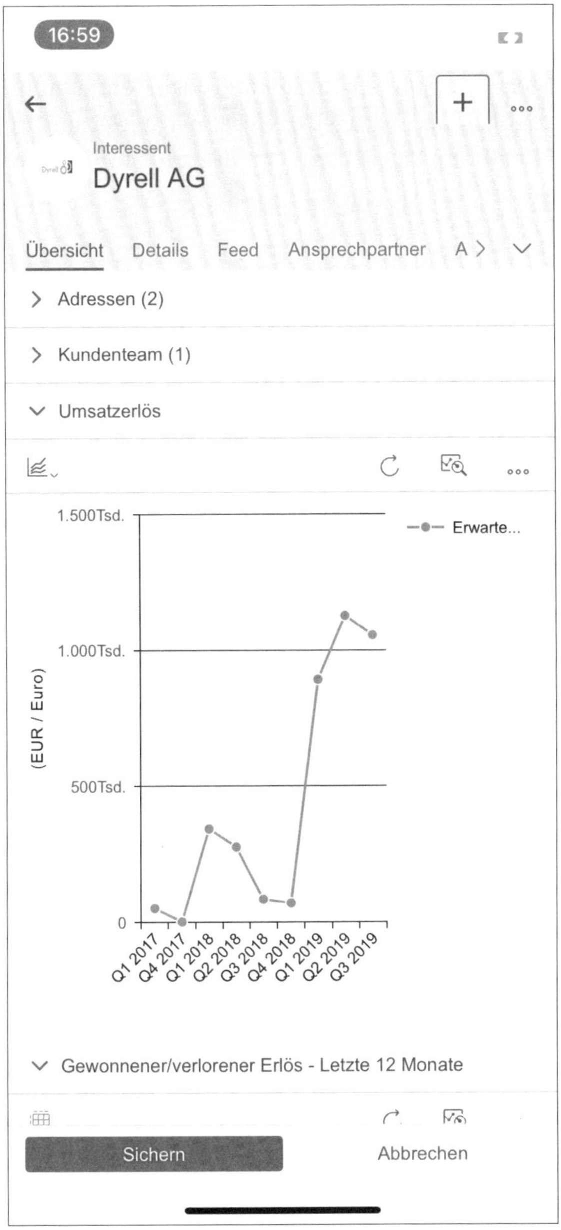

Abbildung 8.51 SAP Sales Cloud: mobile Sicht auf den Kundenstammsatz

Mit der mobilen App **SAP Sales Cloud** erhalten Sie auf Ihrem mobilen Endgerät Zugriff auf die SAP Sales Cloud. Sie finden diese unter dem Namen **SAP Cloud for Customer** über den jeweiligen App Store der unterstützten Plattformen iOS, Android und Windows (siehe Abbildung 8.52).

Die mobile App bietet neben nahezu demselben Funktionsumfang wie die Browserversion der SAP Sales Cloud auch eine native Integration mit Ihrem mobilen Endgerät. So synchronisieren Sie Ihren Kalender, erkennen Anrufer und dokumentieren Telefongespräche, senden Push-Meldungen an Benutzer (z. B. bei der Zuweisung zu einer Aufgabe) oder sichern Fotos bei Ihrem Kunden vor Ort direkt über Ihr Smartphone oder Tablet.

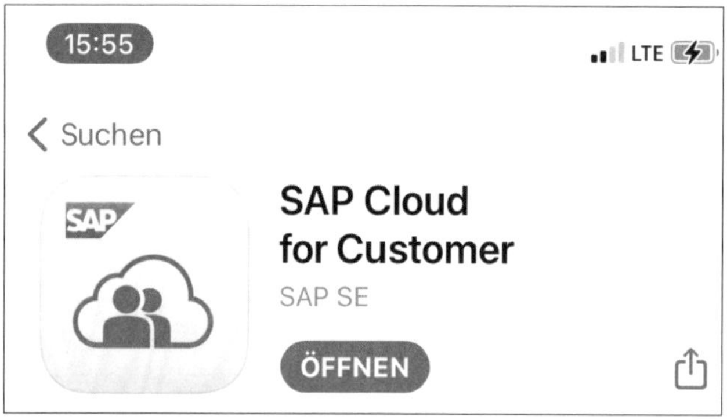

Abbildung 8.52 SAP Cloud for Customer im Apple App Store

Eine weitere wichtige Anforderung, auf die Sie beim mobilen Arbeiten stoßen, ist die Offline-Verfügbarkeit Ihres CRM-Systems. Mit der App **SAP Sales Cloud** synchronisieren Sie Ihre Daten von der SAP Sales Cloud auf Ihr mobiles Endgerät und nutzen diese online sowie offline in Ihrem Vertriebsprozess.

8.16 Retail Execution

Retail Execution ist die Branchenlösung der SAP Sales Cloud für die Konsumgüterindustrie. Sie wollen dafür sorgen, dass Ihre Kunden im Einzelhandel zu jeder Zeit bestens mit Waren und Informationen versorgt sind und gleichzeitig Ihren Außendienst dabei unterstützt, alle Aktivitäten und Kennzahlen im Blick zu behalten? Dann bietet Retail Execution Ihnen spezialisierte Funktionen an, um Sie hierbei digital zu unterstützen.

Die Standardfunktionen zur 360-Grad-Kundensicht und Besuchsplanung, wie beispielsweise Routen, Besuchsplaner und Besuchsfrequenz (siehe Abschnitt 8.9, »Aktivitäten und Besuche«), werden dabei um einen zusätzlichen Baustein erweitert: die *perfekte Filiale*.

Diese erleichtert Ihnen die Arbeit vor Ort, indem sie es Ihnen erlaubt, alle erforderlichen Tätigkeiten und Informationen schnell, strukturiert und effizient zu erledigen bzw. zu dokumentieren. Um das zu tun, erstellen Sie nach eigenen Kriterien sogenannte *Beschäftigungskarten*. Dies können Sie z. B. pro Kunde oder pro Branche tun.

Den Beschäftigungskarten ordnen Sie im nächsten Schritt *Beschäftigungspunkte* zu, die bestimmte Orte im Geschäft des Kunden abbilden, etwa den *Main Point of Sale* (z. B. einen Regalplatz) oder den Standort von Aktionsdisplays.

Ein Beschäftigungspunkt bietet Ihnen verschiedene Mittel, um Tätigkeiten zu definieren: Fragen, Aufgaben, Anlagen und Umfragen (siehe Abschnitt 8.12, »Umfragen«). Im Beschäftigungspunkt können Sie generelle Informationen (z. B. das Erscheinungsbild eines Point of Sale), die Wettbewerbersituation (z. B. die genutzte Fläche) und produktspezifische Daten (z. B. die verfügbare Anzahl je Produkt oder die Anzahl der zu bestellenden Artikel) durch die Außendienstmitarbeitenden erfassen lassen. In Abbildung 8.53 können Sie die Zusammenhänge der einzelnen Elemente nachvollziehen.

8

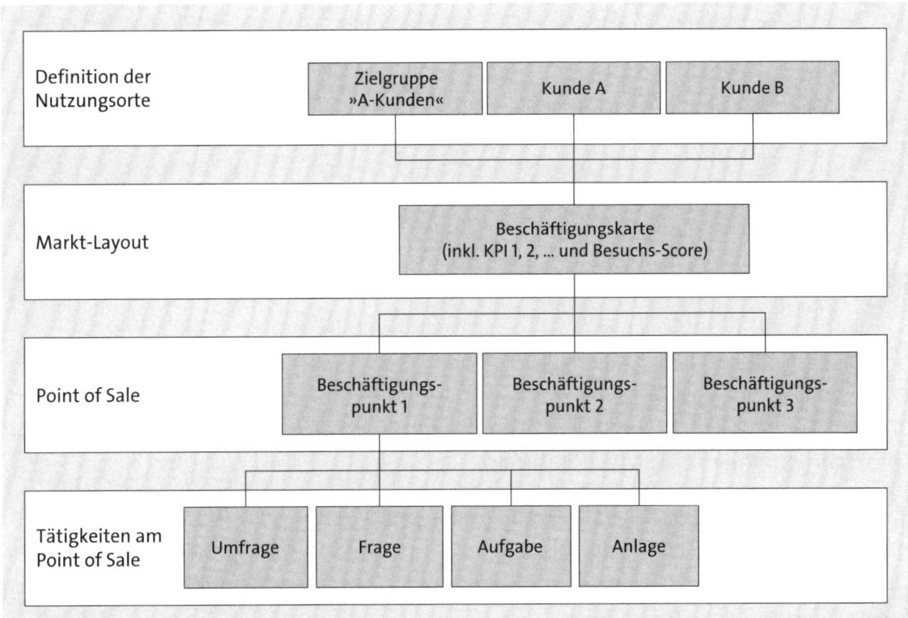

Abbildung 8.53 Überblick über Retail Execution

Auf Basis der am Point of Sale gesammelten Fakten können Ihre Vertriebsmitarbeitenden noch während des Besuchs den *Besuchs-Score* berechnen. Dieser basiert auf den von Ihnen definierten und gewichteten Kennzahlen/KPIs und ermöglicht den einfachen Vergleich der Situation beim Kunden über einen Zeitraum hinweg.

Darüber hinaus kann der Außendienst auf der Basis der erfassten Daten Optimierungen im Geschäft des Kunden vornehmen. Somit lassen sich im Nachgang Aufträge anlegen und die zuvor ermittelten Produkte und Stückzahlen direkt in diese übernehmen.

In Abbildung 8.54 sehen Sie ein Beispiel für die Ausführung eines Besuchs im Szenario *Perfekte Filiale*.

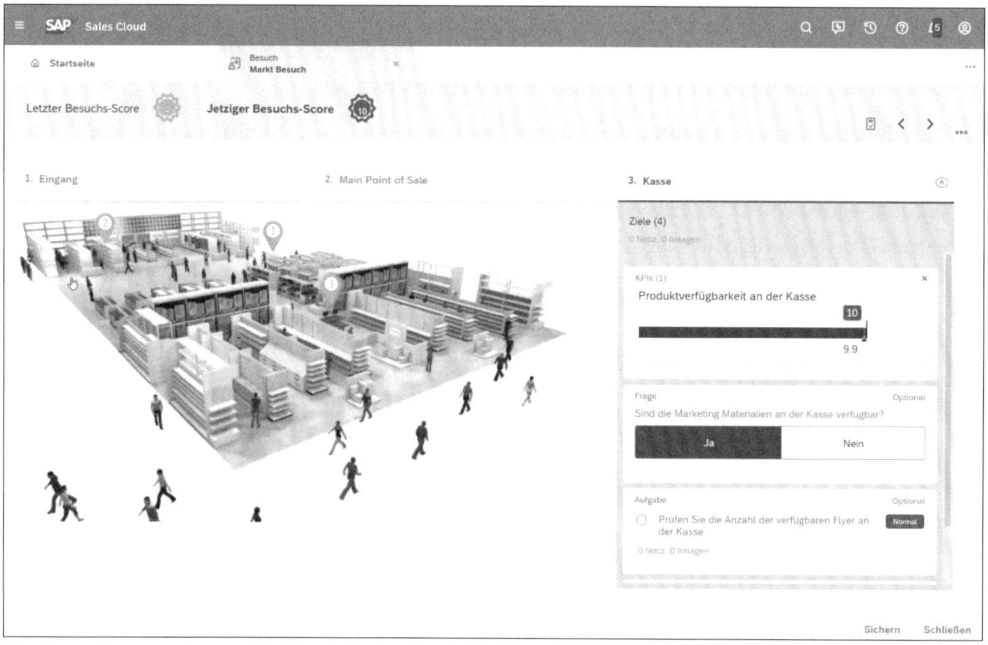

Abbildung 8.54 Darstellung der perfekten Filiale

Die eingebetteten Analysefunktionen (siehe Abschnitt 8.14, »Analytics im Vertrieb«) erlauben Ihnen die besuchsübergreifende Auswertung der gesammelten Daten und ermöglichen einen Überblick über den Erfolg einer Marketingkampagne oder von sonstigen durchgeführten Maßnahmen.

Durch die Nutzung von Retail Execution besuchen Sie nicht nur die richtigen Kunden und Filialen zur richtigen Zeit, sondern beschleunigen in demselben Zug die Ausführung der Besuche und erlauben die gezielte Durchführung von Maßnahmen sowie die Auswertung von deren Erfolg.

8.17 Integrationsszenarien

Lernen Sie nun die im Standard der SAP Sales Cloud verfügbaren Integrationsszenarien kennen: Neben Möglichkeiten zum Austausch von Stammdaten (Kunden, Ansprechpartnern oder Produkten) existieren komplexere Replikationsmechanismen für Bewegungsdaten (Angebote, Aktivitäten oder Verträge). Hierüber lassen sich die vertriebsrelevanten Daten aus der SAP Sales Cloud in eine Vielzahl an Fremdsystemen sowie aus diesen heraus übertragen. Zudem unterstützen Sie die Integrationsszenarien zur Anbindung von Microsoft Outlook, Microsoft Excel, LinkedIn, CTI und andere Tools in Ihrer täglichen Vertriebsarbeit. SAP Sales Cloud verfügt über ein offenes Schnittstellenkonzept. Somit lassen sich Ihre Geschäftsdaten über definierte und erweiterbare OData- und SOAP-Webservices erstellen, verändern, löschen oder auslesen.

Im Folgenden werden einige der wichtigsten Integrationspakete, z. B. für die Integration von SAP S/4HANA, SAP CPQ oder Microsoft Outlook mit der SAP Sales Cloud, vorgestellt.

8.17.1 SAP-Backend-Integration

Eine besonders enge Integration besteht zwischen der SAP Sales Cloud und SAP S/4HANA als Backend-System. Dadurch können Sie die verwendeten Stammdaten systemübergreifend pflegen sowie die Angebots- und Auftragsprozesse nahtlos integrieren. Diese sind neben dem Vertrieb tief mit der Warenwirtschaft, der Logistik sowie mit dem Finanz- und Kreditmanagement verzahnt.

In Abbildung 8.55 werden die wichtigsten integrierten Datenobjekte sowie deren Replikationsrichtungen aufgezeigt. Im Bereich der Stammdaten besteht die Möglichkeit, Kunden, Kundenhierarchien, Ansprechpartner, Mitarbeitende und Produkte inklusive Produkthierarchien auszutauschen.

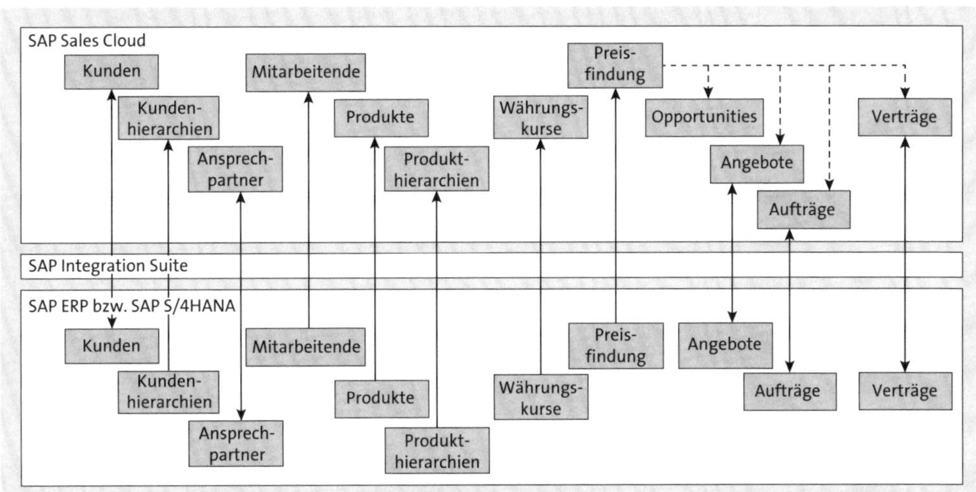

Abbildung 8.55 Integration der SAP Sales Cloud mit SAP S/4HANA

Im Bereich der Bewegungsdaten besteht eine einfache Lösung darin, Angebote, Aufträge und Verträge inklusive Positionsdaten und Preisbestandteilen, aus SAP S/4HANA unidirektional dem Vertrieb zur Verfügung zu stellen. Geht man einen Schritt weiter und verlagert man die Erstellung dieser Geschäftsobjekte in die SAP Sales Cloud, ergeben sich vielzählige Optionen zur Prozessoptimierung und -harmonisierung in der Zusammenarbeit zwischen Vertriebsaußen- und Vertriebsinnendienst. Die Integration von kundenspezifischen Preisabfragen und Währungskursen bietet die Grundlage für eine korrekte Vertriebsplanung im Sales Funnel sowie für die Internationalisierung.

[zB]

Abhängigkeiten in der Integration

Beachten Sie bei der Integration von Bewegungsdaten, dass die abhängigen Stammdaten im Zielsystem ebenfalls zur Verfügung gestellt werden müssen. So erwartet z. B. die SAP Sales Cloud bei der Integration von Angeboten, dass alle zugehörigen Partner und Produkte ebenfalls in der SAP Sales Cloud zur Verfügung gestellt werden. Partner bzw. Beteiligte können hierbei Mitarbeitende, Kunden, Warenempfänger, Regulierer, Verkaufsorganisationsdaten usw. sein. Hierbei müssen einige Punkte zentral analysiert werden:

- Welche Datenhistorie soll im Rahmen einer initialen Datenbefüllung (*Initial Load*) aus dem Backend-System integriert werden?
  - Je mehr alte Daten Sie integrieren möchten, umso mehr alte Stammdaten werden gegebenenfalls ebenfalls benötigt.
  - Zudem sinkt die Qualität der historischen Daten oftmals aufgrund von System- oder Prozessumstellungen, die über die Jahre hinweg durchgeführt wurden.
- Welche Reihenfolge der Initial Loads für die einzelnen Datenobjekte muss während der Datenbefüllung der SAP Sales Cloud vor einem Go-live eingehalten werden?
  - Es werden z. B. zunächst Mitarbeiterstammdaten benötigt, um die Kunden inklusive der Partnerrollen und Beziehungen laden zu können.
  - Daraufhin können z. B. die Produkthierarchien angelegt werden, um die Produkte strukturiert laden zu können.
  - Erst danach können die Angebote und Aufträge geladen werden.
- Wie viel Zeit muss für die Initial Loads vor einem Go-live eingeplant werden?
  - Stellen Sie das Mengengerüst auf, um die Laufzeit zu kalkulieren.
  - Wir empfehlen die Durchführung eines kompletten Initial Loads während des Aufbaus des Testsystems, inklusive einer Datenvalidierung und Abnahme durch den Fachbereich. Dies gibt Ihnen Rückschlüsse auf die Laufzeit und die Datenqualität.

Weitere typische Backend-Systeme, die ebenfalls im SAP-Standard mit der SAP Sales Cloud integriert werden können, sind SAP-S/4HANA-Systeme sowie SAP-Business-One-Systeme oder SAP SuccessFactors.

8.17.2 SAP CPQ

SAP CPQ erweitert die Funktionalität der SAP Sales Cloud um eine komplexe und effiziente Angebots- und Produktkonfiguration (siehe Kapitel 9, »SAP CPQ«). In Abbildung 8.56 wird anhand einer User Journey das Zusammenspiel der SAP Sales Cloud mit SAP CPQ exemplarisch aufgezeigt.

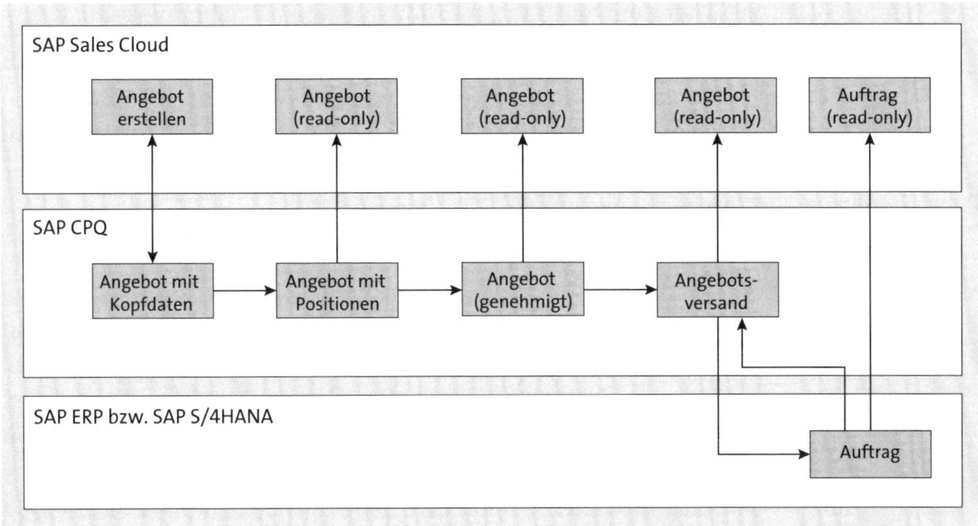

Abbildung 8.56 User Journey bei der Integration von SAP Sales Cloud und SAP CPQ

Die Erstellung des Angebots erfolgt in der SAP Sales Cloud, indem dort ein CPQ-fähiges Angebot angelegt wird. Daraufhin wird durch einen Mashup-Aufruf der nahtlose Zugriff auf SAP CPQ innerhalb der SAP Sales Cloud ermöglicht. Bei der initialen Replikation sehen die Integrationsszenarien einen Datenaustausch der Angebotskopfdaten vor, sowie von dessen verknüpften Stammdaten, u. a. Kunde, Rechnungsempfänger oder Warenempfänger.

Die Ausgestaltung des Angebots, inklusive Produktkonfiguration, Preisfindung und Genehmigungsprozessen, sowie der Angebotsversand und der Abschluss des Angebots finden, technisch gesehen, ausschließlich in SAP CPQ statt. Im Rahmen der Integration werden jedoch die Statusinformationen des Angebots in die SAP Sales Cloud repliziert und stehen dort persistent zur Verfügung. Somit können Sie auch in der SAP Sales Cloud z. B. alle Angebote eines Kunden, sortiert nach einem gewissen Status, suchen und anzeigen, obwohl im Hintergrund das führende System SAP CPQ ist.

Als Abschluss unserer User Journey wird aus SAP CPQ in SAP S/4HANA ein Auftrag angelegt. Dieser kann wiederum über das jeweilige Integrationsszenario aus der SAP-S/4HANA-Integration in die SAP Sales Cloud repliziert werden.

Somit erhalten sie eine durchgängige und nahtlose Sichtweise über Ihren Angebotsprozess in der SAP Sales Cloud und nutzen die Stärken von SAP CPQ zur Produkt- und Angebotskonfiguration, ohne dem Anwender Systemsprünge zuzumuten.

8.17.3 SAP Marketing Cloud

Ein effektives und effizientes Zusammenspiel von Marketing und Vertrieb birgt ein großes Potenzial in der Kundenkommunikation und Geschäftsidentifikation.

Die SAP Marketing Cloud (siehe Kapitel 6, »SAP Marketing Cloud«) profitiert von hochwertigen Stammdaten sowie aktuellen Bewegungsdaten. Somit dokumentieren und erarbeiten Sie Interessen und Interaktionen des Kunden und liefern die Grundlage für eine detaillierte Zielgruppenanalyse und Segmentierung – der Beginn Ihrer Kampagne zur Geschäftsrealisierung.

Viele Use Cases in der Integration der SAP Marketing Cloud und der SAP Sales Cloud betrachten jedoch auch die Rückrichtung. Hierbei stellt das Marketing dem Vertrieb qualifizierte Neukunden oder Geschäftschancen zur Verfügung, die durch diesen in die vertriebliche Arbeit aufgenommen werden. Diese Informationen resultieren z. B. aus einer E-Mail-Kampagne, in der ein Kontakt als Reaktion ein Whitepaper zu einem gezielt beworbenen Produkt heruntergeladen hat. Die Informationen zu der Person und dem Produktinteresse bilden somit eine optimale Ausgangsposition für den Vertrieb, um das Gespräch zu suchen. Zudem wird dem Vertrieb in der SAP Sales Cloud durch die Integration mit der SAP Marketing Cloud eine transparente Sichtweise auf die Marketingeinwilligungen gegeben. Auch die Marketinginteraktionen werden aus der SAP Marketing Cloud an den Kunden und Ansprechpartner zurückgespielt. Somit ist erkennbar, an welchen Marketingaktionen der Kunde beteiligt war.

In Abbildung 8.57 werden einige zentrale Integrationsszenarien gezeigt, die für die Integration zwischen SAP Sales Cloud und SAP Marketing Cloud über die CPIS im SAP Standard zur Verfügung stehen. Hierbei ist erkennbar, dass die SAP Marketing Cloud für deren Segmentierungsprozesse die Datenbasis aus der SAP Sales Cloud konsumiert. Neben den Kunden- und Ansprechpartnerstammdaten und deren Marketingattributen zählen hierzu auch die Aktivitäten, Leads und Opportunities.

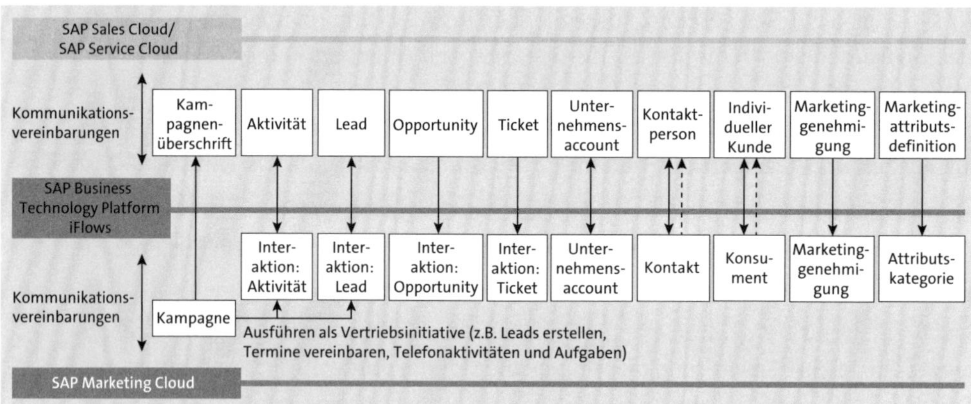

Abbildung 8.57 Integration der SAP Sales Cloud mit der SAP Marketing Cloud

Aus der SAP Marketing Cloud heraus werden z. B. die Marketingeinwilligungen repliziert, die lesend am Kunden und Ansprechpartner zur Verfügung gestellt werden. Zudem werden Leads und Aktivitäten z. B. als Resultate der Kampagnen aus der SAP Marketing Cloud generiert und an den Vertrieb übergeben. Wie in jeder Integration der SAP Sales Cloud über die CPIS ist natürlich die Erweiterbarkeit der Integrationsszenarien auch mit der SAP Marketing Cloud gegeben.

8.17.4 E-Mail-Add-ins (Groupware-Integration)

Mithilfe der Integration der SAP Sales Cloud mit Ihrer E-Mail-Groupware ersparen Sie sich Systemsprünge zwischen Ihrem E-Mail-Programm und Ihren Kunden- und Vertriebsdaten. Durch das E-Mail-Add-in in der SAP-Sales-Cloud- erweitern Sie Microsoft Outlook oder Gmail und greifen direkt im Posteingang auf die SAP Sales Cloud zu.

Somit erhalten Sie bei der Auswahl einer E-Mail in Ihrem Posteingang unmittelbar die verknüpften Informationen zu dem Absender aus der SAP Sales Cloud, z. B. Ansprechpartner- und Kundeninformationen sowie Leads, Opportunities, Angebote oder Aktivitäten, aus denen der Kontakt ermittelt wurde.

Über die Groupware-Integration der SAP Sales Cloud halten Sie Ihre Ansprechpartner- und Kundendaten, E-Mails sowie Termine, Besuche und Aufgaben zwischen den Systemen synchron. Dies ermöglicht Ihnen eine integrierte Sichtweise auf Ihre Daten, egal ob Sie über die SAP Sales Cloud direkt, über Ihr E-Mail-Programm oder auf Ihrem mobilen Endgerät auf diese zugreifen. Des Weiteren pflegen Sie in Ihrem E-Mail-Add-in CRM-relevante Daten, wie z. B. eine neue Adresse, wechseln die Phase einer Opportunity oder laden zu einem neuen Besuch ein (siehe Abbildung 8.58).

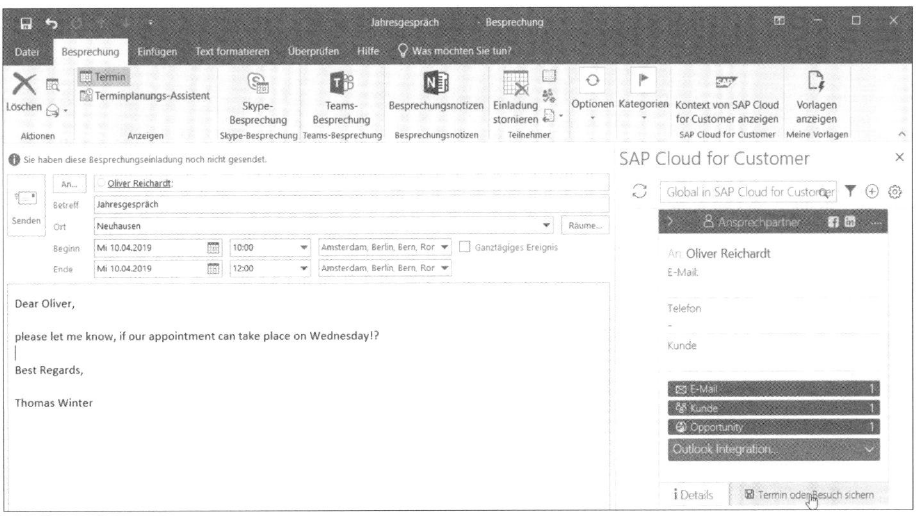

Abbildung 8.58 Besuchsplanung über das Microsoft-Outlook-Add-in

Das E-Mail-Add-in der SAP Sales Cloud bietet Ihnen somit jederzeit eine integrierte Sichtweise auf Ihre Vertriebsdaten aus Ihrem E-Mail-Programm und steigert Ihre Produktivität in Ihrer täglichen Vertriebsarbeit durch die Synchronisation der relevanten Kundendaten.

8.17.5 Computer-Telephony-Integration

Ein Großteil der täglichen Kundenkontakte erfolgt im Vertrieb über Telefongespräche. Mithilfe der Computer-Telephony-Integration (CTI) ermöglicht Ihnen die SAP Sales Cloud, Ihre Telefonanlage zu integrieren, um somit z. B. direkt aus einem Ansprechpartner heraus dessen Nummer zu wählen und diesen anzurufen (*Outbound Call*). Des Weiteren werden eingehende Telefonate erkannt und der passende Ansprechpartner direkt in einem Pop-up-Fenster angezeigt (*Inbound Calls*), siehe Abbildung 8.59.

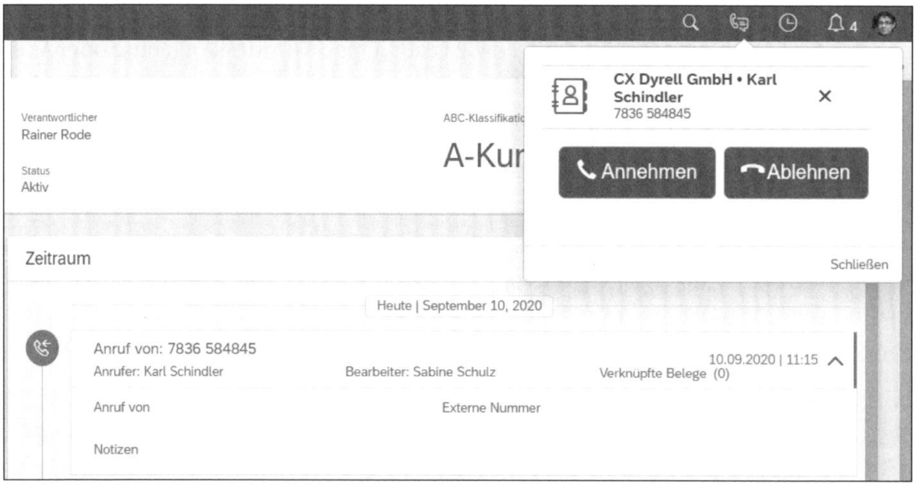

Abbildung 8.59 Eingehender Telefonanruf über die Computer-Telephony-Integration

Nach der Annahme des Telefonats gelangen Sie direkt in *das Live-Aktivitäts-Center* (siehe Abbildung 8.60). Hier werden Ihnen die referenzierten Daten des Ansprechpartners, wie z. B. seine Angebote oder Servicetickets, dargestellt. Zudem pflegen Sie dort auf effiziente Weise die Telefonnotiz oder lösen Folgeaktivitäten aus.

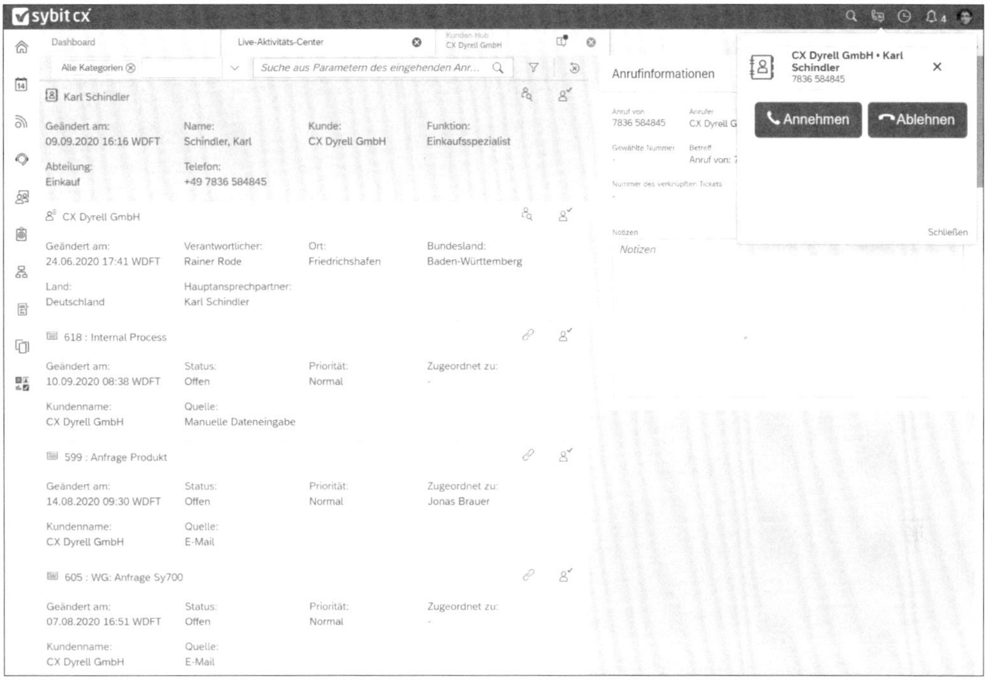

Abbildung 8.60 Live-Aktivitäts-Center

8.18 Fazit

Der Vertriebsprozess ist ein wertvoller Faktor zur Gestaltung Ihrer Kundenbeziehung. Die SAP Sales Cloud ist mehr als ein klassisches CRM-System. Sie unterstützt und digitalisiert Ihren Vertrieb im Außendienst sowie im Innendienst genauso wie die Vertriebsleitung oder das Management in Ihrer täglichen Arbeit – und das über multiple Kanäle und Touchpoints hinweg. Die integrierten Vertriebsprozesse sorgen dabei für eine optimale Zusammenarbeit aller Beteiligten, für Transparenz und eine klare Kundenorientierung.

Durch das moderne Erscheinungsbild, eine intuitiven Navigation, mobile Nutzungsmöglichkeiten, intelligente Analysefunktionalitäten und viele kundenspezifische Anpassungsmöglichkeiten werden Ihre Vertriebsprozesse effizient ausgestaltet. Darüber hinaus ist die SAP Sales Cloud flexibel mit anderen Systemen integrierbar, wodurch nahtlose End-to-End-Prozesse in Ihrem Unternehmen abbildbar werden. Somit pflegen Sie proaktiv Ihre Kundenbeziehungen, identifizieren neue Verkaufschancen und steigern die Customer Experience durch die vertriebliche Arbeit.

Kapitel 9
SAP CPQ

Bei der Produkt- und Angebotskonfiguration sitzt der Vertrieb an entscheidender Stelle im Verkaufs- oder Vertragsprozess. Mit SAP CPQ steht die perfekte Ergänzung im SAP-Portfolio für die Customer Experience zur Verfügung, um die Lücke zwischen der Vertriebssoftware und dem Webshop zu schließen. Richtig eingesetzt, bietet SAP CPQ die Chance eines nahtlosen Übergangs von der digitalen Kundenanfrage zu Vertriebsübernahme und Auftragsmanagement.

SAP CPQ ist ein *Configure-Price-Quote-System*. Mithilfe von SAP CPQ können Sie die *Produktkonfiguration*, die *Preisermittlung* und die dazugehörige *Angebotserstellung* in einem System abbilden, das sich nahtlos in die SAP Sales Cloud einbetten lässt. Der Angebotsprozess kann also, wie gewohnt, und ohne Systembruch erfolgen.

Ihr Vertriebsteam und Ihre Vertriebspartner werden in die Lage versetzt, einfache bis komplexe Produktkonfigurationen fehlerfrei durchzuführen und standardisierte, und doch zugleich flexible und optisch ansprechende Angebote zu erstellen. Zusätzlich können durch SAP CPQ die Preisgestaltung optimiert und der Margenschutz durch Voreinstellungen und automatisierte Genehmigungsprozesse sichergestellt werden.

Das System kann Ihnen dabei helfen, auch bei komplexen Produktkonfigurationen die Effektivität und Effizienz im Vertrieb zu optimieren – durch eine Unterstützung in den folgenden Prozessabschnitten der Sales Journey:

1. Produktidentifikation (Abschnitt 9.1)
2. Produktkonfiguration (Abschnitt 9.2)
3. Angebotskonfiguration (Abschnitt 9.3)
4. Genehmigungsprozess (Abschnitt 9.4)
5. Angebotserstellung (Abschnitt 9.5)
6. Angebotsversand (Abschnitt 9.6)
7. Angebotsabschluss und Angebotsmanagement (Abschnitt 9.7)

Die genannten Prozessschritte und CPQ-Funktionen werden in diesem Kapitel nacheinander näher betrachtet. Das Kapitel schließt in Abschnitt 9.8 mit einem kurzen Blick auf mögliche Integrationsszenarien ab.

9.1 Produktidentifikation

SAP CPQ bietet Ihnen eine moderne Oberfläche mit Webshop-Charakter. Dies ermöglicht dem Vertrieb, einfach und schnell die richtigen Produkte zu finden, die richtigen Produktkombinationen zusammenzustellen, fehlerfreie Ausprägungen von konfigurierbaren Produkten zu erstellen, unter Umständen die entsprechenden Services hinzuzufügen und somit das für einen Kunden passende Angebot zu generieren.

Die Produktauswahl kann über den Katalog gestartet werden. Die Produkte im Katalog sind Kategorien zugeordnet (siehe Abbildung 9.1). Durch das Erstellen von Kategorien und das Zuordnen der Produkte zu diesen wird die Orientierung bei der Produktsuche optimiert. Über den Katalog können dem Angebot sowohl *einfache Produkte* (ohne Konfiguration) als auch *konfigurierbare Produkte* hinzugefügt werden.

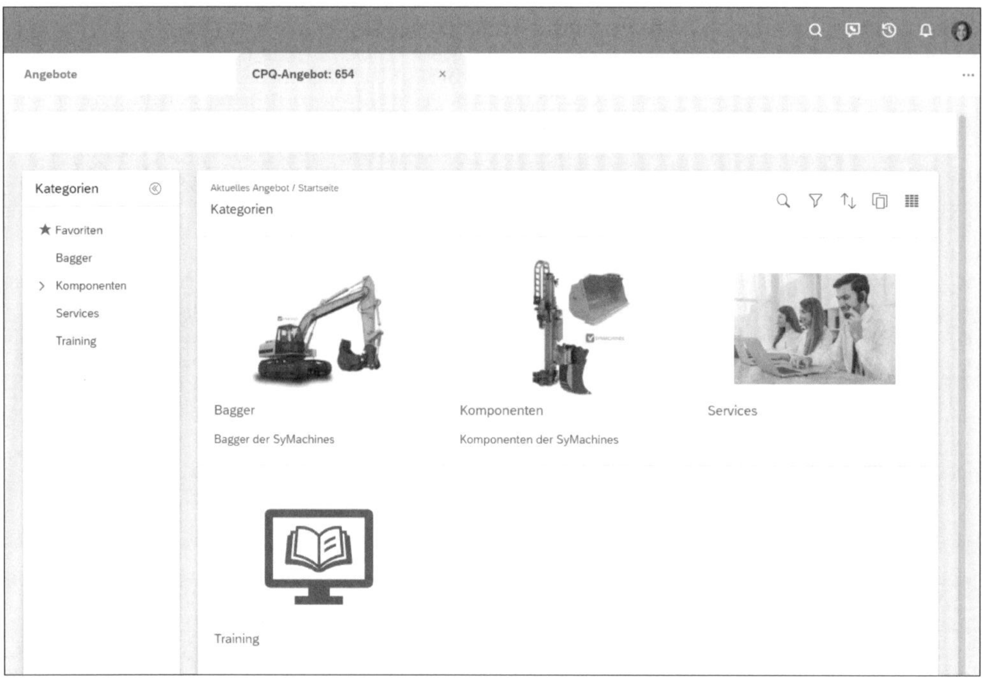

Abbildung 9.1 Produktsuche über Katalog und Kategorien

Je höher die Anzahl an zu vertreibenden Produkten bei einem Unternehmen ist, desto mehr lohnt es sich, dem Vertrieb Entscheidungshilfen an die Hand zu geben. Hierzu lässt sich in SAP CPQ die Funktion **Guided Selling** (systemgestützte Verkaufsführung) nutzen (siehe Abbildung 9.2).

Angebote zu erstellen, die den spezifischen Anforderungen Ihrer Kunden entsprechen, ist entscheidungskritisch. Daher gilt es, vor allem bei hoher Komplexität, die Kundenanforderungen vorab zu identifizieren und bei der Angebotserstellung sicherzustellen, dass diese auch beachtet werden. Mit Guided Selling ermöglicht SAP CPQ eine *attributbasierte Produktsuche*, die durch gezielte Fragestellungen die richtigen Produkte und Dienstleistungen durch einen Abgleich mit den Kundenanforderungen identifiziert.

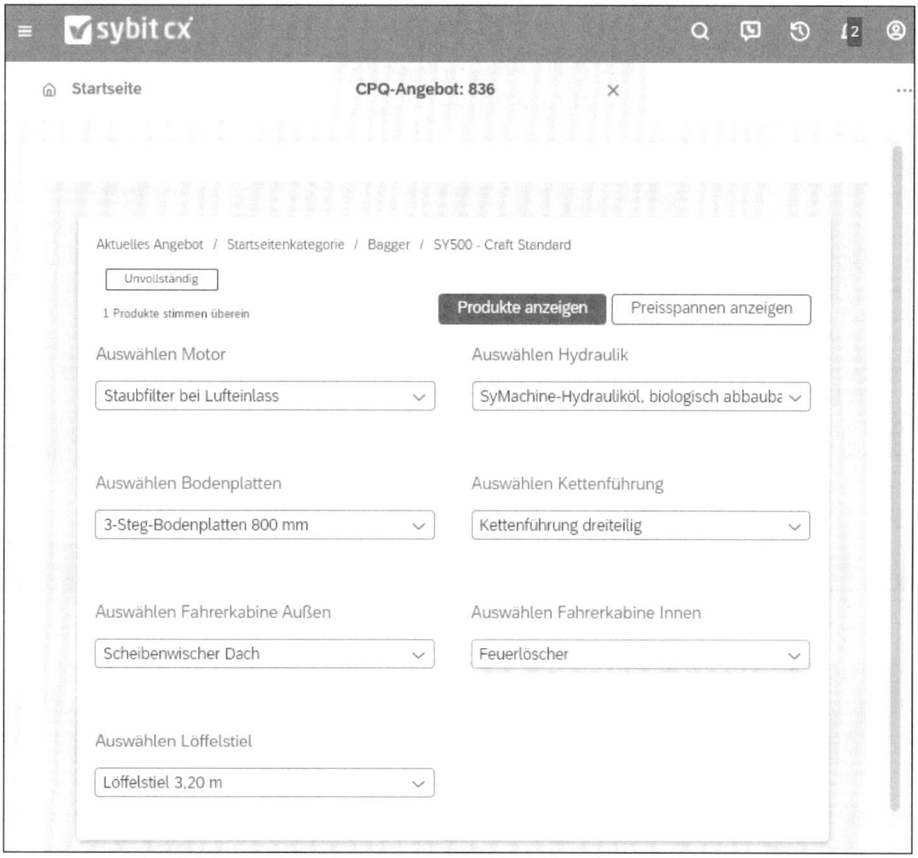

Abbildung 9.2 Produktsuche über Guided Selling mit SAP CPQ

Wurde durch den Abgleich mit den Kundenanforderungen ein konfigurierbares Produkt identifiziert, übernimmt Guided Selling die ausgewählten Attribute direkt in die Produktkonfiguration. Guided Selling verkürzt somit den Produktauswahlprozess und ermöglicht es dem Vertrieb, Angebote schneller zu erstellen. Bei der Einarbeitung neuer Teammitglieder kann so einerseits eine schnelle Orientierung im Produktportfolio sichergestellt werden. Andererseits kann Kunden die optimale Produktkombination angeboten werden. Die Kundenbedürfnisse können erkannt und durch die passenden Lösungen erfüllt werden. Dies schafft Vertrauen und führt zu einer erfolgreichen Kundenbeziehung.

9.2 Produktkonfiguration

SAP CPQ unterstützt Sie dabei, beliebig komplexe *Konfigurationsmodelle* abzubilden und ermöglicht eine benutzerfreundliche, geführte Produktkonfiguration. Dieses Ziel kann mit den folgenden drei Szenarien erfüllt werden.

[»]

Modellierung von Konfigurationen in SAP CPQ

SAP CPQ bietet Ihnen zur Modellierung Ihrer Konfigurationen die folgenden drei Ausprägungen:

- Die Konfigurationsmodelle sind im ERP-System aufgebaut und werden in SAP CPQ repliziert und wiederverwendet.
- Die Konfigurationsmodelle werden direkt in SAP CPQ aufgebaut und gepflegt.
- Es wird ein Mischszenario genutzt. Beispielsweise wird die Konfigurationslogik aus dem ERP-System repliziert und die Preisfindung direkt in SAP CPQ aufgebaut.

Welches der drei Szenarien sich für Sie am besten eignet, hängt von unterschiedlichen Faktoren ab, auf die im Folgenden genauer eingegangen wird.

9.2.1 Szenario 1: Konfigurationsmodelle aus SAP S/4HANA wiederverwenden

Das erste Szenario, in dem die Konfigurationsmodelle aus dem ERP-System repliziert werden, wird für gewöhnlich von Unternehmen genutzt, bei denen komplexe Produktkonfigurationen zum Kerngeschäft gehören. In diesen Fällen sind die Konfigurationsmodelle in der Regel bereits im ERP-System unter hohem Aufwand aufgebaut worden. Dieser Aufwand wird durch das Zusammenspiel der *Variantenkonfiguration* in SAP S/4HANA und der Nutzung von SAP CPQ entlohnt, da über die vorhandene standardisierte Schnittstelle auf diese Modelle zugegriffen werden kann.

Auf diesem Weg entsteht kein zusätzlicher Pflegeaufwand. Die Richtigkeit der Konfiguration und der Preisfindung ist sichergestellt, und Ihr Vertriebsteam kann von einer benutzerfreundlichen und vertriebsorientierten Oberfläche in einem Cloud-System profitieren. Mit einer intuitiven Benutzerführung werden die betreffenden Mitarbeitenden durch die Produktkonfiguration und den Angebotsprozess geleitet.

Bei Vertriebsmodellen mit Vertriebspartnern ergibt sich hierdurch die Möglichkeit, dass auch diese auf der Basis der Konfigurationsmodelle aus dem ERP-System korrekte Angebote erstellen können, ohne auf das ERP-System zugreifen zu müssen. Dies kann über die passenden Berechtigungen bezüglich der Produktauswahl, der Produktvarianten und Rabattierungsmöglichkeiten gesteuert werden.

Die Produkt- und Preisdaten sind in diesem Szenario immer aktuell und werden in dem Moment abgerufen, in dem Sie die Konfiguration durchführen. Die Konfigurationsmodelle können im Rahmen gewisser Parameter im SAP CPQ erweitert werden. Beispielsweise können Sie Anpassungen für spezifische Märkte oder Kundensegmente vornehmen. Zusätzlich kann das Layout der Produktkonfiguration in SAP CPQ angepasst werden. Genauere Informationen finden Sie in Abschnitt 9.8, »Integrationsszenarien«.

9.2.2 Szenario 2: Konfigurationsmodelle in SAP CPQ erstellen

In dem zweiten möglichen Szenario werden die Konfigurationsmodelle direkt in SAP CPQ aufgebaut und gepflegt. Dieses Szenario bietet sich an, wenn bisher keine Konfigurationsmodelle in SAP S/4HANA aufgebaut waren. Für diesen Fall liefert SAP CPQ alle Funktionen, um Produktkonfigurationen aufzubauen. Abhängigkeiten, Verknüpfungen und Regeln sowie korrekte Preiskalkulationen können definiert und abgebildet werden.

9.2.3 Szenario 3: Mischszenario

Szenario 3 kombiniert die Vorgehensweise der Szenarien 1 und 2. In diesem Szenario werden die Konfigurationsmodelle aus SAP S/4HANA in SAP CPQ repliziert und wiederverwendet. Die Preisfindung zu diesen konfigurierbaren Produkten wird jedoch direkt in SAP CPQ aufgebaut. Dieses Szenario bietet sich beispielsweise an, wenn die Konfigurationsmodelle in SAP S/4HANA bereits aufgebaut sind und die Vertriebslogik dazu ergänzt werden soll.

9.2.4 Pflege der Produktkonfiguration in SAP CPQ

Wenn Sie als Anwender über die notwendigen Administratorenberechtigungen verfügen, können Sie im Setup in SAP CPQ einfache und konfigurierbare Produkte anlegen, bearbeiten und somit dem Katalog hinzufügen.

Bei der Anlage eines Produkts stehen die folgenden fünf Produktarten zur Auswahl:

- **Einfaches Produkt**
  Ein einfaches Produkt kann nicht weiter angepasst werden und wird somit dem Angebot immer direkt hinzugefügt.

- **Konfigurierbares Produkt**
  Bei einem konfigurierbaren Produkt muss im Regelfall die passende Ausprägung konfiguriert werden, bevor es dem Angebot hinzugefügt werden kann.
- **Kollektion der konfigurierbaren Produkte**
  Bei dieser Kollektion handelt es sich um eine Produktschachtelung, in der jedes inkludierte Produkt eigenständig konfiguriert werden kann.
- **System(liste) der konfigurierbaren Produkte**
  Diese Produktart nutzt eine Produktschachtelung. Die darin enthaltenen Produkte können jedoch nicht unabhängig voneinander konfiguriert werden.
- **Über- bzw. untergeordnete(s) System(liste) der konfigurierbaren Produkte**
  Hier definiert sich die Existenz des untergeordneten Produkts über sein Verhältnis zum übergeordneten Produkt. Jedes übergeordnete Produkt kann mehrere untergeordnete Produkte besitzen. Jedes untergeordnete Produkt kann auch selbst die Rolle eines übergeordneten Produkts übernehmen. Es handelt sich somit um eine Kombination aus dem konfigurierbaren Produkt und dem System bzw. der Systemliste der konfigurierbaren Produkte.

In Abbildung 9.3 ist ein konfigurierbares Produkt im Setup-Bereich zu sehen. Die Registerkarten im oberen Bereich zeigen die Bereiche, die für die Produktpflege in SAP CPQ genutzt werden können.

Bei der Produktdefinition können Sie allgemeine Daten zu dem Produkt pflegen. Beispiele hierfür sind der Produktname, die (dynamische) Beschreibung, der Produkttyp, Berechtigungen, Gültigkeitsdaten und Ähnliches.

Auf der Registerkarte **Preisfindung** definieren Sie, ob die Preisfindung über *Preisbücher* oder über die *benutzerdefinierte Preisfindung* gesteuert wird. Bei der benutzerdefinierten Preisfindung werden Grundpreis und Kosten hinterlegt.

In Abbildung 9.3 sehen Sie außerdem die Registerkarte **Attribute**. Attribute sind Produkteigenschaften, die bei einem konfigurierbaren Produkt ausgewählt und angepasst werden können. Attribute müssen oftmals genauer spezifiziert werden, bevor ein konfigurierbares Produkt einem Angebot hinzugefügt werden kann. Attribute existieren immer auch unabhängig von den Produkten im System. Das bedeutet, dass dasselbe Attribut prinzipiell mehreren Produkten zugeordnet werden kann.

Attribute werden in erster Linie dafür genutzt, Produktcharakteristiken abzubilden. Sie können jedoch weitergehend auch dazu verwendet werden, Kalkulation abzubilden und durchzuführen, um dem Benutzer freie Text- oder Zahleneingaben zu ermöglichen oder um zusätzliche Informationen einblenden zu können. Für komplexere Anwendungsfälle existieren weitere Attributtypen.

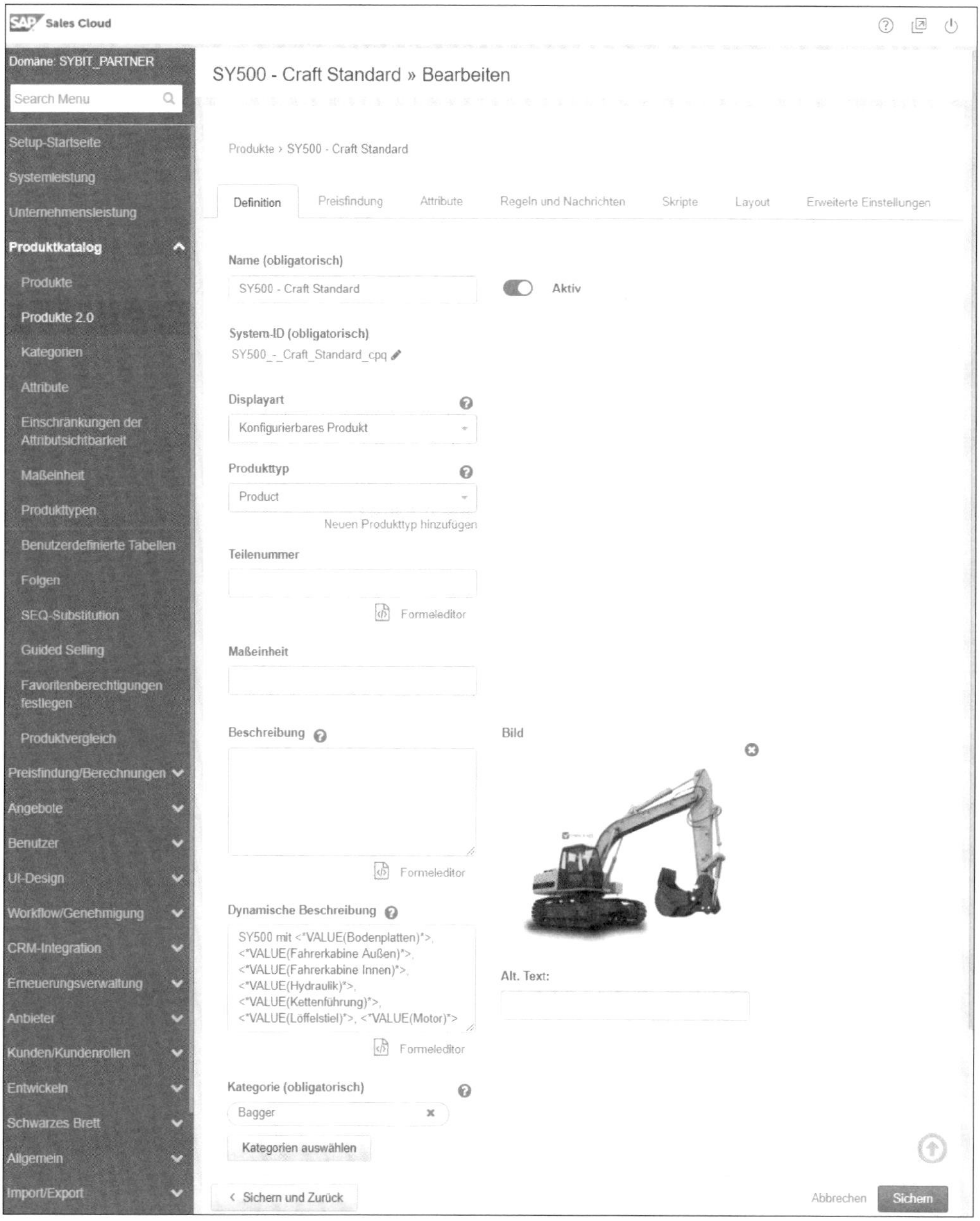

Abbildung 9.3 Setup-Bereich in SAP CPQ – Produktanlage für die Administration

Im Folgenden zeigen wir Ihnen, wie diese Attribute zu einem Produkt in SAP CPQ aussehen können. Über Attribute können z. B. Produktinformationen und -bilder angezeigt werden (siehe Abbildung 9.4).

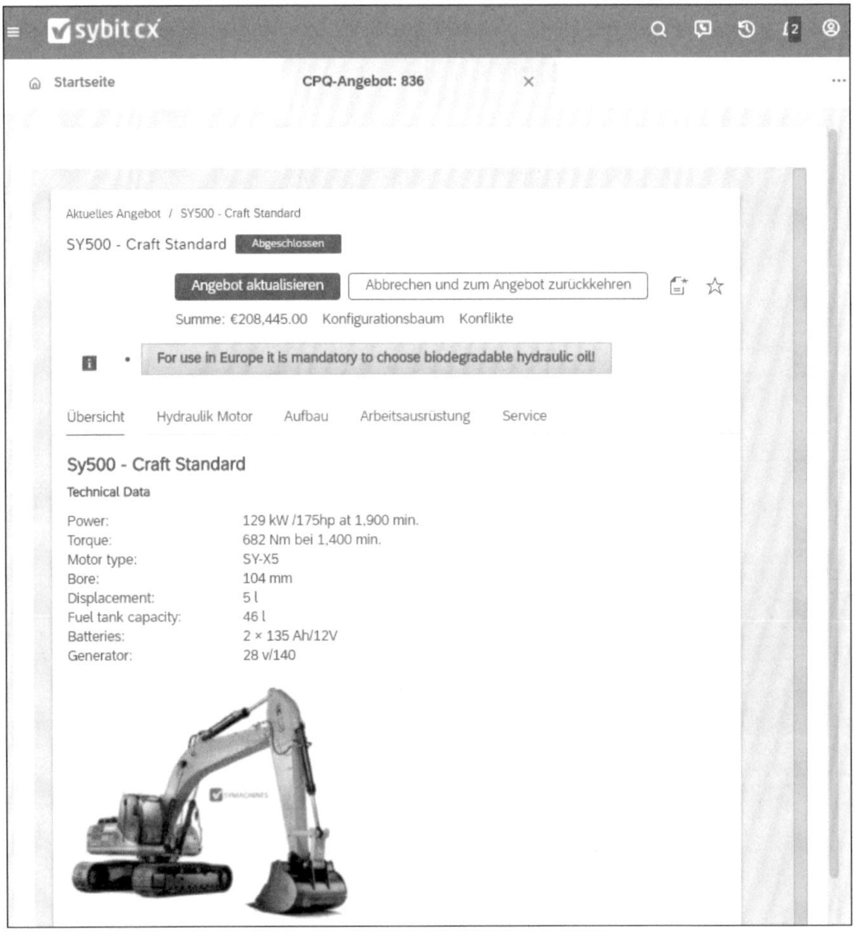

Abbildung 9.4 Übersicht über der Konfigurationsansicht in SAP CPQ

In dem in Abbildung 9.5 gezeigten Beispiel wurde dem konfigurierbaren Produkt **SY500 – Craft Standard** das Attribut **Kettenführung** mit den Attributwerten **Kettenführung dreiteilig** und **Kettenführung vierteilig** zugeordnet.

Sobald ein Attribut einem Produkt hinzugefügt worden ist, können innerhalb dieser Beziehung weitere Einstellungen und Verfeinerungen vorgenommen werden. Unter anderem kann festgelegt werden, wie die Darstellung aussehen soll, z. B. ob Bilder verwendet werden sollen (siehe das Attribut **Scheinwerfer** in unserem Beispiel). Hier können Sie auch sehen, ob nur ein Attributwert ausgewählt werden kann (siehe die Elemente **Bodenplatte** und **Kettenführung**) oder mehrere Attribute ausgewählt werden können (siehe die Elemente **Fahrerkabine innen** und **Fahrerkabine außen**). Auch viele weitere individuell anpassbare Eigenschaften ermöglichen eine benutzerfreundliche und zielführende Darstellung der Produktkonfiguration durch die Produktattribute.

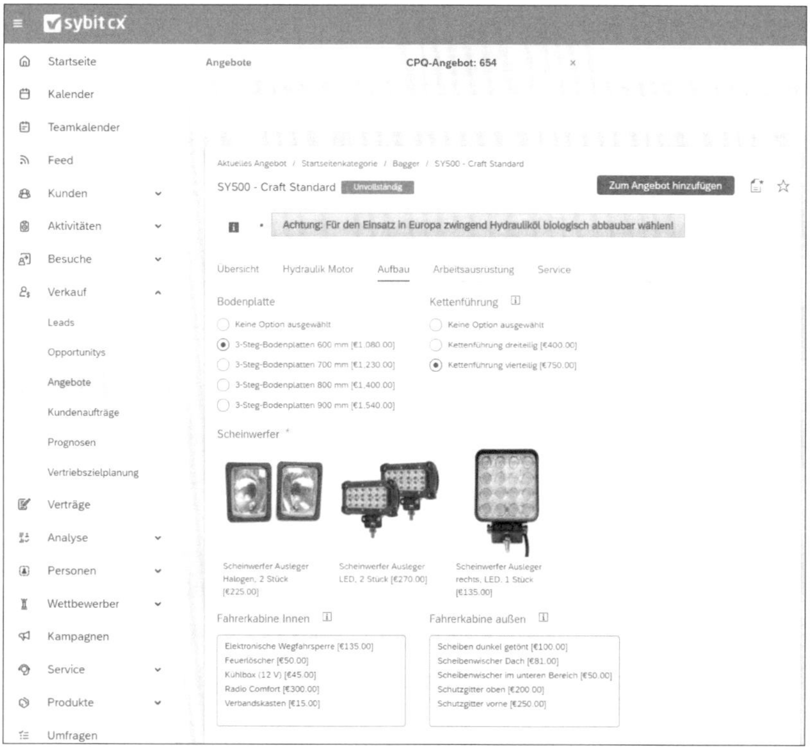

Abbildung 9.5 Produkteigenschaften in der Konfigurationsansicht mit SAP CPQ auswählen

In dem Bereich der Registerkarte **Regeln und Nachrichten** können Sie Logiken und Einschränkungen pflegen, um sicherzustellen, dass nur präzise und korrekte Produktvarianten angeboten werden können. Es existieren unterschiedliche Möglichkeiten, um diese Logiken und Einschränkungen umzusetzen: einfache Regeln, Formelregeln, Attributauslöser und Produktnachrichten. Durch die Anlage von Regeln können Sie beispielsweise steuern, dass, wenn ein bestimmter Attributwert gewählt wird, sich daraufhin die Auswahlmöglichkeiten bei einem anderen Attribut einschränken. Über die Funktion **Produktnachrichten** kann zusätzlich eine Nachricht ausgespielt werden, die dem Anwender aktiv dabei hilft, eine korrekte Produktvariante zu konfigurieren. SAP CPQ unterstützt Sie als Administrator bei der Produktpflege in diesem Bereich mit dem *Formeleditor*. Der Formeleditor ermöglicht es, nach einer kurzen Einarbeitungszeit korrekte Regeln aufzubauen, indem er bei dem Aufbau der Syntax und bei dem Einsetzen von Variablen aktiv unterstützt und die Validität der Regeln vor jedem neuen Speichern überprüft.

Wenn die vordefinierten Strukturen der Regeln und Nachrichten nicht ausreichen, um eine komplexere Produktkonfiguration abzubilden, können über die Registerkarte **Skripte** Logiken über *IronPhyton-Skripte* hinzugefügt werden. Hier ermöglicht Ihnen SAP CPQ zusätzliche Flexibilität.

Die Registerkarte **Layout** ist der Bereich, in dem Sie definieren können, wie die geführte Produktkonfiguration für den Anwender aussehen wird, während er die Konfiguration durchführt. Ein Beispiel eines vollständigen Layouts wurde in Abbildung 9.5 gezeigt. Sie können Registerkarten zum optischen Gruppieren bzw. Aufteilen der Attribute definieren, die Attribute zu- und anordnen und definieren, unter welchen Bedingungen welche Daten sichtbar sein sollen. Damit bietet Ihnen SAP CPQ ein großes Angebot zur individuellen Produktkonfiguration.

9.3 Angebotskonfiguration

In SAP CPQ haben Sie zwei Möglichkeiten, um durch den Angebots- und Konfigurationsprozess zu navigieren. Sie können entweder damit beginnen, ein Angebot mit Angebotskopfdaten anzulegen und diesem Produkte hinzuzufügen, oder Sie können damit starten, Produkte zu suchen, zu konfigurieren und aus dieser Konfiguration im Anschluss ein Angebot zu erstellen. In beiden Fällen steht Ihnen zu unterschiedlichen Zeitpunkten die Angebotskonfiguration zur Verfügung (siehe Abbildung 9.6).

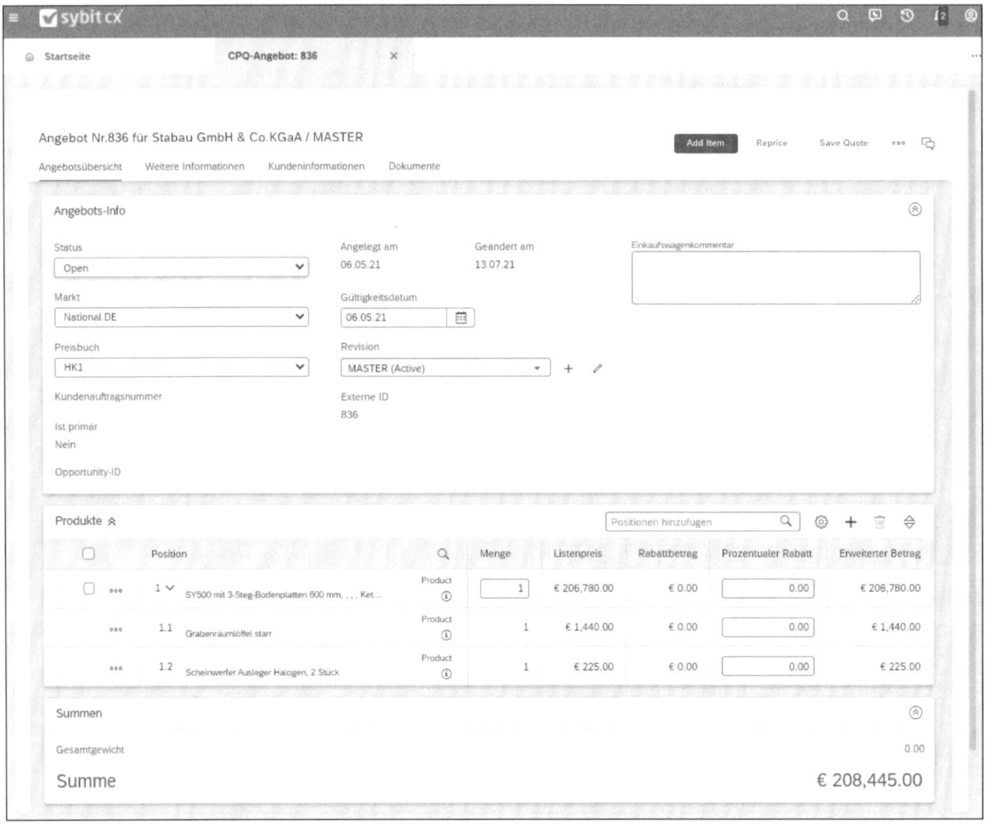

Abbildung 9.6 Angebotskonfiguration mit SAP CPQ in der SAP Sales Cloud

Im Standard lassen sich Angebote in SAP CPQ in die vier Bereiche unterteilen, die im Folgenden vorgestellt werden:

- Angebotsübersicht
- Weitere Informationen
- Kundeninformationen
- Dokumente

Diese Bereiche finden Sie als Registerkarte in Abbildung 9.6 oben rechts wieder.

9.3.1 Angebotsübersicht

Im Bereich **Angebotsübersicht** in SAP CPQ werden die wichtigsten Informationen des Angebots wie Angebotskopfdaten und Angebotspositionen angezeigt. Zusätzlich werden Ihnen weitere Funktionen zur Verfügung gestellt, z. B. die Funktionen **Produkte hinzufügen**, **Rabattierung**, **Margin Health Indicator** und **Produkt- und Preisempfehlungen durch AI**.

Angebotskopfdaten

In den Angebotskopfdaten werden grundlegende Daten definiert. Teilweise können Sie diese Daten selbst festlegen, und teilweise werden die Felder automatisch durch das System befüllt.

Ein Beispiel für ein Datenfeld, das Sie aktiv auswählen können, ist **Markt**. Durch die Auswahl des Marktes werden hinterlegte Währungen, Marktfaktoren und Preisbücher automatisch für dieses Angebot verwendet.

Beispiele für Felder, die automatisiert durch das System befüllt werden, sind **Anlagedatum** oder **Kundenauftragsnummer**. Die Kundenauftragsnummer wird bei einer bestehenden Integration befüllt, sobald ein Auftrag in SAP S/4HANA generiert worden ist. Diese Standardinformationen helfen Ihnen, die wesentlichen Informationen zum Angebot zu dokumentieren.

Angebotspositionen

Die Angebotspositionen listen die in dem aktuellen Angebot enthaltenen Produkte auf. Die Produkte werden im Standard nach den folgenden Feldern aufgeschlüsselt:

- Positionsnummer
- Menge
- Produktnummer
- Beschreibung
- Rabatt

- Preis
- Produkttyp

Mit diesen Feldern stellen Sie Ihrem Vertrieb die wesentlichen Gestaltungsmöglichkeiten zur Angebotskonfiguration zur Verfügung.

Produkte hinzufügen

Möchten Sie Ihrem Angebot weitere Produkte hinzufügen, bietet Ihnen SAP CPQ mehrere Funktionen. Über eine Schnellsuche lassen sich einfache und konfigurierbare Produkte über die Produktnummer oder Produktbeschreibung finden. Einfache Produkte können direkt als neue Positionen hinzugefügt werden, während konfigurierbare Produkte erst ausgeprägt werden müssen. Ebenfalls können Sie über die Katalogsuche Produkte im Produktkatalog bestimmen und zum Angebot hinzufügen.

Preisfindung und Rabattierung

Wie bereits bei der Produktkonfiguration beschrieben, kann die Preisfindung direkt über SAP CPQ abgewickelt werden oder aus dem SAP-ERP-System über eine Integration übernommen werden.

Die *Rabattierung* der einzelnen Angebotspositionen wird über hinterlegte Rabattstaffeln gesteuert. Die Rabattstaffeln können Sie für bestimmte Benutzer, Benutzertypen, Produkte, Produktkategorien oder Produkttypen definieren. Versuchen Sie dementsprechend, einen Wert in das Feld **Rabatt** einzupflegen, der außerhalb des zulässigen Bereichs liegt, wird der Wert rot eingefärbt und nicht akzeptiert. Sie haben nun die Möglichkeit, den Rabatt innerhalb des zulässigen Bereichs anzupassen oder diesen, wenn ein Genehmigungsprozess dafür hinterlegt ist, zur Freigabe einzureichen.

Margin Health Indicator

Mit dem *Margin Health Indicator* können Sie den Margenzustand für einzelne Positionen sowie für das gesamte Angebot prüfen. In Abbildung 9.7 ist der Margin Health Indicator auf der Positionsebene zu sehen. Der Margin Health Indicator stellt das Verhältnis von Preis und Kosten als Gewinnspanne dar und kann für bestimmte Benutzer, Benutzertypen, Produkte, Produkttypen und Produktkategorien unterschiedlich definiert werden.

Die Gewinnspanne kann in die drei Schwellenbereiche Grün, Gelb und Rot eingeteilt werden. Im grünen Bereich ist der Margenzustand positiv, während er im roten Bereich negativ bewertet wird. Versuchen Sie, eine Gewinnspanne unter dem Schwellenwert des roten Bereichs einzutragen, kann dies durch den Indikator verhindert werden. Somit wird sichergestellt, dass der Margenzustand nicht unterschritten wird. Der Margin Health Indicator berücksichtigt auch eventuelle Rabatte auf den Preis.

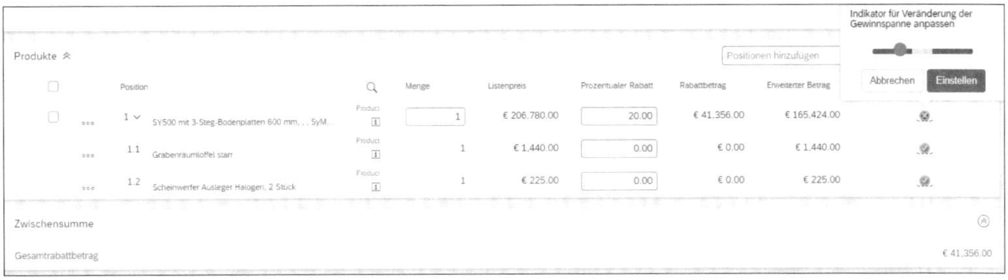

Abbildung 9.7 Indikator für die Veränderung der Gewinnspanne (Margin Health Indicator) in SAP CPQ

AI für Produkt- und Preisempfehlungen

SAP CPQ bietet Ihnen mit dem *AI-Service für Produkt- und Preisempfehlungen* eine intelligente Unterstützung zum Up-Selling und Cross-Selling. Zudem unterstützt Sie der Vorhersageservice bei der Bestimmung des besten Preises für das Angebot.

Mithilfe des AI-Services prognostiziert SAP CPQ die Produkte, die Ihre Kunden möglicherweise benötigen, basierend auf der Kaufhistorie oder Kaufhistorien ähnlicher Kunden. In Kombination mit der Integration in die SAP Sales Cloud schlägt der Service Ihnen auch den Rabatt für den Artikel vor, der am wahrscheinlichsten zum Abschluss des Geschäfts führt. Die Daten der Produkt- und Preishistorie basieren auf den früheren Verkaufsdaten des Kunden, die in SAP CPQ und der SAP Sales Cloud zur Verfügung stehen. Die Funktion ist nicht Teil des Standard-SAP-CPQ-Pakets und kann zusätzlich lizenziert werden.

Angebots- und Positionsaktionen

Mithilfe von *Angebotsaktionen* stellt SAP CPQ Ihnen Aktionen bereit, die zur Bearbeitung des Angebots elementar sind. So können Sie je nach Angebotsstatus Bestellungen aufgeben, Preise neu berechnen, Angebote speichern, zur Genehmigung einreichen und Dokumente erstellen. Wenn z. B. das Angebot zur Genehmigung vorgelegt worden ist und der aktuelle Status **Warten auf Genehmigung** lautet, steht Ihnen nur eine begrenzte Anzahl an Aktionen zur Verfügung.

Auf der Positionsebene sind für Sie *Positionsaktionen* verfügbar. Diese Aktionen sind ebenfalls vom Angebotsstatus abhängig. Sie ermöglichen es Ihnen, jedes dem Angebot hinzugefügte Produkt zu kopieren, zu löschen, zu bearbeiten, zu aktualisieren oder anzuzeigen.

9.3.2 Weitere Informationen

Sollten Sie noch weitere Informationen benötigen, können Sie das System in Bereich **Weitere Informationen** um benutzerdefinierte Felder erweitern. Die benutzerdefinieren Felder können beispielsweise unternehmensspezifische Daten aus der SAP Sales Cloud enthalten. Diese Daten können dann ebenfalls im späteren Angebotsdruck verwendet werden.

9.3.3 Kundeninformationen

Auf der Registerkarte **Kundeninformationen** sind die relevanten Kundendaten einsehbar. Abhängig davon, welches Integrationsszenario für Ihre Lösung eingerichtet ist, können die Kundendaten hier auch gepflegt oder geändert werden. Es existieren bis zu drei Rollen, in die Kundeninformationen eingegeben werden können: **Rechnungsempfänger**, **Warenempfänger** und **Endkunde**.

9.3.4 Dokumente

Im Bereich **Dokumente** finden Sie die zu diesem Angebot bereits generierten Dokumente und die Möglichkeit, weitere Dokumente hochzuladen. Zusätzlich können Sie in diesem Bereich nachvollziehen, wann Dokumente erstellt wurden, und in Abhängigkeit des von Ihnen gewählten Einsatzszenarios können Sie sehen, ob sie an den Kunden gesendet wurden und ob der Kunde sich die Dokumente bereits hat anzeigen lassen.

9.4 Genehmigungsprozess

Im Rahmen der Angebotserstellung grenzen *Genehmigungsprozesse* die Kompetenzbereiche der Mitarbeitenden Ihres Vertriebs ab.

[»]

Varianten von Genehmigungsprozessen in SAP CPQ

SAP CPQ bietet Ihnen die Möglichkeit, Genehmigungsprozesse in der Angebotskonfiguration sowie in der Produktkonfiguration abzubilden. Mithilfe von Genehmigungsprozessen kontrollieren Sie zum einen die Preisfindung in der Angebotserstellung, und zum anderen fordern Sie fachliche oder technische Klärungen in der Produktkonfiguration ein.

Vergibt ein Mitglied des Vertriebsteams einen höheren Rabatt als zulässig, wird eine Aufforderung zum Anstoßen des Genehmigungsprozesses von SAP CPQ angezeigt. Die zugrunde liegenden *Genehmigungsregeln* können Sie variabel definieren und sie somit optimal Ihrem Geschäftsmodell anpassen. Die Genehmigungsregeln definieren sich z. B. über Rabatte, Angebotsvolumen, Produktdetails, Kunden und Kundengruppen. Die Genehmigungsprozesse werden speziell auf einen einzelnen Benutzer, für verschiedene Benutzertypen oder Verkaufsorganisationen angewendet.

Je nach Genehmigungslogik der Regeln kann nur eine Person zur Genehmigung ausgewählt oder aus einer definierten Liste ein Genehmiger bestimmt werden. Die Genehmigungslogik in SAP CPQ kann einer UND-Logik sowie einer ODER-Logik folgen. Bei der UND-Logik müssen mehrere Genehmiger das Angebot überprüfen und es genehmigen oder ablehnen. Das Angebot bekommt erst den Status **genehmigt**, wenn alle Genehmiger zugestimmt haben. Andernfalls bekommt es den Status **abgelehnt**. Bei der ODER-Logik reicht die Rückmeldung eines einzelnen Genehmigers aus, um das Angebot in den Status **genehmigt** oder **abgelehnt** zu setzen.

Wer die Genehmigung erteilt, kann manuell zur Regel oder automatisiert, basierend auf der Hierarchie oder auf einer benutzerdefinierten Selektionslogik, bestimmt werden. Auf Basis dieser Logik erhält diese Person das zu prüfende Angebot und muss entscheiden, ob es genehmigt oder abgelehnt wird. Somit ist die Darstellung eines mehrstufigen Genehmigungsprozesses möglich. Der Genehmigungsprozess wird immer bei der Aktualisierung der Konfiguration oder bei der Preisaktualisierung neu durchlaufen.

9

SAP CPQ stellt mit der Funktion **Automatische Erinnerung an Genehmiger** einen automatisierten E-Mail-Workflow an den Genehmiger als Erinnerungsfunktion zur Verfügung. Damit wird sichergestellt, dass die Anzahl der Angebote, die auf eine Genehmigung warten, reduziert und der Genehmigungsprozess optimiert durchlaufen wird. Genehmigungen können auch übertragen werden. Diese Delegation ist für Fälle vorgesehen, in der der Genehmiger nicht anwesend ist. Bei der Aktivierung dieser Funktion kann jedes Mitglied des Teams das Angebot als delegierter Genehmiger überprüfen, genehmigen oder ablehnen.

Durch den Genehmigungsprozess von SAP CPQ gehören komplexe und zeitaufwendige Genehmigungen der Vergangenheit an. Direkt nach der Freigabe des Angebots kann der Vertrieb mit der Angebotserstellung fortfahren.

[«]

Genehmigungsprozesse im ETO-Bereich

Genehmigungsprozesse werden in SAP CPQ nicht nur zur Genehmigung von Preisanpassungen verwendet, sondern auch um fachliche und technische Freigabeprozesse abzudecken. Dies ist für Unternehmen besonders relevant, die in der Produktkonfiguration den *Engineer-to-Order*-Produktionsansatz (ETO) anbieten. Hierbei wird die Produktkonfiguration über die standardisierten und sichergestellten Konfigurationsparameter hinaus ermöglicht.

Wird z. B. dem Angebot ein *Kundensonderwunsch* hinzugefügt, kann ein fachlicher Genehmigungs-Workflow sicherstellen, dass der Sonderwunsch dem Kunden erst dann angeboten wird, wenn das Produktmanagement oder die Produktion bestätigt haben, dass dieser Kundensonderwunsch erfüllt werden kann.

9.5 Angebotserstellung

Die Angebotserstellung umfasst die Dokumentausgabe des zuvor erstellten Angebots, sodass dieses an die Kunden aufbereitet übergeben werden kann. SAP CPQ stellt Ihrem Unternehmen eine Auswahl an vordefinierten *Angebotsvorlagen* zur Verfügung. Somit stellen Sie sicher, dass die Ergebnisse der Angebots- und Produktkonfiguration automatisiert und korrekt in ein ansprechendes Format übertragen werden.

Wenn Sie aus der Ansicht der Angebotsübersicht die Aktion **Generierte Dokumente** ausführen, steht Ihnen die Möglichkeit zur Verfügung, aus einer Liste von Vorlagen die passende Angebotsvorlage in der jeweiligen Angebotssprache auszuwählen (siehe Abbildung 9.8). Die gewählte Vorlage lässt sich als PDF- oder Word-Dokument generieren. Mit der Funktion **Vorschau** haben Sie zudem die Option sich die Vorlage in einer Vorschau anzuschauen, um sicherzugehen, dass Sie die richtige Vorlage ausgewählt haben.

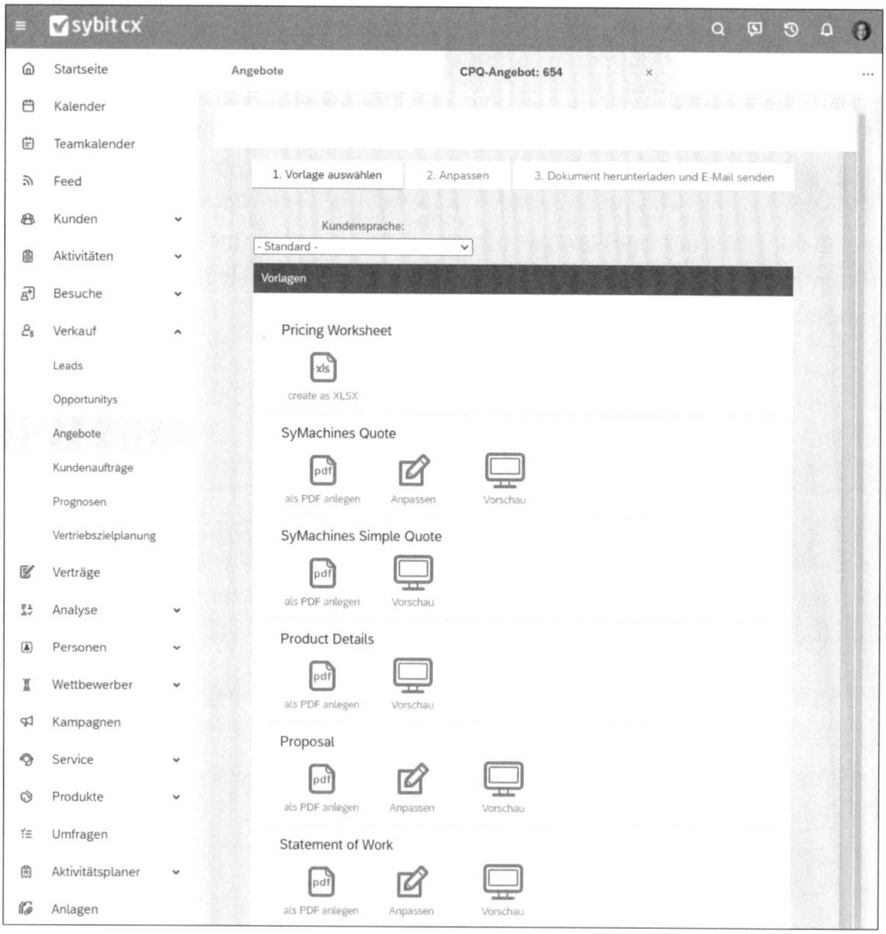

Abbildung 9.8 Auswahl der Angebotsvorlage je nach Kundenansprache

Nachdem Sie eine Vorlage ausgewählt haben, gelangen Sie in die Struktur der ausgewählten Angebotsvorlage (siehe Abbildung 9.9). Hier haben Sie die Möglichkeit, Dokumente, die nicht obligatorisch sind, abzuwählen oder ihre Reihenfolge zu ändern. Außerdem kann die Vorlage durch einen Upload von externen Dokumenten ergänzt werden. Individuelle Anschreiben lassen sich durch Textbausteine in das Angebot übernehmen, die mit der Vorlage verknüpft sind. Somit können Sie ein standardisiertes, qualitativ hochwertiges und verlässliches, aber gleichzeitig auch kundenindividuelles Angebot erstellen.

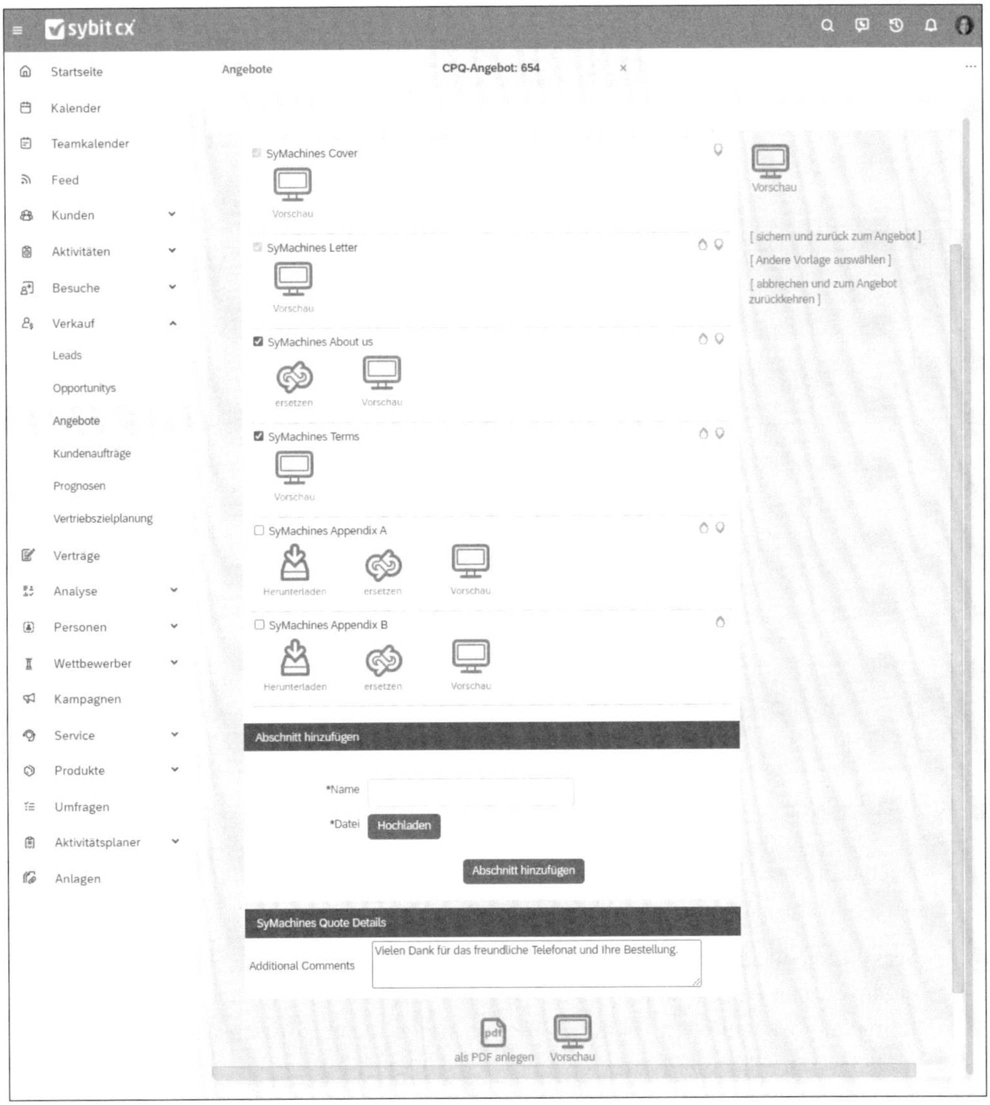

Abbildung 9.9 Individualisierung der Angebotsvorlage durch Auswahl der passenden Dokumente

9.6 Angebotsversand

Im Anschluss an die Erstellung des Angebots steht der *Angebotsversand* an, der ebenfalls direkt und integriert in SAP CPQ erfolgt.

Im Standard bietet SAP CPQ die Möglichkeit, eine E-Mail an den Rechnungsempfänger, Warenempfänger und eine Kopie an den Versender zu schicken (siehe Abbildung 9.10). Zusätzlich haben Sie die Möglichkeit, weitere Empfänger zu definieren. Den Betreff und den Text der E-Mails können Sie über eine individuell anpassbare E-Mail-Vorlage zur Verfügung stellen. Das Angebotsdokument wird der E-Mail als Anlage automatisch hinzugefügt. Mit einem Klick auf **Dokument herunterladen** können Sie das Angebotsdokument herunterladen und gegebenenfalls noch einmal prüfen.

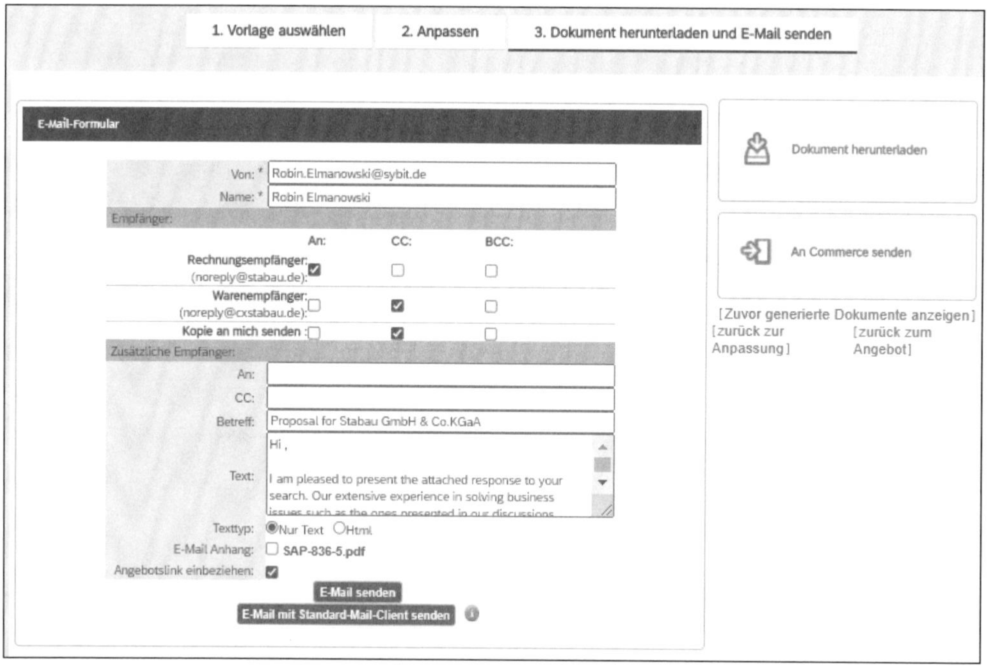

Abbildung 9.10 Ansicht des Angebotsversands an den Kunden in SAP CPQ

Nach dem Versand des Angebots dokumentiert SAP CPQ diesen und aktualisiert den Angebotsstatus.

Sie können den Angebotsversand auch durch Lösungen wie *DocuSign* oder *AdobeSign* ergänzen. Mit beiden Lösungen ermöglichen Sie es Ihren Vertriebsteams, Geschäfte schneller abzuschließen, da Ihr Kunde Ihr Angebot elektronisch signieren und automatisiert zurücksenden kann.

9.6.1 AdobeSign

Mit *AdobeSign* stellen Sie die Funktion bereit, dass der Empfängerkreis direkt im elektronischen Angebotsdokument unterschreiben kann. Innerhalb eines Dokuments können Sie mittels AdobeSign-Tags Stellen definieren, an denen eine Unterschrift vorhanden sein muss. Verzichten Sie darauf, Stellen mit den AdobeSign-Tags zu definieren, werden diese von AdobeSign bestimmt.

9.6.2 DocuSign

Die *DocuSign-Integration* ermöglicht es Ihnen, ein Angebot an den Kunden zu senden, damit dieser das Dokument elektronisch unterschreiben und an den Vertrieb zurücksenden kann. Die weiteren Funktionen werden im Folgenden anhand eines Beispielprozesses verdeutlicht.

Der Prozess von DocuSign beginnt ebenfalls in der Standardmaske von SAP CPQ. Ergänzend hierzu steht Ihnen die Funktion **an DocuSign senden** zur Verfügung. Dabei wird eine E-Mail mit dem Link zu dem signierbaren Dokument versendet. Stellen Sie sicher, dass Sie diese E-Mail nur an einen Empfänger senden, da der Link während des DocuSign-Prozesses nur von einem Empfänger verwendet werden kann. Sobald das Dokument signiert ist, läuft der Link ab und wird ungültig. Die Erfolgsmeldung wird am oberen Rand des Formulars angezeigt.

Dem Empfänger Ihrer DocuSign-E-Mail geben Sie so die Möglichkeit, das Angebot digital zu signieren, es abzulehnen oder den Signiervorgang später abzuschließen. Bei der Ablehnung geben Sie ihm außerdem die Option, eine Nachricht mitzugeben. Damit ermöglich Sie Ihrem Vertrieb, auf die Gründe für die Absage einzugehen. Außerdem kann der Empfänger das Angebot auf Papier unterschreiben und das Dokument hochladen oder zurückfaxen.

9.7 Angebotsabschluss und Angebotsmanagement

Beim Standardprozess – ohne die Verwendung von AdobeSign oder DocuSign – erhalten Kunden im Anschluss an den Angebotsversand eine E-Mail inklusive der angehängten Angebotsdokumente sowie einen Link zu SAP CPQ. Innerhalb von SAP CPQ können Kunden das Angebot zurückgeben oder bestätigen. Außerdem steht eine Chat-Funktion zur Verfügung, über die die Kunden direkt mit dem Vertrieb kommunizieren können.

Wird das Angebot angenommen, aktualisiert sich der Status des Angebots in SAP CPQ, und die Auftragsabwicklung kann vom Vertrieb angestoßen werden. Wünscht Ihr Kunde eine Überarbeitung, wird der Angebotsstatus zurückgesetzt, und der Vertrieb erhält eine Aufforderung zur Überarbeitung.

9.7.1 Versionierung

Die Versionierung von Angeboten wird in SAP CPQ durch sogenannte *Revisionen* dargestellt. Mithilfe dieser Revisionen ermöglichen Sie dem Vertrieb, mehrere Versionen eines Angebotes schnell und einfach zu erstellen. Revisionen können bereits auch schon während der Angebotserstellung genutzt werden. Sie lassen sich in der Ansicht **Revisionen** erstellen und verwalten (siehe Abbildung 9.11). Hier können Sie neue Revisionen erstellen, Revisionen vergleichen, Revisionen umbenennen und beschreiben oder Aktionen für das Angebot durchführen. Jede Angebotsrevision wird über der vorherigen Revision gestapelt. Die aktive Revision ist blau hervorgehoben; alle anderen Versionen sind grau hinterlegt. Somit kann Ihr Vertrieb immer auf das aktuelle Angebot zugreifen.

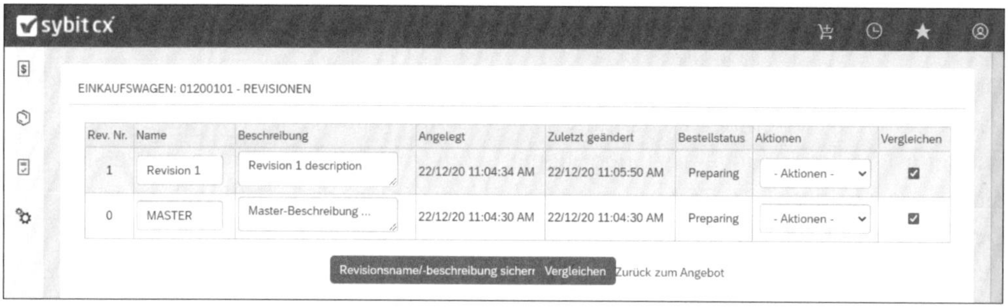

Abbildung 9.11 Darstellung des Revisionsmanagements

Wenn es mehrere Revisionen für ein Angebot gibt, ist es oft schwierig festzustellen, worin sich die Angebote unterscheiden. Hier kann Ihnen die Vergleichsfunktion weiterhelfen. Die Vergleichsfunktion können Sie durchführen, indem Sie die zu vergleichenden Revisionen auswählen und auf den Button **Vergleichen** klicken.

9.7.2 Angebotsmanagement

Im *Angebotsmanagement* kann Ihr Vertriebsteam bestehende Angebote verwalten (siehe Abbildung 9.12). In der Abfrage **Meine Angebote** werden alle selbst erstellten oder einer Person zugewiesenen Angebote aufgelistet. Für Genehmiger steht eine weitere Abfrage zur Verfügung, in der alle Angebote enthalten sind, die zur Genehmigung vorgelegt wurden und auf die Genehmigung warten. Mit der Abfrage **Andere Angebote** werden Angebote anderer Benutzer angezeigt, sofern eine Berechtigung dafür vorliegt. Mit einem Klick auf die Angebotsnummer wird das angewählte Angebot geöffnet.

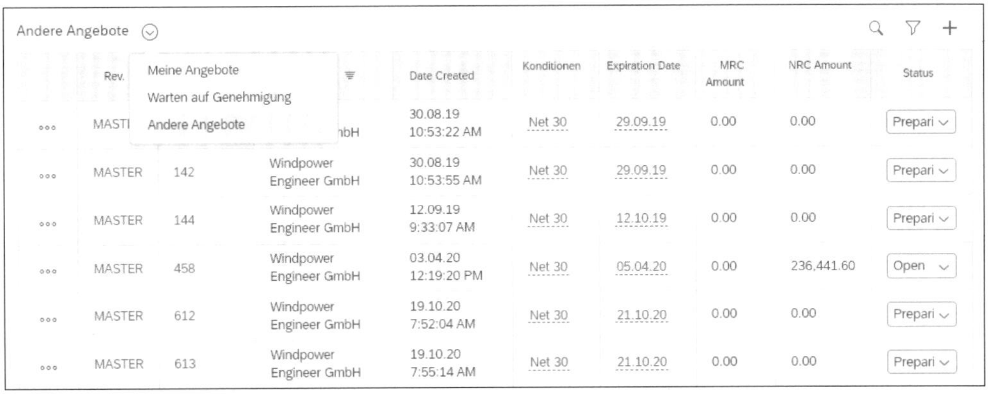

Abbildung 9.12 Liste von Angeboten im Angebotsmanagement von SAP CPQ

9.8 Integrationsszenarien

SAP CPQ lässt sich auf unterschiedliche Art und Weise in bereits bestehende Systemlandschaften einbetten, um die Sales Journey weiter zu optimieren. Drei der wichtigsten Integrationsszenarien werden im Folgenden aufgezeigt:

- SAP S/4HANA sowie die SAP-Variantenkonfiguration und -Preisfindung
- SAP Sales Cloud
- SAP Commerce Cloud

9.8.1 SAP S/4HANA sowie SAP-Variantenkonfiguration und -Preisfindung

Die Integration von SAP S/4HANA in SAP CPQ ist in Abbildung 9.13 dargestellt. Der Materialstamm wird über ein IDoc an die SAP Integration Suite gesendet. Die SAP Business Technology Platform (SAP BTP) ruft schließlich die SAP CPQ SOAP API auf und sendet damit die Produktdaten von SAP S/4HANA an SAP CPQ. Die Synchronisation des Beziehungswissens wird aus SAP CPQ mittels REST-API eingeleitet.

Das Integrationsszenario *SAP-Variantenkonfiguration und -Preisfindung* stellt die getrennten Microservices *Variantenkonfiguration* und *Preisfindung* zur Verfügung.

Der *Variantenkonfigurationsservice* ermöglicht die Übermittlung von einfachen und komplexen sowie externen Konfigurationen. Außerdem stellt der Service die erforderlichen Informationen rund um die Prozessintegration im Backend bereit. Darüber hinaus repliziert er das Beziehungswissen aus dem Backend.

Der *Preisfindungsservice* übermittelt alle Preis-, Rabatt- und Zuschlagskalkulationen, Berechnungsregeln sowie Währungs- und Mengenumrechnungen. Durch den Service werden Variantenkonditionen für einfache und mehrstufig konfigurierbare Produkte bereitgestellt.

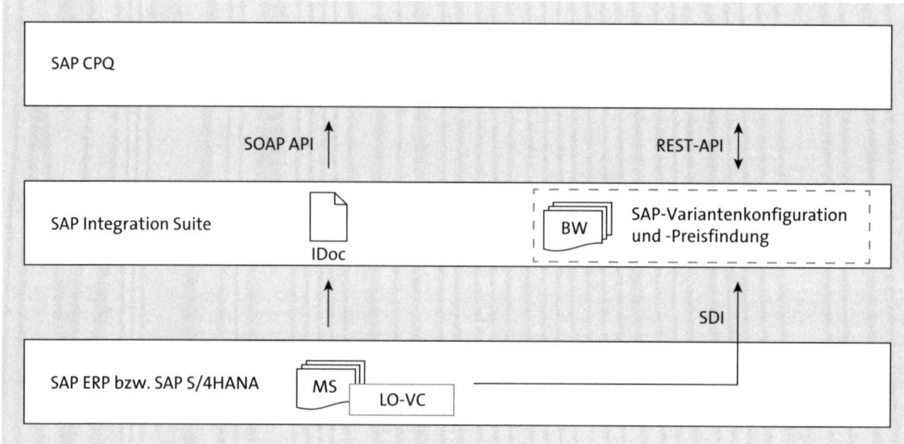

Abbildung 9.13 Integrationsszenario mit SAP S/4HANA

Um die Daten der SAP-Variantenkonfiguration und -Preisfindung zwischen SAP CPQ und dem SAP S/4HANA auszutauschen, stellt der Microservice einen Smart-Data-Integration-Datenbereitstellungsagenten bereit. Mit der Smart-Data-Integration werden Daten durch einen Batch-Job oder in Echtzeit mithilfe einer Vielzahl von vorkonfigurierten Adaptern zur Verfügung gestellt. Wird anstatt einer SAP-Laufzeitdatenbank die eines Drittanbieters verwendet, muss zusätzlich zum Smart-Data-Integration-Datenbereitstellungsagenten ein LogReader-Adapter installiert werden, da kein direkter Zugriff auf diese Datenbanken erlaubt ist.

9.8.2 SAP Sales Cloud

Die Integration mit der SAP Sales Cloud erfolgt über die SAP Business Technology Platform (SAP BTP) als Middleware. Im Idealfall wird diese Integration ergänzt durch Single Sign-On (SSO) und durch die Integration mit SAP S/4HANA. Letzteres ist relevant, da im Standard-Integrationsszenario die Produktstammdaten, die Märkte und die Preisbücher mit SAP S/4HANA synchronisiert werden.

Die Kommunikation zwischen der SAP Sales Cloud und SAP CPQ wird über eine REST-API und SAP-OData-Services dargestellt. Innerhalb der SAP Sales Cloud wird SAP CPQ mit einem Mashup nahtlos in den Angebotsprozess eingebunden. Durch die SCP-Integration wird bei der Erstellung eines Angebots in SAP CPQ auch ein neues Angebot in der SAP Sales Cloud erstellt. Finden Aktualisierungen statt, wird der Status der Angebote in der SAP Sales Cloud erneuert. Weitere Informationen zur Integration von SAP CPQ in die SAP Sales Cloud finden Sie in Kapitel 8, »SAP Sales Cloud«.

9.8.3 SAP Commerce Cloud

Die Integration der SAP Commerce Cloud mit SAP CPQ umfasst die Umwandlung der Angebotsanfrage in eine Bestellung und die Replikation der Änderungen im Produktkatalog in der SAP Commerce Cloud zu SAP CPQ. Voraussetzung dafür ist die Replikation der Stammdaten und Preise aus SAP S/4HANA. Die SAP-CPQ-Integrationskomponente wird über die SAP Integration Suite mit der SAP Commerce Cloud verknüpft. Die Kommunikation zwischen SAP CPQ und SAP BTP basiert auf der SOAP API, während die Kommunikation von SAP Integration Suite und SAP Commerce Cloud über iFlow erfolgt.

9.9 Fazit

Im Vertriebsprozess ist die Angebotserstellung ein entscheidender Moment. Hier wird ein Großteil der Kaufentscheidungen getroffen. Je komplexer das Produkt und die damit verbundene Komponenten und Leistungen sind, desto wichtiger ist die Transparenz. Genau das kann mittels SAP CPQ sowohl für die Kunden (»Was bekomme ich für mein Geld?«) als auch für den Vertrieb (»Bekommt der Kunde das, was er will und wie erreiche ich dabei meine Ziele?«) und das Management (»Was ist in dem Angebot enthalten und ist das rentabel bzw. für uns erfolgreich?«) erzielt werden.

Zudem können Sie den gesamten Prozess durch SAP CPQ signifikant beschleunigen. Reaktionszeiten seitens des Vertriebs werden verkürzt; Nachfrage und Änderungswünsche seitens der Kunden sind seltener und einfacher zu bewältigen. Mit SAP CPQ stellen Sie Ihrem Vertrieb in zweierlei Hinsicht ein wertschaffendes Tool zur Seite: Zum einen erweitert SAP CPQ Ihre Vertriebsarbeit in der SAP Sales Cloud durch eine nahtlose Integration von Konfigurationsmodellen und Preisen aus Ihrem SAP-Backend, und zum anderen betten Sie auch hochkomplexe Angebotskonfigurationen in Ihre Vertriebsprozesse ein und behalten somit den Fokus auf Ihrer Kundenbeziehung, Ihren Vertriebsaktivitäten, Opportunities und Analysen.

Das Ergebnis schlägt sich in einem homogenisierten Angebotsprozess und einer optimierten Zusammenarbeit zwischen Vertriebsaußendienst und -Innendienst nieder. Somit ist SAP CPQ ein wichtiger Bestandteil zur Ausgestaltung einer nachhalten Customer Experience, die weit über den Angebotsprozess hinaus wirkt.

Kapitel 10
SAP Subscription Billing

Kunden wollen immer mehr Komfort und Möglichkeiten aufgezeigt bekommen – nicht nur im Online-Shop, sondern auch bei der Auswahl der Bezahlmethode. Genau hier spielt SAP Subscription Billing seine Stärken aus. Eine automatisierte Abrechnung von Bestellprozessen und Abrechnungsmodellen wie das Abonnementgeschäft sind unter anderem Funktionen, die SAP Subscription Billing out of the box mit sich bringt.

SAP Subscription Billing unterstützt *Abonnementgeschäfte* oder nutzungsabhängige Geschäftsmodelle und Services. Sie können eine Vielzahl von *Abrechnungsmodellen* für Ihre Produkte nutzen und dabei Abonnements, Einmalgebühren und nutzungsabhängige Gebühren kombinieren. So lassen sich einfach personalisierte Angebote für Produkte und Services erstellen und für den Endkunden transparent abrechnen.

10.1 Allgemeine Informationen und Funktionen

Beispiele für Angebote, die Sie mit SAP Subscription Billing abrechnen können, sind Streaming-Abos, Softwarelizenzen, Handy-Verträge, Carsharing, kilometergenaue Versicherungen oder das Aufladen eines E-Autos.

In Abbildung 10.1 sehen Sie die Benutzeroberfläche für die Abonnements in SAP Subscription Billing. Hier können Sie alle notwendigen Einstellungen und Konfigurationen vornehmen.

Ein weiterer zentraler Bestandteil von SAP Subscription Billing ist die Abonnementverwaltung mit den hinterlegten Nutzungs- und Kundendaten. Es können B2C-Kunden (B2C = Business-to-Consumer) und B2B-Kunden (B2B = Business-to-Business) mit ihren gesamten Kontaktdaten verwaltet und ihnen einzelne Marktsegmente zugewiesen werden. Diese Kundendaten können zwischen SAP Subscription Billing und beliebigen Backend-Systemen ausgetauscht werden. Damit können auch die Kundendaten aus der SAP Sales Cloud oder SAP Service Cloud, inklusive des geschäftsindividuellen Status, z. B. Gold- oder VIP-Status, abgebildet werden (siehe Abbildung 10.2).

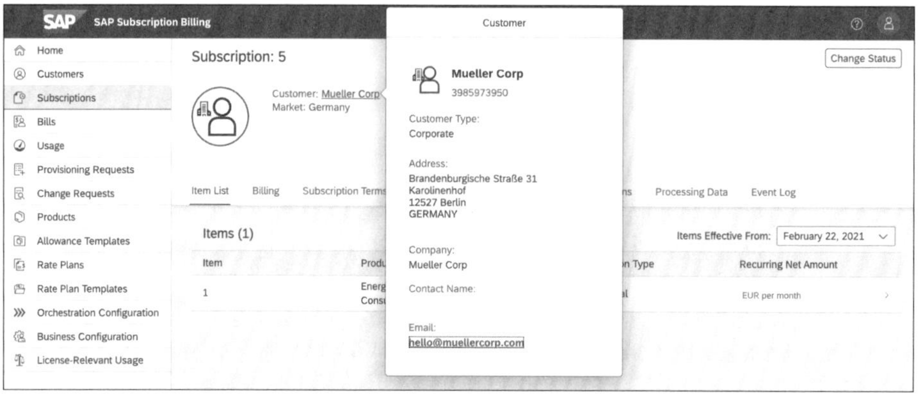

Abbildung 10.1 Benutzeroberfläche von SAP Subscription Billing

Abbildung 10.2 Kundeninformation aus der SAP Sales Cloud oder der SAP Service Cloud

Des Weiteren können diese unterschiedlichen Produkttypen auch miteinander kombiniert werden und auf unterschiedliche Marktsegmente zugeschnitten sein. Bei Abonnementprodukten können Sie Bedingungen für den Lebenszyklus definieren. Neben Lizenzmodellen können auch Produktbestandteile mit einer nutzungsbasierten Abrechnung konfiguriert werden.

Sogenannte *Tarifpläne* sind der Mittelpunkt der Abonnementabrechnung in SAP Subscription Billing. Es können verschiedene Modelle, wie einmalig, wiederkehrende oder nutzungsbasierte Modelle eingesetzt werden. Eine Kombination dieser einzelnen Modelle ist möglich.

Auch unterschiedlichste Abrechnungszyklen wie fest, monatlich oder jährlich mit Vorkasse oder nachträglich mit allen Zahlarten können erstellt werden. Mit SAP Subscription Billing können Tarifplanvorlagen erstellt werden. Dies wiederum ermöglicht es Ihnen, schnell und unkompliziert Tarifpläne auch für andere oder neue Produkte zu erstellen. Tarifpläne können umkopiert sowie einfach und schnell mit anderen Produkten oder Abonnements verknüpft werden.

SAP Subscription Billing kann auch ein Nutzungsguthaben in Form eines Zertifikats definieren. Mit diesen anpassbaren Zertifikaten können Sie Nutzungsgutschriften, Einkaufspreise und Abläufe konfigurieren. Zudem können Sie den Produkten Zertifikatsvorlagen zuweisen. Mit solchen Vorlagen kann das System automatisch Zertifikate für neu erstellte Abonnements generieren.

Der Lebenszyklus eines Abonnements, z. B. Verlängerung, Stornierung, Auszahlung und Verlängerung, kann ebenfalls in SAP Subscription Billing verwaltet werden. Es kann ein ereignisbasierter *Orchestrierungsprozess* ausgelöst werden. Dieser ist z. B. hilfreich, wenn das Abonnement bereitgestellt wird, aber die Abrechnung erst nach Abschluss der Bereitstellung starten darf. Sie können nach Bedarf Add-on-Produkte hinzufügen oder entfernen. Die Abonnements können für automatische Preisaktualisierungen eingerichtet werden, oder alternativ können Produkte auch vor Preisänderungen geschützt werden. Auch das Arbeiten mit kundenspezifischen Preisen ist möglich. Ein Beispiel einer Abrechnungsübersicht ist in Abbildung 10.3 dargestellt.

Abbildung 10.3 Abrechnungsübersicht in SAP Subscription Billing

Der *Rating-Prozess* wendet Tarifpläne an, um Geldbeträge für wiederkehrende, einmalige und nutzungsbasierte Gebühren und Gutschriften zu berechnen. Wenn Nutzungsdaten importiert werden, werden diese in Echtzeit aggregiert und bewertet. Die

Neubewertung erfolgt, wenn sich preisrelevante Attribute im Abonnement geändert haben.

Während der Fakturierung werden die berechneten Zuschläge und Gutschriften zu Rechnungspositionen aggregiert und nach vordefinierten und anpassbaren Teilungskriterien in Rechnungen eingesammelt. Sie können festlegen, wie mit dem verspäteten Eintreffen von Nutzungsdaten umgegangen werden soll. Rechnungen können bei Bedarf für einen längeren Zeitraum offengehalten werden.

10.2 Integrationsmöglichkeiten

Die Integration von SAP Subscription Billing ist durch standardisierte API-Schnittstellen möglich. So kann SAP Subscription Billing nicht nur mit anderen SAP-Systemen kommunizieren und Daten austauschen, sondern auch mit Third-Party-Software, sodass die End-to-End-Geschäftsprozesse und weitere unterstützende Funktionen genutzt werden können.

Zu den folgenden Systemen gibt es vorgefertigte Integrationspakete, um die Datenübertragung zwischen den Systemen zu ermöglichen:

- SAP S/4HANA
- SAP S/4HANA Cloud
- SAP CPQ
- SAP Commerce
- SAP Entitlement Management
- SAP Business ByDesign

SAP Subscription Billing verfügt über eine Reihe von standardisierten Schnittstellen, mit denen flexibel Nicht-SAP-Systeme und -Services integriert werden können.

Ein Beispiel für die Einsatzmöglichkeiten von SAP Subscription Billing ist die Vermietung von Maschinen in einem Internet-of-Things-Szenario (IoT-Szenario). Gegen eine einmalige Gebühr kann in der Konfiguration definiert werden, dass die Maschine bereitgestellt und installiert wird. Die monatlich wiederkehrende Grundgebühr wird für jede vorhandene Maschine über die Vertragslaufzeit abgerechnet. Diese Gebühr kann Freibetriebsstunden enthalten. Wenn die Maschine über die Freibetriebsstunden hinaus genutzt wird, wird pro Betriebsstunde abgerechnet.

Diese nutzungsbasierte Gebühr kann auch unter der Verwendung von Staffelpreisen hinterlegt werden: Je mehr Stunden die Maschine läuft, desto günstiger wird jede Stunde. Der Preis pro Stunde wird in Intervallen ermittelt. Wenn eine Maschine wegen des Auftretens von Fehlern ausfällt, können entweder ein günstiger Stundensatz oder weitere Freistunden gewährt werden.

Die Betriebsstunden können in Echtzeit über die SAP Integration Suite an SAP Subscription Billing weitergeleitet werden. In SAP Subscription Billing wird anhand des hinterlegten Vertrags der identifizierten Maschine der anzuwendende Tarif ermittelt und der Preis anhand des Tarifplans für den Verbrauch berechnet. Die monatlichen oder quartalsweisen Gebühren werden aggregiert und an das abzurechnende Backend-System weitergeleitet.

10.3 Fazit

Mit SAP Subscription Billing können Sie verschiedenste Abrechnungsmodelle ohne großen Aufwand implementieren – egal ob es sich um Tarife, Tarifpläne oder Abonnements handelt. Durch die Abrechnung pro Einheit, z. B. Betriebsdauer, können neue Geschäftsmodelle und Verkaufsstrategien angeboten werden. Somit können Sie flexibel und schnell auf die Wünsche und Gegebenheiten am Markt reagieren.

Durch standardisierte Schnittstellen können Sie schnell alle notwendigen Systeme anbinden, um so alle relevanten Daten zur richtigen Zeit am richtigen Ort zu haben. Je mehr Möglichkeiten Sie dem Kunden geben, um das Produkt oder die Dienstleistung zu bezahlen, desto so höher ist die Wahrscheinlichkeit, ein Geschäft abzuschließen. Mit SAP Subscription Billing erhöhen Sie diese Chancen um ein Vielfaches, da Sie dem Kunden durch die Vielzahl der oben genannten Funktionen viele verschiedene Bezahlmethoden anbieten können.

Kapitel 11
SAP Service Cloud

Die Zeit, in denen der Kundenservice von Unternehmen eher stiefmütterlich behandelt wurde, ist u. a. aufgrund von Online-Bewertungsplattformen, sozialen Medien und neuen digitalen Geschäftsmodellen vorbei. Kunden möchten heutzutage aktiv am Serviceprozess teilnehmen. Sie möchten mit Unternehmen so kommunizieren, wie sie es aus ihrem privaten Alltag kennen: digital und bruchlos. Schlechte Servicequalität wird sanktioniert – entweder in Form einer schlechten Kundenbewertung oder durch Reputationsverlust am Markt.

Ein passgenauer, digitaler Kundenservice ist heutzutage für eine gute Kundenbindung unverzichtbar und damit auch Lead-Generator und Umsatztreiber. In diesem Kapitel wird die SAP Service Cloud als wesentlicher Teil des SAP-Customer-Experience-Portfolios näher beleuchtet. Zusammen mit den SAP-Komponenten (Kapitel 12, »Wissensmanagement«, Kapitel 13, »SAP Conversational AI«, und Kapitel 14, »SAP Field Service Management«) ermöglicht es die SAP Service Cloud Ihrem Unternehmen, einen durchgängigen (End-to-End-)Kundenservice aufzubauen und so eine bruchfreie Customer Journey zu schaffen. Indem die Kluft zwischen Frontoffice-Interaktionen und Backoffice-Prozessen überwunden wird, können Sie Ihre Kunden in jeder Phase begleiten. Für diese sind Komfort, Zuverlässigkeit und Schnelligkeit die entscheidenden Kriterien.

Die SAP Service Cloud mit Ausrichtung auf den Kundenservice umfasst ein Ticketsystem, das eingehende Kundenanliegen über verschiedene Kommunikationskanäle hinweg in Form von *Tickets* (auch als Serviceanfragen bezeichnet) zentral empfängt und verwaltet.

Ihr Kundenserviceteam kann auf eine einheitliche, konsolidierte Stammdatenbasis sowie auf die vergangene Kundenkommunikation oder Belege zugreifen und gewinnt so eine 360-Grad-Sicht auf den Kunden. Damit wird die Grundlage für eine schnelle und effektive Bearbeitung eines Tickets und eine positive Verbindung zum Kunden geschaffen.

Bisherige Wissenssilos werden aufgebrochen, indem alle zentralen Informationen zum Kunden für alle Beteiligten zur Verfügung stehen. Die Verkürzung der Resolution Time und das Schaffen eines konsistenten Serviceerlebnisses über alle Kanäle hinweg wirkt sich positiv auf die Kunden- sowie auf die Mitarbeiterzufriedenheit aus. Abbildung 11.1 fasst die Kernfunktionen der SAP Service Cloud zusammen.

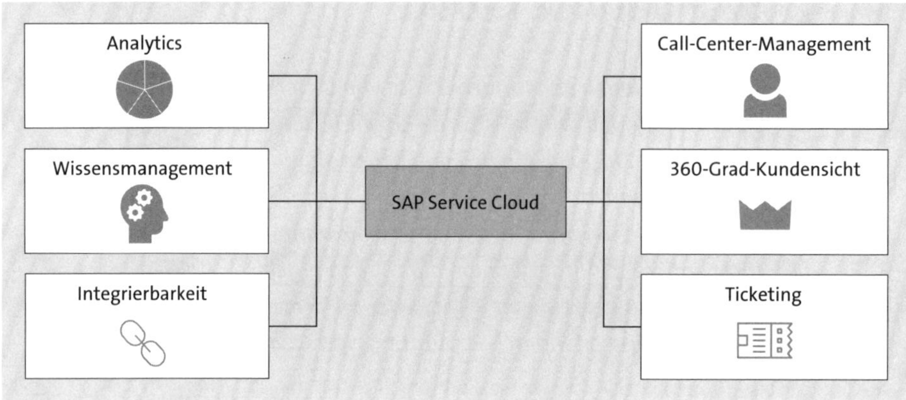

Abbildung 11.1 Übersicht über die Kernfunktionen der SAP Service Cloud

Um den Fokus Ihres Kundenserviceteams auf die komplexen Fälle zu richten, ermöglicht die SAP Service Cloud die Automatisierung von Routineaufgaben. Dazu gehören:

- die Verteilung von Tickets an bestimmte Teammitglieder (Routing)
- das automatische Versenden von Status-Updates
- die Bereitstellung von Antworten auf häufig gestellte Fragen
- Machine-Learning-basiertes Kategorisieren und Hinzufügen von im Ticket erwähnten Produkten (siehe Abschnitt 11.13, »Ticket Intelligence«).

Gleichzeitig werden Ihre Beschäftigten bei der zielgerichteten Lösungsfindung komplexerer Anliegen wie folgt unterstützt:

- durch intelligente und KI-basierte Lösungsempfehlungen und ähnliche Tickets (siehe Abschnitt 11.13, »Ticket Intelligence«)
- durch den Zugriff auf integrierte Wissensdatenbanken (siehe Kapitel 12, »Wissensmanagement«)
- durch Kollaboration und Austausch über Feed-Funktionen

In den folgenden Abschnitten werden die zentralen Bestandteile der SAP Service Cloud detailliert beschrieben.

11.1 Aufbau und Navigation

Der Aufbau der Benutzeroberfläche, die übergeordneten Navigationselemente, die globalen Funktionen, der Kalender, der Feed sowie die Möglichkeiten der Personalisierung werden detailliert in der SAP Sales Cloud (siehe Abschnitt 8.2, »Navigation in der SAP Sales Cloud«) vorgestellt. Nachfolgend finden Sie Hinweise zur Nutzung der SAP-Service-Cloud-spezifischen Startseite und der Suchfunktionen.

11.1.1 Startseite

Wenn Sie die SAP Service Cloud öffnen, gelangen Sie direkt auf die Startseite (siehe Abbildung 11.2). Dort stehen Ihnen die wichtigsten Informationen auf einen Blick zur Verfügung. Diese Informationen können im Hinblick auf die unterschiedlichen Benutzerrollen personalisiert werden. Sie sehen eine auf die Anforderungen der Mitarbeitenden angepasste Startseite mit unterschiedlichen Filtern auf Tickets (etwa **Tickets der letzten 7 Tage** oder **Tickets meines Teams**) und die Darstellung eigener Tickets in Form einer Kanban-Sicht.

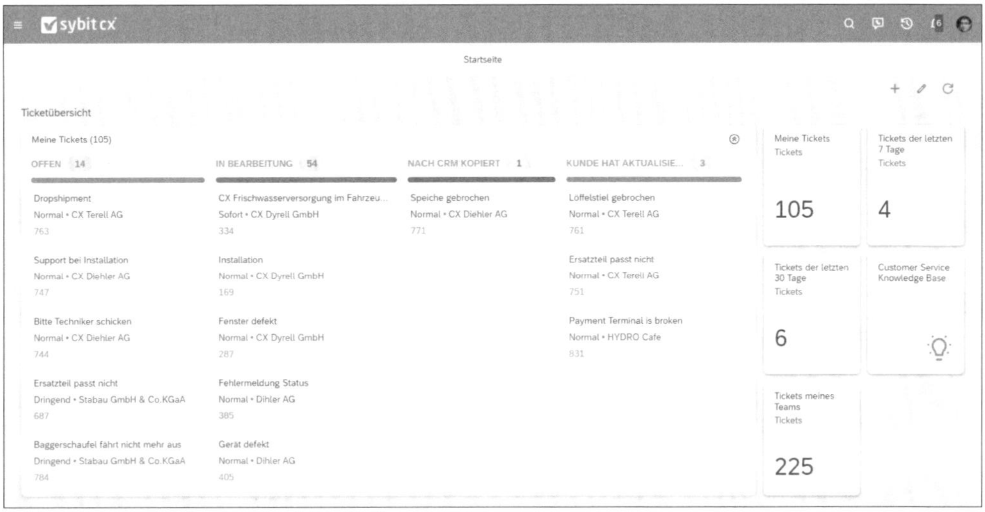

Abbildung 11.2 Startseite im Kundenservice

11.1.2 Suche über den Work Center View

Die SAP Service Cloud verfügt über hoch performante und flexible Suchfunktion, die – abhängig von den Berechtigungen – eine Suche nach sämtlichen Feldern und Parametern der Geschäftsobjekte erlaubt. Es ist darüber hinaus möglich, Suchparameter personalisiert abzuspeichern.

In Abbildung 11.3 sehen Sie die *Object Work List* (OWL), also die Gesamtübersicht zu dem jeweiligen Geschäftsobjekt. Innerhalb der OWL steht Ihnen die sogenannte erweiterte Filterung zu Verfügung. Mit der erweiterten Filterung können Sie die OWL anhand von bestimmten, an Ihre Anforderungen anpassbaren Feldern durchsuchen.

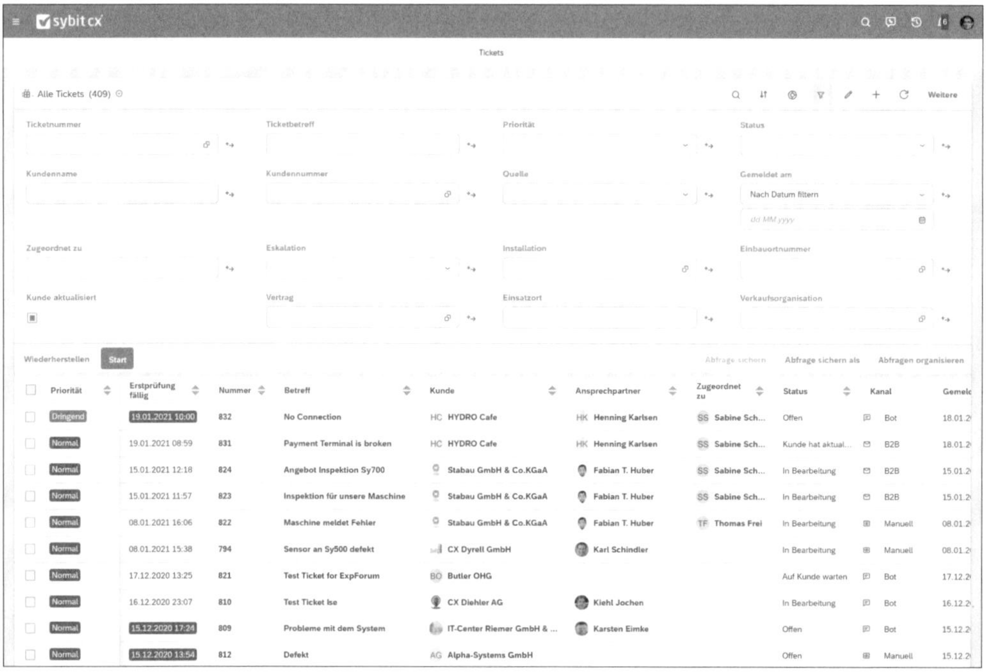

Abbildung 11.3 Ticketsuche mit Filtermöglichkeiten

Für immer wiederkehrende Suchen und Filterungen bietet die SAP Service Cloud in der OWL auch anklickbare *Ringdiagramme* an. In Abbildung 11.4 sehen Sie, dass das Segment **Auf Kunde Warten** im Ringdiagramm **Status** ausgewählt wurde.

Abbildung 11.4 Ticketsuche mit Ringdiagrammen und Filterung auf das ausgewählte Segment des Diagramms

Damit wurde auch automatisch die OWL auf die Tickets gefiltert, die den Status **Auf Kunde Warten** haben.

11.2 Stammdaten und Organisationsstruktur

Wie im Vertrieb ist auch im Kundenservice die Stammdatenqualität entscheidend für reibungslose Abläufe. Doch neben den Kundenstammdaten spielen für den Serviceprozess weitere Stammdatenobjekte eine Rolle, die im Folgenden mit Fokus auf die Verwendung im Kundenservice besprochen werden.

11.2.1 Kundenstammdaten

Die SAP Service Cloud unterscheidet Kundenstammdaten in den folgenden Objekten:

- **Kunde**
  Eine Organisation bzw. ein Unternehmen mit dem Sie sich im direkten geschäftlichen Austausch befinden. Ein Kunde kann dabei ein kaufender Kunde (Auftraggeber) oder ein Interessent sein.
- **Ansprechpartner**
  Eine Person, die bei einem Kunden/Interessenten arbeitet und somit immer in einer direkten Beziehung zu mindestens einem Kunden steht.
- **Privatkunde**
  Eine Person, mit der Sie direkt Geschäfte tätigen. Privatkunden werden hauptsächlich im B2C-Umfeld genutzt. Einem Privatkunden kann kein Ansprechpartner zugeordnet sein.
- **Kundenhierarchie**
  Die Darstellung von Kundenstrukturen erfolgt in der Kundenhierarchie. Somit können komplexe Strukturen, z. B. von großen Konzernen, übersichtlich in einer Baumstruktur abgebildet werden.

Im Kontext der Kundenstammdaten bietet die SAP Service Cloud drei Funktionen, die in Abschnitt 8.3, »Stammdaten«, zu den Stammdaten in der SAP Sales Cloud näher beschrieben sind:

- Dublettenprüfung für Kunden, für Interessentinnen und Interessenten sowie für Privatkunden und Ansprechpartner
- Erstellung einer 360-Grad-Sicht
- Bereinigung von Kundenstammdaten mithilfe der Kundenzusammenführung

11.2.2 Mitarbeiterstammdaten

Neben den kundenspezifischen Daten spielt auch die eigene Belegschaft in der SAP Service Cloud eine wichtige Rolle. Alle Personen, die direkt mit Kunden interagieren oder in diese Prozesse involviert sind, erhalten einen Mitarbeiterstammsatz in der SAP Service Cloud. Die wichtigste Rolle nehmen dabei Ihre Mitarbeitenden im Kundenservice ein. Denn diese nutzen im Arbeitsalltag die SAP Service Cloud.

Mithilfe von automatisierten Zuordnungsregeln (z. B. der Organisationsstruktur, siehe Abschnitt 11.2, »Stammdaten und Organisationsstruktur«) können Personen mit unterschiedlichen Berechtigungsrollen den Tickets, den Kunden sowie sämtlichen Transaktionen zugeordnet werden, um dadurch eine effiziente und transparente Aufteilung der Ticketbearbeitung innerhalb der Serviceorganisation zu ermöglichen.

[»]

Vertretung bestimmen

Um bei Abwesenheiten eines Anwenders keine servicerelevanten Transaktionen zu verpassen, besteht die Möglichkeit, Vertreter für bestimmte Zeiträume zu definieren. Dadurch werden Zugriffsrechte und Benachrichtigungen auf andere Teammitglieder übertragen.

11.2.3 Organisationsstruktur

Mithilfe der *Organisationsstruktur* können Sie Ihre Kundenserviceorganisation in der SAP Service Cloud abbilden. Diese besteht aus mehreren, teils hierarchisch angeordneten Organisationseinheiten. Einer Organisationseinheit können verschiedene Funktionen zugewiesen werden. Ist Ihr Unternehmen z. B. in mehreren Ländern aktiv, könnten die einzelnen Länder die Funktion **Serviceorganisation** und die darunter hängenden Einheiten, die die Serviceteams darstellen, die Funktion **Service** erhalten. Eine beispielhafte Organisationsstruktur ist in Abbildung 11.5 dargestellt.

Kunden werden innerhalb der Organisationsstruktur Beschäftigten zugewiesen, die für sie zuständig sind. Dadurch wird das zuständige Serviceteam, das eine Organisationseinheit repräsentiert, im Ticket direkt auf Basis des zugewiesenen Beschäftigten ausgefüllt. Der Aufbau der Organisationsstruktur und die verwendeten Funktionen können für das Routing von Tickets (siehe Abschnitt 11.3, »Tickets«) verwendet werden.

Die Organisationsstruktur ist zudem fester Bestandteil des Zugriffsberechtigungskonzepts der SAP Service Cloud. Damit kann ausgesteuert werden, dass z. B. Mitarbeitende der Serviceorganisation Österreich nur lesenden, aber keinen bearbeitenden Zugriff auf die Tickets der Serviceorganisation USA haben.

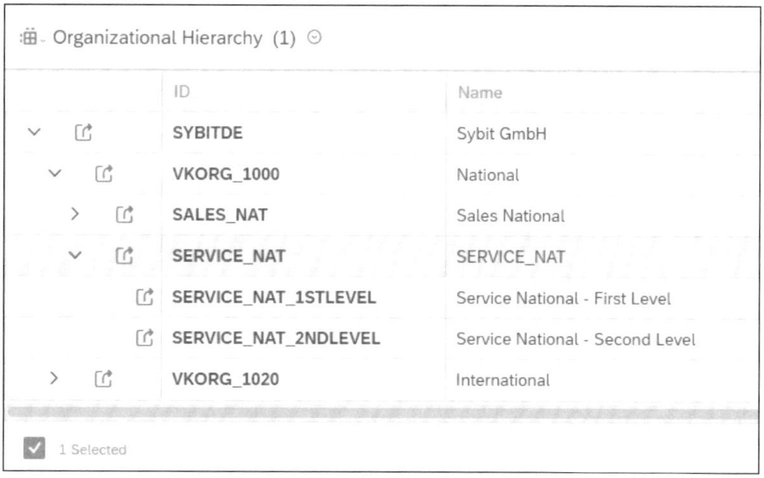

Abbildung 11.5 Beispiel einer Organisationsstruktur in der SAP Service Cloud

Mithilfe des Gebietsmanagements können Sie Ihre Serviceorganisation weiter verfeinern (siehe Abschnitt 8.4, »Gebietsmanagement«).

11.2.4 Registrierte Produkte, Einbauorte, Installationen

Mit den Stammdatenobjekten *registrierter Produkte*, *Einbauorte* und *Installationen* können Sie alle Positionen, die am Standort Ihres Kunden installiert (Installationen) sind, verwalten. Darüber hinaus lässt sich der physische Ort (Einbauort) hinterlegen, an dem Service- oder Wartungsarbeiten notwendig sind. Über die unmittelbar dem Kunden zugeordneten registrierten Produkte können zugehörige Garantien oder Serviceansprüche identifiziert werden. Die Kombination dieser drei Objekte ermöglicht Ihnen einen umfassenden Blick auf die Installationen Ihres Kunden sowie aller zugehörigen Elemente.

Im Folgenden wird eine Unterscheidung der registrierten Produkte, Einbauorte und Installationen vorgenommen.

Ein registriertes Produkt ist eine eindeutige Instanz eines Produkts mit einer Seriennummer. Diese Eindeutigkeit ergibt sich aus der Kombination aus Materialnummer und Seriennummer. Es ist zudem mit einem bestimmten Kunden verknüpft. Ein registriertes Produkt kann immer nur zu einer, aber nicht zu mehreren Installationen gehören. Ein registriertes Produkt kann ebenfalls registrierte Produkte als Positionen enthalten.

Wird ein Ticket zu einem registrierten Produkt erstellt, kann das Mitglied des Serviceteams anhand der mit dem registrierten Produkt verbundenen Informationen das Kundenprodukt, den Standort und alle damit verbundenen Garantien oder Dienstleistungsansprüche identifizieren. Bei registrierten Produkten besteht zudem die Möglichkeit, Ablesewerte in Messprotokollen zu erfassen. Diese Messprotokolle bilden dann die Grundlage für die Ermittlung der Konditionen in einem dazugehörigen Wartungsplan.

[»]

Replikation von registrierten Produkten

Sollen registrierte Produkte für die Replikation von Equipments aus dem SAP-S/4HANA-System genutzt werden, sollten Sie berücksichtigen, dass nur eine unidirektionale Replikation möglich ist.

Der *Einbauort* ist der Ort, an dem das Objekt physisch platziert ist. Der Einbauort kann sowohl Text- als auch Produktinformationen beinhalten. Diese können in den folgenden Typen kategorisiert werden:

- *Technischer Platz:* Einbauort des Typs **Technischer Platz**
- *Text:* kann flexibel für unterschiedliche Zwecke, z. B. für die Gruppierung, genutzt werden
- *Produkt:* eine Instanz eines Produkts
- *registriertes Produkt:* eindeutige Instanz eines Produkts

Die Positionen am Einbauort haben, im Gegensatz zu einem registrierten Produkt oder der Installation, keine Hierarchie, sondern bestehen aus einer flachen Liste. Diese Positionen stellen die Objekte dar, für die eine Wartung, Instandhaltung oder Reparatur notwendig ist.

[»]

Replikation des Technischen Platzes

Da Einbauort und Technischer Platz in SAP S/4HANA im Objektaufbau vergleichbar sind, können Technische Plätze aus dem SAP-S/4HANA-System in Einbauorte (vom Typ **Technischer Platz**) repliziert werden. Dies ist nur unidirektional aus SAP S/4HANA heraus möglich.

An einem Standort Ihres Kunden können mehrere Positionen installiert sein, die mithilfe der *Installation* in eine Hierarchie gebracht werden. Die sogenannte Installationsposition ist ein Einbauort einer spezifischen Kategorie.

Zu den möglichen Positionstypen einer Installation gehören:

- *Text:* kann flexibel für unterschiedliche Zwecke, z. B. für die Gruppierung, genutzt werden.
- *Produkt:* eine Instanz eines Produkts
- *registriertes Produkt:* eindeutige Instanz eines Produkts

Neben den Informationen, die auf der Positionsebene gepflegt werden, können auch die Kopfdaten der Installation gepflegt werden.

Sie können ein Ticket aus einer Installation auf der Kopf- oder der Positionsebene erstellen. Dabei werden die gepflegten Informationen, z. B. Kunde, Ansprechpartner, Servicetechniker oder Standort, aus dem Installationskopf oder aus einer Installationsposition automatisch in das Ticket übernommen. Ein Beispiel für den Aufbau einer Installation mit mehreren Positionsebenen und Positionstypen sehen Sie in Abbildung 11.6.

[«]

Unterscheidung zwischen einer Installation in der SAP Service Cloud und einer »Installed Base« in SAP S/4HANA

Eine Installation in der SAP Service Cloud und eine Installed Base in SAP S/4HANA haben zwar ein ähnliches Konzept, was den strukturellen Aufbau betrifft, können jedoch nicht über ein Standard-Integrationsszenario integriert werden.

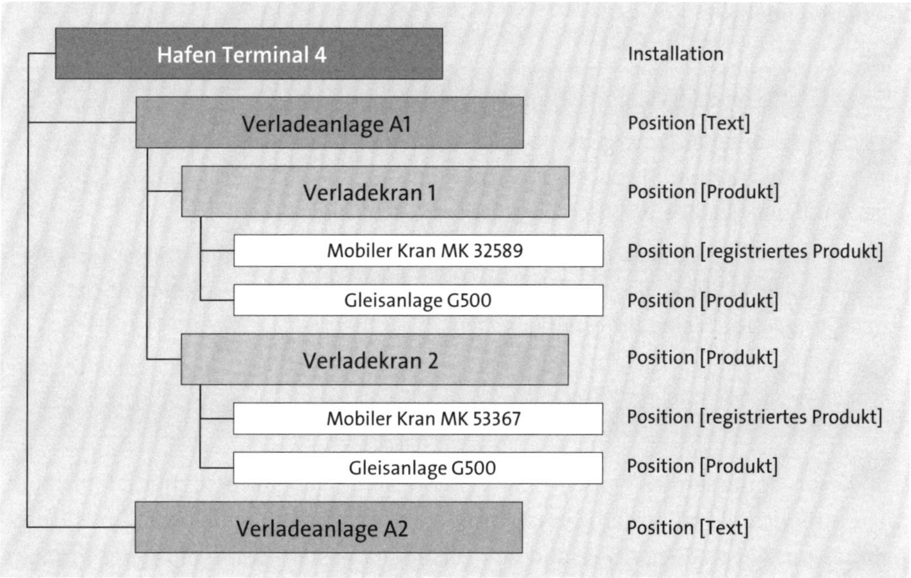

Abbildung 11.6 Beispiel für den Aufbau einer Installation mit mehreren Positionsebenen und Positionstypen

Unterschiede in den Objektbezeichnungen zwischen SAP S/4HANA und der SAP Service Cloud sehen Sie in Tabelle 11.1.

SAP S/4HANA	SAP Service Cloud
Material	Produkt
Equipment	registriertes Produkt
Technischer Platz	Einbauort vom Typ **Technischer Platz**

Tabelle 11.1 Unterschiede in der Objektbezeichnung zwischen SAP S/4HANA und SAP Service Cloud

11.2.5 Produktstammdaten

Um das Anliegen eines Kunden in den richtigen Kontext zu setzen und sich ein vollständiges Bild davon zu machen, können Sie zum einen die Produkte, um die es geht, und zum anderen die für die Lösung notwendigen Produkte zum Ticket hinzufügen. Um welche Produktart es sich handelt – **Einsatzteil** oder **Service** (im Sinne einer Dienstleistung) – sehen Sie anhand der Einträge in den Feldern **Kategorie** sowie **Produktverwendung**.

[zB]

Einsatzteile und Services als Produkte im Kundenservice

Das Ventil an einer Druckgussmaschine ist defekt. In der SAP Service Cloud ist es möglich, zusätzlich zur Druckgussmaschine das betreffende Ventil mit dem Ticket zu verknüpfen und z. B. eine Beschreibung der Ursache hinzuzufügen.

Um das Problem zu beheben, wird neben dem Ersatzventil (Einsatzteil) auch ein zusätzlicher Dichtungsring (weiteres Einsatzteil) benötigt. Der Austausch der beiden Teile erfolgt durch eine zertifizierte Person.

Des Weiteren ist als Dienstleistung (Service) der Austausch der beiden Teile erforderlich.

Um diesen umfassenden Kundenservice sicherstellen zu können, müssen die kompletten servicerelevanten Produktstammdaten und Produktkategorien Ihres Unternehmens in der SAP Service Cloud zur Verfügung gestellt werden. Da der Produkt- bzw. Materialentstehungsprozess meist in einem SAP-S/4HANA-System verankert ist, werden die zugehörigen Stammdaten in der Regel aus diesem übernommen. Reine Serviceprodukte können Sie hingegen auch direkt in der SAP Service Cloud Ihrem Produktstamm hinzufügen.

Mit den *Produktlisten* der SAP Service Cloud optimieren Sie Ihren Serviceprozess hinsichtlich der automatisierten, auf Ihre verschiedenen Serviceszenarien ausgerichtete Auswahl von Produkten (siehe Abbildung 11.7). So können mit einer Produktliste z. B. Produkte, basierend auf Vertriebsbereichen oder Kunden, schnell den Ticketpositionen hinzugefügt (*Produktvorschlag*), aber auch zur Verwendung ausgeschlossen werden (*Produkteinschränkung und -ausschluss*). Wurden dem Ticket bereits bestimmte Produkte hinzugefügt, können weitere dazu passende Produkte oder Dienstleistungen vorgeschlagen werden (*Cross-/Up-/Down-Selling*).

Abbildung 11.7 Produktlisten im Ticket hinzufügen

11.2.6 Datensicherheit

Die SAP Service Cloud bietet die Möglichkeit, datenschutzrelevante Informationen, vor allem am Ansprechpartnerprofil, auszuweisen, darzustellen und zu entfernen. Somit halten Sie die Regularien der Datenschutz-Grundverordnung (DSGVO) für Ihr Datenmanagement ein. Mithilfe der Funktionen zur Datensicherheit sind Sie jederzeit auskunftsfähig bei Anfragen zur Verwendung von sensiblen Daten und können diese bei Bedarf im gesetzlich erteilten Rahmen löschen.

Zu Letzterem existiert die Möglichkeit, personenbezogene Daten aus Tickets herauszulöschen. Dies wird als *Entpersonalisierung* bezeichnet, da die persönlichen Daten und Bezüge auf Ansprechpersonen, Kunden oder Beschäftigte aus dem Bewegungsdatumticket entfernt werden, das Ticket selbst jedoch im System erhalten bleibt.

11.3 Tickets

Tickets, auch *Serviceanfragen* genannt, sind Transaktionsdatensätze im System. Sie enthalten eine Anfrage, Abfrage oder Beschwerde für eine Art von Service oder Support von einem Kunden-Account oder von Ansprechpersonen, Privatkunden oder Beschäftigten. Im Folgenden fokussieren wir uns auf die *Kundenservicetickets*.

Über das Ticket verfolgen Sie die Interaktion mit der Person, die den Service angefordert hat (Kunden oder Mitarbeitende), und erfassen Details wie z. B. die seit der Erstellung des Tickets vergangene Zeit, getroffene Maßnahmen zur Problemlösung, Prioritäten, zugehörige Produkte oder Garantien. Innerhalb der Tickets kann zwischen Tickets, die durch den Austausch von Wissen gelöst werden können (Beschwerden, Garantien usw.) und Tickets, die einen Technikereinsatz erfordern (z. B. Reparaturen) unterschieden werden.

Tickets können sowohl (automatisch) aus Wartungsplänen und Verträgen (Kopf- und Positionsebene) als auch aus den verschiedenen Eingangskanälen wie E-Mail, Telefon (Computer-Telephony-Integration) oder aus einem Kundenportal heraus (siehe Abschnitt 11.12, »Analytics im Service«) angelegt werden.

11.3.1 Tickettyp und Statusschema

Der Tickettyp stellt die Belegart eines Tickets dar. Im Standard werden zwei Ticketarten ausgeliefert: **Mitarbeiter-Support** und **Serviceanfrage**.

Mithilfe des Tickettyps können unterschiedliche, im Kundenservice auftretende Prozesse voneinander getrennt und damit z. B. mit unterschiedlichen Pflicht- oder Ergänzungsfeldern eigenständig bearbeitet werden. So könnten z. B. die auftretenden Prozesse *Anfrage*, *Garantiefall* oder *Retoure* über eigene Tickettypen abgebildet werden.

Für jeden Tickettyp können Sie ein typspezifisches *Statusschema* anlegen (siehe Abbildung 11.8). Mithilfe von Statusschemata können die Bearbeitungsschritte eines Tickets dokumentiert werden. Die wichtigsten Status sind **Offen**, **In Bearbeitung**, **Erfordert Arbeiten** und **Fertiggestellt**. Ergänzende Status wie z. B. **Warten auf Kunde** oder **Freigeben an FSM** sind kundenspezifisch ergänzbar.

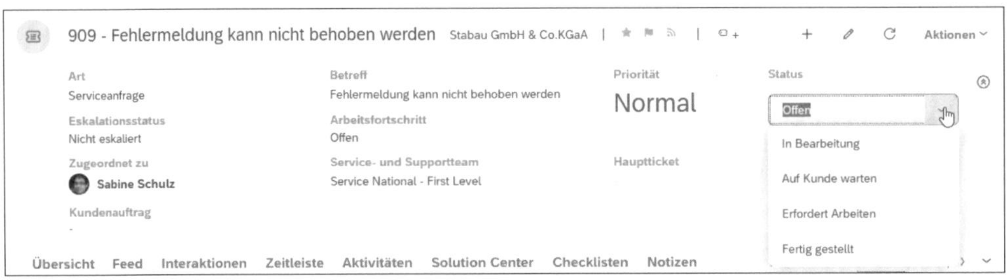

Abbildung 11.8 Statusschema in einem Ticket

11.3.2 Arbeitstickets

Ist ein Technikereinsatz notwendig, setzen Sie im Ticket das Kennzeichen **Erfordert Arbeiten** (siehe Abbildung 11.9). Es ist damit das relevante Feld, um Arbeitstickets zu identifizieren. Das Arbeitsticket selbst kann neben den Kopfinformationen auch Servicepositionen sowie gegebenenfalls Ersatzteilpositionen enthalten. Die Aktionsart der Position steuert die weitere Verarbeitung im SAP-S/4HANA-System.

Bei einer aktiven Integration in das SAP Field Service Management werden die Arbeitstickets als Serviceabrufe/Aktivitäten (siehe Kapitel 14, »SAP Field Service Management«) repliziert.

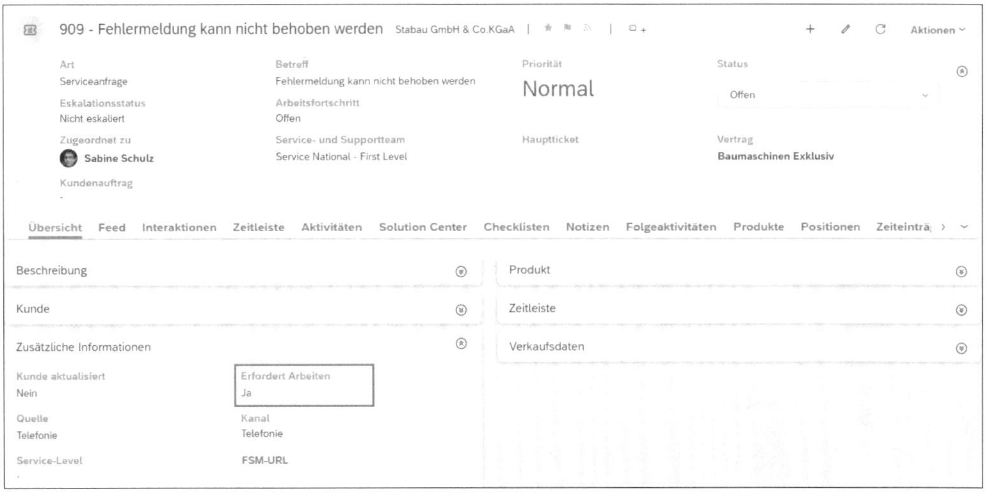

Abbildung 11.9 Klassifizierung eines Tickets als Arbeitsticket

11.3.3 Tickethierarchie

Mehrere Tickets zum gleichen Problem können in der SAP Service Cloud mithilfe eines Haupttickets und (mehreren) Untertickets hierarchisch strukturiert werden – auch wenn das Problem unterschiedliche Kunden betrifft. Dadurch wird ein gemeinsamer Kontext geschaffen, und eine identifizierte Lösung kann vom Hauptticket ausgehend an alle darunter hängenden Untertickets verteilt werden. In Abbildung 11.10 ist eine beispielhafte Tickethierarchie dargestellt.

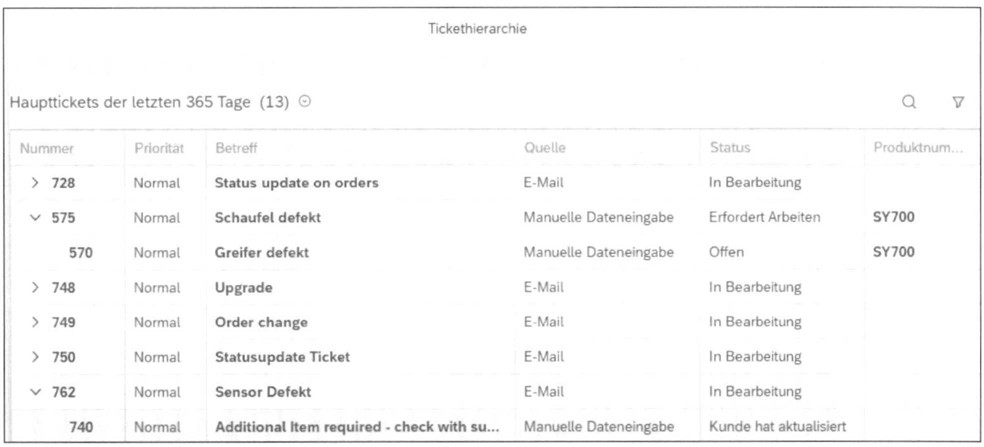
Tickethierarchie

Haupttickets der letzten 365 Tage (13)

Nummer	Priorität	Betreff	Quelle	Status	Produktnum...
> 728	Normal	Status update on orders	E-Mail	In Bearbeitung	
˅ 575	Normal	Schaufel defekt	Manuelle Dateneingabe	Erfordert Arbeiten	SY700
570	Normal	Greifer defekt	Manuelle Dateneingabe	Offen	SY700
> 748	Normal	Upgrade	E-Mail	In Bearbeitung	
> 749	Normal	Order change	E-Mail	In Bearbeitung	
> 750	Normal	Statusupdate Ticket	E-Mail	In Bearbeitung	
˅ 762	Normal	Sensor Defekt	E-Mail	In Bearbeitung	
740	Normal	Additional Item required - check with su...	Manuelle Dateneingabe	Kunde hat aktualisiert	

Abbildung 11.10 Tickethierarchie in der SAP Service Cloud

11.3.4 Servicekategorien

In der SAP Service Cloud stehen Ihnen fünf Kategoriefelder zur Verfügung mit denen Sie eine mehrstufige Klassifizierung Ihrer Tickets vornehmen können. Den verwendeten Servicekategorienkatalog können Sie frei an Ihre Bedürfnisse und Kategorien anpassen. Prinzipiell erfüllen die *Servicekategorien* im Ticket fünf Funktionen:

- Ihre Kunden und deren Gründe, sich an Ihren Kundenservice zu wenden, besser zu verstehen
- Sammeln von konsistenten Informationen für das Reporting und Benchmarking
- Ermitteln von Service-Level-Zuordnungen
- Identifikation ähnlicher Tickets über Filter und Suche nach Kategorien
- Nutzung als Kriterium beim Aufbau von Routing-Regeln

11.3.5 Zeitleiste

Die Zeitleiste stellt alle Interaktionen wie E-Mails, Chats und Telefonate, aber auch Portal-Memos als fortlaufende Kommunikationshistorie zusammengefasst im Ticket dar. Damit sind ein schneller Überblick über bereits erfolgte Interaktionen und ein Absprung in die Detailansicht möglich.

11.3.6 Service-Level

Mithilfe von Service-Levels können Sie sicherstellen, dass Ihr Unternehmen Ihren Kunden einen erfolgreichen und zeitlich zufriedenstellenden Kundenservice bietet. Ein Service-Level definiert die Zeitpunkte, zu denen z. B. die erste Reaktion auf ein Ticket erfolgt oder ein Ticket abgeschlossen sein muss.

Zur Bestimmung eines Service-Levels können eine Vielzahl an Parametern und Kriterien genutzt und in Form von Regeln im System hinterlegt werden. So können Ziele für die Prozesse im Kundenservice gefasst und umgesetzt und damit die Leistung und Qualität Ihres Kundenservice verbessert werden.

11.3.7 Routing von Tickets

In der SAP Service Cloud können Sie Ticket-Routing-Regeln nutzen. Dabei können Sie zwei Konzepte nutzen, um die Tickets automatisch zu verteilen. Das erste Konzept routet Tickets entweder auf Ihrer Organisationsstruktur und den dort erstellten Teams oder auf den Gebieten basierend. Diesem Konzept steht gegenüber, Tickets direkt an ein bestimmtes Mitglied des Kundenservice zur Bearbeitung zuzuweisen.

Unabhängig von dem für Sie passenden Konzept definieren Sie in den Ticket-Routing-Regeln, welche Parameter für Sie zur Verteilung wichtig sind und welche Ausprägung diese haben sollen, um z. B. Team 1 zugewiesen zu werden.

11.3.8 Positionen und Produkte

Im Ticket können Sie sowohl auf der Kopf- als auch auf Positionsebene z. B. Produkte hinzufügen. Dabei stehen Ihren Mitarbeitenden zwei Ansichten zur Verfügung: Unter **Produkte** sehen sie die Produkte, die im Kontext des Tickets stehen. Unter **Positionen** finden sich bei einer mit SAP S/4HANA integrierten SAP Service Cloud, z. B. bei Arbeitstickets, Positionen für Teile, Spesen oder Zeit.

11.3.9 Beteiligte

Im Ticket stehen Ihnen Beteiligtenrollen und damit die Beteiligtenrollenermittlung des Systems zur Verfügung. Wird z. B. von einem registrierten Produkt ausgehend ein Ticket angelegt, werden die dort Beteiligten wie Rechnungsempfangende, zuständige Mitarbeitende oder Servicetechnikerinnen und -techniker automatisch übernommen.

11.4 Aktivitäten

Um nicht nur die Aktivitäten rund um die Ticketbearbeitung zu dokumentieren, sondern diese auch gezielt zu strukturieren und zu planen, bietet die SAP Service Cloud eine Reihe verschiedener Aktivitätsarten an. Aktivitäten können dabei aus dem Objekt **Kunde**, aus dem Objekt **Ansprechpartner** oder direkt aus dem Ticket heraus angelegt werden. Gleichzeitig kann aus allen Aktivitäten heraus eine Folgeaktion, wie z. B. die Anlage eines weiteren Tickets oder einer Aufgabe, angestoßen werden.

Für den Kundenservice sind als Aktivitäten insbesondere E-Mails, Telefonate und Aufgaben relevant. In Abschnitt 8.9, »Aktivitäten und Besuche«, sind weitere Aktivitäten (wie Termine) oder Besuche, deren Fokus die Unterstützung des Vertriebsprozesses ist, beschrieben.

11.4.1 E-Mails

E-Mails sind neben Telefonaten in den meisten Unternehmen das Hauptkommunikationsmittel mit Kunden. Dabei handelt es sich jedoch nicht um vereinzelte E-Mails wie z. B. in der Vorbereitung zu einem Angebot, sondern um die konsolidierte Kommunikation zu einem konkreten Ticket. Von der initialen Problembeschreibung bis hin zu der von Ihnen vorgeschlagenen Lösung werden alle E-Mails, die über die SAP

Service Cloud im Kontext zu diesem Ticket versendet oder eingegangen sind, als E-Mail-Aktivitäten dokumentiert. Deshalb wird die E-Mail-Aktivität im Vertrieb mit den klassischen Feldern wie **Von**, **An**, **Betreff** und **Inhalt** im Kundenservice um weitere Möglichkeiten in einem Editor ergänzt (siehe Abbildung 11.11).

Dazu gehört, dass die Absenderadresse **Von** automatisch aus der Organisationseinheit des Ticketbearbeiters sowie die passende *Vorlage mit Markenkennzeichnung* (siehe Abschnitt 11.11, »Vorlagen«) ermittelt wird. Ziel dieser Funktionen ist es, es Ihrem Serviceteam zu ermöglichen, den Fokus auf den Inhalt und die Lösung des Problems zu richten, indem alle formalen Schritte automatisiert oder vorausgefüllt werden.

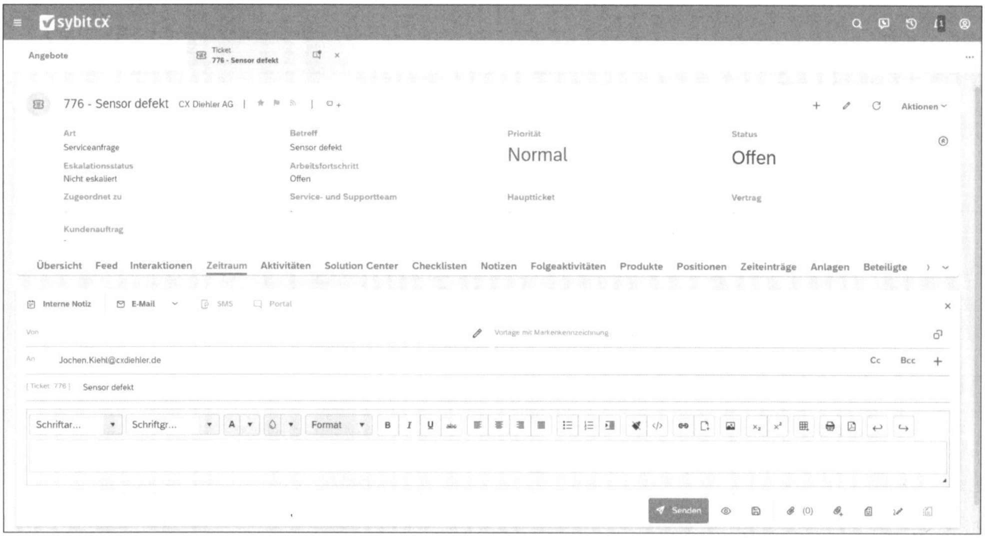

Abbildung 11.11 Eine neue E-Mail aus einem bestehenden Ticket heraus versenden

In Abbildung 11.11 sehen sie den Editor, mit dem Sie aus dem Ticket heraus antworten können. Falls Sie den Editor nicht verwenden und Ihre E-Mails weiterhin in Ihrer E-Mail-Anwendung bearbeiten möchten, steht die Groupware-Integration zur Verfügung, worüber E-Mails in die SAP Service Cloud synchronisiert werden können. Näheres zu diesem Feature im Kontext der SAP Sales Cloud erfahren Sie in Abschnitt 8.9, »Aktivitäten und Besuche«.

11.4.2 Telefonate

Um die bereits erfolgte sowie die geplante Kommunikation mit Ihren Kunden transparent darzustellen, enthält die SAP Service Cloud eine Funktion zum Verwalten von Telefonaten, mit der Sie diverse Informationen zu einem Telefongespräch festhalten. Zum Beispiel können Sie damit Telefonate planen und Mitgliedern des Serviceteams zuweisen oder bereits getätigte Telefonate dokumentieren. Über die am Telefonat beteiligten Personen definieren Sie, wer genau am Telefonat teilgenommen hat.

Die SAP Service Cloud bietet die Möglichkeit, Ihre Telefonanlage zu integrieren (siehe Abschnitt 11.14, »Integrationsszenarien«). Sobald dies erfolgt ist, werden Telefonaktivitäten automatisch aus Anrufen im *Live-Aktivitäts-Center* generiert. Das System speichert die Daten des ein- oder ausgehenden Anrufs im Zusammenhang mit dem Ticket. Bei ein- und ausgehenden Telefonaten öffnet sich zudem der sogenannte *Kunden-Hub*, eine Übersicht mit allen relevanten Informationen, die Ihre Beschäftigten während des Gespräches nutzen können. Sie können einem Ticket jedoch auch manuell Telefonanrufe hinzufügen.

11.4.3 Aufgaben

Mithilfe der Aufgaben können Sie die für Sie oder für Ihr Team anstehenden Tätigkeiten im System dokumentieren und steuern. Beispielsweise können Sie die Klärung einer technischen Fragestellung von einem Teammitglied anfordern oder es bitten, die gefundene Ticketlösung in Ihrem Kundenservice-Wiki zu hinterlegen.

Einem Verantwortlichen und einem Bearbeiter wurde eine Aufgabe zugewiesen. Im Beispiel der Klärung der technischen Frage sind Sie die für die Aufgabe verantwortliche Person, während die Person, die die Aufgabe lösen muss, der Bearbeiter ist. So sind die Verantwortlichkeiten klar strukturiert und auch direkt im Ticket ersichtlich (siehe Abbildung 11.12).

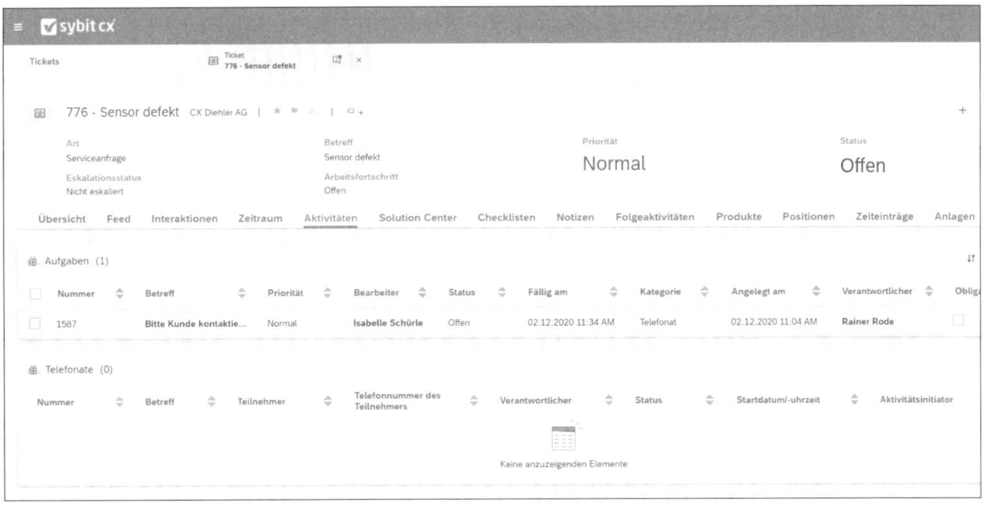

Abbildung 11.12 Eine Aufgabe, die im Zuge der Ticketbearbeitung von einer anderen Person als dem Ticketbearbeiter erledigt werden soll

Aufgaben oder Telefonate können auch aus Aktivitätsplänen, die sowohl manuell oder auch automatisch bei bestimmten Kriterien ausgeführt werden können, hinzugefügt werden (siehe Abschnitt 8.9, »Aktivitäten und Besuche«). Handelt es sich z. B. um ein Ticket, bei dem ein Technikereinsatz im Ausland notwendig ist, können automatisch Aufgaben wie z. B. **Visa prüfen** oder **Flug buchen** hinzugefügt werden. Dabei können Aufgaben auch als obligatorisch gekennzeichnet werden, d. h. ein Abschluss des Tickets ist ohne die Erledigung der Aufgabe nicht möglich.

11.5 Kommunikationskanäle

Die Kontaktaufnahme seitens der Kunden kann, neben regelmäßigen Wartungen oder Rückrufaktionen, einen Startpunkt des Serviceprozesses bilden. Je vielfältiger und differenzierter die Kontaktmöglichkeiten sind, die sie Ihren Kunden anbieten, desto besser ist die Customer Experience. Dies gilt auch dann, wenn der Grund der Kontaktaufnahme eine Beschwerde ist. Es sollte nicht von Relevanz sein, über welchen Kanal der Kunde mit Ihnen in Kontakt tritt: Ihre Aufgabe ist es, alle Anfragen, Abfragen und Beschwerden den dezidierten Experten zur Beantwortung weiterzuleiten.

Die SAP Service Cloud unterstützt eine Vielzahl an Kommunikationskanälen, über die Ihre Kunden mit Ihrem Unternehmen in Kontakt treten können. Dazu gehören, neben den klassischen Kanälen wie Telefon und E-Mail, auch Möglichkeiten für ein innovativeres Kundensegment, wie Chatbot, Live-Chat, SMS, Portal und verschiedene Social-Media-Kanäle. Dabei erfolgt nicht nur die Kontaktaufnahme über den Kanal, sondern dort wird die gesamte fortlaufende Kommunikation zwischen Ihrem Serviceteam und Ihrem Kunden abgebildet.

11.5.1 E-Mail

In der SAP Service Cloud können Sie die E-Mail-Adressen, die Sie Ihren Kunden als Kontaktmöglichkeit zur Verfügung stellen, als E-Mail-Kanäle abbilden. Wird eine E-Mail über die zur Verfügung gestellte E-Mail-Adresse an den E-Mail-Kanal im System gesandt, wird daraus automatisch ein Ticket erstellt. Diese Kanäle können als Kriterium beim Ticket Routing oder zum Filtern verwendet werden.

Antwortet ein Mitglied des Serviceteams aus dem Ticket heraus, wird diese Antwort-E-Mail (siehe Abschnitt 11.4, »Aktivitäten«) automatisch über den Kanal und die dort hinterlegte E-Mail-Adresse verschickt. So verbleiben alle Interaktionen im Ticket, und gleichzeitig hat Ihr Kunde eine feste E-Mail-Kommunikationsadresse.

Sie können zudem das System so konfigurieren, dass E-Mails, die an einen der E-Mail-Kanäle gesendet werden, automatisch zu Tickets konvertiert werden. Wie aus Abbildung 11.13 ersichtlich, können Sie eine automatische Konvertierung Ihrer eingehenden E-Mails in den Tickets vornehmen.

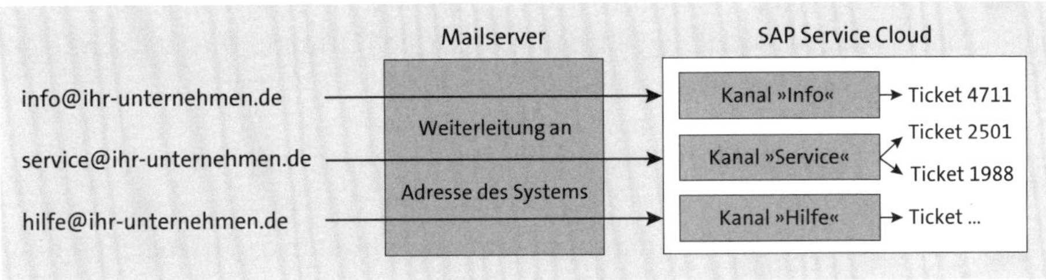

Abbildung 11.13 Automatische Konvertierung von E-Mails in Tickets

11.5.2 Telefon über Computer-Telephony-Integration

Ein weiterer typischer Weg, mit dem Ihre Kunden in Kontakt mit Ihrem Unternehmen treten, ist das Telefon. Dazu kann eine, typischerweise in Service Call-Centern eingesetzte Telefonanlage mit der SAP Service Cloud integriert werden. Dies wird als *Computer-Telephony-Integration* (CTI) bezeichnet.

Diese Integration ermöglicht, dass Telefonaktivitäten mit und über die SAP Service Cloud ausgeführt werden können. Dies bedeutet, dass z. B. eingehende Anrufe automatisch einem Ansprechpartner zugeordnet werden, und basierend auf dem Anruf, automatisch eine Telefonaktivität, auch direkt mit Bezug auf ein Ticket, angelegt und Notizen zum Gespräch erfasst werden können. Durch diesen nahtlosen Handlungsraum wird eine hohe Servicequalität am Telefon erreicht, die sich in einer gesteigerten Kundenzufriedenheit niederschlägt.

Die SAP Service Cloud bietet zwei verschiedene Optionen, wie die CTI-Lösung eines Drittanbieters integriert werden kann: *Adapter-* oder *Widget-basiert*.

Bei der adapterbasierten Integration wird Ihre Telefonanlage mithilfe eines CTI-Adapters des Drittanbieters in die SAP Service Cloud integriert. Das Adapterverhalten kann dabei kundenindividuell an den Serviceprozess angepasst werden. Jedoch muss der Adapter clientseitig, also lokal auf dem Gerät der zuständigen Person installiert und bei Änderungen upgedatet werden.

Wird hingegen die Widget-basierte Integration genutzt, wird ein Widget eines Drittanbieters in die SAP Service Cloud integriert; eine lokale Installation eines Adapters ist nicht notwendig.

Bei beiden Optionen können eingehende Anrufe angenommen (Inbound Calls) sowie Anrufe durch Klicken auf die Telefonnummern in der SAP Service Cloud (Outbound Calls) getätigt werden. Dabei wird immer eine Telefonaktivität (siehe Abschnitt 11.4.2, »Telefonate«) erstellt, die mit dem Ticket, aus dem heraus angerufen wird, verknüpft ist.

Zudem öffnet sich, sowohl bei aus- als auch bei eingehenden Anrufen, das Live-Aktivitäts-Center. Hier werden Ihnen die referenzierten Daten des Ansprechpartners, wie z. B. seine Servicetickets, die registrierten Produkte oder aktuelle Angebote dargestellt. Zudem pflegen Sie dort auf effiziente Weise die Telefonnotiz oder lösen Folgeaktivitäten wie ein Ticket oder eine Aufgabe aus.

11.5.3 Soziale Medien

Die sozialen Medien sind als Kommunikationsmöglichkeit in den letzten Jahren zunehmend wichtiger geworden: Kunden können sich direkt mit Unternehmen verbinden und mit ihnen kommunizieren. Die SAP Service Cloud bietet Integrationen in verschiedene Social-Media-Kanäle. Dazu gehören:

- Facebook
- Twitter
- YouTube
- WeChat
- kundenspezifische Kanäle

Die Integration dieser Kanäle ermöglicht es Ihrem Unternehmen, Kundenanfragen in Form von Direktnachrichten oder Posts automatisch als Tickets in der SAP Service Cloud zu erfassen, zu bearbeiten und mit dem Kunden zu kommunizieren. Die Einbahnstraße sozialer Medien wird durch die Integration zu einem bidirektionalen Kommunikationsweg.

Dabei ist es für die Bearbeitung der Tickets irrelevant, über welchen Social-Media-Kanal die Kundenanfrage eingegangen ist, da alle in der gleichen Oberfläche, der SAP Service Cloud, bearbeitet werden.

11.5.4 SMS

Ein weiterer möglicher Eingangskanal zur Kommunikation mit Ihren Kunden können Textnachrichten sein. Damit können Ihre Kunden mithilfe einer SMS ein Ticket anlegen oder Informationen zu einem bestehenden Ticket hinzufügen. Auch Ihre Mitarbeitenden können über die Oberfläche auf ein, durch eine SMS erzeugtes Ticket antworten, und die Kunden erhalten die Antwort ebenfalls als SMS.

11.5.5 Live-Chat

Möchten Sie Ihren Kunden eine weitere Möglichkeit bieten, um direkt mit Ihrem Kundenservice in Kontakt zu treten, können Sie dazu eine Chat-Lösung eines Drittanbieters mit der SAP Service Cloud integrieren. Damit können Ihr Kundenservice dem Kunden eine Chat-Einladung in Form einer URL per E-Mail oder über die sozialen Medien schicken und anschließend mit dem Kunden chatten. Im Anschluss an den Chat kann der Chat-Verlauf zur Dokumentation an das Ticket hinzufügt werden.

11.5.6 Chatbot

Neben einem Live-Chat kann auch ein Chatbot ein weiterer bereitgestellter Kommunikationskanal sein. Mit diesem können immer wiederkehrende Fragestellungen Ihrer Kunden automatisiert beantwortet werden – und es bleibt mehr Zeit für die Bearbeitung von komplexen Fällen. Mehr Details zur Chatbot-Lösung von SAP finden Sie in Kapitel 13, »SAP Conversational AI«.

11.5.7 Kundenportal

Die SAP Service Cloud bietet die Möglichkeit, Kundenportale der SAP Commerce Cloud (siehe Abschnitt 11.13, »Ticket Intelligence«) oder eines Drittanbieters zu integrieren. Registrierte Kunden können hierüber Ersatzteilbestellungen tätigen oder ihre Produktionslinien verwalten. Darüber hinaus können Sie registrierten Kunden in einem Ersatzteilshop die Möglichkeit anbieten, direkt Tickets im Portal zu erstellen, die dann zur Bearbeitung in die SAP Service Cloud übertragen werden.

Dabei werden auch alle, für die Ticketbearbeitung relevanten und verfügbaren Informationen wie Ansprechpartner oder die Maschinennummer übertragen, sodass der Kunde keine weiteren Eingaben tätigen muss.

Die kundenseitige Kommunikation erfolgt dabei kundenfreundlich und attraktiv in der vertrauten Portaloberfläche. Mithilfe einer Integration Ihres Kundenportals ebnen Sie Ihrem Kunden den Weg zu einer bruchfreien Customer Journey.

11.6 Ressourcenplaner, Qualifikationsmanagement und Zeiterfassung

Mithilfe des integrierten Ressourcenplaners besteht die Möglichkeit, Arbeitstickets und deren Positionen an verfügbare Techniker einzuplanen und zuzuweisen. Diese können dann die Ihnen zugewiesenen Arbeitstickets in ihrem Kalender sehen – auch mobil.

Bei der Einplanung können dabei auch Qualifikationen des Technikers oder der Technikerin, die für den Einsatz notwendig sind, berücksichtigt werden, um den richtigen Mitarbeitenden für die anfallenden Arbeiten einzuplanen. Die angefallenen Zeiten können zurückgemeldet, im Arbeitsticket erfasst und über eine Integration ins SAP-S/4HANA-System auch verbucht werden.

Diese und weitere Funktionen lassen sich auch mit SAP Field Service Management, das in Kapitel 14, »SAP Field Service Management«, beschrieben wird, umsetzen.

11.7 Angebote und Aufträge

Auch im Serviceprozess können das Einsehen und Anlegen von Angeboten und insbesondere von Aufträgen als Verkaufsbelege relevant und wichtig sein, z. B. als Folgebeleg zu einem Ticket oder als Voraussetzung für einen Servicetechnikereinsatz.

Das Einsehen und das Anlegen von Aufträgen ist dabei abhängig von Ihren Anforderungen und der Lizenzierung Ihrer SAP Service Cloud: Sie können entscheiden, ob Sie sich nur externe (in SAP S/4HANA verfügbare) Aufträge anzeigen lassen, nur Aufträge in der SAP Service Cloud anlegen wollen oder Aufträge aus der SAP Service Cloud und dem SAP-S/4HANA-System bidirektional integrieren möchten.

Die Funktionen von Angebot und Auftrag, auch im Zusammenspiel mit beteiligten Personen, Produkten oder der Preisfindung, sind detailliert in Abschnitt 9.7, »Angebotsabschluss und Angebotsmanagement«, beschrieben.

11.8 Verträge

Mithilfe von Verträgen können Sie Vereinbarungen zwischen Ihrem Unternehmen und Ihren Geschäftspartnern anlegen und pflegen. Dabei können Sie in der SAP Service Cloud folgende Vertragsarten nutzen:

- **Verkaufsverträge**
  Die ausführliche Beschreibung von Verkaufsverträgen, z. B. von Mengenkontrakten, finden Sie in Abschnitt 8.11, »Verträge«, in Bezug auf die SAP Sales Cloud.
- **Serviceverträge**
  Serviceverträge stellen eine Vereinbarung zwischen Ihnen und Ihren Kunden über Umfang und Inhalt von Produkten oder Dienstleistungen Ihres Kundenservice dar.

Besitzt ein Kunde einen gültigen, d. h. aktiven Servicevertrag, geht aus diesem z. B. hervor, welche Art Kundenservice Sie bereitstellen müssen (Support-Arten), wie schnell bestimmte Aktionen erfolgen müssen (Service-Level-Vereinbarungen) oder welche Elemente im Service nicht enthalten sind (eingeschränkte Produkte). Ein Beispiel ist in Abbildung 11.14 dargestellt.

Bei der Anlage eines Servicevertrags durch Ihr Vertragsadministrationsteam können sowohl auf der Kopf-, als auch auf der Positionsebene verschiedene Informationen, wie z. B. Service-Level, beteiligte Personen oder abgedeckte Objekte gepflegt werden. Dabei können Sie auf Vertragsvorlagen zurückgreifen, die es Ihnen ermöglichen, bestimmte Daten bei einer Neuanlage direkt vorauszufüllen.

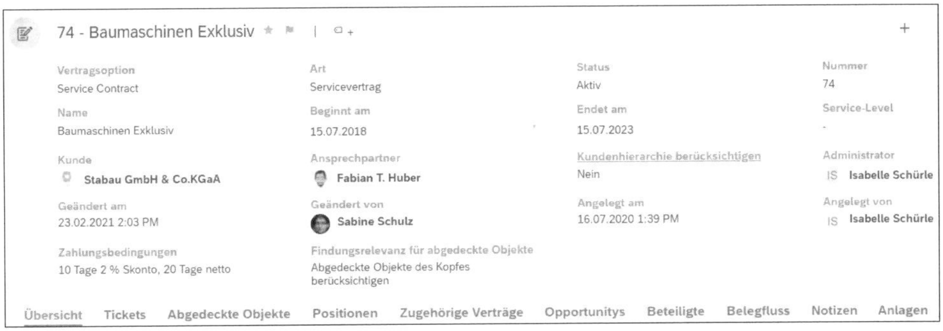

Abbildung 11.14 Servicevertrag in der SAP Service Cloud

11.8.1 Servicevertragsfindungslogik

Damit für ein Ticket der korrekte Vertrag oder die korrekten Verträge nicht manuell identifiziert werden müssen, gibt Ihnen die SAP Service Cloud eine Servicevertragsfindungslogik an die Hand. Die Vertragsermittlung bzw. -findung stellt ein Ausschlussverfahren dar, dessen Ergebnis ein oder mehrere passende Verträge sind – abhängig davon, wie Ihre Serviceverträge aufgebaut sind.

So können Sie z. B. mit Serviceverträgen, in denen alle Produkte und Seriennummern zu einem Kunden abgedeckt sind oder mit Serviceverträgen, die einzelne Produkte anhand einer Seriennummer abdecken, arbeiten.

Als Kriterien zur Vertragsfindung können z. B. Kunde, Kundenhierarchie, Installation, Produkte, Seriennummern oder Einbauorte verwendet werden. Zudem können Sie zwischen einer kundenorientierten Vertragsfindung (Kunde stellt das relevante Kriterium dar) oder einer objektzentrierten Vertragsfindung (Kunde stellt kein relevantes Kriterium dar, sondern z. B. das Produkt, das durch einen Vertrag abgedeckt ist – auch wenn dieser auf einen anderen Kunden als den im Ticket befindlichen Kunden ausgestellt wurde) wählen.

Aus der Kombination der verschiedenen Kriterien und Ansätze ermöglicht Ihnen die SAP Service Cloud eine verlässliche und passgenaue Ermittlung von relevanten Verträgen im Ticket.

11.8.2 Serviceverträge und Tickets

Existiert ein gültiger, aktiver Vertrag für ein Ticket, wird dieser automatisch von der SAP Service Cloud ermittelt und mit dem Ticket verknüpft.

So können Sie sowohl aus dem Ticket in den relevanten Vertrag navigieren als auch im Vertrag die zugehörigen Tickets sehen. Ist eine Service-Level-Vereinbarung Bestandteil des Vertrags, wird diese ebenfalls im Ticket angezeigt und angewendet (siehe Abschnitt 11.3.6, »Service-Level«).

11.8.3 Serviceverträge und Wartungsplan

Aus Serviceverträgen können zudem Wartungspläne angelegt werden. Ein Wartungsplan besteht aus Wartungspositionen in Form von registrierten Produkten, für die Regeln festgelegt werden können. Auf der Grundlage der festgelegten Parameter erstellt das System, wenn die Bedingungen erfüllt werden, automatisch Tickets für die Planung des Wartungsservice für das im Servicevertrag gelistete registrierte Produkt.

11.9 Umfragen

Die SAP Service Cloud stellt eine integrierte Umfragefunktion zur Verfügung, die Ihnen zwei große Anwendungsmöglichkeiten bietet: zum einen interne *Umfragen* zur strukturierten Erfassung von Daten und Informationen, zum anderen *Kundenzufriedenheitsumfragen* zum Einholen von Feedback.

11.9.1 Interne Umfragen

Wenn für anschließende Prozessschritte immer ein bestimmtes Set an Informationen und Daten notwendig ist, z. B. Equipmentnummer, Automatisierungssystem oder Fehlernummer, können Sie diese Daten mithilfe von Umfragen strukturiert erfassen.

Eine detaillierte Beschreibung der Funktionalität von Umfragen, des Designs und der Verwendung der Ergebnisse finden Sie in Abschnitt 8.12, »Umfragen«.

11.9.2 Kundenzufriedenheitsumfragen

Wie zufrieden war der Kunde mit Ihrem Kundenservice? Was fehlt aus Kundensicht noch für einen perfekten Kundenservice? Würde der Kunde Sie als Unternehmen weiterempfehlen?

Um Antworten auf diese Fragen zu erhalten, können Sie den Umfragetyp **Zufriedenheit** nutzen, der die Kundenzufriedenheitsumfragen ermöglicht. Dadurch bekommen Sie wertvolles Kunden-Feedback zu Ihren Produkten und Dienstleistungen und damit die Möglichkeit, diese zu verbessern oder zu ergänzen.

Eine detaillierte Beschreibung von Kundenzufriedenheitsumfragen inklusive möglichen Messgrößen und einer Abgrenzung zum Experience Management (Qualtrics) finden Sie in Abschnitt 8.12, »Umfragen«.

11.10 Bibliothek

Mithilfe der Bibliothek in der SAP Service Cloud können Dokumente zentral und strukturiert abgelegt werden.

Eine detaillierte Beschreibung der Funktionen und der Nutzung der Bibliothek im Unternehmenskontext finden Sie in Abschnitt 8.13, »Bibliothek«.

11.11 Vorlagen

In der SAP Service Cloud kann zwischen fünf grundlegenden Arten an Vorlagen unterschieden werden: E-Mail-Vorlagen (persönliche oder unternehmensweite), E-Mail-Signaturen, HTML-Vorlagen für automatische E-Mails, E-Mail-Signaturen, Vorlagen mit Markenkennzeichnung und Formularvorlagen.

11.11.1 E-Mail-Vorlagen

Unter E-Mail-Vorlagen lassen sich Textbausteine verstehen. So können Sie häufig verwendete Antwortsegmente als Vorlage abbilden und so einfach der Antwort hinzufügen – denn das spart Zeit. Sie können E-Mail-Vorlagen sowohl unternehmensweit zur Verfügung stellen, oder Ihre Beschäftigten können sie persönlich anlegen. In Abbildung 11.15 ist eine beispielhafte E-Mail-Vorlage dargestellt.

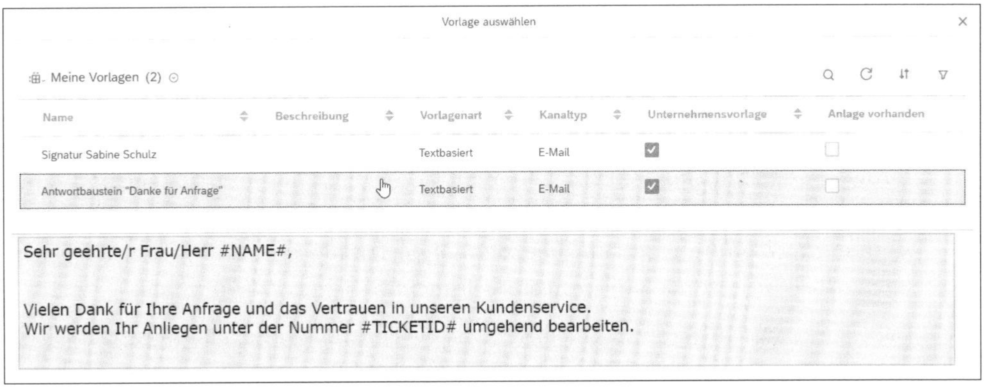

Abbildung 11.15 Beispiel einer E-Mail-Vorlage

11.11.2 E-Mail-Signaturen

E-Mail-Signaturen können von Administratoren angelegt und allen Beschäftigten zur Verfügung gestellt werden. Beim Antworten kann dann die notwendige Signatur ausgewählt oder die Standardsignatur beibehalten werden.

11.11.3 HTML-Vorlagen für automatische E-Mails

Soll das System automatisch E-Mails versenden, wie z. B. eine Eingangsbestätigung oder eine Mitteilung über einen Statuswechsel, werden HTML-Vorlagen – die sowohl die Nachricht als auch das Design enthalten – verwendet. Um personalisierte Nachrichten zu erzeugen, z. B. eine personalisierte Ansprache durch den Familiennamen oder die Kommunikation der spezifischen Ticketnummer, können Sie darin Platzhalter verwenden. Diese werden mit einem Feld verknüpft und beim Versenden der E-Mail mit den Felddaten aus dem Ticket, zu dem die automatische E-Mail gehört, gefüllt.

Diese unterschiedlichen Arten von Vorlagen spielen demnach jeweils eine unterschiedliche Rolle in der E-Mail-Kommunikation. So dienen Vorlagen mit Markenkennzeichnung und E-Mail-Signaturen als Vorgaben zu Corporate-Design-/Corporate-Identity-Richtlinien, während E-Mail-Vorlagen für häufig benötigte Inhalte verwendet werden. HTML-Vorlagen beinhalten hingegen sowohl Design als auch Inhalt.

11.11.4 Vorlagen mit Markenkennzeichnung

Vorlagen mit Markenkennzeichnung werden in der Pflege des E-Mail-Kanals (siehe Abschnitt 11.5.1, »E-Mail«) verwendet. Alle ausgehenden E-Mail-Kommunikationen werden dann automatisch durch diese Vorlage ergänzt.

11.11.5 Formularvorlagen

Für das Erstellen von Service- oder Stundenberichten können Sie auf die Formularvorlagenfunktion zurückgreifen. Diese ermöglicht es Ihnen, im unternehmenskonformen Design Informationen z. B. aus dem Ticket in PDF-Form zu bringen und damit an den Kunden zu versenden. Nach einem erfolgreichen Servicetechnikereinsatz kann so eine Zusammenfassung über den Servicefall sowie eine Auflistung der geleisteten Arbeit und Stunden in Form eines Stundenberichts erzeugt werden.

Dabei haben Sie auch die Möglichkeit, mehrere Formularvorlagen in Gruppen zu organisieren, das Land und die Dokumentensprache zu berücksichtigen (Formularvorlagenverwaltung) und anhand von Regeln (Formularvorlagenauswahl) die jeweils passende Formularvorlage zur Verfügung zu stellen.

11.12 Analytics im Service

Die SAP Service Cloud verfügt über zahlreiche Out-of-the-box-Analysefunktionen. Diese ermöglichen eine Darstellung Ihrer Echtzeitdaten und erlauben so einen fundierten Blick auf die Ist-Situation in Ihren Serviceteams und auf Ihren Kundenservice als Ganzes.

Das *operative Reporting* des Systems für Ihre Vertriebs-, Service- und Marketingbewegungsdaten ist dabei auf die tägliche Arbeit der Beschäftigten fokussiert. Die zahlenbasierten Echtzeiterkenntnisse und Einblicke unterstützen dabei sowohl Ihre Beschäftigten als auch Sie als Führungskraft in den Entscheidungen und Handlungen.

11.12.1 Berichte und Dashboards

Bereits im Standard bietet die SAP Service Cloud eine Vielzahl an servicespezifischen Berichten wie z. B. dem **Vergleich angelegter und abgeschlossener Tickets (letzte 7 Tage)** oder **Die besten 10 Bearbeiter nach abgeschlossenen Tickets** oder **Tickets nach Status** (siehe Abbildung 11.16).

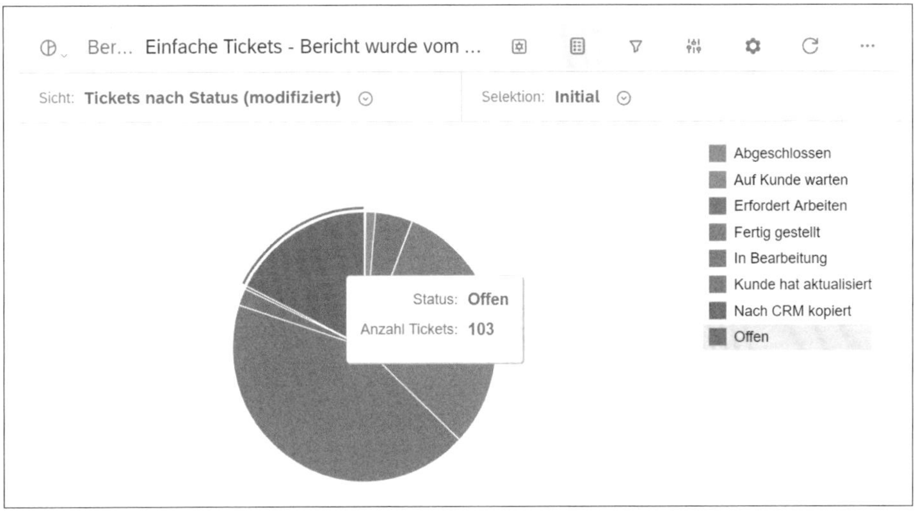

Abbildung 11.16 Darstellung der Tickets nach Status

Berichte ermöglichen Ihnen also eine visuelle Antwort auf eine spezifische Fragestellung und stellen damit einen guten Startpunkt für Optimierungen dar.

Neben den standardmäßig bereitgestellten Berichten können Sie auch eigene, Ihre Anforderungen abbildende Berichte und Sichten anlegen und rollenbasiert zur Verfügung stellen.

Haben Sie mehrere Berichte zu einem bestimmten Thema oder zu einer Art von Bewegungsdaten, z. B. Tickets, können Sie diese konsolidiert in Form eines Dashboards darstellen. Dies ermöglicht die Zusammenstellung aller für diesen Themenkomplex relevanten Informationen und damit einen Gesamtüberblick.

Wie bei den Berichten können Sie auch eigene Dashboards mit den für Sie relevanten Daten zusammenstellen oder die im Standard verfügbaren Dashboards nutzen. Dazu gehört das Dashboard **Serviceübersicht**, das unterschiedliche Informationen im Ticketkontext miteinander kombiniert (siehe Abbildung 11.17).

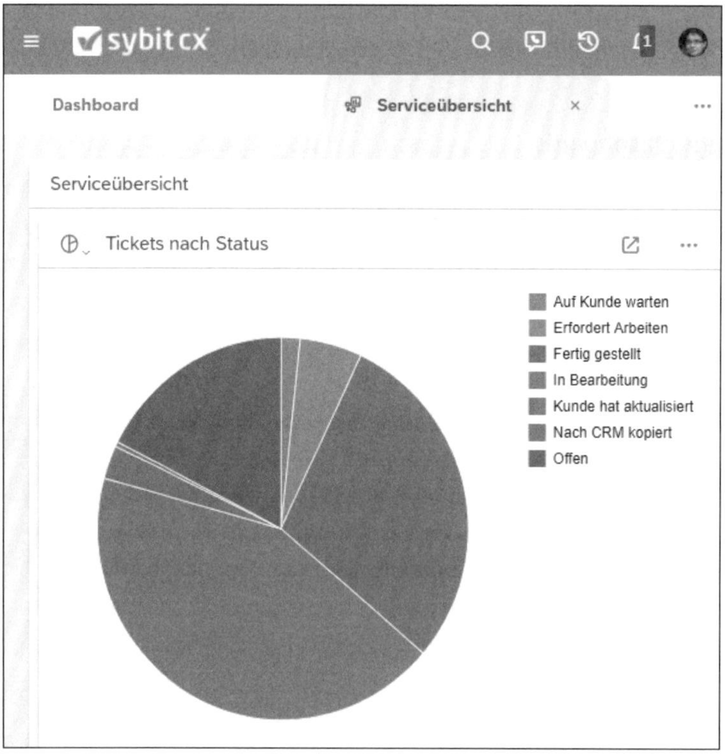

Abbildung 11.17 Standard-Dashboard »Serviceübersicht« mit vier Berichten

11.12.2 Key Performance Indicators (KPIs)

Key Performance Indicators (KPIs) ermöglichen Ihnen die Reduktion eines Sachverhalts auf eine aussagekräftige Kennzahl. Die KPIs können in Form von Karten, bei Bedarf auch rollenbasiert, auf der Startseite dargestellt werden (siehe Abbildung 11.18).

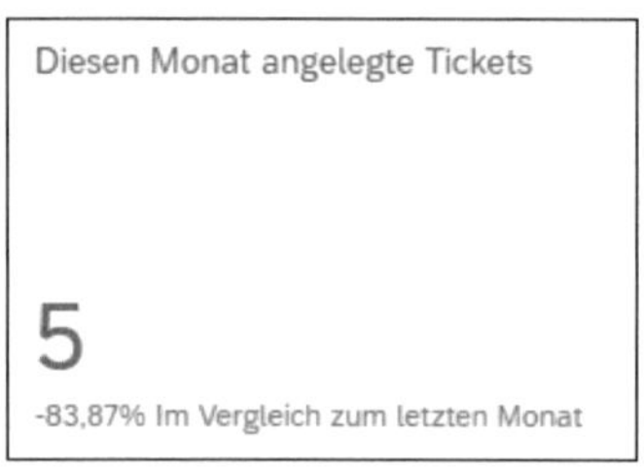

Abbildung 11.18 KPI zu in diesem Monat angelegten Tickets sowie Gegenüberstellung zum Vormonat in Prozent

Durch einen Klick auf die Karte werden Sie zum Dashboard oder zu dem Bericht geführt, auf dem die Kennzahl basiert.

11.12.3 Broadcasts

Die Ergebnisse der Analysemöglichkeiten könnten mithilfe der Broadcast-Funktion der SAP Service Cloud einmalig oder regelmäßig über E-Mail an die Anwender verschickt werden. Dabei können Sie entscheiden, ob der Empfänger z. B. über einen Weblink auf den Bericht zugreifen können soll oder ob er auf eine Excel-Liste Zugriff haben soll, mit der direkt weitergearbeitet werden kann.

So können die Anwender über aktuelle Entwicklungen im Bilde gehalten werden, benötigen aber, bis auf die Funktion **Weblink**, keine Zugriffsrechte zur SAP Service Cloud. Dies ist z. B. für Mitglieder aus dem Management eine interessante Funktion, da sie so ohne User die wichtigsten operativen Daten aus der SAP Service Cloud im Blick behalten können.

[«]

Mobiles Arbeiten mit der App

Die Funktionen der mobilen Anwendung der SAP Sales Cloud ist detailliert in Abschnitt 8.15, »Mobiles Arbeiten mit der App ›SAP Sales Cloud‹«, beschrieben.

11.13 Ticket Intelligence

Hat Ihr Kunde ein Anliegen, erwartet er eine schnelle Lösung oder zumindest eine zeitnahe Bearbeitung bzw. eine Information darüber, bis wann mit einer Lösung zu rechnen ist.

Gerade bei einem hohen Serviceticketaufkommen ist es sehr wahrscheinlich, dass das eingehende Anliegen Ihres Kunden mit demselben oder einem ähnlichen Problem bereits auftrat. Die Analyse historischer Daten kann hierbei helfen, die Bearbeitung neuer Tickets erheblich zu beschleunigen. Dies geschieht idealerweise und ermöglicht eine schnelle Lösungsfindung. Aber selbst, wenn es das konkrete Problem und damit die Lösung noch nicht gegeben hat, kann durch die Analyse von Ähnlichkeiten zumindest die Bearbeitungszeit geschätzt bzw. reduziert werden, indem die Einordung und damit das Routing des Tickets erleichtert wird.

Wie es in Kapitel 13, »SAP Conversational AI«, vertieft wird, handelt es sich bei der Datenanalyse mit einer entsprechenden Handlungsempfehlung um ein ideales Handlungsfeld für *künstliche Intelligenz* (KI) bzw. *maschinelles Lernen* (ML). Beide Begriffe werden häufig synonym benutzt, wobei ML nur ein bestimmtes Anwendungsgebiet der KI beschreibt, in dem Computeralgorithmen durch Erfahrungen lernen.

Mit dem Szenario *Ticket Intelligence* stellt Ihnen SAP Machine-Learning-Funktionen innerhalb der SAP Service Cloud bereit. Falls der erforderliche Datenbestand zum Training der Vorhersagemodelle vorhanden ist, lassen sich mit einem recht überschaubaren Administrationsaufwand erhebliche Effizienzgewinne im Serviceprozess realisieren.

Ticket Intelligence bietet Ihnen mithilfe von maschinellem Lernen die Möglichkeit, ähnliche Tickets zu erkennen, die Ticketsprache, das Sentiment oder die relevante Produkt-ID zu extrahieren sowie die Ticketkategorie und die voraussichtlich benötigte Bearbeitungsdauer vorzubestimmen. Mithilfe dieser Möglichkeiten ist Ihr Serviceteam in der Lage, Tickets schneller abzuarbeiten bzw. den Kunden schnellstmöglich Rückmeldung zu geben.

[»]

Maschinelles Lernen in der SAP Service Cloud

Maschinelles Lernen, worauf die folgenden Features basieren, ist nur in der SAP Service Cloud, Enterprise Edition, enthalten.

11.13.1 Kategorisierung und Priorität

Mithilfe von maschinellem Lernen können Sie automatisch die Kategorie sowie die Priorität vorbelegen, egal über welchen Kanal das Ticket erstellt wird.

[»]

Voraussetzungen für verlässliche Vorhersagen

Um verlässliche Vorhersagen sicherzustellen, sollten die folgenden Punkte erfüllt werden:

- Es sollten mindestens 1.000 kategorisierte Tickets im System vorhanden sein.
- In den vorhandenen Tickets sollten der Betreff, die Beschreibung, eine Kategorie und die Priorität gepflegt sein.

Ticket Intelligence Readiness Report

Mithilfe des *Ticket Intelligence Readiness Reports* können Sie überprüfen, ob Ihre bereits erfassten Daten dazu geeignet sind, mithilfe von maschinellem Lernen Kategorien und Prioritäten vorherzusagen. Innerhalb des Reports werden Ihnen für die jeweiligen Kriterien ein minimaler, ein empfohlener sowie der tatsächliche Wert angezeigt. Falls das Ergebnis negativ ausfällt bzw. der Minimalwert nicht erreicht wird, können Sie die relevanten Daten anpassen und erneut prüfen.

Ticket-Kategorisierungsmodell

Das *Ticket-Kategorisierungsmodell* wird mithilfe vorhandener Ticketdaten trainiert und kann anschließend verwendet werden, um zukünftige Kategorien und Prioritäten vorherzusagen. Wenn Sie den Servicekategorienkatalog (siehe Abschnitt »Servicekategorien« in Abschnitt 11.3, »Tickets«) aktualisieren, müssen Sie das Modell erneut trainieren.

Vorhersagen eines hierarchisch aufgebauten Servicekatalogs

Sollte Ihr verwendeter Servicekategorienkatalog hierarchisch aufgebaut sein, wird nur die unterste Ebene vorausgesagt. Die Ebenen darüber werden, wenn möglich, abgeleitet.

Training und Performance-Reports

Sobald das Training Ihres Modells abgeschlossen ist, können Sie sich den *Trainingsreport* anzeigen lassen. Dieser zeigt Ihnen u. a. das Verhältnis von korrekten Vorhersagen zu allen Vorhersagen (*Precision*) und das Verhältnis von korrekten Vorhersagen zu korrekt vorherzusagenden Datensätzen (*Recall*). Sobald Sie das Modell aktiviert haben, steht Ihnen der *Performance-Report* zur Verfügung. Dieser zeigt an, bei wie vielen Tickets die Kategorie automatisch befüllt wurde. Ein Beispiel eines Performance-Reports sehen Sie in Abbildung 11.19.

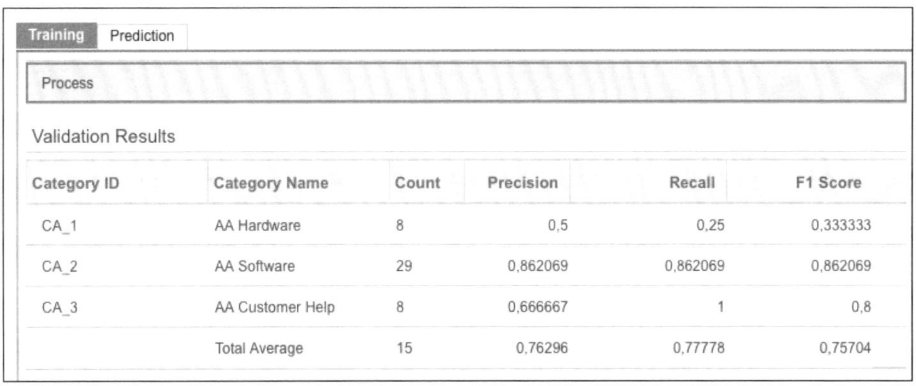

Category ID	Category Name	Count	Precision	Recall	F1 Score
CA_1	AA Hardware	8	0,5	0,25	0,333333
CA_2	AA Software	29	0,862069	0,862069	0,862069
CA_3	AA Customer Help	8	0,666667	1	0,8
	Total Average	15	0,76296	0,77778	0,75704

Abbildung 11.19 Performance-Report

Mithilfe der Modell-Test-Konsole können Sie Ihr Modell anhand von Beispielen testen.

11.13.2 Ähnliche Tickets

Um das relevante Ticket zu lösen, können Sie ähnliche, bereits in der Vergangenheit gelöste Tickets heranziehen und mithilfe deren Lösungen versuchen, das aktuelle Problem zu beheben. Ein Algorithmus wertet hierzu den Betreff und die Beschreibung kategorisierter Tickets der letzten 12 Monate aus und schlägt die ähnlichsten drei Tickets vor.

[»]

Voraussetzungen für verlässliche Vorhersagen ähnlicher Tickets

Um verlässliche Vorhersagen sicherzustellen, wird empfohlen mehr als 22.000 abgeschlossene Tickets, die 1 Jahr und älter sind, im System zu belassen.

Nachdem Sie ein Modell für die Ticketempfehlung erstellt, trainiert und aktiviert haben, werden Ihnen, nachdem Sie ein neues Ticket erstellt und den Betreff und die Beschreibung ausgefüllt haben, automatisch ähnliche Tickets empfohlen (siehe Abbildung 11.20).

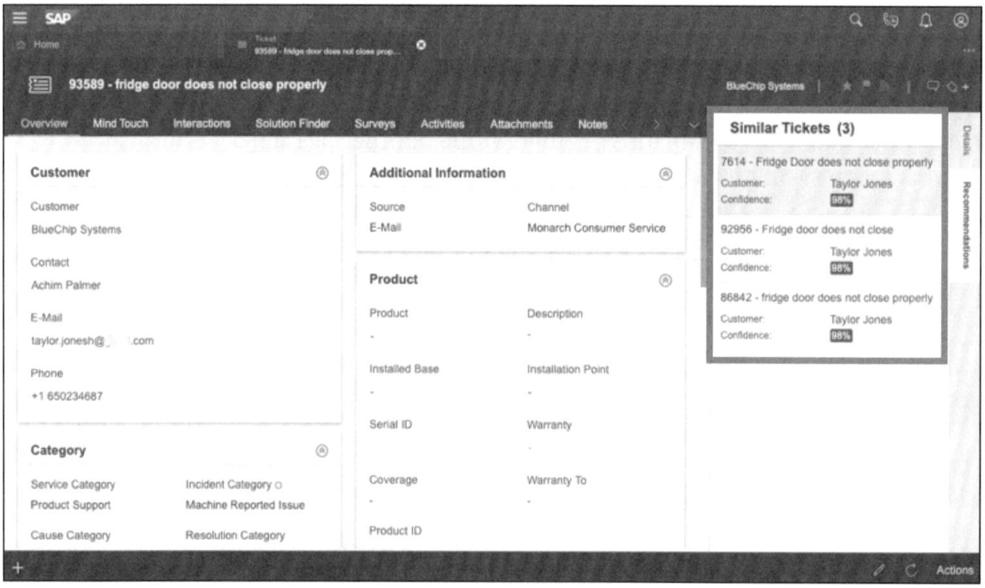

Abbildung 11.20 Automatische Empfehlung ähnlicher Tickets nach der Aktivierung eines Modells

Des Weiteren besteht die Möglichkeit, dass Sie sich bis zu zehn weitere Ticketempfehlungen anzeigen lassen können.

11.13.3 Vorbelegung von Ticketinformationen

Mithilfe der *NLP-Klassifizierung* können Sie die Sprache des Tickets, das Sentiment – vorausgesetzt, das Ticket wurde über eine E-Mail erstellt –, die Produkt-ID und die Serial-ID des relevanten Tickets feststellen.

[«]

Ermittlung von Produktinformationen innerhalb eines NPL-Klassifizierungsmodells

Innerhalb eines NPL-Klassifizierungsmodells müssen Sie festlegen, welche Informationen Sie extrahieren wollen. Falls Sie Produktinformationen ermitteln wollen, können Sie entweder die Produkt-ID oder die Serial-ID wählen, allerdings nicht beides.

Damit die Produktinformationen korrekt ermittelt werden können, ist es notwendig, dass aktive Produkte im System bzw. im Tenant vorhanden sind.

Nachdem Sie das Modell trainiert, getestet und aktiviert haben, werden die gewünschten Feldwerte auf der Basis des Betreffs und der Beschreibung befüllt, wenn Sie ein neues Ticket erstellen.

11.13.4 Zeit bis zur Fertigstellung

Wenn Ihnen bekannt ist, wie lange es wahrscheinlich dauern wird, ein eingehendes Ticket abzuarbeiten, können Sie Ihr Serviceteam besser einplanen und auch Ihrem Kunden mitteilen, wie lange dieser circa auf ein Ergebnis warten muss. Um die Zeit bis zur Fertigstellung vorherzusagen, wird ebenfalls ein Modell verwendet. Nachdem Sie das Modell erstellt, trainiert, getestet und aktiviert haben, können Sie die Zeit bis zur Fertigstellung im Ticket einsehen.

11.13.5 E-Mail-Vorlagenempfehlung

Wenn Sie die E-Mail-Vorlagenempfehlung nutzen, werden Ihnen bei der ersten Beantwortung eines Tickets via E-Mail automatisch drei E-Mail-Vorlagen vorgeschlagen, die am ehesten zum relevanten Ticket passen.

[«]

Voraussetzungen für verlässliche Empfehlungen von E-Mail-Vorlagen

Um verlässliche Vorschläge zu erhalten, müssen die folgenden Bedingungen erfüllt sein:

- Die Beschreibung des Tickets muss gefüllt sein
- Jede E-Mail-Vorlage muss mindestens 500-mal als erste Ticketantwort verwendet worden sein.
- Das Feature wird nur für Tickets in den Sprachen Deutsch und Englisch unterstützt.

Nachdem Sie ein entsprechendes Modell erstellt, trainiert, getestet und aktiviert haben, können Sie sich vor der ersten Antwort auf ein Ticket via E-Mail die vorgeschlagenen E-Mail-Vorlagen anzeigen lassen.

11.14 Integrationsszenarien

Das Kapitel beschreibt verfügbare Integrationsszenarien, die standardmäßig für die SAP Service Cloud bereitgestellt werden. Neben einer Vielzahl an Integrationsszenarien zum Austausch von Stammdaten, wie Kunden, Ansprechpartner oder registrierte Produkte, existieren tiefgreifende Replikationsmechanismen für Bewegungsdaten wie Tickets, Angebote oder Serviceverträge.

Hierüber lassen sich die servicerelevanten Daten aus der SAP Service Cloud in eine Vielzahl an Fremdsystemen sowie aus diesen heraus übertragen. Zudem unterstützen Sie die Integrationsszenarien zur Anbindung von Microsoft Outlook, Microsoft Excel, CTI usw. in Ihrer täglichen Arbeit im Kundenservice.

Generell ist zu sagen, dass die SAP Service Cloud über ein *offenes Schnittstellenkonzept* verfügt. Somit lassen sich Ihre Geschäftsdaten über definierte und erweiterbare OData- und SOAP-Webservices erstellen, verändern, löschen oder auslesen.

Im Folgenden werden einige der praxisrelevantesten Integrationspakete, wie z. B. für das SAP-Backend, SAP Field Service Management oder die SAP Commerce Cloud für die SAP Service Cloud vorgestellt.

11.14.1 SAP Backend Integration (u. a. SAP S/4HANA)

Die SAP-S/4HANA-Integration ist besonders stark detailliert konzipiert und bietet im Standard eine große Bandbreite an Funktionen. Sie erhalten somit den Vorteil, die verwendeten Stammdaten systemübergreifend pflegen zu können. Für den Kundenservice stehen vor allem registrierte Produkte (Equipments), Produkte (Materialien) sowie Kunden und Ansprechpersonen im Fokus. Aber auch der Angebots- und Auftragsprozess kann dadurch nahtlos integriert werden. Mit der Integration in das SAP-S/4HANA-System ermöglichen Sie eine enge Verzahnung Ihres Serviceprozesses mit der Warenwirtschaft, der Logistik sowie mit dem Finanz- und Kreditmanagement.

In Abbildung 11.21 werden die wichtigsten integrierten Stammdatenobjekte sowie deren Replikationsrichtungen aufgezeigt. Im Bereich der Stammdaten besteht die Möglichkeit, Kunden, Kundenhierarchien, Ansprechpartner, Mitarbeitende und Produkte inklusive Produkthierarchien auszutauschen.

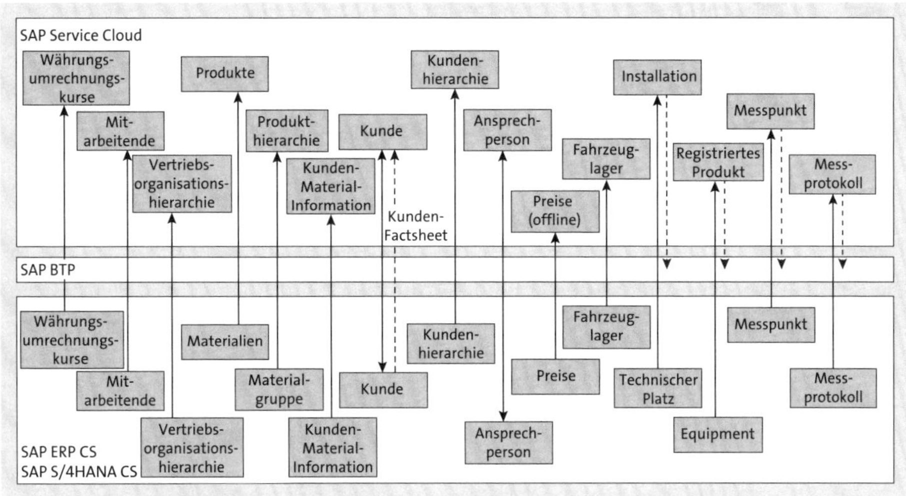

Abbildung 11.21 Integration der Stammdatenobjekte zwischen SAP S/4HANA und der SAP Service Cloud

Dank der nativen und nahtlosen Integration in das SAP-Backend haben die Mitarbeitenden im Service direkten Zugriff auf die Geschichte der Kunden. Gleichzeitig ermöglicht dies eine optimierte Serviceausführung mit einfachem Zugriff auf wichtige Backend-Funktionen, wie Ersatzteilbestände und -lieferungen, Serviceaufträge und Serviceverträge bis hin zur Rechnungsstellung (siehe Abbildung 11.22).

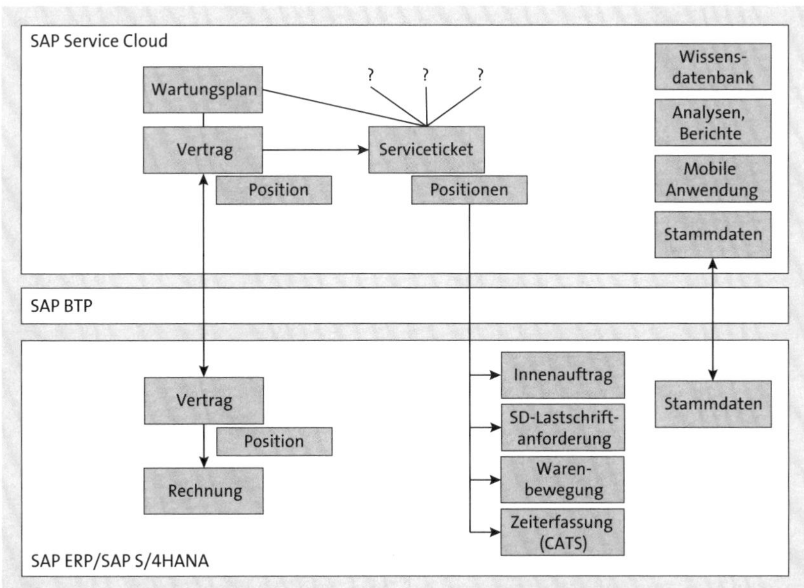

Abbildung 11.22 Integrationsszenario für ein Ticket mit nachfolgender Rechnungsstellung, Zeitenbuchung und Warenbewegung in SAP S/4HANA

11.14.2 SAP-Commerce-Cloud-Integration

Für die Integration der SAP Commerce Cloud mit der SAP Service Cloud existiert ein umfassendes Szenario. Dieses besteht aus verschiedenen Komponenten, durch die unterschiedliche Funktionen ermöglicht werden. Zu den relevantesten Komponenten im Kundenservice gehören die *Ticket Replication* und die *Quote Replication*. Die Funktion zur Replikation von Tickets finden Sie in Abschnitt 11.5.7, »Kundenportal«, beschrieben.

Die Replikation von Angeboten ermöglicht die Übertragung eines in der SAP Commerce Cloud angelegten Angebots in die SAP Service Cloud zur dortigen Bearbeitung. Dort vorgenommene Änderungen und Anpassungen sind dann für den Kunden in der SAP Commerce Cloud sichtbar, und der Kunde kann entscheiden, ob er das Angebot seinerseits nochmals bearbeiten, annehmen oder ablehnen möchte.

11.14.3 SAP Field Service Management

Für das Integrationsszenario mit SAP Field Service Management stellt SAP eine Standardschnittstelle bereit, um Tickets, die eine Bearbeitung (Einplanung und Ausführung) benötigen, abzuarbeiten. Ebenso werden alle notwendigen Stammdaten wie Kunden, Equipments, Ansprechpartner, Beschäftigte und Ersatzteile von der SAP Service Cloud nach SAP Field Service Management repliziert (siehe Abbildung 11.23).

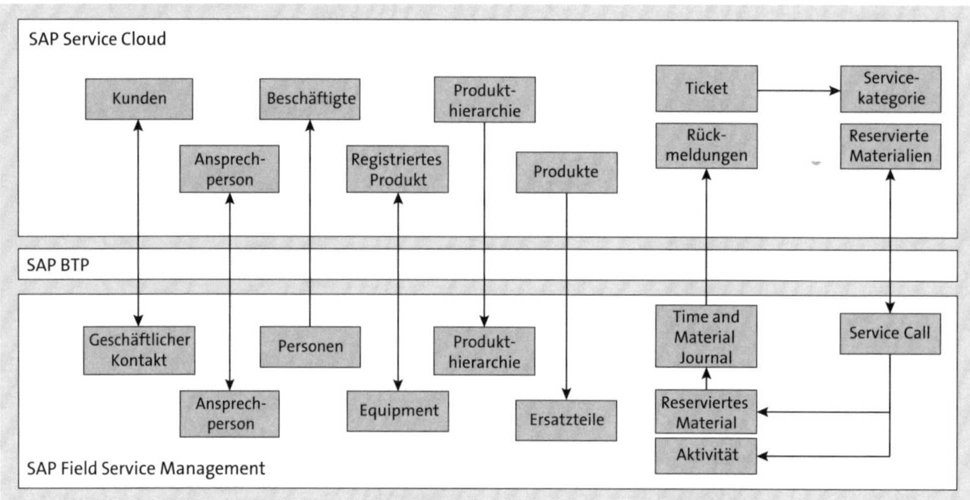

Abbildung 11.23 Integration der SAP Service Cloud mit SAP Field Service Management

Wie wird nun aus einem Serviceticket in der SAP Service Cloud ein Serviceeinsatz in SAP Field Service Management? Hierzu wird im Ticket eine Servicekategorie hinzugefügt und das entsprechende Equipment verknüpft. Wird das Ticket nun in den entsprechenden Status gesetzt, um einen Serviceeinsatz auszulösen, wird in Echtzeit ein Serviceeinsatz in SAP Field Service Management erzeugt. Dieser wird nach der Einplanung an den Servicetechniker zur Durchführung übergeben. Die Zeiten, Spesen, Ersatzteile, Anhänge und der Status werden dann in das Ticket der SAP Service Cloud übertragen, wo dann die weiteren Aktionen stattfinden.

11.14.4 SAP S/4HANA Service (Customer Management)

Es besteht die Möglichkeit, die Komponente SAP S/4HANA Service mit der SAP Service Cloud zu integrieren.

11.15 Fazit

Die SAP Service Cloud dient als optimales Frontend-System, um sämtliche After-Sales-relevanten Anfragen über viele Kanäle hinweg zentral zu erfassen und im Unternehmen entsprechend den Prioritäten zu verteilen und abzuwickeln. Für die effektive Koordination und Abwicklung von Serviceanfragen über eigene oder fremde Servicetechnikteams empfiehlt sich die zusätzliche Nutzung von SAP Field Service Management mit SAP Crowd Service.

Kapitel 12
Wissensmanagement

»Wissen ist Macht« – und schafft vor allem im Service zufriedene Kunden. Dabei ist das Entscheidende, das Wissen den richtigen Personen an passender Stelle zur Verfügung zu stellen. Mit der Wissensmanagement-Plattform SAP Knowledge Central by NICE (ehemals MindTouch) liefert SAP das passende Werkzeug zur Unterstützung Ihres Kundenservice und Ihrer Kunden.

Die ständig wachsenden Anforderungen der Kunden an den Kundenservice und an die Servicetechnik, der Wunsch nach einer einfachen und schnellstmöglichen Bearbeitung des Anliegens sowie der Drang, jederzeit und möglichst eigenständig Probleme zu lösen, ohne den Kundenservice zu kontaktieren, stellen den Servicebereich vor große Herausforderungen. Einhergehend mit den immer komplexer werdenden Maschinen und Anlagen, die wiederum aus zahlreichen Einzelteilen bestehen, stehen die Mitarbeitenden im Service vor einer schier unlösbaren Aufgabe.

Eine Wissensmanagement-Plattform soll es Ihnen daher ermöglichen, sämtliches Wissen, das in Ihrer Organisation existiert, zu dokumentieren, zu strukturieren und anschließend anwender- und standortübergreifend anzubieten. Dies bedeutet, dass Sie Ihre Wissensdatenbank sowohl Ihren Kunden als auch Ihrem Serviceteam an all Ihren Unternehmensstandorten und zu jeder Zeit zur Verfügung stellen können.

Dieses Kapitel liefert Ihnen einen Überblick darüber, wie das Wissensmanagement in das SAP-Customer-Experience-Portfolio eingeordnet werden kann (siehe Abschnitt 12.1), wie eine Implementierung von SAP Knowledge Central by NICE aussehen kann (siehe Abschnitt 12.2) und welche Integrationsszenarien sich daraus ergeben (siehe Abschnitt 12.3).

12.1 Einführung

Die Wissensmanagement-Plattform kann ein zentrales Element sein, um einen durchgängigen End-to-End-Serviceprozess zu realisieren. Denn dort wird unstrukturiertes Wissen in Wissensartikeln strukturiert und an die integrierten Anwendungen weitergegeben. Das unstrukturierte Wissen kann dabei aus vorhandenen Textdokumenten, E-Mails, FAQs, bereits gelösten Tickets oder aus Produktinformationen stammen (siehe Abbildung 12.1).

In Abbildung 12.1 ist zu erkennen, dass es sich bei der Erfassung von Wissensartikeln nicht um einen einmaligen Schritt handelt, sondern um einen fortlaufenden Prozess. Unstrukturierte Daten werden initial erfasst bzw. importiert und im Anschluss strukturiert.

Kunden-Feedback, das Feedback Ihrer eigenen Mitarbeitenden, bereits gelöste Tickets und KI-Elemente unterstützen Sie dabei, Ihre Wissensdatenbank sukzessiv zu verbessern. Zur kontinuierlichen Verbesserung gehört, dass Sie neue Wissensartikel hinzufügen, die bestehende Wissensartikel mithilfe neu gewonnener Erfahrungen ergänzen oder anpassen, Tags und Stichworte anpassen und nicht benötigte Wissensartikel entfernen.

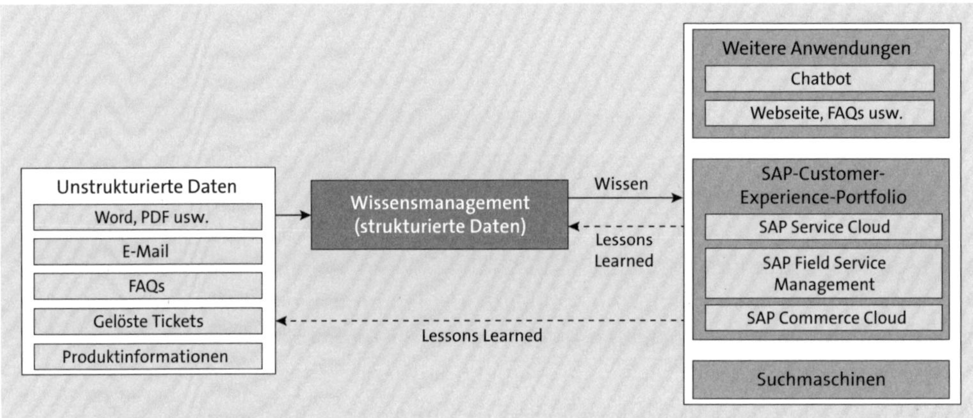

Abbildung 12.1 Wissensdatenbank als zentrales Element des Wissensmanagements

12.2 SAP Knowledge Central by NICE

SAP Knowledge Central by NICE (im Folgenden nur SAP Knowledge Central genannt) ist eine Wissensmanagement-Plattform, die es Ihnen ermöglicht, Wissensartikel zu erstellen, zu strukturieren und zu veröffentlichen. Neben der Möglichkeit, die Wissensartikel für Suchmaschinen freizugeben, werden Ihnen unterschiedliche Integrationsmöglichkeiten angeboten. Die folgenden Abschnitte zeigen Ihnen einige zentrale Elemente auf, die SAP Knowledge Central bereitstellt, um Ihre Wissensdatenbank aufzubauen, in das SAP-Customer-Experience-Portfolio zu integrieren und fortlaufend zu verbessern.

12.2.1 Architektur der Wissensdatenbank

Um die Wissensdatenbank und die darin enthaltenen Wissensartikel strukturiert zu verwalten, bietet SAP Knowledge Central eine vordefinierte Struktur an. Durch die zur

Verfügung stehenden Elemente wird eine benutzerfreundliche Navigation gewährleistet. Um Ihre Wissensdatenbank zu gliedern, können Sie folgende Elemente verwenden: **Homepage**, **Kategorie** und **Guide**. Innerhalb eines Guides können Sie anschließend Wissensartikel des Typs **How-to**, **Referenz** oder **Topic** erstellen. Ein exemplarischer Aufbau ist in Abbildung 12.2 grafisch dargestellt.

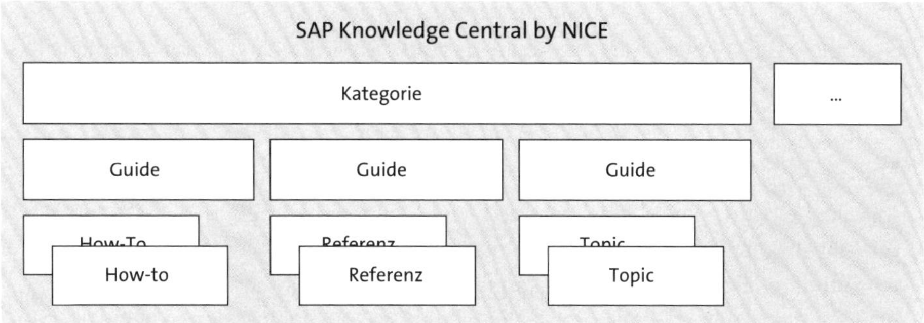

Abbildung 12.2 Struktur einer Wissensdatenbank in SAP Knowledge Central

12.2.2 Zugriffsberechtigung

Sie können den Zugriff auf einen einzelnen Wissensartikel steuern, indem Sie Zugriffsrechte für die jeweilige Seite festlegen und entsprechende Berechtigungen vergeben. Hierzu können Sie festlegen, ob der Wissensartikel grundsätzlich nur für registrierte Benutzer zu sehen sein soll, oder ob auch anonyme Benutzer den Artikel auffinden können sollen. Außerdem können Sie Benutzern oder Gruppen eine bestimmte Rolle zuweisen. Basierend auf der ihnen zugeteilten Rolle haben Benutzer beispielsweise die Berechtigung, einen Artikel anzuschauen oder zu bearbeiten. Abbildung 12.3 zeigt den Dialog, in dem die Berichtigungen für einen Wissensartikel zugeordnet werden können.

Abbildung 12.3 Zuordnung der Benutzerberichtigungen zu einem Wissensartikel in SAP Knowledge Central

12.2.3 Integration

Um durchgängige End-to-End-Prozesse über Systeme hinweg zu erreichen, bietet SAP Knowledge Central unterschiedliche Möglichkeiten, um das Wissensmanagement in Ihre bestehenden Anwendungen zu integrieren. Für eine einfache und schnelle Integration in Webanwendungen steht das Touchpoint Management zur Verfügung. Handelt es sich um komplexere Integrationsszenarien, bietet SAP Knowledge Central das gängige API-Token-Management an, das über REST den Zugriff auf sämtliche Ressourcen der SAP-Knowledge-Central-Anwendung ermöglicht.

[»]

Touchpoint Management – technischer Exkurs

Mithilfe des Touchpoint Managements können Sie sogenannte Touchpoints generieren. Dabei handelt es sich um Code Snippets, die bereits vordefinierte Funktionen und ein Standarddesign enthalten und somit einfach in die zu integrierende Anwendung eingebunden werden können. Bei der Erstellung der Touchpoints stehen Ihnen die folgenden Typen zur Verfügung, die wiederum durch CSS angepasst werden können: **Search**, **Search-in-Place**, **Contextual Help**, **Contextual Help**-Button, **Customer Insights**, **Sign-in**, **Embedded Contextual Help** und **Analytics Connector**.

Weitere Details zur Integration von SAP Knowledge Central in die SAP-Customer-Experience-Systeme finden Sie in Abschnitt 12.3, »Integrationsszenarien«.

12.2.4 Analyse

SAP Knowledge Central bietet eine Vielzahl an Analysemöglichkeiten zur Verbesserung Ihrer Wissensdatenbank. Mit sogenannten Reports können Sie zielgenau erfassen, ob Ihre Wissensdatenbank Ihren Mitarbeitenden und Kunden einen Mehrwert bietet und ob Ihnen Informationen in Ihrer Wissensdatenbank fehlen. Auch können Sie herausfinden, anhand welcher Suchbegriffe die Mitarbeitenden nach Informationen suchen. SAP Knowledge Central stellt dazu verschiedene Reports zur Verfügung:

- **Contribution Reports**
  Die Contribution Reports verschaffen Ihnen eine Übersicht darüber, welche Ereignisse (Erstellung, Änderung, Veröffentlichung usw.) in Ihrer Wissensdatenbank stattgefunden haben.
- **Customer Experience Reports**
  Die Customer Experience Reports geben Ihnen einen Überblick über das Such- und Anzeigeverhalten eines bestimmten Benutzers. Außerdem haben Sie die Möglichkeit, bestimmte Suchanfragen zu analysieren. Das heißt, Sie können sich eine Übersicht darüber verschaffen, welche Query in welchem Channel von welchem User-Typ und welcher User-Gruppe innerhalb eines bestimmten Zeitraums gesucht und wie häufig eine Suchanfrage tatsächlich aufgerufen wurde.

Die grafische Darstellung eines Reports ist in Abbildung 12.4 zu sehen. In diesem Beispiel können Sie sehen, welche Such-Querys innerhalb des SAP-PRESS-Demo-Portals in den letzten 90 Tagen aufgerufen wurden. Dabei sind die Suchanfragen aller User-Typen relevant. Es ist zu erkennen, dass im definierten Zeitraum 15 Anfragen direkt im Portal ausgeführt wurden. Sechs Anfragen wurden angeklickt. Am häufigsten wurden Ergebnisse zum Suchbegriff »CX« geöffnet.

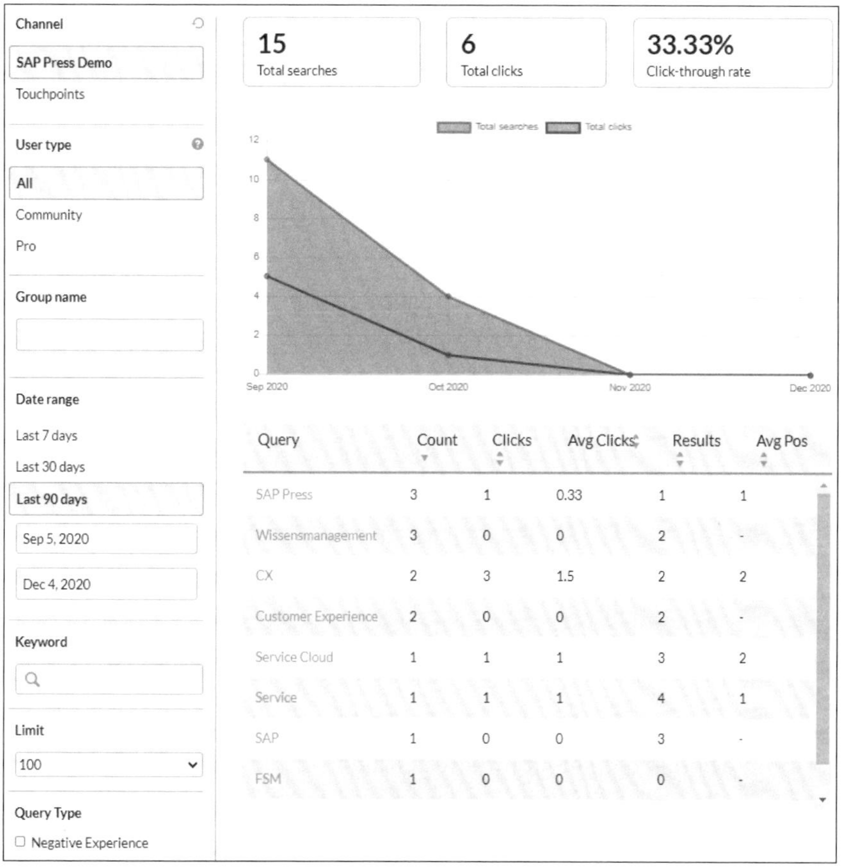

Abbildung 12.4 Beispiel für einen Customer-Experience-Report in SAP Knowledge Central

- **Site Report**
  Site Reports erlauben es Ihnen, die Qualität und Aktualität Ihrer Wissensdatenbank zu überprüfen. Sie haben beispielsweise die Möglichkeit, die Bewertungen und das Alter der Wissensartikel auszuwerten. Sie können ermitteln, wie viele Suchanfragen gestellt wurden und wann welche Query zuletzt aufgerufen wurde. Zudem können Sie verfolgen, wie sich die Menge Ihrer User und Artikel über einen bestimmten Zeitraum entwickelte und welche Qualität Ihre Wissensartikel strukturell haben.

12.3 Integrationsszenarien

Sie können eine Wissensmanagement-Plattform auf verschiedene Weisen in Ihre bestehenden Serviceprozesse einbinden. Die einfachste Art ist es, den Benutzern die existierenden Wissensartikel ohne Registrierung mithilfe von Suchmaschinen zugänglich zu machen. Alternativ können Sie Ihre Wissensmanagement-Plattform auch nur registrierten Kunden und Mitarbeitenden zur Verfügung stellen.

Neben der Nutzung als Stand-alone-Lösung können Sie Ihre Wissensdatenbank auch mit Ihren bestehenden SAP-Anwendungen verbinden. Nachfolgend werden drei Integrationsmöglichkeiten einer SAP-Knowledge-Central-Wissensdatenbank in das bestehende SAP-Customer-Experience-Portfolio beschrieben.

Abbildung 12.5 veranschaulicht einige Integrationsmöglichkeiten grafisch.

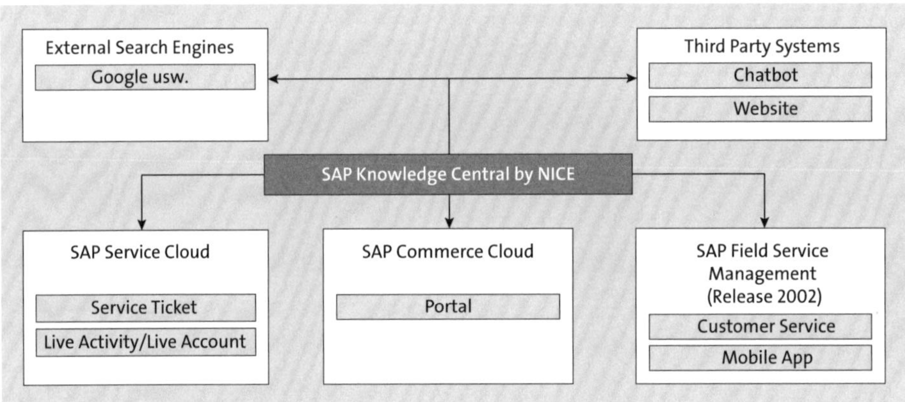

Abbildung 12.5 Integrationsszenario des Wissensmanagements

12.3.1 Integration in die SAP Commerce Cloud

Eine Wissensdatenbank kann ein gutes Mittel sein, um den Self-Service-Gedanken zu unterstützen und Ihr Wissen an Ihre Kunden zu vermitteln. Hierzu können Sie die Wissensdatenbank beispielsweise an ein bestehendes SAP-Commerce-Portal anbinden. Dies ermöglicht dem Benutzer nach erfolgreichem Login in Ihrem Portal, eigenständig nach Informationen zu den bereits erworbenen oder potenziellen Anschaffungen zu suchen. Beispielsweise kann Ihr Kunde in einem FAQ-Bereich Fragen oder Probleme in Eigenrecherche klären, ohne hierzu Ihren Kundenservice zu kontaktieren.

Der Mehrwert, den Sie Ihren Kunden bieten, erstreckt sich von der Recherche bzw. dem Produktvergleich vor dem Kauf eines Produkts bis hin zur Problemlösung im After-Sales-Service.

12.3.2 Integration in die SAP Service Cloud

Um Ihren Kundenservice zu unterstützen, können Sie Ihre Wissensdatenbank zusätzlich in die SAP Service Cloud einbinden.

Die Integration bietet Ihnen die Möglichkeit, die Wissensdatenbank für Ihr Serviceteam noch besser nutzbar zu machen. Mit einem Touchpoint des Typs **Search in Place** werden den Mitarbeitenden z. B. Wissensartikel, basierend auf den ihnen vorliegenden Tickets vorgeschlagen. Über ein HTML-Mashup können Sie die Wissensdatenbank in das Serviceticket einbinden. Innerhalb des HTML-Code-Editors des Mashups können Sie dabei beliebige Input-Parameter verwenden, um Informationen an die Wissensdatenbank zu übergeben.

Befüllt oder bearbeitet Ihr Kundenservice die Beschreibung im Ticket, werden automatisch die dazu passenden Wissensartikel vorgeschlagen. Die Wissensartikel können anschließend innerhalb des Mashups oder in einem neuen Browser-Tab geöffnet werden. Abbildung 12.6 zeigt, wie der Betreff des Tickets in die Suchanfrage der Wissensdatenbank übernommen wird. Sind die vorgeschlagenen Wissensartikel nicht die richtigen, besteht jederzeit die Möglichkeit, die Such-Query innerhalb des Mashups manuell anzupassen.

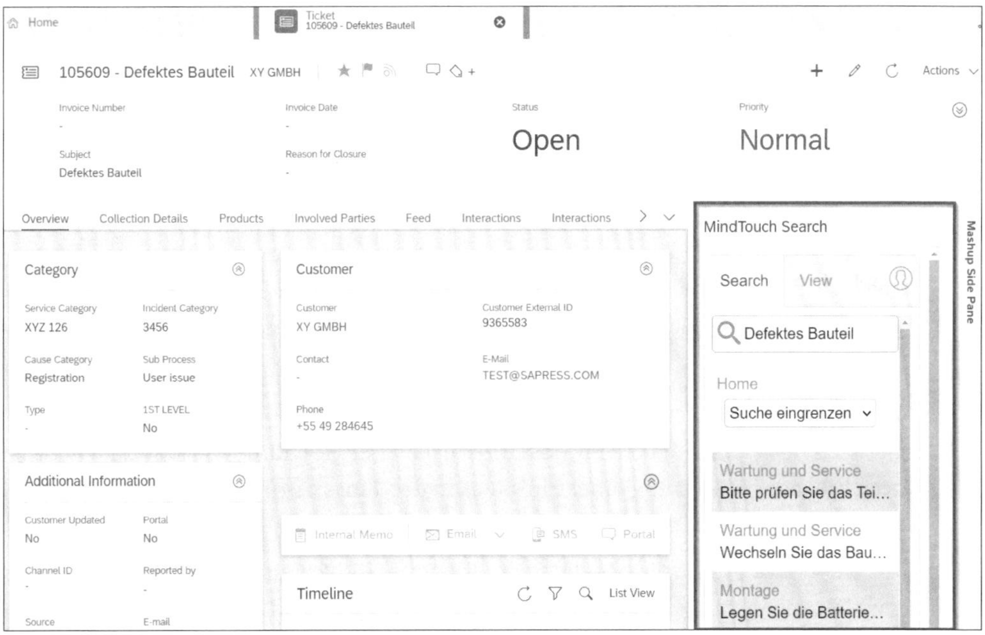

Abbildung 12.6 Integration der Wissensdatenbank in das Ticket

Ist sowohl die E-Mail-Adresse Ihres Kunden in der SAP Service Cloud als auch der User-Name in SAP Knowledge Central hinterlegt, kann Ihr Serviceteam Einblicke in das bisherige Benutzerverhalten (Such- und Anzeigehistorie) Ihres Kunden innerhalb des SAP-Knowledge-Central-Portals erhalten.

Abbildung 12.7 zeigt Ihnen, wie Mitarbeitende im Service das bisherige Benutzerverhalten eines bestimmten Benutzers aus dem Ticket heraus analysieren können.

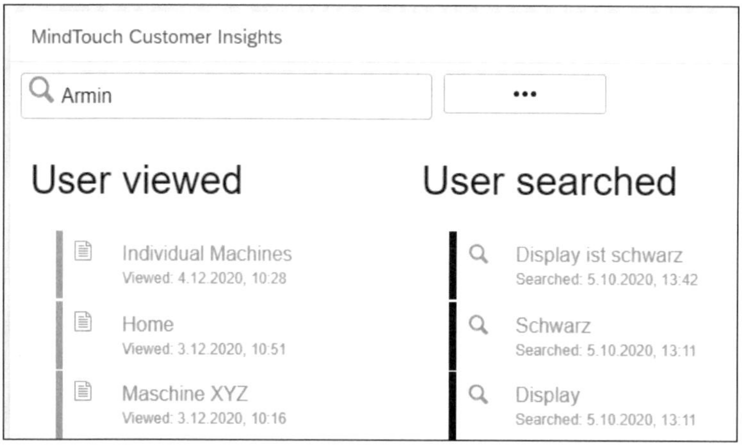

Abbildung 12.7 In das Ticket integriertes Benutzerverhalten innerhalb der Wissensdatenbank

Alternativ zum Serviceticket können Sie die Wissensdatenbank an jeder Stelle der SAP Service Cloud einbinden, an der HTML-Mashups eingebettet werden können.

12.3.3 Integration in SAP Field Service Management

Auch Ihre Servicetechnikteams können während eines Serviceeinsatzes von einer Wissensdatenbank profitieren, indem sie nützliche Informationen, Tipps oder Problemlösungen aus der Historie einer Maschine abrufen.

Hierbei ist die erste Möglichkeit, dass Ihre Dispatcher die URL des relevanten Wissensartikels bei der Zuweisung eines Einsatzes in den Einsatzinformationen hinterlegen. Dieser Link kann nun während des Technikereinsatzes aufgerufen werden.

Des Weiteren besteht die Möglichkeit, dass Ihre Servicetechnikteams während des Einsatzes eigenständig eine Suchanfrage an die Wissensdatenbank triggern. Integriert in die mobile SAP-Field-Service-Management-App oder mithilfe einer weiteren Anwendung, kann Ihr Techniker beim Kunden vor Ort somit eigenständig nach Wissensartikeln suchen.

12.4 Fazit

Mithilfe des Wissensmanagements schaffen Sie effektive Grundlagen, um sämtliches Problemlösungswissen, das in Ihrer Organisation existiert, für Ihre Kunden und Mitarbeitenden einfach zugänglich zu machen. Ob Textdokumente, E-Mails, FAQs, bereits gelöste Tickets oder Produktinformationen: Gebündelt auf einer Wissensmanagement-Plattform wird Ihr Service und Self-Service-Angebot für Ihre Kunden zielgerichteter und effektiver.

Kapitel 13
SAP Conversational AI

Bei der Recherche nach Informationen auf einer Webseite sonntagabends öffnet sich plötzlich ein Chat-Fenster und bietet höflich Unterstützung an. Ihre Fragen werden blitzschnell beantwortet, und Sie erhalten eine detaillierte Beschreibung zur Lösung Ihrer Anfrage. Sie bedanken sich bei Ihrem Chat-Partner – aber nicht bei einem Menschen, sondern bei SAP Conversational AI – einem intelligenten Chatbot.

Künstliche Intelligenz (KI) bzw. *Artificial Intelligence* (AI) ist in den letzten Jahren zu einem der wichtigsten Technologietrends geworden. Die Anwendungsbereiche im Geschäftsumfeld liegen momentan darin, auf Basis vieler Daten eine intelligente Entscheidungsfindung zu ermöglichen und dabei auf sich ändernde Bedingungen automatisiert reagieren zu können. Oft wird KI noch ausschließlich dazu verwendet, sich häufig wiederholende Tätigkeiten zu übernehmen, um damit die Prozesse insgesamt effizienter gestalten zu können. KI bietet jedoch viel mehr, und die Anwendungsgebiete werden kontinuierlich ausgebaut. Im CX-Umfeld kann KI dazu genutzt werden, die menschliche Kompetenz sinnvoll mit den Erkenntnissen aus KI zu kombinieren oder in bestimmten Anwendungsfeldern die Anwenderinnen und Anwendern direkt mit der KI kommunizieren zu lassen. Im zweiten Fall besteht die Herausforderung darin, dem Anwender oder der Anwenderin eine mindestens genauso gute Customer Experience zu bieten, als würde er mit einem Menschen kommunizieren. Auch bei SAP spielt KI eine immer größere Rolle in den verschiedensten Anwendungsgebieten und Anwendungen.

Eines der momentan ausgereiftesten Anwendungsgebiete für KI ist der Einsatz von Chatbots, also der Chat mit einem technischen System. *Chatbots* bewähren sich schon länger im operativen Betrieb und sind auf immer mehr Webseiten zu finden. SAP beinhaltet für dieses Anwendungsgebiet SAP Conversational AI im Portfolio, das den Begriff AI damit direkt im Namen trägt. SAP Conversational AI ist eine cloudbasierte, End-to-End-Chatbot-Building-Plattform und Teil des SAP AI Core. SAP Conversational AI nutzt eine eigenentwickelte *Natural-Language-Processing-Technologie* zur Verarbeitung von Text- und Spracheingaben. So ist es möglich, die natürliche Sprache zu verstehen und daraus Handlungen abzuleiten. Typische Handlungen sind z. B.:

- Benutzerinnen und Benutzer auf die für sie relevante Stelle der Website zu führen
- einfache, sich wiederholende Aufgaben auszuführen
- rund um die Uhr verfügbar zu sein
- FAQs zu beantworten

SAP Conversational AI ermöglicht es Ihnen, sowohl Ihre Mitarbeitenden bei internen Prozessen in Form eines digitalen Assistenten als auch Ihre Kunden in der Interaktion mit Ihrem Unternehmen durch Chatbots zu unterstützen. Um schnell und nicht von vorne starten zu müssen, bietet SAP Conversational AI Ihnen zudem vorkonfigurierte Bots, die Sie an Ihre unternehmensspezifischen Bedürfnisse anpassen können.

13.1 Konfiguration eines Chatbots

Die Konfiguration eines Chatbots besteht aus vier Teilen, mit denen Sie die komplette Anlage, Logik und Analyse verwalten können. In Abbildung 13.1 sehen Sie die vier Registerkarten in der Oberfläche von SAP Conversational AI:

- Train
- Build
- Connect
- Monitor

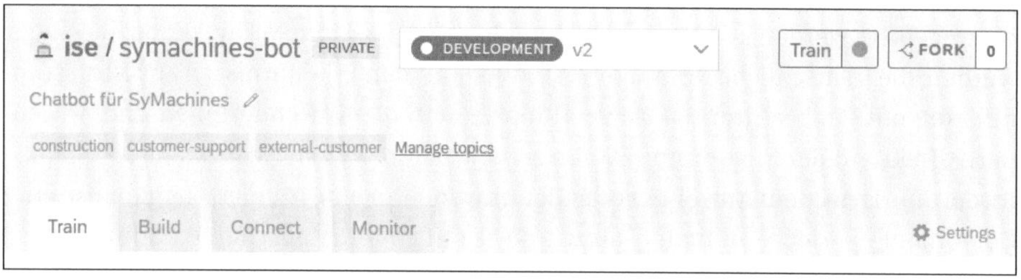

Abbildung 13.1 Die vier Registerkarten eines Chatbots

In den folgenden Abschnitten lernen Sie diese Registerkarten näher kennen.

13.1.1 Train

In der Registerkarte **Train** erstellen und pflegen Sie das »Gehirn« Ihres Chatbots. Dieses bildet die Grundlage für das, was der Chatbot bei einer Nutzereingabe versteht. Dazu nutzt der Chatbot drei Datenobjekte: **Intent**, **Expression** und **Entity**.

Intents repräsentieren die Intention, also die Absicht, mit der der Benutzer oder die Benutzerin etwas tun möchte. Für jede Absicht pflegen Sie in der Registerkarte Train idealerweise eine Vielzahl an Beispielsätzen und Ausdrücken, die synonym für diese Absicht stehen. Diese werden als *Expressions* bezeichnet. So möchte der Benutzer oder die Benutzerin z. B. das Gespräch mit dem Chatbot beginnen, also diesen begrüßen. Dies stellt der Intent »Begrüßung« dar. Ob der Nutzer oder die Nutzerin dabei die Expression »Hallo«, »Hi« oder »Hey« sagt, spielt keine Rolle. Aus diesem Grund muss der Chatbot wissen, dass hinter allen drei Ausdrücken die gleiche Absicht steht. Haben Sie bereits einige Expressions eingepflegt oder hochgeladen, werden mithilfe der Natural-Languag-Processing-Technologie weitere Expressions ergänzt; in diesem Zusammenhang spricht man von *Trainieren*.

Das Wissen Ihres Bots wird in Expressions und Intents organisiert. Je mehr Ausdrücke und Beispielsätze Sie also gepflegt haben, desto besser wird Ihr Bot die Benutzer verstehen und auf sie reagieren.

Entities (Entitäten) sind hingegen eine Art von Schlüsselwörtern, die aus einem Begriff, Ausdruck, Text oder Beispielsatz extrahiert werden. SAP Conversational AI erkennt automatisch 28 verschiedene Entities wie **Datetime**, **Ort** oder **Person**. Diese werden als *Gold Entities* bezeichnet und sind immer verfüg- und nutzbar, was Zeit und Mühe erspart. Darüber hinaus können jedoch auch eigene *Custom Entities* definiert und verwendet werden.

Während der Konversation mit Kunden oder Nutzerinnen undNutzern kann Ihr Chatbot nun Entities identifizieren und diese dann verwenden. Verwendet Ihr Nutzer z. B. am 11.11. das Wort »übermorgen«, erzeugt der Chatbot eine korrekt formatierte Version der Entity (Freitag, 13.11.), die in der Antwort verwendet werden kann.

13.1.2 Build

In der Registerkarte **Build** können Sie Ihrem Chatbot nun beibringen, was er tun soll. Dazu verwenden Sie Fertigkeiten, sogenannte *Skills*. Dabei ist die Komplexität der Skills jedoch von Fall zu Fall verschieden. Eine Begrüßung stellt z. B. ein wenig komplexes Skill dar, während die Abfrage des aktuellen Bearbeitungsstands eines Tickets ein deutlich komplexeres Skill erfordert.

Ein Skill ist ein Gesprächsblock, der einen klaren Zweck hat und den Ihr Chatbot ausführen kann, um ein Ziel zu erreichen. Er besteht aus drei Teilen: *Trigger*, *Requirements* und *Actions*.

Mithilfe der Trigger können Sie definieren, ob der Skill aktiviert werden soll oder nicht. Die Requirements bestimmen, welche Informationen z. B. obligatorisch für die weitere Konversation sein sollen und wie der Chatbot sie abrufen kann. Sind die Requirements vollständig erfüllt, führt der Chatbot die Action aus (siehe Abbildung 13.2).

Dabei stehen Ihnen verschiedene Kategorien an Actions zur Verfügung:

- mit einer definierten Nachricht an den Benutzer oder die Benutzerin antworten
- HTTP-Aufruf an eines Ihrer Systeme
- Überleitung an einen Ihrer Mitarbeitenden (*Fallback*)
- Ausführen eines anderen Skills
- Befüllen einer Variablen zur Verwendung im weiteren Chat-Verlauf
- Änderung der Sprache

Der Bot Builder ermöglicht es Ihnen also, die Fertigkeiten Ihres Bots aufzubauen und in logische Abhängigkeiten zu bringen. So kann Ihr Bot auf verschiedene Gesprächsverläufe adäquat reagieren.

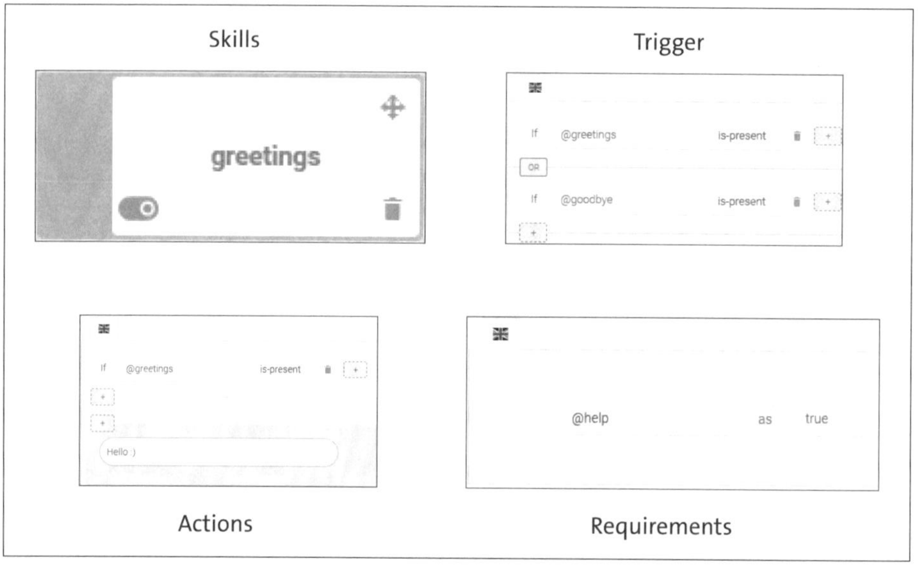

Abbildung 13.2 Darstellung der vier zentralen Komponenten im Bot Builder

Ist Ihr Chatbot für den Einsatz bereit, können Sie ihn mithilfe des Bot Connectors mit jeder SAP-Lösung, mit jedem externen Kommunikationskanal (gegebenenfalls über einen Drittanbieter) und mit jedem Back-End-System verbinden.

In Abbildung 13.3 sehen Sie die Integration in den Messenger-Dienst Telegram. Hier ist es möglich, mit dem Chatbot direkt zu kommunizieren und so dessen Funktionen zu nutzen.

13

Abbildung 13.3 Integration des Chatbots in einen Telegram-Channel

13.1.3 Monitor

Nach der erfolgreichen Einführung Ihres Chatbots, können Sie mithilfe von Bot Analytics nachvollziehen, wie Kunden und Mitarbeitende mit dem Chatbot kommunizieren. So können Sie nachvollziehen, welche Anfragen die Nutzer an den Chatbot hatten und wie der Chatbot diese klassifiziert hat. Mit diesen Erkenntnissen können Sie Ihren Bot kontinuierlich verbessern und um zusätzliche Fertigkeiten und Abläufe erweitern.

Befinden Sie sich auf der Registerkarte **Monitor** (siehe Abbildung 13.1), zeigt Ihnen der Log Feed alle Konversationen, die User mit dem Chatbot hatten und wie der Chatbot diese den Intents zugeordnet hat. Unter **Usage Metrics** können Sie Ihren Chatbot zahlenbasiert betrachten: Wie viele Konversationen hatte mein Bot? Wie viele Konversationen wurden durch den Nutzer oder die Nutzerin abgebrochen? Wie viele User waren aktiv? Mithilfe von **Training Analytics** können Sie eine Benchmark-Analyse durchführen und so Erkenntnisse über die Leistungsstärke Ihrer Daten und Verbesserungsmöglichkeiten erhalten.

13.2 Chatbots im Kundenservice

Wollen Sie die Customer Experience im Kundenservice verbessern, Ihr Team entlasten und gleichzeitig die Effizienz steigern, indem Sie sich oft wiederholende, weniger komplexe Aufgaben auslagern, könnten intelligente Chatbots eine Option für Sie sein.

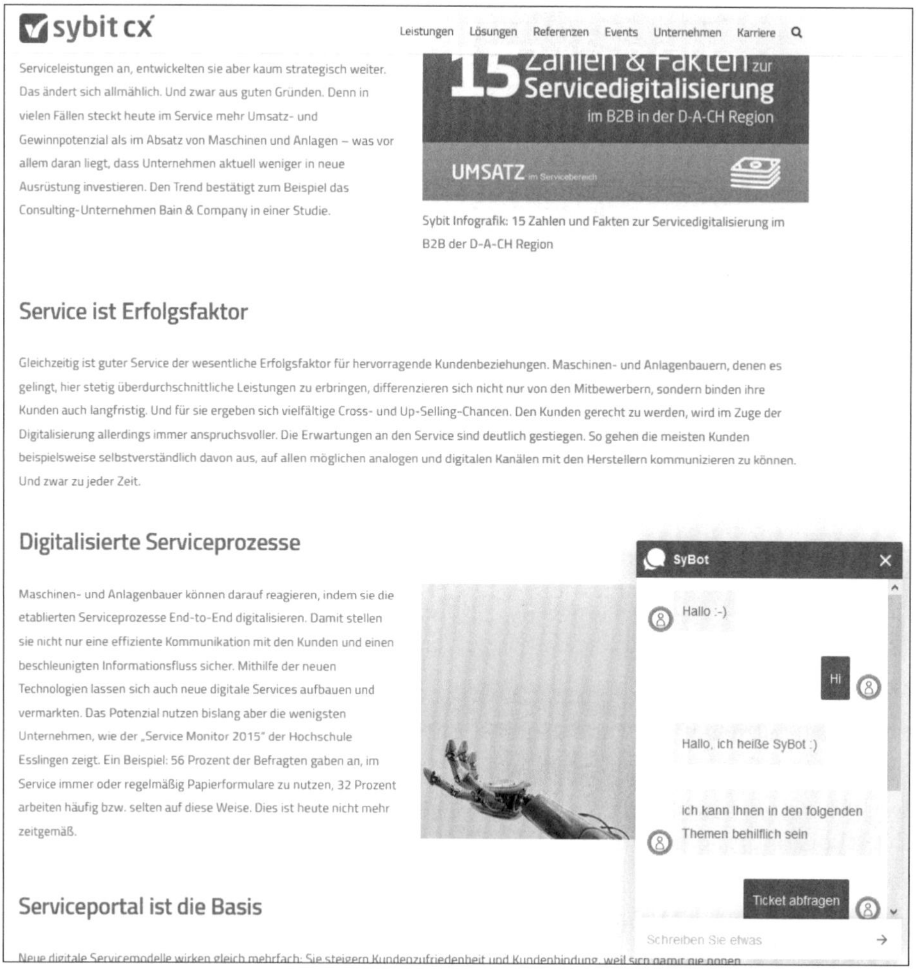

Abbildung 13.4 Web Client eines Chatbots im Kontext des Kundenservice

Mit Chatbots ermöglichen Sie eine personalisierte Kundenerfahrung in Echtzeit und rund um die Uhr. So können Kunden z. B. an jeder Stelle und jederzeit auf Ihrer Website ein Serviceticket anlegen, bei dem Nutzerdaten wie ihre E-Mail-Adressen automatisch mit übergeben werden. Anstatt anzurufen und womöglich in einer Warteschleife zu landen, kann der Kunde seinen Ticketstatus eigenständig im Chat mit Ihrem Bot abfragen.

Aber auch das Anfordern von Hilfsmaterialien, die in Ihrer Wissensdatenbank liegen oder das Umleiten des Kunden auf die richtige Produktdetailseite durch KI sind Funktionen, die Kunden erwarten und begeistern. In Abbildung 13.4 sehen Sie die Integration eines Chatbots, eingebunden auf einer Website.

13.3 Chatbots für Mitarbeitende

Ähnlich wie Kunden, haben auch Mitarbeitende Wissensbedarf und Fragen zu unternehmensinternen Prozessen und Regelungen. Auch dazu können Sie SAP Conversational AI einsetzen und damit Ihre Mitarbeitenden in ihren alltäglichen Aufgaben, zu jeder Zeit von jedem System ausgehend, unterstützen – mit einem *Enterprise Digital Assistent*.

So können Fragen Ihrer Mitarbeitenden wie z. B. »Wie nehme ich Urlaub?« oder »Wo finde ich Informationen zur Reisekostenabrechnung?« über die einheitliche Oberfläche von SAP Conversational AI einfach beantwortet werden.

Im CX-Umfeld bietet SAP bereits in der SAP-Sales-Cloud-App einen vorkonfigurierten Chatbot als sogenannten *Sales Assistent* an, der dem Vertrieb auf Anfrage die passenden Informationen aus der SAP Sales Cloud bereitstellt.

13.4 Fazit

Chatbots sind bereits auf vielen Webseiten integriert, und ihre Anwendungsbereiche werden permanent erweitert. Das hat auch SAP erkannt und bietet Ihnen mit SAP Conversational AI nicht nur die Möglichkeit, eigene Chatbots im CX-Umfeld aufzubauen und einzusetzen, sondern führt die Chatbot-Technologie auch zunehmend in bestehende Anwendungen ein, damit Sie auch dort entsprechende Effizienzgewinne realisieren können. Der Fokus von SAP liegt hier darauf, die Conversational AI zu einer Enterprise Application auszubauen, die sich u. a. durch vorkonfigurierte Inhalte und eine einfache Integration ins SAP Produktportfolio auszeichnet. Die Verwendung einer SAP-Plattform hat einige Vorteile, wie u. a. die Datenhaltung innerhalb eines gemeinsamen SAP-Ökosystems, die Einhaltung von Sicherheitsstandards sowie den gewohnten SAP-Support. Gemeinsam mit diesen üblichen Vorteilen hebt sich SAP Conversational AI so von den verschiedenen Drittanbietern ab, die zum Thema Chatbot auf dem Markt verfügbar sind.

Kapitel 14
SAP Field Service Management

Ein Vorgang, den wir sowohl aus dem privaten als auch aus dem geschäftlichen Umfeld bestens kennen: Ein technisches Gerät bzw. eine Maschine ist defekt, und wir benötigen externe Unterstützung durch das Servicetechnikteam. Die externe Unterstützung sollte natürlich so schnell wie möglich präsent sein, die defekte Maschine bestens kennen und das notwendige Ersatzteil im Auto dabeihaben – ein Fall für SAP Field Service Management bzw. SAP Crowd Service.

Im Kundenservice ist nichts wichtiger, als das richtige Servicetechnikteam mit den richtigen Fähigkeiten und Materialien zur richtigen Zeit am richtigen Ort zu disponieren. Denn als wertvolle Mitglieder des Außendienstes bilden sie einen der wichtigsten Touchpoints zu den Kunden. Mit SAP Field Service Management erweitert SAP das Portfolio im CX-Umfeld um eine Lösung, die sich genau um diesen Teilbereich Ihres Geschäfts kümmert. SAP Field Service Management unterstützt Sie bei Ihrem Field Service, sei es das Anlegen der Serviceeinsätze, die Einplanung der Servicetechnikerinnen und -techniker oder die Bearbeitung und Durchführung der Einsätze/Aktivitäten durch das Servicetechnikteam.

Dank des transparenten und durchgängigen Informationsflusses, wie z. B. durch die Bereitstellung historischer Daten von Serviceeinsätzen, sind Disposition und Servicetechnikteam gleichermaßen informiert. Durch die Einbindung einer mobilen App haben die Servicetechnikerinnen und -techniker die für sie relevanten Daten jederzeit zur Hand und können die Durchführung des Serviceeinsatzes jederzeit und an jedem beliebigen Ort in SAP Field Service Management dokumentieren – auch offline. Somit ist das Zeitalter der Papier-Serviceberichte mit Durchschlag und der Einplanung des Servicetechnikteams über Microsoft Excel zu Ende.

Abbildung 14.1 gibt eine Übersicht dazu, wie ein durchgängiger Prozess mithilfe von SAP Field Service Management durchgeführt werden kann.

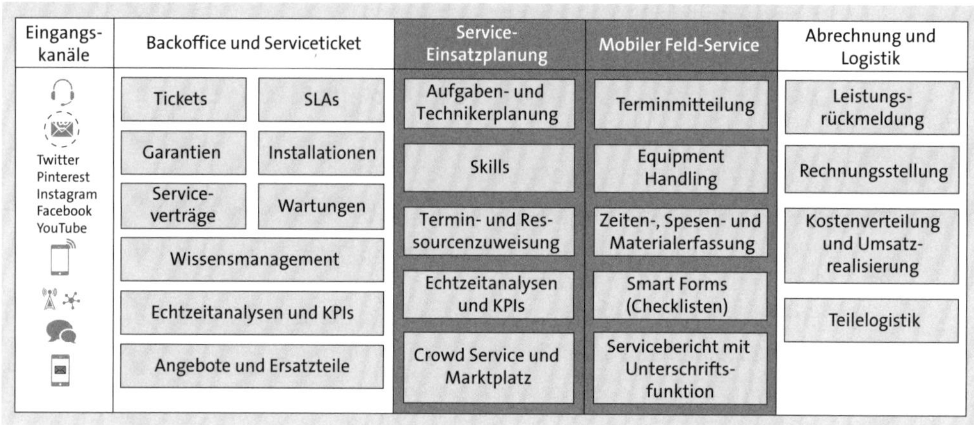

Abbildung 14.1 End-to-End-Prozesse in SAP Field Service Management

[»]

Navigation im Tool

SAP Field Service Management ist in drei Bereiche unterteilt und spricht folgende Zielgruppen an:

- Workforce Management mit Einsatzplanung (Innendienst)
- mobile App (Servicetechnikteam)
- Customer Self-Service (Kunde)

In den folgenden Abschnitten werden diese drei Kernbereiche im Detail beschrieben – mit Fokus auf die einzelnen Objekte, wie sie in SAP Field Service Management vorkommen. Des Weiteren gehen wir auf die wichtigen und grundlegenden Basisthemen ein, wie z. B. die Stammdaten (siehe Abschnitt 14.1), die Möglichkeiten in Analytics (siehe Abschnitt 14.5), den Admin-Bereich (siehe Abschnitt 14.6) und die wichtigsten Integrationsszenarien (siehe Abschnitt 14.8). Zuletzt werfen wir noch einen Blick auf SAP Crowd Service (siehe Abschnitt 14.9), ein Bestandteil von SAP Field Service Management, worin die Möglichkeit besteht, externe Serviceressourcen in die Serviceprozesse einzubinden.

14.1 Stammdaten

Um die Funktionen von SAP Field Service Management in vollem Umfang zu nutzen, ist eine hohe Stammdatenqualität vonnöten.

Zu den relevanten Stammdaten in SAP Field Service Management gehören **Material**, **Mitarbeiter**, **Skills**, **Tools**, **Verträge**, **Equipment** und **Kundendaten**, wobei die beiden letzten Datenarten sicherlich die wichtigsten sind. Die Stammdaten werden je nach Integrationsszenario aus dem SAP-ERP-System oder der SAP Service Cloud geladen.

Nachfolgend werden die wichtigsten Stammdatenobjekte einzeln aufgelistet und beschrieben:

- **Kunden (Business Partner)**
  Der Kunde ist das zentrale Stammdatenobjekt in SAP Field Service Management und somit in vielen Objekten, wie z. B. in den Equipments, Ansprechpartnern und Serviceabrufen, ein Pflichtfeld. Die Kundenstammdaten werden mit den Rollen **Auftraggeber**, **Warenempfänger** und **Rechnungsempfänger** angelegt. Auch ist der Kunde mit den Ansprechpartnern und den Equipments verknüpft. Neben den üblichen Daten wie Standort (Adressdaten) und Kommunikationsdaten, kann Ihr Disponent auch die Historie der Einsätze oder auch der Dokumente zum Kunden sehen.
- **Ansprechpartner**
  Ansprechpartner können separat als Stammdatensätze in SAP Field Service Management angelegt werden. Diese müssen mit dem Kunden verknüpft werden. Hier kann die Disposition auch die Kontaktdaten für den Ansprechpartner hinterlegen.
- **Equipment**
  Ein zentrales Objekt im Kundenservice ist das Equipment. Dieses benötigt ebenfalls die Verknüpfung mit dem Kunden. Die Stammdaten im Equipment enthalten die Standortadresse, Kommunikationsdaten, Dokumente sowie spezifische Felder, wie z. B. die Seriennummer und das Material. Auch können hier die Serviceeinsätze zum einzelnen Equipment eingesehen werden. Technische Plätze und Equipments, die man aus SAP ERP kennt, werden in SAP Field Service Management als Equipment mit Unterequipments dargestellt.
- **Personen**
  Die Mitarbeitenden werden in SAP Field Service Management als Personen hinterlegt. Hierbei stehen die Standortdaten, Kommunikationsdaten, die Position eines Mitarbeiters oder einer Mitarbeiterin sowie der Arbeitsplatz (Zugehörigkeit) im Fokus.
- **Artikel/Material**
  Artikel (Ersatzteile) als Stammdatenobjekte liefern wertvolle Informationen für den Servicetechniker oder die -technikerin, wie z. B. Artikelbezeichnung, Basismengeneinheit, Serialnummer, Dokumente und vor allem Lagerortbestand an den einzelnen Lagerorten.
- **Tools**
  Da spezielle Tools (Werkzeuge) im Kundenservice immer wieder für Serviceeinsätze benötigt werden, gibt es in SAP Field Service Management die Möglichkeit,

diese zu erstellen und sie mit den notwendigen Informationen einem Servicetechniker oder einer -technikerin für einen gewissen Zeitraum zuzuweisen. Damit ist auch der Disponent zu jeder Zeit darüber informiert, welche Werkzeuge von welchem Mitglied des Servicetechnikteams mitgeführt werden.

- **Skills**
  Um eine bestmögliche Planungssicherheit zu erreichen, können Skills in unterschiedlichen Objekten gepflegt werden. Dazu zählen Stammdatenobjekte wie Kunde, Equipment, Personen, Artikel und auch Tools. Da gewisse Skills eine Gültigkeit haben können, ist es ebenfalls möglich, diese auf einen gewissen Zeitraum zu beschränken. Die Bezugsobjekte, die bei der Einplanung auf die Skills in den Stammdaten geprüft werden, sind Serviceabrufe oder auch Aktivitäten.
- **Verträge**
  Serviceverträge mit den entsprechenden Serviceplänen werden entweder im klassischen SAP-ERP-System oder in der SAP Service Cloud gepflegt. Sollten dort jedoch keine Verträge hinterlegt sein oder wird SAP Field Service Management in einem Stand-alone-Szenario verwendet, können Serviceverträge mit den entsprechenden Serviceplänen direkt in SAP Field Service Management hinterlegt werden, immer mit Bezug zu einem Kunden und dem entsprechend Equipment. Anhand der Servicepläne haben Sie die Möglichkeit, täglich, wöchentlich, monatlich oder jährlich automatisch generierte Serviceeinsätze für die Einplanung zu erstellen.

14.2 Serviceabruf/Aktivitäten

In SAP Field Service Management dreht sich alles um die zentralen Objekte *Aktivität* und *Serviceabruf*.

Aktivitäten können für jegliche Art von Ereignissen verwendet werden, wie z. B. Meetings, Schulungen oder Serviceeinsätze. Zugleich können beliebig viele Aktivitäten in einem Serviceabruf vereint werden, wenn für einen Serviceeinsatz mehrere Servicetechnikerinnen und -techniker notwendig sind.

Ein Serviceabruf ist immer mit einer Kundenanfrage verbunden. Er dient dazu, übergreifend mehrere Aktivitäten zu bündeln, um somit sämtliche Tätigkeiten, die mit der Kundenanfrage zusammenhängen, gesammelt und strukturiert darzustellen.

14.2.1 Aktivitätenliste

Über die Aktivitätenliste im Workforce Management von SAP Field Service Management kann der Disponent sich mit einfachen Mitteln (Filter, Suchfunktionen) eine Übersicht über die offenen, planbaren, geplanten oder auch geschlossenen Aktivitäten verschaffen.

14.2.2 Serviceabrufliste

Die Liste für die Serviceabrufe funktioniert auf ähnliche Weise wie die Aktivitätenliste. Auch hier kann der Disponent über Kriterien die Serviceabrufe seiner Wahl sehen und auch dazu die zum Serviceabruf zugehörigen Aktivitäten einsehen.

14.3 Einsatzplanung und weitere Funktionen im Workforce Management

Die Einsatzplanung ist ein zentraler Bestandteil in SAP Field Service Management. Im Planungs- und Verteilungs-Board kann nicht nur die Einplanung des Servicetechnikteams organisiert werden, sondern das Board beinhaltet auch wertvolle Informationen für den Disponenten oder die Disponentin (siehe Abbildung 14.2). Durch zahlreiche Funktionen wird die Disposition bestmöglich unterstützt, um die Planungssituation anhand vieler verschiedener Kriterien zu optimieren.

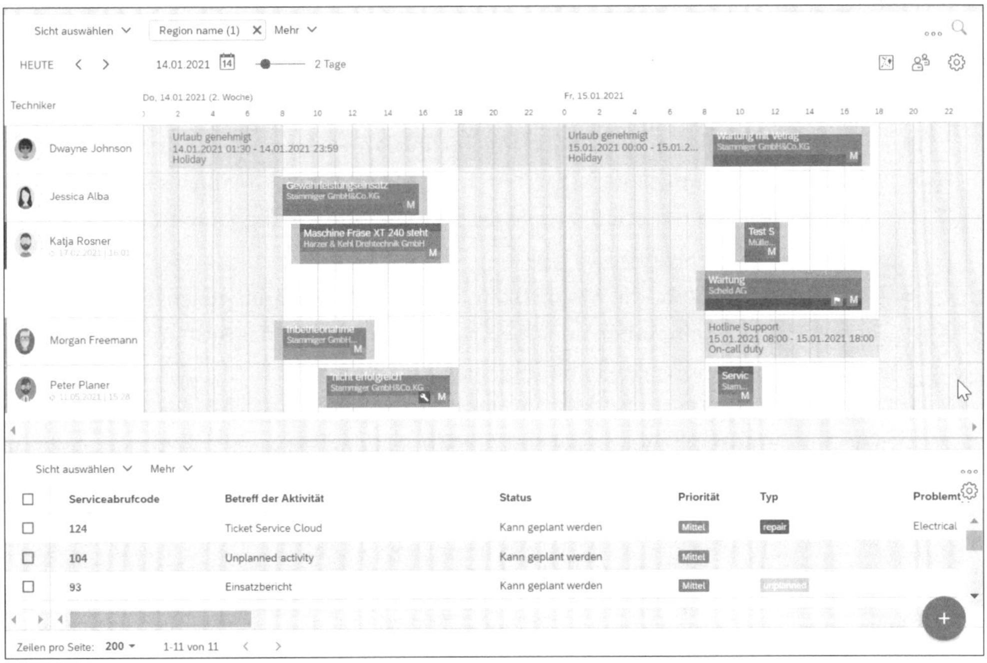

Abbildung 14.2 Plantafel in SAP Field Service Management

Des Weiteren kann der Innendienst hier auf weitere Funktionen des Workforce Managements zurückgreifen, die den Prozess der Einsatzplanung, der Ausführung und der Rückmeldung durch das Servicetechnikteam vervollständigen.

14.3.1 Einplanung

In der Plantafel bekommt die Disposition schnell einen Überblick über das Servicetechnikteam und dessen Planungssituation. Diese Ansicht enthält ebenfalls die noch zu planenden Aktivitäten, die sich unterhalb des Planungs-Boards befinden. Die manuelle Einplanung der Aktivitäten erfolgt durch die Disposition via Drag & Drop. Ebenso haben diese alle relevanten Informationen, wie z. B. Auftragsart, Priorität, Einsatzadresse und das geplante Durchführungsdatum, auf dieser Übersicht zur Hand und können diese entsprechend noch ergänzen oder ändern.

Sobald die Einplanung fixiert ist, kann die Disposition die Aktivität freigeben und an das Servicetechnikteam zur Bearbeitung übergeben werden.

14.3.2 Funktionen zur Unterstützung der Einplanung

Zur optimalen Unterstützung der Disposition bei der Einplanung von Serviceeinsätzen bietet SAP Field Service Management mehrere Funktionen:

- Sollten die Skills eines Servicetechnikers oder einer -technikerin für einen geplanten Einsatz nicht ausreichend sein, erscheint eine Warnmeldung (Pop-up-Fenster) und weist den Disponenten auf vorhandene und fehlende Skills hin.
- Mithilfe der Funktion **Best Matching Technician** werden bei der Einplanung von Aktivitäten, Planungsvorschläge durch SAP Field Service Management auf Basis unterschiedlicher Kriterien, z. B. Skills, Distanz und Verfügbarkeit der Mitglieder des Servicetechnikteams generiert.
- Des Weiteren besteht die Möglichkeit, mehrere Aktivitäten gleichzeitig über das *Planning Widget* einplanen zu lassen. Auch hier bezieht das System Faktoren wie Fahrzeit, Skills und Verfügbarkeit in die Planung mit ein.
- SAP Field Service Management ermöglicht eine vollautomatische Planung. Im Gegensatz zu den drei oben genannten Optionen wird hier auf den Faktor Mensch nahezu gänzlich verzichtet.

14.3.3 Planung anhand einer Karte

Eine zusätzliche Unterstützung zur Plantafel bildet die *Planungskarte* in SAP Field Service Management. Hier kann sich die Disposition einer interaktiven Karte bedienen, die die Serviceeinsätze, Kunden, Equipments und das Servicetechnikteam anzeigt. Durch die Live-Traffic-Information können Routen und die benötigten Fahrzeiten schnell ermittelt werden (siehe Abbildung 14.3). Der Disponent bekommt mit dieser Option eine technische und visuelle Hilfe, die ihn zusätzlich bei der Planung unterstützt.

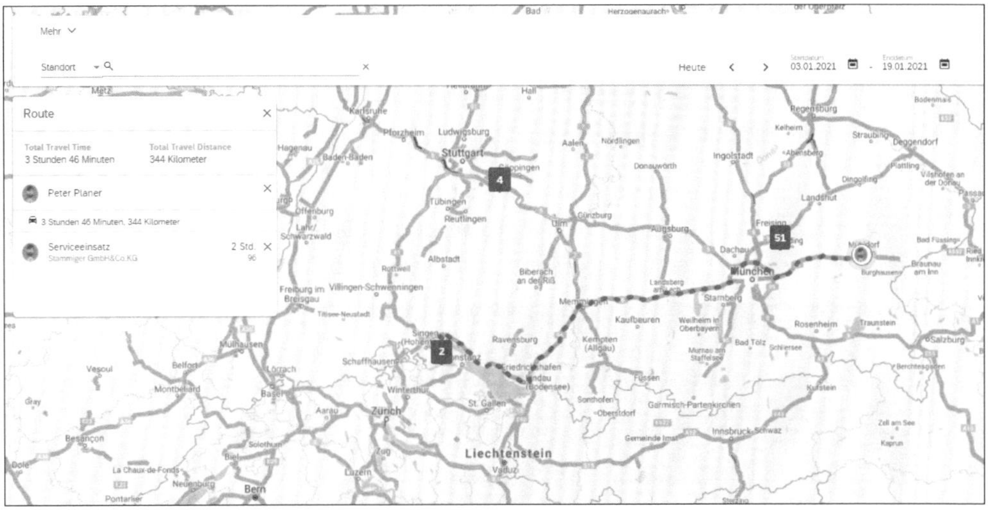

Abbildung 14.3 Kartenfunktion in SAP Field Service Management

14.3.4 Time and Material Journal

Das *Time and Material Journal* befindet sich im Workforce Management und ist eine Übersicht, um rückgemeldete Zeiten, Spesen, Materialien und Kilometer zu prüfen und freizugeben. Des Weiteren haben die Mitarbeitenden im Serviceinnendienst hier auch die Möglichkeit, dem Techniker oder der Technikerin Rückmeldung zu vorgenommenen Änderungen zugeben oder diese sogar abzuweisen.

14.3.5 Smartforms und Feedback

Im Menüpunkt **Smartforms and Feedback** im Workforce Management können die Checklisten für die Servicetechnikerinnen und -techniker entsprechend den kundenspezifischen Anforderungen und Anwendungsfällen in einem übersichtlichen und einfach zu bedienenden User Interface selbst erstellt werden.

14.4 App für das Servicetechnikteam

Mit der App **SAP Field Service Management** erhält das Servicetechnikteam eine flexible Anwendung, die es bei sämtliche Arbeiten während eines Serviceeinsatzes wie folgt unterstützt:

- durch Echtzeitinformationen von neu zugewiesenen Aktivitäten
- durch den Informationsfluss über alle Stammdaten der zugewiesenen Aktivitäten

- durch die Bereitstellung sämtlicher Informationen und Funktionen zur Abarbeitung der Serviceaktivitäten
- durch die Offline-Verfügbarkeit aller Daten
- durch die Offline-Bearbeitung von Serviceaktivitäten

Die SAP-Field-Service-Management-App wurde für iOS, Android und Windows entwickelt und kann im jeweiligen App-Store heruntergeladen werden. In Abbildung 14.4 ist der Homescreen der App zu erkennen. Dieser wird beim Öffnen der App angezeigt.

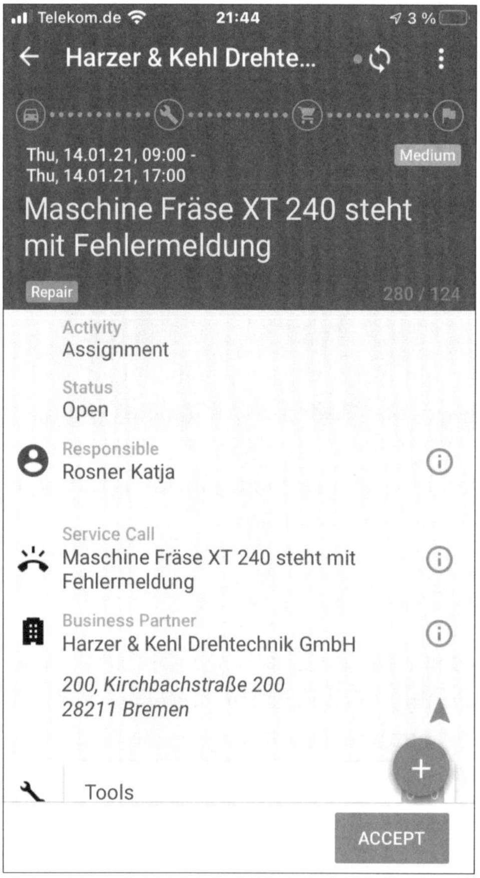

Abbildung 14.4 SAP-Field-Service-Management-App

14.4.1 Stammdaten

Die Stammdatenobjekte unterscheiden sich im Wesentlichen nicht von denen im Workforce Management von SAP Field Service Management. Es kann hier jedoch eingeschränkt werden, welche und wie viele Stammdaten offline verfügbar sein müssen.

14.4.2 Serviceaktivitäten abarbeiten

Nach der Freigabe der Aktivität in der Plantafel wird der Servicetechniker oder die Servicetechnikerin unmittelbar via Push-Nachricht darauf hingewiesen, dass ihm eine neue Aktivität zugewiesen wurde. Mit dem Öffnen der Push-Nachricht öffnet sich auch die SAP-Field-Service-Management-App, die dann automatisch synchronisiert wird.

In der App kann der Servicetechniker oder die Servicetechnikerin die für ihn relevante Aktivität mit allen Informationen wie Kunde, Equipment, Einsatzadresse und Informationen der Disposition sofort einsehen. Beim Start der App ohne Push-Nachricht werden alle Aktivitäten des aktuellen Tages übersichtlich auf dem Homescreen angezeigt.

Nachfolgend werden unterschiedliche Serviceaktivitäten aufgeführt und beschrieben:

- **Workflow Steps**

  Workflow Steps sind fest hinterlegte Tätigkeiten, die das Servicetechnikteam bei der Abarbeitung einer Serviceaktivität durchführen muss (z. B. Reise, Arbeit usw.). Die Workflow Steps können mit verschiedenen Funktionen ausgestattet werden, z. B. automatische Aufzeichnung der Zeit, Absprung in eine Navigations-App, um eine Route zum Einsatzort zu starten, oder auch die Erstellung des Service-Reports. Die Disposition hat immer den Überblick, in welchem Step sich die Serviceaktivität befindet.

- **Erfassung von Effort, Material, Mileage, Expenses**

  In SAP Field Service Management hat das zuständige Mitglied des Servicetechnikteam die Möglichkeit, Zeiten, Spesen, Materialien und Kilometer zurückzumelden. Die Zeiten können je nach Bedarf mit unterschiedlichen Leistungsarten und somit Stundensätzen zurückgemeldet werden. Über das Objekt **Mileage** können die zurückgelegten Kilometer erfasst werden. Je nach Spesenart können quantitative Spesen, wie z. B. Hotelrechnungen, oder auch qualitative Spesen, wie z. B. Reisepauschalen, auf die Aktivität gebucht werden.

  Ersatzteile können auf zwei Arten erfasst werden:

  - Ausbuchung von Ersatzteilen vom Fahrzeuglager auf die Aktivität
  - Der Disponent oder die Disponentin kann in der Aktivität Ersatzteile definieren, die für die Durchführung des Einsatzes relevant sind. Das Mitglied des Servicetechnikteams entscheidet dann in der App, ob er oder sie diese auf die Aktivität übernehmen oder diese in den Bestand seines Fahrzeuglagers buchen möchte.

- **Checklisten**

  Checklisten sind Arbeitsanweisungen, Vorgaben und Protokolle, die das Servicetechnikteam beim Serviceeinsatz erfüllen muss. Beispiele hierfür sind u. a. Reparatur-, Wartungs- und Inbetriebnahmeprotokolle. Der Servicetechniker oder die -technikerin hat die Möglichkeit, aus einer Reihe an Checklistenvorlagen auszuwählen, diese der Aktivität zuzuweisen und sie während der Aktivität abzuarbeiten. Die Checklisten können auch manuell durch die Disposition einer Aktivität hinzugefügt oder vom System automatisch angehängt werden, z. B. auf Basis der Serviceabrufart oder des Equipments in der Aktivität. Aus den Checklisten generierte PDF-Dokumente werden zusätzlich als Anhang in der Aktivität hinterlegt. In Abbildung 14.5 ist zu sehen, wie eine der Aktivität angehängte Checkliste dargestellt wird und wie diese im Bearbeitungsmodus aussehen kann.

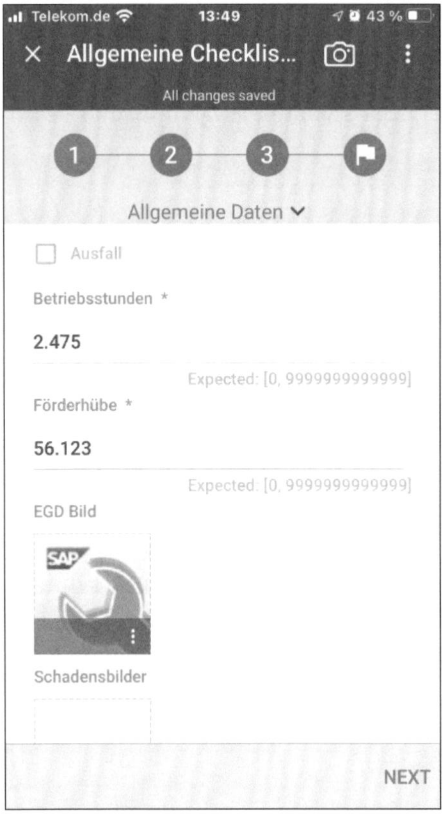

Abbildung 14.5 Checkliste in der SAP-Field-Service-Management-App

- **Anhänge**
  Die Servicetechnikerin oder der -techniker kann der Aktivität Anhänge verschiedener Art hinzufügen, z. B. Bilder von defektem Equipment.
- **Service-Report**
  Das Layout des Service-Reports kann an den Kunden angepasst und entweder online oder offline generiert werden. Die Kunden können den Service-Report direkt

vor Ort digital unterschreiben. Das generierte PDF-Dokument des Service-Reports ist als Anhang in der Aktivität verfügbar. Nachdem der Servicetechniker oder die -technikerin alle Eingaben vorgenommen hat und der Service-Report erstellt worden ist, wird die Aktivität abgeschlossen, und der Einsatz ist somit erledigt.

14.5 Analytics

Die *Analytics-Funktion* im Workforce Management beinhaltet vorgefertigte Reports und erlaubt die Erstellung von individuell gestalteten Auswertungen. Ein Ausschnitt unterschiedlicher Standard-Reports ist in Abbildung 14.6 ersichtlich. Somit können Sie sich einfach, schnell und übersichtlich die wichtigsten Kennzahlen zur Steuerung ihrer Serviceabteilung ausgeben lassen.

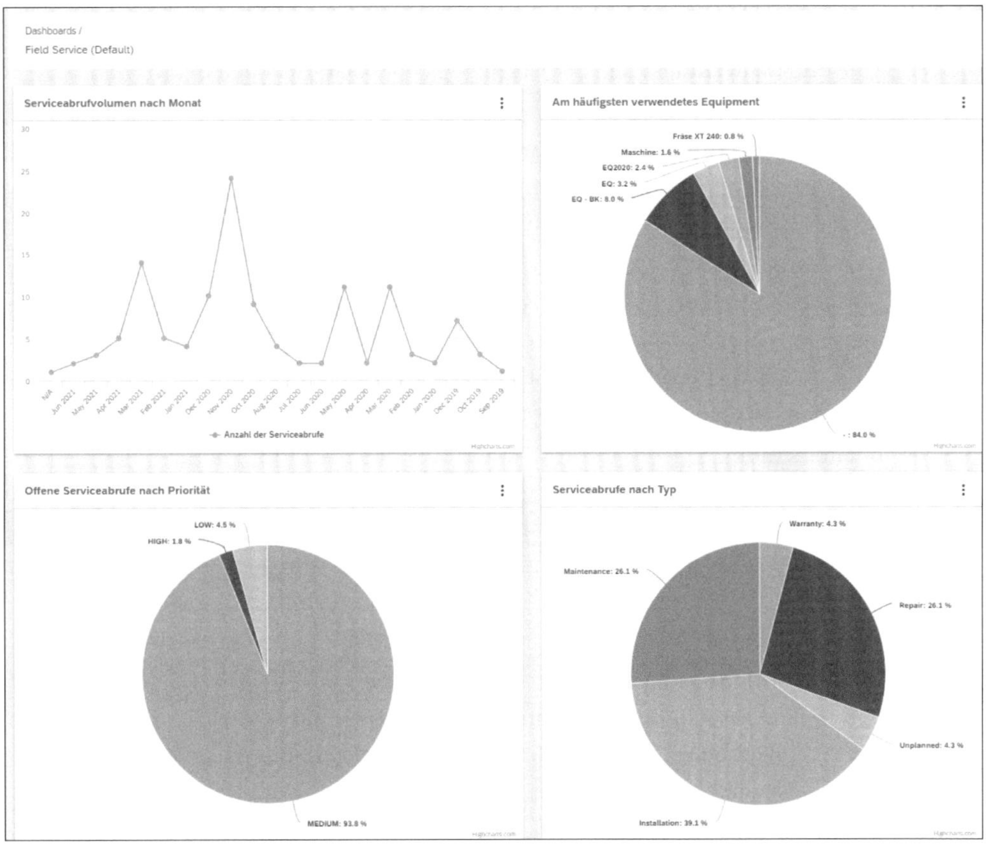

Abbildung 14.6 Analytics-Funktion in SAP Field Service Management

14.6 Administration

SAP Field Service Management besitzt einen Admin-Bereich, der über einen separaten Zugang verfügt und den man auch im Workforce Management anwählen kann. Dieses Admin-Menü dient dazu, alle notwendigen Objekte zu bedienen, um SAP Field Service Management aufzusetzen und zu verwalten.

Im Folgenden finden Sie eine Auflistung der wichtigsten Objekte im Admin-Bereich:

- **Accounts**
  Unter Accounts versteht man die Umgebungen, die SAP für einen Test- und Produktivbetrieb bereitstellt. Hier werden immer ein Test-Account und ein Produktiv-Account zur Verfügung gestellt.
- **Companies**
  Die Companies in SAP Field Service Management sind den Werken oder Vertriebsbereichen in SAP ERP gleichgestellt. Jede Company kann individuell an die Wünsche und Notwendigkeiten der jeweiligen Organisation angepasst werden.
- **User**
  Die User werden auf Account-Leveln erstellt und gepflegt. Dies hat den Vorteil, dass man z. B. einen User mehreren Companies zuweisen kann. Für jede Company kann der User eine unterschiedliche Berechtigung besitzen.
- **User Groups**
  Die Berechtigungen, in SAP Field Service Management User Groups genannt, werden ebenfalls auf der Account-Ebene erstellt oder geändert. Hier haben Sie die Auswahl zwischen vorgefertigten Berechtigungsgruppen; Sie können aber auch eigene Berechtigungsgruppen erstellen.
- **Business Rules**
  Möchten Sie Logiken, die für den Geschäftsprozess von Bedeutung sind, einbinden, können Sie im Admin-Bereich dafür die Business Rules erstellen. Beispiele sind hier das Versenden einer Kundeninformation zum geplanten Serviceeinsatz oder auch die automatische Zuweisung von Checklisten anhand von Equipmenttypen.
- **Screen Configuration**
  Mithilfe der Screen Configuration können die einzelnen Oberflächen (App, Workforce Management) an die Bedürfnisse der Disposition und des Servicetechnikteams angepasst und somit optimiert werden.

14.7 Customer-Self-Service

Das *Customer-Self-Service-Portal* ist der Teil von SAP Field Service Management, in dem Kunden direkt Zugang zum System bekommen, um z. B. ihre Daten zu den Equipments oder auch zu den Aktivitäten zu sehen.

Des Weiteren können die Kunden selbst Serviceeinsätze anlegen, die dem Disponenten zur Einplanung angezeigt werden.

Die Kunden bleiben über den Aktivitätsstatus oder auch den Workflow Step des Servicetechnikteams in Echtzeit informiert und finden hier auch die für sie relevanten Anhänge, wie Servicebericht oder Protokolle.

Des Weiteren besteht die Möglichkeit, den Kunden mittels Chatbot durch einen vorab definierten Fragenkatalog zu leiten, um im Vorfeld Punkte abzuklären, die später als Information in der Aktivität hinterlegt sind und von der Disposition und vom Servicetechnikteam eingesehen werden können. Ein Beispiel für eine Kommunikation wird in Abbildung 14.7 abgebildet.

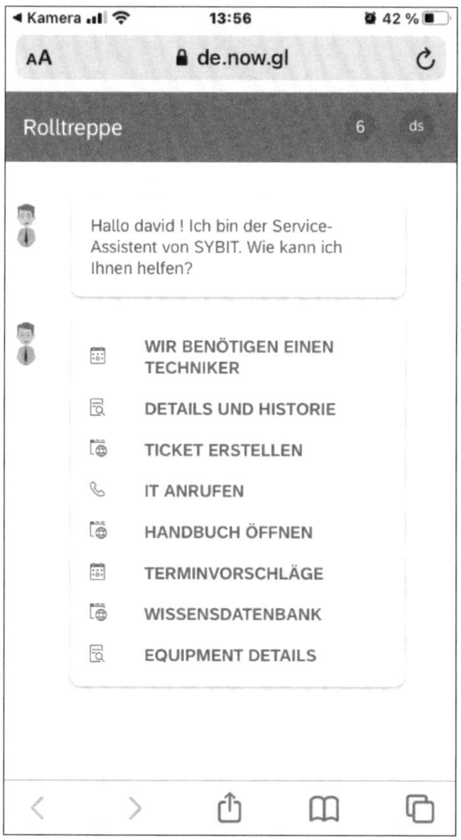

Abbildung 14.7 Customer-Self-Service-Portal von SAP Field Service Management auf dem Handy

Das Customer-Self-Service-Portal kann passend zur Corporate Identity Ihres Unternehmens gestaltet werden, um nach außen repräsentativ zu wirken.

14.8 Integrationsszenarien

SAP Field Service Management kann als Stand-alone-System genutzt werden, aber auch in verschiedene Systeme integriert werden, um den Anforderungen eines kompletten und durchgängigen Serviceprozesses gerecht zu werden.

Dies bedeutet für Sie, valide Stammdaten in allen Systemen, einen maximalen Informationsfluss zwischen den Systemen und die Möglichkeit der Abarbeitung eines Serviceprozesses von der Erstellung einer Kundenanfrage bis hin zur Rechnung für den Serviceeinsatz zu haben.

In diesem Abschnitt beschreiben wir die wichtigsten Integrationsszenarien für SAP Field Service Management:

- die Komponente Customer Service (CS) in SAP ERP und SAP S/4HANA
- die neue Funktion SAP S/4HANA Service
- SAP Service Cloud

Eines der am meist verbreiteten Integrationsszenarien ist die Anbindung von SAP Field Service Management an die SAP-ERP-Komponente CS (Customer Service), siehe Abbildung 14.8. Die Schnittstelle von SAP Field Service Management in SAP ERP CS oder in SAP-S/4HANA CS l bildet der sogenannte *E4C Connector*.

Der E4C Connector ist ein Menüpunkt in SAP ERP bzw. in SAP S/4HANA, in dem die Einstellungen sowie die zu replizierenden Stammdaten und Funktionen (Serviceauftragsdaten) in der Schnittstelle definiert werden. Über diese Schnittstelle werden die Stammdaten wie Kunden, Ansprechpartner, Equipments, Ersatzteile und Mitarbeiter zu SAP Field Service Management geschickt, die teilweise bidirektional ausgeprägt sind. Des Weiteren sind am Mitarbeiterstammsatz die Lagerortdaten mit den entsprechenden Lagermengen der Ersatzteile hinterlegt.

Wird nun in CS ein Serviceauftrag mit entsprechendem Vorgang angelegt, wird in SAP Field Service Management der Serviceabruf mit der zugehörigen Aktivität erstellt. Das Mitglied des Servicetechnikteams bucht nun Zeiten, Spesen und Materialien auf die Aktivität, erstellt den Servicebericht und gegebenenfalls Anhänge. Diese Daten werden nach der Freigabe im Time and Material Journal über die Schnittstelle auf den Serviceauftrag als Rückmeldung oder Warenbewegung gebucht. Danach kann zu dem Einsatz die Rechnung mit allen Rückmeldungen und Ersatzteilen ausgestellt werden.

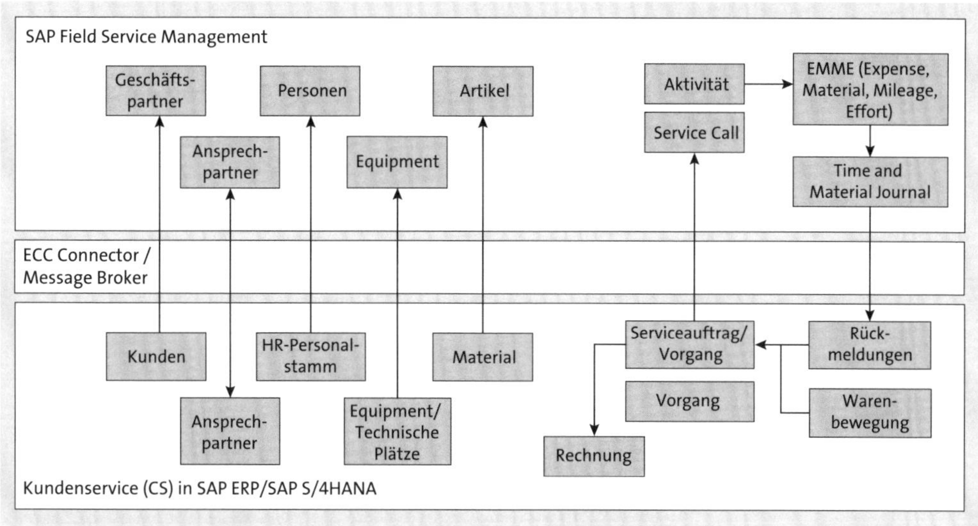

Abbildung 14.8 Integration von SAP ERP CS und SAP S/4HANA CS mit SAP Field Service Management

Eines der zukunftsträchtigsten Szenarien aufgrund der Abkündigung der alten CS-Komponente in SAP S/4HANA ist die Integration von SAP Field Service Management in die neue Lösung SAP S/4HANA Service. Hier wird SAP Field Service Management mittels der SAP Integration Suite an SAP S/4HANA Service angebunden. Stammdaten und Serviceeinsätze, Status und Rückmeldungen werden über die SAP Integration Suite in SAP Field Service Management und in SAP S/4HANA repliziert. Weitere Details zu SAP S/4HANA Service finden Sie in Abschnitt 15.4, »SAP S/4HANA Service«.

Die Integration von SAP Field Service Management mit der SAP Service Cloud wurde bereits in Kapitel 11, »SAP Service Cloud«, beschrieben.

14.9 SAP Crowd Service

Mit SAP Crowd Service haben Sie die Möglichkeit, Ihre internen Technikerinnen und Techniker durch externe, zertifizierte Technikteams zu unterstützen. Auf diese Weise können Sie die Leistungsfähigkeit Ihres Servicetechnikteams erhöhen und mögliche Auslastungsspitzen abflachen. Dabei können Sie Ihre Servicepartner mit Ihrem bestehenden SAP-Field-Service-Management-System verbinden. Im Folgenden werden die einzelnen Bestandteile von SAP Crowd Service beschrieben.

14.9.1 Crowd Workforce

Unter **Crowd Workforce** haben Sie als Crowd-Eigentümer folgende Auswahlmöglichkeiten: Im Menüpunkt **Meine Verbindungen** können Sie alle Verbindungen filtern und anschließend im Detail betrachten. Für jeden Partner finden Sie hier eine generelle Übersicht, eine Übersicht der Technikerinnen und Techniker, Dokumente und eine Historie (siehe Abbildung 14.9).

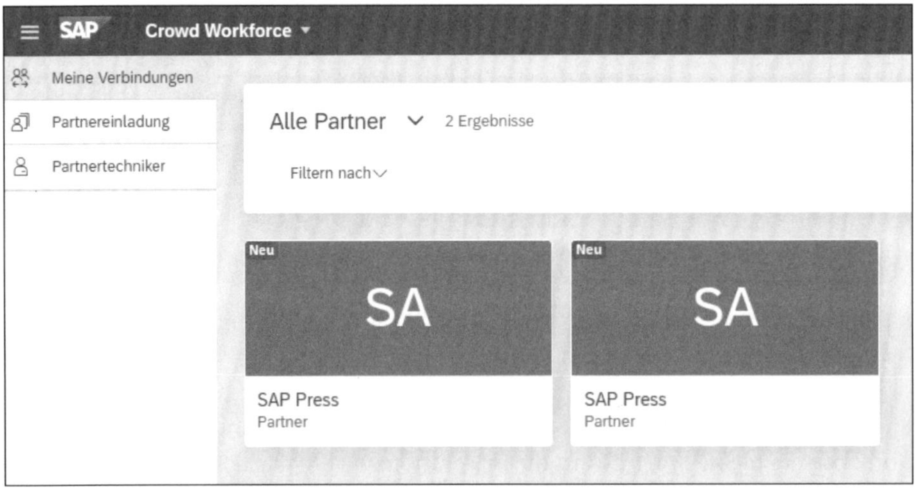

Abbildung 14.9 Der Menüpunkt »Meine Verbindungen« in der Crowd Workforce

Als Eigentümer der Crowd können Sie über den Menüpunkt **Partnereinladung** Ihrem Netzwerk neue Partner hinzufügen. Dies geschieht, indem Sie Ihrem zukünftigen Partner eine Einladung via E-Mail zukommen lassen.

Nachdem Ihr Partner die Einladung angenommen hat, müssen Sie die vom Partner erfassten Informationen prüfen und bestätigen bzw. ablehnen, ehe Sie diesem Partner Einsätze zuweisen können.

Im Menüpunkt **Partnertechniker** sehen Sie alle Technikerinnen und Techniker und können sich pro Technikerin und Techniker die zugewiesenen Skills und eine Historie anschauen.

14.9.2 Crowd Partner

Ihr Partner erhält Ihre Einladung und kann anschließend Informationen über das eigene Unternehmen erfassen. Hierzu gehören neben den grundsätzlichen Informationen über das Unternehmen noch Informationen über die Ansprechpartner sowie über das Gebiet, in dem die Crowd-Einsätze ausgeführt werden. Nach der erfolgreichen Account-Erstellung erhält Ihr Partner Zugang zum Partnerportal, in dem er bereits erfasste Informationen ändern, Dokumente hochladen und Technikerin bzw. Techniker inklusive Skills anlegen kann.

14.9.3 Einsatzplanung

Sobald Sie als Crowd-Eigentümer die Informationen zu einem Partnertechnikteam bestätigt haben, kann dieser in der Plantafel eingeplant werden. Nach der Zuweisung erhält das Partnermanagement eine Information über den anstehenden Einsatz. Lehnt dieses den Einsatz ab, oder bestätigt ihn nicht innerhalb einer festgelegten Zeitspanne, wird der Einsatz im Planungs-Board vom zuvor zugeordneten Crowd-Partner entfernt. Nimmt das Crowd-Management den Einsatz hingegen an, kann es diesen Einsatz einem Mitglied seines Technikteams zuweisen. Der entsprechende Techniker oder die Technikerin kann den Einsatz anschließend ausführen und in der mobilen SAP-Field-Service-Management-App Zeiten und Spesen zurückmelden und den Einsatz abschließen. Alternativ kann das Partnermanagement den Einsatz im Partnerportal abschließen. Die zurückgemeldeten Zeiten und Spesen erscheinen im Time and Material Journal des Crowd-Eigentümers zur Genehmigung.

14.9.4 Integrationsszenarien

Das SAP-Crowd-Service-System ist Bestandteil des SAP-Field-Service-Management-Systems; somit muss diese Lösung nicht separat integriert werden, sondern kann mit den Daten des SAP-Field-Service-Management-Systems arbeiten.

[«]

Lizenzierung

Partner, die SAP Crowd Service nutzen, benötigen keine separaten SAP-Field-Service-Management-Lizenzen. Für SAP Crowd Service werden Lizenzpakete veräußert, die eine gewisse Anzahl an abgeschlossen Aktivitäten durch Partnertechnikteams beinhaltet. Diese Pakete können Sie als Crowd-Eigentümer jederzeit nachbestellen.

14.10 Fazit

SAP Field Service Management ermöglicht die gesamte Planung, Disposition und Abwicklung von Serviceanfragen über das zuständige Mitglied des Servicetechnikteams. Von der Einsatzplanung (manuell, halbautomatisch und vollautomatisch) über die Materiallogistik (Werkzeuge, Ersatzteile und Fahrzeuglager) bis hin zur Durchführung und Rückmeldung (Material, Spesen, Zeiten, Serviceberichte und Checklisten) über die mobile App sind sämtliche Serviceprozesse enthalten und ermöglichen somit eine effiziente Serviceabwicklung.

Zusätzlich wird SAP Field Service Management mit SAP Crowd Service um die Möglichkeit ergänzt, externe Partner in das Servicenetzwerk einzubeziehen und diese gezielt einzusetzen.

Kapitel 15
Ergänzende SAP-Lösungen

In Teil II dieses Buches haben Sie die SAP-Lösungen für die Customer Experience kennengelernt. Losgelöst davon, sind bei einer ganzheitlichen Betrachtung, Konzeption und Realisierung von CX-Prozessen neben den vorgestellten Lösungen weitere SAP-Lösungen für Ihre Prozesse und Ihre Systemarchitektur von Belang. In diesem Kapitel werden die wichtigsten ergänzenden Lösungen näher betrachtet.

Auf dem Weg zur digitalen Transformation in Marketing, Sales und Service und zur Optimierung von CX-Prozessen sind zielgerichtete Erweiterungen und eine intelligente Integration über Systemgrenzen hinweg wichtige Erfolgsfaktoren. Eine stimmige Customer Experience bieten Sie nur, wenn Sie statt einer Ansammlung standardisierter und entkoppelter Silo-Anwendungen integrierte End-to-End-Prozesse nutzen.

Die SAP Business Technology Platform (SAP BTP) ist die technologische Grundlage für Ihre Geschäftsanwendungen. SAP BTP stellt Ihnen leicht zu konsumierende Services für eine integrierte Plattform zur Verfügung und bietet damit die Flexibilität, Daten und Geschäftsprozesse miteinander zu verknüpfen, innovative Anwendungen zu erstellen sowie Datenanalysen und intelligente Technologien (z. B. künstliche Intelligenz) zu nutzen.

Abschnitt 15.1 bietet Ihnen zunächst eine Übersicht über die SAP BTP und die darin enthalten Komponenten SAP Integration Suite (siehe Abschnitt 15.1.2) und SAP Extension Suite (siehe Abschnitt 15.1.3). Darüber hinaus gehen wir im Speziellen in Abschnitt 15.2 auf SAP BTP, Kyma Runtime, zur Entwicklung und Erweiterung von Anwendungen ein. Wichtige Rollen für die digitalen Serviceprozesse in Bezug auf Maschinendaten spielen SAP Asset Intelligence Network (siehe Abschnitt 15.3) sowie SAP S/4HANA Service (siehe Abschnitt 15.4), die ebenfalls vorgestellt werden.

15.1 SAP Business Technology Platform

Zu Beginn des Jahres 2021 hat SAP im Zuge des Programms *RISE with SAP* die Umbenennung Ihrer zentralen Entwicklungs- und Integrationsplattform, SAP Cloud Platform, bekannt gegeben. Hinter dem neuen Begriff *Business Technology Platform* verbirgt sich weiterhin technologisch und funktional die globale Plattform aller cloudbasierten SAP-Lösungen, u. a. der SAP-Customer-Experience-Suite. Neben der allgemeinen Laufzeitumgebung nutzen Sie die SAP BTP zur Integration und Erweiterung der einzelnen Lösungen von SAP Customer Experience.

Dieser Abschnitt gibt Ihnen eine Einführung in SAP BTP und stellt die beiden zentralen BTP-Komponenten *SAP Integration Suite* und *SAP Extension Suite* vor. Sie erfahren, welche Bedeutung diese Lösungen für die übergreifenden Prozesse der SAP-Customer-Experience-Suite haben.

[+]

RISE with SAP

Viele Unternehmen empfinden den Weg zu einem digital integrierten, datengetriebenen und somit intelligenten Unternehmen als schwierig und unsicher. *RISE with SAP* ist ein Komplettpaket von SAP, das Unternehmen dabei unterstützt, Ihre Ziele in der Digitalisierung und Geschäftstransformation zu erreichen.

Anhand einer klaren Roadmap und mithilfe von Tools, bei denen zum einen die Wirtschaftlichkeit von Hyperscalern und zum anderen die Vorteile der Cloud genutzt werden, soll der Transformationsprozess mit einem BTaaS-Angebot (*Business-Transformation-as-a-Service*) vereinfacht und beschleunigt werden.

Die Transformation zu einem intelligenten Unternehmen vollzieht sich in mehreren Phasen:

1. **Business Process Intelligence**
   Sie beginnen mit einer detaillierten Geschäftsprozessanalyse. Somit schaffen Sie Transparenz über Ihre End-to-End-Prozesse und können leichter in die Transformation Ihrer Geschäftsprozesse einsteigen. Mit Signavio bietet SAP eine Lösung zur Verwaltung von Geschäftsprozessen an (siehe Abschnitt 15.1.1, »Einführung«).
2. **Migration in die neue Systemwelt**
   Haben Sie Ihr Prozesszielbild definiert, gilt es, die digitale Transformation technologisch zu konzipieren. Mithilfe von Tools und Services, wie die von SAP BTP bereitgestellten, nutzen Sie diese zur nahtlosen Migration in die neue Systemwelt.
3. **Intelligentes Unternehmen**
   Im letzten Schritt gestalten Sie Ihr intelligentes Unternehmen mit den für Sie adaptierten Anwendungen, Plattformen, Netzwerken und der richtigen Infrastruktur.

15.1.1 Einführung

SAP BTP ist das Platform-as-a-Service-Angebot von SAP (PaaS) und dient als zentrale Basis für die SAP-Cloud-Lösungen. Darüber hinaus bietet Ihnen SAP BTP eine *Entwicklungsplattform* und eine *Laufzeitumgebung*.

Somit können Sie SAP BTP sowohl für die Erstellung und den Betrieb eigener Cloud-Anwendungen als auch zur Erweiterung Ihrer bestehenden Cloud- und On-Premise-Umgebung verwenden. Dabei lassen sich neben SAP-Produkten auch Produkte von Drittanbietern erweitern bzw. integrieren. Details zu den Integrationsmöglichkeiten finden Sie in Abschnitt 15.1.2, »SAP Integration Suite«.

Die SAP BTP ist in vier zentrale Technologiebereiche untergliedert, die die verschiedenen Lösungen bzw. Services zusammenfassen (siehe Abbildung 15.1).

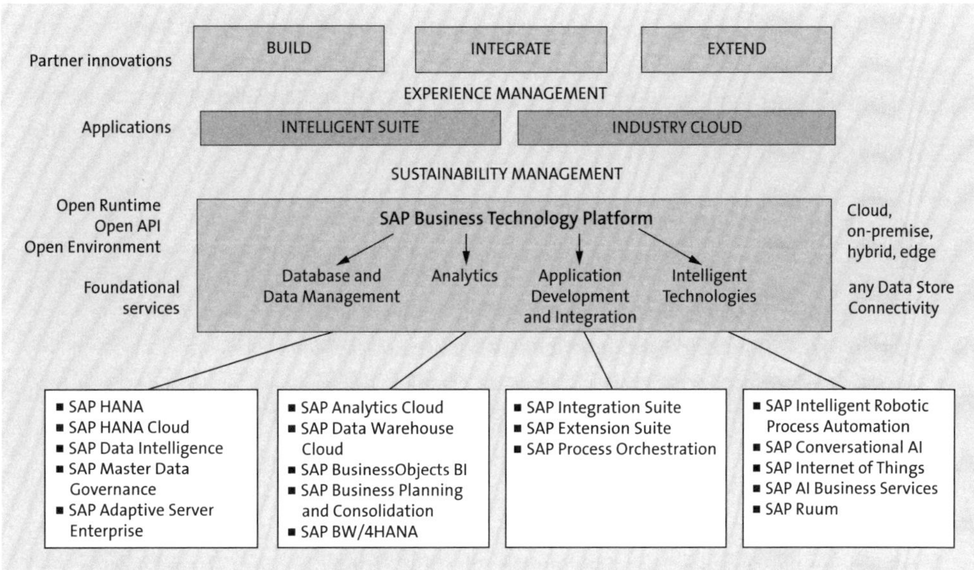

Abbildung 15.1 Übersicht über die SAP Business Technology Platform (Quelle: SAP)

Die Lösungen umfassen:

- **Database and Data Management**
  Hier sind z. B. wieder die SAP HANA Cloud oder SAP Master Data Governance zu nennen.
- **Analytics**
  Zu den Services dieser Kategorie zählen u. a. die SAP Analytics Cloud oder die SAP Data Warehouse Cloud.
- **Application Development and Integration**
  Von zentraler Bedeutung sind die Services im Zusammenhang mit der SAP Integration Suite und der SAP Extension Suite.
- **Intelligent Technologies**
  Diese Kategorie umfasst Services, die u. a. Anwendungsfälle in Bezug zu Machine Learning und zur künstlichen Intelligenz (KI) ermöglichen. Hier sind z. B. u. a. SAP Conversational AI zum Betrieb von Chatbots, das Internet of Things (IoT) oder SAP

AI Business Services zur Klassifikation von Servicetickets mithilfe von Machine-Learning-Algorithmen zu nennen.

Als globale, cloudbasierte Laufzeit-, Entwicklungs-, Integrations- und Erweiterungsumgebung umfasst SAP BTP die Integration mit Open API, Open Environment, Hypescalern (z. B. Amazon Webservices (AWS) oder Foundation Services).

[»]

BPMN-Modellierung mit Signavio

Mit der Übernahme von Signavio treibt SAP das Ziel weiter voran, Kunden im Zusammenhang mit *RISE with SAP* die Transformation in ein intelligentes Unternehmen zu ermöglichen. Signavio unterstützt Sie dabei, Geschäftsprozesse intelligent zu gestalten. Im Zusammenhang mit den Angeboten von SAP entsteht so eine Prozesstransformations-Suite, die es Unternehmen ermöglicht, Geschäftsprozesse schneller zu verstehen, zu verbessern, zu transformieren und zu steuern.

Signavio gehört mit über eine Mio. Anwender in mehr als 2.000 Unternehmen weltweit zu den führenden Lösungen im Geschäftsprozessmanagement. Als Modellierungssprache setzt Signavio auf BPMN 2.0. BPMN (Business Process Model and Notation) ist eine normierte grafische Modellierungssprache, die sich weltweit als Standardnotation für Geschäftsprozesse etabliert hat.

BPMN 2.0 wurde 2010 von der Object Management Group (OMG) veröffentlicht und befähigt Unternehmen branchenunabhängig dazu, Geschäftsprozesse zu modellieren und komplexe Prozesslandschaften verständlich darzustellen. Der Fokus von BPMN 2.0 liegt auf der Abbildung der zeitlich-sachlogischen Abfolge von Aktivitäten und Ereignissen, der organisationalen Verantwortung und der Differenzierung zwischen fachlichen sowie technischen Aspekten.

Durch das Zusammenspiel von Signavio und SAP werden einheitliche Kennzahlen, umfassende Benchmarking-Daten, Process Mining, User Behaviour Mining und Customer Experience Analysis zusammengeführt, um den Kunden eine 360-Grad-Sicht auf jeden Geschäftsprozess zu bieten. Gleichzeitig bekommen Kunden mit Signavio zur Umsetzung einer erfolgreichen Prozesstransformation ein Werkzeug an die Hand.

Wenn Sie dies aus der Nähe betrachten möchten, werfen Sie einen Blick in Teil III dieses Buches, »Ausgewählte CX-Prozesse«. Die dort vorgestellten CX-Prozesse wurden alle mit Signavio visualisiert. Die jeweiligen Prozessdiagramme sind dort abgebildet.

In Verbindung mit der SAP-Customer-Experience-Suite unterstützt SAP BTP verschiedene Möglichkeiten: einerseits, um einen Geschäftsprozess von Anfang bis Ende abzubilden, und andererseits um Standardfunktionen zu erweitern. Ein elementarer Bestandteil ist dabei die Integration der unterschiedlichen Systeme, um z. B. die SAP Sales Cloud an Ihr Warenwirtschaftssystem anzubinden.

Dadurch erwachsen neue Chancen, z. B. den Bestand an Kundendaten durch das Wissen des Vertriebs aktuell zu halten und dem Vertrieb wiederum Informationen aus dem Warenwirtschaftssystem zur Verfügung zu stellen. Auf diese Informationen hatte der Vertrieb zuvor keinen bzw. nur über Umwege Zugriff. Dies können Daten zu Produkten sein, wie etwa die Verfügbarkeitsmengen (ATP Check) zu einem bestimmten Termin oder die bisherigen Kundenaufträge, die Hinweise auf zukünftige Verkaufschancen geben können.

Auch im Service-Bereich bietet SAP BTP zahlreiche Möglichkeiten, um neue Technologien zu nutzen und Prozesse zu vereinfachen. Beispielsweise können Sie die Sensoren Ihrer Maschine bei Ihrem Kunden vor Ort auslesen und mithilfe von Machine Learning Empfehlungen zur nächsten Wartung erzeugen. Ein weiteres Szenario ist die Lösungsfindung zu einem Problem. In diesem Fall wäre ein Chatbot hilfreich, um die Navigation zur Lösung der Probleme und Anfragen Ihrer Kunden zu beschleunigen.

SAP BTP ist die Basis aller SAP-Cloud-Lösungen (siehe Abbildung 15.2). Durch die vielfältigen Erweiterungsmöglichkeiten können Sie diese Cloud-Lösungen einfach und schnell ausbauen.

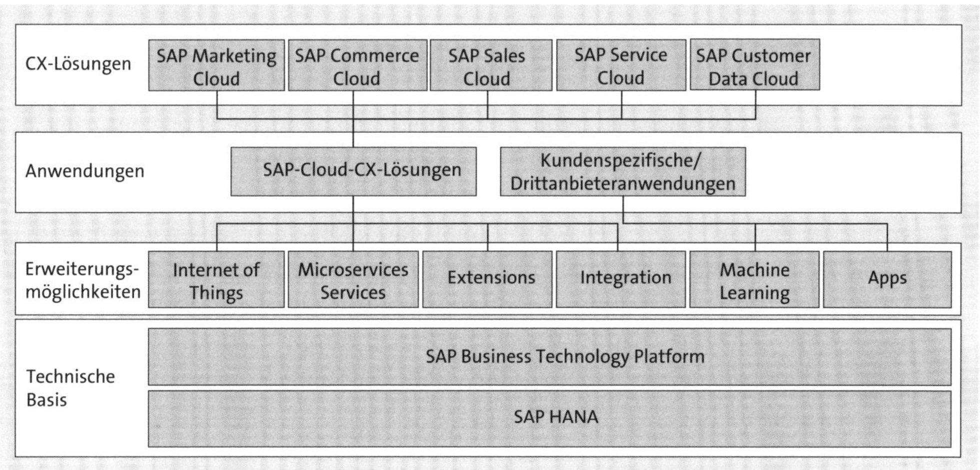

Abbildung 15.2 Nutzung von SAP BTP in Verbindung mit SAP Customer Experience

Details zu den Einsatzmöglichkeiten in Verbindung mit der SAP-Customer-Experience-Suite werden in den folgenden Abschnitten erläutert. Hierbei legen wir den Fokus auf die SAP Integration Suite sowie die SAP Extension Suite, die Ihnen die in diesem Buch beschriebenen Szenarien ermöglichen.

15.1.2 SAP Integration Suite

Die *SAP Integration Suite* ist eine Enterprise-Integration-Platform-as-a-Service (EiPaaS). Die SAP Integration Suite ist die strategische cloudbasierte SAP-Anwendung, um den stetig wachsenden Anforderungen an die Integration von Daten und Prozessen Rechnung zu tragen. Ziel ist es, eine identische Datenbasis in den unterschiedlichen Systemen zur Verfügung zu stellen und Systeme und Prozesse aufeinander abzustimmen – und das alles möglichst, ohne die Aufwände und Kosten dafür in die Höhe zu treiben.

Die Entwicklung der letzten Jahre geht in eine Richtung: Von großen allumfassenden Softwarelösungen hin zu verteilten Systemen für spezielle Anwendungszwecke. Trotzdem sollen die Daten synchronisiert und Prozesse über Systemgrenzen hinweg harmonisiert werden. Entscheidend ist aus unternehmerischer Sicht, dass alle beteiligte Systeme über die erforderlichen Daten verfügen und somit die einzelnen, getrennten Applikationen als eine einheitliche IT-Plattform angesehen und genutzt werden. Wie die SAP Integration Suite Sie bei diesen Herausforderungen unterstützt, lesen Sie in den folgenden Abschnitten.

Grundlegende Anforderungen und Möglichkeiten

Betrachten wir zunächst grundlegende Anforderungen aus der täglichen Praxis. Wir sehen es heute als selbstverständlich an, dass ein im Commerce-Shop neu angelegter Kundenstammsatz auch direkt im ERP- sowie im Customer-Relationship-Management-System zur Verfügung steht. Ebenso soll die Aktualisierung der Telefonnummer eines Kontakts durch den Vertrieb oder gar durch einen Self-Service-Prozess in Ihrem Kundenportal auch direkt in das ERP-System repliziert werden. Die Ergebnisse einer Zufriedenheitsumfrage in einem Umfrage-Tool oder die Ergebnisse einer Marketingkampagne sollen natürlich auch dem Vertrieb für Folgeprozesse im CRM-System bereitgestellt werden. Ein im CRM-System oder im Webshop erfasstes Angebot soll bei einer anschließenden Bestellung des Kunden direkt im ERP-System zu einem Auftrag führen. Der Vertrieb möchte beim Kundenbesuch wissen, dass dieser gerade ein Serviceticket mit einer Reklamation eröffnet hat, und auch der aktuelle Stand des Tickets wäre hilfreich. Diese Liste an Beispielen könnten wir an dieser Stelle unbegrenzt fortführen. Sie sehen, dass den möglichen Prozessen und Integrationsszenarien kaum Grenzen gesetzt sind.

Die Zielsetzung ist somit klar – durch die Integration von hochspezialisierten IT-Systemen werden allein stehende Datensilos vermieden und Prozesse systemübergreifend und durchgängig realisiert. Um diese Herausforderung zu unterstützen, stellt SAP mit der SAP Integration Suite einen Werkzeugkoffer zur Verfügung. Dieser weist die folgenden Eigenschaften auf:

- Einfach in der Handhabung durch eine moderne Benutzeroberfläche.
- Legt als Cloud-System den Fokus auf die Umsetzung von Anforderungen, statt auf dem Betrieb der Anwendungen selbst.
- Bietet eine Vielzahl an technischen Möglichkeiten und Funktionen, um flexibel den vielfältigen Anforderungen an die Integrationsprozesse gerecht zu werden.
- Umfasst einen immensen Umfang an vorgefertigtem Integrationsinhalten im Standard, um den Implementierungs- und Wartungsaufwand der Schnittstellen deutlich zu reduzieren.

Die SAP Integration Suite dient dabei als zentraler *Integrations-Hub* (siehe Abbildung 15.3), über den im Idealfall die gesamte nachrichtenbasierte Kommunikation läuft. Es werden dabei sowohl synchrone als auch asynchrone Szenarien und eine Vielzahl technischer Adapter (RFC, SOAP, OData, HTTP usw.) unterstützt.

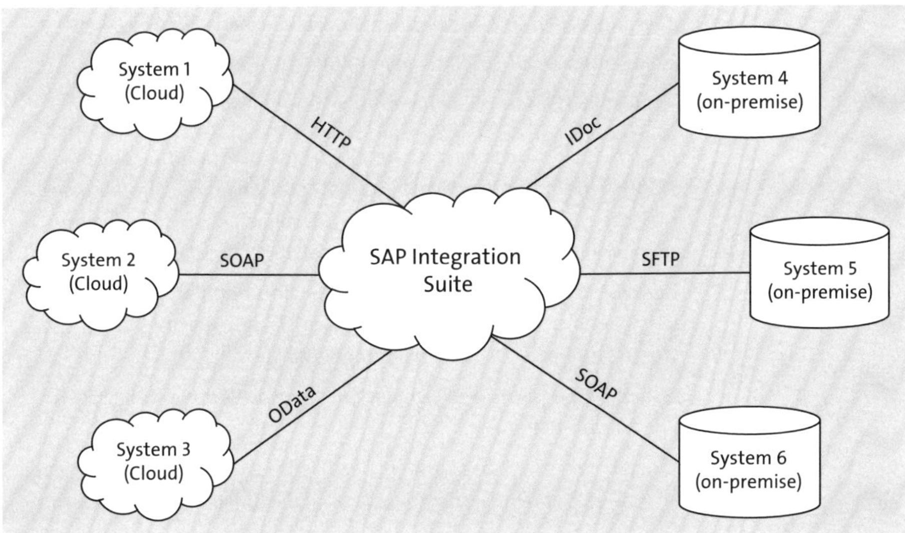

Abbildung 15.3 SAP Integration Suite als zentraler Integrations-Hub

Des Weiteren bietet die SAP Integration Suite neben vielen Standardfunktionen wie Sicherheitsmechanismen und Authentifizierungsoptionen die Möglichkeit, die Integrationsprozesse auf mehreren Ebenen zu beeinflussen. Dies wären im Wesentlichen die prozessuale Ebene, die technische Ebene, die inhaltliche Ebene und die logische Ebene. Tabelle 15.1 gibt Ihnen einen Überblick über die Anpassungsmöglichkeiten der SAP Integration Suite.

Anpassungsebene	Erklärung und Beispiele
prozessual	Auf der prozessualen Ebene greifen Sie in die systemübergreifenden Abläufe ein und führen Folgeaktionen aus oder unterdrücken diese. Sie wollen als Folge einer Aktion in einem System einen Prozess in einem anderen System ansprechen, aber erst wenn aus einem zusätzlichen Drittsystem eine Genehmigung erfolgt ist. Oder ein System versendet permanent aktionsbasiert Daten; diese sollen aber nur gesammelt und einmal täglich weitergegeben werden.
technisch	Auf der technischer Ebene geht es meist darum, unterschiedliche technische Formate zu konvertieren und verschiedene Adapter zu verbinden. Aus dem SAP-ERP-System wird ein IDoc versendet; das Zielsystem müssen Sie allerdings über einen OData-Webservice ansprechen. Sie möchten eine CSV-Datei in ein XML-Format konvertieren. Sie möchten Daten verschlüsselt übertragen.
inhaltlich	Die inhaltliche Ebene betrifft vor allem eine der Hauptaufgaben von Middleware-Systemen wie der SAP Integration Suite – das *Mapping* von Daten zwischen zwei Systemen. Hierbei entscheiden Sie zum einen *was* und zum anderen *wie* es übertragen wird. Häufig sind die Datenstrukturen zweier Schnittstellen nicht identisch, und daher muss definiert werden, welche Daten aus der Quellstruktur zu welchen Daten der Zielstruktur gehören. Zusätzlich müssen die Daten eventuell konvertiert werden (Datentypen, Feldinhalte usw.). So möchten Sie z. B. das kundenspezifische Feld (Z-Feld) **Branche 2** aus dem SAP-S/4HANA-Geschäftspartner in die SAP Sales Cloud übertragen.
logisch	Auch auf logischer Ebene können Sie Daten und Prozesse beeinflussen. So können Sie z. B. auf einfache Weise mithilfe von logischen Standardfunktionen *Routing-Bedingungen* implementieren (logische `WENN-DANN-SONST`-Konstrukte und vieles mehr): `WENN` der Länderschlüssel DE `ODER` CH bei der Kundenneuanlage in der SAP Service Cloud hinterlegt wurde, `DANN` setze die Zahlungsbedingungen auf 14 Tage netto per Default bei der Übertragung nach SAP S/4HANA.

Tabelle 15.1 Anpassungsmöglichkeiten über die SAP Integration Suite

Wesentliche Komponenten der SAP Integration Suite

Im Folgenden betrachten wir die in der Praxis wichtigste Komponente der SAP Integration Suite – die *Cloud-Integration* (oder auch *Prozess-Integration*). Bei der SAP Integration Suite handelt es sich um ein Bündel verschiedener Funktionen. Zudem verfügt die SAP Integration Suite – in Abhängigkeit Ihres gewählten Lizenzmodells – z. B. über eine eigene Komponente für das *API-Management*. Diese Komponente unterstützt Sie bei Entwicklung und Design, Vertrieb, Bereitstellung und Überwachung von eigenen APIs. Ebenso unterstützt Sie die SAP Integration Suite mit der Funktion *Open Connectors* bei der Anbindung unzähliger Fremdsysteme über standardisierte APIs, und sofern vorhanden, deren eigenen Konnektoren.

Des Weiteren existiert eine weitere Komponente für *Data Services*. Diese unterstützt Sie beim Übertragen von Daten zwischen On-Premise- und Cloud-Systemen. Hier geht es jedoch primär um Datenbankendaten und nicht um die nachrichtenbasierte Integration z. B. von Geschäftspartnern usw.

Näher eingehen möchten wir im Folgenden auf die SAP Integration Suite und deren Funktionsumfang, die in der Praxis die Komponente ist, die Sie benötigen und einsetzen.

Als konkretes Beispiel dient die im folgenden Infokasten geschilderte Anforderung, auf die wir im Folgenden immer wieder Bezug nehmen. Das Beispiel illustriert die Bedeutung einer leistungsfähigen und wartbaren Integrationsplattform bei der Umsetzung von systemübergreifenden Prozessen im CX-Umfeld.

15

[zB]

Aufbau der Integration mit der SAP Integration Suite

Sie haben sich mit der SAP Sales Cloud für ein neues CRM-System für Ihren Vertrieb entschieden. Dieses soll durch die SAP Marketing Cloud zur Digitalisierung Ihrer Marketingprozesse ergänzt werden. Die beiden neuen Systeme sollen nun im Rahmen der Implementierung in das bestehende SAP-Backend SAP S/4HANA integriert werden. Hierzu sind verschiedenste Integrationsprozesse vorgesehen:

Im Bereich der Stammdaten sollen sämtliche Geschäftspartner wie Kunden und Ansprechpartner, Materialien, Equipments und Mitarbeiterdaten ausgetauscht werden. Ebenso sollen die Vertriebsprozesse zwischen der SAP Sales Cloud und dem ERP-System integriert und harmonisiert werden. So soll z. B. die Preisfindung von CRM-Angeboten aus SAP S/4HANA aufgerufen werden. Zudem sollen aus Opportunities und Angeboten in der SAP Sales Cloud in SAP S/4HANA Aufträge erstellt werden können. Diese sollen wiederum für den Vertrieb in der SAP Sales Cloud sichtbar sein. Gleiches gilt für die nachfolgenden Lieferungen und die anschließende Rechnung.

Ihre Marketingabteilung segmentiert u. a. auf Basis der Geschäftspartnerdaten. Dazu werden potenzielle Interessenten und Bestandskunden und deren Marketingattribute genutzt, die führend vom Vertrieb in der SAP Sales Cloud erfasst werden. Die Ergebnisse der auf dieser Grundlage durchgeführten Kampagnen in der SAP Marketing Cloud müssen wieder zu Folgeprozessen oder Aktivitäten im Vertrieb führen. So soll das Marketing als Ergebnis von Mailing-Kampagnen Leads im CRM-System generieren, die der Vertrieb dann weiter qualifiziert.

Stärken und Vorteile

Die SAP Integration Suite zeichnet sich vor allem durch ihre einfache Handhabung aus, ohne gleichzeitig die Vielzahl an technischen Möglichkeiten zu verlieren. Das Konzept folgt dabei dem bekannten *Tenant-Prinzip* anderer SAP-Cloud-Systeme. Dies bedeutet, dass je nach Lizenzen und Anforderungen die Middleware der Systemlandschaft folgt. Dementsprechend verfügen Sie meist über zwei oder mehr Systeme, sprich Tenants mit jeweils eigener URL. Diese einzelnen Tenants dienen dann als Entwicklungs-, Test- und Produktivsysteme. Die Bereitstellung, das Basis-Setup sowie Wartung und Betrieb der Anwendung selbst erfolgen durch SAP. Ein Beispiel für die Einstiegsseite eines solchen SAP-Integration-Suite-Tenants sehen Sie in Abbildung 15.4.

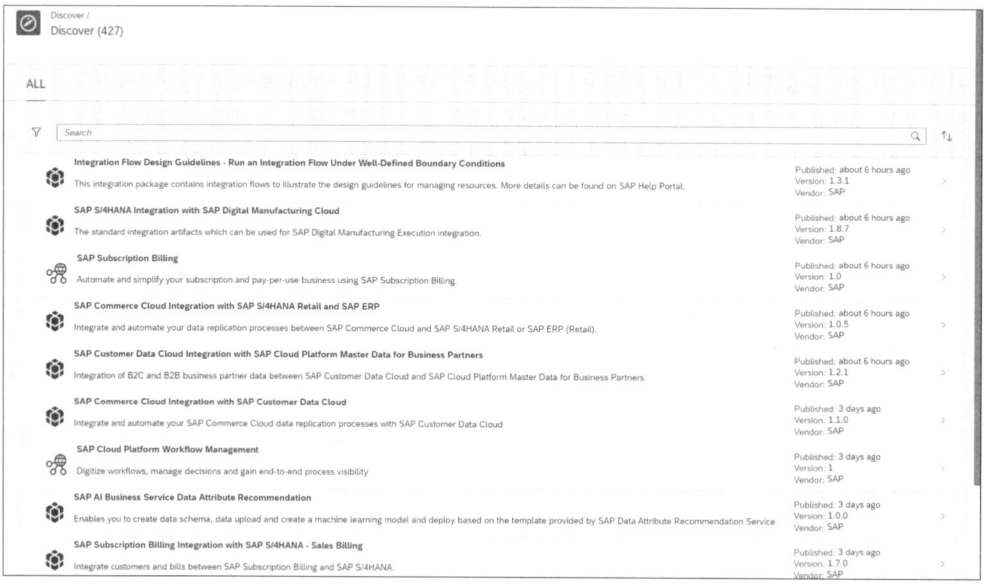

Abbildung 15.4 Zentrale Einstiegsseite der SAP Integration Suite

Auf der linken Seite sehen Sie die vier wesentlichen Navigationsbereiche: Hinter **Discover** verbirgt sich der aktuell verfügbare Standard-Content, der dort als zentrales Repository einsehbar ist. Hier finden Sie vorgefertigte Integrationsbausteine im SAP-Kontext.

Unter **Design** gelangen Sie zu Ihrer Arbeitsumgebung (Workspace), das heißt zu allen Integrationsinhalten, die Sie auf Ihrem spezifischen Tenant bearbeitet und aktiviert haben.

Unter dem Punkt **Monitor** erhalten Sie Werkzeuge und Ansichten zum Überwachen bzw. Monitoring der aktuell laufenden Integrationsprozesse. Im Arbeitsbereich **Settings** finden sich generelle Einstellungen.

Eine weitere Stärke in Bezug auf die einfache Handhabung stellt die Möglichkeit der grafischen Modellierung dar. Dies bedeutet, dass Sie von den zuvor angesprochenen möglichen Aufgabenstellungen die meisten ohne notwendige Entwicklungen, sondern einfach per Drag & Drop bzw. mit dem Customizing erledigen. Somit erhalten Sie die Möglichkeit, das Mapping von Feldern zweier Systeme oder die Implementierung der angesprochenen logischen oder auch mathematischen Operationen grafisch und ohne Programmierung umzusetzen. Die Nutzung dieser sogenannten *iFlows* wird auf der Folgeseite genauer erläutert. Sind dennoch Entwicklungen notwendig, können Sie diese mittels JavaScript oder Groovy-Script implementieren.

Einer der größten Vorteile ist jedoch der schon erwähnte immense Umfang des von SAP ausgelieferten Standard-Contents, mit dessen Hilfe Sie die einzelnen Lösungen der SAP-Customer-Experience-Suite untereinander, aber auch mit Backend- und Fremdsystemen integrieren können. Hierbei handelt es sich um eine Vielzahl an vorkonfigurierten Integrationsszenarien, die wiederum einzelne iFlows enthalten. Somit integrieren Sie effektiv und effizient Ihre SAP-Landschaft und sparen damit Zeit und Implementierungsaufwand. Dies führt dazu, dass Sie bei der Umsetzung von Anforderungen auf einen vorhandenen Standard als Grundlage aufsetzen und daher in der Implementierung den Fokus auf die echten Mehrwerte legen können.

Integration Packages

Einen ersten Eindruck der angesprochenen Vielfalt an ausgeliefertem Standard-Content von SAP erhalten Sie, indem Sie entweder den zentralen *SAP API Business Hub* im Web besuchen oder den **Discover**-Bereich in Ihrer SAP Integration Suite durchstöbern. Wie in Abbildung 15.4 zu sehen ist, listet dieser Bereich alle Content Packages und APIs auf (in diesem Fall 427 Stück).

Ein solches Package stellt dabei eine inhaltlich logische Zusammenfassung von verschiedenen einzelnen Integrationsszenarien dar, die meist zu einer bestimmten Systemintegration gehören. Auf diese Weise bilden Sie einen spezifischen Integrationsprozess ab (siehe Abbildung 15.5).

[zB]

Integration Packages und Integrationsszenarien

Die zuvor angesprochenen Integrationen werden für jede Integration von einem System in ein anderes System in je ein eigenes Package aufgeteilt:

- **Package 1: Integration von SAP S/4HANA mit der SAP Sales Cloud**
  Integrationsszenarien für Kunden, Ansprechpersonen, Materialien, Mitarbeitende, Angebote, Aufträge, Verträge, Tickets, Equipments, Belegfluss, Preisfindung usw.
- **Package 2: Integration der SAP Sales Cloud mit der SAP Marketing Cloud**
  Integrationsszenarien für Kunden, Ansprechpersonen, Marketingattribute, Angebote, Leads usw.

Will man nun ein spezifisches System integrieren, wie im Beispiel ein SAP-S/4HANA-System mit der SAP Sales Cloud, besteht der erste Schritt darin, dieses Paket aus dem Content-Katalog in die eigene spezifische Arbeitsumgebung zu übernehmen.

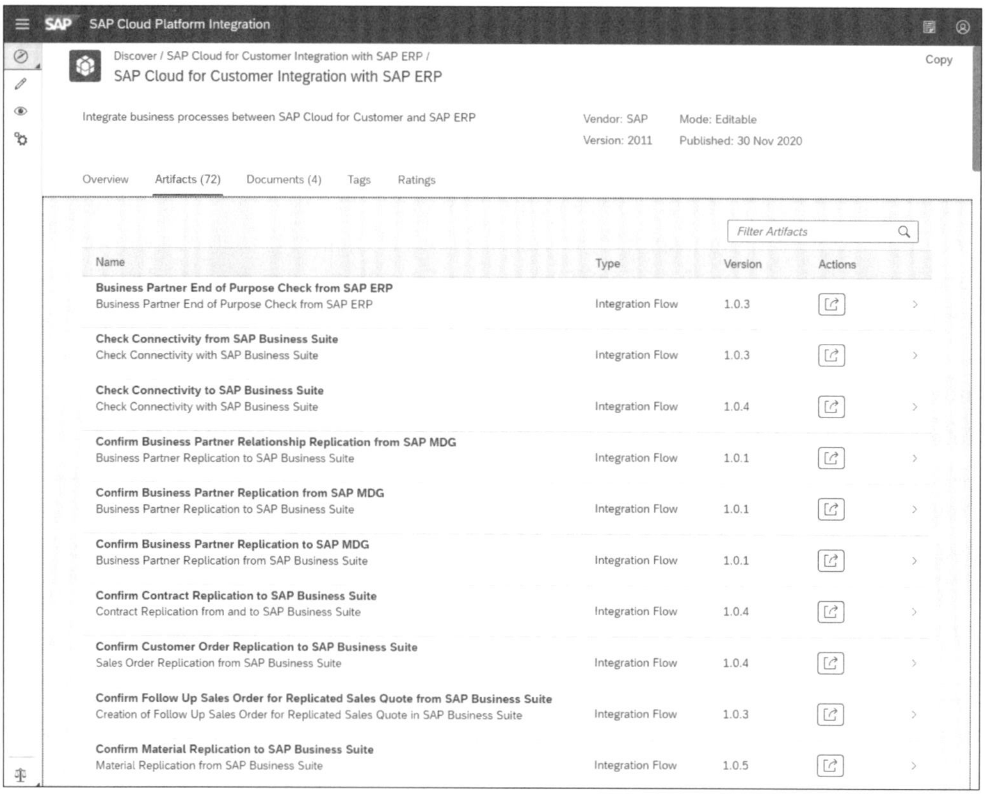

Abbildung 15.5 Integration Package mit einzelnen Integrationsszenarien (iFlows)

iFlows und Mapping

Ein iFlow entspricht einem einzelnen Integrationsszenario (z. B. der Materialreplikation von SAP S/4HANA zur SAP Sales Cloud). Hierbei können zwei Ebenen unterschieden werden:

- iFlow-Ebene
- Mapping-Ebene

Die iFlow-Ebene umfasst einen einzelnen technischen Integrationsprozess auf oberster prozessualer Ebene. Ein iFlow besitzt also eingangsseitig in der Regel einen spezifischen Endpunkt, unter dem er zu erreichen ist. Ein Endpunkt definiert ein Sendersystem und legt fest, wie sich dieses authentifiziert. Er definiert überdies die Prozessschritte, die die Nachricht auf ihrem Weg durch den iFlow durchläuft. Schließlich wird ausgangsseitig festgelegt, wohin diese Nachricht gesendet wird und wie dort wiederum die Authentifizierung erfolgt. Zusätzlich definiert er beidseitig die technischen Adapter, über die die Kommunikation stattfindet. Abbildung 15.6 veranschaulicht dies am Beispiel der Materialreplikation von SAP S/4HANA in die SAP Sales Cloud.

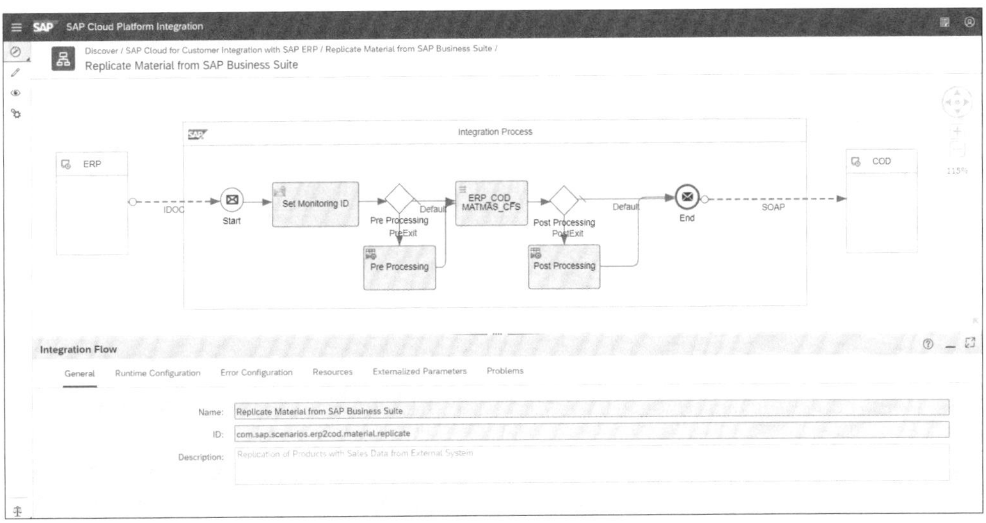

Abbildung 15.6 Beispiel für eine iFlow-Materialreplikation

Sie sehen, dass ein sendendes System, in diesem Fall SAP S/4HANA, eine Nachricht per IDoc sendet; diese durchläuft dann verschiedene Prozessschritte, u. a. das Mapping, und wird am Ende an ein Zielsystem, in diesem Falle in die SAP Sales Cloud geschickt.

Abgesehen von den Eingangs- und Ausgangskonfigurationen des Integrationsszenarios sind hier vor allem die einzelnen Prozessschritte definiert, die bestimmen, welchen Weg die Nachricht nimmt. Die Prozessschritte können unterschiedlich sein, angefangen mit allen Arten von Nachrichtentransformationen, über Verschlüsselungen, den Aufruf untergeordneter Subprozesse oder anderen iFlows, Routing-Elemente, Events, Ausnahmebehandlungen und Filterungen bis hin zu den auszuführenden Skripten und vielem mehr.

Die Modellierung solcher Prozesse findet, wie es in der Abbildung zu sehen ist, vor allem mittels grafischer Modellierung statt und ähnelt damit den bekannten Anwendungen zur [Geschäfts]prozessmodellierung. Sie können auf dieser ersten Ebene, der iFlow-Ebene, Einfluss auf den Prozess, die Technik und auch auf die Logik nehmen.

Kommen wir nun zur zweiten wesentlichen Ebene, den Mappings. Wie bereits angesprochen, stellen diese eine entscheidende Kernfunktion von Middleware-Systemen dar und sind fast immer integraler Bestandteil eines iFlows oder generell aller Integrationsszenarien. Auch in unserem Beispiel der Materialreplikation ist dieses Mapping einer der enthaltenen Prozessschritte. Ein Mapping hat dabei ganz allgemein fast immer die Aufgabe, die Daten eines sendenden Systems mit einer bestimmten Struktur zu mappen bzw. auf eine abweichende Datenstruktur eines Zielsystems zu transformieren.

[zB]

Mapping in den iFlow

SAP S/4HANA nutzt als Datenaustauschformat für die Materialstammdaten IDocs. Diese Datenstruktur gilt es, gegenüber den Material-Webservices der SAP Sales Cloud im Mapping zu transformieren. Somit werden die Daten im Materialstamm eindeutig übertragen und den Feldwerten zugeordnet.

Zusätzlich müssen eventuell notwendige Konvertierungen von abweichenden Datentypen berücksichtigt werden. Oft passen die Schlüsselwerte nicht zusammen und müssen transformiert oder gewisse Übertragungslogiken aufgebaut werden.

[zB]

Logik und Konvertierung in den iFlow

SAP S/4HANA versendet den Namen eines Kunden in vier Feldern mit jeweils 40 Zeichen an ein x-beliebiges Zielsystem (z. B. Ihre Messe-App). Das Zielsystem stellt für diesen Namen nur zwei Felder mit jeweils 80 Zeichen bereit. Im iFlow können Sie die Felder konkatenieren und somit an das Drittsystem übergeben.

Wie ein Mapping in der SAP Integration Suite aussieht, wird in Abbildung 15.7 gezeigt. Sie sehen im oberen Bereich die beiden unterschiedlichen Strukturen (Quelle und

Ziel), wobei einzelne Felder durch Linien verbunden sind. Das bedeutet, dass ein Feld aus der Quelle auf ein bestimmtes Zielfeld gemappt wird.

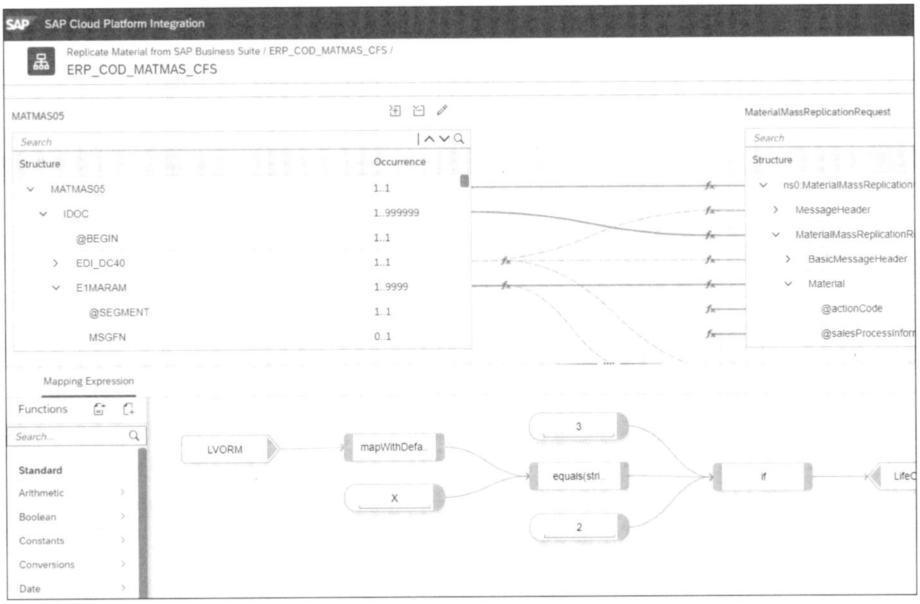

Abbildung 15.7 Mapping der Materialreplikation

Im unteren Bereich werden die Details eines markierten einzelnen Feld-Mappings wiedergegeben. Wie dort zu erkennen ist, kann dieses einzelne Feld-Mapping in sich wieder jede Menge Prozessschritte durchlaufen. Es findet darin die inhaltliche Transformation einer Nachricht statt. Hier können also Werte konvertiert, Logiken implementiert, mathematische Funktionen angewendet und gegebenenfalls auch wieder Skripte implementiert werden.

Erweiterbarkeit

Die Erweiterbarkeit ist ein weites Feld. Es reicht von kleinen Anforderungen, ein zusätzliches Feld zu integrieren, bis hin zum völligen Eigenbau ganzer Systemintegrationen, für die kein verfügbarer Standard-Content vorliegt.

Technisch schränkt Sie die SAP Integration Suite kaum ein. Mit der gebotenen Vielzahl technischer Möglichkeiten insgesamt und unter dem bereits erwähnten Aspekt, dass Sie im Normalfall die Integrationsszenarien in ihren eigenen Workspace übernehmen, gibt es keine Einschränkungen bezüglich den Anpassungsmöglichkeiten, solange Sie sich im Rahmen der Funktionen des Systems bewegen.

Falls solche Anforderungen tatsächlich einmal bestehen sollten, sei hier auf die SAP BTP als Entwicklungsplattform verwiesen (siehe Abschnitt 15.1.3, »SAP Extension Suite«).

In Bezug auf die SAP Integration Suite finden Erweiterungen auf den zuvor dargestellten beiden Ebenen statt: zum einen auf der Ebene der iFlows, falls prozessuale Anpassungen und Erweiterungen vorgenommen werden sollen, oder auch, falls ganz eigene iFlows implementiert werden. Zum anderen werden Erweiterungen auf der Mapping-Ebene für meist inhaltliche oder logische Anpassungen (z. B. die Integration weitere Felder) durchgeführt.

Es findet hierbei aus Implementierungssicht keine Trennung zwischen der Bearbeitung eigener Szenarien oder der Modifikation eines Standardszenarios statt. Im folgenden Abschnitt finden Sie ein Beispiel für die Geschäftspartnerintegration.

Beispiel: Geschäftspartnerintegration

Wir wollen Ihnen nun anhand des konkreten Beispiels der Übertragung von Kunden und Ansprechpartnern aus SAP S/4HANA an die SAP Sales Cloud die Arbeitsweise mit der SAP Integration Suite aufzeigen. Der Vollständigkeit halber sei hier erwähnt, dass damit dieser End-to-End-Prozess zwischen drei Systemen (SAP S/4HANA, SAP Integration Suite und SAP Sales Cloud) funktioniert und selbstverständlich weitere Aufgaben anfallen, die hier nicht betrachtet werden. So muss z. B. das Customizing zwischen SAP S/4HANA und der SAP Sales Cloud abgeglichen werden.

Als Erstes übernehmen Sie das Standard-Package für die Integration von SAP S/4HANA mit der SAP Sales Cloud vom öffentlichen Content-Katalog in Ihren eigenen Workspace. Anschließend finden Sie dann dort die drei relevanten iFlows für diesen Integrationsprozess (siehe Abbildung 15.8). Die Integration von Kunden und Ansprechpartnern besteht hierbei aus drei Teilen: den Kundenkopfdaten, den Kundenadressdaten und den Ansprechpartneradressdaten.

Als nächsten Schritt erläutern wir die eingangsseitigen Parameter der drei Szenarien, d. h., unter welchem Punkt die Integrationsszenarien erreichbar sind und wie die Authentifikation erfolgt. Die Einstellungen sind hierbei im SAP-Standard vorkonfiguriert.

Betrachten wir die ausgangsseitigen Parameter. Hier wird beleuchtet, wohin die Daten geschickt werden. Außerdem ist zu klären, wie sich die SAP Integration Suite selbst an diesem Zielsystem authentifiziert. Diese Daten werden im iFlow mit einem Klick auf **Configure** in die Konfiguration des Empfängersystems eingetragen (siehe Abbildung 15.9).

Dasselbe wiederholen Sie dann für alle drei Integrationsszenarien – und damit sind Sie mit dem Einrichten des Standards auch schon fertig. Nun werden Szenarien mit einem Klick auf **Deploy** von der Arbeitsumgebung in die Laufzeitumgebung transferiert und stehen damit auf Ihrem Tenant aktiv zur Verfügung.

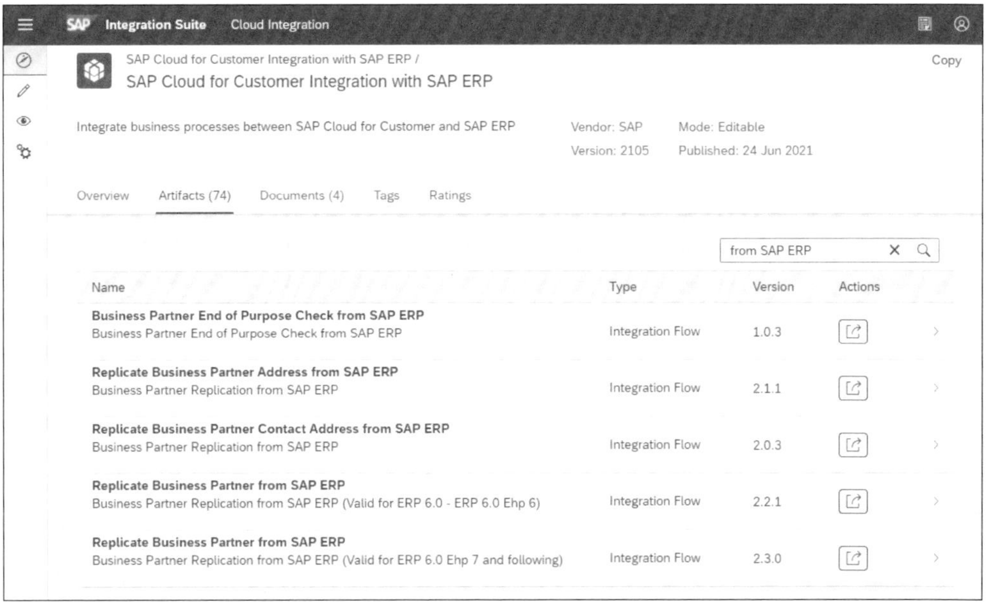

Abbildung 15.8 Relevante iFlows für die Geschäftspartnerintegration aus SAP S/4HANA

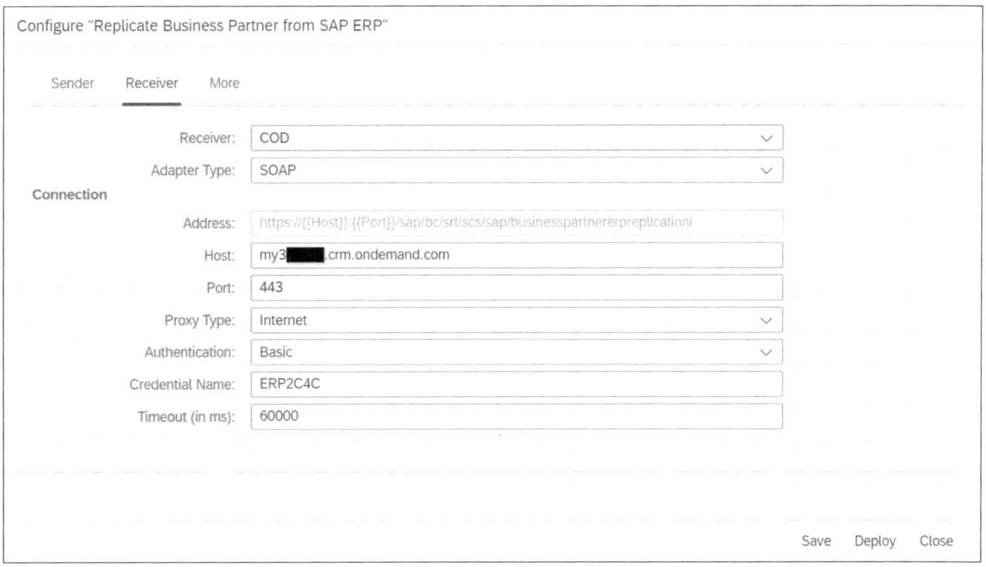

Abbildung 15.9 Ausgangsseitige Konfiguration

Wie schon erwähnt, beinhaltet der SAP-Standard in diesem Fall bereits das Mapping für die relevanten Felder. Dies bedeutet, dass Sie an dieser Stelle schon dazu bereit sind, den Kunden aus dem SAP-S/4HANA-System mit all seinen Adressdaten, den Ansprechpartnern und den für den Vertrieb wesentlichen Feldern an die SAP Sales Cloud zu übertragen. Die versendeten Nachrichten können Sie daraufhin im Monitoring der SAP Integration Suite überwachen (siehe Abbildung 15.10).

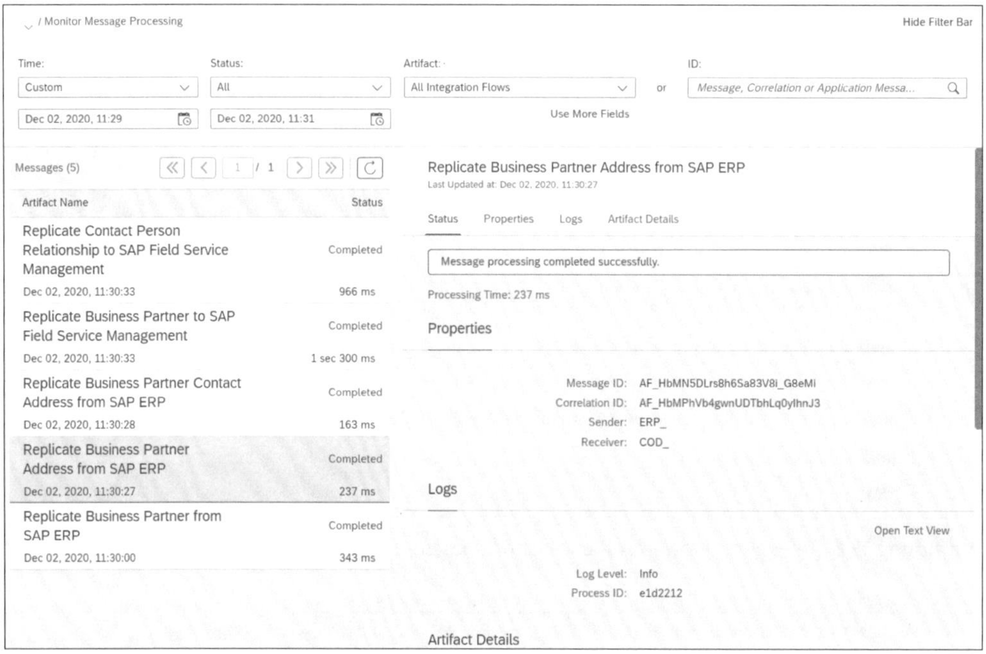

Abbildung 15.10 Monitoring der versendeten Nachrichten

15.1.3 SAP Extension Suite

Die SAP Extension Suite ist der Erweiterungs-Layer der SAP BTP und bietet Ihnen Ressourcen und Services zur einfachen Entwicklung und Erweiterung Ihrer SAP-Cloud-Lösungen. Die Verwendung der SAP BTP bietet Ihnen verschiedene Möglichkeiten:

- Entwickeln und verwalten Sie Erweiterungen, um die SAP-Standard-Lösungen für Ihr Geschäftsmodell und Ihre Prozesse anzupassen.
- Entwerfen Sie einheitliche Benutzeroberflächen über verschiedene Lösungen und Kanäle hinweg. Diese erleichtern Ihren Beschäftigten die Nutzung durch eine kurze Einarbeitung und stellen auch bei selten genutzten Lösungen eine intuitive Nutzung sicher.
- Digitalisieren, verbessern und automatisieren Sie Ihre Prozesse durch Workflows und Bots. So können Sie häufige, manuelle, fehleranfällige und zeitaufwendige Schritte vereinfachen oder ganz eliminieren. Durch die Nutzung von vordefinierten Prozessinhalten und einsatzbereiten Services können Sie Best-Practices-Ansätze ohne langen Vorlauf aufgreifen.
- Definieren Sie einen zentralen Einstiegspunkt für den Zugriff auf alle Lösungen.

- Verbessern und vereinfachen Sie die Entscheidungsfindung für Ihre Mitarbeitenden durch eine breitere Datenbasis.
- Bieten Sie Ihren Entwicklern Unterstützung durch die mitgelieferte integrierte Webentwicklungsumgebung sowie auf die Entwicklung in der Cloud ausgerichtete Tools und Services.

Die vorhandenen, einsatzbereiten Ressourcen und Services finden Sie im *SAP Discovery Center* (*https://discovery-center.cloud.sap/*). Dort können Sie im ersten Schritt prüfen, ob bereits eine Lösung für Ihre Bedürfnisse existiert.

Da sich die verschiedensten SAP-Lösungen mit den Services der SAP Extension Suite erweitern lassen, wird Ihnen im Folgenden eine gezielte Auswahl dieser Services vorgestellt, die sich für die praxisorientierte Erweiterung von CX-Prozessen etablieren lassen.

SAP Data Quality Management Microservices

Ein wichtiges Thema in allen Bereichen der Customer Experience stellt die Datenqualität dar. Die SAP Data Quality Management Microservices bieten Ihnen die Möglichkeit, Ihre eingegebenen Daten zu prüfen (z. B. als Adressvalidierung), strukturell anzugleichen (Normalisierung) und anzureichern (z. B. mit Geo-Koordinaten oder dem Bundesland).

In Verbindung mit den CX-Lösungen von SAP unterstützen die Microservices die Datenqualität z. B. bei der Stammdatenpflege in der SAP Sales Cloud bzw. in der SAP Service Cloud. Der Vertrieb kann bei der Anlage der Stammdaten für neue Kunden und Interessenten die Validierung der Adresse initiieren oder die Type-ahead-Suche nutzen, um schon während der Eingabe Vorschläge für die vollständige Adresse zu erhalten. Somit haben die Daten schon während der Anlage die gewünschte Qualität, wodurch sowohl Dubletten als auch Probleme bei der späteren Nutzung reduziert werden.

SAP Variant Configuration and Pricing

Der Service SAP Variant Configuration and Pricing wird in Verbindung mit SAP CPQ verwendet. In diesem Kontext ermöglicht er Ihnen, auf die Konfigurations- und Preisinformationen aus dem SAP Backend zuzugreifen. Der Vorteil liegt darin, dass Sie z. B. auf das bereits im SAP S/4HANA gepflegte Konfigurationswissen sowie auf die kundenspezifischen Preisschemata zugreifen können, ohne diese erneut aufbauen zu müssen.

Hierzu repliziert der Service die nötigen Daten in die SAP Business Technology Platform. So kann die Nutzung unabhängig von Ort und Zugriff durch SAP CPQ erfolgen.

Informationen zum konkreten Business Use Case in Verbindung mit SAP Customer Experience finden Sie in Abschnitt 9.8, »Integrationsszenarien«.

SAP Cloud Identity Services – Identity Provisioning und Identity Authentication

Die SAP Cloud Identity Services erlauben es Ihnen, den einfachen und geregelten Zugriff für alle Personen, die mit den Cloud-Systemen arbeiten, auf der Basis von Gruppen- und Benutzerdaten zu definieren und zu verwalten. Somit können Sie zentral nachvollziehen, wer auf welches Cloud-System Zugriff erhält und die Verteilung der Zugänge für Ihre Benutzer organisieren. Auf Basis des SAML-2.0-Protokolls besteht die Möglichkeit, Single Sign-On (SSO) in Verbindung mit den SAP-Cloud-Lösungen zu nutzen.

In Bezug zu den CX-Lösungen von SAP können Sie mithilfe des Services Identity Authentication festlegen, wer auf welche SAP-Cloud-Lösungen zugreifen darf. So vergeben Sie z. B. zentral über den Service die Zugriffsrechte für ein Mitglied des Vertriebsteams für die SAP Sales Cloud mit SAP-CPQ-Integration sowie zusätzlich für die SAP Marketing Cloud. Mittels SSO wird ein einfaches Arbeiten mit dem System inklusive durchgängiger Systemsprünge ohne erneute Anmeldung ermöglicht.

SAP Data Intelligence (Machine Learning)

SAP Data Intelligence erlaubt es Ihnen und Ihren Data Scientists, die Daten aus verschiedenen Quellen übergreifend auszuwerten. Die Machine-Learning-Modelle können dabei gemeinsam innerhalb der SAP BTP gestaltet und ausgeführt werden. Auch die spätere Verwaltung erledigen Sie mithilfe der enthaltenen Tools direkt in der SAP BTP. Das Ergebnis stellen Sie dem gewünschten Personenkreis zur Verfügung.

In der SAP Sales Cloud und in der SAP Service Cloud werden standardmäßig (je nach Lizenzierung) die verfügbaren Machine-Learning-Funktionen eingebunden. Somit können Sie z. B. ein Opportunity Scoring über Machine-Learning-Mechanismen generieren, um somit Verkaufschancen zu priorisieren und Verkäufe effizienter abzuschließen. In der SAP Service Cloud werden Machine-Learning-Modelle zur Klassifizierung von Ticktes eingesetzt (siehe Abschnitt 11.13, »Ticket Intelligence«).

SAP Conversational AI

SAP Conversational AI bietet Ihnen die Möglichkeit, *Chatbots* zu erstellen, zu trainieren, anzubinden und zu überwachen. Falls eine Anpassung oder Erweiterung nötig ist, können Sie bestehende Chatbots versionieren. Die Nutzung der SAP Conversational AI erlaubt Ihnen die schnelle Erstellung und Bereitstellung neuer Chatbots, die zur Interaktion mit dem Kommunikationspartner die Technologie für *Natural Language Processing* von SAP nutzen.

Da die Chatbots von Ihnen selbst definiert und trainiert werden, können sie für die verschiedensten Zwecke verwendet werden. Im Dialog mit dem Kommunikationspartner können sie z. B. auf häufig gestellte Fragen antworten. Falls die betreffende

Frage nicht über den Chatbot beantwortet werden kann, können Folgeaktionen in einer SAP-Lösung angestoßen werden. Somit bieten Ihnen Chatbots die Möglichkeit, sowohl Ihre Mitarbeitenden als auch Ihre Kunden zu unterstützen.

Ein möglicher Business Case in Verbindung mit der SAP Service Cloud ist die Erstellung eines Tickets, nachdem die Kundenanfrage nicht auf der Basis von bestehenden Frequently Asked Questions (FAQ) beantwortet werden konnte.

Weitere Informationen zu diesem Thema finden Sie in Kapitel 13, »SAP Conversational AI«.

SAP Cloud Portal Service

Der Service SAP Cloud Portal gestattet Ihnen die Erstellung von Portalen, die Sie Ihren Kunden, Partnern oder auch Mitarbeitenden zur Verfügung stellen, um Funktionen oder Informationen geräteübergreifend zu veröffentlichen. Ein Portal können Sie dabei an unterschiedliche SAP-Lösungen anbinden und als zentralen Einstiegspunkt für die darin enthaltenen Seiten und Apps nutzen. Für die Darstellung können Sie auf die SAP-Fiori-3-Benutzeroberfläche oder auf eigene Designs zurückgreifen.

In Verbindung mit den CX-Lösungen können Sie Ihren Kunden z. B. die Erstellung von Tickets über Ihr Portal ermöglichen und diese anschließend automatisch in die SAP Service Cloud überleiten.

Weitere Informationen zu diesem Thema finden Sie in Abschnitt 11.5, »Kommunikationskanäle«.

SAP Document Management Service

Der SAP Document Management Service stellt Ihnen vorgefertigte Funktionen für UI-Design, Applikationsentwicklung und Integration zur Verfügung, um eine Cloud-Lösung für ein integriertes Dokumentenmanagement zu implementieren. Mit einer solchen Anwendung können Sie Ihrem Team die Bearbeitung und das Herunterladen von Dokumenten erlauben. Somit ist eine unkomplizierte und schnelle Form der mobilen Zusammenarbeit möglich.

Darüber hinaus können Ordner angelegt und bearbeitet, sowie deren Inhalte verschoben werden. Um sicherzustellen, dass keine Informationen verloren gehen, können Sie auf vorherige Versionen zugreifen und Dokumente zum Schutz vor versehentlichen Änderungen sperren. Mithilfe der Repository-Option haben Sie die Möglichkeit, Ihre Geschäftsdaten sicher auf Cloud-Speichern verschiedener Anbieter abzulegen, die somit um Dokumentenmanagement-Funktionen ergänzt werden.

Der SAP Document Management Service erlaubt Ihnen die Erstellung einer selbst definierten, benutzerfreundlichen Oberfläche für das Dokumentenmanagement. Somit gestatten Sie Ihren Beschäftigten den Zugriff auf Dokumente und Anlagen in Ihrem vorhandenen Cloud- oder On-Premise-Speicher. Die von Ihnen definierte Oberfläche können Sie auch in andere Lösungen einbinden, um sie direkt dort zu nutzen.

In Verbindung mit SAP Customer Experience bietet Ihnen der SAP Document Management Service die Möglichkeit, die SAP Sales Cloud und die SAP Service Cloud, um Funktionen zum Dokumentenmanagement zu erweitern. Durch die Integration in die Benutzeroberfläche können Ihre Mitarbeitenden so ohne Absprung in ein anderes System auf die Dokumente zugreifen. Somit geben Sie Ihren Anwendern in Vertrieb oder Service mobilen Zugriff auf die wichtigen Dokumente für Ihren Arbeitsalltag – technische Zeichnungen, Aufbaupläne, Vertragswerke, 3D-Modelle usw.

15.2 SAP BTP, Kyma Runtime

Mit SAP BTP, Kyma Runtime (ehemals SAP Cloud Platform Extension Factory) hat SAP im Jahr 2018, basierend auf dem Kyma-Open-Source-Projekt, eine vollständig verwaltete Kubernetes-Umgebung eingeführt. Der Service ist ebenfalls als Teil der SAP Extension Suite (siehe Abschnitt 15.1.3) eingegliedert. Mithilfe dieser Umgebung lassen sich sowohl Cloud- als auch On-Premise-Anwendungen durch serverlose (engl. serverless) Funktionen oder eine Mircoservice-Architektur erweitern bzw. miteinander kombinieren. Hierzu stellt Kyma moderne cloudnative Komponenten wie Istio, Grafana, NATS, Kubeless und Prometheus an einer zentralen Stelle zur Verfügung. Mit diesen Werkzeugen können Sie moderne Cloud-Anwendungen, wie z. B. die SAP Commerce Cloud (siehe Abbildung 15.11), in einem Best-Practices-Ansatz erweitern.

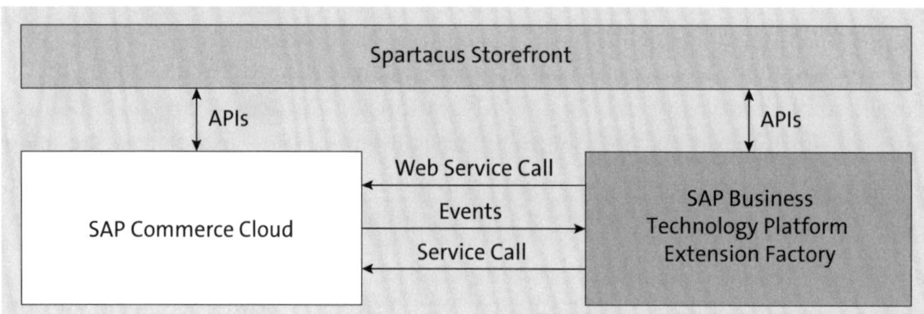

Abbildung 15.11 Cloud-Architektur inklusive Kyma Runtime

15.2.1 Architektur

Kyma basiert auf Kubernetes und kann entweder in Google Cloud, Amazon Web Services (AWS) oder Microsoft Azure Cloud ausgeführt werden. Hierbei stehen sowohl ein übersichtliches graphisches User Interface (GUI), als auch eine Konsolenanwendung (CLI) zur Verfügung.

Mithilfe des GUI oder CLI können Anwendungen konfiguriert und durch Services aus einem umfangreichen Ökosystem der verwendeten Cloud-Infrastruktur angereichert werden. Als Schnittstellen zu Kyma stehen ein Application Connector (AC), ein API Gateway und ein Service Catalog zur Verfügung (siehe Abbildung 15.12). Dadurch kann eine Verbindung entweder über Aufrufe an die API oder über asynchrone Events erstellt werden. Innerhalb von Kyma werden diese Aufrufe und Events dann an die Serverless-Funktionen oder die entsprechenden Microservices weitergeleitet.

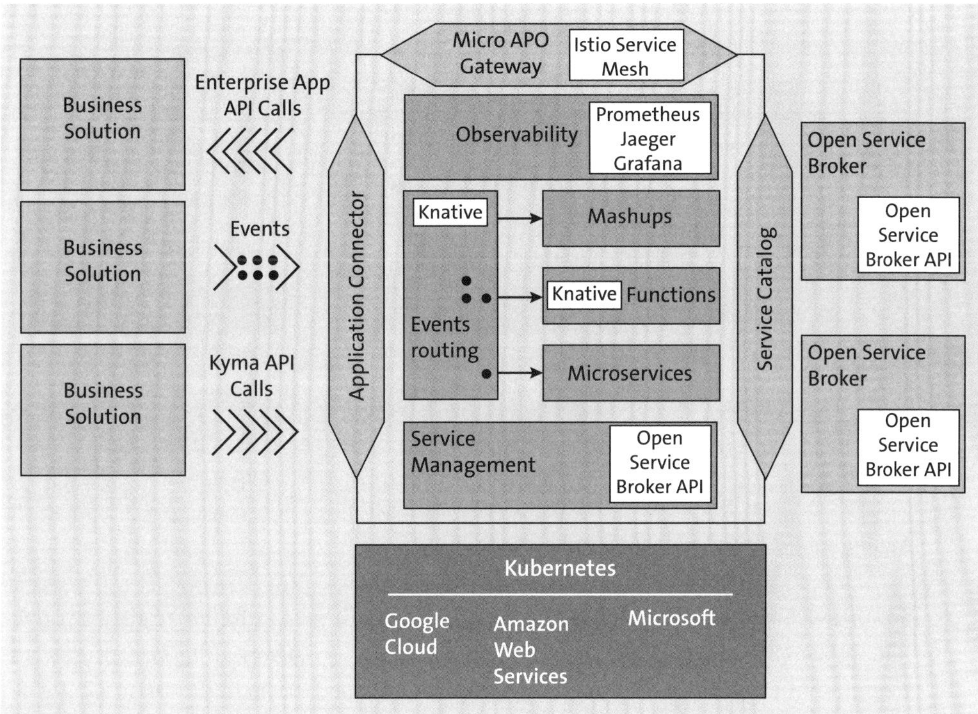

Abbildung 15.12 Kyma-Architektur

Kubernetes

Da Kyma auf einer nativen Kubernetes-Infrastruktur basiert (siehe Abbildung 15.12), die Google seit 2014 als Open-Source-Projekt zur Verfügung stellt, profieren Anwender und Entwickler seitdem von sämtlichen Vorteilen, die diese Containerplattform mit sich bringt. Neben der agilen Anwendungserstellung und der Bereitstellung zählen hierzu auch die Überwachung, Portabilität, Ressourcennutzung sowie die kontinuierliche Entwicklung und Integration von Containern.

Kubernetes bietet somit die Einfachheit von Platform-as-a-Service (PaaS) zusammen mit der Flexibilität von Infrastructure-as-a-Service (IaaS) und ermöglicht außerdem die Portabilität zwischen Cloud-Umgebungen.

Auf Abbildung 15.13 wird ersichtlich, dass Container Ähnlichkeit mit virtuellen Maschinen (VMs) haben – jedoch sind hierbei die Anwendungen innerhalb eines Containers nicht nur von ihrem jeweiligen Host, sondern auch untereinander isoliert. Dadurch haben Container ihr eigenes Dateisystem, keinen Zugriff auf die Prozesse/ Anwendungen der anderen Container, und ihr Ressourcenverbrauch kann flexibel angepasst bzw. begrenzt werden. Durch diese Entkopplung lassen sich Container effizient erstellen, deployen und zwischen Cloud-Umgebungen und Betriebssystemen hinweg portieren.

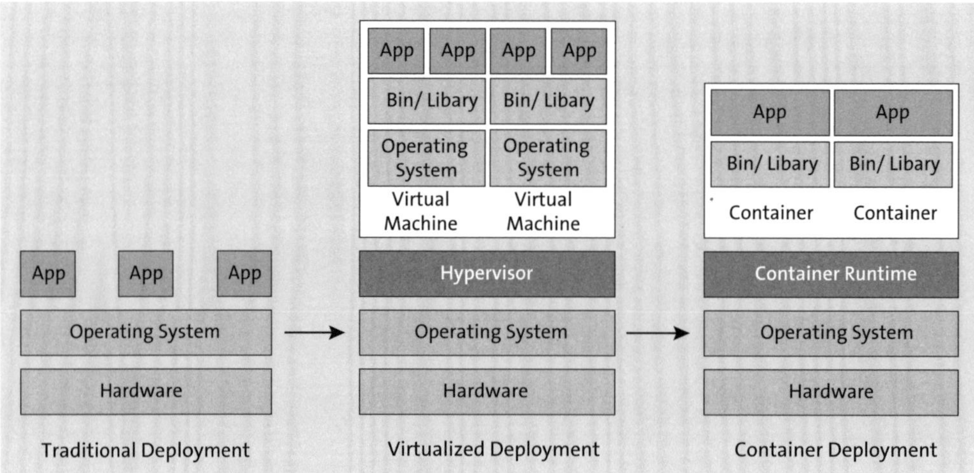

Abbildung 15.13 Evolution von Deployments

So können Sie einen Monolithen in kleinere Anwendungen aufteilen und diese unabhängig voneinander deployen. Somit sind die einzelnen Anwendungen leichtgewichtiger und nur noch lose miteinander gekoppelt, weshalb sie nicht nur unabhängig deployt werden können, sondern bei Fehlern und Ausfällen kann schnell und einfach ein Rollback durchgeführt werden. Neben den automatischen Neustarts und Rollbacks der Container sowie der Überwachung und Verwaltung von Anwendungen gehört auch ein dynamisches Load Balancing zum Umfang von Kubernetes.

Application Connector

Der Application Connector ist eine Kyma-Komponente, mit der eigene Anwendungen mit Kyma verbunden werden können. Hierbei können sowohl On-Premise- als auch cloudgehostete Anwendungen angebunden werden. Der Application Connector verwaltet hierbei den kompletten Lebenszyklus einer Anwendung. Dies umfasst den Aufbau einer sicheren Verbindung, die Registrierung der externen Schnittstellen sowie die Übertragung von Ereignissen (engl. Events).

Die Verbindung erfolgt über eine Schnittstelle, die mit Basic Authentication, OAuth oder Client-Zertifikaten abgesichert werden kann. Dabei wird stets eine 1:1-Verbindung zwischen der jeweiligen Anwendung und dem einzelnen Cluster hergestellt (siehe Abbildung 15.14).

Durch diese Abgrenzung wird ein hohes Level an Sicherheit gewährleistet. Jede API, die den Prinzipien des Representational State Transfer (REST) entspricht und über das HTTP-Protokoll verfügbar ist, kann durch den Application Connector mit Kyma verbunden werden. Dies umfasst u. a. die OData-Technologie, OpenAPI und AsyncAPI.

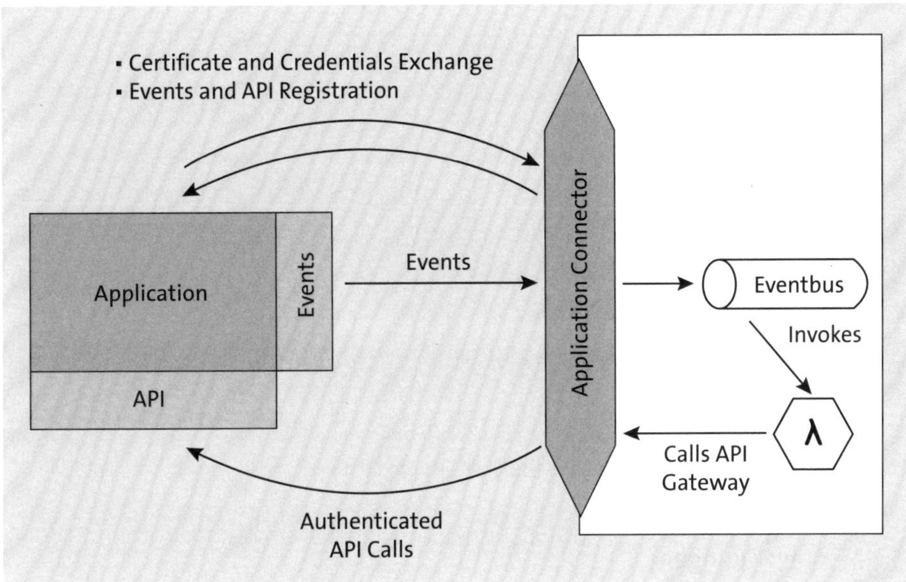

Abbildung 15.14 Application Connector

Service Catalog

Der Kubernetes Service Catalog ist eine Open-Source-API, mit der Sie eigene Anwendungen einheitlich mit Angeboten von Cloud-Anbietern verbinden können. Hierbei können Services wie Datenbanken, Caches, Machine Learning oder Message-Queues einfach innerhalb des Kyma GUI durchsucht, angezeigt und als Service eingebunden werden (siehe Abbildung 15.15). Für die Einbindung ist keine tiefergehende Kenntnis der Services notwendig, da diese über sogenannte Service Broker automatisch registriert und verwaltet werden.

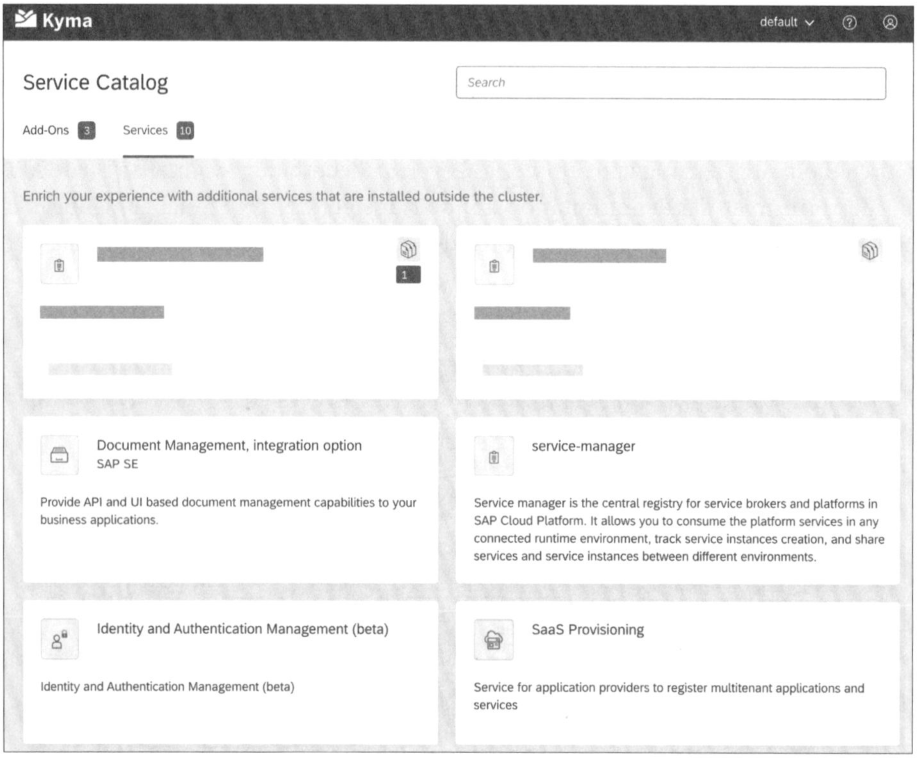

Abbildung 15.15 Service Catalog innerhalb des Kyma GUI

15.2.2 Anwendungen

Durch die Kyma Runtime lassen sich bestehende Systeme flexibel mit weiteren Anwendungen und Drittsystemen verbinden. Hierbei können Sie u. a. Ihre bestehenden SAP-Lösungen erweitern, ohne dass es zu einer Beeinträchtigung der Performance oder der Kernprozesse kommt. SAP stellt im Rahmen von Kyma Runtime einen Best-Practices-Ansatz zur Verfügung, der sich in einer erhöhten Performance und Skalierbarkeit auswirkt.

Serverless Funktionen

Mithilfe von serverlosen Funktionen können einzelne Funktionen, auch Lambdas genannt, dazu verwendet werden, um auf Ereignisse asynchron zu reagieren. Diese Option ist auch als *Event-driven Computing* bekannt. Hierbei wird der entsprechende Source-Code einer Funktion direkt in den Kyma GUI geschrieben, editiert und ohne zeitaufwendige Deployments veröffentlicht.

Daher können Funktionen zur Laufzeit erstellt, flexibel skaliert und generell lose gekoppelt werden, ohne dass sich Entwickler um die dazugehörige Infrastruktur kümmern müssen. Mithilfe der *Knative-Integration* lassen sich serverlose Container in der Kubernetes-Umgebung betreiben. Dabei kümmert sich Knative um die Netzwerkverbindungen, das Logging, Monitoring, die automatische Skalierung und die Versionsverwaltung. Des Weiteren werden Ereignisse verwaltet, ausgeliefert und angemeldet, wodurch sich Entwickler auf die Kernfunktionalität Ihrer Anwendung konzentrieren können.

Microservices

In einer Microservice-Architektur wird nicht nur eine einzelne monolithische Anwendung deployt, sondern die Anwendung setzt sich aus einer Vielzahl von Services zusammen, die dadurch den Kern der Anwendung bilden. Hierbei können die Services unabhängig voneinander entwickelt, veröffentlicht, skaliert und ersetzt werden. Außerdem können die verwendeten Technologien wie Programmiersprachen oder Datenbanken zwischen den Services unabhängig ausgewählt werden.

[zB]

Beispiele für den Einsatz von Kyma Runtime

Durch Kyma lassen sich Ereignisse wie z. B. ein Beitrag auf der Firmen-Webseite oder ein Blog automatisch auf weiteren Plattformen, wie z. B. Social-Media-Kanälen, veröffentlichen. Es wäre ebenfalls möglich, die bestehende Logik zur Ermittlung von Preisen und Steuern oder die Überprüfung von Bestellungen in ein Drittsystem auszulagern und dieses über die Kyma Runtime flexibel einzubinden. Hierbei würde man davon profitieren, dass sich die entsprechende Logik oft ändern kann oder speziell behandelt werden muss und daher nur mit großem Aufwand als Teil der SAP-Commerce-Cloud-Plattform veröffentlicht werden sollte. Ein weiteres Beispiel wäre eine neue Bewertung in einem Webshop, die automatisch per API-Aufruf an eine Funktion innerhalb der Kyma Runtime gesendet wird. Dort wird der Inhalt der Bewertung analysiert und eine unterschiedliche Aktion im Customer-Relationship-Management-System (CRM-System) angelegt.

Durch den Einsatz der Kyma Runtime ergeben sich viele Vorteile bei der Erstellung, Erweiterung und dem Betrieb von Enterprise-Anwendungen:

- Performance
- unabhängige Skalierbarkeit
- effiziente Nutzung von Ressourcen
- sichere Verbindungen
- schnelle und flexible Deployments
- einfache Rollbacks
- geringe Downtime

15.3 SAP Asset Intelligence Network

Im Zuge der digitalen Transformation steigt auch der Bedarf an Lösungen zur integrierten und digitalen Maschinenverwaltung. Mit SAP Asset Intelligence Network steht ein Werkzeug dafür zur Verfügung, das herstellerunabhängig agiert und dem Nutzer oder der Nutzerin einen Überblick über alle im Unternehmen eingesetzten Maschinen bietet. Alle relevanten Informationen zu einer Maschine, wie Dokumentation, Wartungspläne, Tickets, Ersatzteile oder auch Live-IoT-Daten, werden zentral in einer Weboberfläche dargestellt.

In diesem Abschnitt lernen Sie das SAP Asset Intelligence Network als Kollaborationsplattform in der Cloud kennen, um Assets (Maschinen bzw. Anlagen) zentral zu verwalten. Das SAP Asset Intelligence Network ist ein globales Business-Netzwerk für Maschinen, fokussiert auf den Netzwerkansatz zwischen den Akteuren. Relevante Akteure in der Anlagenbetreuung sind die Betreiber, Hersteller und Dienstleister, die in einem Ökosystem zusammenarbeiten. Die zentrale Komponente für die Zusammenarbeit stellt der sogenannte *digitale Zwilling* dar, der das digitale Abbild der Maschine bzw. der Anlage ist.

Die Akteure sollen über den gesamten Zeitraum des Lebenszyklus einer Maschine auf einer Plattform zusammenarbeiten. Dazu dient das digitale Abbild der Maschine über ihren Lebenszyklus, der digitale Zwilling als zentrales Element, um den herum verschiedene Komponenten und Services angeboten werden.

Durch die zentrale Ablage aller Daten zu einem Asset und den zentralen Zugriff aller Beteiligten auf diese Daten sollen Service- und Wartungsprozesse vereinfacht und in diesem Kontext die Gesamtanlagenleistung optimiert werden.

Die cloudbasierte Bereitstellung von Asset-Informationen wie Wartungsplänen oder Dokumentationen ermöglicht es allen Akteuren, vereinfacht auf die relevanten Dokumente zuzugreifen und Wartungsaktivitäten zu beschleunigen. Aus Herstellersicht bergen die standardisierten Ablageformate der Daten das Potenzial zu Kosteneinsparungen bei der Bereitstellung und Verteilung der Daten.

Das Netzwerk dient somit als gemeinsame Plattform für die Kooperation und Ablage von Daten, die alle Akteure gleichermaßen benötigen. Die Akteure können folgenden Nutzen aus dem SAP Asset Intelligence Network ziehen:

- *Betreiber* profitieren von mehr Effektivität und der Genauigkeit ihrer Informationen zu den einzelnen Anlagen, um insbesondere Kosten, Leistungen und Risiken zu optimieren.
- *Hersteller* profitieren, indem sie ihren Ersatzteilverkauf direkt aus dem Netzwerk heraus triggern und zentral Informationen zu Updates, Retrofits usw. bereitstellen, aber auch fundierte Erkenntnisse über den Einsatz ihrer Produkte gewinnen können (Rückmeldung von sogenannten Performance Improvements).

- *Dienstleister* profitieren im Rahmen von kollaborativen Szenarien, z. B. von der Bereitstellung von Wartungsplänen, inklusive der zugehörigen Dokumentationen bzw. Anleitungen.

Das SAP Asset Intelligence Network ist eine Komponente von SAP Intelligent Asset Management . Es basiert auf der SAP BTP und wird zur Unterstützung von IoT eingesetzt. SAP Asset Intelligence Network bietet unterschiedliche Applikationen mit dem Fokus auf Equipment, Verwaltung, Dokumente, Services, Bekanntmachungen, Obsolescence Management, Kollaborationen zwischen Partnern (Performance Improvement), Ersatzteile usw.

Das SAP Asset Intelligence Network ermöglicht den Beteiligten, sich zu verbinden und unternehmensübergreifend auf Basis des gemeinsamen Objekts, der Anlage, in den Bereichen Wartung und Dokumentation der IoT-Daten zusammenzuarbeiten. Dazu werden standardisierte Inhalte in Bezug auf Dokumente, Modelle und Equipments verwendet. Die Daten werden zentral gespeichert, um eine Zusammenarbeit auf der Basis konsistenter Informationen zu ermöglichen. In Abbildung 15.16 werden die typischen zuliefernden Systeme sowie die konsumierenden Systeme des SAP Asset Intelligence Networks dargestellt.

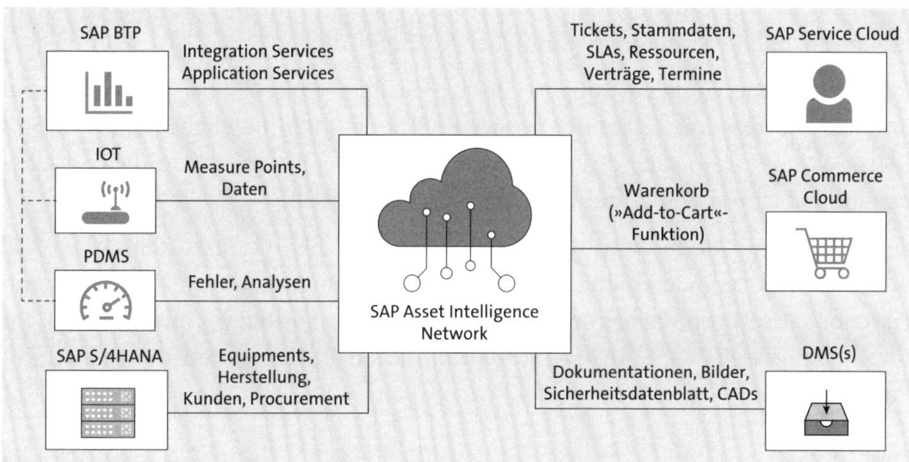

Abbildung 15.16 Mögliche Integrationsszenarien aus Sicht von SAP Asset Intelligence Network

15.4 SAP S/4HANA Service

SAP S/4HANA Service dient der Abbildung von Sales- und Serviceprozessen. Ursprünglich wurde die Lösung 2018 als Add-on zu SAP S/4HANA unter dem Namen SAP S/4HANA for Customer Management veröffentlicht. Mit Release 1909 von SAP S/4HANA (On-Premise-Version) wurde sie umbenannt und in den digitalen Kern von

SAP S/4HANA integriert. In der SAP-S/4HANA-Cloud-Edition ist sie seit Release 1811 verfügbar.

SAP S/4HANA Service basiert auf der On-Premise-Lösung SAP Customer Relationship Management (SAP CRM). Das zeigt sich z. B. an der Nutzung des Oberflächen-Frameworks CRM WebClient. Diese Oberfläche wurde an das aktuellen SAP-Fiori-Design angeglichen; der grundlegende Aufbau wurde jedoch beibehalten.

Die Architektur wurde einem Redesign unterzogen, um sie technisch mit SAP S/4HANA kompatibel zu machen. Neben einem neuen Datenbankkonzept, basierend auf CDS Views, wurden auch einige SAP-CRM-spezifische Konzepte abgeschafft, wie z. B. die Preisfindung, basierend auf SAP Internet Pricing and Configuration Engine.

Durch die vollständige Integration in SAP S/4HANA ergeben sich außerdem einige wichtige Vorteile: Es müssen keine Stamm- und Bewegungsdaten mehr zwischen Systemgrenzen repliziert werden. Die Serviceprozesse greifen auf dieselben Stammdatensätze zu wie andere Komponenten von SAP S/4HANA. Dazu gehören z. B. Kundenstamm, Materialstamm oder Equipments. Eine Middleware wie die SAP Integration Suite oder die SAP CRM Middleware ist nicht notwendig. So werden die Systemlandschaft vereinfacht und die Aufwände für Wartung und Monitoring deutlich reduziert. Außerdem entfallen die zusätzlichen Aufwände für die Stammdatenmigration und die Systemintegration bei der Einführung.

Nach der Abkündigung des Supports der SAP Business Suite 7, die u. a. SAP CRM und SAP ERP 6.0 bzw. die Customer-Service-Komponete (CS) beinhaltet, soll mit SAP S/4HANA Service ein Nachfolger angeboten werden, der die Vorteile beider Lösungen vereint und eine gute Alternative für die Kunden darstellt.

Dabei fallen für die meisten Kunden keine zusätzlichen Lizenzkosten an, da SAP S/4HANA Service im Rahmen der Enterprise-Management-Lizenz (Professional und Functional User) genutzt werden kann. Das macht die Lösung vor allem interessant für Kunden, die ein SAP-S/4HANA-System einführen und bereits SAP CRM oder CS im Einsatz haben.

15.4.1 Funktionsbereiche

Die Funktionen von SAP S/4HANA Service lassen sich in drei Bereiche gliedern:

- Interaction Center für die Erfassung von Kundenanfragen
- Service Order Management für die Abwicklung von Servicefällen
- Sales Management für das Steuern und Dokumentieren von Vertriebsaktivitäten

In den folgenden Abschnitten geben wir Ihnen einen Eindruck von diesen Kernprozessen.

Interaction Center

Über das Interaction Center kommunizieren Sie mit den Kunden über unterschiedliche Kanäle und nehmen Serviceanfragen auf. Die Funktionen unterstützen Kundenserviceteams dabei, Probleme schnell zu identifizieren und für den Kunden zufriedenstellende Lösungen anzubieten.

Das Interaction Center basiert auf Funktionen von SAP CRM, die überarbeitet wurden, um mit SAP S/4HANA kompatibel zu sein. Aus diesem Grund sind nicht alle Funktionen aus SAP CRM uneingeschränkt in SAP S/4HANA Service verfügbar. Dazu gehören u. a. das Manager-Dashboard oder Marketingfunktionen wie Loyalty Management und Anruflisten.

Die unterstützen Eingangskanäle sind Telefon, E-Mail, Chat und Brief. Es wird eine Schnittstelle angeboten, mit denen Computer-Telephony-Integration-Lösungen (CTI) integriert werden können. Das Interaction Center selbst bietet keine CTI-Funktionen an. Es können jedoch angebundene Systeme im Interaction Center über eine Toolbar gesteuert werden, um u. a. Anrufe anzunehmen, zu halten oder weiterzuleiten.

Abbildung 15.17 zeigt die Oberfläche des Interaction Centers mit der CTI-Toolbar und der Account-Identifizierung. Asynchrone Anfragen wie E-Mails werden in einer Inbox erfasst, aus der die Agents Anfragen zur Bearbeitung zuordnen können.

15

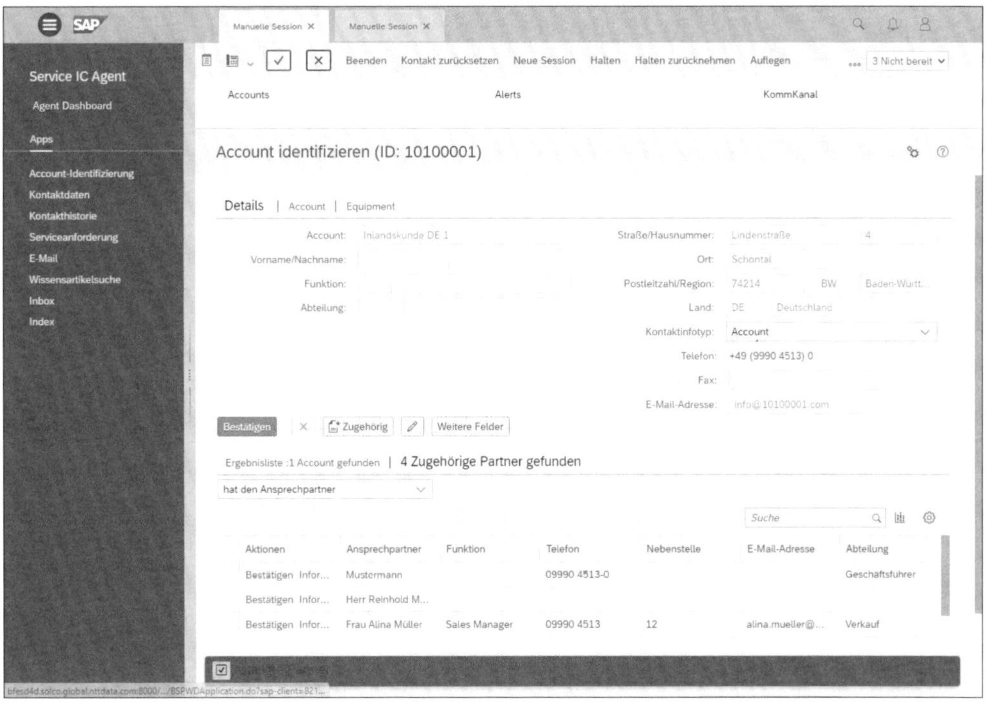

Abbildung 15.17 Account-Identifizierung und CTI-Toolbar im Interaction Center

Alle Kanäle ermöglichen eine automatisierte Kundenidentifikation anhand der vorhandenen Informationen wie z. B. Telefonnummer oder E-Mail-Adresse. Falls ein Kunde noch nicht im System registriert ist, kann jederzeit ein neuer Account oder Ansprechpartner angelegt werden.

Jede Aktion mit einem Kunden wird automatisch in einem Interaction Record festgehalten und damit dokumentiert. Wenn eine Anfrage nicht direkt gelöst werden kann und eine weitere Bearbeitung erfordert, können Sie eine Serviceanfrage mit den bereits gesammelten Daten des Interaction Records anlegen. In der Serviceanfrage können dann neben den Kundenstammdaten alle wichtigen Informationen festgehalten werden. Dazu gehören das relevante Equipment oder der Technische Platz, die Ergebnisse einer Checkliste oder die Notizen des Service Agents. Über Service Level Agreements (SLAs) werden Fristen definiert, die bei Nicht-Einhaltung spezifische Aktionen auslösen können.

Eine mehrstufige Kategorisierung ermöglicht das Klassifizieren der Serviceanfragen, wodurch weitere automatische Aktionen ausgeführt werden und für eine spätere Auswertung wichtige Einsichten gewonnen werden können.

Sollte sich herausstellen, dass Ersatzteile benötigt werden oder ein Technikereinsatz erforderlich ist, kann als Folgevorgang ein Serviceauftrag angelegt werden.

Service Order Management

Im Idealfall lassen sich viele Serviceanfragen bereits durch die Service Agents und die unterstützenden Funktionen des Interaction Center lösen. Sollten jedoch weitere Schritte notwendig sein wie z. B. das Versenden von Ersatzteilen oder der Einsatz eines Technikers kann ein Serviceauftrag angelegt werden. Dies geschieht entweder manuell oder als Folgevorgang zu einer Serviceanfrage aus dem Interaction Center. Es ist außerdem möglich, Serviceauftragsangebote zu erstellen und diese anschließend in einen Serviceauftrag zu überführen. Außerdem können Sie Vorlagen nutzen, um für wiederkehrende Fälle einen vorausgefüllten Serviceauftrag zu erstellen.

Der *Serviceauftrag* entspricht einer Planung für einen Technikereinsatz und sollte alle notwendigen Informationen enthalten, um den Einsatz durchführen zu können. Abbildung 15.18 zeigt einen solchen exemplarischen Serviceauftrag.

Außerdem bildet der Serviceauftrag die Basis für alle Logistikprozesse im Serviceprozess von SAP S/4HANA Service. Es gibt eine Positionsliste, in die alle Ersatzteile eingegeben werden, die für diesen Service eingeplant werden. Für diese Ersatzteile kann direkt im Auftrag eine Verfügbarkeitsprüfung (ATP) durchgeführt werden. Wenn die Ersatzteile in ausreichender Menge vorhanden sind, wird das mit einer grünen Ampel signalisiert, und die Ersatzteile werden reserviert. Sollte dies nicht der Fall sein, lässt sich über den Positionstyp steuern, ob ein Ersatzteil bestellt werden soll.

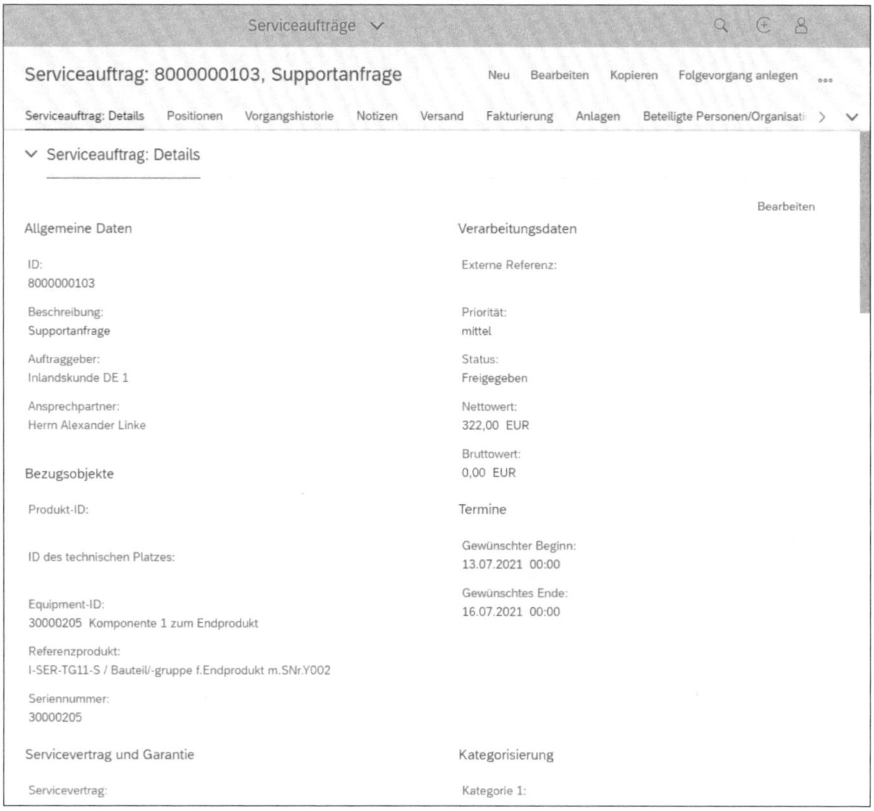

Abbildung 15.18 Beispiel für einen Serviceauftrag

Bei einer Bestellposition wird je nach Einstellung eine Bestellanforderung oder direkt eine Bestellung angelegt. Es ist außerdem möglich, eine Verkaufsposition einzugeben, die wiederum einen Verkaufsauftrag in der Komponente *Sales and Distribution* (SD) erzeugt, mit dem ein Ersatzteil direkt an den Kunden geliefert werden kann. Für alle Positionen wird eine Preisfindung durchgeführt, die das Kalkulationsschema des SD-Moduls nutzt. Über Konditionssätze können Preise, Kundenrabatte und Steuern ermittelt werden. Über das Berechnungsmotiv können die Positionen auch kostenlos angeboten werden, falls diese beispielsweise von einer Garantie abgedeckt sind.

Neben Ersatzteilen können auch Servicepositionen eingeben werden. Diese entsprechen einer konkreten Dienstleistung wie z. B. einer Arbeitsstunde, einer Tagespauschale oder auch Reisezeit. Gerade hier wird deutlich, dass es sich um eine Planung handelt, denn die tatsächlichen angefallenen Arbeitsstunden des Technikers können erst nach dem Einsatz festgestellt werden. Aus diesem Grund wird nach dem Technikereinsatz eine Servicerückmeldung angelegt.

Servicerückmeldungen können als Folgevorgang zu einem Serviceauftrag angelegt werden; dabei werden die Positionen des Auftrags in die Rückmeldung kopiert (siehe

Abbildung 15.19). Die kopierten Positionen können angepasst werden, um den tatsächlichen Verbrauch von Ersatzteilen und die angefallene Servicepositionen widerzuspiegeln.

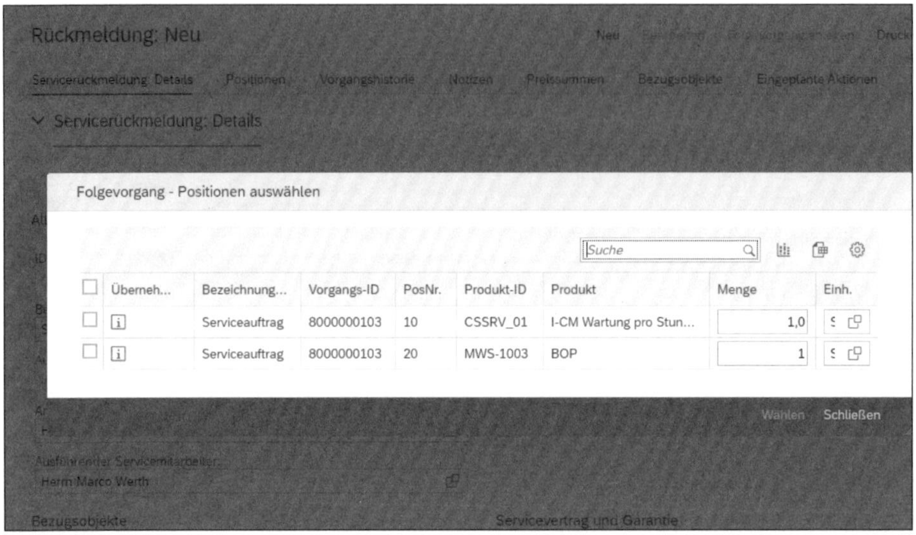

Abbildung 15.19 Positionen des Auftrags werden in die Servicerückmeldung kopiert

Es können beliebig viele Rückmeldungen zu einem Serviceauftrag angelegt werden. Außerdem muss pro Techniker eine separate Rückmeldung angelegt werden. Wenn die Rückmeldung entsprechend gepflegt ist, wird über den Statuswechsel die Verbuchung angestoßen. Im Hintergrund laufen dabei mehrere Buchungsvorgänge ab:

- Arbeitszeiten des Technikers werden im Cross-Application Time Sheet erfasst (CATS).
- Für Ersatzteile wird eine Verbrauchsbuchung erzeugt.
- Kosten werden je nach Einstellung in einem Innenauftrag oder in einem Ergebnisobjekt erfasst.
- Es wird eine Fakturaanforderung im SD-Modul erzeugt, mit der die Erlöse generiert werden können.

Anschließend kann die Rückmeldung nicht mehr geändert werden, und der Prozess ist fast abgeschlossen. Der letzte Schritt ist die Fakturierung der Fakturaanforderung in der Komponente SD.

Abbildung 15.20 zeigt den hier beschriebenen Prozess mit der Erfassung einer Anfrage im Interaction Center und die weitere Bearbeitung mit einem Serviceauftrag.

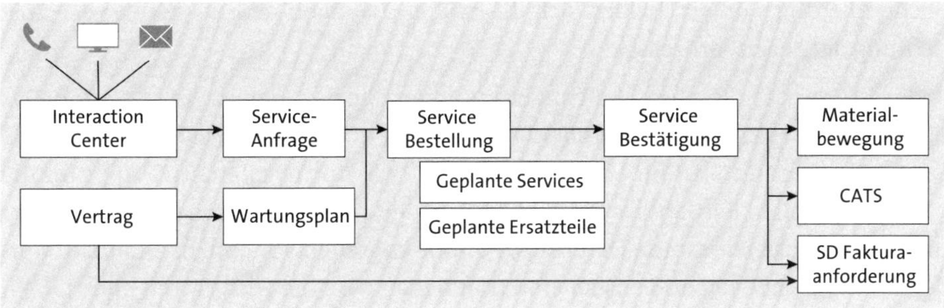

Abbildung 15.20 Exemplarischer Serviceprozess in SAP S/4HANA Service

Sales Management

SAP S/4HANA Service bietet auch Funktionen für die Unterstützung von Sales-Prozessen, auch wenn das der Name nicht direkt vermuten lässt. Wer von einem SAP-CRM-System migriert, könnte aber einige Funktionen vermissen. Dazu gehört z. B. das Partner Channel Management. Das SAP-S/4HANA-System bietet im SD-Modul bereits Verkaufsangebote und Verkaufsaufträge an, und SAP S/4HANA Service kann diese gut um Presales-Funktionen ergänzen. Für komplexere Sales-Szenarien lohnt sich ein Blick auf die SAP Sales Cloud (siehe Kapitel 8).

15

Die unterstützen Objekte sind Aktivitäten wie Termine und Aufgaben sowie Leads und Opportunities. Diese lassen sich jeweils als Folgevorgänge oder auch unabhängig voneinander anlegen. Wenn bei der Kommunikation mit dem Kunden klar wird, dass vertriebliche Maßnahmen vorgenommen werden sollten, lassen sich diese Objekte auch von Interaction Center Agents anlegen und einem entsprechenden Vertriebsmitarbeitenden zuordnen.

Wenn eine Opportunity gewonnen wurde und ein Angebot oder Auftrag benötigt wird, lassen sich diese ebenfalls über die Webclient-Oberfläche von SAP S/4HANA Service anlegen. Im Hintergrund wird dabei ein Dokument in SD angelegt. Dies hat den Vorteil für die zuständigen Personen, eine zentrale Oberfläche nutzen können, um den kompletten Prozess zu unterstützen. Ansonsten müsste für das Anlegen eines Verkaufsauftrags auf eine SAP-Fiori-App oder auf das SAP GUI zugegriffen werden.

15.4.2 Abgrenzung zur SAP Service Cloud

Grundsätzliche lassen sich mit der SAP Service Cloud und SAP S/4HANA Service sehr ähnliche Serviceprozesse abbilden. Beide Lösungen unterstützen die Kommunikation über verschiedene Eingangskanäle mit den Kunden und ermöglichen es, Anfragen aufzunehmen. Es können die verbrauchten Ersatzteile und Arbeitszeiten des Technikteams eingegeben und verbucht werden. Im Backend (SAP S/4HANA oder SAP ERP) werden die Kosten erfasst, Rechnungen erstellt und Buchhaltungsbelege gebucht. Allerdings unterscheiden sich die beiden Lösungen sehr deutlich in der Ausrichtung der Serviceprozesse.

In der SAP Service Cloud steht die Interaktion mit dem Kunden im Vordergrund. Das Ticketsystem ist intuitiv und erfüllt die Erwartungen an ein modernes User Interface. Die E-Mail-Kommunikation erfolgt direkt im Ticket, und es gibt native Apps für die gängigen mobilen Betriebssysteme, mit denen der Innendienst und das Servicetechnikteam auf ihre relevanten Daten auch offline zugreifen können. Im Standard werden umfangreiche Reports ausgeliefert, mit denen man die wichtigsten Kennzahlen im Auge behalten kann.

In SAP S/4HANA Service ist hingegen die Verzahnung mit den Backend-Prozessen deutlich stärker ausgeprägt und lässt sich auch flexibler gestalten. Die Integration in SAP S/4HANA ermöglicht die Nutzung von Logistikprozessen direkt aus dem Serviceauftrag heraus. Dazu gehören eine Verfügbarkeitsprüfung (Available-to-Promise, ATP) sowie die Materialreservierung und Bestellungen bzw. Bestellanforderungen. Außerdem lassen sich direkt Verkaufsaufträge in SD anlegen.

Sollten die Standardprozesse nicht zu den Anforderungen passen, ist es auch möglich, kundeneigene Programmlogik in Business Add-Ins (BAdIs) und User Exits zu implementieren. Für solche kundeneigenen Erweiterungen können Sie in SAP S/4HANA Service die von SAP ERP und SAP S/4HANA bekannten Vorgehensweisen nutzen.

Welche Lösung am besten geeignet ist, um die Anforderungen an einen Serviceprozess abzudecken, ist eine individuelle Entscheidung, für die viele Faktoren berücksichtigt werden müssen. Wenn bereits umfangreiche Logistikprozesse in SAP S/4HANA etabliert sind, kann es sinnvoll sein, auf SAP S/4HANA Service zu setzen, um den Serviceprozess möglichst gut zu integrieren. Jedoch gerade im B2C-Bereich, in dem mit einem hohen Volumen an Serviceanfragen zu rechnen ist, spielt eine effektive Kommunikation eine sehr wichtige Rolle. Dies könnte wiederum für den Einsatz der Service-Cloud sprechen. Grundsätzlich haben beide Lösungen einen unterschiedlichen Fokus und lassen sich auch in Kombination sehr gut einsetzen.

15.4.3 Integrationsszenarien

Auch wenn SAP S/4HANA Service eine Vielzahl an Anforderungen abdecken kann, um einen durchgängigen Serviceprozess zu implementieren, werden nicht alle Funktionen unterstützt, die nach heutigen Maßstäben einen digitalen Serviceprozess ausmachen. Dazu gehört z. B. eine intelligente Technikereinsatzplanung oder eine mobile Anwendung, um von unterwegs aus auf wichtige Daten zugreifen zu können. Für diese Anforderungen gibt es andere Lösungen im CX-Portfolio, mit denen der Funktionsumfang von SAP S/4HANA Service sinnvoll ergänzt werden kann. SAP bietet für solche Szenarien zwei Standardschnittstellen. Alle im Folgenden vorgestellten Szenarien verwenden die SAP Integration Suite und müssen neben den eigentlichen Lösungen zusätzlich lizensiert werden.

Service-Cloud-Szenario

Wie schon bereits im vorangehenden Abschnitt angesprochen, können Sie SAP S/4HANA Service in Kombination mit der SAP Service Cloud verwenden, um die Vorteile beider Lösungen nutzen zu können. Die SAP Service Cloud dient in diesem Szenario als Agent Desktop, mit dem der Serviceinnendienst die Kommunikation mit dem Kunden abwickelt und die Serviceanfragen in Form von Tickets erfasst. Beim Erfassen der Tickets kann auf Funktionen zugegriffen werden wie automatisierte Workflow-Regeln, eine Wissensdatenbank oder die KI-basierte Ticketklassifizierung.

Wenn ein Ticket eine weitere Bearbeitung oder einen Technikereinsatz erfordert, kann als Folgevorgang ein Serviceauftrag in S/4HANA Service angelegt werden. Die weitere Bearbeitung, inklusive der Erfassung von Arbeitszeiten, der Verbuchung von Ersatzteilen und die Fakturierung, findet dann in SAP S/4HANA Service statt. Nach heutigem Stand wird diese Schnittstelle aber nur für die Cloud-Version des SAP S/4HANA Service von SAP bereitgestellt. Grundsätzlich lässt sich diese Schnittstelle aber auch im Rahmen einer Projektlösung für die On-Premise-Variante von SAP S/4HANA Service realisieren. Abbildung 15.21 zeigt dieses Szenario.

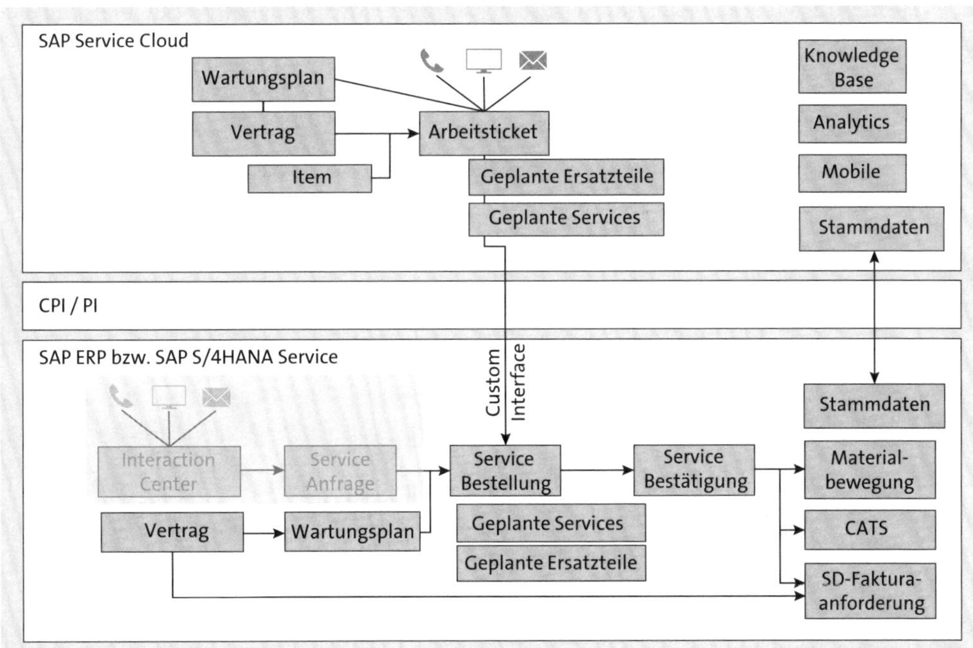

Abbildung 15.21 Mögliche Integration in ein Service-Cloud-System im Rahmen einer Projektlösung

SAP-Field-Service-Management-Szenario

Wenn die Einplanung und die Verteilung der Serviceanfragen an das Technikteam eine wichtige Rolle in Ihrem Unternehmen spielen, kann eine Integration in SAP Field Service Management sinnvoll sein. In diesem Integrationsszenario können, neben einer manuellen Anlage, die Kommunikationskanäle des Interaction Centers genutzt werden, um Serviceanfragen und Aufträge zu erfassen. Wenn ein Technikereinsatz erforderlich ist, löst der Serviceauftrag in SAP S/4HANA Service einen Service Call in SAP Field Service Management aus. Die Positionen des Serviceauftrags werden hierbei ebenfalls übertragen.

Es können Ersatzteile in SAP S/4HANA Service reserviert werden, auf die das Technikteam in SAP Field Service Management Zugriff haben soll. Service-positionen werden in Form von Aktivitäten in SAP Field Service Management dargestellt, was einem konkreten Einsatz entspricht. Während des Technikereinsatzes kann die mobile Anwendung für iOS, Android oder Windows genutzt werden, um Arbeitszeiten, Reisezeiten und verbrauchte Ersatzteile zu erfassen.

Nach einem optionalen Genehmigungsprozess in SAP Field Service Management werden diese Informationen nach SAP S/4HANA Service übertragen, und es wird auf dieser Basis eine Rückmeldung angelegt. Über die Rückmeldung werden abschließend die Warenbewegung gebucht, Arbeitszeiten in CATS erfasst und eine Fakturaanforderung erstellt. Im letzten Schritt werden die Erlöse gebucht und Buchhaltungsbelege angelegt. Abbildung 15.22 zeigt ein solches Integrationsszenario.

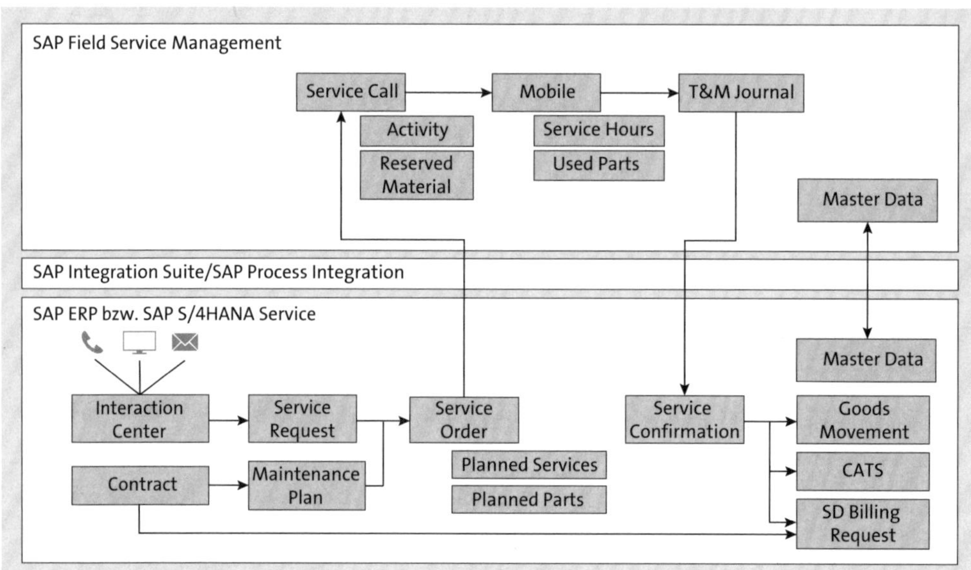

Abbildung 15.22 Integration von SAP Field Service Management mit der Standardschnittstelle

Hybrid-Szenario

Es ist auch grundsätzlich möglich, beide hier vorgestellten Szenarien – die Integration in die SAP Service Cloud und in SAP Field Service Management – zu kombinieren. Dabei lassen sich alle Vorteile und Funktionen aller drei Lösungen nutzen. Die Nachteile sind eine höhere Komplexität der Systemlandschaft und höhere Lizenzkosten.

15.5 Fazit

Mit SAP Customer Experience erhalten Sie Zugriff auf eine hochflexible CX-Plattform, die Ihr unternehmerisches Geschäftsmodell bestmöglich und individuell unterstützt. Die SAP BTP bietet Ihnen hierbei zum einen die technologische Grundlage für Ihre Cloud-Anwendungen und ermöglicht zum anderen eine hohe Flexibilität zur Gestaltung von digitalen, nahtlosen Kundenerlebnissen.

Die SAP BTP ist die zentrale Instanz zur Integration und Erweiterbarkeit aller CX-Architekturen und somit ein nicht wegzudenkender Baustein, um Ihre Lösungen bestmöglich und mit hohem Freiheitsgrad an Ihre Anforderungen anzupassen.

Beim Implementieren oder Betreiben Ihrer Anwendungen begegnen Sie oft der Anforderung, eine oder mehrere der Anwendungen miteinander zu verbinden oder zu erweitern. Mit der SAP BTP, Kyma Runtime können sowohl SAP- als auch Nicht-SAP-Anwendungen auf einfache und einheitliche Weise verbunden bzw. erweitert und dadurch ein übergreifendes Kundenerlebnis erzeugt werden. Hierbei können Kunden und Partner moderne Serverless-Funktionen und Microservices-Architekturen mit weitläufig verwendeten Technologien realisieren. Dies reduziert nicht nur die Total Cost of Ownership (TCO) und Time-to-Market einer Anwendung, es entspricht auch den operationellen und strategischen Standards von SAP sowie der nativen Cloud-Entwicklung. Die komplett verwaltete Laufzeit passt sich daher gut an die Fähigkeiten der Entwickler an. Somit lassen sich auf einfache Art und Weise diverse Anwendungen, wie SAP S/4HANA Cloud, SAP Commerce Cloud, SAP Field Service Management und SAP Sales Cloud mmiteinander verbinden und erweitern.

Das SAP Asset Intelligence Network »baut Brücken« zwischen vielen unterschiedlichen Systemen von unterschiedlichen Akteuren und ermöglicht somit einen ganzheitlichen Blick auf Ihre Maschinen- und Anlagendaten in Echtzeit.

Mit SAP S/4HANA Service steht eine neue Lösung zur Verfügung, die das Potenzial hat, viele offene Fragen und Unsicherheiten im Kontextservice zu lösen. Zum einen ist es die aktuell einzige Antwort für Kunden, die vor dem SAP-ERP-CS Umstieg stehen (Anmerkung: das CS-Modul in SAP ERP ist für spätestens 2027 seitens SAP abgekündigt). Darüber hinaus wird genau die funktionale Lücke, die die SAP Service Cloud und SAP Field Service Management hinterlassen geschlossen, indem diese Lösung Prozesse bzw. Flexibilität bei der Konfiguration von Prozessen anbietet. Damit ist

SAP S/4HANA Service eine sehr gute Ergänzung des CX-Serviceportfolios und gleichermaßen für Kunden geeignet, die einen komplett neuen Serviceprozess einführen wollen, und für Kunden die von SAP CRM oder CS wechseln. Wer wichtige Funktionen vermisst, hat auch immer die Möglichkeit SAP S/4HANA Service in Kombination mit den anderen CX-Lösungen einzusetzen, um so ein Serviceszenario zu realisieren, dass den Anforderungen an einen modernen Serviceprozess entspricht.

TEIL III

Ausgewählte Prozesse mit SAP Customer Experience

In der Theorie ist alles ganz einfach mit dem CX-Portfolio von SAP – anschalten und fertig! Die Würze und tatsächliche Herausforderung liegt in Design und Umsetzung von übergreifenden technologisch sowie fachlich tief integrierten Prozessen. Plakativer ausgedrückt, trennt sich beim Thema der digitalen Transformation im CRM- oder E-Business-Kontext hier die »Spreu vom Weizen«. Wie realistische und übergreifende CX-Prozesse aussehen (können), erfahren Sie in Kapitel 18 bis Kapitel 20. Anhand unterschiedlichster CX-Szenarien wird veranschaulicht, wie zum einen die Prozesse aus Sicht des Kunden (Customer Journey) aussehen können und wie sich diese optimalerweise steuern (Customer Experience) und effizient abbilden lassen (Architektur). Anhand von grafischen Abbildungen werden die unterschiedlichen Blickwinkel, Rollen und Schritte der Szenarien veranschaulicht und erleichtern so die Adaption für das eigene Geschäftsmodell oder die damit verbundene Optionen zur Umsetzung.

Kapitel 16

CX-Szenarien im Service und After Sales

Auch im goldenen Zeitalter des Service bietet die Einführung neuer Systeme oder CX-Anwendungen keine Garantie auf Erfolg. Und die reine Fokussierung auf den Aufbau des After Sales Business stellt kein Patentrezept dar, ist es branchenübergreifend doch eine komplexere Unternehmensfunktion als die Produktion der Primärprodukte an sich. Vielmehr gilt es, Anwendungen, die Beteiligten in und um das eigene Unternehmen und den Kunden mit intelligenten Prozessen zu verbinden. Nur dann ist dauerhafte Customer Experience im Service möglich. Zur Veranschaulichung beleuchten wir in diesem Kapitel ausgewählte CX-Szenarien im Service.

Insbesondere im Service hat Ihr Unternehmen die Chance, die eigenen Prozesse nicht nur zu digitalisieren, sondern über unterschiedliche Touchpoints und Systeme sinnvoll zu verknüpfen. Richten Sie Ihre Systeme so aus, dass sie die Kundenerwartung optimal erfüllen können: Egal, ob Kundenservice (Call-Center, Ticketing, Reklamation), Field Service (Technikereinsatz, Reparatur, Instandhaltung), die Verwaltung von Produkten, Anlagen, Maschinen (Portal) oder klassischer After-Sales-Prozesse (Ersatzteile, Up-Selling, Cross-Selling), Ziel ist immer die erfolgreiche Verbindung zwischen den Systemen, unterstützt durch die geeigneten Technologien. Dazu gehören Machine Learning, Internet of Things (IoT), künstliche Intelligenz (KI) und vieles mehr.

Tauchen Sie in diesem Kapitel in ausgewählte CX-Szenarien im Serviceumfeld ein. Analog zu Kapitel 2, »Customer Experience im digitalen Zeitalter: Wandel, Bedeutung und Trends«, wird in diesem Teil eine grobe Trennung der drei Säulen Vertrieb, Service und Marketing vorgenommen, um die Knackpunkte der Prozesse besser herausstellen zu können. CX-Prozesse sind, auch das ist Grundtenor in Kapitel 2, immer dann erfolgreich, wenn sie übergreifend und vor allem end-to-end gelebt werden. Wer aufmerksam die Kapitel verfolgt, wird direkte Anknüpfungspunkte und Verbindungen der einzelnen Szenarien aus Kapitel 16 bis Kapitel 18 entdecken, bestenfalls auch abstrahiert auf die Zielbranche oder das eigene Geschäftsmodell.

16.1 Omnichannel-Reklamation

In diesem Szenario geht es um das Thema Reklamation und die vielfältigen Möglichkeiten einer Omnichannel-Strategie, das Anliegen des Kunden optimal zu lösen, u. a. mittels Chatbots und Mitarbeiter-Chats.

16.1.1 Personas

Persona 1/Kunde

Name: Simon Brenner

Rolle: Privatperson

Steckbrief: Simon Brenner möchte seinen Garten umgestalten und eine Sitzecke mit Holzüberdachung bauen. Bei Outdoor Plaza findet er alle notwendigen Teile und ist begeistert vom Online-Konzept des Fachmarktes.

Persona 2/Service Agent

Name: Marc Value

Unternehmen: Outdoor Plaza GmbH

Rolle: Service Agent

Abteilung: Customer Service

Persona 3/Unternehmen

Unternehmen: Outdoor Plaza GmbH

Die Outdoor Plaza GmbH setzt mit ihrem Online-Shop neue Maßstäbe für den Direktvertrieb. Das Sortiment von über 1.000.000 Artikeln dreht sich rund um das Thema Außenanlagen, Gartenbau und Lifestyle und richtet sich an Privatpersonen und Fachpersonal.

Neben dem spezialisierten Webshop hebt sich die Outdoor Plaza GmbH durch das Angebot einer direkten Beratungsexpertise im Webshop von den Wettbewerbern ab. Kunden können direkt über Chatbots oder in geplanten Online-Terminen in Kontakt zu erfahrenen Fachberatern und Gärtnern treten und sich dort über ihr Vorhaben informieren. Somit schlägt die Outdoor Plaza GmbH neue Wege im Direktvertrieb ein und verbindet Online-Shopping mit Beratungsunterstützung durch Fachpersonal. Auch im Customer Service setzt die Outdoor Plaza GmbH auf digitalisierte Kommunikationskanäle. Insbesondere wird die Kommunikation über Chatbots forciert, um standardisierte Prozessanfragen automatisiert abzuarbeiten.

16.1.2 User Story: Simon Brenners Reklamation (Teil 1)

Simon Brenner steht auf der Terrasse seines Einfamilienhauses und blickt in seinen Garten. Es wird Zeit für etwas Neues – seine beiden Kinder sind mittlerweile nicht mehr in dem Alter, um auf dem Klettergerüst und im Sandkasten zu spielen. Simon Brenner stellt sich eine kleine Sitzecke vor, die er aus Holz selbst bauen möchte. Alles, was er hierzu benötigt, findet er im Online-Shop *Outdoor Plaza* von dem er bereits begeisterter Kunde ist. Das spezialisierte Shop-Konzept hat eine große und gut zugängliche Artikelauswahl und bietet den großen Vorteil, direkt einen Online-Termin mit einer Fachberaterin oder mit einem Gartenbauexperten abzuhalten.

Wenige Tage nach seiner Bestellung im Outdoor-Plaza-Webshop erfolgt die Lieferung. Per Spedition werden ihm Bretter und Balken, Beton für die Fundamente, Farbe und passende Glaselemente für die Überdachung geliefert. Zudem hat sich Simon Brenner ein paar Werkzeuge wie eine Kreissäge und Schleifgeräte zur Miete liefern lassen, die er nach der Fertigstellung seines Projekts wieder abholen lassen kann.

Simon Brenner beginnt direkt an dem darauffolgenden, sonnigen Wochenende mit dem Abbau der Kinderspielzeuge im Garten, gießt die Fundamente und zimmert darauf seine Sitzecke aus Holz.

Als er mit der Glasüberdachung beginnt, stellt er mit großer Enttäuschung fest, dass zwei der bestellten Glaselemente fehlen. Verärgert streicht er stattdessen das Holz. Er bemerkt, dass er hierzu viel zu viel Farbe bestellt hat. Daher wird es Zeit, sich an den Kundenservice von Outdoor Plaza zu wenden.

Der Kundenservice

Im Online-Shop von Outdoor Plaza klickt Simon Brenner den Customer-Service-Bereich an. Sein Blick fällt auf die Kurzvorstellung des neuen intelligenten Service-Chats. Schon öffnet sich auf der freien Bildschirmseite ein Chat-Fenster mit dem Inhalt: »Herzlich willkommen bei Outdoor Plaza. Wie kann ich Ihnen weiterhelfen?«.

Simon Brenner hat keine Lust, lange E-Mails zu schreiben und auf die Antwort zu warten oder – noch schlimmer – in einer Telefon-Warteschlange zu enden. Daher tippt er nur ein Wort in den Chat: »Rücksendung«.

Die Antwort auf seine Anfrage erhält er binnen Sekunden: »Alles zum Thema Rücksendung finden Sie auf unserer FAQ-Seite. Über den nachfolgenden Link gelangen Sie direkt dorthin: www.beispiel.de. Konnten wir Ihre Anfrage lösen, oder haben Sie noch eine weitere Anfrage?« Simon Brenner wird über den vorgeschlagenen Link auf die FAQ-Seite in die passende Rubrik weitergeleitet. Dort erhält er alle Informationen, die er für die Rücksendung benötigt. Ihm wird zudem ein Rücksendeschein per Download zur Verfügung gestellt. Er füllt diesen aus und klebt ihn auf den Karton mit den nicht benötigten Farbdosen.

Nachdem ihm der Chat bei seiner ersten Anfrage so unkompliziert weitergeholfen hat, gibt Simon Brenner nun »Bestellung unvollständig« in das Chat-Fenster ein. Postwendend erscheint die Antwort: »Gerne klären wir die Rückfragen zu Ihrer Bestellung. Bitte geben Sie Ihre Bestellnummer ein:«

Der Service Agent

In der Abteilung Customer Service laufen alle Kundenanfragen der Outdoor Plaza GmbH zusammen. Marc Value ist dort seit kurzer Zeit als Service Agent angestellt und bearbeitet die angelegten Tickets.

Wegen der prominenten Platzierung auf der Webseite, ist der Chatbot einer der häufigsten Eingangskanäle für Serviceanfragen von Endkunden. Die Outdoor Plaza GmbH setzt verstärkt auf Chatbots und die dazugehörigen Textanalysen, um einen umfassenden und schnellen Kundenservice für standardisierte Serviceanfragen zu gewährleisten. Auch für Marc Value bietet der Chatbot einen großen Vorteil. Der Chatbot klassifiziert bereits die Kundenanfragen über eine Textanalyse, bevor das Ticket angelegt wird und verweist auf Handlungsanweisungen aus der Wissensdatenbank – eine unschätzbare Hilfe für den noch unerfahrenen Service Agent!

[zB]

Handlungsanweisungen (Skript) für Serviceanfrage

Der Chatbot verweist auf sieben Prozessschritte:

1. Bestellung abfragen
2. Teil abfragen

3. Fehlende Menge abfragen
4. Bewertung des internen Verlustes (Kulanz, Nachverfolgungsauftrag bei der Spedition, keine Erstattung)
5. Folgeaktion abfragen (Rückerstattung, Nachlieferung)
6. Formular zur Bestätigung zusenden
7. Ticket dokumentieren

Marc Value wird ein neues Ticket zugewiesen – eine unvollständige Bestellung. Da der Kunde im Chat auf eine Antwort wartet, übernimmt er das Ticket direkt. Die betreffende Bestellung wurde bereits mit dem Ticket verlinkt, da der Kunde bei der Abfrage der Bestellnummer diese eingegeben hat. Es handelt sich um eine komplexere Bestellung von einem gewissen Simon Brenner (B-Kunde).

Nachdem der erste Punkt, die Identifikation des Vorgangs, abgehakt worden ist, startet er die Konversation. »Hallo, mein Name ist Marc Value, und ich werde Sie im Weiteren unterstützen. Sie haben eine unvollständige Lieferung bei der Bestellung 900007798? Für die Unannehmlichkeiten möchten wir uns entschuldigen. Um welches Teil handelt es sich, und wie viele Teile fehlen?« (siehe Abbildung 16.1)

Simon Brenner beantwortet die Frage im Chat, indem er auf die zwei fehlenden Glaselemente für seine Überdachung aus der Bestellposition 3 verweist. Marc Value hakt somit die Punkte 2 und 3 in seiner Checkliste ab und sucht nach ähnlichen Problemen mit diesen Glaselementen aus anderen Tickets in der Wissensdatenbank.

Er erkennt, dass die Glaselemente immer wieder bei der Lieferung für Probleme sorgen, etwa durch Beschädigung. Als Lösungsvariante wird aufgrund der niedrigen Ersatzkosten in der Regel eine Neulieferung und keine Nachverfolgung bei der Spedition veranlasst.

Als Bewertung des internen Vorgehens vermerkt Marc Value daher einen Kulanzfall und fragt zurück. »Wie soll mit den fehlenden Teilen umgegangen werden? Möchten Sie eine Rückerstattung oder eine Nachlieferung?«

Simon Brenner beantwortet die Frage mit »Nachlieferung«. Marc Value bestätigt das weitere Vorgehen und erklärt Simon Brenner, dass er nun per E-Mail ein Formular zur Bestätigung der fehlenden Teilelieferung ausfüllen und zurücksenden muss. Der Chat wird geschlossen und steht als Interaktion im Ticket zur Verfügung. Marc Value versendet aus dem Ticket heraus die E-Mail mit dem Formular an Simon Brenner. Dieser wartet bereits auf die eintreffende E-Mail, füllt das Formular aus und sendet dieses an die Absenderadresse zurück.

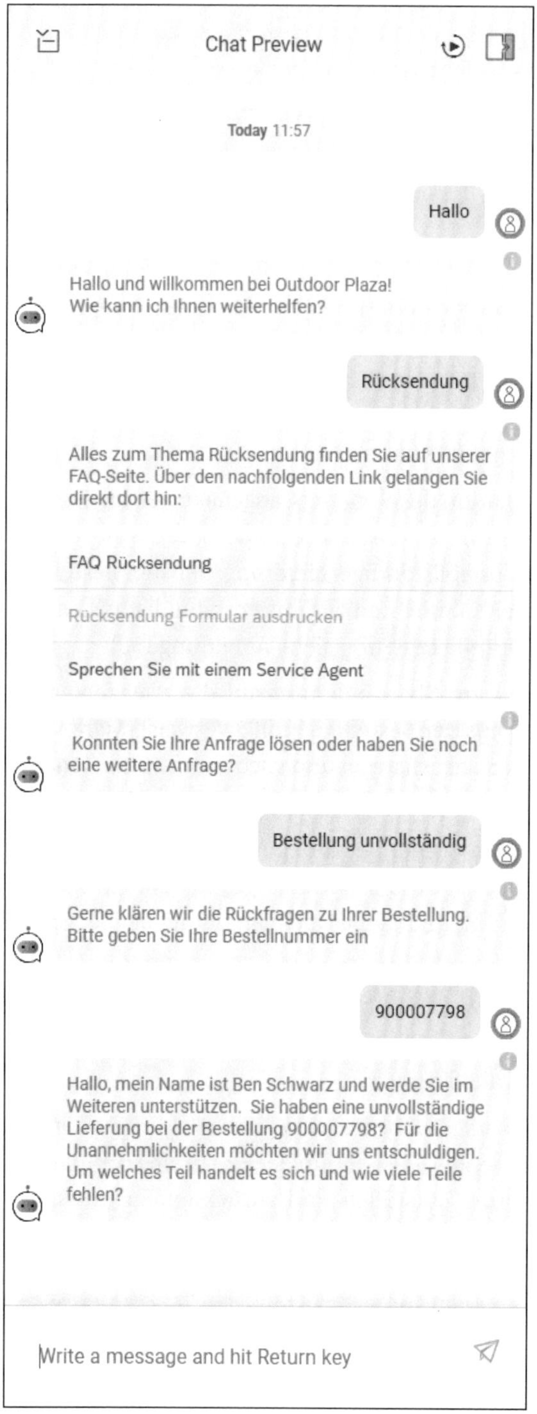

Abbildung 16.1 Chatbot-Serviceanfrage zu einer unvollständigen Bestellung

Marc Value erhält in seinem Ticketsystem daraufhin eine Meldung, dass das Ticket auf ihn zurückgestellt wurde und löst nach kurzer Prüfung den Auftrag zur Teilenachlieferung aus. Jetzt kann das Ticket geschlossen werden. Eine Zusammenfassung der Serviceanfrage wird daraufhin an Simon Brenner versendet.

16.1.3 User Story: Simon Brenners Reklamation (Teil 2)

Simon Brenner macht es sich nach Feierabend in seiner neuen Sitzecke gemütlich, um den Tag ausklingen zu lassen, als es an der Tür klingelt. Ihm wird ein Paket von Outdoor Plaza zugestellt. Darin befinden sich die zwei fehlenden Glaselemente für seine Überdachung sowie ein Gutschein über 10 EUR für die nächste Bestellung. Er ist begeistert von dem Kundenservice des Anbieters und hat schon eine Idee für das nächste Gartenprojekt.

16.1.4 Prozessschaubild

Soweit zu der Geschichte dieses zufriedenen Kunden. Wie aber lässt sich dieser Ablauf aus der Sicht des Serviceteams visualisieren? Abbildung 16.2 und Abbildung 16.3 zeigen Ausschnitte des Prozesses. Die vier Swimlanes unterscheiden hierbei die am Prozess beteiligten Personen: Endkunde, Service Agent oder Chatbot.

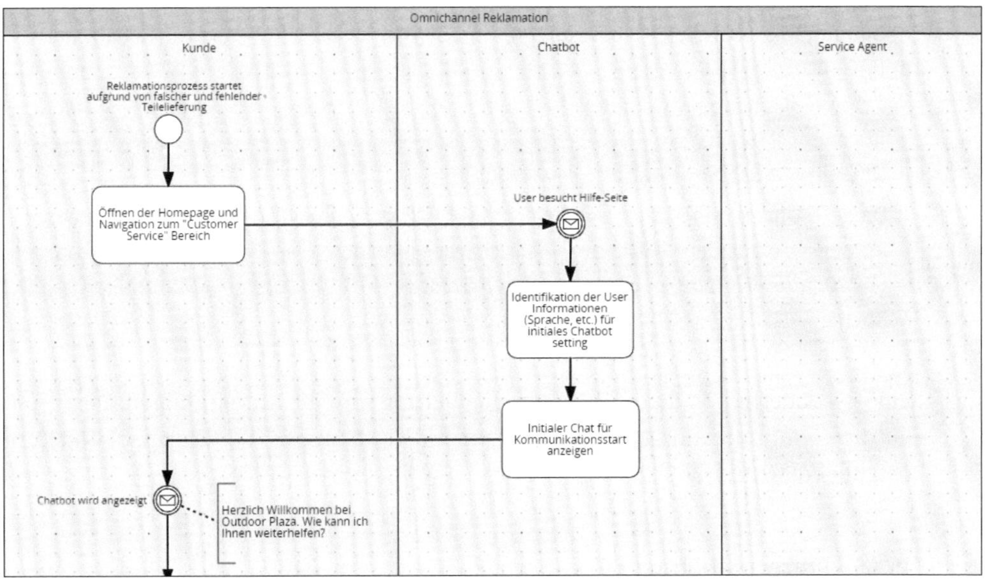

Abbildung 16.2 SIGNAVIO-Prozessdiagramm (BPMN) für die Omnichannel-Reklamation mit AI – Ausschnitt 1

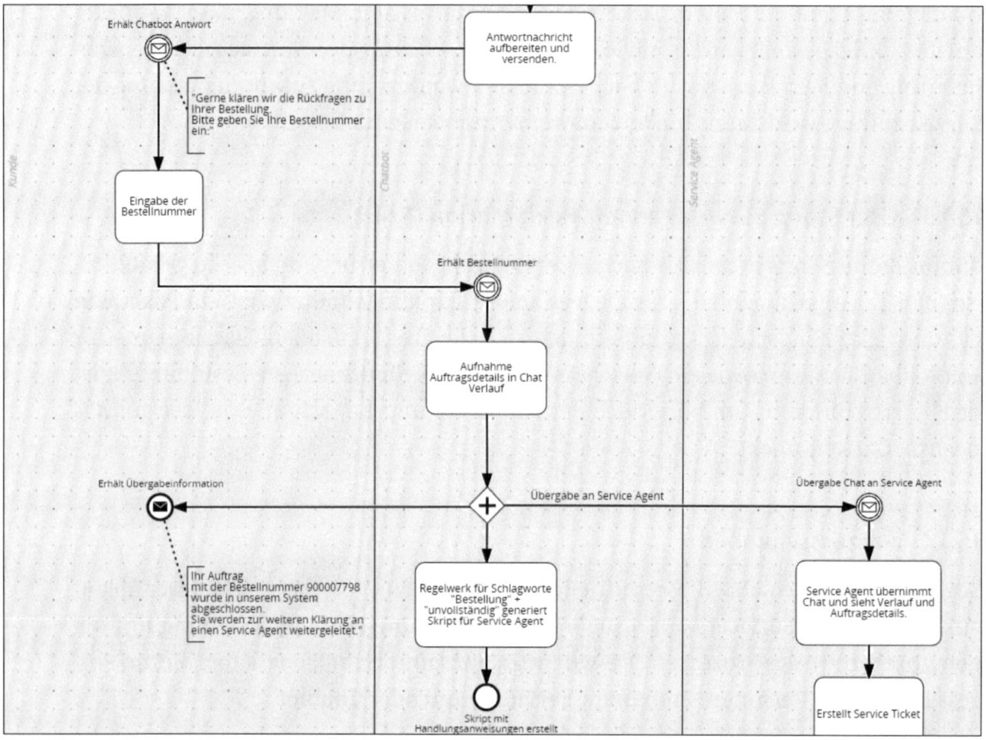

Abbildung 16.3 SIGNAVIO-Prozessdiagramm (BPMN) für die Omnichannel-Reklamation mit AI – Ausschnitt 2

Detaillierte Darstellung des Prozesses

Da der Platz auf einer Buchseite beschränkt ist, können wir Ihnen an dieser Stelle nur Ausschnitte aus dem komplexen Serviceprozess zeigen. Eine Darstellung des gesamten Ablaufs finden Sie unter *www.sap-press.de/5319* im Kasten »Materialien zum Buch«.

Eine Besonderheit in dieser Prozessmodellierung sind die Anmerkungen. Diese stellen die Kommunikation zwischen Chatbot und Kunden sowie Service Agent und Kunden über den Chat dar.

16.1.5 Prozessvarianten

Der in dieser User Story beschriebene Omnichannel-Reklamationsprozess bietet eine Vielzahl an Varianten in der Lösungskonzeption. Chatbot und Mitarbeiter-Chat sind nur zwei der möglichen Customer Touchpoints im Service. Vor allem im B2B-Umfeld werden Serviceanfragen in der Regel durch E-Mails oder Telefonate geführt. Wichtig hierbei ist, dass Sie Ihrem Kunden über alle Kanäle hinweg Ihre Idee von Customer Experience bieten.

Chatbot-Varianten

Der in dieser User Story beschriebene Reklamationsprozess stellt einige innovative Themen, wie Chatbot, Textanalysen und Scripting in den Vordergrund. Diese bilden hierbei nur eine der vielen verschiedenen Einsatzmöglichkeiten und Ausbaustufen von Chatbots ab.

Ein Chatbot kann in einem einfacheren Fall auch nur zur Strukturierung von Anfragen genutzt werden. So können Sie die Kunden z. B. anhand von Schlüsselwörtern direkt auf Ihre FAQ-Seite verweisen.

Ein wichtiger Zeitpunkt in diesem Zusammenspiel der Systeme ist die Übergabe von Serviceanfragen vom Chatbot an den Service. In unserer User Story wird ein Ticket in der *SAP Service Cloud* generiert, in dem die Kundenkommunikation zusammengeführt wird.

Die letzte Ausbaustufe, die sich in unserer User Story wiederfindet, ist der Einsatz von Scripting-Methoden, um die Servicemitarbeitenden proaktiv durch die Kundenkommunikation zu leiten. Diese Abläufe oder auch Checklisten basieren auf standardisiertem Prozessschritten, die in Form einer Wissensdatenbank auffindbar sind. Der Chatbot würde somit über die aufgezeigten Logiken die Schlüsselworte wie beispielswiese »Rücksendung« erkennen und in der Wissensdatenbank die jeweils passende Seite aufrufen. Ein Servicemitarbeiter oder eine -mitarbeiterin kann somit durch die AI-Unterstützung eine effiziente Ausführung dieser standardisierten Anfrage gewährleisten und qualitativ hochwertigen Service liefern.

Omnichannel im Customer Service

Die Customer Touchpoints im Service sind von großer Heterogenität geprägt. Kundenanfragen werden Sie über alle von Ihnen bereitgestellten Kanäle erreichen. Der nachfolgende Infokasten stellt einige potenzielle Customer Touchpoints heraus.

[zB]

Customer Touchpoints im Service

Im Service werden die folgenden Berührungspunkte mit den Kunden häufig genutzt:

- E-Mail
- Telefonat
- Brief
- Serviceportal
- Live-Chat
- Kontaktformulare
- Self-Service-Workflows auf Ihrer Homepage

- soziale Medien
- Commerce-Shop
- Vertriebsmitarbeitende
- Servicemitarbeitende (z. B. Servicetechniker oder -technikerin)
- Handels- oder Servicepartner
- Chatbots
- Umfragen
- Predictive Maintenance oder IoT-Maschinenüberwachungen

Die konzeptionelle Arbeit besteht somit darin, die Kanäle zusammenzuführen und durch Automatismen eines starken Service-Tools wie die SAP Service Cloud strukturieren zu lassen. Ticket Routing und Service Level Agreements helfen Ihnen dabei, die Servicetickets gemäß ihrer Priorität zu verteilen. Die Reaktionszeiten unterscheiden sich hierbei zum einen pro Kanal oder können z. B. vertraglich vereinbart sein. So wird in einem Live-Chat keine große Wartezeit geduldet, während eine einfache Wartung nicht am Wochenende eingeplant werden muss. Über das Ticket-Routing können Sie Ihre Kanäle somit automatisiert auf Ihre Serviceteams verteilen und eine Vorstrukturierung ermöglichen.

16.1.6 Architektur

Die Architektur des CX-Prozesses basiert auf einem *SAP-Backend-System* (z. B. SAP S/4HANA) der ressourcenbezogen Prozessschritte in der Warenbewegung sowie der Auftragsbearbeitung (siehe Abbildung 16.4).

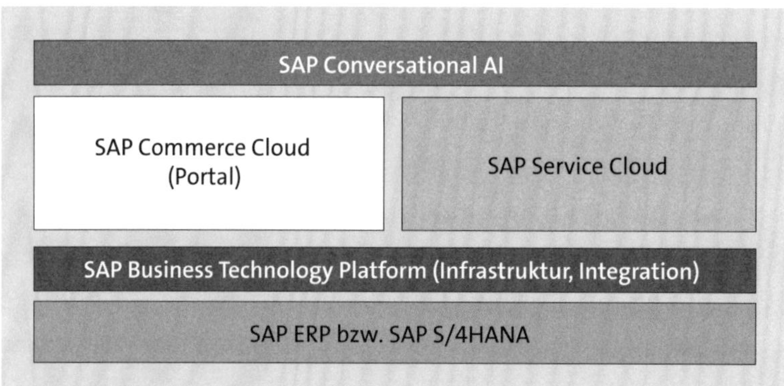

Abbildung 16.4 CX-Bausteine für den Prozess der Omnichannel-Reklamation (AI)

Die SAP Commerce Cloud dient dabei als klassischer Webshop und wird zusätzlich um Content-Seiten wie beispielsweise dem FAQ-Bereich oder Portalfunktionen ergänzt. Als Ticketsystem wird die SAP Service Cloud verwendet, in der der Service

Agent die Tickets bearbeitet, die aus den verschiedenen Eingangskanälen (z. B. Chatbot) heraus erstellt werden.

Die *SAP Business Technology Platform* (SAP BTP) nimmt in der Gesamtarchitektur eine zentrale Rolle ein. Zum einen werden in der SAP Integration Suite die Standard-Integrationsszenarien bereitgestellt, die eine nahtlose Integration von Stamm- und Bewegungsdaten sicherstellen.

Zudem anderen finden Sie in der *SAP Extension Suite* den Service *SAP Conversational AI* (siehe Kapitel 13, »SAP Conversational AI«), mit dem die Implementierung und das Monitoring von Chatbots ermöglicht werden.

16.1.7 Best Practices

Der folgende Abschnitt gibt Ihnen einen Überblick über Best Practices bei der Lösungskonzeption und Umsetzung eines digitalisierten Omnichannel-Reklamationsprozesses.

Customer Touchpoints für die Serviceprozesse definieren

Ihr Servicegeschäft lebt davon, dass Sie Kundenanfragen effizient und effektiv lösen können. Bestenfalls gelingt es Ihnen sogar, aus der entstandenen Kundenkommunikation potenzialorientiert weitere Geschäftsaktionen in Gang zu setzen. Die Definition und Pflege der Customer Touchpoints und Kanäle, mit denen Sie Ihre Kunden erreichen können, sind hierbei von essenzieller Bedeutung. Einige Beispiele für ein Omnichannel-Kundenerlebnis werden in diesem Kapitel aufgezeigt (Chatbot, Service-Agent-Chat und E-Mail-Benachrichtigung). Jeder dieser Kanäle hat seine Vor- und Nachteile in Bezug auf Lösungsorientierung, Ressourceneinsatz, Automatisierungsgrad oder Reaktionszeiten. Dabei sollten Sie bei der Auswahl Ihrer Servicekanäle an die Vorlieben und Interessen Ihrer Kunden denken. Fragen Sie sich, wie Sie im Serviceprozess eine ganzeinheitliche, an den Kunden angepasste Customer Experience erzielen können.

Ermitteln Sie die Digitalisierungsreife Ihrer Serviceprozesse

Bei der Analyse Ihrer Prozessabläufe, vor allem in Bezug auf Ihre Reklamationen, erkennen Sie mit großer Wahrscheinlichkeit Muster. Nutzen Sie diese Muster, um eine Qualitätsvorgabe für Ihren Service zu definieren und gleichzeitig einen potenziellen Automatisierungsgrad abzuleiten. Eine Digitalisierung in Ihren Ticket-Eingangskanälen kann ganz einfach damit beginnen, dass Sie eingehende E-Mails direkt als Tickets in der SAP Service Cloud erfassen. Möchten Sie noch mehr, bietet der Service *Ticket Intelligence* auf der SAP BTP die Möglichkeit, Tickets anhand von Textanalysen zu kategorisieren und Sie mit Lösungsvorschlägen gleich an das richtige Serviceteam weiterzuleiten.

Ob ein Chatbot Ihrem Unternehmen einen Mehrwert bringt und welche Art der Integration für Sie sinnvoll ist, sollten Sie anhand der standardisierten Prozessvarianten abwägen. In Tabelle 16.1 sind die Vor- und Nachteile eines Chatbots aus Sicht Ihrer Kunden dargestellt:

Gründe für die Nutzung	Gründe gegen die Nutzung
▪ Unabhängigkeit von Wartzeiten ▪ Erreichbarkeit 24/7 ▪ schnelle Beantwortung von Fragen (hauptsächlich FAQs) ▪ smarte Kommunikationsmöglichkeit bei einfachen Anfragen ▪ Freundlichkeit	▪ mangelnde Handhabung individueller und Anfragen ▪ unpersönliche Kontaktform

Tabelle 16.1 Analysen sorgen für Transparenz und Optimierungsmöglichkeiten

Jede Serviceanfrage, insbesondere im Reklamationsprozess, kostet im ersten Moment Geld. Umso wichtiger ist es deshalb, die Bearbeitung so effizient und nachhaltig zu gestalten wie möglich. Nutzen Sie daher die Analysemöglichkeiten, die das System Ihnen zur Verfügung stellt, um stets eine Übersicht über Ihre Anfragen zu erhalten, diese zu clustern und zu standardisieren (siehe Abbildung 16.5).

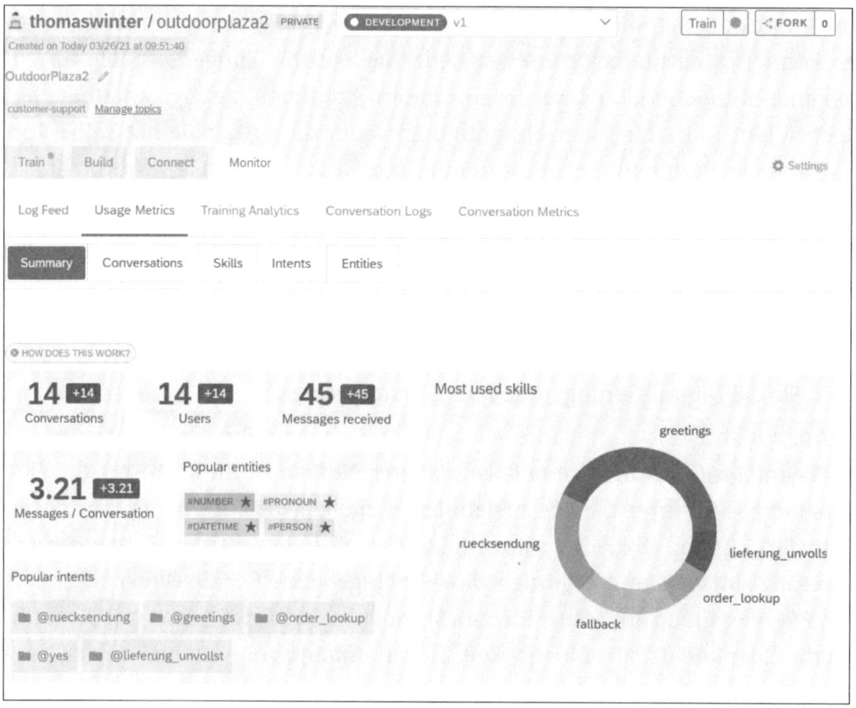

Abbildung 16.5 Chatbot-Monitoring mit SAP Conversational AI

Eine weitere Analyse, die Sie über einen Chatbot einfach realisieren können, ist tatsächlich die Bemessung der Customer Experience! Nutzen Sie beim Abschluss einer Chatbot-Interaktion einfache Metriken wie z. B. den Net Promoter Score oder Sentiment-Analysen um die Kundenzufriedenheit und die Stimmung gegenüber Ihrem Unternehmen zu messen.

16.2 Servicemeldung mit Einsatz des Servicetechnikteams

In diesem Szenario zeigen wir Ihnen eine klassische Servicereparaturabwicklung – unterstützt durch moderne, papierlose und digitale Systeme, die einen effektiven und effizienten Ablauf im Field Service garantieren.

16.2.1 Personas

Persona 1/Kunde

Name: Tom Friedrich

Unternehmen: Harzer & Kehl Drehtechnik GmbH

Rolle: Leiter Maschinenpark

Abteilung: Management/Produktion

Tom Friedrich ist seit der ersten Stunde Mitarbeiter der Harzer & Kehl GmbH. Er hat im Jahr 2017 die Leitung des Maschinenparks am Hauptstandort in Berlin übernommen. Zudem ist er verantwortlich für die beiden anderen Produktionsstätten in Stettin (PL) und Rheinland-Pfalz.

Persona 2/Unternehmen

Unternehmen: Harzer & Kehl Drehtechnik GmbH

Das Firmenmotto »Exzellenz in Metall« ist bei der Harzer & Dreher GmbH keine Floskel. Die Harzer & Dreher GmbH dreht, schleift und fräst hochwertige CNC-Teile und Baugruppen nach individuellen Anforderungen. Mit jahrzehnterlanger Erfahrung und höchstem Anspruch an Qualität hat sie sich zu einem angesehenen und fest etablierten Partner und Zulieferer in der Automobil- und Antriebsindustrie entwickelt. Nicht zuletzt aufgrund eines fein austarierten Maschineparks und einer Produktion mit hochautomatisierten Maschinen gewährleistet die Harzer & Dreher GmbH Qualität und die Einhaltung von Fristen.

Persona 3/Unternehmen

Unternehmen: SyMachines CNC

Rolle: Lieferant/Hersteller

SyMachines CNC ist Teil der SyMachines-Gruppe und spezialisiert auf die Produktion von hochleistungsfähigen und intelligenten CNC-Fräsmaschinen. Neben der Maschinenproduktion bietet SyMachines diverse digitale Services für die Maschinen (auch Maschinen der CNC) der Kunden an, die größtenteils direkt über das entsprechende Kundenportal angeboten werden. In dem Kundenportal besteht die Möglichkeit, sämtliche Maschinen digital zu verwalten und die Serviceprozesse (Ersatzteile, Reparatur und Wartung) online abzuwickeln. Zudem können entsprechenden Services (z. B. IoT-Apps, Maschinenübersicht, Maintenance, Dashboards, Analysen usw.) zu den einzelnen Maschinen genutzt werden. Auch können hier Verträge und Produktinformationsdaten hinterlegt und sämtliche Korrespondenz über das Portal abgewickelt werden.

Persona 4/Service

Name: Frank Lehmann

Unternehmen: SyMachines

Rolle: Service Agent

Abteilung: Call Center After Sales

Persona 5/Field Service

Name: Katja Rosner

Unternehmen: SyMachines CNC

Rolle: Servicetechnikerin

Abteilung: Field Service

Persona 6/Field Service

Name: Peter Planer

Unternehmen: SyMachines

Rolle: Dispatcher

Abteilung: Global Service

16.2.2 User Story: Tom Friedrichs Planung des Serviceeinsatzes nach einer Fehlermeldung

Tom Friedrich ist gerade in einer Besprechung im Lager, als er eine Nachricht auf seinem Tablet erhält. Er sieht diese Nachricht: »Maschine Fräse XT 240 steht mit Fehlermeldung«. Er öffnet das digitale Maschinenverwaltungsportal auf seinem Tablet und sieht in dem *Maschinen-Dashboard* die Störungsmeldung.

Er öffnet die oben angeführte Fehlermeldung und sieht, dass bei der Maschine XT 240 offenbar ein Problem vorliegt. Nach Rücksprache mit dem Maschinenführer wird klar, dass der Fehler nicht ad hoc behoben werden kann. Er legt deshalb direkt aus der Fehlermeldung ein *Serviceticket* an (siehe Abbildung 16.6).

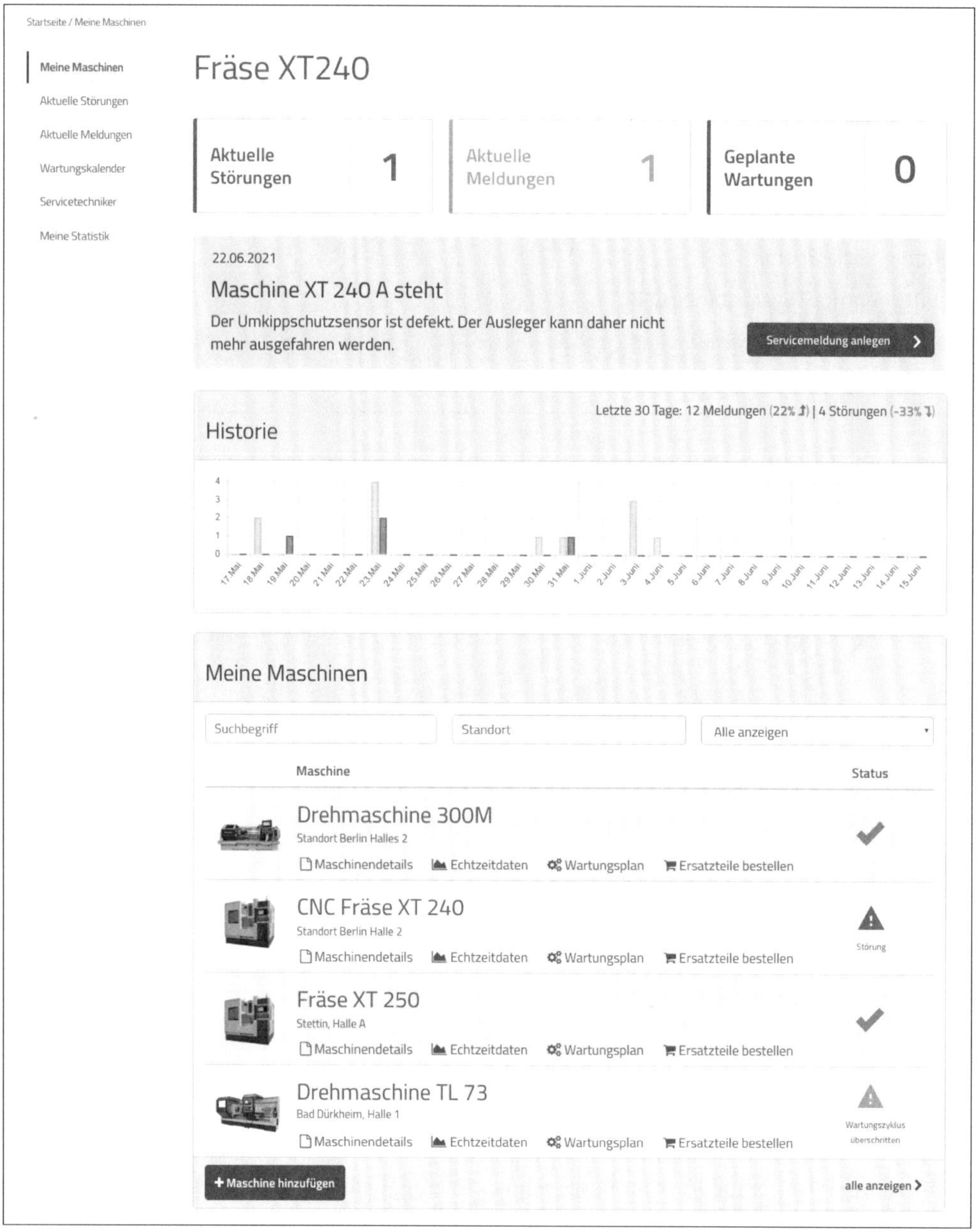

Abbildung 16.6 Serviceticket im Portal

Das Serviceticket wird automatisch im System angelegt und anhand des Kunden, des Equipments und des Servicevertrags in die Queue von Frank Lehmann geroutet. Der Service Agent nimmt sich das Serviceticket und antwortet direkt mit der Bitte, das *Fehler-Log* auszulesen. Die Schritt-für-Schritt-Anleitung, wie das zu machen ist, liefert er mit, indem er den aus dem *Repository* den entsprechenden Wissensartikel als PDF-Dokument anhängt (siehe Abbildung 16.7).

Herr Friedrich öffnet die Antwort im Portal, liest das Fehler-Log aus und sendet die Datei als Anhang zum Ticket an den Service Agent.

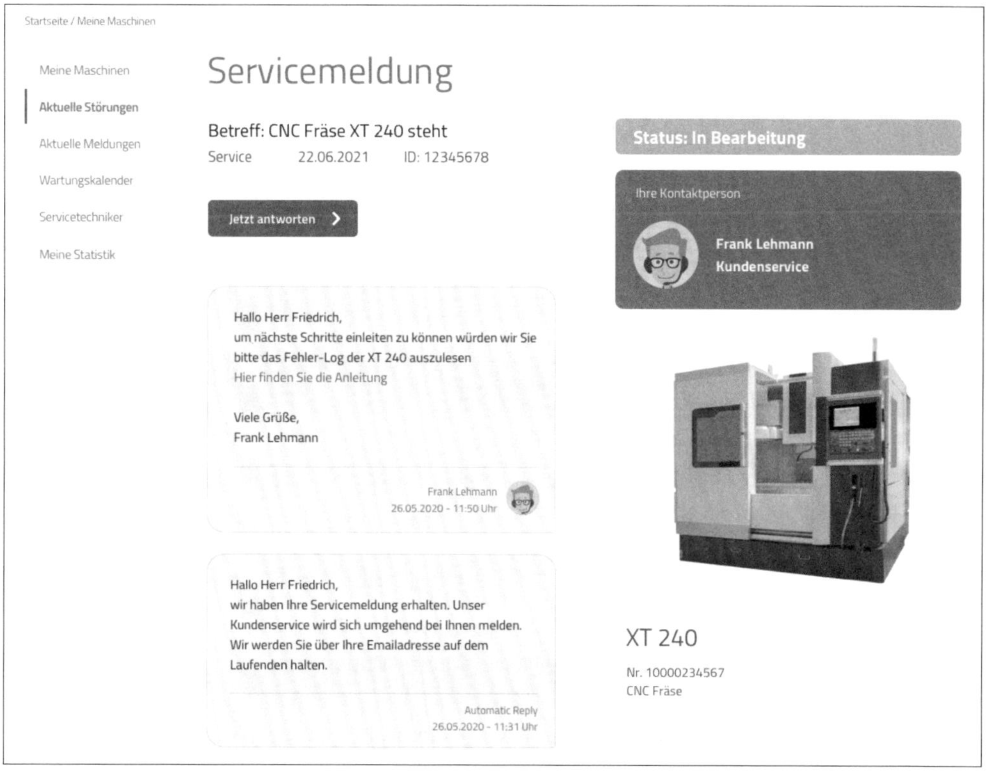

Abbildung 16.7 Kommunikation über das Serviceticket

Frank Lehmann sucht mit den Informationen aus dem Fehler-Log in der SAP Service Cloud passende Wissensartikel und vergleichbare Servicetickets. Er erkennt anhand historischer Daten, dass der Fehler nicht direkt behoben werden kann und den Einsatz des Servicetechnikteams erfordert. Er leitet das Ticket an den Dispatcher (Peter Planer) weiter und ändert entsprechend den Ticketstatus. Tom Friedrich erhält das Update per Push-Nachricht in seiner Portalübersicht.

Über die Einsatzplantafel in *SAP Field Service Management* (siehe Kapitel 14, »SAP Field Service Management«) sucht Peter Planer einen qualifizierten und verfügbaren

Servicetechniker und kann Tom Friedrich vier mögliche Einsatztermine anbieten (siehe Abbildung 16.8).

Die Servicetechnikerin Katja Rosner ist gerade von einem Einsatz zurückgekehrt und erhält eine Push-Nachricht auf ihrer mobilen *Servicetechniker-App* (SAP-Field-Service-Management-App). Sie sieht den neuen Serviceauftrag mit der Priorität **Hoch**. Nach kurzer Prüfung bestätigt sie den Auftrag für den nächsten Tag. Der Status des Auftrags ändert sich automatisch.

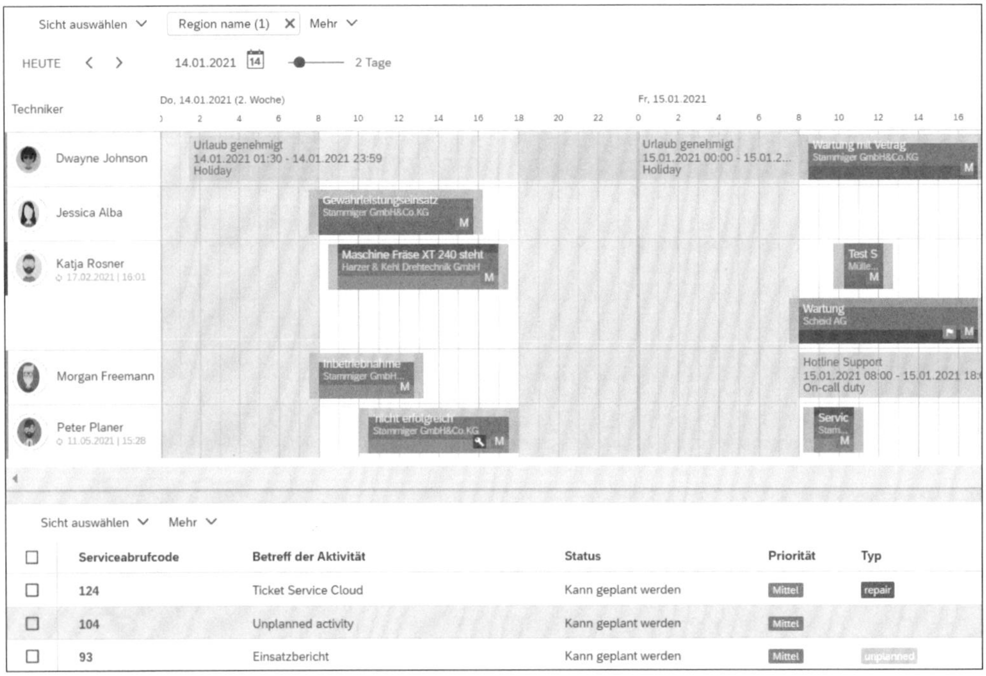

Abbildung 16.8 Einsatzplanung in SAP Field Service Management

Über Nacht werden die benötigten Ersatzteile und Equipments in ihr Fahrzeuglager geschickt. Am nächsten Morgen findet sie die entsprechenden Teile in ihrem Fahrzeug. Über den Button **Start Auftrag** wird der Status des Auftrags aktualisiert, und der Dispatcher sieht in der Einsatzplanungstafel, dass Katja unterwegs ist.

Der Kunde erhält eine Nachricht mit der voraussichtlichen Ankunftszeit der Servicetechnikerin. Gegen 10:00 Uhr trifft Katja Rosner bei der Harzer & Kehl Drehtechnik GmbH ein und setzt den Serviceauftrag erfolgreich um. Anhand der im Ticket hinterlegten Informationen zur Maschine XT 240 und der integrierten Checkliste kann Katja den Fehler schnell lösen, die notwendigen Ersatzteile verbauen und zusätzlich den in 14 Tagen fälligen Wartungsservice durchführen.

Nach dem Abschluss sämtlicher Arbeiten protokolliert sie Zeiten, verbrauchtes Material und Spesen im Serviceauftrag. Nach Beendigung der Tätigkeiten unterschreibt Tom Friedrich den Auftrag direkt auf dem Mobile Device von Katja Rosner.

Der Servicebericht steht Tom Friedrich ab sofort im Portal zur Verfügung. Auf dem Dashboard kann er sehen, dass die Maschine wie gewohnt läuft.

Während Katja Rosner auf Weg zum nächsten Kunden ist, prüft Service Agent Frank Lehmann den zurückgemeldeten Auftrag und veranlasst die Rechnungserstellung abhängig von den Konditionen im Servicevertrag der Harzer & Kehl Drehtechnik GmbH. Die Rechnung ist anschließend ebenfalls im Portal verfügbar.

Ein Tag nach der Durchführung des Serviceauftrags erhält Tom Friedrich automatisch eine E-Mail mit der Bitte um kurzes Feedback zum Auftrag. Tom Friedrich öffnet den Link und füllt den Fragebogen aus. Abschließend speichert er seine Antworten und schließt den Fragebogen.

16.2.3 Prozessschaubild

Die Prozessdiagramme in Abbildung 16.9 und Abbildung 16.10 zeigen Ausschnitte aus dem Gesamtprozess. Die vier Swimlanes unterscheiden hierbei die am Prozess beteiligten Personas.

Detaillierte Darstellung des Prozesses

Da der Platz auf einer Buchseite beschränkt ist, können wir Ihnen an dieser Stelle nur Ausschnitte aus dem komplexen Serviceprozess zeigen. Eine Darstellung des gesamten Ablaufs finden Sie unter *www.sap-press.de/5319* im Kasten »Materialien zum Buch«.

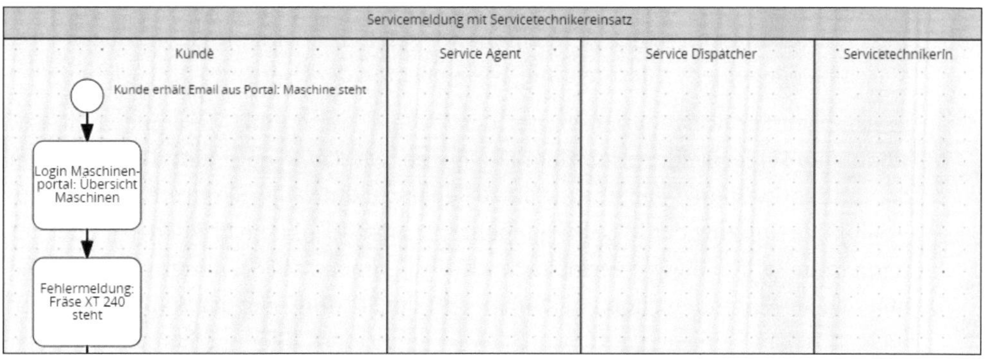

Abbildung 16.9 SIGNAVIO-Prozessdiagramm (BPMN) für die Servicemeldung mit Servicetechnikereinsatz – Ausschnitt 1

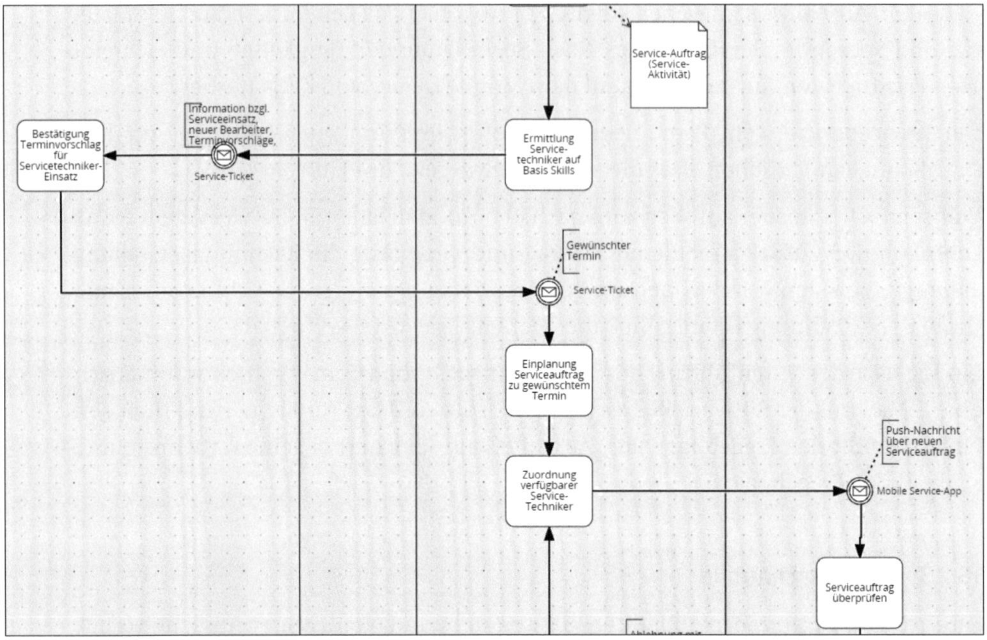

Abbildung 16.10 SIGNAVIO-Prozessdiagramm (BPMN) für die Servicemeldung mit Servicetechnikereinsatz – Ausschnitt 2

16.2.4 Varianten

In den folgenden beiden Abschnitten werden unterschiedliche Prozessvarianten vorgestellt, die den vielfältigen Serviceprozess noch flexibler gestalten und vor allem auf zukünftige Digitalisierungsfunktionen eingehen.

Prozessvariante – Predictive Maintenance

Die Prozessvariante Predictive Maintenance zeigt eine Variante beim Ausfall einer Maschine oder einer Fehlermeldung, wie zu Beginn der User Story beschrieben.

In gängigen Serviceszenarien startet der Prozess, wenn eine Maschine steht bzw. wenn eine Fehlermeldung auf dem *Display* der Maschine erscheint. Dies bedeutet, dass ab dem Zeitpunkt der Störung bis zu Reparatur durch den Servicetechniker keine produktive Nutzung der Maschine möglich ist; somit sinkt die Produktivität der Fertigungsstraße. Um dies zu vermeiden, wird zunehmend auf Szenarien gesetzt, in denen sich die Maschine schon vor dem Ausfall, der Störung oder der Wartung proaktiv meldet. So kann eine Reparatur durch einen Servicetechniker noch vor dem tatsächlichen Ausfall eingeplant und durchgeführt werden. Dadurch verkürzt sich die Ausfallzeit auf die Zeit während der Reparatur, was insgesamt zu einer erhöhten Produktivität der Fertigungsstraße führt.

In unserer User Story würde somit Tom Friedrich schon zwei Tage vorab eine Meldung über ein potenzielles Problem an der Maschine erhalten und schon proaktiv ein *Serviceticket* bei dem Hersteller SyMachines CNC ausgelöst. Fehlermeldung und Fehler-Log werden automatisch ausgelesen und dem *Serviceticket* angehängt. Wenn die Servicetechnikerin Katja Rosner eintrifft, läuft die Maschine noch. Der potenziell auftretende Fehler wird von Katja Rosner behoben, und die Maschine kann mit einer nur kurzen Ausfallzeit sofort weiter produktiv genutzt werden.

Weitere Informationen zu *Predictive-Maintenance*-Szenarien finden Sie auch in Abschnitt 16.3, »Servicemeldung (Predictive Maintenance und IoT)«.

Prozessvariante – Crowd Service

Die Prozessvariante *Crowd Service* behandelt die Einplanung von Servicetechnikern in unserer User Story, also die Tätigkeit von Dispatcher Peter Planer.

Nehmen wir an, die Servicetechnikerin Katja Rosner, die sonst immer die Harzer & Kehl Drehtechnik GmbH betreut, ist krank. Zudem kann Peter Planer auf keine passenden und verfügbaren Servicetechniker innerhalb der Firma SyMachines CNC zugreifen. Durch den *SAP Crowd Service* (siehe Abschnitt 14.9, »SAP Crowd Service«), ein Bestandteil von SAP Field Service Managements kann Peter Planer den Serviceauftrag für die Maschine XT240 stattdessen an externe Servicepartner übergeben. Dazu hat Peter Planer im Vorfeld bestimmte externe Partner über den Crowd Service per E-Mail eingeladen. Sobald die Partner die Einladung angenommen haben, müssen sie sich durch die Angabe von Informationen wie z. B. verfügbare Servicetechniker, Skills usw. als Partner »bewerben«. Nachdem Peter Planer diese Rückmeldung aktiv bestätigt hat, sind die Partner auf der *Plantafel* aktiv, und es können ihnen Serviceaufträge zugewiesen werden.

Peter Planer übergibt also den *Serviceauftrag* für die Maschine XT240 in SAP Field Service Managment an einen externen Servicepartner. Nachdem dieser bestätigt hat, kann der Einsatz durch den externen Servicetechniker ausgeführt werden.

16.2.5 Architektur

Die zugrunde liegende Architektur für die oben beschriebene User Story basiert vor allem auf den drei Komponenten SAP Commerce Cloud, SAP Service Cloud und SAP Field Service Management (siehe Abbildung 16.11).

Über die SAP Commerce Cloud wird das Maschinenportal abgebildet und die Anlage des *Servicetickets* ermöglicht, das dann in die SAP Service Cloud übertragen wird. Dort erfolgt das Routing, die Zuordnung von Serviceverträgen und die Priorisierung. Im Falle einer Einbindung von Wissensdatenbanken (*Knowledge Management*) erfolgt dies auch integriert aus der SAP Service Cloud heraus.

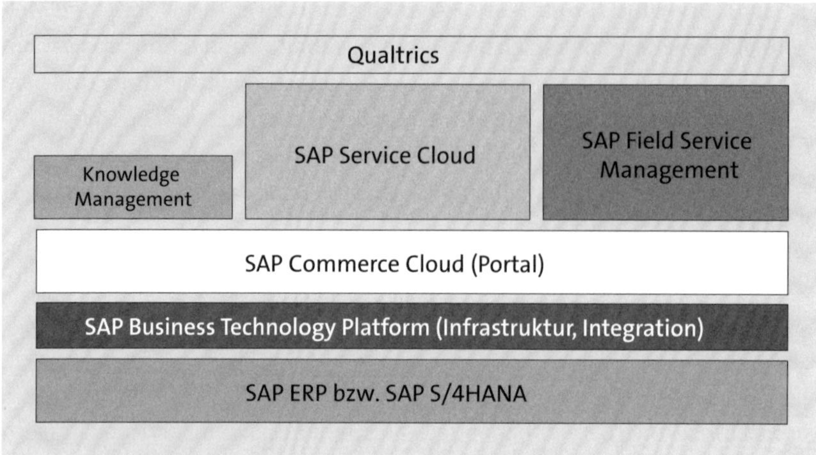

Abbildung 16.11 CX-Bausteine für den Prozess »Servicemeldung mit Servicetechnikereinsatz«

Sobald ein Servicetechnikereinsatz geplant wird, kommt SAP Field Service Management ins Spiel. Darin erfolgt die Einsatzplanung des *Dispatchers* sowie die Abwicklung durch den Servicetechniker in der SAP-Field-Service-Management-App.

Das Backen-System, z. B. SAP S/4HANA, wird in unserem Szenario benötigt, um die Materialdisposition der Ersatzteile und Werkzeuge abzuwickeln und um Rechnungen zu stellen.

Alle oben genannten Systeme werden durch die SAP BTP miteinander verbunden. Die SAP BTP verwaltet sämtliche Daten, die zwischen den Systemen ausgetauscht werden und ist somit wichtiger Bestandteil einer integrierten Systemlandschaft.

16.2.6 Best Practices

Die User Story beschreibt das klassische Szenario einer Servicereparaturabwicklung, unterstützt durch moderne, papierlose und digitale Systeme, die einen effektiven und effizienten Ablauf garantieren: Während die Servicetechnikerin Katja Rosner zum nächsten Kunden fährt, kann der vorherige Serviceeinsatz bereits in Rechnung gestellt werden.

Nahtlose Kommunikation der involvierten Systeme

Papierbasierte Datenkommunikation oder manuelle Schnittstellen zwischen Systemen sind immer fehleranfällig und langsam. Deshalb ist es ratsam, für automatisierte Schnittstellen zu sorgen, auch wenn diese anfangs eventuell noch manuell ausgelöst werden müssen.

[zB]

Schritt für Schritt zur digitalen Dokumentation

Die Servicetechnikerin meldet nach der Reparatur den Serviceauftrag zurück, inklusive Materialien, Arbeitszeiten, Fahrzeiten, Spesen usw. – diese Rückmeldung sollte digital an den Einsatzplaner übertragen werden. Anfangs können solche Daten z. B. noch manuell überprüft und gegebenenfalls geändert werden. Relevante Prüfungen im SAP-ERP-System sollten anfangs auch noch teilweise manuell erfolgen, bevor die Rechnung freigegeben wird. In einer nächsten »Ausbaustufe« kann evaluiert werden, inwieweit die Daten in den jeweiligen Systemen automatisch geprüft, gegen Verträge validiert und selbständig weitergeleitet oder z. B. auch nur für bestimmte Servicearten wie regelmäßige Wartungen freigeschaltet werden. So nähern Sie sich Schritt für Schritt einer möglichst vollautomatischen Abrechnung.

Immer wieder: hohe Qualität der Stammdaten (kontinuierlich)

Um die nahtlose Kommunikation der Systeme und eine komplett automatisierte Abwicklung zu garantieren, benötigen Sie eine saubere Stammdatenbasis und eine fortlaufende Pflege dieser Stammdaten. Die wichtigsten Stammdaten hierbei betreffen Kunden- und Ansprechpartner, zugeordnete Equipments inklusive deren Adresse und dem zugeordneten Materialstamm sowie die Servicevertragsinformationen eines Kunden in Verbindung mit entsprechenden Equipments und Servicedienstleistungen.

Involvierung der Beteiligten

Im Service ist die Einführung von digitalen Serviceprozessen oft ein massiver Einschnitt in die bisherigen Arbeitsabläufe, was zu Ängsten und Widerstand bei den Beteiligten führen kann. Diese sollten frühzeitig erkannt und über eine zielgerichtete Kommunikation adressiert werden. Ihre Mitarbeitenden könnten digitale Prozesse als »Überwachungsinstrument« wahrnehmen. Zeigen Sie deshalb anhand von einfachen Beispielen auf, dass der Fokus auf der effizienten Abwicklung und einem somit erhöhten Cashflow liegt. Bei Änderungen in der Serviceabwicklung sollten auch andere kundenorientierte Unternehmensbereiche wie z. B. der Vertrieb informiert werden.

Digital nicht um jeden Preis

Auch die Kunden sind bei der Digitalisierung der Serviceprozesse von Belang. Wenn der Kunde die letzten 25 Jahre einen papierbasierten Servicebericht gewohnt war, bedeutet dies nicht, dass er diesen in Zukunft nicht auch gerne per E-Mail erhalten wird. Sprechen Sie vorab mit Ihren Kunden. Binden Sie sie, z. B durch Pilotkunden, in die neuen Prozesse mit ein und zeigen Sie die vielen Vorteile eines effizienten Serviceprozesses auf.

16.3 Servicemeldung (Predictive Maintenance und IoT)

In diesem Szenario gehen wir einen Schritt weiter, hin zum proaktiven Field Service. Möglich macht es die vollständige Vernetzung der Maschinendaten der Kunden mit der Serviceorganisation. Voraussetzung ist eine optimal abgestimmte System- und Prozesslandschaft im Hintergrund.

16.3.1 Personas

Persona 1/Kunde

Name: Tom Friedrich

Unternehmen: Harzer & Kehl Drehtechnik GmbH

Rolle: Leiter Maschinenpark

Abteilung: Management/Produktion

Tom Friedrich ist seit der ersten Stunde Mitarbeiter der Harzer & Kehl GmbH. Er hat im Jahr 2017 die Leitung des Maschinenparks am Hauptstandort in Berlin übernommen. Zudem ist er verantwortlich für die beiden anderen Produktionsstätten in Stettin (PL) und Rheinland-Pfalz.

Persona 2/Unternehmen

Unternehmen: Harzer & Dreher GmbH

Das Firmenmotto »Exzellenz in Metall« ist bei der Harzer & Kehl Drehtechnik GmbH keine Floskel. Die Harzer & Kehl GmbH dreht, schleift und fräst hochwertige CNC-Teile und Baugruppen nach individuellen Anforderungen. Mit jahrzehnterlanger Erfahrung und stets höchstem Anspruch an die Qualität hat sie sich zu einem angesehenen und fest etablierten Partner und Zulieferer in der Automobil- und Antriebsindustrie entwickelt. Nicht zuletzt aufgrund eines fein austarierten Maschinenparks und einer Produktion mit hochautomatisierten Maschinen gewährleistet die Harzer & Kehl GmbH Qualität und die Einhaltung von Fristen.

Persona 3/Field Service

Name: Katja Rosner

Unternehmen: SyMachines CNC

Rolle: Servicetechnikerin

Abteilung: Field Service

Persona 4/Unternehmen

Unternehmen: SyMachines CNC

Rolle: Lieferant/Hersteller

SyMachines CNC ist Teil der SyMachines-Gruppe und spezialisiert auf die Produktion von hochleistungsfähigen und intelligenten CNC-Fräsmaschinen. Neben der Maschinenproduktion bietet SyMachines diverse digitale Services für die Maschinen (auch Maschinen von SylMachines CNC) der Kunden an, die größtenteils direkt über das entsprechende Kundenportal angeboten werden. In dem Kundenportal besteht die Möglichkeit, sämtliche Maschinen digital zu verwalten und die Serviceprozesse (Ersatzteile, Reparatur und Wartung) online abzuwickeln. Zudem können die entsprechenden Services (z. B. IoT-Apps, Maschinenübersicht, Maintenance, Dashboards, Analysen usw.) zu den einzelnen Maschinen genutzt werden. Auch können hier Verträge und Produktinformationsdaten hinterlegt und sämtliche Korrespondenz über das Portal abgewickelt werden.

Persona 5/Field Service

Name: Peter Planer

Unternehmen: SyMachines CNC

Rolle: Dispatcher

Abteilung: Global Service

16.3.2 User Story: Tom Friedrichs proaktive Planung von Ressourcen für den Field Service

Der Kunde Tom Friedrich erhält eine Priorität mit Terminvorschlägen für einen Serviceeinsatz der Firma SyMachines an seiner Maschine Fräse XT 240. Ein Blick in sein Maschinenverwaltungsportal zeigt ihm an, dass die Maschine XT 240 nur noch auf 80 % der Produktivität läuft, aber bereits ein Serviceticket automatisch von der Maschine abgesetzt wurde. Des Weiteren sieht er, dass bei der Maschine XT 240 in der nächsten Woche eine regelmäßige Wartung ansteht und diese auch gleich mit dem Serviceeinsatz erledigt werden kann. Herr Friedrich bestätigt einen Termin für einen Serviceeinsatz inklusive Wartung am Nachmittag.

Werfen wir einen Blick zurück, um die beschriebenen Vorgänge nachvollziehen zu können: Die Maschine XT 240 erkannte aufgrund spezieller Sensoren eine kleine Ungenauigkeit der Frässpindelführung, was die Produktivität leicht reduzierte. Durch die Integration der Maschine in das IoT-Netzwerk, ausgesteuert über das SAP Asset Intelligence Network, konnte durch die Predictive-Maintenance-Funktion für den Vorfall automatisch ein Serviceticket angelegt und versendet werden. Die Maschinendaten wurden dem Ticket beigefügt.

Das Serviceticket wurde bei der Firma SyMachines auf Basis der Kunden-, Maschinen- und Servicevertragsinformationen automatisch kategorisiert, klassifiziert und direkt an den zuständigen Dispatcher Peter Planer mit der entsprechenden Priorität weitergeleitet (siehe Abbildung 16.12).

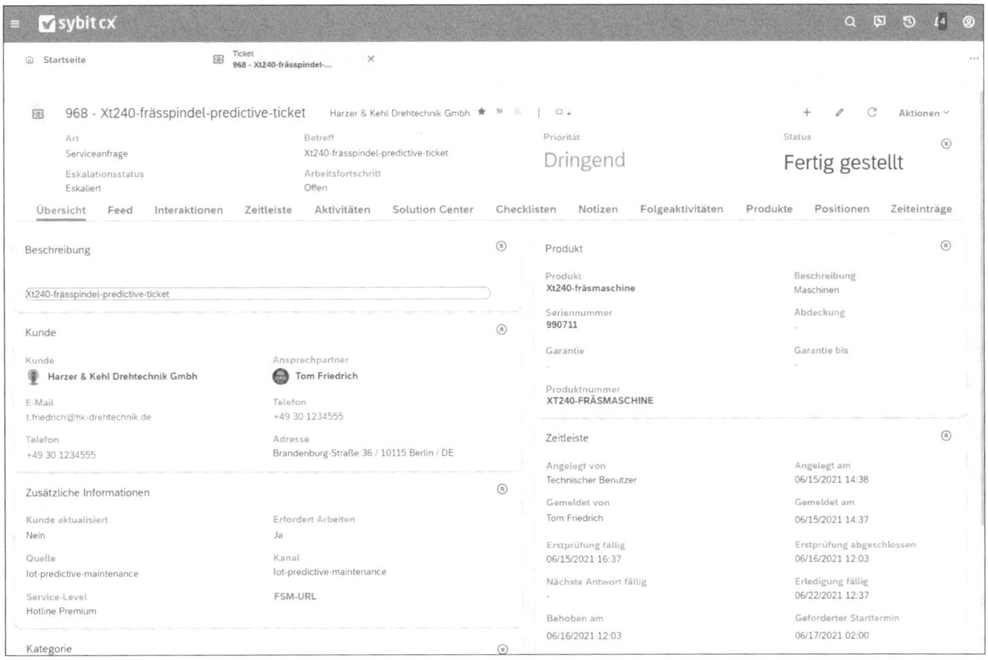

Abbildung 16.12 Serviceticket in der SAP Service Cloud

Peter Planer erkannte in seinem Einsatzplanungsleitstand sofort, dass für genau diese Maschine auch eine regelmäßige Wartung in der nächsten Woche ansteht. Er fasst beide Einsätze zusammen und erhält sofort drei Terminvorschläge, an denen der Serviceeinsatz ausgeführt werden könnte.

Peter Planer verschickte diese Terminvorschläge an seinen Kunden Tom Friedrich, der nach kurzer Zeit einen Termin am Nachmittag bestätigt. Peter Planer versendet den Serviceauftrag an die Servicetechnikerin Katja Rosner, die diesen nach weiteren 30 Minuten auf ihrer mobilen Field-Service-Management-App akzeptiert (siehe Abbildung 16.13). Sobald sie sich auf den Weg macht, erhält der Kunde Tom Friedrich eine E-Mail mit der voraussichtlichen Ankunftszeit.

Am Nachmittag erreicht Katja Rosner die Harzer & Kehl Drehtechnik GmbH, führt sowohl die Reparatur aus, zu der sie ein Ersatzteil aus ihrem Fahrzeuglager benötigt, als auch die regelmäßige Wartung der Maschine XT 240.

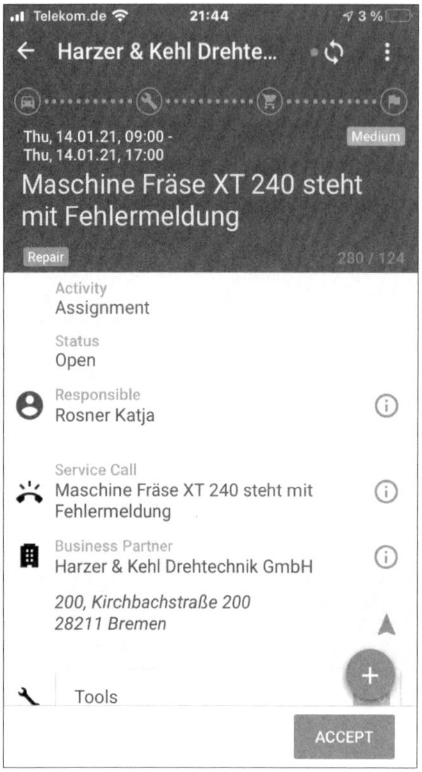

Abbildung 16.13 Mobile App der Servicetechnikerin in SAP Field Service Management

Tom Friedrich konnte durch die Predictive-Maintenance-Funktion einen längeren Maschinenstillstand vermeiden und unterschreibt den Servicebericht direkt bei Katja Rosner auf dem Tablet.

Während Katja Rosner schon unterwegs zum nächsten Serviceeinsatz ist, werden der Serviceauftrag und die Wartung an den Dispatcher Peter Planer zurückgemeldet.

Sobald Peter Planer die Rückmeldungen geprüft hat, startet die automatisierte Rechnungsstellung. Das System erkennt, dass der Servicevertrag weder die angefallene Wartung noch die Reparatur beinhaltet und erstellt somit eine Rechnung für die Harzer & Kehl Drehtechnik GmbH. Parallel dazu wird automatisch im System validiert, mit welchem Servicevertrag sowohl die angefallene Wartung als auch bestimmte Reparaturen abgedeckt wären. Auf Basis dieser Informationen wird ein Angebot für die Harzer & Kehl Drehtechnik GmbH erstellt. Die Wartungsarbeiten werden als monatliches Abonnementgeschäft (Subscription) angeboten. Diese sind jederzeit kündbar und werden über den als Standard hinterlegten Payment-Provider monatlich abgebucht. Im Angebot enthalten ist Folgendes: Sollte die Harzer & Kehl Drehtechnik GmbH den Servicevertrag innerhalb der nächsten zwei Wochen abschließen, wird die aktuelle Rechnung bezüglich Wartung und Servicevertrag storniert.

16.3.3 Prozessschaubild

Die Prozessdiagramme aus Abbildung 16.14 und Abbildung 16.15 zeigen Ausschnitte aus dem Gesamtprozess. Die drei Swimlanes unterscheiden hierbei die am Prozess beteiligten Personas.

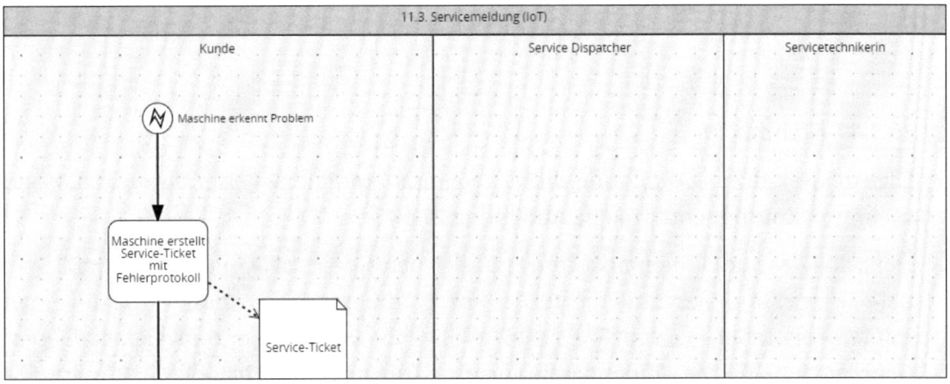

Abbildung 16.14 SIGNAVIO-Prozessdiagramm (BPMN) für die Servicemeldung (Predictive Maintenance und IoT) – Ausschnitt 1

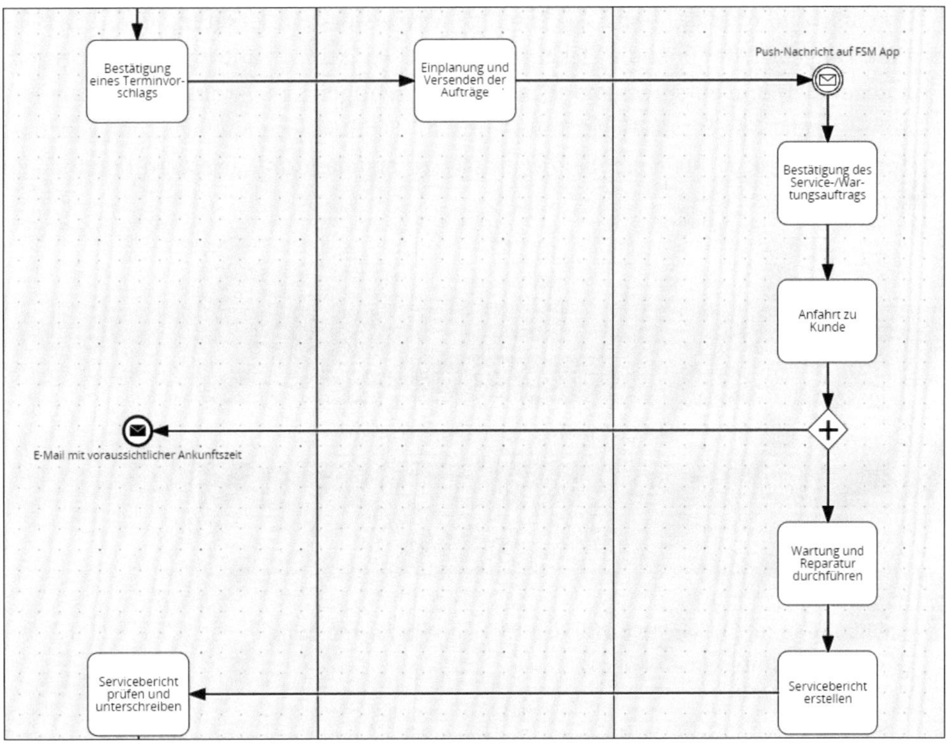

Abbildung 16.15 SIGNAVIO-Prozessdiagramm (BPMN) für die Servicemeldung (Predictive Maintenance und IoT) – Ausschnitt 2

Detaillierte Darstellung des Prozesses

Da der Platz auf einer Buchseite beschränkt ist, können wir Ihnen an dieser Stelle nur Ausschnitte aus dem komplexen Serviceprozess zeigen. Eine Darstellung des gesamten Ablaufs finden Sie unter *www.sap-press.de/5319* im Kasten »Materialien zum Buch«.

16.3.4 Architektur

Die Architektur zur Abbildung dieser technisch komplexen User Story basiert auf mehreren Komponenten (siehe Abbildung 16.16).

Der Leiter des Maschinenparks Tom Friedrich bewegt sich als Kunde ausschließlich in dem Service- und Maschinenportal der SAP Commerce Cloud. Diese wird zum einen mit Informationen aus dem SAP Asset Intelligence Network, der zentralen *Kollaborationsplattform* für Maschinendaten, versorgt. Zum anderen erhält die SAP Commerce Cloud auch Informationen aus den Backend-Systemen (SAP S/4HANA) oder aus der SAP Service Cloud zu den allgemeinen Maschinendaten sowie deren Wartungsintervallen. Sobald die Maschine über die Predictive-Maintenance-Funktion ein Problem erkennt, wird über das SAP Asset Intelligence Network ein Ticket in der SAP Service Cloud angelegt, das über die Ticket-Intelligence-Funktionen automatisch priorisiert, kategorisiert und entsprechend schnell in den richtigen Kanal weitergeleitet werden. Somit landet das Serviceticket sofort im SAP Field Service Management, um dort Terminvorschläge für einen Serviceeinsatz zu erstellen und an Herrn Friedrich zu senden.

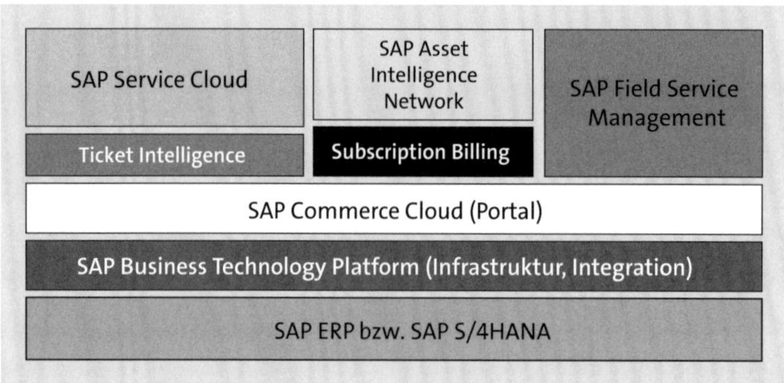

Abbildung 16.16 CX-Bausteine für den Prozess »Servicemeldung« (Predictive Maintenance und IoT)

Auch die Servicetechnikerin Katja Rosner wickelt den Serviceeinsatz über das SAP Field Service Management ab, während gleichzeitig die Rechnungsstellung im Backend (SAP S/4HANA) erfolgt.

Und wenn es am Ende darum geht, vordefinierte Leistungs- oder Abonnementpakete zu schnüren und zu verwalten kommt *SAP Subscription Billing* (siehe Kapitel 10, »SAP Subscription Billing«) zum Einsatz. Das Backend-System (SAP S/4HANA) wird in unserem Szenario benötigt, um die Materialdisposition der Ersatzteile und Werkzeuge abzuwickeln und letztendlich die Rechnungsstellung zu prüfen und auszuführen.

Alle oben genannten Systeme werden durch die SAP BTP miteinander verbunden. Die SAP BTP verwaltet sämtliche Daten, die zwischen den Systemen ausgetauscht werden und ist somit wichtiger Bestandteil einer integrierten Systemlandschaft.

16.3.5 Best Practices

Die Nutzung von IoT oder PDMS-Funktionen zur Bereitstellung digitaler Services ist ein ebenso neues wie vielfältiges »Spielfeld«. Umso mehr besteht hier auch Bedarf, schrittweise zum bestmöglichen Szenario zu gelangen – Rückschläge und Lernphasen eingerechnet. Dennoch stellen wir Ihnen im Nachgang zwei grundlegen Empfehlungen auf dem Weg zum »smarten Service« vor.

Stufenweise Vernetzung

Eine komplette Vernetzung der Maschinendaten der Kunden mit der internen Serviceorganisation und -abwicklung erfordert eine in höchstem Maße abgestimmte System- und Prozesslandschaft. Um das zu erreichen, können Sie die notwendigen Systemkomponenten wie IoT, Maschinendatenverwaltung (SAP Asset Intelligence Network) und die digitalen Services in Verbindung mit den Prozessen schrittweise angehen und einführen. Neben den technologischen Herausforderungen sind hier auch interne Faktoren wie Stammdatenqualität, organisatorische Ausrichtung, eine kundenorientiert abgestimmte Kommunikation der internen Prozesse usw. wichtig. An dieser Stelle verweisen wir auf Abschnitt 16.2, »Servicemeldung mit Einsatz des Servicetechnikteams«, und Abschnitt 16.5, »Serviceportale (digitale Maschinenverwaltung)«, in denen sowohl die Abwicklung der Servicereparatur als auch die Maschinenportale detaillierter beschrieben und ausgeführt werden.

Neue Geschäftsmodelle im After Sales

Die Einbindung eines Abonnements für die Instandhaltung/Wartung oder für Reparaturleistungen, wie in der User Story erwähnt, ist nur ein Beispiel, wie Sie mit innovativen Serviceangeboten Kunden binden und von Ihrem Unternehmen begeistern. *Leasing-Modelle* oder sogenannte *Pay-per-Use*-Modelle sind mittlerweile in vielen Branchen Teil des Serviceportfolios. Dabei ist es unerheblich, ob in der User Story in Abschnitt 16.3.2, »User Story: Tom Friedrichs proaktive Planung von Ressourcen für den Field Service«, eine Maschine verkauft wird oder z. B. die darauf produzierten Werkstücke. Auch die Berechnung der Laufzeit (Arbeitsstunden), oder zusätzliche

Services rund um die Maschine an (siehe Abschnitt 18.5, »Experience Management (Feedback B2C)« bzw. die Vermietung der Maschine können Teil Ihres Serviceangebots sein. Unabhängig davon, welche Geschäftsmodelle relevant sind oder umgesetzt werden sollen, erfordert es auch einen Wandel der Produktstrategie mit Auswirkungen auf die elementaren Bereiche der gesamten Wertschöpfungskette sowie des Cashflows Ihres Unternehmens.

16.4 After Sales (Ersatzteilshop) – Kaffeemaschine

In diesem Szenario zeigen wir Ihnen die Möglichkeiten eines Self-Service-Angebots im B2C-Bereich auf. Richtig umgesetzt, bilden solche und vergleichbare Prozess im After-Sales-Geschäft die Basis für eine hohe Zufriedenheit bei Kunden und Anbieter und können zur Entwicklung vom Bestandskunden zum loyalen Kunden beitragen.

16.4.1 Personas

Persona 1/Kunde

Name: Adam Turing

Unternehmen: Familie Turing

Rolle: Endkunde

Abteilung: Haushaltselektronik

16.4.2 User Story: Adam Turing und die Self-Service-Reparatur seiner Kaffeemaschine

Es ist Montagmorgen, und Adam Turing möchte wie jeden Morgen seinen Kaffee genießen. Er geht zu seinem Kaffeevollautomaten und schaltet diesen ein. Nach einer kurzen Aufwärmphase und dem Spülen der Maschine kann Adam sein Wunschgetränk wählen. Er wählt wie immer einen Café Crema aus, aber leider fließt der Kaffee nicht wie gewohnt in die Tasse, sondern tröpfelt nur hinein. Adam bemerkt schnell, dass irgendwas nicht stimmt. An der Seite sieht er, dass Flüssigkeit aus der Maschine austritt. Er schaltet den Brühvorgang ab und öffnet die Abdeckung des Kaffeevollautomaten, um zu schauen, woher die Flüssigkeit stammt. Auf den ersten Blick kann er nicht genau erkennen, woher die Flüssigkeit stammt, nur dass das Problem irgendwo an der Brüheinheit liegen muss. Adam nimmt die Brüheinheit heraus, wie er es sonst macht, wenn er die Maschine reinigt. Nach kurzer Suche erkennt er, dass die Dichtung gerissen ist. Adam überlegt, was er nun machen könnte. Er überlegt, ob er die Maschine einfach zum Händler oder zu einem Servicepartner bringen soll. Da fällt Adam ein, dass ein Bekannter ein Ersatzteil desselben Herstellers über den Shop bestellt hat. Er schaut das Problem erneut an und entscheidet, dass für eine Reparatur wohl kein fundiertes technisches Wissen erforderlich ist.

Um keine Zeit zu verlieren, holt Adam direkt seinen Laptop heraus und surft auf die Internetseite des Herstellers. Da er Namen oder Artikelnummer des Ersatzteils nicht kennt, sucht er auf der Seite nach weiteren Hilfestellungen. Nach kurzer Zeit wird er im Menü **Self-Service-FAQ** fündig. Auf dieser Seite sieht Adam, dass er mithilfe der Seriennummer weitere Informationen abrufen kann. Wo genau er diese Nummer findet, wird ihm direkt auf der Seite veranschaulicht. Er schaut in seiner Maschine an der Abdeckung nach und findet direkt das Typenschild, auf dem auch die Seriennummer zu lesen ist. Diese Nummer gibt Adam nun in das Suchfeld auf dieser Seite ein. Nach der Bestätigung der Eingabe findet das System die richtige Kaffeemaschine. Auf dieser Seite sieht Adam direkt viele Informationen. In der Mitte der Seite kann Adam die ganze Maschine in 3D-Darstellung anschauen, und Dank der Option **Explode** werden die verbauten Elemente separat dargestellt (siehe Abbildung 16.17).

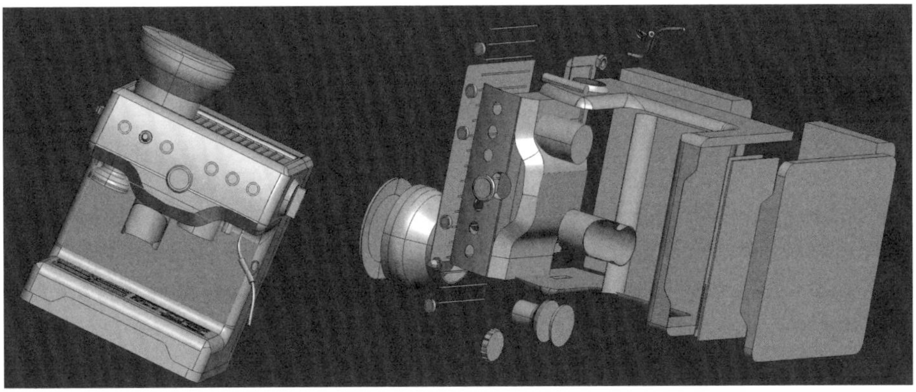

Abbildung 16.17 3D-Produktvisualisierung der Kaffeemaschine (links) und als 3D-Explosionszeichnung (rechts)

So identifiziert er schnell das richtige Ersatzteil – die Dichtung, die in der Brüheinheit sitzt. Er kann auf direkt auf die Ersatzteile klicken. Beim Klicken auf das richtige Ersatzteil bekommt Adam den Hinweis, dass diese Dichtung nicht mehr angeboten wird, da sie in der Vergangenheit oft zu Problemen geführt hat. Er wird aber auf die Produktdetailseite einer neuen Dichtungsvariante, die robuster und widerstandsfähiger ist, weitergeleitet. Adam will die Dichtung gerade in den Warenkorb legen, als ihm eine Information ins Auge sticht: Um die Dichtung nicht einbauen zu müssen, kann Adam sich die komplette Einheit, in der sich die Dichtung befindet, neu bestellen. Da dies ein sogenanntes Refurbish-Set ist, ist der Preis auch sehr attraktiv und Adam entscheidet sich, dieses Set anstatt der einzelnen Dichtung in seinen Warenkorb zu legen.

Adam geht in den Check-out-Prozess, in dem er gebeten wird, sich anzumelden. Er hat die Auswahl zwischen verschiedenen Aktionen. Adam kann den Kauf entweder als Gast abschließen, sich über einen bestehenden Account anmelden, sich neu registrieren, oder er nutzt die Express-Anmeldung über verschiedene Anbieter, bei denen er bereits ein Konto besitzt, wie z. B. Facebook oder Google. Er entscheidet sich für die Anmeldung über Google. Im weiteren Verlauf hat er somit auch die Möglichkeit, seinen Kauf über unterschiedlich Payment-Provider abzuschließen. Diese können z. B. PayPal, Apple Pay oder GooglePay sein. Nach der Auswahl öffnet sich ein neues Fenster, in dem sich Adam bei dem zuvor ausgewählten Provider anmelden muss, um die Summe für den Kauf zu bestätigen. Nach erfolgreicher Bestätigung gelangt Adam wieder zurück in den Check-out, wo er nur noch auf den Button **Zahlungspflichtig bestellen** klicken muss.

Nach diesem Klick wird automatisch ein Auftrag im *SAP-S/4HANA-System* angelegt. Zudem erhält Adam – auch automatisiert – eine Bestätigungs-E-Mail, dass die Bestellung erfolgreich eingegangen ist.

Wenige Stunden später wird Adam per E-Mail darüber informiert, dass sein Refurbish-Set das Lager verlassen hat. In dieser Mail wird ihm auch die Tracking-ID des Versanddienstleisters mitgeteilt, sodass er immer genau einsehen kann, wo sich sein Ersatzteil befindet und wann es bei Ihm eintreffen wird.

Am nächsten Tag erhält Adam das Refurbish-Set. Er erinnert sich noch daran, dass auf der Produktdetailseite des Sets auch eine Einbauanleitung zum Download zur Verfügung stand. Um nichts falsch zu machen, lädt Adam sich diese Anleitung herunter und baut das Ersatzteil erfolgreich ein. Nach wenigen Minuten kann sich Adam wieder über eine funktionierende Kaffeemaschine freuen.

Einen weiteren Tag später erhält Adam eine E-Mail mit einer Kundenzufriedenheitsumfrage. An dieser nimmt er sehr gerne teil, da ihm der Service und die Benutzerfreundlichkeit sehr gut gefallen haben.

16.4.3 Prozessschaubild

Die Prozessdiagramme in Abbildung 16.18 und Abbildung 16.19 zeigen Ausschnitte aus dem Gesamtprozess. Die vier Swimlanes unterscheiden hierbei die am Prozess beteiligten Systeme.

Detaillierte Darstellung des Prozesses

Da der Platz auf einer Buchseite beschränkt ist, können wir Ihnen an dieser Stelle nur Ausschnitte aus dem komplexen Serviceprozess zeigen. Eine Darstellung des gesamten Ablaufs finden Sie unter *www.sap-press.de/5319* im Kasten »Materialien zum Buch«.

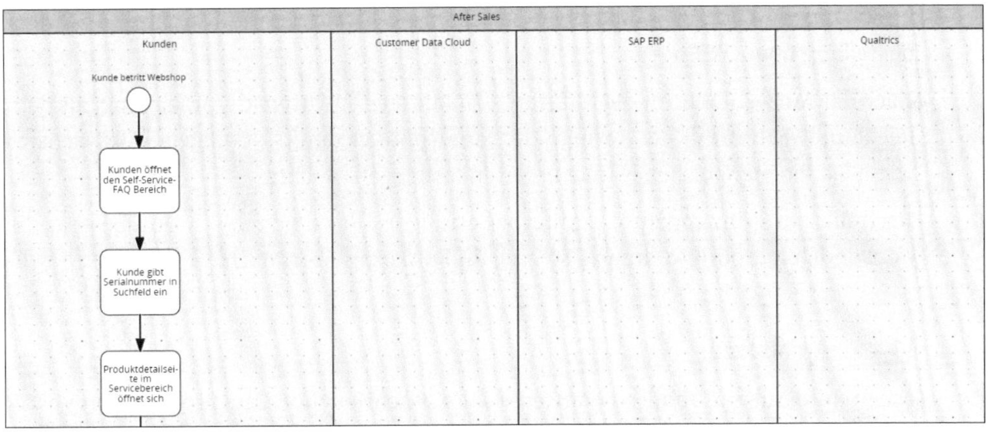

Abbildung 16.18 SIGNAVIO-Prozessdiagramm (BPMN) für After Sales (Ersatzteilshop): Kaffeemaschine (Abbildung 1)

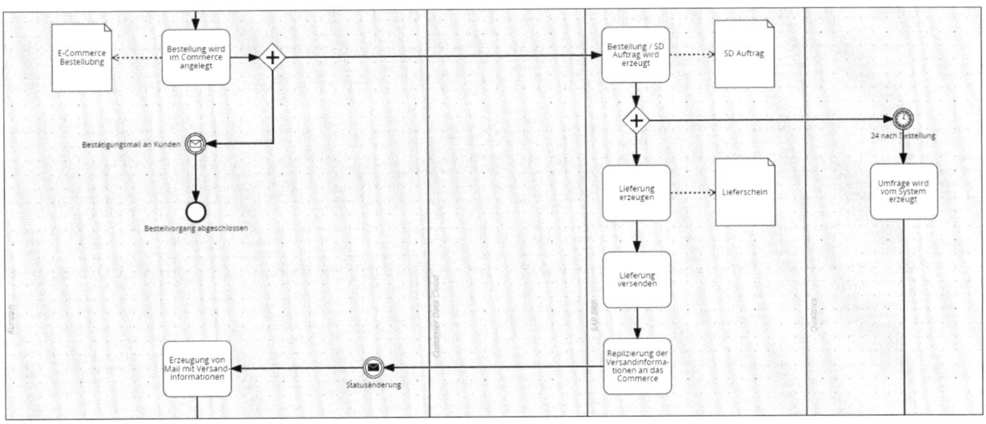

Abbildung 16.19 SIGNAVIO-Prozessdiagramm (BPMN) für After Sales (Ersatzteilshop): Kaffeemaschine (Abbildung 2)

16.4.4 Variante (B2B-Anwendungsfall mit QR-Code)

In der User Story über die Kaffeemaschine wird ein klassischer B2C-Anwendungsfall beschrieben. Im Folgenden gehen wir kurz auf mögliche Varianten für diesen Anwendungsfall ein:

In dieser Prozessvariante gehen wir auf den Ausgangspunkt unser User Story ein. Es handelt sich nicht mehr um einen B2C-Shop, sondern um einen B2B-Shop.

Der Kunde ist eine Zahnarztpraxis. Jeden Tag werden die Verbrauchsgüter des Lagers überprüft. Auch an diesem Tag ist die Mitarbeiterin im Lager, um zu schauen, ob alle Verbrauchsgüter noch ausreichend im Lager vorhanden sind. Mit dem Firmen-Smartphone betritt die Mitarbeiterin das Lager. Direkt im ersten Regal sieht sie, dass die Wattepads fast leer sind. Sie nimmt das Smartphone und meldet sich mit den Praxiszugängen in den B2B-Shop des Herstellers ein. Dort wählt Sie die Option **Schnellbestellung über QR-Code**.

Nach der Auswahl nimmt die Mitarbeiterin die letzte Wattepad-Verpackung aus dem Regal und scannt mit der Kamera des Smartphones den QR-Code ein. Als Nächstes wählt Sie die Menge, die Sie in den Warenkorb legen möchte.

Nach diesem Prinzip geht die Mitarbeiterin jedes Regalfach durch und bestellt die notwendigen Produkte einfach, schnell und unkompliziert nach.

16.4.5 Architektur

Die Architektur zur Abbildung unserer oben beschriebenen User Story basiert vor allem auf den drei Komponenten: SAP Commerce Cloud, SAP Customer Data Cloud, SAP Customer Data Platform und Qualtrics (siehe hierzu auch Abbildung 16.20).

Das SAP-Commerce-Cloud-System dient in der oben genannten User Story als Grundlage. Der gesamte Shop wird über das SAP-Commerce-Cloud-System abgebildet. Die einzelnen Seiten, die Suchfunktionen, die Filter sowie alle anderen Funktionen der oben beschriebenen User Story werden in SAP Commerce implementiert und stehen somit dem User der Website zur Verfügung. Auch die Funktionen zur Identifikation von Gerät, Ersatzteilen sowie die Anwendung zur 3D-Produktvisualisierung (kann mittels Third-Party-Software integriert oder z. B. über *SAP 3D Visual Enterprise* selbst entwickelt werden). Das SAP-Commerce-Cloud-System kann beliebig erweitert und angepasst werden. Alle Informationen hierzu finden Sie in Kapitel 3, »SAP Commerce Cloud«.

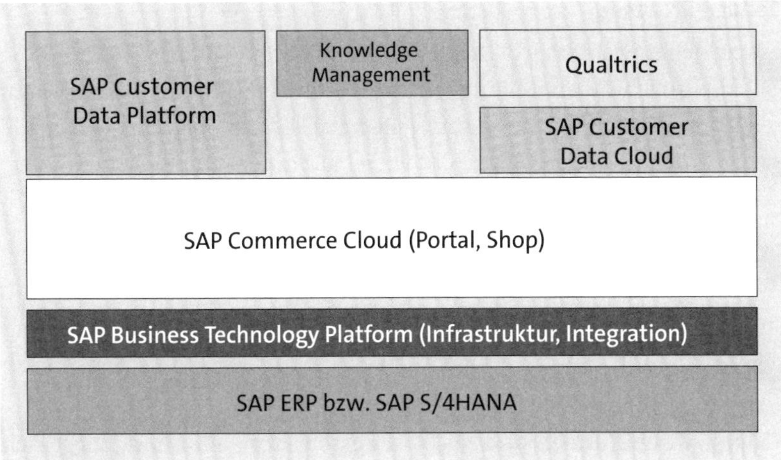

Abbildung 16.20 CX-Bausteine für den Prozess »After Sales« (Ersatzteilshop): Kaffeemaschine

Das Commerce-Cloud-System ist direkt mit der SAP Customer Data Cloud bzw. der SAP Customer Data Platform verbunden. Diese dienen dazu, auf Kundenkontakte und Daten zurückzugreifen, die die User bereits in anderen Systemen oder auf anderen Websites angelegt haben. Hierdurch müssen sich die User nicht neu registrieren, da Sie auf bereits verfügbare Kundenkonten von anderen, Websites wie z. B. Amazon, Facebook oder Google zugreifen können.

Ein weiteres System ist Qualtrics. Aus diesem System werden in der oben beschriebenen User Story die Feedback-Abfragen verschickt und auch wieder ins System zurückgespielt.

Die Basis der Bewegungs- und Stammdaten bildet in unserem Beispiel das SAP-S/4HANA-System. Als Middelware dient die Cloud-Platform-Integration der SAP BTP. In dieser werden die IDocs, die aus dem SAP-S/4HANA-System verschickt werden, in einen OData-Service umgewandelt und gemappt, sodass das SAP-Commerce-System diese Daten empfangen und verarbeiten kann.

16.4.6 Best Practices

Die Spannweite, etwas »richtig gut« oder »völlig falsch« aus Sicht des Kunden zu machen, ist beim Kundenservice groß. Klar ist, dass ein gesundes Verhältnis gegeben sein muss und Service sich lohnen soll – für alle involvierten Parteien. Für das klassische B2C-Szenario oben fällt eine allgemeingültige Empfehlung schwer. Dennoch gibt es zwei Ansätze, die es erfahrungsgemäß lohnt zu berücksichtigen.

Stabile Self-Service-Prozesse

Richtig umgesetzt, helfen Self-Service-Prozesse Kunden und Anbietern. Der Kunde ist zeitlich flexibel, ortsungebunden und umgeht vermeintlich lästiges Erklären gegenüber den Beschäftigten im Service. In unserem Beispiel kommt noch hinzu, dass die Tatsache, dass das Problem selbst gelöst wurde (die Maschine wurde selbst repariert) ein positives Gefühl hinterlässt. Als Anbieter hätten Sie hier alles richtig gemacht:

- Sie vermeiden Aufwand bei sich (es wurden erst gar keine Servicemeldung angelegt und kein Serviceprozess gestartet).
- Sie unterstützen den Kunden bei seinem Reparaturprozess und erzeugen zudem eine positive Assoziation, obwohl ja eigentlich ein negatives Ereignis (Schaden an der Kaffeemaschine) eingetreten ist.
- Sie identifizieren Ihren Kunden und reichern dessen Profil an (Kunde loggt sich ein, gibt Einwilligung).
- Sie verkaufen ein instandgesetztes Teil (Gewinn).
- Sie nutzen die Bestellung, um Feedback zu Produkt bzw. Prozess und weitere Kunden-Insights zu gewinnen.

So weit so gut. Was hier ideal abläuft, kann, wenn nicht optimal umgesetzt, genau ins Gegenteil rutschen. Ist der Self-Service-Prozess von oben z. B. so gestaltet, dass der Kunde irgendwann zu einem späteren Zeitpunkt trotzdem den Weg über die Hotline gehen muss, haben Sie Ihr Ziel verfehlt. Der Kunde ist dann doppelt frustriert, zum einen wegen des Schadens an der Maschine und im Anschluss wegen des missglückten Versuchs, die Reparatur selbst in die Hand zu nehmen. Da bedarf es dann eines sehr guten Kundenservice im Nachgang, um die Sache wieder »gerade zu biegen«. Deshalb sollten Self-Service-Prozesse zum einen an den tatsächlichen Bedürfnissen der Kunden ausgerichtet sein und zum anderen intensiv erprobt und regelmäßig neu bewertet werden. Bei Unsicherheiten oder Fehleranfälligkeit sollten Sie im Zweifelsfall den einfachen, wenn auch weniger komfortablen, aber dafür stabilen Prozess anbieten.

Self-Service nicht als Hürde

Self-Service-Prozesse sollten ebenfalls nicht so gestaltet sein, dass der Kunde sie als unnötig kompliziert wahrnimmt und eventuell abbricht. Wer erst mühsam Gerätetyp, Gerätenummer, Kundennummer, Kaufdatum usw. suchen und dann mehrfach an verschiedenen Stellen eintragen muss, verliert schnell die Motivation. Eine ähnliche Gefahr entsteht, wenn FAQs oder Erklärungen zum Prozess lang und wenig informativ sind, Software erst installiert, Einwilligungen gegeben oder die Landing Page zum Einstieg erst identifiziert werden muss. Hier gilt es, die Einstiegbarrieren niedrig zu halten sowie Transparenz und eine hohe Benutzerfreundlichkeit in der Bedienung zu schaffen. Schaffen Sie es, den Prozess so komfortabel und einfach zu gestalten, freut das Ihre Kunden. Wer dann noch, wie dargestellt, eine Empfehlung (wie z. B. das Refurbished-Set) zum richtigen Zeitpunkt platziert, wird die Kunden begeistern.

16.5 Serviceportale (digitale Maschinenverwaltung)

In diesem Szenario steht nochmals das Serviceportal, und im Speziellen die digitale Maschinenverwaltung im Vordergrund. Mittels digitaler Services erfolgt eine passende und flexible Produktionsplanung. Die Variationsmöglichkeiten hier sind ebenso vielfältig wie die Integrationsoptionen in andere CX- oder Backend-Systeme. Eine strategische Auslotung vorab ist zu empfehlen.

16.5.1 Personas

Persona 1/Kunde

Name: Andreas Prochaska

Rolle: Produktionsplanung

Unternehmen: HERGE AG

Andreas Prochaska hat bereits während seines Maschinenbaustudiums bei der HERGE AG gejobbt und ist nach Abschluss dort fest eingestiegen. Seit 2016 ist er nun für die Planung der gesamten Produktion in allen zwölf Standorten verantwortlich. Zusammen mit seinen Kollegen aus Vertrieb und Einkauf ist er ein Treiber für die sukzessive Optimierung der internen Betriebsabläufe und effizienten Auftragsabwicklung – möglichst standortübergreifend.

Persona 2/Unternehmen

Unternehmen: HERGE AG

Die HERGE AG ist globaler Marktführer im Bereich der Herstellung von Halbleitern. Sie bietet Halbleiter- und Systemlösungen mit Schwerpunkt auf den Themen Mobilität, IoT und elektronische Ausweise sowie Gesundheitskarten an. HERGE verbindet die Expertise und Flexibilität eines Fertigungsunternehmens mit dem Service und dem Produktsortiment eines Vertriebshändlers. Die größte Herausforderung ist die Balance zwischen antizyklischer Belegung der Produktionsstätten und dem Einkauf (Rohmaterial), immer in Abhängigkeit von aktueller bzw. zukünftiger Bestell- und Marktsituation.

Persona 3/Unternehmen

Name: SyMachines

Die Unternehmensgruppe SyMachines ist ein familiengeführtes Unternehmen mit Hauptsitz am Bodensee in Deutschland. Das 1999 in Radolfzell gegründete Unternehmen ist eine dezentral organisierte Unternehmensgruppe und umfasst verschiedene Geschäftsfelder mit den Sparten Baustoffe, Maschinen- und Anlagenbau, Elektronik, Wohnmobile und Medizintechnik.

Neben der Maschinenproduktion bietet SyMachines diverse digitale Services für die Maschinen der Kunden an, die größtenteils direkt über das entsprechende Kundenportal angeboten werden. In dem Kundenportal besteht die Möglichkeit, sämtliche Maschinen digital zu verwalten und die Serviceprozesse (Ersatzteile, Reparatur und Wartung) online abzuwickeln. Zudem können entsprechenden Services (z. B. IoT Apps, Maschinenübersicht, Maintenance, Dashboards, Analysen usw.) zu den einzelnen Maschinen genutzt werden. Auch können hier Verträge und Produktinformationsdaten hinterlegt und sämtliche Korrespondenz über das Portal abgewickelt werden.

16.5.2 User Story: Die HERGE AG und ihre vorausschauende Produktionsplanung

Zum Monatsende stehen bei der HERGE AG der Review sowie die Produktionsplanung für Mai an. Andreas Prochaska geht über sein *Mobile Device* in die Übersicht **Maschinenverwaltung** und in das Menü **Übersicht Services**. Dort lädt er die Analyse-Reports inklusive Produktivitätsauslastung, verifiziert diese und exportiert eine Auswahl für den monatlichen Bericht.

Bei der Planung der Maschinenbelegung muss er einen anstehenden Großauftrag berücksichtigen. Der Vertrieb bittet um zeitnahe Rückmeldung hinsichtlich Lieferzeit und weist darauf hin, dass es sich um eine wichtigen Großkunden handelt.

Mithilfe der Übersicht **Condition/Maintenance** ermittelt er die benötigten Kapazitäten und plant die Belegung für die Monate Mai und Juni. Er simuliert die Belegung für die nächsten acht Wochen unter Berücksichtigung der neuen Parameter.

Um den Großauftrag inklusive der Planprodukte stemmen zu können, ist es notwendig, die anstehenden Intervallwartungen für zwei Maschinen zu verschieben. In der Übersicht **Wartung** hat Andreas Prochaska die Option, bei seinem Servicedienstleister anzufragen, ob die Wartung um 14 Tage verschoben werden kann. Nach einer kurzen Wartezeit bekommt er von dem für SyMachines zuständigen Servicemanager die Bestätigung sowie den Tipp, dass er durch die Aktivierung der APP.maintenance-Funktion zukünftig die Verschiebung und individuelle Planung von Maschinenwartungsterminen ohne Rückmeldung simulieren bzw. abändern kann (siehe Abbildung 16.21).

Abbildung 16.21 Informationen über APP.maintenance im Serviceportal

Andreas Prochaska gibt zunächst entsprechende positive Rückmeldung an den Vertrieb und informiert anschließend den Einkauf wegen einer Bestellung von zusätzlich benötigtem Rohmaterial. Im Anschluss bucht er den Service APP.maintenance online über sein Portal und finalisiert seinen Statusbericht für die Geschäftsleitung. Andreas Prochaska fühlt sich gut gerüstet für den Termin bei der Geschäftsleitung am nächsten Vormittag.

16.5.3 Prozessschaubild

Die Prozessdiagramme in Abbildung 16.22 und in Abbildung 16.23 zeigen Ausschnitte aus dem Gesamtprozess. Die vier Swimlanes unterscheiden hierbei die am Prozess beteiligten Personas.

Detaillierte Darstellung des Prozesses

Da der Platz auf einer Buchseite beschränkt ist, können wir Ihnen an dieser Stelle nur Ausschnitte aus dem komplexen Serviceprozess zeigen. Eine Darstellung des gesamten Ablaufs finden Sie unter *www.sap-press.de/5319* im Kasten »Materialien zum Buch«.

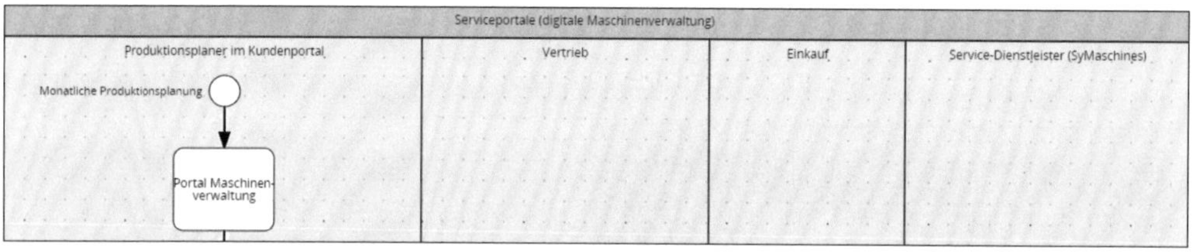

Abbildung 16.22 SIGNAVIO-Prozessdiagramm (BPMN) für Serviceportale (digitale Maschinenverwaltung) – Ausschnitt 1

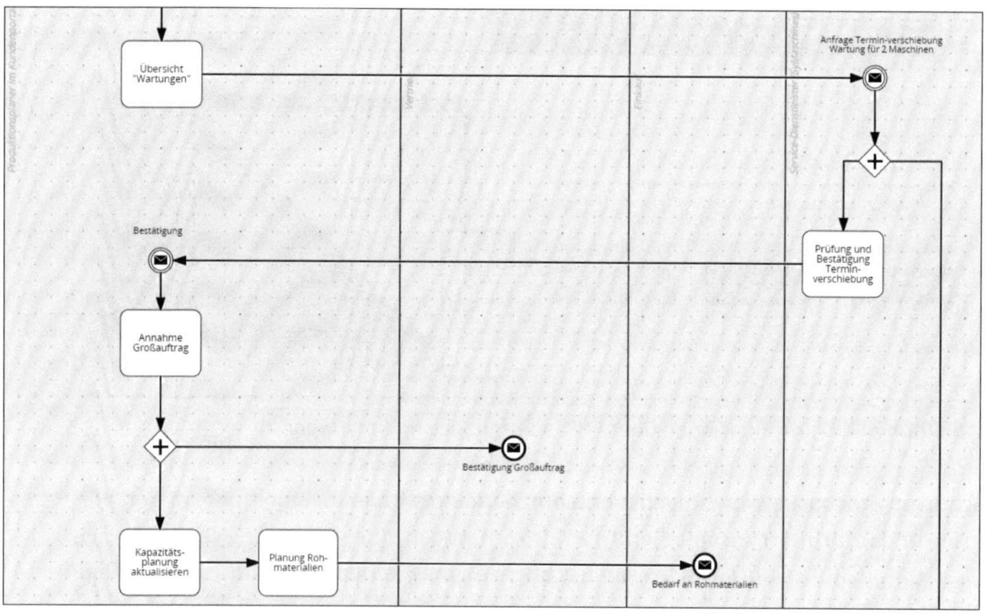

Abbildung 16.23 SIGNAVIO-Prozessdiagramm (BPMN) für Serviceportale (digitale Maschinenverwaltung) – Ausschnitt 2

16.5.4 Varianten

Im Zusammenhang mit der digitalen Maschinenverwaltung sind die Varianten nahezu unbegrenzt. Abhängig von Branche und Maschine oder Produkt sind unterschiedlichste Services und Übersichten (Dashboards, Auswertungen usw.) denkbar. Auch das Zusammenspiel mit dem SAP Asset Intelligence Network kann beliebig komplex gestaltet und der Zugriff mittels mobiler Anwendungen eigenständig genutzt werden. Im Zusammenspiel mit SAP Commerce als übergreifendes Kundenportal zur Maschinenverwaltung sind diverse Modelle denkbar. So können über Portale auch Kollaborationen von Herstellern unterschiedlicher Maschinen im Produktionsprozess mit dem SAP Asset Intelligence Network eingebunden werden – und SAP Commerce bietet parallel dazu den Zugriff auf Service- und Bestellprozesse (z. B. Reparatur, Ersatzteile usw.).

16.5.5 Architektur

Der Produktionsleiter Andreas Prochaska bewegt sich als Kunde ausschließlich in dem Service- und Maschinenportal der SAP Commerce Cloud (siehe Abbildung 16.24). Diese wird zum einen mit Informationen aus dem SAP Asset Intelligence Network, der zentralen Kollaborationsplattform für Maschinendaten, versorgt. Zum anderen erhält die SAP Commerce Cloud auch Informationen aus den Backend-Systemen (SAP S/4HANA) oder aus der SAP Service Cloud bezüglich den allgemeinen Maschinendaten sowie deren Wartungsintervallen. Sobald Andreas Prochaska eine Anfrage über die SAP Commerce Cloud in die Wege leitet (z. B. Verschiebung einer Maschinenwartung), erzeugt dies ein Ticket in der SAP Service Cloud. Die Kommunikation mit dem Kunden findet jedoch weiterhin in dem Serviceportal der SAP Commerce Cloud bzw. via Emails aus der SAP Service Cloud statt.

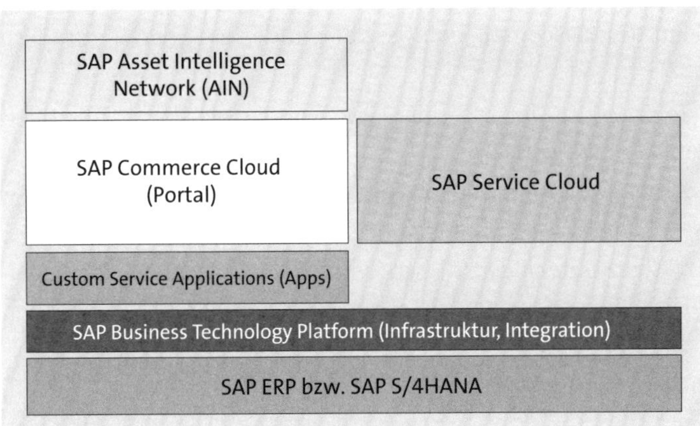

Abbildung 16.24 CX-Bausteine für den Prozess »Serviceportale« (digitale Maschinenverwaltung)

Um weitere Prozesse über Serviceportale darzustellen, z. B. die Buchung der APP.maintenance-Funktion, um selbständig Wartungsintervalle zu verschieben, können sogenannte *Customer-Service-Apps* auch direkt über die SAP BTP zur Verfügung gestellt werden, um eine nahtlose Integration mit den anderen SAP-Anwendungen sicherzustellen.

16.5.6 Best Practices

Diese User Story beinhaltet viele Elemente einer digitalen Produktions- und Servicelandschaft, die in der Praxis meist schrittweise angegangen und umgesetzt werden sollten.

Digitalisierungsreifegrad regelmäßig evaluieren

Um Maschinen oder Produkte effizient digital verwalten zu können, ist die übergreifende Strategie im Vorfeld entscheidend. Konkret geht es insbesondere darum, welchen Digitalisierungsgrad Sie anbieten möchten, oder aus Kundensicht, welche Funktionen und Prozesse weiterhelfen bzw. die Kunden nutzen würden. Diese können bzw. müssen variieren, abhängig von Produkttyp, Kundensegment, Branche und Servicemodell. Letztendlich muss auch regelmäßig abgewogen werden, auf welchem Stand sich allgemein die technologische Entwicklung befindet (also was potenziell möglich ist) und welcher Aufwand investiert werden muss, um Nutzen zu erzielen.

Folgende Fragen sollten vorab analysiert werden:

- Lassen sich die angestrebten Veränderungen mit der Produktstrategie vereinen? Sind die Produkte/Maschinen jetzt bzw. in der nahen Zukunft in der Lage, die benötigten Informationen auszulesen und über digitale Kanäle bereitzustellen?
- Welchen Mehrwert liefern die Maschinendaten den Kunden? Unterstützt dieser Mehrwert den Verkauf der Maschinen, oder ist der Kunde sogar bereit, für diese Services zu bezahlen?
- Ist die interne Organisation in der Lage, die Geschwindigkeit solcher digitalen Kommunikationskanäle mitzugehen?
- Automatisierte Prozesse auszulesen und entsprechend schnell mit dem Kunden zu kommunizieren, erfordert eine immens hohe Stammdatenqualität sowie eine permanente und effektive Strategie, um diese Stammdaten fortlaufend zu pflegen (bzw. auch automatisiert pflegen zu lassen). Ist dies sichergestellt?

Schritt für Schritt zum Ziel

Die Digitalisierung der Serviceprozesse ist kein Big-Bang-Szenario. Für eine erfolgreiche Einführung müssen Erfahrungswerte gesammelt werden und in den kontinuierlichen Optimierungsprozess mit einfließen; die Voraussetzungen dafür müssen jeweils gegeben sein. Zusätzlich muss die Bereitschaft sowohl intern als auf Kundenseite vorhanden sein. Etwas »Großartiges« anzubieten, das aber letztendlich keiner nutzen möchte, ist zwecklos. Diese Punkte lassen sich nicht von heute auf morgen realisieren. Deshalb ist ein schrittweises Vorgehen sinnvoll.

Ein Ansatz wäre beispielsweise zunächst, die Serviceprozesse (Einsatzplanung, Reparatur, Wartung) weitgehend zu digitalisieren, um dann im nächsten Schritt die Maschinenportale aufzubauen. Maschinenportale können dem Kunden beim Kauf der Maschine als Mehrwert angepriesen werden und später, in Verbindung mit den Servicedienstleistungen, auch mit entsprechenden Servicepaketen kostenpflichtig angeboten werden.

16.6 Online Repair

In diesem Szenario zeigen wir Ihnen, wie die nächste Stufe im After-Sales-Geschäft jenseits eines reinen Gewährleistungsmodells aussehen kann – inklusive automatisierten neuen Möglichkeiten im Marketing.

16.6.1 Personas

Persona 1/Kunde

Name: Desirée Apfel

Rolle: Endkunde

Abteilung: B2C

Persona 2/Reparatur-Servicemitarbeiter

Name: Raffael Santi

Unternehmen: SyMedia AG

Rolle: Engineer

Abteilung: After Sales Solutions

Als Mobile Device Repair Engineer ist Raffael Santi für die Reparatur von mobilen Endgeräten verschiedener Marken sowie für die Abwicklung der Reparaturaufträge gegenüber der eigenen Elektromärkte und Endkunden verantwortlich.

Persona 3/Unternehmen

Unternehmen: SyMedia AG

Steckbrief: Die SyMedia AG ist eine in Süddeutschland ansässige Einkaufsgenossenschaft für Elektrogeräte mit bundesweit mehr als 1.600 Mitgliedern. Die SyMedia AG verkauft Unterhaltungselektronik sowie eine große Anzahl von verschiedenen Produkten wie Computer, Mobiltelefone, Digital- und Videokameras und Haushaltsgeräte wie Geschirrspüler, Trockner und Gefrierschränke. Durch den verstärkten Trend von Kunden, im Bereich Smartphone auf sogenannte Renewed- und Refurbished-Modelle zu setzen, hat sich SyMedia entschlossen, neben den reinen Gewährleistungen auch Services rund um die Instandsetzung von Fremdgeräten bekannter Marken anzubieten.

16.6.2 User Story: Desirée Apfel und die Online-Reparatur ihres Smartphones

Das Management von SyMedia verspricht sich durch den Aufbau einer Serviceabteilung rund um mobile Endgeräte (Fokus auf Premium-Smartphones), das *After-Sales-Geschäft* auf die nächste Stufe zu heben und vom reinen Gewährleistungsmodell wegzukommen.

Desirée Apfel ist Besitzerin eines hochwertigen Smartphones. Gestern beim Aussteigen aus dem Auto vor der Haustür ist es ihr aus der Hosentasche gerutscht und auf den Parkplatz geknallt. Jetzt funktioniert die Kamera nicht mehr bzw. die Linse scheint defekt zu sein. Da es sich um ein teures Gerät handelt, möchte sie es von einem Fachmann mit entsprechender Zertifizierung und vor allem mit Gewährleistung reparieren lassen, falls im Nachgang nochmals Probleme auftreten sollten.

Bei Ihrer Online-Suche findet Sie schnell zahlreiche Anbieter. Für Desirée Apfel überraschend, bietet auch SyMedia Reparaturen rund um mobile Endgeräte an. SyMedia hatte sie bis dato in erster Linie als Elektromarktkette wahrgenommen. Die Seite bietet die Möglichkeit, telefonisch Kontakt aufzunehmen oder einen Vor-Ort-Termin in einem Markt in ihrer Nähe zu vereinbaren. Die aktuelle Situation lässt einen Vor-Ort-Termin nicht zu; daher navigiert sie schnell zum Bereich **Online Reparatur** und landet auf der entsprechenden Landing Page. Über das Menü **Schnelleinstieg** lässt sich mit einem Klick das Formular **Online-Smartphone Service** öffnen. Hier kann Desirée Apfel Produktbezeichnung, Typ und in einem Freitextfeld Bemerkungen und Hinweise zum Schaden eingeben (siehe Abbildung 16.25). Im nächsten Schritt wählt sie im entsprechenden Menü den Punkt **Reparatur Kamera** aus. Hier wird sie darauf hingewiesen, dass zunächst nur die Versandkosten in Höhe von 6,99 EUR anfallen und diese im Nachgang angerechnet werden können – falls eine Reparatur möglich und gewünscht ist. Erfreut sieht sie auch die Hinweise zur Einsendung des Smartphones mit entsprechenden Tipps zur Verpackung und den Link auf das Versandetikett.

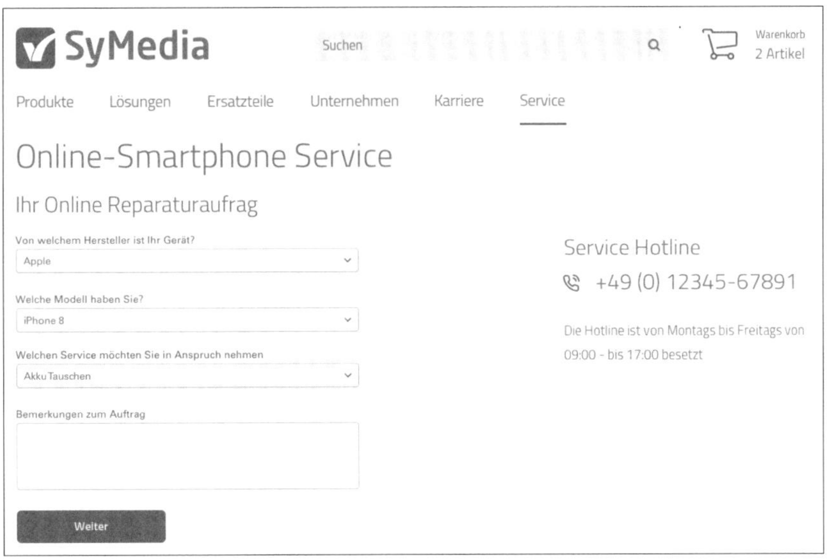

Abbildung 16.25 Landing Page für in Serviceaufträge eingebettetes Online-Formular

Sie bestätigt die AGB, und da ihr der gesamte Abwicklungsprozess sehr gut gefällt, gibt sie auch ihre Kontakteinwilligung (DSGVO). Desirée Apfel schließt den Auftrag mittels dem von ihr gewählten Payment-Provider ab. Kurze Zeit später erhält sie die Bestätigungs-E-Mail für die Einwilligung und die Aktivierung Ihres Benutzerkontos. Sie klickt auf den **Confirmation**-Button und druckt das Versandetikett aus. Das verpackte Smartphone bringt sie am nächsten Tag zur Post.

In der SAP Marketing Cloud von SyMedia wird automatisch ein neues Profil für Desirée Apfel angelegt. Die Marketingeinwilligung ist aktiv, und das Profil landet automatisch im Segment **After Sales Service Neukunden**.

In der SAP Service Cloud wird Raffael Santi gerade ein neues Serviceticket vom Typ **Reparatur Fremdgerät** zugeordnet. Am übernächsten Tag trifft das Telefon in der Reparaturabteilung von SyMedia ein. Raffael Santi macht sich an die Diagnose. Er identifiziert, dass eine neue Linse eingebaut werden muss. Die Statusänderung am Serviceticket triggert automatisch die E-Mail an Desirée Apfel mit Information, Schadensbeschreibung und Kostenvoranschlag. Da sich die Kosten mit 69,99 EUR im Rahmen halten, entschließt sich Desirée, den Auftrag via Direktantwort zu platzieren. Wenige Minuten später erhält sie eine Auftragsbestätigung.

Im nächsten Schritt ändert Raffael den Status des Tickets erneut in **Serviceauftrag gestartet**. Er tauscht die Linse des Smartphones aus und bucht die entsprechenden Ersatzteile und Arbeitsstunden im SAP-ERP-Backend-System. Nach dem Abschluss der Reparatur ändert er wiederum den Ticketstatus. Der Serviceauftrag wird durchgebucht und das Paket mit dem reparierten Smartphone an Desirée Apfel gesendet.

Desirée Apfel erhält eine E-Mail mit der Information, dass der Auftrag abgeschlossen ist, sowie eine Versandbestätigung und entsprechende Tracking-ID zur Sendungsnachverfolgung. Im Anhang findet Sie als PDF-Datei die Rechnung über 62,99 EUR.

In der SAP Marketing Cloud wird das Profil von Desirée Apfel ergänzt und die Kampagne After Sales Neukunden triggert eine Feedback-Nachricht an alle Kunden im Segment bzw. in der zugehörigen Zielgruppe mit den richtigen Kommunikationsparametern. Aufgrund der Statusänderung des Tickets fällt Desirée Apfel nun in die Zielgruppe.

Am folgenden Werktag trifft das Paket mit dem reparierten Telefon bei Desirée Apfel ein. Sie ist glücklich über das jetzt wieder instandgesetzte Telefon. Am Abend auf der Couch überweist Sie die Rechnung via Online-Banking und gibt direkt im Anschluss positives Feedback auf die Umfrage von SyMedia, die sie heute per SMS erhalten hatte. Desirée überlegt dabei, ob sie das nächste Telefon nicht gleich auch bei SyMedia kaufen sollte, denn der Service scheint schon einmal zu passen.

16.6.3 Prozessschaubild

Abbildung 16.26 und Abbildung 16.27 zeigen Ausschnitte des Prozesses. Die drei Swimlanes unterscheiden hierbei den Kunden, die Website bzw. die SAP Marketing

Cloud (Landing Page und Profil) sowie den Servicemitarbeiter, der den Serviceauftrag erledigt und das Telefon instand setzt.

Detaillierte Darstellung des Prozesses

Da der Platz auf einer Buchseite beschränkt ist, können wir Ihnen an dieser Stelle nur Ausschnitte aus dem komplexen Serviceprozess zeigen. Eine Darstellung des gesamten Ablaufs finden Sie unter *www.sap-press.de/5319* im Kasten »Materialien zum Buch«.

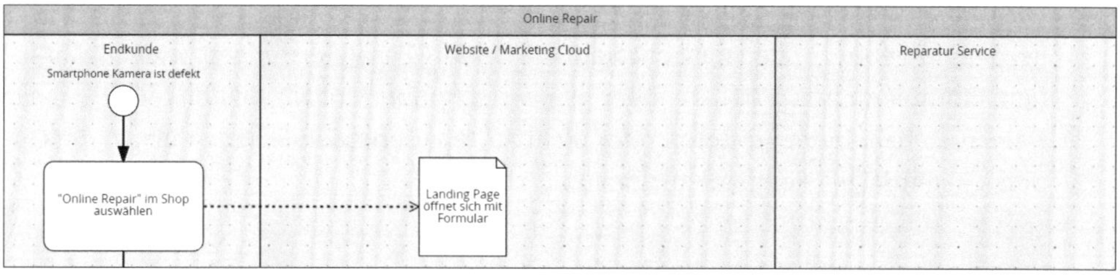

Abbildung 16.26 SIGNAVIO-Prozessdiagramm (BPMN) für Online Repair – Ausschnitt 1

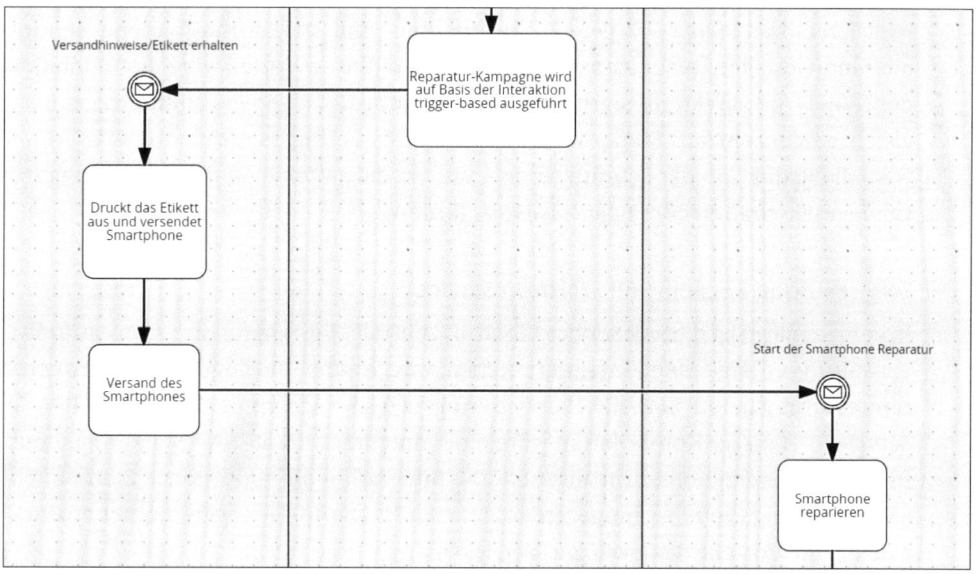

Abbildung 16.27 SIGNAVIO-Prozessdiagramm (BPMN) für Online Repair –Ausschnitt 2

16.6.4 Varianten

Bei der Gestaltung eines solchen Online-Reparaturprozesses ergeben sich zahlreiche Optionen für Varianten; diese sind nicht zuletzt auch abhängig von dem zu reparierenden Produkt.

Bestandskundenszenario

In unserem obigen Beispiel ist die Kundin kein Bestandskundin, sondern nutzt den Service, der auch für Fremdgeräte angeboten wird. Bei größeren oder weniger massentauglichen Produkten erscheint dies gegebenenfalls schwierig. Eine Variante wäre, dass das zu reparierende Produkt auch bei dem Unternehmen gekauft wurde und so auf Gewährleistung hin geprüft werden kann. Wahlweise wendet sich die Kundin auch direkt an den Hersteller, bei dem ebenfalls Gewährleistungsansprüche gelten gemacht werden könnten.

Zusatzleistungen anbieten

Bei dem Angebot zur Reparatur besteht die Option, Zusatzleistungen, wie z. B. Garantien, Komplementärprodukte oder ein *Subscription-Modell* anzubieten. Denkbar wäre auch bei einem größeren oder nicht zu reparierenden Schaden gleich die Option, ein günstiges Neugerät anzubieten.

Landing Page stand-alone über Marketing

In unserer User Story wird die Landing Page in die Website von SyMedia eingebunden. Man kann das Landing-Page-Szenario auch losgelöst von Shop oder der Website realisieren. Das bietet sich gerade Unternehmen mit starker Internationalisierung oder individuellen (nicht katalogisierten) Produkten an. Vorteil wäre die Flexibilität der Länder mit direktem Zugriff auf die Gestaltung der eigenen Landing Pages – bei gleichzeitiger zentraler Steuerung über die SAP Marketing Cloud. Ein weiterer Vorteil wäre die Reduktion der Schnittstellen – was wiederum eine autarke Gestaltung der Landegesellschaften oder Business-Units fördert.

Serviceauftrag direkt in SAP S/4HANA Service

In dem Szenario ist die SAP Service Cloud als zentrales System für die Serviceauftragsverwaltung entsprechend integriert. Neben Abrechnung und Logistik könnte der gesamte Auftrag in SAP S/4HANA Service erfolgen (siehe Abschnitt 15.4, »SAP S/4HANA Service«). In dieser Konstellation wäre eine Integration in die SAP Marketing Cloud für Service Interactions zu realisieren. Die Integration der SAP Service Cloud in die SAP Marketing Cloud ist hingegen ein Standardszenario. Hier wäre immer abzuwägen, welche Vorteile das jeweilige Szenario hätte.

16.6.5 Architektur

Unsere User Story oben könnte für die Endkundeninteraktion vollständig in der SAP Marketing Cloud oder mit Abstrichen in *SAP Emarsys Customer Enagement* abgebildet werden (siehe Abbildung 16.28).

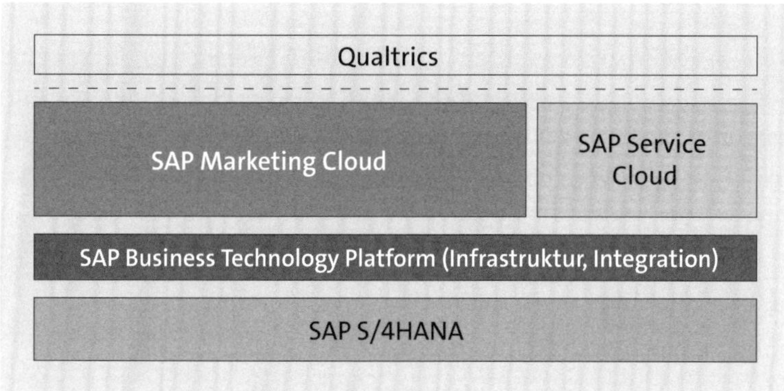

Abbildung 16.28 CX-Bausteine für den Prozess »Online Repair«

In der Cloud werden die Landing Pages gestaltet und auf den Server deployt. Auch die Profile werden erstellt, angereichert und für die Segmentierung bzw. Zielgruppenbildung zur Verfügung gestellt. In den Profilen sind u. a. die Marketingeinwilligungen (DSGVO) hinterlegt. Der gesamte Double-Opt-in-Prozess inklusive Bestätigungs-E-Mail wird hier abgewickelt. Auch die Anlage und Steuerung der Kampagnen (im Beispiel nur das Versenden der Feedback-Nachrichten) erfolgt direkt in der Cloud.

In dem Szenario bietet die SAP Service Cloud den Komfort eines voll umfänglichen Ticketsystems für die Serviceauftragsverwaltung sowie die E-Mail-Kommunikation mit der Kundin. Sie ist via Standardintegrationsszenario in die SAP Marketing Cloud integriert. Hier laufen die Interaktionen zusammen.

Ebenso in die SAP Marketing Cloud integriert ist Qualtrics, worin die Gestaltung und die Auswertung des Feedback-Bogens per SMS erfolgt. Die Antworten/Feedbacks stehen in der SAP Marketing Cloud als Segmentierungsparameter zur Verfügung.

Die SAP BTP dient in der Gesamtarchitektur als zentrale Integrationsplattform, in der die Standard-Integrationsszenarien bereitgestellt werden, die eine nahtlose Integration von Stamm- und Bewegungsdaten sowie flexible Erweiterungsmöglichkeiten sicherstellen.

In SAP S/4HANA erfolgt die finale Abwicklung des Serviceauftrags inklusive Logistik und Rechnungsstellung.

16.6.6 Best Practices

Im beschriebenen Szenario ist die Customer Experience direkt greifbar, da direkt ein persönliches Problem zur vollen Zufriedenheit, zeitnah und kostengünstig behoben wird. Demnach erscheint die Empfehlung sinnvoll, den Prozess nahe an den Erwartungshaltungen und der Customer Journey auszurichten. Dafür sind die Personas wichtig zu kennen und das Szenario an das eigene Geschäftsmodell anzupassen. Dennoch werden wir Ihnen im nächsten Abschnitt zwei Best Practices vorstellen.

Global vs. Lokal

Wie bereits im Kontext der Prozessvarianten in Abschnitt 16.1.5 erwähnt, gibt es keine eindeutige Empfehlung für das Deployment der Landing Pages. Sie können die Landing Pages über entsprechende Server direkt oder gemeinsam mit dem Shop oder der Website bereitstellen. Häufig wird eine Variante mit beiden Möglichkeiten gewählt. Vor dem Aufsetzen solcher Szenarien empfiehlt es sich deshalb, folgende Fragen zu klären:

- Welche Produktbereiche sind für ein solches Szenario relevant?
- Welcher Zeithorizont bzw. welcher Umsetzungsdruck besteht?
- Welchen Entwicklungsstand haben die (betroffenen) Entitäten?
- Inwieweit lassen sich die Prozessentitäten übergreifend vereinheitlichen?
- Welche Dynamik besteht (Häufigkeit und Zyklus der notwendigen Anpassungen)?
- In welchem Verhältnis stehen Kosten und Nutzen bei den möglichen Umsetzungsvarianten?
- Besteht in Ihrem Unternehmen der Wunsch nach Eigenständigkeit der Entitäten, oder gibt es weitere politische Faktoren, die beachtet werden müssen?

Nach der Klärung dieser Fragen können Sie ein Szenario umsetzen.

Jeden Kundenkontakt nutzen

Gerade bei unbekannten oder B2C-Kunden wie in unserem Beispiel sollten Sie jede Form der Kontaktaufnahme seitens des Kunden für sich nutzen – im ersten Schritt zur Identifikation und im zweiten Schritt zur Einholung der Einwilligungen (Double-Opt-in-Prozess) für die spätere Kommunikation. Im dritten Schritt können Sie dann Ihre Leistungen und Produkte gezielt platzieren. Die zuvor genannte User Story kann als Beispiel für einen gelungenen Ablauf mit einer einfachen Landing Page als Ausgangspunkt gesehen werden, das sowohl den Anbieter als auch den Kunden zufriedenstellt. Diese Chance sollten Sie nutzen – sei es bei Neu- oder Bestandskunden.

16.7 Digitales Partnermanagement (Smart Home)

In diesem Szenario geht es um die Planung eines Hauses inklusive »smarter« Klimatechnologie, das auch smart geplant wird – mittels eines digitalen Händlerportals für die Projektpartner sowie eines digitalisierten Service für den privaten Bauträger – vom Erstkontakt bis zum Einzug.

16.7.1 Personas

Persona 1/Kunde

Name: Thomas Eleger

Unternehmen: selbständig

Thomas Eleger ist Eigentümer eines erfolgreichen Wellnesshotels mit 55 Zimmern im Schwarzwald. Er ist ein bodenständiger Unternehmer, dabei aber dennoch fortschrittlich und technikaffin. Sowohl geschäftlich als auch privat folgt er den neuesten Trends hin zu Digitalisierung und Automatisierung. In seinem Hotel setzt er bereits auf digitale Lösungen u. a. für Klimatisierung, Verschattung und Einlasskontrolle. Der komplette Buchungsprozess bis hin zu Check-in und Check-out sind digitalisiert. Auch privat nutzt er immer die neuesten digitalen Geräte wie Smartphones, Wearables und Tablets.

Persona 2/Management

Name: Vanessa Vocelka

Unternehmen: SyElektro

Rolle: Geschäftsführerin

Abteilung: Management

Vanessa Vocelka hat ihren Betrieb schon früh auf die Installation von Smart-Home-Produkten spezialisiert, die immer mehr Anwendung sowohl in privaten als auch in öffentlichen Gebäuden finden.

Persona 3/Unternehmen

Unternehmen: SyElektro

SyElektro ist ein in dritter Generation geführter Elektroinstallationsbetrieb mit 42 Mitarbeitenden. Der Hauptteil des Umsatzes wird mit klassischen Elektroinstallationen generiert.

Persona 4

Unternehmen: SySmart

Steckbrief: SySmart ist eine formell eigenständige mittelständische GmbH mit einer Mehrheitsbeteiligung durch den die SyMachines-Gruppe. SySmart ist ein Spin-off, das SyMachines vor 10 Jahren gegründet hat, als es den Trend zur Heimautomatisierung erkannt hatte. Als kleine, agile Einheit konnte SySmart schnell Produkte zur Heimautomatisierung entwickeln und Standards etablieren, denen auch andere Anbieter folgten. Heute ist SySmart durch seine hohe Innovationskraft einer der führenden Anbieter auf dem Heim-Automatisierungssektor. SySmart hat von Anfang auf die Digitalisierung sämtlicher Prozesse gesetzt, um agil auf sich ändernde Bedingungen in einem sich schnell ändernden Marktumfeld reagieren zu können.

16.7.2 User Story: Thomas Elegers smarte Planung seines Wunsch-Hauses

Thomas Eleger plant den Neubau seines Privathauses. Für die Gestaltung des neuen, 320 m^2 großen Anwesens hat er sehr konkrete Vorstellungen, die er mit seinem Architekten bereits ausgearbeitet hat. Teil der Planung war von Anfang an auch die Ausstattung mit den neuesten Produkten der Heimautomatisierung.

Im Internet hat er sich bereits über die verschiedenen Anwendungsmöglichkeiten der Heimautomatisierung erkundigt. Besonders interessiert er sich für die Steuerung von Licht und Verschattung, Heizung und Klimaanlage. Möglicherweise kommt später noch die Steuerung der Bewässerung im Garten hinzu; allerdings ist die Planung der Außenbereiche noch nicht abgeschlossen.

Er hat schon Produkte unterschiedlicher Hersteller im Internet verglichen. Besonders angetan haben es ihm die Produkte der Firma SySmart, da sie flexibel einsetzbar sind und im Internet gute Bewertungen von anderen Nutzern erhalten haben. Um mehr zu erfahren, ruft er die Webseite von SySmart auf (siehe Abbildung 16.29). Dort wird er interessensbasiert zu den Produktwelten von SySmart geführt. In einem 3D-Showroom kann der die unterschiedlichen Produkte betrachten und deren Arbeitsweise und Bedienung testen.

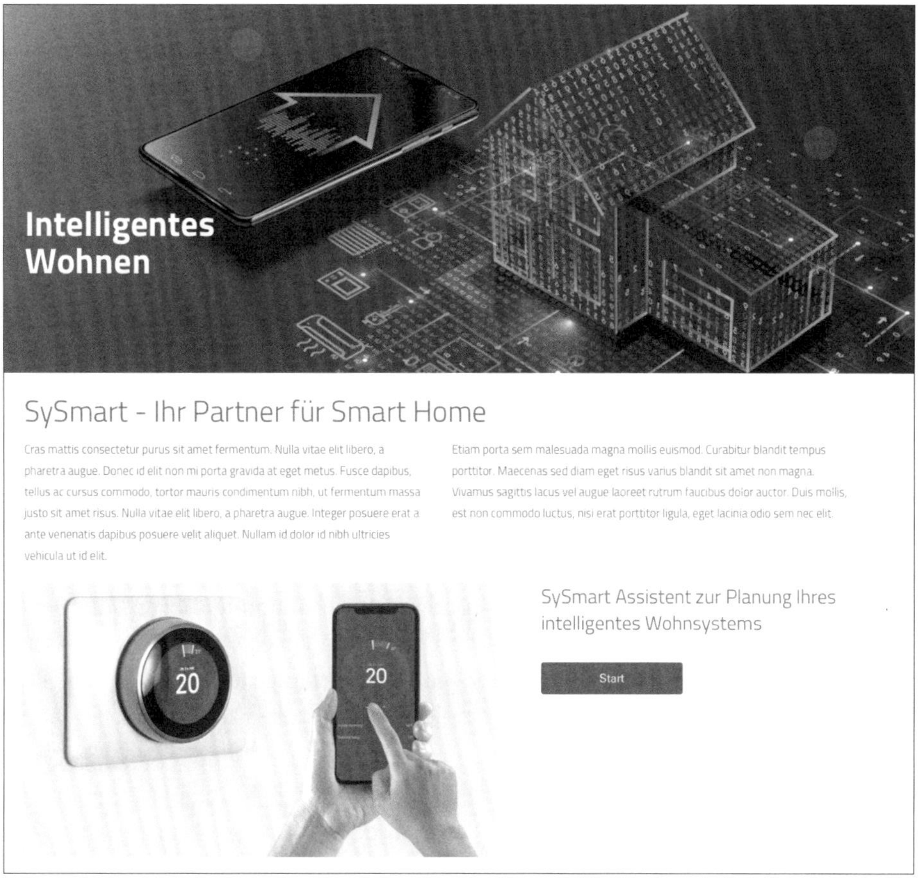

Abbildung 16.29 Website von SySmart »Intelligentes Wohnen«

In einen Konfigurator kann er die Ausmaße seines Hauses mit Etagen, Räumen und Flächen hinterlegen und in diese dann nach Wunsch geeignete Produkte einfügen. So erhält er am Ende des Vorgangs eine virtuelle Planung von Produkten, die sowohl auf seine Anwendungsgebiete als auch für sein ganz konkretes Bauvorhaben passen.

Nun ist Thomas Eleger zwar sehr technikaffin, aber er ist wie viele andere Hausbauer kein Elektriker und hat außerdem auch nicht die Zeit, um Heim-Automatisierungskomponenten selbst zu verbauen. Daher ist er froh, dass ihm am Ende seiner Planung auf der Webseite von SySmart mehrere Fachhandwerker in seiner Region zur Detailplanung und zum Einbau der gewünschten Komponenten angeboten werden. Was er nicht weiß ist, dass die Auswahl der angezeigten Fachhandwerker nicht nur auf seiner Region basiert, sondern auch auf der Ausbildung und Zertifizierung auf den konkreten Heim-Automatisierungskomponenten, die Thomas Eleger im Konfigurator ausgewählt hat. Diese sind in der SAP Sales Cloud von SySmart hinterlegt und werden von der Webseite im Auswahlprozess abgefragt.

Thomas Eleger wählt den Fachhandwerker SyElektro aus, der gemäß den Webseiteninformationen einen Showroom besitzt, in dem die gewählten Komponenten ausgestellt sind. Er kontaktiert den Fachhandwerker direkt über das Auswahlmenü.

Vanessa Vocelka, die Geschäftsführerin von SyElektro, hat sich gerade im Händlerportal von SySmart eingeloggt (siehe Abbildung 16.30). Dort wird ihr Content bereitgestellt, der auf ihre Expertise zugeschnitten ist. Schon auf der Startseite sieht sie, dass es eine neue Produktlinie von SySmart für die Heizungssteuerung gibt. Vanessa Vocelka ist sofort von dem neuen Design angetan. Sie prüft gleich auch die besseren Leistungsdaten gegenüber der Vorgängerlinie. Dabei sieht sie, dass diese neue Art der Heizungssteuerung nur in Verbindung mit dem Homeserver SySmartServer funktioniert. Um diesen einsetzen zu können, benötigt sie jedoch eine Schulung inklusive Zertifizierung, wie es ihr das Portal anzeigt. Vanessa Vocelka wollte diese Zertifizierung schon immer machen, hat bisher aber nie die Zeit dafür gefunden. Die neue Produktlinie für die Heizungssteuerung überzeugt sie nun jedoch, die Schulung anzugehen, denn ohne entsprechende Zertifizierung darf sie diese Produkte nicht verbauen. Aus der Produktlinie wird Vanessa Vocelka direkt zum Schulungsportal von SySmart geleitet, wo sie gleich die passende Schulung für sich und einen ihrer Mitarbeiter bucht. Zurück auf dem Händlerportal lädt sich Vanessa Vocelka noch schnell das angebotene Informationsmaterial herunter. Sie sieht dort auch, dass sie die neue Produktlinie ab Mitte des Jahres direkt im Händlerportal bestellen kann, um sie in ihrem Showroom zu präsentieren.

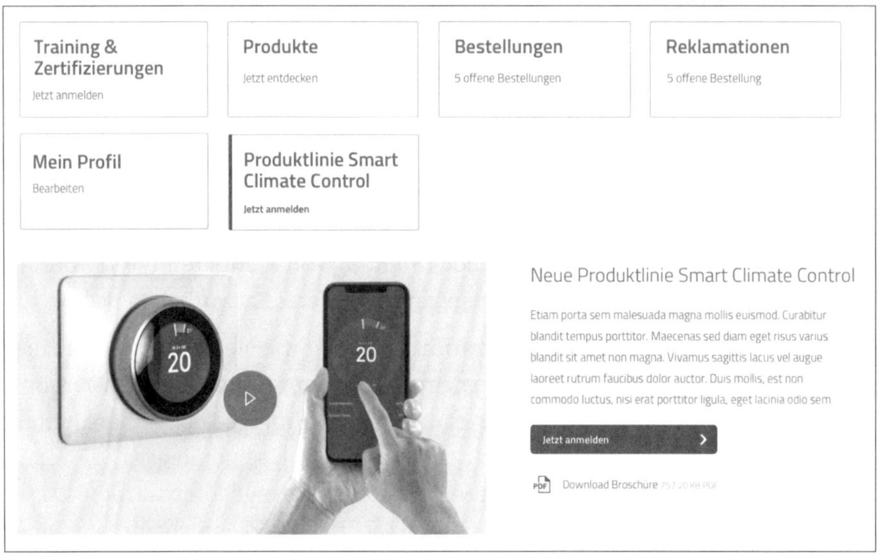

Abbildung 16.30 Händlerportal von SySmart

In diesem Moment erreicht Vanessa Vocelka eine automatisierte E-Mail von der Homepage von SySmart. Die E-Mail enthält die Anfrage von Thomas Eleger. Im Anhang der E-Mail sind sämtliche Daten über das Bauvorhaben inklusive der ausgewählten Produkte hinterlegt. Vanessa Vocelka prüft die Anfrage inhaltlich und hält sie für valide. Da sie ohnehin gerade auf dem Händlerportal von SySmart eingeloggt ist, überprüft sie dort gleich noch die Lieferfähigkeit und die aktuellen Listenpreise der von Thomas Eleger angefragten Produkte.

Danach ruft sie Thomas Eleger an. Thomas Eleger ist ob der schnellen Rückmeldung überrascht. Noch mehr überrascht ihn, wie gut Vanessa Vocelka schon über sein Vorhaben informiert ist. Schnell vereinbaren die beiden einen Termin im Showroom von SyElektro.

Nach dem Besuch im Showroom hat sich Thomas Elegers Vorhaben weiter konkretisiert. Vanessa Vocelka holt sich auf dem Händlerportal von SySmart weitere Informationen, die sie bei der Planung unterstützen. Dazu gehört auch ein Planungs-Tool, mit dem Vanessa Vocelka Einbauort und Verbindungen im zukünftigen Hause von Thomas Eleger visualisieren kann. Anhand dieser konkreten Planung fragt Thomas Eleger beim nächsten Besuch ein Angebot an. Vanessa Vocelka holt sich dafür die aktuellen Preis- und Lieferinformationen für ihre Produktliste aus dem Händlerportal. So ist das Angebot schnell erstellt und an Thomas Eleger versendet.

Nach einer kurzen Preisverhandlung nimmt Thomas Eleger das Angebot an, und Vanessa Vocelka kann die Ware direkt bei SySmart über das Händlerportal bestellen. Dort kann sie auch die zurückgemeldeten Lieferzeitpunkte einsehen und sehen, dass diese für die jetzige Bauphase von Thomas Elegers Haus mehr als ausreichend sind. Schnell prüft sie noch den Status Ihrer Bestellungen und den Status einer Produktreklamation. In diesem Moment bekommt sie auch die Bestellbestätigung von SySmart noch einmal per E-Mail.

Daraufhin bestätigt auch Vanessa Vocelka die Bestellung von Thomas Eleger.

16.7.3 Prozessschaubild

Abbildung 16.31 und Abbildung 16.32 zeigen Ausschnitte aus dem Prozessdiagramm. Die drei Swimlanes unterscheiden hierbei die am Prozess beteiligten Personas – im Wesentlichen den Kunden und die Geschäftsführerin, die sich beide in SAP Commerce in unterschiedlichen Anwendungsszenarien (Shop und Händlerportal) bewegen; zudem ist auch der Hersteller in der rechten Swimlane abgebildet.

Detaillierte Darstellung des Prozesses

Da der Platz auf einer Buchseite beschränkt ist, können wir Ihnen an dieser Stelle nur Ausschnitte aus dem komplexen Serviceprozess zeigen. Eine Darstellung des gesamten Ablaufs finden Sie unter *www.sap-press.de/5319* im Kasten »Materialien zum Buch«.

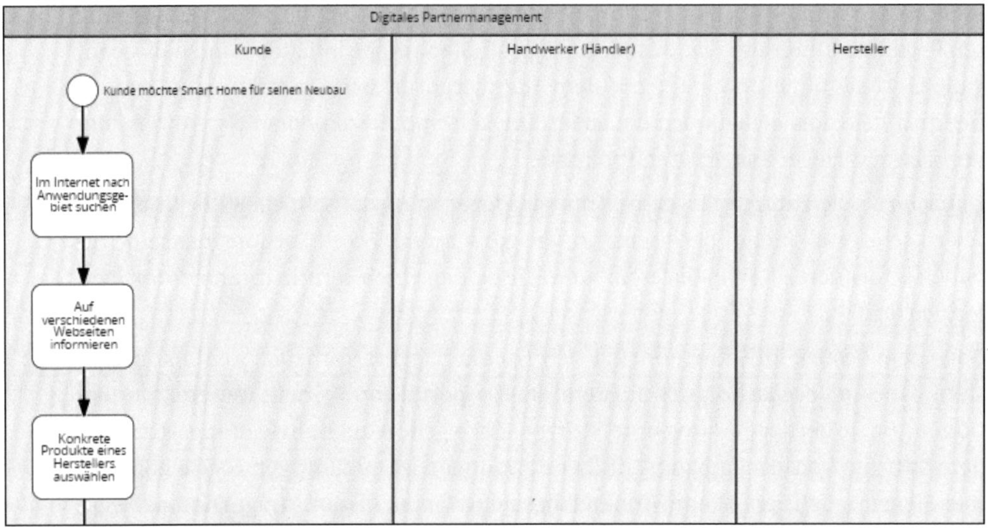

Abbildung 16.31 SIGNAVIO-Prozessdiagramm (BPMN) für digitales Partnermanagement (Händlerportal) – Ausschnitt 1

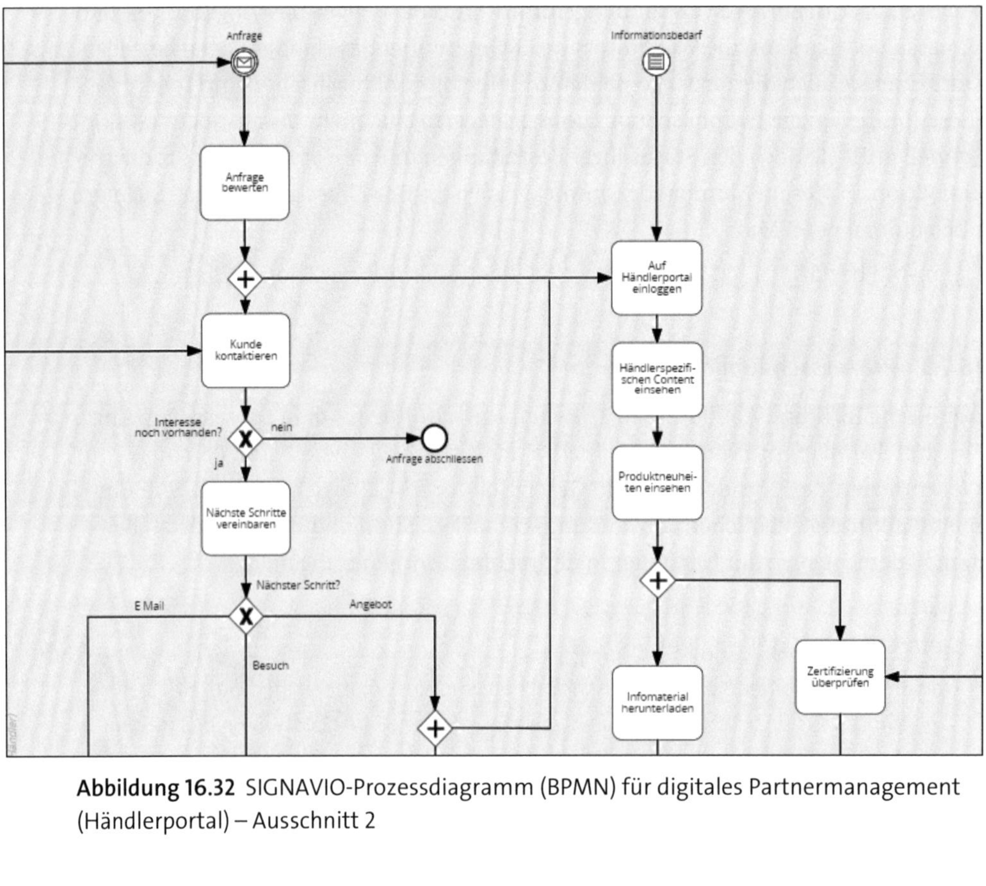

Abbildung 16.32 SIGNAVIO-Prozessdiagramm (BPMN) für digitales Partnermanagement (Händlerportal) – Ausschnitt 2

16.7.4 Varianten

Im Folgenden stellen wir Ihnen mögliche Varianten vor, die im Ablauf der vorherigen User Story auftreten könnten und wie Sie auf diese reagieren können.

Eigenen Vertrieb involvieren

Im beschriebenen Prozess stellt der Hersteller ein vollumfängliches Händlerportal zur Verfügung, das dem Fachhandwerker sämtliche Produktinformationen bereitstellt sowie den Verkaufsprozess des Fachhandwerkers digital unterstützt. Je nach Produkteignung für diesen Prozess und der Ausbaustufe eines Händlerportals kann es sinnvoll sein, dass sich der Vertrieb des Herstellers am Verkaufsprozess zusätzlich persönlich beteiligt. Dies kann dadurch ausgelöst werden, dass die Händleranfrage des Endkunden gleichzeitig einen Lead für den zuständigen Vertrieb des Herstellers generiert, der die gleichen Informationen enthält wie die Händleranfrage. So kann der Vertrieb den Fachhandwerker im Verkaufsprozess persönlich unterstützen oder zumindest den Fortschritt über einen Zugriff auf das Händlerportal überwachen.

Unterschiedliche Ausbaustufen des Händlerportals

Wie schon beschrieben, kann es unterschiedliche Ausbaustufen eines Händlerportals geben. Im Sinne einer durchgängigen Customer Journey (hier für den Händler bzw. Fachhandwerker) sind durchgängige Prozesse ohne Medienbrüche anzustreben. Dennoch wird ein Händlerportal in der Regel schrittweise eingeführt, um möglichst früh Mehrwert zu generieren. So kann z. B. mit der Bereitstellung von Produkt- und Preisinformationen begonnen werden, um dann schrittweise den Verkaufsprozess weiter zu unterstützen.

Prozesse, die nicht vom Händlerportal unterstützt werden, können währenddessen über klassische Vertriebswege behandelt werden.

Messung der Zufriedenheit mit Qualtrics

Die in der User Story vorgestellte Firma SySmart stellt ausnahmslos digitalisierte Services bereit. Da hier der persönliche Kundenkontakt wegfällt, entgeht der Firma damit auch das persönliche Feedback ihrer Kunden. Um dem entgegenzuwirken, können Sie entlang des Prozesses Feedback-Abfragen, basierend auf und mit Qualtrics, ermöglichen, um die Effektivität und Effizienz der digitalen Teilprozesse messen und bewerten zu können. Die Ergebnisse daraus sollten dann gemäß dem Kaizen-Prinzip (= Ansatz, der die permanente Verbesserung von Tätigkeiten, Abläufen, Verfahren oder Produkten durch alle Mitarbeiterinnen und Mitarbeiter eines Unternehmens beschreibt) für eine kontinuierliche Verbesserung des Prozesses genutzt werden.

16.7.5 Architektur

Grundlage des hier beschriebenen, kundenzentrierten Szenarios ist ein SAP-Commerce-Cloud-System (siehe Abbildung 16.33). Die SAP Commerce Cloud bedient dabei die drei Hauptanwendungen:

- Homepage für den Endkunden,
- Händlerportal,
- Schulungsplattform,

Sie sind über einen zentralen Einstiegspunkt verfügbar.

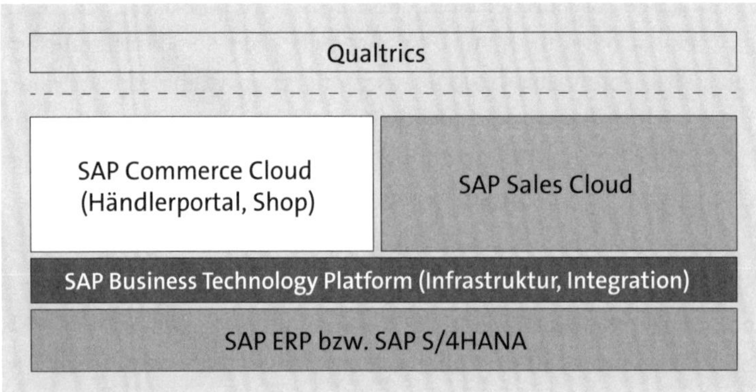

Abbildung 16.33 CX-Bausteine für den Prozess »Digital Partner Management« (Smart Home)

Da hier Produktinformationen in verschiedene Systeme oder Anwendungen ausgespielt werden, empfiehlt sich die Verwendung eines zentralen *Produkt-Information-Management-Systems* (PIM-System). Dies ermöglicht eine zentrale Ablage von Produktinformationen und sorgt dafür, dass immer aktuelle und konsistente Informationen an alle Customer Touchpoints ausgespielt werden. Nebenbei vereinfacht ein PIM-System den internen Datenpflegeprozess. Als PIM-System kann die SAP Commerce Cloud oder ein bereits bestehendes Drittsystem verwendet werden.

Informationen über die Händler werden vom Vertrieb in der SAP Sales Cloud gepflegt. Dort werden auch die vertriebsrelevanten Daten aus dem Händlerportal angezeigt, wie z. B. die Händleranfragen und -bestellungen. Schulungs- und Zertifizierungsergebnisse aus dem Schulungsportal werden direkt in die SAP Sales Cloud repliziert. So hat der Vertrieb jederzeit eine aktuelle und vollständige Sicht auf seine Händler, unabhängig davon, in welcher Applikation eine händlerrelevante Änderung vorgenommen wurde.

Im mobilen Einsatz können Sie die *SAP-Sales-Cloud-App* verwenden, die dem Vertrieb On- und Offline-Zugriff auf seine Daten ermöglicht.

Für abrechnungsrelevante Prozesse, wie in unserem Beispiel die Aufträge des Händlers, aber auch die Abrechnung von zahlungspflichtigen Schulungen, bietet sich SAP S/4HANA an. Daneben ist SAP S/4HANA typischerweise auch das führende System für Kunden- oder Produktstammdaten.

Die SAP BTP dient in der Gesamtarchitektur als zentrale Integrationsplattform. Hierbei werden in der SAP BTP Standard-Integrationsszenarien bereitgestellt, die eine nahtlose Integration von Stamm- und Bewegungsdaten sowie flexible Erweiterungsmöglichkeiten sowohl zwischen der SAP Commerce Cloud und SAP S/4HANA als auch zwischen der SAP Sales Cloud und SAP S/4HANA sicherstellen.

Da hier viele unterschiedliche Anwendungen (Homepage, Händlerportal, Schulungsplattform, Vertriebsapplikation) dieselben Daten verwenden und zum Teil auch bearbeiten, ist ein flexibles, skalierbares Integrationskonzept für Sie unabdingbar.

In der dritten Prozessvariante ist die Analyse der Kundenzufriedenheit beschrieben, die Sie über Qualtrics vornehmen können.

16.7.6 Best Practices

Der vorliegende Use Case beschreibt eine weitgehende Digitalisierung des Vertriebsprozesses durch SySmart.

Digitale Vertriebsstrategie

Um diese oder eine ähnliche Ausbaustufe zu erreichen wie das Unternehmen in unserer User Story, brauchen Sie im Wesentlichen zwei Dinge: eine Digitalisierungsstrategie und einen daraus abgeleiteten »Bebauungsplan«, der die Strategie in umsetzbare Projekte übersetzt und entsprechend priorisiert. Auf dieser Basis lassen sich dann sukzessive Teilbereiche digitalisieren, während gleichzeitig sichergestellt ist, dass parallele oder zukünftige Teilbereiche ineinandergreifen.

Wie es in einigen anderen Prozessen zu erkennen war, kann auch ein stufenweises Vorgehen bei der Digitalisierung von Ihrem Prozess schnell die ersten Erfolge bringen. Dabei sollten Sie jedoch nie das ursprüngliche Ziel (Endausbaustufe) aus den Augen verlieren.

Den eigenen Kunden kennen

Das eigene Geschäftsmodell zu kennen hilft, wenn es darum geht zu entscheiden, was in welchem Umfang und in welcher Reihenfolge angegangen werden soll. In einem so interdisziplinären Szenario wie in unserer User Story beschrieben, ist es zudem elementar, die Probleme und Wünsche der Kunden zu kennen – im vorliegenden Use Case z. B. die Wünsche der Händler. So lässt sich schnell eine Roadmap mit möglichen

Funktionen des Händlerportals definieren und anhand ihres jeweiligen Kosten-Nutzen-Verhältnisses priorisieren.

Führen Sie eine Kunden- und End-User-zentrierte Anforderungsanalyse durch. Ihre Beschäftigten in Vertrieb und Service kennen Ihre Kunden, die Händler, und können viele gute Annahmen treffen. Besser noch, machen Sie Ihre Händler bzw. Kunden zum Entwicklungspartner. Dadurch konzentrieren Sie Ihre Ressourcen auf Funktionen, die sich Ihre Kunden wünschen. Unserer Erfahrung nach wird ein Drittel der Funktionen in einem Portal nicht genutzt.

Im vorliegenden Beispiel ist das Wissen der Händler über Neuerungen, technische Details, gepaart mit entsprechender Qualifizierung, ein zentraler Baustein der Händlerplattform für die Geschäftsführerin Vanessa Vocelka. In anderen Branchen mit anderen weniger komplexen oder individualisierbaren Produkten können auch andere Funktionen von Bedeutung sein. Zum Beispiel können Preisinformationen mit Rabattierungsmodellen oder flexible Liefermodelle genauso im Vordergrund stehen oder der einfache Zugang zu FAQs, Content und Werbematerial. Zentrale Botschaft soll sein, dass das Identifizieren von Personas und das Berücksichtigen der jeweiligen Blickweisen und Bedürfnisse großen Einfluss auf das Gelingen eines digitalen [Händler]portals hat.

Kapitel 17
CX-Szenarien im Vertrieb

Vertrieb ist nur Verkaufen? Dieses Vorurteil traf schon früher nicht zu, und heute gilt es umso weniger. Beraten, nicht verwalten, lautet die Maxime. Geführt und unterstützt durch Daten bildet der Vertrieb ab dem ersten Kontakt über alle Touchpoints hinweg die (Ver)bindung zum Kunden. Dies gilt gleichermaßen für den persönlichen Kontakt, den digitalen Vertrieb im E-Business und für hybride Modelle mit Händler oder Partnern. In diesem Kapitel beleuchten wir ausgewählte CX-Szenarien im Vertrieb.

Der Vertrieb ist vielleicht die größte Konstante im CX-Bereich. Weil er von jeher für das Kundenbeziehungsmanagement zuständig ist, ist er auch am stärksten von der Entwicklung der Kunden hin zu digitalen Kunden betroffen. Dies bietet Chancen und Risiken zugleich: einen digitalen Vertrieb zu etablieren und dabei alle Kanäle inklusive des Online-Shops zu berücksichtigen sowie die Wünsche der Kunden zu kennen. Guided Selling kann ein gutes Hilfsmittel für den Anfang und die KI-gestützte Vertriebssteuerung sein.

Auch Online-Kanäle sind längst Teil des Vertriebs geworden. Systeme und Prozesse müssen so ausgerichtet, dass sie zum einen den neuen Anforderungen (z. B. Nurturing, Scoring, Remote Selling usw.) gerecht werden und alte Stärken (z. B. Opportunity und Quote Management) wieder zu einem Faktor machen. Dann kann der Vertrieb auch zukünftig die entscheidenden Punkte setzen. Tauchen Sie in diesem Kapitel in ausgewählte CX-Szenarien im Vertriebs- und E-Business-Umfeld ein.

17.1 Vertriebssteuerung, Reporting und Performance Measurement

In diesem Szenario stellen wir Ihnen vier Personas, ihre Herausforderungen im vertrieblichen Umfeld und die Lösungen durch die SAP Sales Cloud vor. Eine zentrale Rolle spielen Management-Dashboards mit Insights zur Sales Pipeline sowie zielgenaue und aussagefähige Analysen.

17.1.1 Personas

Persona 1/Vertrieb

Name: Roberto Treppeg

Rolle: Vertriebsleitung

Abteilung: Geschäftsführung

Unternehmen: MHS Power Systems

Roberto Treppeg ist seit 15 Jahren bei MHS und dort seit sieben Jahren für den globalen Vertrieb verantwortlich. Er sieht sich als Vorreiter im Bereich *Digitaler Vertrieb* und möchte sein Team in die Zukunft führen. Die Herausforderungen, denen er sich dabei stellen muss, sind u. a. die Koordination eines weit verteilten Vertriebsteams, die Identifikation von wichtigen Deals, und dabei den Forecast und die Pipeline im Auge zu behalten.

Das Vertriebsteam der MHS ist sehr heterogen und steht neuen Technologien und Prozessen teils skeptisch gegenüber. Hier ist noch Überzeugungsarbeit zu leisten. Vertriebsprozess und Marktsituation sind regional unterschiedlich.

Persona 2/Unternehmen

Unternehmen: MHS Power Systems

Steckbrief: MHS Power Systems ist ein Komplettanbieter von Energiesystemen zur Antriebstechnik und Energiegewinnung. Mit 8.000 Mitarbeitenden und ca. 3 Mrd. EUR Jahresumsatz ist das global agierende Unternehmen Vorreiter in der Motoren- und Turbinentechnik für branchenübergreifende Anwendungsfälle. Dies gilt vor allem für die Bereiche Mobilität, Energie und Industrieanlagen.

Aktuell befindet sich MHS Power Systems im Umbruch, da das klassische Geschäft mit Verbrennungsmotoren zunehmend dem Investitionsdruck durch klimaneutrale Technologien unterliegt. MHS Power Systems hat in den vergangenen Jahren große Fortschritte in der Produktentwicklung gemacht, um gestärkt und mit innovativen Lösungen den sich verändernden Marktanforderungen zu begegnen. Hierbei spielen

Antriebslösungen mit der Wasserstofftechnik eine zentrale Rolle, die ihre Marktreife bestätigt haben und nun durch den Vertrieb aktiv verkauft werden sollen.

Persona 3/Regionalmanagement

Name: Jennifer Batten

Rolle: General Manager – Region Nordamerika

Abteilung: Regionalmanagement

Unternehmen: MHS Power Systems

Jennifer Batten ist ein alter Hase im Vertrieb bei MHS und leitet sehr erfolgreich die Region Nordamerika. In den vergangenen drei Jahren hat sich Nordamerika auf Platz 2 der umsatzstärksten Regionen geschoben, nach Deutschland. An diesem Erfolg hatte Jennifer Batten maßgeblichen Anteil. Jetzt stößt sie langsam an ihre Grenzen bei der Steuerung Ihres stetig wachsenden Teams. Roberto Treppeg kennt sie schon lange, und trotz teils unterschiedlicher Standpunkte schätzt sie seinen Einsatz.

Persona 4/Vertrieb

Name: Rick Nash

Rolle: Gebietsleitung und Sales Representative

Abteilung: Vertrieb

Unternehmen: MHS Power Systems

17.1.2 User Story: Roberto Treppeg und sein datengestütztes Vertriebsmanagement

Roberto Treppeg marschiert mit großen Schritten aus dem großen Besprechungsraum; es gilt, keine Zeit zu verlieren. Gerade hat er im Geschäftsführungsmeeting von MHS Power Systems die neuen Umsatzplandaten für das kommende Geschäftsjahr vorgestellt, die ihm bestätigt wurden. Diese wird er nun als konkrete Zielvorgaben herunterbrechen und dem General Management der einzelnen Vertriebsregionen zuordnen.

Roberto Treppeg ist nun seit sieben Jahren Vertriebsleiter des Konzerns und hat in dieser Zeit einige vertriebliche Herausforderungen gemeistert. Zu Beginn seiner Karriere als Sales Representative drehte sich alles um Verbrennungsmotoren und fossile Energien. Immer leistungsfähigere Antriebstechniken wurden für Land- und Baumaschinen, Schiffe, Flugzeuge oder andere schwere Geräte entwickelt. Als in dieser Sparte ein Investitionsstau seiner Kunden spürbar wurde, konnte das durch eine florierende Energiesparte kompensiert werden. Dabei spielte insbesondere der geförderte Neubau für Wasser- und Windkraftanlagen eine Rolle.

Die zunehmende Abkehr von den klassischen Verbrennungsmotoren brachte Roberto Treppeg und sein Team zum Umdenken: Neben Elektromotoren rückte hierbei die Wasserstofftechnologie in den Vordergrund, die für Großmotoren die besseren Eigenschaften für die Zielgruppe von MHS Power Systems aufweist.

Im vergangenen Jahr war der Umsatzrückgang in der Sparte der Verbrennungsmotoren so groß wie noch nie. Die Erfolgsmeldungen aus dem Produktmanagement zur Inbetriebnahme der Wasserstoff-Pilotanlagen ließen Roberto Treppeg aufatmen.

Die Stoßrichtung für die Zukunft ist Roberto Treppeg nun klar: Die neue Technologie muss auf den Markt gebracht werden. Auch in der Antriebstechnik muss MHS Power Systems die Vorreiterrolle für Großmaschinen zurückerobern. Kurzum: Die Sales Pipeline muss mit Wasserstoff-Opportunitys gefüllt und zu Aufträgen fortentwickelt werden.

Um die Zielerreichung zu messen und, wenn nötig, umzusteuern, hat Roberto Treppeg ein zentrales Management-Dashboard in der SAP Sales Cloud zusammengestellt (siehe Abbildung 17.1). Mithilfe dieses Dashboards kann er seine vertriebsrelevanten Kennzahlen über die einzelnen Geschäftsbereiche und die international agierenden Verkaufsorganisationen auswerten und miteinander vergleichen.

Eines der wichtigsten Kontroll- und Steuerungsinstrumente ist hierbei die *Sales Pipeline*. Die darin visualisierten Opportunity-Daten bilden Geschäftschancen ab, die in die verschiedenen Verkaufsphasen des Vertriebsprozesses unterteilt sind. Roberto Treppeg kann somit in der Sales Pipeline einen Forecast ableiten, welcher Umsatz zu welcher Zeit mit welcher Wahrscheinlichkeit erwirtschaftet wird.

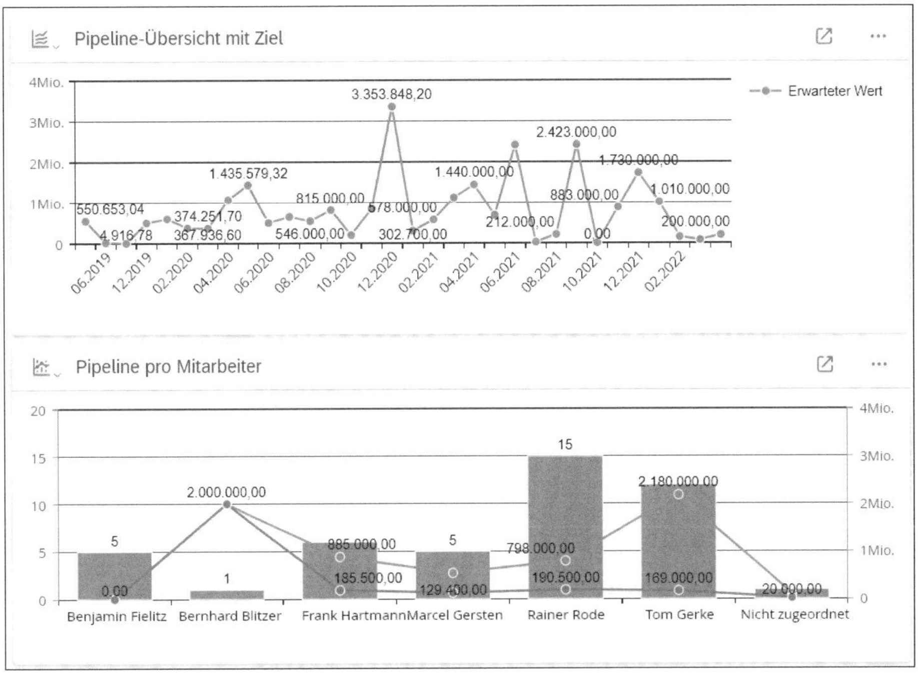

Abbildung 17.1 Management-Dashboards in der SAP Sales Cloud mit Insights zur aktuellen Sales Pipeline

Überdies lässt sich über den Pipeline Funnel die *Conversion Rate* der Opportunities bemessen oder eine *Win-Loss-Analyse* fahren, um Optimierungen an der Pipeline-Performance vornehmen zu können.

Die Vertriebszielplanung durch das General Management

Jennifer Batten ist General Manager für die Vertriebsregion Nordamerika und kennt ihre Region seit vielen Jahren. Die Region ist nach Europa die zweitgrößte Vertriebsregion des Unternehmens und damit ein starker Markt. Sie freut sich, dass ihr Unternehmen neue innovative Technologien fördert und diese nun für ihre Bestands- und Neukunden bereitstehen.

Etwas ungläubig schaut sie auf die Kennzahlen, die ihr Vorgesetzter Roberto Treppeg gerade präsentiert. Die Zielvorgaben aus dem Headquarter sind hoch, um nicht zu sagen überaus optimistisch.

Der Vertriebsleiter fordert außerdem einen genauen monatlichen Forecast der kompletten Vertriebsregionen ein, um die Transparenz zu erhöhen. Eine unternehmensweite proaktive Vertriebssteuerung und ein effektives Vertriebscontrolling sind gefordert, so Roberto Treppeg.

Auf die Frage, wie sie die Zahlen überwachen und aktiv steuern soll, präsentiert ihr Roberto Treppeg zwei neue Funktionen in der SAP Sales Cloud. Auch Jennifer Batten erhält Zugriff auf das zentrale Management-Dashboard, jedoch vorgefiltert auf ihre Verkaufsregion Nordamerika. Außerdem hat MHS Power Systems die *SAP Intelligence Sales Execution Services* für die SAP Sales Cloud aktiviert. Darin enthalten ist u. a. der Pipeline Manager, der eine detaillierte Visualisierung der Sales Pipeline ermöglicht (siehe Abbildung 17.2).

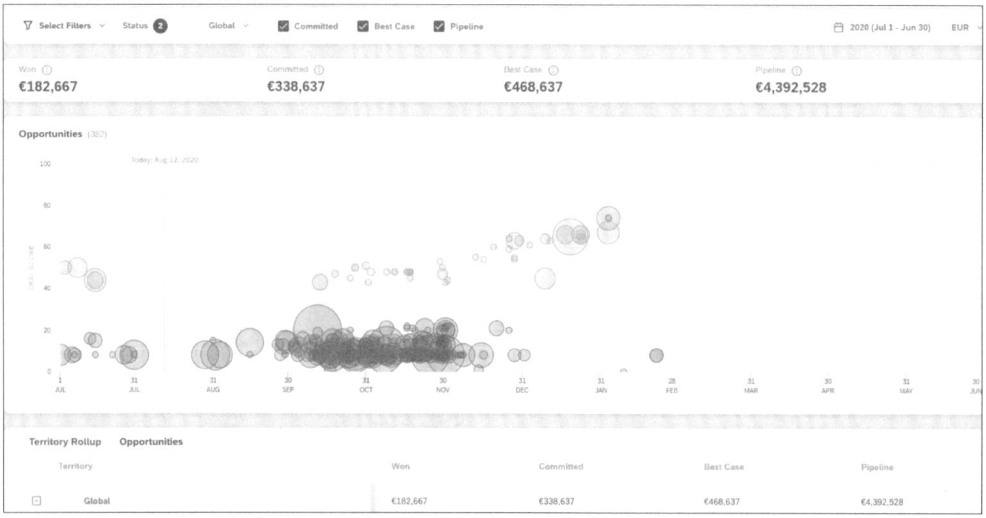

Abbildung 17.2 Pipeline Manager als Teil der Intelligence Sales Execution Services in der SAP Sales Cloud

Die Aufgabe für Jennifer Batten liegt nun darin, die Zielvorgaben des Managements auf ihre Vertriebsregion zu verteilen. Zu Jennifers Battens Vertriebsregion gehören 25 Teilgebiete. Jedes Teilgebiet umfasst ein Team aus Sales Representatives und Innendienst, wobei ein Sales Representative die Verantwortung als Leitung eines Gebiets trägt. Als Nächstes plant Jennifer Batten nun die Vertriebszielgespräche für die Gebietsleitung.

Die Operationalisierung durch die Gebietsleitung/Sales Representatives

Rick Nash betreut als Gebietsleiter das Vertriebsgebiet zwischen den beiden Metropolregionen Toronto und New York. Neben seiner Rolle als Gebietsleiter steht er selbst als Sales Representative in direktem Kundenkontakt und betreut seinen Kundenstamm seit 8 Jahren für MHS Power Systems. Im Jahresgespräch mit seiner Regionalmanagerin Jennifer Batten erhielt er als Zielvorgabe eine aggressive Marktbespielung für Wasserstoff-Opportunities. Auch Rick Nash erhält Zugriff auf das neue Management-Dashboard der SAP Sales Cloud. Dort kann er ausschließlich auf die Daten seines Gebietsteams zugreifen.

Einmal monatlich plant seine Managerin Jennifer Batten mit ihm einen Regeltermin, in dem sie einen Blick auf die aktuellen Opportunities in der Sales Pipeline seines Gebiets werfen. Hierbei muss Rick Nash einen Forecast abgeben, wie er die Erfolgsaussichten seiner Opportunities einschätzt. Diesen Forecast muss er in der SAP Sales Cloud bestätigen und so an die Vertriebsleitung übermitteln. Über die Analysemöglichkeiten der SAP Sales Cloud sowie der ISE Features erhält das Vertriebsteam volle Transparenz und können sich auf die wertvollsten Opportunities fokussieren.

Rick Nash hat in der SAP Sales Cloud seine Zielvorgaben und die seines Teams stets im Blick. Außerdem wird er durch die Software dabei unterstützt, seine eigene Herangehensweise in der Kundenkommunikation etwa durch eine verbesserte Angebotsvisualisierung, Preiskalkulation und Battle Cards gegenüber Wettbewerbern zu optimieren und die Geschäftschancen effizienter umzusetzen.

Die Customer Experience setzt auf verschiedenen Ebenen an. Die Kunden erwarten neue Technologien und sorgen für einen enormen Marktdruck. MHS Power Systems schafft die Portfoliotransformation, um die Kundenerwartungen wieder zu befriedigen. Der Vertrieb setzt hier an, kommuniziert die Lösungen an den Markt und berät die Interessenten und Kunden, um eine bestmögliche Lösung zu erarbeiten.

17.1.3 Prozessschaubild

Abbildung 17.3 und Abbildung 17.4 zeigen Ausschnitte des Prozesses. Die drei Swimlanes bilden die Rollen der Personas ab, also die Vertriebsleitung, das Regionalmanagement sowie die Gebietsleitung/Sales Representative. Eine Besonderheit in diesem CX-Prozess liegt in seinen wiederkehrenden bzw. permanent auszuweisenden Prozessschritten.

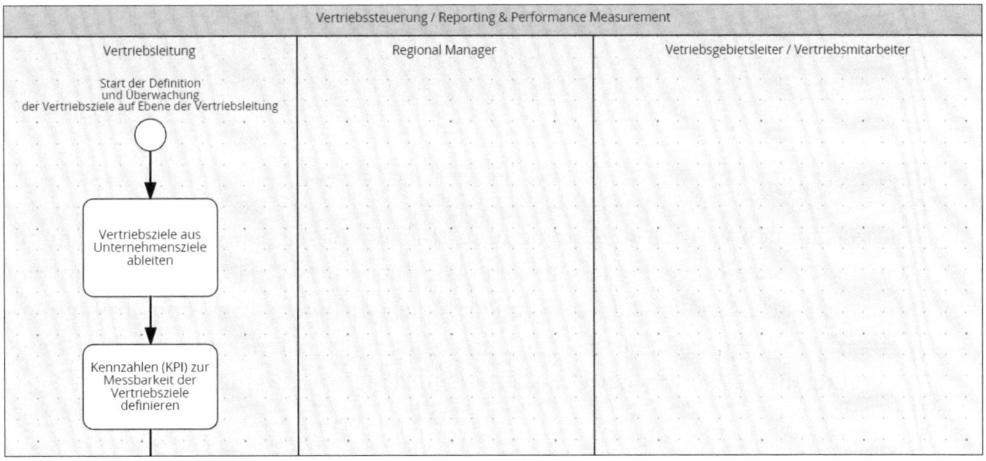

Abbildung 17.3 SIGNAVIO-Prozessdiagramm (BPMN) für Vertriebssteuerung, Reporting und Performance Measurement (Ausschnitt 1)

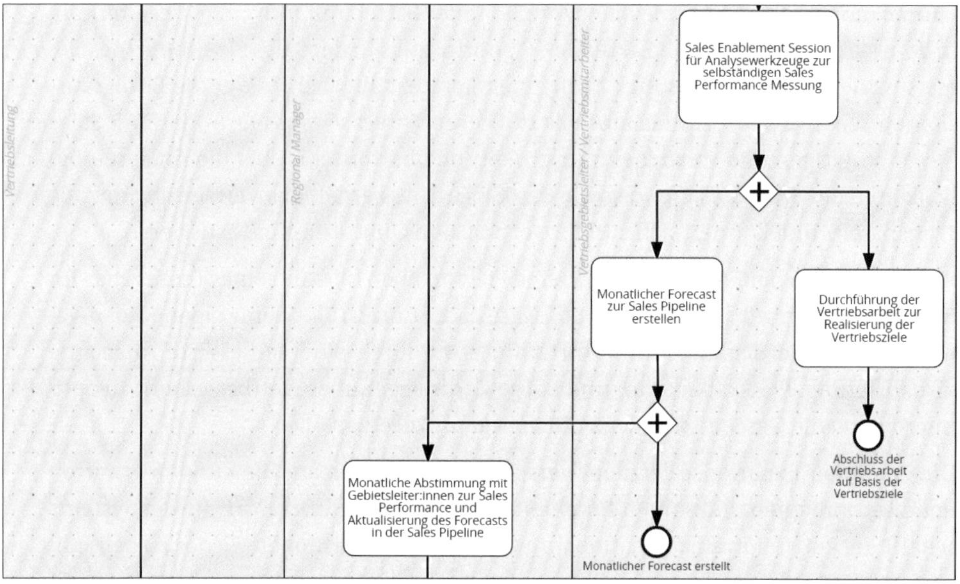

Abbildung 17.4 SIGNAVIO-Prozessdiagramm (BPMN) für Vertriebssteuerung, Reporting und Performance Measurement (Ausschnitt 2)

Eine wichtige Aufgabe besteht darin, stets einen Blick auf die Pipeline-Performance zu haben, um möglichst kurzfristig Maßnahmen und Vertriebsaktionen gewinnbringend für das Unternehmen einzusetzen.

Detaillierte Darstellung des Prozesses

Da der Platz auf einer Buchseite beschränkt ist, können wir Ihnen an dieser Stelle nur Ausschnitte aus dem komplexen Serviceprozess zeigen. Eine Darstellung des gesamten Ablaufs finden Sie unter *www.sap-press.de/5319* im Kasten »Materialien zum Buch«.

17.1.4 Varianten

Die KPIs für den Vertrieb zu definieren, zu erheben und zu bewerten ist ein sehr unternehmensspezifischer Prozess. In der Praxis finden sich vielfältige Ansätze, um hier steuernd und kontrollierend einzugreifen. Wir zeigen Ihnen im Folgenden einige Prozessvarianten, die ebenfalls bei der Umsetzung einer datengesteuerten Vertriebssteuerung und als Performance-Measurements eingesetzt werden können.

SAP Analytics Cloud

Zielgenaue und aussagefähige Analysen bilden die Grundlage für eine datengetriebene Vertriebssteuerung. Je nachdem, in welchem System Ihre Prozesse im Rahmen des Vertriebsprozesses eingelagert sind, bedarf es einer systemübergreifenden Analysemöglichkeit, die alle relevanten Daten einfassen und konsolidiert aufbereiten kann. SAP Analytics Cloud als Analyseservice der SAP BTP ist hierzu ein geeignetes Business-Intelligence-Werkzeug.

Somit kombinieren Sie z. B. Ihre Opportunity-Daten aus der SAP Sales Cloud mit Ihren Auftragsdaten aus SAP ERP bzw. SAP S/4HANA, um einen ganzheitlichen Sales Funnel auszuwerten. Als BI-Tool werden zudem komplexe Berechnungen der Kennzahlen und hochflexible Auswertungen ermöglicht, die als Dashboard übersichtlich visualisiert werden.

Durch eine einfache Mashup-Integration wird SAP Analytics Cloud in die SAP Sales Cloud eingebunden. Somit besteht für den Vertrieb kein Systemsprung, denn beide Applikationen werden über eine durchgängige Oberfläche bedient. SAP Analytics Cloud ist somit ein gutes Beispiel, wie CX-Prozesse systemübergreifend analysiert werden können, um Transparenz und infolgedessen eine Steuerbarkeit für alle beteiligten Personen zu erzielen.

Transparente Kundeninteraktionen über die gesamte CX-Landschaft

Als digitalisiertes Unternehmen bieten Sie Ihren Kunden diverse Customer Touchpoints an, um mit ihnen in Kontakt zu treten. Der in diesem Abschnitt beschriebene Anwendungsfall legt den Fokus auf den Direktvertrieb, der seine Kunden gezielt für die neue Produktpalette, die Wasserstofftechnologie, gewinnen soll. Ein vollständiges Bild der Interaktion der Kunden mit Ihrem Unternehmen kann Sie an dieser Stelle unterstützen.

Eine enge Verbindung zum Vertrieb bietet die SAP Marketing Cloud, die ein solches Interaktionsprofil inklusive eines Scoring-Modells bereitstellt. Somit können die Kundeninteressen aus der Marketinginteraktion für die vertriebliche Arbeit genutzt werden. Alle Kunden, die bereits ein Whitepaper über die neuen Produkte heruntergeladen oder den Newsletter abonniert haben, können somit priorisiert im Vertrieb angesprochen werden.

Neben den Marketingaktionen bilden zugleich Social-Media-Aktivitäten Ihrer Kunden ein weiteres Hilfsmittel, um den Vertrieb in der Potenzialanalyse zu leiten. Die SAP Customer Data Cloud kann genau diese Interaktionen Ihrer Kunden über Ihr Firmenprofil, in Ihrem Webshop oder über Social-Media-Kanäle aufbereiten und als vollständige Übersicht in der SAP Sales Cloud aufrufbar widerspiegeln.

Somit erhält der Vertrieb eine ganzheitliche Übersicht über alle Interaktionen seiner Kunden mit ihren Unternehmen, erkennt Potenziale und kann anhand der hinterlegten Interessen eine bestmögliche Sicht auf seine Kunden zur Erzielung von höheren Umsätzen nutzen.

17.1.5 Architektur

Der gesamte CX-Prozess kann ausschließlich in der SAP Sales Cloud abgebildet werden. Das zentrale Vertriebs-Tool der SAP Customer Experience Suite ermöglicht alle notwendigen Schritte, um den Lead-to-Cash-Prozess abzubilden. Von besonderer Bedeutung für das native, aber auch für das strategische Reporting ist das Opportunity Management.

Die darin gesammelten Informationen der einzelnen Geschäftschancen, wie Gewichtung, Auftragsvolumen, angebotene Produkte, Erlösplanung, Prognosekategorien, Buying Center und Wettbewerberinformationen laufen hier zusammen und können somit zentral ausgewertet werden. Erfolgreiche Opportunities referenzieren auf Angebote und Aufträge, die sich je nach Prozessweiche in SAP S/4HANA bzw. SAP ERP wiederfinden und mit der Opportunity verlinkt sind. Auf Basis der Daten im Verkaufsprozess sowie der Kundendaten erhält der Vertrieb, das Regionalmanagement oder auch die Vertriebsleitung einen Überblick über die aktuelle Sales Pipeline. Auch ein Forecast, z. B. auf das aktuelle Geschäftsjahr, ist möglich.

Das native Reporting der SAP Sales Cloud wird in unserem Use Case durch die Intelligent Sales Execution erweitert. Hierbei handelt es um eine Erweiterung, die grafisch aufbereitete Analysen auf die Sales Pipeline ermöglicht. Im Zusammenspiel mit dem Opportunity Scoring der SAP BTP, das über die SAP Sales Cloud aktiviert werden kann, erfolgt eine Bewertung aller historisch angelegten Opportunities zu einem sogenannten Opportunity Score.

Das Opportunity Scoring generiert somit durch intelligente Machine-Learning-Algorithmen ein Datenmodell, das die Erkenntnisse, welche Opportunities eher gewonnen oder verloren werden, auf die aktuell offenen Opportunities überträgt. Somit unterstützen Machine-Learning-Algorithmen unmittelbar in der Priorisierung der Opportunities und geben Hinweise auf deren Erfolgswahrscheinlichkeit. Abbildung 17.5 veranschaulicht die in diesem Prozess genutzten Bausteine.

Die SAP BTP dient in der Gesamtarchitektur als zentrale Integrationsplattform. Die SAP BTP stellt die Standard-Integrationsszenarien bereit, die eine nahtlose Integration von Stamm- und Bewegungsdaten sowie flexible Erweiterungsmöglichkeiten sicherstellen. Wie in den Varianten aufgezeigt, besteht die Möglichkeit, Teile des strategischen oder systemübergreifenden Reportings in die SAP Analytics Cloud zu übertragen. Diese verfügt über erweiterte Reporting-Funktionen und kann dem Vertrieb als Dashboard in der SAP Sales Cloud zur Verfügung gestellt werden.

Wir haben außerdem einen Anwendungsfall gezeigt, der dem Vertrieb einen noch detaillierteren Blick auf den Kundenstamm ermöglicht als auf die vertriebsrelevanten Daten der SAP Sales Cloud in Kombination mit SAP S/4HANA bzw. SAP ERP. Mit der SAP Marketing Cloud können Sie das im Marketing genutzte Profil der Kunden und Ansprechpartner nutzen. Somit erhalten Sie Einblick in die Interaktionswerte über die Marketing-Touchpoints Ihres Unternehmens. Ähnlich wirkt die Aufbereitung der Daten aus der SAP Customer Data Cloud, die die Interaktionen der Kunden und Ansprechpartner auf Ihrem Firmenprofil bzw. in Ihren Social-Media-Kanälen ermöglicht.

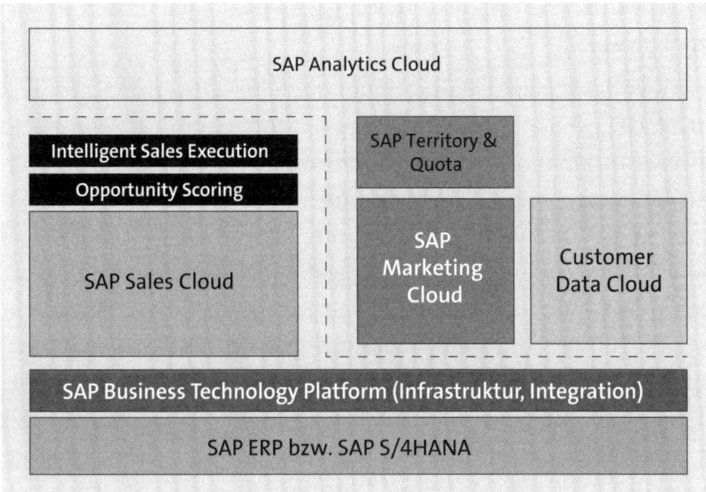

Abbildung 17.5 CX-Bausteine für den Prozess »Vertriebssteuerung/Reporting und Performance Measurement«

Best Practices

Der folgende Abschnitt gibt Ihnen einen Überblick über die Best Practices bei der Lösungskonzeption und der Umsetzung aus der Sicht der Vertriebsverantwortlichen.

Digitales Pipeline Management als Schlüssel zum Erfolg

Das digitale Sales Pipeline Management ist der Schlüssel zum Erfolg und somit zu höheren Umsätzen. Sie erhalten umfassende Informationen über Ihre Sales Pipeline und werden in der Vertriebssteuerung unterstützt. Um das Potenzial voll auszuschöpfen und den Handlungsbedarf zu identifizieren, sind sinnvolle Vergleichselemente wie historische Opportunities, Kennzahlen oder andere Vertriebselemente unabdingbar. Auf dieser Basis können Sie konkrete Vertriebsaktionen erarbeiten und deren Erfolg wiederum auf dieselbe Art und Weise bemessen.

Pipeline Management und Forecasting ist für alle Vertriebsbereiche relevant

Genauso wichtig wie die Managementsicht ist die Abbildung der Pipeline-Analysen für die einzelnen Mitglieder des Vertriebsteams. Das CRM-System muss bei dieser Aufgabe eine leitende Rolle einnehmen und dem Vertrieb aufzeigen, welche Opportunities priorisiert verfolgt werden sollen, um effizient und erfolgreich zum Geschäftsabschluss zu gelangen oder weitere Nebenpotenziale zu identifizieren.

Passende Analysen für Ihr Geschäftsmodell schaffen

Was für Sie ein »heißer Deal« ist, hängt stark von Ihrem Geschäftsumfeld und Ihrem Vertriebsprozess ab. Während ein Hersteller von hochspezialisierten Maschinen oder Produktionsanlagen 300 Opportunities im Jahr mit jeweils einem Wert von mindestens 5 Mio. EUR verfolgt, werden in der Baubranche auch Kleinstangebote und Opportunities im Minutentakt erstellt.

Trotzdem bieten sich über das Pipeline Management dieselben Bewertungsgrundlagen an. Die Verkaufsphase, gepaart mit dem geplanten Enddatum, ist hierbei ein grundlegendes Priorisierungsmerkmal, um Opportunitys zielgerichtet zum Abschluss zu bringen. In der Praxis finden sich oftmals auch kombinierte Auswertungen von Opportunitys, Angeboten und Vertriebsaktivitäten. So sollen z. B. Opportunitys priorisiert bearbeitet werden, die bereits über ein Angebot verfügen, der Interessent jedoch noch nicht durch den Außendienst besucht wurde. Wie auch für Leads besteht die Möglichkeit, ein Opportunity Scoring aufzubauen. Diese »dritte« Pipeline-Dimension klassifiziert Opportunitys gemäß ihrer Aussicht auf Erfolg und ihrer Relevanz für Ihr Unternehmen. Dies ist vor allem dann sinnvoll, wenn Sie im Opportunity-Massengeschäft agieren, in dem Sie aufgrund der Masse an Opportunitys eine automatisierte Priorisierung auf der Basis von Maschine-Learning-Algorithmen vornehmen lassen möchten.

Vergleichbarkeit herstellen

Um Ihre Vertriebsorganisation aktiv steuern zu können ist es wichtig, stetig Vergleiche in Ihrem Sales Pipeline Management zu schaffen, um Problemzonen sowie Geschäftspotenziale zu identifizieren und zu nutzen. Die Vergleichbarkeit schaffen Sie z. B. über die in Tabelle 17.1 dargestellten Dimensionen.

Dimension	Vergleichbare Vertriebselemente
Kundengruppen	Vergleich der Kundengruppen: Branchen, Rollen, Klassifikationsmerkmale (z. B. ABC), Bestandskunden- vs. Neukundenfokus, Aufwands-Nutzen-Relation schaffen
Produkte (Cluster)	Vergleich auf der Produktebene: Produkt-Cluster, Einzelprodukte, favorisierte Konfigurationen, Wettbewerberanalysen, Win-Loss-Analysen (Lost Reasons)
Regionen	Vergleich der regionalen Vertriebsstrukturen: Unternehmen global, Verkaufsorganisationen, Länder, Märkte, kulturelle Marktbeschaffenheiten, Absatzinfrastruktur in den Regionen
Vertriebswege	Vergleich der Vertriebswege wie beispielsweise Direktvertrieb, Digital Sales, Händlergeschäft, After Sales

Tabelle 17.1 Vergleichbare Vertriebselemente nach Dimensionen

Dimension	Vergleichbare Vertriebselemente
Mitarbeitende	Vergleiche auf Mitarbeiterebene: Verkaufsteams, einzelne Mitarbeitende, Wall-of-Fame

Tabelle 17.1 Vergleichbare Vertriebselemente nach Dimensionen (Forts.)

17.2 Shop-Auftrag im B2B-Umfeld

In diesem Szenario stellen wir Ihnen Personas aus dem B2B-Umfeld im Webshop-Kontext und die Integration von Marketing-Automatisierungssystemen vor. Entscheidend ist hier eine klare Struktur der Website, eine hohe Usability und die Führung des Kunden im Shop, und dass hinter dem reinen Sammeln von Kundendaten eine Strategie stehen sollte.

17.2.1 Personas

Persona 1/Kunde

Name: Delia Park

Unternehmen: Malermeisterbetrieb Park & König GmbH

Rolle: Geschäftsführerin und Malermeisterin

Abteilung: Geschäftsleitung

Persona 2/Unternehmen

Unternehmen: Malermeisterbetrieb Park & König GmbH

Der Malerbetrieb wurde vor über vier Jahrzehnten gegründet. Ausgehend vom Stammsitz in Heidelberg startete eine Erfolgsgeschichte. Immer weiter wuchs das Einsatzgebiet, denn die gute und flexible Arbeit sprach sich schnell herum. Heute führt mit Delia Park bereits die dritte Generation die Tradition fort. Die Zeit steht nicht still und so entwickelt man sich ständig weiter.

Persona 3/Unternehmen (Anbieter)

Unternehmen: Profi Malerbedarf 24

Profi Malerbedarf 24 ist seit knapp zwei Jahren eine Top-Adresse für professionelle Maler, Trockenbauer, Stuckateure und Do-it-yourself-Heimwerker. Der 2019 neu aufgesetzte Online-Shop bietet alles an Baumaterial und Zubehör rund um das Thema Maler-, Trockenbau- oder Verputzarbeiten. Großen Wert legt man bei Profi Malerbedarf 24 auf das Thema Beratung rund um den Kaufprozess und versucht hier, insbesondere durch individuelle Hilfestellungen sowie Produktinformationen zu punkten.

17.2.2 User Story: Delia Park und ihre B2B-Shop-Experience

Delia Park ist Malermeisterin und Geschäftsführerin der Firma Park & König. Bei Park & König läuft es gerade richtig gut. Die Auftragsbücher sind voll, und man möchte weiterwachsen. Daher hat Delia Park zwei neue Kräfte eingestellt. Um diese auch mit dem richtigen Equipment auszustatten, ist Delia Park auf der Suche nach einem neuen effizienteren Sprühsystem. Da sie tagsüber keine Zeit hat, möchte Delia Park diese Maschine im Internet bestellen. Hierzu sucht Delia Park im Internet nach Sprühsystemen. Schnell wird sie auf die Seite der Firma Profi Malerbedarf 24 aufmerksam. Der Internetauftritt der Firma gefällt Delia Park auf Anhieb sehr gut. Die Seiten sind übersichtlich aufgebaut, die Suchen und Filter funktionieren einwandfrei, und das Sortiment ist sinnvoll zusammengestellt. Daher entscheidet sie sich für eine Registrierung auf dieser Seite.

In dem Registrierungsformular muss Delia Park u. a. Angaben zur Unternehmensgröße, zum Aufgabengebiet und zur präferierten Arbeitsmethode – Sprühsystem oder händischer Anstrich – machen. Nach dem Ausfüllen schickt sie das Formular mit einem Klick auf den **Absenden**-Button ab. Auf der Homepage wird Delia Park der Hinweis angezeigt, dass sie spätestens in wenigen Minuten eine E-Mail mit weiteren Informationen erhalten wird.

Schon nach Sekunden findet Delia Park diese E-Mail, in der sie die Registrierung bestätigen muss, in ihrem E-Mail-Postfach. Beim Klick auf diesen Link wird Delia Park auf die Startseite des Shops weitergeleitet und erhält die Information, dass das Konto erfolgreich aktiviert wurde und sie sich ab sofort mit den zuvor von ihr vergebenen Login-Daten anmelden kann.

Um keine Zeit zu verlieren, meldet sich Delia Park direkt an. Nach dem Login gelangt sie erneut auf die Startseite, die aber etwas anders aussieht. Aufgrund der im Registrierungsformular angegebenen Daten wird auf der Startseite personalisierter Content angezeigt. Es sind direkt die mobilen Sprühsysteme zu sehen, die im Fokus des Interesses standen.

Beim Klick auf dem Banner wird Delia Park auf eine Produktübersichtseite geleitet. Auf dieser Seite kann die Produktübersicht über Filter und Facetten schnell und übersichtlich an ihre eigenen Bedürfnisse angepasst werden. Das MX400 soll es sein, ein Profisprühsystem. Mit einem Klick gelangt Delia Park auf die Produktdetailseite. Alle relevanten Produktdaten, technischen Informationen sowie Verfügbarkeiten und natürlich der Preis sind auf den ersten Blick zu erkennen. Es gibt anschauliche Produkt- und Anwendungsbilder, und sogar ein kurzes Video ist dabei, das das Profisprühsystem MX400 in Aktion zeigt!

Außerdem werden weitere Zubehörteile, die für einen professionellen und mobilen Einsatz notwendig sind, angezeigt. Delia Park legt auch das Profireinigungsset, das Profitransportset und die Kabel- und Schlauchverlängerung direkt mit in den Warenkorb.

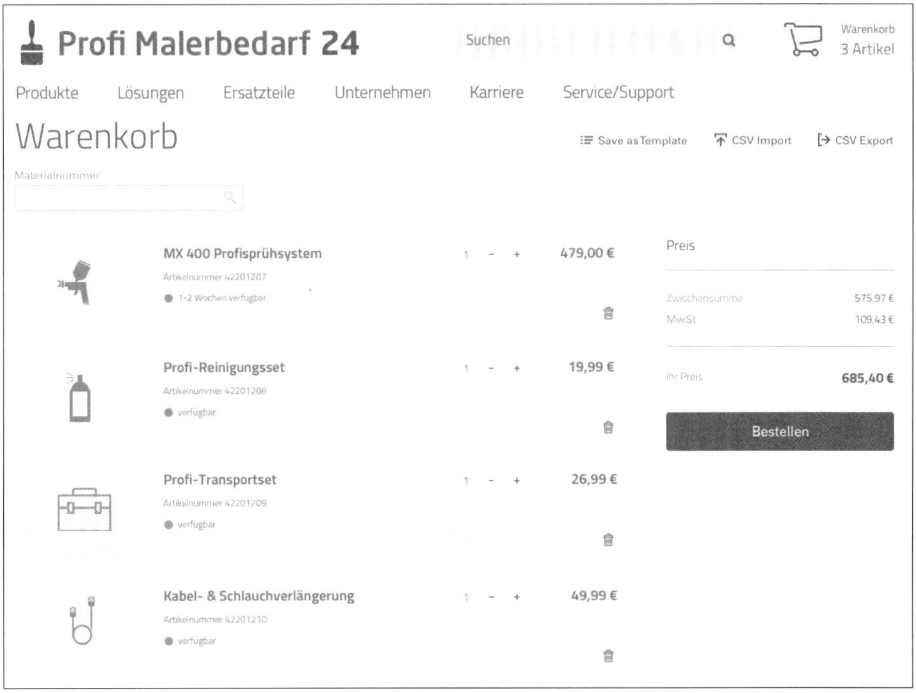

Abbildung 17.6 Warenkorb von Delia Park im Webshop von Malerbedarf 24

Delia Park schließt den Kauf ab. Die Bestellbestätigung sowie die Rechnung werden per E-Mail versendet. Darüber hinaus kann Delia Park über ihren angelegten Account auf der Seite von Profi Malerbedaf 24 jederzeit auf die Rechnung zugreifen.

Wenig später geht die Information ein, dass die Lieferung bald eintreffen wird. Durch die übermittelte Tracking-ID kann Delia Park jederzeit einsehen, wann sie mit der Lieferung rechnen kann.

Wenige Tage später trifft die Lieferung ein. Bereits in der Bestellbestätigung gab es den Hinweis, dass das gekaufte Produkt registriert werden kann. Mit dieser Registrierung verlängert sich die Garantie um ein weiteres Jahr. Über den Menüpunkt **Mein Konto** gelangt Delia Park auf die Seite **Meine Produkte**. Dort erscheint die gekaufte Maschine, versehen mit dem Hinweis, dass diese nicht registriert ist. Neben diesem Hinweis befindet sich der Button **Jetzt registrieren**. Delia Park durchläuft die übersichtlich gestaltete und intuitive Registrierung. Am Ende dieser Registrierung wird Delia Park gefragt, ob sie Informationen über Neuheiten in speziellen Produktbereichen erhalten möchte.

Da sie bislang sehr zufrieden mit diesem Anbieter ist, wählt Delia Park aus, dass sie über Neuigkeiten in der Produktgruppe **Sprühsystem** informiert werden möchte. Nach Abschluss dieser Registrierung gelangt Delia Park zurück auf die Seite ihrer Produkte. Hier kann sie direkt sehen, dass sich der Status sich jetzt geändert hat und ihr MX400 registriert ist. Wenig später folgt die Information über die Garantieverlängerung per E-Mail sowie direkt im Kundenkonto.

17.2.3 Prozessschaubild

Abbildung 17.7 und Abbildung 17.8 zeigen den gesamten Prozess der oben beschriebenen User Story. Die Swimlane **Kunde** beschreibt, wie sich der Kunde durch das Internet, vor allem aber durch das SAP-Commerce-Cloud-System bewegt. Zudem macht dieser Prozess deutlich, wann die Systeme untereinander kommunizieren und welche Daten die Systeme austauschen.

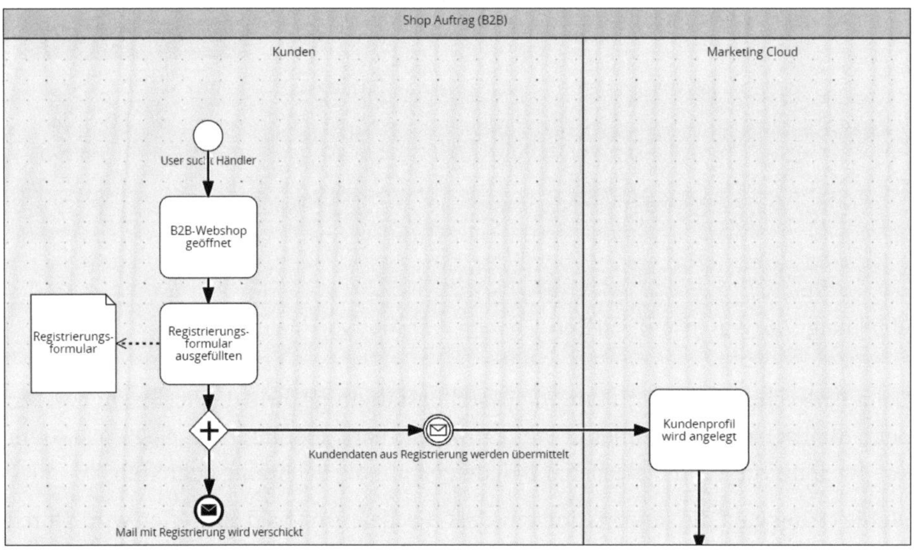

Abbildung 17.7 SIGNAVIO-Prozessdiagramm (BPMN) für den B2B-Shop-Auftrag (Ausschnitt 1)

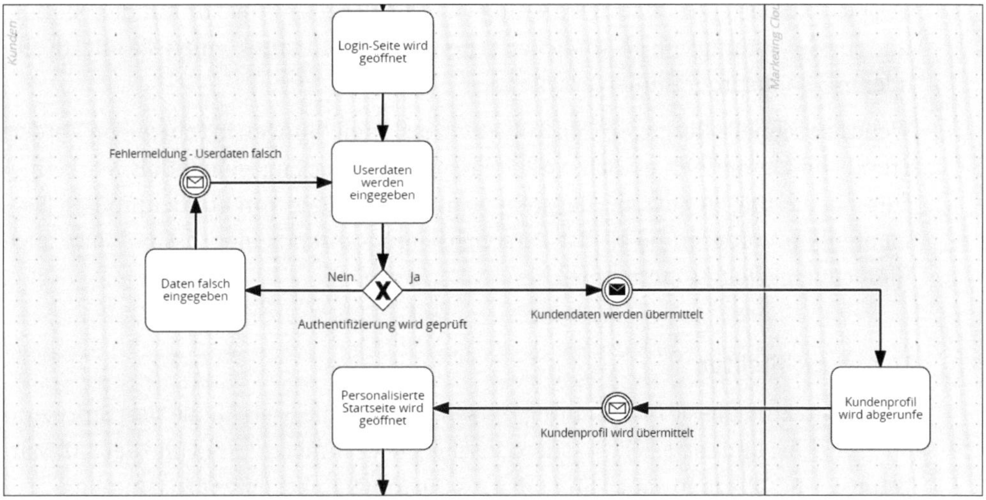

Abbildung 17.8 SIGNAVIO-Prozessdiagramm (BPMN) für den B2B-Shop-Auftrag (Ausschnitt 2)

Detaillierte Darstellung des Prozesses

Da der Platz auf einer Buchseite beschränkt ist, können wir Ihnen an dieser Stelle nur Ausschnitte aus dem komplexen Serviceprozess zeigen. Eine Darstellung des gesamten Ablaufs finden Sie unter *www.sap-press.de/5319* im Kasten »Materialien zum Buch«.

17.2.4 Varianten

Für den Shop-Auftrag sind die Variationsmöglichkeiten nahezu unendlich. Gerade im Bereich des Buyer Enablement oder der digitalen Kaufberatung sind viele Optionen denkbar, egal ob eine Einbindung von Chat- oder anderen Multimediakanälen erfolgt oder ein stärkerer Fokus auf Produktanwendungsfunktionen bzw. Self-Services rund um die Produktauswahl gelegt wird.

Klar ist auch, dass abhängig von Branche und Produkttyp der Fokus auf unterschiedlichen Informationen und Funktionen liegen sollte. Durch eine Marketingautomatisierung ergeben sich weitere Optionen: So könnte das gesamte Personalisierungsszenario auch per E-Mail oder via Landing Pages laufen und mit klassischen Point-of-Sale-Szenarien oder Messen bzw. Schulungen kombiniert werden. Die in unserem

Beispiel skizzierte Produktregistrierung ist ein probates Mittel zur Kundenbindung und zur Gewinnung von persönlichen Daten. Darüber hinaus können Sie mit Loyalty oder mit Bonusprogrammen arbeiten.

Wenn das schnelle Reagieren und Anbieten von Empfehlungen in Echtzeit im Vordergrund steht, empfiehlt es sich, SAP Emarsys Customer Engagement als Marketingautomatisierung zu nutzen. Hier steht weniger das Bilden von Kundenprofilen (Segmenten) im Vordergrund als das Personalisieren während einer Session – also auch für nicht eingeloggte (anonyme User).

17.2.5 Architektur

Die Architektur, die Sie in Abbildung 17.9 sehen, bildet die Basis für die User Story zum Shop-Auftrag und setzt sich vor allem aus der SAP Commerce Cloud und der SAP Marketing Cloud, alternativ auch SAP Emarsys Customer Engagement zusammen.

Die SAP Commerce Cloud bildet das Fundament, denn der gesamte Shop wird hier abgebildet. Die einzelnen Seiten, die Suchfunktionen und Filter sowie alle anderen Funktionen werden in die SAP Commerce Cloud implementiert.

Die SAP Commerce Cloud ist direkt in die SAP Marketing Cloud integriert. Diese dient dazu, auf der Basis von Interaktionen der Kunden Insights zu gewinnen und somit passende Zielgruppen (Segmente) zu bilden und personalisierte Inhalte auf unterschiedlichen Touchpoints auszuspielen.

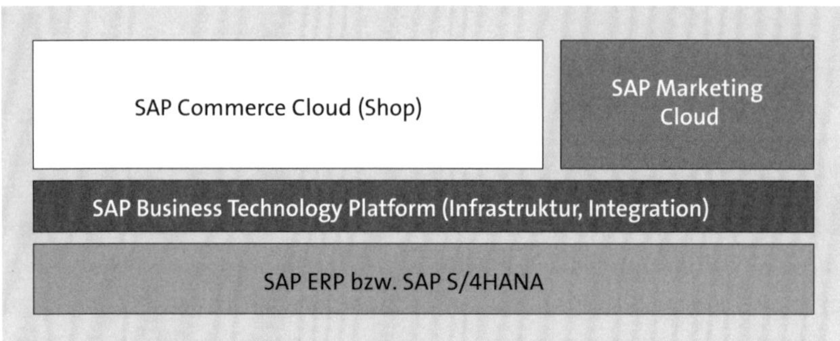

Abbildung 17.9 CX-Bausteine für den Prozess »B2B-Shop-Auftrag«

Die Basis der Bewegungs- und Stammdaten ist in diesem Beispiel SAP S/4HANA. Als Middleware dient die SAP BTP. Dort werden IDocs, die aus SAP S/4HANA verschickt werden, in einen OData-Service umgewandelt und gemappt, sodass das SAP-Commerce-System diese Daten empfangen und verarbeiten kann.

17.2.6 Best Practices

Auch hier gelten die Daten als Erfolgsfaktor. Darüber hinaus ist eine Reihe von Punkten entscheidend bei der Umsetzung. Auf diese Punkte gehen wir in den folgenden Abschnitten ein.

Marketingautomatisierung als Katalysator

Mit der Integration von Marketing-Automatisierungssystemen in die Website, den Shop oder das Portal entsteht oftmals eine hohe Erwartungshaltung bei Vertrieb und Marketing hinsichtlich des »gläsernen Kunden«. Dabei fehlt oftmals die Strategie hinter dem reinen Sammeln von Kundendaten (Insights). Entscheidend ist, was der nächste Schritt aus einem Erkenntnisgewinn sein kann/sollte. Wenn ich verfolge, was sich Kunden anschauen, wie sie navigieren oder was sie eben nicht tun, muss ich daraus echte Erkenntnisse (bestenfalls Optionen zur Verbesserung) oder Handlungsmaßnahmen (Next Best Action) ableiten können. Hier gilt wie so häufig »Qualität vor Quantität«, und Kundenprofile müssen nicht mit aller Gewalt aufgeblasen werden, sondern vielmehr so gestaltet sein, dass sie erfolgreich genutzt werden können.

Content vor Personalisierung

Personalisierung ist wichtig, Content aber noch mehr – und noch wichtiger erscheint die Betätigung des Käufers im B2B-Umfeld. Also Buyer Enablement, gestützt durch Content wie Self-Service, Produkt- und Verwendungsfunktionen, sowie eine hohe Usability und Transparenz. Hier gilt es, die richtige Priorisierung – immer abgestimmt auf das eigene Geschäftsmodell – zu finden. Sicherlich helfen Blicke über den Tellerrand – oder in andere Branchen auf andere Geschäftsmodelle und in andere Kundensegmente. Ziel darf es aber nicht sein, irgendwelche Prozesse zu kopieren und zu standardisieren. Customer Experience – gerade im zentralen digitalen Touchpoint – erfordert eine individuelle Betrachtung und Struktur.

17.3 Shop-Auftrag im B2C-Umfeld: Ticket und Merchandising

In diesem Szenario geht es um die Bewerbung, die Planung, die Buchung und die Vor-Ort-Gestaltung eines Sport-Events. Genauer gesagt, wie man als digitaler Anbieter von Veranstaltungen auf Platz 1 bei seinen Kunden landet. Die User Story ist auf die Buchung des Stadionbesuches und das mobile Bespielen via App zugeschnitten. Dieses Szenario ist auch auf Messe, Konzert oder Urlaubsbuchung übertragbar. Basis für die Umsetzung sind die SAP Commerce Cloud und die SAP Customer Data Cloud.

17.3.1 Personas

Persona 1/Kunde

Name: Robin Schuler

Rolle: Endkunde

Abteilung: Fußballfan

17.3.2 User Story: Robin Schulers Einkaufserlebnis als Fußballfan

Es ist Samstag – 15:30 Uhr; die Bundesligaclubs stoßen an. Robin Schuler sitzt wie jeden Samstag in seinem Wohnzimmer auf dem Sofa und schaut die Konferenz. Er ist Fußballfan und verpasst nur selten einen Spieltag in der Bundesliga. Sein Lieblingsverein steht in diesem Jahr besonders gut da. Auch an diesem Spieltag kann »seine« Mannschaft gewinnen.

Robin hatte schon lange geplant, sich ein Spiel seiner Lieblingsmannschaft live im Stadion anzuschauen. Leider ist er bisher nie dazu gekommen. Aber dieses Jahr, also jetzt, muss es funktionieren. Daher setzt sich Robin Schuler vor seinen Laptop und sucht nach seiner Mannschaft. Direkt als erstes Suchergebnis findet Robin Schuler die Seite seines Vereins, auf der er sich auch Tickets für die Spiele kaufen kann. Nach einem Klick auf diese Seite sieht er direkt ein großes Banner mit dem Topspiel – Erstplatzierter gegen Zweitplatzierten – in 4 Wochen. Genau das ist es, was er gesucht hat. Robin Schuler registriert sich daher direkt auf der Seite. Kurz nach der Registrierung erhält er eine E-Mail, in der er die Registrierung bestätigen muss. Robin Schuler klickt auf den Link in der E-Mail und wird direkt auf die Startseite des Ticket-Shops weitergeleitet.

Hier kann sich Robin Schuler jetzt anmelden und die Tickets für das Topspiel in den Warenkorb legen. Nachdem er die Tickets in den Warenkorb gelegt hat, erhält Robin Schuler eine Empfehlung, dass er sich auch direkt ein Parkticket mitbestellen kann. Da es sein erster Stadionbesuch ist und Robin Schuler nicht genau weiß, wo er parken kann, legt er auch dieses Parkticket in den Warenkorb.

Im Check-out-Prozess kann Robin Schuler wählen, ob er die Tickets per Post oder als E-Ticket erhalten möchte. Er entscheidet sich für das E-Ticket und schließt den Kauf ab.

Bereits nach wenigen Minuten hat Robin Schuler eine E-Mail mit den Tickets und dem Parkticket für das Topspiel in seinem Posteingang. In dieser E-Mail bekommt Robin Schuler noch ein paar Informationen und generelle News zur Bundesliga (siehe Abbildung 17.10).

Abbildung 17.10 Mobiltelefon-Ticket mit QR-Code

Drei Wochen später sitzt Robin Schuler, wie gewohnt, am Samstag um 15:30 Uhr auf dem Sofa und schaut sich an, wie sein Team spielt und wieder gewinnt. Nach dem Spiel bekommt Robin Schuler eine E-Mail von dem Ticket-Shop. »GEWONNEN, das Spitzenspiel kann kommen« steht in dem Betreff. Robin öffnet die E-Mail. Da sich Robin Schuler für das Spiel in der nächsten Woche Karten und ein Parkticket gekauft hat, erhält er jetzt wichtige Informationen über die Anfahrt zum Parkplatz und an welchem Eingang er am besten in das Stadion gelangt. Außerdem wird er darüber informiert, dass es eine App gibt, die ihm ein besonderes Stadionerlebnis verspricht. Diese App lädt sich Robin Schuler direkt herunter.

Nach einem kurzen Login-Prozess gibt Robin Schuler seine Zustimmung in die Nutzungsbedingungen und akzeptiert über den Button **Push-Nachrichten senden**. In der App werden ihm wichtige News rund um das Stadion und den bevorstehenden Spieltag angezeigt.

Am nächsten Samstag steht Robin Schuler früh auf. Er ist gespannt, neugierig und auch etwas nervös. Früh genug macht er sich auf den Weg in Richtung Stadion. Durch die Informationen, die Robin Schuler im Vorfeld mitgeteilt wurden, findet er direkt den Parkplatz, den er beim Ticketkauf mitgebucht hat. An der Schranke wartet bereits ein Ordner, der den QR-Code von Robin Schulers Mobiltelefon scannt; ein weiterer Ordner winkt ihn zu einem freien Parkplatz.

Nach einem kurzen Fußmarsch trifft Robin Schuler am von der App empfohlenen Eingang Süd ein. Robin Schuler öffnet über das Mobiltelefon das E-Ticket, auf dem ein QR-Code zu sehen ist und zeigt ihn dem Ordner. Der Code wird gescannt, und Robin Schuler darf eintreten.

Direkt nach dem Scannen erscheint eine Push-Nachricht: »Willkommen zum Top-Spiel«. Robin Schuler klickt auf die Nachricht und wird in die App geleitet. Hier wird ihm angezeigt, dass er gerade im Stadion eingecheckt hat. Bis zum Spielbeginn sind es laut Countdown in der App noch 1 Stunde, 32 Minuten und 30 Sekunden. Genug Zeit also, um das Gelände etwas zu erkunden. Kurz bevor er die App verlassen möchte, sieht er ein Banner: »Erster Besuch im Stadion?« Nach einem Klick wird er auf eine Seite weitergeleitet die ihm 30 % Rabatt auf ein Trikot verspricht, wenn er dieses im Stadion kauft. Eigentlich wollte sich Robin Schuler in diesem Jahr kein Trikot kaufen, aber ein kurzer Besuch im Fanshop kann ja nicht schaden, denkt sich Robin Schuler.

Kurz darauf steht er im Fanshop und sieht das neue Trikot seiner Mannschaft. Er schaut, ob seine Größe L noch verfügbar ist. Nach kurzer Suche hält er das Trikot in der richtigen Größe in der Hand; damit geht er in die Umkleidekabine. Es passt; alle hier tragen das neue Trikot, denkt sich Robin Schuler, und ich trage noch das von vor drei Jahren. Kurz drauf steht er mit dem Trikot an der Kasse. Er zeigt dem Verkäufer den Voucher aus der App und sieht, dass an der Kasse 30 % abgezogen werden.

Mit dem neuen Trikot bekleidet, geht Robin Schuler zu seinem Sitzplatz. Dort angekommen, schaut er nochmal auf das Mobiltelefon. Er sieht, dass er eine E-Mail bekommen hat. In dieser sieht er, dass der Verein ihm für seine Treue und den Kauf des Trikots dankt. Er freut sich, dass er »seine« Mannschaft unterstützen konnte.

Die erste Halbzeit des Spiels ist spannend und erlebnisreich; es steht 2:2. In der Halbzeit schaut Robin Schuler in seine App und findet interessante Fakten zum Spiel wie Ballbesitz oder Passquoten.

Nach weiteren 45 Minuten ertönt der Schlusspfiff. 4:2 für seine Mannschaft, Tabellenführung – und das zwei Spieltage vor Schluss. Nach 30 weiteren Minuten der Freude und Euphorie geht Robin Schuler zum Auto und fährt glücklich nach Hause.

Am Abend auf dem Sofa sieht Robin Schuler, dass er eine weitere E-Mail erhalten hat. Diese zeigt ihm Fanartikel wie das Auswärtstrikot oder eine Fahne an. Des Weiteren ist zu lesen, dass er 5 % Rabatt auf die nächste Ticketbestellung erhält. Robin Schuler zögert nicht lange, besucht die Website des Vereins und kauft Karten für das Saisonfinale in zwei Wochen, das Spiel um die Meisterschaft.

17.3.3 Prozessschaubild

Abbildung 17.11 und Abbildung 17.12 zeigen Ausschnitte aus dem Gesamtprozess. Die vier Swimlanes repräsentieren die verschiedenen Systeme. In unserer User Story wird hauptsächlich die SAP Commerce Cloud genutzt.

Detaillierte Darstellung des Prozesses

Da der Platz auf einer Buchseite beschränkt ist, können wir Ihnen an dieser Stelle nur Ausschnitte aus dem komplexen Serviceprozess zeigen. Eine Darstellung des gesamten Ablaufs finden Sie unter *www.sap-press.de/5319* im Kasten »Materialien zum Buch«.

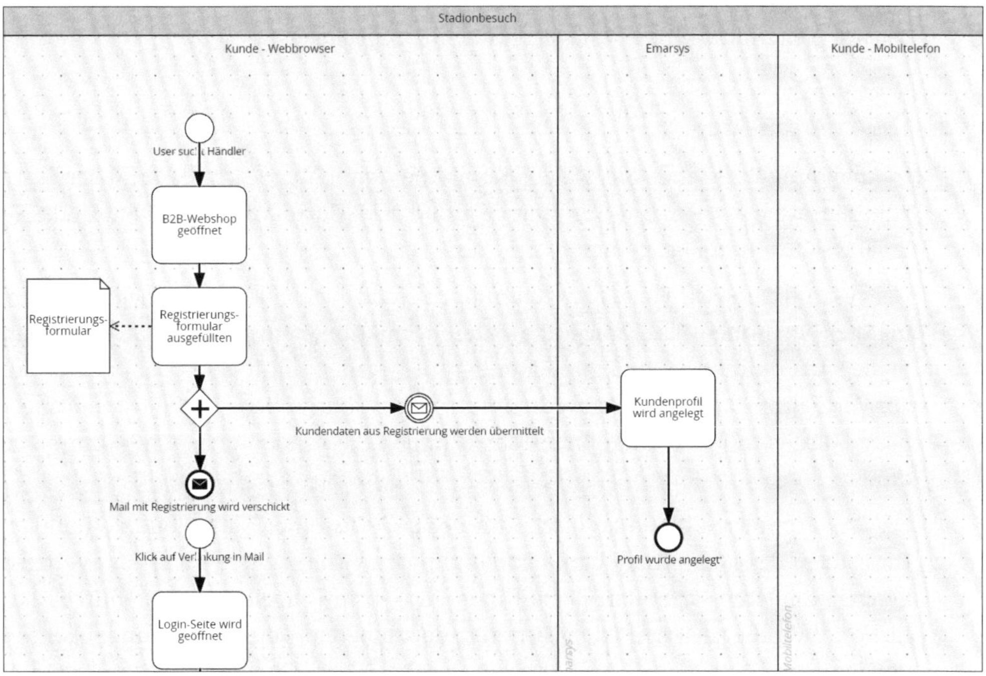

Abbildung 17.11 SIGNAVIO-Prozessdiagramm (BPMN) für den B2C-Shop-Auftrag (Ticket & Merchandising), Abbildung 1

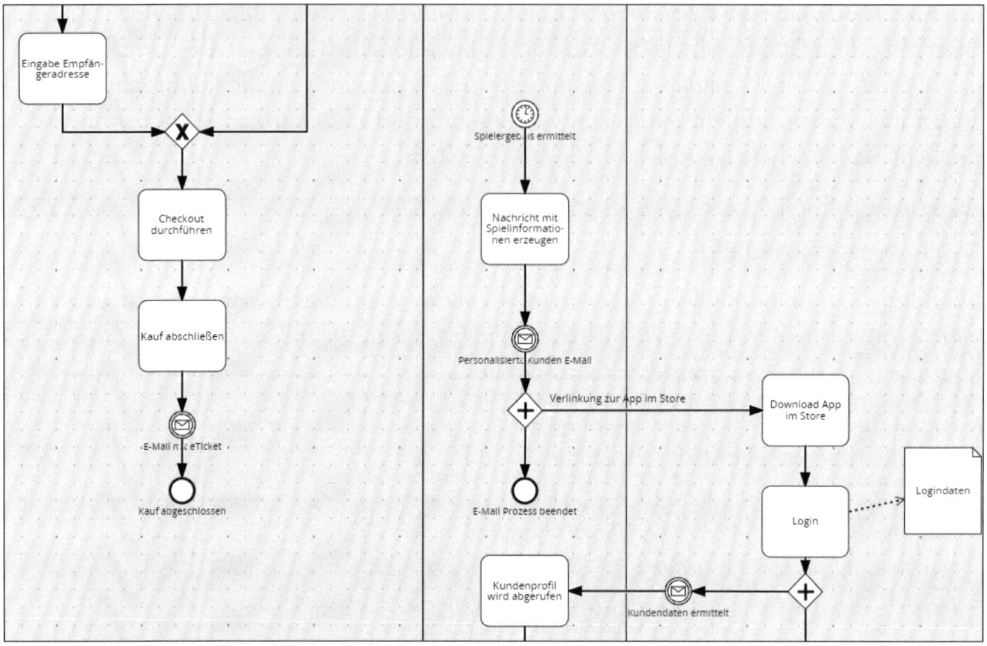

Abbildung 17.12 SIGNAVIO-Prozessdiagramm (BPMN) für den B2C-Shop-Auftrag (Ticket und Merchandising), Abbildung 2

17.3.4 Architektur

In Abbildung 17.13 sehen Sie, welche Komponenten in der geschilderten User Story zum Einsatz kommen: SAP Commerce Cloud, SAP Customer Data Cloud und SAP Emarsys Customer Engagement.

Der gesamte Shop wird in der SAP Commerce Cloud abgebildet. Die einzelnen Seiten, die Suchfunktionen, Filter sowie alle anderen Funktionen unserer User Story werden in die SAP Commerce Cloud implementiert und stehen somit dem User der Website zur Verfügung. Das SAP-Commerce-Cloud-System kann beliebig erweitert und angepasst werden. Alle Informationen hierzu finden Sie in Kapitel 3, »SAP Commerce Cloud«.

Die SAP Commerce Cloud ist direkt mit der SAP Customer Data Cloud verbunden. Diese dient dazu, auf Kundenkontakte und Daten zurückzugreifen, die der Vertrieb bereits in anderen Systemen oder auf anderen Websites angelegt hat. Hierdurch ist es nicht notwendig, sich neu zu registrieren, da auf bereits verfügbare Kundenkonten von anderen Websites, wie z. B. Amazon, Facebook oder Google zugegriffen werden kann.

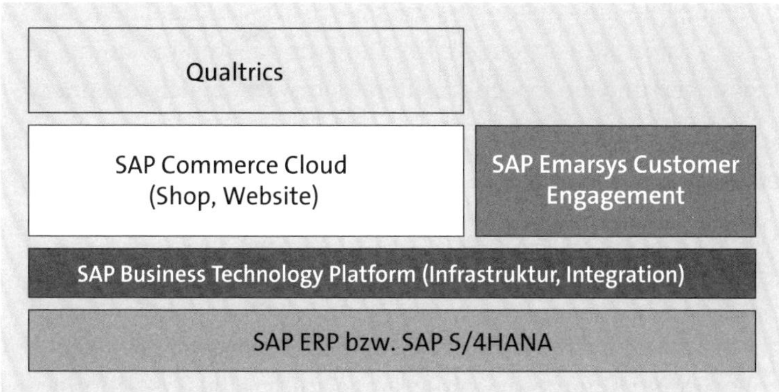

Abbildung 17.13 CX-Bausteine für den Prozess »B2C-Shop-Auftrag« (Ticket und Merchandising)

In der oben beschriebenen User Story wird auch SAP Emarsys Customer Engagement als Marketing-Automatisierungslösung genutzt. Hier werden Profile für bekannte und unbekannte User angelegt. Diese Profile werden ständig mit neuen Informationen angereichert. Hierzu gehören die Interaktionen auf der Website, die Verweildauer auf den Seiten oder die heruntergeladenen Informationen. Zudem kann dynamisch auf Klickverhalten reagiert werden. So können z. B. Empfehlungen oder personalisierter Content nach definierten Mustern oder Interessen des Users ausgespielt werden. Im Beispiel sind das die Prozessschritte Parkticket in der SAP Commerce Cloud und Triggern der E-Mail (Kampagnen).

Die Basis der Bewegungs- und Stammdaten bildet in diesem Beispiel SAP S/4HANA, und als Middleware dient die SAP BTP. Zudem wurde die mobile Anwendung auf der BTP via *SAP Mobile Service* entwickelt und kann wahlweise über den *SAP Store* deployed werden.

17.3.5 Best Practices

Die User Story zum Shop-Auftrag im B2C-Umfeld ist auf den Stadionbesuch und das mobile Bespielen via App zugeschnitten. Dennoch lassen sich Muster erkennen, die auch bei vergleichbaren Szenarien wie Messebesuch, Konzertbesuch oder Urlaubsbuchungen angewendet werden können.

Datenschutz einholen

Grundsätzlich müssen DSGVO-konforme Einwilligungen vorliegen, wenn Nutzerdaten gespeichert und genutzt werden sollen. Wer personalisierten Content ausspielen möchte, wie in unserem Beispiel, in dem ein Bewegungsprofil genutzt wird, muss gewährleisten, dass dazu Einwilligungen seitens des Kunden vorliegen. Und dabei ist es wichtig, den Mehrwert der Leistung, die durch das Tracking ermöglicht wird, herauszustellen. Kunden werden ihre Einwilligung heutzutage für Tracking auf dem Smartphone meist nur geben, wenn sie Vertrauen zum Anbieter im Hinblick auf die Verwendung ihrer Daten haben und einen signifikanten Mehrwert für sich erkennen.

Hier gilt es anzusetzen und die DSGVO-Regeln einzuhalten; dem Kunden jederzeit Transparenz zu seinen Daten und deren Verwendung zu geben, ist Pflicht – Mehrwerte mittels Tracking zu bieten und das dem Kunden auch erfolgreich zu vermitteln ist Kür.

Hier empfiehlt sich das Modell genau auf die folgenden Fragestellungen hin zu prüfen: »Welche Insights gewinne ich durch das Tracken« und »was mache ich aus den Insights«. Zudem sollte immer hinterfragt werden, ob Leistungsangebote ein aufwendiges Tracken und Anreichern von Daten immer notwendig machen.

Wenn mobile App, dann aber richtig

Wer mit mobilen Apps begeistern will, muss Qualität bieten, und zwar, nicht nur, was den Inhalt, also das Angebot angeht, sondern auch bezüglich Optik und UI Handling. Die Benutzerfreundlichkeit steht im Vordergrund; diese beginnt beim Anmelde- und Registrierungsprozess. So bietet es sich an, mit sogenannten Identiy-Providern zu arbeiten, um Zugang und User-Verwaltung zu vereinfachen. Hier bietet z. B. der Service *Identity Authentication* (ehemals *SAP Cloud Platform Identity Authentication*) diverse Optionen, um auch Social-Login-Daten zu nutzen.

Günstige Alternativen prüfen

Eine App ist nicht immer schnell programmiert und im Betrieb mit Pflegeaufwand verbunden. Regelmäßige Updates sind notwendig, um die Lauffähigkeit auf den verschiedenen Betriebssystemen der Anbieter in den jeweiligen Releases zu gewährleisten. Gute Alternativen können sein:

- Einsatz von *hybriden Apps*, bei denen einmalige Entwicklungen mehrfach auf verschiedenen Betriebssystemen deployed werden können.
- Das Nutzen von sogennannten *Progressive Web Apps (PWA)*, die optisch und vom Handling stark an eine App erinnern, aber im Grunde eine Website sind, sich auch so verhalten und geräteübergreifend genutzt werden können.

17.4 Shop-Konfiguration mit Angebotsanfrage

In diesem Szenario steht der Konfigurationsprozess aus Sicht des B2C-Kunden und des Vertriebs im Vordergrund, vor allem wie diese beiden Seiten – unterwegs auf unterschiedlichen Systemen (SAP CPQ, SAP Sales Cloud und SAP Commerce Cloud) – gemeinsam ins Ziel kommen und dabei beide Parteien erfolgreich sind. Dabei handelt es sich um einen komplexen Prozess innerhalb der SAP-Customer-Experience-Suite, bei dem man vorab klären sollte, welche Rahmenbedingungen vorherrschen. Deshalb finden Sie in Abschnitt 17.4.6 eine Checkliste mit den relevanten Fragen.

17.4.1 Personas

Persona 1/Kunde

Name: Fritz Schell

Rolle: Privatperson

Persona 2/Back-Office

Name: Luis Rosario

Unternehmen: SyCampo GmbH

Rolle: Technischer Innendienst

Abteilung: Vertrieb

Persona 3/Vertrieb

Name: Jana Stein

Unternehmen: SyCampo GmbH

Rolle: Sales Managerin

Abteilung: Vertrieb

Persona 4/Unternehmen

Unternehmen: SyCampo GmbH

Die SyCampo GmbH zählt zu den führenden Herstellern von Wohnmobilen und Wohnwagen. Seit 51 Jahren lebt das Unternehmen für die Freiheit des Reisens und entwickelt stetig neue Trends und Innovationen, um diese Leidenschaft an die Kunden weiterzutragen.

17.4.2 User Story: Fritz Schell und seine individuelle Wohnmobilkonfiguration

Fritz Schell feierte erst vor Kurzem seinen Renteneintritt und möchte sich nun seinen langersehnten Traum von einem eigenen Wohnmobil erfüllen. Er verbringt viel Zeit mit der Recherche zu dieser großen Investition und hat sich bereits diverse Wohnmobilhersteller angeschaut. Leider muss er immer wieder feststellen, dass die Wohnmobile nicht vollständig mit seiner Erwartung übereinstimmen. Anpassungen an seine Wünsche wie die Ausstattung werden nur mit hohem Änderungsaufwand ermöglicht. Zudem hat er mittlerweile bei den vielen unterschiedlichen Varianten und Typen den Überblick verloren.

Fritz Schell ist daher sehr erfreut, als er auf der Webseite des Wohnmobilherstellers SyCampo GmbH mithilfe einer geführten Suche direkt zu einem passenden Wohnmobiltyp geleitet wird. Hier findet er Informationen zur Art des Wohnmobilaufbaus, zur Wohnmobilgröße, zum Maximalgewicht, zum Vorhandensein eines Badebereichs, zur Anzahl an Betten usw. über komfortable Suchfilter.

Anhand der allgemeinen Informationen, die ihm zu dem Wohnmobiltyp bereitgestellt werden, entscheidet er sich, mit der Konfiguration seines individuell gefertigten Wohnmobils zu beginnen. Mit dem Konfigurator kann er selbstständig seine Designideen für sein Traumwohnmobil abbilden und verschiedene Variationen zusammenstellen und vergleichen (siehe Abbildung 17.14).

Im ersten Schritt der Konfiguration wählt Fritz Schell den Grundriss aus diversen Skizzen aus, der ihm am meisten zusagt. Im zweiten Schritt werden ihm unterschiedliche Ausstattungspakete vorgeschlagen, die bereits verschiedene abhängige Konfigurationsattribute wie die Farbgestaltung, Felgen, Chassis und Wohnaufbauten usw. bündeln und vordefinieren. Im dritten Konfigurationsschritt wählt Fritz Schell die Motorisierung des Fahrzeugs. Je nach Auswahl erhält er unmittelbar die Information über die Schadstoffemission und die zu beachtenden gesetzlichen Regularien. Nach der Konfiguration diverser Elemente der Inneneinrichtung, wie z. B. Holzdekore, Stoff- und Lederbezüge, wählt Fritz Schell den technischen Aufbau. Dazu gehören Gas-, Wasser- und Stromversorgung, die Batterieversorgung und die Multimedia-Ausstattung des Wohnmobils.

Der letzte Konfigurationsschritt ermöglicht die Angabe von Sonderwünschen, die individuell vom Hersteller geprüft und mit ihm besprochen werden. Fritz Schell gibt an, dass er das Wohnmobil gerne auch im Winter benutzen würde und sich daher eine stärkere Heizung wünscht. Zudem fragt er eine Alternative zur Außenfarbe an, die er bei einem vergleichbaren Wohnmobil gesehen hatte.

Zum Schluss wird seine komplette Konfiguration als technisches Datenblatt sowie als 3D-Modell visualisiert. Fritz Schell möchte für das konfigurierte Wohnmobil ein Angebot einholen und klickt auf den Button **Angebotsanfrage starten**. Durch die Eingabe und Bestätigung seiner Kontaktdaten ist der Vorgang abgeschlossen. Er erhält eine E-Mail, die ihn über das weitere Vorgehen informiert. Demnach wird sich nach einer internen Prüfung die für sein Postleitzahlengebiet zuständige Vertriebsmitarbeiterin Jana Stein melden.

Luis Rosario arbeitet schon seit einigen Jahren bei der SyCampo GmbH im technischen Innendienst der Vertriebsabteilung. An diesem Morgen meldet er sich in der SAP Sales Cloud an und bemerkt, dass in seiner Liste der offenen Angebotsanfragen eine neue Anfrage von Herrn Fritz Schell zur Prüfung erstellt wurde. Er übernimmt die Angebotsanfrage, wodurch Fritz Schell automatisiert per E-Mail über den neuen Status seiner Anfrage informiert wird.

Während Luis Rosario die Angebotsanfrage in der SAP Sales Cloud öffnet, wird er indirekt an SAP CPQ weitergleitet, das sich nahtlos in die SAP Sales Cloud einbettet und diese mit einer Produkt- und Angebotskonfiguration funktional erweitert (siehe Abbildung 17.15). Er sieht sich als Erstes die Produktkonfiguration von Fritz Schell an.

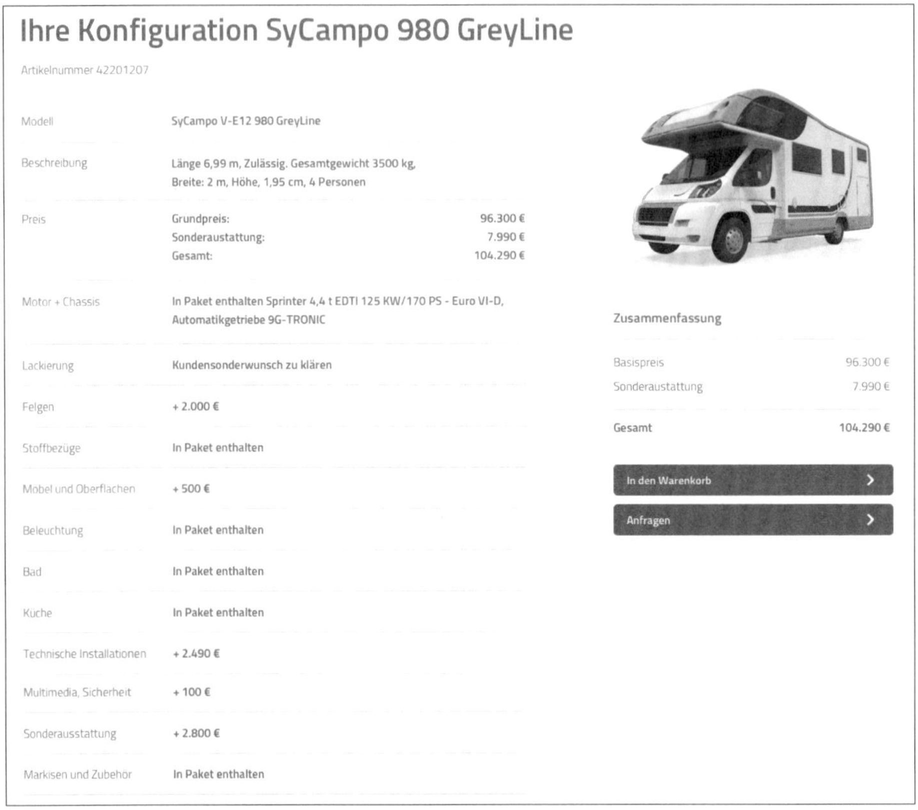

Abbildung 17.14 Konfiguration des Wohnmobils im Webshop

Bei einigen Auswahlwerten erhält er einen Hinweis, dass diese technisch validiert werden müssen, da sie über die von der SyCampo GmbH definierten Standards hinausgehen. Durch seine Fachkenntnis kann er diese direkt bestätigen. Ein großes Augenmerk legt Luis Rosario auf die angegebenen Kundensonderwünsche. Die Sonderlackierung und die stärkere Heizung müssen zunächst durch die Produktionsleitung verifiziert, durch einen Genehmigungsprozess bestätigt und bepreist werden. Der Produktkonfigurationsansatz Engineer-to-Order ist ein großer Zugewinn im Vertrieb, muss aber durch effiziente Prozesse bis hin zum Produktmanagement abgesichert werden.

Die technische Prüfung durch das Produktmanagement erfolgt nach kurzer Rücksprache. Die Sonderwünsche können in der Produktion beachtet werden. Luis Rosario schließt die Produktkonfiguration ab. Anschließend beginnt er die Angebotskonfiguration in SAP CPQ. Hierbei werden alle Positionen des Angebots mit den marktspezifischen Preisen angezeigt. Luis Rosario beendet seine technische Angebotserstellung und übergibt das Angebot der zugeordneten Außendienstmitarbeiterin Jana Stein.

Abbildung 17.15 Angebotskonfiguration auf der Basis von Preisbestandsteilen in SAP CPQ

Jana arbeitet als Außendienstmitarbeiterin im Vertrieb der SyCampo GmbH. Sie informiert sich gerade über die neue Produktlinie von SyCampo Wohnmobile, als sie eine Push-Nachricht von ihrer SAP-Sales-Cloud-App erhält, die sie auf ein neues Angebot hinweist. Sie öffnet direkt das von Ihrem Kollegen erstellte Angebot in der SAP Sales Cloud. Das Angebot basiert auf einer Angebotsanfrage aus dem SyCampo-Webshop eines Fritz Schells. Durch die in die SAP Sales Cloud eingebundene Sicht auf die Produkt- und Angebotskonfiguration von SAP CPQ verschafft sie sich schnell einen Überblick über das angefragte Wohnmobil. Die einzelnen Komponenten werden im Angebot mit Preis und Marge angezeigt, sodass sie eine kaufmännische Gesamtbewertung anhand der Margenvitalität durchführen kann.

In der Angebotskonfiguration werden Jana Stein zusätzlich Cross- und Up-Selling-Potenziale wie z. B. Zubehörteile und Serviceleistungen angezeigt, die auf Basis der konfigurierten Komponenten ermittelt werden. Jana Stein nutzt daraufhin die Gelegenheit und ruft Fritz Schell per Telefon an. Sie bespricht mit ihm das Angebot und bietet ihm zusätzlich die optionalen Zusatzleistungen an. Fritz Schell freut sich sehr, dass die Konfiguration seines Wohnmobils, wie von ihm gewünscht, produziert werden kann und entscheidet sich zusätzlich für die Wasser-Zusatzversicherung, die ihm die Außendienstmitarbeiterin Jana Stein günstig anbieten kann. Allerdings liegt der Gesamtpreis über seinen Erwartungen. Er bittet daher Jana Stein um eine Überarbeitung des Angebots, wobei er auf einige Ausprägungen in seiner Produktkonfiguration, z. B. das spezielle Farbedesign, verzichten möchte. Jana Stein deutet zudem an, dass sie sich preislich einen Rabatt von 10 % vorstellen kann.

Das Telefongespräch dokumentiert Jana in der SAP Sales Cloud und beginnt mit der Revision des Angebots in SAP CPQ. Sie ändert die ursprünglich von Fritz Schell erstellte Produktkonfiguration ab und prüft in der Angebotskonfiguration ihre Marge bei einem Rabatt von 10 %. Sie erstellt in SAP CPQ über die Funktion **Dokumente generieren** das Angebotsdokument und entscheidet sich für eine umfangreiche Dokumentenversion, in der zusätzlich zum kaufmännischen Teil auch eine detaillierte Produktvorstellung und Informationen zur abgeschlossenen Wasser-Zusatzversicherung der SyCampo GmbH beigefügt werden können. Jana Stein versendet das Angebot per E-Mail an Fritz Schell.

Fritz Schell ist beeindruckt vom ausführlichen Angebotsdokument und bestätigt voller Vorfreude den Auftrag, nachdem er noch einmal eine Nacht über seine Wohnmobilkonfiguration geschlafen hat. Jana Stein kann somit das Angebot in einen Auftrag in das SAP-ERP-System der SyCampo GmbH überleiten.

Dadurch, dass der Webshop für den Endkunden, SAP CPQ für den Vertrieb und SAP SAP S/4HANA (LO-VC) über dasselbe Konfigurationswissen verfügen, werden durchgängige Prozesse im Vertrieb bis hin zum Endkunden ermöglicht. In SAP S/4HANA erfolgt daraufhin die Stücklistenauflösung, und der Auftrag wird durch die Produktion übernommen.

17.4.3 Prozessschaubild

Abbildung 17.16 und Abbildung 17.17 zeigen Ausschnitte des Prozesses. Die drei Swimlanes unterscheiden die am Prozess beteiligten Personas Fritz Schell, Luis Rosario und Jana Stein.

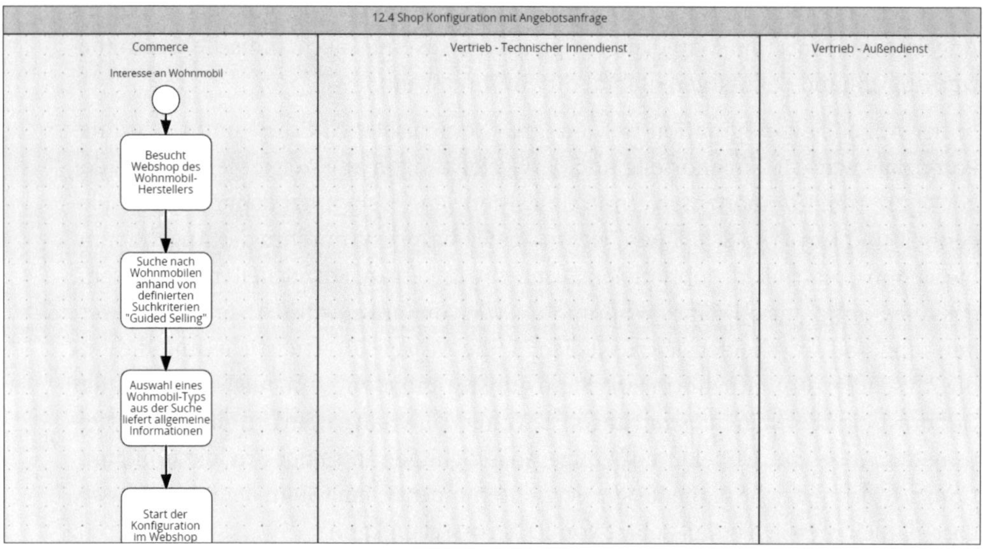

Abbildung 17.16 SIGNAVIO-Prozessdiagramm (BPMN) für die Shop-Konfiguration mit Angebotsanfrage (Ausschnitt 1)

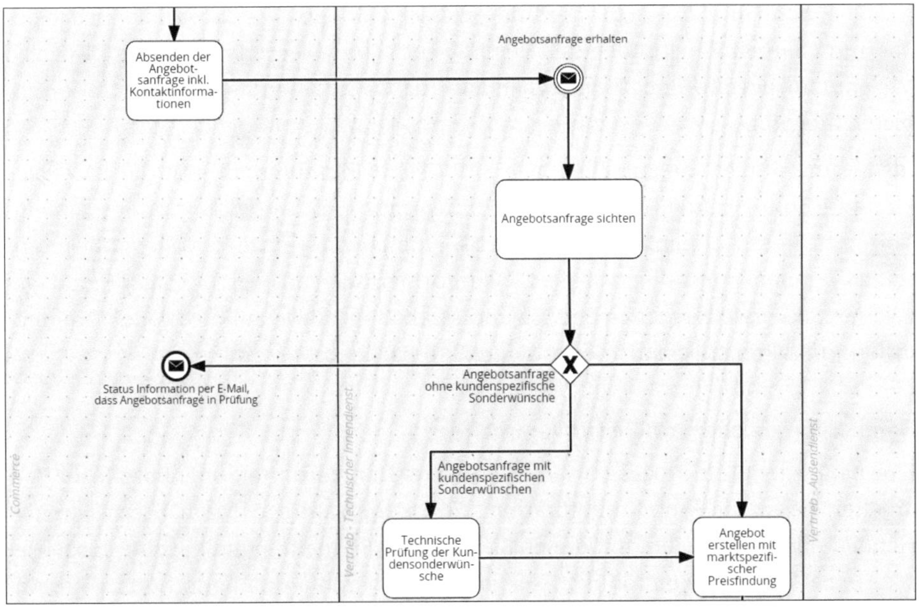

Abbildung 17.17 SIGNAVIO-Prozessdiagramm (BPMN) für die Shop-Konfiguration mit Angebotsanfrage (Ausschnitt 2)

Detaillierte Darstellung des Prozesses

Da der Platz auf einer Buchseite beschränkt ist, können wir Ihnen an dieser Stelle nur Ausschnitte aus dem komplexen Serviceprozess zeigen. Eine Darstellung des gesamten Ablaufs finden Sie unter *www.sap-press.de/5319* im Kasten »Materialien zum Buch«.

17.4.4 Varianten

Der CX-Prozess zur Shop-Konfiguration mit Angebotsanfrage illustriert, wie viel Variabilität die konkrete Umsetzung für Ihr Unternehmen durch die CX-Plattform ermöglichen kann. Je nachdem, ob sich Ihre Prozesse bereits als erfolgreich etabliert haben und die Voraussetzungen im Backend für die Konfiguration geschaffen wurden, können Sie diverse Spielarten im Prozessdesign anwenden. Im Folgenden werden einige, in der Praxis häufig angewendete Prozess- und Umsetzungsalternativen aufgezeigt.

Konfiguration ohne SAP Commerce Cloud

Die Variante ohne den Einsatz der SAP Commerce Cloud zeigt einen Konfigurationsprozess, der nicht über Ihren Shop einsteigt. Die Variante wird z. B. dann in Betracht gezogen, wenn Ihre Produkte aufgrund gewisser Komplexitäten ausschließlich in der Zusammenarbeit von Kunden und Vertrieb entwickelt werden müssen. Es kann sich auch nur um ein einzelnes Produkt handeln, für das Sie keine Shop-Konfiguration anbieten möchten.

Als Lösung nutzen Sie ausschließlich SAP CPQ in Kombination mit der SAP Sales Cloud für Ihre Produkt- und Angebotskonfiguration. Sie entwickeln somit gemeinsam mit Ihrem Kunden das konfigurierte Produkt und erhalten vollen Zugriff auf seinen Kundenstammsatz, auf alle CRM-Informationen aus der SAP Sales Cloud (gegebenenfalls erweitert durch Service und Marketing) sowie auf die Produktkonfigurations- und Preismechanismen aus dem SAP-Backend.

Händlerportale oder Portale für Verarbeiter

Eine häufig genutzte Prozessvariante beinhaltet Händlerportale oder Portale für Verarbeiter, die auf die Shop-Konfiguration mit Angebotsanfrage setzen. Hierbei greifen Händler oder Verarbeiter, mit denen Sie zusammenarbeiten und die eine ausgewiesene Expertise zu Ihren Produkten haben, auf Ihre Produktkonfiguration zu, um Angebotsanfragen zu generieren. Diese benötigen Sie wiederum für Ihre Angebotserstellung gegenüber den Endkunden.

Nehmen wir das Beispiel eines Komponentenherstellers für Aufzüge. Sie produzieren grundlegende Komponenten wie Drahtseile, Aufzugskabinen, Türen sowie technische Grundkomponenten für die komplette Branche. Ihre Zielgruppe sind daher Aufzugsbauer, die Ihre Komponenten verbauen und flexible Produktkonfigurationen (Anzahl Stockwerke, Größe der Kabine, Zugkraft, Designmerkmale usw.) für die Angebotserstellung sowie für die Produktbestellung benötigen.

SAP CPQ als Stand-alone-Lösung

Viele Projektinitiativen im Zusammenhang mit Konfigurationen werden durch ein Konfigurationsprojekt und ohne konkrete Einbindung der Vertriebsstrategie angestoßen. Der Fokus liegt nicht auf der vertrieblichen Arbeit, und die Konfiguration mit SAP CPQ für die Vertriebsprozesse wird als ausreichend empfunden. Somit besteht die Möglichkeit, auf die SAP Sales Cloud als zentrale CX-Lösung für den Vertrieb zu verzichten. Dies gilt vor allem für folgende Bedingungen:

- Es handelt sich bei Ihnen um unkomplizierte und klar abgegrenzte Produktkonfigurationen, bei denen kein direkter Kontakt durch den Außendienst zu den Endkunden stattfinden muss (z. B. Pick-to-Order-Szenarien).
- Ihre Produkte sind einfach konfigurierbar, sodass Ihre Endkunden die Konfiguration selbständig durchführen kann.
- Ein Mitglieds des Vertriebsteams, das sich zusammen mit den Kunden eine ganzheitliche Lösung für ihre Problem überlegt, ist nicht notwendig.

- Die technische Prüfung erfolgt im Hintergrund durch den Innendienst in SAP CPQ. Eine Dokumentation der Kundeninteraktionen erfolgt nicht.
- Es bedarf keiner vertrieblichen Angebotsverfolgung. Dies bedeutet, dass Sie in der Angebotsanfrage zum einen keinen Wettbewerbsdruck verspüren, den es durch aktive Vertriebsaktionen zu verteidigen bzw. zu attackieren gilt. Zum anderen könnte dies der Fall sein, wenn Sie keine Preisgestaltung durch den Vertrieb wünschen und es keine weiteren Potenziale für Cross-und Up-Selling zu platzieren gilt.

SAP Commerce Cloud als Stand-alone-Lösung

Für den Vertrieb ist die SAP Commerce Cloud mit der Shop-Konfiguration der Touchpoint, der als erster Prozessinitiator maßgeblich zur Customer Experience beiträgt. Die Shop-Konfiguration ist losgelöst von der SAP-CPQ-Konfiguration. Dadurch können die Prozessschritte der Angebotskonfiguration komplett übersprungen werden. Wir befinden uns dann in einem einfachen Shop-Szenario, das komplett ohne Vertriebsarbeit erfolgt. Anstatt einer Angebotsanfrage übermitteln Sie den Endkunden direkt ein Angebot oder lösen sogar direkt einen Shop-Auftrag aus.

Diese Variante eignet sich dann, wenn auch der interne technische Vertriebsinnendienst nicht an der Angebotserstellung mitwirken muss. Dieses Szenario erweitert somit das zuvor erläuterte Szenario um die genannten Kriterien. Diese Variante findet sich daher in der Regel in B2C wieder, worin kein Vertrieb zur technischen und kaufmännischen Prüfung sowie zur Potenzialidentifikation notwendig wird (z. B. Ersatzteil-Shop).

17

Keine Integration von für Preis- und Konfigurationslogik

Die SAP Commerce Cloud sowie SAP CPQ greifen auf dieselbe Integrationslogik zurück, die es ermöglicht, auf die Konfigurationslogik sowie die Preisbestandteile auf der Kundenkonditionsebene aus dem SAP-Backend über die SAP BTP zuzugreifen. Der große Vorteil besteht darin, dass Sie das komplexe Beziehungswissen in der Konfiguration sowie komplexe Preiskonditionen für Kunden oder Kundenhierarchien nur an einer Stelle, nämlich im SAP-ERP-System pflegen müssen und auf dieses zugreifen können (Prinzip: »Model once, Configure anywhere«).

Doch nicht immer können wir auf diese »gemähte Wiese« zurückgreifen. Gute Gründe sprechen dafür, die Konfigurationslogik und die Preisfindungsmechanismen in der SAP Commerce Cloud sowie in SAP CPQ separat zu pflegen:

- Sie möchten eine eigene Vertriebslogik in der Angebotskonfiguration aufbauen, die unabhängig von der Produktkonfiguration aufgebaut werden soll (z. B. Vertriebs-Bundles von Produkten).
- Sie verfügen über kein SAP-Backend, das Ihnen die Konfigurationslogik bereitstellen kann.

- Sie verfügen über kein SAP-Backend, das Ihnen die Preisfindungsmechanismen bereitstellen kann.

Alternative Angebotsprozesse in SAP CPQ

SAP CPQ bietet Ihnen diverse Varianten in Ihrem Angebotsprozess an, um diesen möglichst effizient zu gestalten und eine optimale Transparenz gegenüber dem Kunden zu schaffen.

Ein Beispiel ist die Möglichkeit, an Ihren Kunden das Angebot nicht per E-Mail zu versenden, sondern ihn zu einem Download-Bereich weiterzuleiten. Dies hat zum einen den Vorteil, dass Sie nachvollziehen können, ob Ihr Kunde das Angebot bereits eingesehen hat oder nicht. Zum anderen bieten Sie Ihrem Kunden die Möglichkeit, alle Angebotsversionen einzusehen und somit mehrere Angebotsalternativen (z. B. mit optionalen Angebotspositionen) abzuwägen.

Eine digitale Angebotsbestätigung über eine E-Signatur ist ein sehr effizienter Weg, um ein Angebot zu bestätigen. Hierzu hält SAP CPQ eine Standardintegration z. B. für DocuSign (siehe *https://www.docusign.de/*) bereit.

17.4.5 Architektur

Die Systemarchitektur des CX-Prozesses wird in Abbildung 17.18 gezeigt und wirkt auf den ersten Blick komplex. Die SAP BTP kann dabei die Integration der verschiedenen CX-Lösungen stark vereinfachen.

Die Grundlage ist in unserem Szenario das SAP-Backend, in dem auch die Variantenkonfiguration (LO-VC) enthalten ist. In diesem ist der Aufbau von konfigurierbaren Materialien (KMAT), das Konfigurationswissen (Bedingungen) sowie die Kundenstammdaten und die kundenspezifischen Preiskonditionen abgebildet. Diese zentrale Datenbasis und Logik gilt es zum einen dem Vertrieb über SAP CPQ zur Angebots- und Produktkonfiguration bereitzustellen. Die Kundendaten werden zudem mit der SAP Sales Cloud synchronisiert und dort führend durch den Vertrieb gepflegt. Zudem sollen auch Endkunden über den Webshop – sprich über die SAP Commerce Cloud – auf das Konfigurationswissen und gegebenenfalls auf das Pricing zugreifen.

Die SAP BTP stellt mit SAP Variant Configuration and Pricing eine Lösung per Webservice bereit, um das Konfigurationswissen sowie die Preiskonditionen aus SAP ERP in die SAP BTP und somit in die Cloud zu spiegeln. SAP Variant Configuration and Pricing Service bietet die Möglichkeit, diese Informationen durch die SAP Commerce Cloud sowie durch SAP CPQ dynamisch abzurufen. Dies hat den Vorteil, dass das Konfigurationswissen nur an einer zentralen Stelle gepflegt werden muss. Das Prinzip »Model once, Configure anywhere« trägt hierbei deutlich zur Komplexitätsreduzierung bei.

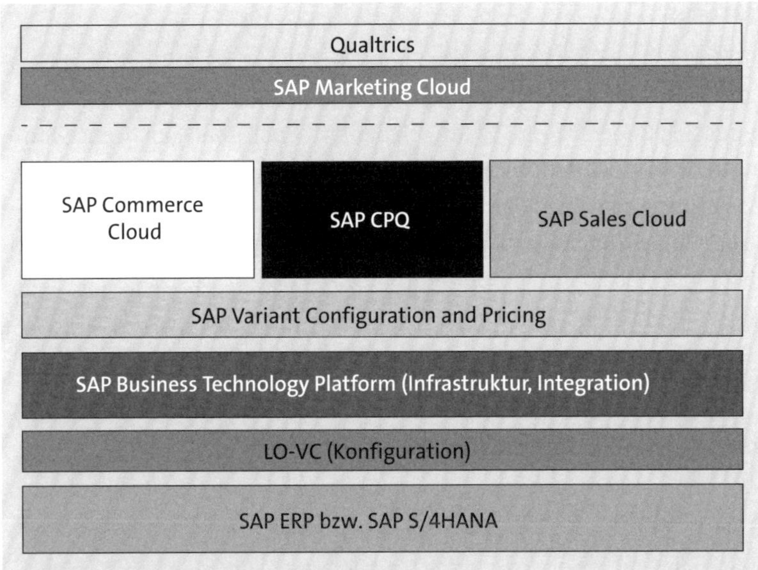

Abbildung 17.18 Architektur zur Umsetzung der Shop-Konfiguration mit Angebotsanfrage

Die SAP Commerce Cloud ist zudem mit SAP CPQ und der SAP Sales Cloud integriert. Die Angebotsanfrage, die in der SAP Commerce Cloud ausgelöst wird, wird an SAP CPQ übergeben. Weil dort dasselbe Konfigurationswissen vorliegt, können die Konfigurationsmodelle nahtlos übergeben werden. SAP CPQ ist bei der Verwendung der SAP Sales Cloud wiederum direkt in das Geschäftsobjekt **Angebot** als Mashup integriert. Über die SAP BTP werden die zugehörigen Daten im Hintergrund ausgetauscht, sodass schlussendlich SAP CPQ und die SAP Sales Cloud als homogene Einheit und ohne Systembruch für den Vertrieb zur Verfügung stehen.

In Abbildung 17.18 sind die SAP Marketing Cloud sowie Qualtrics als optionale CX-Lösungen abgebildet. Wie bereits in Kapitel 6, »SAP Marketing Cloud«, und Kapitel 7, »SAP Emarsys Customer Engagement«, beschrieben, profitieren Ihre Marketingaktionen stark von der vertrieblichen Arbeit sowie der direkten Interaktion der Endkunden in der SAP Commerce Cloud. Die SAP Marketing Cloud kann ebenfalls über die SAP BTP zu Marketingzwecken, wie z. B. dem interessensbasierten Marketing, auf der Basis von Angebotsanfragen mit den relevanten Daten befüllt werden.

Der Prozess der Shop-Konfiguration mit Angebotsanfrage führt zu einer Vielzahl an Customer Touchpoints mit Ihrem Unternehmen, die Sie über Qualtrics bewerten lassen können, um somit die Customer Experience messbar zu machen. Das Wissen über Ihre Customer Experience im Prozess der Angebotsanfrage können Sie u. a. zur Segmentierung in der SAP Marketing Cloud wiederverwenden.

17.4.6 Best Practices

In diesem Abschnitt beschreiben wir mit der Shop-Konfiguration, mit der Angebotsanfrage in SAP CPQ und mit der Nachverfolgung in der SAP Sales Cloud einen komplexen Prozess, der sich über mehrere Lösungen der SAP-Customer-Experience-Suite hinwegzieht. In Abschnitt 17.4.4, »Varianten«, werden einige der vielen verschiedenen Spielarten und Prozessweichen dargestellt. Wie Sie sehen, gibt es hierbei nicht die eine wahre Lösung – vielmehr gilt es die Rahmenbedingungen zu analysieren und somit die beste Lösung für Sie zu implementieren.

Der folgende Infokasten soll Ihnen den Einstieg in das Thema erleichtern und stellt zugleich einige Best Practices zusammen.

[»]

Rahmenbedingungen und Best Practices

Folgende Fragen sind relevant, wenn Sie die Rahmenbedingungen zum Thema Shop-Konfiguration klären wollen:

- Welche Customer Touchpoints möchten Sie bedienen? (Shop für Endkunden, Direktvertrieb, Händler)?
- Welche Stakeholder sind in Ihr Prozessdesign involviert? (Endanwender, Vertrieb, Fachexpertinnen ...)?
- Wie gliedert sich die Produkt- und Angebotskonfiguration in Ihren globalen Vertriebsprozess und Ihre Vertriebsstrategie ein?
- Welche Produkte möchten Sie zur Konfiguration anbieten und wie komplex gestaltet sich die Konfiguration?
- Benötigen Sie Expertenwissen des Vertriebs, um eine Produktkonfiguration mit dem Kunden gemeinsam zu entwickeln, bzw. sind technische Validierungen notwendig?
- Bieten Sie ein einfaches Pick-to-Order in der Angebotskonfiguration an, oder individualisieren Sie die Konfiguration in Szenarien von Engineer-to-Order?
- Bietet Ihr Business Case Potenziale im Rahmen des Vertriebsprozesses, auf das Sie aufsetzen können?
- Können Sie auf Preisfindungsmechanismen aus dem SAP-Backend zurückgreifen, oder möchten Sie stattdessen ein separiertes Pricing im Shop oder in SAP CPQ aufbauen?
- Können Sie auf die Konfigurationslogik aus dem SAP-Backend zurückgreifen, oder möchten Sie stattdessen getrennte Konfigurationsmodelle im Shop oder in SAP CPQ aufbauen?
- Welche Vertriebskonfigurationen sollen zusätzlich zu der reinen Produktkonfiguration aufgebaut werden (Bundels usw.)?
- Wie möchten Sie Ihrem Kunden das Angebot zukommen lassen und in welcher Dokumentenvariabilität?

Vor allem im B2B-Bereich ist eine nachhaltige und produktive Kundenbeziehung unerlässlich. Der Prozess zur Angebotsanfrage ermöglicht es Ihnen, neue Kunden über Ihr Shop-Erlebnis zu gewinnen sowie Ihre Bestandskunden für einen weiteren attraktiven Customer Touchpoint zu Ihrem Vertrieb zu begeistern.

Die Erstellung einer Angebotsanfrage bietet hierbei viele Vorteile für Ihre vertriebliche Arbeit, die Sie zur Potenzialidentifikation heranziehen können. So erhalten Sie in der Angebotsanfrage konkrete Hinweise auf ein Kaufinteresse. Im Rahmen der Produktkonfiguration erfragen Sie zudem wichtige Details und den Bedarf des Kunden, die Sie wiederum im Vertriebsprozess zu Ihrem Vorteil nutzen können.

Die Nachverfolgung einer konkreten Angebotsanfrage in Ihrem Vertriebsprozess wird durch die SAP Sales Cloud optimal unterstützt. Wir empfehlen daher, SAP CPQ in Kombination mit der SAP Sales Cloud zu verwenden. Nur so erhalten Sie einen kompletten Blick über Ihre Kundeninteraktionen und können den Vertrieb gezielt danach steuern.

Gerade bei komplexen und hochpreisigen Produkten ist die Unterstützung durch den Vertrieb zwingend erforderlich. Es ist hierbei nicht denkbar, die Konfiguration komplett in die Hand des Kunden zu übergeben. Betten Sie somit die Angebotsanfrage in ihren Opportunity-Prozess in der SAP Sales Cloud ein und entwickeln Sie die beste ganzheitliche Lösung mit Ihrem Kunden – gemeinsam bis hin zum Abschluss. In der SAP Sales Cloud organisieren Sie somit Ihre vertriebliche Arbeit, planen die Besuche und nutzen die nahtlose Mashup-Integration in SAP CPQ für die gemeinsame Produktkonfiguration.

Des Weiteren greifen Sie über die SAP Sales Cloud auf weitere CRM-relevante Daten wie Aktivitäten, Verträge oder Servicefälle zurück und berücksichtigen diese im Vertriebsprozess. Ebenfalls bilden Sie Ihre Angebotsanfragen im Shop im globalen Vertriebs-Reporting ab und erhalten ein vollständiges Bild, unabhängig der Customer Touchpoints Ihres Vertriebs. Somit gestalten Sie rund um ein ganzheitliches vertriebliches Kunden- und Kauferlebnis im direkten Kontakt zu Ihrem Kunden.

17.5 Lead-to-Quote am Beispiel der Baubranche

In diesem Szenario stellen wir Ihnen Personas aus der Baubranche vor und welche Möglichkeiten es hier in der Vernetzung zwischen Handwerksbetrieben, Herstellerfirmen und dem Großhandel gibt. Entscheidend ist ein Add-on in der SAP Sales Cloud, das maximale Transparenz zu den beteiligten Personen, ihren Beziehungen, Zeitplänen, Rahmenbedingungen und Bauphasen ermöglicht.

17.5.1 Personas

Persona 1/Unternehmen – Architektin

Name: Magdalena Bader

Unternehmen: Bader& Partner Architekten

Rolle: Architektin

Steckbrief: Magdalena Bader hat sich mit ihrem Architekturbüro auf den Neubau und die Renovierung von öffentlichen Gebäuden spezialisiert. Ihre Aufträge erhält sie über europaweite, öffentliche Ausschreibungen von Kommunen und staatlichen Einrichtungen. Erfolgsfaktor dabei sind eine effiziente Gebäudeaufteilung und eine kostengünstige Bauweise, die dennoch architektonische Akzente erlaubt.

Persona 2/Management

Name: Vanessa Vocelka

Unternehmen: SyElektro

Rolle: Geschäftsführerin

Abteilung: Management

Vanessa Vocelka hat ihren Betrieb schon früh auf die Installation von Smart Home spezialisiert, die immer mehr Anwendung sowohl in privaten als auch in öffentlichen Gebäuden findet.

Persona 3/Unternehmen

Name: SyElektro

SyElektro ist ein Elektroinstallationsbetrieb mit 42 Mitarbeitenden. Er wird mittlerweile in dritter Generation von Vanessa Vocelka geführt. Der Hauptteil des Umsatzes wird noch mit klassischen Elektroinstallationen generiert.

Persona 4/Vertrieb

Name: Frank Hartmann

Unternehmen: SyBau

Rolle: Vertriebsaußendienst

Abteilung: Vertriebsaußendienst Mitte/Ost

Persona 5/Unternehmen

Name: SyBau

Steckbrief: SyBau ist Teil der SyMachines-Unternehmensgruppe und bietet verschiedene Produkte für den Bausektor an. Bei SyBau hat man sich in den vergangenen Jahren vor allem auf Systeme zur Zugangskontrolle spezialisiert. Dazu gehören neben Türen und Toren auch entsprechende Schließvorrichtungen und Identifizierungssysteme. Diese finden Ihre Verwendung in Wohnhäusern und Bürogebäuden, aber auch in öffentlichen Gebäuden, Fabrikanlagen und Verkehrsanlagen. Während die Digitalisierung schon lange in die Produkte von SyBau Einzug gehalten hat, beruht die Geschäftsanbahnung im Bausektor noch auf dem klassischen, persönlichen Kundenbeziehungsmanagement.

Persona 6/Vertrieb

Name: Susanne Sommer

Unternehmen: SyBau

Rolle: Vertriebsinnendienst

Abteilung: Vertriebsinnendienst Deutschland

17.5.2 User Story: Frank Hartmanns Betreuung des FH-Bauobjekts

Frank Hartmann ist langjähriger Mitarbeiter im Vertriebsaußendienst der Firma SyBau. Er war vor seiner Tätigkeit bei SyBau selbst Elektroinstallateur. Er kennt nicht nur die Produkte wie die von SyBau wie seine Westentasche, sondern hat auch ein fundiertes Branchen-Know-how.

Frank Hartmann ist gerade auf dem Weg zu einem Kundentermin, als er auf seiner Strecke ein neues Bauschild entdeckt, das auf den Neubau der Fachhochschule Berlin hinweist. Er hält kurz an und macht ein Foto vom Bauschild.

Nach seinem Kundentermin öffnet er die SAP-Sales-Cloud-Anwendung auf seinem iPad und erfasst einen neuen *Lead* für den Neubau der FH Berlin. Das vorher gemachte Foto hängt er an. Er erfasst vor allem die am Bau beteiligten Personen und Firmen, wie Architekt, Planer, Bauherr usw., die auf dem Bauschild genannt sind.

Als Nächstes kontaktiert Frank Hartmann die auf dem Bauschild genannte Architektin Magdalena Dönhoff, um mehr über das Bauvorhaben und die geplanten Ausschreibungen herauszufinden. Den Telefonanruf nutzt er zudem dazu, um der Architektin Magdalena Bader von den neuen Möglichkeiten der Zugangskontrolle seiner Firma SyBau zu berichten.

Den Telefonanruf erfasst Frank Hartmann mit allen Gesprächsdetails als Aktivität mit Verbindung zum Lead in der Sales Cloud. Nun bewertet er den Lead anhand der vorliegenden Informationen. Frank Hartmann erkennt in seinem System, dass die beteiligte Architektin offensichtlich bereits in der Vergangenheit von den Vorzügen der

Produkte von SyBau überzeugt war, da schon viele Verkaufschancen mit ihrer Beteiligung erfolgreich waren.

Nachdem er auch mit dem Planer gesprochen hat und das Bauvorhaben auch inhaltlich insgesamt vielversprechend für SyBau ist, qualifiziert Frank Hartmann den Lead als »heiß«.

Diese Einstufung des Leads veranlasst Frank Hartmann, den Lead in eine Opportunity zu überführen (siehe Abbildung 17.19). Er prüft zunächst, ob die Informationen über das Bauobjekt bereits im System vorhanden sind. Da er die FH Berlin nicht finden kann, legt er aus dem Lead ein neues Bauobjekt mit diesem Namen an und wandelt den Lead in eine Opportunity um, die nun den konkreten zu erwartenden Auftragswert mit spezifischen SyBau-Produkten enthält.

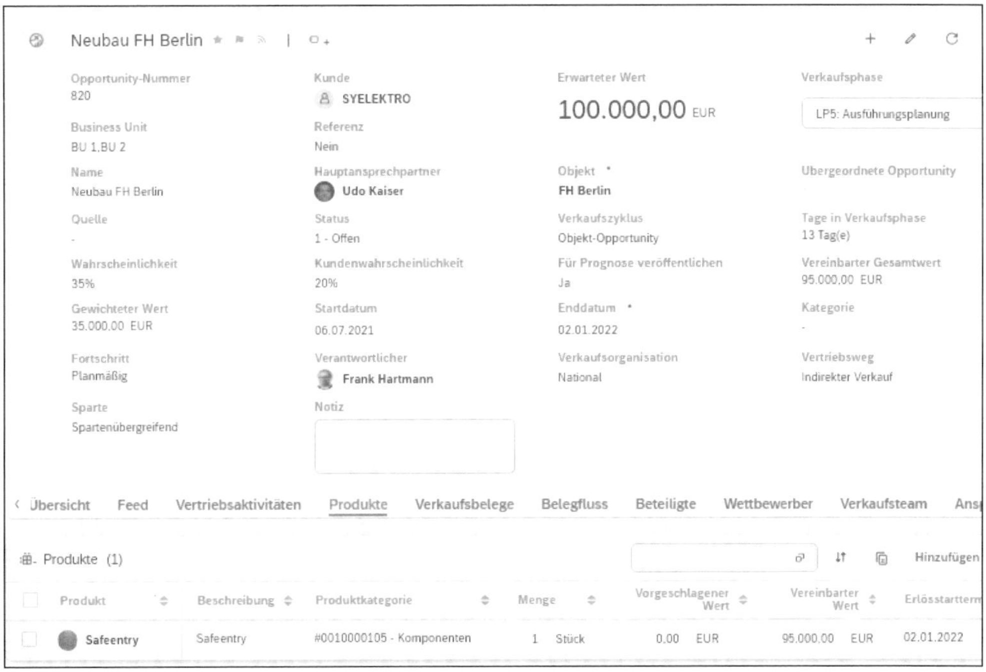

Abbildung 17.19 Opportunity zur FH Berlin

Nach einem Telefongespräch mit der Baubehörde kennt Frank Hartmann nun auch den Zeitplan für die Errichtung der FH Berlin sowie Inhalte und Zeiträume der jeweiligen Bauphasen. All diese Informationen fügt er der bestehenden Opportunity hinzu. Frank Hartmann hat nun ein klares Bild von Inhalt und Zeitraum der anstehenden Bauausschreibungen. Durch seine guten Produktkenntnisse kann er genau abschätzen, dass vor allem die neue Produktlinie SafeEntry seiner Firma SyBau hier infrage kommt und kann so auch den erwarteten Wert seiner Verkaufschance bewerten und in die Opportunity eintragen.

Frank Hartmanns Firma SyBau verbaut seine Produkte nicht selbst und kann daher auch nicht selbst an den Bauausschreibungen teilnehmen. SyBau verkauft seine Produkte an Fachhandwerksbetriebe, die den Einbau auf einer Baustelle vornehmen. Frank Hartmann muss also dafür sorgen, dass sich entsprechende Fachhandwerksbetriebe mit den Produkten der Firma SyBau auf die Ausschreibungen bewerben und mit seiner Unterstützung gewinnen. Er muss nun die Betriebe identifizieren, die für den Einbau der Produktlinie SafeEntry qualifiziert sind.

Da alle Fachhandwerksbetriebe mit ihren Qualifikationen und Zertifizierungen in der SAP Sales Cloud gepflegt sind, kann er schnell über entsprechende Filter die passenden identifizieren. Zusätzlich grenzt er die Auswahl noch regional ein und wählt dann diejenigen aus, von denen ihm das System anzeigt, dass sie auch schon in der Vergangenheit mit der Produktlinie SafeEntry in Ausschreibungen erfolgreich waren. Seine Wahl fällt auf die Firma SyElektro, da ihm die SAP Sales Cloud anzeigt, dass SyElektro sowohl eine hohe historische Erfolgswahrscheinlichkeit mit der Produktlinie SafeEntry hat als auch erfahren im Umgang mit öffentlichen Ausschreibungen ist (siehe Abbildung 17.20).

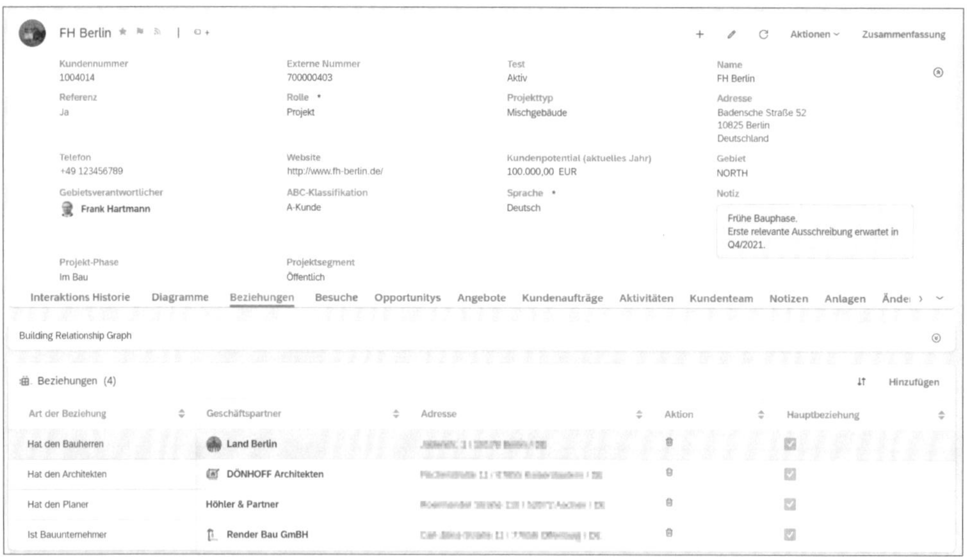

Abbildung 17.20 Detailsicht des Bauobjekts in der SAP Sales Cloud

Frank Hartmann ruft die Geschäftsführerin von SyElektro, Vanessa Vocelka, direkt aus den Kontaktdaten der Sales Cloud an. Im Gespräch erläutert Frank Hartmann Vanessa Vocelka das geplante Bauvorhaben. Vanessa Vocelka sagt im Gespräch zu, sich auf die Ausschreibung bewerben zu wollen. Da sich Frank Hartmann auch gut mit den Produkten der Konkurrenz auskennt, entwirft er zusammen mit Vanessa Vocelka einen Plan, wie die kommende Ausschreibung zu beantworten ist, um dabei mit Produkten von SyBau zum Zuge zu kommen.

Im Anschluss an das Telefonat übermittelt Frank Hartmann Vanessa Vocelka sämtliche Informationen über die Verkaufschance nochmals per E-Mail. Da sowohl der Telefonanruf als auch die E-Mail aus der SAP Sales Cloud initiiert wurden, werden beide Aktivitäten automatisch im System in der Historie der Opportunity gespeichert.

Einige Monate später beginnt die Ausschreibung. Vanessa Vocelka von SyElektro studiert die konkreten Inhalte. Um sich auf die Ausschreibung bewerben zu können, fragt Vanessa Vocelka von SyElektro bei Frank Hartmann per E-Mail eine konkrete Anzahl von Produkten aus der Linie SafeEntry an. Über die SAP-Sales-Cloud-Outlook-Integration erkennt Frank Hartmann schon an der E-Mail in seinem Posteingang, dass es sich hier um eine Anfrage zu einer bestehenden Opportunity handelt. Noch in Outlook weist er die E-Mail der Opportunity zu.

Um die Angebotsanfrage zu bearbeiten, wechselt Frank Hartmann in die SAP Sales Cloud. Er öffnet die bestehende Opportunity und erstellt daraus ein Angebot. Da viele Daten aus der Opportunity automatisch in das neue Angebot übernommen wurden, muss Frank Hartmann lediglich die Preiskonditionen eintragen, die er speziell für dieses Bauvorhaben vergeben möchte.

Die Erstellung des schriftlichen Angebots ist Aufgabe des Vertriebsinnendienstes. Über einen Workflow weist Frank Hartmann das Angebot Susanne Sommer (Vertriebsinnendienst) zu.

Susanne Sommer wird von ihrer SAP Sales Cloud informiert, dass ihr ein neues Angebot zugewiesen wurde. Sie öffnet das Angebot, prüft und finalisiert es. Danach erstellt sie daraus ein PDF-Angebot und schickt es per E-Mail an SyElektro. 17

Am späten Abend erkennt Frank Hartmann am Status des Angebots, dass es vom Vertriebsinnendienst bereits bearbeitet wurde. An der Angebots-E-Mail sieht er auch, wann das Angebot an SyElektro verschickt wurde.

Wenige Wochen später hat SyElektro die Ausschreibung gewonnen. Vanessa Vocelka von SyElektro bestellt beim Vertriebsinnendienst von SyBau die Produkte wie angeboten.

Im Vertriebsinnendienst von SyBau erkennt Susanne Sommer an der Angebotsnummer, welches Angebot bestellt wurde. Sie ruft dieses Angebot in der SAP Sales Cloud auf und erstellt daraus einen Auftrag. Daraus schickt sie eine Auftragsbestätigung an SyElektro.

Am nächsten Morgen erkennt Frank Hartmann in seinem Arbeitsvorrat, dass es einen neuen Auftrag gegeben hat. Er öffnet den Auftrag und erkennt über den Dokumentenfluss, um welche Opportunity es sich ursprünglich gehandelt hat. Er überprüft nochmals, dass der Auftrag inhaltlich dem Angebot und der Opportunity entspricht und schließt die Opportunity als gewonnen.

17.5.3 Prozessschaubild

Abbildung 17.21 und Abbildung 17.22 zeigen Ausschnitte aus dem Prozessdiagramm. Die vier Swimlanes unterscheiden hierbei die am Prozess beteiligten Personas. Zentrale Person ist der Vertriebsmitarbeiter Frank Hartmann auf der linken Seite.

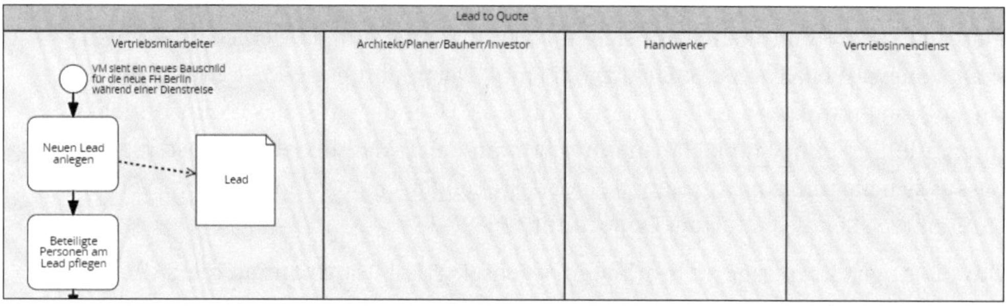

Abbildung 17.21 SIGNAVIO-Prozessdiagramm (BPMN) für Lead-to-Quote (Baubranche) – Ausschnitt 1

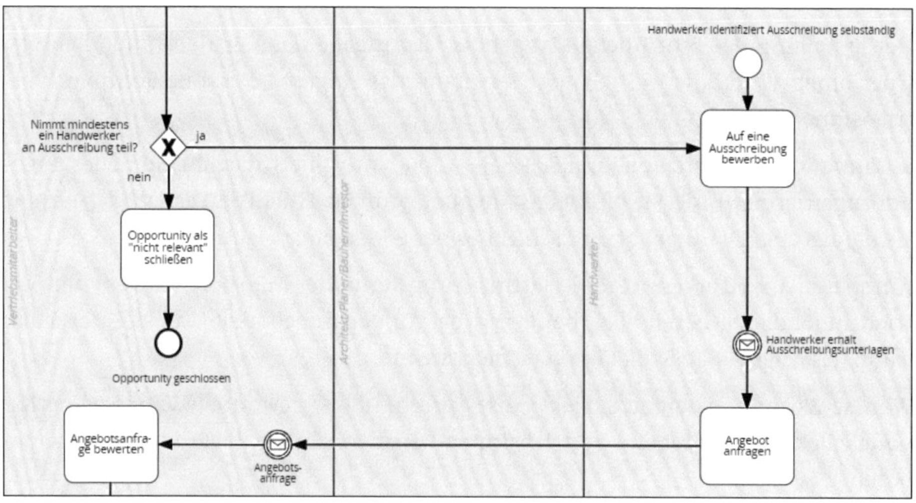

Abbildung 17.22 SIGNAVIO-Prozessdiagramm (BPMN) für Lead-to-Quote (Baubranche) – Ausschnitt 2

Detaillierte Darstellung des Prozesses

Da der Platz auf einer Buchseite beschränkt ist, können wir Ihnen an dieser Stelle nur Ausschnitte aus dem komplexen Serviceprozess zeigen. Eine Darstellung des gesamten Ablaufs finden Sie unter *www.sap-press.de/5319* im Kasten »Materialien zum Buch«.

17.5.4 Varianten

Leads über eine Ausschreibungsplattform

Die Leads im Prozess könnten manuell angelegt oder durch die Anbindung einer Ausschreibungsplattform generiert werden. In vielen Ländern gibt es Plattformen für Bauaufträge, wie z. B. Ibau in Deutschland. Durch eine entsprechende Schnittstelle könnten vorselektierte Bauausschreibungen direkt in der SAP Sales Cloud angelegt und dem richtigen Mitglied des Vertriebsteams zur Bearbeitung zugewiesen werden.

Angebotsprozess wird ausgelassen

Der Angebotsprozess pro Ausschreibung kann in den folgenden Fällen ausgelassen werden:

- Es gibt keine ausschreibungsspezifischen Preise.
- Die Produktpreise sind für den Handwerksbetrieb zugänglich, entweder über Preislisten oder über einen Zugang zu einem Händlerportal.
- Der Handwerksbetrieb verfügt durch Rahmenverträge bereits über spezifische Konditionen.

Dreistufiger Vertrieb

Im Bausektor ist es oft auch üblich, dass Handwerksbetriebe nicht direkt beim Hersteller wie SyBau einkaufen, sondern Produkte nur über den Großhandel beziehen können. In diesem Fall ist der kaufende Kunde für SyBau der Großhandel. Die Unterstützung des Handwerksbetriebs in den Ausschreibungen durch SyBau ist hier aber genauso wichtig.

Elektronische Auftragsanlage

Gerade wenn die vorangegangene Prozessvariante genutzt wird, kann die Auftragsanlage in diesem Fall durch den Großhandel auch elektronisch erfolgen. Dies kann über EDIFACT oder ein entsprechendes Händlerportal geschehen.

17.5.5 Architektur

Der Vertrieb verwendet im beschriebenen Szenario ausschließlich die für den Vertrieb zugeschnittene SAP Sales Cloud. Im mobilen Einsatz wird dabei die SAP-Sales-Cloud-APP verwendet, die sowohl online als auch offline dem Vertrieb Zugriff auf seine Daten ermöglicht. Abbildung 17.23 zeigt die Bausteine für den Prozess *Lead-to-Quote*.

Die zentralen Datenobjekte für den Vertriebsaußendienst sind dabei **Lead**, **Opportunity**, **Angebot** und **Auftrag**, die den klassischen Verkaufstrichter abbilden. Die Abbildung der Bauobjekte erfolgt im vorgestellten Prozess über eine Sales-Cloud-Erweiterung des SAP-Partners Sybit GmbH.

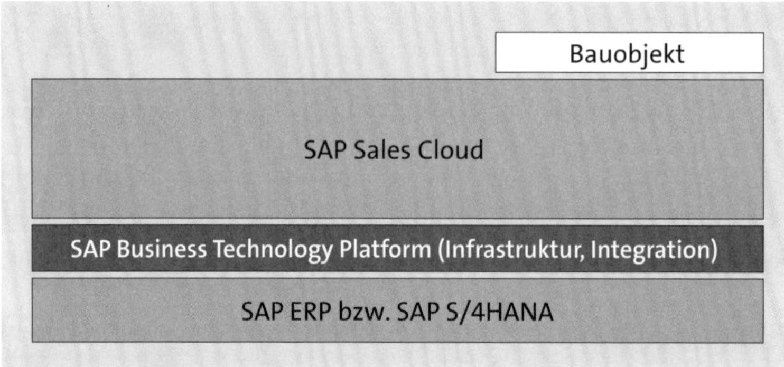

Abbildung 17.23 CX-Bausteine für den Prozess »Lead-to-Quote« (Baubranche)

Es ist in vielen Unternehmen aus verschiedenen Gründen üblich, Aufträge in SAP ERP bzw. SAP S/4HANA zu erfassen. Dazu werden in der SAP Sales Cloud erstellte Angebote automatisch in SAP ERP bzw. SAP S/4HANA repliziert. Dort kann der Vertriebsinnendienst dann aus Angeboten Aufträge erstellen. Die Aufträge wiederum stehen über eine Replikation in die Sales Cloud dem Vertriebsaußendienst zur Ansicht zur Verfügung.

Die SAP BTP dient in der Gesamtarchitektur als zentrale Integrationsplattform. Hierbei werden in der SAP BTP Standard-Integrationsszenarien bereitgestellt, die eine nahtlose Integration von Stamm- und Bewegungsdaten sowie flexible Erweiterungsmöglichkeiten zwischen der SAP Sales Cloud und SAP ERP/SAP S/4HANA sicherstellen.

17.5.6 Best Practices

Im Use Case Lead-to-Quote ist die Transparenz zu und um das jeweilige Bauobjekt entscheidend. Daher empfiehlt es sich, das Bauobjekt als zentrales Objekt zu nutzen, in dem alle relevanten Informationen wie Beteiligte, ihre Beziehungen, Zeitpläne, Rahmenbedingungen und Bauphasen hinterlegt werden. Wie skizziert, ist in der Baubranche häufig ein zwei- oder dreistufiger Vertriebsprozess an der Tagesordnung. Daher sollte bei der Gestaltung des Vertriebsprozesses beachtet werden, ob und in welcher Form jede Stufe des Vertriebsprozesses vom eigenen Vertrieb bespielt werden kann oder soll oder nicht bespielt werden kann. Dementsprechend sollte sich der Aufbau des Vertriebsprozesses in der SAP Sales Cloud unterscheiden.

Gerade die Pflege der Beteiligten und ihre Beziehungen im Projektorganigramm des Bauobjekts ermöglichen es dem Außendienst bei der Erstellung von neuen Opportunties, die richtigen Beteiligten für diese Verkaufschance zu selektieren, und er erhält somit einen vollumfänglichen Blick auf das für ihn relevante Beziehungsgeflecht. Neben der Opportuntity bietet es sich an, weitere Vertriebsbelege wie Leads und Angebote zentral im Bauobjekt zu hinterlegen. Der Außendienst wird damit in die Lage versetzt, die Historie des Bauobjekts zu durchdringen und bestehende direkte bzw. indirekte Verkaufschancen zu erkennen, um die geeigneten nächsten Schritte zu bestimmen.

Mit diesem Aufbau unterstützen Sie nicht nur Ihren Außendienst darin, neue Potenziale zu generieren, sondern Sie ermöglichen Ihrer Vertriebssteuerung, auf der Basis des zentralen Bauobjekts neue Erkenntnisse zu gewinnen und detaillierte Prognosen zu erstellen.

17.6 Opportunity-to-Cash in der Medizintechnik

Der klassische Vertriebsprozess vom Lead über die Opportunity zum Abschluss ist vielseitig und variiert von Branche zu Branche enorm. In diesem Szenario aus der Medizintechnik zeigen wir, dass es dennoch auf dem Weg von der Online-Anfrage bis zum Abschluss wichtige Eckpfeiler gibt.

17.6.1 Personas

Persona 1/Kunde

Name: Birgit Reiber

Unternehmen: Volantis Pharma

Rolle: Laborleiterin

Abteilung: Business Unit F+E Deutschland

Birgit Reiber ist Laborleiterin im internationalen Pharmaunternehmen Volantis Pharma. Schon während Ihres Chemie- und Biologiestudiums hat sie sich auf die Behandlung von chronisch-entzündlichen Krankheiten spezialisiert. Nach unterschiedlichen Engagements in öffentlichen und privaten Forschungsinstituten hat sie vor zwei Jahren die Leitung eines Labors der Firma Volantis Pharma übernommen, das sich die Erforschung von Wirkstoffen zur Behandlung von Krankheiten wie Multiple Sklerose zur Aufgabe gemacht hat.

Persona 2/Unternehmen

Name: SyMicro

Die SyMicro entwickelt und produziert Mikroskope und wissenschaftliche Instrumente für die Analyse von Mikro- und Nanostrukturen. Die SyMicro beschäftigt 1.400 Mitarbeitende an verschiedenen Standorten weltweit und ist Teil der SyMachines-Gruppe.

Persona 3/Vertriebsleitung

Name: Guido Rath

Unternehmen: SyMicro

Rolle: Vertriebsleiter

Guido Rath ist langjähriger Vertriebsleiter bei SyMicro. Erst vor wenigen Monaten ist sein Zuständigkeitsbereich durch die Zusammenlegung mehrerer Regionen gewachsen. Er leitet nun den Vertrieb für die Region DACH und Skandinavien.

Persona 4/Vertriebsaußendienst

Name: Rainer Rode

Unternehmen: SyMicro

Rolle: Vertriebsaußendienst

Abteilung: Vertriebsaußendienst Mitte/Ost

Rainer Rode ist seit drei Jahren im Außendienst bei SyMicro tätig. Er hat Chemie studiert und war lange in einem Forschungslabor eines Pharmaunternehmens tätig. Dann ist er in den Vertrieb von SyMicro gewechselt, wo er nun die Produkte vertreibt, die er in seiner langjährigen Praxis bereits verwendet hatte.

Persona 5/Vertriebsinnendienst

Name: Claudia Beigel

Unternehmen: SyMicro

Rolle: Vertriebsinnendienst

Abteilung: Vertriebsinnendienst Deutschland

Claudia Beigel arbeitet seit sieben Jahren im Vertriebsinnendienst bei SyMicro. Sie kennt sämtliche Vertriebsprozesse in allen Details, inklusive der regionalen oder produktspezifischen Besonderheiten. Zu ihren Hauptaufgaben gehört die Datenpflege, wie z. B. die Auftragserfassung, aber auch die Unterstützung des Außendienstes.

Persona 6/Business-Unit-Leitung

Name: Dr. Sara Abduljadid

Unternehmen: Volantis Pharma

Rolle: Business-Unit-Leiterin

Abteilung: Business Unit F+E Deutschland

Sara Abduljadid leitet die Geschäftseinheit F+E Deutschland. Sie ist promovierte Chemikerin und hat selbst lange an verschiedenen Forschungseinrichtungen gearbeitet. Ihr unterstehen sämtliche Forschungs- und Entwicklungsprojekte der Volantis Pharma in Deutschland.

17.6.2 User Story: Birgit Reibers Erfahrungen mit einer B2B-Plattform

Für anstehende klinische Studien benötigt Birgit Reiber ein neues Mikroskop für ihren Anwendungsbereich. Um ein passendes Gerät zu finden, ist Birgit Reiber im Internet mit entsprechenden Suchbegriffen auf eine B2B-Plattform gestoßen, die u. a. einen Marketplace für den pharmazeutischen-/labortechnischen Bereich beinhaltet. Schnell findet Sie dort passende Anbieter für Ihre Anforderungen. Sie navigiert auf die Webseite der Firma SyMicro.

Die Webseite der Firma SyMicro ist anwendungsbasiert und nicht produktbasiert, da die meisten Besucher keine spezifischen Produktkenntnisse haben, sondern nach Produkten für ihren speziellen Anwendungsbereich suchen.

Birgit Reiber wird so von einem allgemeinen Anwendungsgebiet über mehrere Schritte zu ihrem konkreten Anwendungsvorhaben geführt. Hier findet sie Mikroskope, die für ihr Vorhaben geeignet sind. Über die Produktbeschreibungen und eine Vergleichsmöglichkeit der verschiedenen Geräte hat Birgit Reiber nun einen guten Eindruck über die Leistungsfähigkeit der Mikroskope von SyMicro. Sie ist sich sicher, dass sogar mehrere Produkte für ihren Anwendungsfall geeignet sein könnten. Um mehr zu erfahren, füllt sie ein Kontaktformular aus, über das sie weitere Informationen sowie eine persönliche Beratung anfordern kann. Nach dem Abschicken des Formulars erhält Birgit Reiber die Mitteilung, dass sich eine mitarbeitende Person von SyMicro innerhalb von 48 Stunden bei ihr melden wird.

Das Abschicken des Formulars aus der SAP Commerce Cloud hat im Hintergrund die Erstellung eines Lead-Vorgangs in der SAP Sales Cloud ausgelöst. Anhand der Kontaktinformationen, die Birgit Reiber in das Kontaktformular eingegeben hatte, und der Informationen aus der konkreten Webseite, von der das Formular verschickt wurde, wird der Lead-Vorgang automatisch dem Vertriebsmitarbeiter Rainer Rode zugeordnet: Rainer Rode ist sowohl für das Vertriebsgebiet zuständig, in dem Birgit Reiber arbeitet, als auch für das Anwendungsgebiet und die Produktgruppe, für die sich Birgit Reiber interessiert.

Rainer Rode wird durch eine E-Mail aus der SAP Sales Cloud über den neuen Lead informiert. Er öffnet den Lead über den direkten Link in der E-Mail. Er prüft zunächst anhand der vorliegenden Informationen, ob der Lead für ihn bzw. sein Unternehmen relevant ist. Da er diese Frage mit ja beantworten kann, prüft er, ob Birgit Reiber oder Volantis Pharma bereits in seiner SAP Sales Cloud vorhanden sind. Das System macht ihm anhand der Daten im Lead selbständig Vorschläge, zu wem es im System bereits Ähnlichkeiten gibt. So kann Rainer Rode leicht erkennen, dass Volantis Pharma zwar bereits als Kunde im System vorliegt, jedoch nicht Birgit Reiber als Ansprechpartnerin. Daher erstellt Rainer Rode mit wenigen Klicks Birgit Reiber als neue Ansprechpartnerin zu Volantis Pharma mit der Rolle **Laborleiterin**.

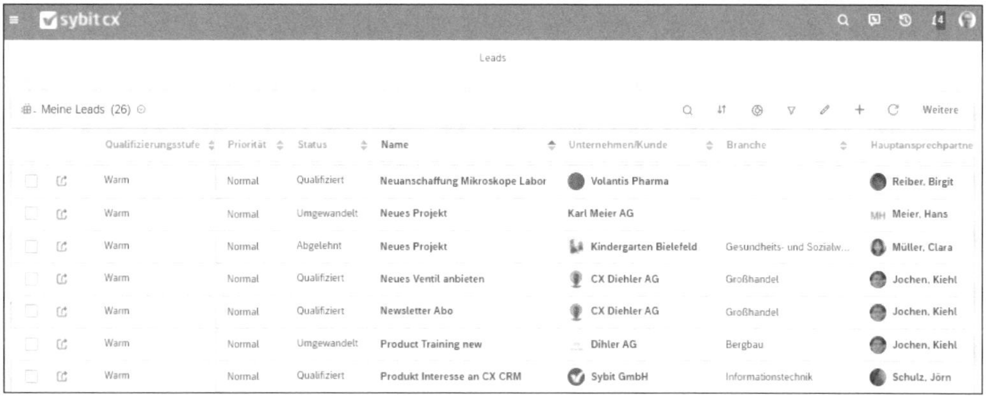

Abbildung 17.24 Übersicht von Rainer Rode zu »seinen« Leads

Da Anfragen aus der Webseite wie diese generell eine hohe Erfolgswahrscheinlichkeit gegenüber anderen Lead-Quellen haben, wandelt Rainer Rode das Objekt **Lead** direkt in das Objekt **Opportunity** um. Hier pflegt er die angefragten Produkte und beginnt damit, das Buying Center aufzubauen (siehe Abbildung 17.25). Aus der Historie mit Volantis Pharma weiß er bereits, dass die Laborleitung bestimmt, welches Produkt sie für Ihre Anwendung präferieren. Die Kaufentscheidung inklusive der Budgetfreigabe wird auf Business-Unit-Ebene getroffen. Rainer Rode pflegt hier schon einmal die vermuteten Entscheidungstragenden.

Auf Basis der bekannten Informationen führt Rainer Rode eine Wettbewerberanalyse durch. Er weiß, dass es auf dem speziellen Anwendungsgebiet von Birgit Reiber, inklusive SyMicro, nur zwei weitere Anbieter mit passenden Produkten gibt. Diese pflegt er ebenfalls auf seiner Opportunity und studiert schon einmal die Stärken und Schwächen der Konkurrenzprodukte, die in seinem System hinterlegt sind. So vorbereitet, nimmt er aus der Opportunity heraus via E-Mail Kontakt zu Birgit Reiber auf.

Birgit Reiber freut sich, dass sie schon innerhalb von einer Stunde nach ihrer Kontaktanfrage von SyMicro kontaktiert wird. Sie vereinbaren ein Telefonat. Im Telefonat beschreibt Birgit Reiber ihr Vorhaben genauer. Rainer Rode weiß nach dem Gespräch nicht nur mehr über das Anwendungsgebiet, sondern konnte über entsprechende Fragen auch mehr über das verfügbare Budget, den Zeithorizont der Beschaffung und die Entscheidungswege herausfinden. Diese Informationen nutzt er zur Aktualisierung seiner Opportunity in der SAP Sales Cloud.

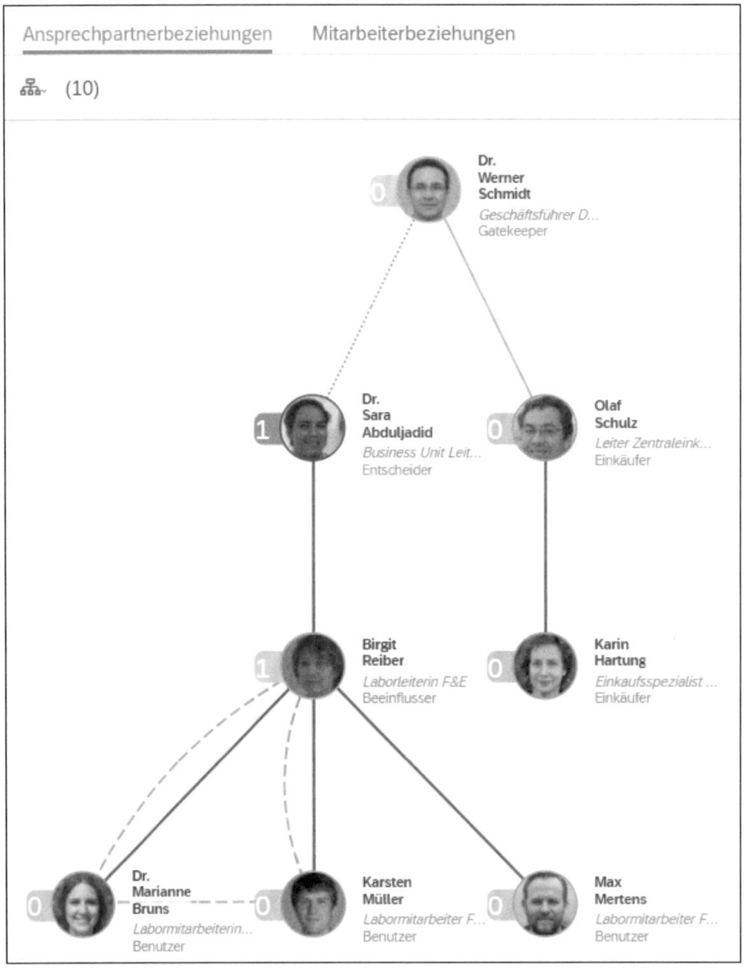

Abbildung 17.25 Buying-Center-Sicht in der SAP Sales Cloud

Rainer Rode hat Birgit Reiber schon als sehr kenntnisreich in der Mikroskopie kennengelernt. Er lädt er sie zu einem Besuch in den Showroom der Firma SyMicro ein, da er weiß, dass dort ein Mikroskop für Birgit Reibers Anwendungsgebiet zur Vorführung vorhanden ist. Birgit Reiber sagt den Besuch zu. Im Anschluss prüft Rainer Rode die vorliegenden Informationen und die bisherige Kontakthistorie mit Birgit Reiber. Er aktualisiert seine Opportunity und erhöht die gepflegte Erfolgswahrscheinlichkeit.

Birgit Reiber ist nach dem Besuch des Showrooms sehr von SyMicro angetan –nicht nur vom Showroom und den ausgestellten Produkten, sondern auch von der Expertise von Rainer Rode und dessen kompetenter Beratung sowie der perfekten Vorbereitung des Besuches. Das Ergebnis des Besuches ist nicht nur eine konkrete Produktauswahl, sondern auch die Konfiguration des ausgewählten Produkts mit allem Zubehör für den Anwendungsbereich von Birgit Reibers Vorhaben.

Als nächsten Schritt vereinbaren die beiden einen Besuch von Rainer Rode im Labor von Birgit Reiber. Dort will er sich ein Bild von den Gegebenheiten machen. Ein Unterscheidungsfaktor von SyMicro zu seinen Wettbewerbern ist es, nicht nur passende Produkte zu verkaufen, sondern auch bezüglich des effizienten Einsatzes ihrer Produkte vor Ort im Labor zu beraten. Bei diesem Besuch ist auch die Leiterin von Birgit Reibers Business Unit, Sara Abduljadid, anwesend. Sie bittet Rainer Rode am Ende des Besuches um ein konkretes Angebot. Wieder im Büro, erstellt Rainer Rode, wie nach jedem Besuch einen strukturierten Besuchsbericht. Dann ändert er seine Opportunity in die Verkaufsphase **Angebotserstellung**, was wiederum die Erfolgswahrscheinlichkeit automatisch erhöht.

Das Angebot selbst erstellt er direkt aus der Opportunity heraus. Er fügt Details hinzu, um die ihn Sara Abduljadid gebeten hatte. Das System empfiehlt ihm, zusätzlich passende Serviceleistungen zur Wartung und zum Betrieb des Gerätes sowie Verbrauchsmaterial anzubieten, das für die Nutzung benötigt wird. Beides fügt Rainer Rode optional hinzu.

Da es sich um ein sehr hochpreisiges Produkt handelt, muss der Angebotsinhalt von Rainer Rodes Vertriebsleiter, Guido Rath, genehmigt werden. Diesen Prozess startet Rainer Rode, indem er den Status des Angebots entsprechend ändert. Dies startet einen *Genehmigungs-Workflow*. Über den Workflow wird Guido Rath darüber informiert, dass ihm ein neues Angebot zur Genehmigung zugewiesen wurde. Obwohl er gerade mit dem ICE auf Geschäftsreise ist, kann er das Angebot auf seinem iPad sofort überprüfen und genehmigen.

Rainer Rode kann so das Angebot noch am selben Tag an Birgit Reiber versenden.

Wie in diesem Umfeld üblich, durchläuft der Angebotsprozess mit dem Kunden Volantis Pharma noch einige Iterationen, um zunächst die konkrete Produktausprägung noch einmal zu perfektionieren. Die Änderungen hält Rainer Rode über neue Angebotsversionen in seiner Opportunity fest. Über die Kontakthistorie ist sowohl Rainer Rode als auch sein Vertriebsleiter Guido Rath jederzeit über den Fortgang der Opportunity informiert.

Die letzte Angebotsversion enthält kein Verbrauchsmaterial mehr. Dieses wird bei Volantis Pharma anders budgetiert als die Laborausstattung. Rainer Rode gibt Birgit Reiber den Hinweis, dass sie Verbrauchsmaterial und Ersatzteile für Ihr Gerät später auch direkt über den Online-Shop von SyMicro beziehen kann, der in die Homepage integriert ist. Da Volantis Pharma bereits Kunde bei SyMicro ist, weist Rainer Rode in diesem Zusammenhang auch auf den bestehenden Kundenrabatt für Volantis Pharma hin, der bei jedem Kauf im Online-Shop automatisch gewährt wird.

Nach einer kurzen Preisverhandlung erhält Rainer Rode wenige Tage später die mündliche Zusage von Birgit Reiber. Kurz darauf erhält er den förmlichen Auftrag von der Einkaufsabteilung von Volantis Pharma mit Bezug zum letzten Angebot von

SyMicro. Rainer Rode leitet den Auftrag an seine Vertriebsinnendienstmitarbeiterin Claudia Beigel weiter. Diese erstellt aus dem Angebot den Auftrag, der automatisch eine Auftragsbestätigung an Volantis Pharma versendet.

Währenddessen hat Rainer Rode bereits seine Opportunity als gewonnen abgeschlossen. In der Sales Cloud sieht er nun, dass er seiner Zielerreichung für dieses Jahr durch diesen Deal schon sehr nahegekommen ist.

17.6.3 Prozessschaubild

Abbildung 17.26 und Abbildung 17.27 zeigen Ausschnitte aus dem Prozessdiagramm. Die vier Swimlanes unterscheiden die am Prozess beteiligten Personas. Zentrale Personen hier sind zum einen die Laborleiterin (Kunde) auf der linken Seite und der Vertrieb in der Swimlane rechts daneben.

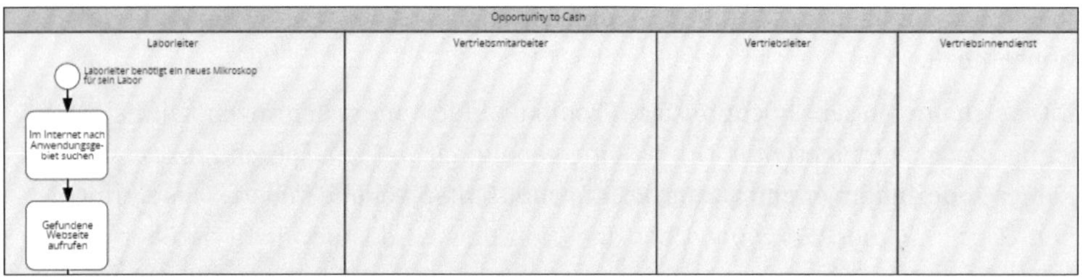

Abbildung 17.26 SIGNAVIO-Prozessdiagramm (BPMN) für Opportunity-to-Cash (Ausschnitt 1)

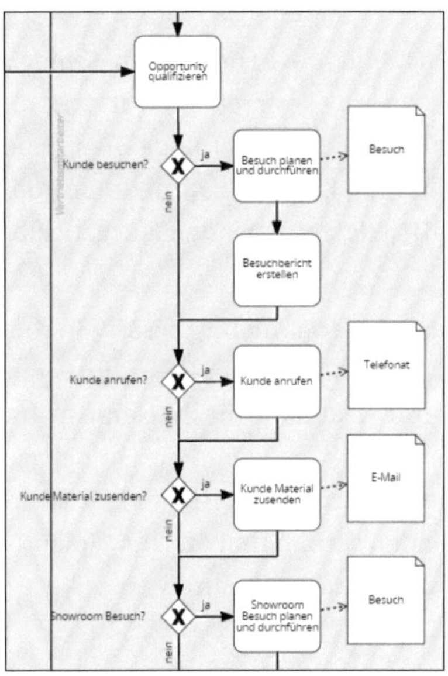

Abbildung 17.27 SIGNAVIO-Prozessdiagramm (BPMN) für Opportunity-to-Cash (Ausschnitt 2)

Detaillierte Darstellung des Prozesses

Da der Platz auf einer Buchseite beschränkt ist, können wir Ihnen an dieser Stelle nur Ausschnitte aus dem komplexen Serviceprozess zeigen. Eine Darstellung des gesamten Ablaufs finden Sie unter *www.sap-press.de/5319* im Kasten »Materialien zum Buch«.

17.6.4 Varianten

Im vorliegenden Fall endet die Interaktion des Kunden auf dem Webauftritt von SyMicro mit der Auswahl von geeigneten Produkten und der Kontaktaufnahme. Die Konfiguration der Produkte erfolgt persönlich, gemeinsam mit dem Außendienst. Je nach Eignung der Produkte könnte zumindest eine Vorkonfiguration durch den Kunden bereits auf der Webanwendung erfolgen. Dies würde den gesamten Prozess beschleunigen. Die Eignung der Produkte dafür richtet sich danach, ob der Kunde fachlich und technisch in der Lage ist, ein solches Instrument selbst für seine Zwecke zu konfigurieren.

Bei anderen Branchen als der Medizintechnik könnte der Kunde auf dem Webauftritt auch eine vollständige Produktkonfiguration ausführen und diese elektronisch als Angebotsanfrage versenden. Dieser Prozess ist in Abschnitt 17.4 beschrieben.

In der Medizintechnikbranche ist der Außendienst häufig nicht mehr an der Auftragsanlage beteiligt. Die Auftragserteilung geht meist direkt an den Vertriebsinnendienst oder erfolgt elektronisch. Hier ist sicherlich entscheidend, welche Komplexität das jeweilige Produkt mit sich bringt – und somit die Variabilität in der Auftragsgestaltung eher groß oder klein ist.

17.6.5 Architektur

Der Webauftritt ist im beschriebenen Szenario über eine SAP-Commerce-Cloud-Anwendung realisiert. Diese erhält die verfügbaren Produktdaten aus einem SAP-ERP- bzw. SAP-S/4HANA-Backend-System (siehe Abbildung 17.28).

Der Vertrieb verwendet im beschriebenen Szenario ausschließlich die für den Vertrieb zugeschnittene SAP Sales Cloud. Im mobilen Einsatz wird dabei die SAP-Sales-Cloud-App verwendet, die dem Vertrieb sowohl online als auch offline Zugriff auf seine Daten ermöglicht.

Hauptdatenobjekte für den Vertriebsaußendienst sind dabei **Lead**, **Opportunity**, **Angebot** und **Auftrag**, die den klassischen Verkaufstrichter abbilden, sowie **Aktivitäten** wie **Besuche**, **Telefonate** und **E-Mails**.

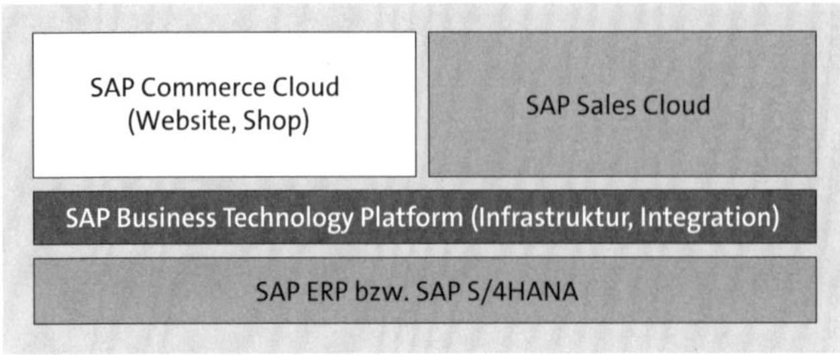

Abbildung 17.28 CX-Bausteine für den Prozess »Opportunity-to-Cash«

Die SAP Sales Cloud ist ebenfalls in Bezug auf Stammdaten mit dem SAP ERP- bzw. SAP-S/4HANA-Backend-System integriert. In der Sales Cloud erstellte Angebote werden an SAP ERP bzw. SAP S/4HANA repliziert, während die daraus erstellten Aufträge wiederum an die SAP Sales Cloud repliziert werden, damit der Vertrieb den Auftragsstatus einsehen kann.

Die SAP BTP dient in der Gesamtarchitektur als zentrale Integrationsplattform. Hierbei werden in der SAP BTP Standard-Integrationsszenarien bereitgestellt, die eine nahtlose Integration von Stamm- und Bewegungsdaten sowie flexible Erweiterungsmöglichkeiten, sowohl zwischen der SAP Sales Cloud und SAP ERP bzw. SAP S/4HANA als auch zwischen der SAP Commerce Cloud und SAP ERP bzw. SAP S/4HANA, sicherstellen. Im vorliegenden Prozess findet auch eine Integration zwischen der SAP Commerce Cloud und der SAP Sales Cloud für die Lead-Erstellung über die BTP statt.

17.6.6 Best Practices

Der klassische Vertriebsprozess vom Lead über die Opportunity zum Abschluss ist vielseitig und variiert von Branche zu Branche enorm. Dennoch gibt es Eckpfeiler für eine erfolgreiche Gestaltung des Ablaufs – von der Online-Anfrage bis hin zum Vertrieb.

Lead-Eingangskanal nutzen

Anfragen via Website sind oftmals erfolgsversprechend, da die Kunden vor diesem Schritt meist einen längeren Auswahl- und Gedankenprozess hinter sich haben. Wer sich entschließt, aktiv den Vertrieb zu kontaktieren, hat ein ernsthaftes Kaufinteresse. Umso wichtiger erscheint es, solche Anfragen zeitnah zu beantworten und richtig zu »routen«. Berücksichtigen Sie dabei immer Vertretungsregeln oder die Dynamik in der Organisationsstruktur. Stellen Sie sicher, dass Leads via Online-Anfragen auch an der richtigen Stelle (bei den richtigen Mitarbeitenden) landen. Gewährleisten Sie eine zeitnahe Rückmeldung – bestmöglich gestützt durch ergänzende Daten, direkt einsehbar im Kundenprofil oder im Beleg (Lead oder Opportunity). Dabei können sämtliche Kundendaten (360°-Sicht) von Bedeutung sein, seien es Daten direkt aus dem Vertriebssystem (SAP Sales Cloud), aus dem Marketing (SAP Emarsys Customer Engagement, SAP Marketing Cloud), aus den Kundenprofilen (SAP Customer Data Solutions) oder aus dem Backend-System (SAP S/4HANA).

Füttern Sie den Lead-Kanal

Sorgen Sie dafür, dass die oben angesprochene Hürde, eine Anfrage zu stellen, leicht zu nehmen ist. Stellen Sie die notwendigen Informationen und Funktionen zur Verfügung, führen Sie online durch den Auswahlprozess, und stützen Sie den Entscheidungsprozess (siehe Abschnitt 18.3, »Buyer Enablement (Personalisierung und Content)«) – und zuallererst müssen Anbieter oder die relevanten Produkte auch gefunden werden. Hier liegt ein entscheidender Erfolgsfaktor in allen Themen rund um Suchmaschinenoptimierung (Search Engine Optimization, SEO).

Vertrieb als Experte

Den Kunden, die Erfolgsfaktoren im Vertriebsprozess sowie mitunter auch die Konkurrenz zu kennen, sind sehr wichtige Voraussetzungen bei der Vertriebsarbeit. Bei dem Vertrieb von Produkten mit einer gewissen Komplexität ist das Fachwissen der Mitarbeitenden unerlässlich. Da die mitarbeitende Person nach gut der Hälfte des Entscheidungsprozesses eingreift und in Kontakt mit den Kunden tritt, ist ihre Expertise gefragt. So gilt es, offene Fragen vonseiten des Kunden kompetent zu beantworten und Unsicherheiten ausräumen zu können. Dabei sind folgende Aspekte von entscheidender Relevanz:

- technische Informationen zu kennen
- Anwendungsmöglichkeiten aufzeigen zu können
- Transparenz zu Liefertermin und Preisoptionen zu bieten
- Hinweise zu notwendigen Komplementärprodukten oder Leistungen geben zu können
- Varianten bei der Konfiguration zu erklären und Empfehlungen abgeben zu können

Je besser der Beratung oder Vertrieb über das eigene Portfolio Bescheid wissen, desto eher sind sie in der Lage, den Kunden zu unterstützen und somit die Chance auf einen erfolgreichen Abschluss zu steigern. Dies klingt ganz einfach, ist in der Realität aber nicht immer leicht zu realisieren, insbesondere wenn Produkte nicht nur komplex sind, sondern in kurzen Zyklen verändert oder anders konditioniert angeboten werden. Deshalb ist das Aus- und Fortbilden eines eigenen Vertriebsteams auch ein wichtiger Baustein.

17.7 Perfect Store (Retail)

In diesem Szenario zeigen wir Ihnen, warum weniger mehr ist. Denn im Perfect Store steht die Effizienz des Außendienstes im Vordergrund. Die Besuchsplanung muss die essenziellen Kriterien enthalten und der Score eindeutig sein, um vergleichbar sein zu können. Hier ist vor allem auch der mobile Einsatz der SAP-Sales-Cloud-App wichtig.

17.7.1 Personas

Persona 1/Marktleitung

Name: Andrea Gidnal

Unternehmen: SyStore

Rolle: Marktleiterin

Abteilung: Marktleitung

Andrea Gidnal hat in der örtlichen Filiale von SyStore ihre Ausbildung zur Einzelhandelskauffrau gemacht. Nach Abschluss ihrer Ausbildung wurde sie als Angestellte übernommen. Fünf Jahre später ist sie zur Marktleiterin aufgestiegen und bildet nun selbst aus. Ihr sind Engagement, Selbstverantwortung und ein ausgeprägtes Servicebewusstsein bei ihren Mitarbeitenden besonders wichtig.

Persona 2/Vertriebsaußendienst

Name: Wolf Maas

Unternehmen: SyCare

Rolle: Vertriebsaußendienst

Abteilung: Vertriebsaußendienst Mitte/Ost

Wolf Maas ist der geborene Außendienstler: Er liebt es, unterwegs zu sein und täglich Kontakt zu neuen Menschen zu haben. Er ist sehr extrovertiert. Ihm fällt es leicht, mit Menschen in Kontakt zu treten. Seit zehn Jahren ist er nun schon im Außendienst für SyCare tätig.

17.7.2 User Story: Wolf Maas und seine effiziente Planung im Außendienst

Wolf Maas ist Mitarbeiter im Außendienst bei der Firma SyCare. SyCare stellt Kosmetikprodukte her. Diese werden über den eigenen Online-Shop sowie über Drogerien vertrieben. In Drogerien hat sich SyCare, abhängig von Drogeriekette und Ladengröße, Regalmeter für den Verkauf seiner Produkte gemietet. Die Ausstattung der Regalmeter obliegt SyCare selbst; Aufbau und Inhalt werden regelmäßig von SyCare-Mitarbeitenden wie Wolf Maas gepflegt. Die Sauberkeit und das regelmäßige Wiederherstellen der Produktpräsentation während eines Verkaufstags verantwortet jedoch die Marktleiterin der jeweiligen Drogeriefiliale. Diese Aufteilung ist vertraglich festgelegt.

Aufgabe von Wolf Maas ist es, regelmäßig die SyCare-Regale in den Drogeriefilialen seiner Region aufzubauen bzw. auszustatten. Er prüft dabei jeweils auch, ob die Produktpräsentation in der jeweiligen Filiale den vertraglich festgelegten Kriterien, wie z. B. Sauberkeit, genügt.

Zu Beginn einer Arbeitswoche im Außendienst selektiert Wolf Maas in seiner SAP-Sales-Cloud-Anwendung zunächst die Drogeriefilialen, die er in dieser Woche besuchen möchte. Das System unterstützt ihn dabei, indem es anhand von hinterlegten Besuchsrhythmen und dem jeweiligen Zeitpunkt des letzten Besuches Vorschläge unterbreitet. So selektiert er seine Kunden und erstellt dann für diese Kunden eine Route. Er lässt sich die Route auf einer Karte anzeigen und optimiert dann die Reihenfolge der zu besuchenden Filialen. Daraus erstellt er dann die jeweiligen Besuchsobjekte in seiner SAP Sales Cloud. So vorbereitet, fährt Wolf Maas zur ersten Drogeriefiliale der Kette SyStore.

Vor dem Eintritt in die Filiale öffnet er auf seinem iPad den zuvorher angelegten Besuch in seiner Sales-Cloud-App. Im Besuch ist hinterlegt, um welche Regalmeter es in dieser Filiale geht und wo sie sich befinden. Es ist zudem hinterlegt, wie die Regalmeter auszusehen haben und welche Produkte in welcher Anordnung vorhanden sein sollten. Wolf Maas geht zum Regal für die SyCare-Produkte und prüft anhand der hinterlegten Checkliste, ob das Regal so ausgestattet ist wie vereinbart. Dabei helfen ihm hinterlegte Grafiken und Fotos vom gewünschten Zielzustand, mit dem er den Zustand vor Ort nur vergleichen muss. Über die Checkliste prüft er auch kleinere Details, die nicht über die Bilder erkennbar wären.

Er erkennt bei der Prüfung, dass die Produkte der SyHairCare-Serie ausverkauft sind. Sofort nutzt er seine SAP-Sales-Cloud-App, um die entsprechenden Produkte nachzubestellen und den Bestellvorrat zu erhöhen.

Abbildung 17.29 Fragebogen im Perfect-Store-Szenario

Über eine weitere Checkliste kann er die Kriterien prüfen, für die die Drogeriefiliale selbst zuständig ist, wie z. B. Sauberkeit und das regelmäßige Nach-vorne-schieben von Produkten, wenn welche verkauft wurden. Er bewertet jedes Kriterium im Fragebogen und dokumentiert seine Einschätzung jeweils mit einem Foto des Ist-Zustands, das er direkt mit dem iPad macht und am jeweiligen Kriterium im Fragebogen hinterlegt. Nachdem er mit dem Fragebogen fertig ist, ermittelt das System einen Key Performance Indicator (KPI) anhand der gegebenen Antworten des Fragebogens.

Abbildung 17.29 zeigt den Fragebogen im Perfect-Store-Szenario. Wolf Maas sieht, dass der KPI dieses Besuches unterhalb der akzeptablen Schwelle liegt. Er geht zur Marktleiterin Andrea Gidnal und bespricht die Ergebnisse. Gemeinsam nehmen sie das Ergebnis in Augenschein. Beide besprechen, welche Maßnahmen notwendig sind, um den derzeitigen Zustand dauerhaft zu verbessern. Diese Maßnahmen werden auch im Besuchsprotokoll festgehalten. Die Marktleiterin lässt den gewünschten Zustand sofort herstellen. Wolf Maas ist nun zufrieden und verlässt die Filiale. Den Besuch schließt er in der SAP-Sales-Cloud-Anwendung ab und widmet sich dem nächsten Thema.

So besucht er bis zum Ende der Arbeitswoche viele weitere Filialen. Am Ende der Arbeitswoche prüft er über Reports in seiner SAP-Sales-Cloud-Anwendung, wie sich die KPIs in den verschiedenen Filialen entwickelt haben. Er erkennt so auch, dass sich der Zustand in den Filialen der Kette SyStore insgesamt verbessert hat. Die jeweils vereinbarten Maßnahmen haben also zu einer Verbesserung beigetragen.

17.7.3 Prozessschaubild

Abbildung 17.30 und Abbildung 17.31 zeigen Ausschnitte aus dem Prozessdiagramm. Das Prozessdiagramm zeigt den Prozess aus der Sicht des Vertriebs.

Detaillierte Darstellung des Prozesses

Da der Platz auf einer Buchseite beschränkt ist, können wir Ihnen an dieser Stelle nur Ausschnitte aus dem komplexen Serviceprozess zeigen. Eine Darstellung des gesamten Ablaufs finden Sie unter *www.sap-press.de/5319* im Kasten »Materialien zum Buch«.

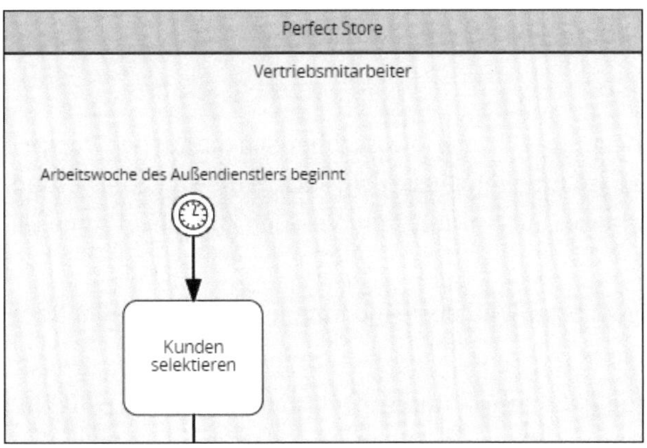

Abbildung 17.30 SIGNAVIO-Prozessdiagramm (BPMN) für den Perfect Store (Retail) – Ausschnitt 1

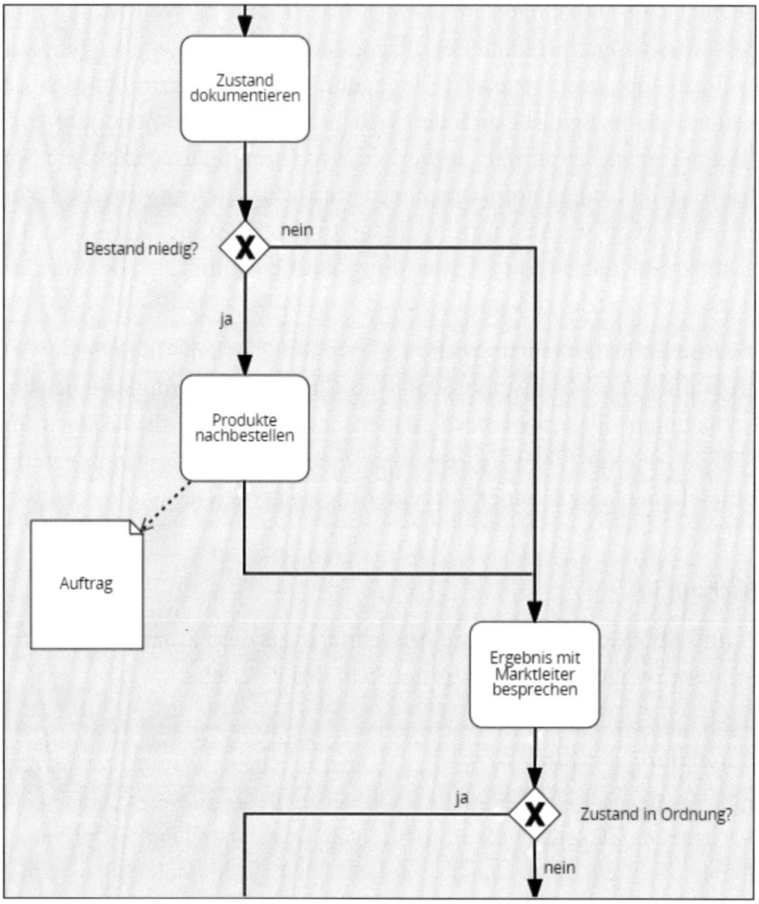

Abbildung 17.31 SIGNAVIO-Prozessdiagramm (BPMN) für den Perfect Store (Retail) – Ausschnitt 2

17.7.4 Architektur

Der Vertrieb verwendet im Perfect-Store-Szenario ausschließlich die auf den Vertrieb zugeschnittene SAP Sales Cloud. Im mobilen Einsatz wird dabei die SAP-Sales-Cloud-App verwendet, die sowohl online als auch offline dem Vertrieb Zugriff auf seine Daten ermöglicht.

Hauptdatenobjekte für den Vertriebsaußendienst sind hier neben den Kunden Besuche und Aufträge.

Die SAP Sales Cloud ist in Bezug auf Stamm- und Auftragsdaten mit dem SAP ERP- bzw. SAP-S/4HANA-Backend-System integriert. Die in der Sales Cloud erstellte Aufträge werden an SAP ERP bzw. SAP S/4HANA repliziert, während Händler- und Filialdaten aus SAP ERP bzw. SAP S/4HANA an die SAP Sales Cloud gesendet werden. Abbildung 17.32 zeigt die Bausteine für den Perfect-Store-Prozess.

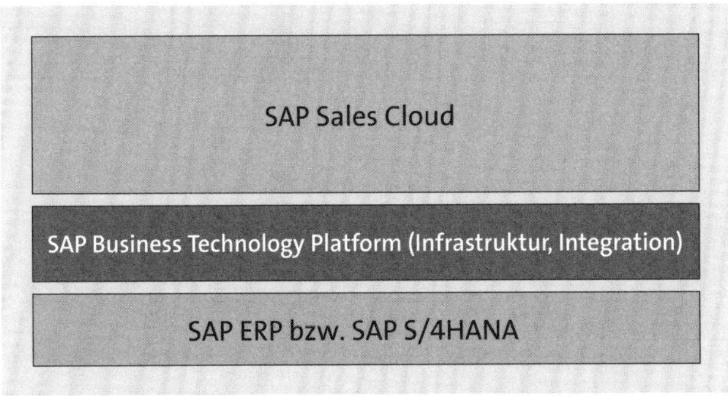

Abbildung 17.32 CX-Bausteine für den Prozess »Perfect Store« (Retail)

Die SAP BTP dient in der Gesamtarchitektur als zentrale Integrationsplattform. Hierbei werden in der SAP BTP Standard-Integrationsszenarien bereitgestellt, die eine nahtlose Integration von Stamm- und Bewegungsdaten sowie flexible Erweiterungsmöglichkeiten zwischen der SAP Sales Cloud und dem Backend-System SAP ERP bzw. SAP S/4HANA sicherstellen.

17.7.5 Best Practices

Im Perfect-Store-Szenario steht die Effizienz im Vordergrund. Der Außendienst soll in möglichst kurzer Zeit möglichst viele Stores besuchen und dabei maximal effektiv sein. Dies funktioniert aber nur, wenn sowohl die Prozesse als auch die Daten genau auf diesen Use Case abgestimmt sind.

Die Besuchsplanung muss genau die Kriterien enthalten, die der Vertrieb braucht, um zu wissen, wer in welcher Reihenfolge besucht wird.

Wenn eine Person aus dem Außendienst den Store betritt, muss sie genau wissen, was wo und wie zu prüfen ist. Bei den Prüfungskriterien ist wie so oft weniger gleich mehr: Wenige, einfach zu überprüfende und zu bewertende Kriterien sind besser als viele Kriterien, die dann entweder nicht immer vorliegen oder viel Interpretationsspielraum bei der Bewertung zulassen. Der aus den Bewertungskriterien zu berechnende Score muss eindeutig sein, um vergleichbar sein zu können. Anderenfalls lassen sich keine Rückschlüsse auf die Veränderungsgründe ziehen, was wiederum die Einleitung von Maßnahmen erschwert.

Kapitel 18
CX-Szenarien in Vertrieb und Marketing

Den Vertrieb unterstützen, Content erstellen, Feedback einholen, Interaktionen tracken, Personalisierung ausspielen, Erfolge messen, Interessenten generieren, Interaktionen verfolgen, Leads qualifizieren, Feedback abfragen und Bestandskunden zu loyalen Fans entwickeln. Dies sind nur einige Aufgaben, bei denen das Marketing – bestenfalls gemeinsam mit dem Vertrieb – die Führungsrolle übernommen hat. Anhand von konkreten CX-Szenarien erfahren Sie, wie die richtigen Prozesse und Architekturen dafür aussehen können.

Bis vor einigen Jahren wurde das Marketing in vielen Unternehmen eher nebensächlich betrachtet und bei richtungsweisenden Entscheidungen weitestgehend ausgeklammert. Doch mit der Erkenntnis, dass das Marketing großes Potenzial bei der Erstellung und Aufrechterhaltung von Kundenbeziehungen hat, stellt sich die Frage, wie Marketingprozesse in die bereits vorhandenen Prozesse von Vertrieb und Service integriert werden können. Bislang laufen diese bestenfalls parallel.

Wenn Sie sie richtig nutzen, können digitale Touchpoints der bedeutendste Kanal für Customer Experience sein, und auch umgekehrt können die im Marketingprozess gesammelten Daten anderen Unternehmensbereichen als Informationsquelle dienen, z. B. beim Ausbau der Customer Journey. Egal ob durch Marketingautomatisierung, das Aufbauen von Landing-Page-Szenarien, durch Tracking, Profiling, Feedback-Management oder durch die gute alte E-Mail-Kampagne – häufig sind Marketinglösungen erster Kontaktpunkt für Ihre Interessenten. Sie sollten diese also richtig integrieren und einsetzen, um Ihr volles Potenzial auszuschöpfen.

18.1 Messeprozess mit Lead Nurturing

In diesem Szenario stellen wir Ihnen einen Messeprozess vor und wie dieser von der Planung über die Durchführung bis zur Nachbereitung mittels intelligenter automatisierter Marketingprozesse aussehen kann. Zentraler Punkt ist das sogenannte *Lead*

Nurturing. Hier werden anhand der Interaktionen von Interessentinnen und Interessenten oder Kunden die Leads sukzessive auf der Basis eines Scoring-Modells qualifiziert, um die Erfolgschancen für den Vertrieb zu steigern.

18.1.1 Personas

Persona 1/Kunde

Name: Hannah Huber

Unternehmen: Sportmarkt Huber

Abteilung: Geschäftsführung

Rolle: Einkauf

Der Sportmarkt Huber wird bereits in dritter Generation von Hannah Huber geleitet. Während sich ihr Vater vor allem auf die Ausweitung des Filialnetzes in den Bergsportzentren sowie in den größeren Innenstädten der Region konzentrierte, möchte Hannah Huber ihre Kunden nun zunehmend digital mit einem Webshop für den Sportmarkt Huber begeistern.

Persona 2/Unternehmen

Name: Sportmarkt Huber

Steckbrief: Der Sportmarkt Huber ist eine regionale Größe in Bayern sowie in dem angrenzenden Gebiet in Österreich und Anlaufpunkt für etwaige Sportartikel und -mode aller bekannten Marken. Vor allem die Leidenschaft und Faszination zum Bergsport finden sich in der professionellen Beratungskompetenz und in vielen Serviceleistungen wieder.

Persona 3/Marketing

Name: Tim Winter

Unternehmen: SKI-Star GmbH

Rolle: Leiter Marketing

Abteilung: Marketing und Vertrieb

Persona 4/Vertrieb

Name: Nora Obermayer

Unternehmen: SKI-Star GmbH

Rolle: Sales Manager

Abteilung: Vertrieb

Persona 5/Unternehmen

Unternehmen: SKI-Star GmbH

Seit 1978 steht der Name SKI-Star für die Leidenschaft im Skisport und für die Herstellung hochwertiger Produkte. In Tirol angesiedelt, ist SKI-Star einer der am schnellsten wachsenden und innovativen Hersteller für Ski und weitere Wintersportartikel in Europa. SKI-Star produziert vorwiegend noch in der DACH-Region und verfügt über eine der modernsten Produktionsanlagen weltweit.

18.1.2 User Story: Tim Winters Erfolgsrezept für eine erfolgreiche Messe in Marketing und Vertrieb

Tim Winter ist in seiner Funktion als Leiter des Marketings verantwortlich für die Marketingkampagnen sowie für die Event-Promotion der SKI-Star GmbH. Er befindet sich derzeit mitten in den Vorbereitungen für ein absolutes Highlight und eine ganz besondere Herausforderung: die Internationale Sportmesse in München (ISPO). Für SKI-Star bietet die Fachmesse großes Potenzial, um direkt mit Händlern, Warenhaus- und Sporthausketten sowie Endkunden in Kontakt zu treten und das Produktportfolio zu präsentieren. Die ISPO hat zudem die Besonderheit, dass der SKI-Star-Vertrieb hierbei in den Messegesprächen direkt einen Großteil der Bestellungen für die nächste Wintersaison mit den Interessenten akquiriert. Deshalb ist ein effektiver und effizienter Messeprozess von großer Bedeutung, um dadurch die Zusammenarbeit von Marketing und Vertrieb digitalisiert zu unterstützen.

Tim Winter teilt die Messe in die folgenden Phasen auf: Messevorbereitung, Kampagnenstrecke, Messedurchführung und Messenachbereitung.

Tim Winters Marketing – Messevorbereitung

Tim Winter verantwortet die Messevorbereitung für die ISPO und erarbeitet mit seinem Team die dafür notwendigen Schritte. Systemseitig wird Tim Winter durch die *SAP Marketing Cloud* unterstützt. Er beginnt mit der Zielvorgabe für die diesjährige ISPO, um die Kampagnenstrecke einzuplanen. Das Ziel der Kampagnenstrecke ist es, SKI-Star in Bezug auf die ISPO für bestehende Geschäftspartner attraktiv zu bewerben, um das Auftragsvolumen, das dort generiert wird, um 6 % zum Vorjahr zu steigern. Als Anreiz wird ein Voucher beworben, der als Rabatt zu einem vergünstigten Messeticket eingelöst werden kann. Somit sollen Leads generiert und qualifiziert werden, um diese vor der Messe an den Vertrieb zu übergeben. Zielvorgabe für das Marketing ist es, 400 qualifizierte Leads zu generieren. Die Qualifizierungsmerkmale wurden im Vorhinein mit dem Vertrieb definiert.

Als Erstes beginnt Tim Winter mit der *Segmentierung* der Kontakte in der SAP Marketing Cloud. In enger Abstimmung mit dem Vertrieb wurde entschieden, dass folgende Kontakte segmentiert und in der Kampagnenstrecke bespielt werden sollen:

- **Segment 1 – Messekontakte**
  Alle Kontakte mit *Double-Opt-in* (DOI), die im letzten Jahr auf der Messe waren.
- **Segment 2 – Vertriebspotenzial**
  Alle Kontakte mit DOI aus Deutschland und den Anrainerstaaten, die vom Vertrieb über den Key Performance Indicator (KPI) **Potenzialanalyse** in der SAP Sales Cloud klassifiziert wurden.
- **Segment 3 – Nordamerika Top-Kontakte**
  Alle Kontakte in den USA und Kanada mit implizitem Opt-in mit einem Top-Umsatzvolumen in Höhe von 10 % innerhalb der letzten vier Jahre bei SKI-Star.

Auf dem Segmentierungsmodell aufbauend, erstellt Tim Winter in der SAP Marketing Cloud eine Zielgruppe und generiert aus dieser daraufhin die Leads, die es im Rahmen der Messevorbereitung zu qualifizieren gilt (Lead-Generierung). Hierzu legt Tim Winter die Logik für das Lead Nurturing fest. Dies ermöglicht eine automatisierte Lead-Qualifizierung anhand eines Scoring-Modells. Der Lead Score wird durch definierte Interaktionen, die die Kontakte im Rahmen der Kampagnenstrecke durchführen, erhöht. Je höher der Lead Score, umso mehr wird ein Interesse an den Produkten von SKI-Star angenommen.

Ein zentrales Element der Lead-Qualifizierung soll eine Landing Page sein, auf der über ein Anmeldeformular ein Voucher für die Zielgruppe zur Verfügung gestellt wird. Der Rabattcode auf dem Voucher kann daraufhin beim Kauf der Messetickets angegeben werden. Im Rahmen der Messevorbereitung erstellt Tim Winter die Landing Page mit dem Formular in der SAP Marketing Cloud. Der Voucher wird nach der Anmeldung per E-Mail versendet. Für das Design der E-Mail-Templates und des Vouchers engagiert Tim Winter eine externe Marketingagentur.

Die Kampagnenstrecke

Für die Kampagnenstrecke plant Tim Winter Marketingaktionen per E-Mail ein, die sich als Multi-Wave-Kampagne gegenseitig bedingen. Durch die E-Mail-Kampagnen soll zum einen auf SKI-Star und dessen Messeauftritt aufmerksam gemacht werden. Über weiterführende Links in der E-Mail werden zudem Absprünge zu Content-Seiten ermöglicht, die Produkte und Innovationen bewerben (siehe Abbildung 18.1).

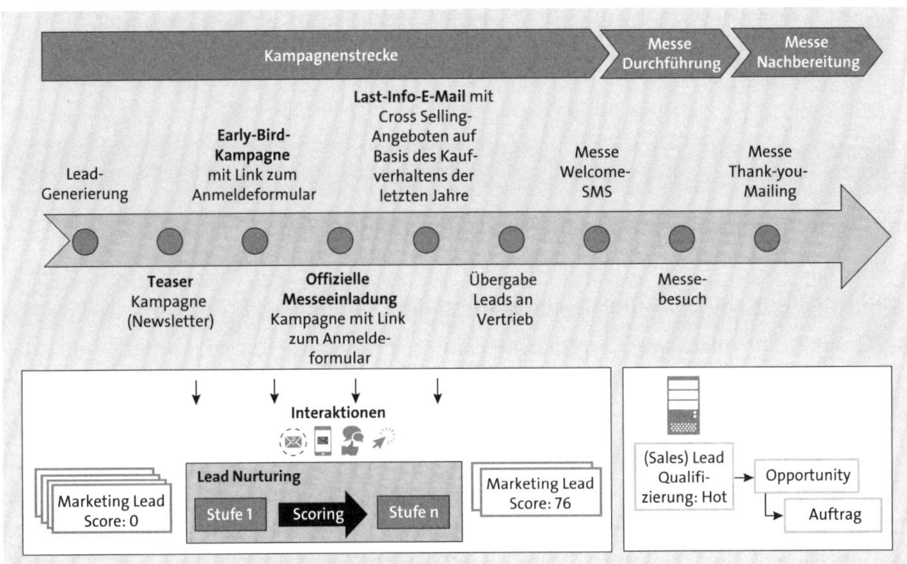

Abbildung 18.1 Messeprozess mit Lead Nurturing – Big Picture

Tim Winter plant die Kampagnenstrecke, wie in Tabelle 18.1 zu sehen.

Kampagne	Trigger	Zielsetzung und Folgeaktionen
Teaser	4 Monate vor der Messe	▪ Newsletter mit ersten Infos zur ISPO ▪ Link zur ISPO-Homepage
Early Bird	3 Monate vor der Messe	▪ Einladung zur ISPO ▪ Präsentation von Produktneuheiten ▪ Link zur Landing Page mit Anmeldeformular zum Erhalt des Vouchers (Early-Bird-Vorteil: 25 % Rabatt auf Messetickets)
offizielle Messeeinladung	2 Monate vor der Messe	▪ Einladung zur ISPO ▪ Zielgruppe: alle Kontakte, abzüglich Early-Bird-Vouchers ▪ Präsentation von Produktneuheiten ▪ Link zur Landing Page mit Anmeldeformular zum Erhalt des Vouchers (20 % Rabatt auf Messetickets)
Last-Info-E-Mail	2 Tage vor der Messe	▪ letzte Infos vor der Messe ▪ Zielgruppe: Kontakte die sich für einen Voucher registriert haben ▪ personifizierter E-Mail-Content für Cross-Selling-Potenziale auf Basis des Kaufverhaltens der letzten Jahre (Interessen)
Welcome-SMS	Erreichen des Messegeländes	▪ SMS mit Wiederholung der Messestand-Location
Thank-you-Mailing	19 Uhr am Tag des Messebesuchs	▪ E-Mail mit Dankestext ▪ Zielgruppe: Kontakte mit Messebesuch ▪ Kontaktdaten der Mitarbeitenden im Vertrieb

Tabelle 18.1 Kampagnenstrecke »SKI-Star« auf der Messe ISPO

Lead Nurturing durch Kampagneninteraktionen

Als Geschäftsführerin des Sportmarktes Huber vergleicht Hannah Huber gerade das Umsatzvolumen des neuen Online-Shops mit dem der lokalen Filialen und ist erfreut über die gute Entwicklung der beiden Vertriebskanäle. In ihrem E-Mail-Postfach erkennt sie eine neue Nachricht von SKI-Star – einer ihrer favorisierten Ski-Ausrüster. Sie öffnet die E-Mail und wird in dieser darauf hingewiesen, dass SKI-Star wieder neue Produkte auf der diesjährigen ISPO ausstellen wird und wie immer direkt Bestellungen aufgegeben werden können. Über den weiterführenden Link wird sie zur Messe-

Homepage weitergeleitet. Hannah Huber ist großer Fan der ISPO, da ihr dort direkt alle wichtigen Produkte und Trends im Gespräch von den Experten vorgestellt werden und sie diese für ihren Sportmarkt Huber bestellen kann.

[zB]

Lead Nurturing

Die folgenden Interaktionen werden am Profil von Hannah Huber in der SAP Marketing Cloud gesichert. Zudem wird der Lead Score von Hannah Hubers Lead, wie von Tim Winters Scoring-Modell vorgegeben, erhöht:

- Öffnen der E-Mail: + 5 Punkte
- Klicken auf den Link zur ISPO-Homepage: + 10 Punkte
- **Lead Score (Gesamt): 15 Punkte**

Drei Monate vor der Messe erhält Hannah Huber erneut eine E-Mail von SKI-Star. In dieser ist eine Einladung für einen Besuch auf der ISPO an sie adressiert. SKI-Star beteiligt sich zum einen zu 25 % an ihrem Messeticket als Early-Bird-Rabatt, zum anderen werden ihr vor der Messe nochmals persönliche Empfehlungen und allgemeine Informationen zugestellt. Das Angebot nimmt Hanna Huber erfreut an und gibt ihre Daten in das Anmeldeformular ein. Unmittelbar nach dem Absenden erhält sie ihren Voucher für den Messerabatt per E-Mail zugesandt. Im Folgenden wechselt sie zur ISPO-Homepage, bestellt ein Messeticket und gibt dabei den Rabattcode aus dem Voucher an.

[zB]

Lead Nurturing

Die folgenden Interaktionen werden am Profil von Hannah Huber in der SAP Marketing Cloud gesichert. Zudem wird der Lead Score von Hannah Hubers Lead, wie von Tim Winters Scoring-Modell vorgegeben, erhöht:

- Öffnen der E-Mail: + 10 Punkte
- Klick auf Link zu Landing Page für Registrierung: + 30 Punkte
- Registrierung des Vouchers für vergünstigten Messeeintritt: + 55 Punkte
- **Lead Score (Gesamt): 110 Punkte**

Hannah Huber liest sich noch ein wenig auf der Website von SKI-Star ein und informiert sich über die Produktneuigkeiten, Trends und Preise. Das Klickverhalten von Hannah Huber auf der SKI-Star-Webseite liefert Erkenntnisse zu ihren bevorzugten Interessensgebieten. Diese Interessen werden ebenfalls in der SAP Marketing Cloud in ihrem Profil hinterlegt (siehe Abbildung 18.2).

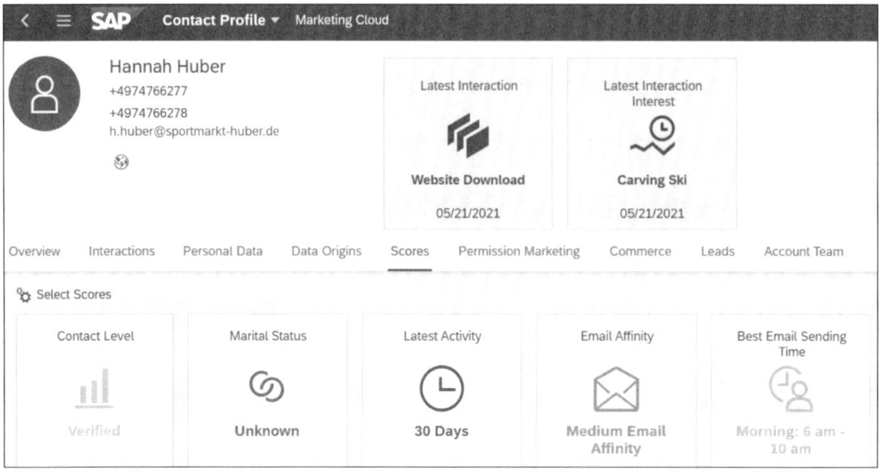

Abbildung 18.2 Scores im Kontaktprofil von Hannah Huber in der SAP Marketing Cloud

Zwei Tage vor der Messe erhält Hannah Huber, wie erwartet, eine E-Mail von SKI-Star mit den letzten Infos zur ISPO. Hierin werden allgemeine Informationen zum Messestand sowie spezielle Messeangebote aufgezeigt. In einem weiteren Informationsblock der E-Mail werden Hannah Huber auf Basis ihrer letzten Bestellungen Produktneuheiten und Zubehör aus dem Alpin-Ski-Sortiment gezeigt. Nebenbei wird erwähnt, dass sich SKI-Star auch im Langlauf- und Boarding-Segment als Top-Anbieter etabliert hat, und dass sich zahlreiche Profisportler von SKI-Star ausrüsten lassen.

Die Lead-Übergabe an den Vertrieb

Tim Winter ist zufrieden mit seiner Kampagnenstrecke. Durch die Idee mit dem Voucher haben 460 Leads einen Score von über 95 Punkten erhalten. Dies war die definierte Schwelle, um einen Lead an den Vertrieb zu übergeben. Tim Winter gibt somit die vorqualifizierten Leads für den Vertrieb frei und ist gespannt, aus wie vielen daraus schlussendlich ein Auftrag generiert wird. Die Leads werden aus der SAP Marketing Cloud in die SAP Sales Cloud repliziert.

Nora Obermayer ist Vertriebsmitarbeiterin bei SKI-Star; ihr wurde eine Liste mit heißen Leads zugeordnet, die im Rahmen der Messevorbereitung der ISPO entstanden sind. Sie ist begeistert, wie viele Informationen das Marketing bereits im Vorhinein über die Interessen der einzelne Ansprechpartner ermitteln konnte. Sie beginnt mit der Messevorbereitung und Abarbeitung der Leads.

Die Messedurchführung und Nachbereitung

Hannah Huber vom Sportmarkt Huber ist auf der Messe angekommen und erhält eine Begrüßungs-SMS von SKI-Star auf ihrem Smartphone mit einem Hinweis auf die Standnummer.

Am Messestand angekommen wird sie von Nora Obermayer begrüßt, die mit ihr ein ausführliches Gespräch zu den Produktneuigkeiten von SKI-Star führt. Hannah Huber ist gut vorbereitet, bestellt direkt auf der Messe eine große Anzahl an Skiern, Skiwachs und Skischuhen, die sie in ihrem Sportmarkt Huber anbieten möchte. Für den neuen Langlaufski und eine innovative Snowboard-Produktlinie bestellt sie jeweils ein Muster, das sie persönlich testen möchte.

Nora Obermayer notiert alle Gesprächsinhalte als Messebericht auf ihrer mobilen SAP-Sales-Cloud-App.

Nach einem langen und anstrengenden Messetag sitzt Hannah Huber im Zug auf der Heimreise. Sie erhält eine Dankes-E-Mail von SKI-Star für den Messebesuch mit den Kontaktdaten von Nora Obermayer, die für ihre Bestellung verantwortlich ist und ihr für Rückfragen zur Seite stehen wird.

Auch Nora Obermayer sitzt am Abend des Messetages erschöpft in der Hotel-Lobby. Sie wandelt den Lead mit dem Messebericht von Hannah Huber in eine Opportunity um und generiert aus dieser einen SAP-S/4HANA-Auftrag.

Sie bemerkt dabei nicht, dass im Hintergrund die Auftragsdaten schon wieder weiter in die SAP Marketing Cloud übertragen wurden. Dort stehen sie Tim Winter wieder für eine personifizierte und individuelle Ansprache in zukünftigen Marketingaktionen auf der Basis des Kaufverhaltens und der Interessen zur Verfügung.

18.1.3 Prozessschaubild

Die Prozessdiagramme in Abbildung 18.3 und Abbildung 18.4 zeigen Ausschnitte des Prozesses. Die drei Swimlanes unterscheiden hierbei die am Prozess beteiligten Personas.

Detaillierte Darstellung des Prozesses

Da der Platz auf einer Buchseite beschränkt ist, können wir Ihnen an dieser Stelle nur Ausschnitte aus dem komplexen Serviceprozess zeigen. Eine Darstellung des gesamten Ablaufs finden Sie unter *www.sap-press.de/5319* im Kasten **Materialien zum Buch**.

Links werden die Prozessschritte von Hannah Huber als Geschäftsführerin des Sportmarktes Huber aufgezeigt, in der Mitte finden Sie die Prozessschritte von Tim Winter als Marketer von SKI-Star sowie auf der rechten Seite die von Nora Obermayer aus dem Vertrieb wieder.

Eine Besonderheit in dieser Prozessmodellierung bilden die gestrichelten Anmerkungen. Diese stehen hierbei für die automatisierten Schritte in der SAP Marketing Cloud, die z. B. aus den Interaktionen von Hannah Huber resultieren. Zu diesen zählen:

- Hinterlegung von Marketinginteraktionen im Profil von Hannah Huber, z. B. beim Öffnen der E-Mails, beim Klicken auf Links oder bei der Registrierung des Vouchers
- Berechnungen im Lead Scoring anhand definierter Interaktionen
- Schärfung des Profils von Hannah Huber anhand von Interessen, z. B. durch Webseitenbesuche
- Automatisiertes Anpassen und Erstellen von Zielgruppen im Rahmen der Multi-Wave-Kampagnen

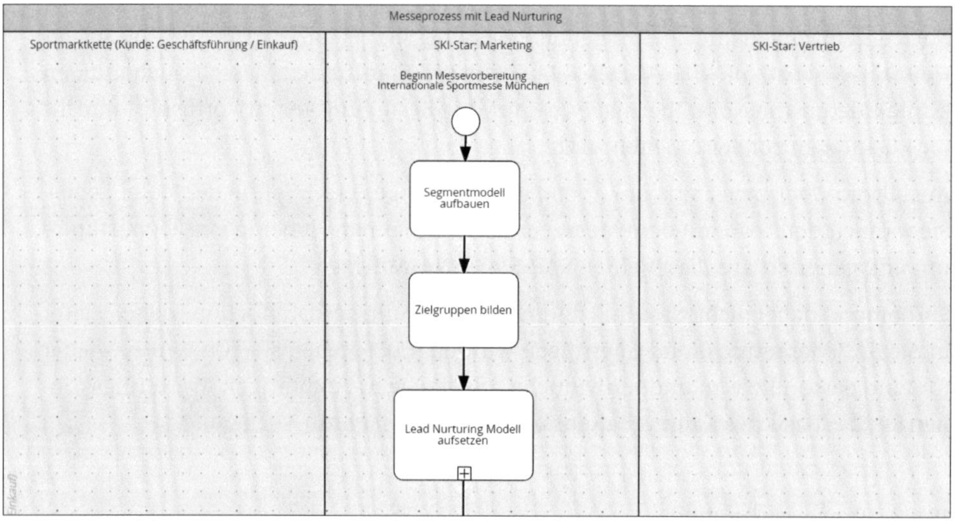

Abbildung 18.3 SIGNAVIO-Prozessdiagramm (BPMN) für den Messeprozess mit Lead Nurturing (Ausschnitt 1)

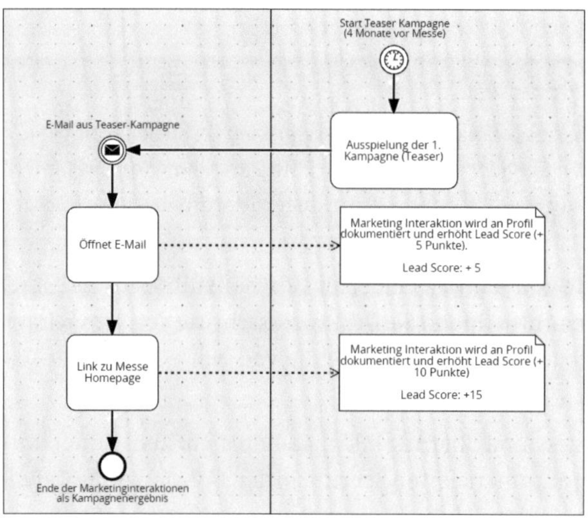

Abbildung 18.4 SIGNAVIO-Prozessdiagramm (BPMN) für den Messeprozess mit Lead Nurturing (Ausschnitt 2)

18.1.4 Varianten

Die Abbildung von Messen sowie das Thema Lead Nurturing sind sehr unternehmensspezifisch und von vielen Faktoren abhängig. Gerade im Marketing muss die Kundenansprache vom Kunden als attraktiv und mehrwertschaffend empfunden werden. Nutzen Sie dies als Chance, und schaffen Sie Customer Experience durch eine logische Kampagnenstrecke, bei der es sich für Ihre Zielgruppe lohnt, diese zu abonnieren.

Wir zeigen nachfolgend einige Prozessvarianten auf, die ebenfalls bei der Umsetzung eines Messeprozesses praxisorientiert eingesetzt werden können.

Landing Page über SAP Commerce oder Embedded

In unserer User Story wird die Landing Page zur Anmeldung für einen Voucher direkt in der SAP Marketing Cloud abgebildet. Dies bietet den Vorteil, dass Sie direkt auf die Daten in der SAP Marketing Cloud zugreifen und somit keine weiteren Schnittstellen hierzu bereitstellen und warten müssen.

In der Praxis finden sich jedoch viele Anwendungsszenarien, in denen es sinnvoll ist, Landing Pages nicht direkt in der SAP Marketing Cloud abzubilden, sondern diese auf einem entsprechenden Server bereitzustellen, auf dem z. B. auch die Homepage Ihres Unternehmens betrieben wird. Verfügen Sie über einen Webshop auf Basis der SAP Commerce Cloud, können Sie Ihren Webauftritt dort ebenfalls platzieren und Ihre Landing Pages verwalten.

Wann bietet sich diese Prozessalternative an? Der Aufbau einer Landing Page mit Formulardaten in der SAP Marketing Cloud bietet den Vorteil eines direkten Datenzugriffs. Wenn jedoch eine gewisse Dynamik und erhöhte Flexibilität im Design der Landing Pages gefordert ist, empfehlen wir die Erstellung von Formulardaten in der SAP Marketing Cloud bzw. in SAP Emarsys Customer Engagement und ein Deployment über entsprechende Server. Gerade bei Unternehmen mit vielen Landesgesellschaften, die autark arbeiten, ist diese Variante zu empfehlen.

Differenzierung der Zielgruppen für den Voucher

In unserer User Story verwenden wir einen Voucher, der für die segmentierte Zielgruppe angeboten wird. Dieser Voucher kann über ein Anmeldeformular auf einer Landing Page beantragt werden und ermöglicht einen Rabatt beim Kauf von Messetickets.

Dieses oder ein ähnliches Vorgehen schafft einen Anreiz für Ihre Kunden, während Sie gleichzeitig Interessen oder Stammdaten abfragen können, die Sie im weiteren Marketing- oder Vertriebsprozess wiederverwenden können. Somit nutzen Sie diese Daten im Lead-Nurturing-Prozess, um einen Lead zu qualifizieren und dabei das Kundenprofil zu schärfen.

Eine konkretisierende Prozessvariante empfehlen wir dann, wenn Ihre Zielgruppe nicht mit Ihrem dafür vorgesehenen Marketingbudget übereinstimmt. Dann haben Sie zwei Möglichkeiten: entweder den Rabatt über Ihren Voucher zu verringern, mit der Gefahr, dass Sie somit den Anreiz oder gegen den Wettbewerbsdruck verlieren, oder die Zielgruppe zu verkleinern, der Sie den Rabatt zur Verfügung stellen möchten.

Können Sie an Ihrem Geschäftsmodell erkennen, dass Sie Ihr Hauptgeschäft mit einer sehr differenzierten Anzahl an Kunden gestalten, nutzen Sie dieses Wissen auch in der Kundenansprache im Rahmen der Messevorbereitung. Systemseitig bieten sich hierbei Merkmale wie die Kundenklassifikation oder Daten zur Potenzialanalyse (Reporting aus Vertrieb) an.

Eine kleine Zielgruppe mit Hochpotenzialkunden können Sie direkt mit Messetickets versorgen und sie somit für sich gewinnen.

Messe-Leads über eigene App erfassen

Die Prozessvarianten zur Messedurchführung sind vielseitig. Abhängig von Ihrem Messeauftritt, der Verantwortlichkeit, Ihrem Geschäftsmodell oder der eingesetzten Systemlandschaft gilt es, die bestmögliche Lösung für den Messeprozess zu erarbeiten.

In unserer User Story werden die Messeberichte durch den Vertrieb direkt in der SAP Sales Cloud erfasst. Dies bietet sich an, wenn Sie die Messegespräche direkt in die Hoheit des Vertriebs legen und dieser die Daten in der SAP Sales Cloud direkt als Leads pflegen und in der Messenachbereitung im Vertriebsprozess aufarbeiten möchte.

Ein anderer Ansatz ist es, die Leads erst dann dem Vertrieb in der SAP Sales Cloud zur Verfügung zu stellen, wenn Sie in der Messenachbereitung vollständig und konkret eine Opportunity, also eine Verkaufschance aufzeigen. Hierbei bleiben die Leads in der SAP Marketing Cloud bestehen. Für die Dokumentation der Messegespräche wird dann auf eine Messe-App zurückgegriffen, die als mobile Anwendung den Kollegen auf der Messe zur Verfügung gestellt wird. Die Implementierung einer Messe-App kann beispielsweise auf Basis der SAP Business Technology Platform (SAP BTP) erfolgen. Der Vorteil besteht darin, dass Sie ein komplett eigenes Design der mobilen Anwendung im vollständigen Branding ihres Unternehmens implementieren können. Ebenfalls können Sie Zusatzdaten wie Ihre Produktkataloge oder Preislisten einfach präsentieren oder diese im homogenen Unternehmensdesign versenden. Dies bietet sich u. a. dann an, wenn Sie mit Ihrem Kunden direkt gemeinsam auf das mobile Endgerät blicken und dort den Produktkatalog oder etwa 3D-Modelle präsentieren. Die Lead-Daten übertragen Sie dann wiederum über die im Standard verfügbaren Integrationsszenarien der SAP BTP an die SAP Marketing Cloud oder in die SAP Sales Cloud.

Automatisierte Lead-Übergabe an den Vertrieb

Das Lead Scoring der SAP Marketing Cloud ermöglicht Ihnen einen Lead anhand festgelegter Interaktionen zu bewerten, wie dem Öffnen von E-Mails, dem Herunterladen von Whitepapers oder der Anmeldung zu einem Webinar. Je nach Lead Score definieren Sie Folgeaktionen, die sich aus dem Score ableiten lassen. Dies kann bedeuten, dass ein Lead, in einem Business-Szenario ab einem Schwellenwert eines Scores-Wertes von 31 für Sie als *warmer* Lead gilt. Erhöht sich der Score-Wert auf über 42, stufen Sie diesen als *heiß* ein.

Eine weitere Folgeaktion kann sein, dass ein Lead ab einem gewissen Lead Score als qualifiziert angesehen und somit dem Vertrieb in der SAP Sales Cloud zur Verfügung gestellt wird. Alle Leads mit einem Lead Score über 76 werden in die SAP Sales Cloud übertragen und somit dem Vertrieb zur Weiterverfolgung übergeben. In unserer User Story wurde dies über eine Vertriebskampagne gelöst, in der alle Leads ab einem gewissen Lead Score in einer einmaligen Aktion übertragen werden. Dies würde somit durch die automatisierte Lead-Übergabe entfallen. Diese Prozessalternative bietet sich dann an, wenn Sie die Leads derart gut pflegen, dass sie der Vertrieb direkt weiterverarbeiten kann.

18.1.5 Architektur

Die Marketingabteilung plant und kontrolliert die Kampagnen zur Vor- und Nachbereitung von Messen und Veranstaltungen in der SAP Marketing Cloud (und/oder in SAP Emarsys Customer Engagement). Dies umfasst sowohl die E-Mail-Kampagnen, die SMS-Kampagnen (bei Zutritt zum Messegelände) und auch die Lead-Kampagnen zur Lead-Qualifizierung.

Zur Durchführung einer Kampagne erstellt das Marketing Segmentierungsmodelle und entwickelt daraus entsprechende Zielgruppen, die im Rahmen der Kampagne automatisiert mit Marketing-Content bespielt werden sollen; dieses Vorgehen wird zur aktiven Bewerbung der Messeveranstaltung genutzt.

Ebenfalls werden die Landing Page (Messebewerbung und Anmeldeformular) inklusive anhängendem DOI-Prozess in der SAP Marketing Cloud erstellt und publiziert. Je nach Ausprägung und Gestaltung der Landing Page kann diese auch über eine externe Webseite abgebildet und aus dem Kampagnen-Mailing referenziert werden. Die Landing Page kann in einer bestehenden SAP Commerce Cloud oder auf einer separaten Webseite veröffentlicht werden.

Auch das Tracking von E-Mail- und Online-Interaktionen des Kunden erfolgt in der SAP Marketing Cloud. Die Interaktionen, wie die Anmeldung zur Messe oder das Klicken auf einen Link in der E-Mail-Kampagne, schärfen und qualifizieren das Profil des in der SAP Marketing Cloud angelegten Leads. Das Ergebnis dieses Lead-Nurturing-Prozesses wird in einem Scoring-Modell festgehalten.

Ist ein Lead ausreichend qualifiziert, sodass dieser dem Vertrieb übergeben werden kann, erfolgt die Replikation des Leads in die SAP Sales Cloud. Der Lead steht dem Vertrieb für die nachfolgende Geschäftsrealisierung zur Verfügung und enthält wichtige Informationen, wie z. B. das Interesse an Produkten.

Die SAP Sales Cloud wird vom Vertrieb für die Lead-Bearbeitung, für die Potenzialanalyse, für die Vorbereitung der Messe bzw. die Besuchsplanung, für die Dokumentation von Messebesuchen sowie für die Nachbereitung und Anlage von Aufträgen genutzt.

Sobald ein Lead in einen Interessenten umgewandelt worden ist, erfolgt die Replikation der Stammdaten in das SAP-Backend (SAP ERP/SAP S/4HANA). Des Weiteren findet dort die Auftragsbearbeitung statt.

Die SAP BTP dient in der Gesamtarchitektur als zentrale Integrationsplattform. Hierbei werden in der SAP BTP die Standard-Integrationsszenarien bereitgestellt, die eine nahtlose Integration von Stamm- und Bewegungsdaten sowie flexible Erweiterungsmöglichkeiten sicherstellen (siehe Abbildung 18.5).

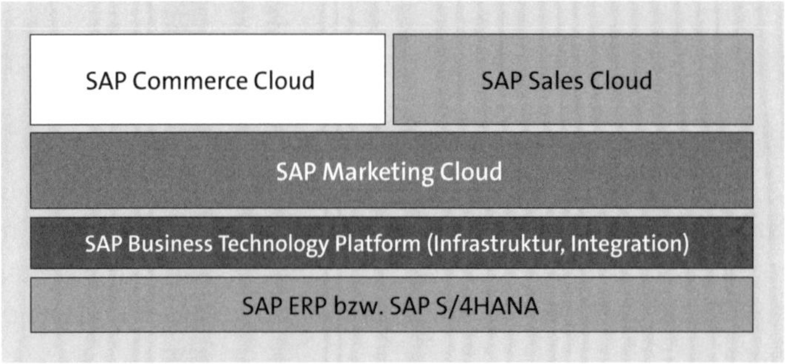

Abbildung 18.5 CX-Bausteine für den Prozess »Messe mit Lead Nurturing«

18.1.6 Best Practices

Nicht jeder Messeprozess ist identisch und muss in Ihrem Unternehmen interdisziplinär entwickelt werden. Hierzu ist wichtig, sich an übergeordneten Zielen zu orientieren, die Sie dann in konkrete Ziele und Maßnahmen für Marketing, Vertrieb und IT zerlegen können.

Keine Soloauftritte des Marketings

Ein wichtiger Punkt bei der Implementierung eines erfolgreichen Messeprozesses mit automatisiertem Lead Nurturing ist zu verstehen, dass dieser nicht ausschließlich im Marketing definiert wird. CX-Prozesse zu implementieren, bedeutet nicht nur, die verschiedenen Lösungen aus der SAP-Customer-Experience-Suite zu nutzen, sondern es erfordert vielmehr ein gemeinsames Prozessverständnis und eine Definition über die Fachabteilungen hinweg, um diesen Plattformgedanken auch im Unternehmen zu leben!

Der nachfolgende Infokasten soll Ihnen den Einstieg in das Thema erleichtern und stellt zugleich einige Best Practices zusammen.

[«]

Rahmenbedingungen und Best Practices

Im Folgenden stellen wir Ihnen Fragestellungen und Best Practices vor. Diese sollen helfen, ein einheitliches Prozessverständnis zu schaffen, um gemeinsam die Ziele zu erreichen:

- Wie sehen Ihre Marketing- und Ihre Vertriebsstrategie aus? Können Sie hieraus Ziele für Ihre Kampagnenstrecke und Messeauftritte ableiten?
- Welche Zielgruppen möchten Sie in Ihren Kampagnen bespielen? Bevorzugen Sie für Ihre Kampagne eine generische oder eine personifizierte Ansprache?
- Welche Interessen und Stammdaten benötigen Sie hierfür in der Segmentierung?
- Welche Interaktionen Ihrer Kunden möchten Sie an deren Profil festhalten?
- Welchen Content möchten Sie im Rahmen einer Kampagne publizieren, um Ihre Zielgruppe zu weiterverwendbaren Interaktionen zu bewegen?

Lead Nurturing und Scoring-Modelle unterstützen Sie bei der Qualifizierung von Leads mit dem Ziel einer Übergabe von Verkaufschancen an den Vertrieb. Folgende Punkte gilt es u. a. zu beachten:

- Was ist für Sie ein qualifizierter Lead?
- Welche Qualifizierungsmerkmale benötigt der Vertrieb in der SAP Sales Cloud (Beispiel: Über das Gebietsmanagement soll eine Person aus dem Vertrieb Interessierten anhand der Postleitzahl zugewiesen werden. (Ein Lead benötigt daher die Postleitzahl vor der Übergabe an den Vertrieb.)
- Welche Interaktionsmöglichkeiten und Content bieten Sie Ihren Kontakten an, um die erforderlichen Daten zu erhalten (Formulare für Whitepaper, Registrierungen zu Webinaren, Schulungen oder Zertifizierungen zu Ihren Produkten, Registrierung für Rabattcodes usw.)?
- Wie kann darauf ein passendes Scoring-Modell aufgebaut werden

Im Rahmen des Messeprozesses müssen Sie sich ebenfalls Gedanken darüber machen, wie Sie möglichst effektiv und effizient die Gespräche auf der Messe und deren Ergebnisse systemseitig dokumentieren. Welches System passt hierbei am besten zu Ihrem Messeauftritt? Arbeitet der Vertrieb direkt in der SAP Sales Cloud, oder verwenden Sie eine separate Messe-App? In welches System möchten Sie diese wiederum integrieren? Sehen Sie die Bearbeitung in der Marketing- oder in der Sales-Lösung?

18.2 Shop-Auftrag B2C (Warenkorbabbruch)

Das folgende Szenario beschreibt einen privaten Online-Einkauf in der SAP Commerce Cloud. Das Besondere daran ist, dass in Verbindung mit der Marketingautomatisierung automatisch Vorschläge und Erinnerungen ausgespielt werden, die letztendlich zu einem Abschluss des Einkaufs führen.

18.2.1 Personas

Persona 1/Kundin

Name: Sophia Schell

Rolle: Endkundin

Abteilung: Tante

Unternehmen: Familie Schell

Sophia Schell ist 28 Jahre alt und stolze Tante von Lennard. Sie besucht die Familie ihres großen Bruders so häufig wie möglich – nicht zuletzt auch, um ihren Neffen Lennard so oft wie möglich zu sehen.

18.2.2 User Story: Sophia Schell und der vergessene Warenkorb

Der kleine Lennard hat bald Geburtstag. Seine Tante Sophia Schell möchte Lennard zu seinem Geburtstag überraschen. Nach einiger Überlegung denkt Sophia Schell sich, dass Sie ihrem Neffen ein ferngesteuertes Auto schenken könnte. Um sich besser zu informieren und auch um zu schauen, ob so ein ferngesteuertes Auto überhaupt für Lennards Alter geeignet ist, geht Sophia Schell auf eine Website, die in der Suchmaschine zu »ferngesteuertes Auto« als Erstes angezeigt wird. Auf den ersten Blick findet Sophia Schell diese Seite sehr gut gelungen, denn alles scheint sehr übersichtlich strukturiert zu sein, und alle Informationen befinden sich an den zu erwartenden Stellen. Auf der Startseite werden Sophia Schell direkt die neuen Highlights der Saison angezeigt. Leider sind diese ferngesteuerten Autos zu teuer und auch nicht für Kinder in Lennards Alter geeignet.

Auf der Produktübersichtsseite kann Sophia Schell das Sucherergebnis sehr leicht über ausgewählte Filter einschränken. Sophia Schell wählt die Filter 4–6 Jahre und 40–59 EUR aus. Direkt nach der Auswahl werden Sophia Schell Autos in der von ihr ausgewählten Produktkategorie angezeigt. Praktisch findet Sophia Schell auch, dass sie die Suchergebnisse sortieren kann. Sie filtert nach »bestbewertete Ergebnisse zuerst«. Das erste Auto, ein Militärfahrzeug, gefällt ihr nicht; daher klickt Sophia Schell auf das zweite Suchergebnis, einen Rennwagen. Sophia Schell wird auf die nächste Seite, die Produktdetailseite, weitergeleitet. Hier erhält sie viele weitere Informationen über das ferngesteuerte Auto. Es gibt eine Vielzahl von Bildern, Beschreibungstexten und Bewertungen und sogar 360-Grad-Bilder und Videos. Auf den Videos sieht Sophia Schell, dass das Auto viele weitere Highlights hat. Die Fernsteuerung sieht groß und handlich aus. Dies kann Sie kurz darauf auch in mehreren Bewertungen von anderen Käufern lesen: »Die Fernbedienung ist super für Kinder geeignet, sehr handlich und in der passenden Größe«. Über den Bewertungen gibt es eine Suchleiste (siehe Abbildung 18.6).

Dies findet Sophia Schell sehr hilfreich und sucht nach dem Wort »stabil«. In den Bewertungen tauchen mehrere gehighlightete »stabil«-Begriffe auf. Diese Begriffe zeigen im Kontext immer auf, dass sowohl die Fernbedienung als auch das ferngesteuerte Auto sehr »stabil« ist. Nach den zahlreichen Informationen, den Videos, Bildern und guten Bewertungen ist Sophia Schell überzeugt. Sie legt den ferngesteuerten Rennwagen in den Warenkorb. Direkt nach dieser Aktion wird Sophia Schell ein Pop-up-Fenster angezeigt. In diesem Fenster wird sie darüber informiert, dass der Lieferung keine Akkus beiliegen. Die richtigen Akkus, inklusive des Schnellladegerätes, werden ihr auch in diesem Pop-up-Fenster angezeigt. Auch wenn dies jetzt ihren Preisrahmen leicht übersteigt, legt Sophia Schell dieses Set »2 × Akku inkl. Schnellladestation« in den Warenkorb.

Sophia Schell möchte den Kauf abschließen und geht hierzu **zur Kasse**. Im Check-out-Prozess werden ihr nochmals alle Artikel angezeigt, die sich aktuell im Warenkorb befinden. Der Rennwagen und das Akku-Set mit der Schnellladestation. Alles passt, und Sophia Schell möchte den Kauf abschließen. Die Internetseite bietet die Option an, dass sie sich über ein existierendes Konto, das sie bei einem anderen großen Dienstleister bereits angelegt hat, anmeldet. Hier hat Sophia Schell die Möglichkeit, zwischen Google, Facebook und Amazon zu wählen. Sophia Schell wählt einen Anbieter aus, und ihre Daten werden geladen. Hierdurch erspart sie sich sowohl die Registrierung als auch das Ausfüllen der Zahlungsbedingungen sowie der Liefer- und Rechnungsadresse. Noch bevor Sophia Schell den Kauf abschließen kann, klingelt es an der Tür. Sie hat die Uhrzeit vergessen; eine Freundin ist gekommen, da sie zum Kochen verabredet waren. Sophia Schell schließt ihren Laptop, ohne die Bestellung abzuschließen.

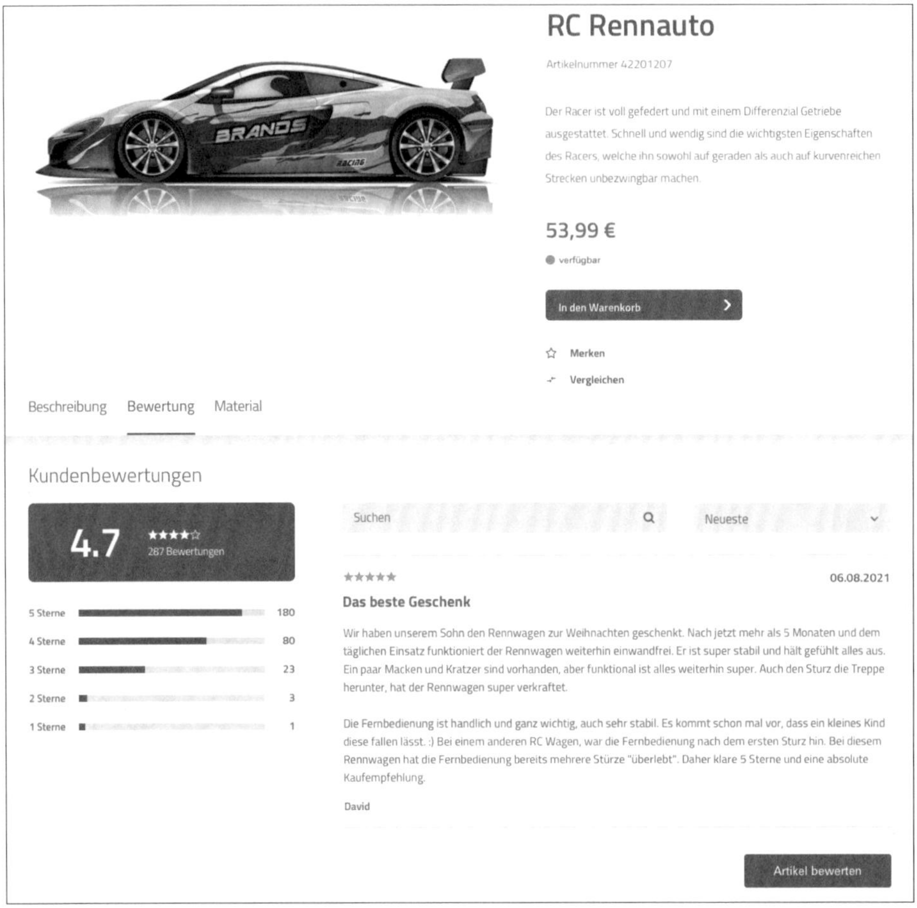

Abbildung 18.6 Produktseite mit Rezensionen und Suchfunktion

48 Stunden später erhält Sophia Schell eine E-Mail. Der Betreff lässt sie etwas aufschrecken. »Rennwagen – Kauf jetzt abschließen«. Sophia Schell hat vergessen, dass sie vor zwei Tagen das ferngesteuerte Auto nicht gekauft hat. Zum Glück ist es noch nicht zu spät, denn der Geburtstag ist erst in fünf Tagen. Sophia Schell öffnet die E-Mail. In dieser E-Mail sieht sie den Warenkorb, den sie noch nicht abgeschlossen hatte. Direkt unter den beiden Positionen – dem ferngesteuerten Rennwagen und den beiden Akkus mit der Schnellladestation – sieht sie einen Zusatz: »Garantieverlängerung von einem Jahr auf zwei Jahre. Jetzt und nur für kurze Zeit für nur 19,99 EUR« steht dort geschrieben.

Über einen Link in der E-Mail gelangt Sophia Schell direkt in ihren Warenkorb. Auch hier wird ihr nochmals die Garantieverlängerung angeboten. Trotz dieses Angebots entscheidet sich Sophia Schell gegen die Verlängerung der Garantie. Sie klickt erneut auf den Check-out und geht Schritt für Schritt hindurch. Zu Beginn hat Sophia Schell erneut die Möglichkeit, sich über einen großen Anbieter einzuloggen, bei dem sie bereits ein Konto hat. Sie entscheidet sich für diesen Weg. Im Check-out-Prozess kann sie zudem auswählen, dass sie den ferngesteuerten Rennwagen gerne bereits in einer Geschenkverpackung geliefert haben möchte. Den Aufpreis in Höhe von 2,99 EUR nimmt Sophia Schell gerne in Kauf, da sie nicht gerade die beste im Verpacken von Geschenken ist. Im letzten Schritt kann Sophia Schell noch eine Zahlungsmöglichkeit auswählen; auch hier ist sie positiv überrascht, da ihr hier die großen und bekannten Payment-Provider angezeigt werden. Sie wählt ihre favorisierte Bezahlmöglichkeit aus, wird auf die Login-Seite des Bezahldienstleisters weitergeleitet und soll hier ihre Login-Daten eingeben. Nach einer kurzen Eingabe wird Sophia Schell gebeten, den Zahlungsvorgang kostenpflichtig abzuschließen. Durch einen Klick auf den entsprechenden Button wird die Zahlung akzeptiert, und Sophia Schell wird zurück auf die Shop-Seite geleitet. Auf der Seite kann Sie nun lesen »Vielen Dank für Ihre Bestellung. In Kürze erhalten Sie eine Bestätigungs-E-Mail«. Bereits in diesem Moment piept Sophia Schells Smartphone, und sie sieht die Bestätigungs-E-Mail. Zufrieden schließt sie ihren Laptop.

Am nächsten Tag erhält Sophia Schell eine E-Mail, dass die Sendung das Lager verlassen hat. Zudem bekommt sie in dieser Mail eine Tracking-ID mitgeteilt, mit der sie die Lieferung verfolgen kann. Bereits nach einem weiteren Tag erhält Sophia Schell das Paket mit dem ferngesteuerten Rennwagen sowie den Akkus mit der Schnellladefunktion.

Das Geschenk ist ein voller Erfolg, Lennard ist glücklich und hat ab sofort ein neues Lieblingsspielzeug. Da Sophia Schell sehr zufrieden mit dem Internet-Shop ist, möchte Sie diesen gerne positiv bewerten. Einen Tag vor dem Geburtstag hat sie eine E-Mail erhalten, in der um ein Feedback gebeten wird. Sophia Schell öffnet die E-Mail und bewertet den Shop mit der Note »sehr gut«.

18.2.3 Prozessschaubild

Abbildung 18.7 und Abbildung 18.8 zeigen Ausschnitte aus dem Prozessdiagramm. Die vier Swimlanes unterscheiden hierbei die Prozesse der ausgewählten Systeme der SAP-Cutstomer-Experience-Welt. Hauptperson und das zentrale System sind hier auf der linken Seite die Kundin bzw. der Webshop, in dem sie sich bewegt, den Warenkorb füllt, zunächst abbricht und letztendlich den Kauf abschließt.

Detaillierte Darstellung des Prozesses

Da der Platz auf einer Buchseite beschränkt ist, können wir Ihnen an dieser Stelle nur Ausschnitte aus dem komplexen Serviceprozess zeigen. Eine Darstellung des gesamten Ablaufs finden Sie unter *www.sap-press.de/5319* im Kasten »Materialien zum Buch«.

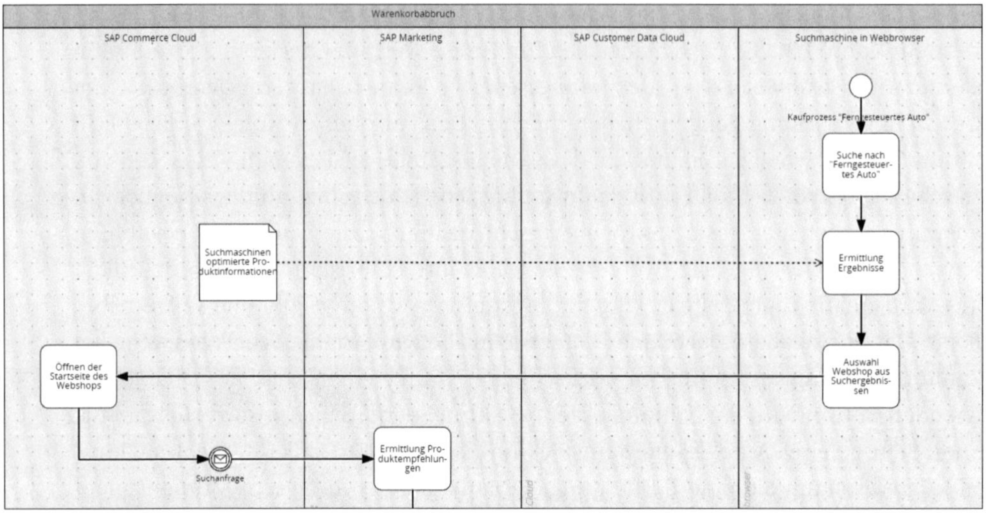

Abbildung 18.7 SIGNAVIO-Prozessdiagramm (BPMN) für den Warenkorbabbruch (Abbildung 1)

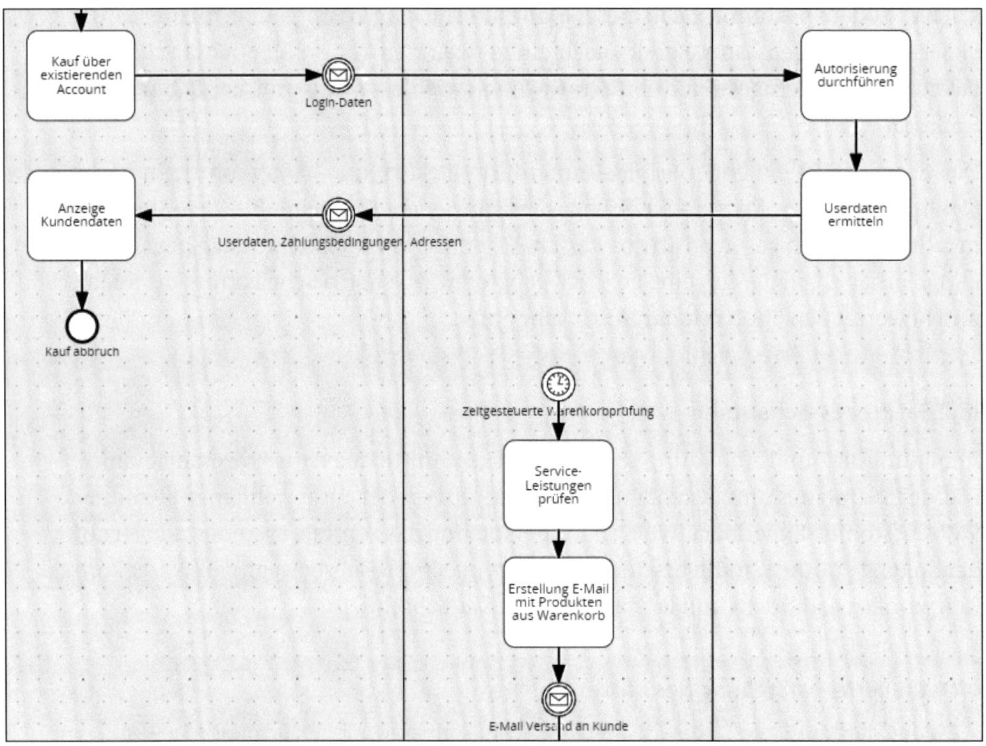

Abbildung 18.8 SIGNAVIO-Prozessdiagramm (BPMN) für den Warenkorbabbruch (Abbildung 2)

18.2.4 Varianten

Oben wird ein klassischer B2C-Anwendungsfall beschrieben. Im Folgenden gehen wir kurz auf mögliche Varianten für diesen Anwendungsfall ein.

B2B-Anwendungsfall mit Serialnummerneingabe

In dieser Prozessvariante gehen wir auf den Ausgangspunkt unser User Story ein. Es handelt sich nicht mehr um einen B2C-Shop, sondern um einen B2B-Shop.

Die Kundin, eine Mitarbeiterin eines großen Unternehmens, möchte ein Ersatzteil für eine Maschine bestellen. Hierzu geht er auf die Homepage des Herstellers. In der Suche des Shops gibt sie die Seriennummer des Produkts ein. Nach der Bestätigung der Eingabe gelangt die Mitarbeiterin auf die Produktdetailseite. Nach der Eingabe der Menge legt sie den Artikel in den Warenkorb. In diesem Moment klingelt das Telefon.

Nach dem Telefonat muss die Mitarbeiterin direkt zu einem Termin; daher vergisst er, den Kauf abzuschließen.

Am übernächsten Arbeitstag findet die Mitarbeiterin eine E-Mail im Postfach. Dort wird er daran erinnert, dass er den Kauf für das Ersatzteil nicht abgeschlossen hat.

Unsere User Story und die darin beschriebenen Prozesse lassen sich auf unterschiedliche Szenarien anwenden.

Es muss nicht immer Standard sein – gegen Gießkannenvorgehen

Das Szenario *Warenkorbabbruch* ist geläufig, und wahrscheinlich sind auch Sie schon einmal privat in die Situation gekommen, Ihren Online-Kauf vorzeitig abzubrechen. Meistens wird auf dieses Szenario mit dem Gießkannenprinzip reagiert. Eine Alternative wäre bei der Erinnerung nicht »nur«, an den Warenkorb zu erinnern, sondern diese Erinnerung mit Informationen und Services zu ergänzen. Solche Mehrwerte könnten zum Beispiel Optimierungsvorschläge für oder rund um den Warenkorb sein (Komplementärprodukte, Alternativprodukte, Angebote oder Hinweise). In der User Story über Sophia Schell wird eine Garantieverlängerung für das Spielzeug angeboten. Zwar entscheidet sich die Kundin in der Geschichte dagegen; jedoch kann dieses Vorgehen ein gutes Mittel sein, um mit wenig Aufwand eine Differenzierung vorzunehmen und den finalen Kaufentscheidungsprozess so nochmals zu fördern.

18.2.5 Architektur

Die Architektur unserer oben beschriebenen User Story basiert vor allem auf den beiden Komponenten SAP Commerce Cloud und SAP Marketing Cloud oder alternativ auf SAP Emarsys Customer Engagement (siehe Abbildung 18.9).

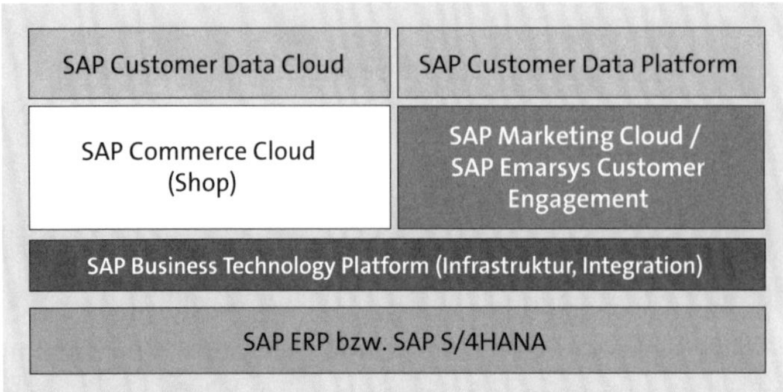

Abbildung 18.9 CX-Bausteine für den Prozess »Warenkorbabbruch«

Das SAP-Commerce-Cloud-System dient in der oben genannten User Story als Grundlage. Der gesamte Shop wird über das SAP-Commerce-Cloud-System abgebildet. Die einzelnen Seiten, die Suchfunktionen, Filter sowie alle anderen Funktionen der oben beschriebenen User Story werden in die SAP Commerce Cloud implementiert und stehen somit dem User der Website zur Verfügung. Das SAP-Commerce-Cloud-System kann beliebig erweitert und angepasst werden. Alle Informationen hierzu finden Sie in Kapitel 3, »SAP Commerce Cloud«.

Das SAP-Commerce-Cloud-System ist direkt in ein Marketingautomatisierungssystem integriert (SAP Marketing Cloud/SAP Emarsys Customer Engagement). Hier werden Profile für bekannte und unbekannte User angelegt. Die Profile werden ständig mit neuen Informationen angereichert. Hierzu gehören im Kontext »Shop« oder »Website« die Interaktionen auf der Website (was wurde angeklickt, was wurde in den Warenkorb gelegt usw.), die allgemeine Navigation (z. B. Absprünge via *Outbound-IDs* auf Landing Pages oder auf andere Unternehmensseiten/-Shops, Anzahl der Anmeldungen usw.), die Verweildauer auf den Seiten oder die heruntergeladenen Informationen (Broschüren, Whitepaper usw.). Die Informationen können sehr vielseitig eingesetzt werden. Ein gängiges Standardszenario sowohl mit SAP Emarsys Customer Engagement als auch mit der SAP Marketing Cloud ist das bereits im vorangehenden Abschnitt thematisierte Shopping-Cart-Abandonnement-Szenario. In der oben beschriebenen User Story wird Sophia Schell automatisch per E-Mail über den noch abzuschließenden Warenkorb informiert. Auch das Feedback wird in dem Beispiel über die eingesetzte Marketingautomatisierung per E-Mail angefragt – automatisch getriggert nach einer definierten Frist nach Kaufabschluss oder nach der Zustellung der Sendung.

Zudem ist SAP Commerce mit der SAP Customer Data Cloud verbunden. Diese dient dazu, auf Kundenkontakte und Daten zurückzugreifen, die die User bereits in anderen Systemen oder auf anderen Websites angelegt haben. Hierdurch müssen sich

User nicht neu registrieren, da Sie auf bereits verfügbare Kundenkonten von anderen Websites wie z. B. Amazon, Facebook oder Google zugreifen können. Der Login wird vereinfacht, und Profile können jederzeit (DSGVO-konform) selbst eingesehen und verwaltet werden (siehe Kapitel 4, »SAP-Customer-Data-Lösungen«).

Die Basis der Bewegungs- und Stammdaten bildet in unserem Beispiel das SAP-S/4HANA-System. Als Middleware dient die SAP BTP. In dieser werden die IDocs, die aus dem SAP-S/4HANA-System verschickt werden, in einen OData-Service umgewandelt und gemappt, sodass das SAP-Commerce-System diese Daten empfangen und verarbeiten kann.

18.2.6 Best Practices

Gerade im dynamischen E-Business-Umfeld müssen Sie stets zwischen Kosten und Nutzen von Personalisierung und Content abwägen, um möglichst effizient zu agieren. Im Folgenden stellen wir Ihnen einige Best Practices vor, die Ihnen bei dieser Abwägung helfen können.

Unterschiedliche Gründe für den Warenkorbabbruch

In Abschnitt 18.2.4, »Varianten«, wird es schon kurz angerissen: Die Gießkanne als Mittel zur Personalisierung hat in einigen Bereichen und Branchen ausgedient. Es lohnt sich, genau zu überlegen, wo man etwas mehr Aufwand betreibt, um eine »echte« Personalisierung zu erzielen und wo standardisierte Prozesse sinnvoller erscheinen. Dafür muss es nicht immer die »Hyper-Personalisierung« sein, denn schon die Verbesserung und Anpassung des Kaufabbruchs kann erheblichen Mehrwert bringen. Dabei unterstützen Sie zahlreiche Methoden wie das A/B Testing, Stichprobenumfragen oder Experience Dashboards (z. B. mit Qualtrics), die Ihnen helfen zu erklären, warum der Kunde den Warenkorb verlässt oder einfach vom Kauf abspringt. Dabei wird schnell klar, dass es zahlreiche unterschiedliche Gründe dafür geben kann. Gerade in klassischen B2C-Shops oder Händlerportalen ist es so, dass die Kunden den Warenkorb als »Merkliste« oder zur Orientierung und späteren Option füllen oder um Produkte miteinander zu vergleichen. Sie hatten also nie das Ziel, den Warenkorb für einen Kauf zu befüllen. Genauso gibt es Szenarien, in denen die Kunden den Kauf aus völlig anderen Gründen nicht abschließen (der Mindestbestellwert für die Gratislieferung ist noch nicht erreicht, die angebotenen Payment-Provider passen nicht, man möchte sich mit dem Partner vorab noch abstimmen oder der Kauf wurde bereits über ein anderes Device getätigt). Hier sollten Sie also genauer hinschauen, bevor Sie die Anwendungen integrieren und Prozesse etablieren.

18.3 Buyer Enablement (Personalisierung und Content)

Dieses Szenario legt den Fokus auf das Thema Buyer Enablement in B2B. Der Kunde wird im Shop durch unterschiedliche Personalisierungen, Visualisierungen und Content gezielt durch den Kaufprozess sowie den After-Sales-Prozess geleitet. Der Prozess erstreckt sich über einen langen Zeitraum und zeigt, wie man Interessenten erst zu Kunden machen und mittels Experience entlang der Customer Journey als Kunden behalten kann und dabei mehrere Ansprechpartner in einem Unternehmen berücksichtigt.

18.3.1 Personas

Persona 1/Kunde

Name: Nicolas Dorfer

Rolle: Leiter Einkauf

Unternehmen: STABAU AG

Die »gute alte Zeit«, als es im Einkauf um den Preis und die Konditionen ging, seien vorbei, hatte Nicolas Dorfer neulich in einer Runde mit Kollegen aus dem Einkauf gehört. Auch die Firma STABAU und insbesondere Nicolas Dorfer stellen fest, dass die Kaufprozesse zunehmend schwieriger und aufwendiger werden. Dies liegt zu einem am technologischen Fortschritt bei den Produkten, aber eben auch an den Anforderungen der Lieferung. Gleichzeitig sieht Nicolas Dorfer mit der zunehmenden Digitalisierung auch neue Chancen und interessiert sich dabei natürlich auch für flexible Kaufmodelle oder Leasing-Szenarien. Er ist offen für neue Technologien und steht hier in engem Austausch mit den Verantwortlichen aus Construction und Controlling.

Nicolas Dorfer verspürt trotz der hohen Budgetverantwortung keinen Druck. Immer häufiger gerät er allerdings in Situationen, in denen der Weg zu der vermeintlich »besten« Lösung für STABAU intransparent oder gar verschlossen zu sein scheint. Seinem Anspruch, effizient zu arbeiten und gleichzeitig die Stakeholder einbinden und informieren zu können, wird er nicht immer gerecht.

Persona 2/Unternehmen

Unternehmen: STABAU GmbH

Die Unternehmensgruppe SyMachines ist ein familiengeführtes Unternehmen mit Hauptsitz am Bodensee in Deutschland. Das 1999 in Radolfzell gegründete Unternehmen ist eine dezentral organisierte Unternehmensgruppe und umfasst verschiedene Geschäftsfelder mit den Sparten Baustoffe, Maschinen- und Anlagenbau, Elektronik, Wohnmobile und Medizintechnik.

Persona 3/Delivery

Name: Fabian Huber

Unternehmen: STABAU AG

Rolle: Leiter Maschinenpark

Abteilung: Construction

Fabian Huber ist seit 2008 bei der STABAU GmbH. Mit Beginn 2018 hat er die Leitung des Maschinenparks übernommen und ist hier auch zuständig für die Planung der Baumaschinen auf den Projekten/Baustellen.

Persona 4/Unternehmen

Unternehmen: STABAU GmbH

Die STABAU GmbH – gegründet 1978 in Graz, ist einer der führenden Anbieter im Spezialsegment Stadien und Arenen. STABAU steht für Vielfalt und Innovation. Die Entwicklung, Errichtung und der Betrieb von Sportstätten gehören zum Kerngeschäft. Sowohl im Kernmarkt DACH als auch im europäischen Ausland sind eine Vielzahl von Stadien und Arenen im Betrieb, die STABAU GmbH gebaut bzw. an deren Entstehung STABAU als Partner entscheidend mitgewirkt hat. STABAU beschäftigt aktuell über 4.000 Mitarbeitende an verschiedenen Standorten in ganz Europa.

18.3.2 User Story: Nicolas Dorfer und wie seine Kaufentscheidung durch gezielten Content unterstützt wird

Seine Kollegen haben Nicolas Dorfer von der neuen Baureihe Sy500 berichtet, die die SyMachines AG auf der letzten Baumesse präsentiert hat. Bis dato steht SyMachines noch nicht auf der Lieferantenlisten und war auch nicht im Fokus von Nicolas Dorfer. Da aber tatsächlich eine neues »Flaggschiff« für die beiden neuen Großbaustellen benötigt wird, schaut er sich den Bagger Sy500 näher an und findet dazu zunächst die Website der SyMachines AG (siehe Abbildung 18.10).

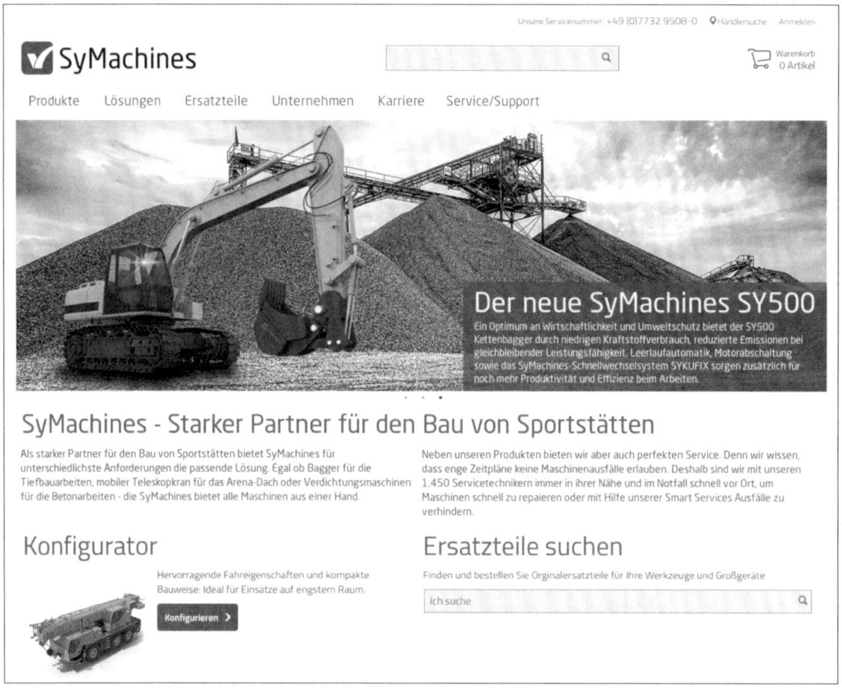

Abbildung 18.10 Startseite der SyMachines AG mit Content zum Bagger Sy500

Die klare Struktur der Seite gefällt ihm, und auch die Option, den Bagger gleich zu konfigurieren, spricht ihn an. Er ruft den Konfigurator auf, registriert sich und bestätigt direkt den Registrierungs-Link in der E-Mail, die unmittelbar danach in seinem Postfach landet. Anschließend startet er mit der ersten Konfiguration eines Sy500 (siehe Abbildung 18.11).

Nicolas Dorfer fragt bei SyMachines an und ergänzt noch, dass STABAU plant, vier neue Bagger in der Größenkategorie des Sy500 zu erwerben. Kurze Zeit später meldet sich ein Vertriebsmitarbeiter der SyMachines AG bei Nicolas Dorfer, und die Dinge nehmen ihren Lauf (eine ausführliche Beschreibung der Angebotskonfiguration finden Sie in dem Prozess in Abschnitt 17.4, »Shop-Konfiguration mit Angebotsanfrage«).

Abbildung 18.11 Konfiguration des Baggers Sy500

Gut anderthalb Jahre nach dem ersten Kaufvertrag zwischen der STABAU und der SyMachines AG macht sich Nicolas Dorfer daran, Ersatzteile und neue Komponenten zu suchen. Ein Hydraulikfilter scheint defekt, und für die neue Baustelle in Freiburg wird ein Zweischalengreifer benötigt. Nicolas Dorfer schätzt den guten Online-Service der SyMachines AG und auch die Navigation und Suchfunktionen auf ihrer Website. In den vergangenen Monaten war er immer wieder auf der Website zur Recherche oder im Shop unterwegs. Er ruft die Seite der SyMachines AG über das in seinem Favoriten hinterlegte Lesezeichen auf. Was ihm direkt auffällt, ist die veränderte Startseite (siehe Abbildung 18.12). In der Vergangenheit hatte sich Nicolas Dorfer immer wieder mit den Kollegen zum Thema Internet of Things (IoT) auf der Baustelle ausgetauscht. Der verantwortliche Manager des Fuhrparks, Fabian Huber, hatte sich gerade auch bei SyMachines Informationen zum Thema »vernetzte Baumaschinen« informiert.

Auf der für Nicolas Dorfer angezeigten Startseite wird genau das Thema beworben. Er nutzt die Chance, sich näher zu informieren und schickt anschließend eine Nachricht an Fabian Huber, mit dem Link auf die Unterseite **SyMachine vernetzte Baustelle**. Nicolas Dorfer kehrt zu dem, was er ursprünglich machen wollte, zurück. Per Gerätenummer sucht er nach dem Ersatzteil. Nachdem er den passenden Hydraulikfilter gefunden hat, legt der diesen in seinen Warenkorb. Anschließend steigt er über das Menü **Anbauwerkzeuge** in die Suche nach einem Zweischalengreifer ein (siehe Abbildung 18.13).

Abbildung 18.12 Personalisierte Startseite der SyMachines AG

Abbildung 18.13 Menü für Anbauwerkzeuge

So findet er schnell die richtige Produktkategorie und nimmt zwei passende Greifer in die engere Auswahl. Die zahlreichen Produktinformationen, Bilder und die Vergleichsfunktion helfen ihm, und er entscheidet sich schnell für den Zwischenschalengreifer Sy 450B (siehe Abbildung 18.14).

Abbildung 18.14 Detaillierte Unterseite zur Anbaukomponente (am Beispiel des Zweischalengreifers Sy450B)

Er legt den Greifer in den Warenkorb, und in einem Pop-up-Fenster wird ihm angezeigt, dass er doch gleich den passenden Kabelbaum für den Anbau des Greifers mitbestellen soll (siehe Abbildung 18.15).

Der Kabelbaum landet dann auch im Warenkorb, und der Bestellvorgang ist abgeschlossen. Nicolas Dorfer ist zufrieden, und er informiert gleich seinen Fuhrparkmanager per E-Mail darüber, dass die neuen Teile bestellt sind. Nun klingelt sein Telefon: Der Gesprächspartner ist Fabian Huber, der über die neue Funktion der SyMachines AG zur vernetzten Baustelle sprechen möchte.

Abbildung 18.15 Produktempfehlung beim Check-out-Prozess (im Beispiel der passende Kabelbaum zum Bagger Sy450B)

18.3.3 Prozessschaubild

Abbildung 18.16 und Abbildung 18.17 zeigen den in der User Story thematisierten Prozess. Die linke Swimlane zeigt die Interaktion des Einkäufers, Nicolas Dorfer, auf der Website und im Shop. Die mittlere Lane bildet die Marketingautomatisierung ab – im Beispiel mit SAP Emarsys Customer Engagement.

Detaillierte Darstellung des Prozesses

Da der Platz auf einer Buchseite beschränkt ist, können wir Ihnen an dieser Stelle nur Ausschnitte aus dem komplexen Serviceprozess zeigen. Eine Darstellung des gesamten Ablaufs finden Sie unter *www.sap-press.de/5319* im Kasten »Materialien zum Buch«.

Die Prozessschritte in SAP Emarsys Customer Engagement und mit SAP Commerce sind hier sehr reduziert dargestellt. Der Austausch ist stetig, und Profile werden bei jeder Interaktion (Klick, Download, FAQ, Warenkorb usw.) aktualisiert. Ebenso kann das »Ausspielen« von personalisiertem Content regelmäßiger erfolgen (in Echtzeit). Die rechte Lane bildet den Vertriebsmitarbeiter ab, der nur zu Beginn beim Kauf der vier Bagger in Erscheinung tritt.

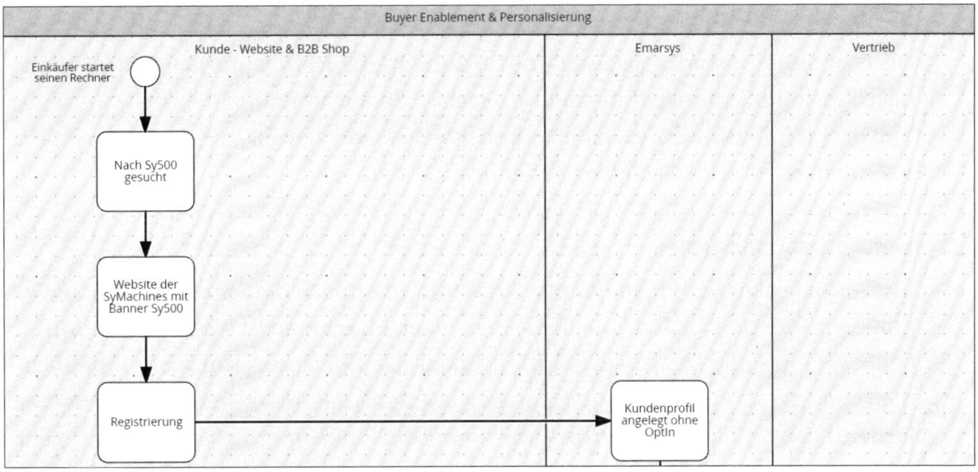

Abbildung 18.16 SIGNAVIO-Prozessdiagramm (BPMN) für Serviceportale in der digitalen Maschinenverwaltung (Ausschnitt 1)

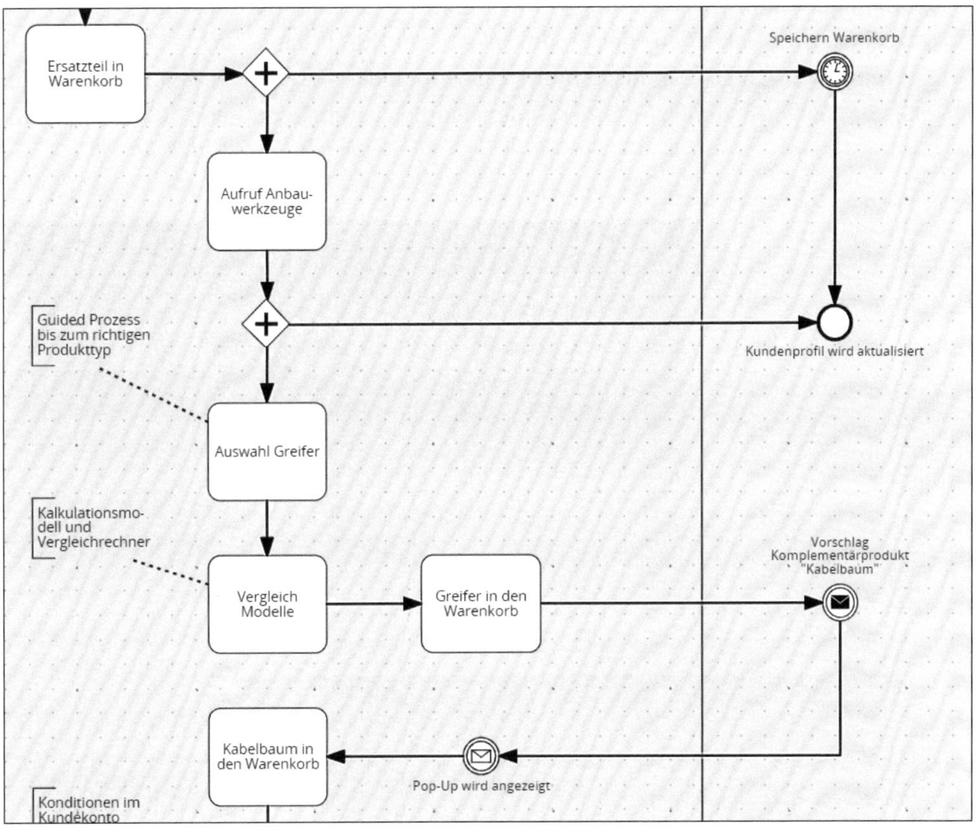

Abbildung 18.17 Prozessdiagramm (BPMN) für Serviceportale in der digitalen Maschinenverwaltung (Ausschnitt 2)

18.3.4 Varianten

Die User Story ist stark abgekürzt und fasst mehrere Facetten und Schritte einer digitalen Session zusammen (Information, Recherche, Suche, Kauf). Hier ist die Anzahl an möglichen Prozessweichen nahezu unbegrenzt. Zwei signifikante und interessante Varianten werden im Nachgang näher beschrieben.

Smarte Ersatzteilsuche

Im Beispiel sucht der Einkäufer per Gerätenummer nach dem Ersatzteil. Gerade bei größeren, komplexen und vor allem langlebigen Maschinen ist die Identifikation des benötigten Ersatzteils oftmals schwierig, oder das Teil ist so nicht mehr erhältlich – man benötigt als ein *Substitutionsgut* (Replacement) das mindestens die gleichen Anforderungen erfüllt. Zur Identifikation könnte der Einkäufer Nicolas Dorfer auch eine Bilderkennungslogik (AR) nutzen, die der Hersteller SyMachines anbietet.

Eine weitere Option zur Identifikation von Ersatzteilen ist die Visualisierung von Baugruppen oder Komponenten als Explosionszeichnung. Hier ist die Identifikation durch die räumliche Trennung von Bauteilen deutlich einfacher. Mithilfe einer beweglichen *3D-Darstellung* des Produkts kann der Kunde das gesuchte Teil identifizieren und auswählen. Das ausgewählte Teil wird in der Materialliste angezeigt, was die Suche nach Ersatzteilen für Ihre Kunden deutlich vereinfacht (siehe Abbildung 18.18).

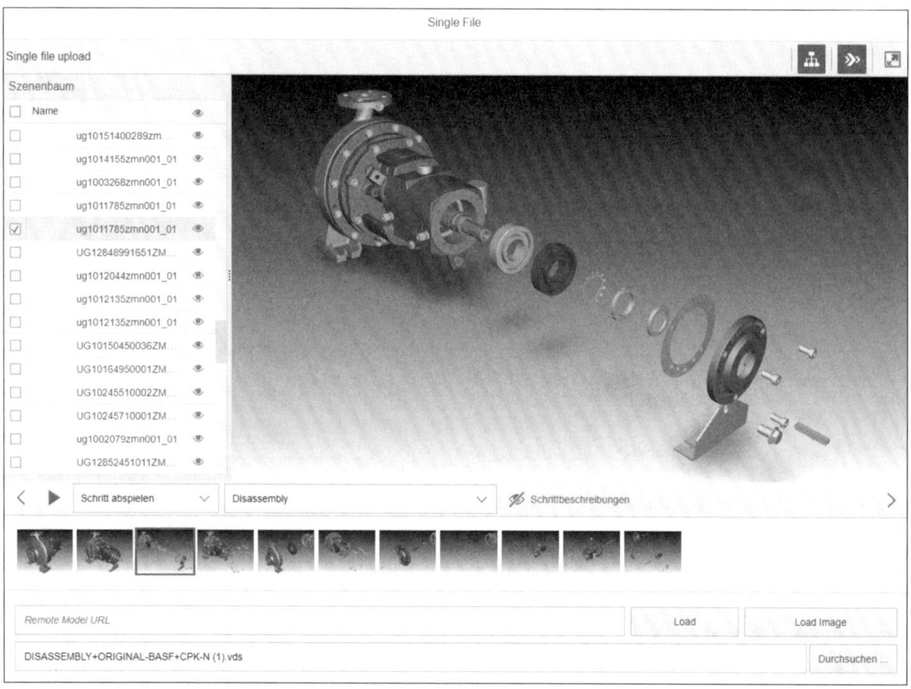

Abbildung 18.18 3D-Visualisierung einer Baugruppe mit Funktion zur Selektion von Bauteilen im View (erstellt mit SAP 3D Visual Enterprise)

Produktempfehlungen

Zeitpunkt, Ort und genauer Inhalt einer Produktempfehlung variieren und müssen wohlüberlegt sein. In unserem Beispiel wird dem Einkäufer beim Hinzufügen des Greifers in den Warenkorb automatisch das passende Komplementärprodukt vorgeschlagen. Soweit ein übliches Szenario, dem Sie vermutlich auch privat schon begegnet sind. In unserem Beispiel wäre es sinnvoll, die notwendigen oder möglichen Zusatzprodukte bereits auf der Produktdetailseite anzubieten oder in einem weiteren Schritt mittels *digitalem Assistenten* den Kunden so durch den Prozess zu führen, dass er an den notwendigen Zusatzprodukten oder Leistungen in jedem Fall »vorbeikommt« und ihm mögliche ergänzende Produkte oder Leistungen dezent an der richtigen Stelle angeboten werden. Im Prozess in Abschnitt 16.7, »Digitales Partnermanagement (Smart Home)«, wird ein digitaler Assistent beschrieben, der den Kunden Schritt für Schritt bei der Digitalisierung seines Hauses unterstützt. In unserem Beispiel erscheint dies überdimensioniert, da es sich um ein deutlich weniger komplexes und in sich weitestgehend alleinstehendes Produkt handelt.

Personalisierung

Alternativ zur personalisierten Startseite mit der »vernetzten Baustelle« könnte auch noch eine stärker personalisierte Seite angezeigt werden oder sogar die gesamte Customer Journey (Navigationspfade, Recommendations und Suchergebnisse) auf den Kunden zugeschnitten werden. In unserem Beispiel erfolgt die Personalisierung aggregiert auf der Basis von Interactions der Mitarbeitenden von STABAU, also anhand des Unternehmens-Accounts. Optional könnte das auch anhand eines einzelnen Kundenprofils – in unserem Beispiel des Profils des Einkäufers Nicolas Dorfer geschehen. Hier wäre die Empfehlung vermeintlich noch persönlicher auf die Einkäufer zugeschnitten. Im B2B-Kontext ist die unternehmensbezogene Personalisierung oftmals sinnvoller (siehe Abschnitt 18.3.6, »Best Practices«).

18.3.5 Architektur

Die Architektur dieser User Story basiert auf unterschiedlichen Komponenten (siehe Abbildung 18.19). Der Einkäufer Nicolas Dorfer bewegt sich auf der Website und im Handelsshop (SAP Commerce Cloud). STABAU (Unternehmen), Nicolas Dorfer und Fabian Huber (Mitarbeiter) sind als Kundenprofile in der SAP-Emarsys-Customer-Engagement-Plattform angelegt und werden dort sukzessive gepflegt. Diese werden in Echtzeit angereichert, indem die Interactions im Shop in Personalisierungsvariablen umgewandelt werden. So kann das Unternehmen 1:1 reagieren, und Nicolas Dorfer erhält zum STABAU-Account und zum aktuellen Klickverhalten passende Empfehlungen in Form von Anzeigen (Overlays).

Stammdaten (Material, Produkt, Kunden, Preise) und relevante Segmentierungsattribute oder Selektionsoptionen werden teilweise bi-direktional zwischen den Backend-Systemen SAP ERP bzw. SAP S/4HANA und beiden Systemen SAP Commerce Cloud bzw. SAP Emarsys Customer Engagement ausgetauscht.

Die SAP BTP dient hier, wie gewohnt, als Middleware und bietet die Umgebung für Erweiterungen oder die Integration weiterer Systeme (z. B. eines externen Produktdatensystems).

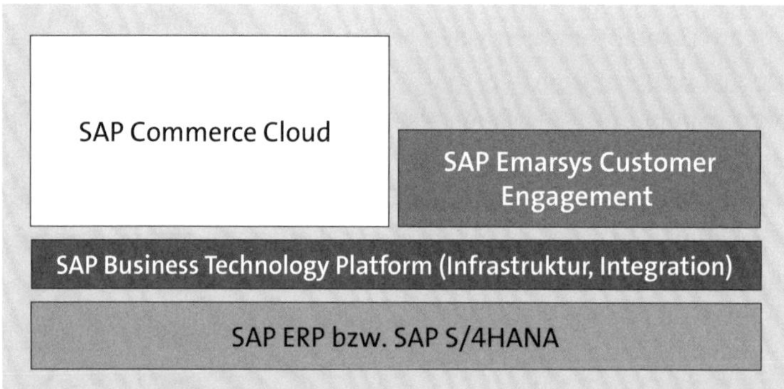

Abbildung 18.19 CX-Bausteine für den Prozess »Buyer Enablement« (Personalisierung und Content)

18.3.6 Best Practices

Buyer Enablement ist ein weites Feld – aber im B2B Kontext einer der entscheidenden Faktoren, wenn es darum geht, digitale Touchpoints zu bespielen. Im Folgenden möchten wir Ihnen deshalb einige Denkanstöße mitgeben.

Personalisierung nicht um jeden Preis

Das Thema Personalisierung wird heiß diskutiert, besonders auch, weil die Einsatzmöglichkeiten nahezu endlos sind. Ob Webshop, Website, Portal oder einfach Landing Pages oder progressive Web-App-Lösungen, gibt es zahlreiche Möglichkeiten und unterschiedliche Ansätze, um die Personalisierung umzusetzen.

Eine Personalisierung kann helfen, sollte aber gut durchdacht sein. Zwischen einer *Hyper-Personalisierung* und den sich anbahnenden Verboten zu *Fingerprints* oder *Cross-Site-Tracking* gibt es Grauzonen, die Sie weiterhin für das eigene Geschäftsmodell nutzen sollten. Sie sollten sich immer im Klaren darüber sein, welche Formen der Personalisierung für Sie ein bewährtes Werbemittel sein können und welche Funktionen schlichtweg Voraussetzung eines guten Webshops oder Website-Auftritts sind. Im Jahr 2021 erscheint es antiquiert, wenn Kunden passende Produkte nicht direkt vorgeschlagen werden. Suchfilter wie »andere Kunden kauften auch« oder »dazu passende/ähnliche Produkte« sind State of the Art. Oftmals stellen Kunden aber auch fest, dass das, was ihnen da angeboten wird, gar nicht passt. Deshalb ist es wichtig, gezielte und gut durchdachte Maßnahmen zu implementieren.

Ein ähnliches Prinzip gilt für die personalisierte Werbung. Ein Kunde, der heute ein Fahrrad gekauft hat und die nächsten sechs Wochen regelmäßig via E-Mail oder im Webshop mit Fahrrädern von Ihnen beworben wird, fragt sich wahrscheinlich, wie viele Fahrräder er denn noch kaufen soll. Diese Form der Personalisierung führt die Idee von Customer Experience ad absurdurm, und sie riskiert, negative Assoziationen beim Kunden auszulösen. Hier gilt »Klasse vor Masse« – umso mehr, wenn man im B2B-Umfeld agiert. Content ist dort nach wie vor »King« und steht klar vor der Personalisierung.

Customer Journey(s) kennen

Man kennt es vom Einkaufsbummel: »Kann ich Ihnen weiterhelfen?«. Meist lehnt man höflich ab und verweist darauf, dass man sich erst einmal umschauen möchte. Irgendwann benötigt man doch Hilfe, und häufig findet man dann kein freies Verkaufspersonal. Obwohl wir diese Situation bewusst überspitzt formuliert haben, ist darin aber viel Realität enthalten, die sich auf digitale Kaufprozesse übertragen lässt. Wer digital kauft, hat im Schnitt mehr als 50 % seiner Kaufentscheidung bereits abgeschlossen (siehe Abschnitt 2.1.1, »Kunden im Fokus«), bevor er überhaupt mit dem Verkaufspersonal in Kontakt tritt. Ein Großteil der Käufe erfolgt gänzlich ohne persönlichen Kontakt. Doch auch hier treten bei den Kunden Fragen auf, die Hilfe erfordern. In solchen Fällen ist es gut, wenn Sie Unterstützung anbieten können.

In unserem Beispiel vom Anfang des Kapitels tritt der Einkäufer bei dem Erwerb der vier neuen Bagger natürlich mit dem Vertrieb in Kontakt. Bei den Ersatzteilen oder Anbauwerkzeugen erledigt er den Kauf hingegen ohne Unterstützung durch Mitarbeitende. Ebenso wie Nicolas Dorfer aus unserem Beispiel sind die meisten Einkäufe im B2B-Umfeld geschäftlich. Umso wichtiger ist es, diese Kunden zu enablen, also ihren Einkauf durch Services und Lösungen optimal zu unterstützen. Aber auch Privatkunden werden wohl eher dort einkaufen, wo ihre Fragen möglichst einfach beantwortet werden. Mit der SAP-Customer-Experience-Suite werden Ihnen Lösungen an die Hand gegeben, um Transparenz zu Preisen, Konditionen und Leistungsumfang zu gewähren sowie um Produktinformationen, Verfügbarkeiten oder Vergleichswerte vollständig und einfach zugänglich zu machen. Der Prozess muss vorab definiert und anschließend abgebildet werden. Wichtigster Input zur Gestaltung ist die Customer Journey, differenziert nach Kundensegment, Sparte oder Persona. Diese gilt es zu kennen und dann auf Prozess, Funktion oder Feature zu mappen.

18.4 Experience Management (Predictive B2B)

In diesem Szenario geht es um vorausschauendes Management. Kunden machen Erfahrungen, treffen Entscheidungen und interagieren direkt oder indirekt mit Unternehmen. Solche Aktivitäten können ausgewertet und genutzt werden, beispielsweise um die Wahrscheinlichkeit einer Abwanderung zu verringern. Das Ziel ist klar: der Abwanderung rechtzeitig entgegenzuwirken. In diesem Szenario ist insbesondere das Zusammenspiel der X- und O-Daten relevant.

18.4.1 Personas

Persona 1/Kunde

Name: Hanna Hack

Unternehmen: STABAU AG

Rolle: COO

Abteilung: Management

Persona 2/Kunde

Name: Fabian Huber

Unternehmen: STABAU AG

Rolle: Leiter Maschinenpark

Abteilung: Construction

Fabian Huber ist seit 2008 bei der STABAU GmbH. Mit Beginn 2018 hat er die Leitung des Maschinenparks übernommen und ist hier auch zuständig für die Planung der Baumaschinen an den Baustellen.

Persona 3/Unternehmen

Unternehmen: STABAU GmbH

Die STABAU GmbH, gegründet 1978 in Graz, ist einer der führenden Anbieter im Spezialsegment Stadien und Arenen. Die STABAU GmbH steht für Vielfalt und Innovation. Die Entwicklung, Errichtung und der Betrieb von Sportstätten gehören zum Kerngeschäft der STABAU GmbH. Sowohl im Kernmarkt DACH als auch im europäischen Ausland finden sich eine Vielzahl von Stadien und Arenen im Betrieb, die die STABAU GmbH gebaut bzw. an deren Entstehung sie als Partner entscheidend mitgewirkt hat. Die STABAU GmbH beschäftigt aktuell über 4.000 Mitarbeitende an verschiedenen Standorten in ganz Europa.

Persona 4/Sales Manager

Name: Laura Blank

Unternehmen: SyMachines

Rolle: Sales Managerin

Abteilung: Vertrieb

Persona 5/Unternehmen

Unternehmen: STABAU GmbH

Die Unternehmensgruppe SyMachines ist ein familiengeführtes Unternehmen mit Hauptsitz am Bodensee in Deutschland. Das 1999 in Radolfzell gegründete Unternehmen ist eine dezentral organisierte Unternehmensgruppe und umfasst verschiedene Geschäftsfelder mit den Sparten Baustoffe, Maschinen- und Anlagenbau, Elektronik, Wohnmobile und Medizintechnik.

18.4.2 User Story: Laura Blanks Erfolgsrezept, Abwanderungen von Kunden frühzeitig entgegenzuwirken

Laura Blank ist als Sales Managerin bei der SyMachines AG tätig und wird systemseitig bei ihrer Arbeit von der SAP Sales Cloud unterstützt. Laura Blank ist es wichtig, trotz ihres vollen Terminkalenders immer auf dem aktuellen Stand zu sein und besonders bei ihren *Key Accounts* einen Überblick über die Kundenzufriedenheit und über möglicherweise auftretende Probleme zu haben. Da sie für eine Vielzahl von Kunden zuständig ist und für jeden Kunden mehrere Ansprechpartner einen Einfluss auf die Gesamtzufriedenheit des Kunden haben, ist sie auf automatisierte Prozesse angewiesen. Diese befähigen sie dazu, informiert zu bleiben und proaktiv handeln zu können.

Einer dieser Prozesse ist darauf ausgerichtet, dass Laura Blank eine Benachrichtigung mit hoher Priorität bekommt und ihr eine Aufgabe in der SAP Sales Cloud zugewiesen wird, sobald bei einem ihrer A-Kunden eine hohe Abwanderungswahrscheinlichkeit auftritt.

Der Score, auf dessen Basis die Abwanderungswahrscheinlichkeit abgeleitet wird, basiert auf einer Berechnung, für die sowohl X-Daten als auch O-Daten (siehe Kapitel 6, »SAP Marketing Cloud«) berücksichtigt werden. Bei den O-Daten handelt es sich um relevante KPIs aus den operativen Systemen, mit denen SyMachines arbeitet, beispielsweise die Umsatzentwicklung des Kunden aus dem SAP-ERP-System, der Activity Score aus der SAP Marketing Cloud oder die Entwicklung der Anzahl der Besuche aus der SAP Sales Cloud.

Zusätzlich fließen X-Daten in die Score-Berechnung ein. Die X-Daten werden über *Qualtrics Surveys* eingeholt und dort auch im ersten Schritt ausgewertet. Um ein möglichst ausführliches Bild über die Kundenerlebnisse zu erlangen, werden einerseits unterschiedliche Surveys entlang der Customer Journey ausgespielt und andererseits von jedem Kunden gezielt unterschiedliche Ansprechpartner kontaktiert, die einen Touchpoint mit SyMachines haben (in Abbildung 18.20 wird exemplarisch die Customer Journey dargestellt).

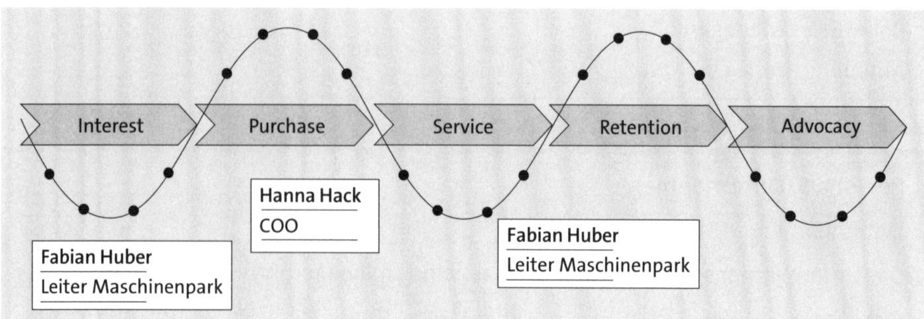

Abbildung 18.20 Customer Journey der STABAU AG

In Abbildung 18.21 wird das Kontaktprofil mit dem Churn Score von Fabian Huber in der SAP Marketing Cloud visualisiert.

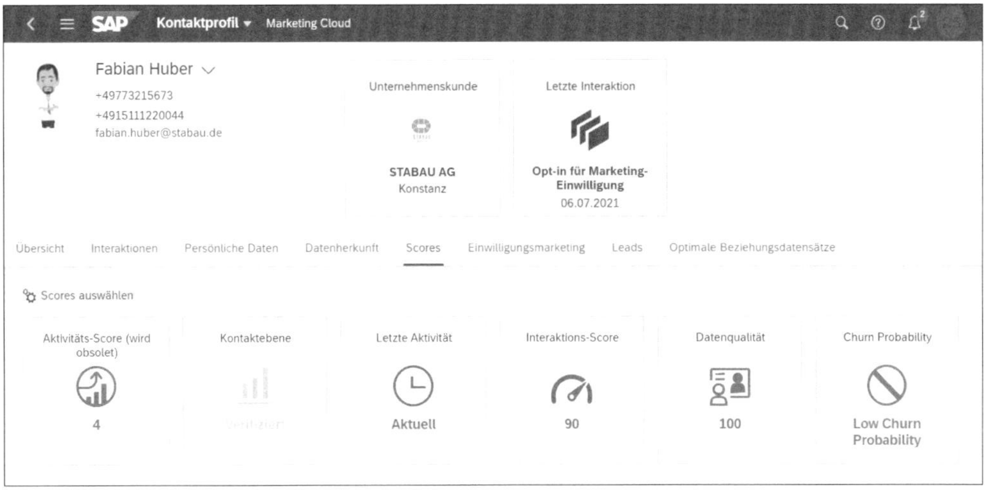

Abbildung 18.21 Churn-Score-Darstellung (O-Data) im Marketing-Cloud-Profil

Der finale Score wird auf Basis all dieser ausgewerteten X- und O-Daten in der SAP Sales Cloud berechnet. Es handelt sich um Echtzeitdaten; das bedeutet, dass sobald sich eine der definierten KPIs ändert, sich entsprechend auch der Score in der SAP Sales Cloud ändert. Der Score bewegt sich auf einer Skala von 0 (negativ) bis 10 (positiv). Die kritische Grenze ist bei 7 definiert; das bedeutet, dass Laura direkt eine Benachrichtigung erhält, sobald der Score unter 7 fällt, um proaktiv agieren zu können.

Messebesuch und Lead

Das Unternehmen STABAU ist ein langjähriger Kunde der SyMachines AG und einer von Laura Blanks Key Accounts. Es ist schon eine Weile her, dass STABAU das letzte Mal eine Bestellung aufgegeben haben; allerdings hat Laura Blank erst vor Kurzem bei einem Kundenbesuch persönlich mit Hanna Hack, ihrer Hauptansprechpartnerin bei STABAU, gesprochen, und das Gespräch ist sehr positiv verlaufen. Laura Blank sind aktuell keine Probleme bekannt. Der sogenannte *Churn Score* für die Abwanderungswahrscheinlichkeit liegt bei 8,4. Darüber macht sich Laura Blank aktuell aber keine Gedanken, da sie weiß, dass dies hauptsächlich an der lang zurückliegenden letzten Bestellung liegt und sie davon ausgeht, dass sich dies demnächst ändern wird.

SyMachines nimmt als Aussteller an der Baumesse teil, u. a. um den neuen Bagger Sy500 vorzustellen. Fabian Huber, Leiter des Maschinenparks bei STABAU, hat dementsprechend eine persönliche Einladung zu der Messe von SyMachines erhalten. Da er sehr interessiert daran ist, die neuen Produkte kennenzulernen, nimmt auch er an der Messe teil.

Einen Tag nach dem abgeschlossenen Messebesuch wird Fabian Huber automatisiert eine E-Mail mit einem eingebauten Qualtrics Survey aus der SAP Marketing Cloud zugesendet. Da er die vier Fragen direkt in der E-Mail beantworten kann, nimmt er sich ohne weiteres Nachdenken kurz die Zeit dafür. Im ersten Schritt gibt er für den Messebesuch einen Net Promoter Score (siehe Kapitel 5, »Experience Management mit Qualtrics«) von 6 an; dies lässt auf eine hohe Unzufriedenheit schließen. In der zweiten Frage wird Fabian Huber erneut nach dem Net Promoter Score gefragt, diesmal jedoch spezifisch nach dem Besuch an dem Messestand von SyMachines. Diesen bewertet er mit einer 8. Das Problem scheint somit eher der Messebesuch an sich als die Interaktion mit SyMachines gewesen zu sein. Dies bestätigt sich auch durch Fabian Hubers Eingabe in einem freien Textfeld, in dem er angibt, dass es auf der Messe viel zu voll und die Wartezeiten für Gespräche im Allgemeinen nervenaufreibend gewesen seien. In der letzten Frage in der E-Mail kann Fabian Huber auswählen, ob er noch zusätzliche Informationen zu dem neuen Sy500 haben möchte, der auf der Messe vorgestellt wurde. Fabian Huber beantwortet die Frage mit »ja«, denn er hatte sich auf der Messe keine Zeit für ein ausführliches Gespräch genommen.

All dieses Feedback fließt in das Dashboard der Messe und in die Event-Abteilung ein, damit der Auftritt von SyMachines in diesem Bereich kontinuierlich ausgewertet und verbessert werden kann.

Da es jedoch eher unwahrscheinlich ist, dass Laura Blank die Zeit findet, sich in ihrem Alltag das Messe-Feedback einzelner Personen anzuschauen, wird sichergestellt, dass sie die notwendigen Informationen auch in ihrem System, der SAP Sales Cloud, vorfindet. Das Feedback von Fabian wird entsprechend direkt im Kundenprofil von STABAU auf der passenden **Feedback**-Registerkarte vermerkt. Dementsprechend kann sich Laura Blank beispielsweise auf den nächsten Besuch bei ihrem Kunden besser vorbereiten, da sie auf einen Blick unterschiedliches Feedback der Ansprechpartner einsehen kann.

Zusätzlich geht dieses Feedback in Echtzeit in die Berechnung des Abwanderungs-Scores ein. Dieser hat sich somit gerade verschlechtert: von den initialen 8,4 auf 7,8, aber dies hat aktuell keine weiteren Auswirkungen.

Die Tatsache, dass Fabian auf die Frage, ob er zusätzliche Informationen zum neuen Sy500 haben möchte mit »ja« geantwortet hat, führt dazu, dass er in der SAP Marketing Cloud automatisiert der Zielgruppe **Interessent Sy500** zugeordnet wird. Die Segmentierung für diese dynamische Zielgruppe basiert auf dem ausgespielten Qualtrics Survey. Die Zuordnung zu der Zielgruppe führt dazu, dass automatisiert ein Lead für STABAU mit Fabian Huber als Ansprechpartner in der SAP Sales Cloud angelegt wird. Laura Blank kann in dem Lead sowohl einsehen, wie dieser zustande gekommen ist, als auch, auf welches Produkt er sich bezieht und kann somit direkt mit der Lead-Bearbeitung starten.

Produktbewertung

Die Lead-Bearbeitung war erfolgreich, und STABAU hat in den neuen Sy500 investiert. Laura Blank ist zufrieden, und ihr Gefühl mit STABAU einen langfristigen und zufriedenen Kunden zu haben, hat sich erneut bestätigt. Ihr sind keine negativen Vorfälle bekannt.

SyMachines arbeitet auch mit Qualtrics Surveys, um Produktbewertungen einzuholen. Nach einem festgelegten Zeitrahmen wird aus der SAP Sales Cloud ein E-Mail-Versand an Hanna Hack gestartet, da sie als Hauptansprechpartnerin hinterlegt ist. In der E-Mail befindet sich ein Link zu einer Produktrezension. Da Hanna Hack tatsächlich mit dem neuen Sy500 nicht ausschließlich zufrieden ist, entschließt sie sich, sich die Zeit zu nehmen und diese Umfrage zu beantworten. Für die Produktrezension fragt SyMachines Hanna Hack im ersten Schritt nach ihrem Net Promoter Score bezüglich des Sy500, und im zweiten Schritt gibt es noch die Möglichkeit, in einem Freitextfeld eine Begründung für ihre Bewertung anzugeben. Den Net Promoter Score bewertet sie mit einer 7. Da Hanna Hack in früheren Produktrezensionen immer sehr gute Bewertungen abgegeben hat und die Differenz auffällig ist, wird die 7 durch den Algorithmus noch negativer gewertet. Als Begründung für ihre Bewertung gibt Hanna Hack an, dass sie das Gefühl hat, dass die Qualität nachgelassen habe. Somit verschlechtert sich der Abwanderungs-Score ein weiteres Mal: von 7,8 auf 7,5.

Dieses Feedback fließt einerseits in das Dashboard und die kontinuierliche Auswertung für die Produktentwicklung ein, und andererseits wird sich infolgedessen auch eine Mitarbeiterin aus der Produktentwicklung mit dem Feedback auseinandersetzten und gegebenenfalls Hanna Hack für genauere Informationen direkt kontaktieren.

Da das Produkt-Feedback Teil des Vertriebsprozesses ist, schaut Laura Blank in der SAP Sales Cloud auf der Feedback-Registerkarte von STABAU nach, welche Antworten Hanna Hack hier gegeben hat. Da sie bereits den nächsten Besuch bei STABAU mit Hanna Hack vereinbart hat, macht sie sich für diesen Besuch Notizen, damit über die eher negative Produktrezension gesprochen werden kann. Für eine direkte Eskalation sieht Laura Blank jedoch keinen Grund.

Service – Ticket-Handling

Ein paar Wochen später öffnet Fabian ein Ticket bei SyMachines, da der Bagger eine Fehlermeldung anzeigt und infolgedessen aktuell nicht benutzt werden kann. Da es sich um ein bei SyMachines bisher unbekanntes Problem handelt, dauert es einige Zeit, bis die Serviceabteilung das Problem lösen und das Ticket schließen können. Insgesamt dauert es drei Wochen, bis das Ticket geschlossen werden kann. Direkt, nachdem der Status des Tickets in der SAP Service Cloud auf **geschlossen** gesetzt worden ist, wird aus dem System eine E-Mail an Fabian versendet, die einen Absprung zu einem Qualtrics Survey und die Bitte um Feedback bezüglich des Ticket-Handlings enthält.

Fabian möchte seine Meinung mitteilen. In dem Survey wird er gefragt, wie zufrieden er im Allgemeinen mit dem Ticket-Handling von SyMachines gewesen sei. Er beantwortet die Frage mit **eher unzufrieden**. Im nächsten Schritt wird er gefragt, ob die von SyMachines gelieferte Lösung für sein Problem funktioniert und wie zufrieden er mit der vorgeschlagenen Lösung sei. Fabian gibt an, dass die Lösung zwar wie von SyMachines definiert funktioniere, sie jedoch nicht das sei, was er sich erhofft habe. Die letzte Frage in dem Qualtrics Survey bezieht sich darauf, ob Fabian mit der Zeitspanne der Ticketbearbeitung zufrieden sei. Da Fabian die drei Wochen für keine angemessene Zeitspanne hält, gibt er auch hier an, dass er unzufrieden sei.

Durch diese neu hinzugekommenen X-Daten fällt der Abwanderungs-Score so ab, dass die definierte Grenze von 7 unterschritten wird: von 7,5 auf 6,9 (siehe Abbildung 18.22). Damit bekommt Laura Blank direkt eine Benachrichtigung mit hoher Dringlichkeit. Ihr wurde folgende Aufgabe zugeordnet: »Die Abwanderungswahrscheinlichkeit für den Kunden STABAU ist kritisch. Ausschlaggebend für die letzten Änderungen sind die X-Daten. Entsprechende Maßnahmen müssen eingeleitet werden.«

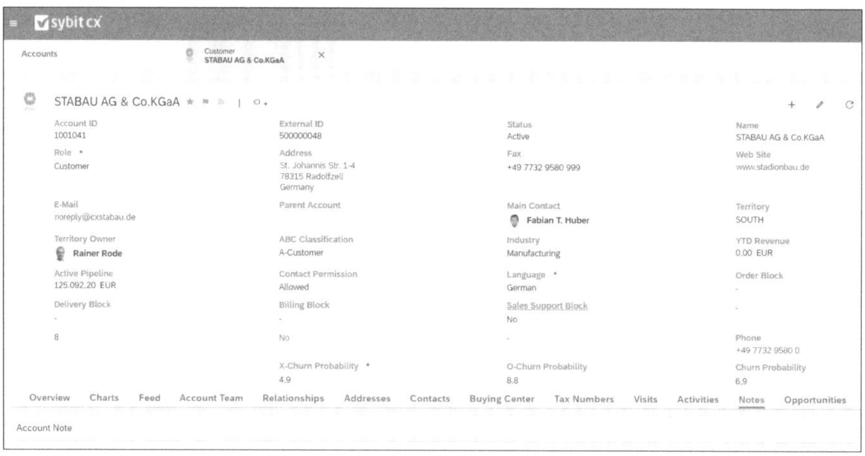

Abbildung 18.22 Churn Score in der SAP Sales Cloud

Laura Blank weiß jetzt Bescheid, dass sie sich das Feedback der STABAU-Ansprechpartner durchlesen muss, um entsprechend entscheiden zu können, welche Strategie zur Erhöhung der Kundenzufriedenheit von STABAU führen kann und mit welchen Ansprechpartnern sie Kontakt aufnehmen muss. Dafür findet sie im ersten Schritt alle relevanten Feedback-Informationen in der SAP Sales Cloud direkt im Kundenprofil der SAP Sales Cloud.

18.4.3 Prozessschaubild

Abbildung 18.23 und Abbildung 18.24 zeigen Ausschnitte aus dem Prozessdiagramm. Die drei Swimlanes unterscheiden hierbei die am Prozess beteiligten Personas. In den beiden linken Swimlanes werden die beiden Kunden abgebildet, die repräsentativ als »Stimme des Kunden« über den Zeitraum hinweg fungieren. In der Mitte findet sich der Vertrieb, der letztendlich über die Gefahr der Abwanderung proaktiv informiert wird und darauf reagiert. Daneben ist das Marketing angesiedelt – als »Lieferant« von operativen Daten und Insights zum Kunden sowie zur Planung, Durchführung und Nachbearbeitung der Messe. In der 2. Swimlane von rechts befindet sich das Experience Management, in dem die Umfragen gestaltet, versendet und ausgewertet werden bzw. die X-Daten zusammenlaufen. Der Service befindet sich ganz rechts im Diagramm, ergänzend als »Empfänger« der Erkenntnisse aus dem Prozess.

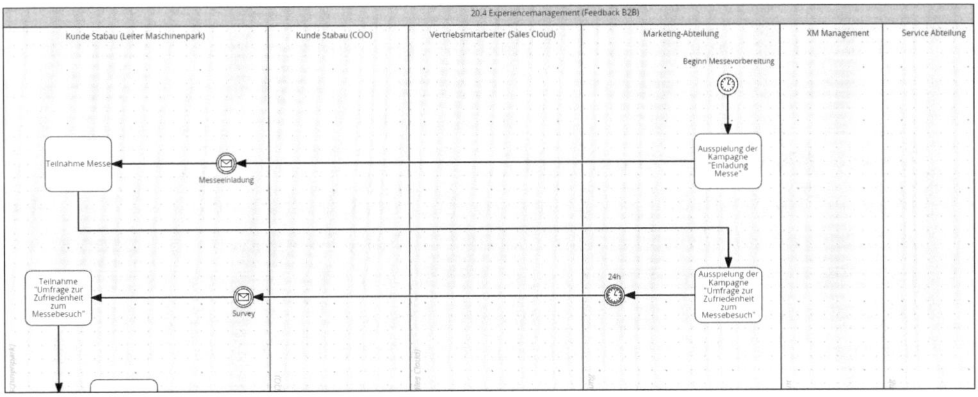

Abbildung 18.23 SIGNAVIO-Prozessdiagramm (BPMN) für den Prozess »Experience Management Predictive B2B« (Ausschnitt 1)

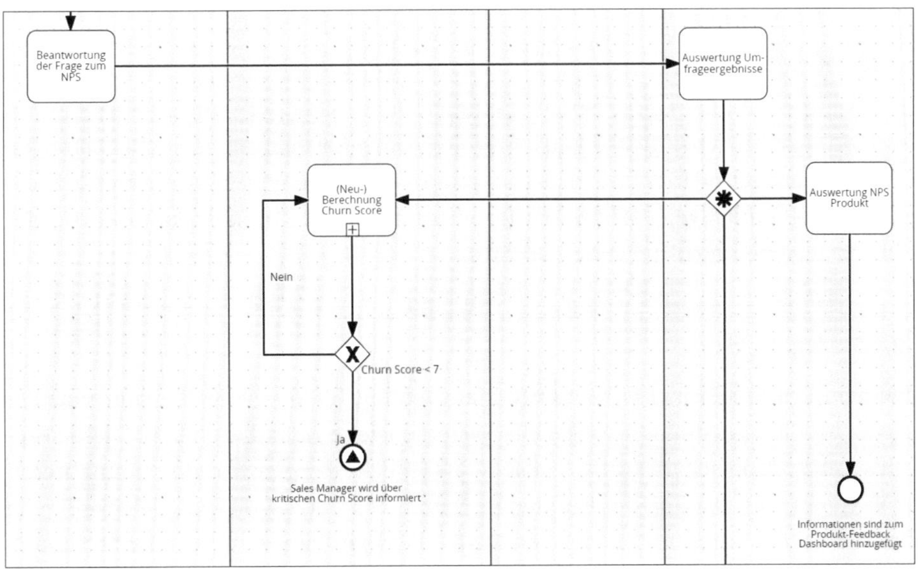

Abbildung 18.24 SIGNAVIO-Prozessdiagramm (BPMN) für den Prozess »Experience Management Predictive B2B« (Ausschnitt 2)

Detaillierte Darstellung des Prozesses

Da der Platz auf einer Buchseite beschränkt ist, können wir Ihnen an dieser Stelle nur Ausschnitte aus dem komplexen Serviceprozess zeigen. Eine Darstellung des gesamten Ablaufs finden Sie unter *www.sap-press.de/5319* im Kasten »Materialien zum Buch«.

18.4.4 Varianten

In diesem Abschnitt werden unterschiedliche Prozessvarianten vorgestellt, die den vielfältigen Serviceprozess noch flexibler gestalten und vor allem auf zukünftige Digitalisierungsfunktionen setzen.

Marketing Automation Churn Score

In dieser Prozessvariante gehen wir an das Ende der User Story, an dem die Vertriebsmitarbeiterin den Hinweis auf einen kritischen Churn Score bei einem Topkunden erhält und anschließend aktiv wird. Eine Variante wäre, dass die Aktivität auf Basis des schlechteren Wertes nicht aktiv durch jemanden aus dem Vertrieb erfolgt, sondern automatisch vom System (z. B. SAP Marketing Cloud oder SAP Emarsys Customer Engagement) vorgenommen wird. Diese Variante empfiehlt sich gerade bei weniger exklusiven Kunden bzw. im Kontext, B2C realistischer umzusetzen, wo deutlich mehr Dynamik im Prozess gegeben ist und insgesamt deutlich mehr Kunden betroffen sein können.

Andere KPIs/Score

Eine weitere Variante ist die Nutzung eines anderen KPI oder Scores. Neben der Abwanderungswahrscheinlichkeit aus unserem Churn-Beispiel können beliebig Indikatoren aufgebaut und für den Prozess adaptiert werden. Gängige Scores wären z. B. die Kaufwahrscheinlichkeit, Affinitäten (Produkt und/oder Kommunikationsart) oder einfach allgemeine Zufriedenheits-Scores.

18.4.5 Architektur

Die dem Prozessbeispiel »Experience Management (Predictive B2B)« zugrunde liegende Architektur umfasst zahlreiche Systeme (siehe Abbildung 18.25). Diese komplexe Integration schafft Vorteile, da so tatsächlich übergreifend und an mehreren Touchpoints die Stimme des Kunden (X-Daten) eingeholt wird und gleichzeitig die flexible Kombination mit operativen Daten die Transparenz zur Kundenbeziehung erhöht. Ein Feedback-Management für Endkunden mit Qualtrics kann natürlich auch weniger komplex implementiert und gegebenenfalls stufenweise ausgebaut werden.

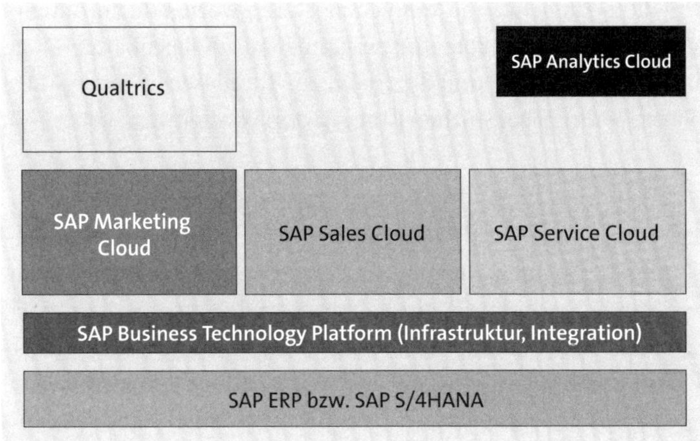

Abbildung 18.25 CX-Bausteine für den Prozess »Experience Management Predictive B2B«

Zentrale Funktionen übernehmen zum einen das XM-System (Qualtrics), in dem der Content zum Einholen von Feedback erstellt wird und Rückflüsse einfließen, analysiert und aufbereitet werden, und zum anderen die SAP Sales Cloud, in der neben der Information aus Qualtrics (X-Score), eben auch O-Daten zusammenlaufen und zu einem O-Score bzw. ganzheitlichen Churn Score aggregiert werden.

18.4.6 Best Practices

Die Auswertung der relevanten KPIs hängt sehr stark von der Zielsetzung ab. Zudem gilt es zu bestimmen, welche Maßnahmen bei bestimmten Schwellwerten getroffen werden sollen. Im Folgenden stellen wir Ihnen zwei Best Practices vor, die Ihnen bei dieser Entscheidung helfen können.

Zielsetzung und stufenweise Optimierung

Bei dem Einsatz von Qualtrics in Verbindung mit CX-Bausteinen empfiehlt es sich, immer zunächst zu identifizieren, welches das primäre Ziel ist, also was »gemessen« werden soll bzw. von welchen Kunden zu was Feedback ermittelt werden soll. Im nächsten Schritt sollten Sie Folgemaßnahmen oder Konsequenzen aus den Erkenntnissen definieren – unabhängig davon, ob es mittel- bis langfristige Maßnahmen mit gegebenenfalls organisatorischen Auswirkungen, prozessuale Anpassungen oder direkte Aktivitäten (trigger-based, automatisch, manuell) sind. Erst dann ist zu prüfen, welche Daten bereits vorhanden, welche noch aufzubereiten bzw. welche zu importieren oder zu ermitteln sind. Bei der Definition sogenannter Scores und der sukzessiven Optimierung mittels »trainierter« Algorithmen geht schnell der Fokus verloren (siehe Punkt unten), und einmal getätigte Datenfehler oder falsche Annahmen werden im Laufe der Zeit »mitgeschleift« und führen zu einem nach und nach verfälschten Ergebnis. Deshalb gilt es zunächst, mit einfachen [Daten]werten zu starten, im nächsten Schritte KPIs daraus zu entwickeln und bei genügend vergleichbaren Daten, darauf aufsetzend, die Scores zu bilden und dies dann zu »trainieren«. Regelmäßige Reviews und Audits verstehen sich bei solchen Konstrukten von selbst.

Klasse statt Masse

Wie in vielen Digitalisierungsvorhaben sind auch beim Thema Experience Management die damit verbundenen Technologien und Prozesse mitunter Neuland für Unternehmen. Deshalb sollten Sie es auch hier am Anfang einfach halten und erst nach ersten Erfahrungen die damit verbunden Abläufe skalieren und gegebenenfalls erweitern. Gerade bei einem prädiktiven Ansatz, bei dem Bewertungen von Interaktionen über einen längeren Zeitraum erfolgen sollen, bedarf es erst einer gewissen Laufzeit sowie einer sukzessiven Erweiterung und Anpassung, bis ein solcher Prozess stabil und erfolgreich läuft.

Wichtig ist auch, nicht zu viele KPIs oder Scores am Anfang zu definieren, sondern schrittweise zu validieren, ob diese tatsächlich Erkenntnisgewinne liefern – und wenn ja, ob eine Ableitung von Maßnahmen (wenn möglich automatisiert und standardisiert) möglich ist.

18.5 Experience Management (Feedback B2C)

Im folgenden Szenario steht das klassische Experience Management im B2C-Umfeld im Fokus. Wir zeigen Ihnen auf, welche Chancen sich für Unternehmen ergeben, wenn das Feedback der Kunden mit unterschiedlichen Bereichen verbunden wird.

18.5.1 Personas

Persona 1/Kunde

Name: Paolo Male

Rolle: VoC/Privatkunde

Steckbrief: Paolo Male legt Wert auf exklusive und qualitative Möbel. Er sucht nach individuellen Lösungen. Der erster Kauf erfolgt bei der DEMO AG. In den Sales- und Marketingsystemen der DEMO AG wird sein Profil als A/B-Kunde mit hohem Ausbaupotenzial gewertet.

Persona 2/Service Agent

Name: Steve Jung

Unternehmen: DEMO Design AG

Rolle: Service Agent

Abteilung: Call-Center-Kundenservice – Privatkunden

Persona 3/Unternehmen

Name: Unternehmen: DEMO Design AG

Steckbrief: Die DEMO Design AG steht seit 30 Jahren für beste Manufakturqualität, eine hohe Funktionalität und die Leidenschaft für schöne Materialien. Dabei bietet sie ein Höchstmaß an Flexibilität und ermöglicht zudem vielfältige Sonderwünsche. Seit Beginn 2020 bietet die DEMO Design AG in ihrem Online-Shop neben klassischen Funktionen auch die Visualisierung (3D) von ausgewählten Produktreihen an. Mithilfe einer zum Download angebotenen App können Kunden mittels Augmented Reality die Möbelstücke virtuell in ihrem Zuhause platzieren. Wer einen maßgefertigten Schrank bestellt, muss bis zu sechs Wochen warten.

Persona 4/XM Manager

Name: Selma Bose

Unternehmen: DEMO Design AG

Rolle: Experience Managerin

Abteilung: XM

Persona 5/Produktdesigner

Name: Richard Mehldorf

Unternehmen: DEMO Design AG

Rolle: Ingenieur

Abteilung: Produktdesign

18.5.2 User Story: Paolo Male und die Strategie, sein Kunden-Feedback optimal zu nutzen

Paolo Male sucht nach einem hochwertigen Kleiderschrank mit flexibler Innenaufteilung und Schiebetüren. Er legt großen Wert auf Qualität und vor allem auf exklusives Design. Preislich ist er nicht festgelegt. Die DEMO Design AG ist ihm ein Begriff aus diversen Fachmagazinen, in denen deren Produkte regelmäßig vorgestellt bzw. beworben werden.

Heute sucht er dort gezielt im Online-Shop nach einem Kleiderschrank und wird Dank der übersichtlichen und gut zu bedienenden Seite schnell fündig. Er entscheidet sich für das Modell »Klax mit Schiebetüren aus Glas« in individuellem Maß. Beim Check-out wird er aktiv auf den Montageservice hingewiesen. Er ist bereit, die dafür anfallenden Kosten in Höhe von 80 EUR zu investieren, zumal der Termin flexibel angegeben werden kann und der Versand kostenlos ist.

Er erhält direkt nach dem Kaufabschluss eine Bestell- und 30 Minuten später die *Lieferterminbestätigung*.

Der *Serviceauftrag* wird von Steve Jung bei der DEMO Design AG angelegt. Im Anschluss wird der Montageeinsatz von ihm eingeplant und der Termin per E-Mail an Paolo Male bestätigt. Nach Abschluss des Montageeinsatzes meldet der zuständige Fahrer Zeiten und Status zurück. Der Status im Serviceauftrag ändert sich. Der neue Status im Auftrag ist der Auslöser für das Versenden der E-Mail mit dem Feedback-Bogen (siehe Abbildung 18.26). Diese E-Mail wird automatisch verschickt.

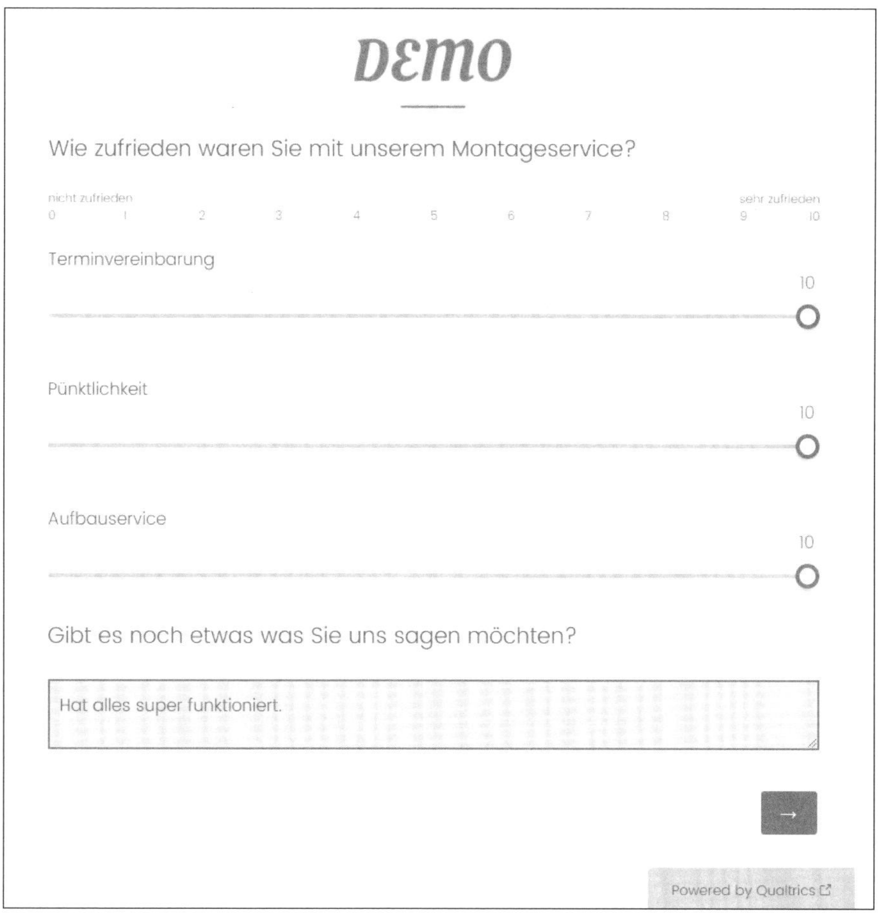

Abbildung 18.26 Survey zur Zufriedenheit mit dem Aufbauservice

Selma Bose ist seit gut zwei Jahren bei der DEMO Design AG beschäftigt und treibende Kraft beim Aufbau der Experience-Management-Prozesse. Ihr Fokus liegt auf der Servicequalität, aber auch auf der Identifikation von Optimierungspotenzial bei Produkten und Online-Shop. Große Herausforderung ist die Verzahnung in die betrieblichen Abläufe der DEMO Design AG und das Aufzeigen von Trends. Mit ihrem Team hat sie bereits einige Dashboards aufgebaut und zudem Automatismen etabliert, die sowohl beim Kauf als auch bei den Serviceleistungen greifen.

Paolo Male erhält darum, kurz nachdem das Team des Aufbauservice sein Haus verlassen, hat eine E-Mail mit einem Survey. Und da er sehr zufrieden mit Terminvereinbarung, Pünktlichkeit und Aufbauservice war, gibt er sehr positives Feedback. Das Feedback geht direkt in die Berechnungen im Qualtrics-System ein und wird zudem im Kundenprofil von Paolo Male in der SAP Customer Data Cloud hinterlegt. Die konkreten Antworten sind, ebenso wie die Informationen zum Serviceauftrag, als Segmentierungskriterien für das Marketing verfügbar (siehe Abbildung 18.27).

Nach sechs Wochen erhält Paolo Male automatisch eine SMS mit der Bitte, doch eine Produktrezension zum »Klax« abzugeben. Paolo Male hat einen sehr anstrengenden Tag hinter sich, und da die Aufhängung der rechten Glastür schon seit geraumer Zeit ruckelt und die Türe sich nicht mehr voll nach rechts ziehen lässt, bewertet er den Schrank eher schlecht mit einem durchschnittlichen Wert von 3,4 Punkten (Maximum sind 6 Punkte).

Die *Produktrezension* geht in die Berechnungen des Qualtrics-Systems ein. Im Profil von Paolo Male wird der Zufriedenheits-Score automatisch nach unten korrigiert. Einzelne Begriffe in der Rezension sind »getaggt« im System, und die Sentimentanalyse (Algorithmus) ermittelt so einen Score, der direkt einen Alert für das Serviceteam »Endkunde« auslöst.

Im Kundenservice wird nun geprüft, ob Maßnahmen notwendig, und wenn ja, welche geplant sind. Steve Jung entscheidet sich dazu, die Option **Offering** zu wählen. Hierbei werden Paolo Male in einer E-Mail als Wiedergutmachung zwei kostenlose Ausgaben (als E-Paper) des aktuellen Möbel-Art-Magazins angeboten. Gleichzeitig wird er gebeten, seine *Produktrezension* zu vervollständigen oder zu überarbeiten.

Paolo Male sieht die E-Mail und freut sich über das kostenloses E-Paper, vor allem über die Tatsache, dass es keine »Haken« bezüglich Kündigung oder Abonnement gibt. Er aktiviert das Offering und erhält den Code zum Download der beiden kostenlosen Ausgaben. Er klickt anschließend auf den Link zu seiner Rezension und vervollständigt seine Bewertung (er hatte die Fragen zu Design und Service übersprungen). Seine ursprüngliche Einschätzung zur Qualität korrigiert er leicht nach unten, da sich das Problem mit der Aufhängung leicht beheben ließ. Am Ende bewertet er das Produkt mit allen Facetten im Schnitt mit 4,7 Punkten (von max. 6 Punkten). Die geänderte Bewertung wird automatisch beim Net Promoter Score und anderen Berechnungen in Qualtrics berücksichtigt.

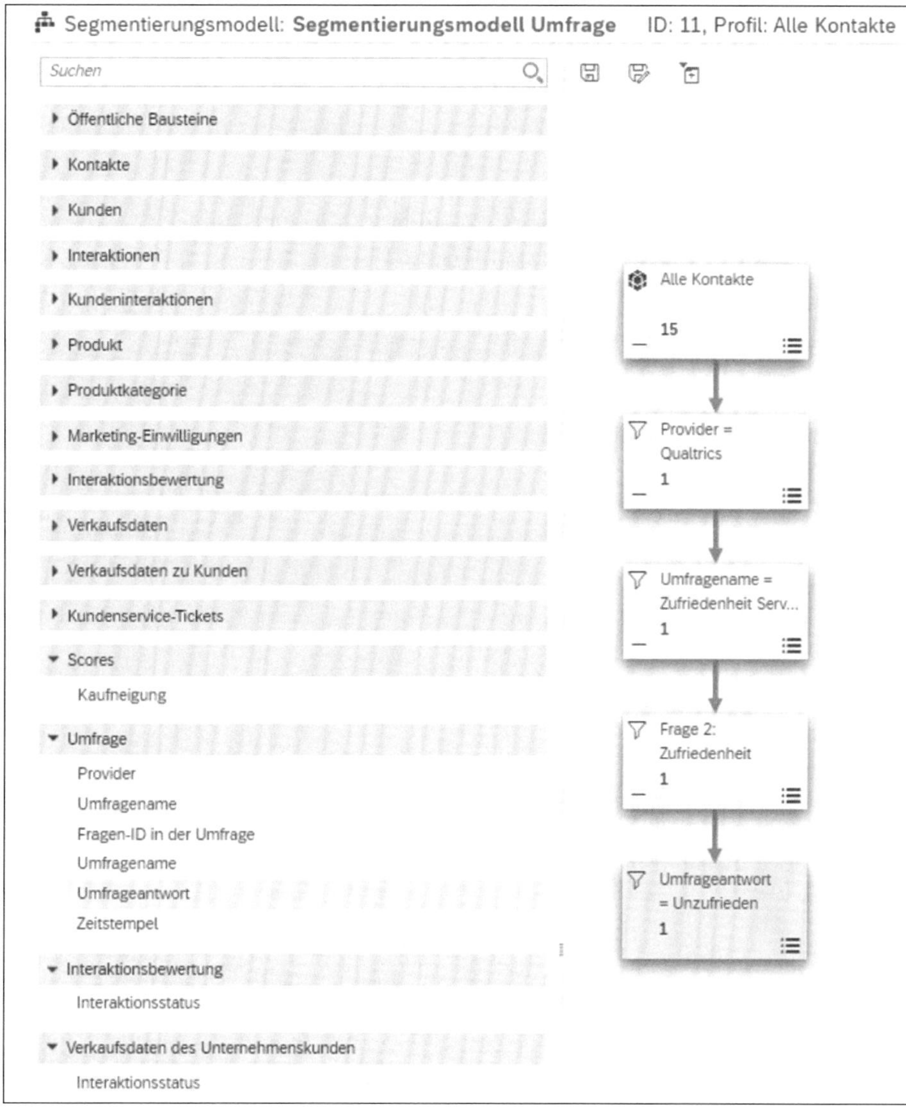

Abbildung 18.27 Segmentierung anhand von XM-Umfragewerten zur Servicezufriedenheit in der SAP Marketing Cloud

In der monatlichen Runde zwischen dem XM-Team um Selma Bose und der Produktentwicklung kommt das Thema der Aufhängung der Glastüren zur Sprache. In den Dashboards, die Selma Bose dabei Richard Mehldorf von der Produktentwicklung präsentiert, lässt sich eine direkte Korrelation zwischen genau dieser vermeintlichen »Schwäche« am Produkt und der Kundenzufriedenheit ableiten. Dass Größe und Gewicht bei den großen Kleiderschränken ein Problem sind, wissen die Verantwortlichen in der Produktabteilung. Die Auswertungen von Selma Bose nimmt Richard

Mehldorf aber nun zum Anlass, um die Optimierung der Aufhängungskonstruktion in seiner Abteilung nochmals zu priorisieren.

18.5.3 Prozessschaubild

Abbildung 18.28 und Abbildung 18.29 zeigen Ausschnitte aus dem Prozessdiagramm. In der linken Swimlane wird der Prozessfluss des Kunden abgebildet. Dieser bewegt sich im Shop und interagiert mit seinem Mobile Device, auf dem er per E-Mail oder SMS kontaktiert wird.

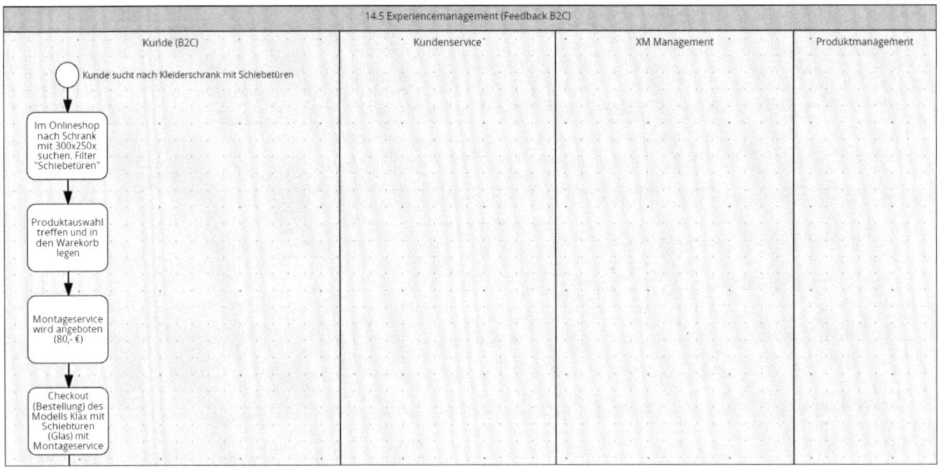

Abbildung 18.28 SIGNAVIO-Prozessdiagramm (BPMN) für das Experience-Management-B2C-Feedback (Ausschnitt 1)

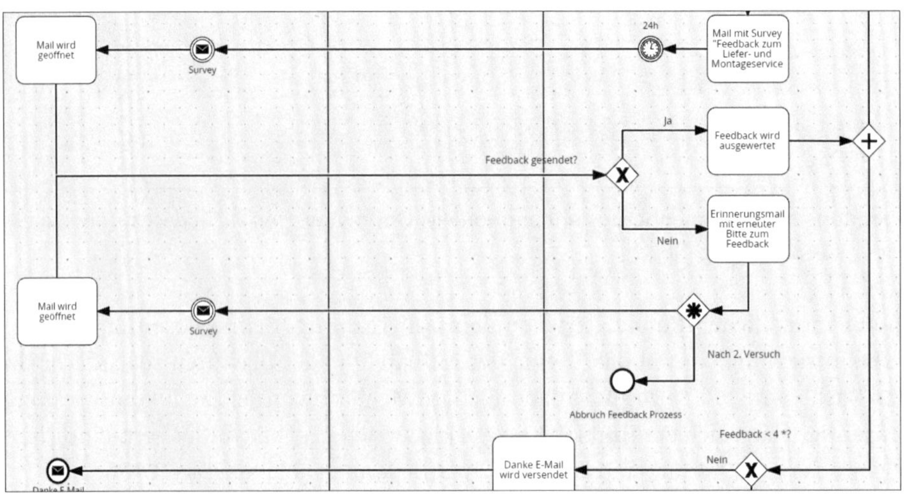

Abbildung 18.29 SIGNAVIO-Prozessdiagramm (BPMN) für das Experience-Management-B2C-Feedback (Ausschnitt 2)

Detaillierte Darstellung des Prozesses

Da der Platz auf einer Buchseite beschränkt ist, können wir Ihnen an dieser Stelle nur Ausschnitte aus dem komplexen Serviceprozess zeigen. Eine Darstellung des gesamten Ablaufs finden Sie unter *www.sap-press.de/5319* im Kasten »Materialien zum Buch«.

Die mittlere Swimlane repräsentiert Qualtrics bzw. die damit verbundenen Prozesse. Klar ist, dass die direkten Prozessaktivitäten hier nicht durch eine oder mehrere Personen erfolgen, sondern automatisiert durch entsprechende Trigger oder Prozessschritte in Qualtrics. Basis dafür ist die passende Konfiguration (Net Promoter Scores, Sentimentanalysen, Trendreport, Produkt-Dashboard usw.), die Aufbereitung von Content (im Beispiel der Survey) und die Integration in die Service- und SAP Marketing Cloud. Die rechte Swimlane repräsentiert das Produktmanagement der DEMO Design AG, bei der Produktrezensionen ebenso berücksichtigt und ausgewertet werden wie in Qualtrics.

18.5.4 Varianten

Im Folgenden werden unterschiedliche Prozessvarianten vorgestellt, die den vielfältigen Serviceprozess noch flexibler gestalten und vor allem auf zukünftige Digitalisierungsfunktionen setzen.

Beschwerde (O-Daten) vs. Rezension (X-Daten)

Eine Prozessvariante wäre, dass die Unzufriedenheit des Kunden über die Qualität des Schrankes (rechte Tür defekt) nicht explizit per Abfrage (Produktrezension) ermittelt wird, sondern proaktiv durch den Kunden als Beschwerde an den Kundenservice geht. Dies ist ein gutes Beispiel dazu, wie X-Daten und O-Daten unterschiedliche Eindrücke vermitteln. Ohne die Bitte um Feedback zum Produkt wäre die Wahrnehmung der Kundenzufriedenheit und somit die Customer Experience durchweg aus Sicht der DEMO Design AG positiv, da es sich bei Paolo Male um einen neuen Kunden mit Potenzial handelt, der ein teures exklusives Produkt erworben hat. Dabei sind keinerlei Beanstandungen seinerseits zu verzeichnen, und er hat zudem sehr gutes Feedback zum Service gegeben. Erst durch die Rezension (X-Daten) ergibt sich ein anderes Bild und bietet der DEMO Design AG die Option zu reagieren und möglichst zu korrigierend einzugreifen.

Reaktion auf positives Feedback

Im Alltag wird positives Feedback hingenommen und als Erfolg verbucht. Dem zuvor beschriebenen Prozess entsprechend, hätte man auch das positive Feedback von dem

Kunden zum Anlass nehmen können, um Aktionen oder Maßnahmen zu tätigen. So wäre es denkbar, dass dem Kunden als Dank ebenfalls ein oder das gleiche Offering unterbreitet wird oder die positive Rückmeldung als Auslöser zu nehmen, um den Kunden anders, über einfaches Kunden-Scoring hinausgehend einzustufen. Es geht also nicht darum, direkt gegenüber dem Kunden aktiv zu werden, sondern sein Verhalten in zukünftigen Kampagnen (Mailings, Content usw.) oder Aktionen (Promotions, Events usw.) zu berücksichtigen.

Ersatzteil oder Reparatur anbieten

Eine mögliche Variante wäre, anstelle des Fachmagazins einen kostenlosen Service oder die Versendung eines Ersatzteils anzubieten. Was die richtige Maßnahme auf unzufriedenes Kundenverhalten ist, ist auch immer die Frage der Verhältnismäßigkeit und des Produkts oder Use Case. In unserem Beispiel erscheint es unrealistisch, wegen einer defekten Aufhängung den Kundenservice vor Ort zu schicken. Das Ersatzteil zu versenden, wäre eine Option, könnte in unserem Beispiel jedoch eventuell keinen Effekt auf die Zufriedenheit haben oder gar nur zu noch mehr Frust führen, da das Teil selbst verbaut werden soll.

18.5.5 Architektur

Die dem Prozessbeispiel »Experience Management (B2C Feedback)« zugrunde liegende Architektur umfasst zahlreiche Systeme (siehe Abbildung 18.30). Diese komplexe Integration schafft Vorteile, da so tatsächlich übergreifend und an mehreren Touchpoints die Stimme des Kunden (X-Data) eingeholt wird und gleichzeitig die flexible Kombination mit operativen Daten die Transparenz zur Kundenbeziehung erhöht. Ein Feedback-Management für Endkunden mit Qualtrics kann natürlich auch weniger komplex implementiert und gegebenenfalls stufenwiese ausgebaut werden.

Zentrale Funktion übernimmt das XM-System (Qualtrics), in dem der Content zum Einholen von Feedback erstellt wird und in das Rückflüsse eingehen, die analysiert und aufbereitet werden. Die SAP Customer Data Cloud ist in unserem Beispiel der Ort, an dem das Kundeprofil und beispielsweise die Opt-ins liegen.

Die SAP Marketing Cloud fungiert als Kampagnensystem mit entsprechenden Merkmalen, Attributen und Antworten im Kundenprofil. Diese können somit auch als Segmentierungskriterien genutzt werden, um Segmente und letztlich die Zielgruppe für Folgeprozesse zu bilden. Die SAP Commerce Cloud repräsentiert in unserem Beispiel die Plattform, die auf der Shop- und Website der DEMO Design AG betrieben wird, während SAP BTP als Integrationsplattform dient.

SAP S/4HANA bzw. SAP ERP stellt Stammdaten zur Verfügung und dient als Ort des Order Placements bzw. der Abwicklung von Auftrag und Disposition.

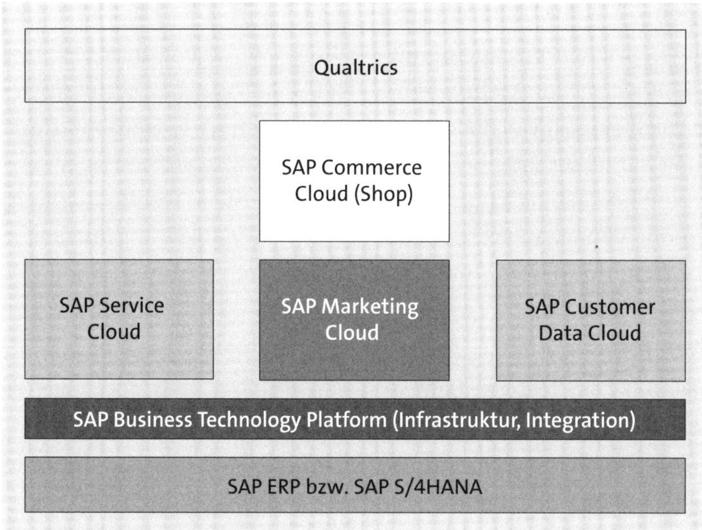

Abbildung 18.30 Architekturübersicht

18.5.6 Best Practices

Use Case vor Technologie

Im Kontext von Experience Management mit CX-Prozessen sind Use Cases, die direkten Mehrwert für das eigene Geschäftsmodell bieten, nicht immer einfach zu definieren. Teilweise fehlt auch der Ansatz, was mit gegebenenfalls guten Erkenntnissen über die Meinung des/der Kunden (VoC) nun anzufangen ist. Hier empfiehlt es sich, bei der Konzeption zunächst, losgelöst von Architektur oder Systemen, den Prozess zu definieren und im Nachgang erst mögliche Umsetzungsszenarien in den Systemen zu designen.

Hierzu bietet es sich an, gegebenenfalls Templates zu nutzen, in denen die Eckdaten, Touchpoints, Rollen und Vor-Follow-ups beschrieben werden. Wichtig ist es auch immer, den Inner und Outer Cycle zu berücksichtigen (siehe Kapitel 5, »Experience Management mit Qualtrics«).

Keep it simple

Wie in vielen Digitalisierungsvorhaben sind auch beim Thema Experience Management die damit verbunden Technologien und Prozesse mitunter Neuland für Ihr Unternehmen. Deshalb empfiehlt sich auch hier das Motto »am Anfang einfach halten« und die Skalierung und Komplexität erst nach ersten Erfahrungen und der Etablierung der damit verbunden Abläufe einzubringen.

Aktionismus vermeiden

Nicht alles, was nach Experience Management oder Customer Experience Management aussieht, schafft Ihnen reellen Mehrwert oder ist für Ihr Vorhaben sinnvoll. Gerade wenn einzelnen Feedbacks zu viel Bedeutung beigemessen wird, droht man, den Fokus zu verlieren oder gar fehlerhafte Schlussfolgerungen zu ziehen. Ein oder zwei schlechte Feedbacks sind noch kein Grund zu Panik. Wichtig ist es, Trends zu erkennen und zu identifizieren, von wem (Persona) das schlechte Feedback kommt, sowie die Frage zu beantworten, ob Maßnahmen zur Korrektur oder zum Stoppen des Trends eingeleitet werden können.

Gleiches gilt, wenn zu früh Rückschlüsse gezogen werden. Ein realistisches Bild ergibt sich oftmals erst nach einer gewissen Anlaufzeit und vor allem, wenn eine gewisse Anzahl an Feedbacks – möglichst über mehrere Touchpoints hinweg – analysiert worden sind. Eine 1:1-Korrelation von Feedback zu Maßnahme oder Aktion birgt das Risiko des Aktionismus. Nur wenn der Use Case klar ist und die Maßnahme auf ein bestimmtes Muster folgt und einen gewissen Standard beinhaltet, sind direkte Reaktionen auf Feedbacks sinnvoll. In unserem Beispielprozess ist klar definiert, dass bei gewissen Konstellationen aus der Kundenklassifizierung (B-Kunde mit Potenzial), Produktreihe (Premium) und Form des Feedbacks (negative Produktrezension) ein Katalog von Maßnahmen (kostenloses E-Paper) zur Verfügung steht.

TEIL IV

Ausgewählte Projektbeispiele

»Grau is' im Leben alle Theorie – aber entscheidend is' auf'm Platz«, sagte schon Alfred Preißler. Dies gilt auch für die Implementierung von CX-Projekten: Ihre Strategie ist beschlossen, die Ziele sind formuliert und Ihre Technologie ist lizenziert? Jetzt müssen Prozesse definiert, Funktionen spezifiziert und anschließend implementiert werden. Wie das aussehen kann, wie sich Projekte dabei unterscheiden können, wie man unterschiedlichen Herausforderungen begegnet und welche Rolle Ausgangssituation und Zielvorgaben spielen, erfahren Sie in diesem Teil IV. Anhand ausgewählter echter Projektbeispiele, die alle auf Basis der agilen Projektmethodik realisiert wurden, wird jeweils ein anderer Schwerpunkt in den Vordergrund gestellt.

Kapitel 19
Kundenszenario 1: CX als Innovationsfaktor im Maschinenbau

Wie Sie Globalisierung und digitale Transformation nicht als Bedrohung der eigenen Märkte sehen, sondern als Option für Innovation und Wachstum nutzen können, zeigt das folgende Kundenszenario. Auch für den klassischen Maschinenbau ist die strategische Ausrichtung auf Customer Experience ein Schlüssel zum erfolgreichen Wandel im digitalen Zeitalter. Wie der Weg dahin ausgesehen hat und welche neuen Geschäftsmodelle dadurch erst möglich wurden, erfahren Sie in diesem Kapitel.

Dieses Kapitel stellt ein Kundenszenario aus der Maschinenbaubranche vor. Es beschreibt den Weg eines traditionellen Maschinenbauers durch die *digitale Transformation* hin zu einem kundenorientierten Unternehmen, das neue Geschäftsmodelle durch die digitalen Services der CX-Plattform realisiert. Ziel dieses Unternehmens ist es, ein ganzheitliches Kundenerlebnis – vom Kundenportal und der Maschinenverwaltung über den modernen Webshop bis hin zu effizienten und transparenten Prozessen in Vertrieb und Service zu generieren. Die CX-Plattform ist hier maßgeblicher, wettbewerbsdifferenzierender Innovationsfaktor und Treiber der digitalen Transformation.

Das Kapitel ist in drei Abschnitte gegliedert. Zunächst werden wir uns das Unternehmen in diesem Szenario näher anschauen und dessen Herausforderungen aufzeigen. Darauf aufbauend, schauen wir uns an, wie das Projekt mit welchem Ergebnis realisiert wird. Abschließend fassen wir das Kundenszenario in einem Fazit zusammen und geben einen Ausblick.

19.1 CX-Plattform als Vorteil im globalen Markt

Das folgende Kundenszenario zeigt eine smarte Umsetzungsvariante auf, in der der CX-Gedanke hervorragend gelebt und in allen kundenzentrierten Geschäftsprozessen des Unternehmens integriert ist. Bei dem SAP-Kunden, der im Folgenden der Einfachheit halber *SyMachines* genannt wird, handelt es sich um ein global agierendes

Unternehmen aus der Maschinenbaubranche. Wie in der Branche typisch, muss der Vertrieb von SyMachines möglichst gezielt Lösungen für die Produktionsanforderungen seiner Kunden anbieten. Kundenbeziehungen sind für den Vertrieb von essenzieller Bedeutung. Im Maschinenbau geht es nicht um ein kleinteiliges Massengeschäft, sondern um umfangreiche Investitionen in neue Maschinen. Vertrauen und eine klare Nutzenargumentation sind dafür Voraussetzung. Ebenfalls branchentypisch ist der hohe Stellenwert des Service. Neben regelmäßigen Wartungen der Maschinen muss schnell auf Maschinenstillstände durch einen Fernzugriff oder durch das Team der Servicetechnik reagiert werden.

Im Maschinenbau wird zudem ein beunruhigender Trend immer stärker erkennbar: Aufgrund der Globalisierung von Technologien und Märkten kann der »klassische Maschinenbau« der global agierenden Konkurrenz trotz hoher Qualität nicht mehr standhalten. Optimierungsprojekte zur Digitalisierung der internen Geschäftsprozesse stellen häufig auf die Effizienzsteigerung der Produktion ab. Dies senkt zwar die Betriebskosten und sorgt für schnellere Abläufe, kann jedoch erfahrungsgemäß nicht als entscheidender Erfolgsfaktor gewertet werden.

Auch die Firma SyMachines hat sich im Rahmen ihrer Strategieentwicklung die Frage nach der Zukunftsfähigkeit gestellt und sich für eine klare Ausrichtung auf die Customer Experience zur Abgrenzung gegenüber der Konkurrenz entschieden. Ziel ist es, durch innovative Services ein digitales Kundenerlebnis zu schaffen. Die digitalen Services sollen auf einer zentralen Kundenplattform bereitgestellt werden und im Vertrieb als Erfolgsfaktor gegenüber den Wettbewerbern platziert werden. Zudem möchte SyMachines die digitalen Services so aufbauen, dass sie monetarisiert werden können und somit wirtschaftliche Potenziale über den klassischen Maschinenverkauf hinaus realisierbar werden.

Um diese Ziele zu erreichen, bedarf es einer Neuausrichtung der IT-Systemlandschaft sowie diverser Geschäftsprozesse bei SyMachines. Eine Ist-Prozessanalyse identifiziert über 30 heterogen verteilte und oftmals veraltete IT-Systeme, die zu diesem Zeitpunkt für die kundenzentrierten Prozesse in Vertrieb und Service eingesetzt werden. Es gilt somit, diese prozessseitig zu konsolidieren und eine integrierte, moderne und flexible Plattform für den Vertrieb, den Service sowie für die Kunden als Einheit zu gestalten. Im Rahmen der Systemauswahl fällt die Entscheidung auf die Lösungen des SAP-Customer-Experience-Portfolios, die den Experten und den Entwicklerinnen bei SyMachines eine schnelle Abbildung und Konzeption des Zielbildes ermöglichen.

Dabei gilt es, den Mitarbeiterinnen und Mitarbeitern in Vertrieb und Service ein effizientes Arbeiten bei transparenter Informationsbereitstellung zu garantieren. Die Kunden sollen mit einer einzigen digitalen Plattform alle Informationen und Services erhalten, die sie benötigen, um sich über die Produkte zu informieren, sie zu beschaffen sowie ihre Maschinen zu warten und instand zu halten.

Um zukünftig transparent und effizient arbeiten zu können, müssen alle Kundenprozesse genau analysiert sowie transparent und digital abgebildet werden. Neben den internen vertrieblichen Anforderungen, wie etwa dem Lead-, Opportunity- und Angebotsmanagement, sowie serviceorientierten Funktionen, wie z. B. dem Serviceticket-Management, steht vor allem die Zusammenführung aller Informationen auf der Plattform im Vordergrund.

Aus diesen Vorgaben wird deutlich, welche Lösungen aus den SAP-Customer Experience-Portfolios implementiert werden sollten (siehe Abbildung 19.1):

- Die SAP Commerce Cloud wird zur Ablösung des Webshops für Ersatzteile und als technologische Basis für das Kundenportal zur Maschinen- und Serviceverwaltung genutzt.
- Die SAP Sales Cloud gewährleistet dem Vertrieb die notwendige Transparenz auf seine Kundenbeziehungen und Geschäftschancen und unterstützt proaktiv im Vertriebsprozess. Dazu zählt auch, dass der Vertrieb Einsicht auf die Servicetickets erhält, um somit seine Kunden ganzheitlich betreuen zu können.
- Die SAP Service Cloud dient dem Customer Service als Ticketmanagement-Tool zur Interaktion mit den Kunden sowie der übergreifenden Koordination der Serviceauftragsabwicklung. Ziel ist es, die Serviceanfragen effizient zu dokumentieren, zu kategorisieren und an das richtige Serviceteam zu verteilen, um dem Kunden möglichst schnell eine Lösung anbieten zu können.
- Die SAP Business Technology Platform (SAP BTP) ist die zentrale Integrationsplattform für die einzelnen Lösungen, das SAP-ERP-Backend sowie Fremdsysteme.
- Das SAP Asset Intelligence Network wird zur Anbindung der Maschinen an das Kundenportal zur Maschinenverwaltung eingesetzt.

19

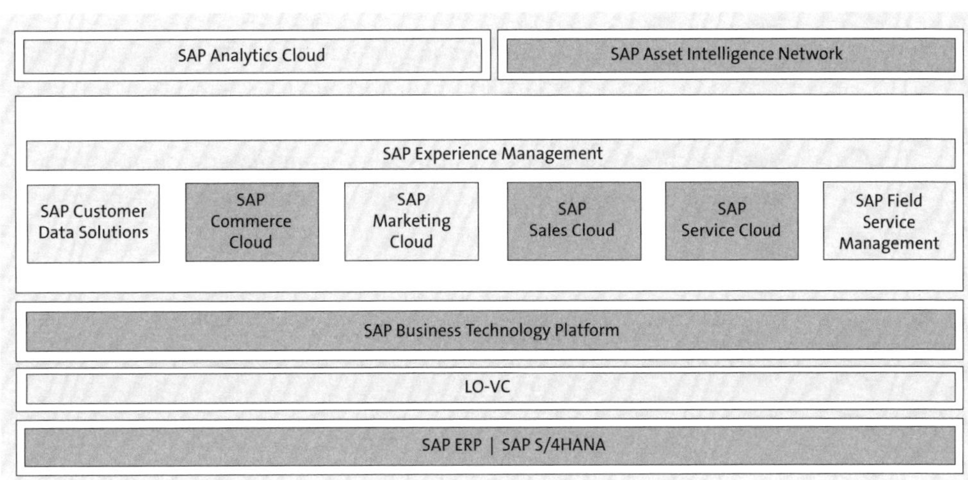

Abbildung 19.1 CX-Architektur des Kundenszenarios 1: Maschinenbau

Durch eine enge Anbindung an das SAP-ERP-System sollen die Stamm- und Bewegungsdaten übergreifend zur Verfügung gestellt werden. Im Webshop gilt es, umfangreiche Suchfunktionen, Zugriff auf Ersatzteile und Stücklisten, inklusive Verfügbarkeiten und Preisen sowie die digitale Maschinenverwaltung zu ermöglichen.

19.2 Implementierung einer globalen CX-Plattform in mehreren Teilprojekten

Die konkrete Realisierung beginnt zunächst auf der strategischen Ebene. Zum einen müssen die konkreten Teilprojekte identifiziert und beschrieben werden. Zum anderen können die übergreifenden CX-Prozesse mit den Expert*innen aus Vertrieb, Service und IT über Soll-Prozessdefinitionen definiert werden. All dies erfolgt unter der Bemühung, ein bestmögliches Kundenerlebnis mit SyMachines über alle Customer Touchpoints hinweg zu generieren. Diese erste Phase der Vorsortierung liefert bereits eine grobe Systemarchitektur sowie technische und prozessseitige Voraussetzungen und Abhängigkeiten, auf die in den Implementierungsprojekten geachtet werden muss.

19.2.1 Projektorganisation und Vorgehen

Es werden zwei Implementierungsprojekte aufgesetzt:

- Das erste Projekt soll den Webshop und das Kundenportal zur Maschinenverwaltung (SAP Commerce Cloud und SAP Asset Intelligence Network) implementieren.
- Das zweite Projekt umfasst die Einführung der SAP Sales Cloud und der SAP Service Cloud.

Da SAP Sales Cloud und SAP Service Cloud auf derselben Daten- und Systemgrundlage basieren, grenzen sich die beiden Lösungen nur durch das Berechtigungskonzept ab. Die Spezifikation, sowie die Implementierung der übergreifenden Stammdaten, wie Kunden, Ansprechpartner oder bestimmte Bewegungsdaten (z. B. die Vertrags- oder Auftragsreplikation aus SAP ERP), können somit größtenteils gemeinsam erfolgen.

Beide Implementierungsprojekte werden mit einer agilen Projektmethodik, der sogenannten Scrum-Methode durchgeführt, die sich über eine Vielzahl an Projekten im CX-Umfeld etabliert hat.

[«]

Agile Projektmethodik Scrum

Scrum ist eine agile Projektmethodik. Das Kernstück sind *Sprints*. In diesen werden sogenannte *Inkremente* entwickelt. Jedes Inkrement hat einen sichtbaren Mehrwert für den Kunden und das Projekt. Durch diese regelmäßige und frühzeitige Lieferung von Funktionen ergeben sich viele Vorteile.

Im Folgenden erklären wir kurz die wichtigsten Regeltermine aus der agilen Projektmethodik Scrum:

- Der *Sprint* ist das Herzstück der Projektmethodik. Ein Sprint dauert ein bis vier Wochen. Dieses Zeitfenster ist während der gesamten Projektlaufzeit identisch. In einem Sprint implementiert das Entwicklungsteam die zuvor ausgewählten Inkremente.
- Das *Sprint Planning* findet zu Beginn jedes Sprints statt. Bei diesem Termin bespricht das Team die Inkremente, die in dem nächsten Sprint umgesetzt werden sollen. Wichtig zu erwähnen ist, dass das Entwicklungsteam den Umfang festlegt.
- *Daily* ist ein Regeltermin, der an jedem Arbeitstag zu derselben Uhrzeit stattfindet und nicht länger als 15 Minuten dauert. Dieser Termin dient dazu, sich im Team zu den aktuellen Aufgaben auszutauschen. »Was mache ich gerade?«, »Was habe ich gemacht?« und »Wo gibt es Probleme oder Hindernisse?«, sind Kernfragen, die es zu beantworten gilt. So können eventuelle Hindernisse früh identifiziert werden.
- Im *Sprint Review Meeting* präsentiert das Team dem Kunden und interessierten Steakholdern die in dem abgeschlossenen Sprint fertiggestellten Inkremente. So ist der Projektstand zu jeder Zeit transparent für alle. Dieser Termin dient dem Kunden auch dazu, Fragen zu stellen oder Anmerkungen oder Feedback zu den implementierten Funktionen zu geben.
- Die *Sprint Retro* findet im Anschluss an den Sprint statt. Hier diskutiert das Team und schaut rückblickend auf den abgeschlossenen Sprint. »Was ist gut gelaufen?«, »Was ist schlecht gelaufen?« und »Was können wir besser machen, um produktiver zu werden?«, sind Fragen, die das Team beantworten sollte. Identifizierte Hindernisse oder Aufgaben werden schnellstmöglich abgearbeitet, damit das Team effektiver werden kann.

Bei dieser Methodik wird nicht unterschieden, ob es sich bei der Implementierung um die Einführung einer SAP-Standard-Software oder um eine komplette Neuentwicklung, wie die Einführung eines Kundenportals inklusive UX-Design handelt.

Die Prozess- und Systemanforderungen wurden in Workshop-Runden mit den jeweiligen Fachexpertinnen und -experten definiert und durch die *Product Owner* als User

Stories in einem Backlog festgehalten. Jedes Implementierungsprojekt sollte mit zwei Product Ownern besetzt werden – einem erfahrenen CX-Berater sowie einem Berater aufseiten von SyMachines. Fertig definierte User Stories werden priorisiert und an die Implementierung übergeben. Die Implementierung erfolgt in dreiwöchigen Sprints, wobei nach jedem Sprint-Ende die neuen Funktionen von den Verantwortlichen präsentiert und durch Key User bei SyMachines getestet werden.

[»]

Product Owner

Product Owner ist eine Projektrolle in der agilen Projektmethodik. Die Product Owner sind dafür verantwortlich, dass das zu erstellende Produkt von größtmöglichem Wert für die Organisation ist. Um das zu gewährleisten, erstellen und verwalten die Product Owner die Anforderungen an das Produkt und priorisieren sie gemäß dem Wert für das Geschäftsvorhaben, dem *Business Value*. Sie repräsentieren dabei alle anderen Stakeholder des Projekts und sorgen dafür, dass das Entwicklungsteam immer die Anforderungen zuerst umsetzt, die den größten Mehrwert liefern. Die Product Owner sind immer einzelne Personen und keine Gruppe.

19.2.2 Neue Rollen für eine übergreifende Projektkoordination

Bei der simultanen Durchführung von mehreren Implementierungsprojekten ist eine projektübergreifende Koordination der Themen besonders wichtig. Daher werden zunächst zwei Personen zur Account-Projektleitung (eine Projektleiterin aufseiten des Beraterteams und ein Projektleiter aufseiten von SyMachines) positioniert, die die Projekte gegenüber dem Lenkungskreis vertreten.

Des Weiteren wird die Rolle der CX-Verantwortlichen bei SyMachines eingeführt und vergeben. Die ausgewählten Mitarbeiterinnen und Mitarbeiter haben die Aufgabe, die Themen rund um die CX-Prozesse fachlich zu bewerten und Anforderungen lösungsübergreifend abzustimmen und fortzuentwickeln. Während der Projektlaufzeit wird dies durch regelmäßige Termine mit den Product Ownern der Implementierungsprojekte gewährleistet. Dies sorgt für die notwendige Transparenz über die umzusetzenden Anforderungen. Außerdem können mögliche Verbesserungen des Prozesses, die ein noch besseres Kundenerlebnis erwirken, schnell identifiziert werden.

19.2.3 Die Implementierungsprojekte

Die groben Projektzeiträume sind in Abbildung 19.2 aufgezeigt. Die initiale CX-Strategieberatung und Prozessanalyse werden innerhalb von zwei Monaten abgeschlossen. Daraufhin erfolgt die Aufteilung in die beiden Implementierungsprojekte.

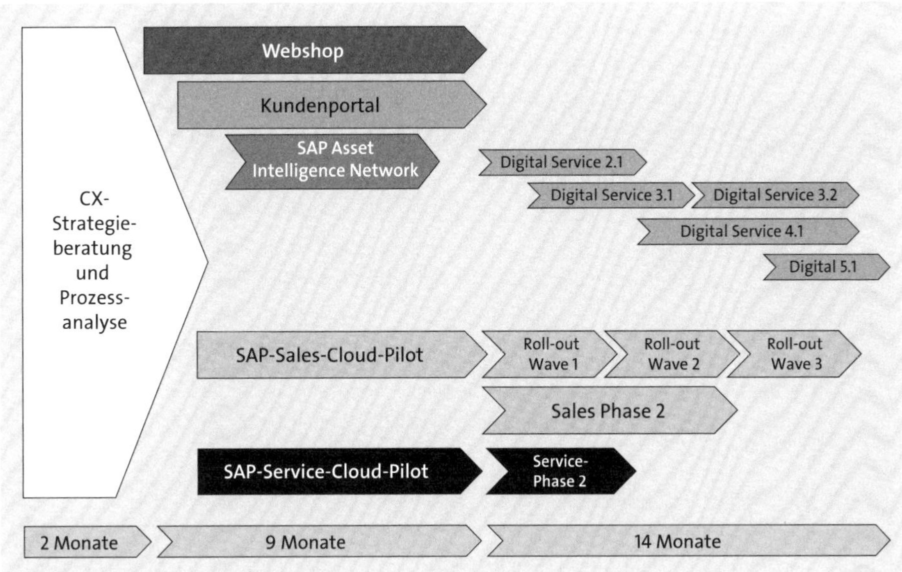

Abbildung 19.2 Einführung des digitalen Kundenportals und des Webshop

Die Pfeile mit der Beschriftung »Webshop« und »Kundenportal« in Abbildung 19.2 stellen die Einführung des Webshops sowie die erste Version des Kundenportals (inklusive Maschinendatenverwaltung mit SAP Asset Intelligence Network) dar. Nach einer Projektlaufzeit von neun Monaten können der neue Webshop sowie das Kundenportal mit einem anwenderoptimierten UX-Konzept für ein optimales Shop- und Portalerlebnis produktiv gesetzt werden.

Die damit geschaffene digitale Kundenplattform bietet den Kunden von SyMachines bereits in der ersten Ausbaustufe eine digitale Unterstützung während der gesamten Prozesskette an. Sie stellt beispielsweise Informationen vor dem Maschinenverkauf sowie digitale Services zur Maschinenparkverwaltung und Produktionsplanung bereit, die eine Echtzeitüberwachung der Maschinen im Betrieb anhand von IoT-Echtzeitdaten (Internet of Things) ermöglichen (siehe Abbildung 19.3). Neben den aktuellen Maschinenstatus und der Zeitplanung lassen sich durch Störungen ausgelöste Meldungen per E-Mail oder SMS als Push-Meldungen versenden, um die Produktivität des Maschinenparks abzusichern.

Zudem bietet das Kundenportal mithilfe des *Serviceticket-Portals* eine Interaktionsmöglichkeit mit dem Serviceteam an, indem die Serviceanfragen mit der SAP Service Cloud ausgetauscht werden. Die Beschaffung der Ersatzteile für Maschinen wird über den Webshop angeboten. Hierbei wird der Fokus auf einfache Suchpfade und eine 3D-Visualisierung gelegt, um dem Kunden ein effizientes Shop-Erlebnis zu gewährleisten. Die Maschinen selbst werden als Investitionsgüter durch den Direktvertrieb betreut und verkauft.

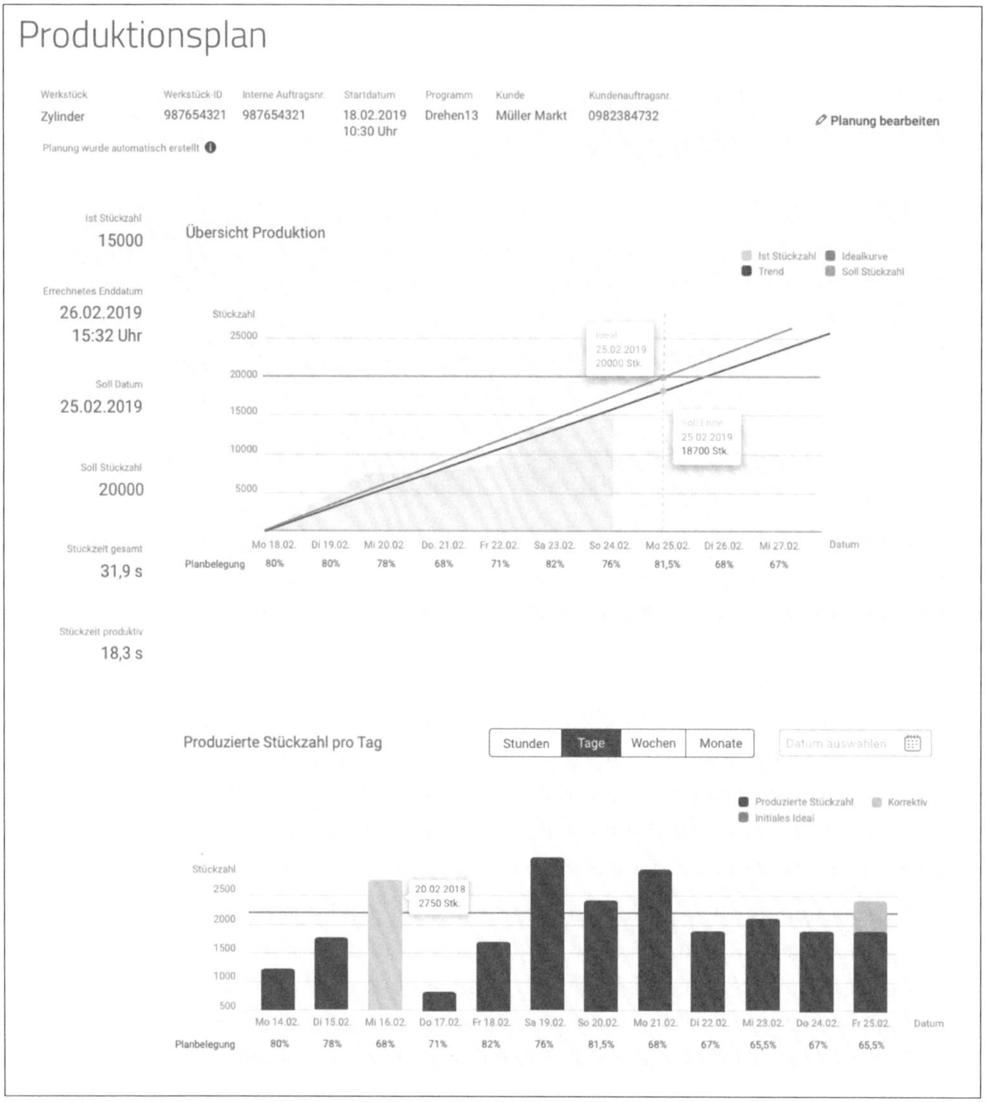

Abbildung 19.3 Kundenportalservice zur Produktionsplanung

Die Folgeprojektphasen nach der Implementierung des Webshops und des Kundenportals (siehe die Pfeile mit der Beschriftung »Digital Service« in Abbildung 19.2) umfassen neben der stetigen Optimierung und Weiterentwicklung der SAP-Commerce-Cloud-Umgebung die Implementierung weiterer digitaler Services, die das Unternehmen beliebig als Erweiterung zu seiner Maschinenverwaltung hinzubuchen kann. Hierzu zählen z. B. Services zur Buchung des Servicetechnikteams oder Kalkulationen der Maschinenlaufzeiten, um Aufträge optimal in den Maschinenpark einbinden zu können. Ebenso wurde die Maschinenverwaltung über einen Service zur Interaktion mit Amazon Echo umgesetzt, um z. B. den Status von Maschinen abzufragen.

Innerhalb der CX-Plattform wird daneben ein neues CRM für Vertrieb und Service implementiert. In der unteren Hälfte von Abbildung 19.2 wird die Projektzeitplanung für die Einführung der SAP Sales Cloud sowie der SAP Service Cloud gezeigt. In weiteren neun Monaten wird die neue CRM-Umgebung in der DACH-Region als Pilotregion mit ca. 700 Usern aus Vertrieb und Service live gesetzt.

Neben den gemeinsamen Grundfunktionen wie der Verwaltung von Kunden, Ansprechpartnern, Materialstamm, Maschinen (als registrierte Produkte) und Verträgen werden für den Vertrieb weitere Möglichkeiten geschaffen, um den Vertriebsprozess transparent und erfolgreich durchzuführen. Hierzu zählt das Lead Management, wobei Leads aus Messen oder Marketingaktionen generiert, verteilt und zentral qualifiziert werden. Die systemseitige Abbildung des Vertriebsprozesses sowie der Vertriebsaktionen erfolgt über ein umfangreiches *Opportunity- und Aktivitätenmanagement*. Darunter fällt auch die Anlage von Angeboten in der SAP Sales Cloud; die Konfiguration der Maschine wird in einem Konfigurations-Tool durchgeführt.

Für den am Hauptsitz von SyMachines zentralisierten Customer Service ist das Ziel der Phase 1, alle Kundeninteraktionen über die SAP Service Cloud zu erfassen und über diese zu kommunizieren. Hierzu dient das *Ticketmanagement*, das alle Interaktionen im Service mit dem Kunden abbildet und koordiniert. Von dieser Entscheidung ausgenommen, sind die Servicetechnikprozesse. Neben der CTI-Integration (siehe Abschnitt 11.5.2, »Telefon über Computer-Telephony-Integration«) zur automatischen Anruferkennung und schnellen Dokumentation von Servicetickets, wird jetzt auch das Kundenportal integriert. Über dieses Portal können Kunden von SyMachines den aktuellen Status oder die Lösung ihrer Servicetickets einsehen und direkt aus der Maschinenverwaltung heraus neue Serviceanfragen absenden.

Die Folgephasen beinhalten zum einen den Roll-out der SAP Sales Cloud in die global verteilten Verkaufsorganisationen und zum anderen die Weiterentwicklung von Funktionen, die in Phase 1 nicht priorisiert wurden (siehe Abbildung 19.4).

Das Roll-out-Konzept wurde bereits in der ersten Implementierungsphase vorbereitet, indem die SAP Sales Cloud als *Global Template* konzipiert wurde. Hierbei werden, je nach Reifegrad der jeweiligen Verkaufsorganisation, die globalen Anforderungen der Pilotregion zugeordnet. So kann ein globales CRM-System implementiert werden, das bei den lokalen Roll-outs nicht mehr umfangreich an länderspezifische Ausprägungen angepasst werden muss.

Abbildung 19.4 Globales CRM-Roll-out in den jeweiligen Verkaufsorganisationen

Je nach Größe der Verkaufsorganisation erfolgt der Roll-out in einer oder mehreren Verkaufsorganisationen durch ein *Train-the-Trainer-Schulungskonzept*. Dabei werden Key User definiert und vom Projektkernteam prozessual und systemseitig geschult. Diese Key User geben ihr Wissen daraufhin in den jeweiligen Teams der Verkaufsorganisation weiter. So können pro Roll-out-Welle drei Monate für Schulungen, Systemvorbereitungen und Datenmigrationen als Zeitplan angesetzt werden. Nach Projektabschluss arbeiten ca. 1.200 Nutzerinnen und Nutzer weltweit mit dem neuen System.

19.3 Fazit und Ausblick

Im Rahmen der digitalen Transformation von SyMachines ist eine ganzeinheitliche CX-Plattform entstanden, die die Grundlage für alle kundenorientierten Prozesse darstellt. Interne Prozesse des Vertriebs sowie der Abteilung Customer Services wurden konsolidiert und harmonisiert in der Plattform abgebildet. Dies sorgt für Transparenz über die Kundendaten und alle Interaktionen, die mit diesen stattfinden.

In Abbildung 19.5 wird ein Ausblick auf die CX-Zielarchitektur gegeben, die in weiteren Projektphasen erarbeitet werden soll. Diese sieht zum einen die Einführung von SAP Field Service Management zur Integration des Field Service in die CX-Prozesse der SAP Service Cloud vor. Zum anderen soll dem Vertrieb die Möglichkeit gegeben werden, Maschinen vor Ort mit den Kunden gemeinsam zu konfigurieren und anhand der Kundenkonditionen zu bepreisen. Diese Produkt- und Angebotskonfiguration wird durch den Einsatz von SAP CPQ im Zusammenspiel mit der SAP Sales Cloud ermöglicht.

Ein weiterer Schritt in Richtung Transparenz soll durch eine einfache Mashup-Integration des SAP Asset Intelligence Network in die SAP Sales Cloud und SAP Service Cloud geschaffen werden. Somit erhalten Vertrieb und Customer Service denselben Einblick auf die Echtzeitdaten der Maschinenparks ihrer Kunden und können ihnen gezielte Beratung anbieten bzw. Produkte und Services platzieren.

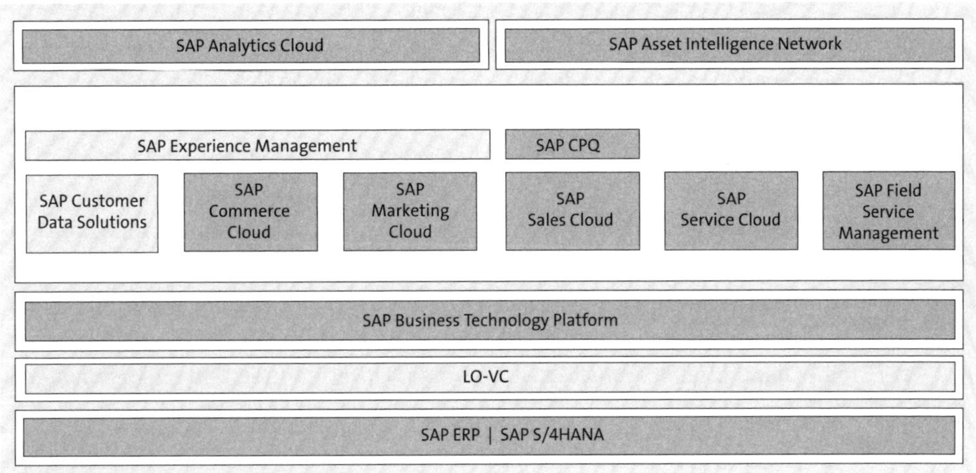

Abbildung 19.5 Ausblick auf die geplante CX-Architektur

Der große Innovationsfaktor in diesem CX-Kundenszenario ist allerdings der Aufbau des Kundenportals auf Basis der SAP Commerce Cloud. Dieses Portal soll fähig sein, IoT-Maschinendaten, Bestellungen und Servicetickets darzustellen sowie den Zugriff auf digitale Services ermöglichen, die den Kunden bei seiner Maschinenverwaltung unterstützen. Die Idee, den Service als Innovator zu verstehen und hierzu neue Technologien wie IoT, Big Data oder Machine Learning einzubeziehen, ermöglicht neue Geschäftsmodelle und generiert zuverlässigen Umsatz über die Lizenzierung der einzelnen Services.

Das nächste Ziel von SyMachines ist es daher, beim Maschinenverkauf sowie im Bestandskundengeschäft die einzelnen digitalen Services durch den Vertrieb noch gezielter platzieren zu lassen. Auf diese Weise soll eine höhere Monetarisierung dieser Services erwirkt werden. Im Ergebnis bestehen somit verschiedene Varianten von Cross- und Up-Selling, die zum einen höhere Umsätze versprechen, und zum anderen SyMachines als Innovator vom Wettbewerb abgrenzt.

Um dies zu unterstützen, wird zudem die Einführung der SAP Marketing Cloud geprüft, die das Zielszenario bzw. die Customer Journey vom Marketing über den Vertrieb bis hin zum Service inklusive des Kundenportals durchgängig abbilden würde.

Über die SAP Marketing Cloud sollen die Kunden mit relevantem und personalisiertem Content bespielt werden. Beispielsweise können sie über Neuerungen zu ihren und zu anderen Interessen informiert werden.

Um ein unternehmensweites Reporting zu ermöglichen, wird zudem der Einsatz der SAP Analytics Cloud in Betracht gezogen. Mit diesem Tool sollen Managementcockpits erstellt werden, in denen steuerungsrelevante Kennzahlen aus allen Kanälen zusammenfließen. Zu diesen Kennzahlen gehören regionale Auswertungen für den Vertrieb im Direktgeschäft, für den Webshop, das Servicegeschäft sowie die lizenztechnischen Einnahmen aus dem Kundenportal.

Was unser Kundenszenario ebenfalls klar aufzeigt, ist, dass es nicht genügt, IT-Systeme einzuführen, um eine CX-Platform vorzudenken, zu realisieren und zu betreiben. Vielmehr muss das Unternehmen als Organisation ein Verständnis dafür erlangen, dass sich durch die digitale Business-Transformation eine gewaltige Chance ergibt, bei der es sich nicht um ein abgrenzbares Projekt, sondern um einen kontinuierlichen Prozess handelt. Die digitale Transformation dient hierbei nicht ausschließlich dazu, die Prozesse effizienter und schlanker zu gestalten, sondern sie muss einen *kundengewinnenden Mehrwert* schaffen. Somit ist Customer Experience ein proaktiver Treiber der digitalen Transformation für das Unternehmen und ein herausragender Innovationsfaktor, der den Kunden in den Vordergrund rückt.

SyMachines denkt daher bereits über neue digitale Services nach, um ein noch besseres bzw. differenzierteres Kundenerlebnis zu generieren. Neue Servicelevels wie Pay-per-Use-Szenarien können auch für Maschinenbaukunden spannend sein. Des Weiteren werden die IoT-Services weiter ausgebaut. So werden z. B. Muster in den Maschinendaten durch Machine-Learning-Algorithmen erkannt und liefern Hinweise auf eine mögliche Störung. Auf diese Weise können Störungen sogar verhindert werden (Stichwort: Predictive Maintenance). Ebenso spielen Use Cases zu einem IoT-getriebenen Marketing eine Rolle, bei dem die Kunden zur passenden Zeit über neue Wartungsverträge oder Ersatzteile informiert werden können. Dies ist nur eine Auswahl der zahlreichen kreativen Ideen, die sich im CX-Backlog von SyMachines befinden, und sich mit der SAP-Customer-Experience-Plattform sowie anderen SAP-Lösungen umsetzen lassen.

Kapitel 20
Kundenszenario 2: Digitalisierung der User Experience im Baugewerbe

Geschäftsbereiche rund um Konstruktion, Handwerk und Baugewerbe sind längst im digitalen Zeitalter angekommen. Komplexe Netzwerke (Architekturfirmen, Bau-Generalunternehmen, Handwerksbetriebe, private Baufirmen und öffentliche Ausschreibungen) müssen koordiniert und Zielgruppen unterschiedlich angesprochen werden. Erklärungsbedürftige Produkte müssen installiert, repariert und gewartet werden – ein perfektes Szenario für die Digitalisierung von Prozessen. Im Anschluss erfahren Sie, wie solche Prozesse aussehen können und welche Wege ein SAP-Kunde bis zur Umsetzung gegangen ist.

Das Szenario in diesem Kapitel beschreibt einen mittelständischen Kunden im Umfeld der Baubranche. Er entwickelte eine übergeordnete, langfristige Digitalisierungsstrategie, stellte darauf aufbauend essenzielle Unternehmensbereiche um und führte digitale Prozesse ein, um dem Digitalisierungstempo der Branche einen Schritt voraus und langfristig auf Herausforderungen vorbereitet zu sein.

Das Kapitel ist in drei Abschnitte gegliedert. Zunächst werden wir uns das Unternehmen in diesem Szenario näher anschauen und dessen Herausforderungen aufzeigen. Darauf aufbauend schauen wir uns an, wie das Projekt realisiert wird und mit welchem Ergebnis. Zum Schluss werfen wir einen Blick auf das Fazit und den Ausblick der im Rahmen des Projekts etablierten CX-Plattform.

20.1 CX-Plattform zur gezielten Ausrichtung der Vertriebsprozesse

Bei dem SAP-Kunden, der im Folgenden der Einfachheit halber *SyBau* genannt wird, handelt es sich um ein europaweit agierendes Unternehmen aus der Baubranche.

Im Vertrieb liegt der Fokus von SyBau auf den zu verwaltenden Beziehungsnetzwerken, die, je nach Produktbereich und Bauobjekt, sehr unterschiedlich sein können. Zum Beispiel gestaltet sich der Vertriebsprozess bei großen, öffentlichen Bauprojekten wie Krankenhäusern oder Flughäfen anders als bei privaten Bauobjekten. In den einzelnen Landesgesellschaften von SyBau sind mehrere Vertriebswege möglich, sowohl direkt über das Handwerk an die Baustelle als auch über Großhändler.

Auch die Bedeutung des Service nimmt zu. Doch bei der Digitalisierung der Serviceprozesse müssen die spezifischen Anforderungen der Branche beachtet werden, sei es die eigene Servicetechnik für die Installation, Wartung und Reparatur der Anlagen, die intelligenten Wissensdatenbanken für private Bauherren zur Bedienung der Geräte, die Ersatzteil- und Verschleißteillogistik, die Beschäftigung von internen oder externen Servicetechnikern oder die Bereitstellung von Online-Shops.

Die große Bandbreite an vertrieblichen und servicetechnischen Prozessen und Interaktionen hat SyBau dazu veranlasst, eine globale Digitalisierungsinitiative zu entwickeln. Ein wesentlicher Baustein dieser Initiative ist das »Kunden-Fokus«-Programm mit der Aufgabe, die Prozesse in Vertrieb, Service und Marketing weltweit zu harmonisieren und zu digitalisieren (siehe Abbildung 20.1). Ziel ist die Optimierung der Effektivität und Effizienz in sämtlichen kundennahen Geschäftsprozessen im Zusammenhang mit unterstützenden IT-Systemen. Auf diese Punkte legt SyBau in diesem Zusammenhang besonderen Wert:

- Mobilität der IT-Lösung
- Akzeptanz der Beschäftigten
- Kundenfokus anstatt Produktfokus über multiple Verkaufskanäle hinweg
- geschäftsbereichsübergreifende, internationale Zusammenarbeit
- Verbesserung des Vertriebs-Monitorings und -Forecastings
- mehr Reaktivität und Effizienz im Service
- verbesserte Zusammenarbeit und Integration zwischen Vertrieb und Marketing

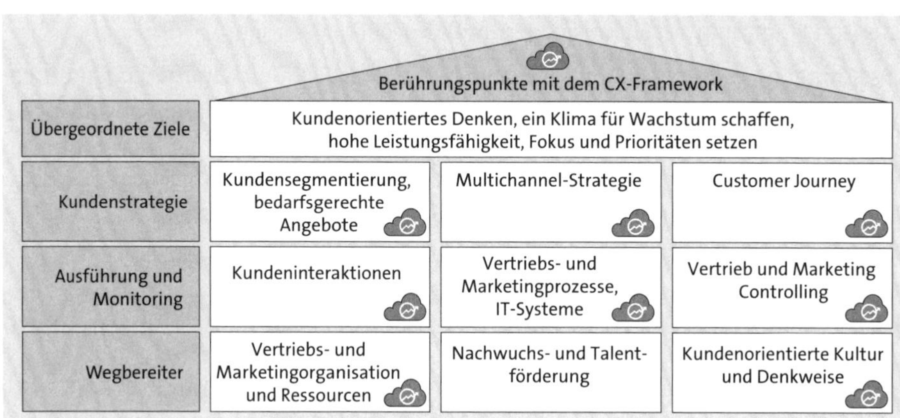

Abbildung 20.1 Das Kunden-Fokus-Programm

Im Zentrum des Programms steht die Einführung der notwendigen IT-Systeme. Um die hochgesteckten Ziele zu erreichen, wurde die gesamte IT-Systemlandschaft neu bewertet und im Hinblick auf die kundenorientierten Prozesse komplett überarbeitet. Eine Ist-Analyse ergab eine sehr heterogene Systemlandschaft mit 27 verteilten, oft veralteten und meist nicht integrierten IT-Systemen, die für eine Optimierung ungeeignet sind.

Die anstehende Neuausrichtung konzentriert sich auf eine moderne und flexible Plattform, die eine durchgängige Integration der Vertriebs- und Serviceprozesse ermöglicht. Der erste Schritt dieser Neuausrichtung hin zur Digitalisierung bei SyBau ist die Einführung von SAP S/4HANA. Bei der im Nachgang anstehenden Systemauswahl für die Vertriebs-, Service- und Marketingprozesse fiel die Wahl auf SAP Customer Experience, da mit dieser Plattform die durchgängigste Integration und die größtmögliche Flexibilität möglich und sämtliche Prozesse mit den enthaltenen Produkten abzubilden sind.

Folgende Produkte sind für SyBau relevant (siehe Abbildung 20.2):

- Die SAP Sales Cloud garantiert dem Vertrieb Transparenz über alle Bauobjekte sowie über die darin beteiligten Organisationen und Personen. Die Integration ins SAP-ERP-Backend-System sowie in das zentrale Angebots-Tool, eine Outlook-Integration, der nahtlose Übergang in die Serviceprozesse und Offline-Verfügbarkeit sind die Hauptanforderung an die SAP Sales Cloud.
- SAP Field Service Management ermöglicht die Digitalisierung der Serviceprozesse in Verbindung mit einer starken Optimierung und Umgestaltung der Servicestrukturen.
- Die SAP Service Cloud sorgt für das zentrale Ticketmanagement zur Interaktion mit den Kunden und kann nahtlos in das SAP-ERP-Backend, in die SAP Sales Cloud und in das SAP Field Service Management integriert werden. Einbindung der Telefonie und Bereitstellung einer Wissensdatenbank und eines Service-Portals sind weitere Ziele, um den Kundenservice deutlich zu verbessern.
- SAP Process Integration wird als zentrale Integrationsplattform der einzelnen Lösungen mit dem SAP-ERP-Backend sowie mit den Fremdsystemen genutzt.

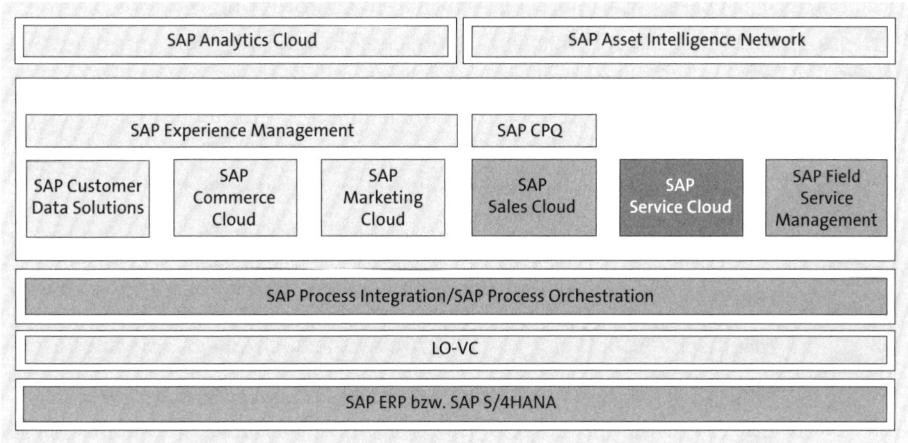

Abbildung 20.2 CX-Architektur des Kundenszenarios 2: Baugewerbe

20.2 Digitalisierung der CX in mehreren Teilprojekten

Als erstes CX-Werkzeug wird die SAP Sales Cloud eingeführt, gefolgt vom SAP Field Service Management und der SAP Service Cloud. Dass die SAP Sales Cloud eingeführt werden soll, steht für die Firma schnell fest, da u. a. auch das bestehende, veraltete CRM-System abgelöst werden muss. Die Reihenfolge der restlichen Einführungsprojekte wird auf Basis einer internen Priorisierung und der Empfehlungen in der *SAP-System-Roadmap* festgelegt. Durch die Einführung von SAP Field Service Management erwartet SyBau deutliche Effizienzvorteile, weshalb dieses Projekt noch während des Roll-outs der SAP Sales Cloud gestartet wird.

Bei den Marketingprozessen wird stark differenziert. Kleine und lokale Marketingprozesse werden direkt in dem SAP-Sales-Cloud-Projekt umgesetzt, während die Automatisierung des übergreifenden Marketings ans Ende der Projektlaufzeit gesetzt wird.

Bei der teils parallel ablaufenden Durchführung mehrerer Implementierungsprojekte ist eine projektübergreifende Koordination der Themen besonders wichtig. Daher wurde ein CX-Account-Projektleiter positioniert, um die Projekte zu koordinieren, Zusammenhänge zu erkennen und die Projektteams gegenüber dem Lenkungskreis zu vertreten.

20.2.1 Einführung von SAP Sales Cloud: Projektorganisation, Vorgehen und Ergebnisse

Das Implementierungsprojekt wird mit einer agilen Projektmethodik durchgeführt, die sich bei einer Vielzahl an Projekten im CX-Umfeld etabliert hat (siehe den Infokasten »Agile Projektmethodik Scrum« in Abschnitt 19.2.1, »Projektorganisation und Vorgehen«). Die Prozess- und Systemanforderungen werden in Workshops mit den jeweiligen Fachexperten definiert. Eine große Herausforderung besteht darin, die Prozesse und Systemanforderungen aus unterschiedlichen Unternehmensbereichen (Vertriebsleitung, Außendienst, Innendienst), Produktbereichen und mehreren Landesgesellschaften zu harmonisieren, um dem Ziel eines globalen Templates gerecht zu werden. Rein landesspezifische Anforderungen werden separat aufgenommen und entsprechend für den Roll-out des jeweiligen Landes bereitgestellt.

Um die vielen kundenspezifischen Anpassungen, die über mehrere Jahre hinweg im alten CRM-System vorgenommen wurden, nun in der Standardsoftware abzubilden, sind entweder größere Änderungen der etablierten Prozesse notwendig, oder es werden kundenspezifische Anpassung vorgenommen, die auch in der SAP Sales Cloud möglich sind.

Des Weiteren ist es notwendig, einige Daten aus dem Altsystem zu übernehmen und in die SAP Sales Cloud zu migrieren. Da das Altsystem sowohl andere Objekte als auch eine anderen Datenstruktur nutzt, gestaltet sich die Migration sehr komplex und aufwendig. Eine besondere Anforderung ist sicherlich die Ausprägung eines Objekts in der SAP Sales Cloud, mit dem die potenziellen Bauvorhaben und Baustellen der Kunden von SyBau abgebildet werden können. Auf der Basis der SAP-Partner-Lösung *Sybit Success4Buildings* wird ein Bauobjekt definiert, das die Klammer für sämtliche Lead-, Opportunity- und Angebotsprozesse rund um das Bauvorhaben bildet. Dieses Bauobjekt wurde auch in das SAP-ERP-System integriert, um Folgeprozesse sauber abbilden zu können (siehe Abbildung 20.3).

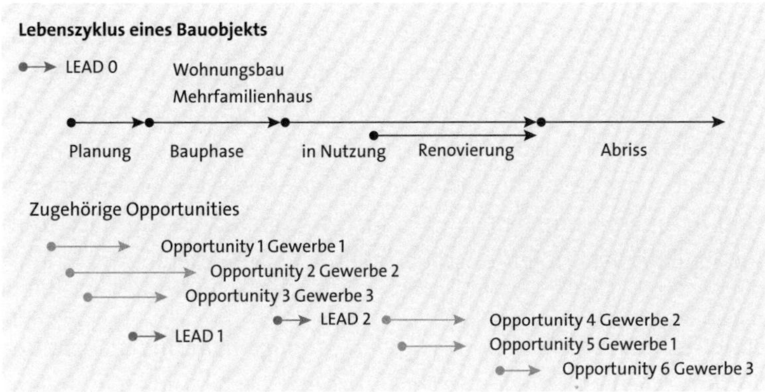

Abbildung 20.3 Das Bauobjekt in der SAP Sales Cloud

Ein weiteres Highlight ist die im Rahmen der Kunden-Fokus-Strategie entwickelte *Kundensegmentierung*. Auf Basis von mehreren Parametern wird für jeden Kunden, abhängig von dessen Produktfokus, eine Kundensegmentierungsmatrix grafisch aufbereitet (siehe Abbildung 20.4). Die Funktion zur Erstellung solcher Kundensegmentierungen ist komplett in die SAP Sales Cloud integriert bzw. steht dem Anwender über das entsprechende Work-Center zur Verfügung.

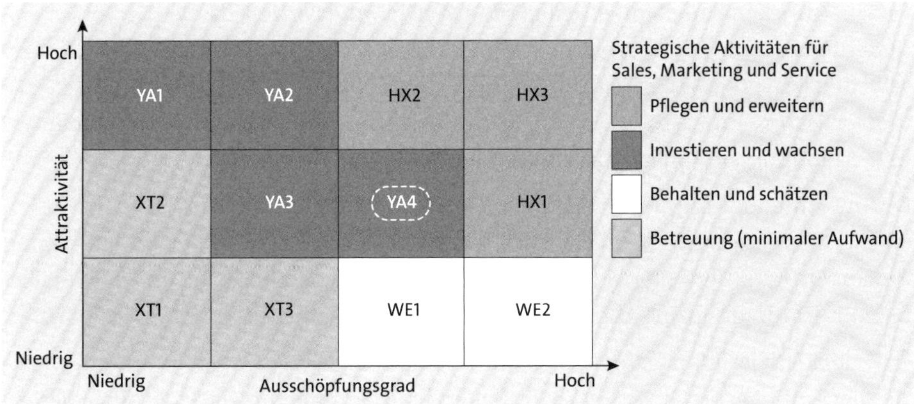

Abbildung 20.4 Schematische Darstellung der Kundensegmentierung in der SAP Sales Cloud

Nach 19 Monaten Projektlaufzeit erfolgt die Einführung der SAP Sales Cloud in fünf Landesgesellschaften. Weitere vier Landesgesellschaften werden sieben Monate später auf die SAP Sales Cloud umgestellt.

20.2.2 Einführung von SAP Field Service Management: Projektorganisation, Vorgehen und Ergebnisse

Auch die Implementierung von SAP Field Service Management wird mit der agilen Projektmethodik durchgeführt. Das aus der vorangegangenen SAP-Sales-Cloud-Einführung Gelernte kommt direkt zur Anwendung; dies betrifft vor allem die Harmonisierung der Geschäftsprozesse. Diese Tätigkeit wird dem reinen Implementierungsprozess vorgezogen, wodurch sie anschließend deutlich effizienter abgewickelt werden kann. Die globalen und lokalen Process Owner sowie das Servicemanagement der Landesgesellschaften harmonisieren sämtliche für den Service vor Ort relevanten Prozesse global und definieren entsprechende Prozess-KPIs (Key Performace Indicators), die anschließend für die Erfolgskontrolle des Projekts eingesetzt werden können.

Ein wichtiger Bestandteil des Projekts war das *Change Management* in der Organisation. Durch die Einführung eines digitalen Serviceprozesses, bestehend aus dem Einsatzplaner und der Serviceauftragsabwicklung über die mobile SAP-Field-Service-Management-App, werden viele Arbeitsvorgänge komplett verändert. Was bisher über Excel-Dateien, Papierberichte, Outlook-Termine und Selbstorganisation des Servicetechnikteams abgewickelt wurde, erfolgt zukünftig über voll digitalisierte Prozesse. Zudem werden die Stammdaten komplett an den neuen Serviceprozess angepasst. So kann SyBau z. B. automatisierte Wartungspläne und die Nutzung von Equipments einführen.

Die damit erzielten Effektivitäts- und Effizienzgewinne liegen auf der Hand. Zudem verschafft sich SyBau damit einen großen Wettbewerbsvorteil, da die Digitalisierung in der Bauindustrie im Verhältnis zu anderen Branchen noch nicht so weit fortgeschritten ist. Servicetechnikteams oder Handwerksunternehmen, die administrative und logistische Prozesse komplett digital abwickeln, auch auf Baustellen ohne Internetverbindung, sind weiterhin die Ausnahme.

Die Implementierung erfolgt entsprechend der agilen Projektmethodik in mehreren Sprints. Das gesamte Projektkernteam, bestehend aus dem globalen und den lokalen Process Ownern, dem Servicemanagement, dem Serviceinnendienst und der Servicetechnik, ist für die Sprint-Abnahme nach den gemeinsamen Reviews verantwortlich.

SAP Field Service Management wird direkt mit dem SAP-ERP-System integriert, um Kunden- und Ansprechpartner sowie Materialien, Equipments und natürlich die Serviceaufträge auszutauschen. In der Einsatzplanung wird die Funktion *Best Matching*

Technician eingebunden, um systemseitig Vorschläge zu erhalten, welches Mitglied des Servicetechnikteams für welchen Serviceeinsatz am geeignetsten ist. Die mobile SAP-Field-Service-Management-App wird vollständig ausgeprägt eingesetzt, d. h., dass die Serviceaufträge nach der Freigabe der Einsatzplanung an die Servicetechnik-App gesendet und der Servicetechniker oder die Servicetechnikerin über einen Workflow durch sämtliche Aktivitäten des Serviceeinsatzes geleitet wird. Dies umfasst die Erfassung von Fahrzeiten und Kilometern, die Dokumentation der Arbeitszeiten, die Abarbeitung produktbezogener Checklisten, die Verwendung und Einbuchung (reservierter) Materialien und Ersatzteile aus dem Fahrzeuglager und zu guter Letzt den Abschluss des Serviceberichts und die Einholung der bestätigenden Unterschrift des Kunden direkt auf dem Tablet. Somit können alle Prozesse bis zur Rechnungsstellung in SAP ERP für Standardeinsätze automatisiert werden. Ebenso automatisiert wird die Materialbereitstellung für die Servicetechnik im Fahrzeuglager.

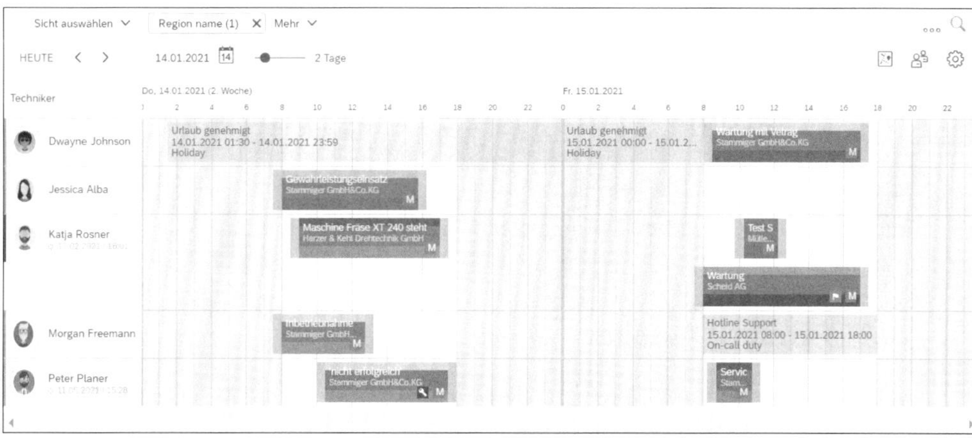

Abbildung 20.5 Einsatzplantafel im SAP Field Service Management

Neben der agilen Projektmethodik werden jedoch auch klassische Projektmanagementinstrumente genutzt. Regelmäßige Statusberichte werden erstellt und in vorgegebenen Intervallen vor dem Lenkungskreis präsentiert. Dies beinhaltet die permanente Kontrolle des Budgets und des Projektumfangs, die Überwachung der Verfügbarkeit der Projektressourcen und ein aktives Risikomanagement. In diesem werden klassisch die Auswirkung und Eintrittswahrscheinlichkeit pro Projektrisiko festgelegt und in der Risikomatrix aufgezeigt. Die Veränderungen der Risikobeurteilung werden über die gestrichelten Pfeile dargestellt (siehe Abbildung 20.6).

Nach acht Monaten Projektlaufzeit erfolgt die Einführung in zwei Landesgesellschaften. In zwei weiteren Landesgesellschaften wird SAP Field Service Management ein knappes Jahr später eingeführt.

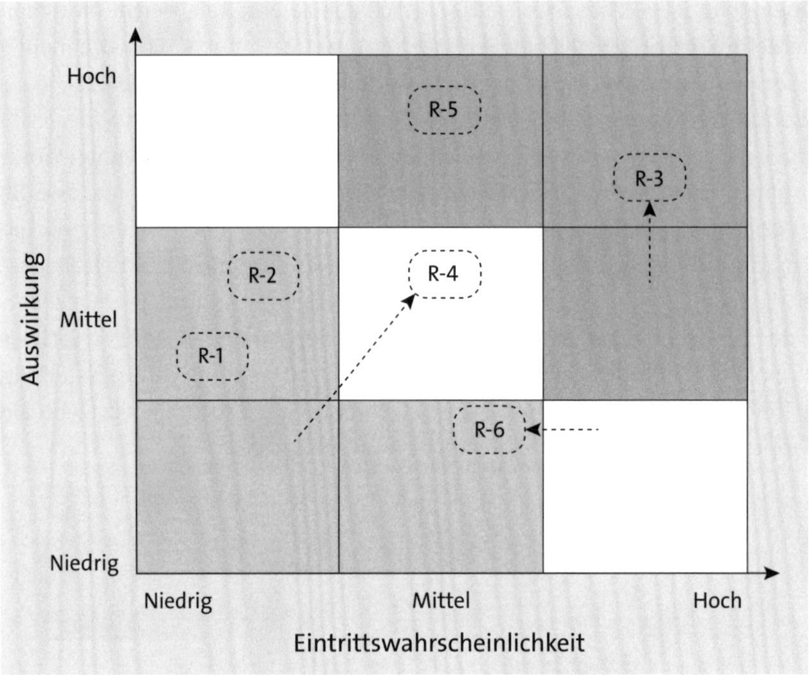

Abbildung 20.6 Klassisches Risikomanagement im Projekt

20.3 Fazit und Ausblick

Mit den ersten beiden CX-Projekten konnte SyBau erste große Akzente in der Digitalisierung von Vertrieb, Marketing und Service setzen. Nach einer gewissen Stabilisierung sind jedoch weitere Optimierungen der ganzheitlichen Kundenbetreuung geplant. Des Weiteren werden die bestehenden neuen Lösungen permanent auf Reifegrad und Verbesserungspotenziale hin überprüft.

20.3.1 Erfolgskontrolle

Sowohl bei den Anwenderinnen und Anwendern der SAP Sales Cloud als auch bei denen von SAP Field Service Management wird ein konsequenter Prozess zur Erfolgskontrolle eingeführt. In regelmäßigen Abständen nach den Go-lives in den jeweiligen Landesgesellschaften erfolgt eine systematische Befragung zur Systemnutzung und Zufriedenheit der Anwenderinnen und Anwender. Die Resultate spiegeln sich in direkten Maßnahmen wider, wie z. B. Nachschulungen, Erweiterungen und Verbesserungen von Funktionen oder Anpassungen von Prozessen.

In der folgenden Infobox ist ein Ausschnitt aus der permanenten Erfolgskontrolle der organisatorischen Änderungsprozesse im Projekt abgebildet.

[«]

Erfolgskontrolle der organisatorischen Änderungsprozesse im Projekt

Die hier aufgeführten Punkte sind ein Ausschnitt aus der permanenten Erfolgskontrolle der organisatorischen Änderungsprozesse im Projekt:

- Kunden
  - 360-Grad-Sicht auf den Kunden und schnelle Erkennung von dessen Bedürfnissen
  - Speicherung der Kundenhistorie in einem System und proaktive Empfehlungen vom Vertriebsteam
- Service
  - Unterstützung von Kunden und Vertrieb mit einer 360-Grad-Sicht auf den Kunden
  - einfache Identifizierung der anrufenden Kunden
- Vertriebsbeauftragte
  - einfachere Besuchsvorbereitung und Verwaltung von Folgeaktionen
  - einfacher Zugriff auf kunden- bzw. projektbezogene Informationen zu jeder Zeit an jedem Ort
  - proaktives Kundenmanagement/transparentes Verfolgen der gesetzten Umsatzziele
- Vertriebsleitung
  - transparente Sicht auf die Vertriebsleistung gemäß den gesetzten Umsatzzielen
  - Optimierung der Ressourcenplanung innerhalb der Vertriebsteams
  - Unterstützungsbedarf ableiten
  - Einführung des CRM-Systems
- Marketing
  - einfacher Zugang zu lokalen Markt- und Kundendaten
  - reibungsloser Austausch mit dem Vertriebsteam
  - gezielte Ausrichtung auf kundenspezifische Bedürfnisse und Interessen durch erweiterte Kundensegmentierung
- Management
  - Einführung des CRM-Systems
  - Transparenz hinsichtlich des regionalen und lokalen Vertriebstrichters
  - Vertriebsprognosen ermöglichen

20.3.2 Ausblick

Der nächste wichtige Baustein im CX-Gesamtkonstrukt ist die Einführung der SAP Service Cloud, da die heutige IT-Lösung in den Kunden-Service-Centern noch nicht an das SAP Field Service Management und das SAP-ERP-Backend-System angebunden ist. Da in diesem Bereich ein sehr hohes Aufkommen an Serviceanfragen und FAQ-Recherchen besteht, können automatisierte und integrierte Prozesse die Effizienz deutlich erhöhen.

SyBau möchte dabei auf unterschiedliche Funktionen setzen:

- Zentrales Ticketing in der SAP Service Cloud zur Erfassung sämtlicher Serviceanfragen inklusive der Anbindung der Telefon- und Call-Center-Applikationen von SyBau
- Aufbau und Einbindung einer zentralen, globalen Wissensdatenbank, die sowohl intern Unterstützung für die Serviceagenten von SyBau bietet als auch extern für Kunden Wissensartikel in einem Serviceportal bereitstellen kann
- Aufbau eines Self-Service-Portals für Kunden
- Integration des Ticketing in der SAP Service Cloud und mit SAP ERP, SAP Field Service Management, der Wissensdatenbank und dem Self-Service Portal

Auch hier ist analog zur SAP Sales Cloud und SAP Field Service Management geplant, schrittweise die unterschiedlichen Landesgesellschaften auf das neue System umzustellen. Die Reihenfolge wird auch hier nach bestimmten Kriterien ermittelt, die sich vor allem an dem Business Case orientieren. Die Umsetzung erfolgt zuerst in den Landesgesellschaften mit dem höchsten Bedarf, allerdings nur, wenn die Ressourcensituation dies zulässt. Nur wenn ausreichend Fachpersonal in der jeweiligen Landesgesellschaft für ein Projekt zur Verfügung stehen, wird das Projekt freigegeben.

Konzepte für weitere CX-Bausteine, wie z. B. die Marketingautomatisierung oder Online-Shops, liegen bei SyBau bereit, werden aber nachgelagert zu den bisher aufgezählten Themen angegangen. Für ein mittelständisches Unternehmen wie SyBau stehen neben den vielen Potenzialen, die in Optimierungsprojekten liegen, auch immer die organisatorischen und strukturellen Auswirkungen im Vordergrund. Wenn Sie selbst ein solches Projekt umsetzen wollen, denken Sie daran, die gesamte Organisation abzuholen und auf die Reise mitzunehmen. Deshalb sollten Sie nicht alle Vorhaben parallel umsetzen, sondern gewisse Abstände zwischen den Projekten zur Stabilisierung und erneuten Fokussierung einplanen, um einen ungestörten Ablauf zu garantieren.

Kapitel 21

Kundenszenario 3: Neuorganisation und Digitalisierung einer Systemlandschaft

»One Face to the Customer« – unter diesem Motto wird das Digitalisierungsprojekt in diesem Kundenszenario gestartet. Viele Funktionen und verschiedene Systeme aus der SAP-Customer-Experience-Welt werden konzipiert, implementiert und (miteinander) integriert. Die Digitalisierung von Prozess und Landschaft ist das klare Ziel, aber oftmals ist der erste Schritt der schwierigste. Was möglich ist, wenn man sich dazu entschließt, diese Themen mit vollem Einsatz anzugehen, erfahren Sie in diesem Kundenszenario.

In diesem Szenario beschreiben wir den Fall eines großen Konzerns, der aufgrund eines Carve-outs eine komplette Neugestaltung und Neuorganisation vollziehen muss. Durch diesen Carve-out wird es notwendig, alte Systeme abzulösen, neue Systeme aufzubauen und eine komplett neue Website mit einem weltweiten Corporate Design zu bauen und zu gestalten. Im Zuge dessen hat sich das Unternehmen dazu entschieden, die Digitalisierung voranzubringen. Daten und Prozesse sollen harmonisiert und optimiert werden. Ein weiterer wichtiger Schritt für den Konzern ist die Eingliederung der verschiedenen Marken, damit diese für den Kunden ein einheitliches Look and Feel erhalten.

Das Kapitel ist in drei Abschnitte gegliedert. Zunächst werden wir uns den Kunden in diesem Szenario näher anschauen und dessen Herausforderung aufzeigen. Darauf aufbauend, schauen wir uns an, wie das Projekt mit welchem Ergebnis realisiert wird. Zum Schluss werfen wir einen Blick auf die digitalisierten Prozesse und geben einen Ausblick.

21.1 Einheitlicher Auftritt über verschiedene Marken hinweg

Der SAP-Kunde, der im Folgenden der Einfachheit halber *SyChem* genannt wird, ist einer der weltweit größten Hersteller von chemischen Artikeln und Materialien, mit 20 Werken in neun Ländern. Der Mutterkonzern gehört zu den weltgrößten Firmen in der Ölindustrie und zu den wertvollsten Unternehmen der Welt. In einem Unternehmen dieser Größe ist nicht nur die Firmenstruktur kompliziert, sondern auch die IT. SyChem hostet für 14 verschiedene Marken Webseiten. Hinzu kommen der Webshop und ein 15 Jahre altes Kundenportal. All das führt dazu, dass sich die informationssuchenden Kunden und Angestellten in vielen verschiedenen Systemen umsehen müssen. Das möchte SyChem nun ändern und einen global einheitlichen Handel schaffen, der seine User mit einer attraktiven und flexiblen Oberfläche überzeugt.

Aufgrund der Ausgründung aus einem anderen Konzern und des Wechsels zu der neuen Muttergesellschaft soll bei SyChem in rund eineinhalb Jahren die komplette IT-Infrastruktur umgestellt werden. Dies betrifft Komponenten wie das SAP-S/4HANA-System, sämtliche Webauftritte, den Webshop sowie das Kundenportal. Nach dem Motto »One Face to the Customer« sollen 14 verschiedene Markenseiten unter einem Dach vereint werden. Die Ausgründung betrifft nicht nur die Software, sondern auch alle Arbeitsmaterialien für den täglichen Gebrauch wie Notebooks und Handys. Es ist also Zeit für einen Neustart.

Für diesen Neustart gibt es eine klar definierte Digitalisierungsstrategie. Sie beinhaltet eine Vielzahl von verschiedenen Themen. Alle Prozesse, alle Stamm- und Bewegungsdaten sowie alle Systeme stehen auf dem Prüfstand. Da in vielen Fällen neue Systeme notwendig sind, entscheidet sich SyChem für eine Digitalisierung mit SAP. Dabei dreht sich alles darum, Prozesse zu vereinfachen und zu beschleunigen sowie Personal zu entlasten, damit dieses weitere Aufgaben übernehmen kann. Für diese Aufgaben werden die folgenden Lösungen des SAP-Customer-Experience-Portfolios ausgewählt (siehe Abbildung 21.1):

- Die SAP Commerce Cloud wird für die Corporate Website, den B2B-Shop und die Ablösung eines Altsystems, in dem der Kunde u. a. die Möglichkeit hatte, eine Vielzahl von verschiedenen Anfragen zu erstellen, eingesetzt.
- Die SAP Service Cloud unterstützt beim Erstellen von Anfragen, bei der Abfrage von Produktinformationen, beim Upload von Dokumenten, bei der Bearbeitung von Service-Requests mit Tickets und der Abbildung des Interaktionsverlaufs.
- Die SAP Marketing Cloud wird für ein Kampagnenmanagement, für die Reichweitenvergrößerung der verschiedenen Marken, für die Integration sowie für das Tracking auf der Website, für den B2B-Shop sowie für die Analyse der Download-Zahlen der verschiedenen Dokumente genutzt.
- Qualtrics soll für Feedback auf den verschiedenen Seiten der Corporate Website, für das Feedback der eigenen Beschäftigten sowie für Umfragen unter den Kunden und in der internen Belegschaft integriert werden.

Eine Herausforderung ist, dass SyChem nach dem Start der Implementierung der SAP-Systeme, also SAP S/4HANA, SAP Service Cloud und SAP Commerce Cloud schnell feststellt, dass einige Parameter nicht berücksichtigt wurden und Stellschrauben nachgezogen werden müssen. Daher wird das Projekt neu ausgeschrieben und neu aufgesetzt.

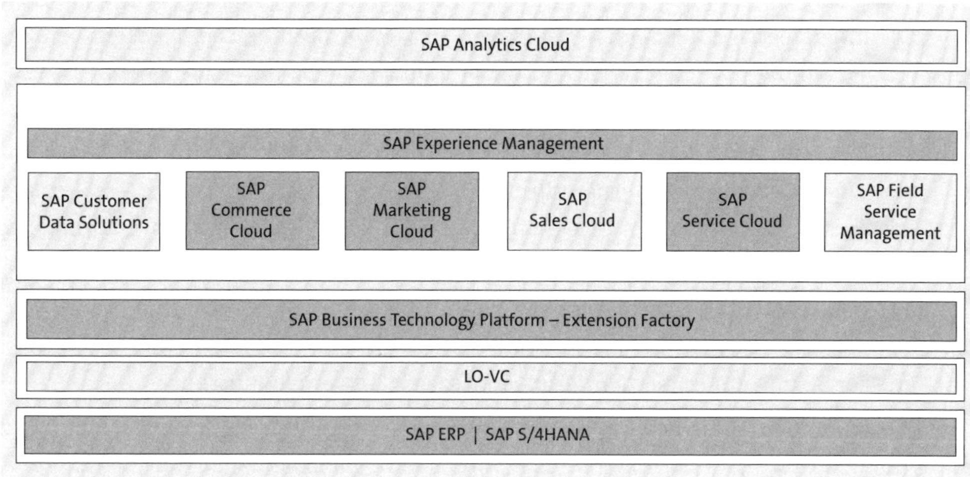

Abbildung 21.1 SyChem-Architektur

Die bereits begonnene Implementierung stellt das Projektteam direkt vor eine weitere Herausforderung: Da bereits viele Zeilen Code geschrieben wurden und zahlreiche Funktionen implementiert wurden, muss das bestehende System erst einmal verstanden und auf Schwachstellen hin untersucht werden. Die Folge ist eine Transition des aufgesetzten SAP-Commerce-Systems.

21.2 Umfangreiche Konzeptionsphase

Vor der eigentlichen Realisierung des Projekts wird eine Konzeptionsphase durchgeführt. Diese dient auch dazu das Unternehmen SyChem, dessen Prozesse, den Arbeitsalltag der Beschäftigten und vor allem die Kunden kennenzulernen und zu verstehen. In Abbildung 21.2 sehen Sie die einzelnen Phasen dieser Konzeptionsphase.

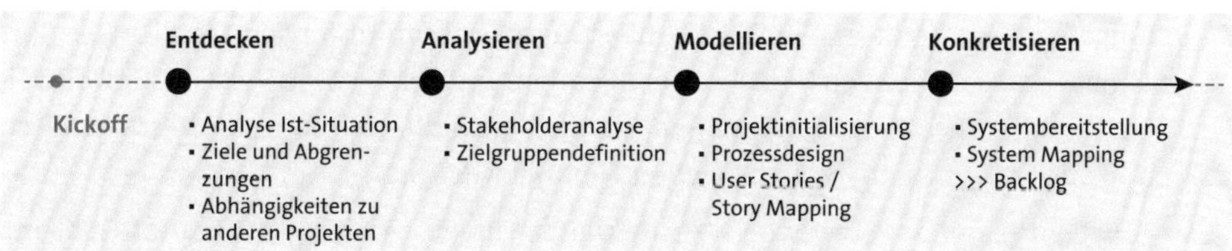

Abbildung 21.2 Konzeptionsphase

Aufgrund des engen Zeitplans entscheidet man sich für eine umfängliche Konzeptionsphase, um alle Eventualitäten bereits zu Beginn bei der Planung berücksichtigen zu können. Da zeitgleich das neue SAP-S/4HANA-System implementiert wird und es viele Abhängigkeiten zu den weiteren geplanten Systemen gibt, ist es für die Zeitplanung von Vorteil, notwendige Arbeiten und Anpassungen in SAP S/4HANA früh zu identifizieren und die beiden parallelen Projekte zu harmonisieren. Wir gehen zunächst auf die Teilbereiche dieser Konzeptionsphase ein, bevor die eigentliche Projektphase beleuchtet wird.

Die Konzeptionsphase ist von Workshops vor Ort geprägt. Hier wird von den Personas, über die Customer Journey, die Schnittstellen, die Migrationsdaten, die Prozessdiagramme bis hin zu den Designentwürfen der zukünftigen Webanwendung alles besprochen.

Nach Abschluss der Workshops sind die Grundlage und das Gerüst für ein erfolgreiches Projekt gelegt. Es stellt sich heraus, dass es ein paar Besonderheiten geben wird, die vor Beginn der Implementierungsphase geklärt werden müssen.

Eine Besonderheit in den Kundenanforderungen ist die Aufteilung der Bestellungen. Kunden bzw. Agenten sollen im B2B-Shop die Möglichkeit haben, für mehrere Verkaufsorganisationen Produkte bestellen zu können. (Multiple Cart). Hier muss entschieden werden, ob die Aufteilung der Bestellung bereits in der SAP Commerce Cloud durchgeführt werden soll oder dieser Vorgang an SAP S/4HANA ausgelagert werden kann. Diese Frage kann schnell vom Fachbereich beantwortet werden: Dieser Vorgang soll in den Zuständigkeitsbereich der SAP Commerce Cloud fallen. Dort kann eine Multiple-Cart-Funktion eingeführt werden, die das Aufteilen der Bestellungen unkompliziert ermöglicht. So kann SyChem auch auf diesen Wunsch ihrer Kundschaft eingehen.

Das Unternehmen konnte außerdem eine Vielzahl von weiteren spannenden und interessanten Funktionen mit der SAP Commerce Cloud umsetzen. Dazu gehören auch die Funktionen Lieferplan erstellen, Konsignationslieferung, Dashboard oder die Bestellhistorie. Das Besondere an der Bestellhistorie bei SyChem soll sein, dass Kunden alle ihre Bestellungen sehen können, egal über welchen Kanal diese eingegangen sind.

Der nächste große Projektteil ist die Integration in das SAP-S/4HANA-System. Bestellungen sollen direkt in das System übertragen werden und nach Möglichkeit dort ohne weitere Prüfungen in die weitere Bearbeitung gehen. Eine Vielzahl an weltweiten Produktions- und Lagerstätten macht die Versandberechnung, die Versandzeiten und auch die Verfügbarkeiten zu einer Herausforderung.

Nun geht es mit der Corporate Website weiter. Um eine weltweite Corporate Website umsetzen zu können, sollten Sie sich in die Sicht des Kunden versetzen und sich folgende Fragen stellen:

- Was sind wichtige und relevante Informationen, die auf Ihrer Website angezeigt werden sollen?

- Wer ist Ihre Zielgruppe?
- Welches Ziel verfolgen Sie mit Ihrer Seite?
- Welche zusätzlichen Funktionen benötigen Sie?

Nach den ersten Workshops stellte sich heraus, dass es ca. 14 verschiedene Internetauftritte gibt. Alle Marken des Unternehmens hatten bisher noch eine eigene Homepage und vermittelten den Kunden auch jeweils ein eigenes Bild. Getreu dem Motto »One Face to the Customer« müssen die Daten, Texte, Bilder und Informationen aller Webseiten gesichert und auf die neue Webseite migriert werden. Die UX-/UI-Teams erstellen nun einen ersten UX-Entwurf der Webseite. Dieser wurde dann auch direkt in einem sogenannten User Acceptance Test an einigen ausgewählten Endkunden von SyChem getestet. Hierzu werden sieben Kunden der Firma SyChem erste gescribbelte Entwürfe zu der Website, Navigation, Suche und den Produkten gezeigt. Diese User sollen dann verschiedene kleine Aufgaben erfüllen, um zu sehen, ob das Konzept funktioniert und ob der Kunde sich auf Anhieb auf der Website zurechtfindet. Den Endkunden frühzeitig einzubeziehen hilft, Fehler zu identifizieren, die zu einem späteren Zeitpunkt schwerer auszubügeln wären. In dem Kundenszenario zeigt sich z. B., dass die Navigation noch nicht perfekt ist und hier nochmal nachgebessert werden muss. In Abbildung 21.3 und Abbildung 21.4 sehen Sie einen Ausschnitt aus unseren Ergebnissen zu den oben beschriebenen User Acceptance Tests.

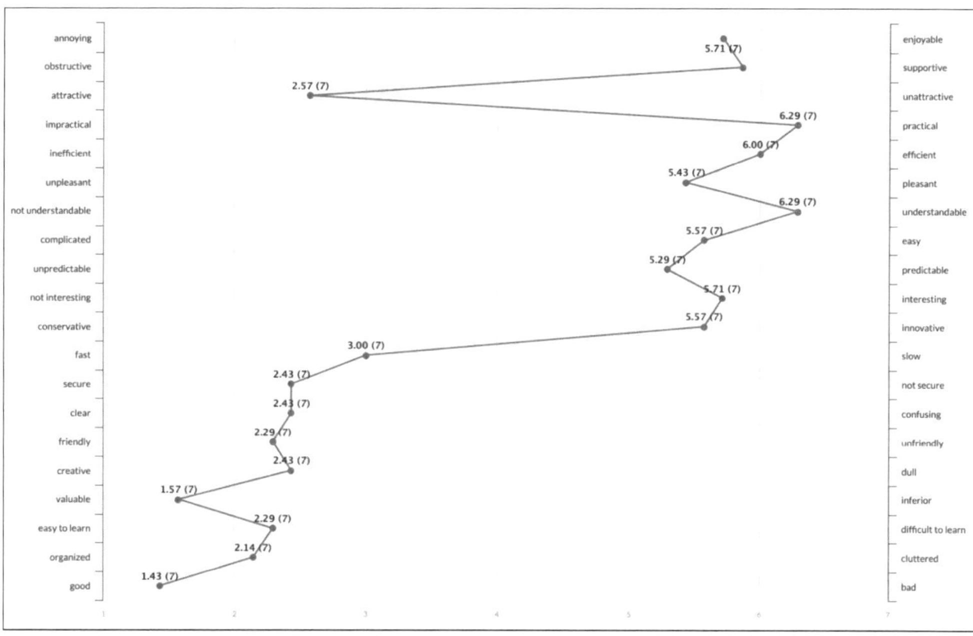

Abbildung 21.3 Ergebnisse des User Acceptance Tests 1

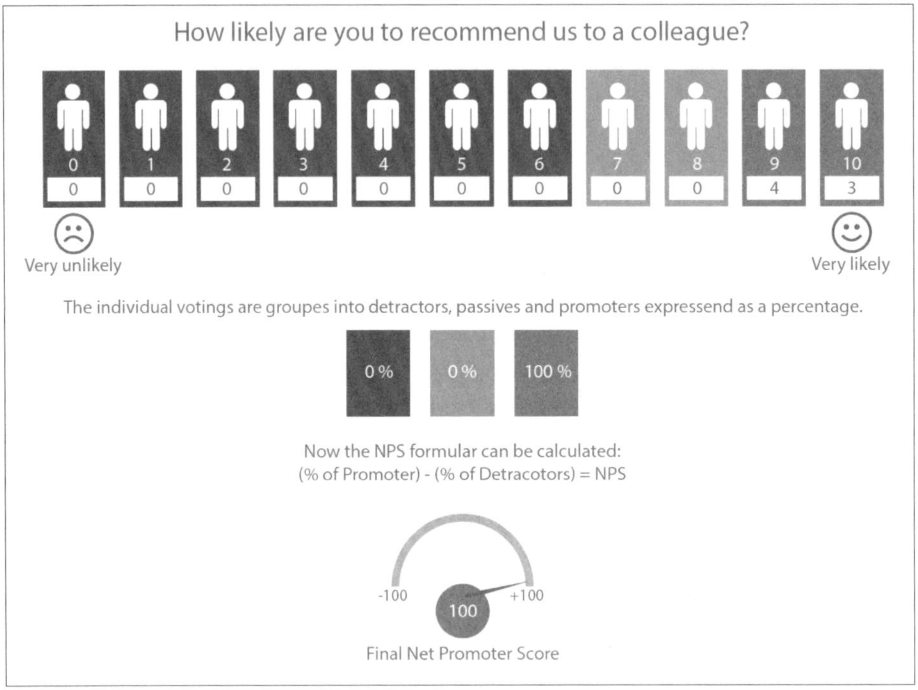

Abbildung 21.4 Ergebnisse des User Acceptance Tests 2

Wie bereits erwähnt, ist auch die Altablöse eines über 15 Jahre gewachsenen Systems Teil dieses Projekts – in der Nachbetrachtung vielleicht der anspruchsvollste und komplexeste Teil. In diesem Teilprojekt wird die SAP-Landschaft bei SyChem zu einer integrierten Systemwelt. Prozesse und Systeme sollen vernetzt werden, sodass diese nahtlos und für die User unsichtbar miteinander kommunizieren. Die Anbindung an SAP Environment, Health, and Safety Management (SAP EHS Management), an die SAP Sales Cloud und an Qualtrics stehen ebenfalls auf der Agenda.

Wie in nahezu jedem CX-Projekt ist auch hier die Migration der Daten eine große Herausforderung. In der Konzeptionsphase stellt sich die Frage, wie das Altsystem und dessen Datenmodell aufgebaut sind und welches die eindeutigen Primärschlüssel bei den Stammdaten der User oder bei den Produkten sind. Auch die Frage danach, welche Daten überhaupt noch benötigt und abgerufen werden, muss schon vor Beginn des Projekts geklärt werden. Das entstandene Migrationskonzept ist dann ebenso Teil der Ergebnisse aus der Konzeptionsphase wie die User Stories und Projektpläne.

Alles in allem kann man sagen, dass die Konzeptionsphase in diesem Szenario äußerst schwierig ist. Bei einer nicht so engen Zeitplanung könnte man die Projekte und auch die Konzeptionsphase von Anfang an in mehrere kürzere Phasen unterteilen.

21.3 Aufbau des Implementierungsprojekts

Das Projekt ist in drei Implementierungsphasen unterteilt, die sich jeweils mit einem Teilbereich der Prozesslandschaft von SyChem beschäftigen:

1. **B2B-Shop**
   Die Verbesserung und Weiterentwicklung des B2B-Webshops ist die erste Phase des Projekts. Vom Einstieg bis zum Check-out werden neue Funktionen implementiert und alte Funktionen umgebaut. 1,3 Millionen Mediendateien müssen übertragen werden. Nach rund sechs Monaten soll eine Reihe von Ländern live gesetzt und die neuen Funktionen, wie Informationen über die Lieferungen der Kunden, Dokumente, wie z. B. Rechnungen und Lieferscheine, oder die oben bereits beschriebene Multiple-Cart-Funktion in die weltweiten Standorte hinausgetragen werden. Auch die Integration in das SAP-S/4HANA-System und in das SAP EHS Management sind in dieser Phase geplant.
2. **Weltweite Corporate Webseite**
   In der zweiten Phase geht es um die Visitenkarte des Unternehmens: die Corporate Website. 14 verschiedene Webseiten der aktuellen Marken und Lösungen der SyChem-Gruppe sollen auf einer zentralen unternehmensweiten Website abgebildet werden. Von dort soll der Kunde auch zum Webshop und zum Kundenportal gelangen. In diesem Projekt wird das SAP-Commerce-Cloud-System an die SAP Marketing Cloud angebunden.
3. **Kundenportal**
   In der letzten Phase geht es um die Ablösung eines 15 Jahre alten Kundenportals. Das neue Projekt läuft unter dem Namen *Connect*. In der Vergangenheit wurde das System immer wieder um neue Funktionen erweitert, andere Funktionen wurden hingegen vernachlässigt. Die Datenbanken und Informationen wuchsen, und man war an das Altsystem gewöhnt. Umso wichtiger ist es, dass die Ablösung gut funktioniert und der erste Eindruck beim Go-live stimmt. Mit der neuen Connect-Lösung möchte SyChem seinen Kunden eine moderne Plattform anbieten, auf der sie sich informieren und mit SyChem in Kontakt treten können. Das Portal wird in die SAP Sales Cloud, in die SAP Marketing Cloud, in das SAP-S/4HANA-System, in Qualtrics, in SAP EHS Management sowie in einen Sharepoint integriert.

Alle Projekte werden in der Projektmethodik Scrum, also agil durchgeführt (siehe Infokasten in Abschnitt 19.2.1, »Projektorganisation und Vorgehen«).

Das Team besteht aus einem Kernteam, das an allen Projekten beteiligt ist und aus weiteren Personen, die, je nach bevorstehender Aufgabe, hinzugezogen werden. Das Kernteam besteht aus Projektleitung, Solution Architect, zwei Mitgliedern der Backend-Entwicklung und einem Mitglied der Frontend-Entwicklung sowie einem Mitglied des UI-/UX-Teams. Punktuell werden externe Fachkundige für die Integration, für die SAP Marketing Cloud, für Qualtrics und für die SAP Sales Cloud sowie eine

Inhouse-Fachperson für SAP S/4HANA hinzugezogen. Wichtig zu erwähnen ist noch, dass die Beschäftigten quer durch Deutschland verteilt sind. Bielefeld, Köln, Radolfzell und Offenbach sind die Standorte der verschiedenen Projektmitarbeitenden.

Die Gesamtlaufzeit für die genannten Projekte wird auf 18 Monate angesetzt – also genau der zur Verfügung stehende Zeitraum. Dabei ist der Faktor Zeit sehr wichtig und sollte während des Projekts im Auge behalten werden.

21.3.1 Phase 1 – Verbesserung und Weiterentwicklung des Webshops

Der Webshop der Firma SyChem soll zu einem zentralen Element in der Umsatzgenerierung werden. Daher sind die Nutzerfreundlichkeit und die Möglichkeit, schnell und unkompliziert bestellen zu können, von höchster Bedeutung für diesen Webshop. Ziel war es, den Webshop um Funktionen zu erweitern und zudem in einer Vielzahl von Ländern auszurollen.

Da das Team während des Projekts remote arbeitet, ist es sehr wichtig, dass zu Beginn einige grundlegende Themen besprochen werden. »Einer remote, alle remote«, »Zeit für den anderen nehmen«, »Zusammen statt gegeneinander« oder »Blick über den Tellerrand« sind nur einige Regeln, die im internen Kick-off-Termin auf ein Flipchart geschrieben wurden. Alle Projektbeteiligten haben nach dem Kick-off dieses Flipchart mit den Regeln unterschrieben. Dies soll unterstreichen, dass sich auch alle an die gemeinsam aufgestellten Regeln halten werden. Unmittelbar nach dem internen Kick-off, gibt es einen Kick-off mit allen Beteiligten – auch aufseiten von SyChem. Hier wird u. a. noch einmal das Ziel der Digitalisierungsstrategie klar formuliert.

In Abbildung 21.5 sehen Sie einen agilen Projektplan mit 14-tägigen Sprints. Nach der oben beschriebenen Konzeptionsphase werden die Aufgaben im Backlog – die Sammlung der Funktionen – abgearbeitet. Schnell konnten dem Kunden fertige Funktionen gezeigt werden. Durch die Scrum-Projektmethodik sieht der Kunde in kurzen Abständen bereits fertige Funktionen.

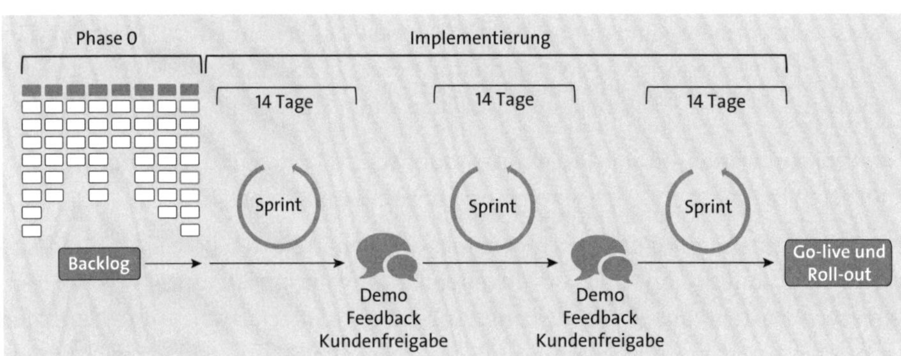

Abbildung 21.5 Konzeptionsphase inklusive Implementierungsphase

In der ersten Projektphase kann das Team schnell zeigen, wie selbstorgansiert, strukturiert und qualitativ hochwertig es arbeitet. Schnell wird klar, dass der Zeitplan eingehalten werden kann, wenn nichts Außergewöhnliches dazwischenkommt. Doch wie es in vielen Projekten dieser Art der Fall ist, muss auch SyChem bei diesem Projekt mit Verzögerungen zurechtkommen. Durch die vielen gleichzeitig laufenden Projekte können Funktionen, die in SAP S/4HANA implementiert werden müssen und die dringend benötigt werden, nicht fristgerecht umgesetzt werden. Um dies zu lösen, können die Aufgaben im Backlog neu priorisiert werden. Aufgaben, die nicht von den anderen Teilprojekten, wie dem SAP-S/4HANA-Projekt, abhängen, können vorgezogen werden. In dieser Phase des Projekts muss immer wieder neu priorisiert und auf Veränderungen eingegangen werden. Das parallele SAP-S/4HANA-Projekt erweist sich an vielen Stellen als Engpass, da viele Funktionen und Business-Logiken aus dem SAP-S/4HANA-System benötigt werden, die zum aktuellen Zeitpunkt noch nicht lauffähig sind. Die Integrationsthemen erfordern diverse Abstimmungsrunden mit den zuständigen SAP-S/4HANA-Fachleuten.

21.3.2 Phase 2 – World Wide Corporate Website

Der Aufbau der neuen weltweiten Corporate Website ist die zweite Phase der Digitalisierungsstrategie und beinhaltet auch die Zusammenführung der 14 bestehenden Websites.

Da die Arbeit in dieser Phase deutlich mehr Frontend-Anteile hat, wird das Kernteam um zwei weitere Frontend-Entwickler erweitert. Das Projektteam wird außerdem um einen neuen Fachbereich ergänzt, der im Wesentlichen für die Prozesse und Anforderungen verantwortlich ist. Zudem kommen auch die Bereiche Corporate Communication und die Marketingabteilung von SyChem ins Spiel.

In dieser Phase ist das Release-Management eine große Herausforderung. Da Teile der Website eher live gehen sollen, ist es wichtig, dass das SyChem-Team Komponenten und Seiten zeitnah mit Inhalten füllen kann. Daher wird bei den Sprints auf statt des zweiwöchigen auf einen vierwöchigen Rhythmus bis zum Deployment der produktiven Versionen umgestellt. In diesem Fall ist es wichtig, dass die neu bereitgestellten Seiten noch nicht für die Kunden und User sichtbar sind. Durch eine gute Vorplanung und einen genauen und detaillierten Ablaufplan kann sichergestellt werden, dass die Seiten zwar für die internen Mitarbeitenden aufrufbar und für die Bearbeitung verfügbar, aber für die externen User noch nicht sichtbar sind.

Nach drei Sprints wird klar, dass die Abteilung Corporate Communication und Marketing die produktiv gestellten Seiten nicht rechtzeitig mit Content füllen können. Zu häufig ist dort nur Fülltext zu lesen. Die erste »harte« Deadline – der Tag, an dem die alten Systeme der Webseite abgestellt werden – droht, nicht gehalten werden zu können. Nachdem weitere Ressourcen in diesen Abteilungen bereitgestellt worden sind, kann der Verzug aufgeholt werden.

Abschließend kann auch die SAP Marketing Cloud schnell und unkompliziert eingebunden werden. Somit steht dem Verfolgen der Website-Besuche und Aktivitäten der Kunden des B2B-Shops nichts mehr im Wege. Zudem kann SyChem durch die gesammelten User-Daten gezielte und passgenaue Marketingkampagnen erstellen und diese im Nachgang auswerten und nachverfolgen.

Pünktlich zur Deadline können alle noch nicht sichtbaren Seiten für die Außenwelt freigeschaltet und die Altsysteme abgeschaltet werden. Die Weiterleitungen funktionieren einwandfrei.

21.3.3 Phase 3 – Kundenportal »Connect«

Die letzte Phase des Projekts beginnt pünktlich, wobei hier der Zeitplan nicht so eng wie in den vorangehenden Phasen ist. Diese Phase wurde nach der Konzeptionsphase als die komplexeste und schwierigste Phase eingestuft. Integrationen in viele Systeme stehen ebenso auf dem Projektplan wie die Migration von unzähligen Daten. Komplex wird es, da wieder viele Abhängigkeiten zu anderen Projekten bestehen. Deshalb ist es wichtig, dass die Dokumente, wie z. B. die Sicherheitsdatenblätter oder die Produktdatenblätter, zum passenden Zeitpunkt auch im Quellsystem zur Verfügung stehen. Es ist geplant, dass diese Daten über die SAP Integration Suite aus dem SAP EHS Management abgeholt werden, um diese dann den Usern bereitstellen zu können. Das EHS-Projekt ist zu Beginn der Phase 3 noch nicht final abgeschlossen – es bleibt also spannend.

Eine der wichtigsten, wenn nicht die wichtigste Aufgabe in dieser Phase ist die Migration der Produktdaten aus dem Altsystem. Ein exemplarisches Datenmodell aus diesem System sehen Sie in Abbildung 21.6.

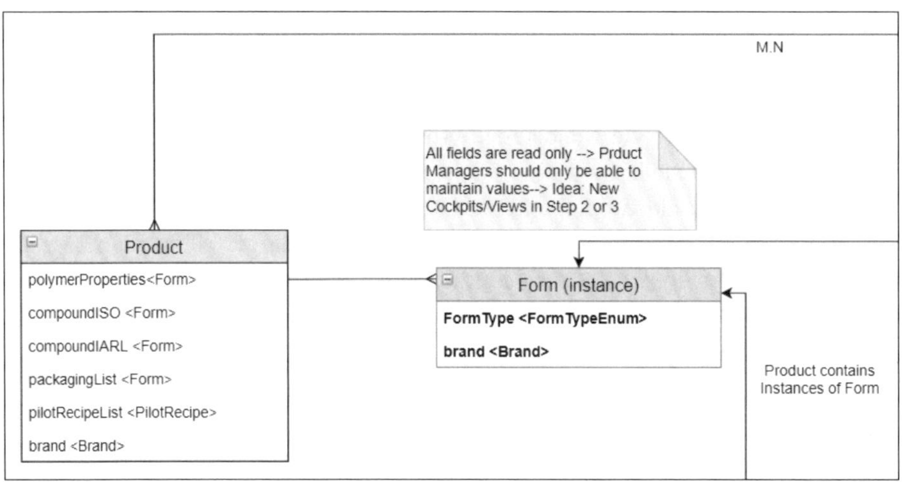

Abbildung 21.6 Auszug aus dem SyChem-Datenmodell für die Migration der Altdaten

Mithilfe von verschiedenen Entwicklungstechniken können die Daten migriert werden. Wenn die neue Datenstruktur steht, können die ersten Stammdaten testweise migriert werden. Die erfolgreiche Migration der ersten zehn Produktattribute und ihre korrekte Zuordnung erfreut alle Beteiligten.

Im bereits kurz erwähnten EHS-Projekt kommt es zu kleinen Verzögerungen, aber dennoch läuft alles recht gut. Die Zusammenarbeit mit diesem Team ist einwandfrei, sodass der Projektplan mit ein paar kleineren Änderungen auch in die Praxis umgesetzt werden kann. Dies ist ein weiterer wichtiger Schritt in die richtige Richtung.

Bleiben noch die weiteren Integrationsthemen. Drei verschiedene Arten von Requests wurden implementiert. Diese Requests werden an die SAP Service Cloud gesendet, in der ein entsprechendes Serviceticket inklusive der gelieferten Informationen erstellt wird. Diese Tickets werden von dem SyChem-Innendienst bearbeitet und beantwortet. Im Folgenden möchten wir kurz die verschiedenen Arten der zur Verfügung stehenden Request erläutern:

- *Service Request*: Dieser Request dient dazu, dass die Kunden von SyChem Serviceanfragen erstellen können. Die Kunden haben in diesem Request auch die Möglichkeit, Bilder oder andere Dokumente an das erstellte Ticket zu hängen.
- *Product Information Request*: Hier haben die Kunden die Möglichkeit, eine Anfrage zu speziellen Produkten zu stellen. Sie können erfragen, wie die genaue Zusammensetzung des Produkts ist oder welche Sicherheitsmerkmale ein Produkt hat
- *Document Request*: Hier haben die Kunden die Möglichkeit, allgemeine oder produktspezifische Dokumente, wie z. B. Sicherheitsdatenblätter, Zertifikate oder allgemeine Versandinformationen zu erfragen. Dies geschieht, indem sie ein Ticket mit den notwendigen Informationen erstellen. Sollten die Kunden ein spezielles Produkt auswählen, wird überprüft, ob das gewünschte Dokument schon verfügbar ist. Sollte dies der Fall sein, wird ihnen das Dokument umgehend als Antwort an das Ticket gehängt.

Die Anlage eines Requests erfolgt in der SAP Commerce Cloud. Ein abgeschickter Request erzeugt direkt ein Ticket in der SAP Sales Cloud. In der SAP Commerce Cloud können die SyChem-Kunden ihr Ticket einsehen sowie den Status und auch den Kommentarverlauf beobachten, denn wenn eine Person bei SyChem im SAP-Sales-Cloud-System eine Antwort gibt, wird diese direkt zurück an das SAP-Commerce-Cloud-System geschickt.

Für das Tracking von Downloads oder des Klickpfads wird die SAP Marketing Cloud integriert. Somit kann SyChem in Zukunft noch gezielter Kunden segmentieren und Kampagnen erstellen.

Um die Ausrichtung auf die Customer Experience noch abzurunden und vor allem um Feedback von Beschäftigten, Besucherinnen und Besuchern, Kunden oder anderen Personen zu erhalten, wird Qualtrics eingebunden.

Nach anderthalb Jahren ist das Projekt gemeinsam geschafft. Mit den CX- und weiteren Lösungen von SAP wurde eine integrative und digitalisierte Prozesslandschaft geschaffen, die sowohl SyChem als auch deren Kunden unterstützt.

21.4 Fazit und Ausblick

Im laufenden Betrieb zeigt sich, dass die Strategie von SyChem die richtige war. Mit der vernetzten Customer-Experience-Welt von SAP, ist SyChem der Konkurrenz einen Schritt voraus. Schnell und unkompliziert finden Kunden auf der Webseite und im Shop genau das, was sie suchen und benötigen. Sie können Requests erstellen und erhalten automatisch eine Benachrichtigung per E-Mail, wenn ein Ticket einen neuen Status hat. Sowohl für die Kunden von SyChem als auch für die Mitarbeitenden ist diese voll integrierte CX-Welt ein rundum gelungenes Konzept. Diesen Erfolg spiegelt auch das Feedback wider, das über Qualtrics eingeholt wird.

Auch in Zukunft möchte sich SyChem nicht ausruhen. Weitere Erweiterungen, Länder-Roll-outs und Vernetzungen in neue Systeme sind geplant. Für das Lead und Opportunity Management soll es in naher Zukunft ein neues System geben, die SAP Sales Cloud. Auch diese Lösung soll in die vorhandenen Systeme wie SAP Marketing Cloud, SAP Service Cloud oder SAP Commerce Cloud eingebunden werden. Auf diese Weise sollen der Vertrieb von SyChem gestärkt, Prozesse vereinfacht und mehr Umsatz generiert werden.

Um auf dem neuesten Stand zu bleiben, ist eine Migration von der SAP Commerce Cloud V1 in die neue SAP Commerce Cloud V2 geplant. Diese Migration wird von SAP empfohlen und bringt eine Vielzahl von Vorteilen mit sich. Zu nennen sind hier die bessere Skalierbarkeit der SAP Commerce Cloud V2 bei Lastspitzen, also wenn viele User durch besondere Events oder Werbeaktionen gleichzeitig auf das System zugreifen wollen. Ein weiterer Vorteil ist die Möglichkeit, die Systeme eigenständig deployen zu können. Die Deployments wurden in der Cloud V1 noch von SAP übernommen und mussten per Ticket angefordert werden. In diesem Zuge soll es auch schon wieder die ersten Anpassungen an die Systeme geben. So sollen im SAP-Commerce-Cloud-System neue Module live gesetzt werden, die es den SyChem-Mitarbeitenden ermöglichen, für ihre Kunden Bestellungen auszulösen oder zu schauen, an welchen Stellen im B2B-Shop gerade Schwierigkeiten auftreten.

Bei SyChem gibt es kein Thema, das nicht auf den Prüfstand kommt. Aktuell werden u. a. auch Themen wie die Integration eines Chatbots und der Einsatz von künstlicher Intelligenz (KI) geprüft.

Kapitel 22

Kundenszenario 4: Smart in Richtung Customer Experience

Auch beim Thema Customer Experience ist Vorsicht besser als Nachsicht. Unternehmen sollten Ihre Prozesse früh auf Verbesserungspotenzial hin untersuchen, bevor Kunden abwandern. Wie Sie Customer Experience mit mittel- und langfristigen Unternehmenszielen verbinden und umsetzen, was auch zukünftig Erfolge verspricht, lesen Sie in diesem Kundenszenario.

In diesem Szenario beschreiben wir den Digitalisierungsprozess eines mittelständischen Unternehmens, das schon sehr frühzeitig die Notwendigkeit einer Umstellung seiner Prozesse erkannt hat. Zunächst stellt man fest, dass vor allem die Prozesse mit Kundenkontakt effektiver und effizienter sein könnten. Später motivieren dann auch das sich verändernde Marktumfeld, die Ergebnisse einer Analyse der eigenen Marktposition und der Bedarf nach weiterem, organischem Wachstum dazu, weitere Digitalisierungsschritte in Angriff zu nehmen und das Unternehmen so stufenweise fit für den Wettbewerb zu machen. Es handelt sich hier also nicht um eine große, langfristig angelegte Digitalisierungsstrategie, die nach und nach über Jahre umgesetzt wird, sondern eher um vergleichsweise kleinere Puzzleteile, die bedarfsabhängig erstellt werden und richtig zusammengesetzt dennoch ein unternehmensübergreifendes, konsistentes Bild ergeben. Mit dem in diesem Szenario beschriebenen Ansatz lassen sich schnell Ergebnisse erzielen, jedoch muss bei jedem Schritt separat sichergestellt sein, dass er sich in die unternehmensübergreifende Customer Journey und die entsprechende Systemlandschaft einfügt.

Zunächst werden wir uns den SAP-Kunden in diesem Szenario näher anschauen und dessen Herausforderung aufzeigen. Darauf aufbauend, schauen wir uns an, wie das Projekt und mit welchem Ergebnis realisiert wird. Zum Schluss werfen wir einen Blick auf den Betrieb der CX-Plattform und geben einen Ausblick auf weitere Digitalisierungsschritte.

22.1 Einführung eines CX-Projekts im produzierenden Gewerbe

Bei dem SAP-Kunden, der im Folgenden der Einfachheit halber *SyProd* genannt wird, handelt es sich um ein international agierendes Unternehmen aus dem produzierenden Gewerbe, das sich vor allem durch die hohe Qualität und das ansprechende Design seiner Produkte eine gute Marktstellung erarbeitet hat. Die Hauptmärkte sind Deutschland und Westeuropa, wobei eine Expansion in weitere Länder und Kontinente bereits teilweise erfolgt oder geplant ist.

Das Unternehmen ist in der Vergangenheit kontinuierlich gewachsen. Organisation und Produktion konnten mit diesem Wachstum stets Schritt halten. Bei der Erweiterung der Prozess- und Systemlandschaft war dies nicht immer möglich. Wie in solchen Fällen üblich, sind Prozesse und Systeme bei ihrer Einführung zunächst noch nicht auf eine entsprechende Skalierung ausgelegt, um zukünftiges Wachstum aufnehmen zu können. Sie sollen eher bestehende Probleme lösen und bestehende Ziele erreichen. Viele Unternehmen entscheiden sich daher für Eigenentwicklungen oder kostengünstig erworbene Einzellösungen mit begrenztem Funktionsumfang. Ein entsprechender Kostendruck verhindert die frühe Einführung einer Enterprise-tauglichen Systemlandschaft, die skalierbar und erweiterbar wäre. Die Folge ist eine heterogene Systemlandschaft, die eine gewisse Zeitlang kostengünstig arbeitet, aber bei wachsenden Anforderungen dazu führt, dass die Grenzen der Systemlandschaft die Prozesse selbst beeinträchtigen.

Ein guter Prozess wird durch eine gute Systemunterstützung noch besser, ein schlechter Prozess wird sich hingegen durch ein noch so gutes System kaum verbessern. Wenn sich ein Prozess jedoch an vorhandenen Systemgrenzen orientieren muss, degenerieren die Prozesse nach und nach, da sich Prozessanforderungen und Systemleistung gerade bei wachsenden Unternehmen typischerweise immer weiter voneinander wegbewegen. Reporting- oder Finance-getriebene Prozesse sind Ihnen da vielleicht ein Begriff. Prozesse, die durch Systemeinschränkungen getrieben sind, finden sich aber auf nahezu jedem Prozessgebiet.

Bei hoch qualifiziertem und motiviertem Personal, wie im beschriebenen Unternehmen, werden entsprechende Defizite in den Prozessen und Systemen zunächst durch ein hohes Engagement der Beschäftigten ausgeglichen oder verdeckt. Bei SyProd reift die Erkenntnis, sowohl bei den Beschäftigten als auch in der Unternehmensführung schon früh, dass entsprechendes Verbesserungspotenzial für kundenorientierte Prozesse besteht, auch ohne einen direkten Druck von außen, z. B. durch die Kunden. Vor allem, wenn man eine gute Marktstellung durch hohe Qualität und Design erlangt hat, ist der Anspruch von Kunden an die Prozesse des Unternehmens, z. B. im Service, ähnlich hoch wie an die Produkte selbst. SyProd entscheidet sich deshalb, zunächst alle Marketing-, Vertriebs- und Serviceprozesse zu analysieren. Aus den Ergebnissen dieser Analyse lassen sich drei Haupterkenntnisse ableiten:

- Kundenanfragen lassen sich nicht trennscharf in Vertrieb und Service einteilen. Je nach Kundenanfrage können die unterschiedlichsten Organisationseinheiten gefragt sein, also neben der Vertriebs- und Serviceorganisation z. B. auch das Marketing, das Produktmanagement oder das Controlling. Je nach Fortgang kann die Anfrage auch zwischen verschiedenen Organisationseinheiten hin- und herpendeln, was bisher zu unklaren Zuständigkeiten und teils sehr langen Antwortzeiten führte. Es müssen also sämtliche internen Organisationseinheiten darauf ausgelegt sein, Kundenanfragen zukünftig effektiv und effizient bearbeiten zu können.
- Bei einem dreistufigen Vertriebsmodell, wie es bei SyProd vorliegt, ist die Transparenz über alle drei Vertriebsstufen hinweg Voraussetzung für einen erfolgreichen Vertrieb. Die dafür notwendigen Informationen sind dabei meist schon irgendwo verfügbar, jedoch nicht konsistent oder jederzeit für alle Mitarbeitenden.
- Es offenbart sich, dass das Key Accounting und der Flächenvertrieb wenig bis keinen Austausch miteinander pflegen, obwohl sie teilweise dieselben Vertriebsfälle bearbeiten, wenn auch zu unterschiedlichen Zeitpunkten.

Diese Erkenntnisse führen zu der Entscheidung, insgesamt 27 Marketing-, Vertriebs- und Servicehauptprozesse kundenorientiert neu zu definieren. Dabei steht die reibungslose Zusammenarbeit zum Wohle der Kunden im Vordergrund. Die drei aufgeführten Problemfelder sollen mit folgenden Lösungsansätzen angegangen werden:

- Um das Thema der Kundenanfragen anzugehen, werden zunächst Soll-Durchlaufzeiten für Kundenanfragen definiert. Außerdem hat sich jede Organisationseinheit, die für Kundenanfragen relevant sein könnte, selbst *Service Level Agreements* (SLAs) auferlegt, mit denen die Bearbeitungszeit von Kundenanfragen in Zukunft garantiert sein soll. Um die Zeiten einhalten zu können, müssen sich die Teams untereinander organisieren und stetig miteinander kommunizieren. Dazu gehört es, bei Abwesenheiten oder Urlaubsperioden handlungsfähig bleiben zu können, was gerade bei kleineren Einheiten eine Herausforderung darstellt. Es wird auch klar, dass ein System benötigt wird, das in der Lage ist, eine Vielzahl an Kundenanfragen aufzunehmen, diese an unterschiedliche Organisationseinheiten zu delegieren und sowohl die Gesamtlaufzeit als auch die SLAs der jeweiligen beteiligten Organisation transparent zu machen.
- Die geforderte Datentransparenz für den dreistufigen Vertrieb ist weniger eine Prozess- als eine Systemherausforderung. Die geforderten Daten sind bisher entweder in verschiedenen Systemen vorhanden, auf die nicht alle Mitarbeitenden Zugriff haben, oder liegen überhaupt nicht systemunterstützt vor. Es fehlt hier also der sogenannte 360-Grad-Blick auf den Kunden.
- Für die Kommunikation zwischen Key Accounting und Flächenvertrieb werden Prozesse mit klar zugeteilten Vertriebsphasen, Übergabemeilensteinen und Datenobjekten definiert.

Aus den neu definierten Prozessen werden Ziele und Anforderungen für das neue System formuliert, das sowohl die 27 Hauptprozesse optimal unterstützen kann als auch für zukünftige Anforderungen anpassbar ist. Die Prozessoptimierung wird also gemeinsam mit der Systemoptimierung angegangen. Die Anforderungen an das neue System werden auch aus einer sehr umfangreichen, strukturierten Nutzerbefragung zu den bestehenden Systemen gewonnen.

SyProd setzt daraufhin übergeordnete Ziele für die neue Systemeinführung fest:

- Sämtliche Kundenvorgänge in Marketing-, Vertriebs- und Serviceprozessen sind für alle Nutzerinnen und Nutzer transparent.
- Kundenbeziehungen können effizient und effektiv gesteuert werden.
- Es gibt eine hohe Nutzerakzeptanz.
- Es existiert die Möglichkeit, über entsprechendes Reporting die Qualität der Prozesse messen zu können.

Solche Ziele finden sich sicher in vielen CRM-Projekten. Da sie noch recht allgemein gehalten sind, werden sie zu Beginn des Projekts noch einmal detailliert und SMARTer gemacht (siehe Tabelle 22.1).

[»]

SMART

Das Akronym SMART steht für *spezifisch, messbar, ausführbar, relevant* und *terminiert.*

Wenn Sie ein definiertes Ziel mit diesen fünf Attributen beschreiben können, ist es überprüfbar und lässt keinen Interpretationsspielraum mehr zu.

Konkrete Ziele sind wichtig, um über die gesamte Projektlaufzeit hinweg einen klaren Fokus und damit klare Priorisierungskriterien zu haben. Oft tut man sich schwer, überprüfbare Ziele zu formulieren. Eine Hilfe dabei ist, grobe, unspezifische Ziele so lange herunterzubrechen, bis sich Teilziele ergeben, die tatsächlich messbar gemacht werden können. Das von SyProd angestrebte Ziel, Kundenbeziehungen effizient und effektiv steuern zu können, lässt sich in mehrere Teilziele aufteilen. Eines davon könnte sein, dem Außendienst als Beitrag zur Effizienz in Zukunft mehr Zeit für die Kundenkommunikation einzuräumen. Dieses Ziel lässt sich wiederum in weitere, messbare Teilziele aufteilen (siehe Tabelle 22.1).

Spezifisch: Wer? Was? Wann? Wo? Warum?	Messbar: Ist eine Metrik zur Messbarkeit vorhanden?	Ausführbar: Sind die Ressourcen, Fähigkeiten und Skills vorhanden, um das Ziel zu erreichen?	Relevant: Passt das Ziel zu den übergeordneten [Unternehmens]zielen?	Terminiert: Zeitpunkt der Erfolgsmessung
Ziel 1: Der Außendienst hat mehr Zeit für die Kundenkommunikation				
Der Außendienst sollte maximal 3 Stunden pro Woche mit der Systempflege zubringen müssen.	✓	✓	✓	6 Monate nach Go-live
Der Außendienst soll die Fähigkeit haben, Informationen zu pflegen, sobald sie entstehen.	✓	✓	✓	zum Go-live
Der Außendienst soll jederzeit Zugang zu seinen benötigten Daten haben können.	✓	✓	✓	zum Go-live
Die Kundenkommunikation pro Außendienstmitglied steigt um 10 % (E-Mail, Besuch, Telefon).	✓	✓	✓	6 Monate nach Go-live gegenüber 12 Monaten vorher
Ziel 2: Das System ist ein Mehrwert für den Außendienst				
Der Außendienst sagt, dass das System ihm dabei hilft, zu verkaufen (Nutzerbefragung).	✓	✓	✓	12 Monate nach Go-live
Der Außendienst hat nun mehr Informationen über seine Kunden.	✓	✓	✓	6 Monate nach Go-live gegenüber 12 Monaten vorher
Der Außendienst hat nun Informationen über seine Konkurrenzsituation.	✓	✓	✓	6 Monate nach Go-live gegenüber 12 Monaten vorher
Der Zeitbedarf für eine Angebotserstellung sinkt um mindestens 20 %.	✓	✓	✓	6 Monate nach Go-live

Tabelle 22.1 Beispiel für SMARTe Projektziele für den Außendienst

In größeren Abständen werden Retrospektiven durchgeführt, in denen die Zielerreichung bis zum aktuellen Zeitpunkt bewertet und die Zielpriorisierung gegebenenfalls neu vorgenommen wird.

Das neu einzuführende System wird nicht nur als Möglichkeit der Optimierung von Prozessen gesehen, sondern soll auch zukünftige Wege der Marktbearbeitung ermöglichen. Als zukünftige Systeme werden die SAP Sales Cloud und SAP Service Cloud ausgewählt, um allen Beschäftigten in einem einzigen System alle Informationen für ein effizientes Arbeiten bereitzustellen (siehe Abbildung 22.1):

- **SAP Sales Cloud**
  Die SAP Sales Cloud wird für Vertrieb und Marketing eingesetzt, um damit die geforderte Transparenz über alle Kundenbeziehungen zu schaffen und zusätzliche Erkenntnisse für eine zielgerichtetere Marktbearbeitung zu gewinnen.
- **SAP Service Cloud**
  Die SAP Service Cloud dient vorrangig dem Kundenservice als Ticket-Management-Tool zur Interaktion mit den Kunden. Sie dient aber auch der Bearbeitung jeglicher kundenbezogenen Anfragen, also auch von Anfragen, die der Kundenservice nicht allein bearbeiten kann oder die nicht direkt von Kunden erzeugt werden. Tickets werden hier also für die effiziente Bearbeitung von kundenbezogenen Anfragen über alle Organisationsgrenzen hinweg genutzt. Ziel ist es, jede kundenbezogene Anfrage möglichst schnell mit der richtigen Information beantworten zu können.
- **SAP Process Orchestration**
  SAP Process Orchestration wird als Integrationsplattform mit dem SAP-ERP-Backend sowie Fremdsystemen des Unternehmens eingesetzt. Da dieses System bereits mit entsprechendem internem Know-how im Einsatz ist, wird es der SAP Business Technology Platform (SAP BTP) vorgezogen.

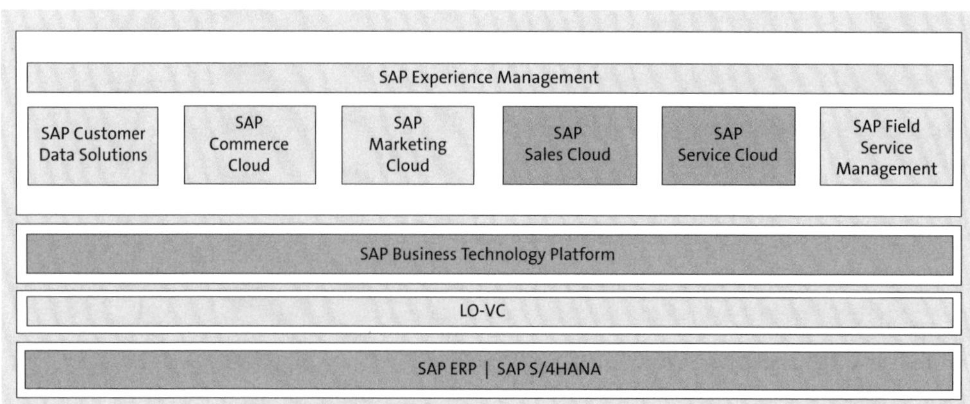

Abbildung 22.1 CX-Architektur des Kundenszenarios 4: produzierendes Gewerbe

Die Integration in SAP ERP soll sowohl technisch lückenlose Prozesse ermöglichen, z. B. wenn aus einer Reklamation eine kostenlose Lieferung initiiert wird, als auch den Anwenderinnen und Anwendern der SAP Sales Cloud und der SAP Service Cloud notwendige Daten bereitstellen, die nur im SAP-ERP-System erfasst werden, wie z. B. Aufträge.

Neben den beschriebenen prozessualen und technischen Herausforderungen des Projekts ergibt sich eine weitere Herausforderung aus der Projektorganisation: Jede der drei Organisationseinheiten Marketing, Vertrieb und Service hat ihre eigenen Anforderungen und auch die Hoheit über die damit verbundenen Budgets. Es gibt also keinen zentralen Product Owner für das Gesamtprojekt, der alle Scope-Entscheidungen prozessübergreifend treffen kann. Da alle Prozessgebiete gleichzeitig eingeführt werden sollen und die meisten Prozesse miteinander verwoben sind, besteht also die Herausforderung darin, über die gesamte Projektlaufzeit hinweg zwischen diesen verschiedenen Stakeholdern zu moderieren.

22.2 Konzeptionsphase und Planung

Zu Beginn des Projekts wird eine längere, detaillierte Konzeptionsphase durchgeführt. In dieser Phase müssen die bestehenden Anforderungen eines vorliegenden, mehr als 1.000-seitigen Lastenhefts in konkrete Systemanforderungen an die SAP Sales Cloud und die SAP Service Cloud übertragen werden. Lange Konzeptphasen sind für agile Projekte eher unüblich; dennoch wird dieser Weg gewählt, da ein Festpreis implementiert werden soll und der Liefergegenstand daher möglichst greifbar definiert werden muss.

Ohne dass dies von SyProd direkt angesprochen wird, dient diese Phase auch dazu, sowohl das gewählte Produkt als auch den gewählten Dienstleister auf seine Leistungsfähigkeit hin zu überprüfen. So will SyProd sicher gehen, dass die vorgegebenen Ziele durch die Investition auch erreicht werden.

Das Ergebnis der Konzeptphase ist eine strukturierte Sammlung bereits sehr detaillierter User Storys. Jede User Story ist dabei mindestens einem Prozessschritt der 27 Hauptprozesse bzw. deren Unterprozessen zugeordnet. So lässt sich stets nachvollziehen, worin eine Anforderung Ihren Ursprung hatte und welchem Zweck sie dient. User Stories, die in mehreren Prozessen verwendet werden, wie z. B. die Anlage einer Kontaktperson, sind dabei entsprechend mehreren Prozessschritten aus unterschiedlichen Prozessen zugeordnet (siehe Abbildung 22.2).

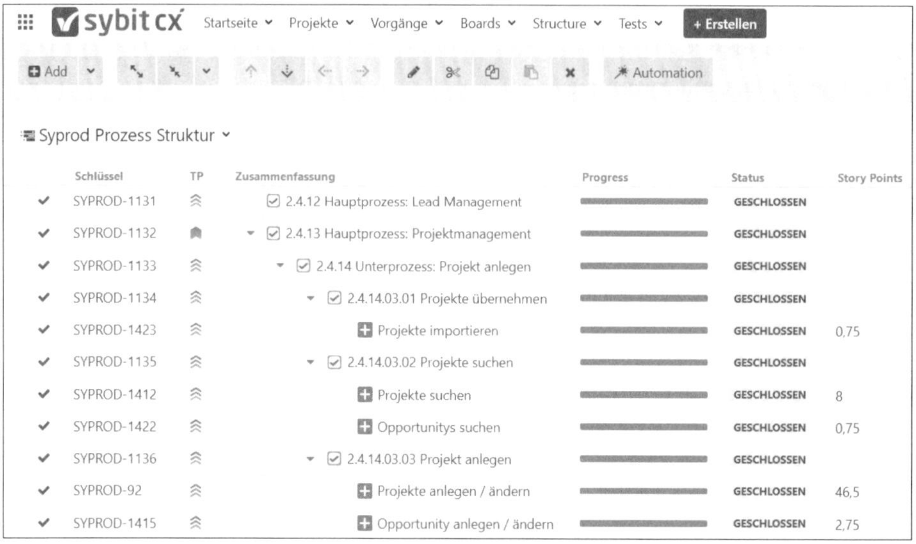

Abbildung 22.2 User Stories zu den Prozessschritten zuordnen

Diese Zuordnung hat aus mehreren Gründen sowohl in der Konzeptphase als auch während der Konzeptumsetzung einen erheblichen Mehrwert:

- Sie hilft bei der Priorisierung von User Stories, gemessen an ihrem Business Value.
- Über eine entsprechende Visualisierung kann sichergestellt werden, dass es keine Lücken bei der Unterstützung eines Prozesses durch das System gibt. Doppelungen können so ebenfalls vermieden werden.
- Sie vereinfacht die Auswahl der richtigen Reihenfolge von zu implementierenden User Stories.
- Bei Prozesstests ist auf einen Blick sichtbar, welche User Stories in welcher Reihenfolge zu testen sind.
- Die Schulungen können sich ebenfalls anhand der den Prozessen zugeordneten User Stories orientieren.
- Es ist sofort sichtbar, auf welche Prozesse eine Änderung oder Streichung einer User Story Auswirkungen haben könnte.

Zusätzlich zu den User Stories wird eine Gesamtarchitektur über alle Systeme mit entsprechenden Datenflüssen entworfen.

22.2.1 Projektaufbau

Da sowohl Prozesse als auch Systemfunktionen über weite Teile neu sein werden, zeichnet sich schon sehr früh ab, dass eine Umsetzung in Phasen oder ein MVP-Ansatz (*Minimum Viable Product*) nicht sinnvoll sein konnte. Bei dem MVP-Ansatz wird zunächst ein minimal brauchbares oder existenzfähiges Produkt entwickelt, um möglichst schnell Nutzer-Feedback zu erhalten und ihre Anforderungen in die weitere Entwicklung einfließen zu lassen. Der Projektaufbau nach diesem Ansatz oder eine Umsetzung in Phasen würde eine Zeitlang noch Prozess- und/oder Systembrüche, die der Akzeptanz eines neuen Systems entgegenstünden, nach sich ziehen. Nach den Erfahrungen mit dem Altsystem ist klar, dass der erste Eindruck bei den Anwenderinnen und Anwendern zählt und sofort ein hoher Mehrwert erkennbar sein muss. Es muss also ein System geschaffen werden, das aus dem Stand für alle Anwender einen Quantensprung gegenüber dem Status quo darstellen wird. Um einen Parallelbetrieb der bestehenden Systeme gänzlich zu vermeiden, sollen auch alle Länderorganisationen gleichzeitig live gehen. Obwohl ein solcher Big-Bang-Ansatz immer ein gewisses Risiko birgt und in agilen Projekten aus nachvollziehbaren Gründen lieber mit frühen Releases gearbeitet wird, spricht hier das Chancen-Risiko-Verhältnis klar für den Big-Bang-Ansatz. Lediglich gewisse Marketingfunktionen, die es bisher in dieser Form noch nicht gibt, können in eine spätere Phase ausgelagert werden.

22.2.2 Projektorganisation

Wie schon in Abschnitt 22.1, »Einführung eines CX-Projekts im produzierenden Gewerbe«, beschrieben, bestimmt SyProd pro Prozessgebiet (Marketing, Vertrieb, Service) je einen Product Owner. Jedem Product Owner ist eine Anzahl von *Key Usern* zugeordnet, die ihn in Detailfragen unterstützen.

Da die einzuführenden Prozesse mit ihren Systemfunktionen nicht streng voneinander getrennt werden können, kann das Projekt auch nicht einfach in drei Teilprojekte aufgeteilt werden. Die Lösung besteht in der Konzeptphase darin, dass in der Systemdefinition eines Prozesses immer alle drei Product Owner beteiligt sind, aber nur die Key User für den entsprechenden Teilprozess. Zu den Reviews während der Umsetzung wird jeweils das gesamte Projektteam des SAP-Kunden eingeladen. Was zunächst der reinen agilen Lehre widerspricht und auch nach viel Ineffizienz klingt, hat aber mehrere positive Nebeneffekte:

- Der Lerneffekt innerhalb der Organisation für Beschäftigte aus anderen Abteilungen ist sehr hoch. Es entsteht ein gegenseitiges Verständnis für die Herausforderungen und Handlungsweisen.
- Es entsteht ein viel besseres Teamgefühl und ein Spirit, zusammen am selben Ziel zu arbeiten.
- Der Input, wie andere Organisationsteile arbeiten und wie sie beabsichtigen, das neue System zu nutzen, ist für jeden Product Owner wertvoll für die Definition und Umsetzung der jeweils eigenen Vorhaben im eigenen Prozessgebiet.

Jedem Product Owner wird ein Seniorberater bzw. eine Seniorberaterin aufseiten des implementierenden SAP-Beratungshauses an die Seite gestellt, der oder die sowohl auf den jeweiligen Prozess als auch auf die damit verbunden Systemfunktionen spezialisiert ist. So sind jeweils kurze Wege bei der Lösungsfindung möglich.

Entscheidungen werden jeweils im Team der Product Owner getroffen. Neben dem schon beschriebenen Teamgeist tragen auch ein gewisser Pragmatismus und eine hohe Lösungsorientierung zu schnellen Entscheidungsfindungen bei.

22.3 Implementierung

Auf die Konzeptionsphase, in der Aufbau und Organisation des Projekts geklärt werden, folgt die eigentliche Implementierung des Projekts. Dabei muss nicht nur der Projektablauf verfolgt werden, sondern auch spontan auf Änderungen eingegangen werden.

22.3.1 Vorgehen bei der Implementierung

Die Umsetzung wird über insgesamt 18 Zwei-Wochen-Sprints organisiert. Zwei-Wochen-Sprints werden gewählt, um den Anwenderinnen und Anwendern früh Feedback zu den umgesetzten Systemfunktionen zu ermöglichen. An jeden Sprint schließt sich ein Review an, in dem die neuen Systemfunktionen auf dem Kundensystem vorgestellt werden. Diese werden im Anschluss von SyProd getestet und abgenommen. Die Abnahmen erfolgen dabei nicht nur durch die Product Owner, sondern auch durch die Key User. Eine recht große Personengruppe ist über diese Methodik schon früh mit allen neuen Systemfunktionen vertraut und kann so während der Implementierung entsprechend fundiertere Entscheidungen treffen und regelmäßig Input aus ihrem Arbeitsalltag einfließen lassen. Durch dieses Vorgehen ist diese Gruppe besser geschult, als es jedes separate Training hätte leisten können.

[+]

Key User frühzeitig einbinden

Oft werden dezidierte Key-User-Schulungen erst am Ende eines Projekts durchgeführt. Diese späte Einbindung der Key User in die Systemfunktionen birgt das Risiko, dass zu diesem späten Zeitpunkt als Ergebnis der Schulung noch größere Lücken oder Defizite zutage treten, für deren Behebung oft Zeit und Budget fehlen. Kaum eine Anwendergruppe kann eine bessere Einschätzung bezüglich der Praxistauglichkeit und des Mehrwerts von Systemfunktionen abgeben als die Key User, die tagtäglich mit dem System arbeiten.

Neben der Fertigstellung des Gesamt-Backlogs wird während des Projekts auch die Fertigstellung der 27 Hauptprozesse getrackt. Sobald alle User Stories eines Hauptprozesses fertiggestellt sind, wird dieser Hauptprozess in den Prozesstest gegeben. Dort wird er von SyProd durchgängig realitätsnah getestet. So können Prozess- oder Funktionslücken früh entdeckt und gegebenenfalls behoben werden. Während der Prozesstests können auch schon die entsprechenden Testdokumentationen und Schulungsunterlagen für den jeweiligen Prozess erstellt werden.

Nur wenige Prozesse sind erst zum Ende der Implementierung fertiggestellt. Der auf die Implementierung folgende Integrationstest stellt somit für die meisten Prozesse nur noch eine Wiederholung der bereits während der Implementierung stattgefundenen Prozesstests dar. Der Integrationstest muss das jeweilige Prozesstestergebnis also in den meisten Fällen nur noch einmal bestätigen, um so sicher zu gehen, dass nachfolgende Implementierungen das Ergebnis nicht mehr negativ beeinflusst haben. Dieses Vorgehen schafft schon während der Implementierung eine sehr hohe Qualität und damit ein geringes Risiko für die folgenden Projektphasen. Die hohe Qualität bestätigt sich im positiven Integrationstestergebnis, einer dadurch entspannten Produktionsvorbereitung, aber auch durch eine sehr geringe Fehlerrate nach dem Go-live.

Die bisherige Projektbeschreibung mit Lastenheft, langer Konzeptionsphase und Festpreis lässt nicht unbedingt vermuten, dass es sich um ein agiles Projekt handelt. Hier wurde jedoch ein Weg gefunden, um sich innerhalb gewisser kaufmännischer Leitplanken dennoch agil bewegen zu können. Die Implementierung startet mit einem detaillierten Backlog bewerteter User Stories, die in Ihrer Gesamtheit mit einem Festpreis versehen sind. Innerhalb dieses Festpreises ist das Projektteam jedoch frei, welche User Stories in welcher Form tatsächlich umgesetzt werden sollen, oder durch was sie gegebenenfalls zu ersetzen sind. Man kann sich vorstellen, dass es bei 18 Reviews allerhand Änderungswünsche geben kann. Change Requests liegen in der Natur eines agilen Projekts; sie sind erwünscht und müssen nicht gefürchtet werden. Change Requests sollten als Möglichkeit verstanden werden, um ein bestmögliches Ergebnis zu erzielen.

Die Lernkurve während der Implementierung ist für alle Beteiligten sehr steil, sowohl für den Kunden als auch für den Implementierungspartner. Daher ist es normal, dass sich Anforderungen in der Implementierung anders darstellen, als es sich das das Projektteam in der Konzeptphase vorgestellt hat. Mit dem Ziel, das bestmögliche Produkt für SyProd zu erstellen, nähert man sich über entsprechende Änderungen oder Konkretisierungen dem Idealzustand an. Über ein entsprechendes effizientes Change Management (siehe Abbildung 22.3), das bereits eine gewisse Anzahl Change Requests erwartet, verlieren diese Änderungen schnell ihren Schrecken.

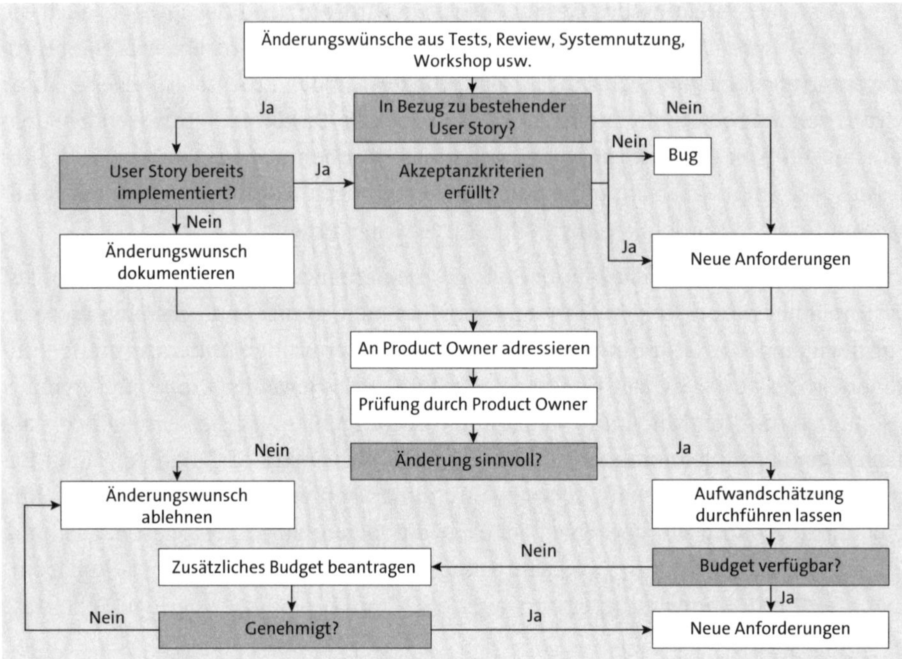

Abbildung 22.3 Umfang des Change-Management-Prozesses

Das Projektcontrolling hat dabei die Aufgabe, als permanentes Änderungsprotokoll transparent zu machen, welcher Projektumfang (*Project Scope*) zu einem Zeitpunkt gerade innerhalb des vereinbarten Budgets liegt und wie und aus welchem Grund er sich verändert hat. Denn in einem Festpreisprojekt muss bei jedem höher priorisierten Change Request, der nicht aufwandsneutral ist, im Change Management die Frage beantwortet werden, welche User Story dafür niedriger priorisiert wird, um im Budget zu bleiben.

22.3.2 Scope des Projekts

Neben Stammdatenfunktionen, wie der Verwaltung von Interessentinnen und Interessenten, Kundschaft, Ansprechpersonen, Beschäftigten, Produkten usw. wird für den Vertrieb die Möglichkeit geschaffen, den Vertriebsprozess transparent abzubilden. Dieser beginnt mit dem *Lead Management*, in dem Leads aus Messen oder Marketingaktionen verteilt und zentral qualifiziert werden. Messen spielen für SyProd eine zentrale Rolle in der Lead-Generierung. An Messe-Leads schließt sich ein weit verzweigter Nachbearbeitungsprozess an, der wiederum unterschiedliche andere Prozesse bis hin zur Auftragserstellung automatisiert anstoßen kann. Die systemseitige Abbildung des weiteren Vertriebsprozesses sowie der Vertriebsaktionen erfolgt über ein umfangreiches Opportunity- und Aktivitätenmanagement. Aufträge aus dem SAP-ERP-System, die Servicetickets aus der SAP Service Cloud sowie anstehende Marketingaktionen runden das Gesamtbild ab, das sich ein Mitglied des Vertriebsteams von einem Kunden macht. Mit einer umfangreichen Kundenklassifikation, die sowohl automatische als auch manuelle Kennzahlen enthält, kann die Marktbearbeitung wesentlich zielgerichteter erfolgen.

Im Kundenservice werden nun alle Kundeninteraktionen zentral über die SAP Service Cloud erfasst. Hierzu dient das Ticketmanagement, das alle Interaktionen im Service mit der Kundschaft abbildet. Für das Call Center wird die Computer-Telephony-Integration (CTI) zur automatischen Anruferkennung und schnellen Dokumentationen von Tickets genutzt. E-Mails aus vielen unterschiedlichen E-Mail-Kanälen werden vom System automatisiert als Tickets angelegt und an die richtigen Organisationseinheiten weitergeleitet. Aus Servicetickets können dann die unterschiedlichsten Folgeprozesse angestoßen werden, je nachdem, wie das Ticket qualifiziert wird.

Das Ticketmanagement wird aber, wie schon beschrieben, für sämtliche Anfragen mit Kundenbezug innerhalb des Unternehmens verwendet, also z. B. auch, wenn der Vertrieb einen neuen Kundenrabatt verhandelt hat und er diesen Änderungswunsch an die Stammdatenstelle gibt, damit er für zukünftige Aufträge gelten kann. Das Ticketmanagement löst so sämtliche internen Prozesse mit Kundenbezug ab, die bisher via E-Mail oder Telefon erledigt werden mussten.

Das Marketing erhält alle notwendigen Kundeninformationen, die es für seine Marktbearbeitung braucht. Marketingaktionen sind nun im System auch für alle anderen Anwender transparent. Reporting-Funktionen messen die Effektivität und Effizienz der Prozesse und sind so ein wichtiger Ausgangspunkt für eine kontinuierliche Verbesserung der Prozesse und Systemfunktionen.

Der Vertriebsaußendienst von SyProd profitiert von der Möglichkeit des mobilen Arbeitens via App und einer Integration von Outlook Groupware, was für viele Unternehmen schon lange dazu gehört. Zum Zeitpunkt dieses Projekts ist es für die Anwenderinnen und Anwender jedoch ein erheblicher Gewinn.

Nicht zu vernachlässigen ist das parallel zur Implementierung durchgeführte Migrationsprojekt, das Daten aus den unterschiedlichen Quellsystemen zunächst exportiert und dann konsolidiert. Über verschiedene Phasen werden die Daten danach in das neue System eingespielt, sodass alle Anwender pünktlich zum Go-live mit ihren Daten arbeiten können.

Migrationsprojekte werden oft sowohl inhaltlich als auch zeitlich unterschätzt. Dabei sind sie häufig sehr komplex und erfordern daher die Mitarbeit von fachlichen und technischen Experten. Migrationsprojekte sind auch für das Projektmanagement eine große Herausforderung: Ein Großteil der Migration hat wegen entsprechender Abhängigkeiten in einer festgelegten Reihenfolge zu erfolgen. Dies trifft sowohl auf die Migrationsschritte zu (siehe Abbildung 22.4), als auch auf die zu migrierenden Daten selbst, da sie vom Kontext her oft aufeinander aufbauen. Daher muss früh ein kritischer Pfad festgelegt und mit großzügigen Zeiträumen für Testmigrationen und Datenabnahmen versehen werden. Ein enges Projektcontrolling ist zwingend notwendig, da Zeitverluste in Datenmigrationsprojekten nur sehr selten aufgeholt werden können.

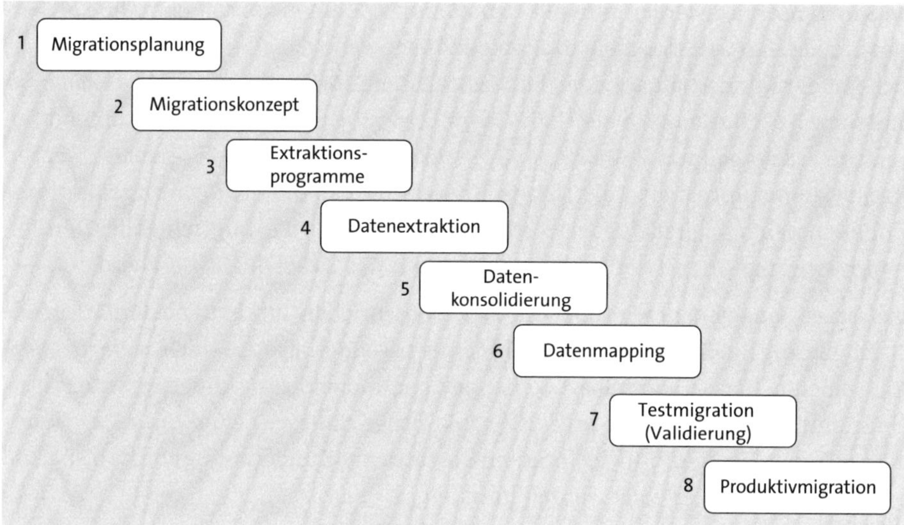

Abbildung 22.4 Datenmigrationsschritte

Eine fehlerfreie und rechtzeitige Datenmigration ist einer der wichtigsten Erfolgsfaktoren für den Projekterfolg, unabhängig davon, welches System eingeführt wird. Fehlende oder fehlerhafte Daten führen zu ineffizienten Prozessen, schaden dem Kundenvertrauen und verzögern den Projektablaufplan. Nicht zuletzt leidet die Anwenderakzeptanz enorm darunter. Daher sollten Datenmigrationsprojekte auch innerhalb von CX-Projekten die Sichtbarkeit und Wertschätzung erhalten, die sie verdienen.

22.4 Fazit und Ausblick

Zahlreiche positive Rückmeldungen der Nutzerinnen und Nutzer bestätigen die hohe Akzeptanz des neuen, integrierten Systems. Hohe Nutzerraten und eine große Anzahl angelegter Datenobjekte belegen diesen Eindruck objektiv. Es gibt nun eine zentrale Plattform, auf der die Informationen aus allen Customer Touchpoints zusammenlaufen. Beschäftigte mit direktem oder indirektem Kundenkontakt haben so Zugriff auf dieselben Informationen ohne Medien- oder Systemabbrüche, egal ob unterwegs oder im Büro. Prozesse sind nun effizienter und effektiver, was sich anhand entsprechender Kennzahlen objektiv messen lässt. Dies werden auch die Kunden im täglichen Kontakt mit SyProd spüren.

Viele manuelle Tätigkeiten, die bisher teilweise Wochen gedauert hatten, laufen nun automatisch ab. Dadurch haben die Beschäftigten mehr Zeit, um sich um die Kunden zu kümmern, anstatt sich mit Datenverarbeitungssystemen beschäftigen zu müssen.

Neben der Erreichung der Projektziele ist den Mitarbeitenden von SyProd nach einer gewissen Stabilisierungsphase erst richtig deutlich geworden, was für ein mächtiges Werkzeug mit unschätzbar wertvollen Informationen sie nun in den Händen haben und welche neuen Möglichkeiten sich z. B. in der Marktbearbeitung dadurch ergeben. Vertriebliche Folgeaktionen sollen diesen Schatz nun heben und in entsprechende Umsätze ummünzen. Wenn aus Daten Informationen werden, bieten sich Möglichkeiten, das Unternehmen insgesamt auf Basis dieser Informationen darüber hinaus auch strategisch weiterzuentwickeln.

Auch wenn der Erfolg das Vorgehen im Projekt größtenteils bestätigt, lassen sich doch auch einige Punkte benennen, die rückblickend zu noch mehr Effizienz im Projektablauf hätten führen können:

- Die lange, aufwendige Konzeptphase hat hohes Vertrauen in die Lösung, die Inhalte und das Team zur Folge. Allerdings wurden in dieser Phase auch die typischen Defizite einer solchen Konzeptphase nach der Wasserfallmethodik zutage gefördert:
  - Es werden Funktionen bis ins Detail formuliert, die später anders oder überhaupt nicht ins System gekommen sind, da sich während der Implementierung aus den unterschiedlichsten Gründen Änderungen ergeben haben.
  - Der hohe Detaillierungsgrad ist sehr kostenintensiv.
  - Die Gesamtprojektlaufzeit wurde erheblich verlängert, da eine Parallelisierung mit der Implementierung vertraglich nicht möglich ist.
  - Da zwischen Definition und Implementierung einer Funktion teils ein langer Zeitraum lag, sind teilweise Neudefinitionen erforderlich.

  Eine agilere Vorgehensweise in der Anforderungsdefinition hätte also vermutlich zu einem kürzeren und günstigeren Projekt bei gleichem Projektergebnis geführt.
- Es bestand von Anfang an ein hoher Anspruch an den Umfang und den Inhalt der Daten, die von Geschäftspartnern und Transaktionen gesammelt werden sollten, um dadurch entsprechende Erkenntnisse und Maßnahmen ableiten zu können. Es zeigt sich jedoch im täglichen Betrieb, dass die Pflege dieser Informationen für die Angestellten zeitlich zu aufwendig und der gewünschte Detailgrad nicht erreichbar ist. Mit einem zunächst schlankeren, iterativen Ansatz, der jeweils im Produktivsystem mit den Anwenderinnen und Anwendern hätte verprobt werden können, wäre SyProd vermutlich schneller und effizienter ans Ziel gelangt.

Wie eingangs beschrieben, ist SyProd ein Unternehmen, das bedarfsabhängig CX-Prozesse digitalisieren wollte. Dies erfolgt momentan in unterschiedlichen Bereichen:

- **Service**
  Im Service ist die Erkenntnis gereift, dass eine hohe Transparenz über alle Kundentransaktionen zwar eine gute Anlage für das gesamte Unternehmen sein kann, im Service selbst jedoch reduziert sich die Effizienz, wenn z. B. für jede einfache Kundenanfrage vom Call-Center ein Serviceticket mit vielen zu erfassenden Informationen angelegt werden muss. Hier geht das Bestreben hin zur Nutzung von effizienzsteigernden Tools, wie z. B. einer *Wissensdatenbank* oder eines *Chatbots*, der einen Großteil von immer wiederkehrenden Anfragen direkt beantworten kann.
- **Marketing**
  Unternehmen, die einen dreistufigen Vertrieb haben, stehen oft vor der Herausforderung, Endkunden mit Marketinginformationen versorgen zu wollen. Dafür wird bei SyProd zurzeit die Einführung der SAP Marketing Cloud geprüft, die ein weitaus vielseitigeres Marketingwerkzeug als die SAP Sales Cloud darstellt. Damit würde das Marketing nicht nur mehr Möglichkeiten bekommen, es hätte darüber auch die Sicherheit, jederzeit DSGVO-konform mit Marketingmaßnahmen an Endkunden heranzutreten.
- **Vertrieb**
  Neue Geschäftsmodelle, die gerade von SyProd erschlossen werden, wie z. B. digitale Services, verlangen auch neue, digitale Vertriebswege. Das könnte für SyProd der Startschuss für die Nutzung einer Enterprise-tauglichen E-Commerce-Plattform wie der SAP Commerce Cloud sein.

Produzierende Betriebe, deren Vertriebsmodell hauptsächlich auf persönlichem Kundenkontakt über Messen oder Besuche basiert, lernen spätestens seit der Corona-Pandemie die Vorteile oder auch die Notwendigkeit einer Digitalisierung solcher Kontakte kennen. SyProd hat dafür schon vor der Pandemie über entsprechende Design-Thinking-Workshops entsprechende Konzepte z. B. für ein Händlerportal entwickelt, die nun nur noch aus der Schublade gezogen werden müssen.

Kapitel 23
Kundenszenario 5: CX-Projekte in kurzer Zeit realisieren

Mit Vollgas voraus! Der Einstieg in SAP Customer Experience muss keine große Hürde darstellen. Wie Sie in kurzer Zeit den Einstieg in die digitale SAP-Customer-Experience-Welt meistern und welche Voraussetzungen und Erfolgsfaktoren Sie dabei beachten sollten, erfahren Sie in diesem Kapitel.

In diesem Szenario wird ein mittelständischer SAP-Kunde im Umfeld des Komponentenbaus im B2C- und B2B-Segment beschrieben, der mit der Einführung der SAP Sales Cloud in kurzer Zeit den ersten großen Schritt zu seiner CX-Landschaft realisiert hat. Das folgende Kundenszenario soll zeigen, dass ein schneller Einstieg in SAP Customer Experience möglich ist, und wie die Einführung einzelner Lösungen mit dem passenden Vorgehen auch mit einer kurzen Projektlaufzeit erfolgreich sein kann.

Das Kapitel ist in drei Abschnitte gegliedert. Zunächst schauen wir uns das Unternehmen in diesem Szenario an und zeigen dessen Herausforderungen auf. Darauf aufbauend, betrachten wir, wie das Projekt mit welchem Ergebnis realisiert wird. Zum Schluss werfen wir einen Blick auf die implementierte SAP-Customer-Experience-Plattform und geben einen Ausblick.

23.1 Mit der CRM-Plattform zur Vertriebsautomatisierung

Der Kunde, der im Folgenden der Einfachheit halber *SyBike* genannt wird, gehört zu den Weltmarktführern im Komponentenbau in seiner Zielbranche. Er stellt Produkte in den USA, Taiwan, Polen und der Schweiz her. SyBike hat sich vorrangig wegen seiner hohen Qualitätsstandards und dem ansprechenden Design im Premium-Segment etabliert. Die wichtigsten Absatzmärkte sind Deutschland, die Schweiz, Frankreich, die USA und Taiwan.

In den letzten Jahren konnte SyBike ein kontinuierliches Wachstum verzeichnen und seine Präsenz in mehreren Ländern ausbauen. Über die Zeit sind jedoch bei SyBike heterogene Vertriebsstrukturen gewachsen. Um diese abzubilden, verfügt SyBike über die On-Premise-Lösung SAP Customer Relationship Management (SAP CRM). Diese weist jedoch eine geringe Nutzerakzeptanz auf, da die User vom System weder vor Ort bei ihren Kunden noch in der Vor- und Nachbereitung von Vertriebsterminen unterstützt werden. Dies liegt vor allem daran, dass ihr spezifischer Vertriebsprozess im System nicht abgebildet wird, da SyBike sehr viel Wert auf die Nutzung von Standardfunktionen legt. Dadurch möchte das Unternehmen seine Abhängigkeiten reduzieren und das System-Know-how im Unternehmen halten. Ein weiterer Nachteil des bisherigen SAP-CRM-Systems ist, dass es keine geeigneten Analysen bietet. Infolgedessen sind Prognosen über die Pipeline und Potenziale nur bedingt aussagekräftig und valide.

SyBike steht nun vor der Entscheidung, entweder das bisherige SAP-CRM-System umfangreich anzupassen oder eine neue Lösung einzuführen. Da das Unternehmen auf SAP-Lösungen setzt, wird die SAP Sales Cloud in Betracht gezogen. Nach den erfolgten Presales-Terminen entscheidet sich SyBike für die Einführung der SAP Sales Cloud und für eine klare langfristige SAP-Customer-Experience-Strategie. Ausschlaggebend für die Entscheidung zugunsten der SAP Sales Cloud ist, dass SyBike auf eine zukunftsfähige Plattform setzen möchte, die im ersten Schritt schnell und standardnah eingeführt werden kann. Darüber hinaus sieht SyBike in der SAP Sales Cloud ein einheitliches, zentrales Vertriebs-Tool, das den Vertrieb aktiv bei der täglichen Arbeit unterstützt und den Vertriebsprozess abbilden kann. Von den neuen Analysefunktionen verspricht sich SyBike umfangreiche Erkenntnisse hinsichtlich der Pipeline- und Potenzialanalyse. Die Integration der Stammdaten aus dem SAP-ERP-System über ein Standard-Integrationsszenario wird ebenfalls als sehr vielversprechend bewertet.

Das Konzept, Standardfunktionen bestmöglich auszunutzen und nur bei einem zu erwartenden Mehrwert notwendige Systemanpassungen vorzunehmen, überzeugt SyBike davon, dass sie mit der SAP Sales Cloud die richtige Wahl treffen. Außerdem sollen regelmäßige Coachings die gemeinsame Implementierung ergänzen und unterstützen.

Im Projekt gibt es drei wesentliche Herausforderungen:

- Die erste Herausforderung ist es, die SAP Sales Cloud bis zum Start einer Messe, die sechs Monate nach Projektstart stattfinden soll, live zu setzen. Daher muss die SAP Sales Cloud innerhalb von fünf Monaten in den Produktivbetrieb gehen. Innerhalb dieses Zeitraums muss eine reibungslose Konzeptions- und Implementierungsphase stattfinden.
- Eine weitere Herausforderung besteht darin, dass SyBike bei der Integration und Implementierung der SAP Sales Cloud viele Aufgaben selbst übernimmt und wenig Aufgaben an das Beratungshaus überträgt. Grund für diese Entscheidung ist, dass die SAP Sales Cloud im Nachgang des Projekts größtenteils im Alleingang von SyBike verwaltet werden soll.
- Als letzte Herausforderung wird die ERP-Systemkopie ermittelt, die während des Projekts durchgeführt wird. Hier besteht das Risiko, das die bereits umgesetzte In-

tegration mit dem kopierten System nicht mehr funktioniert und umfangreiche Nacharbeitungen notwendig werden.

23.2 Konzeptionsphase und Projektablauf

Bei einem zeitlich so eng getakteten Projektplan und inhaltlich abgegrenzten Projektumfang ist klar, dass sich alle Beteiligten den Projektzielen, dem Projektzeitplan und den Werkzeugen zur gemeinsamen Umsetzung des Projekts verpflichten müssen. Die Regelkommunikation und Mitwirkungsleistungen werden in einer *RACI-Matrix* definiert, um die Funktionsweise der agilen Projektmethodik vorzustellen. Gerade die Festlegung der RACI-Matrix zu Beginn des Projekts stellt, wie aus Tabelle 23.1 ersichtlich, die festgelegten Verantwortlichkeiten von SyBike und dem beratenden Unternehmen dar. Dieses Vorgehen ermöglicht für alle Projektbeteiligten von Anfang einen hohen Grad an Transparenz und eine klare Aufgabenverteilung.

[«]

RACI-Matrix

Die RACI-Matrix beschreibt die Verteilung der Zuständigkeiten pro Tätigkeit zwischen Auftraggeber und Auftragnehmer im Projekt. Sie beschreibt jedoch nicht den Leistungsumfang des Angebots. Dieser ist ausschließlich im zugehörigen Backlog beschrieben. Das Akronym RACI steht für die folgenden Begriffe:

- **Responsible**
  Die für die Erbringung der Leistung verantwortliche Person.
- **Accountable**
  Die Person, der die Leitung übertragen wird.
- **Consulted**
  Die Person, die auf Anfrage konsultiert wird (nur budgetiert, falls explizit ausgewiesen).
- **Informed**
  Die über den Verlauf der Tätigkeit zu informierende Person.

Tabelle 23.1 zeigt einen Ausschnitt aus der RACI-Matrix für SyBike.

Aktivitäten	Beratungshaus	SyBike
Konzeption		
Feature-Definition, Backlog-Erstellung – sofern in der Konzeptionsphase beauftragt	A, R	R
Aufgaben des Product Owners	C	A, R

Tabelle 23.1 Ausschnitt aus der RACI-Matrix zur Verteilung der Verantwortlichkeiten

Aktivitäten	Beratungshaus	SyBike
Definition der Testkriterien und -fälle pro Feature	C	A, R
Spezifikations-Workshops	A, R	R
Klärung von inhaltlichen Anforderungen (z. B. Klärungen mit dem Fachbereich)	C	A, R
Projektplanung und Steuerung		
Definition der Sprint-Inhalte (Planungs-Meeting 1)	A, R	R
Detailplanung des Sprints (Planungs-Meeting 2)	A, R	C
Daily-Stand-up-Meetings	A, R	R
auftraggeberinterne Kommunikation des Projektstatus (außerhalb des Projektteams)	I	A, R
organisatorisches Change Management, Programmmanagement (Projektmanagement übergreifender Parallelprojekte)	I	A, R
Sprint-Abnahme	R	A, R
Projekt- oder Phasenabnahme	C	A, R

Tabelle 23.1 Ausschnitt aus der RACI-Matrix zur Verteilung der Verantwortlichkeiten (Forts.)

Neben der RACI-Matrix werden gemeinsam mit SyBike die folgenden Regeln für die Einführung der SAP Sales Cloud definiert. Durch die Festlegung der folgenden Regeln werden allen Beteiligten die Rahmenbedingungen des Projekts nochmals verdeutlicht:

- möglichst umfassende und einfache Abdeckung der geforderten Funktionen
- möglichst durchgängige, integrierte und optimale Abläufe
- Ausrichtung der Funktionen und Abläufe auf weitere Ausbauschritte
- keine Systemanpassungen, sondern Nutzung der Standardfunktionen
- dennoch notwendige Systemanpassung und Add-ons nur nach Freigabe durch Projektausschuss
- Know-how-Transfer zu den Usern zur Ermöglichung einer möglichst weitgehenden Betreuung durch den Auftraggeber
- effektive und effiziente Projektabwicklung unter Berücksichtigung von Kosten, Zeit und Qualität der Projektarbeit sowie der Systemlösung

- regelmäßige Tests und Überprüfungen zur Sicherstellung der Qualität, Integration und Durchgängigkeit
- offene und ehrliche Kommunikation zwischen Beratungshaus und User sowie innerhalb des Projektteams beim Auftraggeber
- voller Einsatz sowie volle Überzeugung für das gemeinsame Projekt

Direkt im Anschluss an den Kick-off wird der Aufbau des *Start-up-Tenants* definiert. Der Start-up-Tenant dient als Implementierungsstartpunkt für die Umsetzung. Der Start-up-Tenant umfasst das Scoping und Feintuning in einem begrenzten Umfang in der SAP Sales Cloud sowie die technische Konnektivität zwischen der SAP Sales Cloud und dem Backend durch die SCPI (Standard Commands for Programmable Instruments).

Der Start-up-Tenant dient als Grundlage für die Konzeptionsphase zur anschaulichen Darstellung der SAP-Sales-Cloud-Funktionalität und effizienten Erarbeitung der erforderlichen Einstellungen und Erweiterungen. Im Rahmen des Start-up-Tenants wird der Workshop »Basis & Infrastruktur, SAP Sales Cloud Scoping und Integrationsgrundlagen für Accounts und Ansprechpartner« durchgeführt. Dieser Workshop vermittelt die erforderlichen Grundlagen für die erste Konfiguration der SAP Sales Cloud und die Integration des SAP-ERP-Systems.

Neben dem reinen Scoping der SAP Sales Cloud werden rudimentäre weitere Einstellungen vorgenommen, sodass die grundlegenden SAP-Sales-Cloud-Prozesse (Accounts, Aktivitäten, Leads, Opportunities) nutzbar sind und während der geplanten Implementierungsphase an die Kundenbedürfnisse angepasst und ergänzt werden können. Ebenfalls werden integrationsrelevante Themen wie Codelist Mapping, Konfiguration der Middleware-Kommunikationsszenarien für die Integration der Accounts und Ansprechpartner mit SAP Process Integration besprochen. Im Anschluss an diesen Workshop wird der Start-up-Tenant innerhalb von zwei Wochen aufgebaut.

Die anschließende Konzeptionsphase besteht aus den drei Workshops »Geschäftspartner«, »Grundfunktionen« und »Vertriebsprozess«:

- **Workshop »Geschäftspartner«**
  Im Workshop »Geschäftspartner« werden die zukünftige Verwendung und Pflege der Kunden und Ansprechpartner sowie die Beziehungen untereinander definiert. Im Fokus stehen vor allem der Kontengruppenwechsel im SAP-ERP-System sowie Kundenrollen, Beziehungen, Kundenhierarchien, Beteiligtenrollen und Partnerrollen.
- **Workshop »Grundfunktionen«**
  Im Workshop »Grundfunktionen« werden übergreifende Themen, die später in den weiterführenden Prozessen aufgegriffen werden, betrachtet. Hierbei steht der Aufbau der Organisationsstrukturen und Berechtigungen sowie der Vertriebssteuerung mittels Aktivitätenmanagement im Vordergrund.

- **Workshop »Vertriebsprozess«**
  Der Workshop »Vertriebsprozess« beginnt mit der Abbildung des Prozesses im System – vom ersten Kontakt bis hin zur Überführung in eine konkrete Verkaufschance (Opportunity). Die Opportunity wird von SyBike als zentrales Element zur Steuerung des gesamten Vertriebsprozesses bis hin zum gewonnenen Angebot identifiziert. Um den kundenspezifischen Vertriebsprozess abzubilden, werden drei unterschiedliche Verkaufszyklen definiert, die jeweils unterschiedliche Verkaufsphasen mit unterschiedlichen Aktivitäten der Aktivitätsberater und Verkaufsberaterinnen aufweisen. Da SyBike Angebote und Aufträge weiterhin in SAP ERP erstellen und pflegen möchte, gibt es hierzu keine weiteren Workshops.

Im Anschluss an die Workshops wird die Phase 0 mit der Backlog-Präsentation abgeschlossen. Zur Umsetzung des Backlogs werden gemeinsam mit SyBike vier Sprints vereinbart und geplant. Die Sprints dauern jeweils zwei Wochen und beinhalten am Ende ein Sprint Review sowie ein anschließendes Sprint Planning. Zur Abnahme der Stories werden im Sprint Review Testfälle zum Prozess durchlaufen und abgenommen. Nach Abschluss des vierten Sprints wird ein Integrationstest in der Testsystemumgebung durchgeführt. Insgesamt werden 18 Testfälle geschrieben, die in fünf Testzyklen getestet werden (siehe Abbildung 23.1).

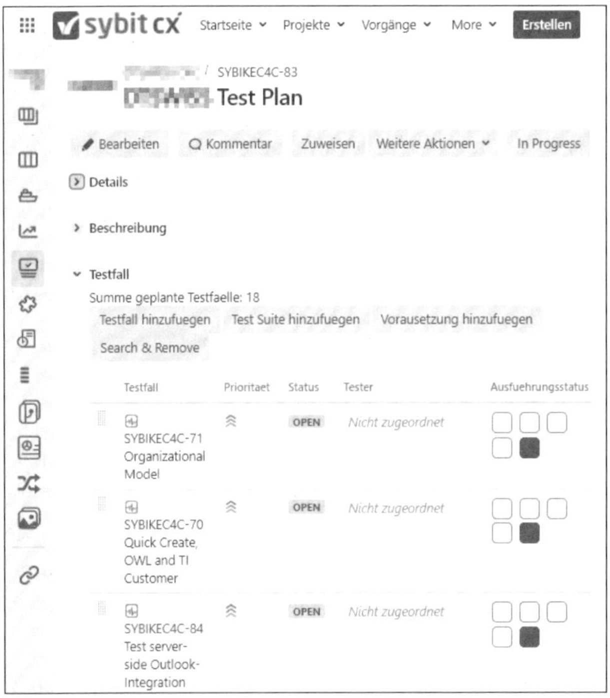

Abbildung 23.1 Testplan aus dem Jira-System zur kontinuierlichen Überprüfung der Implementierung

Durch diese regelmäßigen Tests und Überprüfungen kann sichergestellt werden, dass die Umsetzung den Wünschen von SyBike entspricht und dass die Integration mit SAP ERP sowie die Durchgängigkeit der Prozesse gewährleistet ist. Nach dem erfolgreichen Integrationstest werden im Rahmen der Go-live-Vorbereitung der produktive Tenant beantragt und die erforderlichen Konfigurationen, Transporte und Verbindungen implementiert.

Nach erfolgreichem Test des Produktivsystems werden die Key User in mehreren Sitzungen geschult. Für die Schulung der Key User wird auf die bereits kreierten Testfälle zurückgegriffen. Im Anschluss daran wird die Lösung dem gesamten Vertrieb präsentiert. Der Roll-out erfolgt in Abhängigkeit des Schulungsstands der Key User im jeweiligen Land.

23.3 Fazit und Ausblick

Die SAP Sales Cloud ist bei SyBike mittlerweile seit einem Jahr im Einsatz und weist eine hohe Nutzerakzeptanz auf. Gegenwärtig sind über 100 Benutzer in diesem System unterwegs. Das Unternehmen hat eigenständig viele Anpassungen umgesetzt und den Vertriebsprozess um Leads erweitert. Die neuen Analysemöglichkeiten ermöglichen der Vertriebsleitung genauere Prognosen, und durch einen 360-Grad-Blick auf den Kunden kann neues Potenzial erkannt und ausgeschöpft werden.

Durch eine standardnahe Implementierung und Coaching ist SyBike in der Lage, die meisten Anpassungen selbständig vorzunehmen. Da SyBike von der Lösung begeistert ist, wurde mithilfe von Coachings die SAP Service Cloud als Erweiterung zur SAP Sales Cloud integriert und an die eigenen Bedürfnisse für das Beschwerdemanagement angepasst.

In etwas mehr als einem Jahr hat SyBike so eine CX-Architektur umgesetzt (siehe Abbildung 23.2). Mit dieser Architektur hat SyBike eine ganzeinheitliche, zentrale Plattform geschaffen, auf der übergreifend vertriebs- und serviceorientierte Prozesse durchlaufen und verknüpft werden. Durch die gewonnene Transparenz über Kundendaten und Interaktionen können die Mitarbeitenden von SyBike stetig neue Erkenntnisse gewinnen und Potenzial erschließen.

Insgesamt erkennen wir, dass Zeitdruck häufig zu »unsauberer« Arbeit in der Konzeptionsphase und zu Qualitätsverlust in der Umsetzung führt. Auch mangelndes *Requirement Engineering* kann dazu beitragen. Unter Requirement Engineering versteht man einen Prozess, in dem Anforderungen definiert, dokumentiert, spezifiziert und überprüft werden. Kommt all das zusammen, kann das wiederum zu Frust bei Anwenderinnen und Anwender und Kunden führen. Die Nutzerakzeptanz schwindet und macht die Weiterführung einer digitalen CX-Strategie im Unternehmen schwierig.

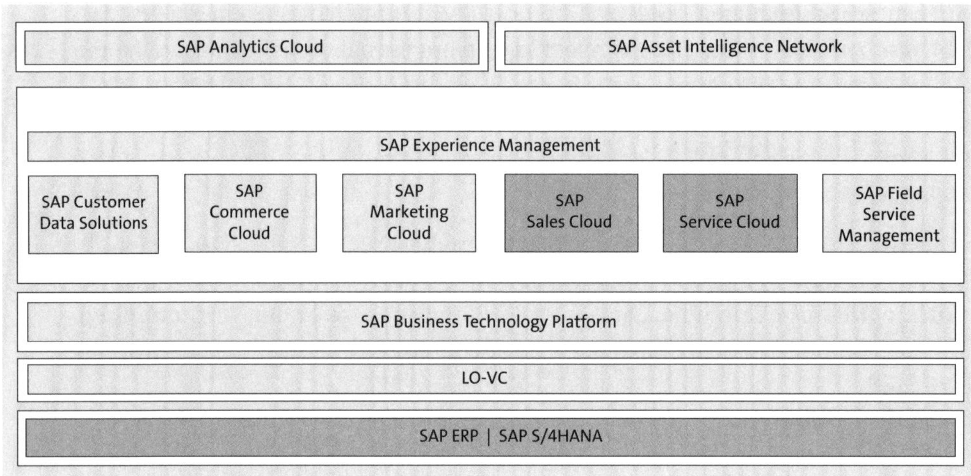

Abbildung 23.2 CX-Architektur von SyBike.

Wenn Sie aber klare Ziele und einen abgegrenzten Scope definieren, können Sie, wie in diesem Kundenszenario gezeigt, auch in kürzester Zeit CX-Projekte erfolgreich realisieren. Diese können Sie dann ohne zeitlichen Druck als Basis für weitere Ausbaustufen nutzen. Voraussetzung ist, dass alle Beteiligten an einem Strang ziehen. Auch die wichtigen Maximen, nahe am SAP-Standard zu bleiben und die Umsetzung gemeinsam mithilfe gezielten Coachings zu erreichen, sollten Sie nicht zu Floskeln verkommen lassen. Dies könnte im Laufe des Projekts die ursprüngliche Zielsetzung und den Zeitplan gefährden. So hat man bei SyBike gemeinsam eine geräuschlose Umsetzung hinbekommen – schnell und (trotzdem) gut.

Kapitel 24

Kundenszenario 6: Alle CX-Lösungen auf einmal einführen

Eine SAP-Lösung nach der anderen einführen? Länder nach und nach ausrollen? In diesem Kundenszenario werden SAP Commerce Cloud (Shop und Website), SAP Sales Cloud, SAP Marketing Cloud und die SAP Business Technology Platform parallel eingeführt – und das in drei Sparten in mehreren Ländern. Ob und wie das funktioniert, erfahren Sie in diesem Kapitel.

Jedes Projekt ist anders und hat unterschiedliche Anforderungen. Für das in diesem Kapitel beschriebene Projekt trifft das ganz besonders zu. Das Projekt umfasst nicht weniger als die synchrone Kompletteinführung der vier zentralen Säulen von SAP Customer Experience. Mit den SAP-Lösungen soll eine Customer Journey ganzheitlich über die Sparten hinweg mit einheitlichen Prozessen abgebildet werden. In der Schlussphase des Ausbaus sollen die implementierten und integrierten CX-Lösungen das Kundenerlebnis digital und im Präsenzvertrieb perfektionieren.

Das Kapitel ist in drei Abschnitte gegliedert. Zunächst werden wir uns den SAP-Kunden in diesem Szenario näher anschauen und dessen Herausforderung aufzeigen. Darauf aufbauend schauen wir uns an, wie das Projekt mit welchem Ergebnis realisiert wird. Zum Schluss werfen wir einen Blick auf weitere Roll-outs und geben einen Ausblick.

24.1 Neuaufstellung der Customer Experience in der Dienstleistungsbranche

Der SAP-Kunde, der im Folgenden der Einfachheit halber *SyTex* genannt wird, ist eine Unternehmensgruppe im Dienstleistungsbereich mit 42 Standorten in Deutschland und anderen Ländern Europas, beschäftigt über 5.000 Mitarbeitende und ist seinem Segment Marktführer in Europa sowie auch in vielen anderen Ländern zunehmend präsent.

Grundsätzlich lässt sich das Portfolio von SyTex in drei übergeordnete Produktgruppen und mehrere Sparten aufteilen, wobei sich zwei Produktgruppen im Dienstleistungsgeschäft und eine Produktgruppe im Handelsgeschäft bewegt. Das Unternehmen vermietet Produkte und bietet die damit verbundenen Dienstleistungen, wie z. B. Reinigen, Liefern und Abholen sowie Reparieren, an. Im Handelsgeschäft werden im Wesentlichen ergänzende Produkte zu den Dienstleistungen verkauft.

24.1.1 Ausgangssituation

Neben der Trennung der Sparten unterscheiden sich auch die Bereiche Vertrieb (Kundengewinnung) und Service bzw. After Sales (Kundenbetreuung) signifikant voneinander, sowohl hinsichtlich der technologischen Architektur – beide Bereiche nutzen eigene CRM-Systeme, die nicht synchronisiert wurden – als auch auf prozessualer Ebene. Selbst vermeintlich ähnliche Prozesse wie z. B. Besuche des Vertriebsteams beim Kunden werden nicht nur anders im Prozess dargestellt, sondern in den jeweiligen Systemen auch unterschiedlich abgebildet. Dies spiegelt sich u. a. in den erfassten Daten und in der Struktur der Erfassung wider.

Dass die beiden CRM-Systeme von unterschiedlichen Lieferanten und nicht von SAP stammen, verstärkt den Druck bei den Verantwortlichen, sich hier sowohl technologisch als auch prozessual neu aufzustellen. Teilweise sind die Prozesse wenig bis gar nicht digitalisiert und nach vielen Jahren ein wenig »renovierungsbedürftig«. Den Kunden in den Geschäften von SyTex werden Angebote noch klassisch auf Papier ausgegeben. Der Verkäufer vor Ort setzt einen Papiervertrag auf, der später im Vertriebs-CRM erfasst wird und an das SAP-ERP-System weitergeleitet wird. Die Preisfindung für den Vertrag erfolgt durch den Verkäufer manuell anhand ausgedruckter Preislisten.

SyTex setzt sehr stark auf den Direktvertrieb, der auf der personell aufwendigen Akquise von (potenziellen) Neukunden aufbaut. Es werden Daten zugekauft, die von den Vertriebsassistenzen aufbereitet und teilweise durch Eigenrecherche angereichert werden. Die recherchierten potenziellen Kunden werden dann mit dem Ziel angerufen, einen Besuchstermin zu vereinbaren. Im Laufe des Projekts soll hier besonders auf das anvisierte *Redesign* und auf die Harmonisierung von Prozessen geachtet werden.

Das vorhandene Kundenportal ist kaum in die bestehende Systemlandschaft integriert. Hinsichtlich seiner Erweiterbarkeit auf individuelle Kundenanforderungen weist es Einschränkungen auf und ist nicht leicht auf internationale Märkte zu skalieren. Ein (prozessualer) Teil des Portals ist ein Webshop für das Handelsgeschäft, der technologisch losgelöst betrieben wird (der Aufruf erfolgt über das Kundenportal). Der Webshop ist bislang wenig bis gar nicht integriert; zur Synchronisation mit der Systemlandschaft sind zahlreiche manuelle Schritte erforderlich. Hier besteht dringender Handlungsbedarf – auch aufgrund abgekündigter Wartungsverträge und technologischer Beschränkungen.

[+]

Technologische Limitierung bei unflexiblen Webshops

Im Großkundenbereich sollte die eigene Organisationsstruktur im Webshop abgebildet sein. Dies umfasst neben der reinen Benutzerverwaltung auch das Hinterlegen von Einkauflimits, Freigaberegeln oder Workflows. Dafür bieten Eigenentwicklungen und proprietäre Softwarelösungen schlichtweg keine Option. Bei der Einführung können sie oftmals einen großen Teil der Anforderungen abdecken. Im Laufe der Zeit verändern sich Anforderungen und Prozesse jedoch, und die Software bietet dann teilweise keine oder zumindest keine kosteneffiziente Option zur Erweiterung, auch mit Custom Development kann dann nicht mehr viel ausgerichtet werden. Hier kann die Einführung eines neuen Shops auf Basis eines modernen Technology Stacks helfen, um auch für zukünftige Kundenwünsche Lösungen parat zu haben.

Das Ziel des gesamten CX-Vorhabens in diesem Kundenszenario ist zusammenfassend gesagt die Harmonisierung und Digitalisierung einer bis dato heterogenen Systemlandschaft mit mehreren zentralen Arbeitsprozessen. Dies soll den hohen manuellen Aufwand verringern, das Unternehmen aber auch langfristig beim kontinuierlichen Wachstum unterstützen. Die vertrieblichen Prozesse müssen erneuert und mit den Serviceprozessen verzahnt werden. Gleichzeitig sollen auch die digitalen Touchpoints wie Shop und Website auf ein funktionales, integratives und visuelles Niveau gebracht werden, das einem Marktführer angemessen ist. Dabei soll das Projekt innovativ (Digitalisierungsgrad), nachhaltig und insgesamt zukunftsorientiert aufgebaut sein.

24.1.2 Mit den richtigen SAP-Lösungen zum Ziel

Die heterogene Landschaft, die Trennung der Bereiche Vertrieb und Kundenservice, werden von SyTex als Nachteil im Wettbewerb und für ihr Wachstum erkannt. Eine moderne Plattform für alle Bereiche und Sparten soll eine durchgehende 360-Grad-Sicht auf die Kunden erlauben. Die neuen Möglichkeiten zur Datenerfassung sollen eine innovative Customer Journey über alle Kommunikationskanäle hinweg möglich machen und SyTex erfolgreich in die Zukunft führen.

SyTex hat sich im Vorfeld des Projekts selbst Vorgaben in Form formulierter und skizzierter Soll-Prozesse gegeben. In einem hohen Abstrahierungsgrad wird hier die Customer Journey durch das Unternehmen, beginnend mit der Recherche über Akquisition, Vertragsabschluss, Vertragsabwicklung bis hin zur Kündigung, abgebildet. Diese Soll-Prozesse dienen zu Projektbeginn als Grundlage für die Systemauswahl. Neben der SAP-Customer-Experience-Plattform werden alle namhaften Plattformen evaluiert. Die finalen Entscheidungen über Anbieter und Umsetzer werden in einem zweitägigen Evaluierungsverfahren getroffen.

Die Besonderheit hier ist, dass zwischen fachlichen, technischen und projektbezogenen Themen unterschieden wird. Die Teilnehmenden werden in unterschiedliche Gruppen aufgeteilt: in einen *Adventure Room* mit Fokus auf Systemen, Funktionen und Features und einen *Management Room* mit Fokus auf Methodik, Ressourcen und kommerzielle Themen. Nicht zuletzt aufgrund der hohen prozessualen Integrationstiefe fiel die Entscheidung für die Software SAP Customer Experience.

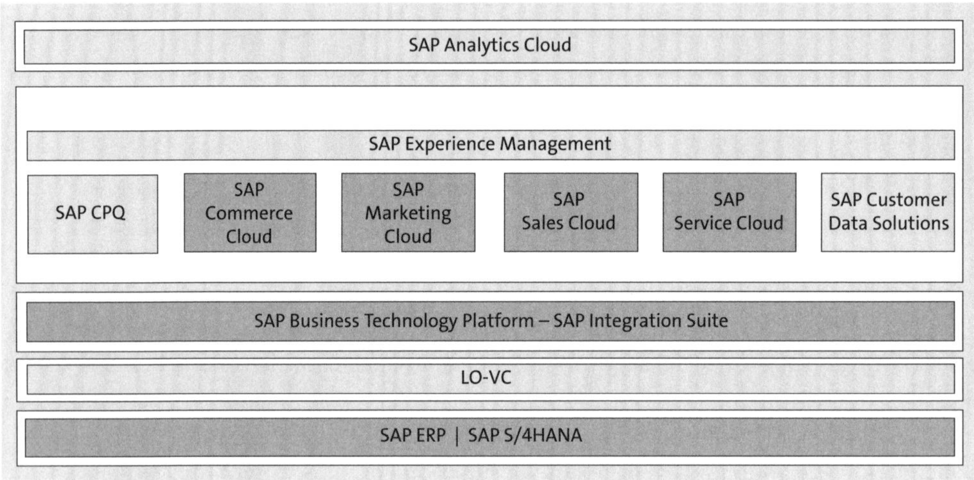

Abbildung 24.1 CX-Bausteine des Kundenszenarios 5: Dienstleistungsbereich

Wie Abbildung 24.1 zeigt, werden die folgenden Produkte lizenziert und für das initiale Realisierungsprojekt ausgewählt:

- Die SAP Sales Cloud wird genutzt, um Vertrieb und Kundenservice eine transparente Sicht auf Kunden zu geben und gemeinsam die Kundenprozesse bearbeiten zu können.
- Die SAP Service Cloud soll helfen, Beschwerden und Reklamationen übergreifend mit dem Kundenportal strukturiert bearbeiten zu können.
- Die SAP Marketing Cloud wird zur Durchführung von Marketingkampagnen und zur automatisierten Unterstützung der Arbeit von Vertrieb und Kundenservice wie z. B. zur Lead-Generierung der Vertriebsassistenzen eingesetzt.
- Die SAP Commerce Cloud stellt den Kunden von SyTex ein Kundenportal mit integrierten Informationen und Prozessen bereit. Zudem soll die SAP Commerce Cloud zur Entwicklung eines modernen Webshops inklusive Konfiguration für die Handelssparte und Dienstleistungen beitragen.
- Die SAP BTP (vormals SAP Cloud Platform) inklusive des Service *SAP Integration Suite* dient als Middleware, um den Datenaustausch in der SAP-Customer-Experience-Suite und zum SAP-ERP-System sicherzustellen.

24.1.3 Zielsetzung

Anhand der Soll-Prozesse werden die Schwerpunkte des Projekts festgelegt und die Handlungsfelder bestimmt:

- Die beiden CRM-Systeme von Vertrieb und Kundenservice sollen zu einem System zusammengefasst werden, sodass alle Mitarbeitenden die gleiche Sicht auf die Kunden haben.
- Das Kundenportal soll in die CX-Welt übertragen und mit Funktionen ergänzt werden, die einen direkten Zugriff in die zugrunde liegenden Systeme (SAP ERP, SAP Sales Cloud, SAP Marketing Cloud) und damit automatisierte Prozesse ermöglichen. Für die Dienstleistungssparte soll die SAP Commerce Cloud genutzt werden, um Dienstleistungsverträge online abschließen zu können. Der für die Handelssparte bereits vorhandene Webshop soll ebenso dorthin überführt bzw. neu aufgebaut werden.
- Die SAP Marketing Cloud soll eingeführt werden, um klassische Aufgaben rund um Kampagnenplanung, -management und -analyse besser bewerkstelligen zu können.
- Der Angebotsprozess soll digitalisiert und zu einem Kundenerlebnis umgestaltet werden.
- Die Arbeit der Vertriebsassistenzen soll automatisiert und systemtechnisch unterstützt werden. Oberstes Ziel ist dabei eine höhere Erfolgswahrscheinlichkeit durch strukturierte Vorarbeiten des Systems.
- Die Handlungsfelder sollen synchron umgesetzt werden.

Um die Komplexität der gleichzeitigen Einführung der drei Systeme SAP Sales Cloud, SAP Marketing Cloud und SAP Commerce Cloud beherrschbar zu halten, werden die folgende Prämissen gesetzt:

- Die Ist-Prozesse müssen aus den bestehenden CRM-Systemen ausgelöst und in der SAP Sales Cloud konsolidiert und harmonisiert werden. Die Herausforderung ist es also nicht nur, einen Prozess vom Altsystem zum Neusystem zu verschieben und dabei gegebenenfalls zu optimieren, sondern auch noch mindestens zwei Prozessversionen zu harmonisieren.
- Die Vertriebsassistenzen müssen durch die Lead-Generierung aus der SAP Marketing Cloud heraus unterstützt und ihre Aufgaben automatisiert werden, um maschinell einen strukturiert ermittelten Arbeitsvorrat in der SAP Sales Cloud zur Verfügung stellen zu können.
- Das Kundenportal wird in die SAP Commerce Cloud übernommen und um zahlreiche Funktionen, insbesondere Self-Services, erweitert.

- Für den ersten Roll-out wird direkt geplant, das Dienstleistungsgeschäft auch online anzubieten.
- Der Roll-out soll länderweise erfolgen. Es wird also kein Big Bang angestrebt. Dabei soll die Komplexität (Anzahl der User, Komplexität der Prozesse) mit jedem Roll-out ansteigen.

24.1.4 Herausforderung

Man kennt es aus dem Alltag oder aus vergangenen Projekten: Die Komplexität steigt nicht linear. Während sich ein Großteil der Anforderungen oder Wünsche mit vorhandenen Mitteln lösen lässt, sind es oftmals die letzten Prozente, die einen vor größere Herausforderungen stellen. So ähnlich ist es auch bei der Firma SyTex, die ca. 80 % des Geschäftes mit kleinen bis mittleren Unternehmen (KMU) macht. Die Anforderungen dieser Kundschaft (Requirements) sind weniger komplex und können häufig mit SAP-Standardmitteln und überschaubarem Aufwand realisiert und nachgehalten werden. Ein Großteil der Komplexität entstammt den Anforderungen aus dem Großkundengeschäft (Key Account Management), da oftmals individuellere, aber eben auch umfangreichere Dienste, Funktionen oder Services gefordert werden. Man muss und will in beiden Kundensegmenten erfolgreich sein. Am Ende des Tages muss stetig abgewogen werden, welche Besonderheiten erforderlich sind, um die Kunden zu überzeugen und eine Basis für eine positive Customer Experience zu schaffen.

[»]

Herausforderung im Dienstleistungssektor

Im Dienstleistungsbereich – nicht nur bei Großkunden – sind häufig schlichtweg andere Geschäftsmodelle gefragt als in produzierenden Branchen. Daraus entstehen auch deutlich mehr Datenmengen und eine Vielzahl an Aktivitäten. Als Beispiel seien hier die Varianten bei Leasing- oder Mietmodellen genannt. Der Trend zu solch flexiblen Modellen ist gerade im Dienstleistungs- und Servicebereich klar erkennbar. Dies alles gilt es, beim Aufsetzen eines harmonisierten Vertriebssystems kombiniert mit einer Marketingautomatisierungslösung und einem neuen Kundenportal inklusive Webshops zu berücksichtigen.

Eine große Herausforderung ist es, die fachlichen Anforderungen der Fachbereiche in gemeinsame Prozesse zu überführen und die Anforderungen dabei entsprechend ausarbeiten, bewerten und letztendlich umsetzen zu können.

24.2 Konzeptionsphase und Planung

In der Vorprojektphase wird bereits eine grobe Analyse durchgeführt, sodass auf aggregierter Ebene definiert ist, in welchem System welche Prozesse bzw. Prozessschritte durchgeführt werden sollen. Man könnte von einem Bebauungsplan sprechen.

Im nächsten Schritt wird das Implementierungsprojekt für alle Systeme aufgesetzt, wobei zunächst eine zweimonatige Konzeptionsphase (interdisziplinär) geplant wird. In dieser Phase sollen die bis dato bekannten und in den Anforderungs-Workshops aufkommenden Anforderungen aufgenommen, bewertet und in User Stories formuliert werden. Im Rahmen einer Fit-Gap-Analyse, gemeinsam mit den Fachbereichen, wird dabei auch der Soll-Prozess mit der Ist-Situation abgeglichen. Ergebnis der Konzeptionsphase ist wie in allen agilen Projekten das *Umsetzungs-Backlog*, im Wesentlichen bestehend aus in testbaren *System-Features* umgewandelten Anforderungen.

Die Workshops werden je nach Themengebiet durchgeführt (siehe Abbildung 24.2). Dabei werden grundsätzlich die Kategorien **Übergreifende Workshops**, **Sales Workshops**, **Marketing Workshops** sowie **Commerce Workshops** unterschieden.

Thema / Zeit	JAN	FEB	MAR	APR	MAI	JUN	JUL
Übergreifende Workshops	4			2		1	
Marketing Workshops			3	3			
Sales Workshops					4	2	
Commerce Workshops	2	4					

Abbildung 24.2 Übersicht der Konzeptionsphase bei SyTex

Es werden neben rein umsetzungstechnischen Themen auch gezielt Workshops zu innovativen Themen, Rollen, Berechtigungen, Tests, Migration, Integration usw. durchgeführt. Die Integrations- und Migrationsthemen sind in CX-Projekten immer von großer Bedeutung, in diesem Projekt aber umso stärker zu betrachten, da die Interdependenzen der einzelnen Systeme untereinander sehr hoch sind und der Anspruch an die Schnittstellen entsprechend komplex ist. Einen groben Überblick der anvisierten Zielarchitektur sehen Sie in Abbildung 24.3.

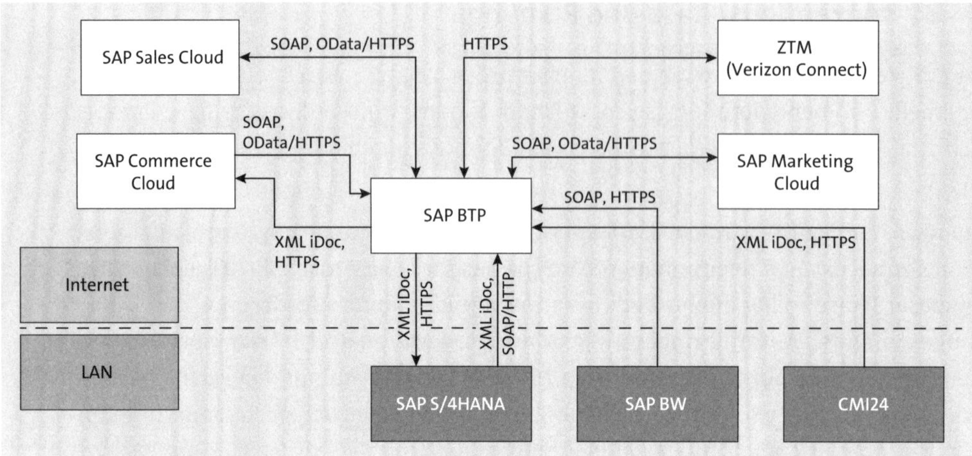

Abbildung 24.3 Soll-Architektur inklusive Schnittstellen

Aus mehreren Altsystemen Daten zu überführen, verlangt ein hohes Maß an Koordination und Planung beim Aufsetzen des Migrationskonzepts und des Fahrplans inklusive Test-Loads.

24.2.1 Workshop-Phase

Im Folgenden tauchen immer Begriffe aus der agilen Projektmethodik auf. Wer noch nicht mit der agilen Projektmethodik vertraut ist, kann einen Blick in Kapitel 19, »Kundenszenario 1: CX als Innovationsfaktor im Maschinenbau«, werfen. Da werden das Thema des agilen Projektmanagements und die damit verbundenen zentralen Begriffe näher erläutert.

Für die Dokumentation der Workshops, Prozesse und Anforderungen wird die Software *Confluence* genutzt, und die User Stories werden mit der Software *Jira* erfasst.

Die User Stories werden zunächst in unterschiedliche *Epics* geclustert, die die einzelnen Anforderungen formulieren. In Abbildung 24.4 sieht man einen Auszug aus dem Backlog mit den jeweiligen Epics als übergeordnete Strukturen.

In Abbildung 24.5 sieht man die detaillierte Darstellung eines Epic mit den zugehörigen Aufgaben (Tasks) und User Stories (Issues).

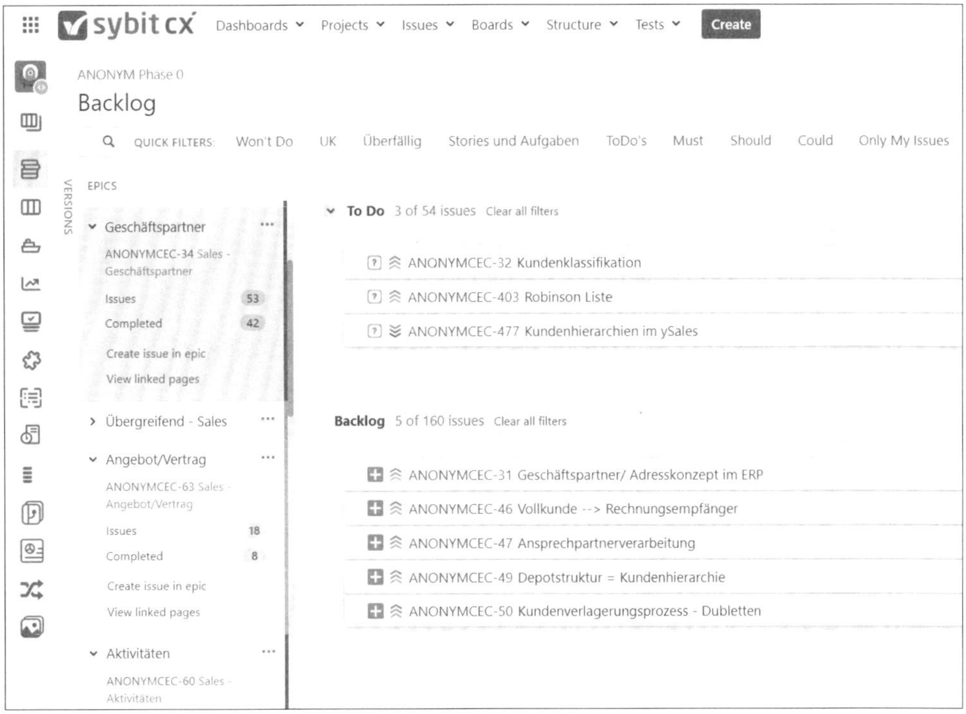

Abbildung 24.4 Auszug der Epics aus dem Jira-Board

Abbildung 24.5 Darstellung eines Epic (im Beispiel Vertragsabschluss) mit zugehörigen Issues und Tasks

In Abbildung 24.6 wird ein Auszug zu einer User Story dargestellt.

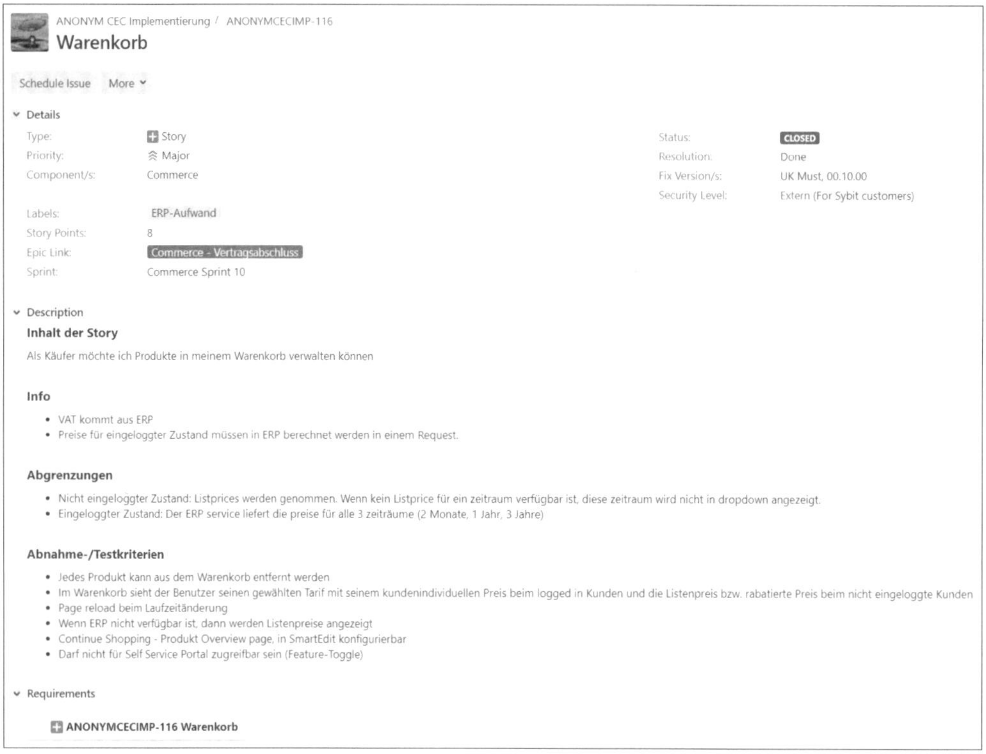

Abbildung 24.6 User Story (im Beispiel Warenkorb) als Teil des Epics-Vertragsabschlusses

Bereits in der Konzeptionsphase wird damit begonnen, für die Requirements – es werden nur alle relevanten Anforderungen im Backlog aufgenommen – eine Priorisierung vorzunehmen. Nur so kann gewährleistet werden, dass man in zukünftigen Projektphasen auch Ergebnisse produktiv setzen kann. Die Abhängigkeiten der parallelen CX-Projekte untereinander sind ebenfalls ein Argument für dieses Vorgehen. Deshalb wird beschlossen, die Anforderungen nach den Kategorien **Should**, **Could** und **Must** zu klassifizieren. Eine Planung der Sprints, also die Priorisierung der aus dem Backlog umzusetzenden User Stories ist so wesentlich einfacher (siehe Abbildung 24.7). Die Anforderungen lassen sich im Backlog außerdem nach den Kategorien filtern. In Abbildung 24.7 ist erkennbar, dass sie nach der Priorisierungskategorie **Should** gefiltert wurden.

Bei den **Could**- und teilweise auch bei den **Should**-Themen wird so schnell klar, was in der jeweilige Projektphase oder dem jeweiligen Sprint noch umgesetzt werden kann. Gerade bei den eher kosmetischen Anforderungen zeigt die Erfahrung, dass diese Anforderungen nach und nach an Bedeutung verlieren, wenn ein System erst einmal live gesetzt ist.

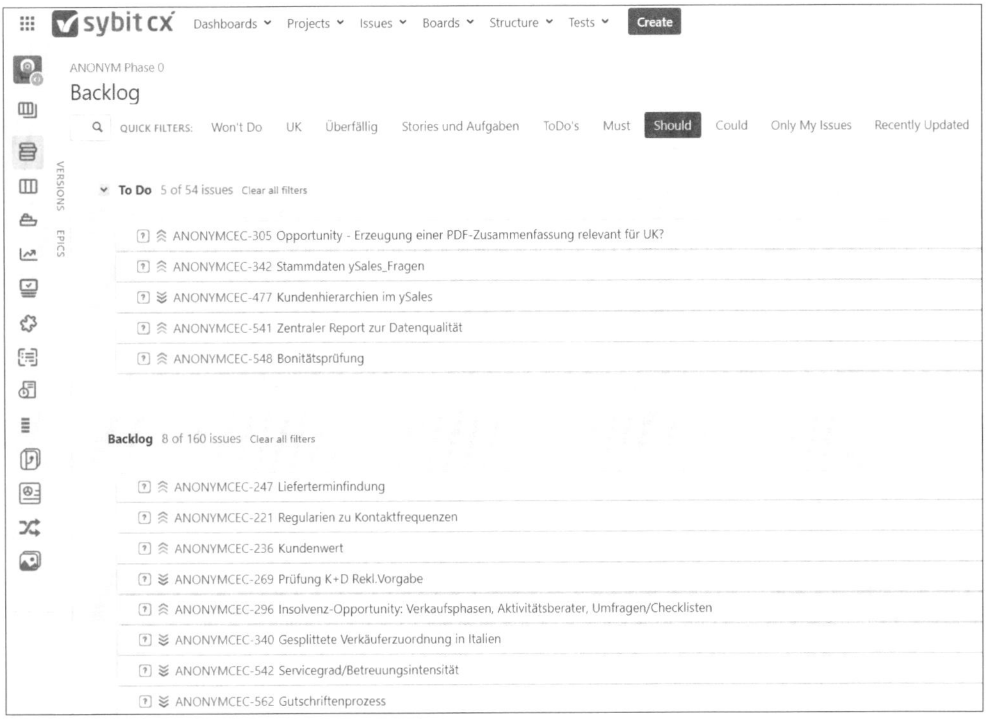

Abbildung 24.7 Auszug aus dem Backlog der Konzeptionsphase

In diesem Projekt können viele Wünsche, die in die Kategorie **Could** fallen, nicht umgesetzt werden, sei es aus budgetären Gründen (also aufgrund einer Nutzen-Kosten-Abwägung) oder aufgrund fehlender Notwendigkeit aus Sicht der Key User oder Fachbereiche.

Bei der Projektorganisation hat man sich wegen der Gesamtkomplexität und der vielen beteiligten Systeme entschieden, zwei Product Owner pro Teilprojekt (also für jedes System) einzusetzen – jeweils einen Product Owner der Firma SyTex und einen erfahrenen CX-Berater (siehe Abbildung 24.8).

Die übergeordneten Teilprojekte sind:

- SAP Sales Cloud/SAP Service Cloud
- SAP Marketing Cloud
- SAP Commerce Cloud

In den Teilprojekten werden die User Stories finalisiert und priorisiert. In einem folgenden Schritt werden diese dann mit dem Gesamtprojekt abgestimmt, um Abhängigkeiten erkennen und beheben zu können. Von der Vorprojektphase bis zum konsolidierten Backlog vergehen ca. fünf Monate, wobei mehr als zwei Monate von der Workshop-Phase in Anspruch genommen werden.

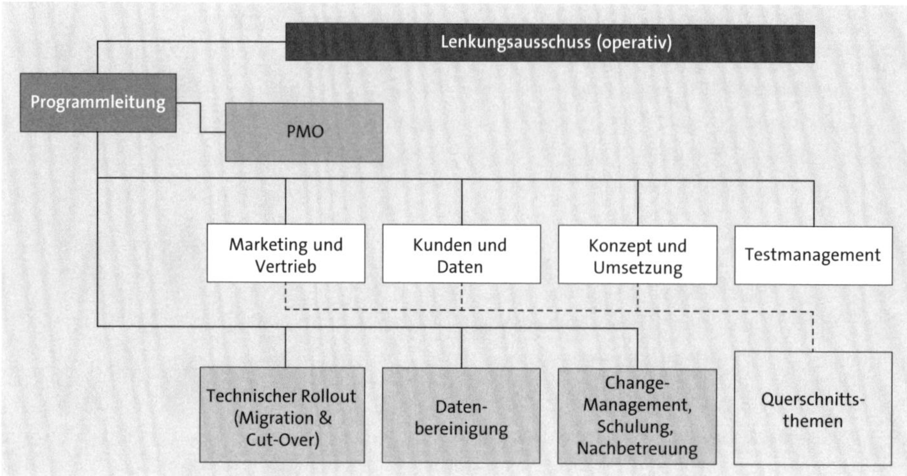

Abbildung 24.8 Übersicht der Projektorganisation

24.2.2 Fazit zur Konzeptionsphase

Eine saubere und klare Definition von Projektzielen und der Aufnahme von Ist-Prozessen im Vorfeld ist elementar und kann sehr wertvoll für das spätere Projekt sein. Auch in diesem Projekt ist allen Beteiligten klar, was das Ziel ist, und auch die Stakeholder sind an Bord. Das Projekt bekommt also innerhalb der Firma keinen nennenswerten Gegenwind.

Den Verantwortlichen bei SyTex ist die Bedeutung, aber auch der Umfang eines solch ausführlichen Projekts bewusst, was nicht in allen Unternehmen der Fall ist. Ein Stakeholder-Workshop kann ein Baustein zur effizienten Projektabwicklung sein, wenn dessen Ergebnisse konsequent im Projekt verankert werden (siehe Abbildung 24.9). Das Ergebnis dieser Phase ist ein vollständiges, priorisiertes und von allen Beteiligten abgenommenes Umsetzungs-Backlog. Dies ist die Basis für ein anschließend erfolgreiches Umsetzungsprojekt.

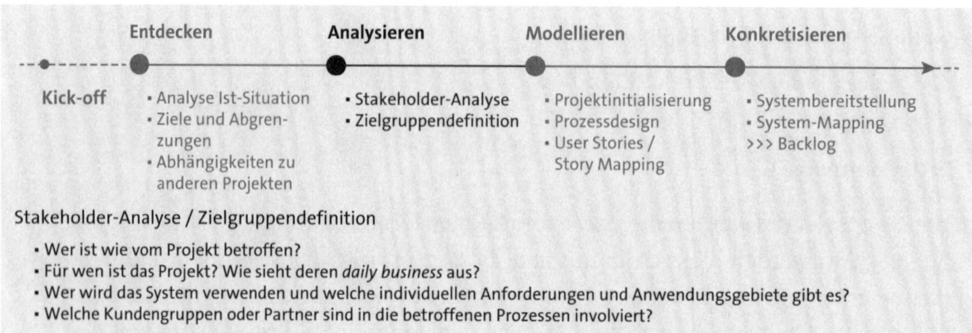

Abbildung 24.9 Ablauf der Stakeholder-Analyse zu Projektbeginn

Im Vorfeld des Workshops wurden bereits Soll-Prozesse definiert, die mit den wichtigsten Stakeholdern des Projekts – den Key Usern und Process Ownern aus den unterschiedlichen Bereichen – nicht immer abgestimmt waren. Das ist nicht optimal, denn es führt dazu, dass in den Workshops viel Energie benötigt wird, um einen Konsens zu den Zielprozessen zu erreichen. In Ausnahmefällen ist gar ein Redesign der Prozesse notwendig.

[«]

Process Owner und Key User

Die Rollen innerhalb des Prozess-Workshops aufseiten von SyTex sind idealerweise wie folgt ausgeprägt:

- Die Process Owner kennen ihren Prozess in der Breite und Tiefe mit lokalen Abweichungen und können diese anhand des aktuell dort eingesetzten Systems (inklusive Backend-Integration), bestenfalls durch kurze Live-Demos im Rahmen der Anforderungs-Workshops aufzeigen. Sie definieren und priorisieren Anforderungen mit Abnahmekriterien für ihren Prozess in Zusammenarbeit mit den Key Usern. Sie sind willens und fähig, die notwendigen Entscheidungen zu treffen bzw. die Interessen ihres Fachbereichs zu vertreten.
- Die Key User definieren und priorisieren die Anforderungen in Zusammenarbeit mit dem oder den Process Owner(n). Sie führen Reviews und Tests durch, schulen die Endanwenderinnen und -anwender und leisten First-Level-Support für die Kolleginnen und Kollegen. Zudem sammeln und liefern sie Feedback für eine kontinuierliche Verbesserung. Die Key User fördern anhand der Projektziele notwendige Änderungen in der Organisation. Zudem bewerten und testen sie ausgewählte Implementierungen.

Das Ergebnis der Workshop-Phase insgesamt kann aber als sehr gelungen bezeichnet werden, zumal die Breite an Anforderungen und die allein aus der Parallelität der Teilprojekte einhergehende Komplexität den Prozess erschwert hat. Alle Anforderungen werden bewertet und – falls relevant – erfolgreich in ein Umsetzungs-Backlog überführt. Ein damit verbunden langfristiger (letztendlich auch so eingehaltener) globaler Roll-out-Plan wird erstellt.

24.3 Umsetzung des Implementierungsprojekts

Die Umsetzung erfolgt in zweiwöchentlichen Sprints, nach deren Ende die Entwicklungen in einem sogenannten Sprint Review (siehe Kapitel 19, »Kundenszenario 1: CX als Innovationsfaktor im Maschinenbau«) vorgestellt und abgenommen werden. Wöchentlich finden auch in der Realisierungsphase system- bzw. teilprojektübergreifende Abstimmungen statt, um die Abhängigkeiten laufend neu bewerten zu können bzw. neu erkannte Themen aufnehmen, bewerten und systemübergreifend einplanen zu können. Mithilfe übergreifender Statusberichte werden hier auch Projektrisiken oder Handlungsbedarf früh identifiziert (siehe Abbildung 24.10). Die damit verbundene Transparenz schafft Flexibilität bei der Abwicklung aller miteinander verflochtenen Teilprojekte.

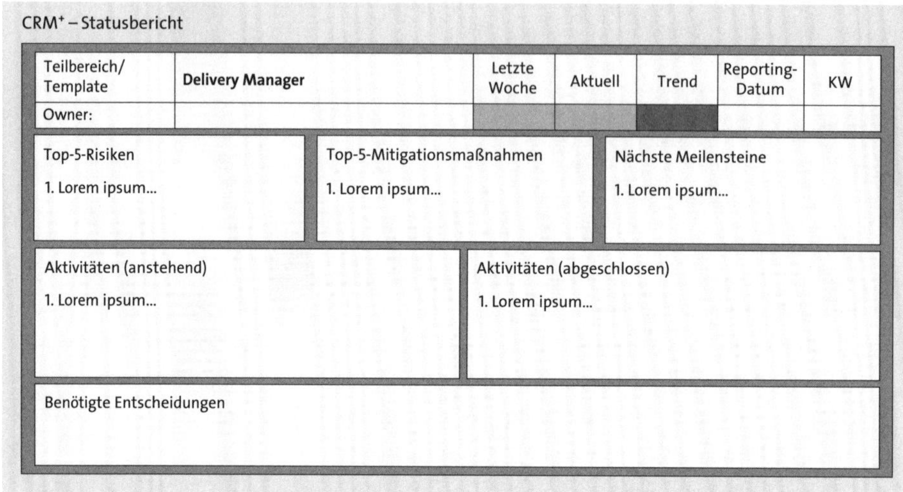

Abbildung 24.10 Vorlage für einen Statusbericht in der Realisierungsphase

In der ersten Phase werden die CX-Systeme für eine neugegründete Niederlassung eingeführt. Nach einer Laufzeit von sechs Monaten (SAP Sales Cloud, SAP Service Cloud und SAP Marketing Cloud) bzw. neun Monaten (SAP Commerce Cloud) wird das erste Release produktiv gesetzt.

Für SyTex besonders praktische Funktionen sind im Folgenden aufgelistet:

- Lead Management (zur Unterstützung der Kundenakquise)
- Besuchs- und Aktivitätenmanagement (Struktur für Kundenservice und Verkauf)
- Digitaler Angebots- und Vertragsprozess (end-to-end) inklusive maschineller Preisfindung
- Online-Vertragsabschluss
- Webshop für Leasing-Verträge

In der zweiten Phase werden die Funktionen für die Handelssparte europaweit zur Verfügung gestellt. Hauptaugenmerk liegt dabei auf den Funktionen des Shops als zentraler Vertriebskanal. Der Shop wird inhaltlich deutlich modernisiert und ist seitdem ein zentraler Baustein in der Gestaltung des zukunftsorientierten Kundenerlebnisses. Zweiter, technisch komplexer Schwerpunkt ist die Integration der neuen Systemlandschaft in die bestehenden Anwendungen. Die Handelssparte ist in nahezu allen Niederlassungen von SyTex tätig. Dienstleistungssparte und Handel bedienen dieselben Kunden. Es muss also gewährleistet werden, dass Kundeninformationen zumindest weitestgehend zwischen den Systemen geteilt werden. Eine genaue Analyse und ein konsequentes Middleware-Konzept stellen dies sicher. In Abbildung 24.11 sehen Sie die Länder, für die die neue CX-Landschaft in den ersten beiden Phasen ausgerollt wird.

Abbildung 24.11 Übersicht der Roll-out-Länder in Phase 1 und 2

In den nächsten Projektphasen werden die Systeme in zahlreiche weitere Länder ausgerollt (siehe Abbildung 24.12). Zudem wird vor Beginn der dritten (Fünf-Monate-Implementierung) und vierten Phase (Drei-Monate-Implementierung) das Roll-out-Konzept dahingehend angepasst, dass für die erste Dienstleistungssparte die Angebotserfassung und Preisfindung grundlegend überarbeitet wird.

Die dahinter liegende Intention ist, die Prozesse besser in die gewachsenen Arbeits- und Systemstrukturen integrieren zu können. Zudem werden die Funktionen im Lead Management deutlich erweitert, um die Effizienz der Bearbeitung weiter steigern zu können, und die SAP Marketing Cloud wird stärker in die Generierung des Arbeitsvorrats integriert. Das bedeutet, dass regelmäßig Kampagnen in der SAP Marketing Cloud ausgeführt werden, die den Vertriebsassistenzen nach bestimmten Kriterien Leads ausspielen, sodass die manuelle Recherche erleichtert und die zielgerichtete Abarbeitung verbessert wird.

Abbildung 24.12 Zusätzliche Roll-outs in den Phasen 3 bis 5 (dunkel hervorgehoben)

Durch die vernetzten Systeme kann SyTex mit der SAP Marketing Cloud beim Kampagnendesign oder bei der Segmentierung individuell auf das Kundengeschehen reagieren. Informationen wie aktuelle Reklamationen, aktuell laufende Vertriebsaktivitäten und Anpassungen von laufenden Verträgen können berücksichtigt werden.

Mit der fünften Phase wird das erste Mal eine Niederlassung produktiv gesetzt, die das volle Produktportfolio anbietet. Es werden daher alle Prozesse für die weiteren Produkte erweitert und optimiert. Die Komplexität einiger Prozesse ist hier deutlich höher als in den anderen Sparten. Das Thema »Reporting und Systemvernetzung« hat daher stark an Gewichtung zugelegt, um weiterhin eine 360-Grad-Sicht auf den Kunden gewährleisten zu können. Zum ersten Mal wird auch eine Opportunity in den Vertriebsprozess integriert.

Zudem wird eine leicht veränderte Vorgehensweise vereinbart, um so den Anforderungsprozess neu zu strukturieren (siehe Abbildung 24.13).

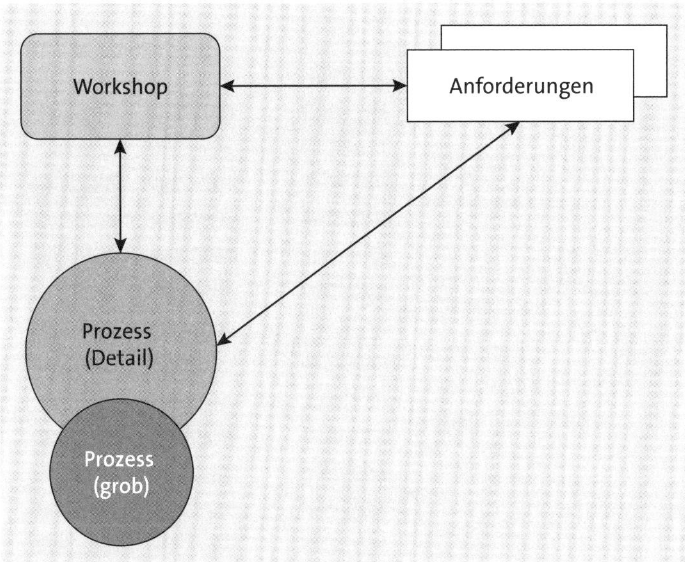

Abbildung 24.13 Veränderte Anforderungsprozesse ab Phase 3

- **Erster Baustein**
  Es werden Anforderungs-Workshops vom Fachbereich vorbereitet und durchgeführt.
- **Zweiter Baustein**
  Während der Workshops werden aus den Workshop-Themen grobe Prozesse definiert, die nachträglich noch verfeinert und detailliert werden.
- **Dritter Baustein**
  Aus den Prozessen und den Workshop-Protokollen werden die fachlichen Anforderungen abgeleitet und beschrieben.
- **Vierter Baustein**
  Die Anforderungen werden in User Stories überführt. Da die fachliche Anforderung auch größere Prozessschritte beinhalten kann, entstehen aus einer Anforderung im Normalfall auch mehr als nur eine User Story.

Hier zeigen sich deutliche Abhängigkeiten zwischen den Bausteinen. Um ein Mengengerüst aufzuzeigen, werden in der Projektphase 35 Workshops durchgeführt sowie zwölf Prozessflussdiagramme und 319 Anforderungen erstellt. Beteiligt an den Workshops sind aus dem Kernprojekt ca. 20 Personen, ergänzt durch Teilnehmende aus den Fachbereichen (ca. 30 weitere Personen).

In Abbildung 24.14 ist ein Ausschnitt der Workshops mit den Fachbereichsfreigaben zu sehen. Um die Übersichtlichkeit zu erhöhen, wird eine Statusampel eingefügt, die zeigt, ob alle Anforderungen zu den Protokollen erstellt werden.

Detailworkshops ab Mai 2020

Überschrift	Anforderungen erstellt	K&D	M&V
WS 5: Kündigung/Rückgewinnung/Offboarding (18.+19.08.2020)	GREEN	GREEN	GREEN
WS 21: Vorstellung (Vertriebs-)Opportunity (23.02.2021)	YELLOW	YELLOW	YELLOW
WS 9: Besuchsanlage- und bearbeitung (15.+16.09.2020)	GREEN	GREEN	GREEN
WS 7: KAM-Workshop (23.09.2020)	GREEN	GREEN	GREEN
WS 10: Controlling & Provision M&V (30.09. + 01.10.2020)	GREEN	BLUE	GREEN
WS 19: Intensiv-WS Dubletten und Geokoordinaten (06.01.2021)	GREEN	GREEN	GREEN
WS 18: Intensiv-WS Reklamationen und Opportunities (05.01.2021)	GREEN	GREEN	BLUE
WS 15: Controlling K&D (01.12.2020)	GREEN	GREEN	BLUE
WS 9: KAM-Workshop (20.10.2020)	GREEN	GREEN	GREEN
WS 7: Bestandsgeschäft 2 (25.-27.08.2020)	GREEN	GREEN	GREEN
WS 5: Reality Check (02.10.2020)	GREEN	GREEN	BLUE
WS 20: Intensiv-WS Vorgänge am Kunden (06.01.2021)	GREEN	GREEN	BLUE
WS 15: KAM Workshop (07.12.2020)	GREEN	GREEN	BLUE
WS 4: Reality Check // (Papier-)Angebots- und Vertragsprozess (10.09.2020)	GREEN	YELLOW	GREEN
WS 3: Angebot (23.+24.06.2020)	RED	GREEN	GREEN
WS 4: KAM-Workshop (02.09.2020)	GREEN	GREEN	GREEN
WS 13: Kundenhierarchien, RV und ZV (27.+28.10.2020)	GREEN	GREEN	GREEN
WS 14: Abbildung von Brancheninformationen (04.+05.11.2020)	GREEN	GREEN	GREEN

Abbildung 24.14 Auszug der Workshop-Struktur in Confluence

Ergebnis der Workshops sind im zweiten Schritte Prozessablaufdiagramme. Diese werden über ein Confluence-Plugin erstellt und dort abgelegt. Der Output aus den übergreifenden Workshops ist die Auswahl eines dieser Prozessablaufdiagramme (siehe Abbildung 24.15). Besonderheit dieses Diagramms ist, dass nicht nur die Prozessschritte aufgeführt sind, sondern auch direkt eine Verlinkung zu den prozessschrittbezogenen Anforderungen hergestellt wird. Die Anforderungen werden in Confluence farbig markiert, um auf den ersten Blick die Priorität erkennen zu können (grün = Priorität 1, blau = Priorität 2 und grau = Priorität 3).

Die Anforderungen werden in Confluence nach strukturierter Vorgabe erfasst und in einem umfangreichen Prozess freigegeben. Die über 300 Anforderungen werden in die Prioritäten 1, 2 oder 3 eingeteilt:

- Priorität 1 bedeutet, dass kein Go-live ohne Umsetzung der Anforderung möglich ist.
- Priorität 2 bedeutet, dass ein Go-live ohne diese Anforderung unter »Schmerzen« möglich ist.
- Priorität 3 bedeutet, dass ein Go-live ohne Umsetzung der Anforderung möglich ist.

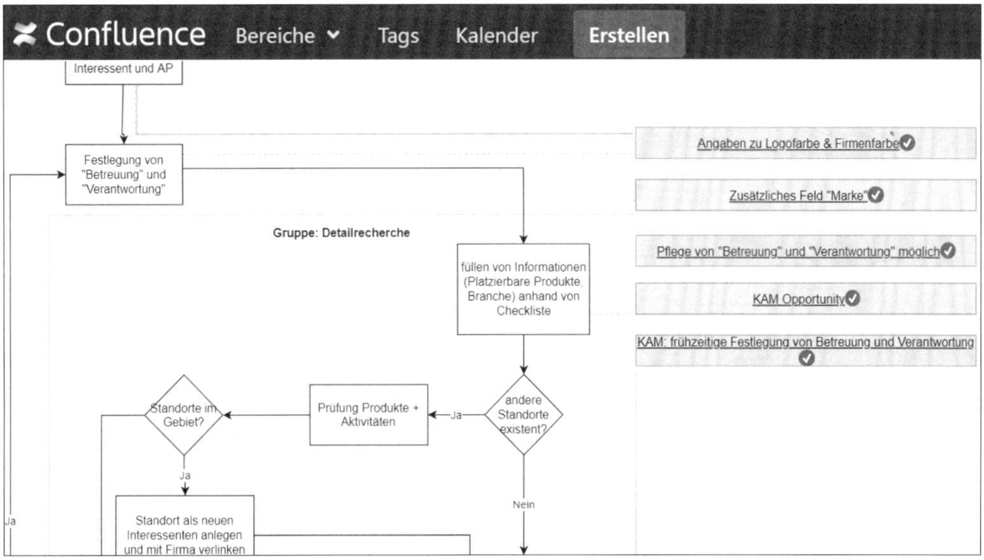

Abbildung 24.15 Beispiel eines Prozessablaufdiagramms in Confluence

Eine zentrale Ampel dient der End-to-End-Abnahme, bei der eine Anforderung von allen Fachbereichen und der IT abgenommen wird; die entsprechende Anforderung kann also weiterbearbeitet, d. h. in User Stories überführt und umgesetzt werden. Großer Vorteil dieser Vorgehensweise ist, dass so alle Anforderungen »übergreifend« dokumentiert sind und an der »richtigen« Stelle realisiert werden. Redundante Tätigkeiten werden auf diese Weise auf ein Minimum reduziert. Die User Stories werden dann in Jira angelegt und mit der Anforderung verknüpft. In Jira werden die User Stories anschließend den jeweiligen Sprints zugeordnet und umgesetzt.

Die in Abbildung 24.16 dargestellte Anforderung zum Thema Dublettenbeziehungen hat beispielsweise zu gleich drei User Stories geführt, die auch in unterschiedlichen Teilprojekten bzw. Systemen realisiert werden. Alle drei User Stories sind in diesem Beispiel bereits umgesetzt (Status **GREEN**), aber von SyTex noch nicht abgenommen worden (Status **YELLOW**).

Eindeutigkeit von Dublettenbeziehungen

-1 Priorität	2		
0 Produktiv	YELLOW	JIRA-Ticket	Sales: ~~10997~~ - Kunde: Eindeutigkeit von Dublettenbeziehungen, Umbenennung Dublettenbeziehung READY FOR CUSTOMER ACCEPTANCE TEST ~~11454~~ - Ansprechpartnerpartner Dublettenbeziehung READY FOR CUSTOMER ACCEPTANCE TEST MKT: - CBO Beziehung zwischen Unternehmen READY FOR CUSTOMER ACCEPTANCE TEST
1 Anforderungserstellung	GREEN	JIRA-Testfall	
1a Abnahme Fachbereich M&V	GREEN	Workshop(s)	
1b Abnahme Fachbereich K&D	GREEN	Prozess(e)	KAM Leadanlage und -bearbeitung
2 E2E Abnahme	GREEN		
3 Freigabe Umsetzung	YELLOW		
4 Testfall-Erstellung	YELLOW		
5 Anforderungsabnahme (Fachbereich)	YELLOW		
6 User Story erstellt	GREEN		
7 Aufwand geschätzt	GREEN		

Abbildung 24.16 Beispiel für eine Anforderung mit einer 1:n-Beziehung zu den User Stories

24.4 Fazit und Ausblick

Bei der Implementierung neuer SAP-Lösungen liegt der Fokus stets darauf, die Ist-Lösung abzulösen; bei SyTex ist dies gelungen. Dennoch wurden bereits von Beginn an auch einige kundenindividuelle Anpassungen vorgenommen. Nun gilt es, die restlichen Länder auszurollen und die Systemlandschaft sukzessive und parallel zu den Roll-outs kontinuierlich zu verbessern.

Die Prozesse sollen währenddessen im Hinblick auf Effizienz und Effektivität weiter optimiert werden. Die regelmäßigen Updates der SAP-Customer-Experience-Plattform bieten hier die Möglichkeit, stetig Prozessoptimierungen und -anpassungen vorzunehmen.

Ein weiteres, langfristiges Ziel ist es, die manuellen Eingriffe in den Prozess, die im Augenblick notwendig sind, zu reduzieren, um SyTex' Wunsch auch in die passende innerbetriebliche und logistische Reaktion zu »übersetzen«.

In einem weiteren Stream sollen weitere Innovationen, wie z. B. Machine Learning, in die Prozesse integriert werden. Mittels AI oder Machine Learning könnten Kundeninteraktionen mit Vertrieb und Kundenservice, im Portal oder im Shop in Echtzeit auf *Cross-Selling-Potenziale* hin bewertet, aufgezeigt und zugeordnet werden. Die Ergebnisse werden dann ad hoc für eine gezielte Ansprache in Portal und Shop genutzt und über eine Kampagnenzuordnung an den Vertrieb übergeben. Das möchte auch SyTex in Zukunft für sich nutzen.

Ein weiteres Szenario für die Interaktionsanalyse wäre z. B. die Feststellung einer Kündigungswahrscheinlichkeit (*Churn Probability Score*), die zu Folgemaßnahmen für den Kundenservice führen kann. Bei allen Neuerungen muss die richtige Balance zwischen Innovation, Betrieb und Projekt-Roll-outs gefunden werden.

Nach Abschluss aller Roll-outs sind weitere größere Projekte geplant. Hier ist SyTex bereits im Austausch mit Beratungsunternehmen, und es gibt grob definierte Zielbilder bis Ende 2023. Hervorzuheben ist dabei die Überlegung, eine Angebotskonfigurationslösung (z. B SAP CPQ) zu implementieren. Auch das Feedback-Management könnte mit Qualtrics ausgebaut werden. Diese Entscheidung wurde jedoch vertagt, da Qualtrics zum aktuellen Zeitpunkt keinen Serverbetrieb ausschließlich in europäischen Rechenzentren garantieren kann (siehe Kapitel 5, »Experience Management mit Qualtrics«).

Die parallele Einführung aller zentralen CX-Säulen ist äußerst aufwendig und sollte wohl überlegt sein. Die Vielzahl der Länder, in denen die Lösungen eingeführt werden sollen, und die doch sehr heterogenen Prozesse der Fachbereiche sind in diesem Projekt eine immense Herausforderung für alle Beteiligten. Wenn Ihnen dieses Kunststück aber gelingt, wie SyTex in dem hier beschriebenen Projekt, stellen Sie sich im Bereich der digitalen Kundenprozesse auf eine völlig neue Stufe – und das eben nicht nur für einen Bereich in Ihrem Unternehmen, sondern parallel über alle Touchpoints hinweg.

SyTex hat es gewagt, die digitale Transformation ohne Kompromisse anzugehen. Das Unternehmen hat dem Projekt von Beginn an die notwendige Aufmerksamkeit geschenkt und Bedeutung beigemessen. Es wird zwar auf bewährten Strukturen aufgebaut, aber gleichzeitig alles geprüft und nicht gescheut, sich selbst und den Beteiligten kritische Fragen zu stellen. Dabei wurden alte Systeme erneuert, Daten konsolidiert, Prozesse modernisiert und neue Funktionen etabliert. Die Entscheidungen wurden immer übergreifend getroffen, wenn notwendig in mehreren Iterationen, um die für das Unternehmen erfolgversprechendsten Lösungen umzusetzen. Wer oben am Berg angekommen ist, wird es nicht bereuen, den Weg gegangen zu sein. Die Strapazen auf dem Weg sind nicht vergessen, aber treten angesichts des Erfolgs in den Hintergrund.

Kapitel 25

Kundenszenario 7: Mit integrierten Vertriebs- und Marketingprozessen zur 360-Grad-Marktbearbeitung

Customer Experience ist heutzutage der entscheidende Wettbewerbsvorteil. Bei dem SAP-Beratungshaus Sybit sind die reibungslosen Abläufe zwischen Vertrieb und Marketing dafür das Fundament. Mittel zum Zweck dabei sind die SAP Sales Cloud, SAP CPQ, die SAP Analytics Cloud und die SAP Marketing Cloud.

In diesem Kapitel wird die Digitalisierungs-Story von *Sybit* vorgestellt, angefangen bei der Implementierung einer modernen CRM-Cloud-Lösung, über geänderte Abläufe und Schnittstellenprozesse bis hin zur Einführung einer Marketingautomatisierungssoftware.

Das Unternehmen sorgte zwar für reibungslose Prozesse bei seinen Kunden, erkannte aber, dass auch die eigenen Prozesse Verbesserungspotenzial aufwiesen. Zwar waren bis 2017 zwei Marketing- und Sales-Lösungen im Einsatz, doch diese hatten ihre besten Jahre hinter sich gelassen und waren nicht integriert. Sybit strebte die digitale Transformation im eigenen Haus an. Ziel des Projekts waren harmonisierte und bereichsübergreifende Marketing- und Vertriebsprozesse.

Das Kapitel ist in drei Abschnitte unterteilt. Wir beginnen mit der Vorstellung der Ausgangssituation bei Sybit und der ursprünglichen Herausforderung im ersten Abschnitt. Im zweiten Abschnitt stellen wir das Ergebnis sowie den Weg dahin genauer vor. Im dritten Abschnitt werfen wir einen Blick in die Zukunft und auf die anstehenden Optimierungen und Erweiterungen.

25.1 Customer Experience als Verbindung zwischen Marketing und Vertrieb

Die Sybit GmbH berät Unternehmen zu deren Digitalisierungsvorhaben im Bereich der Kundenschnittstellen. Nicht nur in Kundenprojekten zerbricht sie sich den Kopf, wie man eine perfekte Customer Experience erreicht, sondern hinterfragt auch die eigenen Prozesse und stellt diese auf den Prüfstand. Sybit will seinen Kunden helfen, wiederum ihre Kunden zu erreichen, neue Kunden zu gewinnen und zu begeistern – das Gleiche will Sybit natürlich auch für sich erreichen.

Das *Sybit-Markets-Team*, das sich aus dem Außendienst, dem Inside Sales und dem Marketing zusammensetzt, beauftragt die Kolleginnen und Kollegen aus der Beratung, um mit den CX-Cloud-Lösungen die Grundlage für bessere interne Abläufe und eine bessere Kundenansprache zu legen. Die Gründe dafür sind vielfältig.

[»]

Wer ist Sybit?

Sybit zählt zu den führenden Digitalagenturen Deutschlands und ist der SAP-Customer-Experience-Hub innerhalb der NTT DATA Business Solutions AG. Der Fokus des Unternehmens liegt darin, Kunden eine CX-Strategie an die Hand zu geben, mit der sie unverwechselbare Kundenerlebnisse schaffen. Die Basis dafür ist eine moderne IT. Als SAP-Platin-Partner kennt sich Sybit bestens mit den Lösungen des SAP-Customer-Experience-Portfolios aus und setzt diese für ihre Kunden gewinnbringend ein.

Mit den bestehenden Systemen in dem Bereich Markets, dem SAP-CRM-System und dem Marketingautomatisierungs-Tool *Evalanche* steht Sybit im Alltag immer wieder vor Herausforderungen. Dazu gehört vor allem die Silostruktur der Systeme, die keinen Datenaustausch untereinander erlaubt. Kundenkontakte aus dem SAP-CRM-System können nicht zur Automatisierung des Marketingprozesses verwendet werden, da eine bidirektionale Integration zwischen SAP-CRM-System und Marketingautomatisierungslösung fehlt.

Auch im Vertriebsalltag zeigen sich die folgenden Engpässe:

- keine Abbildung der bestehenden Vertriebsprozesse wie Lead-Entwicklung und Lead Funnel sowie des Opportunity-Prozesses
- keine Anlage von Aktivitäten im CRM-System für eine höhere Transparenz im Lead und Opportunity Management möglich
- eingeschränkte und wenig aussagekräftige Reporting-Möglichkeiten
- kein gewichtetes Forecasting
- keine Abbildung der Konzernstrukturen im CRM-System
- aufwendiges und zeitintensives Segmentieren sowie Exportieren von Kontakten für den Import in das Marketingautomatisierungs-Tool (einmal pro Woche notwendig und dauert den ganzen Tag)

Das Marketingteam sieht sich immer wieder Herausforderungen im Arbeitsalltag mit dem bestehenden System Evalanche gegenüber. Es sind nicht nur wöchentliche Importe bzw. Abgleiche von Kontakten aus der SAP Sales Cloud erforderlich, sondern auch automatische *Nurtures* können nur mit Abstrichen und Kompromissen erstellt werden. Automatische Lead-Nurturing-Kampagnen sind nicht möglich, obwohl für die erfolgreiche Bearbeitung der großen Anzahl an Leads eine teilautomatisierte Weiterbearbeitung unumgänglich ist. Zusätzlich machen zahlreiche Events wie Expertenforen oder Webinare ein automatisches Teilnehmermanagement notwendig.

Im Frühjahr 2018 startet also das erste Teilprojekt mit der Ablösung von SAP CRM und der Einführung der SAP Sales Cloud. Nach einer sechsmonatigen Projektlaufzeit können die genannten drängenden Herausforderungen im Vertriebsalltag bereits beseitigt werden. Doch die Zusammenarbeit über die Teamgrenze hinweg bleibt holprig. Die zahlreichen Leads, die über Marketingkampagnen erzeugt werden, müssen weiterhin manuell in der SAP Sales Cloud angelegt werden. Auch werden keine Informationen aus der Marketingautomatisierungslösung Evalanche an die SAP Sales Cloud übertragen.

Auch die Weitergabe von Informationen aus dem Vertrieb an das Marketing ist noch nicht ausgereift. Das Vertriebsteam nutzt zwar die SAP Sales Cloud und kann von den zahlreichen Optimierungen und Vorteilen profitieren, doch ihm fehlen Einblicke in die Marketingaktivitäten. Fragen wie z. B. »Hat mein Kontakt die Einladung zum Event erhalten?« oder »Ist mein Kontakt auf der Teilnehmerliste von Event xy?«, können nur durch Nachfragen an das Marketingteam beantwortet werden. Die Silos im Markets-Bereich stehen also noch immer.

Im Winter 2019 wird folgerichtig entschieden, dass im Projekt »Sybit goes SAP Customer Experience« ein weiterer Schritt unternommen und die SAP Marketing Cloud als logische Ergänzung zur SAP Sales Cloud eingeführt wird. Ziel ist es, alle Silos endlich abzubauen und allen Anwenderinnen und Anwendern einen 360-Grad-Blick auf die Kunden und Interessierten zu ermöglichen.

Mit der Einführung der SAP Marketing Cloud sollen einige Herausforderungen des Marketingteams angegangen werden:

- bidirektionale Schnittstelle zwischen CRM- und Marketing-Automatisierungs-Tool
- automatischer Datenaustausch und -abgleich
- keine redundante Datenhaltung und -pflege mehr
- automatische Lead-Anlage
- Transparenz über alle Interaktionen eines Kontakts mit Sybit
- Event-Verwaltung
- automatische Nurture-Kampagnen
- aufwendige und grobe Selektionen

25.2 Einführung und Projektablauf

Mit der Einführung der SAP Sales Cloud ist ein erster wichtiger Schritt in Richtung Digitalisierung der Kundenschnittstellen getan, doch die Einführung der SAP Marketing Cloud, die Weiterentwicklung der Systeme und die ergänzende Einführung von SAP CPQ bringen das CX-Projekt auf ein höheres Level. Abbildung 25.1 zeigt den Ist-Zustand der Systemarchitektur: Aus den Einbahnstraßen vom Vertrieb in Richtung Marketing und umgekehrt wird eine mehrspurige Autobahn.

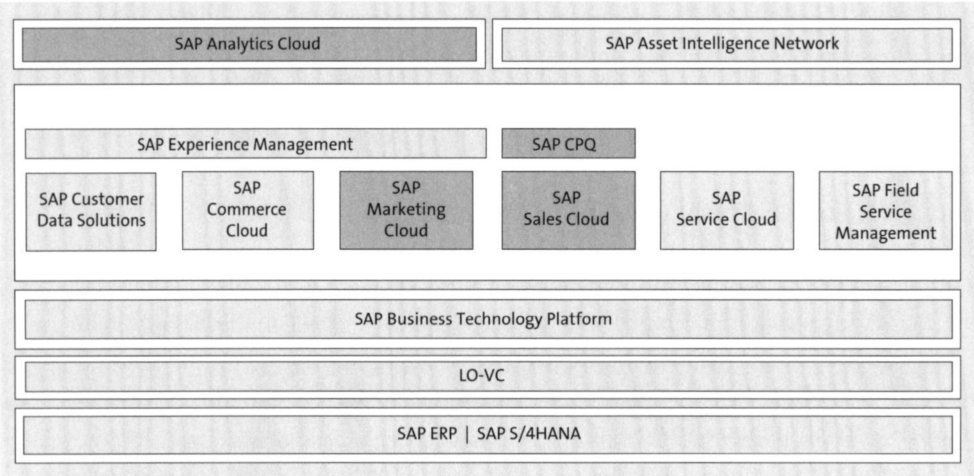

Abbildung 25.1 CX-Architektur bei Sybit

25.2.1 Projektorganisation und Vorgehen am Beispiel der SAP Marketing Cloud

Die erfolgreiche und agile Einführung der SAP Sales Cloud und die Erfahrungen aus zahlreichen Kundenprojekten nimmt Sybit als Vorbild für das Teilprojekt »SAP Marketing Cloud @ Sybit«. Das Marketingteam stellt zu Beginn des Projekts einen Status-quo-Bericht zusammen, denn für den Go-live sollen alle bisherigen Prozesse und Abläufe 1:1 über die SAP Marketing Cloud abgebildet werden. Daraufhin folgt eine Workshop-Phase mit Sybit-Beraterinnen und -Beratern und einem Key User aus dem Fachbereich Marketing. Gemeinsam werden die aktuellen Prozesse, Abläufe und Anforderungen aus dem Fachbereich diskutiert und eine Übertragung auf die SAP Marketing Cloud erarbeitet. Anschließend werden alle Anforderungen in Stories und agile Projektmanagement-Boards übertragen. Mit der Freigabe der einzelnen Stories beginnt die Umsetzung.

Abschließend erfolgt die Migration der Daten. Aus dem Altsystem Evalanche werden Einwilligungen, Interaktionen wie Downloads, Event-Teilnahmen usw. sowie Newsletter-Anmeldungen migriert. Der komplette Projektablauf ist in Abbildung 25.2 grafisch dargestellt.

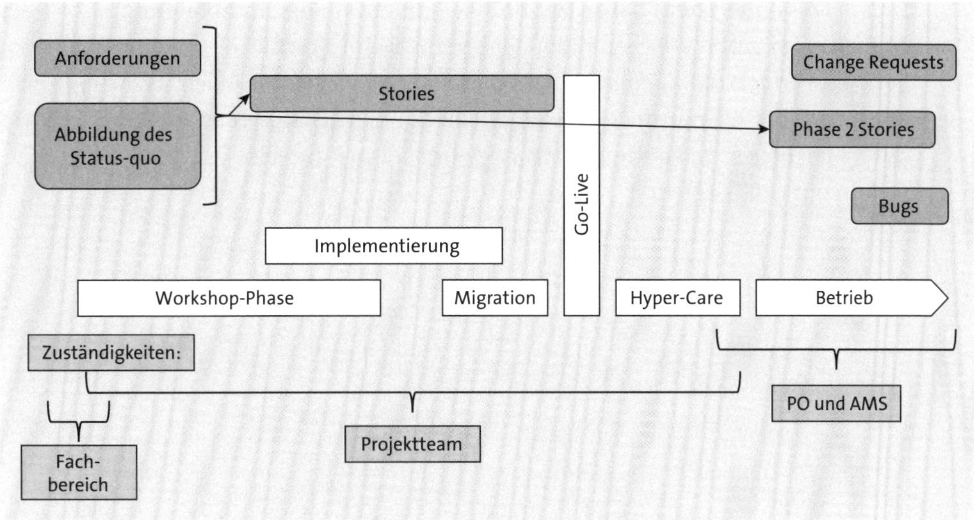

Abbildung 25.2 Projektablauf: Einführung der SAP Marketing Cloud

Die Herausforderungen im Einführungsprojekt liegen in der automatisierten Lead-Anlage. Möglichst viele Informationen aus Interaktionen der Ansprechpersonen sollen bei der Lead-Übergabe von der SAP Marketing Cloud in die SAP Sales Cloud mitgegeben werden, damit die Leads möglichst viele Informationen enthalten.

Kundeneigene App zur Event-Verwaltung

Standardmäßig liefert die SAP Marketing Cloud keine Lösung für die Event-Verwaltung und das Teilnehmermanagement. Somit muss eine eigene Lösung her – die Event-App. Mit der Event-App wird eine Anwendung entwickelt, die sich der Daten der SAP Marketing Cloud bedient und als Benutzeroberfläche für die Anwenderinnen und Anwender aus Marketing und Vertrieb ein Teilnehmermanagement ermöglicht. Mehr zu den Funktionen und Vorteilen der App erfahren Sie in Abschnitt 25.2.3, »Teilnehmermanagement mit Event-App«.

25.2.2 Symbiose von SAP Sales Cloud und SAP Marketing Cloud

Mit dem Go-live der SAP Marketing Cloud entstand eine 360-Grad-Sicht auf die Ansprechpersonen, Interessentinnen und Interessenten und Kunden von Sybit. Doch die Einführung bringt nicht nur größere Transparenz für das gesamte Markets-Team mit sich, auch das Lead Management kann deutlich verbessert werden. Mit dem Go-live der SAP Marketing Cloud arbeitet das gesamte Team an Leads: Vorrangig im Marketing erzeugt, werden sie im Vertrieb automatisiert angelegt und anschließend dort auch weiterqualifiziert – bis zur Opportunity.

Den Prozess im System haben wir beispielhaft abgebildet. In Abbildung 25.3 ist der Aufbau einer automatischen Kampagne bei Website-Downloads abgebildet, eine sogenannte *Trigger-Kampagne* in der SAP Marketing Cloud. Nach dem Website-Download erhält die Ansprechperson eine E-Mail mit den gewünschten Inhalten, wenn in der E-Mail eine sogenannte *Durchklick-Aktion* ausgeführt, also das gewünschte PDF-Dokument geöffnet wird.

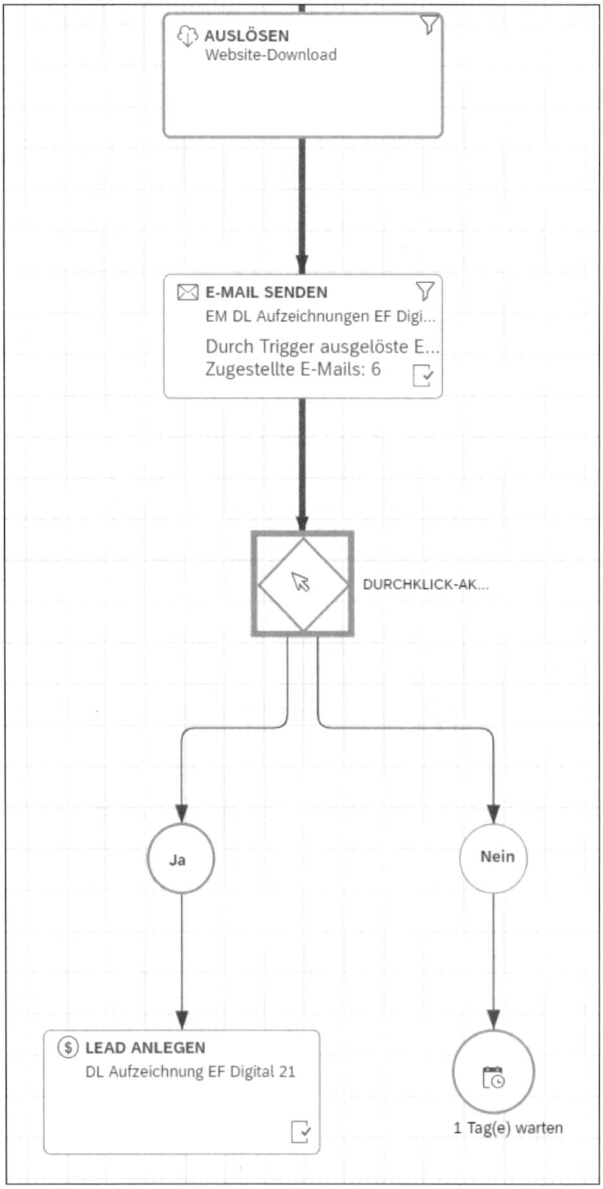

Abbildung 25.3 Beispielhafter Aufbau einer Download-Kampagne in der SAP Marketing Cloud

Daraufhin wird ein Lead in der SAP Sales Cloud erzeugt. Das erzeugte Lead ist in Abbildung 25.4 abgebildet.

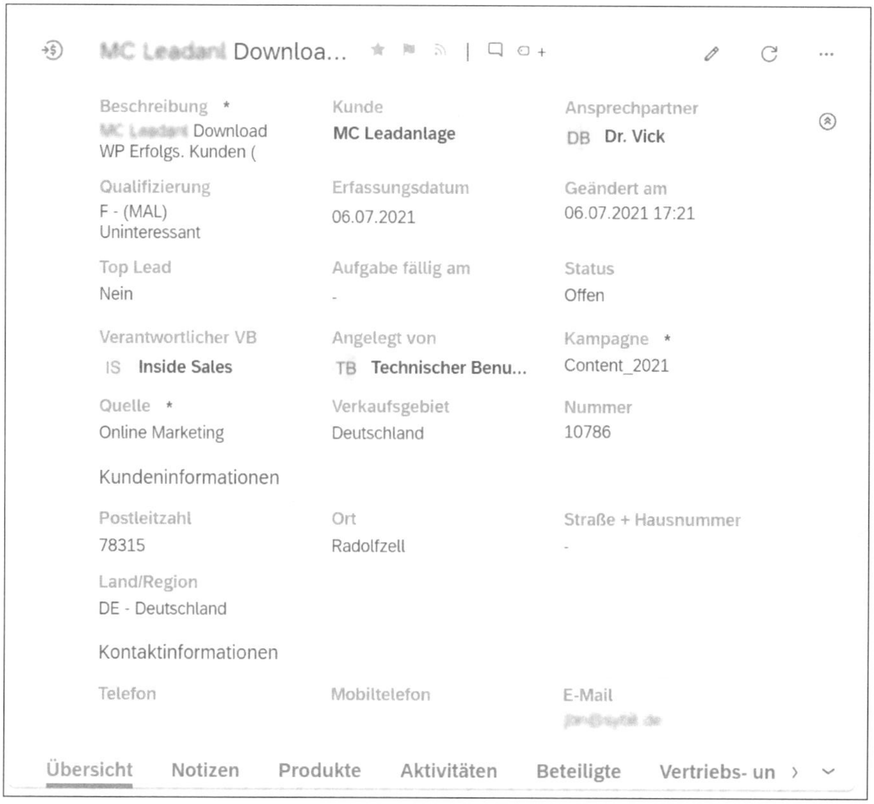

Abbildung 25.4 Automatisch erstelltes Lead in der SAP Sales Cloud

25.2.3 Teilnehmermanagement mit Event-App

Vor der Einführung der SAP Marketing Cloud und der Entwicklung der Event-App waren die Verwaltung der Events und das Teilnehmermanagement mit viel manuellem Aufwand verbunden. Neben der Pflege einer Excel-Liste und dem wöchentlichen Versand an die Belegschaft (was bedeutet, dass die Liste nach dem Export schon wieder veraltet sein kann), enthielt die Liste nicht alle notwendigen Informationen und musste manuell angereichert werden.

Mit der Einführung der Event-App werden folgende Ziele erfüllt:

- Übersicht aller Events
- Auflistung aller Anmeldungen, Teilnehmenden und Absagen in einer Übersicht
- Export einer Teilnehmerliste, die neben den Kontaktdaten der Ansprechpersonen weitere Informationen zum Account aus der SAP Sales Cloud enthält

- Freigabe und Ablehnung von Teilnehmenden mit einem Klick
- automatisierter Abmeldeprozess
- Kategorisierung aller Anmeldungen nach extern, Partner und intern
- automatische Lead-Anlage bei der Teilnahme an einem Event
- für alle einsehbare Echtzeit-Teilnehmerliste

In Abbildung 25.5 ist beispielhaft die Startseite der Event-App abgebildet. Auf einen Blick ist ersichtlich, welche Events anstehen, wann und wo diese stattfinden und ob ungeprüfte Anmeldungen offen sind.

Abbildung 25.5 Event-App: Übersichtsseite

Mit einem Klick auf den Namen eines Events gelangt man zur Event-Detailseite. Auf dieser Seite sind alle Anmeldungen und Teilnehmenden mit ihrem jeweiligen Status aufgelistet. Der Status kann **Anmeldung**, **Absage**, **Teilnahme** oder **NoShow** lauten. In Abbildung 25.6 ist eine beispielhafte Event-Detailseite abgebildet.

Mit der Event-App kann erreicht werden, dass auch der Vertrieb jederzeit über den Teilnehmerstand Bescheid weiß. Auch in jedem Kontaktprofil ist auf einen Blick ersichtlich, ob und für welches Event sich die Ansprechpartnerinnen und -partner angemeldet haben (siehe Abbildung 25.7).

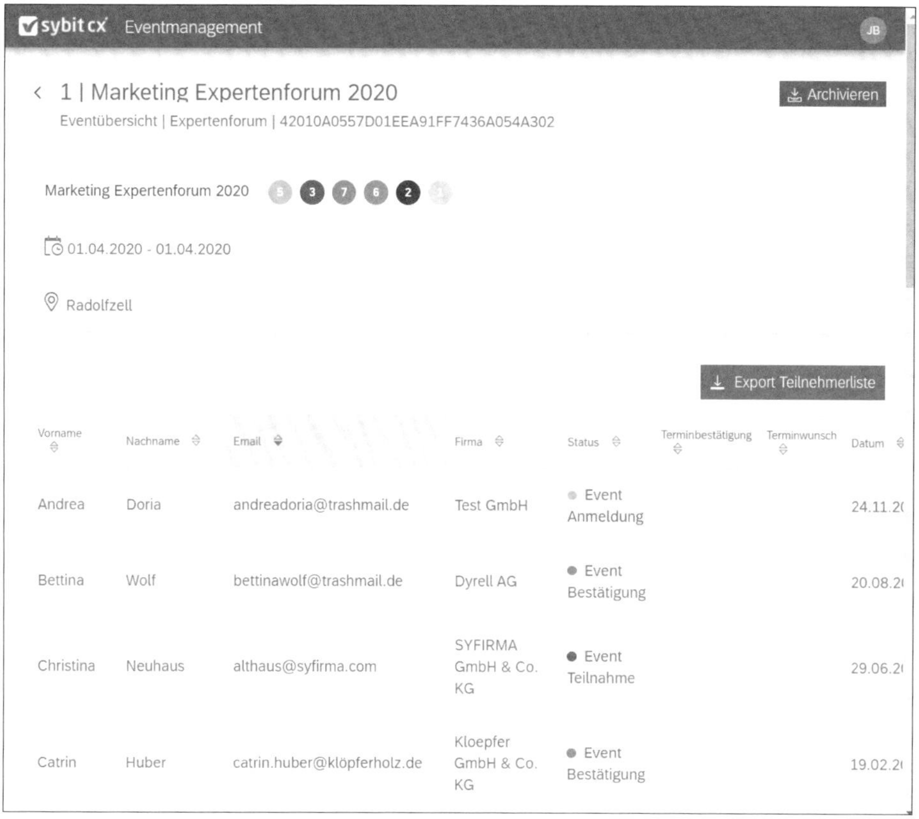

Abbildung 25.6 Event-App: Event-Detailseite

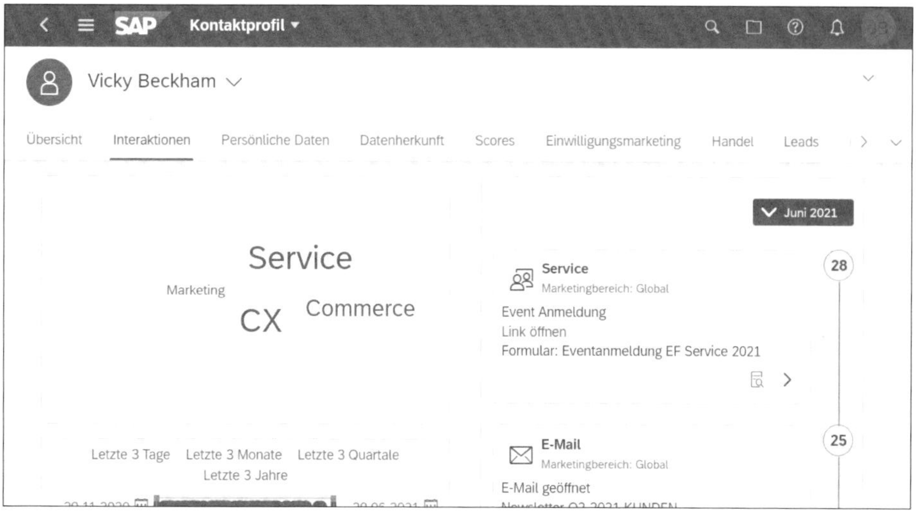

Abbildung 25.7 Kontaktprofil mit Event-Anmeldung

25

[»]

Technische Grundlagen der Event-App:

Die Cloud-Applikation der Event-App läuft auf der SAP Business Technology Platform (SAP BTP) in der Cloud-Foundry-Umgebung. Das Backend wurde auf der Basis von Node.js mit dem Framework *Feathers* implementiert. Die Benutzeroberfläche wurde mit dem SAP-Angular-Framework *Fundamental-NGX* entwickelt.

Die Event-App bedient sich der Daten der SAP Marketing Cloud, das heißt, dass die Daten über das OData-Protokoll aus der SAP Marketing Cloud abgerufen werden. Hierzu wird auch ein eigener CDS View (Core Data Services View) in der Cloud angelegt. Um eine nahtlose User Experience zu gewährleisten, wird ein Single Sign-On (SSO) über den Identity Provider eingerichtet. Ein User, der sich an der SAP Marketing Cloud anmeldet kann so die gleiche Benutzersession bzw. die gleichen Anmeldedaten auch für die Event-App nutzen.

Wir haben die Event-App entwickelt, weil die SAP Marketing Cloud im Standard keine Möglichkeit zur einfachen Teilnehmerverwaltung bietet.

25.3 Ergebnis und Ausblick

Aus der mehrspurigen Autobahn zwischen Vertrieb und Marketing ist mittlerweile ein ganzes Autobahnkreuz mit Verbindungen zu vielen weiteren Systemen und Tools geworden. Silos in dem Bereich Markets werden abgebaut, und auch das Team rückt durch die systemische Transparenz näher zusammen.

Mit dem Go-live der SAP Marketing Cloud gehen der Betrieb und die kontinuierliche Betreuung der Systeme in die Verantwortung des Sybit-Application-Management-Teams und der Product Owner über. Alle Änderungen, Erweiterungen oder Fehler in der SAP Sales Cloud, in der SAP Marketing Cloud und in den damit verbunden Systemen werden von zwei Product Ownern auf einem Kanban-Board gesammelt, priorisiert und hinsichtlich ihres Bearbeitungsaufwands eingeschätzt. Alle zwei Monate werden in einem Lenkungstermin die offenen Tickets besprochen, und es wird entschieden, welche Änderungen durch das Application-Management-Team umgesetzt werden. Regelmäßig gibt es mehr Change Requests als freie Kapazitäten. Dann wird immer nach dem größten Nutzen für Sybit und für das Markets-Team priorisiert. Durch diesen effizienten und abgestimmten Betrieb der Systeme können bereits kurz nach dem Go-live der SAP Marketing Cloud weitere Systeme angebunden und Erweiterungen umgesetzt werden.

Im Folgenden zeigen wir auf, welche Systeme nun im Einsatz sind und wie die Sybit-Systemlandschaft aussieht. Abgeschlossen ist das Projekt »Sybit goes SAP CX« noch nicht, denn weitere Ergänzungen und Optimierungen sind bereits in Planung.

25.3.1 SAP- und andere Lösungen bei Sybit

Neben den umfangreichen Funktionen der SAP-Lösungen hat die Einführung der Systeme auch qualitativen und breiten Nutzen, beispielsweise:

- Der Vertrieb nutzt die Event-App und ist in Echtzeit über die aktuellen Teilnehmerzahlen informiert.
- Bei Kundenterminen sind alle Verantwortlichen rundum informiert.
- Das Marketing profitiert und kann alle Informationen rund um Accounts und Ansprechpartnerinnen und -partner, die der Vertrieb im CRM-System einträgt (z. B. Merkmale, Lösungen im Einsatz, Opportunities oder Produktinteressen) nutzen.
- Das Marketing unterstützt mit automatisierten Nurtures bei der Lead-Bearbeitung, vor allem bei kalten Leads. Dadurch trägt das gesamte Markets-Team die Verantwortung für die Lead-Bearbeitung.
- Es konnten weitere Lösungen und Tools, die genutzt werden, integriert werden.

In Abbildung 25.8 ist eine Systemlandschaft abgebildet, wie Sybit sie heute nutzt. Neben den Hauptsystemen SAP Sales Cloud und SAP Marketing Cloud sind die Event-App und das Portal *CX-World* über bidirektionale Schnittstellen angebunden; viele weitere Tools und Lösungen agieren jedoch noch davon losgelöst.

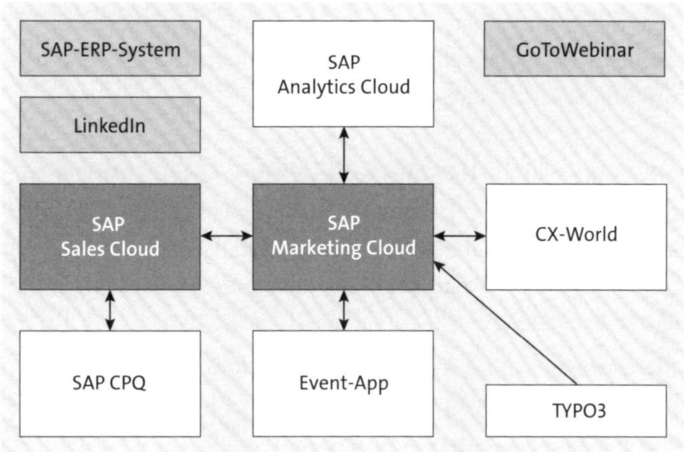

Abbildung 25.8 Sybit-Systemlandschaft in Markets (heute)

Die folgenden Systeme sind heute Teil der Landschaft:

- **SAP Sales Cloud**
  Der Vertrieb nutzt die SAP Sales Cloud für alle Vertriebsprozesse von der Lead-Qualifizierung bis hin zur Opportunity-Entwicklung. Auch als führendes System für die Datenqualität dient die SAP Sales Cloud als Golden Record.

- **SAP Marketing Cloud**
  Im Marketing wird vorrangig die SAP Marketing Cloud für alle Marketing-Prozesse genutzt. Von der Marketingautomatisierung über die Newsletter-Verwaltung, das Einwilligungsmarketing und die Event-Teilnehmerkommunikation bis hin zu den Lead-Nurturing-Prozessen dient die SAP Marketing Cloud als Sammelstelle für Interaktionen mit den Ansprechpartnerinnen und -partner.
- **Event-App**
  Mit der Event-App verwaltet Sybit alle Events und die zugehörigen Teilnehmerlisten. Die Daten werden von der SAP Marketing Cloud geliefert, und die Event-App bietet eine ansprechende und benutzerfreundliche Oberfläche für das Event-Management sowie für alle weiteren Teams, die Einsicht in die Teilnehmerlisten benötigen.
- **TYPO3 CMS**
  Die Sybit-Website wird über das Content-Management-System TYPO3 CMS gepflegt. Alle Formulare wie z. B. das Formular für eine Event-Anmeldung oder den Download von Whitepapern werden von der SAP Marketing Cloud exportiert und über ein TYPO3-Plug-in auf der Website ausgespielt.
- **SAP Analytics Cloud**
  Mit der SAP Analytics Cloud nimmt das Reporting- und KPI-Dashboard neue Dimensionen an. Neben den einfachen Kampagnen-KPIs und Standard-Reports arbeitet Sybit aktuell noch an einem einheitlichen Dashboard für das Markets-Team, das mit der SAP Analytics Cloud realisiert werden soll.
- **CX-World**
  Mit der Plattform CX-World schafft Sybit Ende 2020 als Alternative zu Messen und Live-Events eine virtuelle Welt, in der die Customer Experience multimedial erlebbar ist und Präsentationen sowie Kundentermine virtuell stattfinden. Die 3D-Welt ist über eine Open-Channel-Schnittstelle ebenfalls an die SAP Marketing Cloud angebunden (siehe Abbildung 25.9).

  So werden alle Registrierungen an CX-World übertragen und alle Interaktionen eines Users mit der Plattform zurück an die SAP Marketing Cloud übermittelt. In Abbildung 25.10 sehen Sie eine Übersicht der unterschiedlichen Interaktionen, die eine Ansprechpartnerin innerhalb der CX-World ausgeführt hat. Auf Basis dieser Informationen können nun gezieltere Kampagnen und Follow-ups an diese Ansprechpartnerin ausgespielt werden.

  Zudem findet nach jeder Anmeldung eines Users auf der CX-World-Plattform eine Lead-Anlage in der SAP Sales Cloud statt. So erhalten die Abteilungen Inside Sales und Vertrieb die Information, welche der Ansprechpartnerinnen und -partner sich in der virtuellen Welt aufhalten.

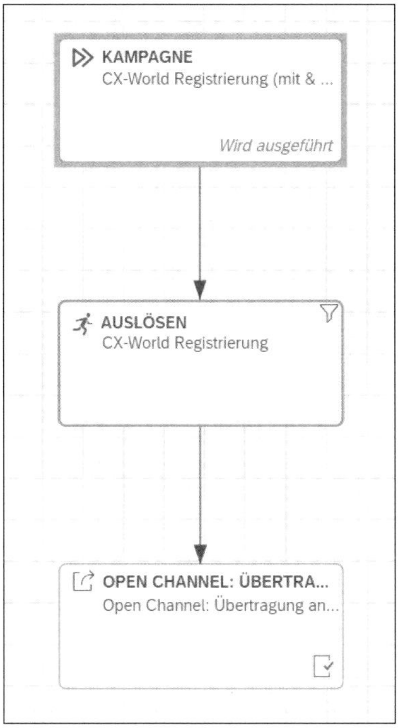

Abbildung 25.9 Open-Channel-Kampagne für eine Übertragung der CX-World-Registrierungen

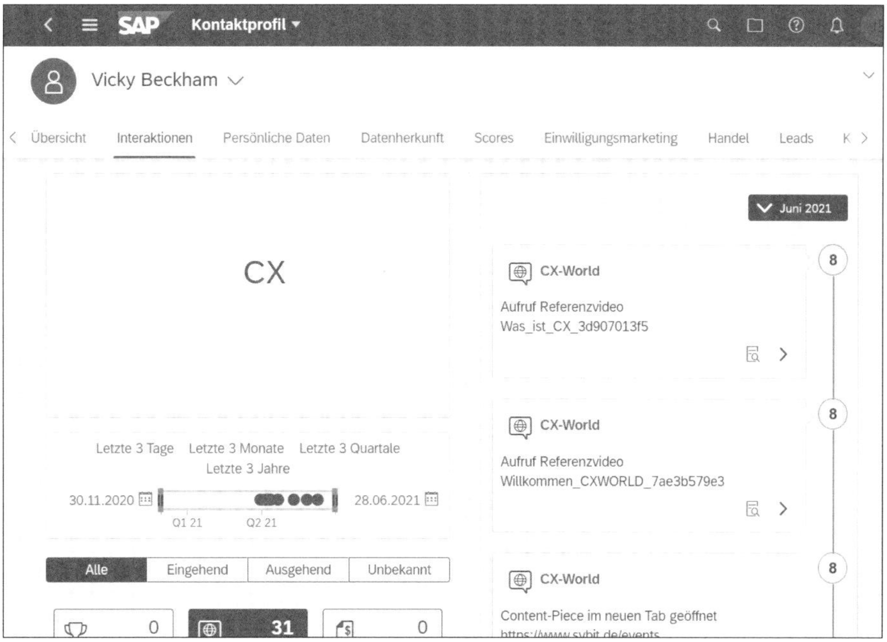

Abbildung 25.10 Kontaktprofil mit den Interaktionen aus der CX-World

25.3.2 Ausblick: Weiterentwicklung der Angebotserstellung mit SAP CPQ

Auch SAP CPQ ist bei Sybit mittlerweile im Einsatz und weist eine hohe Nutzerakzeptanz auf. Aktuell nutzen 20 Mitarbeitende SAP CPQ.

Vor der Einführung wurde bei der Abgabe eines Angebots ein in Microsoft Excel basiertes Backlog geführt. Dieses Backlog wurde immer manuell erstellt. Der Backlog-Erstellungsprozess begann häufig mit einem leeren Template oder basierte auf bisherigen Angebotsentwürfen. Dieses Template wurde gemäß den Anforderungen des Kunden befüllt. Da viele Kundenprojekte über ähnliche Phasen oder Scopes verfügten, wurden Elemente aus anderen Backlogs übernommen und für den jeweiligen Kunden angepasst. Dies war ein zeitaufwendiger und oft fehleranfälliger Prozess. Zudem war das Backlog, das in Microsoft Excel gepflegt wurde, sowohl schwer zu präsentieren als auch schwer zu lesen und zu verstehen, und das nicht nur für die Kunden von Sybit. Letztendlich fehlte Transparenz auf beiden Seiten.

Um den Aufwand bei der Angebots- und Backlog-Erstellung zu minimieren, einen hohen Qualitätsstandard zu gewährleisten und ein verständliches und leicht zu lesendes Dokument für die Kunden zu schaffen, wird das Projekt *Sybit SAP CPQ* gestartet. Weitere Ziele des Projekts sind es, den Backlog-Genehmigungsprozess im System abzubilden, umfangreiche Angebotsdokumente für verschiedene Anlässe zu erstellen, Backlogs- und Angebote in Deutsch und Englisch zu pflegen und SAP CPQ in die SAP Sales Cloud zu integrieren.

Die größte Herausforderung des Projekts ist es, die internen Ressourcen für das Projekt konstant bereitzustellen, da Kundenprojekte natürlich vor internen Projekten Vorrang haben. Außerdem startet das Projekt zu einem Zeitpunkt, an dem die Zusammenführung von SAP CPQ (vormals CallidusCloud CPQ) in das SAP-Portfolio noch nicht vollständig abgeschlossen ist. Erfahrungen aufseiten von Sybit sind bereits durch realisierte Kundenprojekte, Trainings usw. vorhanden. Dennoch sind im Bereich Custom Development noch ein paar Extrameilen zu gehen. Die Lösung selbst hat noch einige Schwächen bei der Integration, die nach und nach von SAP optimiert bzw. geschlossen werden (siehe auch Kapitel 9, »SAP CPQ«).

Realisierung und Ergebnis der Einführung von SAP CPQ

Am Anfang des Projekts steht die Validierung der SAP-CPQ-Lösung im Vordergrund. Um eine aussagekräftige Bewertung der Lösung vornehmen zu können, wird parallel zur Anforderungsdefinition ein Start-up-Tenant für SAP CPQ bei SAP beantragt und aufgebaut, um die Anforderungen testen zu können. Im Rahmen dieses Start-up-Tenants werden die ersten rudimentären Funktionen abgebildet, um eine Grundlage für die Workshops zu haben und weitere Anforderungen und Funktionen anschaulich direkt im System darstellen zu können.

Die Anforderungen an die Lösung ergeben sich aus mehreren internen Workshop-Reihen. Für dieses interne Projekt entscheidet sich Sybit, anders als bei Kundenprojekten, keine klare Trennung zwischen Konzeptions- und Implementierungsphase vorzunehmen. Dieses Vorgehen ermöglicht es Sybit, mit den verschiedenen Herausforderungen, die ein internes Projekt mit sich bringt, besser umgehen zu können. Wie Sie sich wahrscheinlich denken können, besteht für die Implementierungsphase zudem die Herausforderung, dass die Einsätze der Projektmitglieder nicht gut planbar sind, da die Beteiligten bereits in den unterschiedlichsten Kundenprojekten aktiv sind.

Bei der Umsetzung steht besonders im Fokus, dass das Backlog für die jeweiligen Lösungskomponenten, den Scope und das Backend schnell und qualitativ hochwertig zusammengestellt werden kann. Daher erstellt Sybit einen zentralen Einstiegspunkt für das Backlog. Eine Übersicht der Projektdetails ermöglicht es den Beteiligten, einzelne Komponenten auszuwählen (siehe Abbildung 25.11). Auf Basis dieser Auswahl wird das Backlog automatisch zusammengestellt und in die Projektphasen **Beraten**, **Steuern**, **Konzipieren**, **Implementieren** und **Betreiben** eingeteilt.

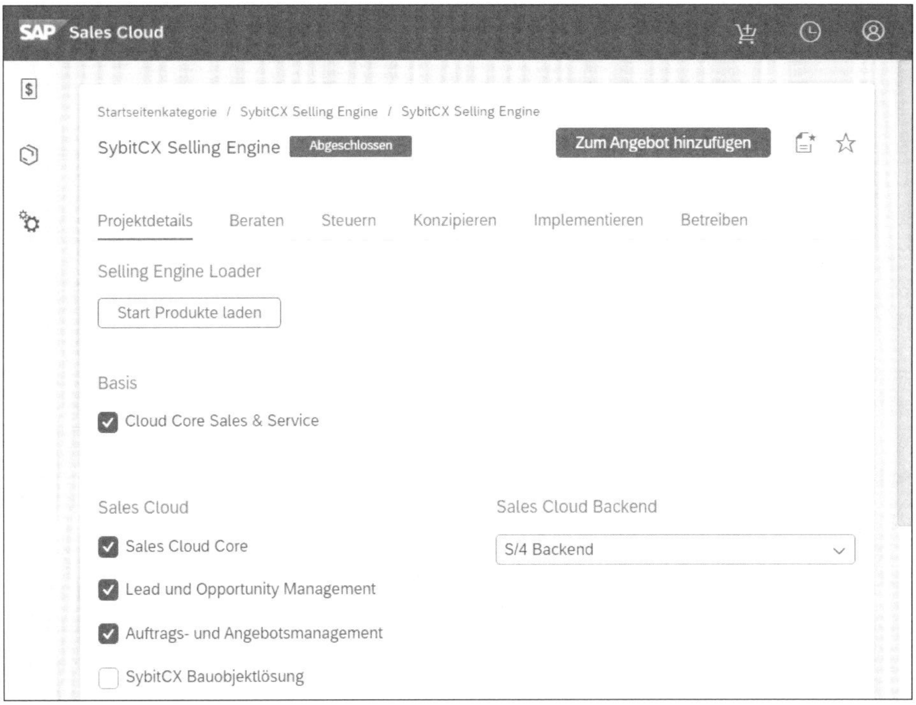

Abbildung 25.11 Festlegung der Projektdetails in der SAP Sales Cloud

Die Projektbeteiligten haben nun die Möglichkeit, die einzelnen Backlog-Positionen anzupassen sowie weitere zu ergänzen und freie Kundenanforderungen zu definieren. Die Abschätzungen der Backlog-Positionen werden je nach Art berechnet oder vorbelegt. Weicht eine Umsetzungsanforderung vom Standard ab, kann diese manuell angepasst werden. Somit bietet das System einen Mix aus vorgefertigtem Standard mit flexiblen Anpassungen an die Kundenbedürfnisse. Da Mitglieder unterschiedlicher Teams wie beispielsweise Vertrieb oder Presales mit dem System arbeiten, hat Sybit verschiedene Vorlagen für den Druck eines Angebots und des Backlogs bereitgestellt. Diese Vorlagen werden mit dem Vorlagengenerator in SAP CPQ erstellt. In Abbildung 25.12 sehen Sie die Vorlagenauswahl für das Konfigurationsergebnis.

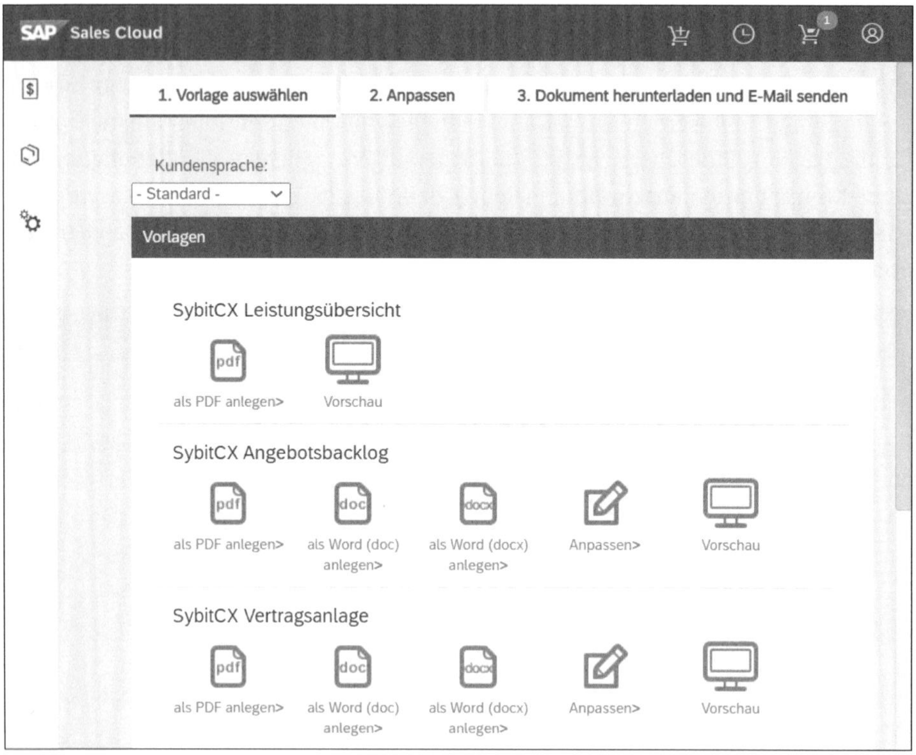

Abbildung 25.12 Angebotsvorlagenauswahl

Wie in Abbildung 25.12 dargestellt, kann man aus einer Vielzahl von Vorlagen in unterschiedlichen Dateiformaten auswählen und sie bei Bedarf anpassen. In den Vorlagen sind die Backlog-Bestandteile einheitlich und übersichtlich dargestellt. Dadurch wird die Qualität des Angebots und die Qualität der Übersicht der Leistungsdetails sichergestellt.

Während der Implementierung werden die Umsetzungen regelmäßig getestet und validiert. Durch das regelmäßige Testen des gesamten Prozesses können die Umsetzungen überprüft und gegebenenfalls auch wieder angepasst werden. Auch werden so neue Anforderungen schnell erkannt, da durch die Systemnutzung neue Möglichkeiten gesehen wurden. Im Anschluss an die Umsetzung wird eine Go-live-Vorbereitungsphase inklusive Integrationstest durchgeführt. Abschließend wird das Produktivsystem beantragt, und die erforderlichen Konfigurationen, Transporte und Verbindungen werden dorthin übertragen.

Betrieb von SAP CPQ und Ausblick

Durch die Standardisierung des Angebots- und Backlog-Erstellungsprozesses können die Qualität und die Schnelligkeit erheblich gesteigert werden. Durch die Integration von SAP CPQ in die SAP Sales Cloud können Vertrieb und weitere Verantwortliche nahtlos zusammenarbeiten (siehe Abbildung 25.13).

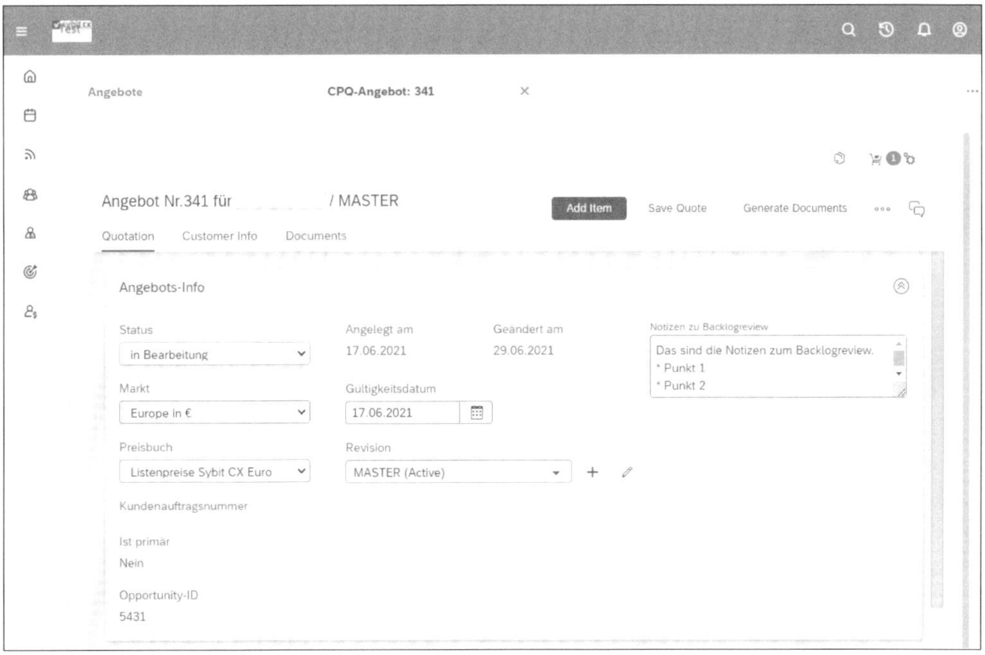

Abbildung 25.13 Integration von der SAP-CPQ-Erweiterung in die SAP Sales Cloud

In der Retrospektive des Projekts kann sicherlich festgehalten werden, dass Sybit mit der gewohnten Projektmethodik schneller und effizienter gewesen wäre. Trotzdem ist das beschriebene Vorgehen alternativlos, da das Beratungshaus die Lösung erst mit der Erfahrung durch die Umsetzung der Erweiterung von SAP CPQ besser kennenlernte und ihre Besonderheiten in die Projektmethodik einfließen lassen konnte. Dieses Projekt hat Sybit befähigt, die Einführung der wichtigen Systemelemente in mehrere Konzeptionsphasen zu unterteilen und Abschätzungen zu Implementierungsaufwänden zu treffen.

Sybit will im nächsten Schritt das gesammelte Feedback der Anwenderinnen und Anwender sowie der Kunden auswerten und entscheiden, welche Anpassungen in einer weiteren Phase des Projekts umgesetzt werden sollen. Der Ausbau und die Verbesserung des Angebotserstellungsprozesses und die Optimierung der Kundenerlebnisse stehen dabei auch weiterhin im Fokus.

25.3.3 Mit CX-Projekten auch in Zukunft mehr erreichen

Genau wie in den Kundenprojekten möchte Sybit auch die eigenen Prozesse perfektionieren und kontinuierlich weiterentwickeln. Anstelle von Insellösungen muss eine integrierte und aufgeräumte Systemlandschaft die Basis dafür sein. Sybit ist jedoch noch nicht am Ziel angekommen. In den nächsten Schritten soll das Webinar-Tool *GoToWebinar* angebunden werden, um auch die Daten der am Webinar teilnehmenden Mitarbeitenden automatisiert in die SAP Marketing Cloud zu übertragen. Des Weiteren nutzt Sybit für die virtuellen Events eine Event-Plattform, die ebenfalls angebunden werden soll. So müssen keine Teilnehmerlisten aus der Event-App bzw. aus der SAP Marketing Cloud auf die Event-Plattform geladen werden, und Zugangsdaten können automatisiert mit der Teilnahmebestätigung versendet werden.

Ein großes Thema im B2B-Bereich (B2B = Business-to-Business) ist *Social Selling*, das gehäuft auf LinkedIn stattfindet. Im Releaseplan von SAP ist dazu eine Schnittstelle angekündigt, die Sybit auch in den eigenen Systemen einbinden wird. So können Nachrichten und Kontaktlisten aus den sozialen Netzwerken mit der SAP Sales Cloud und der SAP Marketing Cloud synchronisiert werden.

Ein weiteres großes Ziel ist ein einheitliches Dashboard für das Markets-Team. So wird die Transparenz über Marketing- und Sales-Aktivitäten erhöht, und jedes Teammitglied sieht in Echtzeit die Auswirkungen der Teamarbeit. Hierzu werden die Reporting-Möglichkeiten aus der SAP Analytics Cloud weiter optimiert und verfeinert. Mit der SAP Analytics Cloud nimmt das Reporting und KPI-Dashboard neue Dimensionen an.

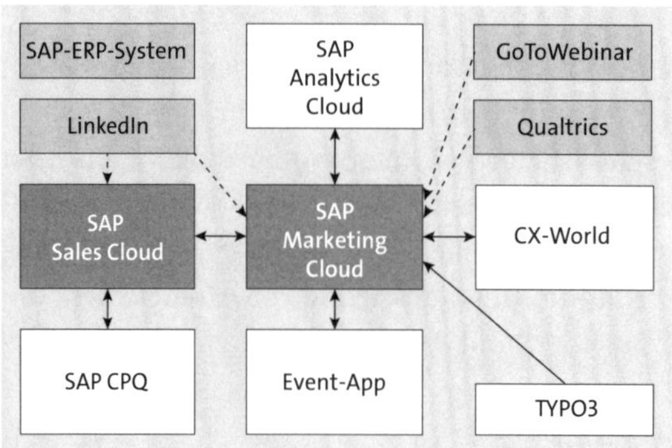

Abbildung 25.14 Systemlandschaft für den Markets-Bereich bei Sybit (geplant)

Um direktes Kunden- und Mitarbeiter-Feedback abzufragen und dann integriert und plattformübergreifend in die Systeme einfließen zu lassen, plant Sybit wir im Experience Management perspektivisch die Einführung von Qualtrics. Die bestehende Systemlandschaft inklusive der geplanten Lösungen sehen Sie abschließend in Abbildung 25.14.

Mit diesem Projektbeispiel schließen wir den praktischen Teil dieses Buches. Wir hoffen, dass Sie über den gesamten Text hinweg nicht nur Inspiration für Ihren eigenen CX-Weg gefunden haben, sondern dass er Sie – auf welcher Etappe Sie sich auch befinden – entscheidende Schritte voranbringt. Wir haben dazu tief in unsere Know-how-Kiste gegriffen, konnten am Ende aber trotzdem nur eine Auswahl treffen. Sie fiel auf eine Analyse der relevanten Lösungen, Prozesse und Integrationen. Warum? Weil das Wissen um diese Bausteine in jedem Fall entscheidend ist, wenn Unternehmen sich kundenorientiert aufstellen möchten.

Und weil wir überzeugt sind, dass von diesem Wissen am stärksten diejenigen profitieren, die wahrscheinlich niemals von diesem Buch erfahren werden: Ihre Kunden.

Anhang A
Glossar

360-Grad-Sicht Der Begriff 360-Grad-Sicht bezeichnet einen vollumfänglichen Blick auf die Daten eines Kunden (Stammdaten, Bewegungsdaten, Umsatz, Marketingmerkmale usw.).

Account-based Marketing (ABM) Unter Account-based Marketing (ABM) versteht man ein zielgerichtetes B2B-Marketing, das mit personalisierten Kampagnen selektierte Kunden gewinnen möchte. Dabei werden diese Kunden als eigenständige Märkte betrachtet. Das bedeutet, dass keine pauschalen Kampagnen durchgeführt, sondern auf die Kunden zielgerichtete Marketingmaßnahmen zugeschnitten werden.

Aktivitäten Aktivitäten sind Methoden zur Aufzeichnung von Informationen aus Interaktionen zwischen Geschäftspartnern während des Lebenszyklus einer Kundenbeziehung. Beispiele für Aktivitäten sind Besuche, Termine, Telefonate, Aufgaben und E-Mails.

Available-to-Promise (ATP) Unter ATP versteht man die verkaufsfähige Menge an Produkten, die ein Unternehmen auf Lager hat.

Bebauungsplan Der Bebauungsplan ist eine ganzheitliche Betrachtung auf alle Systeme und Domänen der IT im Unternehmen, um eine langfristige Planung über Systeme und Projekte hinweg vornehmen zu können und, basierend auf der Unternehmensstrategie, eine Roadmap für die IT-Landschaft zu definieren.

Buyer Enablement Bei dem Ansatz des Buyer Enablements wird der Kunde konsequent in seinem Prozess der Kaufentscheidung unterstützt, indem ihm entlang der Customer Journey relevante Informationen und Tools zur Verfügung gestellt werden.

Carve-out Unter einem Carve-out versteht man eine Ausgliederung einer Tochtergesellschaft aus einem Konzern.

Change Request Ein Change Request ist ein Änderungswunsch, der definiert wird, nachdem der Projektumfang mit den umzusetzenden Anforderungen bereits verbindlich festgelegt worden ist.

Chatbot Chatbots sind textbasierte oder auditive Dialogsysteme mit natürlichsprachlichen Fähigkeiten. Sie werden oft auf Webseiten verwendet.

Computer-Telephonie-Integration (CTI) Die Computer-Telephonie-Integration (CTI) ist eine separate Middleware-Software eines Fremdanbieters, die es ermöglicht, die Telefonanlage über die Lösungen von SAP zu steuern.

Conversion Eine Conversion ist eine Handlung eines Kunden, beispielsweise ein Kauf eines Produkts, ein Auftrag einer Dienstleistung, ein Download eines Whitepapers oder eine Anmeldung zu einem Newsletter.

Core Data Services Die Core Data Services sind eine Infrastruktur, die von Datenbankentwicklern genutzt werden kann, um das zugrunde liegende (persistente) Datenmodell zu erstellen, das die Anwendungsdienste wiederum den UI-Clients zur Verfügung stellen.

Customer Relationship Management (CRM) CRM steht für Customer Relationship Management. Mit einem CRM-System werden Aktivitäten rund um den Kundenkontakt in Vertrieb, Marketing, Kundenservice und E-Commerce verwaltet.

Cross-Selling Dem Kunden werden für ein bestimmtes Produkt oder eine bestimmte Produktkombination durch das System weitere Produkte zum Kauf vorgeschlagen.

Customer Experience (CX) Die Customer Experience (CX) ist die Summe der Interaktionen der Kunden mit einem Unternehmen: von der Konsultierung des Informationsangebots über

Mitarbeitende und Prozesse bis hin zum Kauf eines Produkts.

Customer Journey Die Customer Journey beschreibt die Reise der (potenziellen) Kunden vom Erstkontakt mit dem Unternehmen bis zum Kauf eines Produkts oder bis zur Inanspruchnahme einer Dienstleistung.

Customer Journey Map In einer Customer Journey Map werden die Touchpoints, die Kunden, während ihrer Customer Journey anlaufen, dokumentiert. Es werden nicht nur tatsächliche Kontakte dokumentiert, sondern ebenfalls Faktoren wie Zeitabläufe, Kanäle, persönliche Informationen, Gefühle, Motivation und aufkommende Fragen.

Customization Das Customization beschreibt die Anpassung eines Serienprodukts bzw. eines Systems an die individuellen Anforderungen und Bedürfnisse des Kunden.

Daily Daily ist ein Regeltermin, der an jedem Arbeitstag zu derselben Uhrzeit stattfindet und nicht länger als 15 Minuten dauert. Dieser Termin dient dazu, sich im Team zu den aktuellen Aufgaben auszutauschen. »Was mache ich gerade?«, »Was habe ich gemacht?« und »Wo gibt es Probleme oder Hindernisse?« sind Kernfragen, die es zu beantworten gilt. So können eventuelle Hindernisse früh identifiziert werden.

Digitaler Zwilling Ein digitaler Zwilling ist das virtuelle Abbild einer realen Maschine oder Anlage. Der Vorteil ist, dass der digitale Zwilling Aufschluss über den Zustand seines realen Vorbildes gibt oder anstehende Wartungen anzeigt, ohne einen direkten Zugriff zu benötigen – die Maschine kann ungehindert weiterlaufen. Voraussetzung ist die tiefe Integration des Zwillings in die Systemlandschaft.

Double-Opt-in-Prozess Der Double-Opt-in-Prozess ist ein Zustimmungsverfahren im Online-Marketing und schützt User vor unerwünschter Werbung. Um Werbe-E-Mails zu erhalten, bedarf es nach einer initialen Zustimmung des Users einer zweiten Bestätigung.

Down-Selling Den Kunden wird für ein bestimmtes Produkt alternativ ein günstigeres Produkt vorgeschlagen.

E-Business Unter E-Business versteht man alle automatisierbaren, elektronisch gesteuerten, softwarebasierten Geschäftsprozesse.

E-Commerce Teilbereich von E-Business, der sich essenziell auf den Handel bzw. Austausch von Gütern und Services über das Internet bezieht. E-Commerce umfasst nach außen gerichtete, kundenorientierte Prozesse, inklusive der Nutzung entsprechender Technologien.

Engineer-to-Order (ETO) Entwicklung und Konstruktion von fast ausschließlich kundenspezifischen, einzelnen bzw. umfangreichen Produkt- und Leistungsbestandteilen.

Epic Epic ist eine Aufgabeneinheit im Anforderungsmanagement, die aus mehreren User Stories besteht.

Experience Management Erfolgreiches Experience Management zeichnet sich dadurch aus, dass abteilungsübergreifend und über die gesamte Customer Journey hinweg analysiert und agiert wird. Dies bedeutet, dass das Zusammenspiel der unterschiedlichen Systeme von hoher Bedeutung ist.

Feed In einem Feed können User Aktualisierungen in ihrem Netzwerk veröffentlichen und Aktualisierungen anderer User empfangen.

Feintuning Im Feintuning können einzelne Funktionen, die im Scoping aktiviert wurden, weiter spezifiziert werden.

Gebietsmanagement Mithilfe des Gebietsmanagements können eigenständige Absatzmärkte in der SAP Sales Cloud abgebildet werden.

Geschäftspartner Geschäftspartner ist ein Sammelbegriff für alle Unternehmen und Personen, mit denen Unternehmen in ihrem Geschäft interagieren, und umfasst Kunden, Ansprechpartner, Partner und Mitarbeitende.

Golden Record Der Golden Record umfasst die wertvollsten Stammdaten für jeden Kontakt, die aus verschiedenen Datenquellen vereint werden.

Guided Selling Unter Guided Selling wird eine softwaregestützte Verkaufsführung verstanden, die durch gezielte Fragestellungen die richtigen Produkte und Dienstleistungen durch einen Abgleich mit den Kundenanforderungen im Vertriebsprozess identifiziert.

Hyper-Personalisierung Bei der Hyper-Personalisierung werden dem Besucher oder der Besucherin einer Webseite Inhalte mithilfe von künstlicher Intelligenz oder Machine Learning individuell dargestellt, um dadurch ein einzigartiges Erlebnis zu schaffen.

IDoc IDoc ist das zentrale Datenaustauschformat zwischen SAP-Systemen. Mit IDocs können somit Geschäftsbelege zwischen SAP-Systemen ausgetauscht werden.

iFlow iFlows sind Standard-Integrations-Flows, die die Datenverarbeitung und -Weiterleitung in der Cloud ermöglichen.

Inkrement Ein Inkrement (Produktinkrement) umfasst alle Vorgänge aus dem Backlog, die in den vergangenen Sprints umgesetzt wurden.

Inline Editing Mit der Inline-Editing-Funktion können User Informationen direkt innerhalb einer Zelle von Datensätzen editieren, ohne das entsprechende Objekt öffnen zu müssen.

Key User Die Key User definieren und priorisieren die Anforderungen in Zusammenarbeit mit dem oder den Process Owner(n). Sie führen Reviews und Tests durch, schulen die Endanwenderinnen und -anwender und leisten First-Level-Support für die Kolleginnen und Kollegen. Zudem sammeln und liefern sie Feedback für eine kontinuierliche Verbesserung. Die Key User fördern anhand der Projektziele notwendige Änderungen in der Organisation. Zudem bewerten und testen sie ausgewählte Implementierungen.

Kunden-Hub Ein Kunden-Hub ist eine Übersicht mit allen relevanten Informationen, die die Vertriebsteams während des Gesprächs nutzen können.

Landing Page Eine Landing Page stellt eine Zielseite auf einer Webseite dar, die für eine bestimmte Werbemaßnahme konzipiert ist und über einen Klick direkt erreicht wird. Die Landing Page ist in der Regel von der Hauptseite getrennt.

Lead Ein Lead ist der erste Schritt im Verkaufsprozess. Als Lead wird ein Interesse an Produkten und Services bezeichnet. Dabei spielt es keine Rolle, ob der Interessent bzw. die Kundin schon bekannt ist oder nicht.

Lead Nurturing Lead Nurturing ist der Prozess des Interagierens mit möglichen Kontakten in jeder Phase des Verkaufszyklus. Dabei stehen auf die Bedürfnisse der Interessenten ausgerichtete Marketingkampagnen und Kommunikationen im Mittelpunkt.

Lead-to-Cash-Prozess Der Lead-to-Cash-Prozess ist ein durchgängiger, integrierter Prozess, der von der Kaufabsicht oder dem Kaufinteresse der Kunden bis hin zur Umsatzrealisierung eines Unternehmens durch den Verkauf eines Produkts reicht.

Marketingautomatisierung Die Marketingautomatisierung beschreibt die Gesamtheit der Softwarelösungen, mit denen Marketingprozesse automatisiert sowie Marketingkampagnen geplant und umgesetzt werden.

Mashup Mashups werden verwendet, um die Daten aus einem System des SAP-Customer-Experience-Portfolios mit Daten zu integrieren, die von einem Online-Webservice oder einer Anwendung bereitgestellt werden.

Microservices Bei einem Microservice-basierten Architekturkonzept bestehen komplexe Anwendungen aus unabhängigen und eigenständigen Prozessen, die über definierte APIs kommunizieren.

Minimum Viable Product (MVP) Bei dem MVP-Ansatz wird zunächst ein minimal brauchbares oder existenzfähiges Produkt entwickelt, um möglichst schnell Nutzer-Feedback zu erhalten und deren Anforderungen in die weitere Entwicklung einfließen zu lassen.

Multichannel-Marketing Das Multichannel-Marketing umfasst die Marketingplattform mit Mehrkanal- und Automationsfähigkeiten sowie kanalübergreifend konsolidierte Kundenprofile und darauf basierende Personalisierungsfähigkeiten, gegebenenfalls unterstützt durch KI-Algorithmen für prädiktive Vorhersagen wie Produktempfehlungen oder Kaufwahrscheinlichkeiten.

Natural Language Processing Unter Natural Language Processing werden Techniken und Methoden zusammengefasst, die mittels Regeln und Algorithmen computerbasiert die natürliche Sprache verarbeiten.

O-Daten O-Daten sind operative Daten, die aus typischen Unternehmensanwendungen stammen, sowie Stamm- und Bewegungsdaten wie Umsatz, Besuchsfrequenz usw.

Omnichannel Durch die parallele Nutzung unterschiedlicher Kanäle wird (potenziellen) Kunden ein einzigartiges Erlebnis geboten (siehe auch Customer Journey).

Opportunity Eine Opportunity stellt eine mögliche Verkaufschance für Produkte oder Serviceleistungen dar.

Point of Sale Der Point of Sale ist der Ort des Konsums bzw. des Verkaufs.

Predictive Analytics Predictive Analytics erlernt, das Verhalten von Kunden vorherzusagen, indem es jede seiner Aktionen oder Nicht-Aktionen analysiert und mit anderen Kunden vergleicht.

Process Owner Der Process Owner kennt seinen Prozess in der Breite und Tiefe mit lokalen Abweichungen und kann diese anhand des aktuell dort eingesetzten Systems (inklusive Backend-Integration), bestenfalls durch kurze Live-Demos, im Rahmen der Anforderungs-Workshops aufzeigen. Er definiert und priorisiert Anforderungen mit Abnahmekriterien für seinen Prozess in Zusammenarbeit mit den Key Usern. Er ist willens und fähig, die notwendigen Entscheidungen zu treffen bzw. die Interessen seines Fachbereichs zu vertreten.

Product Owner Product Owner ist eine Projektrolle in der agilen Projektmethodik. Die Product Owner sind dafür verantwortlich, dass das zu erstellende Produkt von größtmöglichem Wert für die Organisation ist. Um das zu gewährleisten, erstellen und verwalten die Product Owner die Anforderungen an das Produkt und priorisieren sie gemäß dem Wert für das Geschäftsvorhaben, dem Business Value. Sie repräsentieren dabei alle anderen Stakeholder des Projekts und sorgen dafür, dass das Entwicklungsteam immer die Anforderungen zuerst umsetzt, die den größten Mehrwert liefern. Product Owner sind immer eine einzelne Person und keine Gruppe.

Progressive Profiling Progressive Profiling beschreibt einen stufenweisen Prozess zur Erfassung von Benutzerdaten. Dabei folgt der Prozess dem Lebenszyklus der Benutzer- oder der Kundenbeziehung und erfragt nur die zum jeweiligen Zeitpunkt relevanten Daten.

Progressive Web App (PWA) Progressive Web Apps (PWA) erinnern optisch und vom Handling stark an eine App, sind im Grunde aber Websites, die sich auch so verhalten und geräteübergreifend genutzt werden können.

Projektorganigramm (Buying Center) Über das Projektorganigramm (Buying Center) können die verschiedenen Rollen der Projektbeteiligten definiert werden. Das Vertriebsteam erhält dadurch einen genauen Einblick in die organisatorische Aufstellung der Ansprechpartner auf der Interessenten- bzw. der Kundenseite.

Requirement Engineering Unter Requirement Engineering versteht man einen Prozess, in dem Anforderungen definiert, dokumentiert, spezifiziert und überprüft werden.

Sales Enablement Bei dem Ansatz des Sales Enablements werden die Vertriebsmitarbeitenden konsequent bei ihren Aktivitäten unterstützt. Hierzu werden ihnen die richtigen Informationen, zur richtigen Zeit, am richtigen Ort und im richtigen Format zur Verfügung gestellt.

Sales Funnel Der Sales Funnel beschreibt die einzelnen Verkaufsphasen, die ein (potenzieller) Kunde im Kaufprozess durchläuft.

Scoping Über das System-Scoping werden grundlegende Funktionen des Systems aktiviert bzw. deaktiviert. Die Grundlage ist ein Implementierungsprojekt, das die aktiven Funktionen als aktuelle Systemausprägung sammelt.

Scrum Scrum ist ein Vorgehensmodell für die agile Projektmethodik. In Scrum werden Softwareprojekte als zu komplex angesehen, als dass sie im Vorfeld detailliert geplant werden könnten. Daher folgt Scrum dem Ansatz der Verfeinerung der Anforderungen, wobei nahezu die Implementierung durch das Team gleichzeitig erfolgt.

Segmentierung Mithilfe der Segmentierung können Zielgruppen für Marketingkampagnen auf der Grundlage der Kundendaten identifiziert werden.

Sentiment-Analyse In einer Sentiment-Analyse werden Texteingaben der Kunden Themengebieten und Schlagwörtern zugeordnet, wodurch ein Stimmungsbild abgeleitet werden kann.

Single-Sign-On (SSO) Das Authentifizierungsverfahren Single-Sign-On (SSO) ermöglicht es den Usern, durch eine einmalige Eingabe der

Zugangsdaten auf mehrere Anwendungen zugreifen zu können.

Social Login Personen können sich mit vorhandenen Social-Media-Profilen in einem Netzwerk registrieren und authentifizieren.

Sprint Der Sprint ist das Herzstück der agilen Projektmethodik. Ein Sprint dauert ein bis vier Wochen. Dieses Zeitfenster ist während der gesamten Projektlaufzeit identisch. In einem Sprint implementiert das Entwicklungsteam die zuvor ausgewählten Inkremente.

Sprint Planning Das Sprint Planning findet zu Beginn jedes Sprints statt. Zu diesem Termin bespricht das Team die Inkremente, die in dem nächsten Sprint umgesetzt werden sollen. Wichtig zu erwähnen ist, dass das Entwicklungsteam den Umfang festlegt.

Sprint-Retrospektive Die Sprint-Retrospektive (Retro) findet im Anschluss an den Sprint statt. Hier diskutiert das Team und schaut rückblickend auf den abgeschlossenen Sprint: »Was ist gut gelaufen?«, »Was ist schlecht gelaufen?« und »Was können wir besser machen, um produktiver zu werden? Identifizierte Hindernisse oder Aufgaben werden schnellstmöglich abgearbeitet, damit das Team effektiver werden kann.

Sprint Review Meeting Im Sprint Review Meeting präsentiert das Team die in dem abgeschlossenen Sprint fertiggestellten Inkremente den Kunden und interessierten Steakholdern. So ist der Projektstand zu jeder Zeit transparent für alle. Dieser Termin dient dem Kunden auch dazu, Fragen zu stellen oder Anmerkungen oder Feedback zu den implementierten Funktionen zu geben.

Stakeholder Stakeholder sind Interessensgruppen, die an einer Sache interessiert sind. Stakeholder können Lieferanten, Partner, Beschäftigte usw. sein.

Swimlane Die Swimlane ist ein Flussdiagramm, das die Zuständigkeiten in einem Prozess aufzeigt.

Tenant Ein Tenant oder Mandant ist eine einzelne Anwendungsinstanz in einer Cloud-Architektur.

Time and Material Journal Das Time and Material Journal beinhaltet eine Übersicht, um rückgemeldete Zeiten, Spesen, Materialien und Kilometer zu prüfen und freizugeben.

Touchpoints Touchpoints sind Berührungspunkte der Kunden mit der Marke, dem Produkt oder der Dienstleistung des Unternehmens.

Up-Selling Den Kunden wird alternativ für ein bestimmtes Produkt ein höherpreisiges Produkt vorgeschlagen.

Usability Die Usability beschreibt die Benutzerfreundlichkeit eines Systems. Diese zeichnet sich dadurch aus, dass der Benutzer ein bestimmtes Ziel zufriedenstellend, effektiv und effizient erreicht.

User Experience Bei der User Experience (Nutzererfahrung) wird die nutzerzententrierte Gestaltung eines Produkts betrachtet.

User Interface User Interface ist eine Benutzeroberfläche bzw. Benutzerschnittstelle. Ziel ist es, die Benutzeroberfläche so zu gestalten, dass das System durch den Benutzer intuitiv bedient werden kann.

User Journey Die User Journey beschreibt die Gesamtheit aller Schritte der User, die sie in einem System bzw. einer Software vollziehen, um ein bestimmtes Ziel zu erreichen.

User Story Eine User Story ist eine detaillierte Beschreibung einer Funktion, die für einen Benutzer oder einen Kunden eines Systems bzw. einer Software von Wert ist.

VoC-Anwendung (Voice-of-the-Customer) VoC-Anwendungen unterstützen Unternehmen zum einen dabei, die Art und Weise zu optimieren, mit der sie ihren Kunden zuhören, und helfen zum anderen durch automatisierte Analysen, Erkenntnisse zu gewinnen und auf dieser Grundlage Maßnahmen zur Optimierung der Kundenerfahrungen abzuleiten.

X-Daten Unter X-Daten versteht man sogenannte Experience-Daten (X-Daten). Diese erfassen im Gegensatz zu den zu operativen Daten (O-Daten) menschliche Faktoren wie Überzeugung, Emotionen und Absichten. Die X-Daten stammen in der Regel aus Kunden-Feedback, Rezessionen usw.

Das Autorenteam

Roland Boes ist Director Innovation & Portfolio bei der Sybit GmbH. Er vereint betriebswirtschaftliches Denken mit einem reichen Erfahrungsschatz aus dem IT-Management. Projekte effizient umzusetzen, die richtigen Fragen zur richtigen Zeit zu stellen und alle Beteiligten an einen Tisch zu bringen, zeichnen seine strategische Vorgehensweise aus. Er ist verantwortlich für die CX-Solutions bei Sybit und treibt mit großer Begeisterung innovative Themen wie SAP CPQ, SAP Marketing Cloud, Emarsys und Spartacus voran.

Seit nun mehr als 10 Jahren bewegt sich **Marco Messinger** in der Commerce-Welt. In dieser Zeit baute er für ein mittelständisches Unternehmen den E-Commerce-Bereich auf und leitete diesen. Bei Sybit verantwortet der Autor ein Team aus SAP-Commerce-, SAP-Sales-, SAP-Service- und SAP-Marketing-Mitarbeitern und leitet die Niederlassung Bielefeld. Zudem verantwortet er nationale und internationale Großprojekte als Project Manager. Man kann sagen, dass Marco Messinger als Digital Native in der CX-Welt sein Zuhause gefunden hat.

Thomas Loos ist seit über zwei Jahrzehnten in Sachen CRM unterwegs. Als Projektleiter bei der Sybit GmbH beschäftigt er sich somit an vorderster Front mit den Herausforderungen und Anforderungen der Kunden aus den Bereichen Vertrieb, Service und Marketing. Er sorgt für eine vertrauensvolle und langfristige Zusammenarbeit und kann auf viele erfolgreich umgesetzte Projekte zurückblicken. Des Weiteren verantwortet Thomas Loos als Teamleiter in der Sybit-Division Projects weitere Projektleiter und Projektleiterinnen und ist zudem Lehrbeauftragter an einer Hochschule zum Thema CRM-Prozesse und -Systeme.

Thomas Winter ist Head of Competence Center »Sales Excellence« und Projektleiter bei der Sybit GmbH. Hierbei trägt er die fachliche Verantwortung für alle Themen und Innovationen rund um den Lead-to-Cash-Prozess. Neben der SAP Sales Cloud, als zentrale Vertriebslösung der SAP-Customer Experience-Suite, legt er großen Wert auf eine ganzheitliche Prozessbetrachtung im Kontext der Customer Experience, um somit einen Mehrwert über den klassischen Vertriebsprozess hinaus zu schaffen.

Michael Hartung ist bei der Sybit GmbH Director Projects und damit direkt verantwortlich für den Projekterfolg der Sybit-CX-Projekte. Als Leiter des PMO ist er u. a. auch für die Weiterentwicklung der auf die Einführung von SAP-Customer-Experience-Produkten zugeschnittenen Projektmanagement-Methodik zuständig. Michael Hartung hat mehr als 15 Jahre Beratungserfahrung im SAP-Customer-Experience-Umfeld und hat in dieser Zeit unterschiedliche Teams geführt und ausgebildet. In den letzten zehn Jahren hat er viele erfolgreiche (auch internationale) Einführungsprojekte mit Produkten aus der SAP Business Suite bzw. der SAP-Customer-Experience-Suite als Projektleiter in den Branchen Medizintechnik, Maschinen- und Anlagenbau, Baugewerbe, Agrar und High Tech verantwortet.

Index

C

F

G

H

I

J

K

Q

R

S